최신기출유형 **100% 반영**

토목기사 필기
핵심 모의고사
1800제

KDS, KCS 적용 | SI 단위 적용

고행만 저

CBT 모의고사
15회 수록

핵심 요약 + 모의 고사

다년간 실무 및 강의 경험이
풍부한 **최상급 저자**

정확한 답과 명쾌한 해설

과목별 핵심 요약
수록

질의응답 카페 운영
cafe.daum.net/khm116
(토목, 건설재료, 콘크리트)

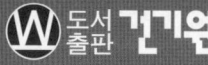

PREFACE | 이 책의 머리말 |

    건설공사에 있어서 자격증의 필요성은 해를 거듭할수록 높아가고 있으며 각 분야의 수험생들이 응시하고자 합니다. 그런데 토목분야의 기사 과목은 공식이 워낙 많아 공부하기가 무척 힘듭니다. 그러나 결코 힘들지 않습니다. 왜냐하면 공부하는 방법을 개선하면 말입니다.

    모든 분야에 있어, 즉 사업, 운동경기, 취직시험 등의 목적 달성을 한 사례를 보면 공통된 점을 발견할 수 있습니다. 그것은 계획, 실천 등을 체계적으로 실행에 옮겨서 이루어진 것입니다.

수험자 여러분!
공부하는 것도 운동경기와 같이 치밀한 작전이 필요합니다.
꼭 실천하세요!

<u>첫째, 과목별로 각 분야의 공식과 이론의 핵심사항을 요약할 것</u>
<u>둘째, 과년도 기출문제를 중점적으로 문제 풀이할 것</u>

    수년간 강단에서 느낀 점은 공부하는 방법을 몰라 중도에 포기하는 수험자를 볼 때 안타까운 마음이 듭니다. 그래서 수험자 여러분의 고통을 덜어 드리고자 본 책자를 발간하게 되었습니다.

<u>이 책자의 특징은,</u>
    각 과목별 핵심사항을 간결하게 요약하였고 기출문제를 중심으로 해설 및 보충에 충실하였습니다. 공부하시는데 자신감이 생길 것입니다.

수험자 여러분 힘내세요!
    끝으로 수험자 여러분의 합격과 더불어 본 책자 보급을 위해 협조해 주신 여러 선생님과 제자분 그리고 건기원 가족의 무한한 발전을 기원합니다.

저자 올림

CONTENTS | 이 책의 차례 |

핵심 요약

CHAPTER 1　응용역학
01. 힘 ······································· 10
02. 단면의 성질 ···························· 11
03. 재료의 역학적 성질 ··················· 14
04. 구조물의 개론 ························· 16
05. 정정보 ································· 17
06. 정정라멘 및 아치 ····················· 28
07. 보의 응력 ······························ 33
08. 기둥 ··································· 34
09. 트러스 ································· 35
10. 처짐 ··································· 37
11. 부정정보 ······························· 39

CHAPTER 2　측량학
01. 총론 ··································· 43
02. 거리측량 ······························· 45
03. 평판측량 ······························· 47
04. 수준측량 ······························· 49
05. 트랜싯 측량 ··························· 50
06. GPS 측량 ······························ 54
07. 노선측량 ······························· 55
08. 삼각측량 ······························· 57
09. 지형측량 ······························· 58
10. 면적 및 체적 측량 ···················· 60
11. 하천측량 ······························· 62
12. 사진측량 ······························· 63

CHAPTER 3　수리·수문학
01. 유체의 기본 성질 ····················· 67
02. 정수역학 ······························· 68
03. 동수역학 ······························· 71
04. 오리피스 ······························· 74
05. 위어 ··································· 75
06. 관수로 ································· 77
07. 개수로 ································· 81
08. 지하수와 유사이론 ··················· 84
09. 수문학 ································· 86

CHAPTER 4　철근콘크리트 및 강구조
01. 철근콘크리트의 기본 개념 ··········· 90
02. 구조물의 역학적 거동과 설계 ······· 91
03. 강도 설계법 ··························· 92
04. 보의 전단 설계 ······················· 95
05. 정착 및 이음 ························· 96
06. 기둥 ·································· 98
07. 슬래브 ································ 99
08. 옹벽 ·································· 100
09. 확대 기초 ··························· 101
10. 강구조와 교량 ······················ 102
11. 프리스트레스트 콘크리트 ··········· 103

CHAPTER 5	토질 및 기초

01. 흙의 기본적 성질 ·································· 106
02. 흙의 분류 ·· 109
03. 흙의 투수성과 동해 ······························ 110
04. 지중응력 ··· 113
05. 흙의 다짐 ·· 115
06. 흙의 압밀이론 ······································· 117
07. 흙의 전단강도 ······································· 119
08. 토압 ·· 123
09. 사면안정 ··· 126
10. 기초공 ··· 128
11. 연약지반 개량공법 ······························· 133

CHAPTER 6	상하수도공학

01. 상수도 시설 계획 ································· 136
02. 상수관로 시설 ······································· 139
03. 정수장 시설 ·· 143
04. 하수도 시설 계획 ································· 149
05. 하수관로 시설 ······································· 152
06. 하수처리장 시설 ··································· 154

모의고사 1800제

week ①
- 01회 CBT 모의고사 ·········· 160
- 02회 CBT 모의고사 ·········· 200
- 03회 CBT 모의고사 ·········· 242

week ②
- 01회 CBT 모의고사 ·········· 284
- 02회 CBT 모의고사 ·········· 324
- 03회 CBT 모의고사 ·········· 364

week ③
- 01회 CBT 모의고사 ·········· 404
- 02회 CBT 모의고사 ·········· 440
- 03회 CBT 모의고사 ·········· 480

week ④
- 01회 CBT 모의고사 ·········· 520
- 02회 CBT 모의고사 ·········· 560
- 03회 CBT 모의고사 ·········· 600

week ⑤
- 01회 CBT 모의고사 ·········· 642
- 02회 CBT 모의고사 ·········· 683
- 03회 CBT 모의고사 ·········· 722

7주 완성
학습플래너

위의 플랜은 가장 이상적인 것이므로 참고하여 개인의 입장과 일정에 맞춰 준비하시기 바랍니다.

Step 1 핵심요약 1주 소요	● 1주 동안 핵심요약을 정독하면서 중요사항은 외우고, 이해할 건 이해하고 넘어 가세요. ● 핵심요약과 관련된 기출문제가 나오면 핵심요약을 보면서 기출문제를 풀어 보세요.
Step 2 기출문제 5주 소요	● 1주에 3회, 총 15회의 기출문제가 수록되어 있습니다. ● 실제 시험을 치르는 것처럼 기출문제를 풀어 보세요. ● 틀린 문제는 꼭 체크해서, 나중에 다시 풀어보세요.
Step 3 정리 1주 소요	● 핵심요약을 전체적으로 복습합니다. ● 기출문제에서 체크해 두었던 틀린 문제만 다시 풀어보세요.

CBT 필기시험 미리보기
http://www.q-net.or.kr

처음 방문하셨나요?
큐넷 서비스를 미리 체험해보고
사이트를 쉽고 빠르게 이용할 수 있는
이용 안내, 큐넷 길라잡이를 제공.

- 큐넷 체험하기
- CBT 체험하기
- 이용안내 바로가기
- 큐넷길라잡이 보기
- 동영상 실기시험 체험하기
- 전문자격시험체험학습관 바로가기

 이용방법 큐넷에 **접속**한 후, 메인화면 하단의 **〈CBT 체험하기〉 버튼**을 클릭한다.

효율적으로 정답을 선택합시다!

(정답을 모르는 문제는 이렇게 골라보심이 어떨까요?)

1. 우선 본인이 공부를 하시고 50% 정답을 맞힐 수 있는 능력을 갖도록 해야 합니다.

2. 과목별 과락은 넘고 평균 60점이 안 되시는 분을 위해 적용하는 것입니다.

3. 확실히 아는 문제의 답만 답안지에 표시합니다.

4. 확실히 정답을 모르는 문제 중 정답이 아닌 지문 2개를 선택합니다.
   (예) ① ② ③̸ ④̸

5. 다시 모르는 문제의 지문 2개를 연구하여 선택합니다. 이때 확신이 없으면 정답으로 선택해서는 안 됩니다.(절대 추측은 금물입니다.)

6. 답안지에 확실히 정답을 표시한 문제 10개의 정답 분포를 나열합니다.
   (예) ① ② ③ ④
        3 0 2 5

7. 나머지 정답을 모르는 문제 10개를 나열해 봅니다.

   1번 ① ② ③̸ ④̸   14번 ①̸ ②̸ ③ ④
   ⋮   ⋮
   5번 ① ②̸ ③̸ ④   15번 ① ② ③̸ ④̸
   ⋮   ⋮
   7번 ①̸ ② ③ ④̸   17번 ①̸ ② ③̸ ④
   ⋮   ⋮
   10번 ①̸ ②̸ ③ ④   19번 ① ②̸ ③̸ ④
   ⋮   ⋮
   12번 ① ②̸ ③ ④̸   20번 ①̸ ② ③̸ ④

8. 위와 같이 정답을 모르는 문제들 중에 2개 지문이 정답이 아닌 것을 사전에 알 정도로 공부가 되어 있어야 합니다.

9. 이제 정답을 모르는 문제의 답을 확실한 정답 분포와 비교하여 선택해 봅니다.
   1번 ②, 5번 ①, 7번 ②, 10번 ③, 12번 ③, 14번 ③, 15번 ②, 17번 ②, 19번 ①, 20번 ②

10. 공부를 하시고 이 방법으로 적용하여야 합니다.

핵심요약

토목기사

- I 응용역학
- II 측량학
- III 수리·수문학
- IV 철근콘크리트 및 강구조
- V 토질 및 기초
- VI 상하수도공학

CHAPTER 1 응용역학

01 힘

STUDY GUIDE

* 한 점에 작용하는 두 힘의 합성: 힘의 평행사변형 법칙, 힘의 삼각형 법칙

1 힘의 합성과 분해

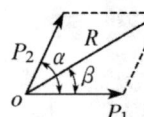

$$R = \sqrt{P_1^2 + P_2^2 + 2P_1 P_2 \cos\alpha}$$

$$\beta = \tan\frac{P_2 \sin\alpha}{P_1 + P_2 \cos\alpha}$$

① P_1, P_2가 서로 직교하여 $\alpha = 90°$ 인 경우

$$R = \sqrt{P_1^2 + P_2^2}, \quad \beta = \tan\frac{P_2}{P_1}$$

② 힘의 분해(sin법칙 적용)

$$\frac{P_1}{\sin(\alpha-\beta)} = \frac{P_2}{\sin\beta} = \frac{R}{\sin(180-\alpha)} = \frac{R}{\sin\alpha}$$

$$\therefore P_1 = \frac{\sin(\alpha-\beta)}{\sin\alpha}R$$

$$\therefore P_2 = \frac{\sin\beta}{\sin\alpha}R$$

③ $\alpha = 90°$ 되게 분해하면 $P_1 = R\cos\beta$, $P_2 = R\sin\beta$

* 모멘트 정의
어떤 점을 중심으로 돌리려고 하는 점

2 모멘트에 대한 바리논의 정리

① 여러 힘들에 대한 임의의 점 0에 대한 모멘트들의 합계는 여러 힘들의 합력에 의한 그 점에 대한 모멘트와 같다.
② 한 점에 작용하는 많은 힘들의 평형

$$R = \sqrt{(\Sigma H)^2 + (\Sigma V)^2}$$

$$\beta = \tan\frac{\Sigma V}{\Sigma H}$$

평형 조건식 $\Sigma H = 0$, $\Sigma V = 0$, $\Sigma M = 0$

* 라미의 정리
각각의 힘은 다른 두 힘 사이각의 sine에 정비례한다.

3 라미의 정리

$$\frac{P_1}{\sin\theta_1} = \frac{P_2}{\sin\theta_2} = \frac{P_3}{\sin\theta_3}$$

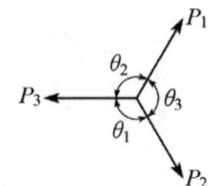

02 단면의 성질

1 단면 1차 모멘트(cm³)

① $G_x = A \cdot y_o$

② $G_y = A \cdot x_o$

2 도 심(cm)

① $\bar{x} = \dfrac{G_y}{A}$

② $\bar{y} = \dfrac{G_x}{A}$

③ 사다리꼴 도심

$y_1 = \dfrac{h}{3} \cdot \dfrac{2a+b}{a+b}$

$y_2 = \dfrac{h}{3} \cdot \dfrac{a+2b}{a+b}$

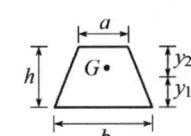

$G_x = \dfrac{2}{3}r^3$

$A = \dfrac{\pi r^2}{2}$

$y_o = \dfrac{4r}{3\pi}$

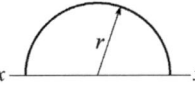

$G_x = \dfrac{1}{3}r^3$

$A = \dfrac{\pi r^2}{4}$

$y_o = \dfrac{4r}{3\pi}$

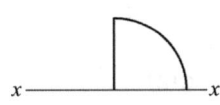

3 단면 2차 모멘트(cm⁴)

① $I_X = \Sigma A \cdot y^2$

② $I_Y = \Sigma A \cdot x^2$

③ 평행축의 정리

$I_x = I_X + A \cdot y^2$

$I_y = I_Y + A \cdot x^2$

＊단면 1차 모멘트
도심에 대한 단면 1차 모멘트는 0이다.

＊도심
단면 1차 모멘트가 0일 때 그 점을 도형의 도심이라 한다.

＊단면 2차 모멘트
도형의 도심축 X, Y에 대한 단면 2차 모멘트이다.

STUDY GUIDE

4 기본 도형의 단면 2차 모멘트

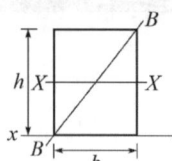

$I_X = \dfrac{bh^3}{12}$

$I_x = \dfrac{bh^3}{3}$

$I_B = \dfrac{b^3h^3}{6(b^2+h^2)}$

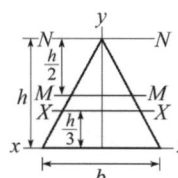

$I_X = \dfrac{bh^3}{36}$ $I_M = \dfrac{bh^3}{24}$

$I_x = \dfrac{bh^3}{12}$ $I_N = \dfrac{bh^3}{4}$

$I_y = \dfrac{b^3h}{48}$

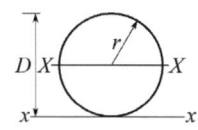

$I_X = \dfrac{\pi D^4}{64} = \dfrac{\pi r^4}{4}$

$I_x = \dfrac{5\pi D^4}{64} = \dfrac{5\pi r^4}{4}$

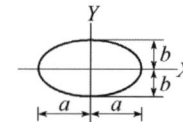

$I_X = \dfrac{\pi ab^3}{4}$

$I_Y = \dfrac{\pi a^3 b}{4}$

★ 단면 계수
도심축에 대한 단면 2차 모멘트를 도형의 상하단까지의 거리로 나눈 값을 말한다.

5 단면 계수(cm³)

① $Z_1(W_1) = \dfrac{I_X}{y_1}$ ② $Z_2(W_2) = \dfrac{I_X}{y_2}$

★ 회전반경
일반적으로 도심을 지나는 축에 대한 것을 사용한다.

6 회전반경(단면 2차 반경, cm)

① $r_X = \sqrt{\dfrac{I_X}{A}}$ ② $r_Y = \sqrt{\dfrac{I_Y}{A}}$

★ 단면 2차 극 모멘트
지름 d인 원 단면 $= \dfrac{\pi d^4}{32}$

7 단면 2차 극 모멘트(cm⁴, m⁴)

① $I_P = I_X + I_Y$

★ 단면 상승 모멘트
$A \cdot x \cdot y$ (대칭 단면)

8 단면 상승 모멘트(cm⁴, m⁴)

① 단면 상승 모멘트의 평행이동

$I_{xy} = I_{XY} + A \cdot x \cdot y$

9 주단면 2차 모멘트

① $I_X = \dfrac{I_x + I_y}{2} \pm \dfrac{1}{2}\sqrt{(I_x - I_y)^2 + 4I_{xy}^2}$

② 주축의 방향(θ)

$\tan 2\theta = \dfrac{2I_{xy}}{I_y - I_x} = -\dfrac{2I_{xy}}{I_x - I_y}$

★ 주단면 2차 모멘트
주응력 공식과 유사하다.

★ 주축
임의 단면의 단면 2차 모멘트의 최대, 최소값이 생기는 축을 주축이라 한다.

10 기타 도형의 단면적 및 도심거리

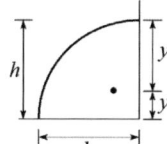

$A = \dfrac{2}{3}bh$

$y_1 = \dfrac{3}{8}h$

$y_2 = \dfrac{5}{8}h$

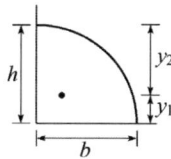

$A = \dfrac{2}{3}bh$

$y_1 = \dfrac{2}{5}h$

$y_2 = \dfrac{3}{5}h$

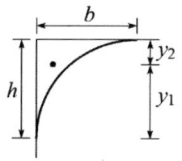

$A = \dfrac{1}{3}bh$

$y_1 = \dfrac{3}{4}h$

$y_2 = \dfrac{1}{4}h$

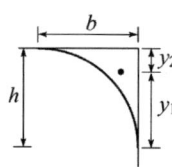

$A = \dfrac{1}{3}bh$

$y_1 = \dfrac{7}{10}h$

$y_2 = \dfrac{3}{10}h$

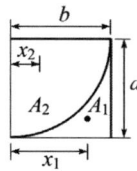

$A_1 = \dfrac{1}{3}ab$

$A_2 = \dfrac{2}{3}ab$

$x_1 = \dfrac{3}{4}b$

$x_2 = \dfrac{3}{8}b$

03 재료의 역학적 성질

✱응력
물체에 외력이 작용하면 내부에는 저항하는 힘이 생긴다. 그 힘을 내력 또는 응력이라 한다.

1 응 력

① 압축 응력 : $\sigma_c = \dfrac{P}{A}$

② 인장 응력 : $\sigma_t = \dfrac{P}{A}$

③ 전단 응력 : $\tau = \dfrac{S}{A} = \dfrac{S \cdot G}{I \cdot b}$

④ 휨 응력 : $\sigma = \dfrac{M}{I} y$

✱변형률
외력에 의해 부재의 길이 방향, 직각 방향 또는 축을 중심으로 회전하는 방향으로 변형이 생긴다.

2 변형률

① 세로 변형 : $\varepsilon = \dfrac{\Delta l}{l}$

② 전단 변형률 : $\gamma = \dfrac{\lambda}{l}$

③ 가로 변형 : $\beta = \dfrac{\Delta d}{d}$

④ 포아송 비 : $\nu = \dfrac{\beta}{\varepsilon} = \dfrac{\frac{\Delta d}{d}}{\frac{\Delta l}{l}} = \dfrac{\Delta d \cdot l}{d \cdot \Delta l}$

⑤ 포아송 수 : $m = \dfrac{1}{\nu}$

✱탄성계수
재료의 응력은 탄성한도 내에서는 응력과 변형도는 정비례한다.

3 탄성계수

① 종 탄성계수 : $E = \dfrac{\sigma}{\varepsilon} = \dfrac{\frac{P}{A}}{\frac{\Delta l}{l}} = \dfrac{P \cdot l}{A \cdot \Delta l}$

② 전단 탄성계수 : $G = \dfrac{\tau}{\gamma} = \dfrac{\frac{S}{A}}{\frac{\lambda}{l}} = \dfrac{S \cdot l}{A \cdot \lambda}$

③ 체적 탄성계수 : $K = \dfrac{\sigma}{\varepsilon_V} = \dfrac{\frac{P}{A}}{\frac{\Delta V}{V}} = \dfrac{P \cdot V}{A \cdot \Delta V}$

④ 탄성계수(E, G, K)와 포아송수(m)의 관계

$$\begin{cases} G = \dfrac{mE}{2(m+1)} = \dfrac{E}{2(\nu+1)} \\ K = \dfrac{mE}{3(m-2)} = \dfrac{E}{3(1-2\nu)} \end{cases}$$

⑤ 탄성 에너지 : $U = \dfrac{P^2 \cdot l}{2EA}$

⑥ 리질리언스 계수 : $R = \dfrac{\sigma^2}{2E}$

4 축 응력과 변형률

(1) 경사면 1축 응력

① $\sigma_\theta = \dfrac{\sigma_x}{2} + \dfrac{\sigma_x}{2}\cos 2\theta$

② $\tau_\theta = \dfrac{\sigma_x}{2}\sin 2\theta$

(2) 경사면 평면응력

① $\sigma_\theta = \dfrac{\sigma_x + \sigma_y}{2} + \dfrac{\sigma_x - \sigma_y}{2}\cos 2\theta + \tau_{xy}\sin 2\theta$

② $\tau_\theta = \dfrac{\sigma_x - \sigma_y}{2}\sin 2\theta - \tau_{xy}\cos 2\theta$

(3) 주응력

① 최대 주응력

$\sigma_1 = \dfrac{\sigma_x + \sigma_y}{2} + \sqrt{\left(\dfrac{\sigma_x - \sigma_y}{2}\right)^2 + \tau_{xy}^2}$

② 최소 주응력

$\sigma_2 = \dfrac{\sigma_x + \sigma_y}{2} - \sqrt{\left(\dfrac{\sigma_x - \sigma_y}{2}\right)^2 + \tau_{xy}^2}$

(4) 2축 응력을 받는 경우 체적 변화율

$\varepsilon_v = \dfrac{\Delta V}{V} = \dfrac{1-2\nu}{E}(\sigma_x + \sigma_y)$

5 재료의 파괴

① $\sigma_n = \dfrac{P}{A}\cos^2 \alpha$

② $\tau = \dfrac{1}{2} \cdot \dfrac{P}{A}\sin 2\alpha$

＊1축 응력
x축 또는 y축 중에서 1축에만 수직 응력이 작용하는 경우

＊2축 응력
x, y 두 축에 응력이 작용하는 경우

6 여러 가지의 응력

① 온도변화에 의한 응력 : $\sigma_t = E \cdot \alpha(t-t')$

② 비틀림 응력 : $\tau = \dfrac{T \cdot r}{J} = \dfrac{16T}{\pi d^3} = \dfrac{2T}{\pi r^3}$

③ 단동 응력 : $\sigma_m = \dfrac{P}{A} + \dfrac{\omega \cdot l}{2}$

④ 조합 응력(합성 응력)

- $\sigma_c = \dfrac{P \cdot E_c}{(A_c \cdot E_c + A_s \cdot E_s)}$

- $\sigma_s = \dfrac{P \cdot E_s}{(A_c \cdot E_c + A_s \cdot E_s)}$

⑤ 원환 응력 : $\sigma_t = \dfrac{PD}{2t}$

＊조합 응력
조합부재이므로 변형률은 동일하다.

7 전단류(f)

① $f = \dfrac{T}{2 \cdot A_m} = \dfrac{T}{2bh}$

② 전단 응력 : $\tau = \dfrac{f}{t} = \dfrac{T}{2bht}$

＊전단류
가장 큰 전단 응력은 두께가 가장 작은 곳에서 발생한다.

04 구조물의 개론

1 단층 구조물의 판별식(합성재는 안됨)

$N = r - 3 - h$

여기서, N : 부정정 차수($N<0$: 불안정, $N=0$: 정정, $N>0$: 부정정)
r : 지점 반력수
h : 힌지(활절)수

＊보의 경우
$N = r - 3 - h$

2 모든 구조물의 판별식

$N = r + m + s - 2k$

여기서, r : 지점 반력수
m : 점과 점 사이의 부재수
s : 강절점수
k : 절점수(지점 및 자유단 포함)

＊구조물의 판별
안정된 구조물에서 힘의 평형조건만으로 지점 반력을 구할 수 있는 구조물은 외적 정정이다.

① 라멘의 부정정 차수

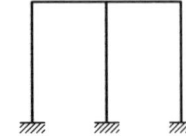

반력 $r = 3 + 3 + 3 = 9$
부재 $m = 5$
강절점 $S = 1 + 2 + 1 = 4$

여기서, 1개 2개 1개

절점(부재가 만나는 곳) $k=6$

$$\therefore N = r+m+S-2k$$
$$= 9+5+4-2\times 6 = 6차$$

05 정정보

1 전단력과 휨모멘트와의 관계

① 하중과 전단력과의 관계

$$\frac{dS}{dx}=-\omega$$

② 전단력과 휨모멘트와의 관계

$$\frac{dM}{dx}=S$$

③ 하중, 전단력, 휨모멘트의 관계

$$\frac{d^2M}{dx^2}=\frac{dS}{dx}=-\omega$$

＊전단력
축에 수직방향 외력과 평형

＊휨모멘트
외력 모멘트 M과 평형

2 단순보

(1) 집중하중이 작용하는 경우

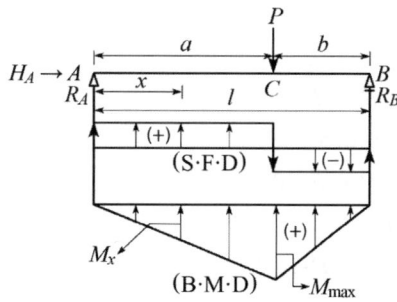

＊보
부재 축에 대하여 수직하중을 받으며 몇 개의 지점으로 받친 구조물

① 지점반력
- $\Sigma H=0 \quad \therefore \quad H_A=0$
- $\Sigma V=0, \quad R_A-P+R_B=0$
  $\therefore \quad R_A+R_B=P$
- $\Sigma M_B=0, \quad R_A \cdot l - P \cdot b = 0$
  $\therefore \quad R_A = \dfrac{P \cdot b}{l}$
- $\Sigma M_A=0, \quad -R_B \cdot l + P \cdot a = 0$
  $\therefore \quad R_B = \dfrac{P \cdot a}{l}$

＊반력
연결된 두 개의 구조물 중 1개가 다른 1개에 힘을 전달할 때 평형 상태를 유지하기 위하여 수동적으로 생기는 힘

② 전단력(S)

$$S_{A-C} = R_A = \frac{P \cdot b}{l}$$

$$S_{B-C} = R_A - P = -R_B = -\frac{P \cdot a}{l}$$

③ 휨모멘트(M)

$$M_x = R_A \cdot x = \frac{P \cdot b}{l} \cdot x$$

$$M_A = M_B = M_{x=0=l} = 0$$

$$M_{\max} = M_c = M_{x=a} = \frac{p \cdot a \cdot b}{l}$$

만일 $a = b = \dfrac{l}{2}$ 이면 $\therefore M_{\max} = \dfrac{p \cdot l}{4}$

(2) 경사집중하중이 작용할 때

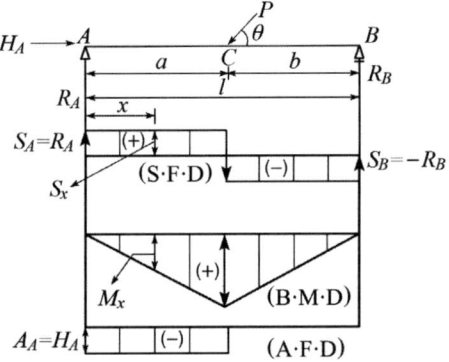

* **지점반력**
지점에서 일어나는 반력으로 수직반력, 수평반력, 모멘트 반력이 생긴다.

① 지점반력(R)

$$\sum V = 0, \quad R_A + R_B - P\sin\theta = 0$$

$$\therefore R_A + R_B = P\sin\theta$$

$$\sum H = 0, \quad H_A - P\cos\theta = 0$$

$$\therefore H_A = P\cos\theta$$

$$\sum M_B = 0, \quad R_A \cdot l - P\sin\theta \cdot b = 0$$

$$\therefore R_A = \frac{P\sin\theta \cdot b}{l}$$

② 전단력(S)

$S_x = R_A - P \cdot \sin\theta$ 에서

$$\begin{cases} x = a : S_{A-C} = R_A = \dfrac{P \cdot \sin\theta \cdot b}{l} \\ x = l - a : S_{C-B} = -R_B = \dfrac{P \cdot \sin\theta \cdot a}{l} \end{cases}$$

③ 휨모멘트(M)

$$M_A = 0, \quad M_C = R_A \cdot a = M_{\max}, \quad M_B = 0$$

④ 축방향력(A)

$$\begin{cases} A_{A-C} = -H_A = -P \cdot \cos\theta \\ A_{C-B} = 0 \end{cases}$$

(3) 모멘트 하중을 받는 경우

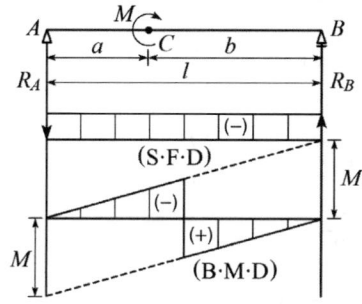

① 반력

$$\sum M_B = 0, \quad R_A \cdot l + M = 0 \quad \therefore R_A = -\frac{M}{l}$$

$$\sum V = 0, \quad R_B = -R_A = \frac{M}{l}$$

② 전단력

$$S_{A-B} = R_A = -\frac{M}{l}(\text{일정})$$

③ 휨모멘트

$$M_{c_1} = R_A \cdot a = -\frac{M}{l} \cdot a$$

$$M_{c_2} = R_A \cdot a + M = -\frac{M}{l} \cdot a + M = \frac{M}{l} \cdot b$$

(4) 등분포하중이 작용하는 경우

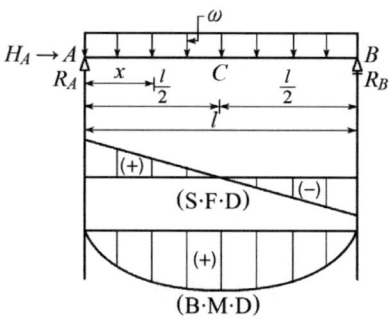

① 반력 → $H_A = 0$, $R_A = R_B = \dfrac{\omega l}{2}$

✱ 등분포하중
전하중이 집중하중으로서 지간 중앙에 작용한다.

STUDY GUIDE

② 전단력 → $S_x = R_A - \omega \cdot x$

$$\begin{cases} S_A = R_A = \dfrac{\omega l}{2} \\ S_C = R_A - \dfrac{\omega l}{2} = 0 \\ S_B = R_A \cdot \omega l = -R_B \end{cases}$$

✱ 최대 휨모멘트
전단력이 0인 지점에서 생긴다.

③ 휨모멘트 → $M_x = R_A \cdot x - \dfrac{\omega x^2}{2}$

$$\begin{cases} M_A = 0 \\ M_C = M_{\max} = R_A \cdot \dfrac{l}{2} - \dfrac{\omega}{2} \cdot \left(\dfrac{l}{2}\right)^2 = \dfrac{\omega l^2}{8} \\ M_B = R_A \cdot l - \dfrac{\omega l^2}{2} = 0 \end{cases}$$

(5) 등변분포하중을 받을 경우

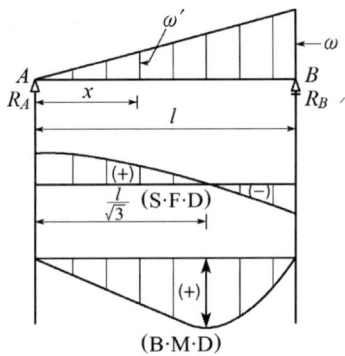

① 반력

$$\Sigma M_B = 0, \quad R_A \cdot l - \left(\dfrac{\omega l}{2}\right) \cdot \dfrac{l}{3} = 0$$

$$\therefore R_A = \dfrac{\omega l}{6}$$

$$\Sigma V = 0, \quad R_A + R_B - \dfrac{\omega l}{2} = 0$$

$$\therefore R_B = \dfrac{\omega l}{3}$$

② 전단력

$$S_x = R_A - \dfrac{\omega' x}{2}$$

전단력(S_x)이 0이 되는 위치(x)를 찾으면

$$\left(\omega' : \omega = x : l, \quad \therefore \omega' = \dfrac{\omega x}{l}\right)$$

즉, $R_A - \dfrac{\omega' x}{2} = \dfrac{\omega l}{6} - \dfrac{\omega x^2}{2l} = 0$

$$\therefore x = \dfrac{l}{\sqrt{3}} = 0.577 l$$

③ 휨모멘트

$$M_x = R_A \cdot x - \left(\frac{\omega' x}{2}\right) \cdot \frac{x}{3}$$

$$\therefore M_A = M_B = 0$$

$$\therefore M_{\max} = \frac{\omega l^2}{9\sqrt{3}}$$

3 캔틸레버(외팔보)

(1) 집중하중이 작용하는 경우

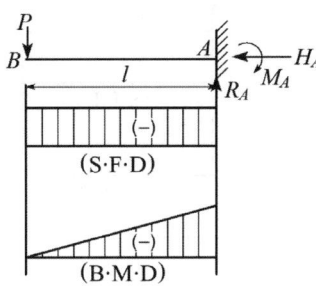

*캔틸레버보
- 반력은 지점에서 하나이므로 작용하는 전체 하중이다.
- 전단력은 하향하중일 때 고정단이 우측이면 (−), 좌측이면 (+)이다.
- 휨모멘트는 고정단 위치와 관계없이 하향하중이면 (−)이다.

① 반력

$\sum H = 0 \qquad \therefore H_A = 0$

$\sum V = 0 \qquad \therefore R_A = \sum P = P$

② 전단력

$S_{B-A} = -P$

③ 휨모멘트

$M_B = 0 \qquad \therefore M_A = -P \cdot l$

(2) 등분포 하중을 받는 경우

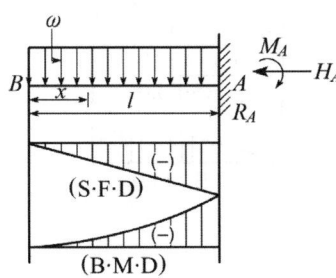

① 반력

$\sum H = 0 \qquad \therefore H_A = 0$

$\sum V = 0 \qquad \therefore R_A = \omega l$

$\sum M_A = 0 \qquad \therefore M_A = \frac{\omega l^2}{2}$

② 전단력

$$S_x = -\omega \cdot x \quad \therefore S_B = 0, \ S_A = -\omega l$$

③ 휨모멘트

$$M_x = -\frac{\omega x^2}{2}, \ M_B = 0, \ M_A = -\frac{\omega l^2}{2}$$

4 모멘트 하중을 받는 경우

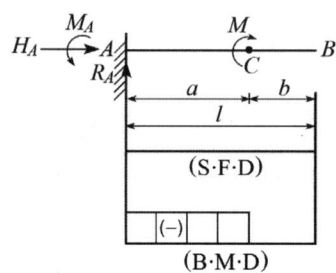

① 반력

$$\sum V = 0 \quad \therefore R_A = 0$$
$$\sum H = 0 \quad \therefore M_A = M$$

② 전단력

$$S_{A-B} = 0$$

③ 휨모멘트

$$M_{A-C} = -M, \ M_{C-B} = 0$$

＊내민보
내민 부분의 한 쪽에 작용하는 하중은 반대쪽 지점에 (−) 반력을 유발시킨다.

5 내민보

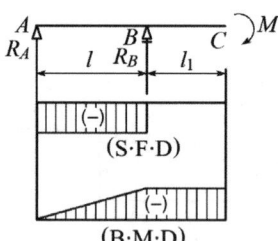

① 반력

$$\sum M_B = 0, \ R_A \cdot l + M = 0$$
$$\therefore R_A = -\frac{M}{l}$$
$$\sum V = 0, \ R_A + R_B = 0$$
$$\therefore R_B = \frac{M}{l}$$

② 전단력

$$S_{A-B} = R_A = -\frac{M}{l}$$

$$S_{B-C} = 0$$

③ 휨모멘트

$$M_A = 0$$

$$M_{B-C} = R_A \cdot l = -\frac{M}{l} \cdot l = -M$$

6 게르버보

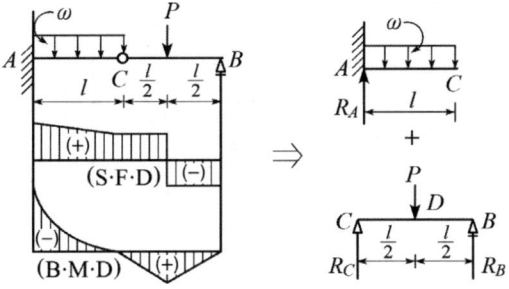

* 게르버보
단순보 구간, 내민보 구간, 캔틸레버 구간으로 구분한다.

① 반력(힌지부분 C점을 나누어서 준다.)

$$R_C = R_B = \frac{P}{2} \rightarrow 단순보\ 구간$$

$$R_A = \Sigma V = \omega l + \frac{P}{2} \rightarrow 캔틸레버\ 구간$$

② 전단력

$$S_A = R_A = \omega l + \frac{P}{2}$$

$$S_{C-D} = R_A - \omega l = \left(\omega l + \frac{P}{2}\right) - \omega l = \frac{P}{2}$$

$$S_{D-B} = R_B = -\frac{P}{2}$$

③ 휨모멘트

$$M_A = -R_C \cdot l - \frac{\omega l^2}{2} = -\left(\frac{P}{2} \cdot l + \frac{\omega l^2}{2}\right)$$

$$M_C = 0$$

$$M_D = -R_B \cdot \frac{l}{2} = \frac{P \cdot l}{4}$$

STUDY GUIDE

＊영향선
이동하중($P=1$)에 대한 반력이나 단면력의 변화를 알아보고자 할 때 영향선을 이용한다.

7 영향선

(1) 단순보의 경우

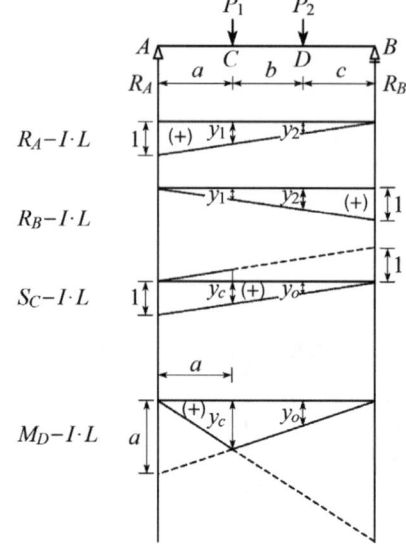

$$R_A = P_1 \cdot y_1 + P_2 \cdot y_2$$
$$R_B = P_1 \cdot y_1 + P_2 \cdot y_2$$
$$S_C(우) = P_1 \cdot y_C + P_2 \cdot y_D$$
$$M_D = P_1 \cdot y_C + P_2 \cdot y_D$$

여기서 $a : y_c = l : (l-a)$

$$\therefore y_c = \frac{a}{l}(l-a)$$

(2) 등분포 하중의 경우

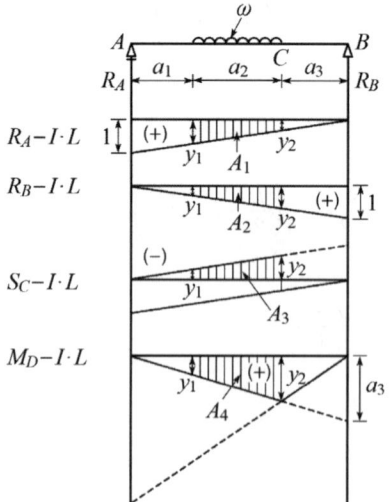

$$R_A = \omega \cdot A_1 = \omega \left[\frac{(y_1 + y_2) \cdot a_2}{2} \right]$$

$$R_B = \omega \cdot A_2 = \omega \left[\frac{(y_1 + y_2) \cdot a_2}{2} \right]$$

$$S_c(좌) = -\omega \cdot A_3 = -\omega \left[\frac{(y_1 + y_2) \cdot a_2}{2} \right]$$

$$M_C = \omega \cdot A_4 = \omega \cdot \left[\frac{(y_1 + y_2) \cdot a_2}{2} \right]$$

(3) 내민보의 경우

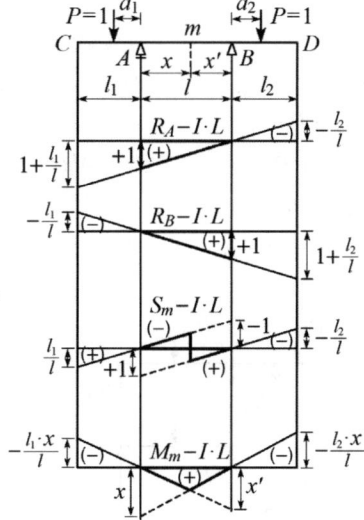

★내민보의 영향선
단순보의 영향선을 연장시킨 것

① 반 력
 (A~C 구간) $\begin{cases} a_1 = 0, \ R_A = 1 \\ a_1 = l_1, \ R_A = 1 + \dfrac{l_1}{l} \end{cases}$
 (B~D 구간) $\begin{cases} a_2 = 0, \ R_B = 1 \\ a_2 = l_2, \ R_B = 1 + \dfrac{l_2}{l} \end{cases}$

② 전 단 력
 (A~C 구간) $\begin{cases} a_1 = 0, \ S_m = 0 \\ a_1 = l_1, \ S_m = \dfrac{l_1}{l} \end{cases}$
 (B~D 구간) $\begin{cases} a_2 = 0, \ S_m = 0 \\ a_2 = l_2, \ S_m = -\dfrac{l_2}{l} \end{cases}$

③ 휨모멘트
 (A~C 구간) $\begin{cases} a_1 = 0, \ M_m = 0 \\ a_1 = l_1, \ M_m = -\dfrac{l_1 \cdot x'}{l} \end{cases}$

STUDY GUIDE

(4) 캔틸레버보의 경우

$R_A = P \cdot y_1 = P$
$S_C = P \cdot y_2 = P$
$M_C = -P \cdot y_3 = -P \cdot a'$
$M_A = -P \cdot y_4 = -P \cdot a$

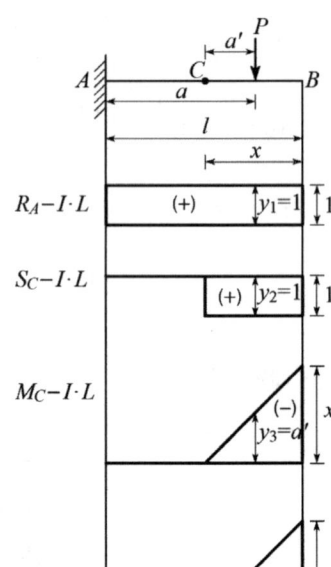

※ 게르버보의 영향선
단순보 구간과 내민보 구간을 따로 생각하여 서로 연결시킨다.

(5) 게르버보의 경우

$R_A = P_1 \cdot y_1 + P_2 \cdot y_2 - P_3 \cdot y_3$
$R_B = -P_1 \cdot y_1 + P_2 \cdot y_2 + P_3 \cdot y_3$
$S_m = P_1 \cdot y_1 + P_2 \cdot y_2 - P_3 \cdot y_3$
$M_m = -P_1 \cdot y_1 + P_2 \cdot y_2 - P_3 \cdot y_3$

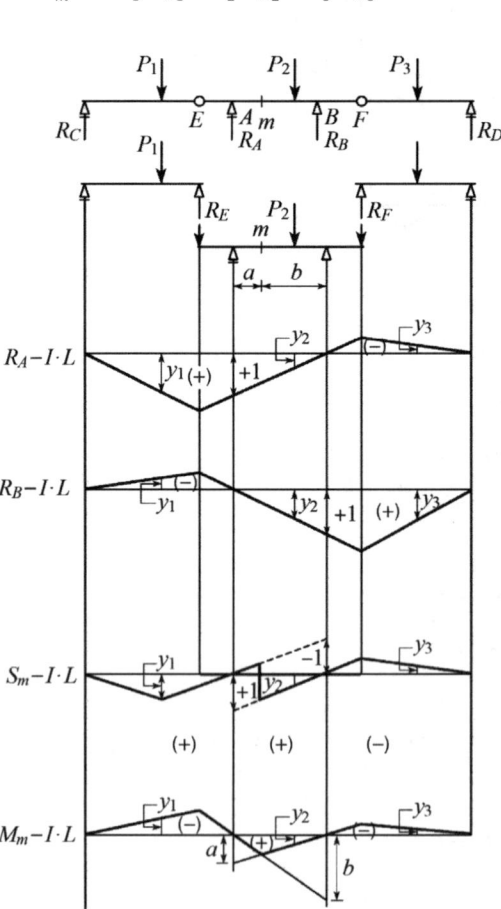

(6) 트러스의 경우

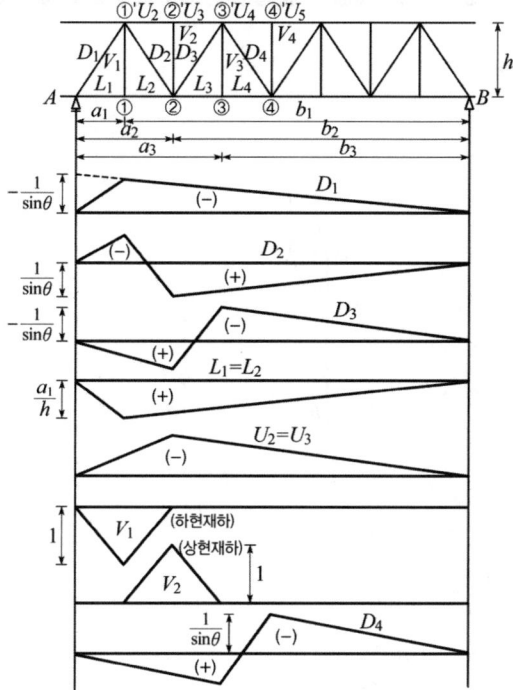

$\sum V = 0$, $R_A + D_1 \sin\theta = 0$

$\therefore D_1 = -\dfrac{1}{\sin\theta}$

전단력법에 의하여

$R_A - D_2 \sin\theta = 0 \quad \therefore D_2 = \dfrac{1}{\sin\theta}$

$R_A + D_3 \sin\theta = 0 \quad \therefore D_3 = -\dfrac{1}{\sin\theta}$

$\sum M_{①}' = 0$, $-L_1 \times h + R_A \times a_1 = 0$

$\therefore L_1 = \dfrac{a_1}{h}$

$\sum M_{①}' = 0$, $-L_2 \times h + R_A \times a_1 = 0$

$\therefore L_2 = \dfrac{a_1}{h}$

$R_A = D_4 \sin\theta = 0$

$\therefore D_4 = \dfrac{1}{\sin\theta}$

STUDY GUIDE

★ 트러스의 영향선
- 사재는 단순보의 전단력 영향선을 구해서 $\sin\theta$로 나눈다.
- 하현재는 단순보의 휨모멘트 영향선을 구해서 h로 나눈다.
- 상현재는 단순보의 휨모멘트 영향선을 구해서 $-h$로 나눈다.
- 수직재는 단순보의 전단력 영향선을 구해서 그대로 사용한다.

06 정정라멘 및 아치

＊라멘
각 부재의 연결이 고정절점으로 되어 있는 강절 뼈대 구조물이다.

1 정정라멘

(1) 단순계 라멘

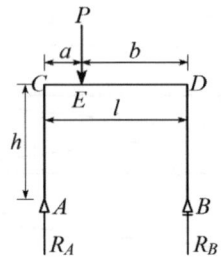

① 반력
$$\sum M_B = 0, \quad R_A \cdot l - P \cdot b = 0$$
$$\therefore R_A = \frac{P \cdot b}{l}$$
$$\sum V = 0, \quad R_A + R_B - P = 0$$
$$\therefore R_B = P - R_A = \frac{P \cdot a}{l}$$

② 전단력
$$S_{A-C} = 0$$
$$S_{C-E} = R_A = \frac{P \cdot b}{l}$$
$$S_{E-D} = R_A - P = -R_B = -\frac{P \cdot a}{l}$$
$$S_{D-B} = 0$$

③ 휨 모멘트
$$M_{A-C} = 0$$
$$M_E = R_A \cdot a = \frac{P \cdot a \cdot b}{l}$$
$$M_D = R_A \cdot l - P \cdot b = 0$$

④ 축 방향력
$$A_{A-C} = -R_A = -\frac{P \cdot b}{l} \text{(압축력)}$$
$$A_{C-D} = 0$$
$$A_{D-B} = -R_B = -\frac{P \cdot a}{l} \text{(압축력)}$$

(2) 캔틸레버계 라멘

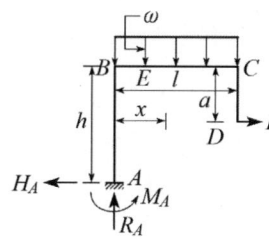

① 반력

$\sum H = 0$ $\therefore H_A = P$

$\sum V = 0$ $\therefore R_A = \omega l$

$\sum M_A = 0$ $\therefore M_A = \dfrac{\omega l^2}{2} + P(h-a)$

② 전단력

$S_{A-B} = H_A = P$

$S_{B-C} = R_A - \omega \cdot x$

$S_{C-D} = -P$

③ 휨 모멘트

$M_C = P \cdot a$

$M_B = P \cdot a - \dfrac{\omega l^2}{2}$

$M_A = -\dfrac{\omega l^2}{2} - P(h-a)$

④ 축 방향력

$A_{A-B} = -R_A = -\omega l$ (압축력)

$A_{B-C} = H_A = P$ (인장력)

$A_{C-D} = 0$

(3) 이동 지점계 라멘

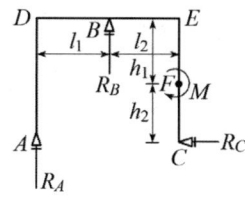

① 반력

$\sum M_A = 0$, $-R_B \cdot l_1 + M = 0$

$\therefore R_B = \dfrac{M}{l_1}$

*캔틸레버계 라멘
1단 고정 타단 자유단

*이동 지점계 라멘
연속보식 라멘

$\sum V = 0$, $R_A + R_B = 0$

$\therefore R_A = -R_B = -\dfrac{M}{l_1}(\downarrow)$

$\sum H = 0$, $R_C = 0$

② 전단력

$S_{A-D} = 0$, $S_{D-B} = R_A = -\dfrac{M}{l_1}$,

$S_{B-E} = 0$, $S_{E-C} = 0$

③ 휨 모멘트

$M_{A-D} = 0$, $M_B = R_A \cdot l_1 = -M$,

$M_{B-E} = M_{E-F} = -M$

④ 축 방향력

$A_{A-D} = -R_A = \dfrac{M}{l}$, $A_{D-E} = A_{E-C} = 0$

*힌지계 라멘
게르버보식 라멘

(4) 힌지계 라멘

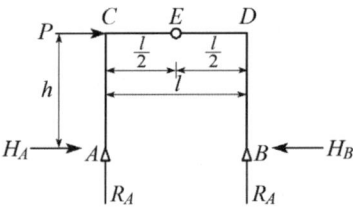

① 반력

$\sum M_B = 0$, $R_A \cdot l + P \cdot h = 0$

$\therefore R_A = -\dfrac{Ph}{l}(\downarrow)$

$\sum V = 0$, $R_A + R_B = 0$

$\therefore R_B = \dfrac{Ph}{l}$

$\sum M_E = 0$, $R_A \cdot \dfrac{l}{2} - H_A \cdot h = 0$

$\therefore H_A = -\dfrac{P}{2}$, $H_B = \dfrac{P}{2}$

② 전단력

$S_{A-C} = -H_A = \dfrac{P}{2}$

$S_{C-D} = R_A = -\dfrac{P \cdot h}{l}$

$S_{D-B} = -H_A - P = \dfrac{P}{2} - P = -\dfrac{P}{2}$

③ 휨 모멘트

$M_A = 0$, $M_B = 0$, $M_E = 0$

$M_C = -H_A \times h = \dfrac{P}{2} \cdot h = \dfrac{P \cdot h}{2}$

$M_D = R_A \cdot l - H_A \cdot h$
$= -\dfrac{Ph}{l} \cdot l + \dfrac{P}{2} \cdot h = -\dfrac{P \cdot h}{2}$

④ 축 방향력

$A_{A-C} = -R_A = \dfrac{Ph}{l}$

$A_{C-D} = -H_A - P = \dfrac{P}{2} - P = -\dfrac{P}{2}$

$A_{D-B} = -R_B = -\dfrac{Ph}{l}$

2 아 치

(1) 단순아치(반원아치)

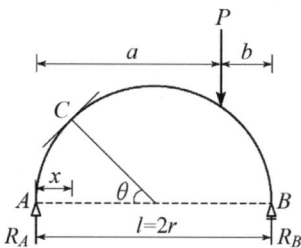

① 반력

$\sum M_B = 0$, $R_A \cdot l - P \cdot b = 0$

$\therefore R_A = \dfrac{P \cdot b}{l} = \dfrac{P \cdot b}{2r}$

$\sum V = 0$, $R_A + R_B - P = 0$

$\therefore R_B = \dfrac{P \cdot a}{l} = \dfrac{P \cdot a}{2r}$

② 전단력

$S_C = R_A \cdot \sin\theta = \dfrac{P \cdot b}{2r} \sin\theta$

③ 휨 모멘트

$M_C = R_A \cdot x = \dfrac{P \cdot b(r - r \cdot \cos\theta)}{2r}$
$= \dfrac{P \cdot b(1 - \cos\theta)}{2}$

④ 축 방향력

$A_C = -R_A \cdot \cos\theta = -\dfrac{P \cdot b}{2r} \cos\theta$

＊아치
- 부재의 축이 곡선을 이루는 구조물
- 수평 반력이 생기며 이 수평 반력이 휨 모멘트를 감소시켜 결국 부재 단면은 주로 축방향력을 받는 구조가 된다.

★3활절 아치
양지점 및 중간에 힌지로 되어 있는 아치

(2) 3활절(3 Hinge) 아치에 집중하중이 작용할 경우

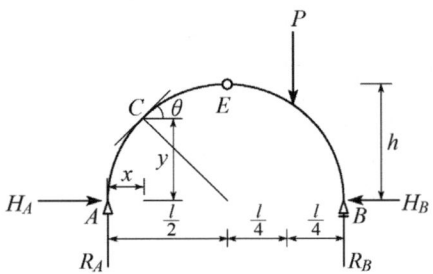

① 반력

$$\Sigma M_B = 0, \ R_A \cdot l - P \cdot \frac{l}{4} = 0$$

$$\therefore R_A = \frac{P}{4}$$

$$\Sigma V = 0$$

$$\therefore R_B = \frac{3P}{4}$$

$$M_E = 0, \ R_A \cdot \frac{l}{2} - H_A \cdot h = 0$$

$$\therefore H_A = \frac{P \cdot l}{8h}$$

$$\Sigma H = 0$$

$$\therefore H_B = \frac{P \cdot l}{8h}$$

★전단력
지점 A를 원점으로 하는 직교좌표를 생각하여 임의의 단면 C의 좌표를 (x, y), 그 점에서 곡선에 그은 접선이 x축과 이루는 각을 θ라 하고, 단면 C의 전단력을 S_C라 한다.

② 전단력
$$S_C = R_A \cdot \cos\theta - H_A \sin\theta$$

③ 휨 모멘트
$$M_C = R_A \cdot x - H_A \cdot y$$

④ 축 방향력
$$A_C = -(R_A \cdot \sin\theta + H_A \cdot \cos\theta)$$

(3) 3활절 아치에 등분포하중이 작용할 경우

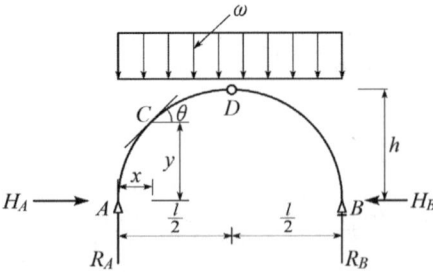

① 반력

$$\therefore R_A = R_B = \frac{\omega l}{2} (\text{대칭})$$

$$M_D = R_A \times \frac{l}{2} - H_A \times h - \frac{\omega l}{2} \times \frac{l}{4} = 0$$

$$\therefore H_A = H_B = \frac{\omega l^2}{8h}$$

② 전단력

$$S_C = (R_A - \omega \cdot x)\cos\theta - H_A \sin\theta$$

③ 휨 모멘트

$$M_C = R_A \cdot x - H_A \cdot y - \frac{\omega \cdot x^2}{2}$$

④ 축 방향력

$$A_C = -(R_A - \omega \cdot x)\sin\theta - H_A \cdot \cos\theta$$

07 보의 응력

1 보의 휨 응력

① 상연 응력

$$\sigma_C = \frac{M}{I} \cdot y_C = \frac{M}{Z_C} = \frac{6M}{bh^2}$$

② 하연 응력

$$\sigma_t = \frac{M}{I} \cdot y_t = \frac{M}{Z_t} = \frac{6M}{bh^2}$$

③ 휨 응력은 중립축에서 0이고, 상·하 양단에서 최대

④ 휨 응력은 직선 변화

2 보의 전단응력

① $\tau = \dfrac{S \cdot G}{I \cdot b}$

② 전단응력도는 곡선변화

③ 전단응력도는 중립축에서 최대, 상하면에서 0이다.

④ 구형 단면의 최대 전단응력

$$\tau_{\max} = \frac{3}{2} \cdot \frac{S}{A}$$

⑤ 원형단면의 최대 전단응력

$$\tau_{\max} = \frac{4}{3} \cdot \frac{S}{A}$$

⑥ 삼각형 단면의 최대 전단응력(중앙 $\dfrac{h}{2}$에서 최대)

$$\tau_{\max} = \frac{3}{2} \cdot \frac{S}{A}$$

＊휨 응력
보에 외력이 작용할 때 휨 모멘트, 전단력, 축방향력이 작용하게 되며, 그로 인하여 휨 응력, 전단응력, 축방향응력이 동시에 생긴다.

3 주응력과 Mohr의 원

① 경사응력

$$\sigma_\theta = \frac{\sigma_x + \sigma_y}{2} + \frac{\sigma_x - \sigma_y}{2} \cos 2\theta$$

$$\tau_\theta = \frac{\sigma_x - \sigma_y}{2} \cdot \sin 2\theta$$

② 평면응력

$$\sigma_\theta = \frac{\sigma_x + \sigma_y}{2} + \frac{\sigma_x - \sigma_y}{2} \cos 2\theta + \tau_{xy} \cdot \sin 2\theta$$

$$\tau_\theta = \frac{\sigma_x - \sigma_y}{2} \cdot \sin 2\theta - \tau_{xy} \cdot \cos 2\theta$$

③ 주응력 크기

$$\sigma_{\max} = \sigma_1 = \frac{\sigma_x + \sigma_y}{2} + \frac{1}{2}\sqrt{(\sigma_x - \sigma_y)^2 + 4\tau_{xy}^2}$$

$$\sigma_{\min} = \sigma_2 = \frac{\sigma_x + \sigma_y}{2} - \frac{1}{2}\sqrt{(\sigma_x - \sigma_y)^2 + 4\tau_{xy}^2}$$

④ 주 전단응력 크기

$$\tau_{\max} = \frac{1}{2}\sqrt{(\sigma_x - \sigma_y)^2 + 4\tau_{xy}^2}$$

$$\tau_{\min} = -\frac{1}{2}\sqrt{(\sigma_x - \sigma_y)^2 + 4\tau_{xy}^2}$$

*보의 주응력
보의 경우 휨 응력과 전단응력이 존재하는데 휨 응력은 보의 직각단면에 수직으로만 작용하며 전단응력은 수직·수평 방향에 같은 크기로 작용한다.

4 보의 응력

① 보에서는 $\sigma_y = 0$ 이다. 따라서 x 방향 응력

$$\sigma_x = \sigma, \ \tau_{xy} = \tau$$

② $\sigma_{\max,\min} = \dfrac{\sigma}{2} \pm \dfrac{1}{2}\sqrt{\sigma^2 + 4\tau^2}$

③ $\tau_{\max,\min} = \pm \dfrac{1}{2}\sqrt{\sigma^2 + 4\tau^2}$

08 기둥

1 단 주

*단주
압축력에 의해 압축 파괴되는 기둥을 단주라 한다.

① 인장응력이 생기지 않는 편심(e)의 계산

$$e \leq \frac{I}{A \cdot y} = \frac{r^2}{y} = \frac{Z}{A}$$

② 편심하중을 받는 단주

$$\sigma = \frac{P}{A} \pm \frac{M_y}{I_y} \cdot x \pm \frac{M_x}{I_x} \cdot y = \frac{P}{A} \pm \frac{P \cdot e_x}{I_y} \cdot x \pm \frac{P \cdot e_y}{I_x} \cdot y$$

③ 각종 단면의 인장응력이 생기지 않는 핵거리(e)

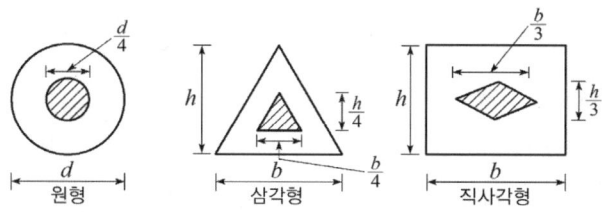

2 장 주

① 오일러 공식　　　$\lambda_P = \sqrt{\dfrac{\pi^2 \cdot E}{0.5\, \sigma_b}}$

② 좌굴하중　　　$P_B = \dfrac{n \cdot \pi^2 \cdot E \cdot I}{l^2}$

③ 좌굴응력　　　$\sigma_B = \dfrac{n \cdot \pi^2 \cdot E}{\lambda^2}$

④ 세장비　　　$\lambda = \dfrac{l_k}{r} = \dfrac{l_k}{\sqrt{\dfrac{I_{\min}}{A}}}$

⑤ 장주의 고정계수

재단 조건	1단 자유 타단 고정	양단 힌지	1단 힌지 타단 고정	양단 고정
좌굴형				
강도(n)	$\dfrac{1}{4}$	1	2	4
좌굴 길이(l_k)	$2l$	l	$0.7l$	$0.5l$

09 트러스

1 "영" 부재

① 부재력이 0이 되는 부재
② 변형을 방지, 처짐방지, 구조역학적으로 안정유지 위해 설치
③ "영" 부재 판별
　• 힘이 작용하지 않는 격점을 찾을 것
　• 3개 이내로 부재가 모이는 격점을 찾을 것

*장주
기둥의 길이가 길어서 좌굴 파괴되는 기둥을 장주라 한다.

*트러스
• 모든 절점이 힌지 결합
• 부재 축방향의 인장이나 압축력만 존재
• 구조는 모두 삼각형 형상 결합

STUDY GUIDE

＊격점법
트러스의 각 절점을 중심으로 절단했을 경우, 절점의 외력과 부재의 응력이 평형을 이루고 있으므로 평형조건식으로 부재력을 구한다.

＊단면법
구하고자 하는 부재를 포함하여 3개 이하의 부재를 절단하고 절단한 단면의 한쪽에 있는 외력과 절단된 부재의 응력을 힘의 평형조건식으로 계산한다.

2 트러스의 해법

(1) 격점법

$\sum V = R_A + D_1 \sin\theta = 0$

$\therefore D_1 = -\dfrac{R_A}{\sin\theta}$

$\sum H = D_1 \cos\theta + L_1 = 0$

$\therefore L_1 = -D_1 \cos\theta$

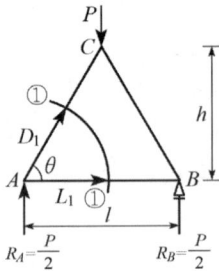

(2) 단면법

- 모멘트법 : 현재(상·하 현재)의 부재력을 구할 때 편리($\sum M = 0$)
- 전단력법 : 복부재(수직재·경사재)의 부재력을 구할 때 편리($\sum H = 0$, $\sum V = 0$)

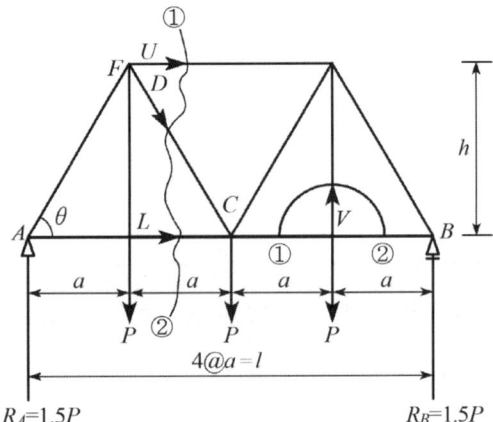

① U부재
$\sum M_C = R_A \cdot 2a - P \cdot a + U \cdot h = 0$
$\therefore U = -\dfrac{2P \cdot a}{h}$

② L부재
$\sum M_F = R_A \cdot a - L \cdot h = 0$
$\therefore L = \dfrac{1.5P \cdot a}{h}$

③ D부재
$\sum V = R_A - D \cdot \sin\theta - P = 0$
$\therefore D = \dfrac{0.5P}{\sin\theta}$

④ V부재
$\sum V = V - P = 0$
$\therefore V = P$

10 처짐

1 처짐곡선과 휨 강성

곡률 $\dfrac{1}{R} = \dfrac{M}{EI}$

2 카스틸리아노의 정리

① 카스틸리아노 제2정리 : 탄성적이고 온도변화나 지점침하가 없는 경우

② $\theta_n = \dfrac{\partial W_i}{\partial M_n}$

③ $y_n = \dfrac{\partial W_i}{\partial P_n}$

3 단순보의 처짐각 및 처짐

(1) 단순보 중앙에 집중하중이 작용할 경우

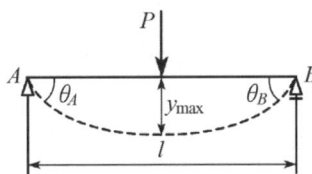

$\theta_A = \dfrac{Pl^2}{16EI} = -\theta_B \qquad y_{\max} = \dfrac{Pl^3}{48EI}$

(2) 단순보에 등분포 하중이 작용할 경우

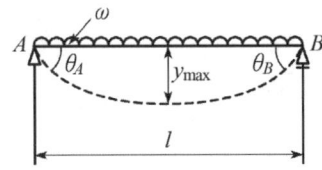

$\theta_A = \dfrac{\omega l^3}{24EI} = -\theta_B \qquad y_{\max} = \dfrac{5\omega l^4}{384EI}$

(3) 캔틸레버에 집중하중이 작용할 경우

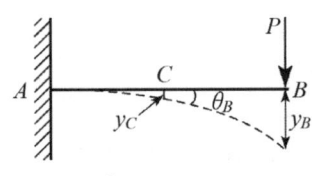

$\theta_B = \dfrac{Pl^2}{2EI} \qquad y_B = \dfrac{Pl^3}{3EI} \qquad y_C = \dfrac{5Pl^3}{48EI}$

＊처짐
변위의 수직 성분

＊처짐각
변형 전의 보의 축과 이루는 각

＊휨 강성
EI

＊단순보의 처짐과 처짐각
탄성하중법, 탄성곡선식법, 에너지 불변의 법칙, 가상 일의 방법 등으로 계산한다.

(4) 캔틸레버에 등분포하중이 작용할 경우

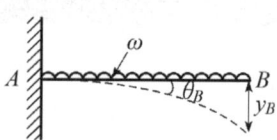

$$\theta_B = \frac{\omega l^3}{6EI} \qquad y_B = \frac{\omega l^4}{8EI}$$

(5) 단순보에 모멘트 하중이 작용할 경우

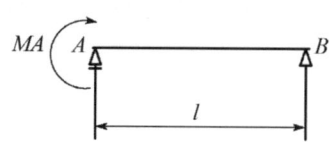

$$\theta_A = \frac{M_A \cdot l}{3EI} \qquad \theta_B = -\frac{M_A \cdot l}{6EI} \qquad y_{max} = \frac{M_A \cdot l^2}{9\sqrt{3}}$$

4 기타 형태별 처짐각 및 처짐

*기타 형태별 처짐각 및 처짐
구조물 형태별로 공식을 암기하여 짧은 시간 내에 풀이한다.

①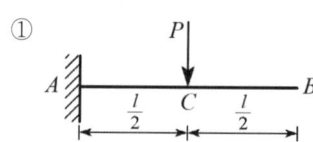

$$\theta_B = \frac{Pl^2}{8EI} \qquad y_B = \frac{5Pl^3}{48EI} \qquad y_C = \frac{Pl^3}{24EI}$$

②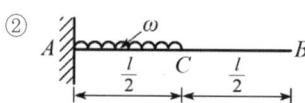

$$\theta_B = \frac{\omega l^3}{48EI} \qquad y_B = \frac{7\omega l^4}{384EI}$$

③

$$\theta_C = \frac{\omega \cdot a^3}{6EI} \qquad y_C = \frac{\omega \cdot a^4}{8EI} \qquad y_B = \frac{\omega \cdot a^3(4l-a)}{24EI}$$

④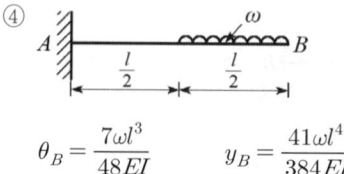

$$\theta_B = \frac{7\omega l^3}{48EI} \qquad y_B = \frac{41\omega l^4}{384EI}$$

⑤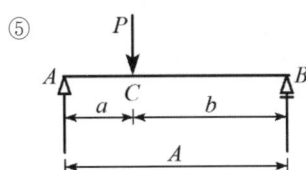

$$\theta_A = \frac{P \cdot a \cdot b(l+b)}{6EIl} \qquad \theta_B = -\frac{P \cdot a \cdot b(l+a)}{6EIl}$$

$$y_C = \frac{P \cdot a^2 \cdot b^2}{3EIl}$$

⑥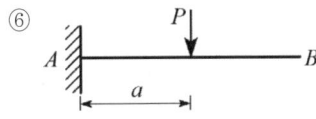

$$y_B = \frac{P \cdot a^2(3l-a)}{6EI}$$

⑦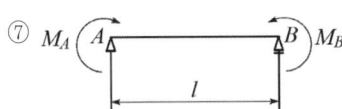

- $M_A = M_B = M$ 일 경우

$$\theta_A = -\theta_B = \frac{Ml}{2EI}$$

$$y_{\max} = \frac{Ml^2}{8EI}$$

- $M_A \neq M_B$ 일 경우

$$\theta_A = \frac{(2M_A + M_B)l}{6EI}$$

$$\theta_B = -\frac{(M_A + 2M_B)l}{6EI}$$

11 부정정보

1 1단 고정지점 타단 가동지점의 보

①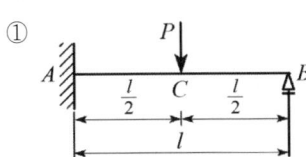

$$R_A = \frac{11P}{16} \qquad M_A = -\frac{3Pl}{16}$$

$$R_B = \frac{5P}{16} \qquad M_C = \frac{5Pl}{32}$$

＊부정정 구조물
구조물의 미지수가 3개 이상으로 힘의 평형조건식만으로는 풀 수 없는 구조물

STUDY GUIDE

②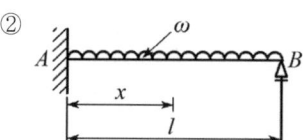

$$R_A = \frac{5\omega l}{8} \qquad M_A = -\frac{\omega l^2}{8}$$

$$R_B = \frac{3\omega l}{8} \qquad M_{\max} = \frac{9\omega l^2}{128}$$

$$S_x = 0 \qquad \therefore x = \frac{5l}{8}$$

* 양단고정보
처짐각법 하중항 공식 이용

2 양단고정보

①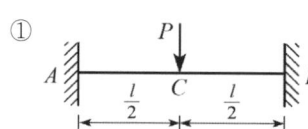

$$R_A = R_B = \frac{P}{2} \qquad M_A = M_B = -\frac{Pl}{8}$$

$$M_C = \frac{Pl}{8} \qquad y_C = y_{\max} = \frac{Pl^3}{192EI}$$

②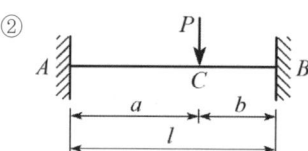

$$R_A = \frac{Pb^2(l+2a)}{l^3} \qquad R_B = \frac{Pa^2(l+2b)}{l^3}$$

$$M_A = -\frac{Pab^2}{l^2} \qquad M_B = -\frac{Pa^2 b}{l^2}$$

$$M_C = \frac{P \cdot a \cdot b}{2l}$$

③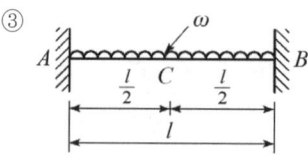

$$R_A = R_B = \frac{\omega l}{2} \qquad M_A = M_B = -\frac{\omega l^2}{12}$$

$$M_C = M_{\max} = \frac{\omega l^2}{24} \qquad y_{\max} = \frac{\omega l^4}{384EI}$$

3 연속보

①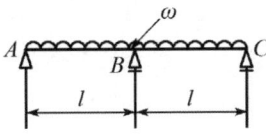

$$R_A = R_C = \frac{3\omega l}{8} \qquad R_B = \frac{5\omega l}{4}$$

$$M_B = -\frac{\omega l^2}{8} \qquad M_{\max} = \frac{9\omega l^2}{128}$$

②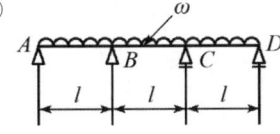

$$M_B = M_C = -\frac{\omega l^2}{10}$$

4 3연 모멘트법

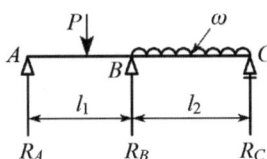

① 기본식

$$M_A\left(\frac{l_1}{I}\right) + 2M_B\left(\frac{l_1}{I} + \frac{l_2}{I}\right) + M_C\left(\frac{l_2}{I}\right) = 6E(\theta_{BA} - \theta_{BC})$$

5 처짐각법(재단모멘트)

(1) 양단절점의 경우

$$\begin{cases} M_{AB} = 2EK_{AB}(2\theta_A + \theta_B - 3R) - C_{AB} \\ M_{BA} = 2EK_{BA}(\theta_A + 2\theta_B - 3R) + C_{BA} \end{cases}$$

여기서, K : 강도$\left(\dfrac{I}{l}\right)$

R : 부재각$\left(\dfrac{\delta}{l}\right)$

C_{AB}, C_{BA} : 하중항

(2) A점 고정, B점 절점인 경우

$$\begin{cases} M_{AB} = 2EK_{AB}(\theta_B - 3R) - C_{AB} \\ M_{BA} = 2EK_{BA}(2\theta_B - 3R) + C_{BA} \end{cases}$$

STUDY GUIDE

＊부정정 구조물 부재
구조별, 형태별로 공식을 암기하여 짧은 시간 내에 풀이한다.

(3) A점 절점, B점 고정인 경우

$$\begin{cases} M_{AB} = 2EK_{AB}(2\theta_A - 3R) - C_{AB} \\ M_{BA} = 2EK_{BA}(\theta_A - 3R) + C_{BA} \end{cases}$$

(4) A점 절점, B점 힌지

$$\begin{cases} M_{AB} = 2EK_{AB}(1.5\theta_A - 1.5R) - H_{AB} \\ M_{BA} = 0 \end{cases}$$

(5) B점 절점, A점 힌지

$$\begin{cases} M_{AB} = 0 \\ M_{BA} = 2EK_{BA}(1.5\theta_B - 1.5R) + H_{BA} \end{cases}$$

6 모멘트 분배법

(1) 강도 $K = \dfrac{I}{l}$

(2) 강비 $k = \dfrac{K}{K_o}$

　　　여기서, K_o : 임의의 기준강도

(3) 유효강비(등가강비)

　① 타단고정 : $k\left(\dfrac{I}{l}\right)$

　② 타단힌지 : $\dfrac{3}{4}k\left(\dfrac{I}{l}\right)$

　③ 대칭변형 : $\dfrac{1}{2}k\left(\dfrac{I}{l}\right)$

　④ 역대칭변형 : $\dfrac{3}{2}k\left(\dfrac{I}{l}\right)$

(4) 분 배 율 $DF = \dfrac{k}{\sum k}$

(5) 분배모멘트 $DM = M \times DF$

(6) 전달모멘트 $CM = $ 전달률 $\times$ 분배모멘트

＊분배율
둘 이상의 부재가 연결된 곳에 작용하는 모멘트는 각 부재에 분배한다.

CHAPTER II 측량학

01 총론

1 평면측량

① 지구의 곡률을 고려치 않고 반경 11km 이내를 평면으로 간주

② $\dfrac{d-D}{D} = \dfrac{1}{12}\left(\dfrac{D}{r}\right)^2$

여기서, r : 곡률반경 6370km
D : 지구표면을 따라 측정한 거리
d : 수평거리를 측정한 거리

③ D : $\dfrac{1}{10^6}$ 정밀도로 볼 때 22km

> **★ 평면측량**
> 정밀도 1/1,000,000로 할 경우 반경 11km, 면적 400km² 이내의 지역에서 실시하는 측량

2 구과량

$e'' = \dfrac{F\rho''}{r^2}$

여기서, e'' : 구과량(초)
ρ'' : 206265"
F : 구과삼각형 면적

3 지구의 타원체

(1) 자오선 곡률반경

$M = \dfrac{a(1-e^2)}{W}$

여기서, a : 지구의 장반경
b : 지구의 단반경

$W = \sqrt{1 - e^2\sin^2\phi}$

(2) 지구의 편심률

$e = \sqrt{\dfrac{a^2 - b^2}{a^2}}$

(3) 지구의 편평률

$P = \dfrac{a-b}{a}$

> **★ 지구의 타원체 형상**
> BESSEL 값을 사용

STUDY GUIDE

＊지오이드
- 수준측량은 지오이드면을 표고 0으로 하여 측정한다.
- 어느 점에서나 중력 방향은 이 면에 수직이다.

4 지오이드
① 평균 해수면을 육지로 연장시킨 가상의 곡면
② 특징
- 등포텐셜면, 연직선 중력방향의 직교
- 불규칙한 지형, 위치에너지가 0
- 육지에서는 타원체면 위에 존재
- 연직선 편차 발생

5 지자기 측정의 3요소
① 편각 : 지자기 방향과 자오선과의 각
② 복각 : 수평면과의 각
③ 수평분력 : 수평면에서 지자기의 크기

6 측량의 3대 요소 : 거리, 각, 높이

7 기하학적 측지학
① 측지학의 3차원 위치 결정(위도, 경도, 높이)
② 길이 및 시의 결정
③ 수평위치 결정
④ 높이 결정
⑤ 천문 측량
⑥ 위성 측량
⑦ 높이 측량
⑧ 해안 측량
⑨ 체적 측량

＊위성 측지
측지 위성의 위치를 지상의 구점에서 동시에 관측하여 지구의 형상 상호 위치 관계를 구하는 방법이다.

8 물리학적 측지학
① 지구의 형상해석
② 중력 측량
③ 지자기 측량
④ 탄성파 측량
⑤ 대륙의 부동
⑥ 지구의 열
⑦ 지구 조석

02 거리측량

1 거리측정 값 보정

(1) 표준자에 대한 보정

$$L_o = L\left(1 \pm \frac{C}{L_u}\right)$$

여기서, L : 측정거리
L_u : 테이프의 길이
C : 테이프의 오차값

★ **표준자에 대한 보정**
짧은 자로 측정했을 경우 측정한 길이는 크게 나타난다.

(2) 온도에 대한 보정

$$C_t = +\alpha L(t - t_0)$$

여기서, α : 테이프 열팽창 계수
L : 측정거리
t : 측정때 평균온도
t_0 : 표준온도(15℃)

(3) 장력에 대한 보정

$$C_p = \frac{(P - P_0)L}{AE}$$

(4) 처짐에 대한 보정

$$C_s = -\frac{L}{24} \cdot \frac{\omega^2 l^2}{P^2}$$

여기서, $L = n \cdot l$
n : 한 구간에서 지지말뚝의 간격 수
l : 지지말뚝의 간격
ω : 테이프의 단위길이 무게

★ **처짐에 대한 보정**
처짐 보정량은 항상 (−)이다.

(5) 평균해면상에 대한 보정(표고 보정)

$$C_h = -\frac{Lh}{R}$$

(6) 경사에 대한 보정

① 고저차를 알고 있을 때 $C_g = -\dfrac{h^2}{2L}$

② 고저각을 알고 있을 때 $C_g = -2L\sin^2\dfrac{\theta}{2}$

★ **경사에 대한 보정**
항상 (−) 보정값을 갖는다.

2 거리측량의 정도

① 최확값(평균값) $l_o = \dfrac{[l]}{n}$

② 잔차 $V = l_n - l_o$

★ **거리측량의 정도**
최확값은 반복 측정하여 그 평균값

STUDY GUIDE

③ 표준오차(중등오차) $m_o = \pm \sqrt{\dfrac{[V^2]}{n(n-1)}}$

④ 확률오차 $r_o = \pm 0.6745 \sqrt{\dfrac{[V^2]}{n(n-1)}} = \pm 0.6745\, m_o$

⑤ 경중률이 다를 때

$$m_o = \pm \sqrt{\dfrac{[PV^2]}{[P](n-1)}}$$

$$r_o = \pm 0.6745 \sqrt{\dfrac{[P \cdot V^2]}{[P](n-1)}}$$

* 경중률
관측 회수에 비례한다.

3 관측값의 처리

① 정오차(누차)= $n\delta$ (측정 횟수에 비례)

② 우연오차= $\pm \delta \sqrt{n}$

③ 중등오차와 경중률 관계

$$P_1 : P_2 : P_3 = \dfrac{1}{m_1^2} : \dfrac{1}{m_2^2} : \dfrac{1}{m_3^2}$$

* 우연오차
- 온도나 습도가 측정 중에 때 때로 변하기 때문에 생기는 오차
- 아무리 주의해도 없앨 수 없는 오차

④ 노선거리와 경중률 관계

$$P_1 : P_2 : P_3 = \dfrac{1}{S_1} : \dfrac{1}{S_2} : \dfrac{1}{S_3}$$

⑤ 관측횟수와 경중률 관계

$$P_1 : P_2 : P_3 = N_1 : N_2 : N_3$$

4 도면의 축척과 면적

① $\dfrac{1}{M} = \dfrac{l}{L_o} = \dfrac{\text{도상거리}}{\text{실제거리}}$

여기서, M : 축척분모

② $\left(\dfrac{1}{M}\right)^2 = \dfrac{\text{도상면적}}{\text{실제면적}}$

$\therefore$ 도상면적 $= \dfrac{\text{실제면적}}{M^2}$

5 축척과 정밀도

① 대축척(축척 분모수가 작은 것) : 정밀도 떨어진다.
② 소축척(축척 분모수가 큰 것) : 정밀도가 높다.

6 거리 측량의 허용 한계

① 시가지 : $\frac{1}{10,000} \sim \frac{1}{50,000}$

② 평탄지 : $\frac{1}{2,500} \sim \frac{1}{5,000}$

③ 산간지 : $\frac{1}{500} \sim \frac{1}{1,000}$

03 평판측량

1 평판 설치 조건

① 정준 : 평판을 수평으로
② 치심(구심) : 지상점과 도상점 일치
③ 정위(표정) : 일정한 방향 고정

*평판 설치
표정 오차가 가장 크다.

2 평판측량의 종류

① 방사법 : 장애물이 적고 좁은 장소에 적합
② 전진법 : 시준 장애물이 많을 경우
③ 교회법
  ㉠ 전방교회법 : 기지점에서 미지점 구할 때
  ㉡ 측방교회법 : 기지 2점이용 미지점 구할 때
  ㉢ 후방교회법 : 기지 3점이용 미지점 구할 때

*평판측량 장점
• 기계가 간단, 운반 편리하다.
• 현장에서 바로 작도한다.
• 내업이 적다.

3 후방교회법(도면을 수정할 때 평판 세웠던 점을 구할 경우)

① 레만법(시오삼각형)
  ㉠ 구할려는 점이 외접원주상에 있으면 곤란
  ㉡ 시오삼각형 내접원의 직경이 0.4mm 이내인 경우 무시
  ㉢ 시오삼각형 발생은 표정 작업 잘못 때문
② 베셀법
③ 투사지법

*후방교회법
기지점의 방향시준에 의하여 평판을 설치한 점의 도상의 위치를 구하는 방법

4 평판측량시 발생오차

① 외심오차(표정오차) $e = q \cdot m$

STUDY GUIDE

② 구심오차(치심오차) $e = \dfrac{q \cdot m}{2}$

여기서, $\begin{cases} q : 제도오차 \\ m : 축척의 분모수 \end{cases}$

③ 정준오차(기계적 오차)

$$e = \dfrac{2a}{r} \cdot \dfrac{n}{100} \cdot l = \dfrac{b}{r} \cdot \dfrac{n}{100} \cdot l$$

여기서, $\begin{cases} \dfrac{b}{r} : 경사 \\ e : 위치 오차 \end{cases}$

④ 시준공, 시준사에 의한 오차

$$e = \dfrac{\sqrt{d^2 + t^2}}{2l} \times L$$

여기서, $\begin{cases} d : 시준공 직경 \\ t : 시준사 직경 \\ l : 양시준판의 간격 \\ L : 방향선의 길이 \end{cases}$

⑤ 전진법에 의한 오차

$$e = \pm 0.3 \sqrt{n} \, [\text{mm}]$$

여기서, n : 측선수

★ 교회법 오차
방향선의 교각은 90°에 가까울수록 오차는 최소가 된다.

⑥ 교회법의 중등오차

$$M = \pm \sqrt{2} \cdot \dfrac{0.2}{\sin\phi} [\text{mm}]$$

여기서, ϕ : 그 방향선의 교회각

⑦ 자침오차

$$q = \dfrac{0.2l}{K}$$

★ 정밀도
$= \dfrac{폐합\ 오차}{측선\ 길이\ 총합}$

5 평판측량의 정밀도

① 평지 : $\dfrac{1}{1000}$

② 경사지 : $\dfrac{1}{800} \sim \dfrac{1}{600}$

③ 산지 : $\dfrac{1}{500} \sim \dfrac{1}{300}$

6 앨리다드를 이용한 수평거리

① 경사거리 l을 측정할 때

$$D = \dfrac{100 \cdot l}{\sqrt{100^2 + n^2}}$$

② 시준판의 눈금과 표척의 높이를 알 때 두점간의 간격

$$D = \frac{100l}{n_1 - n_2}$$

7 폐합오차의 조정

$$조정량 = \frac{폐합오차}{측선길이의 합} \times 처음\ 측선부터\ 조정측선까지\ 길이$$

04 수준측량

1 기포관의 감도(α'')

$$\alpha'' = \frac{\rho'' \cdot l}{nD} = 206265'' \times \frac{l}{nD}$$

여기서, n : 눈금수
l : 높이차
D : 수평거리

★ 기포관의 감도
- 기포관의 1눈금이 곡률 중심에 낀 각으로 감도를 표시한다.
- 곡률 중심에 낀 각이 작을수록 감도가 높다.

2 곡률반경

$$R = \frac{n \cdot \alpha \cdot D}{l}$$

3 고저차 구하는 측량

① 기계고($I \cdot H$) = 지반고($G \cdot H$) + 후시($B \cdot S$)
② 지반고($G \cdot H$) = 기계고($I \cdot H$) − 전시($F \cdot S$)
③ 수준점($B \cdot M$) : 수준측량의 기준이 되는 점
  ㉠ 1등 수준점 4km마다 설치
  ㉡ 2등 수준점 2km마다 설치

★ 수준점
각종 측량의 높이의 기준으로 사용되며 수준 원점을 출발하여 국도 및 중요한 도로에 매설되어 있다.

4 교호수준측량

① 하천이나 계곡 같은 곳을 지나 수준측량 할 때
② $h = \frac{1}{2}\{(a_1 - b_1) + (a_2 - b_2)\}$
③ 지반고 $H_B = H_A + h$

5 2km 왕복측량시 허용오차

① 1등 수준측량 → $\pm 2.5\sqrt{L}$ [mm]
② 2등 수준측량 → $\pm 5.0\sqrt{L}$ [mm]

STUDY GUIDE

＊수준측량 허용오차
허용오차를 벗어나면 재측한다.

6 폐합의 경우 폐합차

① 1등 수준측량 → $\pm 2.5\sqrt{L}\,[\text{mm}]$
② 2등 수준측량 → $\pm 5.0\sqrt{L}\,[\text{mm}]$

7 종횡단측량시 오차

① 2회 이상 측정하여 평균값을 취한다.
② 4km에 대해
　㉠ 유조부 10mm
　㉡ 무조부 15mm
　㉢ 급류부 20mm

＊오차와 노선거리
직접 수준측량의 오차는 노선거리의 제곱근에 비례한다.

8 오차와 노선거리의 관계

$e_1 : e_2 = \sqrt{L_1} : \sqrt{L_2}$

9 오차의 조정계산

각 $B \cdot M$부터 미지점의 표고 측정

$$M_o = \frac{[PM]}{[P]} = \frac{\left[\frac{1}{L}M\right]}{\left[\frac{1}{L}\right]} = \frac{\frac{1}{L_1}M_A + \frac{1}{L_2}M_B + \frac{1}{L_3}M_C}{\frac{1}{L_1} + \frac{1}{L_2} + \frac{1}{L_3}}$$

05 트랜싯 측량

＊트랜싯의 3축
연직축, 수평축, 시준축

1 트랜싯 조정

① 제1조정 : 평판기포관 → 연직축에 직교
② 제2조정 : 십자종선 → 수평축에 직교
③ 제3조정 : 수평축 → 연직축에 직교
④ 제4조정 : 십자횡선 → 수평축과 평행
⑤ 제5조정 : 망원경 기포관 → 시준선과 기포관축 평행
⑥ 제6조정 : 연직 분도원
　※ ①②③ : 수평각 측정시 필요, ④⑤⑥ : 연직각 측정시 필요

2 트랜싯 기계구조의 완전 조건

① 기포관축 ⊥ 연직축
② 시 준 선 ⊥ 수평축
③ 수 평 축 ⊥ 연직축

3 호도법

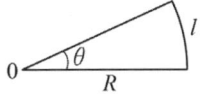

$$\therefore \theta = \frac{\rho l}{R} = 206265'' \frac{l}{R}$$

4 방향각 관측법

① 기계적 오차를 제거하기 위해 정·반위의 관측값을 취한다.
② 1방향에 생기는 오차
$$m_1 = \pm \sqrt{\alpha^2 + \beta^2}$$
③ 각관측 오차(2방향의 차)
$$m_2 = \pm \sqrt{2(\alpha^2 + \beta^2)}$$
여기서, $\begin{cases} \alpha : 시준오차 \\ \beta : 읽음오차 \end{cases}$

배각법 $m_3 = \pm \sqrt{\dfrac{2}{n}\left(\alpha^2 + \dfrac{\beta^2}{n}\right)}$

④ 1회부터 n회까지의 총합오차
$$\varepsilon_a = \pm \sqrt{\frac{2(\alpha^2 + \beta^2)}{n}}$$

*방향각 관측법
한 점 주위의 많은 각을 측정할 때 가장 편리한 수평각 관측 방법이다.

5 각 측정시기

① 수평각 → 아침, 저녁
② 연직각 → 정오(10~14시 사이에 측정)

6 트래버스의 종류

① 개방 트래버스 → 노선, 하천 측량의 기준점 정할 때, 정밀도가 가장 낮다.
② 폐합 트래버스 → 소규모 지역 이용, 농경지나 시가지 측량
③ 결합 트래버스 → 대규모 정밀측량에 이용

STUDY GUIDE

7 폐합 트래버스 측각오차 수정

① 내각 측정시 → $\omega = [\alpha] - 180(n-2)$

② 외각 측정시 → $\omega = [\alpha] - 180(n+2)$

③ 오차 수정 → $\Delta\alpha = \dfrac{\omega}{n}$

여기서, $\begin{cases} n : 측각수 \\ [\alpha] : 측점각의 합 \end{cases}$

8 결합 트래버스 측각오차 수정

①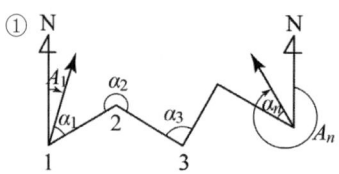

측각오차 : $\omega = [\alpha] + A_1 - A_n - 180(n-3)$

②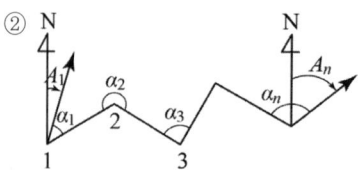

측각오차 : $\omega = [\alpha] + A_1 - A_n - 180(n-1)$

③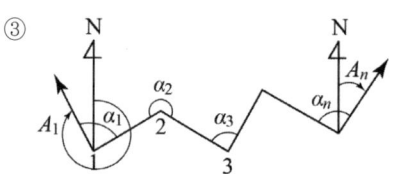

측각오차 : $\omega = [\alpha] + A_1 - A_n - 180(n+1)$

④ 측각허용오차

  ㉠ 시가지 : $20\sqrt{n} \sim 30\sqrt{n}$ (초)
  ㉡ 평 지 : $0.5\sqrt{n} \sim 1.0\sqrt{n}$ (분)
  ㉢ 산 지 : $1.5\sqrt{n}$ (분)
  여기서, n : 측각수

✱측각허용오차
오차가 허용범위 내에 있으면 등배분한다.

9 방위

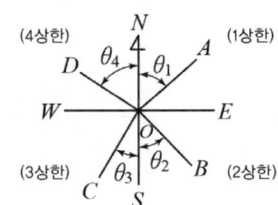

① $OA = N\theta_1 E$ ② $OB = S\theta_2 E$
③ $OC = S\theta_3 W$ ④ $OD = N\theta_4 W$

★방위
N, S축을 중심으로 좌(W), 우(E)로 90°까지의 각

10 방위각

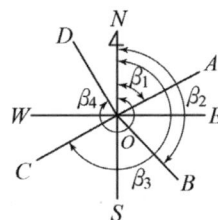

① $OA = \beta_1$ ② $OB = \beta_2$
③ $OC = \beta_3$ ④ $OD = \beta_4$

★방위각
자북 또는 진북을 기준으로 시계방향으로 그 측선에 이르는 각

11 위거 및 경거

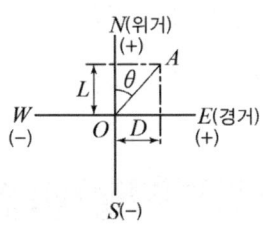

① 위거 $L = OA \cos\theta$
② 경거 $D = OA \sin\theta$
③ 폐합오차 $E = \sqrt{(E_l)^2 + (E_d)^2}$
④ 폐합비(정밀도) $= \dfrac{E}{\Sigma l}$

★위거
어떤 측선이 N, S축에 투영된 길이

★경거
어느 측선이 E, W축에 투영된 길이

12 트래버스 오차 조정

(1) 트랜싯 법칙(위거와 경거에 비례)

① 임의 측선의 경거조정량 = 경거오차량 × $\dfrac{\text{구하는 측선의 경거}}{\text{경거의 절대값의 합}}$

★트랜싯 법칙
각 측정 정도가 거리측정 정도보다 높을 때 사용

※ 컴퍼스 법칙
측각의 정도와 측거의 정도가 비슷할 때 사용

② 임의 측선의 위거조정량=위거오차량×$\dfrac{\text{구하는 측선의 위거}}{\text{위거의 절대값의 합}}$

(2) 컴퍼스 법칙(측선길이에 비례)

① 임의 측선의 위거조정량=위거오차량×$\dfrac{\text{구하는 측선의 길이}}{\text{측선길이의 합}}$

② 임의 측선의 경거조정량=경거오차량×$\dfrac{\text{구하는 측선의 길이}}{\text{측선길이의 합}}$

※ 배면적 계산
계산된 배면적을 다 더한 후 절대값을 취해 면적을 계산한다.

13 배면적 계산

① 어느 측선의 배횡거=전 측선의 배횡거+전 측선의 경거+그 측선의 경거
② 배면적=측선위거×배횡거
③ 면적=$\dfrac{1}{2}$×배면적

14 좌표법에 의한 면적 계산

① 면적=$\dfrac{1}{2}\sum${그 측점 y좌표×(앞 측선 x 좌표−다음 측선 x 좌표)}

② 면적=$\dfrac{1}{2}\sum${그 측점 x 좌표×(앞 측선 y좌표−다음 측선 y좌표)}

15 합위거 합경거를 알고 있을 경우

① 면적=$\dfrac{1}{2}\sum${그 측점 합위거×(앞 측점 합경거−다음 측점 합경거)}

② 면적=$\dfrac{1}{2}\sum${그 측점 합경거×(앞 측점 합위거−다음 측점 합위거)}

06 GPS 측량

1 GPS 측량의 특징

① 고정밀하고 장거리 및 관측점간의 시통이 필요하지 않다.
② 수신점의 높이를 결정
③ 원궤도 운동을 하는 위성의 전파로 범지구적 지상위치 결정
④ 위성은 약 20,000km 고도와 약 12시간 주기로 운행
⑤ WGS-84 좌표계의 원점은 지구질량 중심이며 4차원 측량 가능
⑥ NNSS 도플러 기준계의 개량형으로 관측 소요시간 및 정확도 향상
⑦ 55° 궤도 경사각, 위도 60°의 6개 궤도로 구성
⑧ 기온, 기압, 습도 등의 조건에 영향을 받지 않는다.

⑨ 정확한 위치, 시간, 기선의 길이를 알 수 있다.
⑩ 절대좌표 해석, 상대좌표 해석, 변위량 보정에 활용된다.
⑪ 측지측량 분야, 차량 분야, 군사 분야 등에 응용된다.
⑫ 우주 부문, 제어 부문, 사용자 부문으로 체계 구성 가능.

07 노선측량

*노선측량 순서
도상계획 → 답사 → 예측 → 공사측량

1 단곡선의 설치

① 접선장 $TL = R \tan \dfrac{I}{2}$

② 곡선장 $CL = 0.01745 \, RI° = \dfrac{\pi \, RI°}{180}$

③ 현의 길이 $L = 2R \sin \dfrac{I}{2}$

④ 외선길이(외할) $E = R\left(\sec \dfrac{I}{2} - 1\right)$

⑤ 중앙종거 $M = R\left(1 - \cos \dfrac{I}{2}\right)$

⑥ 편각 $\delta = 1718.87 \dfrac{l}{R}$ (분)

⑦ $BC = IP - TL$

⑧ $EC = BC + CL$

2 종단곡선

*종단곡선
노선의 종단구배가 변하는 곳에 충격을 완화하고 충분한 시거를 확보해 줄 목적으로 적당한 곡선을 설치하여 차량이 원활하게 주행할 수 있도록 한다.

(1) 구배표시

① 철도 : $\dfrac{n}{1000} \sim \dfrac{m}{1000}$ 의 천분율(‰)

② 도로 : $\dfrac{n}{100} \sim \dfrac{m}{100}$ 의 백분율(%)

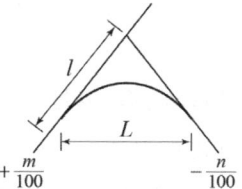

(2) 원곡선(원호)의 경우

① 종곡선장 $l = \dfrac{R}{2}\left(\dfrac{m}{1000} - \dfrac{n}{1000}\right)$

② 현길이 $L = 2l$

(3) 호와 현 길이의 차

$c - l ≒ \dfrac{C^3}{24R^2}$

3 도로의 종곡선

① 도로의 종곡선은 주로 포물선이 이용된다.

② 종곡선 길이 $L = \dfrac{m-n}{360} V^2$

③ 종거 $y = \dfrac{m \pm n}{2L} x^2$

여기서, $\begin{cases} V : \text{최고 제한 속도} \\ x : \text{구하고자 하는 횡거 값} \end{cases}$

4 완화 곡선

＊완화 곡선 종류
- 렘니스케이트 곡선, 클로소이드 곡선, 반파장 체감 곡선
- 일반적으로 고속도로에 사용되는 완화 곡선은 클로소이드 곡선이다.

① 고도(철도)

$$C = \dfrac{SV^2}{g \cdot R}$$

여기서, $\begin{cases} V : \text{열차최고속도(km/h)} \\ S : \text{레일 간격} \end{cases}$

② 편구배(도로)

$$i = \dfrac{V^2}{127R} - f$$

여기서, $\begin{cases} V : \text{차륜속도} \\ f : \text{마찰계수 70km/h 이하일 때 0.15, 70km/h 이상일 때 0.1로 적용} \end{cases}$

5 확폭과 확도

① 확폭(도로) : 도로의 곡선부에서 내측부분을 직선부에 비교하여 넓게 하는 것

$$\varepsilon = \dfrac{L^2}{2R}$$

여기서, L : 차량 전면에서 뒷바퀴까지 거리

② 확도(철도) : 30mm 이하

6 완화곡선의 성질

① 곡선반경은 완화곡선 시점에서 무한대, 종점에서 원곡선 R로 한다.

② 접선은 시점에서 직선에, 종점에서 원호에 접한다.

③ 곡선반경 감소율은 캔트의 증가율과 동률(다른 부호)로 된다. 또 종점에 있는 캔트는 원곡선의 캔트와 같게 된다.

7 클로소이드 곡선

① 곡률이 곡선의 길이에 비례하는 곡선

② 나선의 일종이다.

③ 모든 클로소이드는 닮은 꼴이다.

④ 확대율을 가지고 있다.

⑤ 클로소이드의 특성점은 30°, 접선각 τ=45°이며, 이 범위 내에서 접선장의 비는 1:2이며 τ가 적을수록 정확하다.

08 삼각측량

※삼각측량 원리
삼각형에서 마주보는 각과 변의 길이의 비는 일정하다.

1 삼각망의 종류

① 단열 삼각망 : 노선 및 하천 측량
  ┌ 폭이 좁고 거리가 먼 지역
  └ 신속하나 정도가 낮다.
② 유심 삼각망 : 넓은 지역에 측량
③ 사변형 삼각망 : 가장 정밀하다.

※삼각망의 정도
사변형 삼각망 〉유심 삼각망 〉단열 삼각망 〉단 삼각망

2 삼각점의 등급

① 1등 삼각본점 → 30km
② 2등 삼각보점 → 10km
③ 3등 삼각점 → 5km
④ 4등 삼각점 → 2.5km

3 삼각측량의 순서

계획 → 답사 → 선점 → 조표 → 관측 → 계획 → 정리

4 기계편심 계산

① $\dfrac{e}{\sin x_1} = \dfrac{S_1}{\sin(360°-\varphi)}$

 ∴ $\sin x_1 = \dfrac{e(360°-\varphi)}{S_1}$

② $T = T' + x_2 - x_1$

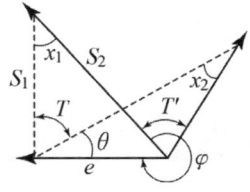

5 수평각 조정

① 조건식의 총수 $= b + a - 2p + 3$
② 변 조건식의 수 $= b + S - 2p + 2$
③ 다각 조건식의 수 $= S - p + 1$
④ 측점 조건식의 수 $= \omega - S + 1$

여기서, ┌ b : 기선의 수
    │ a : 관측각의 수
    │ p : 삼각점
    │ S : 변수
    └ ω : 한 점에 있어서 측정각의 수

6 삼각측량의 오차 종류

(1) 기차(굴절오차 때문)
　① 아침, 저녁의 관측은 조심
　② 관측치 조정은 낮게
　③ $-\dfrac{KS^2}{2R}$
　　여기서, $K=0.12\sim0.14$

(2) 구차(지구곡률 때문)
　① 관측치 조정은 높게
　② $+\dfrac{S^2}{2R}$

(3) 양차
　① 구차+기차
　② $\dfrac{S^2}{2R}(1-K)$

*삼변측량
변장을 관측하여 삼각점의 위치를 구하는 측량이다.

7 삼각점의 선점

① 가급적 측점수가 적고, 세부 측량에 이용가치 클 것
② 삼각형은 정삼각형에 가까울수록 다음 계산에 영향이 적다.
③ 삼각점 상호간 시준이 잘 되고 시준선이 불규칙한 광선이나 연기, 아지랑이 영향받지 않아야 한다.
④ 삼각점은 견고한 곳에 설치
⑤ 되도록 평탄하고 부근 삼각점에 연결하는데 편리할 것

*지형측량 순서
측량계획 – 골조측량 – 세부측량 – 측량원도 작성

09 지형측량

1 지형표시 방법

① 음영법(명암법) ┬ 계곡, 골짜기 → 어둡게
　　　　　　　　└ 능선 → 밝게
② 영선법(우모법) ┬ 급경사 → 굵고 짧은 선
　　　　　　　　└ 완경사 → 가늘고 긴선
③ 점고법 : 하천, 항만, 해양 등 심천 측량
④ 등고선법 ┬ 같은 높이의 지점 연결
　　　　　　└ 가장 정확, 가장 많이 사용

2 등고선의 성질

① 같은 등고선 위에서 모든 점의 높이는 같다.
② 등고선은 폐곡선이거나 지도(도면)내 또는 밖에서 폐합된다.
③ 등고선이 도면내에서 폐합되는 부분은 산정이나 오목지가 된다.
④ 등고선은 절벽이나 동굴을 제외하고는 교차하거나 합치지 않는다.
⑤ 같은 경사지에서는 등고선 간격이 같으며 같은 경사의 평지에서는 등간격의 평행선
⑥ 등고선은 능선 또는 분수선과 직각으로 만난다.
⑦ 급경사에서 접근하고 완경사에서 떨어진다.
⑧ 가장 경사가 급한 방향은 등고선에 직각방향이다.
⑨ 등고선의 간격은 등고선간의 연직거리이다.

3 등고선의 종류 및 간격

등고선 종류	$\dfrac{1}{10,000}$	$\dfrac{1}{25,000}$	$\dfrac{1}{50,000}$
주곡선(실선)	5m	10m	20m
간곡선(파선)	2.5m	5m	10m
조곡선(점선)	1.25m	2.5m	5m
계곡선(굵은실선)	25m	50m	100m

*등고선의 간격
대체로 축척 분모수의 1/2000 이다.

4 등고선의 위치 계산

① 경사 $i = \dfrac{H}{D} = \dfrac{높이}{수평거리}$

② 임의점 C점의 수평거리
$D : H = d_1 : h_1$
$\therefore d_1 = \dfrac{D \cdot h_1}{H}$

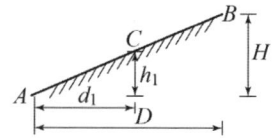

5 지성선

① 능선(분수선)
② 계곡선(합수선)
③ 경사변환선
④ 최대 경사선(유하선)

*지성선
지표면이 다수의 평면으로 구성되었다고 할 때 평면간 접합부의 접선이다.

10 면적 및 체적 측량

*삼사법
다각형을 여러 개의 삼각형으로 나눈 후 면적을 구하는 방법

1 삼사법

① $A = \dfrac{1}{2} b \cdot h$

② $A = \dfrac{1}{2} a \cdot b \sin C$

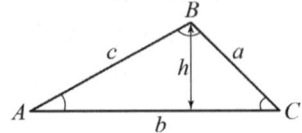

2 삼변법

$A = \sqrt{S(S-a)(S-b)(S-c)}$

여기서, $S = \dfrac{a+b+c}{2}$

3 심프슨 1공식(두 구간을 1개조로)

$A = \dfrac{d}{3}\{y_o + y_n + 4(y_1 + y_3 + \cdots + y_{n-1}) + 2(y_2 + y_4 + \cdots y_{n-2})\}$

여기서, n : 짝수 숫자, 지거가 짝수인 경우 1구간 별도 계산

4 심프슨 2공식(3 구간을 1개조로)

$A = \dfrac{3}{8} d\{y_o + y_n + 3(y_1 + y_2 + y_4 + y_5 + \cdots + y_{n-2} + y_{n-1})$
$\quad + 2(y_3 + y_6 + \cdots + y_{n-3})\}$

*구적기 방법
곡선으로 둘러싸인 면적의 측정에 쓰인다.

5 구적기에 의한 면적 계산

(1) $A = C \cdot n$

(2) $A = C \cdot n \cdot \left(\dfrac{M}{m}\right)^2$

여기서, $\begin{matrix} m : \text{구적기 축척 분모수} \\ n : \text{눈금차} \end{matrix}$

(3) 축척과 면적관계

① $a_1 : m_1^2 = a_2 : m_2^2$

여기서, a_1 : 정해진 단위면적
$\quad m_1$: 정해진 단위면적의 축척 분모수
$\quad a_2$: 구하려는 단위면적
$\quad m_2$: 구하려는 단위면적의 축척 분모수

② $a = \dfrac{m^2}{1000} \pi \cdot d \cdot l$

6 체적 계산

① 각주 공식 $V = \dfrac{l}{6}(A_1 + 4A_m + A_2)$

② 양단면평균법 $V = \dfrac{l}{2}(A_1 + A_2)$

③ 중앙단면법 $V = A_m \cdot l$

★체적 계산
- 양단면평균법이 가장 크게 나타난다.
- 중앙단면법이 가장 작게 나타난다.
- 각주 공식이 가장 정확하다.

7 점고법

(1) 직사각형

① $V = \dfrac{A}{4}(\Sigma h_1 + 2\Sigma h_2 + 3\Sigma h_3 + \cdots)$

② 계획고 $h = \dfrac{V}{n \cdot A}$

③ $A = a \cdot b$

(2) 삼각형

① $V = \dfrac{A}{3}(\Sigma h_1 + 2\Sigma h_2 + 3\Sigma h_3 + \cdots)$

② 계획고 $h = \dfrac{V}{n \cdot A}$

③ $A = \dfrac{1}{2}a \cdot h$

★점고법
비교적 평지에 가까운 넓은 지역의 토공량을 계산하기에 좋은 방법이다.

8 등고선법

$V = \dfrac{h}{3}\{A_o + A_n + 4(A_1 + A_3 + \cdots + A_{n-1}) + 2(A_2 + A_4 + \cdots A_{n-2})\}$

여기서, n : 짝수 숫자, 지거가 짝수인 경우 1구간 별도 계산

★등고선법
산의 토공량이나 저수지의 용량을 추정할 때 적합하다.

9 면적분할법

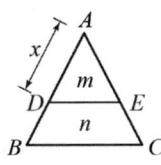

$x^2 : (\overline{AB})^2 = m : (m+n)$

$\therefore x = \sqrt{\dfrac{m}{m+n}} \cdot (\overline{AB})$

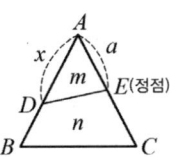

$(m+n) : n = (\overline{AB} \times \overline{AC}) : (a \times x)$

$\therefore x = \dfrac{n(\overline{AB} \times \overline{AC})}{a(m+n)}$

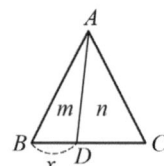

$$x : \overline{BC} = m : (m+n)$$
$$\therefore x = \frac{m \cdot \overline{BC}}{m+n}$$

＊하천측량
하천공사의 각종 설계, 시공에 필요한 자료를 얻기 위해 실시한다.

11 하천측량

1 측량 범위

① 유제부 → 제외지 전부와 제내지의 300m 이내
② 무제부 → 홍수시 물의 흐르는 맨 옆에서 100m까지

2 유량의 측정 장소

① 수위가 급변, 완만하지 않는 곳
② 유심의 이동, 하상의 변동이 없는 곳
③ 잔류, 역류, 유수가 적은 곳
④ 상·하류에 걸쳐 하폭의 4배 이상이 직선인 곳
⑤ 단면 및 하상구배가 균일한 곳
⑥ 하상과 하안이 세굴이나 퇴적이 안 되는 곳

＊하천측량 순서
도상조사 → 자료조사 → 답사 → 관측

3 하천 수위의 종류

① 평수위 : 185일 이상 이보다 저하되지 않는 수위
② 저수위 : 275일 이상 이보다 저하되지 않는 수위
③ 갈수위 : 355일 이상 이보다 저하되지 않는 수위

4 유속측정

① 표면부자(큰 하천 $V_m = 0.9\,V_s$, 작은 하천 $V_m = 0.8\,V_s$)
② 2중 부자(수면에서 6/10 되는 깊이의 유속 측정)
③ 막대부자(봉부자)

5 평균 유속

① 1점법 $V_m = V_{0.6}$
② 2점법 $V_m = \dfrac{1}{2}(V_{0.2} + V_{0.8})$

③ 3점법 $V_m = \dfrac{1}{4}(V_{0.2} + 2V_{0.6} + V_{0.8})$

④ 4점법 $V_m = \dfrac{1}{5}\left\{(V_{0.2} + V_{0.4} + V_{0.6} + V_{0.8}) + \dfrac{1}{2}\left(V_{0.2} + \dfrac{V_{0.8}}{2}\right)\right\}$

6 하천측량의 축척

① 종단 : $\dfrac{1}{1000} \sim \dfrac{1}{10000}$

② 횡단 : $\dfrac{1}{100} \sim \dfrac{1}{200}$

7 하천의 종단측량 측정오차

① 유제부 : 10mm
② 무제부 : 15mm   ⎱ 4km 왕복시
③ 급류부 : 20mm

*하천측량 종류
평면측량, 수준측량, 우량관측, 수위관측, 유량관측, 하천 공작물 조사 등이 있다.

12 사진측량

1 항공사진의 특수 3점

① 주 점 : 렌즈 중심에서 화면에 내린 수선(렌즈 광축과 사진면이 교차하는 점)
② 연직점 : 렌즈 중심을 통한 연직선과 사진면과의 교점
③ 등각점 : 렌즈 중심에서 주점과 연직선이 이루는 각을 2등분하는 광선이 사진면과 교차하는 점

2 사진 축척

① $M = \dfrac{1}{m} = \dfrac{f}{H}$

② $M = \dfrac{1}{m} = \dfrac{f}{H - h_1}$ (표고가 높은 경우)

③ $M = \dfrac{1}{m} = \dfrac{f}{H + h_2}$ (표고가 낮은 경우)

3 촬 영

① 종기선 길이

$B = m \cdot a\left(1 - \dfrac{p}{100}\right)$

*사진측량
• 축척 변경이 용이하며 시차원 측정이 가능하다.
• 정량적, 정성적, 측량을 할 수 있다.
• 하천의 흐름, 구조물의 변형, 교통사고, 화재 등 상황을 보조 기록 할 수 있다.
• 피사대상에 대한 식별이 난해하다.

STUDY GUIDE

✻ 횡기선 길이
코스와 코스 사이의 촬영점간 실거리

✻ 주점 기선 길이
임의의 사진의 주점과 다음 사진의 주점과의 거리

✻ 사진 매수
= 종모델수 × 횡모델수

② 횡기선 길이

$$C = m \cdot a \left(1 - \frac{q}{100}\right)$$

여기서, a : 화면의 크기(사진의 크기)
p : 종중복도
q : 횡중복도

③ 사진크기의 실제거리

$$S = m \cdot a = \frac{H}{f} \cdot a$$

④ 주점 기선 길이

$$b_o = a \left(1 - \frac{p}{100}\right)$$

⑤ 촬영 고도

$$H = C \cdot \Delta h$$

4 유효면적

① 사진 1매의 경우

$$A = (a \cdot m)(a \cdot m) = (a \cdot m)^2 = a^2 \cdot \left(\frac{H}{f}\right)^2$$

② 단촬영 경로인 경우

$$A_o = (m \cdot a)^2 \left(1 - \frac{p}{100}\right) = A \left(1 - \frac{p}{100}\right)$$

③ 복촬영 경로인 경우

$$A_o = (m \cdot a)^2 \left(1 - \frac{p}{100}\right)\left(1 - \frac{q}{100}\right) = A \left(1 - \frac{p}{100}\right)\left(1 - \frac{q}{100}\right)$$

④ 사진 매수

$$N = \frac{F}{A_o} \times (1 + 안전율)$$

여기서, A : 사진 1매의 실제면적
A_o : 사진의 유효면적
a : 사진의 크기
F : 촬영대상 지역의 면적

5 사진의 내부표정

① 사진주점을 투영기의 중심에 일치
② 초점거리(f)의 조정
③ 건판 신축 및 대기굴절, 지구곡률, 렌즈왜곡의 보정

6 사진의 외부표정

(1) 상호표정
① 5개 표정인자(by, bz, k, ϕ, ω) 사용
② P_y(종시차) 소법

(2) 접합표정
① 7개 표정인자(λ, k, ϕ, ω, S_x, S_y, S_z) 사용
② 입체 모형간
③ 종접합모형간의 접합요소(축척, 미소변위, 위치 및 방위)

(3) 절대표정
① 7개 표정인자(λ, k, ϕ, Ω, C_x, C_y, C_z) 사용
② 축척의 결정
③ 수준면의 결정
④ 위치의 결정

* 절대표정(대지표정)
축척과 경사를 바로 잡는다.

7 상호표정 인자중 소거 시차

① k_1 + k_2 = b_y
② φ_1 + φ_2 = b_z

8 표정의 순서

내부표정 → 상호표정 → 절대표정(대지표정) → 접합표정

* 내부표정
주점거리 조정, 건판의 신축보정 등을 한다.

9 촬영 경로 및 촬영 고도

① 촬영지역을 완전히 덮고 중복도를 고려하여 결정
② 넓은 지역을 촬영할 경우 동서방향으로 직선코스를 취하여 계획
③ 지역이 남북으로 긴 경우 남북 방향으로 계획
④ 1코스의 길이는 30km 이내

STUDY GUIDE

★ 항공사진
- 작업지역이 넓은 경우에 유리하다.
- 지상에 대하여 연직방향으로 종중복 60%, 횡중복 30%로 하여 촬영하는 것이 일반적이다.

★ 지상사진
- 작업지역이 좁은 경우에 유리하다.
- 카메라의 광축을 직각수평, 편각수평 및 수렴수평으로 하여 촬영한다.

10 항공사진과 지상사진의 차이점

① 항공사진은 감광도에 중점을 두며, 지상사진은 렌즈왜곡에 큰 비중을 둔다.
② 항공사진은 광각사진이 바람직하며, 지상사진은 보통각이 좋다.
③ 항공사진은 후방교회법이고, 지상사진은 전방교회법이다.
④ 지상사진은 수평위치의 정확도는 떨어지나 높이의 정확도는 좋다.
⑤ 좁은 지역, 소규모 대상물 및 지물의 판독에는 경제적이고 능률적이다.

CHAPTER III 수리·수문학

01 유체의 기본 성질

1 밀도(ρ), 단위중량(ω)

① $\rho = \dfrac{m}{V}$, $\omega = \dfrac{W}{V} = \dfrac{m \cdot g}{V} = \rho \cdot g$

② 표준대기압 4℃에서 가장 높고 $\rho = 1\,\text{g/cm}^3$

③ 해수에서 $\rho = 1.025\,\text{g/cm}^3$

④ $9.8\,\text{N} = 1\,\text{kg} = 9.8\,\text{kg} \cdot \text{m/sec}^2$

＊물의 단위중량
$\omega = 1000\,\text{kg/m}^3$
$ = 1000 \times 9.8\,\text{N/m}^3$
$ = 9800\,\text{N/m}^3$

2 물의 압축성

$C = \dfrac{1}{E}$, $E = \dfrac{\text{응력도}}{\text{변형도}}$, $C = \dfrac{\dfrac{\Delta V}{V}}{\Delta P} = \dfrac{1}{E}$

여기서, C : 10℃일 때 1기압에서 $\dfrac{4}{100,000} \sim \dfrac{5}{100,000}\,\text{cm}^2/\text{kg}$

＊물의 압축성
기압이 증가됨에 따라 탄성률(E)는 증대되고 압축률(C)는 감소한다.

3 표면장력(T)

$T = \dfrac{Pd}{4}$

여기서, P : 압력강도
$\phantom{\text{여기서, }}d$: 지름

＊표면장력
액체와 기체와의 경계면에 작용하는 분자 인력에 의한 힘

4 모세관 현상

① 부착력 > 응집력 : 관내 수면증가

② 부착력 < 응집력 : 관내 수면하강

③ 유리관을 세운 경우 $h = \dfrac{4T\cos\alpha}{\omega \cdot d}$

④ 2개의 연직판을 세운 경우 $h = \dfrac{2T\cos\alpha}{\omega \cdot d}$

⑤ 모세관 현상－부착력＋응집력＝표면장력

＊모세관 현상 원인
응집력, 부착력

5 점성계수는 수온이 높으면 작아지고 수온이 감소하면 커진다.
(점성계수 감소 ⇒ 압력증가, 온도증가)

STUDY GUIDE

＊뉴턴의 점성법칙 함수
점성계수, 속도경사

6 뉴턴의 점성법칙 $\left(\tau = \mu \dfrac{dv}{dy}\right)$

① 점성계수, 속도구배
② 점성계수(μ)단위 poise=g/cm·sec
③ 동점성계수(ν)단위 stokes=cm²/sec

$$\nu = \dfrac{\mu}{\rho}$$

7 전단응력은 직선분포이고 유속분포는 포물선 분포이다.

8 차 원

① LMT계 : 길이(L), 질량(M), 시간(T)
② LFT계 : 힘(F)
③ $F = m \cdot a$ 에서 $F = MLT^{-2}$
   $M = FL^{-1}T^2$
④ μ[g/cm·sec]
   $L^{-1}MT^{-1} = L^{-1}FL^{-1}T^2T^{-1} = L^{-2}FT$
⑤ ν[cm²/sec] : L^2T^{-1}

＊이상유체
점성을 무시한 흐름

9 완전유체(이상유체)

① 비점성 유체($\mu = 0$)
② 비압축성 유체(밀도는 압력과 무관)

10 실제유체

① 점성 유체($\mu \neq 0$, 층류와 난류)
② 압축성 유체($\rho = f(p)$)

02 정수역학

＊정수압
유체가 움직여도 좋으나 유체 입자 상호간의 상대적인 움직임이 없을 때 적용

1 정수압

① 절대압력 $P = P_a + \omega h$
② 계기압력 $P = \omega h$
③ 1기압 = 1kg/cm² ≒ 10.33t/m²
④ 정수압은 방향에 관계없이 크기가 같다.
⑤ 정수압의 방향은 물체표면에 직각방향으로 작용한다.

2 수압기의 원리

① $\dfrac{P_1}{A_1} = \dfrac{P_2}{A_2}$

② 같은 액체일 때는 압력이 같다.

③ 같은 높이에서는 압력이 같다.

3 압력의 측정

① 피에조미터 : $P = \omega h$

② 경사액주계 : $P = \omega \cdot l \sin\theta$

③ U자형 액주계 : $P = \omega_2 h_2 - \omega_1 h_1$

④ 역 U자형 액주계 : $P_A - P_B = \omega_1(h_1 - h_3) + \omega_B h_2$

⑤ 시차 액주계 : $P_A - P_B = \omega_2 h + \omega_1(h_2 - h_1 - h)$

⑥ 미차 액주계 : $P_A - P_B = h\left\{(\omega_3 - \omega_2) + \dfrac{a}{A}(\omega_2 - \omega_1)\right\}$

※ U자형 액주계
- 관속의 압력이 클 때 사용
- 관의 길이를 줄이기 위해 비중이 큰 수은을 사용한다.

4 연직평면에 작용하는 수압

① $P = \omega h_G A$

② $h_c = h_G + \dfrac{I_G}{h_G \cdot A}$

5 경사평면에 작용하는 수압

① $P = \omega h_G A = \omega S_G \cdot \sin\theta A$

② $h_c = h_G + \dfrac{I_G}{h_G \cdot A} \sin^2\theta$

※ 경사평면에 작용하는 수압
수평분력과 연직분력을 구하여 합력을 구한다.

6 곡면에 작용하는 수압

① 수압의 연직분력 : 곡면을 밑면으로 하는 연직물기둥 무게이다.

② 수압의 수평분력 : 연직 투영면상에 투영된 투영면상에 작용하는 수압

③ $P = \sqrt{P_H^2 + P_V^2}$, $P_H = \omega \cdot h_G \cdot A$, $P_V = \omega \cdot V$

7 원관에 작용하는 수압

$t = \dfrac{PD}{2\sigma}$

STUDY GUIDE

＊부력
수중에 있는 물체의 상하면에 작용하는 수압의 차이와 같다.

＊부력의 작용방향
연직상향이다.

＊부체의 안정
· 우력이 0일 때 중립
· 경심고가 클수록 복원력이 크다.(부체가 안정하다.)

＊경심고
중심(G)과 경심(M)과의 거리

8 부 력

① $W = W' + B$, $B = \omega V'$
② $W = B$
③ 물체의 무게＝배제된 해수의 무게
④ $W = $ 비중$\times V$

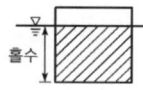

9 부체의 안정

① 안 정 $W < B$, $h > 0$, $\dfrac{I_x}{V} > \overline{GC}$
    M이 G보다 위에 있을 때

② 중 립 $W = B$, $h = 0$, $\dfrac{I_x}{V} = \overline{GC}$
    $M = G$

③ 불안정 $W > B$, $h < 0$, $\dfrac{I_x}{V} < \overline{GC}$
    M이 G보다 아래 있을 때

10 수평가속도를 받는 액체

① $\tan\theta = \dfrac{\alpha}{g} = \dfrac{(H-h)}{\dfrac{b}{2}}$

② $\alpha = \dfrac{2g(H-h)}{b}$

11 연직가속도를 받는 액체

① 상향가속도 $P = \omega h \left(1 + \dfrac{\alpha}{g}\right)$
② 하향가속도 $P = \omega h \left(1 - \dfrac{\alpha}{g}\right)$

12 회전원통속의 수면

① $h_a = \dfrac{\omega^2 a^2}{2g} + h_o$
② $\omega = \sqrt{\dfrac{2g(h - h_o)}{a^2}}$
③ 물의 회전이 밑면의 전수압에 영향을 미치지 못한다.

03 동수역학

1 흐름의 정의

① 정 류 : $\dfrac{\partial V}{\partial t}=0$, $\dfrac{\partial Q}{\partial t}=0$, $\dfrac{\partial \rho}{\partial t}=0$

② 부정류 : $\dfrac{\partial V}{\partial t}\neq 0$, $\dfrac{\partial Q}{\partial t}\neq 0$, $\dfrac{\partial \rho}{\partial t}\neq 0$

★ 정류
유속, 유량, 밀도, 압력 등이 시간에 따라 변하지 않는 흐름

2 층류와 난류 구분(관수로)

① $R_e = \dfrac{VD}{\nu}$

② $R_e < 2000$: 층류

③ $R_e > 4000$: 난류

④ $2000 < R_e < 4000$: 과도상태

★ 층류와 난류
Reynolds수에 의해 구별

3 상류와 사류의 구분

① $F_r = \dfrac{V}{C}$, $C = \sqrt{gh}$

② $V < C$, $F_r < 1$ → 상류

③ $V > C$, $F_r > 1$ → 사류

④ $F_r = 1$일 때 수심을 한계수심(한계류)

★ 사류 흐름
- 지배 단면에서 하류로 계산한다.
- 하류 흐름 상태의 영향이 상류로 전달될 수 없다.

4 연속방정식

① Euler의 연속방정식, 수류의 연속방정식, 질량 불변의 법칙

② 정류에서 $Q = A_1 V_1 = A_2 V_2$

③ 부정류에서 $\dfrac{\partial A}{\partial t} + \dfrac{\partial}{\partial S}(AV) = 0$

④ 압축성 부정류
$$\dfrac{\partial \rho}{\partial t} + \dfrac{\partial(\rho\mu)}{\partial x} + \dfrac{\partial(\rho v)}{\partial y} + \dfrac{\partial(\rho\omega)}{\partial Z} = 0$$

⑤ 압축성 정상류
$$\dfrac{\partial(\rho\mu)}{\partial x} + \dfrac{\partial(\rho v)}{\partial y} + \dfrac{\partial(\rho\omega)}{\partial Z} = 0, \ \dfrac{\partial \rho}{\partial t} = 0$$

⑥ 비압축성 정상류
$$\dfrac{\partial(\mu)}{\partial x} + \dfrac{\partial(v)}{\partial y} + \dfrac{\partial(\omega)}{\partial Z} = 0, \ \rho\text{가 붙지 않는다.}$$

★ 연속방정식
수류의 질량에 대한 식이다.

STUDY GUIDE

5 운동방정식(Euler)

① 1차원 운동 $V\dfrac{\partial V}{\partial S} = -g\dfrac{\partial Z}{\partial S} - \rho\dfrac{\partial P}{\partial x}$

② 3차원 운동
- x방향 $\rho\dfrac{d\mu}{dt} = \rho X - \dfrac{\partial P}{\partial x}$
- y방향 $\rho\dfrac{dv}{dt} = \rho Y - \dfrac{\partial P}{\partial y}$
- z방향도 같다.

*베르누이 정리
- 하나의 유선에 대하여 성립한다.
- 하나의 유선에 대하여 총에너지는 일정하다.
- 두 단면 사이에 있어서 외부와 에너지 교환이 없다고 가정한다.
- 동수경사선과 에너지선을 설명한다.

6 Bernoulli 정리(에너지 불변의 법칙)

① $\dfrac{V_1^2}{2g} + \dfrac{P_1}{\omega} + Z_1 = \dfrac{V_2^2}{2g} + \dfrac{P_2}{\omega} + Z_2 = Const$

② 토리첼리의 정리 $V = \sqrt{2gH}$ (대기압 무시, 마찰손실수두 무시)

③ 피토관 튜브 $V = \sqrt{2gH}$

④ 벤투리미터
- $\dfrac{V_1^2}{2g} + \dfrac{P_1}{\omega} = \dfrac{V_2^2}{2g} + \dfrac{P_2}{\omega}$
- $\dfrac{1}{2g}(V_1^2 - V_2^2) = \dfrac{P_1 - P_2}{\omega}$

*동수경사
동수경사선은 언제나 흐름방향으로 경사져 있다.

7 에너지선과 동수경사

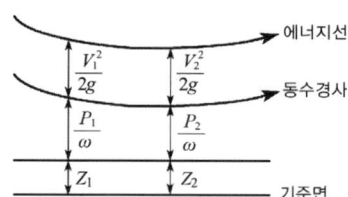

① 에너지선 − 동수경사 = $\dfrac{V_1^2}{2g}$

② 동수구배 = $\dfrac{P}{\omega} + Z$

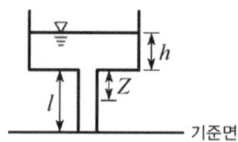

③ $P = \omega(Z - l)$

④ $Z = 10.33$ m 이상이면 자유낙하

⑤ 여기서 압력은 0이 아니다.

8 운동량과 역적

① 실제판에 작용하는 충격력

$$F = \frac{\omega}{g} Q(V_1 - V_2)$$

② 판이 받는 압력

$$F = \frac{\omega}{g} Q(V_2 - V_1)$$

③ 정지판에 직각 충돌

$$(V_2 = 0) \quad F = \frac{\omega}{g} A \cdot V_1^2$$

④ 정지판에 경사지게 충돌

$$F_x = \frac{\omega}{g} A V^2 \sin\theta$$

⑤ 정지판에 충돌($\theta < 90°$)

⑥ $F_x = \frac{\omega}{g} A V^2 (1-\cos\theta)$, $F_y = -\frac{\omega}{g} A V^2 \sin\theta$, $F = \sqrt{F_x^2 + F_y^2}$

⑦ $\theta > 90°$인 경우

$$F = \frac{\omega}{g} A V^2 (1 + \cos\theta)$$

⑧ $\theta = 180°$인 경우

$$F = \frac{\omega}{g} A V^2 (1+1) = \frac{2\omega}{g} A V^2$$

⑨ 움직이는 평판

$$F = \frac{\omega}{g} A (V-u)^2$$

⑩ 움직이는 곡면판

$$F = \frac{\omega}{g} A (V-u)^2 (1 - \cos\theta)$$

*운동량 방정식
시간에 따른 흐름의 변화가 없는 정상류를 기준한다.

9 항력(유체속에 물체가 움직일 때)

① 마찰저항(표면저항) : R_e가 작을 때 표면 저항이 크다.
② 형상저항 : 후류가 생기는 흐름
③ 조파저항 : 물체가 수면에 떠 있을 때 물체가 저항하는 항력
④ 전저항력 $D = C_D A \frac{\rho V^2}{2}$

*항력계수
$C_D = \frac{24}{R_e}$ 등으로 모두 R_e수와 관계가 있다.

10 에너지 보정계수

① $\alpha = \int_A \left(\frac{V}{V_m}\right)^3 \frac{dA}{A}$

② 층류일 때 $\alpha = 2$
난류 $\alpha = 1.01 \sim 1.1$
폭넓은 사각형 수로 $\alpha = 1.058$
보통원관 $\alpha = 1.1$

11 운동량 보정계수

① $\eta = \int_A \left(\dfrac{V}{V_m}\right)^2 \dfrac{dA}{A}$

② 원관내 층류 $\quad\quad\quad \eta = \dfrac{4}{3}$

난류 $\quad\quad\quad\quad\quad \eta = 1.0 \sim 1.05$

보통 $\quad\quad\quad\quad\quad \eta = 1$

사각형 수로에서 난류 $\eta = 1.02$

04 오리피스

*오리피스
- $H > 5d$: 작은 오리피스
- $H < 5d$: 큰 오리피스
- 오리피스의 상하단의 압력차를 무시할 수 없을 때는 큰 오리피스로 취급한다.

1 작은 오리피스 ($H > 5d$)

① $Q = CA\sqrt{2gH}$

② $C_a = \dfrac{a}{A}$, $C = C_a \cdot C_v$

③ 일반적으로 $C_a = 0.64$이고, $Q = KH^{\frac{1}{2}}$

2 큰 오리피스

$Q = \dfrac{2}{3}Cb\sqrt{2g}\left(H_2^{\frac{3}{2}} - H_1^{\frac{3}{2}}\right)$

3 수중 오리피스 ($Q = Q_1 + Q_2$)

$Q = \dfrac{2}{3}C_1b\sqrt{2g}\left(H^{\frac{3}{2}} - H_1^{\frac{3}{2}}\right) + C_2(H_2 - H)b\sqrt{2gH}$

4 관 오리피스

① $Q = Ka\sqrt{2gH}$

② $K = \dfrac{C}{\sqrt{1 - \left(\dfrac{Ca}{A}\right)^2}}$

5 오리피스의 배수시간

① 보통 오리피스

$$T = \frac{2A}{Ca\sqrt{2g}}\left(H_1^{\frac{1}{2}} - H_2^{\frac{1}{2}}\right)$$

※ 완전배수시 $\left(H^{\frac{1}{2}}\right)$

② 수중 오리피스

$$T = \frac{2A_1 A_2}{Ca\sqrt{2g}(A_1 + A_2)}\left(H^{\frac{1}{2}} - h^{\frac{1}{2}}\right)$$

※ 수위가 동등해질 때 $T = \dfrac{2A_1 A_2}{Ca\sqrt{2g}(A_1 + A_2)} H^{\frac{1}{2}}$

*보통 오리피스
수면 상부

*완전 수중 오리피스
수면 하부

6 분수 및 손실수두

① $H_v = C_v^2 H$

② 손실수두 $h_L = (1 - C_v^2)H$

③ 손실수두 h_L = 전수두 – 분수의 높이 = 전수두 – 유속수두

*사출수 수평 최대거리
최대 연직높이의 2배

7 단관

① 표준 단관 : 단관의 길이가 직경의 2~3배

 $C_a = 1$, $C = 0.83$

② 보르다 단관 : 분류가 관에 접하지 않는다.

 $C_a = 0.52$, $C_v = 0.98$, $C = 0.51$

*보르다 단관
짧은 원통형의 관이 수조 내로 직경의 d/2 정도 유입된 단관

05 위어

1 위어의 목적

① 유량 측정
② 수위 증가
③ 분수

*위어의 유량
• 수로 내의 유속 분포는 균일
• 위어 마루를 통과하는 물 입자는 수평방향으로만 운동
• 물의 점성, 흐트러짐 및 표면장력은 무시

2 완전수맥(자유월류)

① $H < 0.4 H_d$
② 불완전 수맥 : 소용돌이 발생
③ 부착 수맥 : 극단적인 경우 유량 30% 증가

STUDY GUIDE

3 전수두 = 측정수두 + 접근 유속수두 = $h + \alpha \dfrac{V_a^2}{2g}$

4 사각 위어

① $Q = \dfrac{2}{3} C b \sqrt{2g}\, h^{\frac{3}{2}}$

② 접근 유속수두(h_a)를 고려하면

$Q = \dfrac{2}{3} C b \sqrt{2g} \left\{ (h+h_a)^{\frac{3}{2}} - h_a^{\frac{3}{2}} \right\}$

③ Francis 공식

$Q = 1.84 b_o h^{\frac{3}{2}}$, $b_o = b - 0.1nh$

㉠ 양단수축 $n = 2$
㉡ 단 수 축 $n = 1$
㉢ 수축 없을 때 $n = 0$

5 삼각 위어

$Q = \dfrac{8}{15} C \tan \dfrac{\theta}{2} \sqrt{2g}\, h^{\frac{5}{2}}$

6 사다리꼴 위어

① $Q = \dfrac{2}{3} C b \sqrt{2g}\, h^{\frac{3}{2}} + \dfrac{8}{15} C \tan \dfrac{\theta}{2} \sqrt{2g}\, h^{\frac{5}{2}}$

② 치폴레티 위어 $Q = 1.86 b h^{\frac{3}{2}}$

7 광정 위어

① $Q = C b h_2 \sqrt{2g(H - h_2)}$

② 최대 월류량 $h_2 = \dfrac{2}{3} H$(한계수심)이면 $Q = 1.7 C b H^{\frac{3}{2}}$

③ $h_2 > \dfrac{2}{3} H$이면 수중 위어라 하고 계산시 수중위어 공식을 사용

④ 완전월류 : $h_2 < \dfrac{2}{3} H$

⑤ 불완전월류 : $h_2 > \dfrac{2}{3} H$

8 수중 위어

① $Q = Q_1 + Q_2$

---

* 치폴레티 위어
- 사다리꼴 단면 위어(제형 위어)로써 양단수축이 있으며, $\tan\theta = 1/4$인 경우를 말한다.
- 월류량이 가장 큰 위어이다.

② $Q = \dfrac{2}{3} C_1 b \sqrt{2g} \left\{ (h+h_a)^{\frac{3}{2}} - h_a^{\frac{3}{2}} \right\}$

③ $Q = C_2 b h_2 \sqrt{2g(h+h_a)}$

9 나팔형 위어

① $Q = C l h^{\frac{3}{2}} = C 2\pi r h^{\frac{3}{2}}$ (자유월류시)

② $Q = C a h_2^{\frac{1}{2}}$ (완전히 물속에 잠겨 있을 때)

10 벤투리 훌륨

① 수로의 도중을 축소시켜 유량 측정 장치
② 수로

★벤투리 흘륨
일반적인 경우, 상류인 경우 유속은 빨라지고 수심은 감소한다.

06 관수로

1 관수로 특성

① 자유수면을 갖지 않는다.
② 압력에 의해 흐른다.

★관수로
흐름을 지배하는 힘(두 단면 간의 압력차)과 흐름을 지속시키는 요소(점성력)

2 Hazen-Poiseuille 법칙

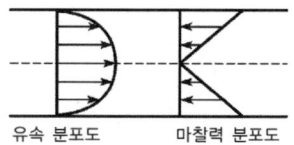

유속 분포도   마찰력 분포도

① 원관내 층류에 해당($R_e < 2000$)

② 평균유속 $V_m = \dfrac{\omega h_L}{8 \mu l} r^2$

③ 최대유속 $V_{\max} = 2 V_m$

④ 평균유량 $Q = \pi r^2 V_m$

⑤ 관벽의 마찰력 $\tau_o = \dfrac{\Delta P}{2l} \gamma$, $\Delta P = \omega h_L$

★유속 분포도
포물선

★마찰력 분포도
중심에서 마찰응력은 0, 평판으로 갈수록 마찰응력은 점차 직선적으로 증가하여 벽면에서 최대가 된다.

＊상대조도
- 관의 지름과 조도의 비
- 거친 원관 내의 난류인 흐름에서 속도분포에 영향을 준다.

3 Darcy-Weisbach의 마찰손실공식

① $h_L = f \dfrac{l}{D} \dfrac{V^2}{2g}$

② 손실수두는 조도에 비례

③ 물의 점성에 비례

4 마찰손실계수(f)

① 층류의 경우

$R_e < 2000$ 일 때 $f = \dfrac{64}{R_e}$

② 난류의 경우

$R_e > 4000$ 일 때 $f = 0.3164 R_e^{-\frac{1}{4}}$

$f = \phi''\left(\dfrac{1}{R_e}, \dfrac{e}{D}\right)$

③ 거친관의 경우 R_e가 크면 f는 $\dfrac{e}{D}$의 함수가 된다.

④ 매끈한 관이란 층류저층(벽면 부근의 층류부분)의 두께보다 작은 경우

＊마찰속도
벽면 부근의 마찰에 의한 속도를 구하는 것

5 마찰속도

① $U = \sqrt{\dfrac{\tau}{\rho}} = V\sqrt{\dfrac{f}{8}} = \sqrt{gRI}$

② 수심에 비해 폭이 매우 큰 개수로 $R ≒ h$, $U = \sqrt{ghI}$

6 Chezy 공식

① $V = C\sqrt{RI}$

② $C = \sqrt{\dfrac{8g}{f}}$, $f = \dfrac{8g}{C^2}$, $R = \dfrac{D}{4}$, $I = \dfrac{h_L}{l}$

＊Manning 공식
하천 등의 개수로 흐름, 규모가 큰 수로, 난류에 적합한 유속 공식이다.

7 Manning 공식

① $V = \dfrac{1}{n} R^{\frac{2}{3}} I^{\frac{1}{2}}$

② $f = \dfrac{124.6\, n^2}{D^{\frac{1}{3}}}$

여기서, n : 조도계수

③ $V = C\sqrt{RI} = \dfrac{1}{n} R^{\frac{2}{3}} I^{\frac{1}{2}}$ 에서 $C = \dfrac{1}{n} R^{\frac{1}{6}}$

8 손실수두

① 급확 손실수두 $h_{se} = \left(1 - \dfrac{d^2}{D^2}\right)\dfrac{V_1^2}{2g}$

② 유입 손실수두 $h_i = f_i \dfrac{V^2}{2g}$, $f_i = 0.5$

③ 유출 손실수두 $h_o = f_o \dfrac{V^2}{2g}$, $f_o = 1$

④ 기타 손실은 주어지지 않을 경우 무시한다.

*관수로 최대 손실
관마찰에 의한 손실

9 전수두

① $H = \left(f_i + f\dfrac{l}{D} + f_o\right)\dfrac{V^2}{2g} = \left(0.5 + f\dfrac{l}{D} + 1\right)\dfrac{V^2}{2g}$

② $V = \sqrt{\dfrac{2gh}{f_i + f\dfrac{l}{D} + f_o}} = \sqrt{\dfrac{2gh}{1.5 + f\dfrac{l}{D}}}$

③ $\dfrac{l}{D} > 3000$이면 마찰 이외의 손실은 무시

$Q = \dfrac{\pi D^2}{4}\sqrt{\dfrac{2gh}{f\dfrac{l}{D}}}$

10 사이펀

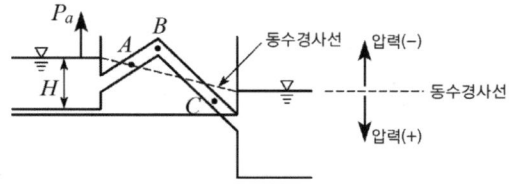

① $P = \omega h$, $P_A = 0$, $P_B < 0$, $P_C > 0$

② 베르누이 정리 $O + O + H = \dfrac{V^2}{2g} + O + O$

③ 이론수두 $H_c = \dfrac{P_a}{\omega} = 10.33\text{m}$, 실제는 8m

*사이펀
2개의 수조를 연결한 관수로의 일부가 동수경사선보다 위에 있는 관수로를 말하며 이 부분의 관내 압력은 부압이 작용한다.

11 역사이펀

계곡이나 하천을 횡단하기 위해 설치

STUDY GUIDE

★관망 이론
- 연속방정식
- 가정 유량값에 대한 보정
- 두 점 사이의 압력 강하량은 항상 일정
- Darcy–Weisbach 마찰 공식
- 평균 유속 공식
- Hazen–Williams 유속 공식

12 관망(Hardy Cross)의 근사해법 기본 가정

① 각 분기점 또는 합류점에서 유입하는 유량은 전부 유출한다.
② 각 폐합관에 대한 손실수두 합은 (0)이다. (흐름의 방향은 관계없다.)
③ 마찰 이외의 손실은 무시한다.

$$\Delta Q = -\frac{\sum KQ^2}{2\sum KQ}$$

13 수차의 동력

① $E = \omega QH \,[\text{kg} \cdot \text{m/sec}]$
② $E = 9.8 QH_e \eta \,[\text{KW}]$
③ $E = 13.33 QH_e \eta \,[\text{HP}]$
④ $1[\text{KW}] = 102[\text{kg} \cdot \text{m/sec}]$
⑤ $1[\text{HP}] = 75[\text{kg} \cdot \text{m/sec}]$
⑥ 유효수두 $H_e = H - \sum h_L$, $H_p = H + \sum h_L$

14 펌프의 동력

① $E = 9.8 \dfrac{QH_p}{\eta} [\text{KW}]$
② $E = 13.33 \dfrac{QH_p}{\eta} [\text{HP}]$
③ 합성효율 $\eta = \eta_1 \times \eta_2$

15 관수로의 배수시간

① 자유방출
$$T = \frac{2A}{aK}\left(H_1^{\frac{1}{2}} - H_2^{\frac{1}{2}}\right)$$

② 두 물통을 연결
$$T = \frac{2A_1 A_2}{aK(A_1 + A_2)}\left(H_1^{\frac{1}{2}} - H_2^{\frac{1}{2}}\right)$$

여기서, A : 물통의 단면적
a : 관의 단면적

③ 완전 배출시나 수위가 같을 때 : $H^{\frac{1}{2}}$

④ $K = \sqrt{\dfrac{2g}{1.5 + f\dfrac{l}{D}}}$

16 수격작용 및 서징, 공동현상

① 수격작용 : 급히 밸브를 개폐시 압력의 증가 및 감소 현상
② 서징 : 수압 조절수조로서 급격한 압력의 변동을 완화
③ 공동현상 : 국부적 저압이 생겨 공기덩어리가 생기는 현상으로 압력은 절대 0이 아니다.
④ Pitting : 공동현상으로 인해 순간적으로 압궤하면서 고체면에 강한 충격을 주므로 침식을 당하는 작용

☆공동현상
- 고체의 곡면부에서 생긴다.
- 공동이 생기면 pitting 작용 및 저항력 증가 등으로 부속품이 손상을 입는다.

07 개수로

1 흐름의 특징

① 자유수면을 갖는다.(수로의 경사)
② 중력의 작용

☆개수로 흐름
- 도수 중 에너지 손실 발생
- 단파 현상은 수류의 운동량 관계
- 동수경사선은 자유수면과 일치
- 개수로 흐름이나 관수로 흐름은 거의 난류이고 층류 상태의 흐름은 지하수에서나 볼 수 있다.

2 하천의 평균유속

① 표면법 $V_m = 0.85\,V_s$
② 1점법 $V_m = V_{0.6}$
③ 2점법 $V_m = \dfrac{V_{0.2} + V_{0.8}}{2}$
④ 3점법 $V_m = \dfrac{V_{0.2} + 2\,V_{0.6} + V_{0.8}}{4}$

3 평균 유속공식

① Chezy 공식 $V = C\sqrt{RI}$
② Manning 공식 $V = \dfrac{1}{n} R^{\frac{2}{3}} I^{\frac{1}{2}}$

4 수리학상 유리한 단면

① 직사각형 단면 $R = \dfrac{A}{P}$, $h = \dfrac{B}{2}$, $R = \dfrac{h}{2}$
② 사다리꼴 단면 $R_{\max} = \dfrac{h}{2}$, $l = \dfrac{B}{2}$
③ 원형단면 $R = 0.304D$, $Q = 1.064 D^{\frac{8}{3}}$
   $Q_{\max}$의 수심은 $H = 0.94D$

☆수리학상 유리한 단면
- 윤변이 최소되는 단면
- 수심을 반경으로 하는 반원을 내접원으로 하는 제형단면

STUDY GUIDE

5 수리특성곡선

① 임의점에 대한 A, R, V, Q의 비

② $\dfrac{h}{h_o}$, $\dfrac{A}{A_o}$, $\dfrac{V}{V_o}$, $\dfrac{R}{R_o}$, $\dfrac{Q}{Q_o}$

6 비에너지

① 수로바닥을 기준으로 한 단위무게의 물의 에너지

② $H_e = h + \alpha \dfrac{V^2}{2g}$

＊한계수심
- 최소 비에너지에 대한 수심 (유량이 일정할 때)
- 프루드수 $F_r = 1$일 때

7 한계수심

① 유량이 최대의 속도로 흘러갈때의 수심

② $h_c = \left(\dfrac{n\alpha Q^2}{gb^2}\right)^{\frac{1}{2n+1}}$, $h = \left(\dfrac{Q}{bC\sqrt{I}}\right)^{\frac{2}{3}}$

③ $Q_{\max}$ 일 때 $h_c = \dfrac{2}{3}H_e$ (비에너지는 최소가 된다.)

④ 사각형 단면일 때

$h_c = \left(\dfrac{\alpha Q^2}{gb^2}\right)^{\frac{1}{3}}$, $h_c = \dfrac{2}{3}H_e$

⑤ 포물선 단면일 때

$h_c = \left(\dfrac{1.5\alpha Q^2}{gb^2}\right)^{\frac{1}{4}}$, $h_c = \dfrac{3}{4}H_e$

⑥ 삼각형 단면일 때

$h_c = \left(\dfrac{2\alpha Q^2}{gm^2}\right)^{\frac{1}{5}}$, $h_c = \dfrac{4}{5}H_e$

＊상류
수심이 한계수심보다 크고 유속은 한계유속보다 작은 흐름

＊사류
수심은 한계수심보다 작으며 유속은 한계유속보다 큰 흐름

8 상류와 사류의 구분

① 한계유속일 때

$V_c = \sqrt{gh_c}$, $F_{rc} = \dfrac{V_c}{\sqrt{gh_c}} = 1$

② $F_r = \dfrac{V}{C} = \dfrac{V}{\sqrt{gh}}$

③ 상류일 때

$V < V_c$, $F_r < 1$, $h_c < h$, $I < \dfrac{g}{\alpha C^2}$, $\left(\dfrac{\alpha Q^2}{gb^2}\right)^{\frac{1}{3}} < \left(\dfrac{Q}{Cb\sqrt{I}}\right)^{\frac{2}{3}}$

④ 사류일 때

$$V > V_c,\ F_r > 1,\ h_c > h,\ I > \frac{g}{\alpha C^2},\ \left(\frac{\alpha Q^2}{gb^2}\right)^{\frac{1}{3}} > \left(\frac{Q}{Cb\sqrt{I}}\right)^{\frac{2}{3}}$$

⑤ 한계류 $I_c = \dfrac{g}{\alpha C^2}$

9 한계 레이놀즈수(R_e)

① $R_e = \dfrac{VR}{\nu}$

② 관수로 $R_e = \dfrac{VD}{\nu}$

③ 넓은 직사각형수로 $h \fallingdotseq R$, $R_e = \dfrac{Vh}{\nu}$

④ 층류 $R_e < 500$

⑤ 난류 $R_e > 500$

10 도 수

① 사류에서 상류로 변할 때 맴돌이 현상

② $h_2 = \dfrac{h_1}{2}\left(-1 + \sqrt{1 + 8F_r^2}\right)$

③ 에너지 손실 $\Delta H_e = \dfrac{(h_2 - h_1)^3}{4h_2 h_1}$

④ 완전 도수 $F_r \geq \sqrt{3}$

⑤ 파상 도수 $1 < F_r < \sqrt{3}$

⑥ $F_r = 1$ 이면 한계류(도수가 일어나지 않는다.)

⑦ 지배단면 : 상류에서 사류로 변하는 단면

⑧ 도수전이나 후에 변하지 않는 것 : 비력, 유량

11 비력(충력치)

$$M = h_G A + \eta \frac{QV}{g}$$

12 부등류의 수면형

① 배수곡선($h > h_o > h_c$) : 상류댐 또는 Weir 등 설치시
② 저하곡선($h_o > h > h_c$) : 폭포같은 것, 볼록한 곡선 형태

＊완전 도수
수면은 급경사를 이루고 상승하며 급사면에 큰 맴돌이 현상 생기는 도수

＊파상 도수
도수 부분은 파장을 이루고 맴돌이도 그리 크지 않은 경우

＊비력(충력치)
물의 충격에 의해서 생기는 힘

※ 곡선수로
사류 흐름이 있는 경우 충격파가 발생한다.

13 곡선수로

① 상류의 경우 V×R=Const(일정)
② 안쪽의 유속이 가장 크다.
③ 사류의 경우(충격파) $\sin\beta = \dfrac{1}{F_r}$

여기서, β : 마하각

14 기본 운동방정식

① 부등류 $\dfrac{\partial V}{\partial t} = 0$

$$-i + \frac{dh}{dx} + \alpha\frac{d}{dx}\left(\frac{V^2}{2g}\right) + \frac{V^2}{C^2R} = 0$$

② 등류 $\dfrac{\partial V}{\partial t} = 0, \ \dfrac{\partial h}{\partial x} = 0, \ \dfrac{dV}{dx} = 0$

$$I = i = f\frac{1}{4R}\frac{V^2}{2g} = \frac{V^2}{C^2R}$$

08 지하수와 유사이론

※ Darcy 법칙
- 투수계수는 지하수 특성과 관계 있다.
- 모세관 현상은 고려하지 않는다.

1 Darcy 법칙의 적용 범위

① 지하수의 흐름이 층류인 경우에 잘 맞는다.
② $R_e < 4$
③ $V_s = \dfrac{V}{n} = \dfrac{KI}{n}$

2 Dupuit의 침윤선 공식

$q = \dfrac{K}{2l}(h_1^2 - h_2^2)$

※ 집수암거
지하수위 아래 물을 집수시킬 목적으로 깊게 설치한 것

3 불투수층에 달하는 집수암거

① $Q = \dfrac{Kl}{R}(H^2 - h_0^2)$
② 일면 집수시 $Q \times \dfrac{1}{2}$

4 굴착정

① $Q = \dfrac{2\pi aK(H-h_o)}{2.3\log\left(\dfrac{R}{r_o}\right)}$

여기서, a : 대수층 두께

② 피압대수층 : 지하수가 자유수면을 갖지 않는 상태

5 깊은 우물(심정호)

$Q = \dfrac{\pi K(H^2-h_o^2)}{2.3\log\left(\dfrac{R}{r_o}\right)}$

6 얕은 우물(천정호)

① 집수정 바닥이 수평인 경우

  $Q = 4Kr_o(H-h_o)$

② 둥근 경우

  $Q = 2\pi Kr_o(H-h_o)$

7 유사이론

① 부유사 : 유수속에 퍼서 이동되는 토사
② 소류사(하상유사) : 수로바닥 근처에서 이동되는 토사
③ 총유사량 : 부유유사량 + 소류사량

8 소류력

① 유수가 윤변에 작용하는 마찰력

② 소류력 $\tau_o = \omega RI = \omega R\dfrac{h}{l}$

③ 한계 소류력 $D = C_D A\dfrac{\rho V^2}{2}$

④ 마찰속도 $V = \sqrt{gRI} = \sqrt{ghI}$

9 상사성

① 기하학적 상사성 : 형태만을 생각, 수심, 길이 등(체적)
② 운동학적 상사성 : 운동의 모양을 생각, 속도, 시간 등
③ 동역학적 상사성 : 힘, 질량비

★굴착정
불투수층을 뚫고 내려가서 피압대수층의 물을 양수하는 우물

★심정호
불투수층까지 파내려간 우물

★한계 소류력
유체의 소류력에 의해 하상의 토사가 움직이기 시작할 때 소류력

★상사성(유사성, 관계성)
실험실에서 실험을 실제 자연에 적용하는 관계성

10 상사의 법칙

① Froude의 법칙 : 중력과 관성력이 흐름을 지배(개수로에 적용)
② Reynolds의 법칙 : 마찰력 또는 점성력이 흐름을 지배(관수로에 적용)
③ Weber의 법칙 : 표면장력이 지배(바다의 해양에 적용)
④ Cauchy의 법칙 : 압축성 유체가 유동할 때 탄성력이 지배

09 수문학

★ 물의 순환
- 물이 육지에서 대기 중으로 다시 육지로 내려오는 과정
- 물의 순환은 증발 – 강수 – 차단 – 증산 – 침투 – 침루 – 저유 – 유출 등의 과정이 계속 순환

1 물의 순환

강수량(P) = 유출량(R) + 증발산량(E) + 침투량(C) + 저유량(S)

2 상대습도

$$h = \frac{e}{e_s} \times 100(\%)$$

3 풍속과 고도에 따른 경험식

$$\frac{V}{V_o} = \left(\frac{Z}{Z_o}\right)^K$$

★ 강수
- 비, 눈 또는 우박 등과 같이 지상에 강하한 수분량을 강수량이라 한다.
- 강수량 중 대부분이 비인 관계로 강우량이라 한다.

4 강수기록의 추정방법

① 산술평균법 : 정상 년 평균 강수량의 차가 10% 이내인 경우

$$P_x = \frac{1}{3}(P_A + P_B + P_C)$$

② 정상 년 강우량 비율법 : 3개의 관측소 중 어느 한 개라도 10% 이상의 차가 있을 때

$$P_x = \frac{N_x}{3}\left(\frac{P_A}{N_A} + \frac{P_B}{N_B} + \frac{P_C}{N_C}\right)$$

③ 단순 비례법

$$P_x = \frac{P_A}{N_A} N_x$$

★ 강우강도
- 단위시간에 내린 강우량
- 강우강도가 클수록 강우가 계속되는 기간은 짧다.

5 강우강도와 지속시간 관계

① Talbot 형 $I = \dfrac{a}{t+b}$

② Sherman 형 $I = \dfrac{c}{t^n}$

③ Japanese 형 $I = \dfrac{d}{\sqrt{t} + e}$

④ $I = \dfrac{KT^x}{t^n}$

6 평균 강우량 산정

(1) 산술평균법
① 유역면적이 $500\,\mathrm{km}^2$ 미만(평야지역)
② $P_m = \dfrac{\Sigma P}{N}$

(2) Thiessen의 가중법
① 유역면적이 $500 \sim 5000\,\mathrm{km}^2$(널리 사용)
② $P_m = \dfrac{\Sigma AP}{\Sigma A}$

(3) 등우선법
① 유역면적이 $5000\,\mathrm{km}^2$ 이상(산악영향 고려)
② $P_m = \dfrac{\Sigma AP_{im}}{\Sigma A}$

7 DAD 해석

우량깊이 – 유역면적 – 강우지속기간 관계 수립

8 증발접시계수 = $\dfrac{\text{저수지의 증발량}}{\text{접시의 증발량}}$

9 증발에 영향을 미치는 인자

① 물과 공기의 온도, 바람, 상대습도, 수질, 수표면의 성질과 형상 등
② 증발(액체 → 기체)
③ 승화(고체 → 기체)
④ 증산(식물의 엽면을 통해 방출되는 현상)

10 물 수지 원리의 산정

$E = P + I \pm U - O \pm S$

★평균 강우량 산정
강우 계측망의 밀도가 높을수록 실제 우량과의 편차가 적다.

★DAD 해석
Depth, Area, Duration

★침투
지상에 내린 물이 토양면을 통해 스며들어 중력 영향으로 계속 지하로 이동하여 지하수면에 도달하는 현상(불투수층까지 도달해야 하는 건 아니다.)

11 증발량의 산정 방법

① 물수지 원리
② 에너지 수지 원리
③ Peman의 이론
④ Thornthwaite – Holzman의 공식

12 침투능 추정 방법

① ø – index 법
② W – index 법

＊합리식
- 작은 유역에 적용
- 불투수층 지역이라 가정
- 배수지역 내의 호우강도와 첨두유량과의 관계를 나타내는 경험식

13 합리식에 의한 홍수량

$$Q = \frac{1}{3.6}CIA = 0.2778\,CIA \;\; (5\,\text{km}^2 \text{ 이상 사용금지})$$

14 유출 해석의 분류

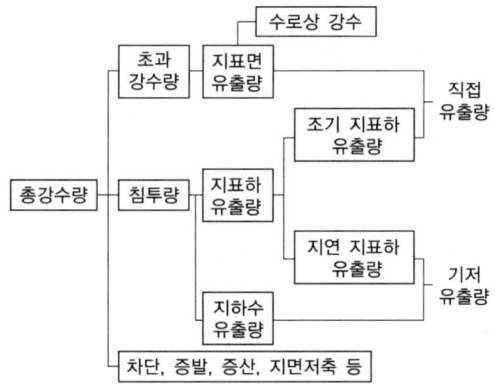

① 직접 유출량 : 강수 후 비교적 짧은 시간에 하천에 흘러 들어가는 부분 (유효 강우)
② 기저 유출량 : 비가 오기 전의 건조시 유출

15 수위 유량 관계 곡선 추정 방법

① 전대 수지법
② Stevens 방법
③ Manning 공식에 의한 방법

16 단위도(단위 유량도)

① 직접유출량, 유효우량 지속시간, 유역면적 등이 관련
② 유출 수문곡선으로부터 기저유출과 직접유출을 분리
③ S-curve를 이용하여 단위도의 단위시간 변경 가능
④ Snyder의 합성단위도법 연구
⑤ 일정 기저시간 가정, 중첩가정, 비례가정

STUDY GUIDE

＊단위도의 비례가정법
긴 강우 기간을 가진 단위도로부터 짧은 강우 기간을 가진 단위도로 변환하기 위해서 사용하는 방법

CHAPTER IV 철근콘크리트 및 강구조

01 철근콘크리트의 기본 개념

1 RC의 성립 이유
① 철근과 콘크리트의 부착강도가 크다.
② 콘크리트 속의 철근은 부식하지 않는다.
③ 철근은 인장에 강하고 콘크리트는 압축에 강하다.
④ 두 재료는 열팽창계수가 거의 같다.

2 RC의 장·단점
① 치수, 형상에 제약을 받지 않는다.
② 내구적, 내화적
③ 균열 발생
④ 시공이 복잡
⑤ 중량이 크다.(댐에서는 장점)

*콘크리트 탄성계수
할선 탄성계수

3 콘크리트의 탄성계수
① 콘크리트의 단위질량 $m_c = 1450 \sim 2500 \text{kg/m}^3$의 경우
$$E_c = 0.077 m_c^{1.5} \sqrt[3]{f_{cu}} \; [\text{MPa}]$$
② 보통 골재를 사용한 콘크리트의 단위질량 $m_c = 2300 \text{kg/m}^3$의 경우
$$E_c = 8500 \sqrt[3]{f_{cu}} \; [\text{MPa}]$$
여기서, $f_{cu} = f_{ck} + \Delta f [\text{MPa}]$
Δf는 f_{ck}가 40 MPa 이하 4 MPa, f_{ck}가 60 MPa 이상 6 MPa이며, 그 사이는 직선보간한다.

*크리프
• 온도가 높을수록 증가한다.
• 단면이 클수록 작다.
• 작용 응력 크기에 비례한다.

4 크리프의 특징
① 5년 후면 크리프 완료
② $\dfrac{W}{C}$ 클수록 크리프 증가
③ 단위 시멘트량 많을수록 증가
④ 상대습도 높을수록 감소

5 크리프 계수

① $\phi = \dfrac{\epsilon_c}{\epsilon_e}$

② 옥내 $\phi = 3$, 옥외 $\phi = 2$, 수중 $\phi = 1$ 이하

6 건조수축 특징

① 단위수량과 시멘트량이 많으면 건조수축 크다.
② RC는 건조수축시 철근은 압축, 콘크리트에는 인장력 발생
③ 건조수축계수
 - 라멘 0.00015
 - 아치 0.00015(철근량 0.5% 이상)
    0.0002(철근량 0.1~0.5%)
④ 수중에서 거의 일어나지 않는다.

★ 건조수축 영향
부재 표면은 인장이 발생되어 균열 발생의 원인이 된다.

7 철근의 용도

(1) 주철근
 정철근 : +휨모멘트
 부철근 : −휨모멘트] 에 의해 일어나는 인장응력을 받도록 배치한 철근

(2) 배력철근
 ① 주철근의 위치 확보
 ② 건조수축에 의한 균열 방지

(3) 조립용 철근
 보조적인 철근으로 위치 확보가 주목적

★ 배력철근
 - 응력(하중)을 고르게 분포시킨다.
 - 온도변화에 의한 수축을 감소시킨다.
 - 주철근에 직각 또는 직각에 가까운 방향으로 배치한다.

02 구조물의 역학적 거동과 설계

1 휨응력

$f = \dfrac{M}{I} y$

2 전단응력

$v = \dfrac{V \cdot G}{I \cdot b}$

STUDY GUIDE

∗강도 설계법
안전성에 중점을 둔 설계법으로 사용성(처짐, 균열 등)은 별도로 검토해야 한다.

3 설계법 비교

허용응력 설계법	강도 설계법
사용하중(실제, 작용)	극한하중(미리 많이 가해본 하중)
응력개념	강도개념
탄성	소성
허용응력 규제해서 안전 고려	사용하중에 하중계수로 안전 고려

4 유효환산 단면적(A')

$$f_c = \frac{P}{A'} = \frac{P}{A_g + (n-1)A'_s}$$

$(2n-1)$은 장기하중 또는 압축철근에 적용

5 탄성계수비

$$n = \frac{E_s}{E_c}$$

① 소성이며 장기하중일 때는 n배가 아닌 $2n$배로 취한다.
② $E_s = nE_c$

6 Hooke 법칙

① $\varepsilon_c = \dfrac{f_c}{E_s} = \dfrac{f_s}{E_s}$ (열 팽창계수가 거의 같아서)

② $f_s = \dfrac{E_s}{E_c} f_c$

③ $f_s = nf_c$ (단기하중이면 탄성체인 허용응력)

03 강도 설계법

1 가 정

① 콘크리트의 최대 변형률 $0.0033(f_{ck} \leq 40\,\text{MPa})$, 이때 $f_y \leq 600\,\text{MPa}$
② 변형률은 중립축으로부터의 거리에 비례
③ 콘크리트의 인장강도 무시

2 $a = \beta_1 \cdot c$

① $\beta_1 = 0.8 (f_{ck} = 40\text{MPa}$까지$)$

② β_1 값은 40MPa 초과할 때 10MPa씩 증가하면 0.0001씩 감소

3 하중계수

$U = 1.2D + 1.6L$

4 단철근 직사각형보($f_{ck} \leq 40\,\text{MPa}$)

① $c_b = \dfrac{660}{660 + f_y} \cdot d = \dfrac{0.0033}{0.0033 + \dfrac{f_y}{E_s}} \cdot d$

② $\rho_b = \dfrac{0.85 f_{ck} \beta_1}{f_y} \cdot \dfrac{660}{660 + f_y}$

  ㉠ $\rho_{\max} = \dfrac{\varepsilon_{cu} + \varepsilon_y}{\varepsilon_{cu} + \varepsilon_t} \cdot \rho_b$

    여기서, $\varepsilon_y = \dfrac{f_y}{E_s}$

  ㉡ $\rho_{\min} = \dfrac{0.25\sqrt{f_{ck}}}{f_y}$ 또는 $\dfrac{1.4}{f_y}$ 중 큰 값 이상

③ $a = \dfrac{A_s \cdot f_y}{0.85 f_{ck} \cdot b}$

④ $\phi M_n = \phi A_s f_y \left(d - \dfrac{a}{2}\right) = \phi \left[f_{ck} q \cdot b \cdot d^2 (1 - 0.59 q)\right] = \phi (0.85 f_{ck} ab)\left(d - \dfrac{a}{2}\right)$

  $q = \dfrac{f_y \cdot \rho}{f_{ck}}$

5 복철근 직사각형보

① $a = \dfrac{(A_s - A_s')f_y}{0.85 f_{ck} \cdot b}$

② $\phi M_n = \phi \left[A_s' f_y (d - d') + (A_s - A_s') f_y \left(d - \dfrac{a}{2}\right)\right]$

③ 복철근 단면 설계 이유

  ㉠ 단면 크기가 제한 받는 경우
  ㉡ 정(+), 부(−) 모멘트가 한 단면에 반복되는 경우
  ㉢ 부재의 처짐을 극소화시켜야 할 경우
  ㉣ 연성을 증가시킬 경우

★휨 부재 설계
- 균형 철근비의 최소 허용 변형률에 해당되는 철근비 이내의 과소 철근보로 설계한다.
- 최대 철근비, 최소 철근비를 규정한 이유는 부재의 급작스런 (취성) 파괴를 방지하기 위해서이다.

STUDY GUIDE

＊T형보
보와 슬래브가 일체가 된 구조로 정(+)의 휨 모멘트를 받는다면 슬래브도 보의 상부와 함께 압축을 받으며 하나의 보로 거동하는 것

6 T형보

플랜지 유효폭의 결정

Ⓐ T형보
- (양쪽으로 각각 내민 플랜지 두께의 8배)+b_w
- 양쪽 슬래브의 중심간 거리
- 보의 경간의 $\frac{1}{4}$

⇒ 이 중에서 가장 작은 값

Ⓑ 반T형보
- (한쪽으로 내민 플랜지 두께의 6배)+b_w
- (보의 경간의 $\frac{1}{12}$)+b_w
- (인접보와의 내측거리의 $\frac{1}{2}$)+b_w

⇒ 이 중에서 가장 작은 값

① T형보 판정 : $c>t$, $a>t$

② 폭 b인 직사각형보 : $c \leq t$, $a \leq t$

③ 폭 b인 구형보 $a = \dfrac{A_s f_y}{0.85 f_{ck} b} = \dfrac{\rho d f_y}{0.85 f_{ck}}$

여기서, $\begin{cases} a \leq t : \text{폭 b인 직사각형보} \\ a > t : \text{T형보} \end{cases}$

④ 인장측 철근을 $a=t$ 경우

$$A_s = \dfrac{0.85 f_{ck} \cdot t \cdot b}{f_y}$$

⑤ 플랜지 단면 압축력과 평형의 경우

$$A_{sf} = \dfrac{0.85 f_{ck} t_f (b-b_w)}{f_y}$$

⑥ 폭 b_o인 직사각형 단면의 압축력과 평형 $\left(c = \dfrac{a}{\beta_1} > t\right)$

$$a = \dfrac{(A_s - A_{sf})f_y}{0.85 f_{ck} b_w}$$

⑦ $\phi M_n = \phi \left[A_{sf} f_y \left(d - \dfrac{t}{2} \right) + (A_s - A_{sf}) f_y \left(d - \dfrac{a}{2} \right) \right]$

7 장기처짐=단기처짐×$\dfrac{\xi}{1+50\rho'}$

① 장기처짐계수 $\lambda_\Delta = \dfrac{\xi}{1+50\rho'}$

② 장기처짐=순간처짐(탄성처짐)×장기처짐계수

③ 최종처짐＝순간처짐(탄성처짐)＋장기처짐

여기서, ξ : 시간경과계수
ρ' : 압축철근비 $\left(\dfrac{A_s{'}}{bd}\right)$

④ 지속하중에 대한 시간경과계수(ξ)
   ㉠ 5년 이상 : 2.0
   ㉡ 12개월 : 1.4
   ㉢ 6개월 : 1.2
   ㉣ 3개월 : 1.0

8 강도감소계수(ϕ)

① 휨 부재 $\phi = 0.85$
② 전단, 비틀림 $\phi = 0.75$
③ 나선 철근 부재 $\phi = 0.7$
④ 기타 부재(띠철근) $\phi = 0.65$

★강도감소계수(ϕ)
재료의 강도나 설계 및 시공상의 오차 등에 따른 위험에 대비하기 위해서 사용한다.

04 보의 전단 설계

1 강도설계법

① $V_u \leqq \phi V_n, \quad V_n = V_c + V_s$

② $V_c = \dfrac{1}{6} \lambda \sqrt{f_{ck}}\, b_w d$

③ $V_s = \dfrac{A_v f_{yt} d}{s}$

④ $V_s = \dfrac{A_v f_{yt}(\sin\alpha + \cos\alpha)d}{s}$

⑤ $V_s \leqq \dfrac{2}{3}\sqrt{f_{ck}}\, b_w d$

$V_s > \dfrac{2}{3}\sqrt{f_{ck}}\, b_w d$ 이면 보의 단면을 크게 한다.

⑥ 스터럽 간격 : $0.5d$ 이하, 600mm 이하

$V_s > \dfrac{1}{3}\lambda \sqrt{f_{ck}}\, b_w d$ 이면 $\dfrac{d}{4}$ 이하, 300mm 이하

⑦ $\dfrac{1}{2}\phi V_c < V_u < \phi V_c$ 일 경우 $A_v = 0.35\dfrac{b_w s}{f_{yt}}$

여기서, $f_y = 500\text{MPa}$ 이하

⑧ $s = \dfrac{\phi A_v f_{yt} d}{V_u - \phi V_c}$

★스터럽 배근
콘크리트의 사인장 균열을 막기 위해 배치한다.

05 정착 및 이음

1 정착 종류

① 매입길이
② 갈고리
③ T형 용접

2 철근의 부착에 영향을 주는 요소

① 철근의 표면상태(이형철근>원형철근)
② 콘크리트의 강도
③ 철근의 지름
④ 철근의 덮개
⑤ 철근의 배치 방향
⑥ 콘크리트의 배합, 다지기

3 매입길이

(1) 인장철근의 기본 정착 길이(D_{35} 이하)

$$l_{db} = \frac{0.6\, d_b \cdot f_y}{\lambda \sqrt{f_{ck}}} \geq 300\text{mm}$$

$l_d = $ 보정계수$\times l_{db}$

(2) 표준갈고리의 기본 정착 길이

$$l_{hb} = \frac{0.24\, \beta\, d_b f_y}{\lambda \sqrt{f_{ck}}}$$

$l_{dh} = $ 보정계수$\times l_{hb} \geq 150\text{mm} \geq 8d_b$

(3) 압축철근의 기본 정착 길이

$$l_{db} = \frac{0.25\, d_b \cdot f_y}{\lambda \sqrt{f_{ck}}} \geq 0.043 f_y \cdot d_b$$

$l_d = $ 보정계수$\times l_{db} \geq 200\text{mm}$

(4) 규정된 겹이음 길이 증가량
  ① 3개 철근다발 : 20%
  ② 4개 철근다발 : 33%

★ 철근의 부착
- 피복 두께가 클수록 부착이 좋다.
- 같은 양의 철근을 배근할 때 굵은 철근보다는 가는 철근을 여러 개 사용하는 것이 부착에 유리하다.

(5) 겹이음(이형 인장철근)
   ① A급 이음 : $1.0l_d$
   ② B급 이음 : $1.3l_d$이며 단 300mm 이상

4 철근덮개 이유

① 철근 산화 방지
② 내화구조
③ 부착응력 확보
④ 침식, 염해로부터 보호

5 주철근 수평순간격

① 25mm 이상
② 나선철근과 띠철근 기둥에서 축방향 철근의 순간격은 40mm 이상, 철근 공칭지름의 1.5배 이상
③ 철근의 공칭지름 이상

6 주철근 중심간격

벽체 또는 슬래브에서 휨 주철근의 간격은 벽체나 슬래브 두께의 3배 이하로 하고 또한 450mm 이하로 한다.

7 철근의 이음

① 이어대지 않는 것 원칙
② D35 초과 철근은 겹이음이 안된다.(용접이음 한다.)
③ 겹이음길이는 인장철근이 압축철근보다 커야 한다.
④ 최대 인장응력이 일어나는 곳은 가능한 이음 피한다.
⑤ 용접이음은 철근 항복강도 125% 이상의 인장력을 발휘할 수 있는 맞댐 용접을 한다.
⑥ 휨부재에서 겹침이음된 철근은 겹침이음길이의 1/5, 150mm 중 작은 값 이상 떨어지지 않을 것
⑦ 한 다발 내에서 각 철근의 이음은 한 곳에 중복되지 않아야 한다.

*철근의 이음
- 이음이 부재의 한 단면에 집중되지 않게 하는 것이 좋다.
- 압축철근의 겹침이음 길이는 인장철근의 겹침이음 길이보다 길 필요는 없다.

STUDY GUIDE

06 기둥

* **철골 압축재의 좌굴 한정성**
좌굴 길이가 길어지면 압축재의 안정성면에서 불리하다.

1 장주의 종류

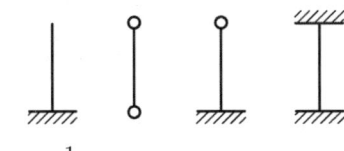

① $n = \dfrac{1}{4}$ 1   2   4

② $P_b = \dfrac{n \cdot \pi^2 \cdot E \cdot I}{l^2}$

* **회전 반지름**
$r = \sqrt{\dfrac{I}{A}}$

2 장·단주의 판별

① 횡방향 상대변위가 방지된 경우($K=1$)

$\dfrac{K \cdot l}{r} < 34 - 12\dfrac{M_1}{M_2}$: 단주

$\dfrac{K \cdot l}{r} \geq 34 - 12\dfrac{M_1}{M_2}$: 장주

② 횡방향 상대변위가 방지 안된 경우($K > 1$)

$\dfrac{K \cdot l}{r} < 22$: 단주

$\dfrac{K \cdot l}{r} \geq 22$: 장주

3 기둥의 설계강도

① 나선철근기둥($\phi = 0.7$)
$P_u = \phi P_n = \phi 0.85 \left(0.85 f_{ck} \cdot A_c + f_y \cdot A_{st} \right)$

② 띠철근 기둥($\phi = 0.65$)
$P_u = \phi P_n = \phi 0.8 \left(0.85 f_{ck} \cdot A_c + f_y \cdot A_{st} \right)$

4 기둥단면 설계시 철근비를 1~8% 제한하는 이유

① 콘크리트 크리프와 건조수축의 영향을 최소화
② 철근량 많으면 비경제적, 콘크리트 타설 곤란
③ 콘크리트 타설 때 재료 분리로 인한 결함 보완
④ 예기치 않은 휨에 저항하기 위해

5 띠 철근의 간격

① 축방향 철근 지름의 16배 이하
② 띠 철근 지름의 48배 이하
③ 기둥단면의 최소치수 이하

} 가장 작은 값

6 나선 철근비

$$\rho_s = \frac{\text{나선철근의 전체적}}{\text{심부체적}} = 0.45\left(\frac{A_g}{A_{ch}} - 1\right)\frac{f_{ck}}{f_{yt}} \text{ 이상}$$

여기서, $\begin{bmatrix} f_{yt} = 700\text{MPa 이하} \\ f_{ck} = 21\text{MPa 이상} \end{bmatrix}$

★압축부재 나선철근
나선철근의 정착은 각 나선철근 끝에서 1.5 회전만큼 더 연장해야 한다.

7 띠철근 기둥의 구조세목

① 최소치수 200mm, 단면적 60000mm^2 이상(단, 보조기둥 최소치수 15cm)
② 축방향 철근은 16mm 이상, 4개 이상(사각형 단면), 3개 이상(삼각형 단면), 철근비는 1% 이상, 8% 이하
③ D35 미만의 축방향 철근 → D10 이상의 띠철근 사용
④ D35 이상의 철근과 축방향 철근 다발 → D13 이상의 띠철근 사용

8 편심거리 파괴 형태

① 압축파괴 $e < e_b$, $P_u > P_b$
② 인장파괴 $e > e_b$, $P_u < P_b$
③ 평형하중 $e = e_b$, $P_u = P_b$

여기서, $\begin{bmatrix} e: \text{편심거리} \\ e_b: \text{평형 편심거리} \\ P_u: \text{극한하중} \\ P_b: \text{평형하중} \end{bmatrix}$

07 슬래브

1 슬래브의 개요

① 1방향 슬래브 : 슬래브의 장변이 단변의 2배 이상

$$\left(\frac{L}{S} \geq 2,\ \frac{S}{L} \leq 0.5\right)$$

② 2방향 슬래브 : 슬래브의 장변이 단변의 2배 이하

$$\left(\frac{L}{S} < 2,\ 0.5 < \frac{S}{L} \leq 1.0\right)$$

★슬래브 설계
- 판 이론에 의함이 원칙이나 보통 근사해법에 의해 설계한다.
- 강도설계법에서는 그 방향 슬래브이건 플랫 슬래브이건 직접 설계법이나 등가 라멘법에 의한다.

STUDY GUIDE

*1방향 슬래브 설계
- 짧은 변 방향을 경간으로 하는 폭 1m의 보로 보고 설계한다.(하중의 대부분이 단변 방향으로 작용하기 때문)
- 수축·온도철근은 슬래브 두께의 5배 이하, 450mm 이하로 한다.

2 전단력에 대한 위험 단면

① 1방향 슬래브 : 지점에서 d인 곳

② 2방향 슬래브 : 지점에서 $\dfrac{d}{2}$인 곳

3 집중하중 P가 작용시 하중 분배

① 장변 부담하중 $P_L = \dfrac{S^3}{L^3 + S^3} \cdot P$

② 단변 부담하중 $P_S = \dfrac{L^3}{L^3 + S^3} \cdot P$

4 등분포 하중 ω가 작용시 하중 분배

① 장변 부담하중 $\omega_L = \dfrac{S^4}{L^4 + S^4} \cdot \omega$

② 단변 부담하중 $\omega_S = \dfrac{L^4}{L^4 + S^4} \cdot \omega$

5 슬래브 구조 상세

① 1방향 슬래브 두께는 100mm 이상
② 정·부 철근의 중심 간격은 최대 휨모멘트가 일어나는 단면에서 슬래브 두께의 2배 이하, 300 mm 이하, 기타 단면에서는 3배 이하, 400mm 이하
③ 철근비는 항상 0.0014 이상
④ 2방향 슬래브의 위험 단면에서 철근의 간격은 슬래브 두께의 2배 이하, 30cm 이하

08 옹벽

1 옹벽의 안정

① 전도에 대한 안정(옹벽 저면의 중앙 $\dfrac{1}{3}$ 이내 작용 → 합력)

$$\text{안전율 } F = \dfrac{\text{저항모멘트}}{\text{전도모멘트}} = \dfrac{M_r}{M_o} \geq 2.0$$

② 활동에 대한 안정(수동토압 무시하고 마찰저항력 → 안정 검토)

$$\text{안전율 } F = \dfrac{\text{수평저항력}}{\text{수평력}} = \dfrac{V \cdot \tan\phi}{H} \geq 1.5$$

③ 지반 지지력에 대한 안정($q_{\max} < q_a$ → 안정)

2 옹벽 설계

앞부벽식	뒷부벽식
앞부벽 : 직사각형보	뒷부벽 : T형보
전면벽 : 2방향 슬래브	전면벽 : 2방향 슬래브
저 판 : 고정, 연속보	저 판 : 고정, 연속보

※옹벽 설계
- 부벽식 옹벽의 전면벽은 3변 지지된 2방향 슬래브로 설계한다.
- 전면벽의 두께는 수직 또는 수평 받침점간 거리 중에서 작은 값의 1/25 이상이어야 하고, 또한 100mm 이상이어야 한다.

3 배력철근 설치

① 뒷부벽식 옹벽(전면벽, 저판) : 인장철근의 20% 이상
② 앞부벽식 옹벽(전면벽) : 인장철근의 20% 이상

4 덮 개

① 노출부위 : 3cm 이상
② 흙과 접하는 부위 : 5cm 이상

5 배수공

① ∅6.5cm 이상의 배수공을 4.5m 간격
② 뒷부벽식은 각 부벽 사이에 1개 이상
③ 배수층 두께는 30cm 이상

09 확대 기초

1 휨모멘트에 대한 위험단면

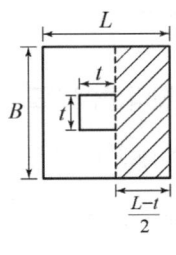

① $M = [힘] \times 거리$
$= [응력 \times 단면적] \times 도심까지 거리$
$= \left[q \times \dfrac{L-t}{2} \cdot B \right] \times \dfrac{L-t}{2} \times \dfrac{1}{2}$
$= q \cdot B \cdot \dfrac{(L-t)^2}{8}$

② 철근콘크리트 기둥을 지지하는 확대 기초 → 기둥의 전면을 위험단면으로
③ 직사각형이 아닌 기타 기둥일 경우 : 등가 정사각형으로 환산 → 그 전면을 위험 단면으로
④ 강재기둥 지지할 경우 : 강철저판의 연단과 기둥전면과의 중간선을 위험 단면으로

STUDY GUIDE

∗ 캔틸레버 확대기초
보가 휨 모멘트를 부담하고, 확대기초는 연직하중만 부담하는 것으로 본다.

2 확대기초의 하단 철근부터 단면 상부까지의 높이

① 흙 위에 놓인 경우 : 150mm 이상
② 말뚝기초 위에 놓인 경우 : 300mm 이상

3 확대기초의 전단응력

① $V_u = \dfrac{V}{b_p \cdot d}$

② $V = q(B \times L - B' \times B')$

③ $q = \dfrac{P}{A}$

④ $b_p = 4B' = 4(t + 1.5d)$: 2방향 위험단면 길이

10 강구조와 교량

1 리벳의 개수(n)

$n = \dfrac{P}{\rho}$

2 인장재 순폭(b_n)

① b_n = 총폭 − 구멍의 수 × 리벳구멍의 지름(리벳지름+3mm)
② $b_n = b_g - 2d$
③ $b_n = b_g - d - \left(d - \dfrac{p^2}{4g}\right)$ ⎤ 작은 값을 순폭으로 한다.
④ $b_n = b_g - d$ ⎦

3 리벳의 허용강도(ρ)

① 전단강도(ρ_s)와 지압강도(ρ_b) 중 작은 값

② 전단강도 $\begin{cases} \rho_s = v_a \times \dfrac{\pi d^2}{4} \text{(단전단)} \\ \rho_s = v_a \times \dfrac{\pi d^2}{4} \times 2 \text{(복전단)} \end{cases}$

③ 지압강도 $\rho_b = f_{ba} \cdot d \cdot t$

∗ 필렛용접의 유효길이
필렛용접의 총 길이에서 2배의 모살치수를 공제한 값으로 한다.

4 필렛용접시 이음부 응력

① $f = \dfrac{P}{\sum a \cdot l}$, $a = 0.7 \times s$

② 용접부 강도 $P = (\sum a \cdot l) \cdot f$

5 고장력 볼트 이음

① 마찰이음을 적용
② 한 이음에서 2개 이상의 고장력 볼트 사용
③ 마찰 이음에 사용하는 볼트, 너트, 와셔는 M20, M22, M24 사용

6 현장용접시 용접부 허용응력은 공장용접의 90% 취한다.

7 바닥판의 휨모멘트

$DB-24$: $M_l = \dfrac{L+0.6}{9.6} P_{24} [\text{kg} \cdot \text{m/m}]$

여기서, $P_{24} = 9600 [\text{kg}]$

8 배력철근

① 주철근이 차량진행에 직각일 때

$\dfrac{120}{\sqrt{L}}$, 최대 67%

② 주철근이 차량진행에 평행일 때

$\dfrac{55}{\sqrt{L}}$, 최대 50%

9 강교의 충격계수

$I = \dfrac{15}{40+L}$

10 플랜지 단면적(A_f)

① $A_f = \dfrac{M}{f \cdot h} - \dfrac{A_\omega}{6}$

② $h = 1.1 \sqrt{\dfrac{M}{f_a \cdot t_f}}$

※ 맞댐용접
- 유효면적은 용접의 유효길이에 유효목두께를 곱한 것으로 한다.
- 유효길이는 접합되는 부분의 폭으로 한다.
- 완전 용입된 맞댐용접의 유효목두께는 접합판 중 얇은 쪽 판두께로 한다.

11 프리스트레스트 콘크리트

1 PC의 기본 개념

(1) 응력 개념

① 강재가 도심에 배치된 경우

㉠ 상연응력(압축측) $f = \dfrac{P}{A} + \dfrac{M}{I} y$

ⓒ 하연응력(인장측) $f = \dfrac{P}{A} - \dfrac{M}{I}y$

② 강재가 도심에 편심배치된 경우

ⓐ 상연응력 $f = \dfrac{P}{A} + \dfrac{M}{I}y - \dfrac{P \cdot e}{I}y$

ⓒ 하연응력 $f = \dfrac{P}{A} - \dfrac{M}{I}y + \dfrac{P \cdot e}{I}y$

(2) 강도 개념 $C = T = P$ 개념

(3) 하중 개념 $U = \dfrac{8Ps}{l^2}$, 상향력 $U = 2P\sin\theta$

2 설계기준 강도(f_{ck})

① 프리텐션 : 35MPa 이상
② 포스트텐션 : 30MPa 이상

3 프리스트레스 도입(재킹시 강도)

① 프리텐션 : 30MPa 이상
② 포스트텐션 : 25MPa 이상

4 프리스트레스의 감소 원인

① 도입시 손실 : 활동, 마찰, 탄성수축
② 도입후 손실 : 크리프, 건조수축, 릴랙세이션

5 프리텐션 공법

① 롱라인 공법
② 인디비듈얼 몰드 공법

6 포스트텐션 공법

① 쐐기식(Freyssinet, CCL, VSL, Magnel)
② 지압식(BBRV, Dywidag, Lee-McCall)
③ 루프식(Leoba, Baur-Leonhart)

7 프리텐션 공법 부재의 제작 순서

강재긴장 → 거푸집 조립 → 콘크리트 타설 → 양생

★ 긴장재의 허용응력
- 긴장할 때 인장응력은 $0.80 f_{pu}$ 또는 $0.94 f_{py}$ 중 작은 값 이하
- 프리스트레스 도입 직후 인장응력은 $0.74 f_{pu}$와 $0.82 f_{py}$ 중 작은 값 이하
- 정착구와 커플러의 위치에서 프리스트레스 도입 직후 포스트텐션 긴장재의 응력은 $0.70 f_{pu}$ 이하

8 포스트텐션 공법 부재의 제작 순서

거푸집 조립 → 쉬스 배치 → 콘크리트 타설 → 강선 긴장 → 정착 → 그라우팅

9 탄성변형에 의한 PC강재 감소

① 프리스트레스 $\Delta f_{pe} = n \cdot f_{ci}$

② 포스트텐션 $\Delta f_{pe} = \dfrac{1}{2} f_{ci}(n-1)$

10 콘크리트의 건조수축에 의한 감소

$\Delta f_{ps} = E_p \cdot \varepsilon_{cs}$

11 콘크리트의 크리프에 의한 감소

$\Delta f_{pc} = \phi \cdot n \cdot f_{ci}$

12 프리스트레스 유효율

$R = \dfrac{P_e}{P_i}$

① 프리텐션 방식 $R = 0.80$

② 포스트텐션 방식 $R = 0.85$

13 프리스트레스 감소율

$\dfrac{P_i - P_e}{P_i} \times 100$

14 정착시 프리스트레스 감소

① 일단정착 $\Delta f_{pa} = E_p \cdot \varepsilon = E_p \cdot \dfrac{\Delta l}{l}$

② 양단정착 $\Delta f_{pa} = E_p \cdot 2 \cdot \dfrac{\Delta l}{l}$

15 편심 배치시 프리스트레스 감소

$\Delta f_p = n \cdot f_c = n \left(\dfrac{P_i}{A_c} + \dfrac{P_i \cdot e}{I} \cdot e \right)$

STUDY GUIDE

✱ **쉬스(sheath)**
- 변형을 막고 탄성을 크게 하기 위해 파형으로 만든다.
- 이음부는 모르타르 침입을 막기 위해 테이프 등으로 감는다.
- 그라우팅을 하기 직전 덕트 내부는 압축공기로 깨끗이 청소해야 한다.

CHAPTER V 토질 및 기초

01 흙의 기본적 성질

1 점토의 종류

특성 \ 점토	카올리나이트 (Kaolinite)	일 라이트 (illite)	몬모릴로나이트 (Montmorillonite)
구 조	2층 구조	3층 구조 (교환불가능 K이온)	3층구조 (교환가능 이온)
팽창, 수축	작다.	보통	크다.
안정성	크다.	보통	작다.
활성도(A)	비활성 점토 ($A < 0.75$)	보통 점토 ($0.75 < A < 1.25$)	활성 점토 ($A > 1.25$)

2 흙의 구조

① 단립구조 : 자갈, 모래
② 봉소구조 : 점토, 실트(공극비가 크고 진동, 충격에 약하다.)
③ 면모구조 : 점토나 콜로이드(공극비가 크고 압축성이 크다.)

* **분산구조(이산구조)**
  • 자연 점토 시료를 함수비가 변하지 않은 상태로 되비빔 하였을 때 구조
  • 흙의 다짐 시험시 최적 함수비보다 큰 함수비에서 다졌을 경우 입자 배열이 분산구조로 바뀐다.

3 흙의 구성

(1) 공극비

$$e = \frac{V_v}{V_s} = \frac{n}{100-n} = \frac{\gamma_w}{\gamma_d}G_s - 1 = \frac{\omega \cdot G_s}{S}$$

(2) 공극율

$$n = \frac{V_v}{V} \times 100 = \frac{e}{1+e} \times 100$$

• 1공극율은 100%를 넘을 수 없다.
• 공극비는 1보다 클 수 있다.

(3) 함수비

$$\omega = \frac{W_w}{W_s} \times 100 = \frac{WW-DW}{DW-TW} \times 100$$

유기질토는 함수비의 200% 이상

(4) 포화도

$$S = \frac{V_w}{V_v} \times 100$$

4 흙의 3상도

① $W = W_w + W_s = \dfrac{\omega W}{100+\omega} + \dfrac{100 W}{100+\omega}$

② $V = V_v + V_s$

5 흙의 비중(흙 입자 밀도)

$$G_s = \frac{\gamma_s}{\gamma_w} = \frac{W_s}{V_s \cdot \gamma_w}$$

$$\rho_s = \frac{m_s}{m_s + m_a - m_b} \times \rho_\omega(T), \quad G_s = \frac{\rho_\omega(T)}{\rho_\omega(15)} \times \rho_s$$

흙의 비중은 15℃를 기준한다.(보통 2.65정도)

6 흙의 단위중량(밀도)

(1) 포화밀도

$$\gamma_{sat} = \frac{G_s + e}{1+e} \cdot \gamma_w$$

(2) 습윤밀도

$$\gamma_t = \frac{G_s + \dfrac{S \cdot e}{100}}{1+e} \cdot \gamma_w = \gamma_d\left(1 + \frac{\omega}{100}\right)$$

(3) 건조밀도

$$\gamma_d = \frac{G_s}{1+e} \cdot \gamma_w = \frac{\gamma_t}{1 + \dfrac{\omega}{100}}$$

(4) 수중밀도

$$\gamma_{sub} = \frac{G_s - 1}{1+e} \cdot \gamma_w$$

$\gamma_{sub} < \gamma_d < \gamma_t < \gamma_{sat}$

★포화도

$S = \dfrac{G_s \cdot \omega}{e}$

★포화밀도

공극에 물이 가득 찼을 때 ($S=$ 100%) 습윤 단위중량

★수중밀도

$\gamma_{sub} = \gamma_{sat} - \gamma_w$

7 상대밀도

사질토지반의 조밀한 상태 및 느슨한 상태 판별

$$D_r = \frac{e_{max} - e}{e_{max} - e_{min}} \times 100 = \frac{\gamma_d - \gamma_{dmin}}{\gamma_{dmax} - \gamma_{dmin}} \times \frac{\gamma_{dmax}}{\gamma_d} \times 100$$

- $e = e_{min}$ 이면 $D_r = 1$이므로 조밀한 상태
- $e = e_{max}$ 이면 $D_r = 0$이므로 느슨한 상태

$D_r < \dfrac{1}{3}$: 느슨

$\dfrac{1}{3} < D_r < \dfrac{2}{3}$: 보통

$\dfrac{2}{3} < D_r$: 조밀

＊액성한계
- 액성한계가 큰 흙은 점토분이 많다는 의미
- 유동곡선에서 타격 횟수 25회 때 함수비 값
- 시료는 No.40(0.42mm)체 통과시료 200g 정도 채취하여 시험한다.
- 자연함수비가 액성한계보다 높다면 액체 상태에 있다.

8 흙의 연경도

(1) 액성한계 : 타격회수 25회 때 함수비

(2) 소성한계 : 3mm 국수 모양 토막날 때 함수비

(3) 수축한계

$$\omega_s = \left(\frac{1}{R} - \frac{1}{G_s}\right) \times 100, \quad R = \frac{W_o}{V_o \cdot \gamma_\omega}$$

① $I_P = \omega_L - \omega_P$ (ω_L, I_P가 크면 점토 함유율이 많아 나쁘다.)

② $I_L = \dfrac{\omega - \omega_P}{I_P}$ ($I_L \leq 0$ 안정)

③ $I_C = \dfrac{\omega_L - \omega}{I_P}$ ($I_C \geq 1$ 안정)

④ $I_L + I_C = 1$

⑤ $I_s = \omega_P - \omega_s$

⑥ $I_f = \dfrac{\omega_1 - \omega_2}{\log \dfrac{N_2}{N_1}}$

⑦ $I_t = \dfrac{I_P}{I_f}$ (I_t가 클수록 콜로이드 함유율이 많다.)

9 활성도

$$A = \frac{I_P}{2\mu \text{ 이하의 점토 함유율}(\%)}$$

활성도는 소성지수가 큰 흙일수록 커진다.

10 함수당량

중력의 1000배 정도의 원심력을 1시간 동안 회전시킨 후의 시료함수비 원심 함수당량이 12% 이상이면 불투성으로 본다.

02 흙의 분류

1 입 도

- 양 입도 : 크고 작은 입자가 골고루 분포된 상태(양호하다)
- 빈 입도 : 입자의 크기가 비슷한 것만 분포된 상태(균등하다)

① 균등계수 $C_u = \dfrac{D_{60}}{D_{10}}$

    일반흙 $10 < C_u$: 양호, $C_u < 4$: 균등(불량)
    모 래 $6 < C_u$: 양호
    자 갈 $4 < C_u$: 양호

② 곡률계수 $C_g = \dfrac{(D_{30})^2}{D_{10} \times D_{60}}$

    $1 < C_g < 3$: 양호
    C_u와 C_g가 동시에 만족해야 양호한 입도

★입경가적곡선
- 곡선구배가 완만하면 입도분포가 양호하다.
- 곡선구배가 급할수록 입경이 균등하다.
- 입도시험은 비중계분석 및 체가름 시험을 한다.
- 입도곡선의 그래프는 가로선이 대수눈금이고 입경을 표시한다.

2 체 분석

No. 4, No. 10, No. 20, No. 40, No. 60, No. 140, No. 200

① 잔유율 $= \dfrac{\text{남는 무게}}{\text{전체 무게}} \times 100$

② 가적 잔유율 $= \dfrac{\text{누계 남는 무게}}{\text{전체 무게}} \times 100$

③ 가적 통과율 $= 100 - $ 가적잔유율

3 비중계 분석

① Stokes 법칙 : 하나의 둥근입자가 액체 중에 침강시 중력가속도와 액체의 점성 때문에 일정한 속도를 가진다.

$$V = \dfrac{(\gamma_s - \gamma_w)\, g \cdot d^2}{18\mu}$$

② 비중계의 유효깊이

$$L = L_1 + \dfrac{1}{2}\left(L_2 - \dfrac{V_B}{A}\right)$$

    여기서, L_1 : 시간의 경과에 따라 눈금이 변함
             L : 입자의 입경을 구한다.

③ 비중계 분석법은 No. 10체 이하 시료를 가지고, No. 200체 이하의 입도분포를 알 수 있다.

④ $I_P < 20$: 규산나트륨

$20 \leq I_P$: 6%의 과산화수소

4 삼각좌표 분류법(10종류)

모래, 실트, 점토의 세 성분으로 분류

5 통일분류법(15종류)

① 조립토 : GW, GP, GM, GC, SW, SP, SM, SC
② 세립토 : MH, ML, CH, CL, OH, OL, P_t
③ 2중 기호 : No. 200체 통과율이 5~12%의 경우 분류

*통일분류기호
- CH : 소성이 큰 점토
- GC : 점토질 자갈
- SP : 입도분포가 나쁜 모래
- GM : 실트질 자갈
- GW : 입도분포가 좋은 자갈

6 AASHTO 분류법(A분류법, 개정 PR법)

① 흙의 분류 종류
- 조립토(A-1, A-2, A-3)
- 실 트(A-4, A-5)
- 점 토(A-6, A-7)

② 흙의 분류 요소

흙의 입도, 액성 한계, 소성 한계, 소성 지수, 군 지수

③ 군 지수

$GI = 0.2a + 0.005ac + 0.01bd$

여기서, a : No. 200체 통과율 $-35(0~40)$
b : No. 200체 통과율 $-15(0~40)$
c : 액성한계 $-40(0~20)$
d : 소성지수 $-10(0~20)$

④ 군지수 값이 클수록 세립토에 해당되므로 팽창, 수축, 소성이 커 불량한 재료가 된다.

⑤ 군지수 값은 0~20 범위

03 흙의 투수성과 동해

1 모세관 현상

① $h_c = \dfrac{4T\cos\alpha}{\gamma_\omega D}$

$\alpha = 0°$, 수온 15℃시 $T = 0.075(\text{g/cm})$를 대입하면

② $h_c = \dfrac{0.3}{D}(\mathrm{cm})$

③ $h_c = \dfrac{C}{e \cdot D_{10}}$

2 흙의 투수성

① $V_s > V$

② $V_s = \dfrac{V}{n} = \dfrac{k \cdot i}{\dfrac{e}{1+e} \times 100}$

③ $k = D_s^2 \cdot \dfrac{\gamma_w}{\mu} \cdot \dfrac{e^3}{1+e} \cdot C$

④ $k = C \cdot D_{10}^2$

⑤ $k_1 : e_1^2 = k_2 : e_2^2$

⑥ $k_1 : k_2 = \dfrac{1}{\mu_1} : \dfrac{1}{\mu_2}$

⑦ 수온이 상승하면 점성계수가 작아지고 투수계수가 커진다.

3 정수위 투수시험(자갈, 모래 $k > 10^{-3}\mathrm{cm/sec}$)

$Q = A \cdot V = A \cdot k \cdot i \cdot t$

$\therefore k = \dfrac{Q}{A \cdot i \cdot t}$

4 변수위 투수시험(실트 $k = 10^{-3} \sim 10^{-6}\mathrm{cm/sec}$)

$k = 2.3 \dfrac{a \cdot L}{A \cdot t} \log \dfrac{h_1}{h_2}$

5 수평층 지반의 투수계수

$k_h = \dfrac{1}{H}(k_1 \cdot H_1 + k_2 \cdot H_2 + k_3 \cdot H_3 + \cdots)$

6 연직층 지반의 투수계수

$k_v = \dfrac{H}{\dfrac{H_1}{k_1} + \dfrac{H_2}{k_2} + \dfrac{H_3}{k_3} + \cdots}$

★투수계수(k)
- 흙 입자가 작을수록 작다.
- 속도차원을 갖고 있다.
- 입경, 공극비, 물의 점성계수, 포화도의 영향을 받는다.

★등가 등방성 투수계수
$k = \sqrt{k_V \cdot k_H}$

STUDY GUIDE

∗ 유선망을 그리는 이유
침투수량을 결정하기 위한 것이다.

∗ 등수두선
각각의 전수두가 일정한 점들을 연결한 선이다.

7 유선망의 특징

① 각 유로의 침투유량은 같다.
② 인접한 등수두선의 수두차는 모두 같다.
③ 유선과 등수두선은 서로 직교한다.
④ 유선망을 이루는 사각형은 이론상 정사각형이다.
⑤ 침투유속 및 동수구배는 유선망폭에 반비례한다.

8 침투유량(침투유량을 알기 위해 유선망을 그린다)

$$Q = k \cdot H \cdot \frac{N_f}{N_d}$$

투수계수가 방향에 따라 다른 경우 $k = \sqrt{k_v \cdot k_h}$
보통 $k_v < k_h$

9 유선망의 수두

$h_t = h_e + h_p$ (총수두=위치 수두+압력 수두)

$$\frac{N_d'}{N_d} \times H = h_e + h_p$$

∗ 분사현상
주로 모래지반에서 침투수압에 의해 흙 입자가 물과 함께 유출되는 현상

10 분사현상이 안 일어나는 조건

$i < i_c$, $1 < F$인 경우

$$i = \frac{h}{L}, \quad i_c = \frac{\gamma_{sub}}{\gamma_w} = \frac{G_s - 1}{1 + e}, \quad F = \frac{i_c}{i}$$

11 동해(동상)가 일어나는 조건

① 실트질일 경우
② 물이 존재할 것
③ 영하의 온도
④ 지속시간(기간)

∗ 동상현상
흙 속의 공극수가 동결되어 빙층이 형성되기 때문에 지표면층이 떠올라 오게 되는 현상

12 동상 방지 대책

① 지하수위 저하(배수구 설치)
② 지하수위 상부 조립층 설치
③ 치환
④ 단열재를 지표면 사용
⑤ 화학약액 처리

STUDY GUIDE

13 동결 깊이

$Z = C\sqrt{F}$

여기서, F = 영하의 온도 × 지속 일수

14 흙의 연화현상 원인

① 지표수의 침입
② 지하수위 상승
③ 융해수의 저류

＊연화현상
동결된 지반이 융해되어 흙 속에 과잉 수분이 존재하여 함수비가 증가하고, 전단강도가 떨어지는 현상

04 지중응력

1 전응력, 유효응력, 공급수압

① $\sigma = \bar{\sigma} + u$
② $\sigma = \gamma h + \gamma_{sat} \cdot Z$
③ $u = \gamma_w \cdot Z$
④ $\bar{\sigma} = \gamma \cdot h + \gamma_{sub} \cdot Z$

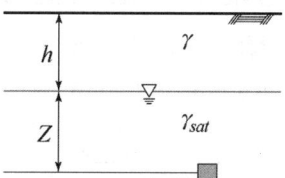

2 모관현상이 발생시 유효응력

① $\sigma = \gamma \cdot h_1 + \gamma_{sat} \cdot (h_2 + Z)$
② $u = \gamma_w \cdot (h_2 + Z) - \gamma_w \cdot h_2 = \gamma_w \cdot Z$
③ $\bar{\sigma} = \gamma \cdot h_1 + \gamma_{sat} \cdot h_2 + \gamma_{sub} \cdot Z$

＊모관현상
모관 상승이 있는 부분은 (–)의 공급수압이 생겨 유효응력은 증가한다.

3 집중하중에 의한 지중응력

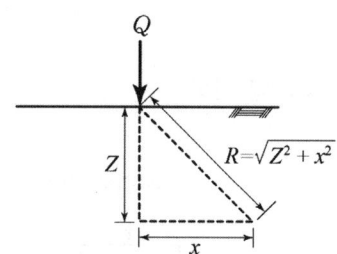

① $\sigma_z = \dfrac{3}{2\pi} \cdot \dfrac{Q \cdot Z^3}{R^5}$ (영향치 없을 때)

② $\sigma_z = \dfrac{3}{2\pi} \cdot \dfrac{Q}{Z^2}$ (지중직하시) $= 0.4775 \cdot \dfrac{Q}{Z^2} = K \cdot \dfrac{Q}{Z^2}$

＊지중응력(연직응력)
• 모래지반 내의 응력이 점토지반 내의 응력보다 크다.
• 지중응력의 계산에 있어서 중첩의 원리가 적용된다.

STUDY GUIDE

4 등분포 하중에 의한 지중응력

(1) 구형단면의 모서리 작용

$$\sigma_z = K_{(m,n)} \cdot q$$

(2) 구형단면의 중심직하(중첩원리)

$$\sigma_z = 4K_{(m,n)} \cdot q$$

(3) 성토 단면(대칭)

$$\sigma_z = 2K_{(m,n)} \cdot q$$

★ 성토 제방의 지중응력
- 제방 중심 아래로 내려갈수록 지중응력은 감소한다.
- 제방 중심 아래 지중응력은 연단 아래의 것보다 크다.

5 영향원법에 의한 지중응력

$$\sigma_z = 0.005\, n \cdot q$$

6 응력분포에 의한 지중응력 근사치(2:1법)

(1) 정사각형($B \times B$)의 경우

$$(B \times B)q = \sigma_z (B+Z)(B+Z)$$
$$\therefore \sigma_z = \frac{(B \times B)q}{(B+Z)(B+Z)}$$

(2) 직사각형($B \times L$)의 경우

$$(B \times L)q = \sigma_z (B+Z)(L+Z)$$
$$\therefore \sigma_z = \frac{(B \times L)q}{(B+Z)(L+Z)}$$

(3) 선하중이 길게 작용하는 경우

$$(B \times 1)q = \sigma_z (B+Z)(1)$$

여기서, $B = 1$을 대입

$$\therefore \sigma_z = \frac{(B \times 1)q}{(B+Z)(1)}$$

7 기초지반에 대한 접지압 분포

(1) 강성 기초의 경우

① 점성토 지반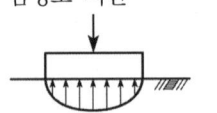

② 사질토 지반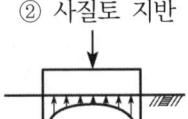

★ 사질지반의 강성 기초
기초의 중앙부에서 최대응력이 발생한다.

(2) 휨성 기초의 경우

① 점성토 지반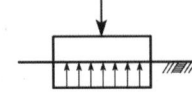

② 사질토 지반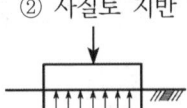

05 흙의 다짐

1 다짐의 효과

① 밀도 증대
② 부착력 증대
③ 전단강도 증대
④ 투수성, 흡수성 감소

2 다짐시험의 종류(5종류 → A, B, C, D, E 다짐)

① A다짐 : 2.5kg, 30cm, 25회, 3층, 19mm, 1000cm^3
② D다짐 : 4.5kg, 45cm, 55회, 5층, 19mm, 2209cm^3
③ E다짐 : 4.5kg, 45cm, 92회, 3층, 37.5mm, 2209cm^3

3 다짐곡선의 특성

① 사질토는 다짐곡선이 급하고 $\gamma_{d\max}$ 이 크며 OMC가 적다.
② 점토질은 다짐곡선이 완만하고 $\gamma_{d\max}$ 이 작으며 OMC가 크다.
③ $\gamma_{d\max}$ 와 OMC는 윤활단계에서 나타난다.
④ 양입도는 $\gamma_{d\max}$ 가 크고 빈입도는 작다.
⑤ OMC보다 약간 건조측에서 최대 전단강도가 나오고 약간 습윤측에서 최소투수계수가 나온다.

4 함수비 변동에 따른 흙의 변화

① 수화단계
② 윤활단계($\gamma_{d\max}$, OMC)
③ 팽창단계
④ 포화단계

5 영공기 공극곡선(포화곡선)

① 다짐곡선의 습윤측에 거의 평행
② $\gamma_{d\max}$ 와 ω의 관계 곡선

---

*다짐곡선
- 건조 단위중량과 함수비 관계곡선이다.
- 영공기 공극곡선은 다짐곡선의 하향선 오른쪽에 위치한다.
- 최적 함수비에서 최소 공극비를 얻을 수 있다.
- 조립토일수록 최대 건조 단위중량은 커지고 최적 함수비는 작아진다.

6 다짐 에너지

① 다짐 에너지가 커지면 OMC는 작아지고 $\gamma_{d\,max}$ 는 증가한다.

② $E_c = \dfrac{W_R \cdot H \cdot N_B \cdot N_L}{V}$

7 다짐도(%) $= \dfrac{\gamma_d}{\gamma_{d\,max}} \times 100$

① 보통 다짐도는 95% 이상

② $\gamma_d = \dfrac{\gamma_t}{1 + \dfrac{\omega}{100}}$

8 현장 단위중량(들밀도)시험

① 모래치환법(표준사 No.10~No.200체 이용)
② 물 치환법
③ 기름 치환법
④ 방사선(γ 선 밀도계)
⑤ Core Cutter(절삭법)

＊모래치환법
흙의 파낸 시험구멍에 모래를 넣어 체적을 구한다.

9 평판재하 시험

① 강성포장의 포장설계 등에 이용(지지력 판단)

② $K = \dfrac{q}{y}$ 여기서, y : 0.125cm

③ $K_{75} = \dfrac{1}{2.2} \cdot K_{30}, \quad K_{40} = \dfrac{K_{30}}{1.3}$

④ $K_{75} < K_{40} < K_{30}$ (K 값은 재하판 지름이 작을수록 크다.)

＊평판재하 시험결과 이용시 고려할 사항
- 토질 종단을 알아야 한다.
- 지하수위 위치와 그 변동을 고려한다.
- 재하판의 크기에 대한 영향을 고려한다.

10 평판재하 시험방법

① 하중강도는 35kN/m² 씩 증가시킨다.
② 침하량이 15mm에 달할 때까지 실시
③ 하중강도가 현장에서 예상되는 최대접지압을 초과할 때 끝낸다.
④ 하중강도가 그 지반의 항복점을 넘을 때 끝낸다.

11 CBR(노상토 지지력비) 시험

① 가요성(연성) 포장설계에 사용한다.

② CBR = $\dfrac{\text{시험하중강도(시험하중)}}{\text{표준하중강도(표준하중)}} \times 100$

③ $CBR_{5.0mm} < CBR_{2.5mm}$ 일 때 CBR값은 $CBR_{2.5mm}$

④ $CBR_{5.0mm} > CBR_{2.5mm}$ 일 때는 시험을 다시 한다. 똑같은 결과가 나오면 CBR값은 $CBR_{5.0mm}$

⑤ 2.5mm 관입시 $13.4kN(6.9MN/m^2)$

⑥ 5.0mm 관입시 $19.9kN(10.3MN/m^2)$

⑦ 몰드 3개를 55회, 25회, 10회 다짐 후 4일(96시간) 수침하고 팽창비, 관입시험 실시

06 흙의 압밀이론

1 Terzaghi 1차 압밀 가정

① 흙은 균질이다.
② 흙은 완전히 포화되어 있다.
③ 흙속의 수분은 일축적으로 배수되며 Darcy 법칙이 성립한다.
④ 압밀진행중 투수계수, 압밀계수, 체적변화계수은 변하지 않는다.
⑤ 압력과 공극비는 이상적인 직선이다.

2 압축계수

$a_v = \dfrac{e_1 - e_2}{P_2 - P_1}$ ($P-e$ 의 기울기)

3 체적의 변화계수

$m_v = \dfrac{a_v}{1+e}$

4 투수계수

$k = C_v \cdot m_v \cdot \gamma_w$

5 최종 침하량

① $\Delta H = m_v \cdot \Delta P \cdot H$

② $\Delta H = \dfrac{e_1 - e_2}{1 + e_1} \cdot H$

③ $\Delta H = \dfrac{C_c}{1+e} \log \dfrac{P_2}{P_1} \cdot H$

*압밀 시험
공극비, 투수계수, 선행하중, 압축지수 등을 구한다.

*압축지수
양입도일수록 작고 연약한 흙일수록 크다.

*최종 침하량
압축지수를 구하여 압밀침하량을 결정한다.

6 압축지수

$$C_c = \frac{e_1 - e_2}{\log \frac{P_2}{P_1}}$$

① 압축지수 C_c는 $\log P - e$ 의 기울기
② C_c가 클수록 연약한 흙이다.
③ 흐트러지지 않은 시료 $C_c = 0.009(\omega_L - 10)$
④ 흐트러진 시료 $C_c' = 0.007(\omega_L - 10)$

7 압밀계수

$$C_v = \frac{T_v \cdot H^2}{t}$$

① $\sqrt{t}$ 법 $C_v = \dfrac{0.848 H^2}{t_{90}}$

② $\log t$ 법 $C_v = \dfrac{0.197 H^2}{t_{50}}$

양면배수일 때 $H = \dfrac{H}{2}$ 를 대입

8 압밀도

① $U = 1 - \dfrac{u}{P}$

② $U = T_v = \dfrac{C_v \cdot t}{H^2}$

9 임의시간 침하량

$\Delta H_t = U \cdot \Delta H$

10 침하시간과 배수거리 관계

$t_1 : H_1^2 = t_2 : H_2^2$

11 과압밀비

① $OCR = \dfrac{P_o(\text{선행압밀하중})}{P(\text{현재하중})}$

② $OCR = 1$ 정규압밀점토
③ $OCR > 1$ 과압밀점토

＊1차 압밀
과잉공극수압이 0보다 클 때 생긴다.

＊2차 압밀
- 유기질 점토, 소성이 큰 흙, 해성 점토 등이 2차 압밀이 크다.
- 이론 계산에서 구한 압밀도 100%를 넘어서도 압밀이 계속되는 부분을 2차 압밀이라 한다.

07 흙의 전단강도

1 흙의 종류별 전단강도

① 보통 흙 $\tau = C + \sigma \tan \phi$

② 모 래 $\tau = \sigma \tan \phi$

③ 점 토 $\tau = C$

2 Mohr의 응력원

① $\sigma = \dfrac{\sigma_1 + \sigma_3}{2} + \dfrac{\sigma_1 - \sigma_3}{2} \cos 2\theta$

② $\tau = \dfrac{\sigma_1 - \sigma_3}{2} \sin 2\theta$

3 직접전단시험

① 1면 전단시험 $\tau = \dfrac{S}{A}$

② 2면 전단시험 $\tau = \dfrac{S}{2A}$

4 일축압축시험

① $C = \dfrac{q_u}{2 \tan\left(45 + \dfrac{\phi}{2}\right)}$

점토 $\phi \fallingdotseq 0$ 이므로 $C = \dfrac{q_u}{2}$

② 파괴면과 최대주응력면이 이루는 각

$\theta = 45 + \dfrac{\phi}{2}$

③ 파괴면과 최소주응력면이 이루는 각

$\theta' = 45 - \dfrac{\phi}{2}$

5 예 민 비

① $S_t = \dfrac{q_u}{q_{ur}}$

② 예민비가 클수록 불안하므로 안전율을 크게 한다.
③ 흐트러진 시료가 최대값이 나타나지 않을 경우 $\varepsilon = 15\%$ 값을 적용한다.

＊전단강도
- 자연상태의 점토가 교란되면 전단강도가 감소한다.
- 조밀한 모래는 전단 중에 팽창하고, 느슨한 모래는 수축한다.
- 사질토는 점착력이 작고, 점토는 점착력이 크다.
- 흙의 전단응력은 내부마찰각과 점착력의 두 성분으로 이루어진다.
- 흙이 외부하중으로부터 전단파괴되지 않으려는 최대 저항력이다.

④ 딕소트로피(Thixotropy)란 흙의 교란으로 인해 강도가 저하된 흙이 시간의 경과에 따라 강도가 회복하는 현상

6 삼축압축시험

① 파괴포락곡선이란 구속응력(σ_3)를 변화시켜가며 반복적으로 최대주응력(σ_1)를 구하여 σ_3와 σ_1를 조합하여 작도한 Mohr원의 공통접선

$$\tau = C + \sigma \cdot \tan\phi$$

② 최대주응력(σ_1) = $\sigma_v + \sigma_3$

③ 최소주응력(σ_3) : 측압(액압)

④ $\sigma_v = \dfrac{P}{A}$, $A = \dfrac{A_o}{1-\varepsilon}$

여기서, $\varepsilon = \dfrac{\Delta l}{l}$

7 배수조건에 따른 분류

① UU시험(성토 직후 파괴, 단기간 안정 검토)
② CU시험(preloading, 수위 급하강시 흙댐 안정 검토)
③ CD시험(사질지반 안정문제, 점토지반 장기간 안정 검토, 중요한 공사, 시간 오래 걸려 잘 사용하지 않음)
④ $\overline{CU}$시험 : CU시험으로 간극수압을 측정하여 유효응력으로 환산하면 CD시험의 효과를 얻을 수 있다.

* UU시험(비압밀 비배수시험) 흙 속의 응력이 변화하더라도 즉각적인 함수비의 변화가 없고, 체적의 변화가 없는 경우의 삼축압축시험 방법이다.

8 점성토의 전단특성

① UU시험

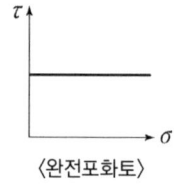
〈완전포화토〉

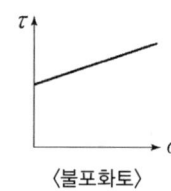
〈불포화토〉

② CU시험

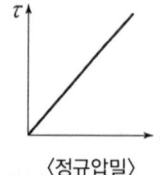
〈정규압밀〉

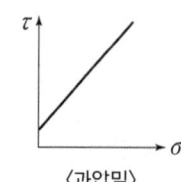
〈과압밀〉

③ $\overline{CU}$시험 ⇒ CD시험

〈정규압밀〉

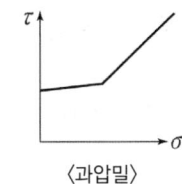
〈과압밀〉

④ 정규압밀은 원점을 지난다.

9 사질토의 전단특성

① $\tau = (\sigma - u)\tan\phi$

② 다이러턴시 : 모래지반이 전단으로 인해 부피가 증가 또는 감소하는 현상

③ 밀도가 큰 사질토
과압밀 점성토] + dilatancy(부피증가, 팽창)

④ 느슨한 사질토
정규압밀 점성토] − dilatancy(부피감소, 수축)

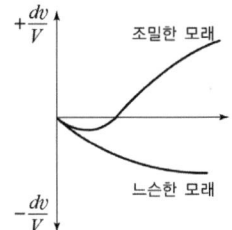
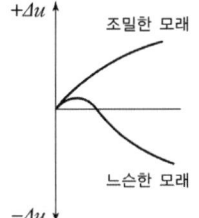
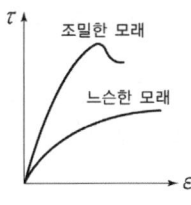

10 현장 전단 시험(베인 시험)

① 연약한 점토지반 적용
② 현장에서 직접 실시
③ $C = \dfrac{M_{\max}}{\pi D^2 \left(\dfrac{H}{2} + \dfrac{D}{6}\right)}$

* 베인 시험
- 비배수 조건하의 사면 안정 해석에 이용된다.
- 회전 모멘트에 의하여 강도를 구할 수 있다.

11 표준관입시험

① 63.5kg 해머로 75cm 높이에서 자유낙하시켜 샘플러가 30cm 관입시 타격횟수 N치를 측정
② 사질토에 더 적합하며 점토에도 적용한다.
③ 보링 충격으로 흐트러진 상태가 되므로 15cm 더 관입 후 본격적으로 30cm 관입 때 N치 구함.

＊표준관입시험 결과
모래지반의 상대밀도, 점토지반의 컨시스턴시, 토층의 변화, 교란시료 채취, 모래의 내부마찰각 등을 알 수 있다.

12 ϕ와 N치 관계

① 입자가 둥글고 균일한 입경(입도 불량)
$$\phi = \sqrt{12N} + 15$$
② 입자가 둥글고 입도분포 양호, 입자가 모나고 입도분포 불량
$$\phi = \sqrt{12N} + 20$$
③ 입자가 모나고 입도분포 양호
$$\phi = \sqrt{12N} + 25$$

13 q_u와 C관계

① $q_u = \dfrac{N}{8}$

② $C = \dfrac{q_u}{2}$

③ $C = \dfrac{N}{16}$

14 표준관입시험에 의한 N치 수정

① rod에 의한 수정
$$N_R = N'\left(1 - \dfrac{x}{200}\right)$$
② 토질에 의한 수정
$$N = 15 + \dfrac{1}{2}(N_R - 15) \ \ 단, \ N_R > 15 인 경우$$
③ 상재압에 의한 수정
$$N = N'\left(\dfrac{5}{1.4P+1}\right)$$
④ N치 결과
- 점성토 $N < 4$: 연약한 흙
  $N > 30$: 단단한 흙
- 사질토 $N < 10$: 느슨한 흙
  $N > 30$: 조밀한 흙

15 응력 경로

① 흙이 파괴에 이를 때까지 응력을 받는 상태를 연속해서 표시한 경로
② $\sigma_3 =$ 일정, σ_1이 증가일 때의 삼축압축의 경우 최대 전단응력을 연결하면 직선이 이루어지는 것

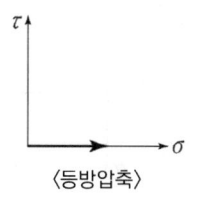
〈등방압축〉

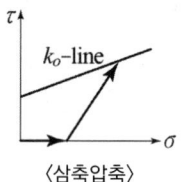
〈삼축압축〉

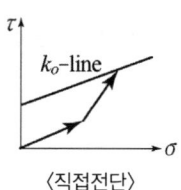
〈직접전단〉

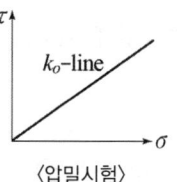
〈압밀시험〉

★응력 경로
- 응력이 변할 때 Mohr의 응력원에서 최대 전단응력을 나타내는 점을 연결한 선이다.
- 전응력 및 유효응력으로 표시할 수 있다.
- 흙의 삼축압축시험시 간극 수압계수가 변화하면 유효응력경로는 직선이 되지 않는다.

16 공극수압계수

① 등방압축 공극수압
  $\Delta u = B \cdot \Delta \sigma_3$ (포화된 흙 $B=1$, 건조된 흙 $B=0$)

② 1축 압축 때 공극수압
  $\Delta u = D(\Delta \sigma_1 - \Delta \sigma_3)$

③ 삼축압축 때 공극수압
  $\Delta u = A \Delta \sigma_1$

08 토압

1 토압의 종류

① $P_A < P_o < P_P$

② $K_A < K_o < K_P$

③ $K_A = \dfrac{1-\sin\phi}{1+\sin\phi} = \tan^2\left(45 - \dfrac{\phi}{2}\right)$

④ $K_P = \dfrac{1+\sin\phi}{1-\sin\phi} = \tan^2\left(45 + \dfrac{\phi}{2}\right), K_o = 1$

2 정지토압으로 계산

① 지하벽체
② 바위 위의 옹벽
③ 암거(BOX)

STUDY GUIDE

※ 토압공식 적용
- 옹벽 설계에는 주동토압을 보통 쓴다.
- 지하벽 같은 구조물은 정지토압으로 생각한다.
- 중력식 같은 옹벽의 저판 돌출부가 없는 구조물에는 Coulomb 공식을 쓴다.
- 옹벽 저판 후부 돌출부의 길이가 긴 구조물은 Rankin 공식을 쓴다.(역T형 옹벽, 부벽식 옹벽)

3 정지토압

① $\sigma_v = \gamma \cdot Z$

② $K = \dfrac{\sigma_h}{\sigma_v}$

∴ $\sigma_h = K \cdot \sigma_v = K \cdot \gamma \cdot Z$

③ 사질토의 정지토압계수(Jacky식)

$K_o = 1 - \sin\overline{\phi}$

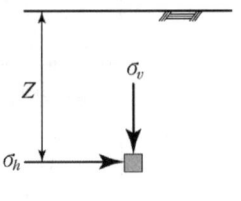

4 RanKin(랭킨) 토압론

① 흙은 비압축성, 균질
② 토압은 지표에 평행하게 작용
③ 지표면의 하중은 등분포하중
④ 지표면은 무한히 넓은 평면으로 존재
⑤ 흙 입자는 입자간의 마찰력에 의해서만 평형을 유지

5 Coulomb(쿨롱) 토압론

① 벽면마찰각 고려
② 흙 쐐기론

6 옹벽에 작용하는 토압

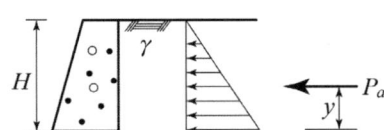

$P_a = \dfrac{1}{2}\gamma \cdot H^2 \cdot K_a,\ y = \dfrac{H}{3}$

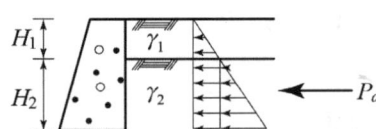

$P_a = \dfrac{1}{2}\gamma_1 H_1^2 K_{a_1} + \gamma_1 \cdot H_1 \cdot K_{a_1} \cdot H_2 + \dfrac{1}{2}\gamma_2 H_2^2 K_{a_2}$

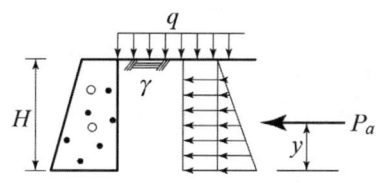

$$P_a = q \cdot H \cdot K_a + \frac{1}{2} \cdot \gamma \cdot H^2 \cdot K_a$$
$$y = \frac{H}{3} \cdot \frac{H + 3\Delta H}{H + 2\Delta H}, \quad \Delta H = \frac{q}{\gamma}$$

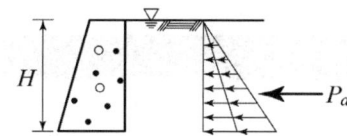

$$P_a = \frac{1}{2}\gamma_{sub} H^2 K_a + \frac{1}{2}\gamma_w H^2$$

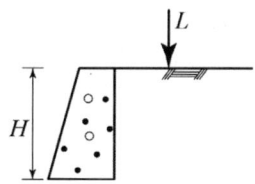

$$P_a = \frac{1}{2}\gamma H^2 K_a + L\tan\left(45 - \frac{\phi}{2}\right)$$

① 점착성이 있는 흙의 토압

$$P_a = \frac{1}{2}\gamma H^2 \tan^2\left(45 - \frac{\phi}{2}\right) - 2CH\tan\left(45 - \frac{\phi}{2}\right)$$

7 지표면이 경사된 경우

$i = \phi$ 인 경우
$K_a = \cos i$
$P_a = \frac{1}{2}\gamma \cdot H^2 \cdot K_a$

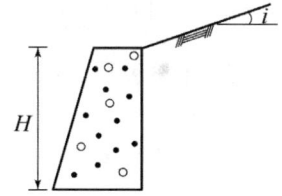

8 인장균열 깊이(점착고)

$$Z_c = \frac{2C}{\gamma}\tan\left(45 + \frac{\phi}{2}\right)$$

STUDY GUIDE

★옹벽의 안전조건
- 활동에 대하여 안전할 것
- 전도에 대하여 안전할 것
  (전도에 대하여 안전하기 위해서 저폭의 중앙 1/3 내에 합력선이 있어야 한다.)
- 지지력에 대하여 안전할 것

9 한계고

① $P_a = 0$이 되는 깊이
② 흙막이 구조물 없이 연직으로 굴착 가능한 깊이
③ $H_c = 2 \cdot Z_c = \dfrac{4C}{\gamma} \tan\left(45 + \dfrac{\phi}{2}\right)$

10 연직옹벽에 흙과 벽면과의 마찰각 δ 와 지표면의 경사각 i 와 같을 때 Rankine 토압은 Coulomb 토압과 같다.

09 사면안정

1 사면 파괴 형태

① 사면내 파괴 : 단단한 지반이 얕은곳에 있을 때
② 사면선단 파괴 : 균일한 흙일 때, 비교적 급한 사면 $\beta > 53°$
③ 저부파괴 : 비교적 연약한 지반 $n_d \geq 4$

*임계활동면
안전율이 작은 가장 불안전한 활동면

2 임계원

① 활동 파괴면을 원호로 가정
② 안전율이 최소인 원

3 심도계수

$n_d = \dfrac{H_1}{H}$

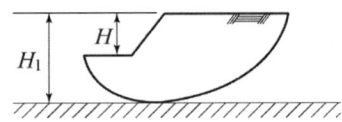

4 한계고(H_c)

① $H_c = 2 Z_c = \dfrac{4C}{\gamma} \tan\left(45 + \dfrac{\phi}{2}\right)$

② $H_c = \dfrac{4C}{\gamma}$ (점토의 경우 $\phi \fallingdotseq 0$ 이므로)

③ $H_c = \dfrac{2q_u}{\gamma}$ (점토의 경우 $C = \dfrac{q_u}{2}$ 이므로)

④ $H_c = \dfrac{N_s \cdot C}{\gamma}$ (N_s : 안정계수, $\dfrac{1}{N_s}$: 안정수)

5 사면의 안전율

$$F = \frac{H_c}{H}$$

6 반무한 사면의 안정

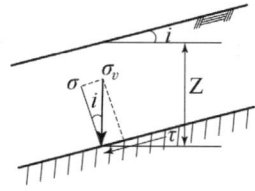

① $\sigma = \gamma \cdot Z \cos^2 i$

② $\tau = \gamma \cdot Z \cos i \sin i$

③ $\sigma_v = \gamma \cdot Z \cos i$

④ 지하의 물 흐름이 없을 경우(침투류가 없는 경우)

$$\tan i \leq \tan \phi, \ F = \frac{\tan \phi}{\tan i}$$

⑤ 침투류가 지표면과 일치한 경우(완전침수의 경우)

$$\tan i \leq \frac{\gamma_{sub}}{\gamma_{sat}} \tan \phi, \ F \leq \frac{\frac{\gamma_{sub}}{\gamma_{sat}} \tan \phi}{\tan i}$$

7 분할법 안정해석

① 사면의 C 및 ϕ가 동일하지 않을 경우
② 흙이 균일하지 않을 때
③ 분할단면 바닥을 직선으로 본다.
④ 분할 단면수는 6~10개 정도로 한다.
⑤ 지하수위가 있을 때

8 Fellenius(펠레니우스)

① $\phi = 0$ 해석법(간편법)
② 단기 안정 해석
③ 계산 간단
④ 포화점토지반의 비배수 강도만 고려

STUDY GUIDE

* **안전율**
  $\dfrac{\text{전단강도(저항하는 전단)}}{\text{전단응력(일으키려는 전단)}}$
* 전단강도 < 전단응력 : 파괴
* 전단강도 > 전단응력 : 안전

* **분할법(절편법)**
* 제일 먼저 가상활동면을 결정하여야 한다.
* 사면이 이질(층이 있는 지반)의 경우 적용한다.
* 삼각형, 사각형, 사다리꼴로 분할하여 분력의 모멘트 합은 합력의 모멘트와 같다는 바리뇽의 정의에 의해 해석한다.

9 Bishop(비숍)

① C, ϕ 해석법
② 장기 안정 해석
③ 계산 복잡
④ 실제 안전율을 구할 수 있다.

10 사면 선단파괴 안전율

$$F = \frac{\text{활동에 저항하는 힘}}{\text{활동을 일으키는 힘}}$$

$$F = \frac{C \cdot L \cdot R}{W \cdot x}$$

여기서, $W = A \cdot \gamma$ $360° : \pi D = \theta : L$

$$\therefore L = \frac{\pi D \cdot \theta}{360} \quad D = 2R$$

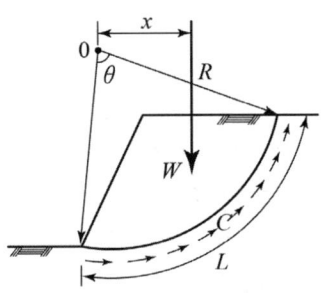

11 마찰원법

① 토층이 균일한 경우 적용
② $F = F_c = F_\phi$
③ 45°

12 흙댐이 위험한 경우

① 상류측 : 시공 직후, 수위 급강하시
② 하류측 : 만수위, 정상침투시

10 기초공

*기초형식의 선정조건
- 지반의 상태
- 구조물의 기능
- 구조물의 중량과 규모
- 상부 구조물과 기초의 공사비 비교 선정

1 기초의 필요조건

① 침하량이 허용치 이내일 것
② 부등침하가 없을 것
③ 경제적이며 시공 가능할 것
④ 지지력에 대해 안정할 것
⑤ 최소한 근입깊이를 가질 것

2 직접기초(얕은 기초)

① $\dfrac{D_f}{B} < 1$

② 푸팅 기초, 전면 기초

3 깊은 기초

① $\dfrac{D_f}{B} > 1$

② 말뚝 기초, 피어 기초, 케이슨 기초

4 평판재하시험

① 지지력은 점토지반에서 재하판 폭에 무관하다.
② 침하량은 점토지반에서 재하판 폭에 비례한다.

5 토질조사의 목적

① 공사계획 수립의 자료
② 안전하고 경제적인 설계자료
③ 구조물의 형식을 선정하는 자료

6 토질조사의 예비조사

① 자료조사(지형도, 지반도, 토질조사도서, 항공사진)
② 현지답사(지형, 지질, 지표수, 지하수, 하천상태, 우물조사, 가설구조물 조사)

7 토질조사의 본조사

① 현지 정밀조사
② boring, Sounding, 토질시험, 지지력, 침하량

8 보링(boring) 조사 목적

① 지하수위 파악
② 불교란시료 재취
③ boring 구멍에서 표준관입시험 등의 원위치 시험

9 보링의 심도

단변장 B의 2배

STUDY GUIDE

＊전면 기초
상부구조의 전하중을 하나의 기초판이 지지한다.

＊연속 푸팅 기초
지지력이 가장 작은 지반에 설치하면 경제적이다.

＊직접 기초 굴착공법
오픈 컷 공법, 트랜치 컷 공법, 아일랜드 공법이 있다.

＊회전식 보링(rotary boring)
깊은 층의 지반조사를 위해 행하는 보링 방법 중 가장 많이 이용한다.

10 샘플 면적비

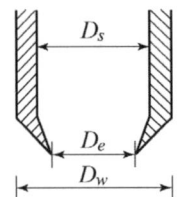

$$A_r = \frac{D_w^2 - D_e^2}{D_e^2} \times 100$$

11 Sounding

① 저항체를 땅속에 삽입하여 관입, 회전, 인발 등의 저항에서 토층의 성상 탐사
② 정적인 것(점성토지반 적용)
　휴대용, 화란식, 스웨덴식 관입시험기, 이스키미터, 베인시험기
③ 동적인 것(사질토지반 적용)
　동적인 원추관입시험기, 표준관입시험기

★ Terzaghi의 극한 지지력
- 극한 지지력은 푸팅의 근입깊이가 크면 클수록 커진다.
- 점성토($\phi = 0$)의 극한 지지력은 푸팅의 크기와 무관하다.
- 사질토($C = 0$)의 극한 지지력은 푸팅의 크기에 정비례한다.
- 국부 전단파괴시의 극한 지지력은 전반 전단파괴의 극한 지지력보다 작다.

12 Terzaghi의 극한 지지력

① $q_d = \alpha\, C N_c + \beta\, \gamma_1\, B\, N_r + \gamma_2\, D_f\, N_q$

② 점토지반($\phi = 0$)의 경우
　$q_d = \alpha\, C N_c + \gamma_2\, D_f\, N_q$

③ 사질지반($C = 0$)인 경우
　$q_d = \beta\, \gamma_1\, B\, N_r + \gamma_2\, D_f\, N_q$

④ 기초의 형상계수

단면형상	연속기초	정사각형	원형	직사각형
α	1.0	1.3	1.3	$1 + 0.3\dfrac{B}{L}$
β	0.5	0.4	0.3	$0.5 - 0.1\dfrac{B}{L}$

⑤ Meyerhof 공식
$$q_d = 3NB\left(1 + \frac{D_f}{B}\right)$$

13 RC 말뚝의 특징

① 재질 균일, 15m 이하 경제적, 강도가 커 지지말뚝에 적합하다.
② 무겁다. 균열 발생, 말뚝이음 신뢰성 적다.
③ $N=30$ 이상 지반 관통 힘들다.

14 PC 말뚝의 특징

① 강재부식 적다.
② 휨량이 적다.
③ 인장파괴가 발생하지 않는다.
④ 이음 쉬워 길이 조절이 쉽다.

15 강말뚝의 특징

① 지내력이 큰 지층 항타 가능
② 휨모멘트에 대한 저항성이 크다.
③ 마찰 지지력이 크다.
④ 가격 비싸다.
⑤ 부식이 심하다.
⑥ 말뚝 타입시 소음이 심하다.

16 피어기초의 특징

① Chicago(인력 굴착, 반원형 강제환, 중간 군기 점토지반)
② Gow(인력 굴착, 강제 원통, 연약한 지반)
③ Benoto(케이싱 튜브 사용, 경사 말뚝 가능, 해머 그라브 이용)
④ Earth drill(회전식 버킷, Bentonite 용액 사용)
⑤ Reverse Circulation drill(수중굴착, 정수압이용, 연약한 지반)

17 케이슨 기초의 특징

① 우물통 기초(침하깊이 제한없다. 시공 간단. 공사비 저렴. 보일링, 히빙 우려된다.)
② 공기 케이슨(토질 확인 가능, 35~40m 깊이, 이동경사 작고, 침하공정 빠르다. 보일링, 히빙을 방지)
③ BOX 케이슨(공기단축 가능, 공사비 저렴, 기초 세굴 우려, 대형장비 투입)

＊H형강 말뚝
말뚝을 박을 때 저항력이 작은 단면형의 말뚝이다.

＊인장 말뚝
큰 벤딩 모멘트를 받는 말뚝의 인발력에 저항하는 말뚝이다.

＊억류 말뚝
사면의 활동지반 등에 사용되는 말뚝이다.

18 케이슨 침하공법

① 재하중(철괴, 콘크리트 블록)
② 분사식
③ 물하중
④ 발파
⑤ 감압

19 부마찰력 원인

① 지표면 침하에 따른 지하수 저하
② 압밀 진행중인 연약 점토 지반일 때
③ 점성토가 사질토 위에 놓일 때
④ 점착력이 있는 압축성 지반

*부마찰력
연약한 지반에 말뚝을 박았을 때 부마찰력이 생기는데 아래로 작용하므로 말뚝의 지지력이 감소한다.

20 부마찰력

① 마찰력이 하향으로 작용
② $R_{nf} = f_s \cdot \pi \cdot D \cdot l$, $\left(f_s = \dfrac{q_u}{2}\right)$

21 Engineering news 공식

① 드롭 해머
$$R_a = \frac{W \cdot H}{6(\delta + 2.54)}$$

② 단동식 증기해머
$$R_a = \frac{W \cdot H}{6(\delta + 0.254)}$$

③ 복동식 증기해머
$$R_a = \frac{(W + a \cdot p)H}{6(\delta + 0.254)}$$

22 Sander 공식

$$R_a = \frac{W \cdot H}{8S}$$

23 항타공법

① 드롭 해머(소규모 공사, 설비 간단)
② 증기 해머(연속타격 소음이 크다. 긴 말뚝 타입 유리)

③ 디젤 해머(기동성 풍부, 타격력 크다. 연료비 적다. 연약지반 비능률적, 중량 설비가 크다)
④ 바이브로 해머(타입 인발 쉽다. 항두 손상 적다. 사질 지반 적합)

24 항타 순서

① 중앙에서 외측으로
② 육지에서 하천 쪽으로
③ 구조물 부근에서 외측으로

25 군 항

① 말뚝의 간격이 $1.5\sqrt{r \cdot l}$ 이하일 때
② $E = 1 - \phi \left[\dfrac{(n-1)m + (m-1)n}{90mn} \right]$
③ $\phi = \tan^{-1} \dfrac{D}{S}$

여기서, $\begin{cases} D : 말뚝 직경 \\ S : 말뚝 간격 \end{cases}$

④ 군항의 허용지지력 : $R_{ag} = E \cdot N \cdot R_a$

★군항
각 개의 말뚝이 발휘하는 지지력은 단말뚝보다 작다.

11 연약지반 개량공법

1 점성토 지반 개량 공법

① 치환공법(두께 3m 이하 경제적, 확실한 효과)
② Preloading(잔류침하 없앤다. 공기가 길다.)
③ Sand drain(모래기둥을 통해 배수거리 짧게 압밀촉진)
④ Paper drain(폭 10cm, 3mm 두께)
⑤ 전기침투 공법
⑥ 침투압 공법
⑦ 생석회 말뚝 공법

★Preloading 공법
• 압밀침하에 의한 공법이다.
• 탈수를 주로하는 공법이다.
• 공기가 급하지 않을 때 사용하는 사전 압밀 공법이다.
• 공사비가 싸지만 공기가 길다는 것이 단점이다.

2 사질토지반 개량 공법

① 다짐말뚝 공법(RC, PC, 강말뚝)
② 다짐모래 말뚝공법(Sand compaction pile=Compozer)
③ 바이브로 플로테이션 공법
④ 폭파다짐 공법

STUDY GUIDE

⑤ 약액주입법
⑥ 전기충격법
⑦ 동압밀공법

3 일시적 개량공법

① 웰 포인트 공법
② Deep Well 공법
③ 대기압 공법
④ 동결공법

*웰 포인트 공법
• 지하수위를 저하시킬 목적으로 사용되는 공법이다.
• 탈수를 주로하는 공법이다.

4 Sand drain 공법

① 정삼각형 배열 $de = 1.05d$
② 정사각형 배열 $de = 1.13d$
③ 평균압밀도 $U_{vh} = 1 - \{(1-U_v)(1-U_h)\}$
④ 모래 말뚝 간격이 길이의 $\frac{1}{2}$ 이하인 경우 연직방향 압밀 무시

5 Paper drain 공법의 특징

① 자연함수비가 액성한계 이상인 초연약한 점성토 압밀촉진에 적합
② 시공 속도가 빠르다.
③ 배수 효과 양호
④ 타입시 교란이 거의 없다.
⑤ drain 단면이 깊이에 대하여 일정하다.
⑥ 대량 생산시 공사비가 싸다.
⑦ 장기간 사용할 때 열화현상이 생겨 배수효과 감소
⑧ $D = \alpha \dfrac{2(A+B)}{\pi}$

6 Compozer 공법의 특징

① 연직방향 충격, 진동타입
② Vibro Compozer(충격, 소음 적다. 시공능률 양호)
③ Hammering Compozer(소음 진동 크다. 시공관리 힘들다. 타입에너지 크다. 전기설비 필요없다.)

7 바이브로 플로테이션(Vibroflotation) 공법의 특징

① 수평방향 진동
② 공기가 빠르다.
③ 깊은곳 다짐이 가능
④ 지하수위와 관계없이 시공 가능
⑤ 지반을 균일하게 다질 수 있다.
⑥ 상부구조물에 진동이 있을 때 좋다.
⑦ 공사비가 저렴하다.

✱ 바이브로 플로테이션
느슨한 모래지반에 봉으로 선단에서 물을 뿜어주고 수평 진동을 주면서 모래를 채우며 다지는 공법이다.

8 약액주입공법의 특징

① 시멘트 주입(강도 증진)
② 점토, Bentonite 주입(지수, 차수 효과)
③ Asphalt(강도 증진)

9 웰 포인트 공법의 특징

① 실트질 모래지반 적용
② 강제 배수
③ 배수가능 깊이는 6m 정도

10 Deep well 공법의 특징

① 점토지반 적용
② 중력 배수
③ 배수가능 깊이 10m 정도

11 동결공법의 특징

① 모든 토질에 적용 가능
② 완전 차수성
③ 강도가 커진다.
④ 예기치 않은 사고에 안정하다.
⑤ 공사비가 비싸다.
⑥ 지하수위, 화학물질이 있을 경우는 동결 안 된다.
⑦ 동상 피해가 수반된다.

✱ 동결공법
- 지하수의 흐름이 빠르면 동결은 되지 않는다.
- 지질에 따라 동결 팽창하는 수가 있다.
- 함수비가 작은 경우 강도증가를 기대할 수 없다.

CHAPTER VI 상하수도공학

STUDY GUIDE

01 상수도 시설 계획

1 상수도 구성

① 수원 → 취수 → 도수 → 정수 → 송수 → 배수 → 급수
② 정수시설 배수시설 → 10~15년
③ 상수 : 가정용수, 소화용수, 공공용수

*급수보급율
$$\frac{급수인구}{총인구} \times 100$$

2 계획급수량

① 1일 평균급수량 = $\dfrac{1년간의\ 총급수량}{365}$

② 1인 1일 평균급수량 = $\dfrac{1년간의\ 총급수량}{급수인구 \times 365}$ = $\dfrac{1일\ 평균급수량}{급수인구}$

③ 1인 1일 최대급수량 = $\dfrac{1일\ 최대급수량}{급수인구}$ = 1일 평균급수량 × 1.5

④ 시간 최대급수량 = $\dfrac{1일\ 최대급수량}{24} \times 1.5$ = $\dfrac{1일\ 평균급수량}{24} \times 1.5 \times 1.5$

3 급수율 변화를 표시하는 Goodrick 공식

$P = 180t^{-0.1}(\%)$

　　　여기서, t : 일(日)

*Logistic Curve법
- 인구추정법 중에서 장기간에 걸친 인구추정을 위하여 가장 정확하다.
- 대상지역의 포화인구를 먼저 추정한 후 계획기간의 인구를 추정하는 방법이다.

4 인구추정법

① 등차급수법 : $P_n = P_o + na,\ a = \dfrac{P_o - P_t}{t}$

② 등비급수법 : $P_n = P_o(1+r)^n$

5 수원의 종류

① 천수
② 지표수원 : 하천수, 호소수, 저수지수
③ 지하수원 : 천층수, 심층수, 용천수, 복류수
④ 수원의 이용순 : 지표수 > 지하수 > 천수

6 수원의 조건

① 장래성
② 위생성
③ 경제성

7 수원의 조사 항목

① 최대홍수위
② 최대갈수량
③ 최대갈수위

8 수원의 취수 위치 선정

① 깨끗하고 오염될 우려 적은 곳
② 해수혼입 없는 곳
③ 계획 취수량을 확보할 수 있는 곳
④ 흐름이 있어도 모래 등이 취수가 되지 않는 곳

9 수질기준

① 상수원등급(BOD) : 1급(1ppm 이하), 2급(3ppm 이하), 3급(5ppm 이하)

10 음용수 수질 기준

① 일반세균 : 1mg 중 100 이하
② 대장균 : 50mg 중 검출되지 않을 것
③ 납 : 0.05mg/l 이하
④ 암모니아성 질소 : 0.5mg/l 이하
⑤ 페놀 : 0.005mg/l 이하
⑥ 경도 : 300mg/l 이하
⑦ 색도 : 5도 이하
⑧ 탁도 : 2도 이하
⑨ 수소이온농도 : pH 5.8~8.5
⑩ 증발잔류물 : 500mg/l 이하
⑪ 수은, 시안 : 검출되지 않을 것

11 음용적부 수질검사 항목

색도, 탁도, 냄새, 맛, 암모니아성 질소, 질산성 질소, 일반세균, 대장균

STUDY GUIDE

*지표수
하천수, 호소수, 저수지수 등이 있다.

*수원 선정시 고려사항
• 갈수기의 수량과 수질
• 장래의 수질변화
• 수리권

*수질 검사 목적
• 원수의 수질 파악
• 정수 처리시설의 적정한 운전 관리
• 급수 시작 전의 안전성 확인

STUDY GUIDE

★하천의 자정작용
- 유기물이 희석, 침전, 분해되어 정화되는 것
- 희석이나 침전과 같은 물리적 작용과 미생물에 의한 분해와 같은 생물학적 작용이 있다.
- 자정작용 중 생물학적 작용이 가장 큰 작용을 한다.

12 자정작용 인자

① 침전
② 일광
③ 화학적 작용
④ 생물학적 작용
⑤ 폭기 작용

13 자정작용 이론

① 용존산소(DO) 부족량

$$D_t = \frac{K_1 L_a}{K_2 - K_1}(10^{-K_1 t} - 10^{-K_2 t}) + D_a \cdot 10^{-K_2 t}$$

② 자정계수

$$f = \frac{재폭기\ 계수}{탈산소\ 계수} = \frac{K_2}{K_1}$$

14 정체현상(성층현상)

① 물의 온도가 가장 큰 원인
② 여름, 겨울철에 안정한 상태
③ 취수 용이하다.

15 전도현상(대류현상)

① 온도와 물의 밀도차로 일어나는 현상
② 봄, 가을철에 수질교란 상태
③ 취수 불가

★부영양화
- 주로 표층부에서 발생한다.
- COD가 증가한다.
- 식물성 플랑크톤인 조류가 대량 번식한다.

16 부영양화, 적조현상

(1) 원인
　① 질소(N)
　② 인(P)

(2) 현상
　① 탁도증가
　② 용존산소(DO) 감소
　③ 색도 증가
　④ 화학적 산소 요구(COD) 증가
　⑤ 수중생태계 변화

(3) 방지대책
① 질소와 인 유입 방지
② 황산동($CuSO_4$)와 염산동($CuCl_2$) 살포

02 상수관로 시설

1 관로형식 결정

① 도수로(수원 → 정수장) : 자연유하식인 개수로 적용
② 송수로(정수장 → 수요자) : 펌프압송식인 관수로 적용

2 저수지 용량 결정

① 가정법 : $C = \dfrac{5000}{\sqrt{0.8R}}$
② 경험식
　㉠ 강우량 많은 지역(1일 평균 급수량의 120일분)
　㉡ 강우량 적은 지역(1일 평균 급수량의 200일분)
③ Ripple 도식법

＊저수지나 수원의 용량
계획1일 평균급수량을 기준하여 설계한다.

3 취수시설

① 취수관 : 하천 수위의 변화가 적은 곳
② 취수탑 : 수위 변화가 크고 대량 취수, 유입속도 15~30cm/sec
③ 취수문 : 자연유하식으로 도수할 수 있는 곳
④ 취수틀 : 하천의 수중에 설치
⑤ 취수보 : 하천에 보를 축조하여 월류위어를 이용하여 취수

＊취수탑
• 수위 변화가 큰 곳에 설치한다.
• 취수관에 비해 건설비가 많이 든다.
• 취수관에 비해 양질의 물을 취수할 수 있다.

4 도수로 및 송수로 선정

① 계획 취수량 전량을 유입 가능할 것
② 장래의 예상 증가량을 감안
③ 단거리인 도수로 선정
④ 수평, 수직의 급격한 굴곡은 피할 것

5 역사이펀

① 수로가 하천이나 계곡, 도로, 철도 등과 만날때는 이들을 피하여 동수 경사선 아래로 가는 수로
② 역사이펀 내의 유속은 침전물의 침전 방지를 위하여 상류보다 크게 한다.
③ 역사이펀 내의 토사 퇴적이나 침전을 방지하기 위해 토사받이를 설치

6 배수시설의 목적

① 배수관 내의 적정수압 유지
② 원활한 급수 보장
③ 급수량 부족분 저장

7 배수시설의 위치

① 급수구역 중앙
② 배수고지는 30~50m

8 소화용수량(m^3/min)

$$Q = 3.86\sqrt{P}\,(1 - 0.01\sqrt{P})$$

여기서, $P = \dfrac{인구수}{1000}$

9 배수시설의 특징

배수시설	배 수 지	배 수 탑	고가수조
높 이	50~60m	5~20m	3~6m
표준 유효용량	계획 1일 최대 급수량의 8~12시간분	계획 1일 최대 급수량의 3~4시간분	계획 1일 최대 급수량의 1~3시간분
최소 유효용량	계획 1일 최대 급수량의 6시간분	—	계획 1일 최대 급수량의 1시간분

★ 배수지
급수구역에서 가깝고 적당한 수두를 얻을 수 있는 곳이 적당하다.

10 배수지 용량

$$C = 계획1일\ 최대급수량(m^3/day) \times \dfrac{저수시간(hr)}{24}$$

★ 배수시설과 계획배수량
평상시와 화재시로 구분하여 정한다.

11 배수 급수계획

① 계획 배수량 = 계획시간 최대급수량 + 화재시 계획 1일 최대급수량 + 소화용수
② 배수관 수압 ┌ 1.5 kg/cm^2 이상(최소)
　　　　　　　└ 1.5 ~ 4 kg/cm^2 (적정)
③ 배수지의 유효용량 ┌ 표준 8~12시간분
　　　　　　　　　　└ 최소 6시간분

12 배수관 배치방식

① 격자식 : 격자형배치, 물의 정체가 없다. 수압유지 용이, 수압보완이 가능, 널리 사용, 공사비 비싸다. 배수관망계산 복잡
② 분지식 : 물의 정체현상 발생, 수압보완불가능, 수압저하가 뚜렷, 적수현상 발생, 설계가 용이, 배수관망계산 간단

13 Whipple의 4지대

분해지대 - 활발한 분해지대 - 회복지대 - 정수지대

*Whipple의 분해지대
하수나 오염된 물의 수질 변화

14 개수로의 경사

$\frac{1}{1000} \sim \frac{1}{3000}$

15 개수로 및 관수로의 부대시설

① 침사지
  ㉠ 유속 2~7cm/sec, 폭의 3~8배
  ㉡ 체류시간은 계획 취수량의 10~20분
  ㉢ 유효수심 3~4m
② 신축이음 : 개수로 10~20m, 관수로 20~30m
③ 제수밸브
  ㉠ 도송수관의 시점, 종점, 분지개소, 연결관
  ㉡ 관의 파손 등 관로의 일시적 단수 및 유량 조절 목적
  ㉢ 상류의 수압차가 커 제수밸브의 조작이 곤란한 경우 나비형 밸브의 사용이 가능
④ 역지밸브 : 관의 파열, 정전 등으로 대량의 물이 역류하는 곳에 설치
⑤ 도송수관 매설
  ㉠ 900mm 이하 → 120cm 이상
  ㉡ 1000mm 이상 → 150cm 이상

*제수밸브
개폐가 빈번한 곳(분지점)에 설치한다.

*역지밸브(Check Valve)
역류를 방지하기 위한 밸브

*안전밸브
수격작용이 심하거나 이상수압이 발생하기 쉬운 곳에 설치하여 배수관의 손상을 방지한다.

16 급수관의 마찰손실수두

Weston 공식 → 지름 50mm 이하되는 연관, 동관, 강관에 적용

17 급수방식

① 직결식 : 수압조절 불가능, 가정주택(소규모 저층건물)
② 고치탱크식
  ㉠ 아파트 단지 등의 집단시설

＊탱크식 급수방식
- 배수관이 단수일 때에도 일정량의 급수량을 확보할 수 있다.
- 배수관의 수압변동에 영향을 받지 않고 일정수량을 유지할 수 있다.

   ⓒ 배수관내 수압이 작을 경우
   ⓒ 수압은 충분하나 관경이 작을 경우
 ③ 가압탱크식 : 대규모 건축물, 물을 다량으로 사용하는 경우, 호텔 등에 사용

18 급수계통

배수관 → 분수전 → 지수전 → 계량기 → 급수전

19 급수단위

Lpcd(l/인/일)

20 펌프량 계획

① 저양정 펌프장 : 취수, 도수
② 고양정 펌프장 : 송수, 배수
③ 증압펌프장
 ㉠ 배수구역이 넓거나 고지대 위치
 ⓒ 송, 배수압이 부족하거나 급수압이 부족한 경우
④ 펌프의 용량 표시 : 흡입구경, 토출구경, 전양정, 축마력
⑤ 펌프의 구경

$$D = 146 \frac{\sqrt{Q}}{V}$$

여기서, D : mm
    Q : m³/분
    V : m/sec

⑥ 펌프흡입구 유속 : 1.5~3m/sec
⑦ 펌프의 동력

$$E = \frac{9.8Q(H+h_f)}{\eta_1 \times \eta_2} [\text{KW}]$$

$$E = \frac{13.33Q(H+h_f)}{\eta_1 \times \eta_2} [\text{HP}]$$

⑧ 펌프장 위치 : 침수되지 않는 곳, 전력이용이 용이한 곳, 단거리 양수 가능지형
⑨ 펌프의 선정
 ㉠ 전양정 6m 이하, 구경 200mm 이상 → 사류 축류 펌프
 ⓒ 전양정 20m 이상, 구경 200mm 이하 → 원심력 펌프
⑩ 비교회전도(비속도)
 ㉠ 크기는 다르나 모양이 비슷한 임펠러가 1m³/min의 유량을 1m 양수하는 데 필요한 회전수

＊축류 펌프
- 양정이 낮은 곳에 사용한다.
- 구조가 간단하다.
- 양정 변화가 심할 경우는 부적당하다.
- 비교회전도는 1200~2000으로 펌프 중 가장 크다.

$$N_s = \frac{NQ^{\frac{1}{2}}}{H^{\frac{3}{4}}}$$

여기서, N : 펌프회전수(rpm)
Q : 유량(m^3/min)
H : 총양정(m)

ⓒ Ns 값이
- 클수록 대용량(저양정, 축류 펌프)
- 작을수록 소용량(고양정, 원심력 펌프)

⑪ 펌프 양수량 조절 방법 : 회전수 변경, 토출변 크기 변경, 행정 변경, 바이패스관 설치
⑫ 공동현상 : 펌프 임펠러 입구에서 압력이 그 수온에 해당하는 포화증기압 이하로 되면 물이 증발해서 공동이 생기고 펌프의 성능을 저하시키는 현상
⑬ 공동현상 방지 대책 : 펌프설치를 낮게, 흡입양정을 작게, 펌프 회전수를 작게, 흡입관 손실을 작게 단흡입 펌프이면 양흡입펌프 사용
⑭ 수격작용 : 펌프의 밸브를 급개폐때 일어나는 압력상승 또는 압력강하
⑮ 수격작용 방지 대책 : 플라이 휠부착, 서지탱크설치, 체크밸브설치, 토출측 관로에 안전밸브 또는 공기밸브 설치

03 정수장 시설

1 정수처리 순서

침사처리 → 침전처리 → 응집처리 → 여과 처리 → 소독처리

2 정수시설

침사지 → 침전지 → 혼화지 → 여과지 → 소독지

3 침전지 설계

$$V_o = \frac{h_o}{t} = \frac{\frac{C}{A}}{\frac{C}{Q}} = \frac{Q}{A}$$

4 수중불순물 제거

① 부유물질 콜로이드 입자의 제거(침전, 모래여과)
  ㉠ 보통 침전지 완속여과

★펌프의 비속도(N_s)
유량과 양정이 동일하다면 회전수가 클수록 N_s가 커진다.

★완속여과
- 부유물질 외에 세균도 제거 가능
- 급속여과에 비해 수질 양호
- 여과속도 4~5m/day 표준

＊염소살균
살균력이 뛰어나고 설비 및 주입방법이 간단하다.

ⓒ 약품 침전지 급속여과 → 알루미늄과 철의 염분
※ 세균은 완전히 제거되지 않고 콜로이드는 제거가 잘됨.

② 세균제거(살균소독법)
※ 완속여과의 세균제거율이 급속여과보다 좋다.

5 물의 연수화

① 경도 성분인 Ca^{++}, Mg^{++} 등을 제거함으로써 센물을 단물로 바꾸는 조작
② 자비법
③ 석회 소오다법
④ 이온 교환법
⑤ Zeolite 법

6 정수방법

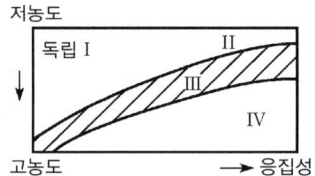

① 침전이론 : 독립침전 Ⅰ 영역 → 응집침전 Ⅱ 영역 → 지역침전 Ⅲ 영역 → 압축침전 Ⅳ 영역
② 약품침전지 : floc의 응집성이 강하여 침강하면서 다른 입자를 흡착 비대해지므로 침전속도 증가하면서 침전(Ⅱ 영역)
③ 상하류식 부유물 접촉 침전지는 Ⅲ 영역

＊침전
물보다 비중이 큰 부유물을 가라앉혀 제거하는 것으로 보통침전법, 약품침전법(응집제 사용)이 있다.

＊침전지
스토크스 법칙(stokes law)을 이용하여 설계

7 수면적 부하

① 입자가 100% 제거되기 위하여 요구되는 침전 속도

② 표면 침전율 $= \dfrac{Q}{A}[\text{m/day}]$

③ 월류부하 $= \dfrac{Q}{L}[\text{m}^2/\text{day}]$

④ 체류시간 $T = \dfrac{V}{Q} = \dfrac{A \times H}{Q}$ $\therefore \dfrac{Q}{A} = \dfrac{H}{T}$

⑤ 침전효율 $E = \dfrac{V_s}{V_o} = \dfrac{V_s}{\frac{Q}{A}}$ $\therefore V_s \geq \dfrac{Q}{A} \cdot V_o$

＊표면적 부하율
$\dfrac{Q}{A} = \dfrac{유량}{폭 \times 길이}$

8 보통 침전지 설계 조건

① 침전지수는 2개 이상
② 폭과 길이의 비는 1 : 3~1 : 8
③ 용량은 계획 1일 정수량의 8시간분
④ 유속은 0.5cm/sec

9 경사판 침전지 특징

① 경사판 유효각도 : $\theta = 45° \sim 60°$
② 최대 침강거리 : $h = b \cdot \tan \theta$

10 고속응집 침전지 종류

침전으로 제거되지 않는 미세한 입자의 제거
① 슬러리 순환형(슬러지 농도의 상시 적정 유지)
② 슬러지 블랜키트(수질과 처리수량의 변동이 작을 때)
③ 혼합형(모래 슬러리가 퇴적하지 않음)
④ 맥동형(대용량)
⑤ 제트식(유량 변동)

11 혼화지 종류

① 기계 교반식(장방형이 원형보다 효과 크다.)
② 우류식(손실수두 크다. 완속 온화 적합)
③ 도수식(적당한 낙차있는 지역)
④ 펌프식(내산성인 펌프재질 요구)

12 여과지 종류

① 완속 여과지(유입부, 집수부, 유출부)
② 급속 여과지(중력식, 압력식)

13 완속여과지 설계조건

① 여과 속도 : 4~5m/day
② 여과층 높이 : 70~90cm
③ 여과사 입경 : 0.3~0.45mm
④ 여과사 균등계수 : 2.0 이하
⑤ 손실수두 : 작다.

＊약품 침전지
급속 여과지의 전처리용으로서 침전시간은 보통 4시간 정도

＊고속응집 침전지
정수장에서 혼화, 플록 형성, 침전이 하나의 반응조 내에서 이루어진다.

＊ 여과
침전으로 제거되지 않는 미세한 입자의 제거

＊완속여과
미생물의 활동에 의해 정수하는 방법

STUDY GUIDE

*급속여과 시스템
응결 → floc 형성 → 침전 → 급속여과 → 살균

14 급속여과시 설계조건

① 여과 속도 : 120~150m/day
② 여과층 높이 : 60~120cm
③ 여과사 입경 : 0.45~1.0mm
④ 여과사 균등계수 : 1.7 이하
⑤ 손실수두 : 크다.

※ 모래입자의 크기가 클수록 손실수두가 작다.

*집수장치
급속여과지 하부에 여과가 균등히 이루어지도록 분산시키기 위한 시설

15 집수장치조건

① 물의 분산과 집수가 일정
② 손실수두 적을 것
③ 지지층 두께가 얇은 것
④ 찌꺼기나 먼지가 막히지 않을 것
⑤ 내구성, 시공성이 좋을 것

16 집수장치 종류

① Strainer 형
② Wheeler 형(손실수두가 제일 크다.)
③ 다공관형
④ 유공블록형(여과, 세정이 균등)

*급속여과
탁도는 잘 제거되나 암모니아성 질소 같은 용해성 물질은 거의 제거되지 않고 세균제거에도 큰 효과가 없다.

17 급속여과지 여과사 세정

(1) 세정방식
  ① 역세정방식
  ② 공기 병용 세정방식
  ③ 공기 세정방식

(2) 세정조건
  ① 수압수두 : 10~12m
  ② 수   량 : 0.6~0.9 $m^3/min \cdot m^2$
  ③ 세정시간 : 4~6분

*응집
플록 형성 단계에서 주로 이루어진다.

18 응 집

① 콜로이드 전기적 특성 이용 pH 변화를 일으켜 콜로이드가 갖고 있는 반발력을 감소시킴으로써 입자가 결합
② 응집처리의 설계이론 : 혼합 → 응결 → 침전

③ 응집제 : 명반 $[Al_2(SO_4)_3]$, 철염 $FeCl_3$, $FeCl_2$, $FeSO_4$
④ 응집에 영향을 미치는 인자 : pH, 수온, 교반, 응집제 종류, 콜로이드 농도와 종류 물의 전해질 농도

19 살 균

① 염소살균이 가장 많이 사용
② 유리 잔류 염소(HOCl과 OCl를 생성)
  ㉠ pH 5 이하에서 염소분자로 존재
  ㉡ HOCl이 OCl보다 살균력이 80배
  ㉢ HOCl의 살균력은 pH 5.5에서 최대
  ㉣ OCl의 살균력은 pH 10.5에서 최대
③ 결합 잔류 염소의 특징(클로라민)
  ㉠ 냄새, 맛이 없다.
  ㉡ 살균의 지속성이 있다.
  ㉢ 유리 잔류 염소보다 살균력이 약하다.
④ 염소요구량=주입염소량−잔류염소량
⑤ 염소주입량 : 0.2ppm 이상
⑥ 염소 0.4ppm 이상
  ㉠ 소화기 계통 전염병 유행
  ㉡ 단수후 또는 감수압
  ㉢ 홍수로 원수 수질이 현저히 약화
  ㉣ 정수작업에 이상 있을 때

20 사전 염소처리 목적

① 일반세균이 1ml 중 5000 이상 또는 대장균군이 100ml 중 2500 이상 존재할 때
② 침전지나 여과지 내부를 위생적으로 유지하기 위해
③ 약류, 소형동물, 철박테리아 등의 서식, 번식 억제하기 위해
④ 철, 망간이 용존하고 염소 소독에 의해 탁도, 색도가 증가하는 경우 이들 불용성 물질을 산화물로 제거할 때
⑤ 암모니아성 질소, 아질산성 질소, 황화수소, 페놀류, 유기물 등을 산화시킬 때

21 염소 주입장소

① 착수정, 펌프정, 접합정
② 염소혼화정
③ 정수지 출구, 배수지 유입부

＊염소처리
암모니아와 염소가 결합하면 클로라민이 생성된다.

＊염소 살균력
차아염소산 〉 차아염소산 이온 〉 클로라민

＊전 염소처리
철, 조류, 암모니아성 질소, 페놀류 등을 제거할 수 있다.

STUDY GUIDE

★착수정
원수가 취수, 도수시설에서 유입되는 정수처리 공정에 최초로 도입되는 장소

★응집침전
부유물질 및 콜로이드성 물질 제거

★침전지 침전 효율
침전지 깊이, 면적, 유속과 관계 깊다.

★정수지
정수장 내에서 처리된 물을 일시 저장하는 시설

★활성탄
흑색 다공성 탄소질의 물질로 기체나 액체 중의 미세한 불순물을 흡착하는 성질을 갖고 있다.

★농축조
슬러지의 용량을 감소시키는 것이 주목적이다.

22 정수시설

(1) 착수정
① 체류시간 1분 30초
② 수심 3~5m, 60cm 여유

(2) 응집지
① 0.01mm 이하인 것 제거, floc를 형성시켜 주기 위한 시설
② floc 형성시간 → 20~40분
③ floccutaler 주변속도 15~80cm/sec, 평균속도 15~30cm/sec
④ 혼화시간은 계획정수량에 대하여 1~5분간을 표준
⑤ flash mixer의 주변속도 1.5m/sec 이상

(3) 침전지
① 원수의 연간 최고 탁도가 30도 이상
② 원수의 탁도가 10도 이하인 경우는 보통 침전지 생략
  ㉠ 길이 : 폭의 3~8배
  ㉡ 여유고 : 30cm
  ㉢ 평균유속 : 보통 30cm/min 이하, 약품 40cm/min 이하
  ㉣ 조의용량 : 보통 8시간분, 약품 3~5시간, 고속응집 침전지 1.5~2시간
  ㉤ 경사판 각도 60°, 평균유속 0.6m/min
  ㉥ 고속응집 침전지의 지내 평균 상승 유속 40~50mm/분

(4) 정수지 구비조건
① 내구성, 수밀성을 가져야 하고 30~60cm 복토를 둔다.
② 유효수심 : 3~6m
③ 고수위로부터 정수지상 슬래브까지는 30cm 이상의 여유고
④ 지저경사는 $\frac{1}{100} \sim \frac{1}{500}$
⑤ 정수지의 유효용량은 계획정수량의 1시간분 이상

(5) 활성탄 처리 → 20분 이상

23 배출수 처리(조정 → 농축 → 탈수 → 처분)

(1) 조정 농축 시설
① 용량은 계획 슬러지량의 24~48시간 표준
② 여유고 30cm, 바닥면 경사는 $\frac{1}{10}$ 이상

(2) 탈수시설
① 농축 슬러지량의 함수량을 줄여 체적 감소
② 탈수기는 2대 이상 설치

③ 진공여과기, 가압여과기, 원심분리기, 조립탈수기
④ 드럼의 소요 단면적은 고형물 처리량 $60 \sim 130\,\text{kg/m}^2/\text{hr}$
⑤ 고형물 부하는 $10 \sim 20\,\text{kg/m}^2/\text{day}$

(3) 처분시설
① 케이크와 함수율이 85% 이하라야 한다.

04 하수도 시설 계획

1 하수의 정의
① 가정하수
② 공장폐수
③ 지하수
④ 우수

2 하수도 시설 목적
합리적인 건설비와 유리관리비를 투자하여 도시의 건전한 발전과 공중위생의 향상에 기여하고 공공수역의 수질을 보전하여 쾌적한 생활환경을 조성하는 것

★하수도 목적
• 쾌적한 생활환경 도모
• 공공수역의 수질오염방지
• 침수 등에 의한 재해 방지

3 하수도의 효과
① 시가지 침수, 범람 방지
② 질병 방지로 공중위생상 효과
③ 하천의 수질보전
④ 분뇨 처분의 해결
⑤ 저습지 개량으로 토지이용 증대
⑥ 도시미관 증대
⑦ 강우시 침수방지로 시민의 정신적 안정 기대

★하수도 계획
우수 배제, 오수 배제, 슬러지 처리 등

4 하수도 구성요소
① 하수관거
② 펌프장
③ 하수처리장

5 하수도 계획년도 → 20년

STUDY GUIDE

＊하수관거 최소유속
0.6m/s 이상

6 하수도 계통
① 집배수시설(하수관거)
② 처리시설(처리장)
③ 방류시설(펌프장)

7 하수도망
가정하수거 → 지선하수거 → 연결하수거 → 부간선 하수거 → 간선 하수거 → 차집 하수거

8 하수배제 방식 비교

＊합류식
경제적인 면에서 유리, 우수의 신속 배제, 강우시 오수처리 유리

합류식	분류식
• 퇴적이 많다. • 토사유입하여 퇴적 폐쇄 염려없다. • 검사 수리 용이 • 청소에 시간이 많이 소요	• 퇴적이 적다. • 소구경인 오수거의 폐쇄 우려되나 청소가 비교적 쉽다. • 측구가 있으면 관리에 시간 소요

9 하수도 배수계통 방식
① 직각식 : 하천이 도시 중심 통과시
② 차집식 : 하수처리장 부지 확보 곤란시
③ 선상식 : 지형이 한곳으로 모이기 쉬운 곳
④ 방사식 : 시가지 중심부가 높고 주위가 낮은 곳
⑤ 집중식 : 도심지 중심부가 저지대인 경우
⑥ 평행식 : 도시가 고지대와 저지대로 구분이 되는 경우

＊방사식
지역이 광대해서 하수를 한 곳으로 모으기 힘들 때 채용

＊계획 우수량 확률 년수
5～10년

10 계획 오수량 산정
① 계획 오수량=생활 오수량+공장 폐수량+지하수량
② 계획 1일 최대 오수량=1인 1일 최대오수량×계획인구+공장폐수량+지하수량
③ 계획시간 최대 오수량=계획 1일 최대 오수량×(1.3～1.8)
④ 계획 하수량=계획 오수량+계획 우수량
⑤ 계획 우수량=합리식으로 우수량 산정

11 계획 우수량

$$Q = \frac{1}{3.6} C \cdot I \cdot A [m^3/sec]$$

여기서, I : 강우강도(mm/hr)

12 강우강도(I)

Talot식(가장 널리 사용)

$$I = \frac{a}{t+b}$$

여기서, $t =$ 유입시간(t_1) + 유하시간(t_2)

$t_2 = \dfrac{L}{60 \cdot V}$

t_2 : 유하시간(min)
L : 관거길이(m)
V : 유속(m/sec)

*우수량 산정(합리식)
- $Q = CIA$
- $Q = \dfrac{1}{360} CIA$

13 교차연결

음용수로 사용하기 부적합한 물이 상수도관인 급수관으로 유입되는 것

14 교차연결 발생원인

① 급수 상수관과 하수관이 인접해서 매설시
② 배수관에 부압 발생시
③ 오수가 흡입될 때
④ 배수관의 수압 저하시
⑤ 급수장치의 수압 상승시

15 교차 연결 방지 대책

① 하수관거와 배수관거의 동일 매설 금지
② 부압 발생 방지를 위해 증기밸브나 진공밸브 설치
③ 역류 발생 방지 밸브 설치
④ 화장실 오수관거내 진공차단기 설치

*하수관거
하류로 갈수록 구배는 완만하게 한다.(하류관거의 유속은 상류보다 크게)

16 우수 방류 장치(우수 토실=위어)

① 목적 : 방류수역의 수질 오염 방지 및 수질 유지 관리
② 위치 : 우수를 자연 유하식으로 일시에 방류 가능한 곳

17 우수조정지 설치 장소

① 하수관거의 유하능력이 부족한 곳
② 펌프장의 배수능력이 부족한 곳
③ 방류하천의 수로 능력이 부족한 곳

*우수조정지
우천시 우수를 일시 저장하여 침수 방지

STUDY GUIDE

18 방류수 수질 기준

① 하수처리장 : BOD, SS → 20ppm 이하
② 분뇨처리장 : BOD, SS → 30ppm 이하
③ 폐수처리장 : BOD, SS → 30ppm 이하, COD → 40ppm 이하

05 하수관로 시설

1 계획하수량

① 오수관리 계획하수량=계획시간 최대 오수량
② 우수관리 계획하수량=계획우수량
③ 합류관거=계획시간 최대 오수량+계획우수량
④ 차집관거=우천시 계획오수량

*하수관망 설계
경사는 하류로 갈수록 완만하게

2 하수관거내 유속

① Manning $V = \dfrac{1}{n} R^{\frac{2}{3}} I^{\frac{1}{2}}$

② 분류식 : 0.6~3.0m/sec
③ 합류식 : 0.8~3.0m/sec
※ 이상적인 유속 1.0~1.8m/sec

*합류식
우천시의 계획 오수량을 기준으로 계획

3 하수관거 경사 = $\dfrac{1}{관직경[\mathrm{mm}]}$

4 하수관거의 최소관경

① 분류식 : 200mm
② 합류식 : 250mm

5 하수관거의 종류

① 소구경관 : 도관, 콘크리트관
② 중구경관 : 철근콘크리트관, 흄관
③ 대구경관 : 현장타설 콘크리트관

*철근콘크리트관
강도가 크고 가격이 저렴하며 운반이 쉽고 시공이 신속

6 하수관거 매설깊이 결정 기준

① 동결깊이(남해안지방 0.3m, 서울북부 1.0m)
② 배수경사
③ 기존 시설물과 간섭

7 하수관거 매설 깊이

① 최소 매설 깊이 : 1m 이상
② 표준 매설 깊이 : 1.5~2.0m
③ 도로사정상 1.2m로 할 수 있다.

8 매설 폭(B)

$B = \dfrac{3}{2} \times d + 30 \, [\text{cm}]$ 여기서, d : 안지름

9 하수관거 이음

① 소켓이음(강도가 약해 대구경에 사용불가)
② 인용이음(수밀성, 연결부가 미흡)
③ 칼라이음(부설시 굴착폭이 넓어 공사비 과다)
④ 맞대기 이음(기초에 세심한 주의)

10 하수관거 접합

① 위치 : 단면, 방향, 경사가 변하는 지점과 하수관거가 합류하는 곳
② 맨홀설치 간격

관거내경(mm)	300 이하	600 이하	1000 이하	1500 이하	1650 이하
최대간격(m)	50	75	100	150	200

③ 완경사지 접합 방법
   ㉠ 수면접합, 관정접합, 중심접합, 관저접합
   ㉡ 수면접합과 관정접합이 널리 쓰인다.
④ 급경사지 접합 방법
   ㉠ 단차접합(계단 높이 30cm 이상)
   ㉡ 계단접합(계단 높이 30cm 이내)

11 하수관거 기초

① 모래기초(연약한 지반의 경우 하중을 균등 분포)
② 쇄석기초(콘크리트 기초와 병행 시공)
③ 비계기초(철근콘크리트관에 사용)
④ 사다리기초(관거 길이 방향의 부등침하 방지 위해)
⑤ 콘크리트 기초, 철근콘크리트 기초(중심각은 90°가 경제적)
⑥ 말뚝기초(대구경 관거에 이용)
⑦ 지질섬유기초, 소일시멘트 기초

STUDY GUIDE

✱관로의 위치 선정
지형, 지질, 도로 폭과 지하 매설물을 고려한다.

✱소켓이음
도관, 철근 콘크리트관, 흄관 등의 관경 600mm 이하 소관 이용

✱인용이음
맞붙는 부분에 모르타르를 채워 접합

✱관저접합
관의 매설 깊이가 얕게 되어 공사비가 적어지고 펌프배수에도 유리

✱말뚝기초
• 아주 연약한 지반 사용
• 대구경 관거에 이용되며 관거의 부등침하 방지효과

※ 관정부식
- 수온이 높고 관내에 오수가 정체될 때 발생하기 쉽다.
- 오수가 혐기성 상태에서 황화수소를 발생할 때 일어난다.

12 하수관거 부식

① 원인 : H_2SO_4
② 생성과정 : $H_2S + O_2 \rightarrow H_2SO_4$
③ 위치 : 관정부식

13 하수도 펌프장 종류

배수펌프장, 중계펌프장, 하수처리장내 펌프장

14 펌프장 구성

하수유입 → 침사지 → 스크린 → 펌프장 → 침전지

15 스크린 설계

① 조목 스크린 : 침사지 앞에 설치
② 세목 스크린 : 침사지 뒤에 설치

16 펌프 흡입구 유속

1.5~3.0m/sec 표준

06 하수처리장 시설

※ 일반적인 하수 처리 절차
침사지 → 유량조절조 → 최초 침전지 → 폭기조 → 최종 침전지

1 하수 처리 순서

1차 처리 → 2차 처리 → 고차 처리 → 슬러지 처분

2 하수처리 방법

(1) 살수여상법
　① 호기성 미생물이 생물화학적 작용으로 하수중의 유기물 제거
　② 호기성층과 혐기성층에서 유기질이 분해되어 안정화되는 방법
　③ 장점
　　㉠ 슬러지량과 공기량 조절이 필요 없다.
　　㉡ 슬러지량이 적다.
　　㉢ 벌킹(Bulking)이 일어나지 않는다.

(2) 회전 원판법

※ 회전 원판법
원판의 회전으로 공기 중 산소를 부착생물이 흡수하여 산화와 동화작용으로 하수 정화

(3) 활성 슬러지법
최초 침전지에서 제거하지 못한 부유물질, 콜로이드성 물질, 용해성 물질을 호기성 미생물의 흡착, 산화, 동화작용으로 안정화 시키는 방법

3 고정 생물법(생물막법)
살수여상법, 회전원판법, 접촉산화법

4 부유생물법
① 표준활성 슬러지법
② 합성 슬러지 변화법

5 활성슬러지 변화법의 종류
① 단계별 폭기법
② 장시간 폭기법
③ 수정식 폭기법
④ 접촉 안정법
⑤ 고속 폭기 침진접
⑥ 산화구법
⑦ 순산소식 활성슬러지법

*활성슬러지법
하수 종말처리장에 가장 많이 이용

6 슬러지 용적지수(SVI)

$$\text{SVI} = \frac{30분간\ 침전된\ 슬러지부피[ml/l]}{\text{MLSS}\ 농도[mg/l]} \times 1000$$

① SVI가 50~150이면 침강성이 양호하며, SVI가 200 이상이면 슬러지 팽화를 유발한다.
② SVI가 작을수록 침강 농축성이 좋고 SVI가 클수록 침강 농축성이 나쁘다.

*SVI
폭기조 내 혼합물을 30분간 정치한 후 침강한 1g의 슬러지가 차지하는 부피

7 슬러지 밀도지수(SDI)

$$\text{SDI} = \frac{\text{MLSS량}[g]}{침전\ 슬러지\ 100[ml]} = \frac{100}{\text{SVI}}$$

*MLSS
폭기조 내에 있는 부유물질

8 F/M비 $= \dfrac{1일\ \text{BOD}\ 유입량[kg \cdot \text{BOD/day}]}{\text{MLVSS량}[kg]} = \dfrac{\text{BOD}\ 농도 \times Q}{\text{MLVSS} \times V}$

9 BOD 용적부하 $= \dfrac{\text{BOD}\ 농도 \times Q}{V}[kg/m^3 \cdot day]$

STUDY GUIDE

10 BOD-SS부하 $= \dfrac{\text{BOD 농도} \times Q}{\text{MLSS} \times V}$

11 수리학적 부하 $= \dfrac{Q}{A}$

12 슬러지 벌킹(Bulking)

① 최종 침전지에서 슬러지의 침전과 농축이 힘들어지는 현상
② 원인
    ㉠ F/M비가 클 때
    ㉡ pH가 낮을 때(pH 6 이하)
    ㉢ 유입하수에 질소가 적을 때
    ㉣ 용존산소(DO)가 낮을 때
    ㉤ 탄수화물이 많을 때
    ㉥ 탄수화물 계통의 유기물질을 분해할 때

＊F/M비
- Food(먹이), Microbe(미생물)
- F/M비가 낮으면 잉여슬러지의 발생도 적다.(미생물의 먹이가 작다는 의미)

13 하수처리시설

침사지, 펌프장, 침전지, 폭기조, 소독시설(살균시설), 방류시설

14 슬러지 처리 순서

농축 → 소화 → 개량 → 탈수 → 최종처분

＊슬러지 농축(濃縮)
슬러지 부피를 감소시키는 과정

15 소화조의 소화과정

산성발효기(2주) → 산성감퇴기(3주) → 알칼리성 발효기(1개월)

＊슬러지 소화(消化)
유기물을 분해하여 부패성을 감소시키고 병원균 등을 사멸

16 소화온도

① 중온소화 : 33~37℃(32℃ 많이 이용)
② 고온소화 : 50~57℃

17 소화가스성분 분포 순서

$CH_4 \rightarrow CO_2 \rightarrow N \rightarrow H_2 \rightarrow H_2S$

18 고온소화 문제점

① 냄새가 심하다.
② 탈수가 힘들 때가 있다.
③ 온도 변화에 민감하다.

19 폭기조 용량 결정인자

① 계획하수량
② 유입하수의 BOD 농도
③ F/M 비
④ MLSS 농도
⑤ 폭기시간

> ＊BOD 농도
> 유기물을 분해하여 안전화 시키는데 필요한 산소량

20 슬러지 탈수

① 진공탈수
② 가압탈수
③ 원심탈수
④ 벨트프레스탈수

> ＊슬러지 탈수(脫水)
> 농축, 소화, 개량된 슬러지 내 수분을 감소시키는 과정

21 천일건조 소요면적(A)

$$A = \frac{Q \times T}{D}$$

여기서, A : 소요면적(m^2)
Q : 투입되는 슬러지량(m^3/day)
T : 건조일수(day) = 15~20일
D : 투입되는 슬러지층의 두께(m) = 10~20cm

22 슬러지 최종처분

① 매립처분(샌드위치식, 폰드식)
② 퇴비화 처분(비료)
③ 토양살포와 주입
④ 슬러지 소각
⑤ 해양투기

> ＊퇴비화 처분
> 슬러지 처리 방법 중 가장 위생적이고 안전한 방법

23 슬러지 토양살포와 주입시 완충거리

구 분	호수, 도로, 하천	상수도 수원	고밀도 주거지역
토양주입	15~60m	90~460m	90~460m
토양살포	90~460m	90~460m	460m 이상

24 슬러지 소각로 구성(다단 소각로)

① 상부 : 건조용
② 중간 : 소각용
③ 하부 : 냉각용

*소각과 퇴비화
잔재물을 위생적으로 완전히 처리하는 최종적인 방법이다.

25 슬러지 소각법 장점

① 위생적으로 안전하다.
② 부식성이 없다.
③ 혐오감이 적다.
④ 슬러지 체적이 감소된다.
⑤ 타처리법에 비해 부지가 적게 든다.

*샌드위치식 매립
• 슬러지 케이크를 수평으로 깔고 복토층과 교대로 겹쳐 쌓는다.
• 악취방지, 위생적이다.
• 함수율이 높은 슬러지 케이크를 매립할 때 초기침하 방지로 안전성이 증대된다.

26 슬러지 매립

① 소각과 퇴비화 보다는 투자비가 적게 든다.
② 분해가스를 회수하여 이용 가능하다.
③ 유독물 폐기물을 처리하기에는 부적합하다.
④ 매립후 일정기간 지난 후 토지 이용 가능하다.
⑤ 매립지 확보가 곤란하다.

27 슬러지 자원화

① 슬러지를 녹지와 농지에 이용
② 건설 자재나 에너지로 이용
③ 매립지의 복토 재료로 재이용

CBT 모의고사

토목기사

week 1

- I 응용역학
- II 측량학
- III 수리·수문학
- IV 철근콘크리트 및 강구조
- V 토질 및 기초
- VI 상하수도공학

알려드립니다

한국산업인력공단의 저작권법 저촉에 대한 언급(2013년 2회 시험)이 있어 과거에 출제된 동일한 문제나 그 유형의 문제로 재구성하였습니다.

1과목   응용역학

001 그림과 같은 3활절 아치에서 D점에 연직하중 20kN이 작용할 때 A점에 작용하는 수평반력 H_A는?

① 5.5kN
② 6.5kN
③ 7.5kN
④ 8.5kN

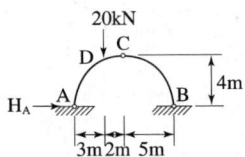

해설
- $\sum M_B = 0$ $\quad R_A \times 10 - 20 \times 7 = 0$
  $\therefore R_A = 14\text{kN}$
- $\sum M_C = 0$ $\quad R_A \times 5 - H_A \times 4 - 20 \times 2 = 0$
  $\therefore H_A = 7.5\text{kN}$

002 그림과 같은 2부재 트러스의 B에 수평하중 P가 작용한다. B 절점의 수평변위 δ_B는 몇 m인가? (단, EA는 두 부재가 모두 같다.)

① $\delta_B = \dfrac{0.45P}{EA}$

② $\delta_B = \dfrac{2.1P}{EA}$

③ $\delta_B = \dfrac{21P}{EA}$

④ $\delta_B = \dfrac{4.5P}{EA}$

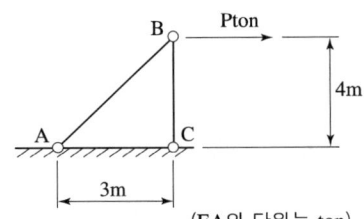

(EA의 단위는 ton)

해설
① 실제하중에 의한 F 계산

$\sum H = 0, \; F_{BA} = \dfrac{P}{\sin\theta} = \dfrac{5}{3}P$(인장)

$\sum V = 0, \; F_{BC} = -F_{BC}\cos\theta = -\dfrac{4}{3}P$(압축)

② 단위하중에 의한 f 계산

$\sum H = 0, \; f_{BA} = \dfrac{5}{3}$

$\sum V = 0, \; f_{BC} = -\dfrac{4}{3}$

$\delta_B = \sum \dfrac{F \cdot f}{EA} \cdot L$

$= \dfrac{1}{EA}\left\{\dfrac{5}{3}P \times \dfrac{5}{3} \times 5 + \left(-\dfrac{4}{3}P\right) \times \left(-\dfrac{4}{3}\right) \times 4\right\} = \dfrac{21P}{EA}$

003 다음 그림과 같은 단순보에서 최대 휨모멘트가 발생하는 위치는? (단, A 점으로 부터의 거리)

① $\dfrac{2}{3}l$ ② $\dfrac{1}{\sqrt{3}}l$

③ $\dfrac{1}{\sqrt{2}}l$ ④ $\dfrac{2}{\sqrt{5}}l$

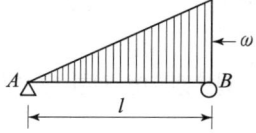

해설 등변분포하중 작용시 전단력이 0인 위치는 A점에서 $\dfrac{l}{\sqrt{3}}$ 만큼 떨어진 곳이므로 이 지점에서 최대 휨모멘트가 발생한다.

004 15cm×25cm의 직사각형 단면을 가진 길이 4.5m인 양단힌지 기둥이 있다. 세장비 λ는?

① 62.4 ② 124.7
③ 100.1 ④ 103.9

해설
- $A = 15 \times 25 = 375\,\text{cm}^2$
- $I_{\min} = \dfrac{hb^3}{12} = \dfrac{25 \times 15^3}{12} = 7031.25\,\text{cm}^4$
- $r_{\min} = \sqrt{\dfrac{I_{\min}}{A}} = \sqrt{\dfrac{7031.25}{375}} = 4.33\,\text{cm}$
- $\lambda = \dfrac{l}{r_{\min}} = \dfrac{450}{4.33} = 103.9$

보충 세장비 $\lambda = \dfrac{l}{r}$에서 r은 최소 회전반경으로 $r_{\min} = \sqrt{\dfrac{I_{\min}}{A}}$ 을 적용한다. 여기서, $I = \dfrac{bh^3}{12}$, $I = \dfrac{hb^3}{12}$은 단면이 약한 쪽이 좌굴되므로 단면 중 작은 값에 3승을 적용한다.

005 외반경 R_1, 내반경 R_2인 중공(中空) 원형단면의 핵은? (단, 핵의 반경을 e로 표시함.)

① $e = \dfrac{(R_1^2 + R_2^2)}{4R_1^2}$ ② $e = \dfrac{(R_1^2 - R_2^2)}{4R_1^2}$

③ $e = \dfrac{(R_1^2 + R_2^2)}{4R_1}$ ④ $e = \dfrac{(R_1^2 - R_2^2)}{4R_1}$

해설
- $I = \dfrac{\pi D^4}{64} - \dfrac{\pi d^4}{64} = \dfrac{\pi(2R_1)^4}{64} - \dfrac{\pi(2R_2)^4}{64} = \dfrac{\pi}{4}(R_1^4 - R_2^4)$
- $A = \dfrac{\pi D^2}{4} - \dfrac{\pi d^2}{4} = \dfrac{\pi(2R_1)^2}{4} - \dfrac{\pi(2R_2)^2}{4} = \pi(R_1^2 - R_2^2)$
- $Z = \dfrac{I}{y} = \dfrac{\pi}{4R_1}(R_1^4 - R_2^4)$

  $R_1^4 - R_2^4 = (R_1^2 + R_2^2)(R_1^2 - R_2^2)$
- $e = \dfrac{Z}{A} = \dfrac{\dfrac{\pi}{4R_1}(R_1^2 + R_2^2)(R_1^2 - R_2^2)}{\pi(R_1^2 - R_2^2)} = \dfrac{R_1^2 + R_2^2}{4R_1}$

정답 001 ③ 002 ③ 003 ② 004 ④ 005 ③

006 그림과 같은 단순보에서 휨모멘트에 의한 탄성변형에너지는? (단, EI는 일정하다.)

① $\dfrac{\omega^2 L^5}{40EI}$ ② $\dfrac{\omega^2 L^5}{96EI}$
③ $\dfrac{\omega^2 L^5}{240EI}$ ④ $\dfrac{\omega^2 L^5}{384EI}$

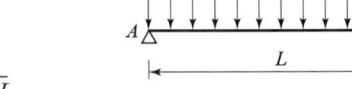

해설
- $M = \dfrac{\omega l}{2}x - \dfrac{\omega}{2}x^2$
- $\displaystyle\int_0^l \dfrac{M^2}{2EI}dx = \dfrac{1}{2EI}\int_0^l M^2 dx = \dfrac{1}{2EI}\int_0^l \left(\dfrac{\omega l}{2}x - \dfrac{\omega}{2}x^2\right)^2 dx$

$= \dfrac{1}{2EI}\int_0^l \left(\dfrac{\omega l}{2}x \times \dfrac{\omega}{2}x^2\right)^2 - 2\left(\dfrac{\omega l}{2}x \times \dfrac{\omega}{2}x^2\right) + \left(\dfrac{\omega}{2}x^2\right)^2 dx$

$= \dfrac{1}{2EI}\int_0^l \left(\dfrac{\omega^2 l^2 x^2}{4} - \dfrac{\omega^2 l x^3}{2} + \dfrac{\omega^2 x^4}{4}\right) dx$

$= \dfrac{1}{2EI} \times \left(\int_0^l \dfrac{\omega^2 l^2 x^2}{4} - \int_0^l \dfrac{\omega^2 l x^3}{2} + \int_0^l \dfrac{\omega^2 x^4}{4}\right) dx$

$= \dfrac{1}{2EI} \times \left[\dfrac{\omega^2 l^2}{4} \times \dfrac{1}{3}x^3 - \dfrac{\omega^2 l}{2} \times \dfrac{1}{4}x^4 + \dfrac{\omega^2}{4} \times \dfrac{1}{5}x^5\right]_0^l$

$= \dfrac{1}{2EI} \times \left(\dfrac{\omega^2 l^5}{12} - \dfrac{\omega^2 l^5}{8} + \dfrac{\omega^2 l^5}{20}\right)$

$= \dfrac{1}{2EI} \times \dfrac{10\omega^2 l^5 - 15\omega^2 l^5 + 6\omega^2 l^5}{120}$

$= \dfrac{1}{2EI} \times \dfrac{\omega^2 l^5}{120} = \dfrac{\omega^2 l^5}{240EI}$

007 그림과 같은 내민보에서 D점에 집중하중 $P=5$kN이 작용할 경우 C점의 휨모멘트는 얼마인가?

① -2.5kN·m
② -5kN·m
③ -7.5kN·m
④ -10kN·m

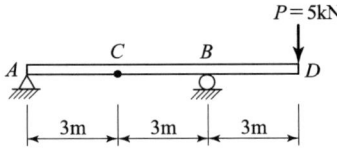

해설
- $\Sigma M_B = 0$
  $R_A \times 6 + 5 \times 3 = 0$
  $\therefore R_A = -2.5$kN
- $M_C = -2.5 \times 3 = -7.5$kN·m

008 그림 (a)와 (b)의 중앙점의 처짐이 같아지도록 그림 (b)의 등분포하중 w 를 그림 (a)의 하중 P의 함수로 나타내면 얼마인가? (단, 재료는 같다.)

① $1.2\dfrac{P}{l}$

② $1.6\dfrac{P}{l}$

③ $2.0\dfrac{P}{l}$

④ $2.4\dfrac{P}{l}$

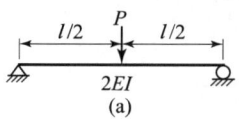
(a)

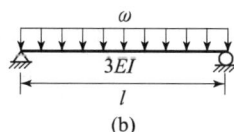
(b)

해설

- $y_a = \dfrac{Pl^3}{48EI} = \dfrac{Pl^3}{48 \times 2EI}$
- $y_b = \dfrac{5wl^4}{384EI} = \dfrac{5wl^4}{384 \times 3EI}$
- $y_a = y_b$, $\dfrac{Pl^3}{96EI} = \dfrac{5wl^4}{1152EI}$

$\therefore w = 2.4\dfrac{P}{l}$

009 다음 그림과 같이 강선 A와 B가 서로 평형상태를 이루고 있다. 이때 각도 θ의 값은?

① $47.2°$
② $32.6°$
③ $28.4°$
④ $17.8°$

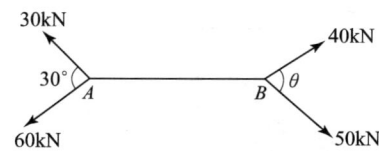

해설

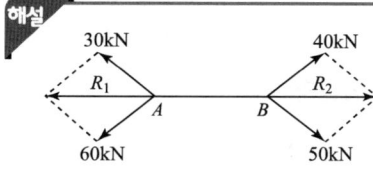

$R_1 = R_2$

$\sqrt{30^2 + 60^2 + 2 \times 30 \times 60 \times \cos 30°} = \sqrt{40^2 + 50^2 + 2 \times 40 \times 50 \times \cos\theta}$

$87.279 = \sqrt{4100 + 4000\cos\theta}$

$7617.7 = 4100 + 4000\cos\theta$

$\cos\theta = \dfrac{7617.7 - 4100}{4000} = 0.8794$

$\therefore \theta = 28.4°$

010 다음 보의 C점의 수직 처짐량은?

① $\dfrac{7\omega L^4}{384EI}$ ② $\dfrac{5\omega L^4}{384EI}$

③ $\dfrac{7\omega L^4}{192EI}$ ④ $\dfrac{5\omega L^4}{192EI}$

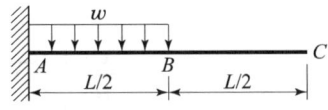

해설

(공액보)

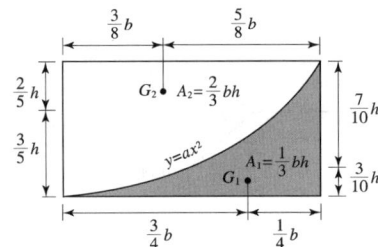

$$M_c' = \left(\dfrac{\omega l^2}{8} \times \dfrac{l}{2} \times \dfrac{1}{3}\right) \times \left(\dfrac{3}{4} \times \dfrac{l}{2} + \dfrac{l}{2}\right) = \dfrac{7\omega l^4}{384}$$

$$\therefore y_c = \dfrac{M_c'}{EI} = \dfrac{7\omega l^4}{384EI}$$

보충 도심에 대한 단면의 위치

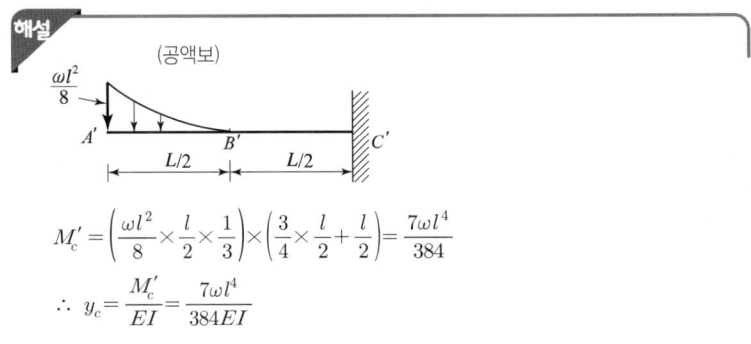

011 그림과 같이 원(D=40cm)과 반원(r=40cm)으로 이루어진 단면의 도심거리 y값은?

① 17.58cm
② 17.98cm
③ 44.65cm
④ 49.48cm

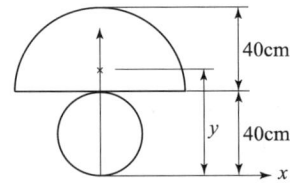

해설

- $G_x = A_1 \cdot y_1 + A_2 \cdot y_2$

$$= \left(\dfrac{\pi D^2}{4} \div \dfrac{1}{2}\right) \times \left(\dfrac{4r}{3\pi} + 40\right) + \left(\dfrac{\pi d^2}{4}\right) \times 20$$

$$= \left(\dfrac{3.14 \times 80^2}{4} \div \dfrac{1}{2}\right) \times \left(\dfrac{4 \times 40}{3 \times 3.14} + 40\right) + \left(\dfrac{3.14 \times 40^2}{4}\right) \times 20 = 168,278\text{cm}^3$$

- $A = A_1 + A_2$

$$= \left(\dfrac{\pi D^2}{4} \div \dfrac{1}{2}\right) + \left(\dfrac{\pi d^2}{4}\right) = \left(\dfrac{3.14 \times 80^2}{4} \div \dfrac{1}{2}\right) + \left(\dfrac{3.14 \times 40^2}{4}\right) = 3,768\text{cm}^2$$

- $y = \dfrac{G_x}{A} = \dfrac{168,278}{3,768} = 44.65\text{cm}$

012 아래 그림과 같은 하중을 받는 단순보에 발생하는 최대 전단응력은?

① 4.48MPa
② 3.48MPa
③ 2.48MPa
④ 1.48MPa

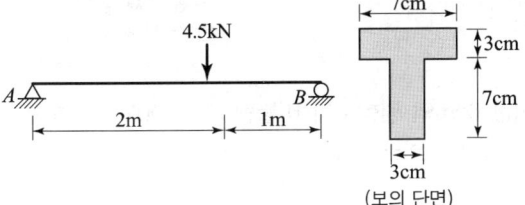

(보의 단면)

해설

- $\sum M_B = 0$
  $R_A \times 3 - 4.5 \times 1 = 0$
  $\therefore R_A = \dfrac{4.5}{3} = 1.5\text{kN}$
- $R_A + R_B = 4.5\text{kN}$
  $\therefore R_B = 4.5 - 1.5 = 3\text{kN}$

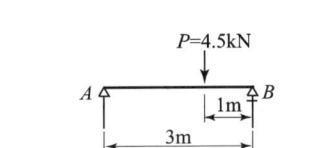

- $S_{\max} = 3\text{kN}$
  $G_x = A_1 \cdot y_1 + A_2 \cdot y_2$
  $= 7 \times 3 \times 8.5 + 3 \times 7 \times 3.5$
  $= 252\text{cm}^3$
  $A = A_1 + A_2 = 7 \times 3 + 3 \times 7 = 42\text{cm}^2$
  $\therefore y_o = \dfrac{G_x}{A} = \dfrac{252}{42} = 6\text{cm}$
- $G_x = 3 \times 6 \times 3 = 54\text{cm}^3$
- $I_x = \dfrac{7 \times 3^3}{12} + 7 \times 3 \times 2.5^2 + \dfrac{3 \times 7^3}{12} + 3 \times 7 \times 2.5^2 = 364\text{cm}^4$
  또는, $I_x = \left\{\dfrac{7 \times 10^3}{12} + (7 \times 10 \times 1^2)\right\} - \left\{\dfrac{4 \times 7^3}{12} + (4 \times 7 \times 2.5^2)\right\} = 364\text{cm}^4$
- $\tau_{\max} = \dfrac{GS}{Ib} = \dfrac{54 \times 3}{364 \times 3} = 0.148\text{kN/cm}^2 = 148\text{N/cm}^2$
  $= 1.48\text{N/mm}^2 = 1.48\text{MPa}$

013 그림과 같은 트러스에서 AC 부재의 부재력은?

① 인장 40kN
② 압축 40kN
③ 인장 80kN
④ 압축 80kN

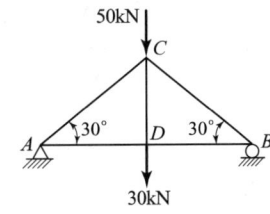

해설

$R_A = R_B = 40\text{kN}$
$\sum V = 0$
$R_A + AC\sin\theta = 0$
$\therefore AC = -\dfrac{40}{\sin 30°} = -80\text{kN}\ (압축)$

정답 010 ① 011 ③ 012 ④ 013 ④

014 그림과 같은 속이 찬 직경 6cm의 원형축이 비틀림 $T=400\text{kg}\cdot\text{m}$를 받을 때 단면에서 발생하는 최대 전단응력은?

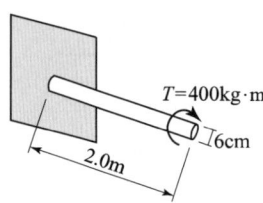

① $926.5\,\text{kg/cm}^2$ ② $932.6\,\text{kg/cm}^2$
③ $943.1\,\text{kg/cm}^2$ ④ $950.2\,\text{kg/cm}^2$

해설

$$\tau_{\max} = \frac{Tr}{I_p} = \frac{Tr}{\dfrac{\pi d^4}{32}} = \frac{40{,}000 \times 3}{\dfrac{\pi \times 6^4}{32}} = 943.1\,\text{kg/cm}^2$$

015 그림과 같은 3힌지 라멘의 휨모멘트선도(BMD)는?

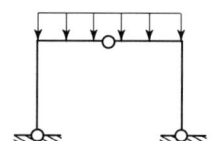

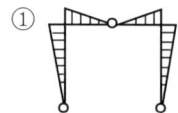   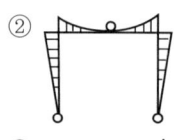
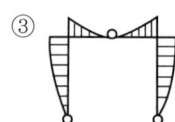   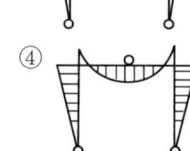

해설
- 힌지의 휨모멘트는 0이다.
- 휨모멘트도

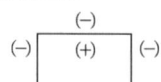

- 등분포하중이 작용하므로 곡선형태를 나타낸다.

016 다음 그림과 같은 캔틸레버보에 P와 M_0가 작용할 경우 B점의 연직 변위는? (단, EI는 일정하다.)

① $\delta_B = \dfrac{Pl^3}{3EI} + \dfrac{M_0 l^2}{2EI}$

② $\delta_B = \dfrac{Pl^3}{3EI} - \dfrac{M_0 l^2}{2EI}$

③ $\delta_B = \dfrac{Pl^3}{4EI} + \dfrac{M_0 l^2}{2EI}$

④ $\delta_B = \dfrac{Pl^3}{4EI} - \dfrac{M_0 l^2}{2EI}$

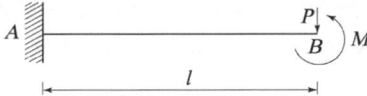

해설
- 집중하중(P)이 작용할 경우 처짐 : $\dfrac{Pl^3}{3EI}$
- 우력 모멘트(M_0)가 작용할 경우 처짐 : $-\dfrac{M_0 l^2}{2EI}$

017 다음 중 단면 2차 모멘트에 대한 설명으로 옳지 않은 것은?
① 단면 2차 모멘트는 좌표축에 관계없이 항상 (+)의 부호이다.
② 단면 2차 모멘트의 최솟값은 도심에 대한 것으로 그 값은 "0"을 갖는다.
③ 단면 2차 모멘트가 크면 휨강성이 커 구조적으로 안정적이다.
④ 정삼각형, 정사각형, 정다각형의 도심에 대한 단면 2차 모멘트는 축의 회전에 관계없이 모두 같은 값을 갖는다.

해설
단면의 도심축을 지나는 단면 1차 모멘트는 "0"이다.

018 사다리꼴 단면에서 x축에 대한 단면 2차 모멘트값은?

① $\dfrac{h^3}{12}(3b+a)$

② $\dfrac{h^3}{12}(b+2a)$

③ $\dfrac{h^3}{12}(b+3a)$

④ $\dfrac{h^3}{12}(2b+a)$

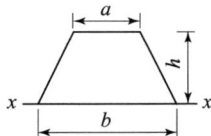

해설
$$I_x = (사각형 I_x) + (삼각형 I_x) = \dfrac{ah^3}{3} + \dfrac{(b-a)h^3}{12}$$
$$= \dfrac{1}{12}(4ah^3 + bh^3 - ah^3) = \dfrac{h^3}{12}(b+3a)$$

정답 014 ③ 015 ② 016 ② 017 ② 018 ③

019 지름 2cm, 길이 2m인 강봉에 3000kN의 인장하중을 작용시킬 때 길이가 1cm가 늘어났고 지름이 0.002cm 줄어 들었다. 이 때 전단 탄성계수는 약 얼마인가?

① $6.24 \times 10^4 \text{kN/cm}^2$
② $7.96 \times 10^4 \text{kN/cm}^2$
③ $8.71 \times 10^4 \text{kN/cm}^2$
④ $9.67 \times 10^4 \text{kN/cm}^2$

해설
- $\varepsilon = \dfrac{\Delta l}{l} = \dfrac{1}{200} = 0.005$
- $E = \dfrac{\sigma}{\varepsilon} = \dfrac{\frac{P}{A}}{\varepsilon} = \dfrac{P}{A \cdot \varepsilon} = \dfrac{3000}{\frac{3.14 \times 2^2}{4} \times 0.005} = 191082 \text{ kN/cm}^2$
- $\nu = \dfrac{\beta}{\varepsilon} = \dfrac{\frac{\Delta d}{d}}{\varepsilon} = \dfrac{\Delta d}{d \cdot \varepsilon} = \dfrac{0.002}{2 \times 0.005} = 0.2$
- $G = \dfrac{E}{2(1+\nu)} = \dfrac{191082}{2(1+0.2)} = 7.96 \times 10^4 \text{kN/cm}^2$

020 그림과 같은 양단 고정보에 등분포하중이 작용할 경우 지점 A의 휨모멘트 절대값과 보 중앙에서의 휨모멘트 절대값의 합은?

① $\dfrac{\omega l^2}{8}$
② $\dfrac{\omega l^2}{12}$
③ $\dfrac{\omega l^2}{24}$
④ $\dfrac{\omega l^2}{36}$

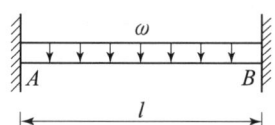

해설
- $M_A = \dfrac{\omega l^2}{12}$
- $M_{중앙} = \dfrac{\omega l^2}{24}$
- $\therefore M = \dfrac{\omega l^2}{12} + \dfrac{\omega l^2}{24} = \dfrac{\omega l^2}{8}$

2과목 측량학

021 토적곡선(Mass Curve)을 작성하는 목적 중 그 중요도가 가장 작은 것은?
① 토량의 운반거리 산출
② 토공기계의 선정
③ 교통량 산정
④ 토량의 배분

해설
토적곡선은 토공량을 산정하는데 이용된다.

022 수준망을 각각의 환에 따라 폐합차를 구한 결과 다음과 같다. 폐합차의 한계를 $1.0\sqrt{S}$ cm로 할 때 우선적으로 재측할 필요가 있는 노선은? (단, S : 거리[km])

노선	거리	노선	거리	환	폐합차
ⓐ	4.1km	ⓑ	2.2km	I	-0.017m
ⓒ	2.4km	ⓓ	6.0km	II	0.019m
ⓔ	3.6km	ⓕ	4.0km	III	-0.116m
ⓖ	2.2km	ⓗ	2.3km	IV	-0.083m
ⓘ	3.5km			외주	-0.031m

① ⓑ노선 ② ⓔ노선
③ ⓖ노선 ④ ⓗ노선

해설
수준망에서 III, IV 노선에서 폐합차가 가장 크다. 여기서 ⓖ노선이 중복으로 되어 있으므로 ⓖ노선을 재측한다.

023 다음 설명 중 옳지 않은 것은?
① 완화곡선의 곡선 반지름은 시점에서 무한대, 종점에서 원곡선의 반지름 R로 된다.
② 클로소이드의 형식에는 S형, 복합형, 기본형 등이 있다.
③ 완화곡선의 접선은 시점에서 원호에, 종점에서 직선에 접한다.
④ 모든 클로소이드는 닮은꼴이며 클로소이드 요소에는 길이의 단위를 가진 것과 단위가 없는 것이 있다.

해설
- 완화곡선의 접선은 시점에서 직선에, 종점에서 원호에 접한다.
- 클로소이드 곡선은 주로 고속도로의 곡선 설계에 적합하며 수평곡선 중 완화곡선이다.
- 클로소이드 곡선은 곡률이 곡선의 길이에 비례하는 곡선이다.
- 클로소이드에서 매개변수 A가 정해지면 클로소이드의 크기가 정해진다.

$$(A=\sqrt{R \cdot L},\ R=\frac{A^2}{L})$$

024 촬영고도 800m의 연직사진에서 높이 20m에 대한 시차차의 크기는 얼마인가? (단, 초점거리는 21cm, 화면의 크기는 23×23cm, 종중복도는 60%이다.)
① 0.8mm ② 1.3mm
③ 1.8mm ④ 2.3mm

해설
시차차와 주점기선 길이(b)
$b = a\left(1-\dfrac{p}{100}\right) = 23\left(1-\dfrac{60}{100}\right) = 9.2\text{cm}$
$\dfrac{dp}{b} = \dfrac{h}{H}$
$\therefore dp = \dfrac{h}{H} \cdot b = \dfrac{20}{800} \times 92 = 2.3\text{mm}$

정답 019 ② 020 ① 021 ③ 022 ③ 023 ③ 024 ④

025 등고선의 성질에 대한 설명으로 옳지 않은 것은?

① 볼록한 등경사면의 등고선 간격은 산정으로 갈수록 좁아진다.
② 등고선은 도면 내·외에서 폐합하는 폐곡선이다.
③ 지도의 도면 내에서 폐합하는 경우 등고선의 내부에는 산꼭대기 또는 분지가 있다.
④ 절벽은 등고선이 서로 만나는 곳에 존재한다.

해설
- 볼록한 등경사면의 등고선 간격은 산정으로 갈수록 넓어진다.
- 동일 등고선상의 모든 점은 기준면으로부터 같은 높이에 있다.
- 지표면의 경사가 같을 때는 등고선의 간격은 같고 평행하다.
- 등고선은 분수선에도 직교하고 계곡선에도 직교한다.

026 사진의 크기는 23cm×23cm이고 두 사진의 주점기선 길이가 10cm일 때 종중복도는 약 얼마인가?

① 43%   ② 64%
③ 57%   ④ 78%

해설

$$b = a\left(1 - \frac{p}{100}\right)$$
$$10 = 23\left(1 - \frac{p}{100}\right) \quad \therefore \ p = 57\%$$

027 삼각수준측량에서 1:25000의 정확도로 수준차를 허용할 경우 지구의 곡률을 고려하지 않아도 되는 시준거리는? (단, 공기의 굴절계수 $K=0.14$, 지구반경 $R=6,370$km)

① 593m   ② 693m
③ 793m   ④ 893m

해설

$$1 : 25,000 = \frac{(1-K)}{2R}D^2 : D$$
$$\therefore D = \frac{(1-K)}{2R}D^2 \times 25,000 = \frac{2R}{(1-K) \times 25,000} = \frac{2 \times 6,370}{(1-0.14) \times 25,000}$$
$$= 0.5925\text{km} = 593\text{m}$$

028 노선 설치 방법 중 좌표법에 의한 설치방법에 대한 설명으로 틀린 것은?

① 토털스테이션과 GPS와 같은 장비를 이용할 경우 노선 좌표를 직접 획득할 수 있다.
② 좌표법은 노선의 시점과 종점 및 교점 등과 같은 곡선의 요소들을 입력할 필요가 없다.

③ 좌표법에 의한 노선의 설치는 다른 방법보다 지형의 굴곡이나 시통 등의 문제가 적다.
④ 평면적인 위치의 측설 뿐만 아니라 설계면의 높이까지 측정할 수 있다.

해설
좌표법은 노선의 시점과 종점 및 교점 등과 같은 곡선의 요소들을 입력해야 한다.

 M의 표고를 구하기 위하여 수준점 (A, B, C)으로부터 고저측량을 실시하여 표와 같은 결과를 얻었다면 M의 표고는?

측점	표고(m)	측정방향	고저차(m)	노선길이
A	11.03	A→M	+2.10	2km
B	13.60	B→M	-0.50	4km
C	11.64	C→M	+1.45	5km

① 12.08m ② 12.11m
③ 13.08m ④ 13.11m

해설
- $P_A : P_B : P_C = \dfrac{1}{2} : \dfrac{1}{4} : \dfrac{1}{5} = 10 : 5 : 4$
- $H_{AM} = 11.03 + 2.10 = 13.13\text{m}$
  $H_{BM} = 13.60 + (-0.50) = 13.10\text{m}$
  $H_{CM} = 11.64 + 1.45 = 13.09\text{m}$
- $H_M = \dfrac{[PH]}{[P]} = \dfrac{13.13 \times 10 + 13.10 \times 5 + 13.09 \times 4}{10 + 5 + 4} = 13.11\text{m}$

 지성선에 관한 설명으로 옳지 않은 것은?
① 지성선은 지표면이 다수의 평면으로 구성되었다고 할 때 평면간 접합부, 즉 접선을 말하며 지세선이라고도 한다.
② 철(凸)선을 능선 또는 분수선이라 한다.
③ 경사변환선이란 동일 방향의 경사면에서 경사의 크기가 다른 두 면의 접합선이다.
④ 요(凹)선은 지표의 경사가 최대로 되는 방향을 표시한 선으로 유하선이라고 한다.

해설
- 계곡선(凹)선은 지표면의 낮은 점들을 연결한 선으로 합수선이라고도 한다.
- 최대 경사선(유하선)은 지표 임의의 한 점에서 그 경사가 최대로 되는 방향을 표시한 선으로 등고선에 직각으로 교차하며 물이 흐르는 선이다.
- 지성선(地性線)는 지모(地貌)의 골격이 되는 선이다.
- 지성선은 지표면의 높고, 낮음을 표시하는 선이다.
- 지성선은 능선(분수선), 계곡선(합수선), 경사변환선, 최대 경사선(유하선) 등이 있다.

 025 ① 026 ③ 027 ① 028 ② 029 ④ 030 ④

031. 홍수시 유속 측정에 가장 알맞은 것은?
① 봉부자　② 이중부자
③ 수중부자　④ 표면부자

해설
표면부자는 홍수시의 표면유속 관측에 사용되며 부자에 의한 유속 측정시 큰 하천은 100~200m 거리, 작은 하천은 20~50m 거리 정도가 좋다.

032. 노선측량에서 교각이 32° 15′ 00″, 곡선 반지름이 600m일 때의 곡선장(C.L)은?
① 337.72 m　② 355.52 m
③ 315.35 m　④ 328.75 m

해설
- $CL = R \cdot I \cdot \text{rad} = 600 \times 32° \ 15′ \ 00″ \times \dfrac{\pi}{180} = 337.72\text{m}$
- $CL = 0.01745\, RI\,°$

033. 수심 H인 하천의 유속을 3점법으로 관측한 결과 0.2H, 0.6H, 0.8H인 점의 유속이 각각 0.655m/sec, 0.547m/sec, 0.430m/sec이었다. 평균 유속은?
① 0.345 m/sec　② 0.545 m/sec
③ 0.645 m/sec　④ 0.685 m/sec

해설
$V = \dfrac{1}{4}(V_{0.2} + 2V_{0.6} + V_{0.8})$
$= \dfrac{1}{4}(0.655 + 2 \times 0.547 + 0.430) = 0.545\text{m/sec}$

034. 트래버스 측량의 작업순서로 옳은 것은?
① 계획 — 답사 — 선점 — 조표 — 관측
② 답사 — 계획 — 선점 — 조표 — 관측
③ 선점 — 답사 — 계획 — 조표 — 관측
④ 계획 — 조표 — 답사 — 선점 — 관측

해설
- 선점은 측량의 목적, 요구 정확도, 작업조건에 따라 계획을 한다.
- 조표는 측점표지를 설치하는 것이다.

035 지구 형상에 대한 설명 중 옳지 않은 것은?
① 임의의 지점에서 회전타원체에 내린 법선이 적도면과 만나는 각도를 측지위도라 한다.
② 지오이드면은 굴곡이 심하며 불규칙한 곡면으로 높이의 측정 기준이 된다.
③ 회전타원체는 지구의 형상을 수학적으로 정의한 것이며, 어느 지역의 기준이 되는 지구 타원체를 준거타원체라 한다.
④ 지오이드상의 중력포텐셜의 크기는 중력이상에 의해 변화한다.

해설
지오이드상의 중력값을 표준중력으로 정하여 사용하며, 각지의 중력은 표준중력과 중력이상과의 합으로 나타낸다.

036 다음 설명 중 옳지 않은 것은?
① 측지학적 3차원 위치결정이란 경도, 위도 및 높이를 산정하는 것이다.
② 측지학에서 면적이란 일반적으로 지표면의 경계선을 어떤 기준면에 투영하였을 때의 면적을 말한다.
③ 해양측지는 해양상의 위치 및 수심의 결정, 해저지질조사 등을 목적으로 한다.
④ 원격탐사는 피사체와의 직접 접촉에 의해 획득한 정보를 이용하여 정량적 해석을 하는 기법이다.

해설
- 원격탐사는 피사체와 직접 접촉하지 않고 획득한 정보를 이용하여 정량적 해석을 하는 기법이다.
- 측지학이란 지구 내부의 특성, 지구의 형상, 지구 표면의 상호위치 관계를 정하는 학문이다.
- 기하학적 측지학에는 천문측량, 위성측지, 높이 결정 등이 있다.
- 물리학적 측지학에는 지구의 형상 해석, 중력측정, 지자기측정 등을 포함한다.

037 국토지리정보원에서 발급하는 기준점 성과표의 내용으로 틀린 것은?
① 삼각점이 위치한 평면좌표계의 원점을 알 수 있다.
② 삼각점 위치를 결정한 관측방법을 알 수 있다.
③ 삼각점의 경도, 위도, 직각좌표를 알 수 있다.
④ 삼각점의 표고를 알 수 있다.

해설
- 삼각점은 평면위치의 기준이 되는 점으로 삼각측량을 할 때 기준으로 선정된 지상의 세 꼭지점이다.
- 삼각점은 전국에 약 2.5km~5km 간격으로 대부분 산정상에 화강암(일부 동판)으로 설치되어 있다. 먼저 변장이 긴 삼각망을 구성하여 국가단위 또는 방대한 지역에 걸쳐 망 조정에 의해 삼각점의 위치를 결정하고, 이 값을 사용하여 순차적으로 망을 세분하는 방법으로 구성된다. 현재 우리나라의 삼각망은 망에 따라 1등에서 4등까지 4등급으로 구분되어 있다.

정답 031 ④ 032 ① 033 ② 034 ① 035 ④ 036 ④ 037 ②

038 토털스테이션으로 각을 측정할 때 기계의 중심과 측점이 일치하지 않아 0.5mm의 오차가 발생 하였다면 각 관측 오차를 2″ 이하로 하기 위한 변의 최소 길이는?

① 82.501 m
② 51.566 m
③ 8.250 m
④ 5.157 m

해설

$$\frac{\theta''}{\rho''} = \frac{\Delta l}{l}$$

$$\frac{2''}{206265''} = \frac{0.5}{l}$$

∴ $l = 51566$ mm $= 51.566$ m

039 한 변의 길이가 10m인 정사각형 토지를 축척 1:600 도상에서 관측한 결과, 도상의 변 관측오차가 0.2mm씩 발생하였다면 실제면적에 대한 오차 비율(%)은?

① 1.2%
② 2.4%
③ 4.8%
④ 6.0%

해설

$$\frac{\Delta A}{A} = 2\frac{\Delta l}{l} = 2\frac{0.12}{10} = 0.024 = 2.4\%$$

여기서, $\Delta l = 0.2 \times 600 = 120$ mm $= 0.12$ m

040 삼각형 A, B, C의 내각을 측정하여 다음과 같은 결과를 얻었다. 오차를 보정한 각 B의 최확값은?

① 60°00′20″
② 60°00′22″
③ 60°00′33″
④ 60°00′44″

∠A = 59°59′27″ (1회 관측)
∠B = 60°00′11″ (2회 관측)
∠C = 59°59′49″ (3회 관측)

해설

• 각 A, B, C 총합이 180°가 되어야 한다. 측정한 각의 총합이 179°59′27″이므로 33″에 대한 조정이 필요하다.
• 경중률
$$\frac{1}{1} : \frac{1}{2} : \frac{1}{3} = 1 : 0.5 : 0.33$$
• ∠B 조정량
$$\frac{오차}{경중률의 합} \times 그 각의 경중률 = \frac{33''}{1.83} \times 0.5 = 9.01'' ≒ 9''$$
∴ ∠B 최확값 = 60°00′11″ + 9″ = 60°00′20″

3과목 수리·수문학

041 어떤 유역에 내린 호우사상의 시간적 분포가 다음과 같고 유역의 출구에서 측정한 지표유출량이 15mm일 때 ϕ-지표는?

시간(hr)	0~1	1~2	2~3	3~4	4~5	5~6
강우강도(mm/hr)	2	10	6	8	2	1

① 2mm/hr ② 3mm/hr
③ 5mm/hr ④ 7mm/hr

해설
- 총강우량 = 2+10+6+8+2+1 = 29mm
- 지표유출량 = 15mm   ∴ 침투량 = 29−15 = 14mm
- 지표유출량 15mm가 되기 위해
  $(10-x)+(6-x)+(8-x)=15$mm   ∴ $x=3$mm/hr

보충 침투능을 추정하는 방법은 ϕ-index 법, W-index 법이 있다.

042 그림과 같이 반지름 R인 원형관에서 물이 층류로 흐를 때 중심부에서의 최대속도를 V_C라 할 경우 평균속도 V_m은?

① $V_m = \dfrac{1}{2} V_C$ ② $V_m = \dfrac{1}{3} V_C$

③ $V_m = \dfrac{1}{4} V_C$ ④ $V_m = \dfrac{1}{5} V_C$

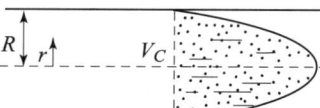

해설
평균유속 $V_m = \dfrac{1}{2} V_{\max}$ ∴ $V_m = \dfrac{1}{2} V_c$

보충
- 최대유속 $V_{\max} = 2V_m$
- 중심축에서 $V_{\max}$이고 관벽에서는 $V=0$

043 저수지의 측벽에 폭 20cm, 높이 5cm의 직사각형 오리피스를 설치하여 유량 200L/sec를 유출시키려고 할 때 수면으로부터의 오리피스 설치 위치는? (단, 유량계수 $C=0.62$)

① 33m ② 43m
③ 53m ④ 63m

해설
- $Q = CAV = CA\sqrt{2gH}$
  $200l/\sec = 0.62 \times 20 \times 5 \sqrt{2 \times 980 \times H}$
  $\sqrt{2 \times 980 \times H} = \dfrac{200}{0.62 \times 20 \times 5}$
- $1l = 1000\text{cm}^3$ 이므로 $\sqrt{2 \times 980 \times H} = \dfrac{200 \times 1000}{0.62 \times 20 \times 5} = 3225.8$
  ∴ $H = 5309$cm ≒ 53m

정답 038 ② 039 ② 040 ① 041 ② 042 ① 043 ③

01회 CBT 모의고사

044 한계수심에 대한 설명으로 옳지 않은 것은?
① 일정한 유량이 흐를 때 비에너지가 가장 큰 수심이다.
② 일정한 비에너지에서 최대 유량을 흐르게 할 수 있는 수심이다.
③ 유량이 일정할 때 최소 비력(specific force)이 되는 수심이다.
④ 상류에서 사류로 변할 경우에 한계수심이 지배단면이 될 수 있다.

해설
- 일정한 유량이 흐를 때 최소의 비에너지를 갖게하는 수심을 한계수심이라 한다.
- 비에너지 $H_e = h + \alpha \dfrac{V^2}{2g}$
- $h > h_c$: 사류
- $h < h_c$: 상류
- $F_r = 1$: 한계수심
- $h_c = \dfrac{2}{3} H_e$

045 어느 관측소의 자기우량기록이 다음 표와 같을 때 10분 지속 최대 강우강도는?

시간(분)	0	5	10	15	20
누가우량(mm)	0	2	8	18	25

① 17mm/hr
② 48mm/hr
③ 102mm/hr
④ 120mm/hr

해설
- 10분 지속 최대 강우강도
$$I = n\text{시간 최대강우량} \times \dfrac{60}{\text{지속시간}} = [(18-8)+(25-18)] \times \dfrac{60}{10} = 102\text{mm/hr}$$
- 강우강도(I)는 단위시간에 내리는 강우량(mm/hr)
- 지속시간은 강우가 계속되는 기간분(min)으로 나타낸다.
- Talbot형 $I = \dfrac{a}{t+b}$
- Sherman형 $I = \dfrac{c}{t^n}$
- Japanese형 $I = \dfrac{d}{\sqrt{t}+e}$

046 정상류(steady flow)의 정의로 가장 적합한 것은?
① 한 점에서 수리학적 특성이 시간에 따라 변화하지 않는 흐름
② 어떤 순간에 가까운 점들의 수리학적 특성이 흐름의 상태와 같아지는 흐름
③ 수리학적 특성이 시간에 따라 점차적으로 흐름의 상태와 같이 변화하는 흐름
④ 어떤 구간에서만 수리학적 특성과 흐름의 상태가 변화하는 흐름

정류(정상류)란 모든 점에서의 흐름과 특성이 시간에 따라 변하지 않는 흐름이다. 즉, 유량, 수위, 유속 등이 시간에 관계없이 동일하다.

$$\left(\frac{\partial A}{\partial t}=0,\ \frac{\partial}{\partial l}(AV)=0,\ \frac{\partial Q}{\partial l}=0\right)$$
$$\left(\frac{\partial V}{\partial t}=0,\ \frac{\partial Q}{\partial t}=0,\ \frac{\partial \rho}{\partial t}=0\right)$$

047 지하의 사질 여과층에서 수두 차가 0.4m이고 투과거리가 3.0m일 때에 이곳을 통과하는 지하수의 유속은? (단, 투수계수는 0.2cm/sec이다.)

① 0.0135cm/sec ② 0.0267cm/sec
③ 0.0324cm/sec ④ 0.0417cm/sec

- $V = k \cdot i = k \cdot \dfrac{h}{L} = 0.2 \times \dfrac{40}{300} = 0.0267\text{cm/sec}$
- Darcy 법칙에서 투수계수는 유속(속도)의 차원이다.
- Darcy 법칙은 지하수 흐름에 잘 일치되며 적용범위가 $1 < R_e < 10$인 층류영역에 잘 맞는다.

048 중량이 600N, 비중이 3.0인 물체를 물(담수) 속에 넣었을 때 물 속에서의 중량은?

① 100N ② 200N
③ 300N ④ 400N

- $\rho = \dfrac{W}{V}$

∴ $V = \dfrac{W}{\rho} = \dfrac{600}{3} = 200\text{cm}^3$

- 물체가 물 속에 들어가면 물체의 부피×물의 단위중량만큼 물체가 가벼워진다.
  즉, $W - V \cdot \rho_w = 600 - 200 \times 1 = 400\text{N}$

049 단위 유량도 작성시 필요없는 사항은?

① 직접유출량
② 유효우량의 지속시간
③ 유역면적
④ 투수계수

- **단위 유량도** : 특정 단위 시간 동안 균일한 강도로 유역 전반에 걸쳐 균등하게 내린 단위유효우량으로 인하여 발생되는 직접유출의 수문곡선
- **단위 유량도 가정** : 일정 기저시간 가정, 중첩가정, 비례가정

정답 044 ① 045 ③ 046 ① 047 ② 048 ④ 049 ④

050 DAD(Depth-area-duration) 해석에 관한 설명 중 옳은 것은?

① 최대 평균 우량깊이, 유역면적, 강우강도와의 관계를 수립하는 작업이다.
② 유역면적을 대수축(logarithmic scale)에 최대평균강우량을 산술축(arithmetic scale)에 표시한다.
③ DAD 해석시 상대습도 자료가 필요하다.
④ 유역면적과 증발산량과의 관계를 알 수 있다.

해설
- 각 지속기간에 대한 최대 평균 우량 깊이를 소구역의 누가 면적별로 구한 후 유역면적을 반대수지에 표시하여 DAD 곡선을 구한다.
- 평균우량 깊이, 유역면적, 강우지속기간 관계를 곡선으로 나타낸 것이 DAD 곡선이다.
- 최대 평균우량은 지속시간에 비례하고 유역면적에 반비례한다.

051 유역면적이 500km² 미만인 평야지역의 평균 강우량 산정 방법은?

① 산술평균법
② 등우선법
③ Thiessen의 가중법
④ 연 강수량 비율법

해설
산술평균법은 가장 단순하여 개인 오차 발생의 가능성이 적고 강우 분포가 비교적 균일한 경우에 적용성이 높다.

052 개수로에서 수심 h, 면적 A, 유량 Q로 흐르고 있다. 에너지 보정계수를 α라고 할 때 비에너지 H_e를 구하는 식으로 옳은 것은? (단, h=수심, g=중력가속도)

① $H_e = h + \alpha \left(\dfrac{Q}{A}\right)$
② $H_e = h + \alpha \left(\dfrac{Q}{A}\right)^2$
③ $H_e = h + \alpha \left(\dfrac{Q^2}{2g}\right)$
④ $H_e = h + \alpha \dfrac{1}{2g} \left(\dfrac{Q}{A}\right)^2$

해설
- 비에너지 $H_e = h + \alpha \dfrac{V^2}{2g} = h + \alpha \dfrac{1}{2g}\left(\dfrac{Q}{A}\right)^2$
- 비에너지는 수로 바닥을 기준한 수두이며 등류이면 일정한 값을 갖는다.
- 비에너지는 유량이 일정한 경우 수심만의 함수가 된다.

053 삼각위어에 있어서 유량계수가 일정하다고 할 때 유량변화율(dQ/Q)이 1% 이하가 되기 위한 월류 수심의 변화율(dh/h)은?

① 0.4% 이하
② 0.5% 이하
③ 0.6% 이하
④ 0.7% 이하

해설

$$\frac{dQ}{Q} = \frac{5}{2}\frac{dh}{h} = 1\% \qquad \therefore \frac{dh}{h} = \frac{1}{\frac{5}{2}} = 0.4\%$$

054 물 속에 존재하는 임의의 면에 작용하는 정수압의 작용방향은?
① 수면에 대하여 수평방향으로 작용한다.
② 수면에 대하여 수직방향으로 작용한다.
③ 정수압의 수직압은 존재하지 않는다.
④ 임의의 면에 직각으로 작용한다.

해설 정수압은 임의의 면에 수직으로 작용하고 한 점에 작용하는 정수압의 크기는 방향에 관계없이 일정하다.

055 관수로의 흐름이 층류인 경우 마찰손실계수(f)에 대한 설명으로 옳은 것은?
① 조도에만 영향을 받는다.
② 레이놀즈수에만 영향을 받는다.
③ 항상 0.2778로 일정한 값을 갖는다.
④ 조도와 레이놀즈수에 영향을 받는다.

해설
- $R_e < 2000$: 층류
- 층류시 $f = \frac{64}{R_e}$ 로서 관의 조도상태와 관계없이 적용된다.

056 흐르는 유체 속에 잠겨있는 물체에 작용하는 항력에 관계가 없는 것은?
① 유체의 밀도　　② 물체의 크기
③ 물체의 형상　　④ 물체의 밀도

해설
- 항력=항력계수×투영단면적×동수압
- $D = C_D A \frac{\rho V^2}{2}$

057 흐름에 대한 설명 중 틀린 것은?
① 흐름이 층류일 때는 뉴톤의 점성법칙을 적용할 수 있다.
② 등류란 모든 점에서의 흐름의 특성이 공간에 따라 변하지 않는 흐름이다.
③ 유관이란 개개의 유체입자가 흐르는 경로를 말한다.
④ 유선이란 각 점에서 속도벡터에 접하는 곡선을 연결한 선이다.

해설 유체 속에 있는 폐곡선을 통과한 유선은 하나의 관 모양이 되는 것을 유관이라 한다.

정답 050 ② 051 ① 052 ④ 053 ① 054 ④ 055 ② 056 ④ 057 ③

01회 CBT 모의고사

058 댐의 여수로에서 도수를 발생시키는 목적 중 가장 중요한 것은?
① 유수의 에너지 감세
② 취수를 위한 수위상승
③ 댐 하류부에서의 유속의 증가
④ 댐 하류부에서의 유량의 증가

해설
도수는 사류에서 상류로 변할 때 수면이 불연속적으로 뛰어 오르는 현상으로 사류가 가지고 있는 속도 수두에너지가 방출되는 현상이 발생한다.

059 컨테이너 부두 안벽에 입사하는 파랑의 입사파고가 0.8m이고, 안벽에서 반사된 파랑의 반사파고가 0.3m일 때 반사율은?
① 0.325
② 0.375
③ 0.425
④ 0.475

해설
반사율 = 반사파고/입사파고 = $\dfrac{0.3}{0.8}$ = 0.375

060 두 수조가 관길이 $L=50$m, 지름 $D=0.8$m, Manning의 조도계수 $n=0.013$인 원형관으로 연결되어 있다. 이 관을 통하여 유량 $Q=1.2$m³/s의 난류가 흐를 때, 두 수조의 수위차(H)는? (단, 마찰, 단면 급확대 및 급축소 손실만을 고려한다.)
① 0.98 m
② 0.85 m
③ 0.54 m
④ 0.36 m

해설
• 마찰손실계수
$$f = \frac{124.6 n^2}{D^{1/3}} = \frac{124.6 \times 0.013^2}{0.8^{1/3}} = 0.023$$
• 급확대에 의한 손실계수
$f_{se} = 1.0 \ (D_1/D_2 = 0)$
• 급축소 손실계수
$f_{sc} = 0.5 \ (a_2/a_1 \fallingdotseq 0)$
• $V = \dfrac{4Q}{\pi D^2} = \dfrac{4 \times 1.2}{3.14 \times 0.8^2} = 2.39$ m/s
∴ $H = \left(f_{se} + f_{sc} + f\dfrac{l}{D}\right)\dfrac{V^2}{2g} = \left(1.0 + 0.5 + 0.023 \times \dfrac{50}{0.8}\right)\dfrac{2.39^2}{2 \times 9.8 g} = 0.856$ m

061 철근 콘크리트 휨부재에서 최대철근비와 최소철근비를 규정한 이유로 가장 적당한 것은?
① 부재의 경제적인 단면 설계를 위해서
② 부재의 사용성을 증진시키기 위해서
③ 부재의 파괴에 대한 안전을 확보하기 위해서
④ 부재의 급작스런 파괴를 방지하기 위해서

해설
• **최대 철근비** : 인장측 철근이 먼저 항복하는 연성 파괴를 유도한다.
• **최소 철근비** : 보에 인장 철근량이 너무 적어도 취성 파괴가 일어나므로
$\rho_{min} = \dfrac{0.25\sqrt{f_{ck}}}{f_y}$, $\rho_{min} = \dfrac{1.4}{f_y}$ 값 중 큰 값 이상으로 한다.
• **균형 철근비**($f_{ck} \leq 40\text{MPa}$일 경우)
$\rho_b = 0.85\beta_1 \dfrac{f_{ck}}{f_y} \dfrac{660}{660+f_y}$
철근량이 과다할 경우 압축측 콘크리트가 철근이 항복하기 전에 콘크리트의 극한 변형률 0.0033에 도달하여 갑자기 파괴를 일으키는 취성파괴가 발생한다.

062 $b_w = 250\text{mm}$, $d = 500\text{mm}$, $f_{ck} = 21\text{MPa}$, $\lambda = 1.0$, $f_y = 400\text{MPa}$인 직사각형 보에서 콘크리트가 부담하는 설계전단강도(ϕV_c)는?
① 71.6kN
② 76.4kN
③ 82.2kN
④ 91.5kN

해설
• $V_u \leq \dfrac{1}{2}\phi V_c$일 경우 전단보강이 필요 없다.
• $\phi V_c = \phi \dfrac{1}{6}\lambda \sqrt{f_{ck}}\, b_w\, d = 0.75 \times \dfrac{1}{6} \times 1.0\sqrt{21} \times 250 \times 500 = 71602\text{N} = 71.6\text{kN}$

063 처짐과 균열에 대한 다음 설명 중 틀린 것은?
① 크리프, 건조수축 등으로 인하여 시간의 경과와 더불어 진행되는 처짐이 탄성처짐이다.
② 처짐에 영향을 미치는 인자로는 하중, 온도, 습도, 재령, 함수량, 압축철근의 단면적 등이다.
③ 균열폭을 최소화하기 위해서는 적은 수의 굵은 철근 보다는 많은 수의 가는 철근을 인장측에 잘 분포시켜야 한다.
④ 콘크리트 표면의 균열폭은 피복두께의 영향을 받는다.

해설
• 크리프, 건조수축 등으로 인하여 시간의 경과와 더불어 진행되는 처짐을 장기 처짐이라 한다.
• 장기 처짐에 영향을 주는 중요 요인들은 온도, 습도, 양생조건, 재하시의 재령, 지속하중의 크기, 압축 철근량 등이다.

정답 058 ① 059 ② 060 ② 061 ④ 062 ① 063 ①

064 단철근 직사각형보의 폭이 300mm, 유효깊이가 500mm, 높이가 600mm일 때, 외력에 의해 단면에서 휨균열을 일으키는 휨모멘트(M_{cr})을 구하면? (단, f_{ck} = 24MPa, λ =1.0)

① 45.2 kN·m　② 48.9 kN·m
③ 52.1 kN·m　④ 55.6 kN·m

해설

- $f_r = 0.63\lambda \sqrt{f_{ck}} = 0.63 \times 1.0 \sqrt{24} = 3.086 \text{N/mm}^2 \text{(MPa)}$
- $I = \dfrac{bh^3}{12} = \dfrac{300 \times 600^3}{12} = 5,400,000,000 \text{mm}^4$
- $f_r = \dfrac{M_{cr}}{I} y$

$\therefore M_{cr} = \dfrac{f_r \cdot I}{y} = \dfrac{3.086 \times 5,400,000,000}{300} = 55,548,000 \text{N} \cdot \text{mm}$
$= 55,548 \text{kN} \cdot \text{mm} \fallingdotseq 56.6 \text{kN} \cdot \text{m}$

065 그림과 같은 맞대기 용접의 용접부에 생기는 인장응력은 얼마인가?

① 50MPa
② 70.7MPa
③ 100MPa
④ 141.4MPa

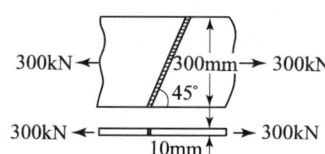

해설

$f = \dfrac{P}{A} = \dfrac{P}{\sum a \cdot l} = \dfrac{300000}{10 \times 300} = 100 \text{MPa}$

066 M_u = 170kN·m의 계수 모멘트 하중에 대한 단철근 직사각형보의 필요한 철근량 A_s를 구하면? (단, 보의 폭 b=300mm, 보의 유효깊이 d=450mm, f_{ck} = 28MPa, f_y = 350MPa, ϕ = 0.85이다.)

① 1070mm²　② 1175mm²
③ 1280mm²　④ 1375mm²

해설

$M_u = \phi TZ = \phi f_y \cdot A_s \left(d - \dfrac{a}{2}\right) = \phi f_y A_s \left(d - \dfrac{1}{2} \cdot \dfrac{f_y \cdot A_s}{0.85 f_{ck} \cdot b}\right)$

$170,000,000 = 0.85 \times 350 \times A_s \left(450 - \dfrac{1}{2} \times \dfrac{350 \times A_s}{0.85 \times 28 \times 300}\right)$

$\therefore A_s = 1375 \text{mm}^2$

067 그림과 같은 단면을 갖는 지간 20m의 PSC보에 PS 강재가 200mm의 편심거리를 가지고 직선배치되어 있다. 자중을 포함한 등분포하중 16kN/m가 보에 작용할 때, 보 중앙단면 콘크리트 상연응력은 얼마인가? (단, 유효프리스트레스 힘 P_e =2400kN)

① 12 MPa
② 13 MPa
③ 14 MPa
④ 15 MPa

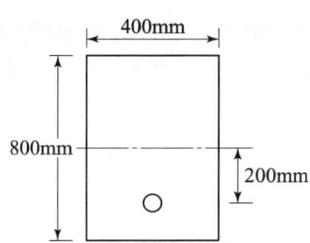

해설
- $I = \dfrac{bh^3}{12} = \dfrac{0.4 \times 0.8^3}{12} = 0.017\text{mm}^4$
- $M = \dfrac{\omega l^2}{8} = \dfrac{16 \times 20^2}{8} = 800\text{kN} \cdot \text{m}$
- $f = \dfrac{P}{A} - \dfrac{P \cdot e}{I} y + \dfrac{M}{I} y = \dfrac{2400}{0.4 \times 0.8} + \dfrac{2400 \times 0.2}{0.017} \times \dfrac{0.8}{2} + \dfrac{800}{0.017} \times \dfrac{0.8}{2}$
  $= 15029.4\text{kN/m}^2 = 15\text{N/mm}^2 = 15\text{MPa}$

068 콘크리트의 설계기준압축강도가 30MPa이며 철근의 설계기준항복강도가 400MPa인 인장 이형철근 D22의 기본정착길이(l_{db})는 얼마인가? (단, D22 철근의 공칭직경은 22.2mm, 단면적은 387mm², λ =1.0)

① 402mm
② 771mm
③ 973mm
④ 1157mm

해설
$$l_{db} = \dfrac{0.6 d_b f_y}{\lambda \sqrt{f_{ck}}} = \dfrac{0.6 \times 22.2 \times 400}{1.0 \times \sqrt{30}} = 973\text{mm}$$

069 정착구와 커플러의 위치에서 프리스트레싱 도입 직후 포스트텐션 긴장재의 허용응력은 최대 얼마인가? (단, f_{pu}는 긴장재의 설계기준인장강도)

① $0.6 f_{pu}$
② $0.7 f_{pu}$
③ $0.8 f_{pu}$
④ $0.9 f_{pu}$

해설
프리스트레스 도입 직후
- 프리텐션 : $0.74 f_{pu}$ 또는 $0.82 f_{py}$ 중 작은 값 이하
- 포스트텐션 : $0.7 f_{pu}$
  여기서, f_{py} : 강재의 설계기준 항복강도
  f_{pu} : 강재의 설계기준 인장강도

정답 064 ④ 065 ③ 066 ④ 067 ④ 068 ③ 069 ②

070
콘크리트 설계기준강도가 24MPa, 철근의 항복강도가 300MPa로 설계된 지간 4m인 단순지지 보가 있다. 처짐을 계산하지 않는 경우의 최소 두께는?

① 167mm
② 200mm
③ 215mm
④ 250mm

해설
- f_y가 400MPa인 최소두께(h)
$$\frac{l}{16} = \frac{4000}{16} = 250\text{mm}$$
- f_y가 400MPa 이외인 경우 최소두께(h)
$$\frac{l}{16} \times \left(0.43 + \frac{f_y}{700}\right) = \frac{4000}{16} \times \left(0.43 + \frac{300}{700}\right) = 215\text{mm}$$

071
옹벽의 구조해석에 대한 사항 중 틀린 것은?

① 부벽식 옹벽의 저판은 정밀한 해석이 사용되지 않는 한, 부벽의 높이를 경간으로 가정한 고정보 또는 연속보로 설계할 수 있다.
② 캔틸레버식 옹벽의 추가철근은 저판에 지지된 캔틸레버로 설계할 수 있다.
③ 부벽식 옹벽의 추가철근은 3변 지지된 2방향 슬래브로 설계할 수 있다.
④ 뒷부벽은 T형보로 설계하여야 하며, 앞부벽은 직사각형보로 설계하여야 한다.

해설
- 뒷부벽식 옹벽의 저판은 정확한 방법이 사용되지 않는 한, 뒷부벽 간의 거리를 경간으로 가정하여 고정보 또는 연속보로 설계할 수 있다.
- 저판의 뒷굽판은 정확한 방법이 사용되지 않는 한, 뒷굽판 상부에 재하되는 모든 하중을 지지하도록 설계되어야 한다.

072
그림에 나타난 직사각형 단철근 보의 설계휨강도를 구하기 위한 강도감소계수(ϕ)는 약 얼마인가? (단, 나선철근으로 보강되지 않은 경우이며, $A_s = 2,024\text{mm}^2$, $f_{ck} = 21\text{MPa}$, $f_y = 400\text{MPa}$이고, 계산에서 발생하는 소수점 이하 자리는 6째 자리에서 반올림하여 5째 자리까지 구하시오.)

① 0.837
② 0.809
③ 0.785
④ 0.726

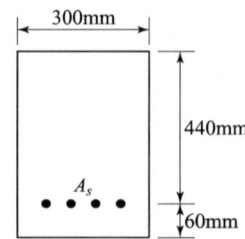

해설

- $a = \dfrac{A_s f_y}{0.85 f_{ck} b} = \dfrac{2024 \times 400}{0.85 \times 21 \times 300} = 151.2\text{mm}$
- $c = \dfrac{a}{\beta_1} = \dfrac{151.2}{0.8} = 189\text{mm}$
- $\varepsilon_t = 0.0033\left(\dfrac{d_t - c}{c}\right) = 0.0033\left(\dfrac{440 - 189}{189}\right)$
  $= 0.00438$
- $\phi = 0.65 + (\varepsilon_t - 0.002) \times \dfrac{200}{3}$
  $= 0.65 + (0.00438 - 0.002) \times \dfrac{200}{3} = 0.809$

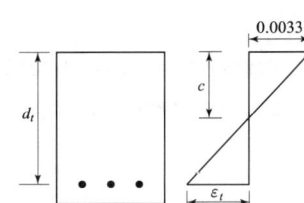

073 나선철근으로 둘러싸인 압축부재의 축방향 주철근의 최소 개수는?
① 3개
② 4개
③ 5개
④ 6개

해설
축방향 부재의 주철근 최소 개수는 나선철근으로 둘러쌓인 철근의 경우는 6개로 하여야 한다.

074 순단면이 볼트의 구멍 하나를 제외한 단면(즉, A-B-C 단면)과 같도록 피치(s)의 값을 결정하면? (단, 볼트의 직경은 19mm이다.)
① $s = 114.9\text{mm}$
② $s = 90.6\text{mm}$
③ $s = 66.3\text{mm}$
④ $s = 50\text{mm}$

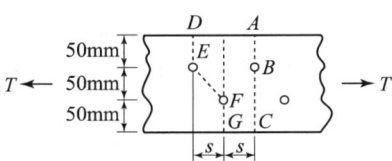

해설

순폭 $b_n = b_g - d - \left(d - \dfrac{s^2}{4g}\right)$ 에서 $b_n = b_g - d$ 이어야 하므로

$d - \dfrac{s^2}{4g} = 0$

$\therefore s = \sqrt{4gd} = \sqrt{4 \times 5 \times (1.9 + 0.3)} = 6.63\text{cm} = 66.3\text{mm}$

075 프리스트레스의 손실을 초래하는 요인 중 포스트텐션 방식에서만 두드러지게 나타나는 것은?
① 마찰
② 콘크리트의 탄성수축
③ 콘크리트의 크리프
④ 정착장치의 활동

해설
긴장재의 마찰에 의한 손실은 포스트텐션 방식에만 해당된다.

정답 070 ③ 071 ① 072 ② 073 ④ 074 ③ 075 ①

076
폭이 400mm, 유효깊이가 500mm인 단철근 직사각형보 단면에서 f_{ck} = 35MPa, f_y = 400MPa일 때, 강도설계법으로 구한 균형철근량은 약 얼마인가?

① 10,600mm²
② 7,590mm²
③ 7,400mm²
④ 5,120mm²

해설
- $\beta_1 = 0.8$
- $\rho_b = 0.85\beta_1 \dfrac{f_{ck}}{f_y} \dfrac{660}{660+f_y} = 0.85 \times 0.8 \times \dfrac{35}{400} \times \dfrac{660}{660+400} = 0.037$
- $\rho_b = \dfrac{A_s}{bd}$
- $\therefore A_s = \rho_b bd = 0.037 \times 400 \times 500 = 7,400\text{mm}^2$

077
아래 그림의 빗금친 부분과 같은 단철근 T형보의 등가응력의 깊이 a는 얼마인가? (단, A_s = 6,354mm², f_{ck} = 24MPa, f_y = 400MPa)

① 96.7mm
② 111.5mm
③ 121.3mm
④ 128.6mm

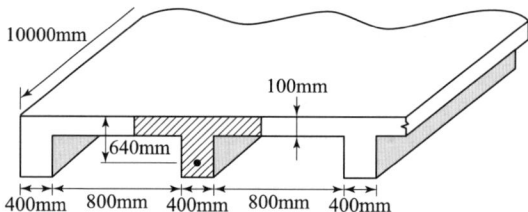

해설
- 유효 폭
  - $16t + b_w = 16 \times 100 + 400 = 2,000$mm
  - 양쪽 슬래브의 중심간 거리 = 400 + 400 + 400 = 1,200mm
  - 보의 경간의 $\dfrac{1}{4} = \dfrac{10,000}{4} = 2,500$mm
  - ∴ 가장 작은 값인 1,200mm이다.
- T형보의 판정
  $a = \dfrac{A_s f_y}{0.85 f_{ck} b} = \dfrac{6,354 \times 400}{0.85 \times 24 \times 1,200} = 103.8$mm
  $a > t$이므로 T형보이다.
- $A_{sf} = \dfrac{0.85 f_{ck} (b - b_w) t}{f_y} = \dfrac{0.85 \times 24 (1,200 - 400) \times 100}{400} = 4,080\text{mm}^2$
- $a = \dfrac{(A_s - A_{sf}) f_y}{0.85 f_{ck} b_w} = \dfrac{(6,354 - 4,080) \times 400}{0.85 \times 24 \times 400} = 111.5$mm

078
다음 중 최소 전단철근 규정이 적용되는 경우는?

① 슬래브와 기초판
② 콘크리트 장선구조
③ 전체 높이가 250mm를 초과하는 휨부재

④ T형보에 있어서 그 높이가 플랜지 두께의 2.5배 또는 복부폭의 1/2 중 큰 값 이하인 보

해설
- $\frac{1}{2}\phi V_c < V_u$ 일 경우 최소 전단철근량 A_v를 배근하여야 한다.
- $A_v = \left(0.35\dfrac{b_w s}{f_{yt}}\right)$ 여기서, b_w와 s의 단위는 mm이다.
- 최소 전단철근을 적용하지 않을 수 있는 경우
  ① 슬래브와 기초판, 바닥판, 장선, 폭이 넓고 깊이가 얕은 보
  ② 총 높이가 250mm 이하의 경우
  ③ I형보, T형보에 있어서 그 높이가 플랜지 두께의 2.5배 또는 복부폭의 $\frac{1}{2}$ 중 큰 값 이하인 보의 경우
  ④ 전단철근이 없어도 계수 휨모멘트와 전단력에 저항할 수 있다는 것을 실험에 의해 확인할 수 있는 경우

079 플레이트 보(plate girder)의 경제적인 높이는 다음 중 어느 것에 의해 구해지는가?
① 전단력
② 지압력
③ 휨모멘트
④ 비틀림모멘트

해설
- 철골구조에서 플레이트 보의 경제적인 높이는 휨모멘트에 의해 구해진다.
- I형 단면의 판형교 높이 $h = 1.1\sqrt{\dfrac{M}{f \cdot t}}$

080 아래 그림과 같은 보의 단면에서 표피철근의 간격 s는 약 얼마인가? (단, 습윤환경에 노출되는 경우로서, 표피철근의 표면에서 부재 측면까지 최단거리(c_c)는 50mm, f_{ck}=28MPa, f_y=400MPa이다.)
① 170mm
② 190mm
③ 220mm
④ 240mm

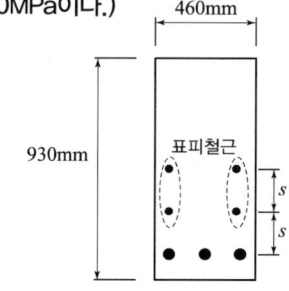

해설
- $s = 375\left(\dfrac{k_{cr}}{f_s}\right) - 2.5c_c = 375\left(\dfrac{210}{267}\right) - 2.5 \times 50 = 170\,\text{mm}$
- $s = 300\left(\dfrac{k_{cr}}{f_s}\right) = 300\left(\dfrac{210}{267}\right) = 236\,\text{mm}$

여기서, $f_s = \dfrac{2}{3}f_y = \dfrac{2}{3} \times 400 = 267\,\text{MPa}$
k_{cr}은 건조환경에 노출되는 경우에는 280이고 그 외의 환경에 노출되는 경우에는 210이다.
∴ 두 식에 의해 계산된 값 중에서 작은 값인 170mm 이하이다.

정답 076 ③ 077 ② 078 ③ 079 ③ 080 ①

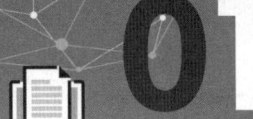 

5과목 토질 및 기초

081 토질시험결과 No.200체 통과율이 50%, 액성한계가 45%, 소성한계가 25%일 때 군지수는?

① 3　　② 5　　③ 7　　④ 9

해설
$GI = 0.2a + 0.005ac + 0.01bd$
$a = 50 - 35 = 15$　　$b = 50 - 15 = 35$
$c = 45 - 40 = 5$　　$d = 20 - 10 = 10$
$I_p = 45 - 25 = 20$
∴ $GI = 0.2 \times 15 + 0.005 \times 15 \times 5 + 0.01 \times 35 \times 10 ≒ 7$

보충
- 군지수는 0~20 범위이다.
- 군지수가 작을수록 조립토에 해당되어 양호하다.

082 지름 d =20cm인 나무말뚝을 25본 박아서 기초 상판을 지지하고 있다. 말뚝의 배치를 5열로 하고 각열은 등간격으로 5본씩 박혀 있다. 말뚝의 중심간격 S=1m이고 1본의 말뚝이 단독으로 100kN의 지지력을 가졌다고 하면 이 무리 말뚝은 전체로 얼마의 하중을 견딜 수 있는가? (단, Converse–Labbarretlr을 사용한다.)

① 1000kN　　② 2000kN　　③ 3000kN　　④ 4000kN

해설
- $\phi = \tan^{-1}\dfrac{D}{S} = \tan^{-1}\dfrac{0.2}{1} = 11.3°$
- $E = 1 - \dfrac{\phi}{90}\left[\dfrac{(m-1)n+(n-1)m}{mn}\right] = 1 - \dfrac{11.3}{90}\left[\dfrac{(5-1)\times 5+(5-1)\times 5}{5 \times 5}\right]$
  $= 0.8$
- $R_{ag} = E \cdot N \cdot R_a = 0.8 \times 25 \times 100 = 2000\,\text{kN}$

083 액성한계가 60%인 점토의 흐트러지지 않은 시료에 대하여 압축지수를 Skempton의 방법에 의하여 구한 값은?

① 0.16　　② 0.28　　③ 0.35　　④ 0.45

해설
$C_c = 0.009(w_L - 10) = 0.009(60 - 10) = 0.45$

보충
$\Delta H = \dfrac{C_c}{1+e}\log\dfrac{P_2}{P_1} \cdot H$

084 흙의 다짐에 관한 설명 중 옳지 않은 것은?
① 조립토는 세립토보다 최적함수비가 작다.
② 최대 건조단위중량이 큰 흙일수록 최적함수비는 작은 것이 보통이다.
③ 점성토지반을 다질 때는 진동 로울러로 다지는 것이 유리하다.
④ 일반적으로 다짐 에너지를 크게 할수록 최대 건조단위 중량은 커지고 최적함수비는 줄어든다.

해설
- 사질토 지반을 다질 때는 진동 로울러로 다지는 것이 유리하다.
- 사질토가 많이 섞인 흙은 점성토보다 다짐 곡선의 기울기가 급하다.
- 다짐 곡선에서 습윤측으로 갈수록 영공기 공극 곡선에 접근한다.

085 표준관입시험에 관한 설명 중 옳지 않은 것은?
① 표준관입시험의 N값으로 모래지반의 상대밀도를 추정할 수 있다.
② N값으로 점토지반의 연경도에 관한 추정이 가능하다.
③ 지층의 변화를 판단할 수 있는 시료를 얻을 수 있다.
④ 모래지반에 대해서도 흐트러지지 않은 시료를 얻을 수 있다.

해설
불교란 시료를 채취하기는 곤란하다.

086 연속기초에 대한 Terzaghi의 극한지지력 공식은 $q_u = c \cdot N_c + 0.5 \cdot \gamma_1 \cdot B \cdot N_r + \gamma_2 \cdot D_f \cdot N_q$로 나타낼 수 있다. 아래 그림과 같은 경우 극한 지지력 공식의 두 번째 항의 단위중량 γ_1의 값은?(단, 물의 단위중량은 9.81kN/m³이다.)

① 14.48 kN/m³
② 16.00 kN/m³
③ 17.45 kN/m³
④ 18.20 kN/m³

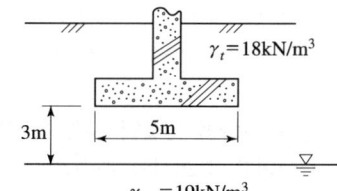

해설
- $D \leq B$의 경우
$$\gamma_1 = \frac{1}{B}[\gamma_t D + \gamma_{sub}(B-D)]$$
$$= \frac{1}{5}[18 \times 3 + (19 - 9.81) \times (5-3)]$$
$$= 14.48 \text{kN/m}^3$$

- $D > B$의 경우
$$\gamma_1 = \gamma_t$$

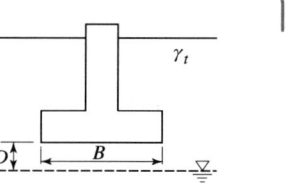

087 다음의 연약지반개량공법에서 일시적인 개량공법은 어느 것인가?
① Well point 공법
② 치환공법
③ Paper drain 공법
④ Sand compaction pile 공법

해설
일시적인 개량공법의 종류
① Well point 공법
② Deep well 공법
③ 대기압 공법(진공공법)
④ 동결공법
⑤ 소결공법
⑥ 전기침투공법

088 말뚝기초의 지반거동에 관한 설명으로 틀린 것은?
① 기성말뚝을 타입하면 전단파괴를 일으키며 말뚝 주위의 지반은 교란된다.
② 말뚝에 작용한 하중은 말뚝 주변의 마찰력과 말뚝 선단의 지지력에 의하여 주변 지반에 전달된다.
③ 연약지반상에 타입되어 지반이 먼저 변형하고 그 결과 말뚝이 저항하는 말뚝을 주동말뚝이라 한다.
④ 말뚝 타입 후 지지력의 증가 또는 감소 현상을 시간효과(time effect)라 한다.

해설
• 연약지반상에 타입되어 지반이 먼저 변형하고 그 결과 말뚝이 저항하는 말뚝을 수동말뚝이라 한다.
• 말뚝이 지표면에서 수평력을 받는 경우 말뚝이 변형함에 따라 지반이 저항하는 말뚝, 즉 말뚝이 움직이는 주체가 되는 말뚝을 주동말뚝이라 한다.

089 $\phi = 0°$인 포화된 점토시료를 채취하여 일축압축시험을 행하였다. 공시체의 직경이 4cm, 높이가 8cm이고 파괴시의 하중계의 읽음값이 4.0kN, 축방향의 변형량이 1.6cm일 때, 이 시료의 전단강도는 약 얼마인가?
① 0.07 kN/cm^2
② 0.13 kN/cm^2
③ 0.25 kN/cm^2
④ 0.32 kN/cm^2

해설
• $A = \dfrac{\pi d^2}{4} = \dfrac{3.14 \times 4^2}{4} = 12.56 \text{cm}^2$
• $A_o = \dfrac{A}{1-\varepsilon} = \dfrac{A}{1-\dfrac{\Delta h}{h}} = \dfrac{12.56}{1-\dfrac{1.6}{8}} = 15.7 \text{cm}^2$
• $q_u = \dfrac{P}{A_o} = \dfrac{4}{15.7} = 0.25 \text{kN/cm}^2$
• $\tau = C_u = \dfrac{q_u}{2} = \dfrac{0.25}{2} = 0.13 \text{kN/cm}^2$

090 그림과 같은 점성토 지반의 토질 실험 결과 내부마찰각 $\phi=30°$, 점착력 $c=15\text{kN/m}^2$일 때 A점의 전단강도는? (단, $\gamma_w=9.81\text{kN/m}^3$)

① 53.43 kN/m^2
② 59.51 kN/m^2
③ 63.82 kN/m^2
④ 70.45 kN/m^2

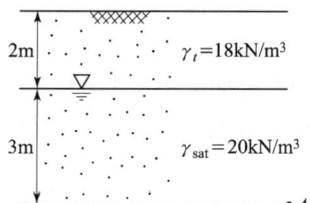

해설
- 유효응력($\bar{p}=\sigma$)
  $18\times2+(20-9.81)\times3=66.57\text{kN/m}^2$
- 전단강도
  $\tau=c+\sigma\tan\phi=15+66.57\tan30°=53.43\text{kN/m}^2$

091 지반내 응력에 대한 다음 설명 중 틀린 것은?
① 전응력이 커지는 크기만큼 간극수압이 커지면 유효응력은 변화없다.
② 정지토압계수 K_0는 1보다 클 수 없다.
③ 지표면에 가해진 하중에 의해 지중에 발생하는 연직응력의 증가량은 깊이가 깊어지면서 감소한다.
④ 유효응력이 전응력보다 클 수도 있다.

해설
- 정지토압계수 K_0는 1보다 클 수 있다.
- $K_0 = \dfrac{\sigma_h}{\sigma_v}$
- 전응력(유효응력+간극수압)
  $P = \bar{P} + u$

092 어떤 흙의 습윤 단위중량이 20kN/m^3, 함수비 20%, 비중 $G_s=2.7$인 경우 포화도는 얼마인가? (단, $\gamma_w=9.81\text{kN/m}^3$)

① 86.1%
② 91.5%
③ 95.6%
④ 100%

해설
- $\gamma_d = \dfrac{\gamma_t}{1+\dfrac{w}{100}} = \dfrac{20}{1+\dfrac{20}{100}} = 16.7\text{kN/m}^3$
- $e = \dfrac{\gamma_w}{\gamma_d}G_s - 1 = \dfrac{9.81}{16.7}\times2.7 - 1 = 0.59$
- $S\cdot e = G_s\cdot w$
  $\therefore S = \dfrac{G_s\cdot w}{e} = \dfrac{2.7\times20}{0.59} = 91.5\%$

정답 087 ① 088 ③ 089 ② 090 ① 091 ② 092 ②

093. 간극비가 $e_1=0.80$인 어떤 모래의 투수계수가 $k_1=8.5\times 10^{-2}$cm/sec 일 때 이 모래를 다져서 간극비를 $e_2=0.57$로 하면 투수계수 k_2는?

① 8.5×10^{-3}cm/sec
② 3.5×10^{-2}cm/sec
③ 8.1×10^{-2}cm/sec
④ 4.1×10^{-1}cm/sec

해설

$$k_1 : \frac{e_1^3}{1+e_1} = k_2 : \frac{e_2^3}{1+e_2}$$

$$8.5\times 10^{-2} : \frac{0.8^3}{1+0.8} = k_2 : \frac{0.57^3}{1+0.57} \qquad \therefore\ k_2 = 0.035\text{cm/sec}$$

094. 정규 압밀점토에 대하여 구속응력 1kN/m²로 압밀배수 시험한 결과 파괴 시 축차응력이 2kN/m²이었다. 이 흙의 내부 마찰각은?

① 20°
② 25°
③ 30°
④ 45°

해설

$$\sin\phi = \frac{\sigma_1-\sigma_3}{\sigma_1+\sigma_3} = \frac{3-1}{3+1} = 0.5 \qquad \therefore\ \phi = \sin^{-1} 0.5 = 30°$$

095. 침투유량(q) 및 B점에서의 간극수압(u_B)을 구한 값으로 옳은 것은? (단, γ_w =9.81kN/m³, 투수층의 투수계수는 3×10^{-1}cm/sec이다.)

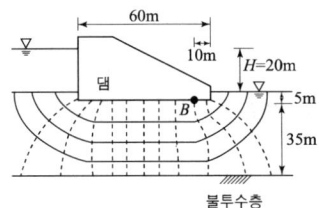

① $q=100$cm³/sec/cm, $u_B=50$ kN/m²
② $q=100$cm³/sec/cm, $u_B=98.1$ kN/m²
③ $q=200$cm³/sec/cm, $u_B=50$ kN/m²
④ $q=200$cm³/sec/cm, $u_B=98.1$ kN/m²

해설

- $q = k\,h\,\dfrac{N_f}{N_d} = 3\times 10^{-1}\times 2000\times \dfrac{4}{12} = 200\text{cm}^3/\text{sec/cm}$
- B점의 전압력 $\dfrac{N_d'}{N_d}h\,\gamma_w = \dfrac{3}{12}\times 20\times 9.81 = 49.05\text{kN/m}^2$
- B점의 위치압력 $\gamma_w(-)\Delta H = 9.81\times(-)5 = -49.05\text{kN/m}^2$
- 전압력 = 위치압력 + 간극수압
  $\therefore$ 간극수압 = 전압력 − 위치압력 = $49.05-(-49.05) = 98.1\text{kN/m}^2$

096 베인 시험(Vane test)에 관하여 잘못 설명된 것은?
① 연약 점토의 강도 측정에 이용된다.
② 비배수 조건하의 사면 안정해석에 이용된다.
③ 내부 마찰각을 정확히 측정할 수 있다.
④ 회전 모멘트에 의하여 강도를 구할 수 있다.

해설
- 베인 전단시험은 연약한 점토지반의 점착력 C값을 측정한다.
- $C = \dfrac{M_{max}}{\pi D^2 \left(\dfrac{H}{2} + \dfrac{D}{6} \right)}$

097 사질토 지반에서 직경 30cm의 평판재하시험 결과 $30\,kN/m^2$의 압력이 작용할 때 침하량이 10mm라면, 직경 1.5m의 실제 기초에 $30\,kN/m^2$의 하중이 작용할 때 침하량의 크기는?
① 14mm ② 25mm
③ 28mm ④ 35mm

해설
$S = S_{30} \left(\dfrac{2B}{1.5 + 0.3} \right)^2 = 1.0 \left(\dfrac{2 \times 1.5}{1.5 + 0.3} \right)^2 = 2.8\,cm$

098 유선망은 이론상 정사각형으로 이루어진다. 동수경사가 가장 큰 곳은?
① 어느 곳이나 동일함   ② 땅속 제일 깊은 곳
③ 정사각형이 가장 큰 곳   ④ 정사각형이 가장 작은 곳

해설
동수경사(구배)는 유선망의 폭에 반비례한다.

099 흙막이 벽체의 지지없이 굴착 가능한 한계굴착깊이에 대한 설명으로 옳지 않은 것은?
① 흙의 내부마찰각이 증가할수록 한계굴착깊이는 증가한다.
② 흙의 단위중량이 증가할수록 한계굴착깊이는 증가한다.
③ 흙의 점착력이 증가할수록 한계굴착깊이는 증가한다.
④ 인장응력이 발생되는 깊이를 인장균열깊이라고 하며 보통 한계굴착깊이는 인장균열깊이의 2배 정도이다.

해설
- 흙의 단위중량이 증가할수록 한계굴착깊이는 감소한다.
- $H_c = 2Z_c = \dfrac{4C}{\gamma} \tan\left(45° + \dfrac{\phi}{2}\right)$
  여기서, Z_c는 점착고라 하며 인장균열깊이는 Z_c까지 진행된다.
- $H_c = \dfrac{2q_u}{\gamma}$

정답 093 ② 094 ③ 095 ④ 096 ③ 097 ③ 098 ④ 099 ②

100 아래 그림과 같은 무한 사면이 있다. 흙과 암반의 경계면에서 흙의 강도정수 $C=18\,kN/m^2$, $\phi=25°$이고, 흙의 단위중량 $\gamma=19\,kN/m^3$인 경우 경계면에서 활동에 대한 안전율을 구하면?

① 1.55
② 1.60
③ 1.65
④ 1.78

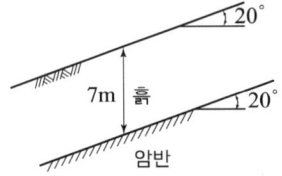

해설
- $\sigma = \gamma z \cos^2 i = 19 \times 7 \cos 20° = 124.98\,kN/m^2$
- $S = C + \sigma \tan\phi = 18 + 124.98 \tan 25° = 76.28\,kN/m^2$
- $\tau = \gamma z \cos i \sin i = 19 \times 7 \cos 20° \sin 20° = 42.75\,kN/m^2$
- $F = \dfrac{S}{\tau} = \dfrac{76.28}{42.75} = 1.78$

6과목 상하수도 공학

101 계획오수량 산정시 고려하는 사항 중 그 설명이 잘못된 것은?

① 지하수량은 1인 1일 최대오수량의 10~20%로 한다.
② 계획1일 평균오수량은 계획1일 최대오수량의 70~80%를 표준으로 한다.
③ 계획시간 최대오수량은 계획1일 평균오수량의 1시간 당 수량의 0.7~0.9배를 표준으로 한다.
④ 계획1일 최대오수량은 1인1일 최대오수량에 계획인구를 곱한 후 공장폐수량, 지하수량 및 기타 배수량을 더한 값으로 한다.

해설
계획시간 최대오수량은 계획1일 평균오수량의 1시간당 수량의 1.3~1.8배를 표준으로 한다.

보충
- 하수도의 계획 목표연도는 원칙적으로 20년이다.
- 오수량은 가정하수, 공장 폐수, 우수관거 내에 침투한 지하수 등을 포함한다.
- 하수 처리장의 설계기준이 되는 기본적 하수량은 계획1일 최대오수량이다.

102 우리나라 계획우수량의 확률년수는 원칙적으로 얼마인가?

① 1~3년
② 5~10년
③ 20~30년
④ 50~70년

해설
- 계획우수량의 확률년수는 5~10년을 원칙으로 한다.
- 계획 1일 최대 오수량으로 하수처리 시설의 처리용량을 결정한다.

103 상수 취수시설인 집수매거에 관한 설명으로 틀린 것은?

① 철근콘크리트조의 유공관 또는 권선형 스크린관을 표준으로 한다.
② 집수매거는 수평 또는 흐름방향으로 향하여 완경사로 설치한다.
③ 집수매거의 유출단에서 매거내의 평균유속은 3m/s 이상으로 한다.
④ 집수매거는 가능한 직접 지표수의 영향을 받지 않도록 매설깊이는 5m 이상으로 하는 것이 바람직하다.

- 유출단의 관내 평균 유속은 1m/sec 이하로 한다.
- 집수공의 유입 속도는 3cm/sec 이하로 한다.
- 집수매거는 수평으로 하거나 1/500의 완만한 경사를 유지해야 한다.

104 우수조정지 설치에 대한 설명으로 옳지 않은 것은?

① 합류식 하수도에만 설치한다.
② 하수관거의 용량이 부족한 곳에 설치한다.
③ 방류하천의 유하능력을 고려하여야 한다.
④ 우천시 우수를 저장하여 침수방지효과가 있다.

- 합류식과 분류식이 하수관로에 이용된다.
- 우수의 방류방식은 자연유하를 원칙으로 한다.
- 우수 조정지는 댐식, 굴착식, 지하식 등이 있다.

105 폭기조 부피 5000m³, 유입유량 25000m³/day, BOD 농도 120mg/L일 때 BOD 용적부하는?

① $0.6\,kg/m^3 \cdot day$
② $0.9\,kg/m^3 \cdot day$
③ $6\,kg/m^3 \cdot day$
④ $9\,kg/m^3 \cdot day$

BOD 용적 부하
$$\frac{BOD \times Q}{V} = \frac{0.12 \times 25000}{5000} = 0.6\,kg/m^3 \cdot day$$
여기서, BOD 농도 $= 120mg/l = 120g/m^3 = 0.12kg/m^3$

106 하수도 시설에서 펌프의 계획수량에 대한 설명으로 옳지 않은 것은?

① 분류식의 경우, 오수펌프의 설치대수는 계획시간 최대오수량을 기준으로 정한다.
② 펌프의 설치대수는 계획오수량과 계획우수량에 대하여 각 2대 이하를 표준으로 한다.
③ 합류식의 경우, 오수펌프의 설치대수는 강우시 계획오수량을 기준으로 정한다.
④ 빗물펌프는 예비기를 설치하지 않는 것을 원칙으로 하지만, 필요에 따라 설치를 검토한다.

정답 100 ④ 101 ③ 102 ② 103 ③ 104 ① 105 ① 106 ②

> **해설**
> - 분류식의 경우 우수펌프의 설치대수는 계획우수량을 기준으로 정한다.
> - 펌프의 설치대수는 유지관리상 편리하도록 적게 하고 또 동일 용량의 것으로 한다.
> - 펌프는 용량이 클수록 효율이 크므로 가능한 대용량을 사용한다.
> - 펌프는 최적의 효율점 부근에서 운전하도록 대수 및 용량을 정한다.
>
> | 오수펌프 | | 우수펌프 | |
> |---|---|---|---|
> | 계획오수량(m³/s) | 설치대수(대) | 계획우수량(m³/s) | 설치대수(대) |
> | 0.5 이하 | 2~4 (예비 1대 포함) | 3 이하 | 2~3 |
> | 0.5~1.5 | 3~5 (예비 1대 포함) | 3~5 | 3~4 |
> | 1.5 이상 | 4~6 (예비 1대 포함) | 5~10 | 4~6 |
>
> ※ 분류식 펌프장의 오수펌프는 위 기준의 오수펌프와 같다.

107 합류식과 분류식에 대한 설명으로 옳지 않은 것은?

① 합류식의 경우 관경이 커지기 때문에 2계통인 분류식보다 건설비용이 많이 든다.
② 분류식의 경우 오수와 우수를 별개의 관로로 배제하기 때문에 오수의 배제계획이 합리적이 된다.
③ 분류식의 경우 관거내 퇴적은 적으나 수세효과는 기대할 수 없다.
④ 합류식의 경우 일정량 이상이 되면 우천시 오수가 월류한다.

> **해설**
> - 합류식의 경우 분류식보다 건설비용이 적게 든다.
> - 분류식은 우천시 월류의 우려가 없다.

108 강우강도 $I=\dfrac{3,600}{t+30}$ mm/hr, 유역면적 1.26km², 유입시간 5분, 유출계수 C=0.5, 관내의 유속이 1.5m/sec인 경우 관길이 900m인 하수관으로 흘러나오는 우수량은?

① 14 m³/sec ② 12 m³/sec
③ 10 m³/sec ④ 8 m³/sec

> **해설**
> - 유달시간(유입시간+유하시간)
> $t = t_1 + \dfrac{L}{V} = 5 + \dfrac{900}{1.5 \times 60} = 15$분
> - $Q = \dfrac{1}{3.6}CIA = \dfrac{1}{3.6} \times 0.5 \times \dfrac{3600}{15+30} \times 1.26 = 14 \text{m}^3/\text{sec}$

109 계획하수량의 산정방법으로 틀린 것은?

① 오수관거 : 계획1일최대오수량+계획우수량
② 우수관거 : 계획우수량
③ 합류식 관거 : 계획시간최대오수량+계획우수량
④ 차집관거 : 우천시 계획오수량

해설
- 오수관거 : 계획시간 최대오수량

110 오존처리법의 특성에 대한 설명으로 틀린 것은?

① 자체의 높은 산화력으로 염소에 비하여 높은 살균력을 가지고 있다.
② 유기물질의 생분해성을 증가시킨다.
③ 철·망간의 산화능력이 크다.
④ 소독의 잔류효과가 크다.

해설
- 오존처리는 살균효과의 지속성이 없는 단점이 있다.
- 염소와 반응으로 냄새를 유발하는 페놀류 등을 제거하는 데 효과적이다.

111 호기성 소화의 특징을 설명한 것으로 옳지 않은 것은?

① 처리된 소화 슬러지에서 악취가 나지 않는다.
② 상징수의 BOD 농도가 높다.
③ 폭기를 위한 동력 때문에 유지관리비가 많이 든다.
④ 수온이 낮을 때에는 처리 효율이 떨어진다.

해설
- 상징수의 BOD 농도가 낮다.
- 처리에 영양소가 많이 필요하다.
- 운전이 쉽다.
- 최초 시공비가 절감된다.

112 공동현상(cavitation) 방지책으로 옳지 않은 것은?

① 펌프의 회전수를 높인다.
② 흡입관의 손실을 가능한 한 작게 한다.
③ 펌프의 설치위치를 가능한 한 낮추도록 한다.
④ 흡입측 밸브를 완전히 개방하고 펌프를 운전한다.

해설
- 펌프의 회전수를 낮춘다.
- 마찰손실을 작게 한다.
- 흡입관은 가능한 짧은 것이 좋으며 부득이한 경우 흡입관의 직경을 크게 하여 손실을 감소시킨다.
- 임펠러 속도를 작게 한다.
- 흡수두를 작게 한다.
- 펌프의 설치 위치를 낮게 하고 흡입양정(수두)을 작게 한다.

정답 107 ① 108 ① 109 ① 110 ④ 111 ② 112 ①

113. 도수시설 중 접합정에 대한 설명으로 옳지 않은 것은?

① 도수관의 수압을 조절하기 위해 도중의 분기점, 합류점 또는 관로를 바꾸는 곳에 설치하는 수조이다.
② 원형 또는 각형의 콘크리트 구조로 축조한다.
③ 수압이 높은 경우에는 필요에 따라 수압제어용 밸브를 설치한다.
④ 유출관의 유출구 중심높이는 저수위에서 관경의 3배 이상 낮게 하는 것을 원칙으로 한다.

해설
유출관의 유출구 중심높이는 저수위에서 관경의 2배 이상 낮게 하는 것을 원칙으로 한다.

114. 처리수량이 10,000m³/day인 보통 침전지의 크기가 폭 20m, 길이 60m, 유효깊이 4m이다. 이 침전지의 표면부하율은 얼마인가?

① 8.3 m/day
② 12.5 m/day
③ 41.7 m/day
④ 125 m/day

해설
$$V = \frac{h}{t} = \frac{Q}{A} = \frac{10000}{20 \times 60} = 8.3 \text{m/day}$$

115. 1인 1일 평균급수량에 대한 일반적인 특징으로 옳지 않은 것은?

① 소도시는 대도시에 비해서 수량이 크다.
② 공업이 번성한 도시는 소도시보다 수량이 크다.
③ 기온이 높은 지방이 추운 지방보다 수량이 크다.
④ 정액급수의 수도는 계량급수의 수도보다 소비수량이 크다.

해설
• 소도시는 대도시에 비해서 수량이 작다.
• 1일 평균급수량 = 연간 총 급수량을 365일로 나눈 값
• 계획 1일 최대급수량 = 계획 1인 1일 최대급수량×급수인구수
• 1일 최대 평균급수량 = 계획 1인 1일 최대 평균급수량×급수인구수

116. 하천수의 5일간 BOD(BOD_5)에서 주로 측정되는 것은?

① 탄소성 BOD
② 질소성 BOD
③ 산소성 BOD 및 질소성 BOD
④ 탄소성 BOD 및 산소성 BOD

해설
• 생물화학적 산소요구량(BOD)은 호기성 세균(細菌)이 20℃에서 5일 동안 유기물을 생물학적으로 분해시킬 때 필요한 산소의 양을 말하며 배양 기간 중 이용되는 산소 분자량을 측정하므로 주로 유기 물질(탄소성 BOD)을 측정한다.
• 높은 BOD값은 수중에 부패성 유기 물질이 많은 것을 의미하며, 폐수, 처리수와 오염된 물의 상대적인 유기물 오염도를 표현하는데 사용된다.

117 하수의 처리방법 중 생물막법에 해당되는 것은?

① 산화구법　　　　　② 심층포기법
③ 회전원판법　　　　④ 순산소활성슬러지법

회전원판법 : 회전원판의 일부가 수면에 잠겨 미생물 점막이 형성되어 용존 유기물질을 섭취, 분해한다. 즉, 원판에 부착, 번식한 미생물군을 이용해서 하수를 정화한다.

118 저수지를 수원으로 하는 원수에서 맛과 냄새를 유발할 경우 기존 정수장에서 취할 수 있는 가장 바람직한 조치는?

① 적정위치에 활성탄 투여　　② 취수탑 부근에 펜스설치
③ 침사지에 모래제거　　　　④ 응집제의 다량주입

활성탄은 높은 흡착성을 지닌 탄소질 물질. 목탄 따위를 활성화하여 만든 것으로 다공질이어서 색소나 냄새를 잘 빨아들인다.

119 급수관의 배관에 대한 설비기준으로 옳지 않은 것은?

① 급수관을 부설하고 되메우기를 할 때에는 양질토 또는 모래를 사용하여 적절하게 다짐한다.
② 동결이나 결로의 우려가 있는 급수장치의 노출부에 대해서는 적절한 방한 장치가 필요하다.
③ 급수관의 부설은 가능한 한 배수관에서 분기하여 수도미터 보호통까지 직선으로 배관한다.
④ 급수관을 지하층에 배관할 경우에는 가급적 지수밸브와 역류방지 장치를 설치하지 않는다.

• 급수관을 지하층 또는 2층 이상에 배관할 경우에는 각 층마다 지수밸브와 역류방지 장치를 설치한다.
• 급수관의 매설 심도는 일반적으로 60cm 이상으로 하며 매설장소의 동결심도 이하로 매설한다.
• 급수관이 개거를 횡단하는 경우에는 가능한 한 개거의 아래로 부설한다.

120 지하수를 취수하기 위한 시설이 아닌 것은?

① 취수틀　　　　　② 집수매거
③ 얕은 우물　　　　④ 깊은 우물

지표수의 취수시설에는 취수문, 취수틀, 취수탑 등이 있다.

정답 113 ④　114 ①　115 ①　116 ①　117 ③　118 ①　119 ④　120 ①

1과목   응용역학

001 다음 그림과 같은 3힌지 아치에 집중하중 P가 가해질 때 지점 B에서의 수평반력은?

① $\dfrac{Pa}{4R}$

② $\dfrac{P(R-a)}{2R}$

③ $\dfrac{P(R-a)}{4R}$

④ $\dfrac{Pa}{2R}$

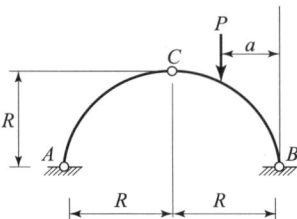

해설
- $\sum M_A = 0$
  $-R_B \times 2R + P(2R-a) = 0$
  $\therefore R_B = \dfrac{P(2R-a)}{2R}$
- $\sum M_C = 0$
  $-R_B \times R + H_B \times R + P(R-a) = 0$
  $-\dfrac{P(2R-a)}{2R} \times R + H_B \times R + P(R-a) = 0$
  $\therefore H_B = \dfrac{Pa}{2R}$

002 오른쪽 그림에서 블록 A를 뽑아내는데 필요한 힘 P는 최소 얼마 이상이어야 하는가? (블록과 접촉면과의 마찰계수 $\mu = 0.3$)

① 3kN 이상
② 6kN 이상
③ 9kN 이상
④ 12kN 이상

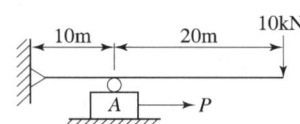

해설
- 벽체의 고정점에 모멘트 $\sum M = 10 \times 30 - R_A \times 10 = 0$
  $\therefore R_A = 30\text{kN}$
- 마찰계수를 고려하면 $30 \times 0.3 = 9\text{kN}$

003 그림과 같은 단순보에서 B단에 모멘트 하중 M이 작용할 때 경간 AB 중에서 수직 처짐이 최대가 되는 곳의 거리 x는? (단, EI는 일정하다.)

① $x=0.500l$
② $x=0.577l$
③ $x=0.667l$
④ $x=0.750l$

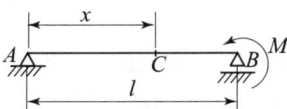

해설
공액보상에 BMD를 하중으로 작용하여 해석

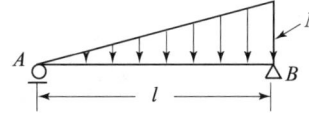

B점에 모멘트 하중에 의한 휨모멘트도는 등변분포이므로 최대 처짐이 생기는 곳은 전단력이 0이 되는 위치 즉 $x=\dfrac{l}{\sqrt{3}}=0.577l$ 이다.

004 지간 10m인 단순보 위를 1개의 집중하중 $P=200$kN이 통과할 때 이 보에 생기는 최대 전단력 S와 최대 휨모멘트 M이 옳게 된 것은?

① $S=100$kN, $M=500$kN·m
② $S=100$kN, $M=1000$kN·m
③ $S=200$kN, $M=500$kN·m
④ $S=200$kN, $M=1000$kN·m

해설
- 최대전단력은 최대 지점반력이 될 때이므로 하중이 지점 위에 놓일 때 즉 $S=200$kN
- 최대 휨모멘트는 보의 중앙에 집중하중이 작용할 때이므로
$$M_{max}=\dfrac{Pl}{4}=\dfrac{200\times 10}{4}=500\text{kN·m}$$

005 다음 부정정보에서 B점의 반력은?

① $\dfrac{5}{16}wl\ (\uparrow)$
② $\dfrac{3}{4}wl\ (\uparrow)$
③ $\dfrac{3}{8}wl\ (\uparrow)$
④ $\dfrac{3}{16}wl\ (\uparrow)$

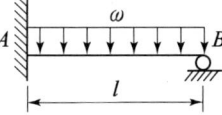

해설
- $R_A=\dfrac{5}{8}wl$
- $R_B=\dfrac{3}{8}wl$

정답 001 ④ 002 ③ 003 ② 004 ③ 005 ③

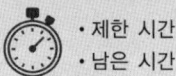

006 그림과 같은 2경간 연속보에 등분포하중 $\omega=400\text{kN/m}$가 작용할 때 전단력이 0이 되는 지점 A로부터의 위치(x)는?

① 0.65m
② 0.75m
③ 0.85m
④ 0.95m

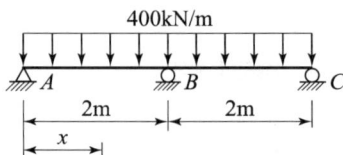

해설

- $R_A = R_C = \dfrac{3}{8}\omega l$
- $R_B = \dfrac{5}{4}\omega l$
- $M_A = M_C = 0$
- $M_B = -\dfrac{\omega l^2}{8}$
- $M_{\max} = \dfrac{9}{128}\omega l$
- $S_x = 0$ $R_A - \omega \cdot x = 0$ $\dfrac{3}{8}\omega l - \omega \cdot x = 0$

$\therefore x = \dfrac{3}{8}l = \dfrac{3}{8}\times 2 = 0.75\text{m}$

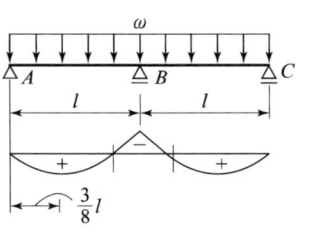

007 주어진 단면의 도심을 구하면?

① $\overline{x}=16.2\text{mm}$, $\overline{y}=31.9\text{mm}$
② $\overline{x}=31.9\text{mm}$, $\overline{y}=16.2\text{mm}$
③ $\overline{x}=14.2\text{mm}$, $\overline{y}=29.9\text{mm}$
④ $\overline{x}=29.9\text{mm}$, $\overline{y}=14.2\text{mm}$

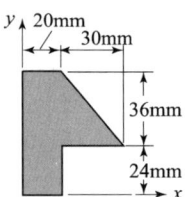

해설

- $G_x = A_1 y_1 + A_2 y_2$

  $= 20\times 60\times 30 + \dfrac{1}{2}\times 30\times 36 \times \left(\dfrac{36}{3}+24\right)$

  $= 55440\text{mm}^3$

- $A = A_1 + A_2$

  $= 20\times 60 + \dfrac{1}{2}\times 30\times 36 = 1740\text{mm}^2$

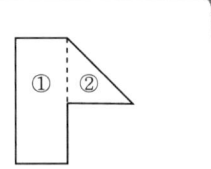

- $G_y = A_1\cdot x_1 + A_2\cdot x_2$

  $= 20\times 60\times 10 + \dfrac{1}{2}\times 30\times 36\times\left(\dfrac{30}{3}+20\right)$

  $= 28200\text{mm}^3$

$\therefore \overline{x} = \dfrac{G_y}{A} = \dfrac{28200}{1740} = 16.2\text{mm}$

$\overline{y} = \dfrac{G_x}{A} = \dfrac{55440}{1740} = 31.9\text{mm}$

008 그림과 같은 단면에 전단력 $V=750$kN이 작용할 때 최대 전단응력은?

① 8.3MPa
② 15MPa
③ 20MPa
④ 25MPa

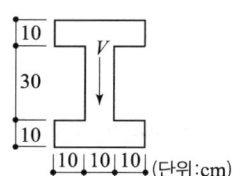

해설

- $G_X = A_1 \cdot y_1 + A_2 \cdot y_2$
  $= (30 \times 10) \times 20 + (10 \times 15) \times 7.5$
  $= 7125 \text{cm}^3$

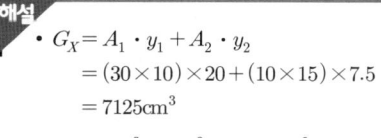

- $I_X = \dfrac{BH^3}{12} - \dfrac{bh^3}{12} = \dfrac{30 \times 50^3}{12} - \dfrac{20 \times 30^3}{12}$
  $= 267500 \text{cm}^4$

- $\tau_{\max} = \dfrac{GS}{Ib} = \dfrac{7125 \times 750}{267500 \times 10} = 2\text{kN/cm}^2 = 2000\text{N}/100\text{mm}^2 = 20\text{N/mm}^2$
  $= 20 \text{MPa}$

여기서, 중립축에서의 $b = 10$cm이다.

009 그림과 같은 강재(steel) 구조물이 있다. AC, BC 부재의 단면적은 각각 10cm², 20cm²이고 연직하중 $P=9$kN이 작용할 때 C점의 연직처짐을 구한 값은? (단, 강재의 종탄성계수는 2.05×10^6kN/cm²이다.)

① 0.00102cm
② 0.00077cm
③ 0.00052cm
④ 0.00038cm

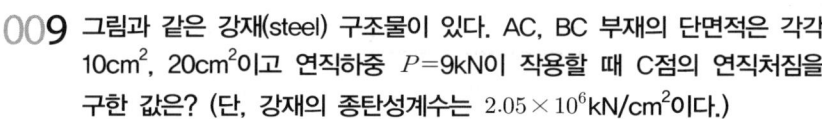

해설

- $\sum V = 0$
  $-9 + AC \times \dfrac{3}{5} = 0$ $\therefore AC = 15$kN(인장)

- $\sum H = 0$
  $-15 \times \dfrac{4}{5} + BC = 0$ $\therefore BC = 12$kN(압축)

- $\sum \dfrac{l}{EA} S\overline{S}$

  ㉠ AC의 처짐 $y_1 = \sum \dfrac{500}{2.05 \times 10^6 \times 10} \times \left(15 \times \dfrac{15}{9}\right) = 0.00061$cm

  ㉡ BC의 처짐 $y_2 = \sum \dfrac{400}{2.05 \times 10^6 \times 20} \times \left(12 \times \dfrac{12}{9}\right) = 0.00016$cm

  $\therefore y = y_1 + y_2 = 0.00061 + 0.00016 = 0.00077$cm

010 기둥의 길이가 3.5m이고 단면이 10cm×15cm인 직사각형이라면 이 기둥의 세장비는?

① 80.83
② 121.23
③ 142.96
④ 165.47

해설

- $\lambda = \dfrac{l}{r_{min}} = \dfrac{l}{\sqrt{\dfrac{I_{min}}{A}}} = \dfrac{350}{2.886} = 121.2$

- $r_{min} = \sqrt{\dfrac{I_{min}}{A}} = \sqrt{\dfrac{\dfrac{b^3 h}{12}}{bh}} = \sqrt{\dfrac{\dfrac{10^3 \times 15}{12}}{10 \times 15}} = 2.886$

011 그림과 같은 2개의 캔틸레버보에 저장되는 변형에너지를 각각 $U_{(1)}, U_{(2)}$라고 할 때 $U_{(1)} : U_{(2)}$의 비는?

① 2 : 1
② 4 : 1
③ 8 : 1
④ 16 : 1

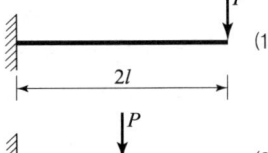

해설

- 그림 (1)

$$U = \int \dfrac{M^2}{2EI} dx = \dfrac{1}{2EI} \int_0^{2l} (Px)^2 dx = \dfrac{P^2}{2EI} \int_0^{2l} (x^2) dx$$
$$= \dfrac{P^2}{2EI} \left[\dfrac{x^3}{3}\right]_0^{2l} = \dfrac{8P^2 l^3}{6EI}$$

- 그림 (2)

$$U = \int \dfrac{M^2}{2EI} dx = \dfrac{1}{2EI} \int_0^{l} (Px)^2 dx = \dfrac{P^2}{2EI} \int_0^{l} (x^2) dx$$
$$= \dfrac{P^2}{2EI} \left[\dfrac{x^3}{3}\right]_0^{l} = \dfrac{P^2 l^3}{6EI}$$

∴ $U_{(1)} : U_{(2)} = 8 : 1$

012 그림과 같이 트러스에 하중이 작용할 때 CD의 부재력을 구한 값은?

① 8.375kN(압축)
② 8.375kN(인장)
③ 9.875kN(압축)
④ 9.875kN(인장)

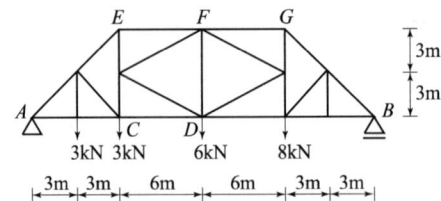

해설
- $\Sigma M_B = 0$
  $R_A \times 24 - 3 \times 21 - 3 \times 18 - 6 \times 12 - 8 \times 6 = 0$
  $\therefore R_A = 9.875\,\text{kN}$
- $\Sigma M_E = 0$
  $9.875 \times 6 - 3 \times 3 - \overline{CD} \times 6 = 0$
  $\therefore \overline{CD} = 8.375\,\text{kN}(인장)$

013 탄성계수 E, 체적탄성계수 K, 푸아송수 m, 푸아송비 ν 사이의 관계가 옳은 것은?

① $G = \dfrac{m}{2(m+1)}$ ② $G = \dfrac{E}{2(m-1)}$

③ $K = \dfrac{E}{3(1-2\nu)}$ ④ $K = \dfrac{2E}{3(1-2\nu)}$

해설
- $G = \dfrac{E}{2(1+\nu)} = \dfrac{E}{2\left(1+\dfrac{1}{m}\right)} = \dfrac{mE}{2(m+1)}$
- $K = \dfrac{mE}{3(m-2)} = \dfrac{E}{3(1-2\nu)}$

014 다음 중 정(+)의 값뿐만 아니라 부(-)의 값도 갖는 것은?
① 단면계수 ② 단면 2차 모멘트
③ 단면 2차 반경 ④ 단면 상승 모멘트

해설
단면 상승 모멘트는 x, y 값에 따라 양수(+), 0, 음수(-) 값이 모두 나올 수 있다.

015 장주의 탄성좌굴하중(Elastic buckling Load) P_{cr}은 아래의 표와 같다. 기둥의 각 지지조건에 따른 n의 값으로 틀린 것은? (단, E: 탄성계수, I: 단면 2차 모멘트, l: 기둥의 높이)

$$\dfrac{n\pi^2 EI}{l^2}$$

① 양단힌지 : $n=1$
② 양단고정 : $n=4$
③ 일단고정 타단자유 : $n=1/4$
④ 일단고정 타단힌지 : $n=1/2$

해설
일단고정 타단힌지 : $n=2$

016 그림과 같은 직육면체의 윗면에 전단력 $V=540kN$이 작용하여 그림 (b)와 같이 상면이 옆으로 0.6cm 만큼의 변형이 발생되었다. 이 재료의 전단탄성계수(G)는 얼마인가?

① $10\,kN/cm^2$
② $15\,kN/cm^2$
③ $20\,kN/cm^2$
④ $25\,kN/cm^2$

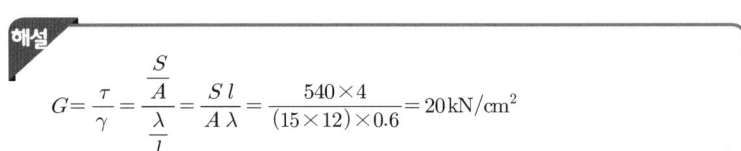

해설

$$G=\frac{\tau}{\gamma}=\frac{\dfrac{S}{A}}{\dfrac{\lambda}{l}}=\frac{S}{A}\frac{l}{\lambda}=\frac{540\times 4}{(15\times 12)\times 0.6}=20\,kN/cm^2$$

017 그림과 같이 C점이 내부힌지로 구성된 게르버보에서 B지점에 발생하는 모멘트의 크기는?

① $9kN\cdot m$
② $6kN\cdot m$
③ $3kN\cdot m$
④ $1kN\cdot m$

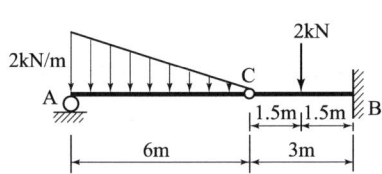

해설

- 단순보 구간(A-C) 해석

$\Sigma M_A = 0$

$-R_c\times 6+\dfrac{1}{2}\times w\times l\times \dfrac{l}{3}=0$

$\therefore R_c = \dfrac{1}{6}\left(\dfrac{1}{2}\times 2\times 6\times \dfrac{6}{3}\right)=2\,kN$

- 캔틸레버 구간(C-B) 해석

$M_B = -R_c\times 3-2\times 1.5 = -2\times 3-2\times 1.5 = -9\,kN\cdot m$

018 그림과 같이 케이블(cable)에 500kN의 추가 매달려 있다. 이 추의 중심을 수평으로 3m 이동 시키기 위해 케이블 길이 5m 지점인 A점에 수평력 P를 가하고자 한다. 이 때 힘 P의 크기는?

① 375 kN
② 400 kN
③ 425 kN
④ 450 kN

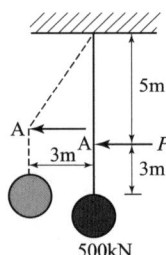

P하중이 작용하면 이동하여 빗변이 5m가 되고 수직거리는 4m가 된다. 하중과 거리를 비례식으로 구한다.

$4m : 500kN = 3m : P$

$\therefore P = \dfrac{500 \times 3}{4} = 375 kN$

019 아래 그림과 같은 양단 고정보에 3kN/m의 등분포하중과 10kN의 집중하중이 작용할 때 A점의 휨모멘트는?

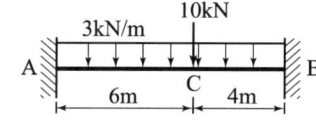

① $-31.6 kN \cdot m$
② $-32.8 kN \cdot m$
③ $-34.6 kN \cdot m$
④ $-36.8 kN \cdot m$

- 집중하중 10kN 작용시 A점의 휨모멘트

$M_A = -\dfrac{P\,a\,b^2}{l^2} = -\dfrac{10 \times 6 \times 4^2}{10^2} = -9.6 kN \cdot m$

- 등분포하중 3kN/m 작용시 A점의 휨모멘트

$M_A = M_B = -\dfrac{w\,l^2}{12} = -\dfrac{3 \times 10^2}{12} = -25 kN \cdot m$

$\therefore M_A = -9.6 - 25 = -34.6 kN \cdot m$

020 아래 그림과 같은 내민보에 발생하는 최대 휨모멘트를 구하면?

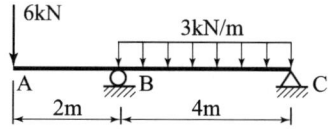

① $-8 kN \cdot m$
② $-12 kN \cdot m$
③ $-16 kN \cdot m$
④ $-20 kN \cdot m$

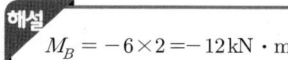
$M_B = -6 \times 2 = -12 kN \cdot m$

2과목 측량학

021 다음의 입체시에 대한 설명 중 옳은 것은?
① 다른 조건이 동일할 때 초점거리가 긴 사진기에 의한 입체상이 짧은 사진기의 입체상보다 높게 보인다.
② 한 쌍의 입체사진은 촬영코스 방향과 중복도만 유지하면 두 사진의 축척이 20% 정도 달라도 상관없다.
③ 다른 조건이 동일할 때 기선의 길이를 길게 하는 것이 짧은 경우보다 과고감이 크게 된다.
④ 입체상의 변화는 기선고도비에 영향을 받지 않는다.

해설
• 입체상의 변화는 기선고도비(B/H)에 영향을 받는다.
• 렌즈의 초점거리가 긴 사진이 짧은 사진보다 더 낮게 보인다.
• 눈의 높이가 높아짐에 따라 더 높게 보인다.
• 촬영고도가 낮은 사진이 높은 사진보다 더 높게 보인다.

022 하천의 수애선은 어떤 수위에 의하여 정해지는가?
① 평수위 ② 저수위
③ 갈수위 ④ 고수위

해설
• 평수위로 정해지며 1년을 통해 185일 이상 이것보다 내려가지 않는 수위이다.
• 갈수위는 1년을 통해 355일이 이것보다 내려가지 않는 수위이다.
• 하천의 수제를 결정할때는 평균 평수위에 가까울 때의 동시수위에 의하여 결정한다.

023 하천측량에서 수면으로부터 수심의 2/10, 4/10, 6/10, 8/10 되는 곳에서 유속을 측정한 결과 각각 0.662m/sec, 0.660m/sec, 0.597m/sec, 0.464m/sec였다. 이 때의 평균 유속이 0.566m/sec였다면 평균유속을 계산한 방법은?
① 1점법 ② 2점법
③ 3점법 ④ 4점법

해설
• 1점법
$V_m = V_{0.6} = 0.597 \text{m/sec}$
• 2점법
$V_m = \dfrac{1}{2}(V_{0.2} + V_{0.8}) = \dfrac{1}{2}(0.662 + 0.464) = 0.563 \text{m/sec}$

• 3점법

$$V_m = \frac{1}{4}(V_{0.2} + 2V_{0.6} + V_{0.8}) = \frac{1}{4}(0.662 + 2 \times 0.597 + 0.464) = 0.58 \text{m/sec}$$

• 4점법

$$V_m = \frac{1}{5}\left\{(V_{0.2} + V_{0.4} + V_{0.6} + V_{0.8}) + \frac{1}{2}\left(V_{0.2} + \frac{V_{0.8}}{2}\right)\right\}$$

$$= \frac{1}{5}\left\{(0.662 + 0.66 + 0.597 + 0.464) + \frac{1}{2}\left(0.662 + \frac{0.464}{2}\right)\right\} = 0.566 \text{m/sec}$$

024 120m의 측선을 30m 줄자로 관측하였다. 1회 관측에 따른 정오차는 +3mm, 우연오차는 ±3mm였다면, 이 줄자를 이용한 관측거리는?

① 120.000±0.006m
② 120.006±0.006m
③ 120.012±0.006m
④ 120.012±0.012m

• 부정오차 전파법칙

정오차 $= a \cdot n$

우연오차 $= a \cdot \sqrt{n}$

여기서, a : 오차, n : 횟수

• $a \cdot n \pm a\sqrt{n}$

$0.003 \times 4 \pm 0.003\sqrt{4} = 0.012 \pm 0.006$ 여기서, $n = \frac{120}{30} = 4$회

∴ 120.012±0.006m

025 다음 중 U.T.M 도법에 대한 설명으로 옳지 않은 것은?

① 중앙 자오선에서 축척계수는 0.9996이다.
② 좌표계 간격은 경도를 6°씩, 위도는 8°씩 나눈다.
③ 우리나라는 51구역(ZONE)과 52구역(ZONE)에 위치하고 있다.
④ 경도의 원점은 중앙자오선에 있으며 위도의 원점은 북위 38°이다.

UTM 좌표는 적도를 기준으로 남위 80°, 북위 80°까지 적용 범위이다.

보충 GPS 측량은 WGS 84 좌표계를 사용한다.

026 1600m²의 정사각형 토지면적을 0.5m²까지 정확하게 구하기 위해서 필요한 변길이의 최대 허용오차는?

① 6mm
② 8mm
③ 10mm
④ 12mm

$A = a^2$, $a = \sqrt{A} = \sqrt{1600} = 40$m

$dA = 2a\,da$

∴ $d_a = \frac{dA}{2a} = \frac{0.5}{2 \times 40} = 0.00625\text{m} = 6\text{mm}$

답안 표기란

024	① ② ③ ④
025	① ② ③ ④
026	① ② ③ ④

정답 021 ③ 022 ① 023 ④ 024 ③ 025 ④ 026 ①

02회 CBT 모의고사

027 수준측량의 야장기입방법 중 가장 간단한 방법으로 전시(B.S.)와 후시(F.S.)만 있으면 되는 방법은?

① 고차식
② 교호식
③ 기고식
④ 승강식

해설 고차식(이란식)은 2점의 높이를 구하는 것이 목적으로 도중에 있는 측점의 지반고를 구할 필요가 없을 때 사용한다.

028 도로 시공에서 단곡선의 외선장(E)는 10m, 교각(I)는 60°일 때에 이 단곡선의 접선장(TL)은?

① 42.4m
② 37.3m
③ 32.4m
④ 27.3m

해설
- $R = \dfrac{E}{\sec\dfrac{I}{2}-1} = \dfrac{E}{\dfrac{1}{\cos\dfrac{I}{2}}-1} = \dfrac{10}{\dfrac{1}{\cos\dfrac{60°}{2}}-1} = 64.64\text{m}$
- $TL = R\tan\dfrac{I}{2} = 64.64\tan\dfrac{60°}{2} = 37.3\text{m}$
- 곡선장 $CL = 0.01745RI° = 0.01745 \times 64.64 \times 60° = 67.7\text{m}$

029 삼각망 조정에 관한 설명 중 잘못된 것은?

① 1점 주위에 있는 각의 합은 360°이다.
② 삼각형의 내각의 합은 180°이다.
③ 임의 한 변의 길이는 계산경로가 달라지면 일치하지 않는다.
④ 검기선은 측정한 길이와 계산된 길이가 동일하다.

해설
- 임의의 한 변의 길이는 계산해 가는 순서와는 관계없이 같은 값이라야 한다.(변방정식)
- 각다각형(삼각형 포함)의 내각의 합은 $(n-2)180°$이다.

030 도로공사에서 거리 20m인 성토구간의 시작단면 $A_1 = 72\text{m}^2$, 끝 단면 $A_2 = 182\text{m}^2$, 중앙단면 $A_m = 132\text{m}^2$라고 할 때에 각주공식에 의한 성토량은?

① 2540.0m³
② 2573.3m³
③ 2600.0m³
④ 2606.7m³

해설
$V = \dfrac{l}{6}\{A_1 + 4A_m + A_2\} = \dfrac{20}{6}\{72 + 4 \times 132 + 182\} = 2606.7\text{m}^3$

031 수평각 관측 방법에서 그림과 같이 각을 관측하는 방법은?
① 방향각 관측법
② 반복 관측법
③ 배각 관측법
④ 조합각 관측법

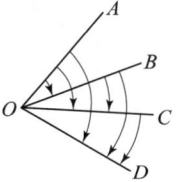

각 관측법(조합각 관측법)은 수평각 관측법 중 가장 정확한 방법이다.

032 클로소이드 곡선(clothoid curve)에 대한 설명으로 옳지 않은 것은?
① 고속도로에 널리 이용된다.
② 곡률이 곡선의 길이에 비례한다.
③ 완화곡선(緩和曲線)의 일종이다.
④ 클로소이드 요소는 모두 단위를 갖지 않는다.

• 모든 클로소이드는 닮은 꼴이며 클로소이드 요소는 길이의 단위를 가진 것과 단위가 없는 것이 있다.
• 클로소이드의 형식에는 S형, 복합형, 기본형 등이 있다.

033 시가지에서 5개의 측점으로 폐합 트래버스를 구성하여 내각을 측정한 결과, 각관측 오차가 $30''$이었다. 각관측의 경중률이 동일할 때 각오차의 처리방법은? (단, 시가지의 허용오차 범위 $= 20''\sqrt{n} \sim 30''\sqrt{n}$)
① 재측량한다.
② 각의 크기에 관계없이 등배분한다.
③ 각의 크기에 비례하여 배분한다.
④ 각의 크기에 반비례하여 배분한다.

• 시가지의 허용오차 범위 $20''\sqrt{5} \sim 30''\sqrt{5} = 44.7'' \sim 67''$
• 오차가 허용범위 이내이므로 각의 크기에 관계없이 등배분한다.

034 측량의 분류에 대한 설명으로 옳은 것은?
① 측량 구역이 상대적으로 협소하여 지구의 곡률을 고려하지 않아도 되는 측량을 측지측량이라 한다.
② 측량 정확도에 따라 평면기준점 측량과 고저기준점 측량으로 구분한다.
③ 구면 삼각법을 적용하는 측량과 평면 삼각법을 적용하는 측량과의 근본적인 차이는 삼각형의 내각의 합이다.
④ 측량법에는 기본측량과 공공측량의 두 가지로만 측량을 분류한다.

해설

- **평면측량** : 측량구역이 좁고 정확도로 보아 지구의 곡률을 고려하지 않아도 되는 측량으로 거리 20km, 면적 약 400km² 이하일 경우에 적용한다.
- **측지측량** : 지구표면을 곡면으로 간주하고 실시하는 측량으로 거리 20km, 면적 약 400km² 이상일 경우에 적용한다.
- 측량법에는 기본측량, 공공측량, 일반측량, 기타의 측량으로 분류한다.
- 기준점 측량은 측량지역의 넓이와 필요 정확도에 따라 측지측량과 평면측량으로 구분한다.

035 수준측량에서 시준거리를 같게 함으로써 소거할 수 있는 오차에 대한 설명으로 틀린 것은?

① 기포관축과 시준선이 평행하지 않을 때 생기는 시준선 오차를 소거할 수 있다.
② 시준거리를 같게 함으로써 지구곡률오차를 소거할 수 있다.
③ 표척 시준시 초점나사를 조정할 필요가 없으므로 이로 인한 오차인 시준오차를 줄일 수 있다.
④ 표척의 눈금 부정확으로 인한 오차를 소거할 수 있다.

해설

- 표척의 눈금 부정확으로 인한 오차를 소거할 수 없다.
- 수준측량에서 전시와 후시의 시준거리가 같지 않을 때 발생되는 오차에 가장 큰 영향을 주는 경우는 기포관축이 시준축이 평행하지 않을 때 생기는 오차이다.

036 도로 기점으로부터 교점(I.P)까지의 추가거리가 400m, 곡선 반지름 $R=200m$, 교각 $I=90°$인 원곡선을 설치할 경우, 곡선시점(B.C)은? (단, 중심말뚝거리=20m)

① No.9
② No.9+10m
③ No.10
④ No.10+10m

해설

- $TL = R\tan\dfrac{I}{2} = 200\tan\dfrac{90°}{2} = 200\,m$
- $BC = IP - TL = 400 - 200 = 200\,m = No.10$

037 수치지형도(Digital Map)에 대한 설명으로 틀린 것은?

① 우리나라는 축척 1 : 5000 수치지형도를 국토기본도로 한다.
② 주로 필지정보와 표고자료, 수계정보 등을 얻을 수 있다.
③ 일반적으로 항공사진측량에 의해 구축된다.
④ 축척별 포함 사항이 다르다.

- "수치지형도"란 측량 결과에 따라 지표면 상의 위치와 지형 및 지명 등 여러 공간정보를 일정한 축척에 따라 기호나 문자, 속성 등으로 표시하여 정보시스템에서 분석, 편집 및 입력·출력할 수 있도록 제작된 것(정사영상지도는 제외한다)을 말한다.
- 수치지형도의 모든 지형·지물 및 내용물은 각각 별도의 독립적인 의미를 가진다.

038 비고 65m의 구릉지에 의한 최대 기복변위는? (단, 사진기의 초점거리 15cm, 사진의 크기 23cm×23cm, 축척 1 : 20000이다.)

① 0.14cm ② 0.35cm
③ 0.64cm ④ 0.82cm

- $\dfrac{f}{H} = \dfrac{1}{m}$
  $H = m \cdot f = 20000 \times 15 = 300000 \, cm$
- $r_{max} = \dfrac{\sqrt{2}}{2} a = \dfrac{\sqrt{2}}{2} \times 23 = 16.26 \, cm$
- 최대 기복변위
  $\triangle r_{max} = \dfrac{h}{H} r_{max} = \dfrac{6500}{300000} \times 16.26 = 0.35 \, cm$

039 측점 A에 각관측 장비를 세우고 50m 떨어져 있는 측점 B를 시준하여 각을 관측할 때, 측선 AB에 직각방향으로 3cm의 오차가 있었다면 이로 인한 각관측 오차는?

① 0°1′ 13″ ② 0°2′ 22″
③ 0°2′ 04″ ④ 0°2′ 45″

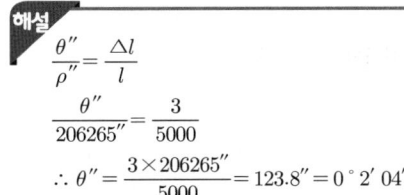

040 직접법으로 등고선을 측정하기 위하여 A점에 레벨을 세우고 기계고 1.5m를 얻었다. 70m 등고선 상의 P점을 구하기 위한 표척(staff)의 관측값은? (단, A점 표고는 71.6m이다.)

① 1.0m ② 2.3m
③ 3.1m ④ 3.8m

표척(staff)의 관측값 = 71.6 + 1.5 − 70 = 3.1m

정답 035 ④ 036 ③ 037 ② 038 ② 039 ③ 040 ③

3과목 수리·수문학

041 1시간 간격의 강우량이 12.6mm, 23.3mm, 18.3mm, 5.7mm이다. 지표유출량이 38mm일 때 ϕ-index는?

① 3.34mm/hr
② 4.72mm/hr
③ 5.47mm/hr
④ 6.91mm/hr

해설

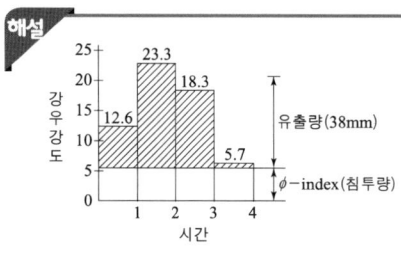

- 총 강우량 = 12.6 + 23.3 + 18.3 + 5.7 = 59.9mm
- 침투량 = 총 강우량 − 유출량 = 59.9 − 38 = 21.9mm

$$\phi - \text{index} = \frac{21.9}{4} = 5.475 \text{mm/hr}$$

또는 $(12.6-x)+(23.3-x)+(18.3-x)+(5.7-x)=38$
$59.9 - 4x = 38$
∴ $x = \phi-\text{index} = 5.475 \text{mm/hr}$

042 강우자료의 변화요소가 발생하여 전반적인 자료의 일관성이 없어진 경우, 과거의 기록치를 보정하기 위한 방법은?

① 정상연강수량비율법
② DAD 분석
③ Thiessen의 가중법
④ 이중누가우량분석

해설
- 이중누가우량분석으로 어느 관측소의 우량계의 위치와 관측방법 등의 변화가 있었음을 발견하여 관측우량을 교정해 줄 수 있다.
- 누가우량곡선의 경사가 클수록 강우강도가 크다.

043 그림과 같은 관로의 흐름에 대한 설명으로 옳지 않은 것은? (단, h_1, h_2는 위치 1, 2에서의 손실수두, h_{LA}, h_{LB}는 각각 관로 A 및 B에서의 손실수두이다.)

① $h_{LA} = h_{LB}$
② $Q = Q_A + Q_B$
③ $h_2 = h_1 + 2h_{LB}$
④ $h_2 = h_1 + h_{LA}$

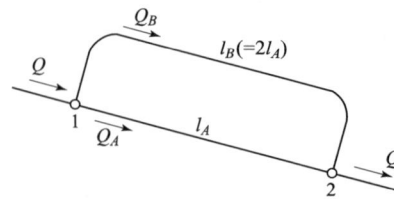

해설
- 병렬 관수로의 손실수두는 일정하다.
  $h_{L2} = h_{L3}$

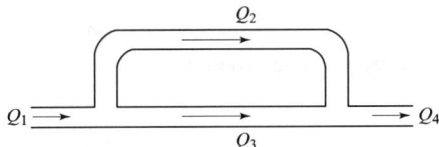

- $Q_1 = Q_2 + Q_3 = Q_4$
- $h = h_1 + h_2 + h_4 = h_1 + h_3 + h_4$

044 Dupuit의 침윤선 공식으로 옳은 것은? (단, q=단위폭당의 유량, l=침윤선 길이, k=투수계수)

① $q = \dfrac{k}{2l}(h_1^2 - h_2^2)$ ② $q = \dfrac{k}{2l}(h_1^2 + h_2^2)$

③ $q = \dfrac{k}{l}\left(h_1^{\frac{3}{2}} - h_2^{\frac{3}{2}}\right)$ ④ $q = \dfrac{k}{l}\left(h_1^{\frac{3}{2}} + h_2^{\frac{3}{2}}\right)$

해설
$Q = A \cdot V = A \cdot k \cdot i = \left(\dfrac{h_1 + h_2}{2}\right) \times 1 \times k \times \dfrac{h_2 - h_1}{l} = \dfrac{k}{2l}(h_1^2 - h_2^2)$

045 그림과 같은 관(管)에서 V의 유속으로 물이 흐르고 있을 경우에 대한 설명으로 옳지 않은 것은?

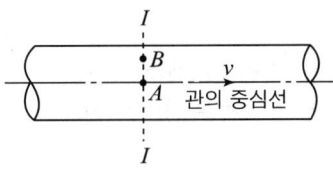

① 흐름이 층류인 경우 A점에서의 유속(流速)은 단면(斷面) I의 평균유속의 2배다.
② A점에서의 마찰저항력은 V^2에 비례한다.
③ A점에서 B점(管壁)으로 갈수록 마찰저항력은 커진다.
④ 유속은 A점에서 최대인 포물선 분포를 한다.

해설
- 관의 중심부에서 최대유속(2×평균유속)이 발생한다.
- 유속분포는 포물선 분포이며 마찰력의 분포는 직선분포로 관 중심에서 0이다.
- 관벽 마찰력 $\tau_o = \omega RI = \omega \dfrac{D}{4} \dfrac{h_L}{l}$
- 마찰속도 $\sqrt{\dfrac{\tau_o}{\rho}} = \sqrt{gRI}$

정답 041 ③ 042 ④ 043 ③ 044 ① 045 ②

046 삼각위어로 유량을 측정할 경우 위어의 수두 H와 유량 Q와의 비례관계는?

① $H^{1/2}$
② $H^{3/2}$
③ $H^{5/2}$
④ $H^{2/3}$

해설
$$Q = \frac{8}{15} C \tan\frac{\theta}{2} \sqrt{2g}\, H^{5/2}$$

047 DAD 해석에 관계되는 요소로 짝지어진 것은?

① 수심, 하천 단면적, 홍수기간
② 강우깊이, 면적, 지속기간
③ 적설량, 분포면적, 적설일수
④ 강우량, 유수단면적, 최대수심

해설
- 최대우량깊이(Depth), 유역면적(Area), 지속시간(Duration)
- DAD 곡선은 반대수지로 표시한다.
- DAD의 값은 유역에 따라 다르다.
- DAD 곡선은 종축을 유역면적, 횡축을 우량깊이로 하여 지속 시간별로 곡선을 그린다.

048 수심 2m, 폭 4m, 경사 0.0004인 직사각형 단면수로에서 유량 14.56m³/s가 흐르고 있다. 이 흐름에서 수로표면 조도계수(n)는? (단, Manning 공식 사용)

① 0.0096
② 0.01099
③ 0.02096
④ 0.03099

해설
- $R = \dfrac{A}{P} = \dfrac{4 \times 2}{4 + 2 \times 2} = 1\text{m}$
- $Q = A \cdot V = A \cdot \dfrac{1}{n} R^{2/3} I^{1/2}$

$14.56 = (2 \times 4) \times \dfrac{1}{n} \times 1^{2/3} \times 0.0004^{1/2}$

∴ $n = 0.01099$

049 벤츄리미터(Venturi meter)의 일반적인 용도로 옳은 것은?

① 수심 측정
② 압력 측정
③ 유속 측정
④ 단면 측정

해설
벤츄리미터는 관내의 유량 또는 평균 유속을 측정할 때 사용된다.

050 층류 영역에서 사용 가능한 마찰 손실계수의 산정식은? (단, R_e = Reynolds수)

① $\dfrac{1}{R_e}$ ② $\dfrac{4}{R_e}$

③ $\dfrac{24}{R_e}$ ④ $\dfrac{64}{R_e}$

해설
- 층류인 경우 ($R_e < 2000$)
$$f = \dfrac{64}{R_e}$$
- $R_e = \dfrac{VD}{\nu}$

051 수면 폭이 1.2m인 V형 삼각 수로에서 2.8m³/s의 유량이 0.9m 수심으로 흐른다면 이때의 비에너지는? (단, 에너지 보정계수 $\alpha = 1$로 가정한다.)

① 0.9m
② 1.14m
③ 1.84m
④ 2.27m

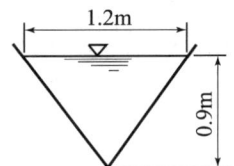

해설
$$H_e = h + \dfrac{\alpha}{2g}\left(\dfrac{Q}{A}\right)^2 = 0.9 + \dfrac{1}{2 \times 9.8}\left(\dfrac{2.8}{\dfrac{1}{2} \times 1.2 \times 0.9}\right)^2 = 2.27\,\text{m}$$

052 단면적 20cm²인 원형 오리피스(orifice)가 수면에서 3m의 깊이에 있을 때, 유출수의 유량은? (단, 유량계수는 0.6이라 한다.)

① 0.0014cm³/s ② 0.0092cm³/s
③ 0.0119cm³/s ④ 0.1524cm³/s

해설
$$Q = A \cdot V = A \cdot C\sqrt{2gh} = 20 \times 0.6\,\sqrt{2 \times 980 \times 300}$$
$$= 9201.73\,\text{cm}^3/\text{s} = 0.0092\,\text{m}^3/\text{s}$$

053 수심 10.0m에서 파속(C_1)이 50.0m/s인 파랑이 입사각(β_1) 30°로 들어올 때, 수심 8.0m에서 굴절된 파랑의 입사각(β_2)은? (단, 수심 8.0m에서 파랑의 파속(C_2)=40.0m/s)

① 20.28°
② 23.58°
③ 38.68°
④ 46.15°

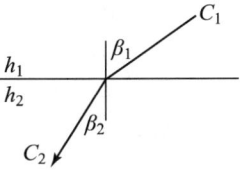

정답 046 ③ 047 ② 048 ② 049 ③ 050 ④ 051 ④ 052 ② 053 ②

해설

$$\frac{\sin\beta_1}{\sin\beta_2} = \frac{10}{8} \qquad \frac{\sin 30°}{\sin\beta_2} = \frac{10}{8} \qquad \therefore \beta_2 = 23.58°$$

054 도수(hydraulic jump)에 대한 설명으로 옳은 것은?

① 수문을 급히 개방할 경우 하류로 전파되는 흐름
② 유속이 파의 전파속도보다 작은 흐름
③ 상류에서 사류로 변할 때 발생하는 현상
④ Froude수가 1보다 큰 흐름에서 1보다 작아질 때 발생하는 현상

해설
- 개수로에서 사류로부터 상류로 변할 때 불연속적으로 수면이 뛰는 도수가 발생한다.
- 도수 중에는 반드시 에너지 손실이 일어난다.
- 개수로 흐름이 상류에서 사류로 변하는 곳을 지배단면이라 한다.
- Froude수가 1보다 크면 사류, 1보다 작으면 상류이다.
- 수문을 갑자기 열거나 닫으면 수면이 갑자기 상승 또는 저하되는 현상을 단파라 한다.

055 관내의 손실수두(h_L)와 유량(Q)과의 관계로 옳은 것은? (단, Darcy-Weisbach 공식을 사용)

① $h_L \propto Q$
② $h_L \propto Q^{1.85}$
③ $h_L \propto Q^2$
④ $h_L \propto Q^{2.5}$

해설
- $h_L = f \dfrac{l}{D} \dfrac{V^2}{2g}$
- $V = \sqrt{\dfrac{2g h_L}{f \dfrac{l}{D}}}$
- $Q = A \cdot V = A \sqrt{\dfrac{2g h_L}{f \dfrac{l}{D}}}$
- $Q^2 = A^2 \cdot \dfrac{2g h_L}{f \dfrac{l}{D}}$ 관계이다.

056 유역의 평균 폭 B, 유역면적 A, 본류의 유로연장 L인 유역의 형상을 양적으로 표시하기 위한 유역형상계수는?

① $\dfrac{A}{L}$
② $\dfrac{A}{L^2}$
③ $\dfrac{L}{B}$
④ $\dfrac{B}{L^2}$

해설
- 유역 형상계수 $F_i = \dfrac{A}{L^2}$
- 동일 면적에 같은 강도의 비가 내려도 유역 출구에서 유량의 시간적 변화상태를 보면 유역의 형상에 따라 다르다.

057 두 개의 수평한 판이 5mm 간격으로 놓여 있고 점성계수 $0.01\text{N}\cdot\text{s/cm}^2$ 인 유체로 채워져 있다. 하나의 판을 고정시키고 다른 하나의 판을 2m/s 로 움직일 때 유체 내에서 발생되는 전단응력은?

① 1N/cm^2
② 2N/cm^2
③ 3N/cm^2
④ 4N/cm^2

 점성계수와 속도경사의 함수관계이므로
$$\tau = \mu\frac{dv}{dy} = 0.01 \times \frac{200}{0.5} = 4\text{N/cm}^2$$

058 어떤 계속된 호우에 있어서 총유효우량 $\Sigma R_e(\text{mm})$, 직접유출의 총량 $\Sigma Q_e(\text{m}^3)$, 유역면적 $A(\text{km}^2)$ 사이에 성립하는 식은?

① $\Sigma R_e = A \times \Sigma Q_e$
② $\Sigma R_e = \dfrac{10^3 \times A}{\Sigma Q_e}$
③ $\Sigma R_e = 10^3 \times A \times \Sigma Q_e$
④ $\Sigma R_e = \dfrac{\Sigma Q_e}{10^3 \times A}$

 총 유효우량 = $\dfrac{\text{직접유출의 총량}}{\text{유역면적}} = \dfrac{A_1P_1 + A_2P_2 + \cdots}{A}$

059 비중 γ_1의 물체가 비중 $\gamma_2\,(\gamma_2 > \gamma_1)$의 액체에 떠 있다. 액면 위의 부피 ($V_1$)과 액면 아래의 부피($V_2$) 비$\left(\dfrac{V_1}{V_2}\right)$는?

① $\dfrac{V_1}{V_2} = \dfrac{\gamma_2}{\gamma_1} + 1$
② $\dfrac{V_1}{V_2} = \dfrac{\gamma_2}{\gamma_1} - 1$
③ $\dfrac{V_1}{V_2} = \dfrac{\gamma_1}{\gamma_2}$
④ $\dfrac{V_1}{V_2} = \dfrac{\gamma_2}{\gamma_1}$

 $W = B$에서
$V \cdot \gamma_1 = (V - V_1) \cdot \gamma_2$
$(V_1 + V_2) \cdot \gamma_1 = V_2 \cdot \gamma_2$
$V_1 \cdot \gamma_1 + V_2 \cdot \gamma_1 = V_2 \cdot \gamma_2$
$V_1 \cdot \gamma_1 = V_2 \cdot \gamma_2 - V_2 \cdot \gamma_1$
$V_1 \cdot \gamma_1 = V_2(\gamma_2 - \gamma_1)$
$\therefore \dfrac{V_1}{V_2} = \dfrac{\gamma_2}{\gamma_1} - 1$

여기서, 물체의 비중 : γ_1
물체의 전체부피 : V
액체의 비중 : γ_2
액면 위 부피 : V_1
액면 아래 부피 : V_2

정답 054 ④ 055 ③ 056 ② 057 ④ 058 ④ 059 ②

060 기계적 에너지와 마찰손실을 고려하는 베르누이 정리에 관한 표현식은? (단, E_P 및 E_T는 각각 펌프 및 터빈에 의한 수두를 의미하며 유체는 점1에서 점2로 흐른다.)

① $\dfrac{v_1^2}{2g}+\dfrac{p_1}{\gamma}+z_1=\dfrac{v_2^2}{2g}+\dfrac{p_2}{\gamma}+z_2+E_P+E_T+h_L$

② $\dfrac{v_1^2}{2g}+\dfrac{p_1}{\gamma}+z_1=\dfrac{v_2^2}{2g}+\dfrac{p_2}{\gamma}+z_2-E_P-E_T-h_L$

③ $\dfrac{v_1^2}{2g}+\dfrac{p_1}{\gamma}+z_1=\dfrac{v_2^2}{2g}+\dfrac{p_2}{\gamma}+z_2-E_P+E_T+h_L$

④ $\dfrac{v_1^2}{2g}+\dfrac{p_1}{\gamma}+z_1=\dfrac{v_2^2}{2g}+\dfrac{p_2}{\gamma}+z_2+E_P-E_T+h_L$

해설
베르누이 정리는 속도수두+압력수두+위치수두가 일정함을 표시한다.
여기서, 펌프 흡입수두이므로 $-E_P$를 고려한다.

4과목 철근콘크리트 및 강구조

061 계수전단강도 V_u =60kN을 받을 수 있는 직사각형 단면이 최소전단철근 없이 견딜 수 있는 콘크리트의 유효깊이 d는 최소 얼마 이상이어야 하는가? (단, f_{ck}=24MPa, b=350mm, λ=1.0)

① 618mm
② 560mm
③ 434mm
④ 328mm

해설
$V_u \leq \dfrac{1}{2}\phi V_c$

$60\times10^{-3} \leq \dfrac{1}{2}\times 0.75\times \dfrac{1}{6}\times 1.0\sqrt{24}\times 0.35\times d$

∴ $d = 0.5598\text{m} = 560\text{mm}$

062 다음은 L형강에서 인장응력 검토를 위한 순폭계산에 대한 설명이다. 틀린 것은?

① 전개 총폭(b) = $b_1 + b_2 - t$ 이다.
② $\dfrac{p^2}{4g} \geq d$인 경우 순폭(b_n) = $b - d$ 이다.
③ 리벳선간거리(g) = $g_1 - t$ 이다.
④ $\dfrac{p^2}{4g} < d$인 경우 순폭(b_n) = $b - d - \dfrac{p^2}{4g}$ 이다.

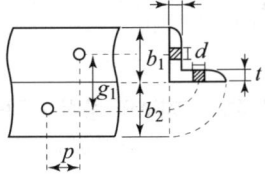

해설
$\dfrac{p^2}{4g} < d$인 경우
순폭(b_n) = $b - d - \left(d - \dfrac{p^2}{4g}\right)$

063 철근콘크리트 부재의 철근 이음에 관한 설명 중 옳지 않은 것은?

① D35를 초과하는 철근은 겹침이음을 하지 않아야 한다.
② 인장 이형철근의 겹침이음에서 A급 이음은 $1.3l_d$ 이상, B급 이음은 $1.0l_d$ 이상 겹쳐야 한다.(단, l_d는 규정에 의해 계산된 인장 이형철근의 정착길이 이다.)
③ 압축이형철근의 이음에서 콘크리트의 설계기준압축강도가 21MPa 미만인 경우에는 겹침이음길이를 1/3 증가시켜야 한다.
④ 용접이음과 기계적연결은 철근의 항복강도의 125% 이상을 발휘할 수 있어야 한다.

해설
인장 이형철근의 겹침이음에서 A급 이음은 $1.0l_d$ 이상, B급 이음은 $1.3l_d$ 이상 겹쳐야 하며 최소 길이는 300mm 이상이다.

064 슬래브와 보가 일체로 타설된 비대칭 T형보(반 T형보)의 유효폭은 얼마인가? (단, 플랜지 두께=100mm, 복부폭=300mm, 인접보와의 내측거리=1600mm, 보의 경간=6.0m)

① 800mm
② 900mm
③ 1000mm
④ 1100mm

해설
• $6t + b_w = 6 \times 100 + 300 = 900$mm
• 보의 경간의 $\dfrac{1}{12} + b_w = 6000 \times \dfrac{1}{12} + 300 = 800$mm
• 인접보와의 내측거리의 $\dfrac{1}{2} + b_w = 1600 \times \dfrac{1}{2} + 300 = 1100$mm
∴ 유효폭은 최소값인 800mm이다.

정답 060 ③ 061 ② 062 ④ 063 ② 064 ①

065. 강도 설계법에서 그림과 같은 T형보의 응력 사각형 깊이 a는 얼마인가?
(단, $A_s = 14-D25 = 7094mm^2$, $f_{ck}=21MPa$, $f_y=300MPa$)

① 120mm
② 130mm
③ 140mm
④ 150mm

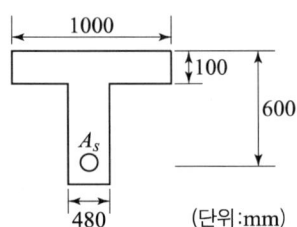
(단위:mm)

해설

폭이 b인 직사각형 단면을 고려해 보면
$0.85 f_{ck} ab = A_s f_y$

$\therefore a = \dfrac{A_s f_y}{0.85 f_{ck} b} = \dfrac{70.94 \times 10^{-4} \times 300}{0.85 \times 21 \times 1} = 0.1192m = 11.92cm$

$a > t$, 즉 11.92cm > 10cm이므로 T형보로 설계한다.

- $C_f = T_f$
$0.85 f_{ck}(b-b_w)t = A_{sf} f_y$

$\therefore A_{sf} = \dfrac{0.85 f_{ck}(b-b_w)t}{f_y} = \dfrac{0.85 \times 21 \times (1-0.48) \times 0.1}{300} = 0.003094 m^2$

- 응력사각형 깊이 a
$A_{sw} = A_s - A_{sf} = 70.94 \times 10^{-4} - 0.003094 = 0.004 m^2$
$0.85 f_{ck} a b_w = A_{sw} f_y$

$\therefore a = \dfrac{A_{sw} f_y}{0.85 f_{ck} b_w} = \dfrac{0.004 \times 300}{0.85 \times 21 \times 0.48} = 0.14m = 14cm$

066. 강도설계법에서 $f_{ck}=30MPa$, $f_y=350MPa$일 때 단철근 직사각형보의 균형철근비는?

① 0.0351
② 0.0369
③ 0.0381
④ 0.0391

해설

$\rho_b = 0.85 \beta_1 \dfrac{f_{ck}}{f_y} \dfrac{660}{660+f_y}$

$= 0.85 \times 0.8 \times \dfrac{30}{350} \times \dfrac{660}{660+350}$

$= 0.0381$

여기서, $\beta_1 = 0.8$

067 아래 그림과 같은 보에서 계수단면적 V_u =225kN에 대한 가장 적당한 스터럽 간격은? (단, 사용된 스터럽은 철근 D13이다. 철근 D13의 단면적은 127mm², f_{ck} = 24MPa, f_y =350MPa, λ =1.0)

① 110mm
② 150mm
③ 210mm
④ 225mm

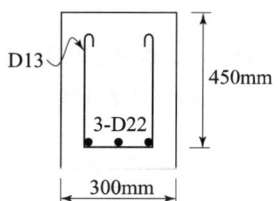

해설

$V_c = \frac{1}{6}\lambda\sqrt{f_{ck}}\,b_w\,d = \frac{1}{6}\times 1.0 \times \sqrt{24}\times 300 \times 450 = 110,227\text{N}$

- $V_u = \phi(V_c + V_s)$
  $225000 = 0.75(110227 + V_s)$
  $\therefore V_s = \frac{225000 - (0.75 \times 110227)}{0.75} = 189773\text{N}$

- $V_s < \frac{1}{3}\lambda\sqrt{f_{ck}}\,b_w\,d = \frac{1}{3}\times 1.0 \times \sqrt{24}\times 300 \times 450 = 220454\text{N}$ 이므로

  수직 스터럽의 간격은 $\frac{A_v f_{yt} d}{V_s} = \frac{(2\times 127)\times 350 \times 450}{189773} = 210.8\text{mm}$.

  $\frac{d}{2} = \frac{450}{2} = 225\text{mm}$ 이하, 600mm 이하이다.

  $\therefore$ 210.8mm 이하

068 T형 PSC 보에 설계하중을 작용시킨 결과 보의 처짐은 0이었으며, 프리스트레스 도입 단계부터 부착된 계측장치로부터 상부 탄성변형률 $\varepsilon = 3.5 \times 10^{-4}$을 얻었다. 콘크리트 탄성계수 E_c =26,000MPa, T형보의 단면적 A_g =150,000mm², 유효율 R =0.85일 때, 강재의 초기 긴장력 P_i를 구하면?

① 1,606 kN
② 1,365 kN
③ 1,160 kN
④ 2,269 kN

해설

- $f_{ci} = E_c \cdot \varepsilon_c = 26000 \times 3.5 \times 10^{-4} = 9.1\text{MPa}$

- $f_{ci} = \frac{P_e}{A}$
  $\therefore P_e = f_{ci} \cdot A = 9.1 \times 150000 = 1365000\text{N}$

- $R = \frac{P_e}{P_i} \times 100$
  $\therefore P_i = \frac{P_e}{R} \times 100 = \frac{1365000}{85} \times 100 = 1605882\text{N} = 1606\text{kN}$

정답 065 ③ 066 ③ 067 ③ 068 ①

069 다음 그림과 같이 $\omega=40$ kN/m일 때 PS 강재가 단면 중심에서 긴장되며 인장측의 콘크리트 응력이 "0"이 되려면 PS 강재에 얼마의 긴장력이 작용하여야 하는가?

① 4605 kN
② 5000 kN
③ 5200 kN
④ 5625 kN

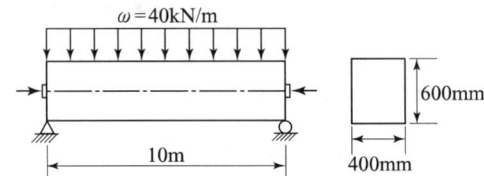

해설

- $M = \dfrac{\omega l^2}{8} = \dfrac{40 \times 10^2}{8} = 500$kN·m
- $\dfrac{P}{A} - \dfrac{M}{I}y = 0$ (인장측이므로 하연)

$\dfrac{M}{I}y = \dfrac{P}{A}$

$\dfrac{500}{0.0072} \times \dfrac{0.6}{2} = \dfrac{P}{0.4 \times 0.6}$ ∴ $P = 5000$kN

여기서, $I = \dfrac{bh^3}{12} = \dfrac{0.4 \times 0.6^3}{12} = 0.0072$m^4

070 $b=300$mm, $d=500$mm, $A_s = 3-\text{D}25 = 1520$mm^{2}가 1열로 배치된 단철근 직사각형 보의 설계 휨강도 ϕM_n은 얼마인가? (단, 인장지배단면으로 $f_{ck}=28$MPa, $f_y=400$MPa이고, 과소철근보이다.)

① 132.5 kN·m
② 183.3 kN·m
③ 236.4 kN·m
④ 307.7 kN·m

해설

- $a = \dfrac{A_s f_y}{0.85 f_{ck} b} = \dfrac{1520 \times 400}{0.85 \times 28 \times 300} = 85.15$mm
- $\phi M_n = 0.85 A_s f_y \left(d - \dfrac{a}{2}\right) = 0.85 \times 1520 \times 400 \left(500 - \dfrac{85.15}{2}\right)$
  $= 236397240$N·mm $= 236.4$kN·m

071 철근콘크리트 구조물의 전단철근에 대한 설명으로 틀린 것은?

① 이형철근을 전단철근으로 사용하는 경우 설계기준 항복강도 f_y는 550MPa을 초과하여 취할 수 없다.
② 전단철근으로서 스터럽과 굽힘철근을 조합하여 사용할 수 있다.
③ 주철근에 45° 이상의 각도로 설치되는 스터럽은 전단철근으로 사용할 수 있다.
④ 경사스터럽과 굽힘철근은 부재 중간높이인 $0.5d$에서 반력점 방향으로 주인장철근까지 연장된 45°선과 한 번 이상 교차되도록 배치하여야 한다.

> **해설**
> 전단철근의 설계기준항복강도 f_y는 500MPa를 초과할 수 없다.
> 단, 용접철망은 600MPa를 초과할 수 없다.

072 A_g=180,000mm², f_{ck}=24MPa, f_y=350MPa이고, 종방향 철근의 전체 단면적(A_{st})=4,500mm²인 나선철근기둥(단주)의 공칭축강도(P_n)는?

① 2987.7 kN ② 3067.4 kN
③ 3873.2 kN ④ 4381.9 kN

> **해설**
> • $P_n = 0.85\{0.85f_{ck}(A_g - A_{st}) + A_{st}f_y\}$
> $= 0.85\{0.85 \times 24(180000 - 4500) + 4500 \times 350\}$
> $= 4,381,920\text{N} = 4381.9\text{kN}$
> • 축방향 설계강도
> $P_u = \phi P_n$ 여기서 $\phi = 0.7$

073 b_w=280mm, d=500mm인 단철근 직사각형 보가 있다. 강도설계법으로 해석할 때 최소철근량은 얼마인가? (단, f_{ck}=24MPa, f_y=400MPa이다.)

① 430mm² ② 460mm²
③ 490mm² ④ 520mm²

> **해설**
> • $\rho_{\min} = \dfrac{1.4}{f_y}$, $A_{s\min} = \dfrac{1.4}{f_y}b_w d \cdots$ ①
> • $\rho_{\min} = \dfrac{0.25\sqrt{f_{ck}}}{f_y}$, $A_{s\min} = \dfrac{0.25\sqrt{f_{ck}}}{f_y}b_w d \cdots$ ②
>   ①, ② 식 중 큰 값 이상으로 한다.
> • $A_{s\min} = \dfrac{1.4}{f_y}b_w d = \dfrac{1.4}{400} \times 280 \times 500 = 490\text{mm}^2$

074 프리스트레스의 손실을 초래하는 요인 중 포스트텐션 방식에서만 두드러지게 나타나는 것은?

① 마찰
② 콘크리트의 탄성수축
③ 콘크리트의 크리프
④ 정착장치의 활동

> **해설**
> 긴장재의 마찰에 의한 손실은 포스트텐션 방식에만 해당된다.

정답 069 ② 070 ③ 071 ① 072 ④ 073 ③ 074 ①

075 보의 활하중은 1.7t/m, 자중은 1.1t/m인 등분포하중을 받는 경간 12m인 단순 지지보의 계수 휨모멘트(M_u)는?

① 68.4 t·m
② 72.7 t·m
③ 74.9 t·m
④ 75.4 t·m

해설
- $\omega_u = 1.2D + 1.6L = 1.2 \times 1.1 + 1.6 \times 1.7 = 4.04 \text{t/m}$
- $M_u = \dfrac{\omega_u l^2}{8} = \dfrac{4.04 \times 12^2}{8} = 72.7 \text{t·m}$

076 $A_s' = 1,500 \text{mm}^2$, $A_s = 1,800 \text{mm}^2$이고 배근된 그림과 같은 복철근보의 탄성처짐이 10mm라 할 때, 5년 후 지속하중에 의해 유발되는 장기 처짐은?

① 14.1mm
② 13.3mm
③ 12.7mm
④ 11.5mm

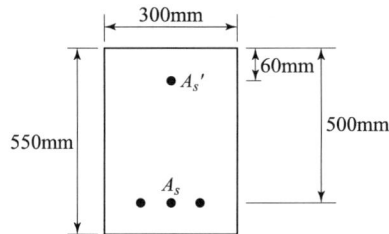

해설
- 압축 철근비
$$\rho' = \dfrac{A_s'}{bd} = \dfrac{1,500}{300 \times 500} = 0.01$$
- 장기 처짐
단기 처짐(탄성 처짐)$\times \lambda_\Delta = 10 \times \dfrac{\xi}{1+50\rho'} = 10 \times \dfrac{2.0}{1+50 \times 0.01} = 13.3 \text{mm}$
- 총 처짐
탄성 처짐 + 장기 처짐

077 프리스트레스 콘크리트에서 포스트텐션 방식의 특징이 아닌 것은?
① 프리캐스트 PSC 부재의 결합과 조립에 편리하다.
② 포스트텐션 방식은 콘크리트가 경화된 후에 PS 강재를 긴장시키는 방법이다.
③ PS 강재를 곡선으로 배치하기 어려워 대형 부재 제작에 부적합하다.
④ 부착시킨 PSC 부재는 부착시키지 않은 PSC 부재에 비하여 파괴 강도가 높고 균열 폭이 작아진다.

해설
- PS 강재를 곡선으로 배치하기 쉬워서 대형 부재 제작에 적합하다.
- 부착시키지 않은 PSC 부재는 그라우팅이 필요하지 않고 PS 강재의 재긴장이 가능하다.

078 그림과 같은 용접부에 작용하는 응력은?
① 112.7 MPa
② 118.0 MPa
③ 120.3 MPa
④ 125.0 MPa

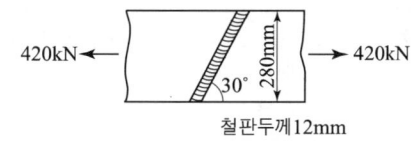

해설
$$\frac{P}{\sum al} = \frac{420000}{12 \times 280} = 125 \text{MPa}$$

079 인장 이형철근의 정착길이 산정시 필요한 보정계수(α, β)에 대한 설명으로 틀린 것은?
① 피복두께가 $3d_b$ 미만 또는 순간격이 $6d_b$ 미만인 에폭시 도막철근일 때 철근 도막계수(β)는 1.5를 적용한다.
② 상부철근(정착길이 또는 겹침이음부 아래 300mm를 초과되게 굳지 않은 콘크리트를 친 수평철근)인 경우 철근배치 위치계수(α)는 1.3을 사용한다.
③ 아연도금 철근은 철근 도막계수(β)를 1.0으로 적용한다.
④ 에폭시 도막철근이 상부철근인 경우 상부철근의 위치계수(α)와 철근 도막계수(β)의 곱, $\alpha\beta$가 1.6보다 크지 않아야 한다.

해설
• 에폭시 도막철근이 상부철근인 경우 상부철근의 위치계수(α)와 철근 도막계수(β)의 곱, $\alpha\beta$가 1.7보다 크지 않아야 한다.
• 기타 에폭시 도막철근의 철근 도막계수(β)는 1.2를 사용한다.
• 도막되지 않은 철근의 철근 도막계수(β)는 1.0을 사용한다.

080 철근 콘크리트의 강도설계법을 적용하기 위한 기본 가정으로 틀린 것은?
① 철근의 변형률은 중립축으로부터의 거리에 비례한다.
② 콘크리트의 변형률은 중립축으로부터의 거리에 비례한다.
③ 인장측 연단에서 철근의 극한 변형율은 0.0033으로 가정한다.
④ 항복강도 f_y 이하에서 철근의 응력은 그 변형률의 E_s배로 본다.

해설
• 압축측 연단에서 철근의 극한 변형율은 0.0033으로 가정한다. (단, $f_{ck} \leq 40\text{MPa}$)
• 콘크리트의 인장강도는 휨계산에서 무시한다.

정답 075 ② 076 ② 077 ③ 078 ④ 079 ④ 080 ③

5과목 토질 및 기초

081 말뚝 지지력에 관한 여러 가지 공식 중 정역학적 지지력 공식이 아닌 것은?

① Dörr의 공식
② Terzaghi 공식
③ Meyerhof 공식
④ Engineering-News 공식(또는 AASHTO 공식)

해설
Engineering News 공식과 Sander 공식은 동역학적 지지력 공식이다.

보충 Hiley의 식은 항타시험시 다른 공식에 비해 신빙성이 있는 공식이다.

082 다음 그림에서 A점의 간극 수압은?
(단, $\gamma_w = 9.81 \text{kN/m}^3$)

① 48.7 kN/m^2
② 65.4 kN/m^2
③ 123.1 kN/m^2
④ 46.5 kN/m^2

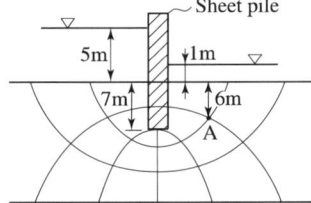

해설
- 전수두 $h_t = \dfrac{N_{d'}}{N_d} \times H = \dfrac{1}{6} \times 4 = 0.67\text{m}$
- 위치수두 $h_e = -6\text{m}$
- $h_t = h_p + h_e$
  $0.67 = h_p + (-6)$
  ∴ 압력수두 $h_p = 6.67\text{m}$
- 간극수압 $u = \gamma_\omega \cdot h_p = 9.81 \times 6.67 = 65.4 \text{kN/m}^2$

083 Vane test에서 vane의 지름 50mm, 높이 10cm, 파괴시 토크가 590kN·cm일 때 점착력은?

① 1.29 kN/cm^2
② 1.57 kN/cm^2
③ 2.13 kN/cm^2
④ 2.76 kN/cm^2

해설
- $C = \dfrac{M_{\max}}{\pi D^2 \left(\dfrac{H}{2} + \dfrac{D}{6}\right)} = \dfrac{590}{3.14 \times 5^2 \left(\dfrac{10}{2} + \dfrac{5}{6}\right)} = 1.29 \text{kN/cm}^2$
- 베인 전단 시험은 현장에서 연약점토의 전단강도를 구하는 시험 방법이다.

084 단면적 20cm², 길이 10cm의 시료를 15cm의 수두차로 정수위 투수시험을 한 결과 2분 동안에 150cm³의 물이 유출되었다. 이 흙의 G_s=2.67이고, 건조중량이 420g이었다. 공극을 통하여 침투하는 실제 침투유속 V_s는 약 얼마인가?

① 0.180cm/sec
② 0.296cm/sec
③ 0.376cm/sec
④ 0.434cm/sec

해설
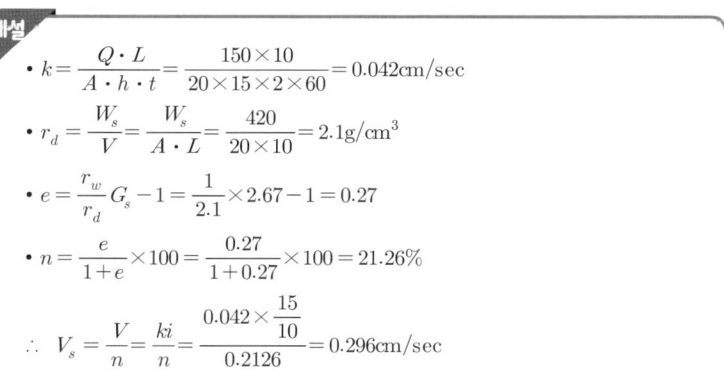

- $k = \dfrac{Q \cdot L}{A \cdot h \cdot t} = \dfrac{150 \times 10}{20 \times 15 \times 2 \times 60} = 0.042 \text{cm/sec}$
- $r_d = \dfrac{W_s}{V} = \dfrac{W_s}{A \cdot L} = \dfrac{420}{20 \times 10} = 2.1 \text{g/cm}^3$
- $e = \dfrac{r_w}{r_d} G_s - 1 = \dfrac{1}{2.1} \times 2.67 - 1 = 0.27$
- $n = \dfrac{e}{1+e} \times 100 = \dfrac{0.27}{1+0.27} \times 100 = 21.26\%$
- $\therefore V_s = \dfrac{V}{n} = \dfrac{ki}{n} = \dfrac{0.042 \times \frac{15}{10}}{0.2126} = 0.296 \text{cm/sec}$

085 흙의 다짐에 관한 설명으로 틀린 것은?
① 다짐에너지가 클수록 최대건조단위중량($\gamma_{d\max}$)은 커진다.
② 다짐에너지가 클수록 최적함수비(W_{opt})는 커진다.
③ 점토를 최적함수비(W_{opt})보다 작은 함수비로 다지면 면모구조를 갖는다.
④ 투수계수는 최적함수비(W_{opt}) 근처에서 거의 최소값을 나타낸다.

해설
- 다짐에너지가 클수록 최적함수비는 작아진다.
- 세립토가 많을수록 최대건조단위중량이 감소한다.

086 그림과 같은 점성토 지반의 토질 실험 결과 내부마찰각 ϕ=30°, 점착력 c=15kN/m²일 때 A점의 전단강도는? (단, 물의 단위중량은 9.81kN/m³이다.)

① 53.43 kN/m²
② 59.53 kN/m²
③ 63.83 kN/m²
④ 70.43 kN/m²

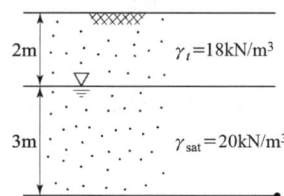

해설
- 유효응력($\bar{p} = \sigma$)
$18 \times 2 + (20 - 9.81) \times 3 = 66.57 \text{kN/m}^2$
- 전단강도
$\tau = c + \sigma \tan\phi = 15 + 66.57 \tan 30° = 53.43 \text{kN/m}^2$

정답 081 ④ 082 ② 083 ① 084 ② 085 ② 086 ①

02회 CBT 모의고사

087 다짐되지 않은 두께 2m, 상대밀도 45%의 느슨한 사질토 지반이 있다. 실내시험 결과 최대 및 최소 간극비가 0.85, 0.40으로 각각 산출되었다. 이 사질토를 상대밀도 70%까지 다짐할 때 두께의 감소는 약 얼마나 되겠는가?

① 13.3cm ② 17.2cm
③ 21.0cm ④ 25.5cm

해설

- $D_r = \dfrac{e_{max} - e}{e_{max} - e_{min}} \times 100$
- 상대밀도 45%일 때 공극비(e)
  $0.45 = \dfrac{0.85 - e}{0.85 - 0.4} = \dfrac{0.85 - e}{0.45}$
  $0.85 - e = 0.45 \times 0.45$ ∴ $e = 0.65$
- 상대밀도 70%일 때 공극비(e)
  $0.7 = \dfrac{0.85 - e}{0.85 - 0.4} = \dfrac{0.85 - e}{0.45}$
  $0.85 - e = 0.45 \times 0.7$ ∴ $e = 0.54$
- $\Delta H = \dfrac{e_1 - e_2}{1 + e_1} H = \dfrac{0.65 - 0.54}{1 + 0.65} \times 200 = 13.3\text{cm}$

088 $\phi = 33°$인 사질토에 25° 경사의 사면을 조성하려고 한다. 이 비탈면의 지표까지 포화되었을 때 안전율을 계산하면? (단, 사면 흙의 $\gamma_{sat} = 18\text{kN/m}^3$, $\gamma_w = 9.81\text{kN/m}^3$)

① 0.63 ② 0.70
③ 1.12 ④ 1.41

해설

$F = \dfrac{\dfrac{\gamma_{sub}}{\gamma_{sat}} \tan\phi}{\tan i} = \dfrac{\dfrac{(18-9.81)}{18} \tan 33°}{\tan 25°} = 0.63$

089 아래 표의 설명과 같은 경우 강도정수 결정에 적합한 삼축 압축 시험의 종류는?

> 최근에 매립된 포화 점성토 지반 위에 구조물을 시공한 직후의 초기 안정 검토에 필요한 지반 강도정수 결정

① 압밀배수 시험(CD) ② 압밀비배수 시험(CU)
③ 비압밀비배수 시험(UU) ④ 비압밀배수 시험(UD)

해설

포화점토가 성토 직후에 갑자기 파괴되는 경우에 대한 전단강도를 구할 경우는 UU 시험을 한다.

090 점토지반으로부터 불교란 시료를 채취하였다. 이 시료는 직경 5cm, 길이 10cm이고, 습윤무게는 350g이고, 함수비가 40%일 때 이 시료의 건조단위무게는?

① $1.78\,g/cm^3$ ② $1.43\,g/cm^3$
③ $1.27\,g/cm^3$ ④ $1.14\,g/cm^3$

해설
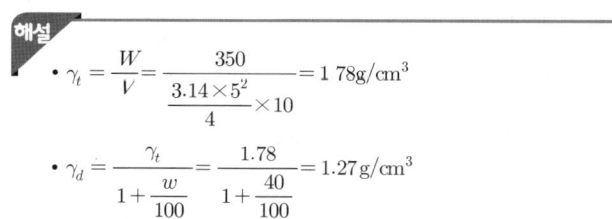

091 평판재하실험 결과로부터 지반의 허용지지력 값은 어떻게 결정하는가?
① 항복강도의 1/2, 극한강도의 1/3 중 작은 값
② 항복강도의 1/2, 극한강도의 1/3 중 큰 값
③ 항복강도의 1/3, 극한강도의 1/2 중 작은 값
④ 항복강도의 1/3, 극한강도의 1/2 중 큰 값

해설 평판재하시험 결과 항복하중 1/2, 극한하중 1/3 중 작은 값이 지반의 허용지지력이다.

092 두 개의 규소판 사이에 한 개의 알루미늄판이 결합된 3층 구조가 무수히 많이 연결되어 형성된 점토광물로서 각 3층 구조 사이에는 칼륨이온(K^+)으로 결합되어 있는 것은?
① 몬모릴로나이트(montmorillonite)
② 할로이사이트(halloysite)
③ 고령토(kaolinite)
④ 일라이트(illite)

해설
• 일라이트(illite)은 교환 불가능한 이온(불치환성 이온)을 가졌으며 안정성이 중간 정도이다.
• 몬모릴로나이트(montmorillonite)는 활성도가 가장 커 안정성이 제일 약하다.

093 두께 2m인 투수성 모래층에서 동수경사가 1/10이고 모래의 투수계수가 5×10^{-2} cm/sec라면 이 모래층의 폭 1m에 대하여 흐르는 수량은 매분당 얼마나 되는가?
① $6000\,cm^3/min$ ② $600\,cm^3/min$
③ $60\,cm^3/min$ ④ $6\,cm^3/min$

정답 087 ① 088 ① 089 ③ 090 ③ 091 ① 092 ④ 093 ①

해설
$$Q = A \cdot V = A \cdot ki = (200 \times 100) \times 5 \times 10^{-2} \times \frac{1}{10}$$
$$= 100 \text{cm}^3/\text{sec} \times 60 = 6000 \text{cm}^3/\text{min}$$

094 사질토 지반에 축조되는 강성기초의 접지압 분포에 대한 설명 중 맞는 것은?
① 기초 모서리 부분에서 최대 응력이 발생한다.
② 기초에 작용하는 접지압 분포는 토질에 관계없이 일정하다.
③ 기초의 중앙 부분에서 최대 응력이 발생한다.
④ 기초 밑면의 응력은 어느 부분이나 동일하다.

해설
- 휨성기초의 경우 기초에 작용하는 접지압 분포는 토질에 관계없이 일정하다.
- 점성토 지반에 축조되는 강성기초의 접지압 분포는 기초 모서리 부분에서 최대 응력이 발생한다.

095 얕은 기초에 대한 Terzaghi의 수정지지력 공식은 아래의 표와 같다. 4m×5m의 직사각형 기초를 사용할 경우 형상계수 α와 β의 값으로 옳은 것은?

$$q_u = \alpha c N_c + \beta \gamma_1 B N_r + \gamma_2 D_f N_q$$

① $\alpha = 1.2$, $\beta = 0.4$
② $\alpha = 1.28$, $\beta = 0.42$
③ $\alpha = 1.24$, $\beta = 0.42$
④ $\alpha = 1.32$, $\beta = 0.38$

해설
- $\alpha = 1 + 0.3 \dfrac{B}{L} = 1 + 0.3 \times \dfrac{4}{5} = 1.24$
- $\beta = 0.5 - 0.1 \dfrac{B}{L} = 0.5 - 0.1 \times \dfrac{4}{5} = 0.42$

096 연약지반에 구조물을 축조할 때 피조미터를 설치하여 과잉간극수압의 변화를 측정했더니 어떤 점에서 구조물 축조 직후 10 kN/m²이었지만, 4년 후는 2 kN/m²이었다. 이때의 압밀도는?
① 20%
② 40%
③ 60%
④ 80%

해설
$$U = 1 - \frac{u}{P} = 1 - \frac{2}{10} = 0.8 = 80\%$$

097 단위중량이 18kN/m³인 점토지반의 지표면에서 5m되는 곳의 시료를 채취하여 압밀시험을 실시한 결과 과압밀비(over consolidation ratio)가 2임을 알았다. 선행압밀압력은?

① 90kN/m²
② 120kN/m²
③ 150kN/m²
④ 180kN/m²

- $OCR = \dfrac{\text{선행압밀하중}}{\text{현재 받고 있는 연직하중}}$
  $2 = \dfrac{\text{선행압밀하중}}{18 \times 5}$
  ∴ 선행압밀하중 $= 2 \times 18 \times 5 = 180\,\text{kN/m}^2$
- 선행압밀하중은 흙이 현재 지반에서 과거에 최대로 받았을 때의 압밀하중을 말하며 정규압밀 점토(OCR=1), 과압밀 점토(OCR〉1), 압밀진행 중인 점토(OCR〈1)로 구분할 수 있다.

098 $\gamma_t = 19\,\text{kN/m}^3$, $\phi = 30°$인 뒤채움 모래를 이용하여 8m 높이의 보강토 옹벽을 설치하고자 한다. 폭 75mm, 두께 3.69mm의 보강띠를 연직방향 설치간격 $S_v = 0.5\text{m}$, 수평방향 설치간격 $S_h = 1.0\text{m}$로 시공하고자 할 때, 보강띠에 착용하는 최대힘 T_{max}의 크기를 계산하면?

① 15.33kN
② 25.33kN
③ 35.33kN
④ 45.33kN

- 주동 토압계수
  $K_a = \tan^2\left(45° - \dfrac{\phi}{2}\right) = \tan^2\left(45° - \dfrac{30°}{2}\right) = \dfrac{1}{3}$
- 옹벽 밑면에 작용하는 수평응력(주동토압강도)
  $\sigma_h = K_a \cdot \sigma_v = K_a \cdot \gamma \cdot z = \dfrac{1}{3} \times 19 \times 8 = 50.66\,\text{kN/m}^2$
- 최대힘
  $T_{max} = \sigma_h \cdot S_v \cdot S_h = 50.66 \times 0.5 \times 1.0 = 25.33\,\text{kN}$

099 연약지반 위에 성토를 실시한 다음, 말뚝을 시공하였다. 시공 후 발생될 수 있는 현상에 대한 설명으로 옳은 것은?

① 성토를 실시하였으므로 말뚝의 지지력은 점차 증가한다.
② 말뚝을 암반층 상단에 위치하도록 시공하였다면 말뚝의 지지력에는 변함이 없다.
③ 압밀이 진행됨에 따라 지반의 전단강도가 증가되므로 말뚝의 지지력은 점차 증가된다.
④ 압밀로 인해 부의 주면마찰력이 발생되므로 말뚝의 지지력은 감소된다.

정답 094 ③ 095 ③ 096 ④ 097 ④ 098 ② 099 ④

> **해설**
> - 성토를 실시하였으므로 말뚝의 지지력은 점차 감소한다.
> - 말뚝을 암반층 상단에 위치하도록 시공하였더라도 연약지반이 위에 있고 성토하였으므로 말뚝의 지지력에 변함이 발생한다.
> - 압밀이 진행됨에 따라 지반의 전단강도가 감소되므로 말뚝의 지지력은 점차 감소된다.
> - 부마찰력은 말뚝 주변의 지반이 압밀이 발생할 때 생기며 연약지반에 말뚝을 박은 후 그 위에 성토를 할 경우 일어나기 쉽고 연약지반을 관통하여 견고한 지반까지 말뚝을 박은 경우 일어나기 쉽다.

100 다음 그림과 같은 p-q 다이아그램에서 K_f선이 파괴선을 나타낼 때 이 흙의 내부 마찰각은?

① 32°
② 36.5°
③ 38.7°
④ 40.8°

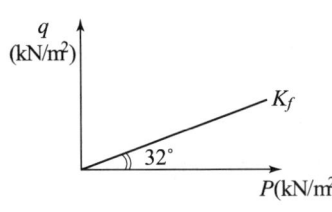

> **해설**
> $\sin\phi = \tan\alpha$
> $\therefore \phi = \sin^{-1}(\tan\alpha) = \sin^{-1}(\tan 32°) = 38.7°$

6과목 상하수도 공학

101 하수도 계획의 목표연도는 원칙적으로 몇 년 정도인가?

① 10년 ② 20년
③ 30년 ④ 40년

> **해설**
> 상수도 시설의 신설이나 확장의 경우에는 5~15년간을 고려하여 계획한다.

102 SVI에 대한 설명으로 옳지 않은 것은?

① 활성 슬러지의 침강성을 나타내는 지표이다.
② SVI가 100 전후로 활성 슬러지의 침강성이 양호한 경우에는 일반적으로 압밀침강에 해당된다.
③ SVI가 적을수록 슬러지가 농축되기 쉽다.
④ SVI가 높아지면 MLSS도 상승한다.

- $SVI = \dfrac{SV}{MLSS}$
- SVI가 50~150이면 침전성이 양호, 200 이상이면 슬러지 팽화를 의미한다.
- SVI(슬러지 용적지수)는 폭기조 내 혼합물을 30분간 정치한 후 침강한 1g의 슬러지가 차지하는 부피로 나타낸다.

103 용존산소 부족곡선(DO sag curve)에서 산소의 복귀율(회복속도)이 최대로 되었다가 감소하기 시작하는 점은?

① 임계점　　　　　② 변곡점
③ 오염 직후 점　　④ 포화 직전 점

- 변곡점은 산소의 복귀율(회복속도)이 최대로 되었다가 감소하기 시작하는 점이고 임계점은 용존산소(DO)의 농도가 가장 낮은 점이다.
- **용존산소 부족곡선**
  하천에 유기 오염물질이 배출되었을 때 하류 쪽으로의 거리에 따른 용존산소의 농도를 표시한 곡선.

104 90% 효율을 가진 전동기에 의해 가동되는 효율 80%의 펌프를 가지고 250L/sec의 물을 20m의 총수두로 퍼 올릴 때 요구되는 전동기의 출력은? (단, 여유율은 없는 것으로 가정한다.)

① 61.27 kW　　　　② 68.08 kW
③ 82.23 kW　　　　④ 91.37 kW

- $P_s = \dfrac{9.8 Q H_p}{\eta} = \dfrac{9.8 \times 0.25 \times 20}{0.9 \times 0.8} = 68.08 \text{kW}$

  여기서, $1\text{m}^3 = 1000l$, $250 l/\sec = 0.25 \text{m}^3/\sec$

- $P_s = \dfrac{13.33 Q H_p}{\eta}$ (HP)

105 우수조정지의 설치장소로 적당하지 않은 곳은?

① 토사의 이동이 부족한 장소
② 하류지역 펌프장 능력이 부족한 장소
③ 하수관거의 유하능력이 부족한 장소
④ 방류수로의 통수능력이 부족한 장소

우수조정지란 우수량이 많아서 일시에 펌프에 의한 양수가 곤란한 경우 우수를 일시 저류하는 시설이다.

정답　100 ③　101 ②　102 ④　103 ②　104 ②　105 ①

106 계획급수인구를 추정하는 이론곡선식은 $y = \dfrac{K}{1+e^{a-bx}}$ 로 표현된다. 식 중의 K가 의미하는 것은? (단, y : x년 후의 인구, x : 기준년부터의 경과년수, e : 자연대수의 밑, a, b : 정수)

① 현재인구
② 포화인구
③ 증가인구
④ 상주인구

해설
로지스틱 곡선법
인구추정방법 중에서 대상 지역의 포화인구를 먼저 추정한 후 계획기간의 인구를 추정한다.

107 계획오수량 산정시 고려하는 사항에 대한 설명으로 옳지 않은 것은?

① 지하수량은 1인1일 최대오수량의 10~20%로 한다.
② 계획1일 평균오수량은 계획1일 최대오수량의 70~80%를 표준으로 한다.
③ 계획시간 최대오수량은 계획1일 평균오수량의 1시간당 수량의 0.9~1.2배를 표준으로 한다.
④ 계획1일 최대오수량은 1인1일 최대오수량에 계획인구를 곱한 후 공장폐수량, 지하수량 및 기타 배수량을 더한 값으로 한다.

해설
- 계획시간 최대오수량은 계획1일 최대오수량의 1시간당 수량의 1.3~1.8배를 표준으로 한다.
- 계획1일 최대오수량은 처리시설의 용량을 결정하는 기초 수량이다.
- 계획 오수량은 생활오수량, 공장폐수량, 지하수량으로 구분한다.

108 하수의 배제방식 중 분류식 하수도에 대한 설명으로 틀린 것은?

① 우수관 및 오수관의 구별이 명확하지 않은 곳에서는 오접의 가능성이 있다.
② 강우초기의 오염된 우수가 직접 하천 등으로 유입될 수 있다.
③ 우천 시에 수세효과가 있다.
④ 우천 시 월류의 우려가 없다.

해설
- 분류식은 오수와 우수를 별도로 설치한 관거로, 오수관거에서 소구경 관거에 의한 폐쇄 우려가 있고, 우천시 수세(水洗) 효과가 없다.
- 합류식은 청천시에 관내의 고형물이 퇴적하기 쉽다.
- 합류식은 폐쇄의 염려가 없고 검사 및 수리가 비교적 용이하다.
- 분류식(오수관거와 우수관거를 건설하는 경우)은 합류식보다 관거 부설비가 많이 소요된다.

109 관망에서 등치관에 대한 설명으로 옳은 것은?
① 관의 직경이 같은 관을 말한다.
② 유속이 서로 같으면서 관의 직경이 다른 관을 말한다.
③ 수두손실이 같으면서 관의 직경이 다른 관을 말한다.
④ 수원과 수질이 같은 주관과 지관을 말한다.

해설
- 관 내부에 일정한 유량의 물이 흐를 때 생기는 수두손실이 같은 유량에 대해 동일한 손실수두를 수도록 한 관을 등치관이라 하며 간단한 배수관망 계산시 등치관법을 사용하여 등치관으로 길이와 수량을 변경한다.
- $L_2 = L_1 \left(\dfrac{D_2}{D_1}\right)^{4.87}$
- $Q_2 = Q_1 \left(\dfrac{L_1}{L_2}\right)^{0.54}$

110 도수 및 송수관로 중 일부분이 동수경사선보다 높은 경우 조치할 수 있는 방법으로 옳은 것은?
① 상류측에 대해서는 관경을 작게 하고, 하류측에 대해서는 관경을 크게 한다.
② 상류측에 대해서는 관경을 작게 하고, 하류측에 대해서는 접합정을 설치한다.
③ 상류측에 대해서는 관경을 크게 하고, 하류측에 대해서는 관경을 작게 한다.
④ 상류측에 대해서는 접합정을 설치하고, 하류측에 대해서는 관경을 크게 한다.

해설
최소 동수경사선을 상승시키기 위해(물 흐름을 위해) 상류측 관경을 크게 하고 하류측 관경을 작게 해야 한다.

111 호수나 저수지에서 발생되는 성층현상의 원인과 가장 관계가 깊은 요소는?
① 적조현상
② 미생물
③ 질소(N), 인(P)
④ 수온

해설
- 성층현상이란 호소의 물이 수심에 따라 여러개의 층으로 분리되는 현상이다.
- 물의 온도 원인으로 성층현상은 여름과 겨울에 발생한다.
- 부영양화는 가정하수, 공장폐수 등이 호소 또는 저수지 등에 유입하여 질소(N), 인(P) 등 각종 영양물질의 농도 증가로 인하여 조류가 과도하게 번식되어 호소의 수질이 악화되는 현상이다.

정답 106 ② 107 ③ 108 ③ 109 ③ 110 ③ 111 ④

112 하수관거 직선부에서 맨홀(Man hole)의 관경에 대한 최대 간격의 표준으로 옳은 것은?

① 관경 600mm 이하의 경우 최대 간격 50m
② 관경 600mm 초과 1000mm 이하의 경우 최대 간격 100m
③ 관경 1000mm 초과 1500mm 이하의 경우 최대 간격 125m
④ 관경 1650mm 이상의 경우 최대 간격 150m

해설
- 관경 600mm 이하의 경우 최대 간격 75m
- 관경 1000mm 초과 1500mm 이하의 경우 최대 간격 150m
- 관경 1650mm 이상의 경우 최대 간격 200m
- 맨홀은 관거의 기점, 방향, 경사 및 관경 등이 변하는 곳, 단차가 발생하는 곳, 관거가 합류하는 곳이나 관거의 유지관리상 필요한 장소에 반드시 설치한다.
- 관거 곡선부에서도 현장여건에 따라 곡률반경을 고려하여 맨홀을 설치한다.

113 그림은 급속여과지에서 시간경과에 따른 여과유량(여과속도)의 변화를 나타낸 것이다. 정압여과를 나타내고 있는 것은?

① a
② b
③ c
④ d

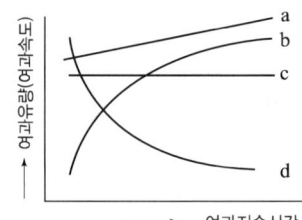

해설
- d : 정압(정수위) 여과
  여과를 지속하면 여재층에 탁질이 억류되므로 여재층의 폐쇄에 따라 여과유량은 점차 감소하는 여과방식이다.
- c : 정속 여과
  여재층의 폐쇄가 진행됨에 따라 상류측 수위를 높이거나 또는 하류측 유량제어계의 저항을 낮춰 여재층에 걸리는 압력차를 증가시키면 일정한 여과유량을 유지할 수 있는 여과방식이다.

114 어떤 지역의 강우지속시간(t)과 강우강도 역수($1/I$)와의 관계를 구해보니 그림과 같이 기울기가 1/3000, 절편이 1/150이 되었다. 이 지역의 강우강도를 Talbot형 $\left(I=\dfrac{a}{t+b}\right)$으로 표시한 것으로 옳은 것은?

① $\dfrac{3000}{t+20}$
② $\dfrac{20}{t+3000}$
③ $\dfrac{10}{t+1500}$
④ $\dfrac{1500}{t+10}$

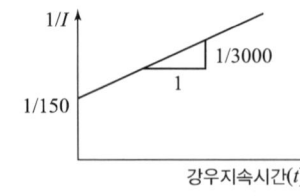

$$\frac{1}{I} = \frac{t+b}{a}$$

$$\frac{1}{I} = \frac{1}{a}t + \frac{b}{a} = \frac{1}{3000}t + \frac{1}{150}$$

$$a = 3000, \ b = 20$$

$$\therefore I = \frac{3000}{t+20}$$

115 유입하수의 유량과 수질변동을 흡수하여 균등화함으로서 처리시설의 효율화를 위한 유량조정조에 대한 설명으로 옳지 않은 것은?

① 조의 유효수심은 3~5m를 표준으로 한다.
② 조의 형상은 직사각형 또는 정사각형을 표준으로 한다.
③ 조 내에는 오염물질의 효율적 침전을 위하여 난류를 일으킬 수 있는 교반시설을 하지 않도록 한다.
④ 조의 용량은 유입하수량 및 유입부하량의 시간변동을 고려하여 설정수량을 초과하는 수량을 일시 저류하도록 정한다.

- 교반시설은 침전물의 발생을 방지하기 위해 설치한다.
- 조의 용량은 계획 1일 최대 오수량을 넘는 유량을 일시적으로 저류하도록 정한다.
- 유량조정조는 청소, 부속기계 설비 점검 및 수리를 대비해 2조 이상을 설치한다.

116 유량이 100000m³/d이고 BOD가 2mg/L인 하천으로 유량 1000m³/d, BOD 100mg/L인 하수가 유입된다. 하수가 유입된 후 혼합된 BOD의 농도는?

① 1.97mg/L ② 2.97mg/L
③ 3.97mg/L ④ 4.97mg/L

혼합된 BOD의 농도

$$C_m = \frac{Q_1 \cdot C_1 + Q_2 \cdot C_2}{Q_1 + Q_2} = \frac{100000 \times 2 + 1000 \times 100}{100000 + 1000} = 2.97 \ \text{mg/L}$$

117 정수장에서 1일 50000m³의 물을 정수하는데 침전지의 크기가 폭 10m, 길이 40m, 수심 4m인 침전지 2개를 가지고 있다. 2지의 침전지가 이론상 100% 제거할 수 있는 입자의 최소 침전속도는? (단, 병렬연결 기준)

① 31.25m/d ② 62.5m/d
③ 125m/d   ④ 625m/d

$Q = A \cdot V$

$50000 \text{m}^3/\text{d} = 2개 \times (10\text{m} \times 40\text{m}) \times V$

$\therefore V = 62.5 \ \text{m/d}$

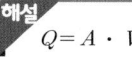
정답 112 ② 113 ④ 114 ① 115 ③ 116 ② 117 ②

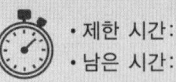

118 급수방법에는 고가수조식과 압력수조식이 있다. 압력수조식을 고가수조식과 비교한 설명으로 옳지 않은 것은?

① 조작 상에 최고·최저의 압력차가 적고, 급수압의 변동 폭이 적다.
② 큰 설비에는 공기 압축기를 설치해서 때때로 공기를 보급하는 것이 필요하다.
③ 취급이 비교적 어렵고 고장이 많다.
④ 저수량이 비교적 적다.

> **해설**
> • 조작 상에 최고·최저의 압력차가 크고, 급수압의 변동 폭이 크다.
> • 정전이나 펌프의 고장 등 운전 불능인 경우 급수가 불가능하다.
> • 고양정의 펌프가 필요하므로 전력소비가 커진다.

119 수질시험 항목에 관한 설명으로 옳지 않은 것은?

① DO(용존산소)는 물속에 용해되어 있는 분자상의 산소를 말하며 온도가 높을수록 DO농도는 감소한다.
② COD(화학적 산소요구량)는 수중의 산화 가능한 유기물이 일정 조건에서 산화제에 의해 산화되는데 요구되는 산소량을 말한다.
③ 잔류염소는 처리수를 염소소독하고 남은 염소로 차아염소산이온과 같은 유리잔류염소와 클로라민 같은 결합잔류염소를 말한다.
④ BOD(생물화학적 산소요구량)는 수중 유기물이 혐기성 미생물에 의해 3일간 분해될 때 소비되는 산소량을 ppm으로 표시한 것이다.

> **해설**
> • BOD(생물화학적 산소요구량)는 수중 유기물이 호기성 미생물에 의해 분해될 때 소비되는 산소량을 mg/L 또는 ppm으로 표시한 것이다.
> • BOD가 높으면 유기물의 오염도가 높음을 의미한다.

120 특정 오염물의 제거가 필요하여 활성탄 흡착으로 제거하고자 한다. 연구 결과 수량 대비 5%의 활성탄을 사용할 때 오염물질의 75%가 제거되며, 10%의 활성탄을 사용한 때는 96.5%가 제거되었다. 이 특정 오염물의 잔류농도를 처음 농도의 0.5% 이하로 처리하기 위해서는 활성탄을 수량 대비 몇 %로 처리하여야 하는가? (단, 흡착과정은 Freundlich 방정식 $\frac{X}{M} = K \cdot C^{1/n}$을 만족한다.)

① 약 10%   ② 약 12%
③ 약 14%   ④ 약 16%

해설

- 대비수량 100g으로 가정
  예) 5% → 5g

활성탄 사용량	오염물질 제거량(농도)	오염물질 잔류량(잔류농도)
5%	75%	25%
10%	96.5%	3.5%

- Freundlich 방정식 $\frac{X}{M} = K \cdot C^{1/n}$
  여기서, X : 흡착된 용질의 양
  M : 흡착제(활성탄)의 양
  K 및 n : 상수
  C : 용질평형농도(잔류 농도)

$$\frac{\frac{75}{5} = K \cdot 25^{1/n}}{\frac{96.5}{10} = K \cdot 3.5^{1/n}} \rightarrow \frac{15}{9.65} = \left(\frac{25}{3.5}\right)^{1/n} \quad \therefore n = 4.486 ≒ 4.49$$

$$\frac{75}{5} = K \cdot 25^{1/4.49} \qquad \therefore K = \frac{\frac{75}{5}}{25^{1/4.49}} = 7.323 ≒ 7.32$$

- Freundlich 방정식 $\frac{X}{M} = K \cdot C^{1/n}$

$$\frac{X}{M} = 7.32 \times 0.5^{1/4.49}$$

$$\therefore M = \frac{99.5}{7.32 \times 0.5^{1/4.49}} = 15.86 ≒ 16$$

대비수량 100g 기준 활성탄 16g → 16%

1과목 응용역학

001 그림과 같은 트러스에서 부재력이 0인 부재는 몇 개인가?

① 3개
② 4개
③ 5개
④ 7개

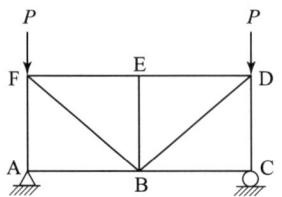

해설

- 절점 A

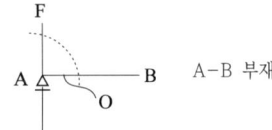

A–B 부재

- 절점 F

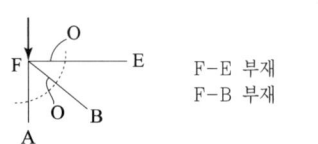

F–E 부재
F–B 부재

- 절점 E

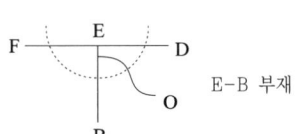

E–B 부재

- 절점 C

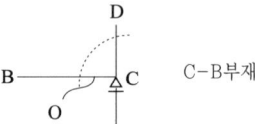

C–B 부재

- 절점 D

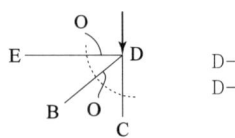

D–E 부재
D–B 부재

∴ 부재력이 0인 부재는 7개이다.

002 아래 그림과 같은 연속보가 있다. B점과 C점 중간에 10kN의 하중이 작용할 때 B점에서의 휨모멘트 M은? (단, 탄성계수 E와 단면 2차 모멘트 I는 전 구간에 걸쳐 일정하다.)

① $-5\,kN\cdot m$
② $-7.5\,kN\cdot m$
③ $-10\,kN\cdot m$
④ $-15\,kN\cdot m$

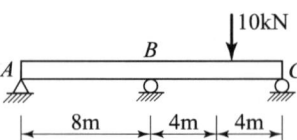

> **해설**
> $M_B = -\dfrac{3Pl}{16} = -\dfrac{3\times 10\times 8}{16} = -15\,\text{kN}\cdot\text{m}$
> 분배율 1/2을 적용하면
> $M_{BA} = M_{BC} = \dfrac{1}{2}\times M_B = -7.5\,\text{kN}\cdot\text{m}$

003 그림과 같은 단면의 단면상승모멘트 I_{xy}는?

① $384,000\,\text{cm}^4$
② $3,840,000\,\text{cm}^4$
③ $3,360,000\,\text{cm}^4$
④ $3,520,000\,\text{cm}^4$

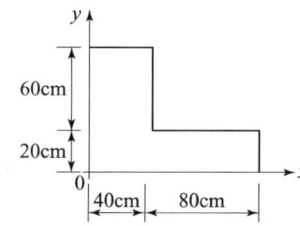

> **해설**
>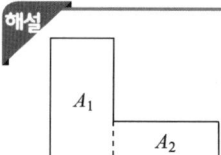
> $I_{xy} = (A_1 \cdot x_1 \cdot y_1) + (A_2 \cdot x_2 \cdot y_2)$
> $= (40\times 80\times 20\times 40) + (80\times 20\times 80\times 10)$
> $= 3,840,000\,\text{cm}^4$

004 주어진 T형보 단면의 캔틸레버에서 최대 전단응력을 구하면 얼마인가?
(단, T형보 단면의 $I_{\text{N.A}} = 86.8\,\text{cm}^4$이다.)

① $12.57\,\text{MPa}$
② $16.64\,\text{MPa}$
③ $20.80\,\text{MPa}$
④ $24.33\,\text{MPa}$

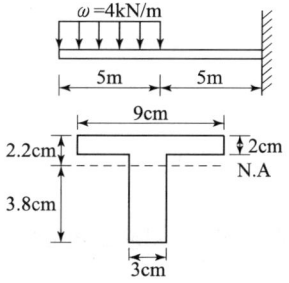

> **해설**
> - $S = 4\times 5 = 20\,\text{kN} = 20000\,\text{N}$
> - $G = 9\times 2\times 1.2 + 0.2\times 3\times 0.1 = 21.66\,\text{cm}^3 = 21660\,\text{mm}^3$
> $\therefore \tau_{\max} = \dfrac{GS}{Ib} = \dfrac{21660\times 20000}{868000\times 30} = 16.64\,\text{N/mm}^2 = 16.64\,\text{MPa}$

005 아래 그림과 같은 단순보의 지점 A에 모멘트 M_a가 작용할 경우 A와 B 점의 처짐각 비 $\left(\dfrac{\theta_a}{\theta_b}\right)$의 크기는?

① 1.5
② 2.0
③ 2.5
④ 3.0

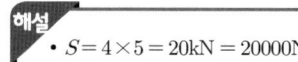

정답 001 ④ 002 ② 003 ② 004 ② 005 ②

해설

- $\theta_A = \dfrac{Ml}{3EI}$
- $\theta_B = \dfrac{Ml}{6EI}$
- $\dfrac{\theta_a}{\theta_b} = \dfrac{\frac{Ml}{3EI}}{\frac{Ml}{6EI}} = 2.0$

006 그림과 같은 단주에 편심하중이 작용할 때 최대압축응력은?

① 1388 MPa
② 1727 MPa
③ 2458 MPa
④ 3177 MPa

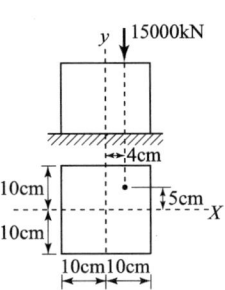

해설

- $A = 20 \times 20 = 400 \text{cm}^2$
- $Z_x = Z_y = \dfrac{bh^2}{6} = \dfrac{20 \times 20^2}{6} = 1333 \text{cm}^3$
- $\sigma = -\dfrac{P}{A} - \dfrac{P \cdot e_x}{Z_y} - \dfrac{P \cdot e_y}{Z_x} = -\dfrac{15000}{400} - \dfrac{15000 \times 4}{1333} - \dfrac{15000 \times 5}{1333}$
  $= -138.8 \text{kN/cm}^2 = -1388 \text{N/mm}^2 = -1388 \text{MPa}$

007 양단이 고정된 기둥에 축방향력에 의한 좌굴하중 P_{cr}을 구하면? (E : 탄성계수, I : 단면2차 모멘트, L : 기둥의 길이)

① $P_{cr} = \dfrac{\pi^2 EI}{L^2}$
② $P_{cr} = \dfrac{\pi^2 EI}{2L^2}$
③ $P_{cr} = \dfrac{\pi^2 EI}{4L^2}$
④ $P_{cr} = \dfrac{4\pi^2 EI}{L^2}$

해설

- 좌굴하중
  $P_{cr} = \dfrac{n\pi^2 EI}{l^2}$
- 좌굴강도(n)

지지상태	1단 고정 1단 자유	양단 힌지	1단 고정 1단 힌지	양단 고정
n	$\dfrac{1}{4}$	1	2	4

008. 그림과 같은 부정정 보에 집중 하중이 작용할 때 A점의 휨모멘트 M_A를 구한 값은?

① $-57\,\text{kN}\cdot\text{m}$
② $-36\,\text{kN}\cdot\text{m}$
③ $-42\,\text{kN}\cdot\text{m}$
④ $-26\,\text{kN}\cdot\text{m}$

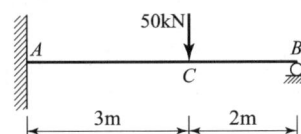

해설

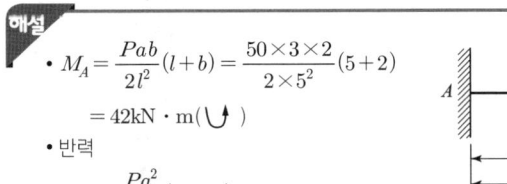

- $M_A = \dfrac{Pab}{2l^2}(l+b) = \dfrac{50\times 3\times 2}{2\times 5^2}(5+2)$
  $= 42\,\text{kN}\cdot\text{m}(\curvearrowleft)$
- 반력
  $R_B = \dfrac{Pa^2}{2l^3}(3l-a)$

009. 단면이 원형(반지름 R)인 보에 휨모멘트 M이 작용할 때 이 보에 작용하는 최대휨응력은?

① $\dfrac{4M}{\pi R^3}$
② $\dfrac{12M}{\pi R^3}$
③ $\dfrac{16M}{\pi R^3}$
④ $\dfrac{32M}{\pi R^3}$

해설

- $Z = \dfrac{\pi D^3}{32} = \dfrac{\pi(2R)^3}{32} = \dfrac{\pi R^3}{4}$
- $\sigma = \dfrac{M}{Z} = \dfrac{4M}{\pi R^3}$

010. 세로 탄성계수 $E = 2.1\times 10^5\,\text{MPa}$, 푸아송비 $\nu = 0.3$일 때 전단 탄성계수 G를 구한 값은? (단, 등방이고 균질인 탄성체임.)

① $7.2\times 10^4\,\text{MPa}$
② $3.2\times 10^5\,\text{MPa}$
③ $1.5\times 10^5\,\text{MPa}$
④ $8.1\times 10^4\,\text{MPa}$

해설

$G = \dfrac{E}{2(1+\nu)} = \dfrac{2.1\times 10^5}{2(1+0.3)} = 8.1\times 10^4\,\text{MPa}$

011. 아래 그림과 같이 마찰이 없는 벽면 사이에 둥근 물체가 놓일 때 반력 R_B는? (단, 둥근 물체의 무게는 W이며 밀도는 균일하다.)

① $0.466W$
② $0.5W$
③ $0.566W$
④ $0.7W$

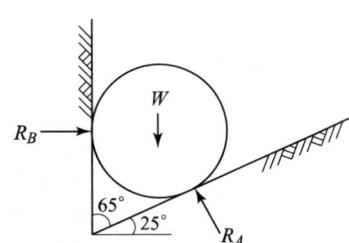

해설

- $\sum V = 0$

  $R_A \cos 25° - W = 0$

  $\therefore R_A = \dfrac{W}{\cos 25°}$

- $\sum H = 0$

  $R_B - R_A \sin 25° = 0$

  $\therefore R_B = R_A \sin 25° = \dfrac{W}{\cos 25°} \times \sin 25° = 0.466 W$

012 부정정 구조의 해석방법 중 보의 탄성변형에서 내력이 한 일을 그 지점의 반력으로 1차 편미분한 것은 "0"이 된다는 정리는?

① 최소일의 원리
② 중첩의 원리
③ 카스틸리아노의 제1정리
④ 맥스웰 베티의 상반원리

해설
최소일의 원리는 부정정력(반력, 단면력)을 미지수로 해서 보, 라멘, 트러스에 적용하는 해석법이다.

013 그림과 같은 내민보에서 C점의 휨 모멘트가 영(零)이 되게 하기 위해서는 x가 얼마가 되어야 하는가?

① $x = \dfrac{l}{3}$
② $x = \dfrac{2}{3}l$
③ $x = \dfrac{l}{4}$
④ $x = \dfrac{l}{2}$

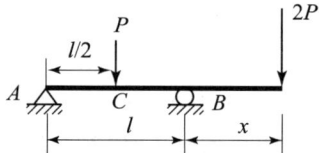

해설

$\sum M_B = 0$

$R_A \cdot l - P \cdot \dfrac{l}{2} + 2P \cdot x = 0$

여기서, C점의 휨모멘트가 "0"이 되려면 $R_A = 0$이어야 한다.

그래서 $-P \cdot \dfrac{l}{2} + 2P \cdot x = 0$

$2P \cdot x = \dfrac{P \cdot l}{2} \qquad \therefore x = \dfrac{l}{4}$

014 그림과 같은 구조물에서 부재 AB가 받는 힘의 크기는?

① 3166.7kN
② 3274.2kN
③ 3368.5kN
④ 3485.4kN

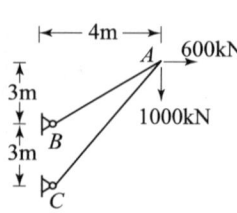

해설

$\sum M_c = 0$

$600 \times 6 + 1000 \times 4 - AB \times \dfrac{4}{5} \times 3 = 0$

$\therefore AB = 3166.7 \text{kN}$

015 단순보 AB 위에 그림과 같은 이동하중이 지날 때 C점의 최대 휨모멘트는?

① $98.8 \text{ kN} \cdot \text{m}$
② $94.2 \text{ kN} \cdot \text{m}$
③ $80.3 \text{ kN} \cdot \text{m}$
④ $74.8 \text{ kN} \cdot \text{m}$

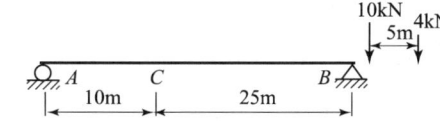

해설
- C점에 하중 10kN이 작용하면
- $\sum M_B = 0$
  $R_A \times 35 - 10 \times 25 - 4 \times 20 = 0$
  $\therefore R_A = \dfrac{1}{35}(10 \times 25 + 4 \times 20) = 9.42 \text{kN}$
- $M_c = R_A \times 10 = 9.42 \times 10 = 94.2 \text{kN} \cdot \text{m}$

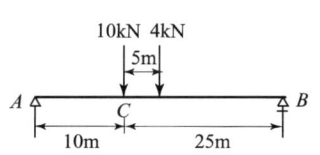

016 단면적이 A이고, 단면 2차 모멘트가 I인 단면의 단면 2차 반경(r)은?

① $r = \dfrac{A}{I}$
② $r = \dfrac{I}{A}$
③ $r = \dfrac{\sqrt{I}}{A}$
④ $r = \sqrt{\dfrac{I}{A}}$

해설
단면 2차 반경(또는 회전 반경)의 단위는 cm, m이며 부호는 항상 +이다.

017 중앙에 집중하중 P를 받는 그림과 같은 단순보에서 지점 A로부터 $l/4$인 지점(점 D)의 처짐각(θ_D)과 수직 처짐량(δ_D)은? (단, EI는 일정)

① $\theta_D = \dfrac{5Pl^2}{64EI}, \quad \delta_D = \dfrac{3Pl^3}{768EI}$

② $\theta_D = \dfrac{3Pl^2}{128EI}, \quad \delta_D = \dfrac{5Pl^3}{384EI}$

③ $\theta_D = \dfrac{3Pl^2}{64EI}, \quad \delta_D = \dfrac{11Pl^3}{768EI}$

④ $\theta_D = \dfrac{3Pl^2}{128EI}, \quad \delta_D = \dfrac{11Pl^3}{384EI}$

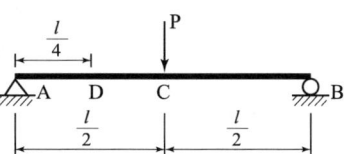

해설

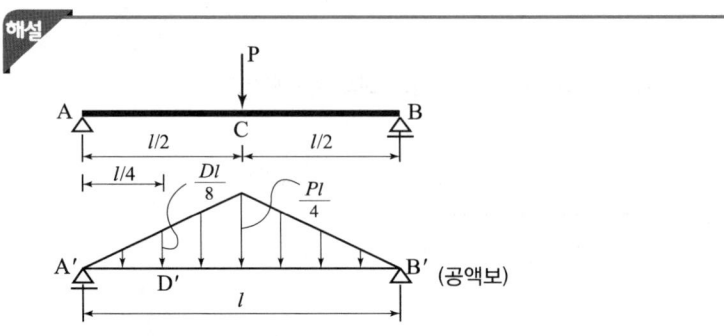

- 공액보상 D'점 휨모멘트도 하중(ω)
  $\omega : \dfrac{Pl}{4} = \dfrac{l}{4} : \dfrac{l}{2}$
  $\therefore \omega = \dfrac{Pl}{8}$

- $R_{A'} = \dfrac{Pl}{4} \times \dfrac{l}{2} \times \dfrac{1}{2} = \dfrac{Pl^2}{16}$

- $S_{D'} = R_{A'} - \dfrac{Pl}{8} \times \dfrac{l}{4} \times \dfrac{1}{2} = \dfrac{Pl^2}{16} - \dfrac{Pl^2}{64} = \dfrac{3Pl^2}{64}$
  $\therefore \theta_D = \dfrac{S_{D'}}{EI} = \dfrac{3Pl^2}{64EI}$

- $M_{D'} = R_{A'} \times \dfrac{l}{4} - \left[\left(\dfrac{Pl}{8} \times \dfrac{l}{4} \times \dfrac{1}{2}\right) \times \dfrac{1}{3} \times \dfrac{l}{4}\right] = \dfrac{Pl^2}{16} \times \dfrac{l}{4} - \dfrac{Pl^3}{768} = \dfrac{11Pl^3}{768}$
  $\therefore \delta_D = \dfrac{M_{D'}}{EI} = \dfrac{11Pl^3}{768EI}$

018 그림과 같이 강선과 동선으로 조립되어 있는 구조물에 200kN의 하중이 작용하면 강선에 발생하는 힘은? (단, 강선과 동선의 단면적은 같고, 강선의 탄성계수는 $2.0 \times 10^6 \,\text{kN/m}^2$, 동선의 탄성계수는 $1.0 \times 10^6 \,\text{kN/m}^2$임)

① 66.7kN
② 133.3kN
③ 166.7kN
④ 233.3kN

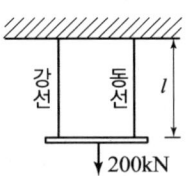

해설

- 강선과 동선이 위로 당기고 구조물의 하중은 아래로 작용한다.
  여기서, 강선과 동선의 탄성계수비가 2 : 1이므로
  $P_{강선} = 2P_{동선}$

- $\Sigma V = 0$
  $P_{강선} + P_{동선} = 200\,\text{kN}$
  $3P_{동선} = 200\,\text{kN}$
  $\therefore P_{동선} = \dfrac{200}{3} = 66.7\,\text{kN}$
  $\therefore 강선 = 200 - 66.7 = 133.3\,\text{kN}$

019 아래 그림과 같은 보에서 A지점의 반력은?

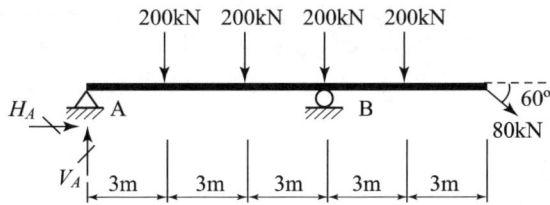

① $H_A = 87.1 \, \text{kN}(\leftarrow)$, $V_A = 40 \, \text{kN}(\uparrow)$
② $H_A = 40 \, \text{kN}(\leftarrow)$, $V_A = 87.1 \, \text{kN}(\uparrow)$
③ $H_A = 69.3 \, \text{kN}(\rightarrow)$, $V_A = 87.1 \, \text{kN}(\uparrow)$
④ $H_A = 40 \, \text{kN}(\rightarrow)$, $V_A = 69.3 \, \text{kN}(\uparrow)$

해설

- $\Sigma M_B = 0$
  $V_A \times 9 - 200 \times 6 - 200 \times 3 + 200 \times 3 + 80\cos 30° \times 6 = 0$
  $\therefore V_A = \dfrac{1}{9}(200 \times 6 + 200 \times 3 - 200 \times 3 - 80\cos 30° \times 6) = 87.1 \, \text{kN}(\uparrow)$

- 수평하중
  $80\cos 60° = 40 \, \text{kN}(\rightarrow)$

- 수평 반력이 평형 상태를 유지해야 하므로($\Sigma H = 0$)
  $H_A = 40 \, \text{kN}(\leftarrow)$

020 아래와 같은 라멘에서 휨모멘트도(BMD)를 옳게 나타낸 것은?

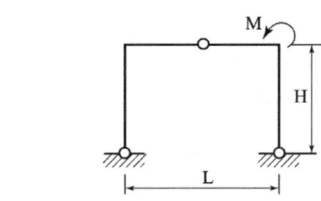

① 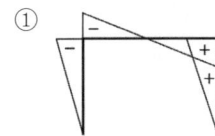   ②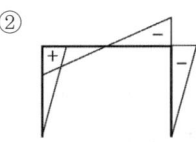

③ 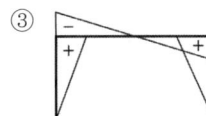   ④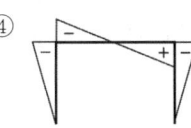

해설

힌지에서는 휨모멘트가 0이며 라멘 강절점의 휨모멘트는 부재의 좌우 절대값이 동일하고 부호는 서로 반대이고 하중이 작용하는 곳에서 휨모멘트가 급격하게 변화하여 작용한다.

정답 018 ② 019 ② 020 ④

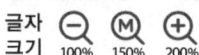

 **측량학**

021 두 직선의 교각이 60°이다. 외할 $E=20\text{m}$ 이상인 이 두 직선사이에 곡선을 설치할 경우 곡선반경 R을 대략 얼마이상으로 하여야 하는가?

① 120 m
② 125 m
③ 130 m
④ 135 m

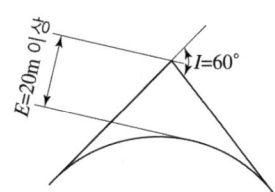

해설

$$E = R\left(\sec\frac{I}{2} - 1\right)$$

$$\therefore R = \frac{E}{\sec\frac{I}{2} - 1} = \frac{20}{\sec\frac{60°}{2} - 1} = 129.3\text{m} \fallingdotseq 130\text{m}$$

022 면적계산에 있어서 도면이 곡선에 둘러싸여 있는 부분의 면적은 다음 어느 방법으로 구하는 것이 가장 적당한가?

① 좌표법에 의한 방법
② 배횡거법에 의한 방법
③ 삼사법에 의한 방법
④ 구적기에 의한 방법

해설
구적기를 이용하여 도면이 곡선으로 둘러싸인 면적인 구한다.

023 다음 중 지형측량 순서로 맞는 것은?

① 측량계획작성 − 골조측량 − 측량원도작성 − 세부측량
② 측량계획작성 − 세부측량 − 측량원도작성 − 골조측량
③ 측량계획작성 − 측량원도작성 − 골조측량 − 세부측량
④ 측량계획작성 − 골조측량 − 세부측량 − 측량원도작성

해설
삼각측량, 삼변측량, 트래버스측량 등을 하여 골조측량을 하고 평판측량으로 세부측량을 하고 측량원도를 작성한다.

024 삼각측량과 삼변측량에 대한 설명으로 틀린 것은?

① 삼변측량은 변 길이를 관측하여 삼각점의 위치를 구하는 측량이다.
② 삼각측량의 삼각망 중 가장 정확도가 높은 망은 사변형 삼각망이다.

③ 삼각점의 선점시 기계나 측표가 동요할 수 있는 습지나 하상은 피한다.
④ 삼각점의 등급을 정하는 주된 목적은 표석설치를 편리하게 하기 위함이다.

- 삼각점은 각관측 정밀도에 의해 1등, 2등, 3등, 4등 삼각점으로 정한다.
- 삼변측량은 삼각점의 위치를 정할 때 변장 측정법을 이용하여 대삼각망의 기선장을 직접 측정하기 때문에 기선 삼각망을 확대할 필요가 없다.

025 지오이드(Geoid)에 대한 설명 중 옳지 않은 것은?
① 평균해수면을 육지까지 연장한 가상적인 곡면을 지오이드라 하며 이것은 지구타원체와 일치한다.
② 지오이드는 중력장의 등포텐셜면으로 볼 수 있다.
③ 실제로 지오이드면은 굴곡이 심하므로 측지 측량의 기준으로 채택하기 어렵다.
④ 지구타원체의 법선과 지오이드의 법선 간의 차이를 연직선 편차라 한다.

- 평균해수면을 육지까지 연장한 가상적인 곡면을 지오이드라 하며 이것은 지구 타원체와 정확히 일치하지 않는다.
- 지오이드면은 지구표면을 수면에 의하여 둘러 쌓였다는 가상 곡면이다.

026 100m²의 정사각형의 토지의 면적을 0.1m²까지 정확하게 구하기 위한 필요하고도 충분한 한 변의 측정거리오차는?
① 3mm ② 4mm
③ 5mm ④ 6mm

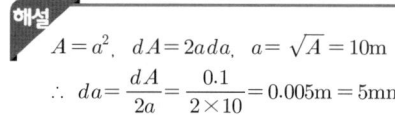

$A = a^2$, $dA = 2a\,da$, $a = \sqrt{A} = 10\text{m}$
$\therefore da = \dfrac{dA}{2a} = \dfrac{0.1}{2 \times 10} = 0.005\text{m} = 5\text{mm}$

027 하천 측량에 대한 설명 중 옳지 않은 것은?
① 하천 측량시 처음에 할 일은 도상조사로서 유로상황, 지역면적, 지형지물, 토지이용 상황 등을 조사하여야 한다.
② 심천측량은 하천의 수심 및 유수부분의 하저사항을 조사하고 횡단면도를 제작하는 측량을 말한다.
③ 하천 측량에서 수준측량을 할 때의 거리표는 하천의 중심에 직각방향으로 설치한다.
④ 수위관측소의 위치는 지천의 합류점 및 분류점으로서 수위의 변화가 일어나기 쉬운 곳에 적당하다.

정답 021 ③ 022 ④ 023 ④ 024 ④ 025 ① 026 ③ 027 ④

해설
- 지천의 합류점 및 분류점으로서 수위의 변화가 생기지 않는 곳이 적당하다.
- 잔류, 역류 및 저수위가 없는 곳

028 지반고(h_A)가 123.6m인 A점에 토털스테이션을 설치하여 B점의 프리즘을 관측하여 기계고 1.0m, 관측사거리(S) 180m, 수평선으로부터의 고저각(α) 30°, 프리즘고(P_h) 1.5m를 얻었다면 B점의 지반고는?

① 212.1m
② 213.1m
③ 277.98m
④ 280.98m

해설
$H_B = H_A + L\tan\alpha + I - h = 123.6 + 155.88\tan30° + 1.0 - 1.5 = 213.1m$
여기서, 수평거리 $L = S\cos\alpha = 180\cos30° = 155.88m$

029 홍수시 유속 측정에 가장 알맞은 것은?

① 봉부자
② 이중부자
③ 수중부자
④ 표면부자

해설
표면부자는 홍수시의 표면유속 관측에 사용되며 부자에 의한 유속 측정시 큰 하천은 100~200m 거리, 작은 하천은 20~50m 거리 정도가 좋다.

030 지형측량에서 등고선의 성질에 대한 설명으로 옳지 않은 것은?

① 등고선은 절대 교차하지 않는다.
② 등고선은 지표의 최대 경사선 방향과 직교한다.
③ 동일 등고선 상에 있는 모든 점은 같은 높이이다.
④ 등고선간의 최단거리의 방향은 그 지표면의 최대경사의 방향을 가리킨다.

해설
- 등고선은 동굴이나 절벽에서는 교차한다.
- 등고선은 분수선과 직교한다.
- 등고선은 도면 내외에서 폐합하는 폐곡선이다.

031 트래버스 측량의 결과 위거오차 +0.25m, 경거오차 -0.36m일 때 폐합비는? (단, 측선의 연장은 3,000m이다.)

① $\dfrac{1}{3,000}$
② $\dfrac{1}{3,845}$
③ $\dfrac{1}{6,000}$
④ $\dfrac{1}{6,845}$

- 폐합오차(E)
$$E = \sqrt{(E_L)^2 + (E_D)^2} = \sqrt{(0.25)^2 + (-0.36)^2} = 0.438\text{m}$$
- 폐합비(R)
$$R = \frac{E}{\Sigma l} = \frac{0.438}{3,000} = \frac{1}{6,845}$$

032 캔트(cant)의 계산에서 속도 및 반지름을 2배로 하면 캔트는 몇 배가 되는가?

① 2배 ② 4배
③ 8배 ④ 16배

- 캔트 $C = \dfrac{SV^2}{gR}$ 관계식에서 속도 V와 반지름 R을 1배로 하면
$$C = \frac{S(2V)^2}{g(2R)} = \frac{S4V^2}{g2R} = \frac{2SV^2}{gR} \quad \therefore\ 2배$$
- 캔트가 커지면 곡률 반경은 감소한다.
- 종점에 있는 캔트는 원곡선의 캔트와 같다.
- 캔트란 곡선부의 바깥쪽을 높이는 것을 뜻하며, 철도에서는 캔트라 하고 도로에서는 편물매라 뜻한다.

033 노선측량에 관한 설명 중 잘못된 것은?

① 노선측량이란 수평곡선, 종곡선, 완화곡선 등을 계산하고 측설하는 측량이다.
② 곡률이 곡선길이에 반비례하는 곡선을 클로소이드 곡선이라 한다.
③ 완화곡선에 연한 곡선반지름의 감소율은 캔트의 증가율과 같다.
④ 완화곡선의 반지름은 시점에서 무한대이고 종점에서는 원곡선의 반지름이 된다.

- 곡률이 곡선길이에 비례하는 곡선을 클로소이드 곡선이라 한다.
- 완화곡선은 시점에서는 직선에, 종점에서는 원곡선 반경에 접한다.
- 모든 클로소이드는 닮은 꼴이며 클로소이드 요소는 길이의 단위를 가진 것과 단위가 없는 것이 있다.

034 다각측량의 각관측 방법 중 방위각법에 대한 설명이 아닌 것은?

① 각 측선이 일정한 기준선과 이루는 각을 우회로 관측하는 방법이다.
② 험준하고 복잡한 지역에서는 적합하지 않다.
③ 각각이 독립적으로 관측되므로 오차 발생시 오차의 영향이 독립적이므로 이후의 측량에 영향이 없다.
④ 각관측값의 계산과 제도가 편리하고 신속히 관측할 수 있다.

정답 028 ② 029 ④ 030 ① 031 ④ 032 ① 033 ② 034 ③

해설
- 다각측량과 트래버스측량을 함께 하므로 오차 발생시 영향이 미친다.
- 진북을 기준으로 어느 측선까지 시계 방향으로 측정하는 방법이다.
- 방위각법은 트래버스 측량에서 관측값의 계산은 편리하나 한번 오차가 생기면 그 영향이 끝까지 미친다.

035 촬영고도 3000m에서 초점거리 153mm의 카메라를 사용하여 고도 600m의 평지를 촬영할 경우의 사진축척은?

① $\dfrac{1}{14865}$ ② $\dfrac{1}{15686}$
③ $\dfrac{1}{16766}$ ④ $\dfrac{1}{17568}$

해설
$$\dfrac{1}{m} = \dfrac{f}{H-h} = \dfrac{0.153}{3000-600} = \dfrac{1}{15686}$$

036 수준측량의 부정오차에 해당되는 것은?
① 기포의 순간 이동에 의한 오차
② 기계의 불완전 조정에 의한 오차
③ 지구곡률에 의한 오차
④ 빛의 굴절에 의한 오차

해설 부정 오차
① 시차로 인한 오차(두 눈을 뜨고 읽은 경우나 눈의 초점이 안 잡혔을 경우)
② 일광직사로 인한 오차
③ 기포 이동에 의한 오차
④ 진동, 지진에 의한 오차

037 GNSS 측량에 대한 설명으로 틀린 것은?
① 다양한 항법위성을 이용한 3차원 측위방법으로 GPS, GLONASS, Galileo 등이 있다.
② VRS 측위는 수신기 1대를 이용한 절대 측위 방법이다.
③ 지구질량 중심을 원점으로 하는 3차원 직교좌표 체계를 사용한다.
④ 정지측량, 신속정지측량, 이동측량 등으로 측위방법을 구분할 수 있다.

해설 GNSS관측
① 정지측위법, 신속정지측위법, 이동측위법에 따라 정해진 관측을 실시한다.
② 관측도에는 복수의 GNSS 수신기를 이용하여 동시에 실시하는 관측계획을 기입한다.

③ 관측은 기지점 및 미지점을 결합하는 트래버스 노선이 폐합된 다각형을 구성하며, 다른 점검을 위하여 1변 이상 중복관측을 실시한다.
④ 표고는 최초 관측에서 거리가 500m 이하인 경우 타원체고의 차를 고저차로 사용할 수 있다.
⑤ GNSS 위성의 작동상태, 비행정보 등을 고려하여 한곳에 몰려있는 배치는 피한다.
⑥ GNSS 위성의 수신고도각은 15°를 표준으로 한다. 다만, 상공시계 확보가 곤란한 경우는 수신고도각을 30°까지 완화할 수 있다.
⑦ GNSS 위성은 동시에 4개 이상을 사용한다. 다만, 신속정지측위법 및 이동측위법을 실시하는 경우는 5개 이상으로 한다.

038 측량에 있어 미지값을 관측할 경우에 나타나는 오차와 관련된 설명으로 틀린 것은?

① 경중률은 분산에 반비례한다.
② 경중률은 반복 관측일 경우 각 관측값 간의 편차를 의미한다.
③ 일반적으로 큰 오차가 생길 확률은 작은 오차가 생길 확률보다 매우 작다.
④ 표준편차는 각과 거리 같은 1차원의 경우에 대한 정밀도의 척도이다.

해설
경중률은 미지의 관측에서 개별 관측값의 정밀도가 동일하지 않을 경우에는 어떤 계수를 곱하여 개개 관측값 간에 균형을 이루게 한 후 최확값을 구할 때 사용하는 계수로 개별 관측값들의 신뢰도를 나타낸다.

039 표고 300m의 지역(800km²)을 촬영고도 3300m에서 초점거리 152mm의 카메라로 촬영했을 때 필요한 사진매수는? (단, 사진크기 23cm×23cm, 종중복도 60%, 횡중복도 30%, 안전율 30%임)

① 139매
② 140매
③ 181매
④ 281매

해설
- 축척 $\dfrac{1}{m} = \dfrac{f}{H-h} = \dfrac{0.152}{3300-300} = \dfrac{1}{19736}$

- 유효 모델 면적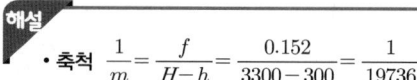
$A_0 = (a \cdot m)^2 \left(1 - \dfrac{p}{100}\right)\left(1 - \dfrac{q}{100}\right)$
$= (0.23 \times 19736)^2 \left(1 - \dfrac{60}{100}\right)\left(1 - \dfrac{30}{100}\right)$
$= 5,769,417 \text{m}^2 = 5.76 \text{km}^2$

- 안전율을 고려한 경우 사진매수 $N = \dfrac{F}{A_0}(1 + \text{안전율})$
$= \dfrac{800}{5.76}(1 + 0.3) = 181$매

정답 035 ② 036 ① 037 ② 038 ② 039 ③

040 그림과 같은 수준환에서 직접수준측량에 의하여 표와 같은 결과를 얻었다. D점의 표고는? (단, A점의 표고는 20m, 경중률은 동일)

① 6.877m
② 8.327m
③ 9.749m
④ 10.586m

구분	거리(km)	표고(m)
A→B	3	B=12.401
B→C	2	C=11.275
C→D	1	D=9.780
D→A	2.5	A=20.044

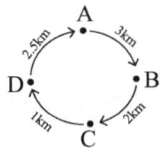

해설
- 폐합오차 $20.044 - 20 = 0.044\,m$
- D점의 조정량 = $\dfrac{\text{조정할 측점까지의 추가거리}}{\text{총 거리}} \times \text{폐합오차}$
  = $\dfrac{6}{8.5} \times 0.044 = 0.031\,m$
- D점의 표고 $9.780 - 0.031 = 9.749\,m$

3과목 수리·수문학

041 밀도가 ρ인 유체가 일정한 유속 V_0로 수평방향으로 흐르고 있다. 이 유체속의 직경 d, 길이 l인 원주가 흐름 방향에 직각으로 중심축을 가지고 수평으로 놓였을 때 원주에 작용되는 항력(抗力)을 구하는 공식은? (단, C_D는 항력계수이다.)

① $C_D \cdot \dfrac{\pi d^2}{4} \cdot \dfrac{\rho V_0^{\,2}}{2}$

② $C_D \cdot d \cdot l \cdot \dfrac{\rho V_0^{\,2}}{2}$

③ $C_D \cdot \dfrac{\pi d^2}{4} \cdot l \cdot \dfrac{\rho V_0^{\,2}}{2}$

④ $C_D \cdot \pi d \cdot l \cdot \dfrac{\rho V_0^{\,2}}{2}$

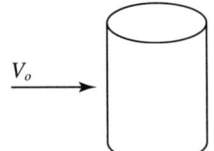

해설
항력 = $C_D \cdot A \dfrac{\rho V_0^{\,2}}{2} = C_D\, dl\, \dfrac{\rho V_0^{\,2}}{2}$

보충
- 유체 속에 물체가 있을 때 물체가 유체로부터 받는 힘을 항력이라 한다.
- 흐르는 물체 속에 잠겨있는 물체에 작용하는 항력은 물체의 크기, 형상, 수심 등이 관계 있다.

042 폭 3.5m, 수심 0.4m인 직사각형 수로의 유량을 프랜시스(Francis)공식으로 구하면? (단, 접근유속을 무시하고 양단수축임)
① $1.59\,\mathrm{m}^3/\mathrm{sec}$
② $2.04\,\mathrm{m}^3/\mathrm{sec}$
③ $2.19\,\mathrm{m}^3/\mathrm{sec}$
④ $2.34\,\mathrm{m}^3/\mathrm{sec}$

 해설

$$Q = 1.84 b_0 h^{\frac{3}{2}} = 1.84(b - 0.1nh) h^{\frac{3}{2}} = 1.84(3.5 - 0.1 \times 2 \times 0.4) 0.4^{\frac{3}{2}}$$
$$= 1.59 \mathrm{m}^3/\mathrm{sec}$$

보충 • 접근 유속을 고려시
$$Q = 1.84(b - 0.1nh)(h + h_a)^{\frac{3}{2}} \quad \text{여기서, } h_a = \alpha \frac{V_a^{\,2}}{2g}$$
• 삼각형위어
$$Q = \frac{8}{15} C \tan\frac{\theta}{2} \sqrt{2g}\, h^{\frac{5}{2}}$$

043 정상류(steady flow)의 정의로 가장 적합한 것은?
① 한 점에서 수리학적 특성이 시간에 따라 변화하지 않는 흐름
② 어떤 순간에 가까운 점들의 수리학적 특성이 흐름의 상태와 같아지는 흐름
③ 수리학적 특성이 시간에 따라 점차적으로 흐름의 상태와 같이 변화하는 흐름
④ 어떤 구간에서만 수리학적 특성과 흐름의 상태가 변화하는 흐름

 해설

정류(정상류)란 모든 점에서의 흐름과 특성이 시간에 따라 변하지 않는 흐름이다. 즉, 유량, 수위, 유속 등이 시간에 관계없이 동일하다.
$$\left(\frac{\partial A}{\partial t} = 0, \ \frac{\partial}{\partial l}(AV) = 0, \ \frac{\partial Q}{\partial l} = 0\right)$$
$$\left(\frac{\partial V}{\partial t} = 0, \ \frac{\partial Q}{\partial t} = 0, \ \frac{\partial \rho}{\partial t} = 0\right)$$

044 개수로에서 수리학적으로 유리한 단면의 조건에 해당되지 않는 것은?
(단, H : 수심, R : 경심, P : 윤변, B : 수면폭, l : 측벽의 경사거리, θ : 측벽의 경사)
① H를 반경으로 하는 반원에 외접
② R : 최대, P : 최소
③ 직사각형 단면 : $H = B/2$, $R = B/2$
④ 사다리꼴 단면 : $l = B/2$, $R = H/2$, $\theta = 60°$

 해설

• 직사각형 단면(구형단면)
$$H = \frac{B}{2}, \ R = \frac{H}{2}$$
• 수리상 유리한 단면은 경심(R)이 최대가 되던지 윤변(P)이 최소가 되어야 한다.

정답 040 ③ 041 ② 042 ① 043 ① 044 ③

045 다음 중 오리피스(orifice)에서 물이 분출할 때 일어나는 손실수두(Δh)의 계산식이 아닌 것은?

① $\Delta h = H - \dfrac{V_a^2}{2g}$
② $\Delta h = H(1 - C_v^2)$
③ $\Delta h = \dfrac{V_a^2}{2g}\left(\dfrac{1}{C_v^2} - 1\right)$
④ $\Delta h = H(C_v^2 + 1)$

해설

손실수두 = 전수두 − 유속수두

$\Delta h = \dfrac{1}{C_V^2}\dfrac{V^2}{2g} - \dfrac{V^2}{2g} = \dfrac{V^2}{2g}\left(\dfrac{1}{C_V^2} - 1\right) = \dfrac{2gH}{2g}\left(\dfrac{1}{C_V^2} - 1\right) = H(1 - C_V^2)$

여기서, ① 실제유속 $V = C_V\sqrt{2gH}$
$V^2 = C_V^2 \cdot 2gH$
$H = \dfrac{1}{C_V^2}\dfrac{V^2}{2g}$

② 이론유속 $V = \sqrt{2gH}$
$V^2 = 2gH$ ∴ $H = \dfrac{V^2}{2g}$

046 어떤 유역 내에 5개의 우량관측소에서 표와 같은 지배면적에 우량이 측정되었을 때 Thiessen법으로 산정한 유역의 평균우량은?

우량 관측소	A	B	C	D	E
지배면적 [km²]	12	15	20	14	18
우량 [mm]	32	27	25	36	40

① 31.81mm ② 32.00mm
③ 32.72mm ④ 33.04mm

해설

- $P_m = \dfrac{\Sigma A \cdot P}{\Sigma A} = \dfrac{12 \times 32 + 15 \times 27 + 20 \times 25 + 14 \times 36 + 18 \times 40}{12 + 15 + 20 + 14 + 18} = 31.81\text{mm}$
- Thiessen 가중법은 유역면적이 500~5,000km²인 곳에서 사용하면 가장 효과적이며 관측소간의 우량변화를 선형으로 단순화한 것이다.

047 수표면적이 10km² 되는 어떤 저수지면으로부터 측정된 대기의 평균온도가 25°C이고, 상대습도가 65%, 저수지면 6m 위에서 측정한 풍속이 4m/sec이고, 저수지면 경계층의 수온이 20°C로 추정되었을 때 증발률(E_o)이 1.44mm/day였다면 이 저수지면으로부터의 일증발량(E_{day})은?

① 42366m³ ② 42918m³
③ 57339m³ ④ 14400m³

일증발량=증발률×수표면적= $1.44 \times 10^{-3} \times 10,000,000 = 14,400 \text{m}^3$

048 개수로에서의 흐름에 대한 설명 중 맞는 것은?
① 한계류 상태에서는 수심의 크기가 속도수두의 2배가 된다.
② 유량이 일정할 때 상류(常流)에서는 수심이 작아질수록 유속도 작아진다.
③ 흐름이 상류(常流)에서 사류(射流)로 바뀔 때에는 도수와 함께 큰 에너지 손실을 동반한다.
④ 비에너지는 수평기준면을 기준으로 한 단위무게의 유수가 가진 에너지를 말한다.

- 비에너지는 수로 바닥을 기준으로 한 단위무게의 유수가 가진 에너지이다.
- 흐름이 사류에서 상류로 변하는 곳에 도수 현상이 생기며 큰 에너지 손실이 동반한다.
- 한계수심은 비에너지가 최소일 때의 수심이다.
- 한계수심 $h_c = \frac{2}{3}H_e$ 일 때 $Q_{\max}$ 가 된다.
- 한계유속 $V_c = \sqrt{\frac{gh_c}{\alpha}}$, $V_c^2 = \frac{gh_c}{\alpha}$ ∴ $h_c = \frac{\alpha V_c^2}{g}$
- 속도수두 $h = \alpha \frac{V^2}{2g}$
- 상류는 수심이 한계수심보다 크고 유속은 한계유속보다 작은 흐름이다.

049 강수량 자료를 분석하는 방법 중 이중누가해석(double mass analysis)에 대한 설명으로 옳은 것은?
① 강수량 자료의 일관성을 검증하기 위하여 이용한다.
② 강수의 지속기간을 알기 위하여 이용한다.
③ 평균 강수량을 계산하기 위하여 이용한다.
④ 결측자료를 보완하기 위하여 이용한다.

이중누가우량 분석법은 장기간 자료로서 일관성에 대한 검증을 위해 사용하는 분석이다.

050 그림에서 배수구의 면적이 5cm²일 때 물통에 작용하는 힘은? (단, 물의 높이는 유지되고, 손실은 무시한다.)
① 1N
② 10N
③ 100N
④ 102N

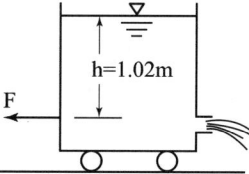

정답 045 ④ 046 ① 047 ④ 048 ① 049 ① 050 ②

해설
- $V = \sqrt{2gh} = \sqrt{2 \times 9.8 \times 1.02} = 4.47\,\mathrm{m/s}$
- $F = \dfrac{w}{g} Q V = \dfrac{w}{g}(A\ V)\ V = \dfrac{9800}{9.8}(5\times 10^{-4} \times 4.47) \times 4.47 = 10\,\mathrm{N}$

051 그림과 같이 정수 중에 있는 판에 작용하는 전수압을 계산하는 식은?

① $P = \gamma\, S_G\, A$
② $P = \gamma\, \dfrac{h_1 + h_2}{2}\, A$
③ $P = \gamma\, h_G\, A$
④ $P = \gamma\, h_G\, A \sin\theta$

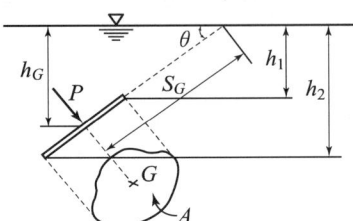

해설
$P = \gamma\, h_G\, A = \gamma\, S_G \sin\theta\, A$

052 폭이 넓은 하천에서 수심이 2m이고 경사가 1/200인 흐름의 소류력 (tractive force)은?

① $98\,\mathrm{N/m^2}$
② $49\,\mathrm{N/m^2}$
③ $196\,\mathrm{N/m^2}$
④ $294\,\mathrm{N/m^2}$

해설
$\tau = \omega R I = \omega h I = 1\,\mathrm{g/cm^3} \times 200\,\mathrm{cm} \times \dfrac{1}{200} = 1\,\mathrm{g/cm^2} = 0.001\,\mathrm{kg/cm^2}$
$= 0.001\,\mathrm{kg/cm^2} \times 98000 = 98\,\mathrm{N/m^2}$
여기서, $1\,\mathrm{kg/cm^2} = 98000\,\mathrm{N/m^2}$

053 두께가 10m인 피압대수층에서 우물을 통해 양수한 결과 50m 및 100m 떨어진 두 지점에서 수면강하가 각각 20m 및 10m로 관측 되었다. 정상상태를 가정할 때 우물의 양수량은? (단, 투수계수는 0.3m/hr)

① $7.6 \times 10^{-2}\,\mathrm{m^3/s}$
② $6.0 \times 10^{-3}\,\mathrm{m^3/s}$
③ $7.4\,\mathrm{m^3/s}$
④ $21.6\,\mathrm{m^3/s}$

해설
$Q = \dfrac{2\pi c\, k(H - h_0)}{2.3 \log\left(\dfrac{R}{r}\right)} = \dfrac{2 \times 3.14 \times 10 \times 0.0000833(20 - 10)}{2.3 \log\left(\dfrac{100}{50}\right)} = 0.076\,\mathrm{m^3/s}$
여기서, $k = 0.3\,\mathrm{m/hr} = 0.0000833\,\mathrm{m/s}$

054 지름이 4cm인 원형관 속에 물이 흐르고 있다. 관로 길이 1.0m 구간에서 압력강하가 0.1N/m²이었다면 관벽의 마찰응력은?

① 0.001 N/m^2
② 0.002 N/m^2
③ 0.01 N/m^2
④ 0.02 N/m^2

해설
- $p = wh$
  $\therefore h = \dfrac{p}{w} = \dfrac{0.1 \text{N/m}^2}{9800 \text{N/m}^3} = 0.0000102 \text{ m}$
- $\tau_0 = wRI = w\dfrac{D}{4}\dfrac{h}{l} = 9800 \times \dfrac{0.04}{4} \times \dfrac{0.0000102}{1.0} = 0.001 \text{ N/m}^2$

  여기서, 물의 단위중량 $w = 1000 \text{kg/m}^3 = 1000 \times 9.8 \text{N/m}^3 = 9800 \text{N/m}^3$

055 관수로 흐름에서 난류에 대한 설명으로 옳은 것은?

① 마찰손실계수는 레이놀즈수만 알면 구할 수 있다.
② 관벽 조도가 유속에 주는 영향은 층류일 때보다 작다.
③ 관성력의 점성력에 대한 비율이 층류의 경우보다 크다.
④ 에너지 손실은 주로 난류효과보다 유체의 점성 때문에 발생된다.

해설
- 관마찰손실계수(f)
  - 층류일 때는 R_e만의 함수이고, 천이구간일 때는 R_e와 상대조도의 함수이다.
  - 난류일 때의 매끈한 관일 경우에는 상대조도에는 관계가 없고 R_e만의 함수이고, 거친관일 때는 R_e에는 관계가 없고 상대조도만의 함수이다.
- 관수로 내의 흐르는 물의 에너지 손실은 마찰력에 해당하며 유속분포와 마찰력 분포는 흐름의 상태에는 관계없으므로 층류와 난류에 대하여 성립한다.

056 차원계를 $[MLT]$에서 $[FLT]$로 변환할 때 사용하는 식으로 옳은 것은?

① $[M] = [LFT]$
② $[M] = [L^{-1}FT^2]$
③ $[M] = [LFT^2]$
④ $[M] = [L^2FT]$

해설
$M = FL^{-1}T^2$, $F = MLT^{-2}$

057 지하수의 투수계수에 영향을 주는 인자로 거리가 먼 것은?

① 토양의 평균입경
② 지하수의 단위중량
③ 지하수의 점성계수
④ 토양의 단위중량

해설
흙입자의 모양 및 크기, 공극비, 포화도, 흙입자의 구조 및 구성, 지하수의 점성, 지하수의 단위중량

058 다음 중 차원이 다른 것은?

① 강우강도 ② 증발율
③ 침투능 ④ 유출율

해설
- 강우강도 : mm/hr $[LT^{-1}]$
- 증발율 : mm/day $[LT^{-1}]$
- 침투능 : mm/sec $[LT^{-1}]$
- 유출율 : $\dfrac{유출량}{총 강수량}$ [무차원]

059 미소진폭파(small-amplitude wave) 이론을 가정할 때, 일정 수심 h의 해역을 전파하는 파장 L, 파고 H, 주기 T의 파랑에 대한 설명 중 틀린 것은?

① h/L이 0.05보다 작을 때, 천해파로 정의한다.
② h/L이 1.0보다 클 때, 천해파로 정의한다.
③ 분산관계식은 L, h 및 T 사이의 관계를 나타낸다.
④ 파랑의 에너지는 H^2에 비례한다.

해설
h/L이 0.5보다 클 때, 천해파로 정의한다.

060 수면 높이차가 항상 20m인 두 수조가 지름 30cm, 길이 500m, 마찰손실계수가 0.03인 수평관으로 연결되었다면 관 내의 유속은? (단, 마찰, 단면 급확대 및 급축소에 따른 손실을 고려한다.)

① 2.76 m/s ② 4.72 m/s
③ 5.76 m/s ④ 6.72 m/s

해설
$$V = \sqrt{\dfrac{2gh}{f_{se}+f_{sc}+f\dfrac{D}{l}}} = \sqrt{\dfrac{2\times 9.8\times 20}{1.0+0.5+0.03\times\dfrac{500}{0.3}}} = 2.76\,\text{m/s}$$

4과목 철근콘크리트 및 강구조

061 그림과 같은 철근콘크리트보 단면이 파괴시 인장철근의 변형률은?
(단, f_{ck} = 28MPa, f_y = 350MPa, A_s = 1520mm²)

① 0.004
② 0.008
③ 0.011
④ 0.015

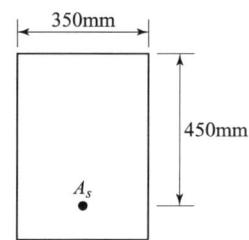

해설

$$a = \frac{A_s f_y}{0.85 f_{ck} b} = \frac{1520 \times 350}{0.85 \times 28 \times 350} = 63.87 \text{mm}$$

$a = \beta_1 c$ 에서 $c = \dfrac{a}{\beta_1} = \dfrac{63.87}{0.8} = 79.84$mm

$0.0033 : 79.84 = \varepsilon_s : (450 - 79.84)$

$\therefore \varepsilon_s = \dfrac{0.0033 \times (450 - 79.84)}{79.84} = 0.015$

062 그림과 같은 맞대기 용접의 용접부에 발생하는 인장응력은?

① 100 MPa
② 150 MPa
③ 200 MPa
④ 220 MPa

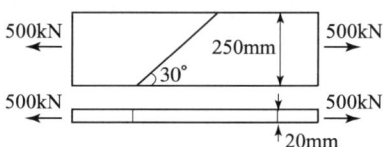

해설

$$f = \frac{P}{A} = \frac{500000}{20 \times 250} = 100 \text{N/mm}^2 = 100 \text{MPa}$$

063 지간(L)이 6m인 단철근 직사각형 단순보에 고정하중(자중 포함)이 15.5kN/m, 활하중이 35kN/m가 작용할 경우 최대 모멘트가 발생하는 단면의 계수모멘트(M_u)는 얼마인가? (단, 하중조합을 고려할 것)

① 227.3 kN·m
② 300.6 kN·m
③ 335.7 kN·m
④ 373.2 kN·m

해설

- $\omega_u = 1.2\omega_p + 1.6\omega_L = 1.2 \times 15.5 + 1.6 \times 35 = 74.6$ kN/m
- $M_u = \dfrac{\omega_u l^2}{8} = \dfrac{74.6 \times 6^2}{8} = 335.7$ kN·m

064 그림과 같이 단면의 중심에 PS 강선이 배치된 부재에 자중을 포함한 계수하중(ω)=30kN/m가 작용한다. 부재의 연단에 인장응력이 발생하지 않으려면 PS 강선에 도입되어야 할 긴장력(P)은 최소 얼마 이상인가?

① 2,005 kN
② 2,025 kN
③ 2,045 kN
④ 2,065 kN

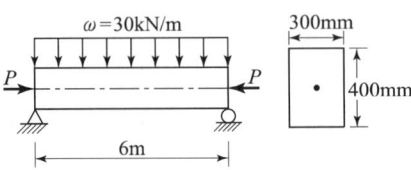

해설
- $M = \dfrac{\omega l^2}{8} = \dfrac{30 \times 6^2}{8} = 135\text{kN} \cdot \text{m}$
- $I = \dfrac{bh^3}{12} = \dfrac{0.3 \times 0.4^3}{12} = 0.0016\text{m}^4$
- $A = bh = 0.3 \times 0.4 = 0.12\text{m}^2$
- $f = \dfrac{P}{A} - \dfrac{M}{I}y = 0$

$\dfrac{P}{0.12} - \dfrac{135}{0.0016} \times \dfrac{0.4}{2} = 0$

$\therefore P = 2025\text{kN}$

065 그림과 같은 복철근 보의 유효깊이는? (단, 철근 1개의 단면적은 250mm²이다.)

① 810mm
② 780mm
③ 770mm
④ 730mm

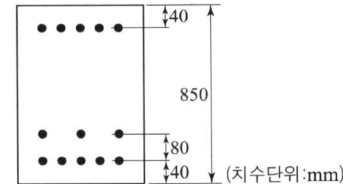

해설
$8 \cdot d = 3 \times (850 - 120) + 5 \times (850 - 40)$
$\therefore d = 780\text{mm}$

066 순단면이 볼트의 구멍 하나를 제외한 단면(즉, A-B-C 단면)과 같도록 피치(s)의 값을 결정하면? (단, 볼트의 직경은 19mm이다.)

① $s = 114.9$mm
② $s = 90.6$mm
③ $s = 66.3$mm
④ $s = 50$mm

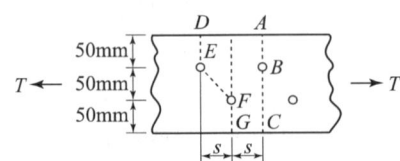

해설
순폭 $b_n = b_g - d - \left(d - \dfrac{s^2}{4g}\right)$에서 $b_n = b_g - d$이어야 하므로 $d - \dfrac{s^2}{4g} = 0$

$\therefore s = \sqrt{4gd} = \sqrt{4 \times 5 \times (1.9 + 0.3)} = 6.63\text{cm} = 66.3\text{mm}$

067 b_w = 250mm이고, h = 500mm인 직사각형 철근콘크리트 보의 단면에 균열을 일으키는 비틀림모멘트 T_{cr}은 약 얼마인가? (단, f_{ck} = 28MPa, λ = 1.0)

① 9.8 kN·m
② 11.3 kN·m
③ 12.5 kN·m
④ 13.6 kN·m

해설

- $T_{cr} = \phi(\lambda\sqrt{f_{ck}}/3)\dfrac{A_{cp}^2}{P_{cp}} = 0.75(1.0\times\sqrt{28}/3)\times\dfrac{(250\times500)^2}{2\times250+2\times500}$
 = 13,642,155N·mm = 13.6kN·m

068 프리스트레스의 손실 원인 중 프리스트레스 도입 후 시간이 경과함에 따라서 생기는 것은 어느 것인가?

① 콘크리트의 탄성수축
② 콘크리트의 크리프
③ PS 강재와 쉬스의 마찰
④ 정착단의 활동

해설
프리스트레스 도입 후 손실은 콘크리트의 건조수축, 콘크리트 크리프, 강재의 릴랙세이션이다.

069 A_s = 3,600mm², A_s' = 1,200mm²로 배근된 그림과 같은 복철근 보의 탄성처짐이 12mm라 할 때 5년 후 지속하중에 의해 유발되는 장기처짐은 얼마인가?

① 36 mm
② 18 mm
③ 12 mm
④ 6 mm

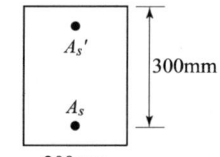

해설
- 압축철근비
$\rho' = \dfrac{A_s'}{bd} = \dfrac{1200}{200\times300} = 0.02$
- 장기추가처짐계수
$\lambda_\Delta = \dfrac{\xi}{1+50\rho'} = \dfrac{2}{1+50\times0.02} = 1$
- **장기처짐** = 탄성처짐×λ_Δ = 12×1 = 12mm

070 강도설계법의 설계 기본가정 중에서 옳지 않은 것은?

① 철근 및 콘크리트의 변형률은 중립축으로부터의 거리에 비례한다.
② 인장 측 연단에서 콘크리트의 극한 변형률은 0.0033으로 가정한다.
③ 콘크리트의 인장강도는 철근콘크리트 휨계산에서 무시한다.
④ 철근의 변형률이 f_y에 대응하는 변형률보다 큰 경우 철근의 응력은 변형률에 관계없이 f_y로 한다.

해설
- 압축측 연단에서 콘크리트의 극한 변형률은 0.0033으로 가정한다. ($f_{ck} \leq 40\,\text{MPa}$)
- 항복강도 f_y 이하에서의 철근의 응력은 그 변형률의 E_s배로 한다.
  $\left(\varepsilon_y = \dfrac{f_y}{E_s},\ f_y = \varepsilon_y \cdot E_s\right)$
- 콘크리트의 압축응력 크기는 $\eta(0.85 f_{ck})$로 균등하고 이 응력은 압축 연단에서 $\alpha = \beta_1 c$인 등가 직사각형 분포로 본다.

071 다음과 같은 띠철근 단주 단면의 공칭 축하중 강도(P_n)는? (단, 종방향 철근 (A_{st}) = 4 – D29 = 2570mm², f_{ck} = 21MPa, f_y = 400MPa)

① 3331.7 kN
② 3070.5 kN
③ 2499.3 kN
④ 2187.2 kN

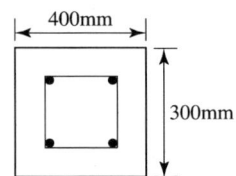

해설
- 공칭 축하중 강도
  $P_n = 0.8\,(0.85 f_{ck} A_c + A_{st} f_y)$
  $= 0.8\,\{0.85 \times 21 \times (400 \times 300 - 2570) + 2570 \times 400\}$
  $= 2499300.4\text{N} = 2499.3\text{kN}$
- 설계 축하중 강도
  $P_u = \phi P_n = 0.65 \times 0.8\,(0.85 f_{ck} A_c + A_{st} f_y)$
- 나선철근 기둥
  $P_n = 0.85\,(0.85 f_{ck} A_c + A_{st} f_y)$
  $P_u = \phi P_n = 0.7 \times 0.85\,(0.85 f_{ck} A_c + A_{st} f_y)$

072 철근 콘크리트 구조물에서 연속 휨부재의 모멘트 재분배를 하는 방법에 대한 다음 설명 중 틀린 것은?

① 근사해법에 의하여 휨모멘트를 계산한 경우에는 연속 휨부재의 모멘트 재분배를 할 수 없다.
② 휨모멘트를 감소 시킬 단면에서 최외단 인장철근의 순인장변형률 ε_t가 0.0075 이상인 경우에만 가능하다.
③ 경간내의 단면에 대한 휨모멘트의 계산은 수정된 부모멘트를 사용하여야 한다.
④ 재분배량은 산정된 부모멘트의 $20\left[1 - \dfrac{\rho - \rho'}{\rho_b}\right]$%이다.

탄성 이론에 의하여 산정한 연속 휨부재 받침부의 부휨모멘트는 $20\left[1-\dfrac{\rho-\rho'}{\rho_b}\right]$%만큼 증가 또는 감소시킬 수 있다.

073 아래의 표와 같은 조건의 경량콘크리트를 사용할 경우 경량 콘크리트 계수(λ)로 옳은 것은?

〈조건〉
- 콘크리트 설계기준 압축강도(f_{ck}) : 24MPa
- 콘크리트 인장강도(f_{sp}) : 2.17MPa

① 0.72　　　　　　② 0.75
③ 0.79　　　　　　④ 0.85

- f_{sp} 값이 주어진 경우

$\lambda = \dfrac{f_{sp}}{0.56\sqrt{f_{ck}}} \leq 1.0 = \dfrac{2.17}{0.56\sqrt{24}} = 0.79$

- f_{sp} 값이 규정되어 있지 않은 경우
  $\lambda = 0.75$: 전경량 콘크리트
  $\lambda = 0.85$: 모래 경량 콘크리트

074 이형 철근의 정착길이에 대한 설명으로 틀린 것은? (단, d_b = 철근의 공칭지름)

① 표준갈고리가 있는 인장 이형철근 : $10d_b$ 이상, 또한 200mm 이상
② 인장 이형철근 : 300mm 이상
③ 압축 이형철근 : 200mm 이상
④ 확대머리 인장 이형철근 : $8d_b$ 이상, 또한 150mm 이상

표준갈고리가 있는 인장 이형철근 : $8d_b$ 이상, 또한 150mm 이상

075 1방향 슬래브에 대한 설명으로 틀린 것은?

① 1방향 슬래브의 두께는 최소 80mm 이상으로 하여야 한다.
② 4변에 의해 지지되는 2방향 슬래브 중에서 단변에 대한 장변의 비가 2배를 넘으면 1방향 슬래브로서 해석한다.
③ 슬래브의 정모멘트 철근 및 부모멘트 철근의 중심간격은 위험단면에서는 슬래브 두께의 2배 이하이어야 하고 또한 300mm 이하로 하여야 한다.
④ 슬래브의 정모멘트 철근 및 부모멘트 철근의 중심간격은 위험단면을 제외한 단면에서는 슬래브 두께의 3배 이하이어야 하고 또한 450mm 이하로 하여야 한다.

정답　071 ③　072 ④　073 ③　074 ①　075 ①

해설
- 1방향 슬래브의 두께는 최소 100mm 이상으로 하여야 한다.
- 1방향 슬래브에서는 정모멘트 철근 및 부모멘트 철근에 직각방향으로 수축·온도철근을 배치하여야 한다.

076 그림과 같은 포스트텐션 보에서 마찰에 의한 B점의 프리스트레스 감소량($\triangle P$)의 크기는? (단, 긴장단에서 긴장재의 긴장력(P_{pj})=1000kN, 근사식을 사용하며, 곡률마찰계수(μ_p)=0.3/rad, 파상마찰계수(k)=0.004/m)

① 54.68kN
② 81.23kN
③ 118.17kN
④ 141.74kN

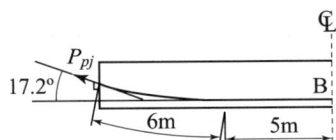

해설
- 포스트텐션 긴장재의 마찰손실
$$P_{px} = \frac{P_{pj}}{(1+kl_{px}+\mu_p\alpha_{px})}$$
$$= \frac{1000}{(1+0.004\times11+17.2\times\frac{\pi}{180°}\times0.3)} = 881.8\,\text{kN}$$

- 프리스트레스 감소량
$$\triangle P = P_{pj} - P_{px} = 1000 - 881.8 = 118.17\,\text{kN}$$

077 유효깊이(d)가 910mm인 아래 그림과 같은 단철근 T형보의 설계휨강도(ϕM_n)를 구하면? (단, 인장철근량(A_s)은 7652mm², f_{ck}=21MPa, f_y=350MPa, 인장지배단면으로 $\phi=0.85$, 경간은 3040mm이다.)

① 1803kN·m
② 1845kN·m
③ 1883kN·m
④ 1981kN·m

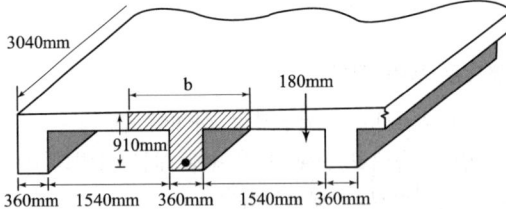

해설
- 유효 폭
  - $16t+b_w = 16\times180+360 = 3240\,\text{mm}$
  - 양쪽 슬래브의 중심간 거리 = $360+\frac{1540}{2}+\frac{1540}{2} = 1900\,\text{mm}$
  - 보의 경간의 $\frac{1}{4} = \frac{3040}{4} = 760\,\text{mm}$
  - ∴ 가장 작은 값인 760mm이다.

• T형보의 판정

$$a = \frac{A_s f_y}{0.85 f_{ck} b} = \frac{7652 \times 350}{0.85 \times 21 \times 760} = 197.42 \text{mm}$$

$a > t$ 이므로 T형보이다.

• 플랜지 부분의 철근량

$$A_{sf} = \frac{0.85 f_{ck}(b - b_w)t}{f_y} = \frac{0.85 \times 21(760 - 360) \times 180}{350} = 3672 \text{mm}^2$$

• 복부 부분에 작용하는 등가응력 사각형의 깊이

$$a = \frac{(A_s - A_{sf})f_y}{0.85 f_{ck} b_w} = \frac{(7652 - 3672) \times 350}{0.85 \times 21 \times 360} = 216.78 \text{mm}$$

• 설계 휨강도

$$\phi M_n = \phi \left\{ (A_s - A_{sf}) f_y (d - \frac{a}{2}) + A_{sf} f_y (d - \frac{t}{2}) \right\}$$
$$= 0.85 \left\{ (7652 - 3672)350(910 - \frac{216.78}{2}) + 3672 \times 350(910 - \frac{180}{2}) \right\}$$
$$= 1,844,930,720 \text{N} \cdot \text{mm} = 1845 \text{kN} \cdot \text{m}$$

078 옹벽의 설계 및 해석에 대한 설명으로 틀린 것은?

① 옹벽 저판의 설계는 슬래브의 설계방법 규정에 따라 수행하여야 한다.
② 앞 부벽식 옹벽에서 앞 부벽은 직사각형보로 설계한다.
③ 부벽식 옹벽의 전면벽은 3변 지지된 2방향 슬래브로 설계할 수 있다.
④ 옹벽은 상재하중, 뒷채움 흙의 중량, 옹벽의 자중 및 옹벽에 작용하는 토압, 필요에 따라서 수압에도 견디도록 설계하여야 한다.

해설
저판의 설계
• 저판의 뒷굽판은 좀 더 정확한 방법이 사용되지 않는 한 위에 재하되는 모든 하중을 지지 하도록 설계되어야 한다.
• 캔틸레버 옹벽의 저판은 전면벽의 접합부를 고정단으로 간주하여 캔틸레버로 설계한다.
• 뒷부벽식 옹벽 및 앞부벽식 옹벽의 저판은 뒷부벽 또는 앞부벽간의 거리를 경간으로 보고 고정보, 또는 연속보로 설계할 수 있다.

079 계수전단력(V_u)이 콘크리트에 의한 설계전단강도(ϕV_c)의 1/2을 초과하는 철근콘크리트 휨부재에는 최소 전단철근을 배치하도록 규정하고 있다. 다음 중 이 규정에서 제외되는 경우에 대한 설명으로 틀린 것은?

① 슬래브와 기초판
② 전체 깊이가 400mm 이하인 보
③ I형보, T형보에서 그 깊이가 플랜지 두께의 2.5배 또는 복부폭의 1/2 중 큰 값 이하인 보
④ 교대 벽체 및 날개벽, 옹벽의 벽체, 암거 등과 같이 휨이 주거동인 판 부재

정답 076 ③ 077 ② 078 ① 079 ②

> **해설**
> - 전체 깊이가 250mm 이하인 보
> - 콘크리트 장선구조

080 리벳으로 연결된 부재에서 리벳이 상·하 두 부분으로 절단되었다면 그 원인은?

① 연결부의 인장파괴
② 리벳의 압축파괴
③ 연결부의 지압파괴
④ 리벳의 전단파괴

> **해설**
> - 전단파괴는 부재가 절단되어 파괴되는 현상으로 재료 내부에 발생하는 전단응력이 재료의 전단 강도에 도달하여 과도한 전단 변형을 일으키며 파괴된다.
> - 지압파괴는 강재에 의해 눌려서 찌그러지는 파괴를 말한다.

5과목 토질 및 기초

081 Sand drain공법의 지배 영역에 관한 Barron의 정사각형 배치에서 Sand pile의 간격을 d, 유효원의 지름을 d_e 라 할 때 d_e를 구하는 식으로 옳은 것은?

① $d_e = 1.13d$
② $d_e = 1.05d$
③ $d_e = 1.03d$
④ $d_e = 1.50d$

> **해설**
> - 정사각형 배열 $d_e = 1.13d$
> - 정삼각형 배열 $d_e = 1.05d$
>
> **보충** 수직, 수평 양 방향을 고려한 압밀도
> $$U_{vh} = 1 - (1 - U_v)(1 - U_h)$$

082 그림에서 분사현상에 대하여 안전율 2.5 이상이 되기 위해서는 Δh를 최대 얼마 이하로 하여야 하는가? (단, 간극률(n)=0.5)

① 18.6cm 이하
② 16.6cm 이하
③ 14.6cm 이하
④ 12.6cm 이하

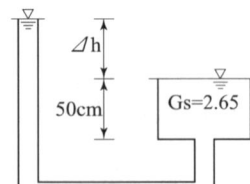

해설

- $e = \dfrac{n}{100-n} = \dfrac{50}{100-50} = 1$
- $i_c = \dfrac{G_s - 1}{1+e} = \dfrac{2.65-1}{1+1} = 0.825$
- $F = \dfrac{i_c}{i} = \dfrac{0.825}{\dfrac{\Delta h}{L}} = \dfrac{0.825}{\dfrac{\Delta h}{50}}$ ∴ $\Delta h = 16.5\,\text{cm}$
- $i < i_c$, $1 < F$인 경우 분사현상이 일어나지 않는다.

083 자연상태의 모래지반을 다져 $e_{\min}$에 이르도록 했다면 이 지반의 상대밀도는?

① 0% ② 50%
③ 75% ④ 100%

해설

$D_r = \dfrac{e_{\max} - e}{e_{\max} - e_{\min}} \times 100$ 식에서 $e = e_{\min}$ 이면 $D_r = 100\%$ 이다.

084 흙 속에 있는 한 점의 최대 및 최소 주응력이 각각 200kN/m² 및 100 kN/m²일 때 최대 주응력면과 30°를 이루는 평면상의 전단응력을 구한 값은?

① $10.5\,\text{kN/m}^2$ ② $21.5\,\text{kN/m}^2$
③ $32.3\,\text{kN/m}^2$ ④ $43.3\,\text{kN/m}^2$

해설

- $\tau = \dfrac{\sigma_1 - \sigma_3}{2} \sin 2\theta = \dfrac{200-100}{200} \sin 2\times 30° = 43.3\,\text{kN/m}^2$
- $\sigma = \dfrac{\sigma_1 + \sigma_3}{2} + \dfrac{\sigma_1 - \sigma_3}{2} \cos 2\theta$

085 수직방향의 투수계수가 4.5×10^{-8}m/sec이고, 수평방향의 투수계수가 1.6×10^{-8}m/sec인 균질하고 비등방(非等方)인 흙댐의 유선망을 그린 결과 유로(流路)수가 4개이고 등수두선의 간격수가 18개였다. 단위길이(m)당 침투수량은? (단, 댐의 상하류의 수면의 차는 18m이다.)

① $1.1 \times 10^{-7}\,\text{m}^3/\text{sec}$ ② $2.3 \times 10^{-7}\,\text{m}^3/\text{sec}$
③ $2.3 \times 10^{-8}\,\text{m}^3/\text{sec}$ ④ $1.5 \times 10^{-8}\,\text{m}^3/\text{sec}$

해설

$Q = \sqrt{k_v \cdot k_h} \cdot h \cdot \dfrac{N_f}{N_d} = \sqrt{4.5 \times 10^{-8} \times 1.6 \times 10^{-8}} \times 18 \times \dfrac{4}{18}$

$= 1.1 \times 10^{-7}\,\text{m}^3/\text{sec}$

정답 080 ④ 081 ① 082 ② 083 ④ 084 ④ 085 ①

086 흙의 다짐에 관한 사항 중 옳지 않은 것은?
① 최적함수비로 다질 때 최대 건조단위중량이 된다.
② 조립토는 세립토보다 최대 건조단위중량이 커진다.
③ 점토를 최적함수비보다 작은 건조측 다짐을 하면 흙구조가 면모구조로, 습윤측 다짐을 하면 이산구조가 된다.
④ 강도 증진을 목적으로 하는 도로 토공의 경우 습윤측 다짐을, 차수를 목적으로 하는 심벽재의 경우 건조측 다짐이 바람직하다.

해설
강도 증진을 목적으로 하는 도로 토공의 경우 최적함수비보다 약간 건조측 다짐을, 차수를 목적으로 하는 심벽재의 경우 최적함수비보다 약간 습윤측 다짐이 바람직하다.

087 도로 연장 3km 건설 구간에서 7개 지점의 시료를 채취하여 다음과 같은 CBR을 구하였다. 이때의 설계 CBR은 얼마인가?

• 7개 지점의 CBR : 5.3, 5.7, 7.6, 8.7, 7.4, 8.6, 7.2

[설계 CBR 계산용 계수]

개수(n)	5	3	4	5	6	7	8	9	10 이상
d_2	1.41	1.91	2.24	2.48	2.67	2.83	2.96	3.08	3.18

① 4   ② 5
③ 6   ④ 7

해설
• 설계 CBR = CBR의 평균 − $\dfrac{\text{CBR 최대치} - \text{CBR 최소치}}{d_2}$
= $7.2 - \dfrac{8.7 - 5.3}{2.83} = 6$

088 아래 그림에서 투수계수 $K = 4.8 \times 10^{-3}$ cm/sec일 때 Darcy 유출속도 V와 실제 물의 속도(침투속도) V_s는?

① $V = 3.4 \times 10^{-4}$ cm/sec,
   $V_s = 5.6 \times 10^{-4}$ cm/sec
② $V = 3.4 \times 10^{-4}$ cm/sec,
   $V_s = 9.4 \times 10^{-4}$ cm/sec
③ $V = 5.8 \times 10^{-4}$ cm/sec,
   $V_s = 10.8 \times 10^{-4}$ cm/sec
④ $V = 5.8 \times 10^{-4}$ cm/sec,
   $V_s = 13.2 \times 10^{-4}$ cm/sec

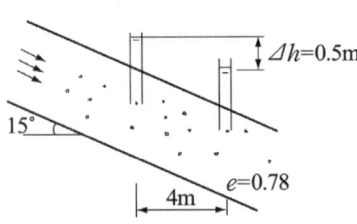

해설
- $L = \dfrac{4}{\cos 15°} = 4.14\text{m}$
- $n = \dfrac{e}{1+e} \times 100 = \dfrac{0.78}{1+0.78} = 0.438$
- $V = ki = k\dfrac{h}{L} = 4.8 \times 10^{-3} \times \dfrac{0.5}{4.14} = 5.8 \times 10^{-4}\text{cm/sec}$
- $V_s = \dfrac{V}{n} = \dfrac{5.8 \times 10^{-4}}{0.438} = 13.2 \times 10^{-4}\text{cm/sec}$

089 어떤 굳은 점토층을 깊이 7m까지 연직 절토하였다. 이 점토층의 일축압축강도가 140kN/m², 흙의 단위중량이 20kN/m³라 하면 파괴에 대한 안전율은? (단, 내부마찰각은 30°)

① 0.5　　② 1.0
③ 1.5　　④ 2.0

해설
- $H_c = \dfrac{2q_u}{\gamma} = \dfrac{2 \times 140}{20} = 14\text{m}$
- $F = \dfrac{H_c}{H} = \dfrac{14}{7} = 2.0$

090 기초폭 4m인 연속기초에서 기초면에 작용하는 합력의 연직성분은 10kN이고 편심거리가 0.4m일 때, 기초지반에 작용하는 최대 압력은?

① 2 kN/m^2　　② 4 kN/m^2
③ 6 kN/m^2　　④ 8 kN/m^2

해설
- $M = Pe$
- $Z = \dfrac{B^2 L}{6}$
- $\sigma_{\max} = \dfrac{P}{A} + \dfrac{M}{Z} = \dfrac{P}{BL} + \dfrac{6Pe}{B^2 L} = \dfrac{10}{4 \times 1} + \dfrac{6 \times 10 \times 0.4}{4^2 \times 1} = 4\text{kN/m}^2$

091 샘플러(sampler)의 외경이 6cm, 내경이 5.5cm일 때, 면적비(A_r)는?

① 8.3%　　② 9.0%
③ 16%　　④ 19%

해설
$A_r = \dfrac{6^2 - 5.5^2}{5.5^2} \times 100 = 19\%$

정답　086 ④　087 ③　088 ④　089 ④　090 ②　091 ④

092 다음 중 연약점토지반 개량공법이 아닌 것은?

① Preloading 공법
② Sand drain 공법
③ Paper drain 공법
④ Vibro floatation 공법

> 해설
> Vibro floatation 공법은 사질토 개량공법이다.

093 지표면이 수평이고 옹벽의 뒷면과 흙과의 벽면 마찰각(δ)을 무시한 경우 연직 옹벽에서 Coulomb 토압과 Rankine 토압은 어떤 관계가 있는가? (단, 점착력은 무시한다.)

① Coulomb 토압은 항상 Rankine 토압보다 크다.
② Coulomb 토압과 Rankine 토압은 같다.
③ Coulomb 토압이 Rankine 토압보다 작다.
④ 옹벽의 형상과 흙의 상태에 따라 클 때도 있고 작을 때도 있다.

> 해설
> 지표면이 수평이고 벽면 마찰각이 0°이면 Coulomb의 토압과 Rankine의 토압은 같다.

094 아래 그림과 같이 지표면에 2개의 집중하중이 작용할 때 A점에서 발생하는 연직응력의 증가량은?

① 0.012kN/m^2
② 0.265kN/m^2
③ 0.277kN/m^2
④ 0.325kN/m^2

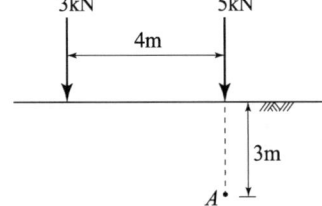

> 해설
> • 집중하중 5kN이 작용하는 경우
> $$\sigma_{z1} = 0.4775\frac{Q}{Z^2} = 0.4775\frac{5}{3^2} = 0.265 \text{kN/m}^2$$
> • 집중하중 3kN이 작용하는 경우
> $$R = \sqrt{4^2 + 3^2} = 5\text{m}$$
> $$\sigma_{z2} = \frac{3QZ^3}{2\pi R^5} = \frac{3 \times 3 \times 3^3}{2 \times 3.14 \times 5^5} = 0.012 \text{kN/m}^2$$
> $$\therefore \sigma_z = \sigma_{z1} + \sigma_{z2} = 0.265 + 0.012 = 0.277 \text{kN/m}^2$$

095 두께 2cm의 점토시료에 대한 압밀 시험결과 50%의 압밀을 일으키는 데 6분이 걸렸다. 같은 조건하에서 두께 3.6m의 점토층 위에 축조한 구조물이 50%의 압밀에 도달하는 데 며칠이 걸리는가?

① 1350일
② 270일
③ 27일
④ 135일

해설
$$t_1 : H_1^2 = t_2 : H_2^2$$
$$6 : \left(\frac{2}{2}\right)^2 = t_2 : \left(\frac{360}{2}\right)^2$$
$$\therefore t_2 = 194400 \text{분} ≒ 135 \text{일}$$

096 성토한 직후에 갑자기 파괴되는 경우나 단기간 안정 검토시 적당한 시험방법은?

① $\overline{CU}$ 시험
② CD 시험
③ CU 시험
④ UU 시험

해설
비압밀 비배수(UU) 시험에 의해 성토 직후 파괴나 단기 안정 검토시 적용한다.

097 테르쟈기(Terzahi)의 극한 지지력 공식 $q_u = \alpha c N_c + \beta \gamma B N_\gamma + \gamma D_f N_q$에 대한 다음 설명 중 옳지 않은 것은?

① α, β는 기초 형상 계수이다.
② 원형기초에서 B는 원의 직경이다.
③ 정사각형 기초에서 α의 값은 1.3이다.
④ N_c, N_γ, N_q는 지지력 계수로서 흙의 점착력에 의해 결정된다.

해설
N_c, N_r, N_q는 지지력 계수로서 흙의 내부 마찰각에 의해 결정된다.

098 다음 중 시료채취에 대한 설명으로 틀린 것은?

① 오거 보링(Auger Boring)은 흐트러지지 않은 시료를 채취하는데 적합하다.
② 교란된 흙은 자연상태의 흙보다 전단강도가 작다.
③ 액성한계 및 소성한계 시험에서는 교란시료를 사용하여도 괜찮다.
④ 입도분석시험에서는 교란시료를 사용하여도 괜찮다.

해설
오거 보링은 흐트러진 시료 채취에 적합하며 불교란 시료 채취에는 회전식 보링이 사용된다.

정답 092 ④ 093 ② 094 ③ 095 ④ 096 ④ 097 ④ 098 ①

099 사면안정 해석방법에 대한 설명으로 틀린 것은?

① 일체법은 활동면 위에 있는 흙덩어리를 하나의 물체로 보고 해석하는 방법이다.
② 절편법은 활동면 위에 있는 흙을 몇 개의 절편으로 분할하여 해석하는 방법이다.
③ 마찰원방법은 점착력과 마찰각을 동시에 갖고 있는 균질한 지반에 적용된다.
④ 절편법은 흙이 균질하지 않아도 적용이 가능하지만 흙속에 간극수압이 있을 경우 적용이 불가능하다.

> **해설**
> 절편법(분할법)은 균질하지 않은 지반의 사면 안정 해석에 적합하며 흙속에 간극수압이 있을 경우 적용이 가능하다.

100 간극비(e)와 간극률(n, %)의 관계를 옳게 나타낸 것은?

① $e = \dfrac{1 - n/100}{n/100}$
② $e = \dfrac{n/100}{1 - n/100}$
③ $e = \dfrac{1 + n/100}{n/100}$
④ $e = \dfrac{1 + n/100}{1 - n/100}$

> **해설**
> $e = \dfrac{n}{100 - n} = \dfrac{n/100}{1 - n/100}$

6과목 상하수도 공학

101 배수면적 2km²인 유역내 강우의 하수거 유입시간이 6분, 유출계수가 0.70일 때 하수관거내 유속이 2.0m/sec인 1km 길이의 하수관에서 유출되는 우수량은? (단, 강우강도 $I = \dfrac{3500}{t + 25}$ mm/hr임)

① 0.3m³/sec
② 2.6m³/sec
③ 34.6m³/sec
④ 43.9m³/sec

> **해설**
> • $t = 6분 + \dfrac{1000\text{m}}{2 \times 60분} = 14.33분$
> • $I = \dfrac{3500}{14.33 + 25} = 89\text{mm/hr}$
> • $Q = 0.2778 CIA = 0.2778 \times 0.7 \times 89 \times 2 = 34.6\text{m}^3/\text{sec}$
>
> **보충**
> 하수관거 경사 $= \dfrac{1}{관직경(\text{mm})}$

102. 상수도 계획에서 계획년차 결정에 있어서 고려해야 할 사항 중 틀린 것은?

① 장비 및 시설물의 내구년한
② 시설확장시 난이도와 위치
③ 도시발전 상황과 물사용량
④ 도시급수지역의 전염병 발생상황

해설
수자원의 상황 및 인구증가에 따른 물 사용량 등을 고려하여야 한다.

보충
- 상수도의 설계기준은 1일 최대급수량으로 한다.
- 취수시설, 정수장, 배수지 시설의 설계기준은 1일 최대 급수량으로 한다.

103. 펌프로 유속 1.81m/sec 정도로 양수량 0.85m³/min을 양수할 때 토출관의 지름은?

① 100mm
② 180mm
③ 360mm
④ 480mm

해설
- $D = 146\sqrt{\dfrac{Q}{V}} = 146\sqrt{\dfrac{0.85}{1.81}} = 100\text{mm}$
- $Q = A \cdot V$

$\dfrac{0.85}{60} = \dfrac{3.14 \times D^2}{4} \times 1.81$

∴ $D ≒ 100\text{mm}$

104. 하수도 계획의 목표연도는 원칙적으로 몇 년 정도인가?

① 10년
② 20년
③ 30년
④ 40년

해설
상수도 시설의 신설이나 확장의 경우에는 5~15년간을 고려하여 계획한다.

105. 합류식과 분류식에 대한 설명으로 옳지 않은 것은?

① 합류식의 경우 관경이 커지기 때문에 2계통인 분류식보다 건설비용이 많이 든다.
② 분류식의 경우 오수와 우수를 별개의 관로로 배제하기 때문에 오수의 배제계획이 합리적이 된다.
③ 분류식의 경우 관거내 퇴적은 적으나 수세효과는 기대할 수 없다.
④ 합류식의 경우 일정량 이상이 되면 우천시 오수가 월류한다.

해설
- 합류식의 경우 분류식보다 건설비용이 적게 든다.
- 분류식은 우천시 월류의 우려가 없다.

정답 099 ④ 100 ② 101 ③ 102 ④ 103 ① 104 ② 105 ①

106. 활성슬러지법과 비교하여 생물막법의 특징으로 옳지 않은 것은?

① 운전조작이 간단하다.
② 하수량 증가에 대응하기 쉽다.
③ 반응조를 다단화하여 반응효율과 처리안정성 향상이 도모된다.
④ 생물종 분포가 단순하여 처리효율을 높일 수 있다.

해설
- 활성슬러지법은 부유생물을 이용한 처리 방법이다.
- 생물종 분포가 다양하여 처리 효율을 높일 수 있다.
- 활성슬러지법보다 살수여상법(생물막법)은 정화능력이 뒤떨어진다.
- 살수여상법(생물막법)은 조작이 용이하여 유지비가 싸며 농도부하의 변동에도 대응하는 장점이 있다.

107. 급수보급률 90%, 계획 1인 1일 최대급수량 440L/인, 인구 10만의 도시에 급수계획을 하고자 한다. 계획 1일 평균급수량은? (단, 계획유효율은 0.85로 가정한다.)

① 37,400m³/day
② 33,660m³/day
③ 39,600m³/day
④ 44,000m³/day

해설
계획 1일 평균급수량
100,000×440×0.85×0.9 = 33,660,000 l = 33,660m³/day

108. 펌프 대수를 결정할 때 일반적인 고려사항에 대한 설명으로 옳지 않은 것은?

① 건설비를 절약하기 위해 예비는 가능한 대수를 적게 하고 소용량으로 한다.
② 펌프의 설치대수는 유지관리상 가능한 적게 하고 동일 용량의 것으로 한다.
③ 펌프는 가능한 최고 효율점 부근에서 운전하도록 대수 및 용량을 정한다.
④ 펌프는 용량이 작을수록 효율이 높으므로 가능한 소용량의 것으로 한다.

해설
- 펌프는 용량이 클수록 효율이 높으므로 가능한 대용량의 것으로 한다.
- 펌프 선정시 펌프의 특성, 펌프의 효율, 펌프의 동력을 고려한다.

109 취수보의 취수구에서의 표준 유입속도는?

① 0.3~0.6 m/sec   ② 0.4~0.8 m/sec
③ 0.5~1.0 m/sec   ④ 0.6~1.2 m/sec

해설
- 취수구의 바닥높이는 배토문 바닥 높이보다 0.5~1.0m 이상 높게 하여야 한다.
- 취수구 유입속도는 0.4~0.8m/s를 표준으로 한다.
- 취수구의 폭은 바닥 높이에서 유입속도 범위가 유지되도록 해야 한다.

110 양수량이 8m³/min, 전양정이 4m, 회전수 1,160rpm인 펌프의 비회전도는?

① 316   ② 985
③ 1,160   ④ 1,436

해설
- $N_s = N \times \dfrac{Q^{1/2}}{H^{3/4}} = 1,160 \times \dfrac{8^{1/2}}{4^{3/4}} = 1,160$
- 유량과 양정이 동일하면 회전수가 클수록 N_s가 커진다.

111 Ripple's method에 의하여 저수지 용량을 결정하려고 할 때 그림에서 최대 갈수량을 대비한 저수개시 시점은? (단, $\overline{AB}$, $\overline{CD}$, $\overline{EF}$, $\overline{GH}$ 직선은 $\overline{OX}$ 직선에 평행)

① ①시점
② ②시점
③ ③시점
④ ④시점

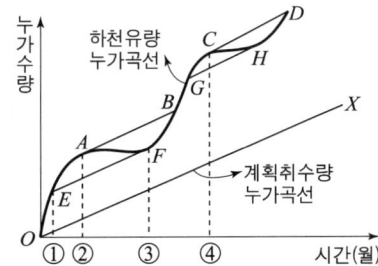

해설
- $\overline{AF}$ 구간에서는 하천유량이 줄어 저수지의 수위는 낮아진다.
- 저수시작점은 E이다.

112 계획오수량 산정시 고려하는 사항에 대한 설명으로 옳지 않은 것은?

① 지하수량은 1인1일 최대오수량의 10~20%로 한다.
② 계획1일 평균오수량은 계획1일 최대오수량의 70~80%를 표준으로 한다.
③ 계획시간 최대오수량은 계획1일 평균오수량의 1시간당 수량의 0.9~1.2배를 표준으로 한다.
④ 계획1일 최대오수량은 1인1일 최대오수량에 계획인구를 곱한 후 공장폐수량, 지하수량 및 기타 배수량을 더한 값으로 한다.

정답 106 ④ 107 ② 108 ④ 109 ② 110 ③ 111 ① 112 ③

해설
- 계획시간 최대오수량은 계획1일 최대오수량의 1시간당 수량의 1.3~1.8배를 표준으로 한다.
- 계획1일 최대오수량은 처리시설의 용량을 결정하는 기초 수량이다.
- 계획 오수량은 생활오수량, 공장폐수량, 지하수량으로 구분한다.

113 하수관망 설계 기준에 대한 설명으로 옳지 않은 것은?
① 관경은 하수로 갈수록 크게 한다.
② 오수관거의 유속은 0.6~3m/sec가 적당하다.
③ 유속은 하류로 갈수록 작게 한다.
④ 경사는 하류로 갈수록 완만하게 한다.

해설
- 관거의 유속은 하류로 갈수록 크게 한다.
- 하수관거의 매설깊이는 최소 1.0m 이상으로 한다.
- 오수관의 최소관경은 200mm를 표준한다.
- 관거경사는 지표경사에 따라 결정한다.
- 관거단면은 수리학적으로 유리하게 결정한다.

114 도수거에 대한 설명으로 틀린 것은?
① 개거나 암거인 경우에는 대개 30~50m 간격으로 시공 조인트를 겸한 신축 조인트를 설치한다.
② 개수로의 평균유속 공식은 Manning 공식을 주로 사용한다.
③ 도수거에서 평균유속의 최대한도는 5m/s로 한다.
④ 도수거의 최소유속은 0.3m/s로 한다.

해설
도수거에서 평균유속의 최대한도는 3m/s로 한다.

115 상수도 배수관에 사용하는 관 종류와 특징으로 옳지 않은 것은?
① 경질폴리염화비닐(PVC)관은 내식성이 크고 유기용제, 열, 자외선에 강하다.
② 덕타일주철관은 강도가 커서 충격에 강하나 비교적 무겁다.
③ 강관은 내압 및 충격에 강하나 부식에 약하며 처짐이 크다.
④ 스테인레스 강관은 강도가 크지만 다른 금속과의 절연처리가 필요하다.

해설
경질폴리염화비닐(PVC)관은 내식성이 크나 유기용제, 열, 자외선에 약하다.

116 활성탄흡착 공정에 대한 설명으로 옳지 않은 것은?
① 활성탄은 비표면적이 높은 다공성의 탄소질 입자로 형상에 따라 입상활성탄과 분말활성탄으로 구분된다.
② 분말활성탄의 흡착능력이 떨어지면 재생공정을 통해 재활용한다.
③ 활성탄 흡착을 통해 소수성의 유기물질을 제거할 수 있다.
④ 모래여과 공정 전단에 활성탄 흡착 공정을 두게 되면 탁도 부하가 높아져서 활성탄 흡착효율이 떨어지거나 역세척을 자주 해야 할 필요가 있다.

해설
입상활성탄은 열적, 화학적 방법 등을 이용하여 재생이 가능하지만 분말활성탄은 재생이 불가능하다.

117 완속여과지와 비교할 때 급속여과지에 대한 설명으로 옳지 않은 것은?
① 유입수가 고탁도인 경우에 적합하다.
② 세균처리에 있어 확실성이 적다.
③ 유지관리비가 적게 들고 특별한 관리기술이 필요치 않다.
④ 대규모처리에 적합하다.

해설
완속여과지는 유지관리비가 적게 들고 특별한 관리기술이 필요치 않다.

118 물의 맛, 냄새의 제거 방법으로 식물성 냄새, 생선 비린내, 황화수소 냄새, 부패한 냄새의 제거에 효과가 있지만, 곰팡이 냄새 제거에는 효과가 없으며 페놀류는 분해할 수 있지만, 약품 냄새 중에는 아민류와 같이 냄새를 강하게 할 수도 있으므로 주의가 필요한 처리 방법은?
① 폭기방법
② 염소처리법
③ 오존처리법
④ 활성탄처리법

해설
염소처리법은 간단한 방법으로 살균 효과를 얻을 수 있고 설치가 간편하고 취급이 용이하며 대부분의 미생물을 살균시킨다.

119 다음 중 하수 고도처리의 주요 처리대상 물질에 해당되는 것은?
① 질소, 인
② 유기물
③ 소독 부산물
④ 미생물

해설
하수의 고도처리에는 생물학적 질소, 인 제거공법이다.

정답 113 ③ 114 ③ 115 ① 116 ② 117 ③ 118 ② 119 ①

120 하수처리장 유입수의 SS농도는 200mg/L이다. 1차 침전지에서 30% 정도가 제거되고 2차 침전지에서 85%의 제거 효율을 갖고 있다. 하루 처리 용량이 3000m³/day일 때 방류되는 총 SS량은?

① 6300 kg/day
② 6300 mg/day
③ 63kg/day
④ 2800g/day

해설
- 1차 제거율 = 30%(0.3)
- 2차 제거율 = 1차 미제거율 × 2차 제거율 = 0.7 × 0.85 = 0.595
  ∴ 전체 제거율 = 0.3 + 0.595 = 0.895 = 89.5%
  ∴ 방류율 = 1 − 0.895 = 0.105 = 10.5%
- 유입되는 총 SS량 = 3000 m³/day × 0.2 kg/m³ = 600 kg/day
  여기서, 200mg/L = 0.2 kg/m³
- 방류되는 총 SS량 = 600 × 0.105 = 63 kg/day

정답 120 ③

week 2 / CBT 모의고사

토목기사

- I 응용역학
- II 측량학
- III 수리·수문학
- IV 철근콘크리트 및 강구조
- V 토질 및 기초
- VI 상하수도공학

알려드립니다

한국산업인력공단의 저작권법 저축에 대한 언급(2013년 2회 시험)이 있어 과거에 출제된 동일한 문제나 그 유형의 문제로 재구성하였습니다.

1과목 응용역학

001 그림과 같은 뼈대 구조물에서 C점의 연직반력을 구한 값은? (단, 탄성계수 및 단면은 전부재가 동일)

① $9wl/16$
② $7wl/16$
③ $wl/8$
④ $wl/16$

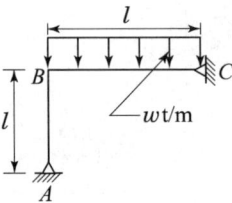

해설

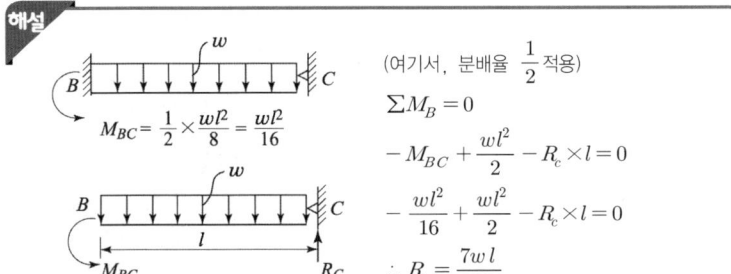

(여기서, 분배율 $\frac{1}{2}$ 적용)

$\sum M_B = 0$

$-M_{BC} + \dfrac{wl^2}{2} - R_c \times l = 0$

$-\dfrac{wl^2}{16} + \dfrac{wl^2}{2} - R_c \times l = 0$

$\therefore R_c = \dfrac{7wl}{16}$

002 그림과 같은 3힌지 아치에서 C점의 휨모멘트는?

① $32.5 \text{kN} \cdot \text{m}$
② $35.0 \text{kN} \cdot \text{m}$
③ $37.5 \text{kN} \cdot \text{m}$
④ $40.0 \text{kN} \cdot \text{m}$

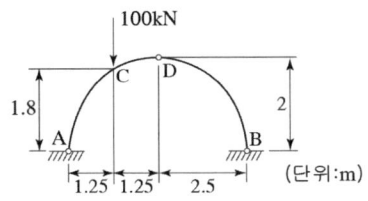

해설

- $\sum M_B = 0$
  $R_A \times 5 - 100 \times 3.75 = 0$
  $\therefore R_A = 75 \text{kN}$

- $M_D = 0$
  $75 \times 2.5 - 100 \times 1.25 - H_A \times 2 = 0$
  $\therefore H_A = 31.25 \text{kN}$

- $M_C = 75 \times 1.25 - 31.25 \times 1.8 = 37.5 \text{kN} \cdot \text{m}$

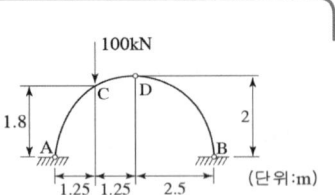

003 다음 단면에서 y축에 대한 회전반지름은?
① 3.07 cm
② 3.20 cm
③ 3.81 cm
④ 4.24 cm

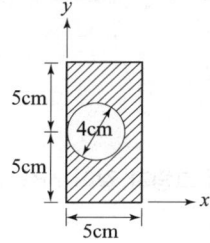

해설

$r = \sqrt{\dfrac{I}{A}}$

$A = 5 \times 10 - \dfrac{\pi \times 4^2}{4} = 37.4 \text{cm}^2$

$I_y = \dfrac{hb^3}{3} - \dfrac{5\pi D^4}{64} = \dfrac{10 \times 5^3}{3} - \dfrac{5\pi \times 4^4}{64} = 353.8 \text{cm}^4$

$\therefore r = \sqrt{\dfrac{353.8}{37.4}} = 3.07 \text{cm}$

004 그림과 같은 단면에 1500kN의 전단력이 작용할 때 최대 전단응력의 크기는?
① 352 MPa
② 436 MPa
③ 498 MPa
④ 564 MPa

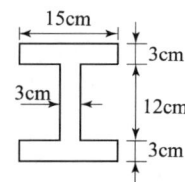

해설

- $I_X = \dfrac{BH^3}{12} - \dfrac{bh^3}{12} = \dfrac{15 \times 18^3}{12} - \dfrac{12 \times 12^3}{12} = 5562 \text{cm}^4$
- $G_X = A_1 y_1 + A_2 y_2 = 15 \times 3 \times 7.5 + 3 \times 6 \times 3 = 391.5 \text{cm}^3$ (중립축 윗부분)
- $\tau = \dfrac{SG}{Ib} = \dfrac{1500 \times 391.5}{5562 \times 3} \fallingdotseq 35.2 \text{kN/cm}^2 = 352 \text{N/mm}^2 = 352 \text{MPa}$

005 다음 그림과 같이 A지점이 고정이고 B지점이 힌지(hinge)인 부정정 보가 어떤 요인에 의하여 B지점이 B'로 △만큼 침하하게 되었다. 이때 B'의 지점반력은?

① $\dfrac{3EI\Delta}{l^3}$
② $\dfrac{4EI\Delta}{l^3}$
③ $\dfrac{5EI\Delta}{l^3}$
④ $\dfrac{6EI\Delta}{l^3}$

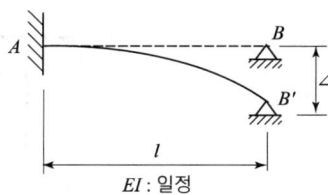

해설

캔틸레버보의 처짐 $y_B = \dfrac{Pl^3}{3EI}$ 개념을 적용하면

$\Delta = \dfrac{R_B' l^3}{3EI} \qquad \therefore R_B' = \dfrac{3EI\Delta}{l^3}$

006 정 6각형틀의 각 절점에 그림과 같이 하중 P가 작용할 때 각 부재에 생기는 인장응력의 크기는?

① P
② $2P$
③ $\dfrac{P}{2}$
④ $\dfrac{P}{\sqrt{2}}$

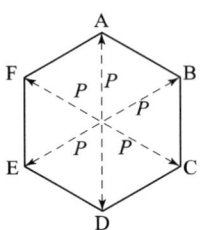

해설

- 6각형 내각의 합
  $180(n-2) = 180(6-2) = 720°$
  $\therefore \theta = 720°/6 = 120°$

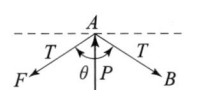

- $\sum V = 0$
  $P - T\cos 60° \times 2 = 0$
  $P - T \times 0.5 \times 2 = 0$
  $\therefore T = P$

007 그림과 같은 구조물에서 C점의 수직처짐을 구하면? (단, $EI = 2 \times 10^9 \text{kN} \cdot \text{cm}^2$이며 자중은 무시한다.)

① 2.7mm
② 3.6mm
③ 5.4mm
④ 7.2mm

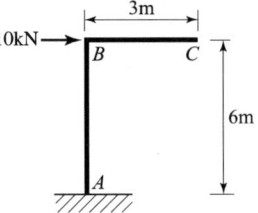

해설

- $\theta_b = \theta_c = \dfrac{PH^2}{2EI}$ (처짐각 공식)

  $= \dfrac{10 \times 600^2}{2 \times 2 \times 10^9} = 0.0009$

- 처짐각에 거리를 곱하면 처짐이 된다. $\left[\dfrac{PH^2}{2EI}L\right]$

  $\delta_c = \theta_b(=\theta_c) \times 거리$
  $= 0.0009 \times 300\text{cm}$
  $= 0.27\text{cm} = 2.7\text{mm}$

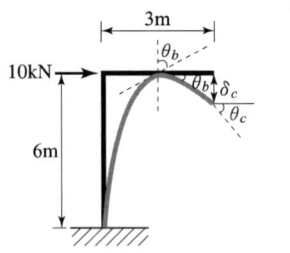

008 그림과 같은 게르버보에서 하중 P만에 의한 C점의 처짐은? (단, 여기서 EI는 일정하고 $EI = 2.7 \times 10^{11} \text{kN} \cdot \text{cm}^2$이다.)

① 0.7 cm
② 2.7 cm
③ 1.0 cm
④ 2.0 cm

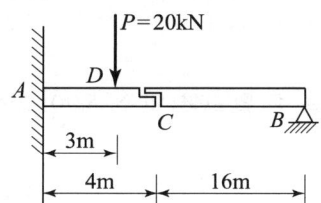

해설
- 공액보의 휨모멘트도 이용

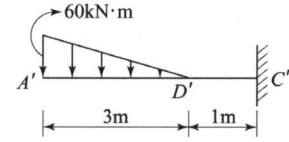

- $M_C' = \dfrac{1}{2} \times 60 \times 3 \times (1+2) = 270 \text{kN} \cdot \text{m}^3 = 2.7 \times 10^{11} \text{kN} \cdot \text{cm}^3$
- $y_c = \dfrac{M_C'}{EI} = \dfrac{2.7 \times 10^{11}}{2.7 \times 10^{11}} = 1 \text{cm}$

009 다음 그림과 같은 T형 단면에서 도심축 C–C 축의 위치 x는?

① $2.5h$
② $3.0h$
③ $3.5h$
④ $4.0h$

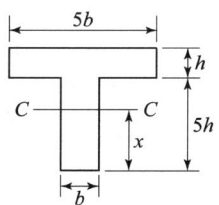

해설
- $G_x = A_1 \cdot y_1 + A_2 \cdot y_2 = (5b \times h) \times \left(\dfrac{h}{2} + 5h\right) + (b \times 5h) \times \dfrac{5h}{2}$
  $= \dfrac{55bh^2}{2} + \dfrac{25bh^2}{2} = 40bh^2$
- $A = 5bh + 5bh = 10bh$
- $y = \dfrac{G_x}{A} = \dfrac{40bh^2}{10bh} = 4h$

010 반지름이 30cm인 원형 단면을 가지는 단주에서 핵의 면적은 약 얼마인가?

① 177cm^2
② 228cm^2
③ 283cm^2
④ 353cm^2

해설
- 핵 지름
  $\dfrac{d}{8} + \dfrac{d}{8} = \dfrac{d}{4}$
- 핵 단면적
  $A = \dfrac{\pi d^2}{4} = \dfrac{\pi \left(\dfrac{d}{4}\right)^2}{4} = \dfrac{\pi \left(\dfrac{60}{4}\right)^2}{4} = 177 \text{cm}^2$

011. 그림과 같은 보에서 다음 중 휨모멘트의 절대값이 가장 큰 곳은?

① B점
② C점
③ D점
④ E점

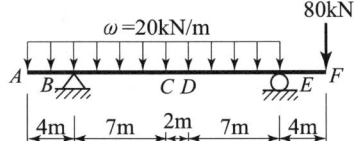

해설
- $\sum M_E = 0$
  $R_B \times 16 - 20 \times 20 \times 10 + 80 \times 4 = 0$
  $\therefore R_B = \dfrac{1}{16}(20 \times 20 \times 10 - 80 \times 4) = 230 \text{kN}$
- $M_C = 230 \times 7 - 20 \times 11 \times 5.5 = 400 \text{kN} \cdot \text{m}$
- $M_D = 230 \times 9 - 20 \times 13 \times 6.5 = 380 \text{kN} \cdot \text{m}$

012. 다음 그림과 같은 보에서 두 지점의 반력이 같게 되는 하중의 위치(x)를 구하면?

① 0.33m
② 1.33m
③ 2.33m
④ 3.33m

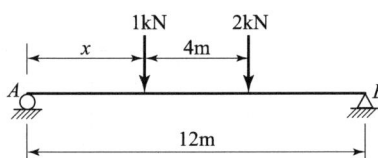

해설
- $\sum V = 0$
  $-1 - 2 + R_A + R_B = 0$
  여기서, $R_A = R_B$이므로 $\therefore R_A = 1.5 \text{kN}, \ R_B = 1.5 \text{kN}$
- $\sum M_A = 0$
  $-R_B \times 12 + 2 \times (x+4) + 1 \times x = 0$
  $-1.5 \times 12 + 2x + 8 + 1x = 0$ $\therefore x = 3.3\text{m}$

013. 단면이 원형(반지름 R)인 보에 휨모멘트 M이 작용할 때 이 보에 작용하는 최대휨응력은?

① $\dfrac{4M}{\pi R^3}$ ② $\dfrac{12M}{\pi R^3}$

③ $\dfrac{16M}{\pi R^3}$ ④ $\dfrac{32M}{\pi R^3}$

해설
- $Z = \dfrac{\pi D^3}{32} = \dfrac{\pi (2R)^3}{32} = \dfrac{\pi R^3}{4}$
- $\sigma = \dfrac{M}{Z} = \dfrac{4M}{\pi R^3}$

014 반지름이 r인 중실축(中實軸)과, 바깥 반지름이 r이고 안쪽 반지름이 $0.6r$인 중공축(中空軸)이 동일 크기의 비틀림 모멘트를 받고 있다면 중실축(中實軸) : 중공축(中空軸)의 최대 전단응력비는?

① 1 : 1.28
② 1 : 1.24
③ 1 : 1.20
④ 1 : 1.15

해설

- 중실축 $\tau_{max} = \dfrac{T \cdot r}{I_p} = \dfrac{T \cdot r}{\dfrac{\pi d^4}{32}} = \dfrac{T \cdot r}{\dfrac{16\pi r^4}{32}} = \dfrac{2T}{\pi r^3}$

- 중공축 $\tau_{max} = \dfrac{T \cdot r}{I_p} = \dfrac{T \cdot r}{\dfrac{\pi(1-0.6^4)r^4}{2}} = \dfrac{1}{(1-0.6^4)}\dfrac{2T}{\pi r^3} = 1.15\dfrac{2T}{\pi r^3}$

015 탄성변형에너지는 외력을 받는 구조물에서 변형에 의해 구조물에 축적되는 에너지를 말한다. 탄성체이며 선형거동을 하는 길이가 L인 캔틸레버보에 집중하중 P가 작용할 때 굽힘모멘트에 의한 탄성변형에너지는? (단, EI는 일정)

① $\dfrac{P^2 L^2}{6EI}$
② $\dfrac{P^2 L^2}{2EI}$
③ $\dfrac{P^2 L^3}{6EI}$
④ $\dfrac{P^2 L^3}{2EI}$

해설

$U = \int \dfrac{M^2}{2EI}dx = \dfrac{1}{2}EI\int_0^l (P \cdot x)^2 dx = \dfrac{P^2}{2EI}\int_0^l (x)^2 dx$
$= \dfrac{P^2}{2EI}\left[\dfrac{x^3}{3}\right]_0^l = \dfrac{P^2 L^3}{6EI}$

016 중공 원형 강봉에 비틀림력 T가 작용할 때 최대 전단 변형율 $\gamma_{max} = 750 \times 10^{-6}$ rad으로 측정되었다. 봉의 내경은 60mm이고 외경은 75mm일 때 봉에 작용하는 비틀림력 T를 구하면? (단, 전단탄성계수 $G = 8.15 \times 10^5$ kN/cm²)

① 29894 kN·cm
② 32700 kN·cm
③ 35300 kN·cm
④ 39200 kN·cm

해설

- $G = \dfrac{\tau}{r}$
  $\tau = G \cdot r = 8.15 \times 10^5 \times 750 \times 10^{-6} = 611.25$ kN/cm²
- $I_P = I_X + I_Y = 2I_X = 2 \times \dfrac{\pi(D^4 - d^4)}{64} = 2 \times \dfrac{3.14(7.5^4 - 6^4)}{64} = 183.4$ cm⁴
- $\tau = \dfrac{T \cdot r}{I_P}$ ∴ $T = \dfrac{\tau \cdot I_P}{r} = \dfrac{611.25 \times 183.4}{\dfrac{7.5}{2}} = 29894$ kN·cm

정답 011 ② 012 ④ 013 ① 014 ④ 015 ③ 016 ①

017 그림과 같은 단면적 A, 탄성계수 E인 기둥에서 줄음량을 구한 값은?

① $\dfrac{2Pl}{AE}$
② $\dfrac{3Pl}{AE}$
③ $\dfrac{4Pl}{AE}$
④ $\dfrac{5Pl}{AE}$

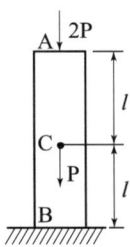

- 외부 2P 하중이 작용하는 길이 변화량
$$\Delta l_1 = \dfrac{2P \times 2l}{AE} = \dfrac{4Pl}{AE}$$
- 내부 P 하중이 작용하는 길이 변화량
$$\Delta l_2 = \dfrac{P \times l}{AE} = \dfrac{Pl}{AE}$$
$$\therefore \Delta l = \Delta l_1 + \Delta l_2 = \dfrac{5Pl}{AE}$$

018 그림과 같은 단순보에서 최대 휨모멘트가 발생하는 위치 x(A점으로부터의 거리)와 최대 휨모멘트 M_x는?

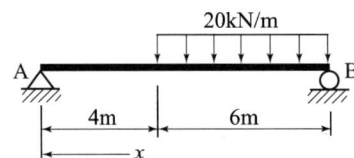

① $x=4.0\,\text{m},\ M_x=180.2\,\text{kN}\cdot\text{m}$
② $x=4.8\,\text{m},\ M_x=96\,\text{kN}\cdot\text{m}$
③ $x=5.2\,\text{m},\ M_x=230.4\,\text{kN}\cdot\text{m}$
④ $x=5.8\,\text{m},\ M_x=176.4\,\text{kN}\cdot\text{m}$

- 전단력이 0인 곳에서 최대 휨모멘트가 생긴다.
- $\Sigma M_B = 0$
$$R_A \times 10 - 20 \times 6 \times \dfrac{6}{2} = 0 \quad \therefore R_A = 36\,\text{kN}$$
- $\Sigma V = 0$
$$36 - 20(x-4) = 0 \quad \therefore x = 5.8\,\text{m}$$
- M_x
$$36 \times 5.8 - 20 \times (5.8-4) \times \dfrac{(5.8-4)}{2} = 176.4\,\text{kN}\cdot\text{m}$$

019 다음 그림과 같은 구조 구조물의 BD 부재에 작용하는 힘의 크기는?

① 10 kN
② 12.5 kN
③ 15 kN
④ 20 kN

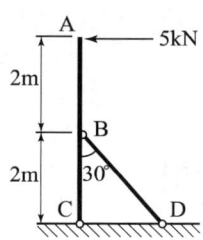

해설
- BD 부재의 분력
  $V = BD\sin 60°$
  $H = BD\cos 60°$
- 평형 상태를 유지하므로
  $\Sigma M_c = 0$
  $-5 \times 4 + BD\cos 60° \times 2 = 0$
  $\therefore BD = 20\,\text{kN}$

020 그림과 같은 트러스의 상현재 U의 부재력은?

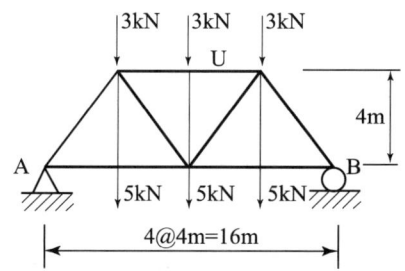

① 인장을 받으며 그 크기는 16 kN이다.
② 압축을 받으며 그 크기는 16 kN이다.
③ 인장을 받으며 그 크기는 12 kN이다.
④ 압축을 받으며 그 크기는 12 kN이다.

해설
- 대칭구조이므로 A점 및 B점의 반력은 12 kN이 된다.
- 중앙 5kN이 작용하는 절점을 기준하면
  $-12 \times 8 - U \times 4 = 0$
  $\therefore U = -16\,\text{kN}$

2과목 측량학

021 다음 그림과 같이 A, B, C, D에서 각각 1, 2, 3, 4km떨어진 P점의 표고를 직접 수준측량에 의해 결정하기 위해 A, B, C, D 4개의 수준점에서 관측한 결과가 다음과 같을 때 P점의 최확값은?

A → P=45.348m
B → P=45.370m
C → P=45.351m
D → P=45.362m

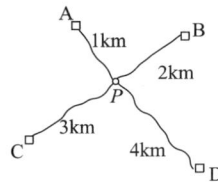

① 45.355m ② 45.358m
③ 45.361m ④ 45.365m

해설
$1 : \dfrac{1}{2} : \dfrac{1}{3} : \dfrac{1}{4}$ 12 : 6 : 4 : 3

$P = \dfrac{12 \times 45.348 + 6 \times 45.370 + 4 \times 45.351 + 3 \times 45.362}{12+6+4+3} = 45.355\text{m}$

022 수심(H)인 하천의 유속측정에서 수면으로부터 깊이 $0.2H$, $0.6H$, $0.8H$인 점의 유속이 각각 0.663m/sec, 0.532m/sec, 0.467m/sec이었다. 3점법으로 계산한 평균유속은?

① 0.565 m/sec ② 0.554 m/sec
③ 0.549 m/sec ④ 0.500 m/sec

해설
$V = \dfrac{1}{4}(V_{0.2} + 2V_{0.6} + V_{0.8})$
$= \dfrac{1}{4}(0.663 + 2 \times 0.532 + 0.467)$
$= 0.549\text{m/sec}$

023 어떤 횡단면적의 도상면적이 40.5cm²였다. 가로 축척이 1/20, 세로 축척이 1/60이였다면 실제면적은?

① $48.6\,\text{m}^2$ ② $33.75\,\text{m}^2$
③ $4.86\,\text{m}^2$ ④ $3.375\,\text{m}^2$

해설
$A_0 = (m_1 \times m_2) \cdot A = (20 \times 60) \times 40.5 = 48,600\text{cm}^2 = 4.86\text{m}^2$

024 하천측량을 실시하는 주목적은 어디에 있는가?

① 하천의 수위, 기울기, 단면을 알기 위함
② 하천 공작물의 설계, 시공에 필요한 자료를 얻기 위함
③ 평면도, 종단면도를 작성하기 위함
④ 유속 등을 관측하여 하천의 성질을 알기 위함

해설
하천측량시 평면 측량의 범위는 유제부에서 제외지의 전부와 제내지의 300m 정도, 무제부에서는 홍수가 영향을 주는 구역보다 약간 넓게 한다.

025 직사각형의 가로, 세로가 그림과 같다. 면적 A를 가장 적절히(오차론적으로) 표현한 것은?

① $7500.9m^2 \pm 0.30m^2$
② $7500m^2 \pm 0.41m^2$
③ $7500.9m^2 \pm 0.60m^2$
④ $7500m^2 \pm 0.67m^2$

75m±0.003m
A
100m±0.008m

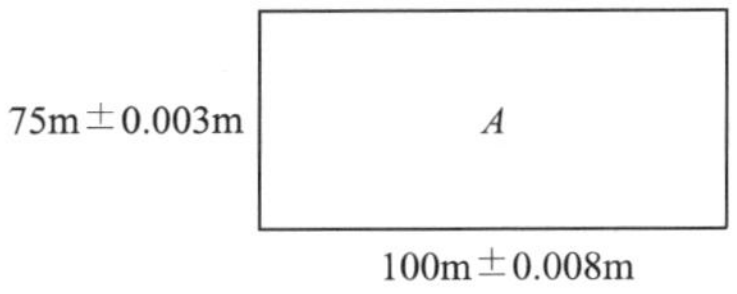

해설
면적 측정의 평균제곱근 오차
$M = \sqrt{(75 \times 0.008)^2 + (100 \times 0.003)^2} = 0.67m^2$
$\therefore A = 7500m^2 \pm 0.67m^2$

026 폐합 트래버스의 경·위거 계산에서 CD 측선의 배횡거는?

① 62.65m
② 103.25m
③ 125.30m
④ 165.90m

[단위 : m]

측선	위거	경거	배횡거
AB	+65.39	+83.57	
BC	−34.57	+19.68	
CD	−65.43	−40.60	?
DA	+34.61	−62.65	

해설
- 배횡거 = 전 측선 배횡거 + 전 측선 경거 + 그 측선 경거
- AB 측선 배횡거 = 83.57m
- BC 측선 배횡거 = 83.57 + 83.57 + 19.68 = 186.82m
- CD 측선 배횡거 = 186.82 + 19.68 + (−40.6) = 165.9m

027 축척 1 : 25000 지형도상에서 거리가 6.73cm인 두 점 사이의 거리를 다른 축척의 지형도에서 측정한 결과 11.21cm이었다면 이 지형도의 축척은 약 얼마인가?

① 1 : 20000　② 1 : 18000
③ 1 : 15000　④ 1 : 13000

해설
$\frac{1}{25000} : 6.73 = \frac{1}{m} : 11.21 \quad \therefore \frac{1}{m} = \frac{11.21}{6.73 \times 25000} = \frac{1}{15000}$

답안 표기란

024	①	②	③	④
025	①	②	③	④
026	①	②	③	④
027	①	②	③	④

week 02

정답 021 ① 022 ③ 023 ③ 024 ② 025 ④ 026 ④ 027 ③

028 노선측량에 대한 다음의 용어 설명 중 옳지 않은 것은?

① 교점 – 방향이 변하는 두 직선이 교차하는 점
② 중심말뚝 – 노선의 시점, 종점 및 교점에 설치하는 말뚝
③ 복심곡선 – 반경이 서로 다른 두 개 또는 그 이상의 원호가 연결된 곡선으로 공통접선의 같은 쪽에 원호의 중심이 있는 곡선
④ 완화곡선 – 고속으로 이동하는 차량이 직선부에서 곡선부로 진입할 때 차량의 격동을 완화하기 위해 직선과 원호 사이에 설치하는 곡선

해설
중심말뚝은 노선측량에 있어서 결정된 노선의 중심선 위치를 지상에 표시하는 말뚝이며 보통 노선의 기점으로부터 20m마다 박는다.

029 등고선의 성질에 대한 설명으로 옳지 않은 것은?

① 경사가 급할수록 등고선 간격이 좁다.
② 경사가 일정하면 등고선 간격이 일정하다.
③ 등고선은 분수선과 직교하고, 합수선과 평행하다.
④ 등고선의 최단거리 방향은 최대경사방향을 나타낸다.

해설
- 요선은 지표면의 낮은 곳을 연결한 선으로 물이 흐르는 합수선(合水線) 또는 계곡선(溪曲線)이라고 한다. 물이 산의 경사면을 흘러 합쳐지는 곳을 요선이라고 하는데 계곡, 하천 등이 여기에 속한다.
- 등고선은 계곡선(합수선)을 통과할 때는 직각으로 횡단한다. 즉, 등고선은 분수선 및 합수선과도 직교한다.
- 동일 등고선상의 모든 점은 기준면으로부터 같은 높이에 있다.
- 지표면의 경사가 같을 때는 등고선의 간격은 같고 평행하다.
- 등고선은 도면내 또는 밖에서 폐합한다.
- 높이가 다른 두 등고선은 동굴이나 절벽의 지형이 아닌 곳에서는 교차하지 않는다. (동굴이나 절벽은 반드시 두 점에서 교차한다.)

030 삼각망 중 유심 삼각망에 대한 설명으로 옳은 것은?

① 방대한 지역의 측량에 적합하며 동일 측점수에 비해 포함면적이 가장 넓은 삼각망이며 정확도가 비교적 높다.
② 삼각측량에서 시간과 경비가 많이 소요되나 가장 정밀한 측량성과를 얻을 수 있다.
③ 일반적으로 노선 및 하천측량과 같이 폭이 좁고 거리가 먼 지역에 적합하다.
④ 가장 정밀도가 높고 주로 기선의 확대에 사용된다.

해설
- 유심 삼각망은 넓은 지역에 적합하고 농지측량 및 평탄한 지역에 사용된다.
- ② : 사변형 삼각망으로 삼각측량의 삼각망 중 가장 정확도가 높다.
- ③ : 단열 삼각망

031 GNSS 관측성과로 틀린 것은?
① 지오이드 모델
② 경도와 위도
③ 지구중심좌표
④ 타원체고

해설
- 다양한 항법위성을 이용한 3차원 측위방법으로 GPS, GLONASS, Galileo 등이 있다.
- 지구질량 중심을 원점으로 하는 3차원 직교좌표 체계를 사용한다.

032 동일한 지역을 같은 조건에서 촬영할 때, 비행고도만을 2배로 높게 하여 촬영할 경우 전체 사진매수는?
① 사진매수는 1/2만큼 늘어난다.
② 사진매수는 1/2만큼 줄어든다.
③ 사진매수는 1/4만큼 늘어난다.
④ 사진매수는 1/4만큼 줄어든다.

해설
- $\dfrac{1}{m} = \dfrac{f}{H}$
- 사진 1매 유효면적
$A = (m \cdot a)^2$ 이므로 사진 매수는 1/4만큼 줄어든다.

033 중심말뚝의 간격이 20m인 도로구간에서 각 지점에 대한 횡단면적을 표시한 결과가 그림과 같을 때, 각주공식에 의한 전체 토공량은?
① $156\,\mathrm{m}^3$
② $672\,\mathrm{m}^3$
③ $817\,\mathrm{m}^3$
④ $920\,\mathrm{m}^3$

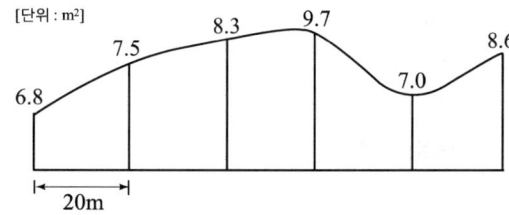

해설
- 각주공식(분할 계산)
$$V = \dfrac{l}{6}\left[A_1 + 4A_m + A_2\right]$$
- $V_1 = \dfrac{40}{6}[6.8 + 4(7.5) + 8.3] = 300.66\,\mathrm{m}^3$
- $V_2 = \dfrac{40}{6}[8.3 + 4(9.7) + 7.0] = 360.66\,\mathrm{m}^3$
- $V_3 = \dfrac{7.0 + 8.6}{2} \times 20 = 156\,\mathrm{m}^3$
∴ $V = V_1 + V_2 + V_3 = 817\,\mathrm{m}^3$

034 트래버스 측량(다각측량)에 관한 설명으로 옳지 않은 것은?
① 트래버스 중 가장 정밀도가 높은 것은 결합 트래버스로서 오차점검이 가능하다.
② 폐합오차 조정에서 가과 거리측량의 정확도가 비슷한 경우 트랜싯 법칙으로 조정하는 것이 좋다.
③ 오차의 배분은 각 관측의 정확도가 같을 경우 각의 대소에 관계없이 등분하여 배분한다.
④ 폐합 트래버스에서 편각을 관측하면 편각의 총합은 언제나 360°가 되어야 한다.

해설
트랜싯 법칙은 거리보다 각의 정밀도가 높을 때 활용하는 방법이다.

035 30m당 0.03m가 짧은 줄자를 사용하여 정사각형 토지의 한 변을 측정한 결과 150m이었다면 면적에 대한 오차는?
① 41m^2
② 43m^2
③ 45m^2
④ 47m^2

해설
$A = a \cdot b$
$dA = b \cdot d_a + a \cdot d_b$
여기서, $d_a = 150 \times \dfrac{0.03}{30} = 0.15\,\text{m}$
$d_b = 150 \times \dfrac{0.03}{30} = 0.15\,\text{m}$
∴ $dA = 150 \times 0.15 + 150 \times 0.15 = 45\,\text{m}^2$

036 지반의 높이를 비교할 때 사용하는 기준면은?
① 표고(elevation)
② 수준면(level surface)
③ 수평면(horizontal plane)
④ 평균해수면(mean sea level)

해설
기준면은 지반고의 기준이 되는 면으로 평균해수면을 사용한다.

037 클로소이드 곡선에서 곡선 반지름(R)=450m, 매개변수(A)=300m일 때 곡선길이(L)는?
① 100 m
② 150 m
③ 200 m
④ 250 m

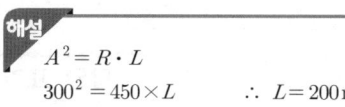
$$A^2 = R \cdot L$$
$$300^2 = 450 \times L \qquad \therefore L = 200\,\text{m}$$

038 단일 삼각형에 대해 삼각측량을 수행한 결과 내각이 $\alpha = 54°\,25'\,32''$, $\beta = 68°\,43'\,23''$, $\gamma = 56°\,51'\,14''$ 이었다면 β의 각 조건에 의한 조정량은?

① $-4''$ ② $-3''$
③ $+4''$ ④ $+3''$

삼각형 내각의 합의 측각오차를 구하면
$(\alpha + \beta + \gamma) - 180° = 9''$
$\therefore$ 측각오차가 $9''$이므로 $-\dfrac{9''}{3} = -3''$씩 등배분한다.

039 사진측량의 특징에 대한 설명으로 옳지 않은 것은?
① 기상조건에 상관없이 측량이 가능하다.
② 정량적 관측이 가능하다.
③ 측량의 정확도가 균일하다.
④ 정성적 관측이 가능하다.

기상조건 및 태양고도 등의 영향을 받는다.

040 교점(I.P)은 도로 기점에서 500m의 위치에 있고 교각 $I=36°$일 때 외선길이(외할)=5.00m라면 시단현의 길이는? (단, 중심 말뚝거리는 20m이다.)

① 10.43 m   ② 11.57 m
③ 12.36 m   ④ 13.25 m

• 외할 $E = R(\sec\dfrac{I}{2} - 1)$
$$5.0 = R\left(\dfrac{1}{\cos\dfrac{36°}{2}} - 1\right)$$
$\therefore R = 97\,\text{m}$
• $TL = R\tan\dfrac{I}{2} = 97 \times \tan\dfrac{36°}{2} = 31.57\,\text{m}$
• $BC = IP - TL = 500 - 31.57 = 468.43\,\text{m}$
$\therefore$ 시단현 길이 $= 480 - 468.43 = 11.57\,\text{m}$

정답 034 ② 035 ③ 036 ④ 037 ③ 038 ② 039 ① 040 ②

3과목 수리·수문학

041 하천모형 실험과 가장 관계가 큰 것은?

① Froude의 상사법칙
② Reynolds의 상사법칙
③ Weber의 상사법칙
④ Cauchy의 상사법칙

해설
Froude의 상사법칙에 하천 흐름에 적용한다.

보충 한계 Froude수에 의해 상류, 사류를 구분한다.

042 비에너지와 한계수심에 관한 설명 중 옳지 않은 것은?

① 비에너지는 수로바닥을 기준으로 하는 흐름의 전 에너지이다.
② 유량이 일정할 때 비에너지가 최소가 되는 수심이 한계수심이다.
③ 비에너지가 일정할 때 한계수심으로 흐르면 유량이 최소가 된다.
④ 유량이 일정할 때 직사각형 단면 수로내 한계수심은 최소 비에너지의 2/3이다.

해설
- 비에너지 $H_e = h + \alpha \dfrac{V^2}{2g}$
- 한계수심과 비에너지의 관계 $h_c = \dfrac{2}{3} H_e$
- 한계수심일 때 유량이 최대이다.
- 한계수심은 비에너지가 최소일 때의 수심이다.
- $h_c < h$: 상류, $h_c > h$: 사류

043 개수로 내에 댐을 축조하여 월류(越流)시킬 때 수면곡선이 변화된다. 배수곡선(背水曲線)의 부등류(不等流) 계산을 진행하는 방향(方向)이 옳은 것은?

① 지배단면에서 상류(上流)측으로
② 지배단면에서 하류(下流)측으로
③ 등류수심 지점에서 댐 지점으로
④ 등류수심 지점에서 지배단면으로

해설
월류댐의 상류부 수면이므로 부등류의 수면 곡선은 지배단면에서 상류 방향으로 계산한다.

044 유역면적 200ha인 도시 소하천유역의 유수 도달시간이 5분이고, 유역 평균유출계수는 0.60이다. 강수자료의 해석으로부터 구해진 이 유역의 강우강도식 $I=6500/(t+45)$[mm/hr]이라면 첨두유출량은? (단, 강우지속시간 t는 분(min) 단위이다.)

① 4.334m³/sec   ② 43.34m³/sec
③ 433.4m³/sec   ④ 4334m³/sec

해설
- $Q = \dfrac{1}{360}CIA = \dfrac{1}{360} \times 0.6 \times \left(\dfrac{6500}{5+45}\right) \times 200 = 43.34\text{m}^3/\text{sec}$
- 도달시간 $T = t_1 + \dfrac{L}{V}$
- 합리식은 소유역에 적용하는 것이 적합하고 강우지속기간은 도달시간과 같다고 가정한다.

045 이중 누가 우량분석(double mass curve analysis)에 관한 설명으로 가장 적합한 것은?
① 유역의 평균강우량을 결정하는데 쓴다.
② 구역별 적합한 강우강도식의 산정을 위해 쓴다.
③ 일부 결측된 강우기록을 보충하기 위하여 쓴다.
④ 자료의 일관성이 있도록 하는데 교정용으로 쓴다.

해설
이중 누가 우량분석으로 어느 관측소의 우량계의 위치와 관측방법 등의 변화가 있었음을 발견하여 관측우량을 교정해 줄 수 있다.

046 토양면을 통해 스며든 물이 중력의 영향 때문에 지하로 이동하여 지하수면까지 도달하는 현상은?
① 침투(infiltration)
② 침투능(infiltration capacity)
③ 침투율(infiltration) rate)
④ 침루(percolation)

해설
- 침투능은 어떤 토양면을 통해 물이 침투할 수 있는 최대율이다.
- 침투는 지면을 통하여 투수가 되지만 지하수까지 도달하지 않는다.

047 폭이 b인 직사각형 위어에서 양단수축이 생길 경우 폭 b_o는 얼마인가? (단, Francis 공식을 적용한다.)

① $b_o = b - \dfrac{h}{5}$ ② $b_o = 2b - \dfrac{h}{5}$
③ $b_o = b - \dfrac{h}{10}$ ④ $b_o = 2b - \dfrac{h}{10}$

해설
- $Q = 1.84 b_o h^{\frac{3}{2}}$
- $b_o = b - 0.1nh$ 여기서, 양단수축이므로 $n=2$
  $b_o = b - 0.1 \times 2h = b - 0.2h = b - \dfrac{h}{5}$

정답 041 ① 042 ③ 043 ① 044 ② 045 ④ 046 ④ 047 ①

048 Darcy의 법칙에 대한 설명으로 옳지 않은 것은?
① Darcy의 법칙은 지하수의 층류흐름에 대한 마찰저항공식이다.
② 투수계수는 물의 점성계수에 따라서도 변화한다.
③ Reynolds수가 클수록 안심하고 적용할 수 있다.
④ 평균유속이 동수경사와 비례관계를 가지고 있는 흐름에 적용될 수 있다.

해설
Darcy 법칙은 흐름이 정상류, 층류, $R_e < 4$의 적용범위로 한다.

049 폭 4.8m, 높이 2.7m의 연직 직사각형 수문이 한쪽 면에서 수압을 받고 있다. 수문의 밑면은 힌지로 연결되어 있고 상단은 수평체인(chain)으로 고정되어 있을 때 이 체인에 작용하는 장력(張力)은 얼마인가? (단, 수문의 정상과 수면은 일치한다.)
① 29.23 kN
② 57.15 kN
③ 7.87 kN
④ 0.88 kN

해설
- $P = wh_G A = 1 \times \dfrac{2.7}{2} \times (4.8 \times 2.7) = 17.496 \text{t} = 17496 \text{kg}$
  $= 171460 \text{N} = 171.46 \text{kN}$
- $h_c = \dfrac{2h}{3} = \dfrac{2 \times 2.7}{3} = 1.8 \text{m}$
- 힌지에서 모멘트를 고려하면
  $T \times 2.7 = 171.46(2.7 - 1.8)$
  ∴ $T = 57.15 \text{kN}$ 여기서, 1kg = 9.8N이다.

050 단위도(단위 유량도)에 대한 설명으로 옳지 않은 것은?
① 단위도의 3가정은 일정기저시간 가정, 비례 가정, 중첩 가정이다.
② 단위도는 기저유량과 직접유출량을 포함하는 수문곡선이다.
③ S-curve를 이용하여 단위도의 단위시간을 변경할 수 있다.
④ Snyder는 합성단위도법을 연구 발표하였다.

해설
- 단위도는 특정 단위시간 동안에 균일한 강우강도가 유역 전반에 균등하게 내리는 단위 유효우량에 의해 발생하는 직접유출의 수문곡선이다.
- 유역의 강우에 대한 반응은 선형이다.(비례가정이 기본 가정이다.)
- 유량과 유량 자료가 없는 미래측 유역에서 경험적으로 단위도를 구하는 방법이 합성 단위 유량도이다.

051 오리피스의 이론유속 $V=\sqrt{2gh}$ 는 어느 이론을 유도한 것인가?
① 운동량 방정식　　② 베르누이 정리
③ 벤투리 이론　　　④ 레이놀즈 정리

베르누이 정리의 적용 조건
- 정상류의 흐름
- 비압축성 유체의 흐름
- 임의 두 점은 같은 유선 위에 존재

052 누가우량곡선(Rainfall mass curve)의 특성으로 옳은 것은?
① 누가우량곡선의 경사가 클수록 강우강도가 크다.
② 누가우량곡선의 경사는 지역에 관계없이 일정하다.
③ 누가우량곡선은 자기우량 기록에 의하여 작성하는 것보다 보통우량계의 기록에 의하여 작성하는 것이 더 정확하다.
④ 누가우량곡선으로 일정기간내의 강우량을 산출 할 수는 없다.

자기우량계에 의하여 기록되는 누가 우량의 시간적 변화상태를 기록한 연속시간 분포로 강우가 클수록 곡선의 경사가 크다.

- **단위 유량도**: 특정 단위 시간동안 균일한 강도로 유역 전반에 걸쳐 균등하게 내린 단위 유효 우량으로 인하여 발생되는 직접유출의 수문곡선
- **유량빈도 곡선**: 급경사일 때는 홍수가 빈번하고 지하수의 하천방출이 작으며 완경사일 때는 홍수가 드물고 지하수의 하천방출이 크다.

053 두 수조가 관길이 L=50m, 지름 D=0.8m, Manning의 조도계수 n=0.013인 원형관으로 연결되어 있다. 이 관을 통하여 유량 Q=1.2m³/s의 난류가 흐를 때, 두 수조의 수위차(H)는? (단, 마찰, 단면 급확대 및 급축소 손실만을 고려한다.)
① 0.98 m　　② 0.85 m
③ 0.54 m　　④ 0.36 m

- 마찰손실계수
$$f=\frac{124.6n^2}{D^{1/3}}=\frac{124.6\times 0.013^2}{0.8^{1/3}}=0.023$$
- 급확대에 의한 손실계수
$f_{se}=1.0 \ (D_1/D_2=0)$
- 급축소 손실계수
$f_{sc}=0.5 \ (a_2/a_1\fallingdotseq 0)$
- $V=\dfrac{4Q}{\pi D^2}=\dfrac{4\times 1.2}{3.14\times 0.8^2}=2.39\,\mathrm{m/s}$

$\therefore H=\left(f_{se}+f_{sc}+f\dfrac{l}{D}\right)\dfrac{V^2}{2g}=\left(1.0+0.5+0.023\times\dfrac{50}{0.8}\right)\dfrac{2.39^2}{2\times 9.8g}=0.856\,\mathrm{m}$

054 관정의 펌프용 전동기 동력이 100kW, 펌프의 효율이 93%, 양정고 150m, 손실수두 10m일 때 펌프에 의한 양수량은?

① $0.02\text{m}^3/\text{sec}$
② $0.06\text{m}^3/\text{sec}$
③ $0.12\text{m}^3/\text{sec}$
④ $0.15\text{m}^3/\text{sec}$

해설

펌프 동력 $P = \dfrac{9.8QH}{\eta}$ [kW]

$\therefore Q = \dfrac{P \cdot \eta}{9.8H} = \dfrac{100 \times 0.93}{9.8 \times (150+10)} = 0.06\text{m}^3/\text{sec}$

055 수리학에서 취급되는 여러 가지 양에 대한 차원이 옳은 것은?

① 유량= $[L^3 T^{-1}]$
② 힘= $[MLT^{-3}]$
③ 동점성계수= $[L^3 T^{-1}]$
④ 운동량= $[MLT^{-2}]$

해설

- 힘= $[MLT^{-2}]$
- 동점성계수= $[L^3 T^{-1}]$
- 운동량= $[MLT^{-1}]$

056 3차원 흐름의 연속방정식을 아래와 같은 형태로 나타낼 때 이에 알맞은 흐름의 상태는?

$$\dfrac{\partial u}{\partial x} + \dfrac{\partial v}{\partial y} + \dfrac{\partial w}{\partial z} = 0$$

① 비압축성 정상류
② 비압축성 부정류
③ 압축성 정상류
④ 압축성 부정류

해설

유체 내부의 임의의 점 (x, y, z)에 있어서의 속도의 방향 성분을 시간 t에 있어서 각각 u, v, w를 표시할 때 비압축성 유체에 대한 연속방정식을 간단하게 정리하면 $\dfrac{\partial u}{\partial x} + \dfrac{\partial v}{\partial y} + \dfrac{\partial w}{\partial z} = 0$이 된다.

057 레이놀즈(Reynolds) 수에 대한 설명으로 옳은 것은?

① 중력에 대한 점성력의 상대적인 크기
② 관성력에 대한 점성력의 상대적인 크기
③ 관성력에 대한 중력의 상대적인 크기
④ 압력에 대한 탄성력의 상대적인 크기

해설

- 레이놀즈 수는 관성력과 점성력의 비이다.
- 레이놀즈 수는 원관 이외에도 개수로 또는 지하수의 흐름에서도 그대로 적용된다.
- 층류와 난류를 구별하는 척도이다.
- R_e가 작다는 것은 점성이 크게 영향을 끼친다는 뜻이다.

058 지름이 20cm인 관수로에 평균유속 5m/s로 물이 흐른다. 관의 길이가 50m일 때 5m의 손실수두가 나타났다면, 마찰속도(U_*)는?

① $U_* = 0.022 \text{m/s}$
② $U_* = 0.22 \text{m/s}$
③ $U_* = 2.21 \text{m/s}$
④ $U_* = 22.1 \text{m/s}$

해설

- $h_L = f \dfrac{l}{D} \dfrac{v^2}{2g}$

  $\therefore f = \dfrac{h_L \, D \, 2g}{l \, v^2} = \dfrac{5 \times 0.2 \times 2 \times 9.8}{50 \times 5^2} = 0.01568$

- $U_* = v_m \sqrt{\dfrac{f}{8}} = 5 \times \sqrt{\dfrac{0.01568}{8}} = 0.22 \text{m/s}$

059 비력(special force)에 대한 설명으로 옳은 것은?
① 물의 충격에 의해 생기는 힘의 크기
② 비에너지가 최대가 되는 수심에서의 에너지
③ 한계수심으로 흐를 때 한 단면에서의 총 에너지 크기
④ 개수로의 어떤 단면에서 단위중량당 운동량과 정수압의 합계

해설

- 비력(충력치)은 개수로의 한 단면에서의 운동량과 정수압의 합을 물의 단위 중량으로 나눈 값을 말한다.
- 비력(충력치)는 수심의 함수이며 최소 충력치에 대한 수심은 $\dfrac{\partial M}{\partial h} = 0$의 조건에서 구할 수 있다.
- 비력(충력치)이 최소로 되는 수심은 한계수심이다.

060 항만을 설계하기 위해 관측한 불규칙 파랑의 주기 및 파고가 다음 표와 같을 때, 유의파고($H_{1/3}$)는?

① 9.0m
② 8.6m
③ 8.2m
④ 7.4m

연번	파고(m)	주기(s)
1	9.5	9.8
2	8.9	9.0
3	7.4	8.0
4	7.3	7.4
5	6.5	7.5
6	5.8	6.5
7	4.2	6.2
8	3.3	4.3
9	3.2	5.6

해설

유의파고(significant wave)는 전체 파고 관측치 중에서 높은 값 1/3을 평균한 값이다.

즉, $\dfrac{9.5 + 8.9 + 7.4}{3} = 8.6 \text{m}$이다.

정답 054 ② 055 ① 056 ① 057 ② 058 ② 059 ④ 060 ②

4과목 철근콘크리트 및 강구조

061 프리스트레스의 손실 원인 중 프리스트레스 도입 후 시간이 경과함에 따라서 생기는 것은 어느 것인가?

① 콘크리트의 탄성수축
② 콘크리트의 크리프
③ PS강재와 쉬스의 마찰
④ 정착단의 활동

해설 프리스트레스 감소원인 중 프리스트레스 도입후 시간의 경과에 따라 PS강재의 릴렉세이션, 콘크리트 건조수축, 콘크리트의 크리프 등이 생긴다.

062 아래 PC보에서 PS강재를 포물선으로 배치하여 프리스트레스 힘 $P=$ 2000kN이 주어질 때 프리스트레스에 의한 상향력 u 는? (단, $b=$400mm, $h=$600mm, $s=$200mm)

① 63 kN/m
② 52 kN/m
③ 43 kN/m
④ 32 kN/m

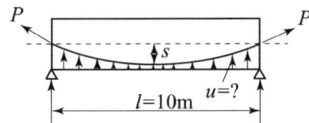

해설
$$P \cdot s = \frac{u \cdot l^2}{8}$$
$$\therefore u = \frac{8Ps}{l^2} = \frac{8 \times 2000 \times 0.2}{10^2} = 32\text{kN/m}$$

063 아래 그림의 지그재그로 구멍이 있는 판에서 순폭을 구하면? (단, 리벳구멍직경=25mm)

① $b_n = 187$mm
② $b_n = 150$mm
③ $b_n = 141$mm
④ $b_n = 125$mm

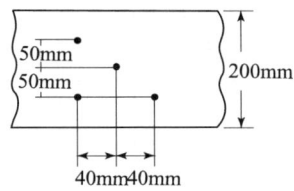

해설
- $b_n = b_g - 2d = 200 - 2 \times 25 = 150$mm
- $b_n = b_g - d - \left(d - \frac{P^2}{4g}\right) = 200 - 25 - \left(25 - \frac{40^2}{4 \times 50}\right) = 158$mm
- $b_n = b_g - d - 2\left(d - \frac{P^2}{4g}\right) = 200 - 25 - 2\left(25 - \frac{40^2}{4 \times 50}\right) = 141$mm

∴ 최소값인 141mm이다.

064 그림과 같은 용접부의 응력은?

① 115 MPa
② 110 MPa
③ 100 MPa
④ 94 MPa

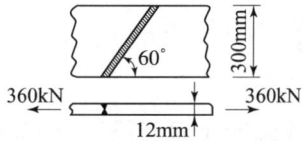

해설
$$f = \frac{P}{A} = \frac{360000}{300 \times 12} = 100 \text{MPa}$$

065 그림에 나타난 직사각형 단철근 보가 공칭 휨강도 M_n에 도달할 때 인장철근의 변형률은 얼마인가? (철근 D22 4개의 단면적 1,548mm², f_{ck}=28MPa, f_y=350MPa)

① 0.003
② 0.005
③ 0.010
④ 0.012

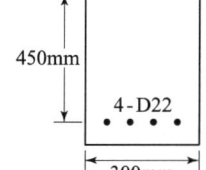

해설
- $a = \dfrac{A_s \cdot f_y}{0.85 f_{ck} b} = \dfrac{1548 \times 350}{0.85 \times 28 \times 300} = 75.88\text{mm}$

  $a = \beta_1 \cdot c$, β_1 값은 $f_{ck} \leq 40\text{MPa}$일 때 0.80이다.

  $\therefore c = \dfrac{a}{\beta_1} = \dfrac{75.88}{0.8} = 94.85\text{mm}$

- $0.0033 : c = \varepsilon_y : (d-c)$

  $\therefore \varepsilon_y = \dfrac{0.0033 \times (450 - 94.85)}{94.85} = 0.012$

066 아래 그림과 같은 보에서 계수단면적 V_u = 225kN에 대한 가장 적당한 스터럽 간격은? (단, 사용된 스터럽은 철근 D13이다. 철근 D13의 단면적은 127mm², f_{ck} = 24MPa, f_y=350MPa, λ=1.0)

① 110mm
② 150mm
③ 210mm
④ 225mm

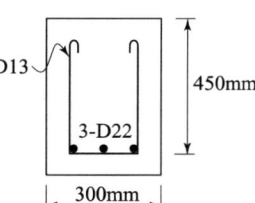

해설
$$V_c = \frac{1}{6}\lambda\sqrt{f_{ck}}\, b_w d = \frac{1}{6} \times 1.0 \times \sqrt{24} \times 300 \times 450 = 110,227\text{N}$$

- $V_u = \phi(V_c + V_s)$

  $225000 = 0.75(110227 + V_s)$

  $\therefore V_s = \dfrac{225000 - (0.75 \times 110227)}{0.75} = 189773\text{N}$

- $V_s < \dfrac{1}{3}\lambda\sqrt{f_{ck}}\, b_w d = \dfrac{1}{3} \times 1.0 \times \sqrt{24} \times 300 \times 450 = 220454\text{N}$이므로

  수직 스터럽의 간격은 $\dfrac{A_v f_{yt} d}{V_s} = \dfrac{(2 \times 127) \times 350 \times 450}{189773} = 210.8\text{mm}$.

  $\dfrac{d}{2} = \dfrac{450}{2} = 225\text{mm}$ 이하, 600mm 이하이다.

  $\therefore 210.8\text{mm}$ 이하

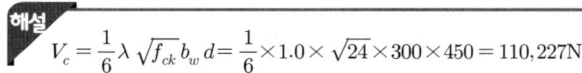

067 $A_s = 4{,}000\text{mm}^2$, $A_s' = 1{,}500\text{mm}^2$로 배근된 그림과 같은 복철근 보의 탄성처짐이 15mm이다. 5년 이상의 지속하중에 의해 유발되는 장기처짐은 얼마인가?

① 15 mm
② 20 mm
③ 25 mm
④ 30 mm

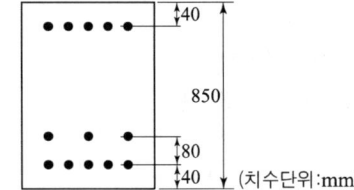

해설
- 처짐계수
$$\lambda_\Delta = \frac{\xi}{1+50\rho'} = \frac{2}{1+50\times 0.01} = 1.33$$
여기서, $\rho' = \dfrac{A_s'}{bd} = \dfrac{1500}{300\times 500} = 0.01$
- 장기처짐
  탄성처짐 $\times \lambda_\Delta = 15\times 1.33 \fallingdotseq 20\text{mm}$

068 그림과 같은 복철근 보의 유효깊이는? (단, 철근 1개의 단면적은 250mm² 이다.)

① 810 mm
② 780 mm
③ 770 mm
④ 730 mm

해설
$8 \cdot d = 3\times(850-120) + 5\times(850-40)$
∴ $d = 780\text{mm}$

069 $M_u = 200\text{kN}\cdot\text{m}$의 계수모멘트가 작용하는 단철근 직사각형 보에서 필요한 철근량(A_s)은 약 얼마인가? (단, $b_w = 300\text{mm}$, $d = 500\text{mm}$, $f_{ck} = 28\text{MPa}$, $f_y = 400\text{MPa}$, $\phi = 0.85$이다.)

① 1072.7mm²
② 1266.3mm²
③ 1524.6mm²
④ 1785.4mm²

해설
$$M_u = \phi TZ = \phi A_s f_y \left(d - \frac{a}{2}\right) = \phi A_s f_y \left(d - \frac{1}{2}\cdot\frac{A_s f_y}{0.85 f_{ck}\cdot b}\right)$$
$200\,000\,000 = 0.85 A_s \times 400\left(500 - \dfrac{1}{2}\cdot\dfrac{A_s\times 400}{0.85\times 28\times 300}\right)$
∴ $A_s = 1266.3\text{mm}^2$

070 아래 그림과 같은 직사각형 단면의 균열 모멘트(M_{cr})는? (단, f_{ck} = 21MPa, A_s =4,800mm^2, λ =1.0)

① 36.13 kN·m
② 31.25 kN·m
③ 27.98 kN·m
④ 23.65 kN·m

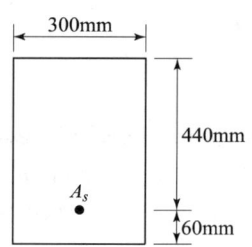

해설

- $f_r = 0.63\lambda\sqrt{f_{ck}} = 0.63 \times 1.0\sqrt{21} = 2.89\text{N/mm}^2$
- $I = \dfrac{bh^3}{12} = \dfrac{300 \times 500^3}{12} = 3,125,000,000\text{mm}^4$
- $f_r = \dfrac{M_{cr}}{I}y$

  $\therefore M_{cr} = \dfrac{f_r \cdot I}{y} = \dfrac{2.89 \times 3,125,000,000}{250} = 36,125,000\text{N}\cdot\text{mm}$
  $= 36.13\text{kN}\cdot\text{m}$

071 아래 그림과 같은 단철근 T형 보의 공칭 휨모멘트 강도(M_n)는 얼마인가? (단, f_{ck} =24MPa, f_y =400MPa이고, A_s =4,500mm^2)

① 1123.13 kN·m
② 1289.15 kN·m
③ 1449.18 kN·m
④ 1590.32 kN·m

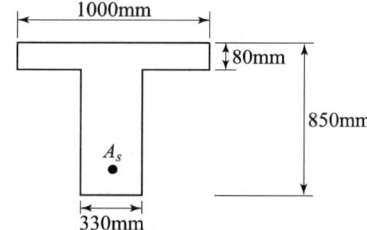

해설

- $a = \dfrac{A_s f_y}{0.85 f_{ck} b} = \dfrac{4500 \times 400}{0.85 \times 24 \times 1000} = 88.2\text{mm}$

  $a > t$ 이므로 T형보로 해석한다.

- $C_f = T_f$

  $0.85 f_{ck}(b-b_w)t = A_{sf} \cdot f_y$

  $\therefore A_{sf} = \dfrac{0.85 f_{ck}(b-b_w)t}{f_y} = \dfrac{0.85 \times 24(1000-330) \times 80}{400} = 2733.6\text{mm}^2$

- $C_w = T_w$

  $0.85 f_{ck} a b_w = (A_s - A_{sf})f_y$

  $\therefore a = \dfrac{(A_s - A_{sf})f_y}{0.85 f_{ck} b_w} = \dfrac{(4500-2733.6)\times 400}{0.85 \times 24 \times 330} = 105\text{mm}$

- $M_n = A_{sf} f_y\left(d-\dfrac{t}{2}\right) + (A_s - A_{sf})f_y\left(d-\dfrac{a}{2}\right)$

  $= 2733.6 \times 400\left(850-\dfrac{80}{2}\right) + (4500-2733.6)\times 400\left(850-\dfrac{105}{2}\right)$

  $= 1,449,168,000\text{N}\cdot\text{mm} = 1449.2\text{kN}\cdot\text{m}$

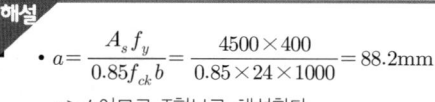

072 주어진 T형 단면에서 부착된 프리스트레스트 보강재의 인장응력 f_{ps}는 얼마인가? (단, 긴장재의 단면적은 A_{ps}=1,290mm²이고, 프리스트레싱 긴장재의 종류에 따른 계수(γ_p)=0.4, f_{pu}=1,900MPa, f_{ck}=35MPa이다.)

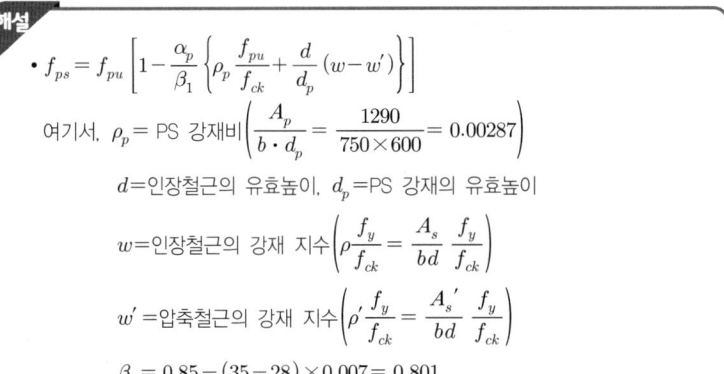

① $f_{ps} = 1900$MPa ② $f_{ps} = 1861$MPa
③ $f_{ps} = 1752$MPa ④ $f_{ps} = 1651$MPa

해설

• $f_{ps} = f_{pu}\left[1 - \dfrac{\alpha_p}{\beta_1}\left\{\rho_p\dfrac{f_{pu}}{f_{ck}} + \dfrac{d}{d_p}(w-w')\right\}\right]$

여기서, ρ_p = PS 강재비$\left(\dfrac{A_p}{b \cdot d_p} = \dfrac{1290}{750 \times 600} = 0.00287\right)$

d=인장철근의 유효높이, d_p=PS 강재의 유효높이

w=인장철근의 강재 지수$\left(\rho\dfrac{f_y}{f_{ck}} = \dfrac{A_s}{bd}\dfrac{f_y}{f_{ck}}\right)$

w'=압축철근의 강재 지수$\left(\rho'\dfrac{f_y}{f_{ck}} = \dfrac{A_s'}{bd}\dfrac{f_y}{f_{ck}}\right)$

$\beta_1 = 0.85 - (35-28) \times 0.007 = 0.801$

• 철근의 효과를 무시하거나 철근을 배근하지 않을 경우 $w = w' = 0$으로 처리한다.

$\therefore f_{ps} = 1900\left[1 - \dfrac{0.4}{0.801}\left\{0.00287 \times \dfrac{1900}{35}\right\}\right] ≒ 1752$MPa

073 철근 콘크리트 강도설계에 있어서 안전을 위한 강도감소계수 ø의 규정값으로 틀린 것은?

① 인장지배단면 : 0.85
② 전단력과 비틀림 모멘트 : 0.75
③ 콘크리트의 지압력 : 0.65
④ 압축지배단면 중 나선철근으로 보강된 부재 : 0.80

해설
• 압축지배단면 중 나선철근으로 보강된 부재 : 0.70
• 압축지배단면 중 띠철근으로 보강된 부재 : 0.65

074 용접시의 주의사항에 관한 설명 중 틀린 것은?
① 용접의 열을 될 수 있는대로 균등하게 분포시킨다.
② 용접부의 구속을 될 수 있는대로 적게하여 수축변형을 일으키더라도 해로운 변형이 남지 않도록 한다.
③ 평행한 용접은 같은 방향으로 동시에 용접하는 것이 좋다.
④ 주변에서 중심으로 향하여 대칭으로 용접해 나간다.

해설
중심에서 주변으로 향하여 대칭으로 용접해 나간다.

075 아래의 표와 같은 조건의 경량골재 콘크리트를 사용하고, 설계기준 항복강도가 400MPa인 D25(공칭직경 : 25.4mm)철근을 인장철근으로 사용하는 경우 기본정착길이(l_{db})는?

〈조건〉
• 콘크리트 설계기준 압축강도(f_{ck}) : 24MPa
• 콘크리트 인장강도(f_{sp}) : 2.17MPa

① 1430mm   ② 1515mm
③ 1535mm   ④ 1573mm

해설
• 경량골재 콘크리트 계수(λ)
$$\lambda = \frac{f_{sp}}{0.56\sqrt{f_{ck}}} \leq 1.0 = \frac{2.17}{0.56\sqrt{24}} = 0.79$$
• 인장 이형철근의 기본정착길이
$$l_{db} = \frac{0.6\,d_b\,f_y}{\lambda\sqrt{f_{ck}}} = \frac{0.6 \times 25.4 \times 400}{0.79\sqrt{24}} = 1573\,\text{mm}$$

076 콘크리트의 강도설계에서 등가 직사각형 응력블록의 깊이 $a = \beta_1 c$로 표현할 수 있다. f_{ck}가 60MPa인 경우 β_1의 값은 얼마인가?
① 0.85   ② 0.732
③ 0.76   ④ 0.626

해설
• $f_{ck} \leq 40\text{MPa}$인 경우 $\beta_1 = 0.8$
• $f_{ck} = 50\text{MPa}$인 경우 $\beta_1 = 0.8$
• $f_{ck} = 60\text{MPa}$인 경우 $\beta_1 = 0.76$

정답 072 ③ 073 ④ 074 ④ 075 ④ 076 ③

077 서로 다른 크기의 철근을 압축부에서 겹침이음 하는 경우 이음길이에 대한 설명으로 옳은 것은?

① 이음길이는 크기가 큰 철근의 정착길이와 크기가 작은 철근의 겹침이음길이 중 큰 값 이상이어야 한다.
② 이음길이는 크기가 작은 철근의 정착길이와 크기가 큰 철근의 겹침이음길이 중 작은 값 이상이어야 한다.
③ 이음길이는 크기가 작은 철근의 정착길이와 크기가 큰 철근의 겹침이음길이의 평균값 이상이어야 한다.
④ 이음길이는 크기가 큰 철근의 정착길이와 크기가 작은 철근의 겹침이음길이를 합한 값 이상이어야 한다.

해설
서로 다른 크기의 철근을 압축부에서 겹침이음하는 경우, 이음길이는 크기가 큰 철근의 정착길이와 크기가 작은 철근의 겹침이음길이 중 큰 값 이상이어야 한다. 이때 D41과 D51철근은 D35 이하 철근과의 겹침이음을 할 수 있다.

078 철근 콘크리트 보에 배치되는 철근의 순간격에 대한 설명으로 틀린 것은?

① 동일 평면에서 평행한 철근 사이의 수평 순간격은 25mm 이상이어야 한다.
② 상단과 하단에 2단 이상으로 배치된 경우 상하 철근의 순간격은 25mm 이상으로 하여야 한다.
③ 철근의 순간격에 대한 규정은 서로 접촉된 겹침이음 철근과 인접된 이음철근 또는 연속철근 사이의 순간격에도 적용하여야 한다.
④ 벽체 또는 슬래브에서 휨 주철근의 간격은 벽체나 슬래브 두께의 2배 이하로 하여야 한다.

해설
• 나선철근 또는 띠철근이 배근된 압축부재에서 축방향철근의 순간격은 40mm 이상, 또한 철근 공칭지름의 1.5배 이상으로 하여야 한다.
• 벽체 또는 슬래브에서 휨 주철근의 간격은 벽체나 슬래브 두께의 3배 이하로 하여야 하고, 또한 450mm 이하로 하여야 한다.

079 철근의 부착응력에 영향을 주는 요소에 대한 설명으로 틀린 것은?
① 경사인장균열이 발생하게 되면 철근이 균열에 저항하게 되고, 따라서 균열면 양쪽의 부착응력을 증가시키기 때문에 결국 인장철근의 응력을 감소시킨다.
② 거푸집 내에 타설된 콘크리트의 상부로 상승하는 물과 공기는 수평으로 놓인 철근에 의해 가로 막히게 되며, 이로 인해 철근과 철근 하단에 형성될 수 있는 수막 등에 의해 부착력이 감소될 수 있다.
③ 전단에 의한 인장철근의 장부력(dowel force)은 부착력이 감소될 수 있다.
④ 인장부 철근이 필요에 의해 절단되는 불연속 지점에서는 철근의 인장력 변화 정도가 매우 크며 부착응력 역시 증가한다.

해설
경사인장균열이 발생하게 되면 철근이 균열에 저항하게 되고, 따라서 균열면 양쪽의 부착응력을 증가시키기 때문에 결국 인장철근의 응력을 증가시킨다.

080 다음 중 적합비틀림에 대한 설명으로 옳은 것은?
① 균열의 발생 후 비틀림모멘트의 재분배가 일어날 수 없는 비틀림
② 균열의 발생 후 비틀림모멘트의 재분배가 일어날 수 있는 비틀림
③ 균열의 발생 전 비틀림모멘트의 재분배가 일어날 수 없는 비틀림
④ 균열의 발생 전 비틀림모멘트의 재분배가 일어날 수 있는 비틀림

해설
적합비틀림(compatibility torsion)
균열의 발생 후 비틀림모멘트의 재분배가 일어날 수 있는 비틀림으로 재분배된 비틀림모멘트가 다른 하중 전달 경로에 의하여 지지될 수 있는 경우를 가리킨다.

5과목 토질 및 기초

081 흙의 다짐시험에서 다짐에너지를 증가시킬 때 일어나는 결과는?
① 최적함수비는 증가하고, 최대건조 단위중량은 감소한다.
② 최적함수비는 감소하고, 최대건조 단위중량은 증가한다.
③ 최적함수비와 최대건조 단위중량이 모두 감소한다.
④ 최적함수비와 최대건조 단위중량이 모두 증가한다.

해설
• $E_c = \dfrac{W_R \cdot H \cdot N_B \cdot N_L}{V}$
• 다짐 에너지가 증가하면 최대건조 단위중량은 증가하고 최적 함수비는 감소한다.

정답 077 ① 078 ④ 079 ① 080 ② 081 ②

082. 입도분석 시험결과 다음과 같은 결과를 얻었다. 이 흙을 통일분류법에 의해 분류하면? (단, 0.074mm체 통과율=3%, 2mm체 통과율=40%, 4.75mm체 통과율=65%, $D_{10}=0.10$mm, $D_{30}=0.13$mm, $D_{60}=3.2$mm)

① GW
② GP
③ SW
④ SP

해설
- 0.074mm체 통과율이 50% 이하이므로 조립토(자갈 또는 모래)
- 4.75mm체 통과율이 50% 이상이므로 모래
- $C_u = \dfrac{D_{60}}{D_{10}} = \dfrac{3.2}{0.1} = 32$: 양호
- $C_g = \dfrac{(D_{30})^2}{D_{10} \times D_{60}} = \dfrac{(0.13)^2}{0.1 \times 3.2} = 0.0528$: 불량
- ∴ SP

083. 다음 중 부마찰력이 발생할 수 있는 경우가 아닌 것은?

① 매립된 생활쓰레기중에 시공된 관측정
② 붕적토에 시공된 말뚝 기초
③ 성토한 연약점토지반에 시공된 말뚝 기초
④ 다짐된 사질지반에 시공된 말뚝기초

해설
- 지하수위 저하의 연약지반 점착력 있는 압축성 지반 등에서 아래쪽으로 작용하는 마찰력을 부마찰력이라 한다.
- 부마찰력
$R_{nf} = f_s \cdot \pi D \cdot l = \dfrac{q_u}{2} \pi D l$

084. $\gamma_{sat} = 20$kN/m³인 사질토가 20°로 경사진 무한사면이 있다. 지하수위가 지표면과 일치하는 경우 이 사면의 안전율이 1 이상이 되기 위해서는 흙의 내부마찰각이 최소 몇 도 이상이어야 하는가? (단, $\gamma_w = 9.81$kN/m³)

① 18.21°
② 20.52°
③ 36.06°
④ 45.47°

해설

$F = \dfrac{\dfrac{\gamma_{sub}}{\gamma_{sat}} \tan\phi}{\tan i}$

$1 = \dfrac{\dfrac{(20-9.81)}{20} \tan\phi}{\tan 20°}$

∴ $\phi = 36°06'$

085 그림과 같은 지반에서 하중으로 인하여 수직응력($\Delta\sigma_1$)이 1.0kN/m²이 증가되고 수평응력($\Delta\sigma_3$)이 0.5kN/m²이 증가되었다면 간극 수압은 얼마나 증가되었는가? (단, 간극수압계수 $A=0.5$이고 $B=1$이다.)

① 0.50 kN/m²
② 0.75 kN/m²
③ 1.00 kN/m²
④ 1.25 kN/m²

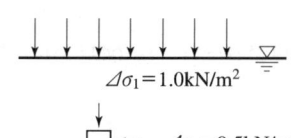

해설
$$\Delta u = B\left[\Delta\sigma_3 + A(\Delta\sigma_1 - \Delta\sigma_3)\right] = 1[0.5 + 0.5(1.0-0.5)] = 0.75\text{kN/m}^2$$

086 깊은 기초의 지지력 평가에 관한 설명 중 잘못된 것은?
① 정역학적 지지력 추정방법은 논리적으로 타당하나 강도정수를 추정하는 데 한계성을 내포하고 있다.
② 동역학적 방법은 항타장비, 말뚝과 지반조건이 고려된 방법으로 해머 효율의 측정이 필요하다.
③ 현장 타설 콘크리트 말뚝 기초는 동역학적 방법으로 지지력을 추정한다.
④ 말뚝 항타분석기(PDA)는 말뚝의 응력분포, 경시 효과 및 해머 효율을 파악할 수 있다.

해설
피어(현장 타설 콘크리트 말뚝)의 연직지지력은 정역학적 지지력 공식에 의해 지지력을 산정한다.

087 어떤 점토의 압밀계수는 1.92×10^{-7}m²/s, 압축계수는 2.86×10^{-1} m²/kN이었다. 이 점토의 투수계수는? (단, 이 점토의 초기간극비는 0.8이고 물의 단위중량은 9.81kN/m³이다.)

① 0.99×10^{-5}m/s
② 1.99×10^{-5}m/s
③ 2.99×10^{-5}m/s
④ 3.99×10^{-5}m/s

해설
- $m_v = \dfrac{a_v}{1+e} = \dfrac{2.86 \times 10^{-1}}{1+0.8} = 0.01588\text{m}^2/\text{kN}$
- $k = C_v \cdot m_v \cdot \gamma_w = 1.92 \times 10^{-7} \times 0.1588 \times 9.81 = 0.0000299\,\text{m/s}$

088 흙 시료의 전단파괴면을 미리 정해놓고 흙의 강도를 구하는 시험은?
① 일축압축시험
② 삼축압축시험
③ 직접전단시험
④ 평판재하시험

해설
- **직접전단시험** : 수직하중은 흙시료 위에서 가해지며 수직하중의 크기를 일정하게 고정시킨 상태에서 전단력을 작용시켜 전단상자의 갈라진 면을 따라 흙을 전단시킨다.

정답 082 ④ 083 ④ 084 ③ 085 ② 086 ③ 087 ③ 088 ③

01회 CBT 모의고사

089 토압계수 $K=0.5$일 때 응력경로는 그림에서 어느 것인가?

① ①
② ②
③ ③
④ ④

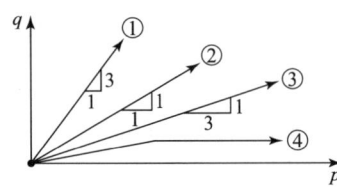

[해설]
- 토압계수 $K = \dfrac{\sigma_h}{\sigma_v} = \dfrac{\sigma_3}{\sigma_1}$
- $\dfrac{q}{p} = \tan\beta = \dfrac{1-K}{1+K} = \dfrac{1-0.5}{1+0.5} = \dfrac{0.5}{1.5} = \dfrac{1}{3}$

090 피조콘(piezocone) 시험의 목적이 아닌 것은?

① 지층의 연속적인 조사를 통하여 지층 분류 및 지층 변화 분석
② 연속적인 원지반 전단강도의 추이 분석
③ 중간 점토내 분포한 sand seam 유무 및 발달 정도 확인
④ 불교란 시료 채취

[해설] 피조콘 관입시험을 통해 흙의 종류, 연경도, 강도정수, 변형계수, 응력이력, 압밀특성, 비배수 전단강도 등을 추정할 수 있다.

091 표준관입시험에서 N치가 20으로 측정되는 모래 지반에 대한 설명으로 옳은 것은?

① 매우 느슨한 상태이다.
② 간극비가 1.2인 모래이다.
③ 내부마찰각이 30°~40°인 모래이다.
④ 유효상재 하중이 $20t/m^2$인 모래이다.

[해설]

N값과 모래의 상대밀도, 내부마찰각 관계

N값	상대밀도	내부마찰각(∅)
2~4	매우 느슨	30 미만
4~10	느슨	30~35
10~30	보통	35~40
30~50	조밀	40~45
50 이상	매우 조밀	45 초과

092 포화된 지반의 간극비를 e, 함수비를 w, 간극률을 n, 비중을 G_s라 할 때 다음 중 한계동수경사를 나타내는 식으로 적절한 것은?

① $\dfrac{G_s+1}{1+e}$ ② $(1+n)(G_s-1)$

③ $\dfrac{e-w}{w(1+e)}$ ④ $\dfrac{G_s(1-w+e)}{(1+G_s)(1+e)}$

- $Se = G_s w$ ∴ $G_s = \dfrac{Se}{w} = \dfrac{e}{w}$

  여기서, 포화된 지반이므로 $S=100\%(1)$

- $i_c = \dfrac{G_s-1}{1+e} = \dfrac{\dfrac{e}{w}-1}{1+e} = \dfrac{e-w}{w(1+e)}$

093 Terzaghi의 지지력 공식에 대한 사항 중 옳지 않은 것은?

① 지지력 계수(N_c, N_r, N_q)는 내부 마찰각(ϕ)에 따라 결정되는 값이다.
② 기초 형상에 따라 다른 형상계수를 고려해야 한다.
③ 극한 지지력은 기초 폭에 관계없이 흙의 상태를 나타내는 고유의 성질이다.
④ 점성토에서 극한 지지력은 기초의 근입깊이가 커짐에 따라 커진다.

사질토 지반에서는 기초 폭의 크기에 비례하여 극한지지력이 크게 된다.

094 다음 그림의 옹벽에 작용하는 주동토압(P_a)과 작용위치(y)는?

	P_a	y
①	45 kN/m	1.3m
②	45 kN/m	1.48m
③	72 kN/m	1.3m
④	72 kN/m	1.58m

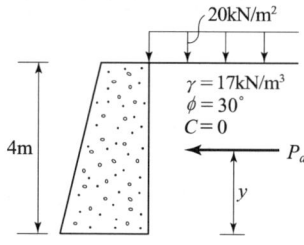

- $K_a = \tan^2\left(45° - \dfrac{\phi}{2}\right) = \tan^2\left(45° - \dfrac{30°}{2}\right) = 0.333$
- $P_a = qHK_a + \dfrac{1}{2}\gamma H^2 K_a = 20 \times 4 \times 0.333 + \dfrac{1}{2} \times 17 \times 4^2 \times 0.333 = 72\text{kN/m}$
- $\Delta H = \dfrac{q}{\gamma} = \dfrac{20}{17} = 1.176\text{m}$
- $y = \dfrac{H}{3} \dfrac{3\Delta H + H}{2\Delta H + H} = \dfrac{4}{3} \dfrac{3 \times 1.176 + 4}{2 \times 1.176 + 4} = 1.58\text{m}$

정답 089 ③ 090 ④ 091 ③ 092 ③ 093 ③ 094 ④

095 크기가 30cm×30cm의 평판을 이용하여 사질토 위에서 평판재하시험을 실시하고 극한 지지력 20 kN/m²을 얻었다. 크기가 1.8m×1.8m인 정사각형 기초의 총 허용하중은 약 얼마인가? (단, 안전율 3을 사용)

① 22 kN
② 66 kN
③ 130 kN
④ 150 kN

해설
- 30×30cm 평판 사용시 허용지지력
$$q_a = \frac{q_d}{F} = \frac{20}{3} = 6.67 \text{kN/m}^2$$
- 지지력은 사질토 지반에서 재하판의 크기에 비례한다.
$0.3 : 6.67 = 1.8 : q_a$
$$\therefore q_a = \frac{6.67 \times 1.8}{0.3} = 40.02 \text{kN/m}^2$$
- $q_a = \dfrac{P}{A}$
$\therefore P = q_a \cdot A = 40.02 \times (1.8 \times 1.8) = 130 \text{kN}$

096 유선망(流線網)의 특징에 대한 설명으로 틀린 것은?
① 두 개의 등수두선의 수압강하량은 다른 두 개의 등수두선에서도 같다.
② 침투속도 및 동수경사는 유선망의 폭에 비례한다.
③ 각 유로의 침투량은 같고 유선은 등수두선과 직교한다.
④ 유선망으로 되는 사변형은 이론상 정사각형이다.

해설
- 침투속도 및 동수경사는 유선망의 폭에 반비례한다.
- 유선과 다른 유선은 서로 교차하지 않는다.
- 유선망은 경계조건을 만족하여야 한다.

 침투수량과 공극수압을 측정하기 위해 유선망을 작도한다.
- $Q = k \cdot \dfrac{N_f}{N_d} \cdot H$

097 다음 중 투수계수를 좌우하는 요인이 아닌 것은?
① 토립자의 크기
② 공극의 형상과 배열
③ 토립자의 비중
④ 포화도

해설
$k = D_s^2 \dfrac{r_w}{\mu} \dfrac{e^3}{1+e} C$ 식과 같이 토립자 크기, 점성계수, 공극비, 형상계수와 관계있고 투수시험을 할 때 포화상태에서 하므로 포화도 역시 관련 있다.

098 어떤 흙의 공시체에 대한 일축압축 시험을 하였더니, 일축 압축 강도 $q_u = 3.0$ kN/m², 파괴면의 각도 $\theta = 50°$였다. 이 흙의 점착력(C)과 내부 마찰각(ϕ)은 얼마인가?

① $C=1.52$kN/m², $\phi=10°$
② $C=1.52$kN/m², $\phi=5°$
③ $C=1.26$kN/m², $\phi=5°$
④ $C=1.26$kN/m², $\phi=10°$

해설
- $\theta = 45° + \dfrac{\phi}{2}$ $50° = 45° + \dfrac{\phi}{2}$
  ∴ $\phi = 10°$
- $C = \dfrac{q_u}{2\tan\left(45° + \dfrac{\phi}{2}\right)} = \dfrac{3}{2\tan\left(45° + \dfrac{10°}{2}\right)} = 1.26$ kN/m²

099 다음 그림과 같은 사각형 직접 기초(폭 1.2m, 길이 2m)에 폭 방향에 대한 편심이 작용하는 경우 지반에 작용하는 최대 압축응력은?

① 12.5 kN/m²
② 16.7 kN/m²
③ 21.5 kN/m²
④ 22.7 kN/m²

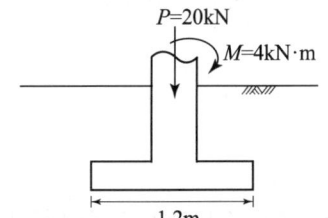

해설
- $I = \dfrac{hb^3}{12} = \dfrac{2 \times 1.2^3}{12} = 0.288$ m⁴
- $\sigma_{max} = \dfrac{P}{A} + \dfrac{M}{I}y = \dfrac{20}{1.2 \times 2} + \dfrac{4}{0.288} \times \dfrac{1.2}{2} = 16.7$ kN/m²

100 반무한 지반의 지표상에 무한길이의 선하중 q_1, q_2가 다음의 그림과 같이 작용할 때 A점에서의 연직응력 증가는?

① 3.03kN/m²
② 12.12kN/m²
③ 15.15kN/m²
④ 18.18kN/m²

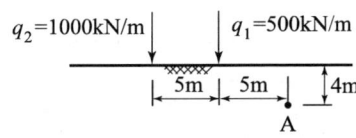

해설
$\sigma_z = \dfrac{2L}{\pi} \dfrac{Z^3}{(x^2 + Z^2)^2}$
$= \dfrac{2 \times 500}{3.14} \dfrac{4^3}{(5^2 + 4^2)^2} + \dfrac{2 \times 1000}{3.14} \dfrac{4^3}{(10^2 + 4^2)^2} = 15.15$ kN/m²

정답 095 ③ 096 ② 097 ③ 098 ④ 099 ② 100 ③

6과목 상하수도 공학

101 계획오수량에 대한 설명 중 틀린 것은?
① 계획시간 최대오수량은 계획 1일 최대오수량의 1시간당 수량의 1.3~1.8배를 표준으로 한다.
② 계획오수량은 생활오수량, 공장폐수량 및 지하수량으로 구분할 수 있다.
③ 지하수량은 1인 1일 평균오수량의 5~10%로 한다.
④ 계획 1일 평균오수량은 계획 1일 최대오수량의 70~80%를 표준으로 한다.

> **해설**
> 지하수량은 1인 1일 최대오수량의 10~20%로 한다.

102 수원에서 가정까지의 급수계통을 나타낸 것 중 바르게 나열한 것은?
① 취수 및 집수시설 – 도수시설 – 정수시설 – 송수시설 – 배수시설 – 급수시설
② 취수 및 집수시설 – 도수시설 – 배수시설 – 송수시설 – 정수시설 – 급수시설
③ 취수 및 집수시설 – 송수시설 – 정수시설 – 도수시설 – 배수시설 – 급수시설
④ 취수 및 집수시설 – 송수시설 – 도수시설 – 배수시설 – 정수시설 – 급수시설

> **해설**
> • 상수도의 계통도 : 수원 → 취수 → 도수 → 정수 → 송수 → 배수 → 급수
> • 도수는 개수로로 하며 송수 및 배수는 수질을 고려하여 관수로로 한다.
> • 정수장에서 배수장은 펌프가압식으로 송수한다.

103 Jar-Test는 적정 응집제의 주입량과 적정 pH를 결정하기 위한 시험이다. Jar-Test 시 응집제를 주입한 후 급속교반 후 완속교반을 하는 이유는?
① 응집제를 용해시키기 위해서
② 응집제를 고르게 섞기 위해서
③ 플록이 고르게 퍼지게 하기 위해서
④ 플록을 깨뜨리지 않고 성장시키기 위해서

> **해설**
> 플록(floc)의 결합을 증가시키기 위하여 완속교반을 하며 플록 형성시간을 20~40분을 표준으로 한다.

104 계획하수량의 산정방법으로 틀린 것은?

① 오수관거 : 계획 1일 최대오수량+계획우수량
② 우수관거 : 계획우수량
③ 합류식 관거 : 계획시간 최대오수량+계획우수량
④ 차집관거 : 우천시 계획오수량

> **해설**
> • 오수관거 : 계획시간 최대오수량

105 정수장으로부터 배수지까지 정수를 수송하는 시설은?

① 도수시설
② 송수시설
③ 정수시설
④ 배수시설

> **해설**
> • 송수시설 : 정수장에서 배수지까지 수송하는 시설
> • 도수시설 : 원수를 취수지점으로부터 정수장까지 수송하는 시설
> • 상수도의 급수계통 : 수원 → 취수 → 도수 → 정수 → 송수 → 배수 → 급수

106 호기성 소화의 특징을 설명한 것으로 옳지 않은 것은?

① 처리된 소화 슬러지에서 악취가 나지 않는다.
② 상징수의 BOD 농도가 높다.
③ 폭기를 위한 동력 때문에 유지관리비가 많이 든다.
④ 수온이 낮을 때에는 처리 효율이 떨어진다.

> **해설**
> • 상징수의 BOD 농도가 낮다.
> • 처리에 영양소가 많이 필요하다.
> • 운전이 쉽다.
> • 최초 시공비가 절감된다.

107 하수도시설의 일차 침전지에 대한 설명으로 옳지 않은 것은?

① 침전지 형상은 원형, 직사각형 또는 정사각형으로 한다.
② 직사각형 침전지의 폭과 깊이의 비는 1 : 3 이상으로 한다.
③ 유효수심은 2.5~4m를 표준으로 한다.
④ 침전시간은 계획 1일 최대오수량에 대하여 일반적으로 12시간 정도로 한다.

> **해설**
> • 1차 침전지의 침전시간은 계획 1일 최대오수량에 대하여 일반적으로 2~4시간 정도로 하며 표면부하율은 25~40m³/m²·day이다.
> • 2차 침전지의 침전시간은 3~5시간이며 표면부하율은 20~30m³/m²·day이다.

정답 101 ③　102 ①　103 ④　104 ①　105 ②　106 ②　107 ④

108. 펌프의 회전수 $N=3,000$rpm, 양수량 $Q=1.5$m³/min, 전양정 $H=300$m 인 5단 원심펌프의 비회전도 N_s는?

① 약 100회
② 약 150회
③ 약 170회
④ 약 210회

해설
- $N_s = N\dfrac{Q^{1/2}}{H^{3/4}} = 3000 \times \dfrac{1.5^{1/2}}{60^{3/4}} = 170$회

  여기서, 5단이므로 $H = \dfrac{300}{5} = 60$m이다.
- N_s가 작으면 일반적으로 토출량이 적은 고양정의 펌프를 의미한다.

109. 계획시간 최대배수량을 정하는 식 $q = \dfrac{Q}{24} \times K$에 대한 설명 중 틀린 것은?

① 시간계수 K는 1일 최대급수량이 클수록 작다.
② 시간계수 K는 계획시간 최대배수량의 시간평균배수량에 대한 비율이다.
③ Q는 계획 1일 평균급수량이다.
④ 계획시간 최대배수량은 배수구역 내의 계획급수 인구가 그 시간대에 최대량의 물을 사용한다고 가정한 것이다.

해설
Q : 계획 1일 최대급수량(t/day)으로 상수도 시설의 규모를 결정하는 데 사용되는 수량이다.

110. 지름 20cm, 길이 100m인 주철관으로 유량 0.05m³/s의 물을 60m 양수 하려고 한다. 양수 시 발생하는 총 손실수두가 3m이었다면 이 펌프의 소요 축동력은? (단, 여유율은 0이며 펌프의 효율은 80%이다.)

① 34.9kW
② 36.8kW
③ 38.6kW
④ 47.4kW

해설
$P_S = \dfrac{9.8QH_P}{\eta} = \dfrac{9.8 \times 0.05 \times (60+3)}{0.8} = 38.6$kW

111. 다음 중 합류식 하수도에 대한 설명이 아닌 것은?

① 청천 시에는 수위가 낮고 유속이 적어 오물이 침전하기 쉽다.
② 우천 시에 처리장으로 다량의 토사가 유입되어 침전지에 퇴적된다.
③ 단일관로로 오수와 우수를 배제하기 때문에 침수 피해의 다발 지역이나 우수배제 시설이 정비되지 않은 지역에서는 유리한 방식이다.
④ 소규모 강우 시 강우 초기에 도로나 관로 내에 퇴적된 오염물이 그대로 강으로 합류할 수 있다.

- 분류식 하수도의 경우 우수(강우)는 공공수역으로 방류한다.
- 분류식은 오수관, 우수관을 별도로 설치하므로 공사비(부설비)가 많이 든다.
- 분류식이 합류식보다 퇴적량이 적다.

112 하수도 시설의 목적과 거리가 가장 먼 것은?
① 도시의 건전한 발전 도모
② 하수의 배제 및 쾌적한 생활환경 개선
③ 슬러지의 처리 및 자원개발
④ 침수의 방지

공중위생의 향상 기여, 공공수역의 수질오염 방지, 오수 및 우수 배제, 오탁수의 처리 등

113 정수지에 대한 설명으로 틀린 것은?
① 정수지란 정수를 저류하는 탱크로 정수시설로는 최종단계의 시설이다.
② 정수지 상부는 반드시 복개해야 한다.
③ 정수지의 유효수심은 3~6m를 표준으로 한다.
④ 정수지의 바닥은 저수위보다 1m 이상 낮게 해야 한다.

정수지 설계시 고려사항
- 구조적으로나 위생적으로 안전하고 내구성 및 수밀성을 가져야 한다.
- 지내의 수온이 외부로부터 영향을 받을 것을 방지하기 위하여 30~60cm 정도의 복토를 둔다.
- 원칙적으로 2지 이상으로 하고, 1지의 경우는 격벽으로서 2등분하여야 한다.
- 정수지의 유효수심은 3~6m 정도를 표준으로 한다.
- 고수위로부터 정수지 상부 슬래브까지는 30cm 이상의 여유고를 둔다.
- 정수지의 바닥은 저수위보다 15cm 이상 낮게 한다.
- 지점에서 저수위 이하의 물을 제거하기 위하여 배출관을 설치하여, 배출구를 향하여 1/100~1/500 정도의 경사를 둔다.
- 정수지의 유효용양은 계획정수량의 1시간분 이상으로 한다.

114 계획하수량을 수용하기 위한 관로의 단면과 경사를 결정함에 있어 고려할 사항으로 틀린 것은?
① 우수관로는 계획우수량에 대하여 유속을 최소 0.8m/s, 최대 3.0m/s로 한다.
② 오수관로의 최소 관경은 200mm를 표준으로 한다.
③ 관로의 단면은 수리적 특성을 고려하여 선정하되 원형 또는 직사각형을 표준으로 한다.
④ 관로경사는 하류로 갈수록 점차 급해지도록 한다.

하수관거 경사는 하류로 갈수록 완만하게, 유속은 하류로 갈수록 빠르게 하여야 한다.

정답 108 ③ 109 ③ 110 ③ 111 ④ 112 ③ 113 ④ 114 ④

115 어느 도시의 인구가 200000명, 상수보급률이 80%일 때 1인 1일 평균급수량이 380L/인·일이라면 연간 상수 수요량은?

① $11.096 \times 10^6 m^3/년$
② $13.874 \times 10^6 m^3/년$
③ $22.192 \times 10^6 m^3/년$
④ $27742 \times 10^6 m^3/년$

해설
$Q = 380 \times 10^{-3} \times 200000 \times 0.8 \times 365 = 22,192,000 m^3/년$

116 하수처리시설의 펌프장 시설의 중력식 침사지에 관한 설명으로 틀린 것은?

① 침사지의 체류시간은 30~60초를 표준으로 하여야 한다.
② 모래퇴적부의 깊이는 최소 50cm 이상이어야 한다.
③ 침사지의 평균유속은 0.3m/s를 표준으로 한다.
④ 침사지 형상은 정방형 또는 장방형 등으로 하고 지수는 2지 이상을 원칙으로 한다.

해설
- 침사지의 유효수심은 침전효율에 관계가 없으며 표면부하율, 평균 유속 및 체류시간에 따라 정하며 보통 1.5~2m이다.
- 침사지의 수심은 유효수심에 모래 퇴적부의 깊이(약 30cm 이상)를 더한 것으로 하는데 보통 2.5~3.5m이다.
- 게이트는 침사지의 조작, 불시의 정전 및 펌프장의 수리 등을 위하여 침사지 유입구에 설치한다.

117 상수시설 중 가장 일반적인 장방형 침사지의 표면부하율의 표준으로 옳은 것은?

① 50~150mm/min
② 200~500mm/min
③ 700~1000mm/min
④ 1000~1250mm/min

해설
가장 일반적인 장방형 침사지의 구조
- 원칙적으로 철근 콘크리트 구조로 하며 부력에 대해서도 안전한 구조로 한다.
- 표면부하율은 200~500mm/min을 표준으로 한다.
- 지내 평균유속은 2~7cm/s를 표준으로 한다.
- 지의 길이는 폭의 3~8배를 표준으로 한다.
- 지의 고수위는 계획취수량이 유입될 수 있도록 취수구의 계획최저수위 이하로 정한다.
- 지의 상단높이는 고수위보다 0.6~1m의 여유고를 둔다.
- 지의 유효수심은 3~4m를 표준으로 하고, 퇴사심도를 0.5~1m로 한다.
- 바닥은 모래 배출을 위하여 중앙에 배수로(pit)를 설치하고, 길이 방향에는 배수구로 향하여 1/100, 가로방향은 중앙 배수로를 향하여 1/50 정도의 경사를 둔다.
- 한랭지에서 저온으로 지의 수면이 결빙되거나 강설로 수중에 눈얼음 등이 보이는 곳에서는 기능장애를 방지하기 위하여 지붕을 설치한다.

118 배수관망의 구성방식 중 격자식과 비교한 수지상식의 설명으로 틀린 것은?
① 수리계산이 간단하다.
② 사고 시 단수구간이 크다.
③ 제수밸브를 많이 설치해야 한다.
④ 관의 말단부에 물이 정체되기 쉽다.

해설
- 수지상식(樹枝狀式)은 관이 상호 연결되지 않고 나뭇가지 모양으로 나눠져 가는 방식이다.
- 말단으로 갈수록 관의 지름이 작고 배수량을 서로 보충할 수 없기 때문에 수압의 저하가 현저하다.
- 수리계산이 간단하고, 제수밸브가 적게 소요된다는 장점이 있다.

119 고도처리를 도입하는 이유와 거리가 먼 것은?
① 잔류 용존유기물의 제거
② 잔류염소의 제거
③ 질소의 제거
④ 인의 제거

해설
고도처리 공정으로 생물학적 질소·인 동시 제거법의 혐기 무산소 호기조합법에 의해 처리된다.

120 계획급수인구가 5000명, 1인 1일 최대급수량을 150L/(인·day), 여과속도는 150m/day로 하면 필요한 급속여과지의 면적은?
① $5.0m^2$
② $10.0m^2$
③ $15.0m^2$
④ $20.0m^2$

해설
- $Q = 150 \times 10^{-3} \times 5000 = 750 m^3/day$
- $Q = A \cdot V$
  $\therefore A = \dfrac{Q}{V} = \dfrac{750}{150} = 5.0 m^2$

정답 115 ③ 116 ② 117 ② 118 ③ 119 ② 120 ①

1과목 응용역학

001 다음과 같은 보의 A점의 수직반력 V_A는?

① $\dfrac{3}{8}wl\,(\downarrow)$ ② $\dfrac{1}{4}wl\,(\downarrow)$

③ $\dfrac{3}{16}wl\,(\downarrow)$ ④ $\dfrac{3}{32}wl\,(\downarrow)$

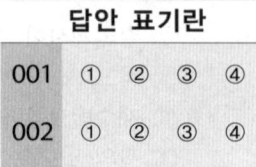

해설

- $y_{B1} = \dfrac{Ml^2}{2EI}$
- $y_{B2} = \dfrac{V_B l^3}{3EI}$
- $y_{B1} = y_{B2}$

$$\dfrac{Ml^2}{2EI} = \dfrac{V_B \cdot l^3}{3EI}$$

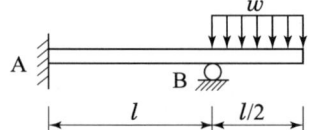

$$\therefore V_B = V_A = \dfrac{3M}{2l} = \dfrac{3 \times \dfrac{wl^2}{8}}{2l} = \dfrac{3wl}{16}$$

002 다음 구조물에서 최대처짐이 일어나는 위치까지의 거리 X_m를 구하면?

① $\dfrac{L}{2}$

② $\dfrac{2L}{3}$

③ $\dfrac{L}{\sqrt{3}}$

④ $\dfrac{2L}{\sqrt{3}}$

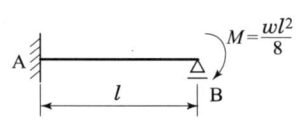

해설

- 전단력이 0인 위치에서 최대 처짐이 생기므로 $x = \dfrac{l}{\sqrt{3}}$ 이다.

- $\sum M_B = 0$

  $R_A \times l - \dfrac{1}{2} Ml \times \dfrac{l}{3} = 0$

  $\therefore R_A = \dfrac{Ml}{6},\ R_B = \dfrac{2Ml}{6}$

- $M : l = x : y \quad \therefore x = \dfrac{My}{l}$

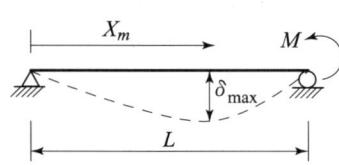

- $\sum V = 0$

  $\dfrac{Ml}{6} - \dfrac{1}{2} \times \dfrac{My}{l} \times y = 0$

  $\dfrac{Ml}{6} = \dfrac{My^2}{2l} \quad \therefore y = \dfrac{l}{\sqrt{3}}$

003 정삼각형의 도심을 지나는 여러 축에 대한 단면 2차 모멘트의 값에 대한 다음 설명 중 옳은 것은?

① $I_{y1} > I_{y2}$
② $I_{y2} > I_{y1}$
③ $I_{y3} > I_{y2}$
④ $I_{y1} = I_{y2} = I_{y3}$

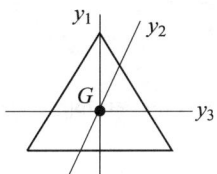

해설
도심축을 지나는 단면 2차 모멘트의 값은 항상 같다.

004 지름이 d인 원형 단면의 핵(core)의 지름은?

① $\dfrac{d}{2}$
② $\dfrac{d}{3}$
③ $\dfrac{d}{4}$
④ $\dfrac{d}{6}$

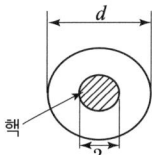

해설
- 핵거리(반지름) $e = \dfrac{Z}{A} = \dfrac{\dfrac{\pi d^3}{32}}{\dfrac{\pi d^2}{4}} = \dfrac{d}{8}$
- 핵지름 : $\dfrac{d}{4}$

005 그림과 같은 트러스의 사재 D의 부재력은?

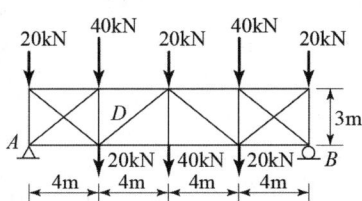

① 50kN(인장)
② 50kN(압축)
③ 37.5kN(인장)
④ 37.5kN(압축)

해설
- 대칭이므로 $R_A = 110$kN

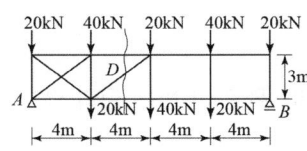

- $\Sigma V = 0$
$110 - 20 - 40 - 20 - D \times \dfrac{3}{5} = 0$
∴ $D = 50$kN(압축)

006 단면이 원형(반지름 R)인 보에 휨모멘트 M이 작용할 때 이 보에 작용하는 최대휨응력은?

① $\dfrac{4M}{\pi R^3}$ ② $\dfrac{12M}{\pi R^3}$

③ $\dfrac{16M}{\pi R^3}$ ④ $\dfrac{32M}{\pi R^3}$

해설
- $Z = \dfrac{\pi D^3}{32} = \dfrac{\pi (2R)^3}{32} = \dfrac{\pi R^3}{4}$
- $\sigma = \dfrac{M}{Z} = \dfrac{4M}{\pi R^3}$

007 그림과 같은 3힌지 아치의 중간 힌지에 수평하중 P가 작용할 때 A지점의 수직반력과 수평반력은? (단, A지점의 반력은 그림과 같은 방향을 정(+)으로 한다.)

① $V_A = \dfrac{Ph}{l}$, $H_A = \dfrac{P}{2}$

② $V_A = \dfrac{Ph}{l}$, $H_A = -\dfrac{P}{2h}$

③ $V_A = -\dfrac{Ph}{l}$, $H_A = \dfrac{P}{2h}$

④ $V_A = -\dfrac{Ph}{l}$, $H_A = -\dfrac{P}{2}$

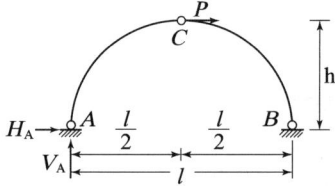

해설
- $\sum M_B = 0$, $V_A \times l + P \times h = 0$
  $\therefore V_A = -\dfrac{Ph}{l}$
- $\sum M_C = 0$, $-V_A \times \dfrac{l}{2} - H_A \times h = 0$
  $\therefore H_A = \dfrac{-\dfrac{Ph}{l} \times \dfrac{l}{2}}{h} = -\dfrac{P}{2}$

008 무게 1kN의 물체를 두 끈으로 늘여 뜨렸을 때 한 끈이 받는 힘의 크기 순서가 옳은 것은?

① B > A > C
② C > A > B
③ A > B > C
④ C > B > A

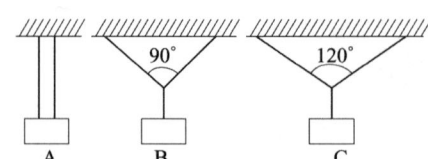

해설

- $T_A = \dfrac{1}{2} = 0.5\,\text{kN}$

- $T_B = \dfrac{1\,\text{kg}}{\sin 90°} = \dfrac{T}{\sin 135°}$

  $\therefore T = \dfrac{1 \times \sin 135°}{\sin 90°} = 0.707\,\text{kN}$

- $T_C = \dfrac{1\,\text{kg}}{\sin 120°} = \dfrac{T}{\sin 120°}$

  $\therefore T = 1\,\text{kN}$

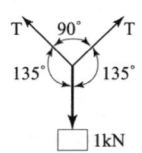

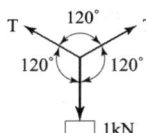

009 다음 그림과 같은 역계에서 작용하중의 합력(R)의 위치 x 값은?

① 6m
② 9m
③ 10m
④ 12m

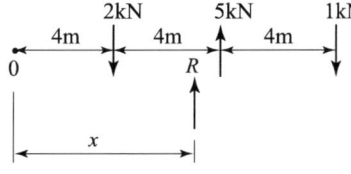

해설

- 합력
  $R = -2 + 5 - 1 = 2\,\text{kN}(\uparrow)$

- 합력의 위치
  $-2 \times x = 2 \times 4 - 5 \times 8 + 1 \times 12$
  $\therefore x = 10\,\text{m}$

010 다음과 같은 부재에서 길이의 변화량(δ)은 얼마인가? (단, 보는 균일하며 단면적 A와 탄성계수 E는 일정하다.)

① $\dfrac{4PL}{EA}$
② $\dfrac{3PL}{EA}$
③ $\dfrac{1.5PL}{EA}$
④ $\dfrac{PL}{EA}$

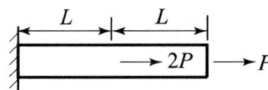

해설

$\delta = \dfrac{3PL}{EA} + \dfrac{PL}{EA} = \dfrac{4PL}{EA}$

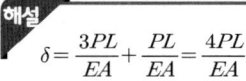

정답 006 ① 007 ④ 008 ④ 009 ③ 010 ①

011 그림과 같은 직사각형 단면의 단주의 편심 축 하중 P가 작용할 때 모서리 A점의 응력은?

① $3.4\,\text{kN/cm}^2$
② $30\,\text{kN/cm}^2$
③ $38.6\,\text{kN/cm}^2$
④ $70\,\text{kN/cm}^2$

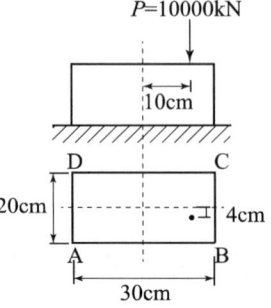

해설

- $I_x = \dfrac{30 \times 20^3}{12} = 20{,}000\,\text{cm}^4$
- $I_y = \dfrac{20 \times 30^3}{12} = 45{,}000\,\text{cm}^4$
- A점의 응력

$$\sigma_A = \dfrac{P}{A} - \dfrac{P \cdot e_x}{I_y}x + \dfrac{P \cdot e_y}{I_x}y$$

$$= \dfrac{10{,}000}{20 \times 30} - \dfrac{10{,}000 \times 10}{45{,}000} \times 15 + \dfrac{10{,}000 \times 4}{20{,}000} \times 10 = 3.4\,\text{kN/cm}^2$$

- B점의 응력

$$\sigma_B = \dfrac{P}{A} + \dfrac{P \cdot e_x}{I_y}x + \dfrac{P \cdot e_y}{I_x}y$$

$$= \dfrac{10{,}000}{20 \times 30} + \dfrac{10{,}000 \times 10}{45{,}000} \times 15 + \dfrac{10{,}000 \times 4}{20{,}000} \times 10 = 70\,\text{kN/cm}^2$$

- C점의 응력

$$\sigma_C = \dfrac{P}{A} + \dfrac{P \cdot e_x}{I_y}x - \dfrac{P \cdot e_y}{I_x}y$$

$$= \dfrac{10{,}000}{20 \times 30} + \dfrac{10{,}000 \times 10}{45{,}000} \times 15 - \dfrac{10{,}000 \times 4}{20{,}000} \times 10 = 30\,\text{kN/cm}^2$$

- D점의 응력

$$\sigma_D = \dfrac{P}{A} - \dfrac{P \cdot e_x}{I_y}x - \dfrac{P \cdot e_y}{I_x}y$$

$$= \dfrac{10{,}000}{20 \times 30} - \dfrac{10{,}000 \times 10}{45{,}000} \times 15 - \dfrac{10{,}000 \times 4}{20{,}000} \times 10 = -38.6\,\text{kN/cm}^2$$

012 아래 그림과 같은 단순보의 단면에서 발생하는 최대 전단응력의 크기는?

① 273MPa
② 352MPa
③ 469MPa
④ 542MPa

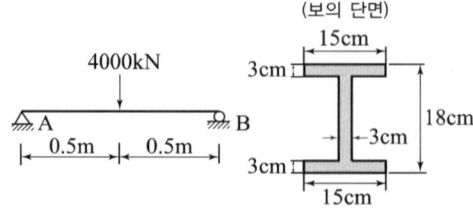

해설
- $I = \dfrac{BH^3}{12} - \dfrac{bh^3}{12} = \dfrac{15 \times 18^3}{12} - \dfrac{12 \times 12^3}{12} = 5562\,\text{cm}^4$
- $G_x = (3 \times 15 \times 7.5) + (3 \times 6 \times 3) = 391.5\,\text{cm}^3$
- $\tau_{\max} = \dfrac{GS}{Ib} = \dfrac{391.5 \times 2000}{5562 \times 3} = 46.9\,\text{kN/cm}^2 = 469\,\text{N/mm}^2 = 469\,\text{MPa}$

  여기서, $S_{\max} = R_A = \dfrac{P}{2} = \dfrac{4000}{2} = 2000\,\text{kN}$

013 구조해석의 기본 원리인 겹침의 원리(principle of superposition)를 설명한 것으로 틀린 것은?

① 탄성한도 이하의 외력이 작용할 때 성립한다.
② 외력과 변형이 비선형관계가 있을 때 성립하다.
③ 여러 종류의 하중이 실린 경우 이 원리를 이용하면 편리하다.
④ 부정정 구조물에서도 성립하다.

해설
동차 선형의 방정식으로 지배되는 현상에서는 풀이를 중첩한 것도 풀이가 된다는 원리. 예로서 강체에 다수의 외력이 작용하고 있는 경우에 평형을 생각하려면 힘을 중첩해서 외력의 합력과 합모우멘트만 생각하면 된다.

014 아래 그림과 같은 캔틸레버보에서 휨모멘트에 의한 탄성변형에너지는? (단, EI는 일정)

① $\dfrac{2P^2L^3}{3EI}$ ② $\dfrac{3P^2L^3}{2EI}$

③ $\dfrac{2P^2L^3}{9EI}$ ④ $\dfrac{9P^2L^3}{2EI}$

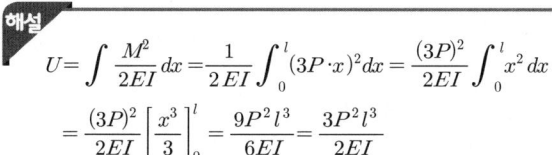

해설
$$U = \int \dfrac{M^2}{2EI}dx = \dfrac{1}{2EI}\int_0^l (3P \cdot x)^2 dx = \dfrac{(3P)^2}{2EI}\int_0^l x^2 dx$$
$$= \dfrac{(3P)^2}{2EI}\left[\dfrac{x^3}{3}\right]_0^l = \dfrac{9P^2l^3}{6EI} = \dfrac{3P^2l^3}{2EI}$$

015 체적탄성계수 K를 탄성계수 E와 프와송비 ν로 옳게 표시한 것은?

① $K = \dfrac{E}{3(1-2\nu)}$ ② $K = \dfrac{E}{2(1-3\nu)}$

③ $K = \dfrac{2E}{3(1-2\nu)}$ ④ $K = \dfrac{3E}{2(1-3\nu)}$

해설
- 체적탄성계수 $K = \dfrac{E}{3(1-2\nu)}$
- 전단탄성계수 $G = \dfrac{E}{2(1+\nu)}$

정답 011 ① 012 ③ 013 ② 014 ② 015 ①

016 다음과 같은 부정정보에서 A점의 처짐각 θ_A는? (단, 보의 휨강성은 EI이다.)

① $\dfrac{1}{12}\dfrac{wl^3}{EI}$

② $\dfrac{1}{24}\dfrac{wl^3}{EI}$

③ $\dfrac{1}{36}\dfrac{wl^3}{EI}$

④ $\dfrac{1}{48}\dfrac{wl^3}{EI}$

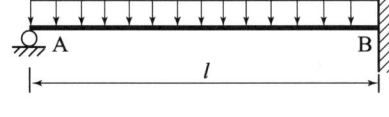

해설
단순보로 가정하여 등분포 하중에 의한 처짐과 M_B에 의한 처짐각을 합하면
$$\theta_{A1} = \dfrac{wl^3}{24EI}, \quad \theta_{A2} = \dfrac{l}{6EI}\left(-\dfrac{wl^2}{8}\right) = -\dfrac{wl^3}{48EI}$$
$$\therefore \theta_A = \theta_{A1} + \theta_{A2} = \dfrac{wl^3}{24EI} - \dfrac{wl^3}{48EI} = \dfrac{wl^3}{48EI}$$

017 아래 그림과 같이 게르버보에 연행하중이 이동할 때 지점 B에서 최대 휨모멘트는?

① $-9\,\text{kN}\cdot\text{m}$
② $-11\,\text{kN}\cdot\text{m}$
③ $-13\,\text{kN}\cdot\text{m}$
④ $-15\,\text{kN}\cdot\text{m}$

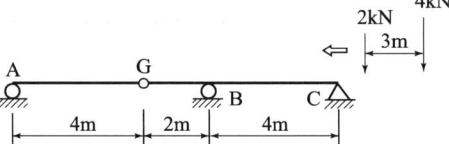

해설
- 연행하중이 B점에서 가능한 멀리 위치해야 최대 휨모멘트가 되며 활절점 G점에서 반력이 커야 하므로 4t이 위치하면 된다. 즉, 단순보 구간(A~G)에서 반력을 구하면
$\Sigma M_A = 0 \quad -R_G \times 4 + 4 \times 4 + 2 \times 1 = 0 \quad \therefore R_G = 4.5\,\text{kN}$
- $M_B = -4.5 \times 2 = -9\,\text{kN}\cdot\text{m}$

018 그림(b)는 그림(a)와 같은 게르버보에 대한 영향선이다. 다음 설명 중 옳은 것은?

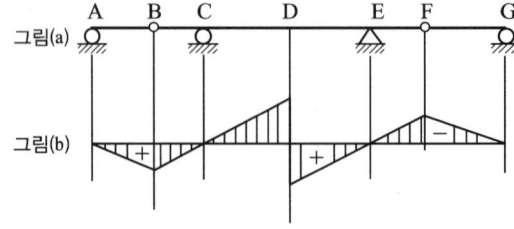

① 힌지점 B의 전단력에 대한 영향선이다.

② D점의 전단력에 대한 영향선이다.
③ D점의 휨모멘트에 대한 영향선이다.
④ C지점의 반력에 대한 영향선이다.

해설
- 단순보 구간과 내민보 구간을 따로 생각하여 연결시킨다.
- 내민보의 영향선은 단순보 구간까지 연장한다.
- 전단력 영향선은 반력에 대한 영향선을 포개 놓은 것과 같다.

019 다음 T형 단면에서 x축에 관한 단면 2차 모멘트 값은?

① $413\,\text{cm}^4$
② $446\,\text{cm}^4$
③ $489\,\text{cm}^4$
④ $513\,\text{cm}^4$

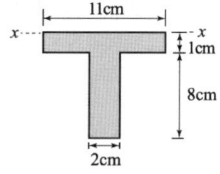

해설
- 단면을 점선처럼 나누어 계산하면

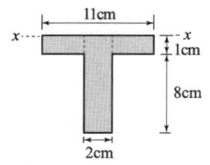

- $I_x = I_X + A \cdot y^2$ 에서

$$I_x = \frac{4.5 \times 1^3}{12} + (4.5 \times 1 \times 0.5^2) + \frac{2 \times 9^3}{12} + (2 \times 9 \times 4.5^2)$$
$$+ \frac{4.5 \times 1^3}{12} + (4.5 \times 1 \times 0.5^2) = 489\,\text{cm}^4$$

020 그림과 같은 단순보에서 C점의 휨모멘트는?

① $320\,\text{kN} \cdot \text{m}$
② $420\,\text{kN} \cdot \text{m}$
③ $480\,\text{kN} \cdot \text{m}$
④ $540\,\text{kN} \cdot \text{m}$

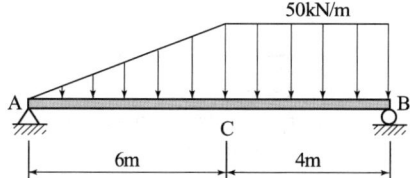

해설
- $\Sigma M_A = 0$

$$-R_B \times 10 + 50 \times 4 \times (2+6) + \frac{1}{2} \times 50 \times 6 \times \left(\frac{2}{3} \times 6\right) = 0$$

$$\therefore R_B = 220\,\text{kN}$$

$$\Sigma V = R_A + R_B$$

$$\therefore R_A = \Sigma V - R_B = \left(\frac{1}{2} \times 50 \times 6 + 50 \times 4\right) - 220 = 130\,\text{kN}$$

- $M_C = 130 \times 6 - \frac{1}{2} \times 50 \times 6 \times \frac{6}{3} = 480\,\text{kN} \cdot \text{m}$

정답 016 ④ 017 ① 018 ② 019 ③ 020 ③

2과목 측량학

021 거리 60km인 지역을 평면으로 고려하여 측량을 실시했을 때 얻어지는 측량성과의 허용오차 범위는 얼마로 보아야 하는가? (단, 지구의 반경은 6370km)

① 1/135,256
② 1/325,129
③ 1/541,025
④ 1/739,297

해설

- $\dfrac{d-D}{D} = \dfrac{1}{12}\left(\dfrac{D}{R}\right)^2 = \dfrac{1}{12}\left(\dfrac{60}{6370}\right)^2 = \dfrac{1}{135,256}$
- 거리의 정밀도

$\dfrac{\Delta l}{l} = \dfrac{l^2}{12R^2}$

022 다각측량에 관한 설명 중 옳지 않은 것은?

① 다각측량은 주로 각과 거리를 측정하여 점의 위치를 정한다.
② 다각측량으로 구한 위치는 근거리이므로 삼각측량에서 구한 위치보다 정밀도가 높다.
③ 선로와 같이 좁고 긴 곳의 측량에 편리하다.
④ 복잡한 시가지나 지형의 기복이 심하여 시준이 어려운 지역의 측량에 적합하다.

해설

- 정밀도는 세부측량 < 다각측량 < 삼각측량 순이다.
- 다각측량을 면적을 정확히 파악하고자 할 때 경계 측량 등에 이용된다.
- 다각 측량에서 결합 트래버스가 정확도가 가장 좋다.

023 지형의 표시법에서 자연적 도법에 해당하는 것은?

① 점고법
② 등고선법
③ 영선법
④ 단채법

해설

자연적 도법은 음영법, 우모(영선)법이 해당된다.

024 다음 중 항공사진의 특수 3점이 아닌 것은?

① 주점
② 보조점
③ 연직점
④ 등각점

- **주점** : 파인더에 지표를 이용하여 구한다.
- **연직점** : 렌즈 중심으로부터 지표면에 내린 수선의 발
- **등각점** : 주점과 연직점이 이루는 각을 2등분한선

025 다음의 다각망에서 C점의 좌표는 얼마인가? (단, $\overline{AB}=\overline{BC}=100m$)

① $X_c=-5.31m, Y_c=160.45m$
② $X_c=-1.62m, Y_c=171.17m$
③ $X_c=-10.27m, Y_c=89.25m$
④ $X_c=-50.90m, Y_c=86.07m$

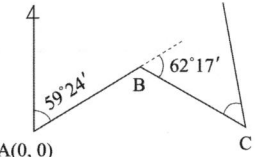

- $\overline{AB}$ 방위각 $59°24'$
- $\overline{BC}$ 방위각 $59°24'+62°17'=121°41'$
  ∴ $X_c=100×\cos59°24'+100×\cos121°41'=-1.62m$
  $Y_c=100×\sin59°24'+100×\sin121°41'=171.17m$

026 미지점에 평판을 세우고 도상에서 그 점의 위치를 구할 때 사용되는 측량 방법은?

① 방사법
② 전방교회법
③ 후방교회법
④ 계선법

후방교회법은 도면에 도시되어 있지 않은 미지점에 평판을 세우고, 알고 있는 점을 시준하여 현재 평판이 세워져 있는 위치를 구하는 방법이다.

027 비행고도 3000m의 비행기에서 초점거리 15cm인 사진기로 촬영한 수직 항공사진에서 길이가 50m인 교량의 길이는?

① 1mm
② 2.5mm
③ 3.6mm
④ 4.2mm

$\dfrac{f}{H}=\dfrac{l}{L}$ $\dfrac{150}{3000}=\dfrac{l}{50}$
∴ $l=\dfrac{150×50}{3000}=2.5mm$

028 클로소이드의 매개변수 $A=60m$인 클로소이드(clothoid) 곡선상의 시점으로부터 곡선길이(L)가 30m일 때 반지름(R)은?

① 60m
② 90m
③ 120m
④ 150m

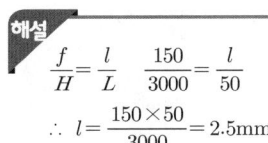
$A^2=R\cdot L$
∴ $R=\dfrac{A^2}{L}=\dfrac{60^2}{30}=120m$

021 ① 022 ② 023 ③ 024 ② 025 ② 026 ③ 027 ② 028 ③

029 그림과 같은 터널 내 수준측량의 관측결과에서 A점의 지반고가 15.32m일 때 C점의 지반고는? (단, 관측값의 단위는 m이다.)

① 16.49m
② 16.32m
③ 14.49m
④ 14.32m

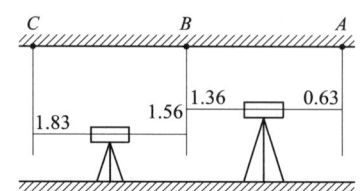

해설
$15.32 - 0.63 + 1.36 - 1.56 + 1.83 = 16.32$m

030 축척이 1 : 600인 지도상에서 면적을 1 : 500 축척인 것으로 측정하여 38.675m²을 얻었다. 실제면적은 얼마인가?

① 26.858m²
② 32.229m²
③ 46.410m²
④ 55.692m²

해설
- 실제 면적 $= 38.675 \times \left(\dfrac{600}{500}\right)^2 = 55.692$m²

보충 $m_1^2 : A_1 = m_2^2 : A_2$
$\therefore A_2 = \left(\dfrac{m_2}{m_1}\right)^2 \cdot A_1$

031 완화곡선에 대한 설명으로 옳지 않은 것은?
① 완화곡선은 모든 부분에서 곡률이 같지 않다.
② 완화곡선의 반지름은 무한대에서 시작한 후 점차 감소되어 주어진 원곡선에 연결된다.
③ 완화곡선의 접선은 시점에서 원호에 접한다.
④ 완화곡선에 연한 곡선 반지름의 감소율은 캔트의 증가율과 같다.

해설
완화곡선의 접선은 시점에서 직선에 종점에서 원호에 접한다.

032 직접법으로 등고선을 측정하기 위하여 A점에 레벨을 세우고 기계 높이 1.5m를 얻었다. 70m 등고선 상의 P점을 구하기 위한 표척(staff)의 관측 값은? (단, A점 표고는 71.6m이다.)

① 1.0m
② 2.3m
③ 3.1m
④ 3.8m

해설
$71.6 + 1.5 - 70 = 3.1$m

033 수준점 A, B, C에서 수준측량을 하여 P점의 표고를 얻었다. P점 표고의 최확값은?

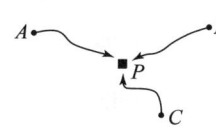

노선	P점 표고값	노선거리
A→P	57.583m	2 km
B→P	57.700m	3 km
C→P	57.680m	4 km

① 57.641m ② 57.649m
③ 57.654m ④ 57.706m

해설
- 경중률은 노선의 길이에 반비례한다.
$$P_1 : P_2 : P_3 = \frac{1}{2} : \frac{1}{3} : \frac{1}{4} = 6 : 4 : 3$$
- 최확값 $H_P = \frac{\sum PH}{\sum P} = \frac{P_1H_1 + P_2H_2 + P_3H_3}{P_1 + P_2 + P_3}$
$$= 57 + \frac{0.583 \times 6 + 0.7 \times 4 + 0.68 \times 3}{6 + 4 + 3} = 57.641\text{m}$$

034 도로 시공에서 단곡선의 외선장(E)는 10m, 교각(I)는 60°일 때에 이 단곡선의 접선장(TL)은?

① 42.4m ② 37.3m
③ 32.4m ④ 27.3m

해설
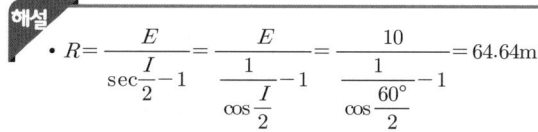
- $TL = R\tan\frac{I}{2} = 64.64\tan\frac{60°}{2} = 37.3\text{m}$
- 곡선장 $CL = 0.01745RI° = 0.01745 \times 64.64 \times 60° = 67.7\text{m}$

035 기지의 삼각점을 이용하여 새로운 도근점들을 매설하고자 할 때 결합 트래버스 측량(다각측량)의 순서는?

① 도상계획 → 답사 및 선점 → 조표 → 거리관측 → 각관측 → 거리 및 각의 오차 분배 → 좌표계산 및 측점 전개
② 도상계획 → 조표 → 답사 및 선점 → 각관측 → 거리관측 → 거리 및 각의 오차 분배 → 좌표계산 및 측점 전개
③ 답사 및 선점 → 도상계획 → 조표 → 각관측 → 거리관측 → 거리 및 각의 오차 분배 → 좌표계산 및 측점 전개
④ 답사 및 선점 → 조표 → 도상계획 → 거리관측 → 각관측 → 좌표계산 및 측점 전개 → 거리 및 각의 오차 분배

해설
- 선점은 측량의 목적, 요구 정확도, 작업조건에 따라 계획을 한다.
- 조표는 측점표지를 설치하는 것이다.

036 지형의 토공량 산정 방법이 아닌 것은?

① 각주공식 ② 양단면 평균법
③ 중앙단면법 ④ 삼변법

> **해설**
> • 각주공식
> $$V = \frac{(A_1 + 4A_m + A_2)}{6} \times h$$
> • 양단면 평균법
> $$V = \frac{(A_1 + A_2)}{2} \times h$$
> • 중앙단면법
> $$V = A_m \times h$$

037 그림에서 $\overline{AB} = 500\text{m}$, $\angle a = 71°33'54''$, $\angle b_1 = 36°52'12''$, $\angle b_2 = 39°05'38''$, $\angle c = 85°36'05''$를 관측하였을 때 $\overline{BC}$의 거리는?

① 391m
② 412m
③ 422m
④ 427m

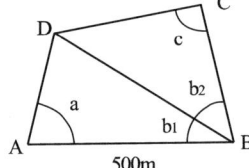

> **해설**
> • $\overline{AD}$ 와 $\overline{DB}$ 의 사이각 (d_1)
> $180° - 71°33'54'' - 36°52'12'' = 71°33'54''$
> • $\overline{BD}$ 와 $\overline{DC}$ 의 사이각 (d_2)
> $180° - 39°05'38'' - 85°36'05'' = 55°18'17''$
> • $\dfrac{500}{\sin d_1} = \dfrac{\overline{BD}}{\sin a}$
> $\dfrac{500}{\sin 71°33'54''} = \dfrac{\overline{BD}}{\sin 71°33'54''}$ ∴ $\overline{BD} = 500\text{m}$
> • $\dfrac{\overline{BC}}{\sin d_2} = \dfrac{500}{\sin c}$
> $\dfrac{\overline{BC}}{\sin 55°18'17''} = \dfrac{500}{\sin 85°36'05''}$ ∴ $\overline{BC} = 412\text{m}$

038 하천측량에 대한 설명으로 틀린 것은?

① 제방중심선 및 종단측량은 레벨을 사용하여 직접수준측량 방식으로 실시한다.
② 심천측량은 하천의 수심 및 유수부분의 하저상황을 조사하고 횡단면도를 제작하는 측량이다.

③ 하천의 수위경계선인 수애선은 평균수위를 기준으로 한다.
④ 수위관측은 지천의 합류점이나 분류점 등 수위 변화가 생기지 않는 곳을 선택한다.

해설
- 하천의 수위경계선인 수애선은 평수위를 기준으로 한다.
- 평면측량의 범위는 무제부에서 홍수의 영향을 받는 구역보다 넓게 실시한다.
- 하천측량에서 수준측량을 할 때의 거리표는 하천의 중심을 직각방향으로 설치한다.

039 A, B 두 점간의 거리를 관측하기 위하여 그림과 같이 세 구간으로 나누어 측량하였다. 측선 $\overline{AB}$의 거리는? (단, Ⅰ : 10m ± 0.01m, Ⅱ : 20m ± 0.03m, Ⅲ : 30m ± 0.05m 이다.)

① 60m ± 0.09m
② 30m ± 0.06m
③ 60m ± 0.06m
④ 30m ± 0.09m

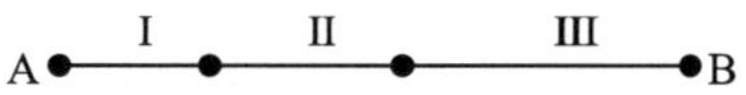

A●——Ⅰ——●——Ⅱ——●——Ⅲ——●B

해설
각 구간 거리가 다르고 평균 제곱근 오차가 다른 경우
- $l = l_1 + l_2 + \cdots + l_n = 10 + 20 + 30 = 60\,\mathrm{m}$
- $M = \pm\sqrt{m_1^2 + m_2^2 + \cdots + m_n^2} = \pm\sqrt{0.01^2 + 0.03^2 + 0.05^2} = \pm 0.06\,\mathrm{m}$

040 A, B, C, D 네 사람이 각각 거리 8km, 12.5km, 18km, 24.5km의 구간을 왕복 수준측량하여 폐합차를 7mm, 8mm, 10mm, 12mm 얻었다면 4명 중에서 가장 정밀한 측량을 실시한 사람은?

① A
② B
③ C
④ D

해설
$E = \delta\sqrt{L}$ ∴ $\delta = \dfrac{E}{\sqrt{L}}$ 이므로

- A : $\delta = \dfrac{E}{\sqrt{L}} = \dfrac{7}{\sqrt{8 \times 2}} = 1.75\,\mathrm{mm}$
- B : $\delta = \dfrac{E}{\sqrt{L}} = \dfrac{8}{\sqrt{12.5 \times 2}} = 1.6\,\mathrm{mm}$
- C : $\delta = \dfrac{E}{\sqrt{L}} = \dfrac{10}{\sqrt{18 \times 2}} = 1.67\,\mathrm{mm}$
- D : $\delta = \dfrac{E}{\sqrt{L}} = \dfrac{12}{\sqrt{24.5 \times 2}} = 1.71\,\mathrm{mm}$

가장 정확한 것은 가장 작은 값 B가 해당된다.

정답 036 ④ 037 ② 038 ③ 039 ③ 040 ②

3과목　수리·수문학

041 개수로 흐름에 관한 다음 설명 중 틀린 것은?

① 사류에서 상류로 변하는 곳에 도수현상이 생긴다.
② 상류에서 사류로 변하는 단면을 지배단면이라 한다.
③ 비에너지는 수로 바닥을 기준으로 한 에너지이다.
④ 배수곡선은 수로가 단락(段落)이 되는 곳에 생기는 수면곡선이다.

해설
저하곡선은 수로가 단락(폭포)이 되는 곳에 생기는 수면곡선이다.

보충 한계수심 : 한계유속으로 흐를 때의 수심이다. 즉, 유량 Q가 일정할 때 비에너지가 최소로 되는 수심

042 관수로에서 관의 마찰손실계수가 0.02, 관의 직경이 40cm일 때 관내의 수류가 100m를 흐르는 동안 2m의 손실수두가 있었다면 관내의 유속은?

① 0.28m/sec
② 1.28m/sec
③ 2.8m/sec
④ 3.8m/sec

해설

$$h_L = f \frac{l}{D} \frac{V^2}{2g}$$

$$\therefore V = \sqrt{\frac{2gh_L}{f\frac{l}{D}}} = \sqrt{\frac{2 \times 9.8 \times 2}{0.02\frac{100}{0.4}}} = 2.8\text{m/sec}$$

보충
- $V = C\sqrt{RI}$
- $V = \frac{1}{n} R^{2/3} I^{1/2}$

043 관수로에 물이 흐를 때 어떠한 조건하에서도 층류가 되는 경우는? (단, R_e는 레이놀즈수(Reynolds Number)임)

① $R_e > 4000$
② $4000 > R_e > 2000$
③ $3000 > R_e > 2000$
④ $R_e < 2000$

해설
- $R_e < 2000$: 층류
- $R_e > 4000$: 난류

보충
- $R_e = \dfrac{VD}{v}$
- $f = \dfrac{64}{R_e}$

044 다음의 부체에 관한 설명 중 옳지 않은 것은?
① 부심(B)과 부체의 중심(G)이 동일 연직선 상에 올 때 안정을 유지한다.
② 중심(G)이 부심(B)보다 아래 쪽에 있으면 안정하다.
③ 경심(M)이 중심(G)보다 낮을 경우 안정하다.
④ 경심(M)이 중심(G)보다 높을 경우 복원 모멘트가 발생된다.

해설
경심(M)이 가장 위에 있어야 안정하다.

보충
- 경심(M)이 중심(G)보다 아래에 있을 때 불안정하다.
- $\overline{MG} = \dfrac{I_y}{V} - \overline{CG} > 0$: 안정하다.

045 폭 2.5m, 월류수심 0.4m인 사각형 위어(weir)의 유량은? (단, Francis 공식 : $Q = 1.84 B_o h^{3/2}$에 의하며, B_o : 유효 폭, h : 월류수심, 접근유속은 무시하며 양단수축이다.)
① 1.117 m³/sec
② 1.126 m³/sec
③ 1.536 m³/sec
④ 1.557 m³/sec

해설
- $b_o = b - 0.2h = 2.5 - 0.2 \times 0.4 = 2.42$m
- $Q = 1.84 b_o h^{3/2} = 1.84 \times 2.42 \times 0.4^{3/2} = 1.126$m³/sec

046 물의 점성계수를 μ, 동점성계수를 ν, 밀도를 ρ라 할 때 관계식으로 옳은 것은?
① $\nu = \rho \mu$
② $\nu = \dfrac{\rho}{\mu}$
③ $\nu = \dfrac{\mu}{\rho}$
④ $\nu = \dfrac{1}{\rho \mu}$

해설
- 동점성계수(v) = $\dfrac{\text{점성계수}}{\text{밀도}} = \dfrac{\mu}{\rho}$ [cm²/sec]
- 동점성계수는 수온에 따라 변하며 온도가 낮을수록 그 값은 크다.

정답 041 ④ 042 ③ 043 ④ 044 ③ 045 ② 046 ③

047 그림과 같은 노즐에서 유량을 구하기 위한 식으로 옳은 것은? (단, C는 유속계수이다.)

① $C \cdot \dfrac{\pi d^2}{4} \sqrt{\dfrac{2gh}{1-C^2(d/D)^2}}$

② $C \cdot \dfrac{\pi d^2}{4} \sqrt{\dfrac{2gh}{1-C^2(d/D)^4}}$

③ $\dfrac{\pi d^2}{4} \sqrt{\dfrac{2gh}{1-C^2(d/D)^2}}$

④ $C \cdot \dfrac{\pi d^2}{4} \sqrt{2gh}$

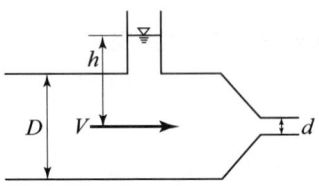

해설
- 베르누이 에너지 방정식을 적용하면

$$\dfrac{V_1^2}{2g}+H=\dfrac{V_2^2}{2g}$$

$$V_2=\sqrt{\dfrac{2gH}{1-C_v^\ell\left(\dfrac{a}{A}\right)^2}}=\sqrt{\dfrac{2gH}{1-C_v^\ell\left(\dfrac{D_2}{D_1}\right)^4}}$$

- 사출수에서는 단면이 거의 수축하지 않기 때문에 실제 유량

$$Q=C \cdot a \sqrt{\dfrac{2gH}{1-C^2\left(\dfrac{a}{A}\right)^2}}=C \cdot \dfrac{\pi d^2}{4}\sqrt{\dfrac{2gH}{1-C^2\left(\dfrac{d}{D}\right)^4}}$$

048 다음 중 물의 순환에 관한 설명으로서 틀린 것은?

① 지구상에 존재하는 수자원이 대기권을 통해 지표면에 공급되고, 지하로 침투하여 지하수를 형성하는 등 복잡한 반복과정이다.
② 지표면 또는 바다로부터 증발된 물이 강수, 침투 및 침루, 유출 등의 과정을 거치는 물의 이동현상이다.
③ 물의 순환과정은 성분과정간의 물의 이동이 일정률로 연속된다는 것을 의미한다.
④ 물의 순환과정 중 강수, 증발 및 증산은 수분기상학 분야이다.

해설
- 물이 육지에서 대기 중으로 다시 육지로 내려오는 과정을 물의 순환이라 한다.
- 물의 순환은 증발, 강수, 차단, 증산, 침투, 침루, 저유, 유출 등의 과정이 계속 순환되는 현상이다.
- 지면으로 유하한 물은 하천을 형성하기도 하고 지하로 침투하여 지하수를 형성한다.
- 강하된 물은 지면에 차단되거나 증산되기도 한다.
- 지표면 또는 대양으로부터 증발된 물은 결국 지표면 혹은 해면으로 강하한다.
- 심층 지하수도 물의 순환과정의 한 부분이다.

049 측정된 강수량 자료를 분석하는 방법 중 일관성을 검증하기 위해 이용하는 방법은?

① 이중 누가우량 분석법 ② Thiessen의 가중법
③ 강수의 지속기간 분석법 ④ 합성 단위 유량도법

해설
이중 누가우량 분석법은 강수량 자료가 기상학적 원인 이외의 영향을 받았는지 여부를 판단하는 것이다.

050 지하수의 투수계수에 대한 설명 중 틀린 것은?

① 투수계수는 무차원이다.
② 동일한 흙이라도 간극률에 따라 다르다.
③ 지하수의 유량을 산출하는 데 이용된다.
④ 흙입자의 구성형태나 지하수의 점성계수에 따라 다르다.

해설
투수계수는 속도의 차원과 같다.

051 속도변화를 Δv, 질량을 m이라 할 때, Δt 시간에 외력 F가 작용할 때의 운동량 방정식은?

① $F \cdot \Delta v = m \cdot \Delta t$
② $F = m \cdot \Delta v \cdot \Delta t$
③ $F \cdot \Delta t = m \cdot \Delta v$
④ $\dfrac{F}{\Delta t} = m$

해설
- $F = m \cdot a = m \cdot \dfrac{V_2 - V_1}{\Delta t}$
  $F \cdot \Delta t = m \cdot (V_2 - V_1)$
- 극히 짧은 시간 사이에 유체가 어떤 면에 충돌하여 발생되는 작용, 반작용의 힘을 구하는 경우에 운동량 방정식을 적용한다.

052 Manning의 조도계수 $n = 0.012$인 원관을 써서 1m³/sec 물을 동수경사 1/100로 송수하려 할 때 적당한 관의 지름은?

① $d = 70\text{cm}$
② $d = 80\text{cm}$
③ $d = 90\text{cm}$
④ $d = 100\text{cm}$

해설
- $V = \dfrac{1}{n} R^{2/3} I^{1/2} = \dfrac{1}{0.012} \left(\dfrac{D}{4}\right)^{2/3} \left(\dfrac{1}{100}\right)^{1/2} = 3.307 D^{2/3}$
- $Q = A \cdot V = \dfrac{\pi D^2}{4} \times 3.307 D^{2/3}$
  $1 = 2.597 D^{8/3}$
  $D^{8/3} = \dfrac{1}{2.597} = 0.38505$
  $\therefore D \fallingdotseq 0.7\text{m} = 70\text{cm}$

정답 047 ② 048 ③ 049 ① 050 ① 051 ③ 052 ①

053 주어진 단면과 수로경사 등에 대하여 수리학적으로 가장 유리한 단면의 조건으로 옳은 것은?

① 윤변이 최대이거나 동수반경(경심)이 최소일 것
② 윤변이 최소이거나 동수반경(경심)이 최대일 것
③ 수심이 최소이거나 동수반경(경심)이 최대일 것
④ 수심이 최대이거나 수로폭이 최소일 것

> **해설**
> - 수리학상 유리한 단면이란 일정한 단면적에 최대유량이 흐르는 수로의 단면을 말하며 일반적으로 원형이나 반원형 단면이 수리학상 유리한 단면이다.
> - 직사각형 단면 $B = 2H$일 때 유리하다.
> - 사다리꼴 단면 $R = \dfrac{H}{2}$일 때 유리하다.

054 다음 중 유효강수량과 가장 관계가 깊은 것은?

① 직접유출량　　　　② 기저유출량
③ 지표면유출량　　　④ 지표하유출량

> **해설**
> 유효 강수량은 직접 유출량이 되는 강수를 말한다.
> **보충** 유효 우량으로는 지표면 유출량, 수로상 강수, 조기 지표하 유출량 등이 있다.

055 그림과 같이 단위폭당 자중이 $3.5 \times 10^6 \text{N/m}$인 직립식 방파제에 $1.5 \times 10^6 \text{N/m}$의 수평 파력이 작용할 때, 방파제의 활동 안전율은? (단, 중력가속도=10.0m/s^2, 방파제와 바닥의 마찰계수=0.7, 해수의 비중=1로 가정하며, 파랑에 의한 양압력은 무시하고, 부력은 고려한다.)

① 1.20
② 1.22
③ 1.24
④ 1.26

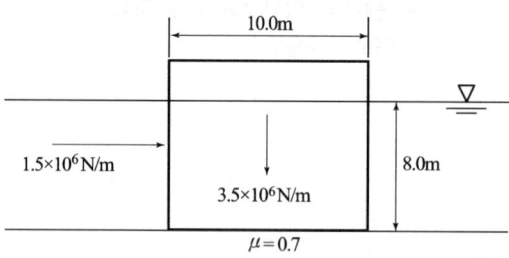

> **해설**
> - 수직하중(저항하는 힘)
>   자중－부력 = $3.5 \times 10^6 \text{N/m} - (10\text{m} \times 8\text{m}) \times 10,000 \text{N/m}^3$
>   　　　　　 = $2.7 \times 10^6 \text{N/m}$
>   여기서, 물의 비중 $1 = 1\text{t/m}^3 = 1,000 \text{kg/m}^3$,
>   　　　　$1,000 \text{kg/m}^3 \times 10 \text{m/sec}^2 = 10,000 \text{N/m}^3$
>   * 힘＝질량×(중력)가속도＝$1\text{kg} \times 9.8 \text{m/sec}^2 = 9.8 \text{kg} \cdot \text{m/sec}^2 = 9.8 \text{N}$
>   　　　　　　　　　　　　＝$1\text{kg} \times 10 \text{m/sec}^2 = 10 \text{kg} \cdot \text{m/sec}^2 = 10 \text{N}$

- 수평 파력(활동하는 힘)
  $1.5 \times 10^6 \, \text{N/m}$
  $\therefore$ 안전율 $= \dfrac{0.7 \times 2.7 \times 10^6}{1.5 \times 10^6} = 1.26$

056
유역면적이 4km²이고 유출계수가 0.8인 산지하천에서 강우강도가 80mm/hr이다. 합리식을 사용한 유역출구에서의 첨두홍수량은?

① $35.5 \text{m}^3/\text{s}$ ② $71.1 \text{m}^3/\text{s}$
③ $128 \text{m}^3/\text{s}$ ④ $256 \text{m}^3/\text{s}$

해설
$Q = \dfrac{1}{3.6} CIA = \dfrac{1}{3.6} \times 0.8 \times 80 \times 4 = 71.1 \text{m}^3/\text{s}$

057
광폭 직사각형 단면 수로의 단위폭당 유량이 $16 \text{m}^3/\text{s}$일 때, 한계경사는? (단, 수로의 조도계수 $n = 0.02$이다.)

① 3.27×10^{-3} ② 2.73×10^{-3}
③ 2.81×10^{-2} ④ 2.90×10^{-2}

해설
- $h_c = \left(\dfrac{\alpha Q^2}{g b^2}\right)^{1/3} = \left(\dfrac{16^2}{9.8}\right)^{1/3} = 2.967$
- $C = \dfrac{1}{n} R^{\frac{1}{6}} = \dfrac{1}{0.02} \times 2.967^{\frac{1}{6}} = 59.936$
  여기서, 광폭수로의 경우 $R ≒ h$이다.
- $I_c = \dfrac{g}{\alpha C^2} = \dfrac{9.8}{59.936^2} = 0.00273$

058
정지유체에 침강하는 물체가 받는 항력(dragforce)의 크기와 관계가 없는 것은?

① 유체의 밀도   ② Froude수
③ 물체의 형상   ④ Reynolds수

해설
- 흐르는 유체 속에 물체가 있을 때 물체가 유체로부터 받는 힘을 항력이라 한다.
- 항력 $D = C \cdot A \cdot \dfrac{\rho V^2}{2} = C \cdot d \cdot l \cdot \dfrac{\rho V^2}{2}$
  여기서, 수평 투영면적 $A = d \cdot l$이다.
- 항력계수 $C = \dfrac{24}{R_e}$ 등으로 모두 R_e수와 관계가 있다.

059 다음 중 평균 강우량 산정방법이 아닌 것은?
① 각 관측점의 강우량을 산술평균하여 얻는다.
② 각 관측점의 지배면적을 가중인자로 잡아서 각 강우량에 곱하여 합산한 후 전유역면적으로 나누어서 얻는다.
③ 각 등우선 간의 면적을 측정하고 전유역면적에 대한 등우선 간의 면적을 등우선 간의 평균 강우량에 곱하여 이들을 합산하여 얻는다.
④ 각 관측점의 강우량을 크기순으로 나열하여 중앙에 위치한 값을 얻는다.

해설
- 평균 강우량 산정시 강우 계측망의 밀도가 높을수록 실제우량과의 편차가 적다.
- 등우선법은 관측된 강우량을 이용하여 등우선을 작성하여 평균 강우량을 얻는 방법이다.

060 압력수두 P, 속도수두 V, 위치수두 Z라고 할 때 정체압력수두 P_s는?
① $P_s = P - V - Z$
② $P_s = P + V + Z$
③ $P_s = P - V$
④ $P_s = P + V$

해설
유체가 관로를 통하여 압축적으로 유동하다 물체와 마주칠 때 정지하면 압력이 급상승하게 되어 정체압력수두는 압력수두+속도수두가 된다.

4과목 철근콘크리트 및 강구조

061 휨부재 설계시 처짐계산을 하지 않아도 되는 보의 최소 두께를 콘크리트 구조설계 기준에 따라 기술한 것 중 잘못된 것은? (단, l은 경간을 나타내며 $f_y = 400\text{MPa}$을 기준으로 한다.)
① 단순지지 : $\dfrac{l}{16}$
② 일단연속 : $\dfrac{l}{18.5}$
③ 양단연속 : $\dfrac{l}{21}$
④ 캔틸레버 : $\dfrac{l}{12}$

해설
캔틸레버 : $\dfrac{l}{8}$

부재	캔틸레버	단순지지	일단연속	양단연속
1방향 슬래브	$\dfrac{l}{10}$	$\dfrac{l}{20}$	$\dfrac{l}{24}$	$\dfrac{l}{28}$
보	$\dfrac{l}{8}$	$\dfrac{l}{16}$	$\dfrac{l}{18.5}$	$\dfrac{l}{21}$

062 PSC 보의 휨 강도 계산 시 긴장재의 응력 f_{ps}의 계산은 강재 및 콘크리트의 응력-변형률 관계로부터 정확히 계산할 수도 있으나 콘크리트 구조 설계기준에서는 f_{ps}를 계산하기 위한 근사적 방법을 제시하고 있다. 그 이유는 무엇인가?
① PSC 구조물은 강재가 항복한 이후 파괴까지 도달함에 있어 강도의 증가량이 거의 없기 때문이다.
② PS 강재의 응력은 항복응력 도달 이후에도 파괴 시까지 점진적으로 증가하기 때문이다.
③ PSC 보를 과보강 PSC 보로부터 저보강 PSC보의 파괴상태로 유도하기 위함이다.
④ PSC 구조물은 균열에 취약하므로 균열을 방지하기 위함이다.

해설
PS강재의 응력은 항복비가 크므로 항복응력 도달 이후에도 파괴시까지 점진적으로 증가하기 때문에 근사적 방법을 제시하여 구조설계를 한다.

보충 요구되는 PS 강재의 성질
① 인장강도가 클 것
② 항복비가 클 것
③ 릴렉세이션이 작을 것
④ 부착강도가 작을 것
⑤ 강재에 어느 정도의 연신율이 있을 것

063 철근콘크리트 부재의 전단철근에 관한 다음 설명 중 옳지 않은 것은?
① 주인장철근에 30° 이상의 각도로 구부린 굽힘철근도 전단철근으로 사용할 수 있다.
② 전단철근의 설계기준 항복강도는 300MPa을 초과할 수 없다.
③ 부재축에 직각으로 설치되는 스터럽의 간격은 0.5d 이하, 600mm 이하로 하여야 한다.
④ 최소전단 철근은 $A_v = 0.35 \dfrac{b_w \cdot s}{f_{yt}}$의 단면적을 두어야 한다($s$: 전단철근의 간격(mm), b_w : 복부의 폭(mm)).

해설
전단철근의 설계기준 항복강도는 400MPa를 초과할 수 없다.

보충
- $V_s > \dfrac{1}{3}\sqrt{f_{ck}}b_w d$일 경우

  스터럽의 간격은 $\dfrac{d}{4}$ 이하, 300mm 이하

- 전단강도 V_s는 $\dfrac{2}{3}\sqrt{f_{ck}}b_w d$ 이하로 하여야 한다.

정답 059 ④ 060 ④ 061 ④ 062 ② 063 ②

064. 복철근 보에서 압축철근에 대한 효과를 설명한 것으로 적절하지 못한 것은?
① 단면 저항 모멘트를 크게 증대시킨다.
② 지속하중에 의한 처짐을 감소시킨다.
③ 파괴시 압축 응력의 깊이를 감소시켜 연성을 증대시킨다.
④ 철근의 조립을 쉽게 한다.

해설 내부 저항 모멘트는 외부 모멘트와 같거나 그 이상 되게 한다.

065. 철근콘크리트가 성립하는 이유에 대한 설명으로 잘못된 것은?
① 철근과 콘크리트와의 부착력이 크다.
② 콘크리트 속에 묻힌 철근은 녹슬지 않고 내구성을 갖는다.
③ 철근과 콘크리트의 무게가 거의 같고 내구성이 같다.
④ 철근과 콘크리트는 열에 대한 팽창계수가 거의 같다.

해설 철근은 인장에 강하고 콘크리트는 압축에 강하다.

066. PSC 부재에서 프리스트레스의 감소 원인 중 도입 후에 발생하는 시간적 손실의 원인에 해당하는 것은?
① 콘크리트의 크리프
② 정착장치의 활동
③ 콘크리트의 탄성수축
④ PS 강재와 쉬스의 마찰

해설 프리스트레스를 도입한 후의 손실
① 콘크리트의 건조수축
② 콘크리트의 크리프
③ 강재의 릴렉세이션

067. 단순 지지된 2방향 슬래브의 중앙점에 집중하중 P가 작용할 때 경간비가 1 : 2라면 단변과 장변이 부담하는 하중비($P_s : P_L$)는? (단, P_s : 단변이 부담하는 하중, P_L : 장변이 부담하는 하중)
① 1 : 8
② 8 : 1
③ 1 : 16
④ 16 : 1

- $1:2 = S:L \quad L=2S$
- $P_s = \dfrac{L^3}{L^3+S^3}P = \dfrac{(2S)^3}{(2S)^3+S^3}P = \dfrac{8}{9}P$
- $P_L = \dfrac{S^3}{L^3+S^3}P = \dfrac{S^3}{(2S)^3+S^3}P = \dfrac{1}{9}P$

$\therefore P_s : P_L = 8 : 1$

068 아래 그림과 같은 필렛 용접의 형상에서 $s=9\text{mm}$일 때 목두께 a의 값으로 적당한 것은?

① 5.46mm
② 6.36mm
③ 7.26mm
④ 8.16mm

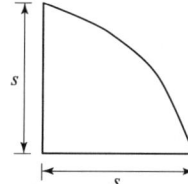

$a = \dfrac{1}{\sqrt{2}}s = 0.707s = 0.707 \times 9 = 6.36\text{mm}$

069 옹벽에서 T형 보로 설계하여야 하는 부분은?

① 앞부벽식 옹벽의 앞부벽
② 뒷부벽식 옹벽의 전면벽
③ 앞부벽식 옹벽의 저판
④ 뒷부벽식 옹벽의 뒷부벽

앞부벽식 옹벽의 앞부벽은 직사각형 보로 설계한다.

070 직사각형 보에서 계수 전단력 $V_u=70\text{kN}$을 전단철근 없이 지지하고자 할 경우 필요한 최소 유효깊이 d는 약 얼마인가? (단, $b_w=400\text{mm}$, $f_{ck}=21\text{MPa}$, $f_y=350\text{MPa}$, $\lambda=1.0$)

① $d=426\text{mm}$
② $d=556\text{mm}$
③ $d=611\text{mm}$
④ $d=751\text{mm}$

$V_u \leq \dfrac{1}{2}\phi V_c$인 경우 최소 전단철근을 배치하지 않아도 된다.

$V_u = \dfrac{1}{2}\phi V_c = \dfrac{1}{2}\phi \dfrac{1}{6}\lambda \sqrt{f_{ck}}\, b_w d$

$70000 = \dfrac{1}{2} \times 0.75 \times \dfrac{1}{6} \times 1.0 \times \sqrt{21} \times 400 \times d$

$\therefore d = 611\text{mm}$

정답 064 ① 065 ③ 066 ① 067 ② 068 ② 069 ④ 070 ③

071 아래 그림과 같은 단철근 T형 보의 공칭 휨모멘트 강도(M_n)는 얼마인가? (단, f_{ck} =24MPa, f_y =400MPa이고, A_s =4,500mm²)

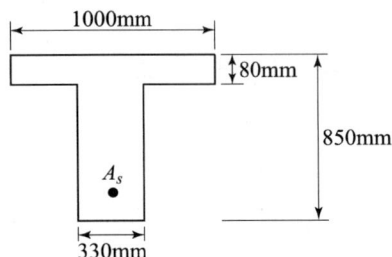

① 1123.13 kN · m ② 1289.15 kN · m
③ 1449.18 kN · m ④ 1590.32 kN · m

해설

- $a = \dfrac{A_s f_y}{0.85 f_{ck} b} = \dfrac{4500 \times 400}{0.85 \times 24 \times 1000} = 88.2\text{mm}$

  $a > t$ 이므로 T형보로 해석한다.

- $C_f = T_f$

  $0.85 f_{ck}(b - b_w)t = A_{sf} \cdot f_y$

  $\therefore A_{sf} = \dfrac{0.85 f_{ck}(b - b_w)t}{f_y} = \dfrac{0.85 \times 24(1000 - 330) \times 80}{400} = 2733.6\text{mm}^2$

- $C_w = T_w$

  $0.85 f_{ck} a b_w = (A_s - A_{sf})f_y$

  $\therefore a = \dfrac{(A_s - A_{sf})f_y}{0.85 f_{ck} b_w} = \dfrac{(4500 - 2733.6) \times 400}{0.85 \times 24 \times 330} = 105\text{mm}$

- $M_n = A_{sf} f_y \left(d - \dfrac{t}{2}\right) + (A_s - A_{sf})f_y \left(d - \dfrac{a}{2}\right)$

  $= 2733.6 \times 400 \left(850 - \dfrac{80}{2}\right) + (4500 - 2733.6) \times 400 \left(850 - \dfrac{105}{2}\right)$

  $= 1,449,168,000\text{N} \cdot \text{mm} = 1449.2\text{kN} \cdot \text{m}$

072 경간 6m인 단순 직사각형 단면(b =300mm, h =400mm)보에 계수하중 30kN/m가 작용할 때 PS 강재가 단면도심에서 긴장되며 경간 중앙에서 콘크리트 단면의 하연응력이 0이 되려면 PS 강재에 얼마의 긴장력이 작용되어야 하는가?

① 1,805 kN ② 2,025 kN
③ 3,054 kN ④ 3,557 kN

해설

- $M = \dfrac{\omega l^2}{8} = \dfrac{30 \times 6^2}{8} = 135 \text{kN} \cdot \text{m}$

- $\dfrac{P}{A} - \dfrac{M}{I}y = 0$

  $\dfrac{P}{0.3 \times 0.4} - \dfrac{135}{\dfrac{0.3 \times 0.4^3}{12}} \times \dfrac{0.4}{2} = 0$

  $\therefore P = 2025 \text{kN}$

073 철근의 겹침이음에서 A급 이음의 조건에 대한 설명으로 옳은 것은?

① 배근된 철근량이 이음부 전체 구간에서 해석결과 요구되는 소요 철근량의 2배 이상이고 소요 겹침이음길이 내 겹침이음된 철근량이 전체 철근량의 1/2 이하인 경우
② 배근된 철근량이 이음부 전체 구간에서 해석결과 요구되는 소요 철근량의 1.5배 이상이고 소요 겹침이음길이 내 겹침이음된 철근량이 전체 철근량의 1/2 이상인 경우
③ 배근된 철근량이 이음부 전체 구간에서 해석결과 요구되는 소요 철근량의 1.5배 이상이고 소요 겹침이음길이 내 겹침이음된 철근량이 전체 철근량의 1/3 이하인 경우
④ 배근된 철근량이 이음부 전체 구간에서 해석결과 요구되는 소요 철근량의 1.5배 이상이고 소요 겹침이음길이 내 겹침이음된 철근량이 전체 철근량의 1/3 이상인 경우

해설
인장을 받는 이형철근의 겹침이음길이는 A급과 B급으로 분류되어 있으며 최소길이는 300mm 이상으로 한다.

074 그림과 같은 두께 13mm의 플레이트에 4개의 볼트 구멍이 배치되어 있을 때 부재의 순단면적을 구하면? (단, 볼트 구멍의 직경은 24mm이다.)

① 4,056mm²
② 3,916mm²
③ 3,775mm²
④ 3,524mm²

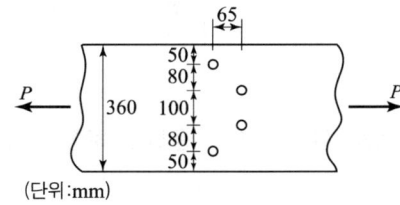
(단위:mm)

해설
- $d = 24 \text{mm}$
- $\omega = d - \dfrac{p^2}{4g} = 24 - \dfrac{65^2}{4 \times 80} = 10.79 \text{mm}$
- $b_n = b_g - 2d = 360 - 2 \times 24 = 312 \text{mm}$
- $b_n = b_g - d - 2\omega - d = 360 - 24 - 2 \times 10.79 - 24 = 290.42 \text{mm}$
- $A_n = b_n \cdot t = 290.42 \times 13 = 3,775 \text{mm}^2$

정답 071 ③ 072 ② 073 ① 074 ③

075 그림과 같은 띠철근 기둥에서 띠철근의 최대 간격으로 적당한 것은? (단, D10의 공칭직경은 9.5mm, D32의 공칭직경은 31.8mm)

① 400mm
② 450mm
③ 500mm
④ 550mm

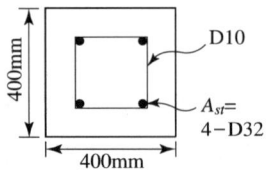

해설
- 종방향 철근 지름의 16배 이하 : $31.8 \times 16 = 508.8mm$
- 띠철근 지름의 48배 이하 : $9.5 \times 48 = 456mm$
- 기둥 단면의 최소 치수 이하 : 400mm
  ∴ 띠철근의 간격은 최소값인 400mm 이하로 하여야 한다.

보충 띠철근 압력부재 단면의 치수는 200mm이고 단면적은 60,000mm² 이상이어야 한다.

076 반 T형 보의 유효폭(b)을 정할 때 사용되는 식으로 거리가 먼 것은? (단, b_w : 플랜지가 있는 부재의 복부 폭)

① (한쪽으로 내민 플랜지 두께의 6배)+b_w
② (보의 경간의 1/12)+b_w
③ (인접 보와의 내측거리의 1/2)+b_w
④ 보의 경간의 1/4

해설
T형 보의 유효 폭 결정
- (양쪽으로 각각 내민 플랜지 두께의 8배)+b_w
- 양쪽 슬래브의 중심간 거리
- 보의 경간의 $\frac{1}{4}$

중에서 가장 작은 값

077 다음 중 콘크리트 구조물을 설계할 때 사용하는 하중인 "활하중(live load)"에 속하지 않는 것은?

① 건물이나 다른 구조물의 사용 및 점용에 의해 발생되는 하중으로서 사람, 가구, 이동칸막이 등의 하중
② 적설하중
③ 교량 등에서 차량에 의한 하중
④ 풍하중

활하중(live load)
풍하중, 지진하중과 같은 환경하중이나 고정하중을 포함하지 않고, 건물이나 다른 구조물의 사용 및 점용에 의해 발생되는 하중으로서 사람, 가구, 이동칸막이, 창고의 저장물, 설비기계 등의 하중과 적설하중, 또는 교량 등에서 차량에 의한 하중

078 다음 중 용접부의 결함이 아닌 것은?
① 오버랩(overlap)　② 언더컷(undercut)
③ 스터드(stud)　④ 균열(crack)

스터드 용접(stud welding)
강봉, 황동봉, 볼트류 등 이와 유사한 것들을 모재에 녹여서 심는 방법이며 아크용접의 일종이다. 스터드를 모재에 접촉시켜 놓고 전류를 통하게 한 다음 스터드를 모재에서 약간 떼어 올려 아크를 발생시켜서 알맞게 녹였을 때에 스터드를 용융지에 급속히 내려 꽂아 용착 시키는 용접방법이다.

079 철근 콘크리트 보를 설계할 때 변화구간에서 강도감소계수(ϕ)를 구하는 식으로 옳은 것은? (단, 나선철근으로 보강되지 않은 부재이며, ε_t는 최외단 인장철근의 순인장변형률이다.)

① $\phi = 0.65 + (\varepsilon_t - 0.002)\dfrac{200}{3}$　② $\phi = 0.7 + (\varepsilon_t - 0.002)\dfrac{200}{3}$
③ $\phi = 0.65 + (\varepsilon_t - 0.002) \times 50$　④ $\phi = 0.7 + (\varepsilon_t - 0.002) \times 50$

나선철근으로 보강된 부재의 변화구간의 강도감소계수는
$\phi = 0.7 + (\varepsilon_t - 0.002) \times 50$가 사용된다.

080 아래 그림과 같은 복철근 직사각형보에서 압축연단에서 중립축까지의 거리(c)는? (단, $A_s = 4764\,\text{mm}^2$, $A_s' = 1284\,\text{mm}^2$, $f_{ck} = 38\,\text{MPa}$, $f_y = 400\,\text{MPa}$)

① 143.74 mm
② 153.91 mm
③ 168.62 mm
④ 178.41 mm

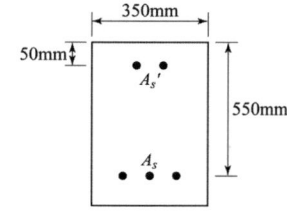

- $a = \dfrac{(A_s - A_s')f_y}{0.85 f_{ck} b} = \dfrac{(4764 - 1284) \times 400}{0.85 \times 38 \times 350} = 123.13\,\text{mm}$
- $\beta_1 = 0.8$
- $a = \beta_1 \cdot c$
∴ $c = \dfrac{a}{\beta_1} = \dfrac{123.13}{0.8} = 153.91\,\text{mm}$

5과목 토질 및 기초

081 Meyerhof의 극한지지력 공식에서 사용하지 않는 계수는?
① 형상계수
② 깊이계수
③ 시간계수
④ 하중경사계수

해설
- Meyerhof 극한지지력 공식
$$q_d = 3NB\left(1 + \frac{D_f}{B}\right)$$
- 경사계수, 심도계수, 형상계수 등을 구하여 지지력을 결정한다.

082 무게 30kN인 단동식 증기 hammer를 사용하여 낙하고 1.2m에서 pile을 타입할 때 1회 타격당 최종 침하량이 2cm이었다. Engineering News 공식을 사용하여 허용 지지력을 구하면 얼마인가?
① 133kN
② 267kN
③ 380kN
④ 460kN

해설
$$R_a = \frac{W \cdot H}{6(\delta + 0.254)} = \frac{30 \times 120}{6(2 + 0.254)} \fallingdotseq 267\text{kN}$$

083 포화단위중량이 18kN/m³인 흙에서의 한계동수경사는 얼마인가? (단, γ_w = 9.81kN/m³)
① 0.8
② 1.0
③ 1.8
④ 2.0

해설
- $\gamma_{sub} = \gamma_{sat} - \gamma_w = 18 - 9.81 = 8.19\text{kN/m}^3$
- $i_c = \dfrac{\gamma_{sub}}{\gamma_w} = \dfrac{8.19}{9.81} = 0.8$

084 노건조한 흙 시료의 부피가 1000cm³, 무게가 1700g, 비중이 2.65이었다. 간극비는?
① 0.71
② 0.43
③ 0.65
④ 0.56

해설

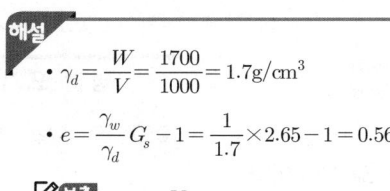

보충
- $e = \dfrac{V_v}{V_s} = \dfrac{n}{100-n}$
- $S \cdot e = G_s \cdot w$

085 내부마찰각 $\phi_u = 0$, 점착력 $C_u = 45\text{kN/m}^2$, 단위중량이 19kN/m^3 되는 포화된 점토층에 경사각 45°로 높이 8m인 사면을 만들었다. 그림과 같은 하나의 파괴면을 가정했을 때 안전율은? (단, ABCD의 면적은 70m²이고, ABCD의 무게중심은 O점에서 4.5m 거리에 위치하며, 호 AC의 길이는 20.0m이다.)

① 1.2
② 1.8
③ 2.5
④ 3.2

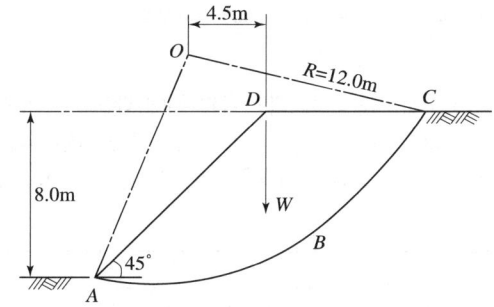

해설

$F = \dfrac{CLR}{W \cdot x} = \dfrac{45 \times 20 \times 12}{(19 \times 70) \times 4.5} = 1.8$

여기서, $W = \gamma \cdot A$

086 토질조사에 대한 설명 중 옳지 않은 것은?
① 사운딩(sounding)이란 지중에 저항체를 삽입하여 토층의 성상을 파악하는 현장 시험이다.
② 불교란시료를 얻기 위해서 Foil sampler, Thin wall tube sampler 등이 사용된다.
③ 표준관입시험은 로드(rod)의 길이가 길어질수록 N치가 작게 나온다.
④ 베인 시험은 정적인 사운딩이다.

해설
- 표준관입시험은 로드(rod)의 길이가 길어질수록 N치가 크게 나온다.
- Rod 길이에 대한 N치 수정
$N_R = N'\left(1 - \dfrac{x}{200}\right)$

정답 081 ③ 082 ② 083 ① 084 ④ 085 ② 086 ③

087 전단마찰각이 25°인 점토의 현장에 작용하는 수직응력이 5kN/m²이다. 과거 작용했던 최대 하중이 10kN/m²이라고 할 때 대상지반의 정지토압 계수를 추정하면?

① 0.40
② 0.57
③ 0.75
④ 1.14

해설
- $\text{OCR} = \dfrac{\text{선행 압밀하중}}{\text{현재 유효상재하중}} = \dfrac{10}{5} = 2$
- $K_o(\text{과압밀}) = K_o(\text{정규압밀}) \cdot \sqrt{\text{OCR}} = 0.527\sqrt{2} = 0.75$
  여기서, $K_o(\text{정규압밀}) = 0.95 - \sin\phi = 0.95 - \sin 25° = 0.527$

088 어떤 시료에 대해 액압 1.0kg/cm²를 가해 각 수직변위에 대응하는 수직 하중을 측정한 결과가 아래 표와 같다. 파괴시의 축차응력은? (단, 피스톤의 지름과 시료의 지름은 같다고 보며, 시료의 단면적 A_o =18cm², 길이 L =14cm이다.)

ΔL(1/100mm)	0	…	1000	1100	1200	1300	1400
P(kg)	0	…	54.0	58.0	60.0	59.0	58.0

① 3.05 kg/cm²
② 2.55 kg/cm²
③ 2.05 kg/cm²
④ 1.55 kg/cm²

해설
- $A = \dfrac{A_o}{1 - \dfrac{\Delta l}{l}} = \dfrac{18}{1 - \dfrac{1.2}{14}} = 19.69\text{cm}^2$
- $\sigma = \dfrac{P}{A} = \dfrac{60}{19.69} = 3.05\text{kg/cm}^2$

089 다음 그림과 같이 점토질 지반에 연속기초가 설치되어 있다. Terzaghi 공식에 의한 이 기초의 허용 지지력 q_a는 얼마인가? (단, ϕ =0이며, 폭(B)= 2m, N_c =5.14, N_q =1.0, N_γ =0, 안전율 F_s =3이다.)

① 64 kN/m²
② 135 kN/m²
③ 185 kN/m²
④ 404.9 kN/m²

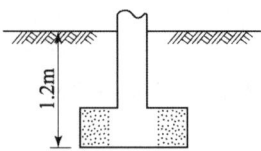

점토질 지반 γ = 19.2kN/m³
일축압축강도 q_u = 148.6kN/m²

- 극한 지지력
$$q_d = \alpha C N_c + \beta \gamma_1 B N_r + \gamma_2 D_f N_q$$
$$= 1 \times 74.3 \times 5.14 + 0.5 \times 19.2 \times 2 \times 0 + 19.2 \times 1.2 \times 1 = 404.9 \text{kN/m}^2$$
여기서, $C = \dfrac{q_u}{2} = \dfrac{148.6}{2} = 74.3 \text{kN/m}^2$

- 허용지지력
$$q_a = \dfrac{q_d}{F} = \dfrac{404.9}{3} = 135 \text{kN/m}^2$$

090 점토의 다짐에서 최적함수비보다 함수비가 적은 건조측 및 함수비가 많은 습윤측에 대한 설명으로 옳지 않은 것은?

① 다짐의 목적에 따라 습윤 및 건조측으로 구분하여 다짐 계획을 세우는 것이 효과적이다.
② 흙의 강도 증가가 목적인 경우, 건조측에서 다지는 것이 유리하다.
③ 습윤측에서 다지는 경우, 투수계수 증가 효과가 크다.
④ 다짐의 목적이 차수를 목적으로 하는 경우, 습윤측에서 다지는 것이 유리하다.

습윤측에서 다지는 경우 투수계수 감소효과가 크다.

091 점토 지반의 강성 기초의 접지압 분포에 대한 설명으로 옳은 것은?

① 기초 모서리 부분에서 최대응력이 발생한다.
② 기초 중앙부분에서 최대응력이 발생한다.
③ 기초 밑면의 응력은 어느 부분이나 동일하다.
④ 기초 밑면에서의 응력은 토질에 관계없이 일정하다.

사질 지반의 강성 기초 접지압 분포는 기초 중앙 부분에서 최대 응력이 발생한다.

092 어떤 지반에 대한 토질시험결과 점착력 $c = 50\text{kN/m}^2$, 흙의 단위중량 $\gamma = 20\text{kN/m}^3$이었다. 그 지반에 연직으로 7m를 굴착했다면 안전율은 얼마인가? (단, $\phi = 0$이다.)

① 1.43　　② 1.51
③ 2.11　　④ 2.61

- $H_c = \dfrac{4c}{\gamma_t} = \dfrac{4 \times 50}{20} = 10\text{m}$
- $F = \dfrac{H_c}{H} = \dfrac{10}{7} = 1.43$

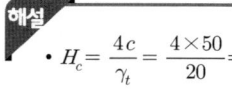
정답 087 ③ 088 ① 089 ② 090 ③ 091 ① 092 ①

02회 CBT 모의고사

093 다음 그림과 같이 피압수압을 받고 있는 2m 두께의 모래층이 있다. 그 위의 포화된 점토층을 5m 깊이로 굴착하는 경우 분사현상이 발생하지 않기 위한 수심(h)는 최소 얼마를 초과하도록 하여야 하는가? (단, $\gamma_w = 9.81\text{kN/m}^3$)

① 0.9m
② 1.5m
③ 1.9m
④ 2.4m

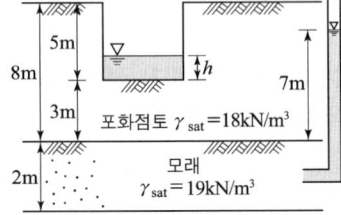

해설
- 전응력 $\sigma = 18 \times (8-5) + 9.81 \times h = 54 + 9.81h$
- 간극수압 $u = 9.81 \times 7 = 68.67 \text{kN/m}^2$
- 유효응력 $\overline{\sigma} = \sigma - u = 0$이면 분사현상이 되므로 $(54 + 9.81h) - 68.67 = 0$
  ∴ $h = 1.5\text{m}$

094 다음 시료채취에 사용되는 시료기(sampler) 중 불교란시료 채취에 사용되는 것만 고른 것으로 옳은 것은?

(1) 분리형 원통 시료기(split spoon sampler)
(2) 피스톤 튜브 시료기(piston tube sampler)
(3) 얇은 관 시료기(thin wall tube sampler)
(4) Laval 시료기(Laval sampler)

① (1), (2), (3)   ② (1), (2), (4)
③ (1), (3), (4)   ④ (2), (3), (4)

해설
분리형 원통 시료기는 교란시료 채취에 사용된다.

095 느슨하고 포화된 사질토에 지진이나 폭파, 기타 진동으로 인한 충격을 받았을 때 전단강도가 급격히 감소하는 현상은?

① 액화 현상
② 분사 현상
③ 보일링 현상
④ 다일러턴시 현상

해설
정(+)의 공극수압이 발생하여 유효응력이 감소되므로 전단응력이 떨어지는 현상을 액화현상이라 한다.

096 다음 그림과 같은 다층지반에서 연직방향의 등가투수계수를 계산하면 몇 cm/sec인가?

① 5.8×10^{-3}
② 6.4×10^{-3}
③ 7.6×10^{-3}
④ 1.4×10^{-2}

1m	$K_1 = 5.0 \times 10^{-2}$ cm/sec
2m	$K_2 = 4.0 \times 10^{-3}$ cm/sec
1.5m	$K_3 = 2.0 \times 10^{-2}$ cm/sec

해설

- $k_v = \dfrac{H_0}{\dfrac{H_1}{k_1} + \dfrac{H_2}{k_2} + \dfrac{H_3}{k_3}} = \dfrac{100 + 200 + 150}{\left(\dfrac{100}{5 \times 10^{-2}} + \dfrac{200}{4 \times 10^{-3}} + \dfrac{150}{2 \times 10^{-2}}\right)}$
  $= 7.6 \times 10^{-3}$ cm/sec
- $k_h = \dfrac{1}{H_0}(k_1 \cdot H_1 + k_2 \cdot H_2 + k_3 \cdot H_3)$

097 수조에 상방향의 침투에 의한 수두를 측정한 결과, 그림과 같이 나타났다. 이때, 수조 속에 있는 흙에 발생하는 침투력을 나타낸 식은? (단, 시료의 단면적은 A, 시료의 길이는 L, 시료의 포화단위중량은 γ_{sat}, 물의 단위중량은 γ_w이다.)

① $\triangle h \cdot \gamma_w \cdot \dfrac{A}{L}$
② $\triangle h \cdot \gamma_w \cdot A$
③ $\triangle h \cdot \gamma_{sat} \cdot A$
④ $\dfrac{\gamma_{sat}}{\gamma_w} \cdot A$

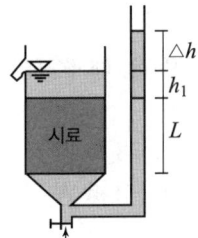

해설
상방향 침투에 의한 수두($\triangle h$)을 고려한 힘 $P = \triangle h \cdot \gamma_w \cdot A$가 된다.

098 흙의 공학적 분류방법 중 통일분류법과 관계 없는 것은?
① 소성도
② 액성한계
③ No.200체 통과율
④ 군지수

해설
군지수는 AASHTO 분류법에서 사용되는 값이다.

099 다음 중 임의 형태 기초에 작용하는 등분포 하중으로 인하여 발생하는 지중응력 계산에 사용하는 가장 적합한 계산법은?
① Boussinesq 법
② Osterberg 법
③ New mark 영향원법
④ 2:1 간편법

해설
New mark 영향원법은 지반내의 응력분포를 알기 위한 영향원에 의한 도식 해법으로 영향수를 0.005, 영향원 내의 구역수를 n, 등분포 하중을 q라 하면 연직응력 $\sigma = 0.005\,n\,q$이다.

정답 093 ② 094 ④ 095 ① 096 ③ 097 ② 098 ④ 099 ③

100 2.0kN/m²의 구속응력을 가하여 시료를 완전히 압밀시킨 다음, 축차응력을 가하여 비배수 상태로 전단시켜 파괴시 축변형률 ε_f =10%, 축차응력 $\triangle\sigma_f$ =2.8kN/m², 간극수압 $\triangle u_f$ =2.1kN/m²를 얻었다. 파괴시 간극수압계수 A는? (단, 간극수압계수 B는 1.0으로 가정한다.)

① 0.44
② 0.75
③ 1.33
④ 2.27

해설 압밀 비배수(CU) 시험으로

$$A = \frac{\triangle u_f}{\triangle\sigma_f} = \frac{2.1}{2.8} = 0.75$$

6과목 상하수도 공학

101 양수량이 50m³/min이고 전양정이 8m일 때 펌프의 축동력은 얼마인가? (단, 펌프의 효율(η)=0.8)

① 65.2kW
② 73.6kW
③ 81.5kW
④ 92.4kW

해설

$$P_s = \frac{9.8QH}{\eta} = \frac{9.8 \times \left(\frac{50}{60}\right) \times 8}{0.8} = 81.7\text{kW}$$

보충 $P_s = \frac{13.33QH}{\eta}$ (HP)

102 계획오수량 산정시 고려하는 사항 중 그 설명이 잘못된 것은?

① 지하수량은 1인 1일 최대오수량의 10~20%로 한다.
② 계획1일 평균오수량은 계획1일 최대오수량의 70~80%를 표준으로 한다.
③ 계획시간 최대오수량은 계획1일 평균오수량의 1시간 당 수량의 0.7~0.9배를 표준으로 한다.
④ 계획1일 최대오수량은 1인1일 최대오수량에 계획인구를 곱한 후 공장폐수량, 지하수량 및 기타 배수량을 더한 값으로 한다.

해설 계획시간 최대오수량은 계획1일 평균오수량의 1시간당 수량의 1.3~1.8배를 표준으로 한다.

보충
• 하수도의 계획 목표연도는 원칙적으로 20년이다.
• 오수량은 가정하수, 공장 폐수, 우수관거 내에 침투한 지하수 등을 포함한다.
• 하수 처리장의 설계기준이 되는 기본적 하수량은 계획1일 최대오수량이다.

103 상수도의 계통을 올바르게 나타낸 것은?
① 취수 – 송수 – 도수 – 정수 – 급수 – 배수
② 취수 – 정수 – 도수 – 급수 – 배수 – 송수
③ 도수 – 취수 – 정수 – 송수 – 배수 – 급수
④ 취수 – 도수 – 정수 – 송수 – 배수 – 급수

- **상수도 계통**: 수원 → 취수 → 도수 → 정수 → 송수 → 배수 → 급수
- **정수 처리 과정**: 침사 처리 → 침전 처리 → 응집 처리 → 여과 처리 → 소독 처리
- **정수 시설**: 침사지 → 침전지 → 혼화지 → 여과지 → 소독지

104 상수도 배수관망 중 격자식 배수관망에 대한 설명으로 틀린 것은?
① 물이 정체하지 않는다.
② 사고시 단수구역이 작아진다.
③ 수리계산이 복잡하다.
④ 제수밸브가 적게 소요되며 시공이 용이하다.

- 수지상식 배수관의 경우 제수밸브가 적게 설치된다.
- 격자식 배수관은 수압의 유지가 용이하다.

105 어떤 도시의 10년전 인구는 25만명, 현재의 인구는 50만명이다. 현재의 인구가 도시인구의 추정방법 중 등비급수법에 의한 인구증가를 보였다고 가정하면 연평균 인구 증가율(r)은 얼마인가?
① 0.072　　② 0.093
③ 1.064　　④ 1.085

- $r = \left(\dfrac{P_o}{P_t}\right)^{\frac{1}{5}} - 1 = \left(\dfrac{500,000}{250,000}\right)^{\frac{1}{10}} - 1 = 0.072$
- 인구 추정법 중에서 Logistic curve 법이 가장 정확하다.
- 등비급수법에 의한 인구 추정 $P_n = P_o(1-r)^n$

106 호수의 부영양화에 대한 설명 중 틀린 것은?
① 부영양화는 정체성 수역의 상층에서 발생하기 쉽다.
② 부영양화된 수원의 상수는 냄새로 인하여 음료수로 부적당하다.
③ 부영양화로 식물성 플랑크톤의 번식이 증가되어 투명도가 저하된다.
④ 부영양화로 생물활동이 활발하여 깊은 곳의 용존산소가 풍부하다.

- 부영양화가 발생하면 탁도 증가, 색도 증가로 수질이 악화되므로 용존산소(DO)량이 낮고 COD는 증가한다.
- 영양 염류인 인(P), 질소(N) 등의 유입을 방지하면 부영양화 현상을 최소화할 수 있다.

107 1인 1일 평균 급수량의 일반적인 증가·감소에 대한 설명으로 틀린 것은?

① 인구가 많은 도시일수록 증가한다.
② 문명도가 낮은 도시일수록 감소한다.
③ 기온이 낮은 지방일수록 증가한다.
④ 누수량이 증가하면 비례하여 증가한다.

> **해설**
> 기온이 높은 지방일수록 증가한다. 이것은 목욕 횟수나 세탁 횟수가 증가하고 수세식 화장실이나 냉난방의 보급률이 증가하기 때문이다.

108 $Q = \dfrac{1}{360} CIA$는 합리식으로서 첨두유량을 산정할 때 사용된다. 이 식에 대한 설명으로 옳지 않은 것은?

① C는 유출계수로 무차원이다.
② I는 도달시간 내의 강우강도로 단위는 mm/hr이다.
③ A는 유역면적으로 단위는 km^2이다.
④ Q는 첨두유출량으로 단위는 m^3/sec이다.

> **해설**
> • A는 유역면적으로 단위는 ha이다.
> • $Q = \dfrac{1}{3.6} CIA$인 경우, A는 유역면적으로 단위는 km²이다.

109 다음은 콘크리트 하수관의 내부 천정이 부식되는 현상에 대한 대응책으로 옳지 않은 것은?

① 하수 중의 유기물 농도를 낮춘다.
② 하수 중의 유황 함유량을 낮춘다.
③ 관내의 유속을 감소시킨다.
④ 하수에 염소를 주입한다.

> **해설**
> • 관내의 유속을 증가시켜 유기물의 퇴적을 방지한다.
> • 용존산소 농도를 증가시켜 하수내 황화물질을 변화시킨다.
> • 하수관 내를 호기성 상태로 유지하여 황화수소의 발생을 방지한다.

110 다음 중 도수(conveyance of water)시설에 대한 설명으로 알맞은 것은?

① 상수원으로부터 원수를 취수하는 시설이다.
② 원수를 음용가능하게 처리하는 시설이다.
③ 배수지로부터 급수관까지 수송하는 시설이다.
④ 취수원으로부터 정수시설까지 보내는 시설이다.

> **해설**
> • **상수도의 계통**: 취수 → 도수 → 정수 → 송수 → 배수 → 급수

- 도수시설은 수원지에서 원수를 정수시설까지 보내는 시설이다.
- 복류수는 지표수에 비해 수질이 양호하다.

111 완속여과와 급속여과의 비교 설명으로 틀린 것은?
① 원수가 고농도의 현탁물일 때는 급속여과가 유리하다.
② 여과속도가 다르므로 용지 면적의 차이가 크다.
③ 여과의 손실수두는 급속여과보다 완속여과가 크다.
④ 완속여과는 약품처리 등이 필요하지 않으나 급속여과는 필요하다.

해설
- 여과의 손실수두는 급속여과보다 완속여과가 작다.
- 완속여과지는 비교적 양호한 원수에 알맞은 방법으로 넓은 부지면적을 필요로 한다.
- 완속여과지의 여과속도는 4~5m/d를 표준으로 한다.

112 수질오염 지표항목 중 COD에 대한 설명으로 옳지 않은 것은?
① COD는 해양오염이나 공장폐수의 오염지표로 사용된다.
② 생물분해 가능한 유기물도 COD로 측정할 수 있다.
③ $NaNO_2$, SO_2^-는 COD값에 영향을 미친다.
④ 유기물 농도값은 일반적으로 COD〉TOD〉TOC〉BOD이다.

해설
- 유기물질의 함량을 나타내는 지표를 같은 시료로 측정하여 크기가 큰 순서로 나열하면 TOD〉COD〉BOD〉TOC이다.
- COD 값이 높을수록 유기물질에 의한 오염이 큰 것을 뜻하며 화학적 산소요구량을 의미한다.

113 고형물 농도가 30mg/L인 원수를 Alum 25mg/L를 주입하여 응집 처리하고자 한다. 1000㎥/day 원수를 처리할 때 발생 가능한 이론적 최종 슬러지($Al(OH)_3$)의 부피는? (단, Alum=$Al_2(SO_4)_3 \cdot 18H_2O$, 최종 슬러지 고형물 농도=2%, 고형물 비중=1.2)

[반응식] $Al_2(SO_4)_3 \cdot 18H_2O + 3Ca(HCO_3)_2 \rightarrow 2Al(OH)_3 + 3CaSO_4 + 18H_2O + 6CO_2$
[분자량] $Al_2(SO_4)_3 \cdot 18H_2O = 666$, $Ca(HCO_3)_2 = 162$, $Al(OH)_3 = 78$, $CaSO_4 = 136$

① 1.1 ㎥/day
② 1.5 ㎥/day
③ 2.1 ㎥/day
④ 2.5 ㎥/day

해설
$Al_2(SO_4)_3 \cdot 18H_2O : 2Al(OH)_3$
$666 : 2 \times 78$

- $Al_2(SO_4)_3 \cdot 18H_2O$ 발생량 = $\frac{0.025\,kg}{m^3} \times \frac{1000\,m^3}{day} \times \frac{2 \times 78}{666} = 5.85\,kg/day$
- 고형물 발생량 = $\frac{0.03\,kg}{m^3} \times \frac{1000\,m^3}{day} = 30\,kg/day$
- ∴ 최종 슬러지 부피량 = $\frac{(5.85+30)\,kg}{day} \times \frac{100}{2} \times \frac{1\,m^3}{1200\,kg} = 1.5\,m^3/day$

정답 107 ③ 108 ③ 109 ③ 110 ④ 111 ③ 112 ④ 113 ②

114 다음 중 하수 슬러지 개량방법에 속하지 않는 것은?

① 세정
② 열처리
③ 동결
④ 농축

해설) 슬러지의 개량방법으로는 세정, 열처리, 동결, 약품첨가 등이 있다.

115 일반적인 하수처리장의 2차 침전지에 대한 설명으로 옳지 않은 것은?

① 표면부하율은 표준활성슬러지의 경우, 계획1일 최대오수량에 대하여 20~30m³/m²·d로 한다.
② 유효수심은 2.5~4m를 표준으로 한다.
③ 침전시간은 계획1일 평균오수량에 따라 정하며 5~10시간으로 한다.
④ 수면의 여유고는 40~60cm 정도로 한다.

해설)
• 침전시간은 계획1일 최대오수량에 따라 정하며 3~5시간으로 한다.
• 슬러지 제거를 위해 슬러지 수집기를 설치한다.
• 고형물 부하율은 40~125kg/m²·day로 한다.
• 수밀성 구조로 하며 부력에 대해서도 안전한 구조여야 한다.

116 하수도용 펌프 흡입구의 유속에 대한 설명으로 옳은 것은?

① 0.3~0.5m/s를 표준으로 한다.
② 1.0~1.5m/s를 표준으로 한다.
③ 1.5~3.0m/s를 표준으로 한다.
④ 5.0~10.0m/s를 표준으로 한다.

해설) 펌프 흡입구의 유속 펌프 흡입구의 유속은 1.5~3m/s를 표준으로 하나, 원동기의 회전수·흡입양정 등을 고려하여 결정한다.

117 정수처리 시 트리할로메탄 및 곰팡이 냄새의 생성을 최소화하기 위해 침전지와 여과지 사이에 염소제를 주입하는 방법은?

① 전염소처리
② 중간염소처리
③ 후연소처리
④ 이중염소처리

해설)
• **전염소처리**
 정수처리에서 초기 공정으로 살균, 철이나 망가니즈의 제거, 암모니아 제거 등을 목적으로 행해지는 염소의 첨가 작업
• **후염소처리**
 급수 직전에 수도꼭지의 잔류 염소를 보존 유지할 목적으로 첨가되는 것

118 하수 배제방식의 특징에 관한 설명으로 틀린 것은?
① 분류식은 합류식에 비해 우천시 월류의 위험이 크다.
② 합류식은 분류식(2계통 건설)에 비해 건설비가 저렴하고 시공이 용이하다.
③ 합류식은 단면적이 크기 때문에 검사, 수리 등에 유리하다.
④ 분류식은 강우 초기에 노면의 오염물질이 포함된 세정수가 직접 하천 등으로 유입된다.

해설
- 분류식은 합류식에 비해 우천시 월류의 위험이 적다.
- 합류식은 하수관거에서는 우천시 일정유량 이상이 되면 하수가 직접수역으로 방류된다.
- 합류식은 침수피해 다발지역에 유리한 방식이다.

119 하수고도처리에서 인을 제거하기 위한 방법이 아닌 것은?
① 응집제 첨가 활성슬러지법
② 활성탄흡착법
③ 정석탈인법
④ 혐기호기조합법

해설
- 하수의 고도처리에는 생물학적 질소, 인을 제거하는 방법이다.
- 활성탄 흡착법은 유기물 제거에 효과적인 방법으로써, 냄새나 맛 유발물질, 잔류농약, 트리할로메탄의 전구물질, 페놀류 등의 미량 유해화합물 처리목적으로 적용되며 합성세제나 색도성분을 처리하는데에도 사용된다.

120 우수관거 및 합류관거 내에서의 부유물 침전을 막기 위하여 계획우수량에 대하여 요구되는 최소 유속은?
① 0.3m/s
② 0.6m/s
③ 0.8m/s
④ 1.2m/s

해설
- 우수관이나 합류관거 : 0.8~3.0m/s
- 분류식 오수관거 : 0.6~3.0m/s

1과목 응용역학

001 등질성 등방성 탄성체에서 종탄성계수(縱彈性階數) E, 전단(剪斷)탄성계수 G, 프와송비(Poisson's ratio) v 간의 관계식을 옳게 나타낸 것은?

① $G = \dfrac{E}{1+v}$ ② $G = \dfrac{E}{1+2v}$

③ $G = \dfrac{E}{2+v}$ ④ $G = \dfrac{E}{2(1+v)}$

해설 재질이 균일하고 등방성인 탄성체의 경우
E와 G사이 관계는 $G = \dfrac{E}{2(1+v)}$

보충
- $G = \dfrac{E}{2(1+v)} = \dfrac{E}{\left(1+\dfrac{1}{m}\right)} = \dfrac{E}{2+\left(\dfrac{m+1}{m}\right)} = \dfrac{mE}{2(m+1)}$
- 체적 탄성계수 $K = \dfrac{E}{3(1-2v)}$

002 그림과 같은 지름 d인 원형단면에서 최대 단면계수를 갖는 직사각형 단면을 얻으려면 b/h는?

① 1
② 1/2
③ $1/\sqrt{2}$
④ $1/\sqrt{3}$

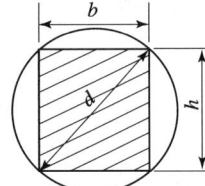

해설
$b : h = 1 : \sqrt{2}$
$b : d = 1 : \sqrt{3}$

003 내민 보의 굽힘으로 인하여 저장된 변형 에너지는? (단, EI는 일정하다.)

① $\dfrac{P^2 L^3}{6EI}$ ② $\dfrac{P^2 L^3}{48EI}$

③ $\dfrac{P^2 L^3}{12EI}$ ④ $\dfrac{P^2 L^3}{38EI}$

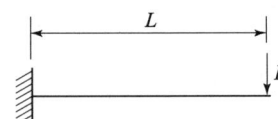

해설
$U = \int \dfrac{M^2}{2EI} dx = \dfrac{1}{2EI} \int_0^l (Px)^2 dx = \dfrac{P^2}{2EI} \int_0^l (x^2) dx$
$= \dfrac{P^2}{2EI} \left[\dfrac{x^3}{3}\right]_0^l = \dfrac{P^2 l^3}{6EI}$

004 휨 모멘트가 M인 다음과 같은 직사각형 단면에서 A-A에서의 휨응력은?

① $\dfrac{3M}{bh^2}$ ② $\dfrac{3M}{4bh^2}$

③ $\dfrac{3M}{2bh^2}$ ④ $\dfrac{M}{4b^2h^2}$

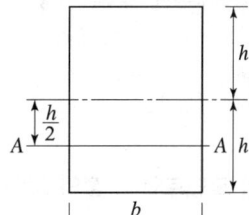

해설
- $I = \dfrac{bh^3}{12} = \dfrac{b(2h)^3}{12} = \dfrac{2bh^3}{3}$
- $\sigma = \dfrac{M}{I}y = \dfrac{M}{2bh^3/3} \times \dfrac{h}{2} = \dfrac{3M}{4bh^2}$

005 상하단이 고정인 기둥에 그림과 같이 힘 P가 작용한다면 반력 R_A, R_B 값은?

① $R_A = \dfrac{P}{2}$, $R_B = \dfrac{P}{2}$

② $R_A = \dfrac{P}{3}$, $R_B = \dfrac{2P}{3}$

③ $R_A = \dfrac{2P}{3}$, $R_B = \dfrac{P}{3}$

④ $R_A = P$, $R_B = 0$

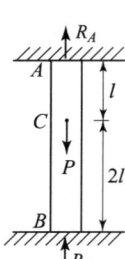

해설
- $R_A = \dfrac{P \cdot b}{l} = \dfrac{P \cdot 2l}{3l} = \dfrac{2}{3}P$
- $R_B = \dfrac{P \cdot a}{l} = \dfrac{P \cdot l}{3l} = \dfrac{1}{3}P$

006 다음 그림과 같은 반원형 3힌지 아치에서 A점의 수평반력은?

① P
② $\dfrac{P}{2}$
③ $\dfrac{P}{4}$
④ $\dfrac{P}{5}$

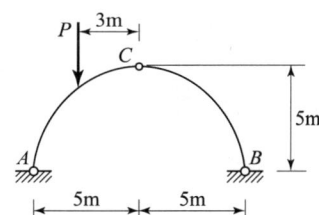

해설
- $\sum M_B = 0$
  $R_A \times 10 - P \times 8 = 0$ ∴ $R_A = \dfrac{8P}{10}$
- $\sum M_C = 0$
  $R_A \times 5 - H_A \times 5 - P \times 3 = 0$
  $\dfrac{8P}{10} \times 5 - H_A \times 5 - P \times 3 = 0$ ∴ $H_A = \dfrac{1}{5}\left(\dfrac{40P}{10} - 3P\right) = \dfrac{P}{5}$

정답 001 ④ 002 ③ 003 ① 004 ② 005 ③ 006 ④

007 다음 내민보에서 B점의 모멘트와 C점의 모멘트의 절대값의 크기를 같게 하기 위한 $\dfrac{L}{a}$의 값을 구하면?

① 6
② 4.5
③ 4
④ 3

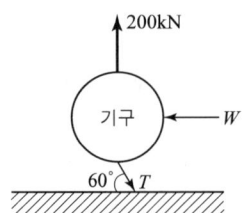

해설
- $\sum M_C = 0$
  $R_A \times L - P \times \dfrac{L}{2} + P \times a = 0$
  $\therefore R_A = \dfrac{P}{2} - \dfrac{P \cdot a}{L}$
- $M_B = R_A \times \dfrac{L}{2} = \dfrac{PL}{4} - \dfrac{Pa}{2}$
- $M_C = Pa$
  $\therefore M_C = M_B \quad Pa = \dfrac{PL}{4} - \dfrac{Pa}{2} \quad \dfrac{3Pa}{2} = \dfrac{PL}{4}$
  $\therefore \dfrac{L}{a} = 6$

008 부양력 200kN인 기구가 수평선과 60°의 각으로 정지상태에 있을 때 가구의 끈에 작용하는 인장력(T)과 풍압(W)을 구하면?

① $T = 220.94\,\text{kN}$, $W = 105.47\,\text{kN}$
② $T = 230.94\,\text{kN}$, $W = 115.47\,\text{kN}$
③ $T = 220.94\,\text{kN}$, $W = 125.47\,\text{kN}$
④ $T = 230.94\,\text{kN}$, $W = 135.47\,\text{kN}$

해설
- $\dfrac{T}{\sin 90°} = \dfrac{200}{\sin 60°}$
  $\therefore T = 230.94\,\text{kN}$
- $\dfrac{W}{\sin 210°} = \dfrac{200}{\sin 60°}$
  $\therefore W = 115.47\,\text{kN}$

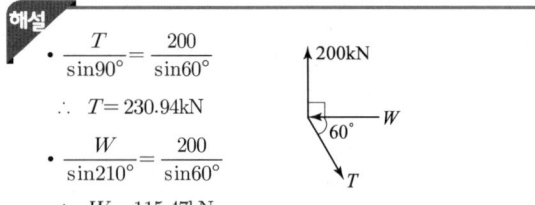

009 그림과 같이 2개의 집중하중이 단순보 위를 통과할 때 절대최대 휨모멘트의 크기와 발생위치 x는?

① $M_{\max} = 36.2\,\text{kN} \cdot \text{m}$, $x = 8\,\text{m}$
② $M_{\max} = 38.2\,\text{kN} \cdot \text{m}$, $x = 8\,\text{m}$
③ $M_{\max} = 48.6\,\text{kN} \cdot \text{m}$, $x = 9\,\text{m}$
④ $M_{\max} = 50.6\,\text{kN} \cdot \text{m}$, $x = 9\,\text{m}$

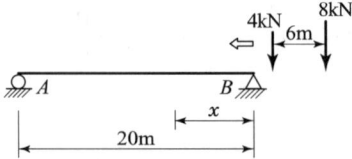

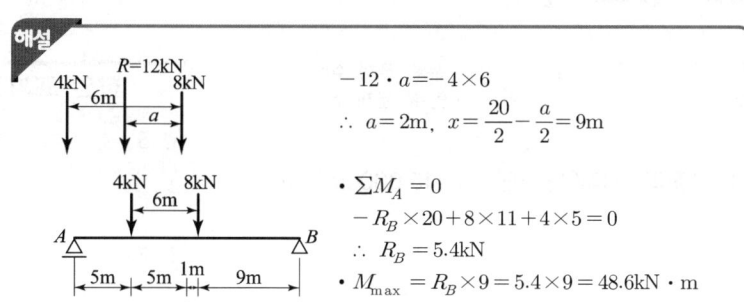

010 그림과 같은 구조물에서 C점의 수직처짐을 구하면? (단, $EI=2\times10^9$ kN·cm²이며 자중은 무시한다.)

① 2.70mm
② 3.57mm
③ 6.24mm
④ 7.35mm

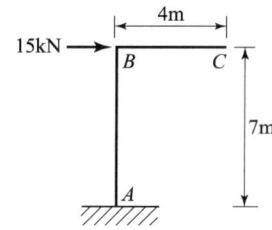

해설
- $\theta_b = \theta_c = \dfrac{PH^2}{2EI}$ (처짐각 공식)$= \dfrac{15\times 700^2}{2\times 2\times 10^9} = 0.0018375$
- $\delta_c = \theta_b(=\theta_c)\times$ 거리 $= 0.0018375 \times 400 = 0.735\text{cm} = 7.35\text{mm}$

011 다음 트러스의 부재력이 0인 부재는?

① 부재 $a-e$
② 부재 $a-f$
③ 부재 $b-g$
④ 부재 $c-h$

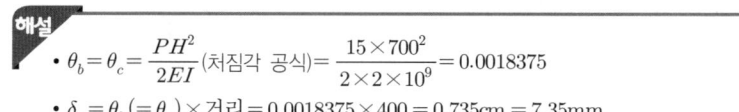

해설
- $cb = cd\ (\Sigma H = 0)$
- $ch = 0\ (\Sigma V = 0)$
- 3부재를 절단했을 때 외력이 없고 두 부재가 일직선상에 있으면 다른 한 부재는 0부재다.

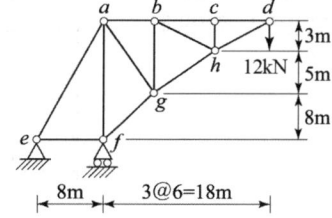

012 단면 2차 모멘트가 I이고 길이가 l인 균일한 단면의 직선상(直線狀)의 기둥이 있다. 그 양단이 고정되어 있을 때 오일러(Euler) 좌굴하중은? (단, 이 기둥의 영(young)계수는 E이다.)

① $\dfrac{4\pi^2 EI}{l^2}$
② $\dfrac{\pi^2 EI}{(0.7l)^2}$
③ $\dfrac{\pi^2 EI}{l^2}$
④ $\dfrac{\pi^2 EI}{4l^2}$

해설
- 좌굴하중 $P = \dfrac{n\pi^2 EI}{l^2}$ 여기서, 양단고정이므로 $n=4$

정답 007 ① 008 ② 009 ③ 010 ④ 011 ④ 012 ①

013 그림과 같은 내민보에서 A점의 처짐은? (단, $I=16,000\text{cm}^4$, $E=2.0\times10^6\text{kN/cm}^2$이다.)

① 2.25cm
② 2.75cm
③ 3.25cm
④ 3.75cm

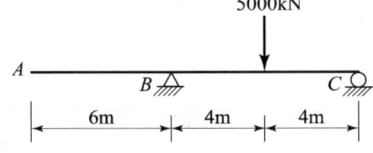

해설

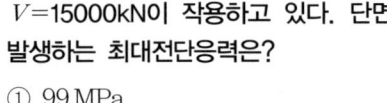

- $R_B' = \dfrac{1}{2}\times\dfrac{Pl}{4}\times\dfrac{l}{2} = \dfrac{Pl^2}{16} = \dfrac{5000\times 800^2}{16} = 2\times 10^8 \text{kN}$
- $M_A' = R_B'\times 600 = 2\times 10^8\times 600 = 1.2\times 10^{11}\text{kN}\cdot\text{cm}$
- $y_A = \dfrac{M_A'}{EI} = \dfrac{1.2\times 10^{11}}{2\times 10^6\times 16000} = 3.75\text{cm}$

014 다음 그림과 같이 속이 빈 단면에 전단력 $V=15000\text{kN}$이 작용하고 있다. 단면에 발생하는 최대전단응력은?

① 99 MPa
② 198 MPa
③ 990 MPa
④ 1980 MPa

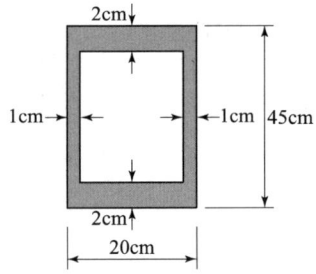

해설

- $G_X = 20\times 22.5\times 11.25 - 18\times 20.5\times 10.25 = 1280.25\text{cm}^3$
- $I_X = \dfrac{1}{12}(20\times 45^3 - 18\times 41^3) = 48493.5\text{cm}^4$
- $\tau = \dfrac{GS}{Ib} = \dfrac{1280.25\times 15000}{48493.5\times 2} = 198\text{kN/cm}^2 = 1980\text{N/mm}^2 = 1980\text{MPa}$

015 그림과 같은 라멘 구조물의 E점에서의 불균형 모멘트에 대한 부재 EA의 모멘트 분배율은?

① 0.222
② 0.1667
③ 0.2857
④ 0.40

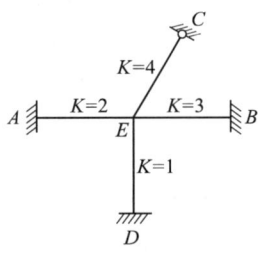

해설
$$f_{EA} = \frac{2}{2+1+3+4\times\frac{3}{4}} = 0.222$$

016 다음 인장부재의 수직변위를 구하는 식으로 옳은 것은? (단, 탄성계수는 E)

① $\dfrac{PL}{EA}$

② $\dfrac{3PL}{2EA}$

③ $\dfrac{2PL}{EA}$

④ $\dfrac{5PL}{2EA}$

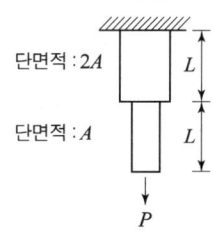

해설
2A 구간과 A 구간의 변위를 고려하면 $\dfrac{PL}{2EA} + \dfrac{PL}{EA} = \dfrac{3PL}{2EA}$

017 오른쪽 그림에서 블록 A를 뽑아내는데 필요한 힘 P는 최소 얼마 이상이어야 하는가? (블록과 접촉면과의 마찰계수 $\mu = 0.3$)

① 3kN 이상
② 6kN 이상
③ 9kN 이상
④ 12kN 이상

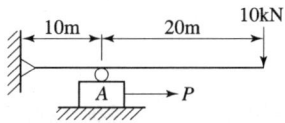

해설
- 벽체의 고정점에 모멘트 $\sum M = 10 \times 30 - R_A \times 10 = 0$ ∴ $R_A = 30\text{kN}$
- 마찰계수를 고려하면 $30 \times 0.3 = 9\text{kN}$

018 다음 구조물은 몇 부정정 차수인가?

① 12차 부정정
② 15차 부정정
③ 18차 부정정
④ 21차 부정정

해설
- 반력수(r) : 고정단 3개×4곳 = 12개
- 부재수(m) : 연결된 부재 13개
- 강절점수(s) : 14개

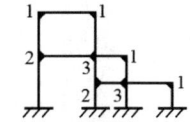

- 절점수(k) : 부재가 만나는 곳 12개
∴ $N = r + m + s - 2k = 12 + 13 + 14 - 2 \times 12 = 15$차 부정정

정답 013 ④ 014 ④ 015 ① 016 ② 017 ③ 018 ②

019 그림과 같은 내민보에서 정(+)의 최대휨모멘트가 발생하는 위치 x(지점 A로부터의 거리)와 정(+)의 최대휨모멘트(M_x)는?

① $x = 2.821\text{m}$, $M_x = 11.438\,\text{kN}\cdot\text{m}$
② $x = 3.256\text{m}$, $M_x = 17.547\,\text{kN}\cdot\text{m}$
③ $x = 3.813\text{m}$, $M_x = 14.535\,\text{kN}\cdot\text{m}$
④ $x = 4.527\text{m}$, $M_x = 19.063\,\text{kN}\cdot\text{m}$

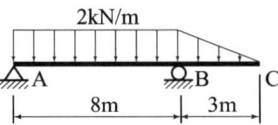

해설

- $\Sigma M_B = 0$
  $R_A \times 8 - 2 \times 8 \times 4 + \dfrac{1}{2} \times 2 \times 3 \times \dfrac{3}{3} = 0$
  $\therefore R_A = 7.625\,\text{kN}$

- $S_x = 0$(최대휨모멘트가 발생하는 위치)
  $R_A - w\,x = 0 \quad \therefore x = \dfrac{R_A}{w} = \dfrac{7.625}{2} = 3.813\,\text{m}$

- $M_{\max} = 7.625 \times 3.813 - 2 \times 3.813 \times \dfrac{3.813}{2} = 14.535\,\text{kN}\cdot\text{m}$

020 다음 그림과 같은 T형 단면에서 $x-x$축에 대한 회전반지름(r)은?

① 227mm
② 289mm
③ 334mm
④ 376mm

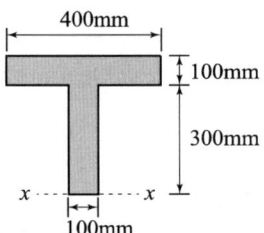

해설

- $I_x = I_X + A\,y^2$
  $= \dfrac{400 \times 100^3}{12} + (400 \times 100) \times 350^2 + \dfrac{100 \times 300^3}{12} + (100 \times 300) \times 150^2$
  $= 5,833,333,333\,\text{mm}^4$

- $A = (400 \times 100) + (100 \times 300) = 70,000\,\text{mm}^2$

- $r = \sqrt{\dfrac{I}{A}} = \sqrt{\dfrac{5,833,333,333}{70,000}} = 289\,\text{mm}$

2과목 측량학

021 축척 1/10,000로 촬영한 수직사진이 있다. 사진의 크기를 23cm×23cm, 종중복도를 60%로 하면 촬영기선의 길이는?

① 920m
② 1,380m
③ 690m
④ 1,610m

해설
촬영기선의 길이
$$B = m \cdot a\left(1 - \frac{p}{100}\right) = 10,000 \times 0.23\left(1 - \frac{60}{100}\right) = 920\text{m}$$

022 다음 설명 중 옳지 않은 것은?

① 모든 클로소이드(clothoid)는 닮음 꼴이며 클로소이드 요소는 길이의 단위를 가진 것과 단위가 없는 것이 있다.
② 완화곡선의 접선은 시점에서 원호에, 종점에서 직선에 접한다.
③ 완화곡선의 반경은 그 시점에서 무한대, 종점에서는 원곡선의 반경과 같다.
④ 완화곡선에 연한 곡선반경의 감소율은 캔트(cant)의 증가율과 같다.

해설
- 완화곡선의 접선은 시점에서 직선에 종점에서 원호에 접한다.
- 완화곡선 길이 $l = \dfrac{CN}{1000}$
- 캔트 $C = \dfrac{SV^2}{gR}$

023 노선 측량의 일반적 작업 순서로서 옳은 것은? (단, A : 종·횡단측량, B : 중심선 측량, C : 공사측량, D : 답사)

① A → B → D → C
② D → B → A → C
③ D → C → A → B
④ A → C → D → B

해설
- 노선 측량의 일반적 작업 순서
  답사 → 중심측량 → 종·횡단측량 → 공사측량
- 노선 측량의 순서
  노선선정 → 지형측량 → 중심선측량 → 종단측량 → 횡단측량 → 용지측량 → 공사측량

정답 019 ③ 020 ② 021 ① 022 ② 023 ②

024 교호 수준 측량을 하여 다음과 같은 결과를 얻었다. A점의 표고가 120.564m이면 B점의 표고는?

① 120.759m
② 120.672m
③ 120.524m
④ 120.328m

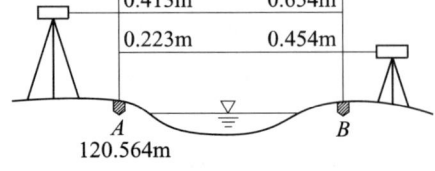

해설
- $h = \dfrac{1}{2}\{(a_1 - b_1) + (a_2 - b_2)\} = \dfrac{1}{2}\{(0.413 - 0.654) + (0.223 - 0.4547)\}$
  $= -0.236$
- $H_B = H_A + h = 120.564 - 0.236 = 120.328\text{m}$

025 측량성과표에 측점 A의 진북방향각은 0° 06′ 17″이고, 측점 A에서 측점 B에 대한 평균방향각은 263° 38′ 26″로 되어 있을 때에 측점 A에서 측점 B에 대한 역방위각은?

① 83° 32′ 09″
② 263° 32′ 09″
③ 83° 44′ 43″
④ 263° 44′ 43″

해설
- AB의 방위각 $263°38'26'' - 0°6'17'' = 263°32'9''$
- AB의 방위 $263°32'9'' - 180° = S\,83°32'9''W$
- AB의 역방위각 $83°32'9''$

026 수준측량에서 레벨의 조정이 불완전하여 시준선이 기포관축과 평행하지 않을 때 생기는 오차의 소거방법으로 옳은 것은?

① 정위, 반위로 측정하여 평균한다.
② 시작점과 종점에서의 표척을 같은 것을 사용한다.
③ 전시와 후시의 시준거리를 같게 한다.
④ 지반이 견고한 곳에 표척을 세운다.

해설
- 시준선과 기포관축이 평행하지 않기 때문에 생기는 오차를 제거하기 위해 전시와 후시의 거리를 동일하게 한다.
- 수준측량에서 전시와 후시의 거리를 같게 하여도 시차에 의한 오차는 제거되지 않는다.

027 지반고(h_A)가 123.6m인 A점에 토털스테이션을 설치하여 B점의 프리즘을 관측하여 기계고 1.0m, 관측사거리(S) 180m, 수평선으로부터의 고저각(α) 30°, 프리즘고(P_h) 1.5m를 얻었다면 B점의 지반고는?

① 212.1m ② 213.1m
③ 277.98m ④ 280.98m

해설
$H_B = H_A + L\tan\alpha + I - h = 123.6 + 155.88\tan 30° + 1.0 - 1.5 = 213.1\text{m}$
여기서, 수평거리 $L = S\cos\alpha = 180\cos 30° = 155.88\text{m}$

028 밑변이 15m±0.015m, 높이가 25m±0.025m인 삼각형 토지의 면적을 옳게 표현한 것은?

① 187.5m²±0.014m² ② 187.5m²±0.27m²
③ 375m²±0.014m² ④ 375m²±0.27m²

해설
- $A = \dfrac{1}{2} \times 15 \times 25 = 187.5\text{m}^2$
- $dA = \left(\sqrt{(15 \times 0.025)^2 + (25 \times 0.015)^2}\right) \div 2 = 0.27\text{m}^2$

029 A점에서 관측을 시작하여 A점으로 폐합시킨 폐합 트래버스 측량에서 다음과 같은 측량결과를 얻었다. 이때 측선 BC의 배횡거는?

측선	위거(m)	경거(m)
AB	15.5	25.6
BC	-35.8	32.2
CA	20.3	-57.8

① 0m ② 25.6m
③ 57.8m ④ 83.4m

해설
- AB 측선의 배횡거 : 그 측선의 경거(25.6m)
- BC 측선의 배횡거 : 하나 앞측선의 배횡거+하나 앞측선의 경거+그 측선의 경거
  ∴ 25.6+25.6+32.2=83.4m

030 수심 H인 하천의 유속을 3점법으로 관측한 결과 0.2H, 0.6H, 0.8H인 점의 유속이 각각 0.655m/sec, 0.547m/sec, 0.430m/sec이었다. 평균 유속은?

① 0.345 m/sec ② 0.545 m/sec
③ 0.645 m/sec ④ 0.685 m/sec

해설
$V = \dfrac{1}{4}(V_{0.2} + 2V_{0.6} + V_{0.8}) = \dfrac{1}{4}(0.655 + 2 \times 0.547 + 0.430) = 0.545\text{m/sec}$

정답 024 ④ 025 ① 026 ③ 027 ② 028 ② 029 ④ 030 ②

031. 축척 1 : 50000 지도상에서 4cm²에 대한 지상에서의 실제면적은 얼마인가?

① 1 km²
② 2 km²
③ 100 km²
④ 200 km²

해설
실제면적 = (축척분모)² × 도상면적 = (50,000)² × 4 = 10,000,000,000cm²
= 1,000,000m² = 1km²

032. 우리나라의 1 : 5000 지형도에서 주곡선의 간격은?

① 1m
② 5m
③ 10m
④ 20m

해설
- 등고선의 종류와 간격

등고선 종류	1/1000	1/2500	1/5000	1/10000	1/25000	1/50000
주곡선	1	2	5	5	10	20
간곡선	0.5	1	2.5	2.5	5	10
조곡선	0.25	0.5	1.25	1.25	2.5	5
계곡선	5	10	25	25	50	100

033. 단곡선 설치에서 교각이 60°이고, 곡선 반지름이 500m이면 접선길이는?

① 250.000m
② 288.675m
③ 523.598m
④ 866.025m

해설
- $TL = R\tan\dfrac{I}{2} = 500\tan\dfrac{60°}{2} = 288.675\text{m}$
- 중앙종거 $M = R\left(1 - \cos\dfrac{I}{2}\right)$

034. 하천측량 시 무제부에서 평면측량 범위는?

① 홍수가 영향을 주는 구역보다 약간 넓게
② 계획하고자 하는 지역의 전체
③ 홍수가 영향을 주는 구역까지
④ 홍수영향 구역보다 약간 좁게

해설
유제부에서 측량 범위는 제내지 300m 이내로 한다.

035. GNSS 상대측위 방법에 대한 설명으로 옳은 것은?

① 수신기 1대만을 사용하여 측위를 실시한다.
② 위성과 수신기 간의 거리는 전파의 파장 개수를 이용하여 계산할 수 있다.

③ 위상차의 계산은 단순차, 2중차, 3중차와 같은 차분기법으로는 해결하기 어렵다.
④ 전파의 위상차를 관측하는 방식이나 절대측위 방법보다 정확도가 낮다.

해설
- 1대의 GNSS 수신기를 활용한 절대위치결정방법과 2대 이상의 GNSS 수신기를 활용한 상대위치 결정방법이 있다.
- 절대위치결정방법(Absolute GPS)은 보통 비게이션용 GNSS 수신기로 많이 사용되고 있으며, 상대위치 결정방법(Differential GPS)은 측지·측량용으로 많이 사용되고 있다. 특히, 고정밀을 요하는 측량에는 현재 후처리 방식의 DGPS방식을 주로 사용하고 있다.

036 △ABC의 꼭지점에 대한 좌표값이 (30,50), (20,90), (60,100)일 때 삼각형 토지의 면적은? (단, 좌표의 단위 : m)
① 500m^2
② 750m^2
③ 850m^2
④ 960m^2

해설
- 좌표법에 의한 면적
$$\frac{1}{2}\Sigma\{\text{그 측점 } y \text{좌표}\times(\text{앞 측선 } x \text{좌표}-\text{다음 측선 } x \text{좌표})\}$$
$$\therefore \frac{1}{2}\{50(60-20)+90(30-60)+100(20-30)\}=850\,m^2\,(\text{부호 무시})$$

037 어떤 거리를 10회 관측하여 평균 2403.557m의 값을 얻고 잔차의 제곱의 합 8208mm²을 얻었다면 1회 관측의 평균 제곱근 오차는?
① ±23.7mm
② ±25.5mm
③ ±28.3mm
④ ±30.2mm

해설
$$m_0=\pm\sqrt{\frac{\Sigma v^2}{n-1}}=\pm\sqrt{\frac{8208}{10-1}}=\pm 30.2\,mm$$

038 위성에 의한 원격탐사(Remote Sensing)의 특징으로 옳지 않은 것은?
① 항공사진측량이나 지상측량에 비해 넓은 지역의 동시측량이 가능하다.
② 동일 대상물에 대해 반복측량이 가능하다.
③ 항공사진측량을 통해 지도를 제작하는 경우보다 대축척 지도의 제작에 적합하다.
④ 여러 가지 분광 파장대에 대한 측량자료 수집이 가능하므로 다양한 주제도 작성이 용이하다.

해설
항공사진측량을 통해 지도를 제작하는 경우보다 소축척 지도의 제작에 적합하다.

정답 031 ① 032 ② 033 ② 034 ① 035 ② 036 ③ 037 ④ 038 ③

039 삼변측량에 관한 설명 중 틀린 것은?
① 관측요소는 변의 길이 뿐이다.
② 관측값에 비하여 조건식이 적은 단점이 있다.
③ 삼각형의 내각을 구하기 위해 cosine 제2법칙을 이용한다.
④ 반각공식을 이용하여 각으로부터 변을 구하여 수직 위치를 구한다.

해설
반각공식을 이용하여 변으로부터 각을 구하고, 구한 각과 변에 의하여 수평 위치를 구한다.

040 DGPS를 적용할 경우 기지점과 미지점에서 측정한 결과로부터 공통오차를 상쇄시킬 수 있기 때문에 측량의 정확도를 높일 수 있다. 이때 상쇄되는 오차요인이 아닌 것은?
① 위성의 궤도정보오차
② 다중경로오차
③ 전리층 신호지연
④ 대류권 신호지연

해설
- DGPS(Differenitial GPS)는 상대측위방식의 GPS 측량기법으로 이미 알고 있는 기지점 좌표를 이용하여 오차를 최대한 줄여서 이용하기 위한 위치결정방식이다.
- 다중경로오차는 바다표면이나 빌딩과 같은 곳으로부터의 반사신호에 의한 직접 신호의 간섭으로 발생하는 것으로 상쇄되는 오차요인이 아니다.

3과목 수리·수문학

041 유출을 구분하면 표면유출(A), 중간유출(B) 및 지하수유출(C)로 구분할 수 있다. 또한 중간유출은 조기지표하 유출(B_1)과 지연지표하 유출(B_2)로 구분된다. 직접유출을 옳게 나타낸 것은?
① (A)+(B)+(C)
② (A)+(B_1)
③ (A)+(B_2)
④ (A)+(B)

해설
직접유출=지표면 유출+조기지표하 유출

보충
- 기저유출=지하수 유출+지연지표하 유출
- 유출계수 = $\dfrac{하천유량}{강수량}$

042 다음과 같은 집중호우가 자기기록지에 기록되었다. 지속기간 20분 동안의 최대 강우강도를 구한 값은?

시간(분)	5	10	15	20	25	30	35	40
우량(mm)	2	3	5	10	15	5	3	2

① 35mm/hr ② 75mm/hr
③ 95mm/hr ④ 105mm/hr

 강우강도 : 단위시간에 내린 강우량(mm/hr)

$I = \dfrac{1}{20분} \times (5+10+15+5) = 1.75 \text{mm}/분$

∴ $I = 1.75 \times 60 = 105 \text{mm/hr}$

보충 n시간 연속 최대 강우강도

$I = n \text{시간 최대강우량} \times \dfrac{60}{\text{지속시간(분)}}$

043 수로폭이 3m인 직사각형 개수로에서 비에너지가 1.5m일 경우의 최대유량($Q_{\max}$)은? (단, 에너지 보정계수는 1.0이다.)

① 9.39m³/sec   ② 3.28m³/sec
③ 29.40m³/sec ④ 31.70m³/sec

$h_c = \left(\dfrac{\alpha Q^2}{gb^2}\right)^{\frac{1}{3}}$ $h_e = \dfrac{3}{2}h_c$ $h_c = \dfrac{2}{3} \times 1.5 = 1\text{m}$

$1 = \left(\dfrac{1 \times Q^2}{9.8 \times 3^2}\right)^{\frac{1}{3}}$

∴ $Q = 9.39 \text{m}^3/\text{sec}$

044 폭 1.0m, 월류수심 0.4m인 사각형 위어(weir)의 유량은? (단, Francis 공식 : $Q = 1.84 B_o h^{3/2}$에 의하며, B_o : 유효폭, h : 월류수심, 접근유속은 무시하며 양단수축이다.)

① 0.428m³/sec ② 0.483m³/sec
③ 0.536m³/sec ④ 0.557m³/sec

$Q = 1.84 b_o h^{\frac{3}{2}} = 1.84(b - 0.1nh)h^{\frac{3}{2}} = 1.84(1 - 0.1 \times 2 \times 0.4)0.4^{\frac{3}{2}}$
$= 0.43 \text{m}^3/\text{sec}$

여기서, 양단 수축이므로 $n = 2$

보충 사각형 위어의 유량

$Q = \dfrac{2}{3} c b \sqrt{2g} h^{\frac{3}{2}}$

정답 039 ④ 040 ② 041 ② 042 ④ 043 ① 044 ①

045 비에너지와 한계수심에 관한 설명 중 옳지 않은 것은?

① 비에너지는 수로바닥을 기준으로 하는 흐름의 전 에너지이다.
② 유량이 일정할 때 비에너지가 최소가 되는 수심이 한계수심이다.
③ 비에너지가 일정할 때 한계수심으로 흐르면 유량이 최소가 된다.
④ 유량이 일정할 때 직사각형 단면 수로내 한계수심은 최소 비에너지의 2/3이다.

해설
- 비에너지 $H_e = h + \alpha \dfrac{V^2}{2g}$
- 한계수심과 비에너지의 관계 $h_c = \dfrac{2}{3} H_e$
- 한계수심일 때 유량이 최대이다.
- 한계수심은 비에너지가 최소일 때의 수심이다.
- $h_c < h$: 상류, $h_c > h$: 사류

046 우물에서 장기간 양수를 한 후에도 수면강하가 일어나지 않는 지점까지의 우물로부터 거리(범위)를 무엇이라 하는가?

① 용수효율권
② 대수층권
③ 수루영역권
④ 영향권

해설
체수층에 인공적으로 우물을 파고 양수할 때 우물에 물이 고이는 범위를 영향원이라 한다.(양수 후에도 수면강하가 일어나지 않은 범위를 영향권이라 한다.)

047 단위유량도 이론의 가정에 대한 설명으로 옳지 않은 것은?

① 초과강우는 유효지속기간 동안에 일정한 강도를 가진다.
② 초과강우는 전 유역에 걸쳐서 균등하게 분포된다.
③ 주어진 지속기간의 초과강우로부터 발생된 직접유출수문곡선의 기저시간은 일정하다.
④ 동일한 기저시간을 가진 모든 직접유출수문곡선의 종거들은 각 수문곡선에 의하여 주어진 총 직접유출수문곡선에 반비례한다.

해설
단위 유량도의 가정
① 일정기저시간 가정 : 동일한 유역에서의 각종 강우로 인한 유하시간은 동일하다.
② 비례가정 : 동일한 유역에서 직접유출 수문 곡선의 종거는 강우 강도의 크기에 비례한다.
③ 중첩가정 : 일정기간 균일한 강도를 가진 일련의 유효강우량에 의한 총유출은 각 기간의 유효강우량에 의한 개개 유출량을 산술적으로 합한것과 같다.

048 지름 d의 구(球)가 밀도 ρ의 유체 속을 유속 V로서 침강할 때 구(球)의 항력(D)은? (단, C_D는 항력계수)

① $D = C_D \pi d^2 \dfrac{V^2}{2g}$ ② $D = \dfrac{1}{4} C_D \pi d^2 \rho V^2$

③ $D = \dfrac{1}{8} C_D \pi d^2 \rho V^2$ ④ $D = \dfrac{1}{16} C_D \pi d^2 \rho V^2$

해설

$$D = C_D A \dfrac{\rho V^2}{2} = C_D \dfrac{\pi d^2}{4} \dfrac{\rho V^2}{2} = \dfrac{1}{8} C_D \pi d^2 \rho V^2$$

보충
- 마찰항력은 유체가 물체 표면을 흐를 때 점성과 난류에 의해 물체 표면에 발생하는 마찰저항이다.
- 조파항력은 물체가 수면에 떠 있거나 물체의 일부분이 수면 위에 있을 때에 발생하는 유체저항이다.

049 그림과 같이 높이 2m인 물통에 물이 1.5m만큼 담겨져 있다. 물통이 수평으로 4.9m/sec²의 일정한 가속도를 받고 있을 때, 물통의 물이 넘쳐흐르지 않기 위한 물통의 길이(L)는?

① 2.0m
② 2.4m
③ 2.8m
④ 3.0m

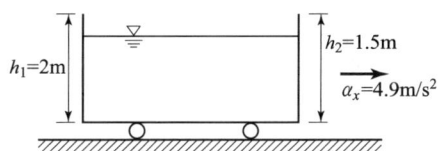

해설

$$\tan\theta = \dfrac{\alpha}{g} = \dfrac{2 - 1.5}{\dfrac{L}{2}}$$

$$\therefore L = \dfrac{g}{\alpha} = \dfrac{9.8}{4.9} = 2.0\text{m}$$

050 대기의 온도 t_1, 상대습도 70%인 상태에서 증발이 진행되었다. 온도가 t_2로 상승하고 대기 중의 증기압이 20% 증가하였다면 온도 t_1 및 t_2에서의 포화 증기압이 각각 10.0mmHg 및 14.0mmHg라 할 때 온도 t_2에서의 상대습도는 약 얼마인가?

① 50% ② 60%
③ 70% ④ 80%

해설
- 상대습도 $= \dfrac{증기압}{포화증기압} \times 100$
- t_1일 때 증기압 $= 0.7 \times 10 = 7$mmHg
- t_2일 때 증기압 $= 7 + 0.2 \times 7 = 8.4$mmHg
- t_2일 때 상대습도 $= \dfrac{8.4}{14} \times 100 = 60\%$

정답 045 ③ 046 ④ 047 ④ 048 ③ 049 ① 050 ②

051 빙산(氷山)의 부피가 V, 비중이 0.920이고, 바닷물의 비중은 1.025라 할 때 빙산의 바닷물 속에 잠겨 있는 부분의 부피는?

① $0.92\,V$
② $0.9\,V$
③ $0.82\,V$
④ $0.8\,V$

해설
$W = B$
$V \times \gamma = (V - \Delta V)\gamma_w$
$1 - \dfrac{\Delta V}{V} = 1 - \left(\dfrac{\gamma_w - \gamma}{\gamma_w}\right) = 1 - \left(\dfrac{1.025 - 0.92}{1.025}\right) = 0.9\,V$

052 관수로를 흐르는 난류 흐름에서 관마찰손실계수 f에 대한 설명으로 옳은 것은?

① Reynolds 수만의 함수이다.
② Reynolds 수와 상대조도의 함수이다.
③ 상대조도와 Froude 수의 함수이다.
④ 유속과 관지름의 함수이다.

해설
- 마찰손실계수는 Reynolds 수와 상대조도가 밀접한 관계가 있다.
- 관수로에서 상대조도란 관 직경에 대한 관벽의 조도와의 비이다.
- 난류로 흐르는 경우 거친관에서 마찰손실계수는 상대조도만의 함수이다.
- 관수로에서 흐름이 층류인 경우 마찰손실계수는 Reynolds 수에만 영향을 받는다.

053 다음 중 에너지선에 대한 설명으로 옳은 것은?

① 동수경사선보다 에너지선이 아래에 있다.
② 위치수두와 속도수두의 합이다.
③ 언제나 수평선을 이루게 된다.
④ 동수경사선보다 속도수두만큼 위에 위치하고 있다.

해설
- $Z + \dfrac{P}{w}$: 동수경사선
- $Z + \dfrac{P}{w} + \dfrac{V^2}{2g}$: 에너지선
- 에너지선이 동수경사선보다 $\dfrac{V^2}{2g}$ 만큼 위에 있다.

054 개수로의 상류(subcritical flow)에 대한 설명으로 옳은 것은?

① 유속과 수심이 일정한 흐름
② 수심이 한계수심보다 작은 흐름

③ 유속이 한계유속보다 작은 흐름
④ Froude수가 1보다 큰 흐름

해설
②, ④의 경우 사류에 대한 설명이다.

055 관수로에 대한 설명 중 틀린 것은?
① 단면 점확대로 인한 수두손실은 단면 급확대로 인한 수두손실보다 클 수 있다.
② 관수로 내의 마찰손실수두는 유속수두에 비례한다.
③ 아주 긴 관수로에서는 마찰 이외의 손실수두를 무시할 수 있다.
④ 마찰손실수두는 모든 손실수두 가운데 가장 큰 것으로 마찰손실계수에 유속수두를 곱한 것과 같다.

해설
$$h_L = f \frac{l}{d} \frac{v^2}{2g}$$

056 수리실험에서 점성력이 지배적인 힘이 될 때 사용할 수 있는 모형법칙은?
① Reynolds 모형법칙
② Froude 모형법칙
③ Weber 모형법칙
④ Cauchy 모형법칙

해설
- 관수로의 흐름과 같이 점성력이 흐름을 주로 지배하는 경우에 Reynolds 모형법칙을 적용한다.
- 개수로 내의 흐름에는 Froude 모형법칙을 적용한다.
- 위어의 월류수심이 아주 작을 때나 미소 진자폭파의 파동에서와 같이 표면장력이 흐름을 지배하는 경우에 Weber 모형법칙을 적용한다.
- 압축성 유체의 흐름과 관수로 내의 부정류 및 수격작용에서와 같이 탄성력이 흐름을 주로 지배하는 경우에 Cauchy 모형법칙·Mach 모형법칙을 적용한다.

057 미소진폭파(small-amplitude wave)이론에 포함된 가정이 아닌 것은?
① 파장이 수심에 비해 매우 크다.
② 유체는 비압축성이다.
③ 바닥은 평평한 불투수층이다.
④ 파고는 수심에 비해 매우 작다.

해설
바다의 파랑은 불규칙파이나 불규칙파를 미소진폭의 규칙파인 무수의 성분파의 집합으로 취급한다. 복원력이 중력인 미소진폭 진행파의 이론유도는 다음과 같은 가정 하에 이루어진다.
- 물은 비압축성, 비점성(이상유체로 가정한다.)
- 수면에서의 압력은 균일·일정하다.
- 해저는 수평인 고정바닥으로 불투과이다. 즉 일정한 수심을 가진다.
- 파고는 파장에 비해 대단히 작다.
- 파랑은 파형을 변화시키지 않으며 전파한다.
- 파랑은 이상유체의 가정과 아울러 유체운동은 비회전이고 속도포텐셜를 가진다.

정답 051 ② 052 ② 053 ④ 054 ③ 055 ④ 056 ① 057 ①

058 유속이 3m/s인 유수 중에 유선형 물체가 흐름방향으로 향하여 h=3m 깊이에 놓여 있을 때 정체압력(stagnation pressure)은?

① 0.46kN/m² ② 12.21kN/m²
③ 33.90kN/m² ④ 102.35kN/m²

해설
정체압력 $= \dfrac{\rho}{2}v^2 + p$
$= \dfrac{\frac{9800}{9.8}}{2} \times 3^2 + 9800 \times 3$
$= 33900 \text{N/m}^2 = 33.9 \text{kN/m}^2$

여기서, $\rho = \dfrac{w}{g}$, $p = wh$, $w = 1\text{g/cm}^3 = 9800\text{N/m}^3$

059 수문자료의 해석에 사용되는 확률분포형의 매개변수를 추정하는 방법이 아닌 것은?

① 모멘트법(method of moments)
② 회선적분법(convolution integral method)
③ 확률가중모멘트법(method of probability weighted moments)
④ 최우도법(metnod of maximum likelihood)

해설
확률분포형의 매개변수 추정방법에는 최소자승법, 모멘트법, 최우도법, L-모멘트법 등이 있으며 이중 모멘트법, 최우도법, 확률가중모멘트법이 널리 사용되고 있다.

060 다음 물리량 중에서 차원이 잘못 표시된 것은?

① 동점성계수 : $[FL^2T]$
② 밀도 : $[FL^{-4}T^2]$
③ 전단응력 : $[FL^{-2}]$
④ 표면장력 : $[FL^{-1}]$

해설
• 동점성계수
$\nu = cm^2/\sec = L^2T^{-1}$
• 점성계수
$\mu = g/cm \cdot \sec = ML^{-1}T^{-1}$

4과목 철근콘크리트 및 강구조

061 정착에 대한 위험단면이 아닌 곳은?
① 경간 내에서 인장철근이 끝난 곳
② 휨부재에서 최대 응력점
③ 지지점에서 d/2 떨어진 단면
④ 경간내에서 인장철근이 절곡된 곳

해설
전단에 대한 위험단면
① 보 및 1방향 슬래브 : 지지점에서 d 만큼 떨어진 곳
② 2방향 슬래브 : 지지점에서 $\dfrac{d}{2}$ 만큼 떨어진 곳

보충 $V_s > \dfrac{2}{3}\sqrt{f_{ck}}\,b_w d$ 인 경우에는 보의 단면을 더 크게 늘려야 한다.

062 4변에 의해 지지되는 2방향 슬래브 중에서 1방향 슬래브로 보고 계산할 수 있는 경우에 대한 기준으로 옳은 것은? (단, L : 2방향 슬래브의 장경간, S : 2방향 슬래브의 단경간)

① $\dfrac{L}{S}$가 2보다 클 때
② $\dfrac{L}{S}$가 1일 때
③ $\dfrac{L}{S}$가 $\dfrac{3}{2}$ 이상일 때
④ $\dfrac{L}{S}$가 3보다 작을 때

해설
• 2방향 슬래브 중에서 $\dfrac{L}{S}$가 2보다 클 때 1방향 슬래브로 보고 설계한다.
• 1방향 슬래브에서 슬래브 두께는 100mm 이상이라야 한다.

063 계수전단강도 V_u =60kN을 받을 수 있는 직사각형 단면이 최소전단철근 없이 견딜 수 있는 콘크리트의 유효깊이 d는 최소 얼마 이상이어야 하는가? (단, f_{ck}=24MPa, b=350mm, λ=1.0)

① 618mm
② 560mm
③ 434mm
④ 328mm

해설
$V_u \le \dfrac{1}{2}\phi V_c$
$60 \times 10^{-3} \le \dfrac{1}{2} \times 0.75 \times \dfrac{1}{6} \times 1.0\sqrt{24} \times 0.35 \times d$
$\therefore d = 0.5598\text{m} = 560\text{mm}$

정답 058 ③ 059 ② 060 ① 061 ③ 062 ① 063 ②

064 그림과 같은 나선철근 단주의 설계 축강도 ϕP_n을 구하면? (단, D32 1개의 단면적=794mm², f_{ck}=24MPa, f_y=420MPa)

① 2658 kN
② 2748 kN
③ 2848 kN
④ 2948 kN

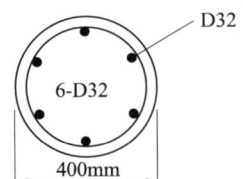

해설
$$\phi P_n = \phi 0.85(0.85 f_{ck} A_c + A_{st} f_y)$$
$$= 0.7 \times 0.85 \left\{ 0.85 \times 24 \times \left(\frac{\pi \times 0.4^2}{4} - 6 \times 794 \times 10^{-6} \right) + (6 \times 794 \times 10^{-6} \times 420) \right\}$$
$$= 2.658 \text{MN} = 2658 \text{kN}$$

065 콘크리트 구조기준의 요건에 따르면, f_{ck}=40MPa일 때 직사각형 응력분포의 깊이를 나타내는 β_1의 값은 얼마인가?

① 0.78
② 0.92
③ 0.80
④ 0.75

해설
$f_{ck} \leq 40\text{MPa}$인 경우 $\beta_1 = 0.8$

066 다음 중 PSC구조물의 해석개념과 직접적인 관련이 없는 것은?

① 균등질 보의 개념(homogeneous beam concept)
② 공액보의 개념(conjugate beam concept)
③ 내력모멘트의 개념(internal force concept)
④ 하중평형의 개념(toad balancing concept)

해설
PSC의 기본 개념
① 균등질 보의 개념(응력 개념)
② 내력 모멘트 개념(강도 개념)
③ 하중 평형 개념(등가 하중 개념)

067 강도설계법의 설계 기본가정 중에서 옳지 않은 것은?

① 철근 및 콘크리트의 변형률은 중립축으로부터의 거리에 비례한다.
② 인장 측 연단에서 콘크리트의 극한 변형률은 0.0033으로 가정한다.
③ 콘크리트의 인장강도는 철근콘크리트 휨계산에서 무시한다.
④ 철근의 변형률이 f_y에 대응하는 변형률보다 큰 경우 철근의 응력은 변형률에 관계없이 f_y로 한다.

해설
- 압축측 연단에서 콘크리트의 극한 변형률은 0.0033으로 가정한다. ($f_{ck} \leq 40\,\text{MPa}$)
- 항복강도 f_y 이하에서의 철근의 응력은 그 변형률의 E_s배로 한다.
$$\left(\varepsilon_y = \frac{f_y}{E_s},\ f_y = \varepsilon_y \cdot E_s\right)$$
- 콘크리트의 압축응력 크기는 $\eta(0.85 f_{ck})$로 균등하고 이 응력은 압축 연단에서 $\alpha = \beta_1 c$인 등가 직사각형 분포로 본다.

068 깊은 보(deep beam)의 강도는 다음 중 무엇에 의해 지배되는가?
① 압축 ② 인장
③ 휨 ④ 전단

해설
깊은 보에 대한 전단설계는 순경간이 부재 깊이의 4배 이하 $\left(\dfrac{l_n}{h} \leq 4\right)$이거나 하중이 받침부로부터 부재 깊이의 2개 거리 이내에 작용하고 하중의 작용점과 받침부가 서로 반대면에 있어서 하중 작용점과 받침부 사이에 압축대가 형성될 수 있는 부재에만 적용할 수 있도록 규정하고 있다.

069 다음 그림과 같이 $\omega = 40\,\text{kN/m}$일 때 PS 강재가 단면 중심에서 긴장되며 인장측의 콘크리트 응력이 "0"이 되려면 PS 강재에 얼마의 긴장력이 작용하여야 하는가?
① 4605 kN
② 5000 kN
③ 5200 kN
④ 5625 kN

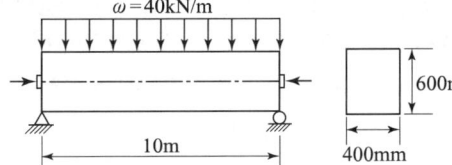

해설
- $M = \dfrac{\omega l^2}{8} = \dfrac{40 \times 10^2}{8} = 500\,\text{kN} \cdot \text{m}$
- $\dfrac{P}{A} - \dfrac{M}{I}y = 0$ (인장측이므로 하연)

$$\dfrac{M}{I}y = \dfrac{P}{A} \quad \dfrac{500}{0.0072} \times \dfrac{0.6}{2} = \dfrac{P}{0.4 \times 0.6} \quad \therefore P = 5000\,\text{kN}$$

여기서, $I = \dfrac{bh^3}{12} = \dfrac{0.4 \times 0.6^3}{12} = 0.0072\,\text{m}^4$

070 단면이 400×500mm이고 150mm²의 PSC 강선 4개를 단면 도심축에 배치한 프리텐션 PSC 부재가 있다. 초기 프리스트레스가 1000MPa일 때 콘크리트의 탄성변형에 의한 프리스트레스 감소량의 값은? (단, $n = 6$)
① 22 MPa ② 20 MPa
③ 18 MPa ④ 16 MPa

해설
$$\Delta f_{pc} = n f_{ci} = 6 \times \dfrac{150 \times 4 \times 1000}{400 \times 500} = 18\,\text{MPa}$$

정답 064 ① 065 ① 066 ② 067 ② 068 ④ 069 ② 070 ③

071 다음 필렛 용접의 전단응력은 얼마인가?

① 67.72 MPa
② 79.01 MPa
③ 72.72 MPa
④ 75.72 MPa

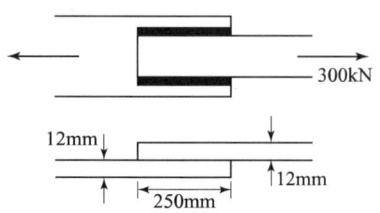

해설

$$v = \frac{P}{\sum al} = \frac{300,000}{(0.7 \times 12)[250-(2\times 12)+250-(2\times 12)]} = 79.01 \text{MPa}$$

보충
- 인장응력 $f = \dfrac{P}{\sum al}$
- 용접 이음부의 연단 응력 $f = \dfrac{M}{I}y$

072 그림에 나타난 직사각형 단철근 보의 설계휨강도를 구하기 위한 강도감소계수(ϕ)는 약 얼마인가? (단, 나선철근으로 보강되지 않은 경우이며, A_s =2,024mm², f_{ck} =21MPa, f_y =400MPa이고, 계산에서 발생하는 소수점 이하 자리는 6째 자리에서 반올림하여 5째 자리까지 구하시오.)

① 0.837
② 0.809
③ 0.785
④ 0.726

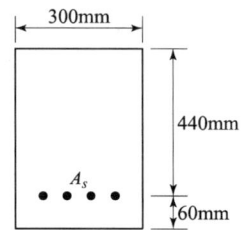

해설

- $a = \dfrac{A_s f_y}{0.85 f_{ck} b} = \dfrac{2024 \times 400}{0.85 \times 21 \times 300}$
  $= 151.2 \text{mm}$
- $c = \dfrac{a}{\beta_1} = \dfrac{151.2}{0.8} = 189 \text{mm}$
- $\varepsilon_t = 0.0033\left(\dfrac{d_t - c}{c}\right)$
  $= 0.0033\left(\dfrac{440-189}{189}\right) = 0.00438$
- $\phi = 0.65 + (\varepsilon_t - 0.002) \times \dfrac{200}{3}$
  $= 0.65 + (0.00438 - 0.002) \times \dfrac{200}{3} = 0.809$

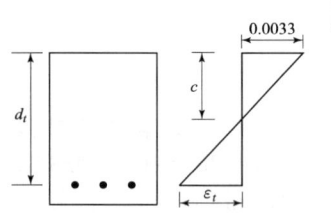

073 전단철근에 대한 설명으로 틀린 것은?
① 철근콘크리트 부재의 경우 주인장 철근에 45° 이상의 각도로 설치되는 스터럽을 전단철근으로 사용할 수 있다.
② 철근콘크리트 부재의 경우 주인장 철근에 30° 이상의 각도로 구부린 굽힘철근을 전단철근으로 사용할 수 있다.
③ 전단철근으로 사용하는 스터럽과 기타 철근 또는 철선은 콘크리트 압축연단으로부터 거리 d만큼 연장하여야 한다.
④ 용접 이형철망을 사용할 경우 전단철근의 설계기준 항복강도는 500MPa를 초과할 수 없다.

해설
용접 이형철망을 사용할 경우 전단철근의 설계기준 항복강도는 600MPa를 초과할 수 없다.

074 인장응력 검토를 위한 L-150×90×12인 형강(angle)의 전개 총폭 b_g는 얼마인가?
① 228mm
② 232mm
③ 240mm
④ 252mm

해설
- $b_1 = 150\text{mm}$, $b_2 = 90\text{mm}$, $t = 12\text{mm}$
- $b_g = b_1 + b_2 - t = 150 + 90 - 12 = 228\text{mm}$

075 옹벽의 구조해석에 대한 설명으로 틀린 것은?
① 저판의 뒷굽판은 정확한 방법이 사용되지 않는 한 뒷굽판 상부에 재하되는 모든 하중을 지지하도록 설계하여야 한다.
② 부벽식 옹벽의 추가철근은 2변 지지된 1방향 슬래브로 설계하여야 한다.
③ 캔틸레버식 옹벽의 저판은 추가철근과의 접합부를 고정단으로 간주한 캔틸레버로 가정하여 단면을 설계할 수 있다.
④ 뒷부벽은 T형보로 설계하여야 하며, 앞부벽은 직사각형 보로 설계하여야 한다.

해설
- 부벽식 옹벽의 저판은 부벽 간의 거리를 경간으로 가정하여 고정보 또는 연속보로 설계하여야 한다.
- 부벽식 옹벽의 전면벽은 3변 지지된 2방향 슬래브로 설계한다.
- 캔틸레버 옹벽의 전면벽은 저판에 지지된 캔틸레버로 설계한다.

정답 071 ② 072 ② 073 ④ 074 ① 075 ②

03회 CBT 모의고사

076 강판형(plate girder) 복부(web) 두께의 제한이 규정되어 있는 가장 큰 이유는?

① 시공상의 난이
② 공비의 절약
③ 자중의 경감
④ 좌굴의 방지

해설 휨모멘트를 고려하여 강판형의 경제적인 높이를 구하며 복부의 두께는 좌굴의 방지를 고려하여 결정한다.

077 비틀림철근에 대한 설명으로 틀린 것은? (단, A_{oh}는 가장 바깥의 비틀림 보강철근의 중심으로 닫혀진 단면적이고, P_h는 가장 바깥의 횡방향 폐쇄 스터럽 중심선의 둘레이다.)

① 횡방향 비틀림철근은 종방향 철근 주위로 135° 표준갈고리에 의해 정착하여야 한다.
② 비틀림모멘트를 받는 속빈 단면에서 횡방향 비틀림철근의 중심선으로부터 내부 벽면까지의 거리는 $0.5A_{oh}/P_h$ 이상이 되도록 설계하여야 한다.
③ 횡방향 비틀림철근의 간격은 $P_h/6$ 및 400mm보다 작아야 한다.
④ 종방향 비틀림철근은 양단에 정착하여야 한다.

해설
- 횡방향 비틀림철근의 간격은 $P_h/8$보다 작아야 하고 또한 300mm보다 작아야 한다.
- 비틀림에 요구되는 종방향 철근은 폐쇄 스터럽의 둘레를 따라 300mm 이하의 간격으로 분포시켜야 한다. 종방향 철근이나 긴장재는 스터럽의 내부에 배치시켜야 하며 스터럽의 각 모서리에 최소한 하나의 종방향 철근이나 긴장재가 있어야 한다.

078 폭 400mm, 유효깊이 600mm인 단철근 직사각형 보의 단면에서 콘크리트 구조기준에 의한 최대 인장철근량은? (단, $f_{ck}=28\,\mathrm{MPa}$, $f_y=400\,\mathrm{MPa}$)

① $4552\,\mathrm{mm}^2$
② $4877\,\mathrm{mm}^2$
③ $5164\,\mathrm{mm}^2$
④ $5526\,\mathrm{mm}^2$

해설
- 최대 철근비
$$\rho_{\max}=0.85\,\beta_1\frac{f_{ck}}{f_y}\frac{0.0033}{0.0033+0.004}$$
$$=0.85\times0.8\times\frac{28}{400}\times\frac{0.0033}{0.0033+0.004}=0.021518$$
- $\rho_{\max}=\dfrac{A_s}{b\,d}$

∴ $A_s=\rho_{\max}\times b\,d=0.021518\times400\times600=5164\,\mathrm{mm}^2$

079 길이가 7m인 양단 연속보에서 처짐을 계산하지 않는 경우 보의 최소두께로 옳은 것은? (단, $f_{ck}=28\,\mathrm{MPa}$, $f_y=400\,\mathrm{MPa}$)

① 275mm
② 334mm
③ 379mm
④ 438mm

해설
양단 연속보에 경우 $\dfrac{l}{21}=\dfrac{7000}{21}=334\,\mathrm{mm}$ 이다.

080 그림과 같은 직사각형 단면의 보에서 인장철근은 D22 철근 3개가 윗부분에, D29 철근 3개가 아랫부분에 2열로 배치되었다. 이 보의 공칭 휨강도(M_n)는? (단, 철근 D22 3본의 단면적은 1161mm², 철근 D29 3본의 단면적은 1927mm², $f_{ck}=24\,\mathrm{MPa}$, $f_y=350\,\mathrm{MPa}$)

① 396.2kN·m
② 424.6kN·m
③ 467.3kN·m
④ 512.4kN·m

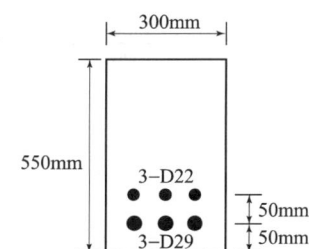

해설
- $d=\dfrac{3A_s\times 450+3A_s\times 500}{6A_s}=\dfrac{1161\times 450+1927\times 500}{(1161+1927)}=481.2\,\mathrm{mm}$
- $a=\dfrac{A_s f_y}{0.85 f_{ck} b}=\dfrac{(1161+1927)\times 350}{0.85\times 24\times 300}=176.6\,\mathrm{mm}$
- $M_n=A_s f_y(d-\dfrac{a}{2})=(1161+1927)\times 350(481.2-\dfrac{176.6}{2})$
  $=424,646,320\,\mathrm{N\cdot mm}=424.6\,\mathrm{kN\cdot m}$

5과목 토질 및 기초

081 표준관입시험에 관한 설명 중 틀린 것은?
① 고정 Piston 샘플러를 사용한다.
② 해머무게 64kg이다.
③ 해머낙하높이 76cm이다.
④ 30cm관입에 필요한 낙하회수를 N치라 한다.

해설
스플릿 스푼 샘플러를 사용한다.

보충
- $\phi=\sqrt{12N}+15$ (토립자가 둥글고 균일한 입경)
- 표준관입시험시 교란시료를 채취한다.
- $q_u=\dfrac{N}{8}$
- $C=\dfrac{N}{16}$

정답 076 ④ 077 ③ 078 ③ 079 ② 080 ② 081 ①

082. 간극률이 50%, 함수비가 40%인 포화토에 있어서 지반의 분사현상에 대한 안전율이 3.5라고 할 때 이 지반에 허용되는 최대 동수구배는?

① 0.21
② 0.51
③ 0.61
④ 1.00

해설

- $e = \dfrac{n}{100-n} = \dfrac{50}{100-50} = 1$
- $S \cdot e = G_s \cdot \omega$ ∴ $G_s = \dfrac{Se}{\omega} = \dfrac{100 \times 1}{40} = 2.5$
- $i_c = \dfrac{G_s - 1}{1+e} = \dfrac{2.5-1}{1+1} = 0.75$
- $F = \dfrac{i_c}{i}$ ∴ $i = \dfrac{i_c}{F} = \dfrac{0.75}{3.5} = 0.21$

083. 말뚝의 부마찰력(Negative Skin Friction)에 대한 설명 중 틀린 것은?

① 말뚝의 허용지지력을 결정할 때 세심하게 고려해야 한다.
② 연약지반에 말뚝을 박은 후 그 위에 성토를 한 경우 일어나기 쉽다.
③ 연약지반을 관통하여 견고한 지반까지 말뚝을 박은 경우 일어나기 쉽다.
④ 연약한 점토에 있어서는 상대변위의 속도가 느릴수록 부마찰력은 크다.

해설

연약한 점토에 있어서는 상대변위의 속도가 빠를수록 부마찰력이 크다.

084. 어떤 흙의 체분석 시험결과가 #4체 통과율이 37.5%, #200체 통과율이 2.3%였으며, 균등계수는 7.9, 곡률계수는 1.4이었다. 통일분류법에 따라 이 흙을 분류하면?

① GW
② GP
③ SW
④ SP

해설

(1) 제1문자
- No. 200체 통과율이 50% 이하이므로 G 또는 S
- No. 4체 통과율이 50% 이하이므로 G
∴ 자갈(G)

(2) 제2문자
- 균등계수(C_u)가 4 이상이므로 자갈의 경우 입도가 양호
- 곡률계수(C_g)가 1~3이므로 입도가 양호
∴ 입도분포가 양호(W)

085 투수계수에 영향을 미치는 요소들로만 구성된 것은?

① 흙입자의 크기 ② 간극비 ③ 간극의 모양과 배열
④ 활성도 ⑤ 물의 점성계수 ⑥ 포화도
⑦ 흙의 비중

① ①, ②, ④, ⑥
② ①, ②, ③, ⑤, ⑥
③ ①, ②, ④, ⑤, ⑦
④ ②, ③, ⑤, ⑦

 해설
- $k = D_s^2 \dfrac{\gamma_w}{\mu} \dfrac{e^3}{1+e} c$
  여기서, D_s : 흙의 입경, μ : 물의 점성계수, e : 간극비, c : 토립자의 형상과 배열
- 투수계수 측정은 포화상태에서 실시하므로 포화도와 관계가 있다.

086 토립자가 둥글고 입도분포가 양호한 모래지반에서 N치를 측정한 결과 $N=19$가 되었을 경우, Dunham의 공식에 의한 이 모래의 내부 마찰각 ϕ는?

① $20°$
② $25°$
③ $30°$
④ $35°$

 해설
- $\phi = \sqrt{12N} + 20 = \sqrt{12 \times 19} + 20 = 35°$
- 토립자가 둥글고 균일한 입경 $\phi = \sqrt{12N} + 15$
- 토립자가 모나고 양호한 입도 $\phi = \sqrt{12N} + 25$

087 연약점토지반에 압밀촉진공법을 적용한 후, 전체 평균압밀도가 90%로 계산되었다. 압밀촉진공법을 적용하기 전, 수직방향의 평균압밀도가 20%였다고 하면 수평방향의 평균압밀도는?

① 70%
② 77.5%
③ 82.5%
④ 87.5%

 해설
$U = 1 - \{(1-U_v)(1-U_h)\}$
$0.9 = 1 - \{(1-0.2)(1-U_h)\}$
$0.9 = 1 - \{0.8(1-x)\}$
$0.9 = 1 - 0.8 + 0.8x$
$\therefore x = 0.875 = 87.5\%$

088 실내시험에 의한 점토의 강도 증가율(C_u/P) 산정 방법이 아닌 것은?

① 소성지수에 의한 방법
② 비배수 전단강도에 의한 방법
③ 압밀비배수 삼축압축시험에 의한 방법
④ 직접전단시험에 의한 방법

 해설
직접전단시험은 시험 중 함수량의 변화, 공극수압 측정 곤란 등으로 점토강도 증가율 산정을 할 수 없다.

정답 082 ① 083 ④ 084 ① 085 ② 086 ④ 087 ④ 088 ④

089 다음 그림과 같이 2m×3m 크기의 기초에 10kN/m²의 등분포하중이 작용할 때, A점 아래 4m 깊이에서의 연직응력 증가량은? (단, 아래 표의 영향계수 값을 활용하여 구하며, $m = \dfrac{B}{z}$, $n = \dfrac{L}{z}$이고, B는 직사각형 단면의 폭, L은 직사각형 단면의 길이, z는 토층의 깊이이다.)

[영향계수(I) 값]

m	0.25	0.5	0.5	0.5
n	0.5	0.25	0.75	1.0
I	0.048	0.048	0.115	0.122

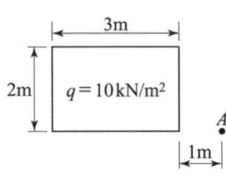

① 0.67 kN/m²
② 0.74 kN/m²
③ 1.22 kN/m²
④ 1.70 kN/m²

해설
$$\sigma_Z = q \cdot I_{(m,n)} = q \cdot I_{(\frac{2}{4}, \frac{4}{4})} - q \cdot I_{(\frac{2}{4}, \frac{1}{4})} = 10 \times 0.122 - 10 \times 0.048$$
$$= 0.74 \text{kN/m}^2$$

090 그림과 같은 지반에 대해 수직방향 등가투수계수를 구하면?

① 3.89×10^{-4} cm/sec
② 7.78×10^{-4} cm/sec
③ 1.57×10^{-3} cm/sec
④ 3.14×10^{-3} cm/sec

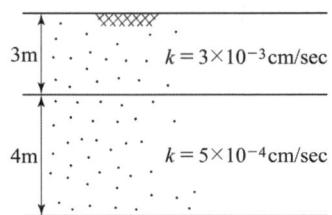

해설
$$k_v = \dfrac{H}{\dfrac{H_1}{K_1} + \dfrac{H_2}{K_2}} = \dfrac{700}{\dfrac{300}{3 \times 10^{-3}} + \dfrac{400}{5 \times 10^{-4}}} = 7.78 \times 10^{-4} \text{cm/sec}$$

091 다음 그림의 파괴포락선 중에서 완전포화된 점토를 UU(비압밀 비배수)시험했을 때 생기는 파괴포락선은?

① ㉠
② ㉡
③ ㉢
④ ㉣

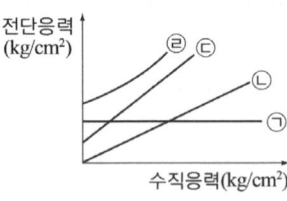

해설
포화된 경우 $\phi = 0°$이므로 전단강도는 Mohr 원의 반경과 같아 파괴포락선은 수평이다.

092 다음 그림과 같은 점성토 지반의 굴착저면에서 바닥융기에 대한 안전율을 Terzaghi의 식에 의해 구하면? (단, $\gamma=17.3kN/m^3$, $c=24kN/m^2$이다.)

① 3.2
② 2.32
③ 1.64
④ 1.17

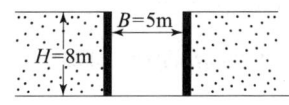

해설
$$F_s = \frac{5.7c}{\gamma H - \frac{cH}{0.7B}} = \frac{5.7 \times 24}{17.3 \times 8 - \frac{24 \times 8}{0.7 \times 5}} = 1.64$$

093 얕은기초의 지지력 계산에 적용하는 Terzaghi의 극한지지력 공식에 대한 설명으로 틀린 것은?

① 기초의 근입깊이가 증가하면 지지력도 증가한다.
② 기초의 폭이 증가하면 지지력도 증가한다.
③ 기초지반이 지하수에 의해 포화되면 지지력은 감소한다.
④ 국부전단파괴가 일어나는 지반에서 내부마찰각(ϕ)은 $\frac{2}{3}\phi$를 적용한다.

해설
국부전단파괴가 일어나는 경우는 점착력을 전반전단파괴에 비하여 2/3로 감소해서 적용한다.

094 어떤 흙의 전단시험 결과 $c=0.6\,kN/m^2$, $\phi=35°$, 간극수압 $5\,kN/m^2$, 토립자에 작용하는 수직응력 $\sigma=28\,kN/m^2$일 때 전단응력은?

① $16.1\,kN/m^2$
② $16.7\,kN/m^2$
③ $19.6\,kN/m^2$
④ $20.2\,kN/m^2$

해설
$\tau = c + (\sigma - u)\tan\phi = 0.6 + (28-5)\tan 35° = 16.7 kN/m^2$

095 아래 그림에서 활동에 대한 안전율은?

① 1.30
② 2.05
③ 2.15
④ 2.48

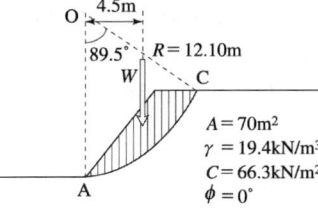

해설
$$F = \frac{RCL}{W \cdot x} = \frac{RCL}{A \cdot \gamma \cdot x} = \frac{12.1 \times 66.3 \times 18.9}{70 \times 19.4 \times 4.5} = 2.48$$

여기서, $360° : \pi D = 89.5° : L$

$\therefore L = \frac{\pi \times 2 \times 12.1 \times 89.5°}{360°} = 18.9m$

정답 089 ② 090 ② 091 ① 092 ③ 093 ④ 094 ② 095 ④

096 포화된 흙의 건조단위중량이 17kN/m³이고, 함수비가 20%일 때 비중은 얼마인가? (단, γ_w =9.81kN/m³이다.)

① 2.65
② 2.68
③ 2.78
④ 2.88

해설
- $S\,e = w\,G_s$ 포화된 상태 S=100%(=1)이므로
  $e = w\,G_s$
- $e = \dfrac{\gamma_w}{\gamma_d}G_s - 1$

  $w\,G_s = \dfrac{9.81}{17}G_s - 1$

  $0.2\,G_s = \dfrac{9.81}{17}G_s - 1$

  $\therefore G_s = 2.65$

097 점성토를 다지면 함수비의 증가에 따라 입자의 배열이 달라진다. 최적함수비의 습윤측에서 다짐을 실시하면 흙은 어떤 구조로 되는가?

① 단립구조
② 봉소구조
③ 이산구조
④ 면모구조

해설
최적함수비의 습윤측에서 다짐을 하면 흙이 밀리면서 갈라지는 현상의 분산(이산)구조가 된다.

098 흙의 다짐에 대한 일반적인 설명으로 틀린 것은?

① 다진 흙의 최대건조밀도와 최적함수비는 어떻게 다짐하더라도 일정한 값이다.
② 사질토의 최대건조밀도는 점성토의 최대건조밀도보다 크다.
③ 점성토의 최적함수비는 사질토보다 크다.
④ 다짐에너지가 크면 일반적으로 밀도는 높아진다.

해설
- 동일한 흙일지라도 다짐기계에 따라 다짐효과가 다르다.
- 점토를 최적함수비보다 작은 건조측 다짐을 하면 흙 구조가 면모구조로, 습윤측 다짐을 하면 이산구조가 된다.
- 전단강도는 최적함수비보다 약간 건조측에서 최대가 된다.
- 강도 증진을 목적으로 하는 도로 토공의 경우 최적함수비보다 약간 건조측 다짐이, 차수를 목적으로 하는 심벽재의 경우 최적함수비보다 약간 습윤측 다짐이 바람직하다.

099 얕은 기초 아래의 접지압력 분포 및 침하량에 대한 설명으로 틀린 것은?
① 접지압력의 분포는 기초의 강성, 흙의 종류, 형태 및 깊이 등에 따라 다르다.
② 점성토 지반에 강성기초 아래의 접지압 분포는 기초의 모서리 부분이 중앙부분보다 작다.
③ 사질토 지반에서 강성기초인 경우 중앙부분이 모서리 부분보다 큰 접지압을 나타낸다.
④ 사질토 지반에서 유연성 기초인 경우 침하량은 중심부보다 모서리 부분이 더 크다.

해설
점성토 지반에 강성기초 아래의 접지압 분포는 기초의 모서리 부분이 중앙부분보다 크다.

100 고성토의 제방에서 전단파괴가 발생되기 전에 제방의 외측에 흙을 돋우어 활동에 대한 저항모멘트를 증대시켜 전단파괴를 방지하는 공법은?
① 프리로딩공법
② 압성토공법
③ 치환공법
④ 대기압공법

해설
• 시공중 연약지반위 축조물의 안정에 대하여 기초지반(연약지반)의 활동파괴에 대한 위험이 예상되는 경우 축조물의 측방으로 성토를 하는 것이다.
• 높이는 성토본체 높이(h)의 1/3, 길이는 성토본체 높이의 2배 이상으로 한다.

6과목 상하수도 공학

101 다음 하수배제 방식에 대한 설명 중 틀린 것은?
① 분류식 하수관거는 청천시(淸泉時) 관로내 퇴적량이 합류식 하수관거에 비하여 많다.
② 분류식 하수배제 방식은 강우 초기에 도로 위의 오염물질이 직접 하천으로 유입하는 단점이 있다.
③ 합류식 하수배제 방식은 폐쇄의 염려가 없고 검사 및 수리가 비교적 용이하다.
④ 합류식 하수관거에서는 우천시(雨泉時) 일정유량 이상이 되면 하수가 직접 수역으로 방류된다.

해설
• 분류식 하수관거는 청천시 관로내 퇴적량이 합류식 하수관거에 비하여 적다.
• 분류식은 강우시 오수처리에 유리하다.
• 분류식은 합류식에 비하여 관거의 부설비가 많이 든다.
• 합류식은 침수피해 다발지역에 유리한 방식이다.

정답 096 ① 097 ③ 098 ① 099 ② 100 ② 101 ①

102 하수도의 관거계획에 대한 설명으로 옳은 것은?

① 오수관거는 계획1일평균오수량을 기준으로 계획한다.
② 합류식에서 하수의 차집관거는 우천시 계획오수량을 기준으로 계획한다.
③ 오수관거와 우수관거가 교차하여 역사이펀을 피할 수 없는 경우는 우수관거를 역사이펀으로 하는 것이 바람직하다.
④ 관거의 역사이펀을 많이 설치하여 유지관리 측면에서 유리하도록 계획한다.

> **해설**
> - 오수관거는 계획시간 최대오수량을 기준으로 계획한다.
> - 관거의 역사이펀은 가능한 피하도록 계획한다.
> - 오수관거와 우수관거가 교차하여 역사이펀을 피할 수 없는 경우는 오수관거를 역사이펀으로 하는 것이 바람직하다.

103 대장균군의 수를 나타내는 MPN(최확수)에 대한 설명으로 옳은 것은?

① 검수 1mL 중 이론상 있을 수 있는 대장균군의 수
② 검수 10mL 중 이론상 있을 수 있는 대장균군의 수
③ 검수 50mL 중 이론상 있을 수 있는 대장균군의 수
④ 검수 100mL 중 이론상 있을 수 있는 대장균군의 수

> **해설** 대장균군이 수질지표로 이용되는 이유
> ① 소화기 계통의 전염병균이 대장균군과 같이 존재하기 때문에 적합하다.
> ② 병원균보다 검출이 용이하고 검출속도가 빠르기 때문에 적합하다.
> ③ 소화기 계통의 전염병균보다 살균에 대한 저항력이 크므로 대장균의 유무에 의해 다른 병원균의 유무를 판단하는 간접지표로 사용된다.
> ④ 시험이 간편하며 정확성이 보장되므로 적합하다.
> ⑤ 사람이나 동물의 체내에 서식하므로 병원성 세균의 존재 추정이 가능하다.

104 하수관거의 접합 중에 굴착 깊이를 얕게 함으로 공사비용을 줄일 수 있으며, 수위상승을 방지하고 양정고를 줄일 수 있어 펌프로 배수하는 지역에 적합한 방법은?

① 관저 접합   ② 관정 접합
③ 수면 접합   ④ 관중심 접합

> **해설**
> - 수면접합은 수리학적으로 가장 유리한 방법으로 계획수위를 일치시켜 접합시킨다.
> - 관정접합은 굴착깊이가 증가됨으로 공사비가 증대되고 펌프 배수하는 지역에서는 양정이 높게 되는 단점이 있다.
> - 관정접합은 관경이 변화하는 경우 관거의 내면 상단부를 동일 높이로 맞추어서 접속하는 방법이다.
> - 지표의 경사가 급한 경우 지표경사에 따라서 단차접합 또는 계단접합을 한다.

105 $Q=\dfrac{1}{360}CIA$는 합리식으로서 첨두유량을 산정할 때 사용된다. 이 식에 대한 설명으로 옳지 않은 것은?

① C는 유출계수로 무차원이다.
② I는 도달시간 내의 강우강도로 단위는 mm/hr이다.
③ A는 유역면적으로 단위는 km²이다.
④ Q는 첨두유출량으로 단위는 m³/sec이다.

- A는 유역면적으로 단위는 ha이다.
- $Q=\dfrac{1}{3.6}CIA$인 경우, A는 유역면적으로 단위는 km²이다.

106 부유물 농도 200mg/L, 유량 2,000m³/day인 하수가 침전지에서 70% 제거된다. 이 때 슬러지의 함수율이 95%, 비중이 1.1일 때 슬러지의 양은?

① 4.9m³/day
② 5.1m³/day
③ 5.3m³/day
④ 5.5m³/day

슬러지의 양 = 유입SS농도×제거효율×하수량
$= (200\times 10^{-6})\times(0.7)\times\left(2{,}000\times 1{,}000\times\dfrac{1}{1{,}100}\times\dfrac{100}{100-95}\right)$
$= 5.1\text{m}^3/\text{day}$

107 혐기성 소화 공정에서 소화가스 발생량이 저하될 때 그 원인으로 적합하지 않은 것은?

① 소화슬러지의 과잉배출
② 조내 퇴적 토사의 배출
③ 소화조내 온도의 저하
④ 소화가스의 누출

- 혐기성 소화는 용존산소가 없는 환경에서 유기물이 혐기성 세균의 활동에 의해 무기물로 분해되어 안정화되는 방식이다.
- 조내 퇴적 토사가 배출되거나 조내 온도가 상승하면 소화가스 발생량이 증가된다.

108 정수처리방법의 선정 시 고려사항 중 가장 관련이 먼 것은?

① 정수시설의 규모
② 원수의 수질
③ 도시개발 규모 및 소비 수량
④ 정수의 수질기준 및 장래 강화되는 수질기준

목표하는 정수수질, 처리수 및 슬러지의 재이용계획, 정수처리시설의 건설 유지관리비 등이 고려되어야 한다.

정답 102 ② 103 ④ 104 ① 105 ③ 106 ② 107 ② 108 ③

109 하수 중의 질소와 인을 동시 제거하기 위해 이용될 수 있는 고도처리시스템은?

① 혐기 호기조합법
② 3단 활성슬러지법
③ Phostrip법
④ 혐기 무산소 호기조합법

> **해설**
> 고도처리 공정으로 생물학적 질소·인 동시 제거법의 혐기 무산소 호기조합법에 의해 처리된다.

110 펌프의 특성 곡선(characteristic curve)은 펌프의 양수량(토출량)과 무엇들과의 관계를 나타낸 것인가?

① 비속도, 공동지수, 총양정
② 총양정, 효율, 축동력
③ 비속도, 축동력, 총양정
④ 공동지수, 총양정, 효율

> **해설**
> **펌프의 효율 특성 곡선**
> ① 토출량(양수량)이 증가함에 따라 양정(H)은 급격히 감소한다.
> ② 펌프의 적정 양수량까지는 효율이 증가하다가 떨어진다.
> ③ 펌프는 용량이 클수록 효율이 높으므로 가능한 대용량을 사용한다.
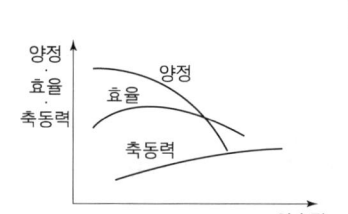

111 펌프의 성능상태에서 비속도(N_s) 값의 정의로 옳은 것은?

① 물을 1m 높이로 양수하는데 필요한 회전수
② 1HP의 동력으로 물을 1m 양수하는데 필요한 회전수
③ 물을 1m³/min의 유량으로 1m 양수하는데 필요한 회전수
④ 1HP의 동력으로 물을 1m³/min 양수하는데 필요한 회전수

> **해설**
> • $N_s = \dfrac{N \times Q^{\frac{1}{2}}}{H^{\frac{3}{4}}}$
> • N_s 가 작으면 유량이 적은 고양정의 펌프이다.

112 송수관이란 다음 중 어느 것을 지칭하는가?

① 취수장과 정수장 사이의 관
② 정수장과 배수지 사이의 관
③ 배수지에서 주도로까지의 관
④ 배수지에서 수도계량기까지의 관

해설
- 송수는 정수장에서 정수된 물을 배수지까지 보내는 과정이다.
- 송수관로는 수리학적으로 수압과의 관계로부터 개수로식과 관수로식으로 분류 가능하다.
- 정수시설로부터 배수시설의 시점까지 정화된 물, 즉 상수를 보내는 것을 송수라 한다.

113 다음 중 응집처리를 위한 응집제가 아닌 것은?

① 황산알루미늄($Al_2(SO_4)_3$)
② 염화제2철($FeCl_3$)
③ 황산제2철($Fe_2(SO_4)_3$)
④ 황화수소(H_2S)

해설
- 황화수소는 하수관거 내가 혐기성 상태가 될 때 황화합물(S)이 분해되어 발생되며 관정 부식의 주된 원인이 된다.
- 응집제의 종류에는 황산알루미늄, 폴리염화알루미늄, 알루미늄 명반, 칼륨 명반, 황산제1철, 황산제2철 등이 있다.

114 수원의 구비조건으로 옳지 않은 것은?

① 최대갈수기에도 계획수량의 확보가 가능해야 한다.
② 수질이 양호해야 한다.
③ 오염 회피를 위하여 도심에서 멀리 떨어진 곳일수록 좋다.
④ 수리권의 획득이 용이하고, 건설비 및 유지관리가 경제적이어야 한다.

해설
풍부한 수량, 양질의 물, 충분한 수두, 급수구역과 가까운 곳에 수원지를 취한다.

115 계획급수인구 50,000인, 1인 1일 최대급수량 300L, 여과속도 100m/day로 설계하고자 할 때 급수여과지의 면적은?

① $150\,m^2$ ② $300\,m^2$
③ $1500\,m^2$ ④ $3000\,m^2$

해설
- 계획 1일 최대급수량
  $300 \times 50,000 = 15,000,000\,L/day = 15,000\,m^3/day$
- $Q = AV$
  $\therefore A = \dfrac{Q}{V} = \dfrac{15,000}{100} = 150\,m^2$

정답 109 ④ 110 ② 111 ③ 112 ② 113 ④ 114 ③ 115 ①

116 하수관로에 대한 설명으로 옳지 않은 것은?

① 관로의 최소 흙두께는 원칙적으로 1m로 하나, 노반두께, 동결심도 등을 고려하여 적절한 흙두께로 한다.
② 관로의 단면은 단면형상에 따른 수리적 특성을 고려하여 선정하되 원형 또는 직사각형을 표준으로 한다.
③ 우수관로의 최소관경은 200mm를 표준으로 한다.
④ 합류관로의 최소관경은 200mm를 표준으로 한다.

> **해설**
> 우수관로의 최소관경은 250mm를 표준으로 한다.

117 집수매거(infiltration galleries)에 관한 설명 중 옳지 않은 것은?

① 집수매거는 하천부지의 하상 밑이나 구하천 부지 등의 땅속에 매설하여 복류수나 자유수면을 갖는 지하수를 취수하는 시설이다.
② 철근 콘크리트조의 유공관 또는 권선형 스크린관을 표준으로 한다.
③ 집수매거 내의 평균유속은 유출단에서 1m/s 이하가 되도록 한다.
④ 집수매거의 집수개구부(공) 직경은 3~5cm를 표준으로 하고, 그 수는 관거표면적 1m²당 5~10개로 한다.

> **해설**
> • 집수매거의 매설깊이는 5m 이상으로 하는 것이 바람직하다.
> • 집수매거는 복류수의 흐름 방향에 대하여 지형 등을 고려하여 가능한 직각으로 설치 하는 것이 효율적이다.
> • 집수매거의 집수개구부(공) 직경은 10~20mm를 표준으로 하고, 그 수는 관거표면적 1m²당 20~30개로 한다.

118 침전지 내에서 비중이 0.7인 입자의 부상속도를 V라 할 때, 비중이 0.4인 입자의 부상속도는? (단, 기타의 모든 조건은 같다.)

① 0.5V
② 1.25V
③ 1.75V
④ 2V

> **해설**
> 부상속도 $v = \dfrac{(\rho_w - \rho_p)g}{18\mu} d^2$에서 모든 조건이 같으므로 나머지를 상수($k$)로 하면
> $v = k(\rho_w - \rho_p)$ 관계식이 된다. 즉, $k(1-0.7) = 0.3k$, $k(1-0.4) = 0.6k$
> 비례식으로 구하면 $0.3k : V = 0.6k : x$
> ∴ $x = \dfrac{0.6k}{0.3k} V = 2V$

119 상수도의 구성이나 계통에서 상수원의 부영양화가 가장 큰 영향을 미칠 수 있는 시설은?
① 취수시설
② 정수시설
③ 송수시설
④ 배·급수시설

해설
오염물질이 강이나 호수로 흘러들어 가면 물속에는 질소와 인 등 영양물질이 풍부해져 부영양화가 일어나 나쁜 영향을 주므로 정수처리 때 철저한 관리가 필요하다.

120 그림은 Hardy-cross 방법에 의한 배수관망의 도해법이다. 그림에 대한 설명으로 틀린 것은? (단, Q는 유량, H는 손실수두를 의미한다.)

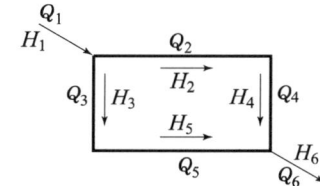

① Q_1과 Q_6은 같다.
② Q_2의 방향은 +이고, Q_3의 방향은 -이다.
③ $H_2 + H_4 + H_3 + H_5$는 0이다.
④ H_1은 H_6과 같다.

해설
• H_1은 H_6과 다르다.
• 배수관에 들어온 유입 유량은 정지하지 않는다.
• 각 폐합 관의 마찰손실수두의 합은 흐름의 방향에 관계없이 0으로 가정한다.
• 마찰 이외의 손실은 무시한다.

정답 116 ③ 117 ④ 118 ④ 119 ② 120 ④

week 3 / CBT 모의고사

토목기사

- I 응용역학
- II 측량학
- III 수리·수문학
- IV 철근콘크리트 및 강구조
- V 토질 및 기초
- VI 상하수도공학

알려드립니다

한국산업인력공단의 저작권법 저촉에 대한 언급(2013년 2회 시험)이 있어 과거에 출제된 동일한 문제나 그 유형의 문제로 재구성하였습니다.

1과목 응용역학

001 지름 d인 원형 단면의 회전 반경은?

① $\dfrac{d}{2}$ ② $\dfrac{d}{3}$

③ $\dfrac{d}{4}$ ④ $\dfrac{d}{8}$

해설

$$r = \sqrt{\dfrac{I}{A}} = \sqrt{\dfrac{\dfrac{\pi d^4}{64}}{\dfrac{\pi d^2}{4}}} = \dfrac{d}{4}$$

002 그림과 같이 단순보에 이동하중이 재하될 때 절대 최대모멘트는 약 얼마인가?

① 33 kN·m
② 35 kN·m
③ 37 kN·m
④ 39 kN·m

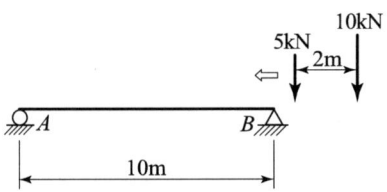

해설

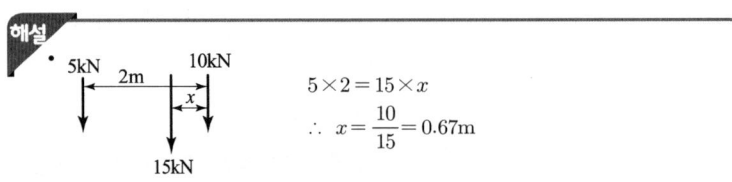

$5 \times 2 = 15 \times x$

$\therefore x = \dfrac{10}{15} = 0.67\text{m}$

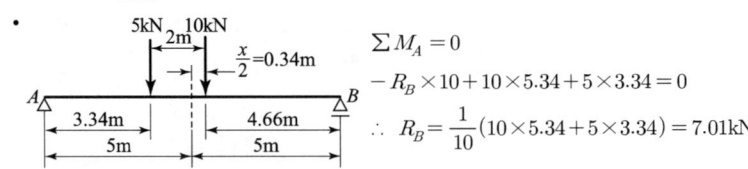

$\sum M_A = 0$

$-R_B \times 10 + 10 \times 5.34 + 5 \times 3.34 = 0$

$\therefore R_B = \dfrac{1}{10}(10 \times 5.34 + 5 \times 3.34) = 7.01\text{kN}$

- 절대 최대 휨모멘트(10kN 작용점)

$M_{\max} = R_B \times 4.66 = 7.01 \times 4.66 \fallingdotseq 33\text{kN} \cdot \text{m}$

003 동일 평면상의 한 점에 여러 개의 힘이 작용하고 있을 때, 여러 개의 힘의 어떤 점에 대한 모멘트의 합은 그 합력의 동일점에 대한 모멘트와 같다는 것은 다음 중 어떤 정리인가?

① Mohr의 정리   ② Lami의 정리
③ Castigliane의 정리   ④ Varignon의 정리

해설
- 바리뇽(Varignon)의 정리
  여러 힘의 임의의 한 점에 대한 모멘트의 합은 합력의 그 점에 대한 모멘트와 같다.
- 라미(Lami)의 정리
  세 힘이 서로 평형(비김)이 되고 있을 때 이들 세 개의 힘은 동일 평면상에 있고 한 점에서 만난다.

004 주어진 보에서 지점 A의 휨모멘트(M_A) 및 반력 R_A의 크기로 옳은 것은?

① $M_A = \dfrac{M_o}{2}$, $R_A = \dfrac{3M_o}{2L}$

② $M_A = M_o$, $R_A = \dfrac{M_o}{L}$

③ $M_A = \dfrac{M_o}{2}$, $R_A = \dfrac{5M_o}{2L}$

④ $M_A = M_o$, $R_A = \dfrac{2M_o}{L}$

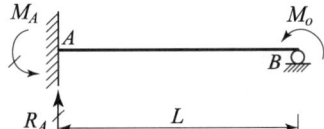

해설
- $M_A = M_o \times \dfrac{1}{2}$ (모멘트의 전단율이 1/2이다.)
- $R_A = \dfrac{3M_o}{2L}$

005 다음에서 부재 BC에 걸리는 응력의 크기는?

① 1 MPa
② 2 MPa
③ 2.5 MPa
④ 5 MPa

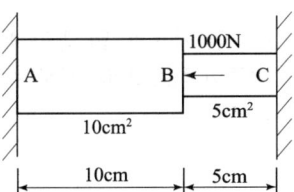

해설
양단 고정상태에서 길이의 변형은 없으므로(A점 500N, C점 500N)
$\sigma_{BC} = \dfrac{P}{A} = \dfrac{500}{500} = 1\,\text{N/mm}^2 = 1\text{MPa}$

006 단주에서 단면의 핵이란 기둥에서 인장응력이 발생되지 않도록 재하되는 편심거리로 정의된다. 지름 40cm인 원형단면의 핵의 지름은?

① 2.5cm
② 5.0cm
③ 7.5cm
④ 10.0cm

해설
핵 지름 $= \dfrac{d}{4} = \dfrac{40}{4} = 10.0\text{cm}$

정답 001 ③ 002 ① 003 ④ 004 ① 005 ① 006 ④

007 직사각형 단면 보의 단면적을 A, 전단력을 V라고 할 때 최대 전단응력 $\tau_{\max}$은?

① $\dfrac{2}{3}\dfrac{V}{A}$ ② $1.5\dfrac{V}{A}$

③ $3\dfrac{V}{A}$ ④ $2\dfrac{V}{A}$

해설
- 직사각형 단면의 최대 전단응력 : $1.5\dfrac{V}{A}$
- 원형 단면의 최대 전단응력 : $\dfrac{4}{3}\dfrac{V}{A}$

008 다음 중 단위 변형을 일으키는데 필요한 힘은?

① 강성도 ② 유연도
③ 축강도 ④ 프아송비

해설
- **강성도** : 단위 변형을 일으키는데 필요한 힘 $\left(\dfrac{EA}{L}\right)$
- **유연도** : 단위 하중으로 인한 변형 $\left(\dfrac{L}{EA}\right)$

009 탄성계수가 $2.0\times10^6\,\text{kN/cm}^2$인 재료로 된 경간 10m의 캔틸레버 보에 $w=1.2\,\text{kN/cm}$의 등분포 하중이 작용할 때, 자유단의 처짐각은? (단, IN : 중립축에 관한 단면 2차 모멘트)

① $\theta=\dfrac{10^2}{IN}$ ② $\theta=\dfrac{10^3}{IN}$

③ $\theta=1.5\times\dfrac{10^3}{IN}$ ④ $\theta=\dfrac{10^4}{IN}$

해설
$\theta=\dfrac{wl^3}{6EI}=\dfrac{1.2\times1000^3}{6\times2\times10^6 I}=\dfrac{100}{I}$

010 양단 고정보에 등분포 하중이 작용할 때 A점에 발생하는 휨 모멘트는?

① $-\dfrac{wl^2}{4}$

② $-\dfrac{wl^4}{6}$

③ $-\dfrac{wl^2}{8}$

④ $-\dfrac{wl^2}{12}$

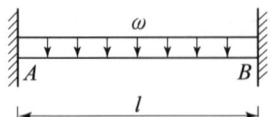

> **해설**
> - $M_A = -\dfrac{wl^2}{12}$
> - $M_{중앙} = -\dfrac{wl^2}{24}$

011 20cm×30cm인 단면의 저항 모멘트는? (단, 재료의 허용 휨응력은 70kN/m² 이다.)

① 0.21kN·m ② 0.3kN·m
③ 0.45kN·m ④ 0.6kN·m

> **해설**
> - $Z = \dfrac{bh^2}{6} = \dfrac{0.2 \times 0.3^2}{6} = 0.003\text{m}^3$
> - $\sigma = \dfrac{M}{Z}$
> $\therefore M = \sigma \cdot Z = 70 \times 0.003 = 0.21\text{kN·m}$

012 분포하중(w), 전단력(S) 및 굽힘 모멘트(M) 사이의 관계가 옳은 것은?

① $w = \dfrac{dM}{dx} = \dfrac{d^2S}{dx^2}$
② $w = \dfrac{dM}{dx} = \dfrac{d^2M}{dx^2}$
③ $-w = \dfrac{dS}{dx} = \dfrac{d^2M}{dx^2}$
④ $-w = \dfrac{dM}{dx} = \dfrac{d^2S}{dx^2}$

> **해설**
> 휨 모멘트를 1차 미분하면 전단력이 되고 2차 미분하면 하중이 된다.
> 즉, $-w = \dfrac{dS}{dx} = \dfrac{d^2M}{dx^2}$ 이다.

013 아래 그림과 같은 기둥에서 좌굴하중의 비 (a) : (b) : (c) : (d)는? (단, EI와 기둥의 길이 l은 모두 같다.)

① 1 : 2 : 3 : 4
② 1 : 4 : 8 : 12
③ $\dfrac{1}{4}$: 2 : 4 : 8
④ 1 : 4 : 8 : 16

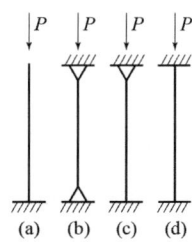

> **해설**
> - 좌굴강도(n)
>
> | 지지 상태 | 1단 고정 1단 자유 | 양단 힌지 | 1단 고정 1단 힌지 | 양단 고정 |
> |---|---|---|---|---|
> | n | $\dfrac{1}{4}$ | 1 | 2 | 4 |
>
> - 좌굴하중
> $P_{cr} = \dfrac{n\pi^2 EI}{l^2}$

정답 007 ② 008 ① 009 ① 010 ④ 011 ① 012 ③ 013 ④

014 각 변의 길이가 a로 동일한 그림 A, B 단면의 성질에 관한 내용으로 옳은 것은?

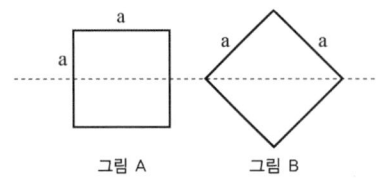

그림 A   그림 B

① 그림 A는 그림 B보다 단면계수는 작고, 단면 2차 모멘트는 크다.
② 그림 A는 그림 B보다 단면계수는 크고, 단면 2차 모멘트는 작다.
③ 그림 A는 그림 B보다 단면계수는 크고, 단면 2차 모멘트는 같다.
④ 그림 A는 그림 B보다 단면계수는 작고, 단면 2차 모멘트는 같다.

해설

- $Z_A = \dfrac{I}{y} = \dfrac{\frac{a^4}{12}}{\frac{a}{2}} = \dfrac{a^3}{6}$
- $Z_B = \dfrac{I}{y} = \dfrac{\frac{a^4}{12}}{\frac{a}{\sqrt{2}}} = \dfrac{\sqrt{2}}{12}a^3$

015 그림과 같은 내민보에서 자유단의 처짐은? (단, $EI = 3.2 \times 10^{11} \text{kN} \cdot \text{cm}^2$)

① 0.000169cm
② 0.00169cm
③ 0.00338cm
④ 0.0338cm

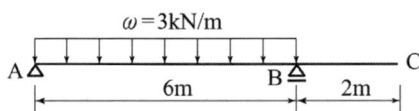

해설

- $R_{B'} = \dfrac{2}{3} \times 13.5 \times 3 = 27\,\text{kN} \cdot \text{m}^2$
- $M_{C'} = 27 \times 2 = 54\,\text{kN} \cdot \text{m}^3$
- $y_c = \dfrac{M_{C'}}{EI} = \dfrac{54 \times 10^6}{3.2 \times 10^{11}} = 0.000169\,\text{cm}$

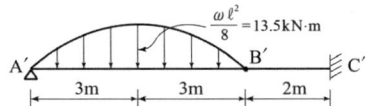

016 다음 그림과 같은 구조물에서 C점의 수직처짐은? (단, AC 및 BC 부재의 길이는 L, 단면적은 A, 탄성계수는 E이다.)

① $\dfrac{PL}{2AE\sin^2\theta}$
② $\dfrac{PL}{2AE\cos^2\theta}$
③ $\dfrac{PL}{2AE\sin\theta\cos\theta}$
④ $\dfrac{PL}{2AE\sin\theta}$

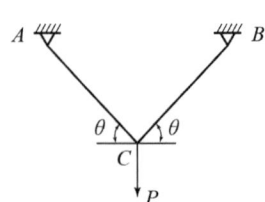

> **해설**
> - 축력
> $2BC\sin\theta = P$
> $BC = AC = \dfrac{P}{2\sin\theta}$
> - 가상하중에 의한 축력
> $P=1$일 때이므로 $f = \dfrac{1}{2\sin\theta}$
> - 가상일의 원리 적용
> $\delta_c = \dfrac{\Sigma F \cdot f}{EA}l = \dfrac{L}{EA}\left(\dfrac{P}{2\sin\theta} \cdot \dfrac{1}{2\sin\theta}\right) \times 2 = \dfrac{PL}{2EA\sin^2\theta}$

017 다음 정정보에서의 전단력도(SFD)로 옳은 것은?

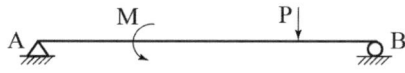

①    ②

③ 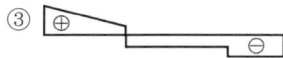   ④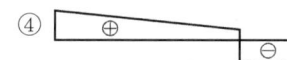

> **해설**
> - 전단력도는 수직인 힘에 관계되므로 모멘트 M은 무시한다.
> - A점에서 R_A 만큼 올리고 C점까지 일정하며 C점에서 P만큼 내리고 일정하다가 R_B 만큼 올린다.

018 다음 라멘의 수직반력 R_B는?

① 2 kN
② 3 kN
③ 4 kN
④ 5 kN

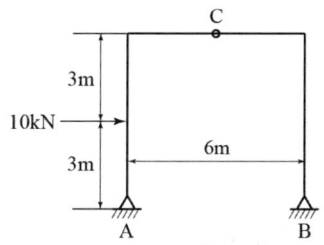

> **해설**
> $\Sigma M_A = 0$
> $-R_B \times 6 + 10 \times 3 = 0$
> $\therefore R_B = 5\,\text{kN}$

019 다음 그림과 같은 보에서 C점의 휨 모멘트는?

① 0 kN · m
② 40 kN · m
③ 45 kN · m
④ 50 kN · m

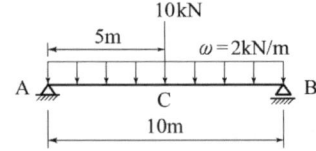

해설
- $\Sigma M_B = 0$
  $R_A \times 10 - 2 \times 10 \times \dfrac{10}{2} - 10 \times 5 = 0$
  $\therefore R_A = 15\text{kN}$
- $M_C = 15 \times 5 - 2 \times 5 \times \dfrac{5}{2} = 50\text{kN} \cdot \text{m}$

020 그림과 같은 트러스에서 부재 U의 부재력은?

① 1.0kN(압축)
② 1.2kN(압축)
③ 1.3kN(압축)
④ 1.5kN(압축)

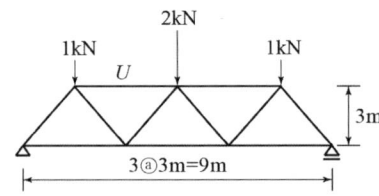

해설
- $R_A = R_B = 2\text{kN}(\uparrow)$
- $\Sigma M_{하연절점} = 0$
  $2 \times 3 - 1 \times 1.5 + U \times 3 = 0$
  $\therefore U = -\dfrac{4.5}{3} = -1.5\text{kN}$ 여기서, - : 압축, + : 인장

2과목 측량학

021 일반적으로 단열 삼각망을 주로 사용할 수 있는 측량은?

① 시가지와 같이 정밀을 요하는 골조측량
② 복잡한 지형의 골조측량
③ 광대한 지역의 지형측량
④ 하천조사를 위한 골조측량

해설
- 단열 삼각망은 하천, 도로, 터널 측량을 좁고 긴 지역에 적합하며 경제적이지만 정도는 낮다.
- 사변형 삼각망은 가장 정도가 높으며 기선 삼각망에 이용된다.
- 유심 삼각망은 넓은 지역에 적합하고 농지측량 및 평탄한 지역에 사용된다.

022 삼각측량의 각 삼각점에 있어 모든 각의 관측시 만족되어야 하는 조건이 아닌 것은?
① 하나의 측점을 둘러싸고 있는 각의 합은 360°가 되도록 한다.
② 삼각망 중에서 임의의 한 변의 길이는 계산의 순서에 관계없이 동일하도록 한다.
③ 삼각망 중 각각 삼각형 내각의 합은 180°가 되도록 한다.
④ 모든 삼각점의 포함면적은 각각 일정해야 한다.

해설
삼각점은 기준점 위치를 결정하기 위한 측량이다.

023 초점거리 20cm의 카메라로 평지로부터 6000m의 촬영고도로 찍은 연직사진이 있다. 이 사진상에 찍혀 있는 평균 표고 500m인 지형의 사진 축척은?
① 1 : 27000
② 1 : 27500
③ 1 : 28000
④ 1 : 28500

해설
$$\frac{1}{m} = \frac{f}{H \pm h} = \frac{0.2}{6000-500} = \frac{1}{27500}$$

024 100m²인 정사각형 토지의 면적을 0.1m²까지 정확하게 구하고자 한다면 이에 필요한 거리관측의 정확도는?
① 1/2000
② 1/1000
③ 1/500
④ 1/300

해설
$$\frac{dA}{A} = 2\frac{dl}{l}$$
$$\frac{dl}{l} = \frac{1}{2}\frac{dA}{A} = \frac{1}{2} \times \frac{0.1}{100} = \frac{1}{2000}$$

025 거리와 각을 동일한 정밀도로 관측하여 다각측량을 하려고 한다. 이때 각 측량기의 정밀도가 10″라면 거리측량기의 정밀도는 약 얼마 정도이어야 하는가?
① $\frac{1}{15000}$
② $\frac{1}{18000}$
③ $\frac{1}{21000}$
④ $\frac{1}{25000}$

해설
$$\frac{1}{m} = \frac{\theta''}{\rho''} = \frac{10''}{206265''} = \frac{1}{21000}$$

정답 019 ④ 020 ④ 021 ④ 022 ④ 023 ② 024 ① 025 ③

026 비행장이나 운동장과 같이 넓은 지형의 정지 공사시에 토량을 계산하고자 할 때 적당한 방법은?

① 점고법
② 등고선법
③ 중앙단면법
④ 양단면 평균법

해설 점고법은 대단위 신도시를 건설하기 위한 넓은 지형의 정지공사에서 토량을 계산하고자 할 때 가장 적당한 방법이다.

027 단곡선을 설치하기 위하여 교각(I)=80°를 측정하였다. 외할(E)을 10m로 하고자 할 때 곡선길이(C.L)는?

① 33m
② 46m
③ 74m
④ 117m

해설
- $E = R\left(\dfrac{1}{\cos\dfrac{I}{2}} - 1\right)$, $10 = R\left(\dfrac{1}{\cos\dfrac{80}{2}} - 1\right)$, ∴ $R = 32.74\text{m}$
- $CL = 0.01745RI = \dfrac{\pi RI}{180} = 0.01745 \times 32.74 \times 80 = 46\text{m}$

028 다각측량을 하여 3점의 성과를 얻었다. 이 3점으로 이루어진 다각형의 면적은?

① 693.2m²
② 783.5m²
③ 1386.3m²
④ 1567.1m²

측점	합위거(m)	합경거(m)
A	0	0
B	23.29	38.82
C	-31.05	15.53

해설
- 합위거, 합경거를 알고 있을 경우

면적 = $\dfrac{1}{2}\sum\{$그 측점 합위거 $\times$ (앞측점 합경거 $-$ 다음측점 합경거)$\}$

$= \dfrac{1}{2}\{23.29 \times (0 - 15.53) + (-31.05) \times (38.82 - 0)\} = 783.5\text{m}^2$

029 축척 1/500 지형도를 기초로 하여 축척 1/3000 지형도를 제작하고자 한다. 1/3000 도면 한 장에는 1/500 도면이 얼마나 포함되는가?

① 16매
② 25매
③ 36매
④ 49매

해설 $\left(\dfrac{3000}{500}\right)^2 = 36$매

> **보충** 축척과 면적 관계
> $$m_1^2 : A_1 = m_2^2 : A_2$$
> $$\therefore A_2 = \left(\frac{m_2}{m_1}\right)^2 A_1$$

030 철도의 궤도간격 $b=1.067\text{m}$, 곡선반지름 $R=600\text{m}$인 원곡선 상을 열차가 100km/h로 주행하려고 할 때 캔트는?

① 100mm　　② 140mm
③ 180mm　　④ 220mm

$$C = \frac{SV^2}{gR} = \frac{1.067 \times \left(\frac{100,000}{3,600}\right)^2}{9.8 \times 600} = 0.14\text{m} = 140\text{mm}$$

031 다음은 지성선(地性線)에 관한 설명이다. 옳은 것은?

① 지모(地貌)의 골격이 되는 선이다.
② 등고선에 직각방향으로 내려 그은 선이다.
③ 지표의 경사가 최대로 되는 방향을 표시한 선이다.
④ 지표면의 낮은 점들을 연결한 선이다.

- 최대 경사선(유하선)은 지표 임의 한 점에서 그 경사가 최대로 되는 방향을 표시한 선으로 등고선에 직각으로 교차하며 물이 흐르는 선이다.
- 철(凸)선은 지표면의 높은 점들을 연결한 선으로 능선 또는 분수선이라 한다.
- 계곡선(凹)선은 지표면의 낮은 점들을 연결한 선으로 합수선이라고도 한다.
- 지성선은 지표면의 높고 낮음을 표시하는 선이다.
- 지성선은 능선(분수선), 계곡선(합수선), 경사변환선, 최대 경사선(유하선) 등이 있다.

032 A, B, C 각 점에서 P점까지 수준측량을 한 결과가 표와 같다. 거리에 대한 경중률을 고려한 P점의 최확 표고는?

① 135.529m
② 135.551m
③ 135.563m
④ 135.570m

측량경로	거리	P점의 표고
A→P	1km	135.487m
B→P	2km	135.563m
C→P	3km	135.603m

- 경중률은 노선의 길이에 반비례한다.
$$P_1 : P_2 : P_3 = \frac{1}{1} : \frac{1}{2} : \frac{1}{3} = 6 : 3 : 2$$
- 최확값 $H_P = \frac{\sum P \cdot H}{\sum P} = \frac{P_1 \cdot H_1 + P_2 \cdot H_2 + P_3 \cdot H_3}{P_1 + P_2 + P_3}$
$$= 135 + \frac{6 \times 0.487 + 3 \times 0.563 + 2 \times 0.603}{6 + 3 + 2} = 135.529\text{m}$$

정답 026 ① 027 ② 028 ② 029 ③ 030 ② 031 ① 032 ①

033 수준측량에서 발생하는 오차에 대한 설명으로 틀린 것은?
① 기계의 조정에 의해 발생하는 오차는 전시와 후시의 거리를 같게 하여 소거 할 수 있다.
② 표척의 영눈금의 오차는 출발점의 표척을 도착점에서 사용하여 소거할 수 있다.
③ 대지삼각수준측량에서 곡률오차와 굴절오차는 그 양이 미소하므로 무시할 수 있다.
④ 기포의 수평조정이나 표척면의 읽기는 육안으로 한계가 있으나 이로 인한 오차는 일반적으로 허용오차 범위 안에 들 수 있다.

해설
- 표척의 영점오차는 기계의 정치횟수를 짝수로 세워 오차를 최소화한다.
- 시차는 망원경의 접안경 및 대물경을 명확히 조절한다.
- 눈금오차는 기준자와 비교하여 보정값을 정하고 온도에 대한 온도보정도 실시한다.
- 표척 기울기에 대한 오차는 표척을 앞뒤로 흔들 때의 최소값을 읽음으로 최소화한다.
- 대지 삼각 측량은 지구의 곡률을 고려하는 측량이므로 오차를 무시해서는 안 된다.

034 완화곡선에 대한 설명으로 틀린 것은?
① 완화곡선의 접선은 시점에서 원호에, 종점에서 직선에 접한다.
② 곡선 반지름은 완화곡선의 시점에서 무한대, 종점에서 원곡선의 반지름이 된다.
③ 완화 곡선에 연한 곡선 반지름의 감소율은 칸트의 증가율과 같다.
④ 종점에 있는 칸트는 원곡선의 칸트와 같게 된다.

해설
완화곡선의 접선은 시점에서 직선에, 종점에서 원호에 접한다.

035 지표상 P점에서 20km 떨어진 Q점을 관측할 때 Q점에 세워야 할 측표의 최소 높이는 약 얼마인가? (단, 지구 반지름은 6370km이고 기차 상수는 0.12이며 P, Q점은 수평선상에 존재한다.)
① 3.8m
② 7.6m
③ 27.6m
④ 31.4m

해설
$$h = \frac{S^2}{2R}(1-k) = \frac{20^2}{2 \times 6370}(1-0.12) = 27.6 \mathrm{m}$$

036 지오이드(Geoid)에 대한 설명으로 옳은 것은?
① 육지 및 해저의 凹 凸을 평균한 매끈한 곡면이다.
② 회전 타원체와 같은 것으로서 지구의 형상이 되는 곡면이다.
③ 평균해수면을 육지내부까지 연장했을 때의 가상적인 곡면이다.
④ 육지와 해양의 지형면을 말한다.

해설
- 정지된 평균해수면을 육지까지 연장하여 지구 전체를 둘러쌌다고 가상한 곡면이다.
- 실제로 지오이드면은 굴곡이 심해 측지측량의 기준으로 채택하기 어렵다.
- 지구의 형은 평면해수면과 일치하는 지오이드 면으로 볼 수 있다.

037 항공사진의 주점에 대한 설명으로 옳지 않은 것은?
① 주점에서 경사사진의 경우에도 경사각에 관계없이 수직사진의 축척과 같은 축척이 된다.
② 인접사진과의 주점길이가 과고감에 영향을 미친다.
③ 주점은 사진의 중심으로 경사사진에서는 연직점과 일치하지 않는다.
④ 주점은 연직점, 등각점과 함께 항공사진의 특수 3점이다.

해설
- 등각점은 경사각에 관계없이 수직사진의 축척과 같은 축척이 된다.
- 등각점은 사진면에 직교되는 광선과 연직선이 이루는 각을 2등분 하는 점이다.

038 방위각 265°에 대한 측선의 방위는?
① $S\,85°\,W$
② $E\,85°\,W$
③ $N\,85°\,E$
④ $E\,85°\,N$

해설
방위 $= 265° - 180° = S\,85°\,W$

039 수준측량의 야장 기입법에 관한 설명으로 옳지 않은 것은?
① 야장 기입법에는 고차식, 기고식, 승강식이 있다.
② 고차식은 단순히 출발점과 끝점의 표고차만 알고자 할 때 사용하는 방법이다.
③ 기고식은 계산과정에서 완전한 검산이 가능하여 정밀한 측량에 적합한 방법이다.
④ 승강식은 앞 측점의 지반고에 해당 측점의 승강을 합하여 지반고를 계산하는 방법이다.

해설
- 기고식은 중간 시가 많은 경우 편리한 방법이나 그 점에 대한 검산을 할 수가 없다.
- 기고식은 후시보다 전시가 많을 때 편리하므로 종단 고저측량에 많이 사용된다.

정답 033 ③ 034 ① 035 ③ 036 ③ 037 ① 038 ① 039 ③

040 위성측량의 DOP(Dilution of Precision)에 관한 설명 중 옳지 않은 것은?
① 기하학적 DOP(GDOP), 3차원위치 DOP(PDOP), 수직위치 DOP(VDOP), 평면위치 DOP(HDOP), 시간 DOP(TDOP) 등이 있다.
② DOP는 측량할 때 수신 가능한 위성의 궤도정보를 항법메시지에서 받아 계산할 수 있다.
③ 위성측량에서 DOP가 작으면 클 때보다 위성의 배치상태가 좋은 것이다.
④ 3차원위치 DOP(PDOP)는 평면위치 DOP(HDOP)와 수직위치 DOP(VDOP)의 합으로 나타난다.

해설 가장 일반적인 DOP는 3차원위치 DOP(PDOP)이다.

3과목 수리·수문학

041 다음과 같은 굴착정(artesian well)의 유량을 구하는 식은? (단, R : 영향원의 반지름)

① $Q = \dfrac{2\pi mk(H+h_o)}{2.3\log_{10}(R/r_o)}$

② $Q = \dfrac{2\pi mk(H+h_o)}{2.3\log_{10}(r_o/R)}$

③ $Q = \dfrac{2\pi mk(H-h_o)}{2.3\log_{10}(R/r_o)}$

④ $Q = \dfrac{2\pi mk(H-h_o)}{2.3\log_{10}(r_o/R)}$

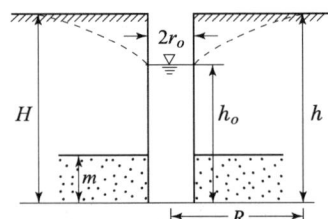

해설 **굴착정** : 불투수층 사이에 낀 투수층내에 압력을 받고 있는 피압지하수를 양수하는 우물이다.

보충 깊은 우물(심정호)
① 집수정의 바닥이 불투수층까지 도달한 우물
② $Q = \dfrac{\pi k (H^2 - h_o^{\,2})}{2.3\log\left(\dfrac{R_o}{r_o}\right)}$

042 다음 중 한계수심에 대한 설명 중 옳지 않은 것은?
① 한계수심에서 비에너지가 최소가 된다.
② 한계수심보다 수심이 작은 흐름이 상류이고 큰 흐름이 사류이다.
③ 한계수심으로 흐를 때 유량이 최대가 된다.
④ 유량이 일정할 때 한계수심은 비에너지의 $\frac{2}{3}$이다.

해설
- $h_c < h$: 상류
- $h_c > h$: 사류

보충
- 상류 : $I < I_C = \frac{g}{\alpha C^2}$, $Fr < 1$
- 사류 : $I > I_C$, $Fr > 1$

043 직사각형 단면의 위어에서 수두(h)를 측정함에 있어서 2%의 오차가 발생했다면 유량(Q)은 몇%의 오차가 있겠는가?
① 1%
② 2%
③ 3%
④ 4%

해설
$$\frac{dQ}{Q} = \frac{3}{2}\frac{dh}{h} = \frac{3}{2} \times 2 = 3\%$$

044 단위도(단위 유량도)에 대한 설명으로 옳지 않은 것은?
① 단위도의 3가정은 일정기저시간 가정, 비례 가정, 중첩 가정이다.
② 단위도는 기저유량과 직접유출량을 포함하는 수문곡선이다.
③ S-Curve를 이용하여 단위도의 단위시간을 변경할 수 있다.
④ Snyder는 합성단위도법을 연구 발표하였다.

해설
- 단위도는 유출 수문곡선으로부터 기저유출과 직접유출을 분리한다.
- 단위유량도 작성시 직접유출량, 유효우량의 지속시간, 유역면적 등이 필요하다.

045 수문에 관련한 용어에 대한 설명 중 옳지 않은 것은?
① 증발이란 액체상태의 물이 기체상태의 수증기로 바뀌는 현상이다.
② 증산(transpiration)이란 식물의 엽면(葉面)을 통해 물이 수증기의 형태로 대기 중에 방출 되는 현상이다.
③ 침투란 토양면을 통해 스며든 물이 중력에 의해 계속 지하로 이동하여 불투수층까지 도달하는 것이다.
④ 강수(precipitation)란 구름이 응축되어 지상으로 떨어지는 모든 형태의 수분을 총칭한다.

해설
- 침투는 물이 토양면을 통해 토양속으로 스며드는 현상이다.
- 침루는 토양면으로 스며든 물이 지하수면까지 도달하는 현상이다.
- 물의 순환인자는 증발, 증산, 강수, 유출, 차단, 저류, 침투, 침루 등이다.

정답 040 ④ 041 ③ 042 ② 043 ③ 044 ② 045 ③

046 지름 2m인 원형 수조의 측벽 하단부에 지름 50mm의 오리피스가 설치되어 있다. 오리피스 중심으로부터 수위를 50cm로 유지하기 위하여 수조에 공급해야 할 유량은? (단, 유출구의 유량계수는 0.75이다.)

① 7.61 L/sec
② 6.61 L/sec
③ 5.61 L/sec
④ 4.61 L/sec

해설
$$Q = CA\sqrt{2gh} = 0.75 \times \frac{\pi \times 0.05^2}{4}\sqrt{2 \times 9.8 \times 0.5}$$
$$= 0.000461 \text{m}^3/\text{sec} = 4.61 l/\text{sec}$$

047 물체의 공기 중 무게가 750N(75kg)이고 물 속에서의 무게는 150N(15kg)일 때 이 물체의 체적은? (단, 무게 1kg=10N)

① 0.05m³
② 0.06m³
③ 0.50m³
④ 0.60m³

해설
$W' = W - B$
$15 = 75 - 1000 \times V$
∴ $V = 0.06 \text{m}^3$

048 월류 댐의 상류부 수면은?

① 저하곡선
② 배수곡선
③ 유량곡선
④ 수문곡선

해설
댐의 상류부에서 배수곡선의 수면곡선이 생긴다.

049 Darcy의 법칙 중 지하수의 유속에 대한 설명으로 옳은 것은?

① 수온(水溫)에 비례한다.
② 수심(水深)에 비례한다.
③ 영향권의 반지름에 비례한다.
④ 동수경사(動水傾斜)에 비례한다.

해설
• $V = k \cdot i$에서 지하수 유속은 동수경사 i에 비례한다.
• 지하수 흐름은 동수경사 i에 의해 발생하여 중력에 지배된다.
• 투수계수 k는 속도의 차원이다.
• 지하수 흐름에 대한 Darcy의 법칙은 층류에 적용한다.

050 물리량의 차원이 옳지 않은 것은?

① 에너지 : $[ML^{-2}T^{-2}]$
② 동점성계수 : $[L^2T^{-1}]$
③ 점성계수 : $[ML^{-1}T^{-1}]$
④ 밀도 : $[FL^{-4}T^2]$

해설
에너지 : $[ML^2T^{-2}]$

051 흐르지 않는 물에 잠긴 평판에 작용하는 전수압(全水壓)의 계산 방법으로 옳은 것은? (단, 여기서 수압이란 단위 면적당 압력을 의미)
① 평판 도심의 수압에 평판 면적을 곱하다.
② 단면의 상단과 하단 수압의 평균값에 평판 면적을 곱한다.
③ 작용하는 수압의 최대값에 평판 면적을 곱한다.
④ 평판의 상단에 작용하는 수압에 평판 면적을 곱한다.

해설
전수압 $P = w h_G A$

052 개수로의 흐름에서 비에너지의 정의로 옳은 것은?
① 단위 중량의 물이 가지고 있는 에너지로 수심과 속도수두의 합
② 수로의 한 단면에서 물이 가지고 있는 에너지를 단면적으로 나눈 값
③ 수로의 두 단면에서 물이 가지고 있는 에너지를 수심으로 나눈 값
④ 압력 에너지와 속도 에너지의 비

해설
• 비에너지 $H_e = h + \alpha \dfrac{V^2}{2g}$
• 비에너지는 수로 바닥을 기준으로 한 단위무게의 유수가 가진 에너지이다.

053 관속에 흐르는 물의 속도수두를 10m로 유지하기 위한 평균 유속은?
① 4.9m/s ② 9.8m/s
③ 12.6m/s ④ 14.0m/s

해설
속도수두 $H = \dfrac{V^2}{2g}$
∴ $V = \sqrt{2gH} = \sqrt{2 \times 9.8 \times 10} = 14.0 \text{m/s}$

054 유출(runoff)에 대한 설명으로 옳지 않은 것은?
① 비가 오기 전에 유출을 기저유출이라 한다.
② 우량은 별도의 손실 없이 그 전량이 하천으로 유출된다.
③ 일정기간에 하천으로 유출되는 수량의 합을 유출량이라 한다.
④ 유출량과 그 기간의 강수량과의 비(比)를 유출계수 또는 유출률이라 한다.

해설
• 우량 중 일부는 지하수 유출 등에 의해 전량이 하천으로 유출되지 않는다.
• 유출이란 강수의 일부분이 지표상의 각종 수로에 도달하여 하천수를 형성하는 현상이다.

정답 046 ④ 047 ② 048 ② 049 ④ 050 ① 051 ① 052 ① 053 ④ 054 ②

055 상류(subcritical flow)에 관한 설명으로 틀린 것은?

① 하천의 유속이 장파의 전파속도보다 느린 경우이다.
② 관성력이 중력의 영향보다 더 큰 흐름이다.
③ 수심은 한계수심보다 크다.
④ 유속은 한계유속보다 작다.

해설 관성력이 중력의 영향보다 더 큰 흐름은 사류이다.

056 층류와 난류(亂流)에 관한 설명으로 옳지 않은 것은?

① 층류란 유수(流水)중에서 유선이 평행한 층을 이루는 흐름이다.
② 층류와 난류를 레이놀즈 수에 의하여 구별할 수 있다.
③ 원관 내 흐름의 한계 레이놀즈 수는 약 2000 정도이다.
④ 층류에서 난류로 변할 때의 유속과 난류에서 층류로 변할 때의 유속은 같다.

해설 층류에서 난류로 변할 때의 유속이 난류에서 층류로 변할 때의 유속보다 크다.

057 대규모 수공구조물의 설계우량으로 가장 적합한 것은?

① 평균면적우량
② 발생가능최대강수량(PMP)
③ 기록상의 최대우량
④ 재현기간 100년에 해당하는 강우량

해설 가능최대강수량(PMP)
• 대규모 수공구조물의 설계홍수량을 결정하는 기준으로 사용한다.
• 가장 최악의 조건하에서 발생 가능한 최대강수량을 말한다.
• 과거 자료로부터 통계적으로 추정한다.
• 물리적으로 발생 가능한 강수량의 최대 한계치이다.

058 지름 200mm인 관로에 축소부 지름이 120mm인 벤츄리미터(venturimeter)가 부착되어 있다. 두 단면의 수두차가 1.0m, $C=0.98$일 때의 유량은?

① $0.00525 \text{m}^3/\text{s}$
② $0.0525 \text{m}^3/\text{s}$
③ $0.525 \text{m}^3/\text{s}$
④ $5.250 \text{m}^3/\text{s}$

해설
• $A_1 = \dfrac{3.14 \times 0.2^2}{4} = 0.0314 \text{m}^2$, $A_2 = \dfrac{3.14 \times 0.12^2}{4} = 0.0113 \text{m}^2$
• $Q = \dfrac{C A_1 A_2}{\sqrt{A_1^2 - A_2^2}} \sqrt{2gh} = \dfrac{0.98 \times 0.0314 \times 0.0113}{\sqrt{0.0314^2 - 0.0113^2}} \sqrt{2 \times 9.8 \times 1.0}$
  $= 0.0525 \text{m}^3/\text{s}$

059 유량 147.6L/s를 송수하기 위하여 안지름 0.4m의 관을 700m의 길이로 설치하였을 때 흐름의 에너지 경사는? (단, 조도계수 $n=0.012$, Manning 공식 적용)

① $\dfrac{1}{700}$
② $\dfrac{2}{700}$
③ $\dfrac{3}{700}$
④ $\dfrac{4}{700}$

해설

$Q = AV = A\dfrac{1}{n}R^{2/3}I^{1/2}$

$0.1476 = \dfrac{3.14 \times 0.4^2}{4} \times \dfrac{1}{0.012} \times \left(\dfrac{0.4}{4}\right)^{2/3} I^{1/2}$

$\therefore I = \dfrac{3}{700}$ 여기서, $Q = 147.6\,\text{L/s} = 0.1476\,\text{m}^3/\text{s}$

060 그림과 같은 병렬 관수로 ㉠, ㉡, ㉢에서 각 관의 지름과 관의 길이를 각각 D_1, D_2, D_3, L_1, L_2, L_3라 할 때 $D_1 > D_2 > D_3$이고 $L_1 > L_2 > L_3$이면 A점과 B점 사이의 손실수두는?

① ㉠의 손실수두가 가장 크다.
② ㉡의 손실수두가 가장 크다.
③ ㉢에서만 손실수두가 발생한다.
④ 모든 관의 손실수두가 같다.

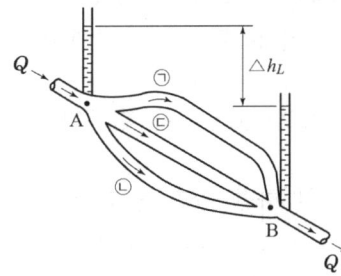

해설
- 병렬 관수로의 손실수두는 일정하다.
- 한 관이 분류가 된 후 다시 합류가 되면 두 관 사이의 손실수두는 동일하다.

4과목 철근콘크리트 및 강구조

061 그림과 같은 인장철근을 갖는 보의 유효 깊이는? (여기서, D19철근은 공칭단면적이 287mm²임.)

① 350mm
② 410mm
③ 440mm
④ 500mm

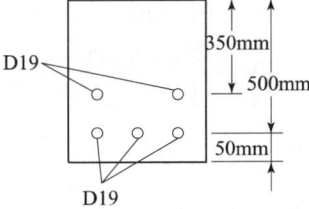

해설

$5A_s \times d = 2A_s \times 350 + 3A_s \times 500$

$\therefore d = \dfrac{2A_s \times 350 + 3A_s \times 500}{5A_s} = \dfrac{2 \times 287 \times 350 + 3 \times 287 \times 500}{5 \times 287} = 440\,\text{mm}$

정답 055 ② 056 ④ 057 ② 058 ② 059 ③ 060 ④ 061 ③

062 그림과 같은 필렛 용접에서 일어나는 응력이 옳게 된 것은?

① 97.3 MPa
② 109.02 MPa
③ 99.2 MPa
④ 100.0 MPa

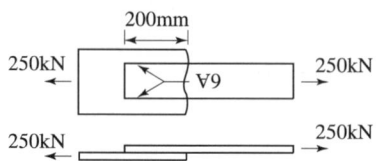

해설

$$f = \frac{P}{\sum a \cdot l} = \frac{250,000}{6.3 \times [200-(2\times 9)+200-(2\times 9)]} = 109.02 \text{MPa}$$

여기서, $a = 0.7S = 0.7 \times 9 = 6.3\text{mm}$

063 다음은 철근콘크리트 구조물의 균열에 관한 설명이다. 옳지 않은 것은?

① 하중으로 인한 균열의 최대폭은 철근 응력에 비례한다.
② 콘크리트 표면의 균열폭은 철근에 대한 피복두께에 반비례한다.
③ 많은 수의 미세한 균열보다는 폭이 큰 몇 개의 균열이 내구성에 불리하다.
④ 인장측에 철근을 잘 분배하면 균열폭을 최소로 할 수 있다.

해설
- 콘크리트 표면의 균열 폭은 철근에 대한 피복 두께에 비례한다.
- 균열 폭을 최소화하기 위해 적은 수의 굵은 철근보다는 많은 수의 가는 철근을 인장측에 분포시킨다.

064 길이 6m의 단순지지 보통 중량 철근콘크리트보의 처짐을 계산하지 않아도 되는 보의 최소 두께는 얼마인가? (단, f_{ck} =21MPa, f_y =350MPa)

① 349mm
② 356mm
③ 375mm
④ 403mm

해설
- 처짐을 계산하지 않는 경우의 보 또는 1방향 슬래브의 최소 두께(f_y =400MPa)

부 재	최소 두께 또는 높이			
	단순지지	일단연속	양단연속	캔틸레버
1방향 슬래브	$\frac{l}{20}$	$\frac{l}{24}$	$\frac{l}{28}$	$\frac{l}{10}$
보	$\frac{l}{16}$	$\frac{l}{18.5}$	$\frac{l}{21}$	$\frac{l}{8}$

- f_y = 400MPa 이외의 경우 위 표에 의한 계산 값에 $\left(0.43 + \frac{f_y}{700}\right)$을 곱하여 구한다.
- 최소 두께

$$\frac{l}{16}\left(0.43 + \frac{f_y}{700}\right) = \frac{6000}{16}\left(0.43 + \frac{350}{700}\right) = 349\text{mm}$$

065 강도설계법에서 강도감소계수(ϕ)를 규정하는 목적이 아닌 것은?
① 재료 강도와 치수가 변동할 수 있으므로 부재의 강도 저하 확률에 대비한 여유를 반영하기 위해
② 부정확한 설계 방정식에 대비한 여유를 반영하기 위해
③ 구조물에서 차지하는 부재의 중요도 등을 반영하기 위해
④ 하중의 변경, 구조해석할 때의 가정 및 계산의 단순화로 인해 야기될지 모르는 초과하중에 대비한 여유를 반영하기 위해

해설
강도감소계수(ϕ) 규정
① 인장지배 단면 : 0.85
② 압축지배 단면 : ㉠ 나선철근으로 보강된 철근콘크리트 부재 : 0.7
                ㉡ 그 외 철근콘크리트 부재 : 0.65
③ 전단력과 비틀림모멘트 : 0.75
④ 무근 콘크리트의 휨모멘트, 압축력, 전단력, 지압력 : 0.55

066 그림과 같은 직사각형 단면의 프리텐션 부재의 편심 배치한 직선 PS 강재를 820kN으로 긴장했을 때 탄성변형으로 인한 프리스트레스의 감소량은? (단, $I = 3.125 \times 10^9 \text{mm}^4$, $n = 6$이고, 자중에 의한 영향을 무시한다.)

① 44.5 MPa
② 46.5 MPa
③ 48.5 MPa
④ 50.5 MPa

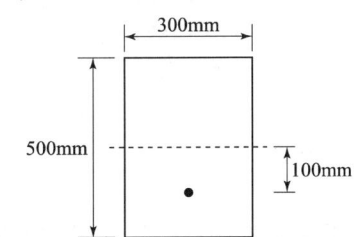

해설
$$\Delta f_p = n f_c = n \left(\frac{P}{A} + \frac{P \cdot e}{I} \cdot e \right) = 6 \left(\frac{820000}{300 \times 500} + \frac{820000 \times 100}{3.125 \times 10^9} \times 100 \right)$$
$$= 48.5 \text{N/mm}^2 = 48.5 \text{MPa}$$

067 옹벽의 구조해석에 대한 사항 중 틀린 것은?
① 부벽식 옹벽의 저판은 정밀한 해석이 사용되지 않는 한, 부벽의 높이를 경간으로 가정한 고정보 또는 연속보로 설계할 수 있다.
② 캔틸레버식 옹벽의 추가철근은 저판에 지지된 캔틸레버로 설계할 수 있다.
③ 부벽식 옹벽의 추가철근은 3변 지지된 2방향 슬래브로 설계할 수 있다.
④ 뒷부벽은 T형보로 설계하여야 하며, 앞부벽은 직사각형보로 설계하여야 한다.

해설
• 뒷부벽식 옹벽의 저판은 정확한 방법이 사용되지 않는 한, 뒷부벽 간의 거리를 경간으로 가정하여 고정보 또는 연속보로 설계할 수 있다.
• 저판의 뒷굽판은 정확한 방법이 사용되지 않는 한, 뒷굽판 상부에 재하되는 모든 하중을 지지하도록 설계되어야 한다.

정답 062 ② 063 ② 064 ① 065 ④ 066 ③ 067 ①

068 아래와 같은 맞대기 이음부에 발생하는 응력의 크기는? (단, $P=360kN$, 강판두께 12mm)

① 압축응력 $f_c = 14.4$MPa
② 인장응력 $f_t = 3000$MPa
③ 전단응력 $\tau = 150$MPa
④ 압축응력 $f_c = 120$MPa

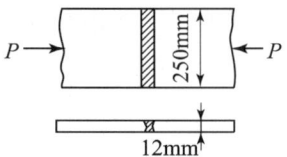

해설
$$f_c = \frac{P}{A} = \frac{360000}{250 \times 12} = 120\text{N/mm}^2 = 120\text{MPa}$$

069 강도설계법에서 휨부재의 등가사각형 압축응력 분포의 깊이 $a = \beta_1 c$인데 이 중 f_{ck}가 40MPa일 때 β_1의 값은? (단, $\lambda = 1.0$)

① 0.8
② 0.801
③ 0.833
④ 0.850

해설
$f_{ck} \leq 40$MPa인 경우 $\beta_1 = 0.8$

070 캔틸레버식 옹벽(역 T형 옹벽)에서 뒷굽판의 길이를 결정할 때 가장 주가 되는 것은?

① 전도에 대한 안정
② 침하에 대한 안정
③ 활동에 대한 안정
④ 지반 지지력에 대한 안정

해설
활동에 대한 효과적인 저항을 위해 저판의 하면에 활동방지벽을 설치하는 경우 활동방지벽과 저판을 일체로 만들어야 한다.

071 철근 콘크리트에서 콘크리트의 탄성계수로 쓰이며, 철근 콘크리트 단면의 결정이나 응력을 계산할 때 쓰이는 것은?

① 전단 탄성계수
② 할선 탄성계수
③ 접선 탄성계수
④ 초기접선 탄성계수

해설
실험에 의해 콘크리트 탄성계수를 구할 때는 일반적으로 할선계수를 콘크리트 탄성계수로 사용한다.

072 다음 중 철근 콘크리트 보에서 사인장 철근이 부담하는 주된 응력은?

① 부착응력
② 전단응력
③ 지압응력
④ 휨인장응력

> **해설**
> 사인장 철근(복부철근)은 전단응력에 저항하기 위해 전단력이 크게 작용하는 곳에 배치하는 철근이다.

073 표준갈고리를 갖는 인장 이형철근의 정착에 대한 설명으로 옳지 않은 것은? (단, d_b는 철근의 공칭지름이다.)

① 갈고리는 압축을 받는 경우 철근 정착에 유효하지 않은 것으로 본다.
② 정착길이는 위험단면부터 갈고리의 외측단까지 길이로 나타낸다.
③ f_{sp}값이 규정되어 있지 않은 경우 모래경량콘크리트의 경량 콘크리트계수 λ는 0.7이다.
④ 기본 정착길이에 보정계수를 곱하여 정착길이를 계산하는데 이렇게 구한 정착길이는 항상 $8d_b$ 이상, 또는 150mm 이상이어야 한다.

> **해설**
> f_{sp}값이 규정되어 있지 않은 경우 모래경량콘크리트의 경량 콘크리트계수 λ는 0.85이다.

074 용접작업 중 일반적인 주의사항에 대한 내용으로 옳지 않은 것은?

① 구조상 중요한 부분을 지정하여 집중 용접한다.
② 용접은 수축이 큰 이음을 먼저 용접하고, 수축이 작은 이음은 나중에 한다.
③ 앞의 용접에서 생긴 변형을 다음 용접에서 제거할 수 있도록 진행시킨다.
④ 특히 비틀어지지 않게 평행한 용접은 같은 방향으로 할 수 있으며 동시에 용접을 한다.

> **해설**
> 용접은 중심에서 주변으로 향하여 대칭으로 용접해 나간다.

075 철근 콘크리트 부재의 비틀림 철근 상세에 대한 설명으로 틀린 것은? (단, P_h : 가장 바깥의 횡방향 폐쇄 스터럽 중심선의 둘레(mm)이다.)

① 종방향 비틀림 철근은 양단에 정착하여야 한다.
② 횡방향 비틀림 철근의 간격은 $P_h/4$보다 작아야 하고, 또한 200mm보다 작아야 한다.
③ 종방향 철근의 지름은 스터럽 간격의 1/24 이상이어야 하며, 또한 D10 이상의 철근이어야 한다.
④ 비틀림에 요구되는 종방향 철근은 폐쇄 스터럽의 둘레를 따라 300mm 이하의 간격으로 분포시켜야 한다.

> **해설**
> 횡방향 비틀림 철근의 간격은 $P_h/8$보다 작아야 하고, 또한 300mm 보다 작아야 한다.

정답 068 ④ 069 ① 070 ③ 071 ② 072 ② 073 ③ 074 ① 075 ②

076 콘크리트 슬래브 설계 시 직접설계법을 적용할 수 있는 제한사항에 대한 설명 중 틀린 것은?

① 각 방향으로 3경간 이상 연속되어야 한다.
② 각 방향으로 연속한 받침부 중심간 경간 차이는 긴 경간의 1/3 이하이어야 한다.
③ 슬래브 판들은 단변 경간에 대한 장변 경간의 비가 2 이하인 직사각형이어야 한다.
④ 연속한 기둥 중심선을 기준으로 기둥의 어긋남은 그 방향 경간의 15% 이하이어야 한다.

> **해설**
> 연속한 기둥 중심선을 기준으로 기둥의 어긋남은 그 방향 경간의 10% 이하이어야 한다.

077 단철근 직사각형 보에서 폭 300mm, 유효깊이 500mm, 인장철근 단면적 1700mm²일 때 강도해석에 의한 직사각형 압축응력 분포도의 깊이(a)는? (단, f_{ck}=20MPa, f_y=300MPa이다.)

① 50mm
② 100mm
③ 200mm
④ 400mm

> **해설**
> $a = \dfrac{A_s f_y}{0.85 f_{ck} b} = \dfrac{1700 \times 300}{0.85 \times 20 \times 300} = 100\,\text{mm}$

078 단철근 직사각형 보의 설계 휨강도를 구하는 식으로 옳은 것은? (단, $q = \dfrac{\rho f_y}{f_{ck}}$이다.)

① $\phi M_n = \phi\left[f_{ck}\,b\,d^2 q(1-0.59q)\right]$
② $\phi M_n = \phi\left[f_{ck}\,b\,d^2(1-0.59q)\right]$
③ $\phi M_n = \phi\left[f_{ck}\,b\,d^2(1+0.59q)\right]$
④ $\phi M_n = \phi\left[f_{ck}\,b\,d^2 q(1+0.59q)\right]$

> **해설**
> - $\rho = \dfrac{A_s}{b\,d} \quad \therefore A_s = \rho\,b\,d$
> - $a = \dfrac{A_s f_y}{0.85 f_{ck} b} = \dfrac{(\rho\,b\,d) f_y}{0.85 f_{ck} b}$
> - $\phi M_n = \phi\left[A_s f_y(d-\dfrac{a}{2})\right] = \phi\left[A_s f_y(d-0.5a)\right]$
> $= \phi\left[A_s f_y(d-0.5\dfrac{\rho\,b\,d\,f_y}{0.85 f_{ck} b})\right] = \phi\left[A_s f_y(d-0.5\dfrac{\rho\,d\,f_y}{0.85 f_{ck}})\right]$

여기서, $A_s = \rho\, b\, d$이므로

$$\phi\left[\rho\, b\, d\, f_y\left(d - 0.5\,\frac{\rho\, d\, f_y}{0.85 f_{ck}}\right)\right] = \phi\left[\rho\, f_y\, b\, d^2\left(1 - 0.59\,\frac{\rho\, f_y}{f_{ck}}\right)\right]$$

여기서, $q = \dfrac{\rho\, f_y}{f_{ck}}$ 이므로 $\rho\, f_y = f_{ck}\, q$

$$\therefore\ \phi M_n = \phi\left[f_{ck}\, q\, b\, d^2(1 - 0.59 q)\right]$$

079 그림과 같은 캔틸레버 옹벽의 최대 지반 반력은?

① $10.2\,\text{t/m}^2$
② $20.5\,\text{t/m}^2$
③ $6.67\,\text{t/m}^2$
④ $3.33\,\text{t/m}^2$

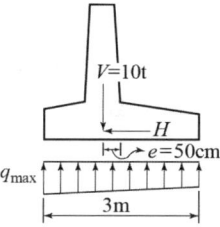

$$q_{\max} = \frac{V}{B}\left(1 + \frac{6e}{B}\right) = \frac{10}{3}\left(1 + \frac{6 \times 0.5}{3}\right) = 6.67\,\text{t/m}^2$$

080 다음 그림과 같은 직사각형 단면의 단순보에 PS강재가 포물선으로 배치되어 있다. 보의 중앙단면에서 일어나는 상연응력(㉠) 및 하연응력(㉡)은? (단, PS강재의 긴장력은 3300kN이고, 자중을 포함한 작용하중은 27kN/m이다.)

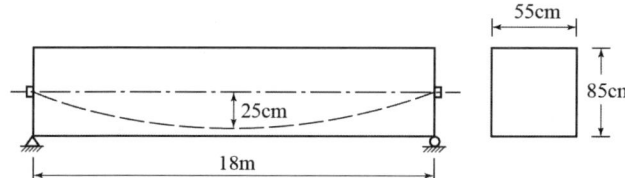

① ㉠ : 21.21MPa ㉡ : 1.8MPa
② ㉠ : 21.07MPa ㉡ : 0MPa
③ ㉠ : 8.6MPa   ㉡ : 2.45MPa
④ ㉠ : 11.11MPa ㉡ : 3.0MPa

- $I = \dfrac{b h^3}{12} = \dfrac{0.55 \times 0.85^3}{12} = 0.0281\,\text{m}^4$
- $M = \dfrac{w l^2}{8} = \dfrac{27 \times 18^2}{8} = 1093.5\,\text{kN} \cdot \text{m}$
- 상연응력

$$f = \frac{P}{A} - \frac{Pe}{I} y + \frac{M}{I} y = \frac{3300}{0.55 \times 0.85} - \frac{3300 \times 0.25}{0.0281} \times \frac{0.85}{2} + \frac{1093.5}{0.0281} \times \frac{0.85}{2}$$

$$= 11119.7\,\text{kN/m}^2 = 11.11\,\text{N/mm}^2 = 11.11\,\text{MPa}$$

- 하연응력

$$f = \frac{P}{A} + \frac{Pe}{I} y - \frac{M}{I} y = \frac{3300}{0.55 \times 0.85} + \frac{3300 \times 0.25}{0.0281} \times \frac{0.85}{2} - \frac{1093.5}{0.0281} \times \frac{0.85}{2}$$

$$= 2997.8\,\text{kN/m}^2 = 3.0\,\text{N/mm}^2 = 3.0\,\text{MPa}$$

5과목 토질 및 기초

081 비중이 2.67, 함수비 35%이며, 두께 10m인 포화점토층이 압밀후에 함수비가 25%로 되었다면, 이 토층 높이의 변화량은 얼마인가?

① 113cm ② 128cm
③ 135cm ④ 155cm

해설

- 압밀전 공극비

$$e = \frac{G_s \cdot w}{S} = \frac{2.67 \times 35}{100} = 0.93$$

- 압밀후 공극비

$$e = \frac{G_s \cdot w}{S} = \frac{2.67 \times 25}{100} = 0.67$$

- 토량 높이의 변화량

$$\frac{e_1 - e_2}{1 + e_1} = \frac{\Delta H}{H}$$

$$\frac{0.93 - 0.67}{1 + 0.93} = \frac{\Delta H}{1000}$$

$$\therefore \Delta H = \frac{0.26}{1.93} \times 1000 ≒ 135\text{cm}$$

082 흙의 다짐시험을 실시한 결과 다음과 같았다. 이 흙의 건조단위중량은 얼마인가?

① 몰드+젖은 시료 무게 : 3612g   ② 몰드 무게 : 2143g
③ 젖은 흙의 함수비 : 15.4%   ④ 몰드의 체적 : 1,000cm³

① 1.27g/cm³   ② 1.56g/cm³
③ 1.31g/cm³   ④ 1.42g/cm³

해설

- $r_t = \dfrac{W}{V} = \dfrac{(3612 - 2143)}{1,000} = 1.469\text{g/cm}^3$

- $r_d = \dfrac{r_t}{1 + \dfrac{w}{100}} = \dfrac{1.469}{1 + \dfrac{15.4}{100}} = 1.27\text{g/cm}^3$

- 다짐도(%) $= \dfrac{r_d}{r_{d\,\max}} \times 100$

083 다음 중 연약점토지반 개량공법이 아닌 것은?
① Preloading 공법
② Sand drain 공법
③ Paper drain 공법
④ Vibro floatation 공법

Vibro floatation 공법은 사질토 개량공법이다.

084 흙이 동상(凍上)을 일으키기 위한 조건으로 가장 거리가 먼 것은?
① 아이스렌스를 형성하기 위한 충분한 물의 공급이 있을 것
② 양(+)이온을 다량 함유할 것
③ 0℃ 이하의 온도가 오랫동안 지속될 것
④ 동상이 일어나기 쉬운 토질일 것

음(−) 이온을 포함하여야 한다.

085 아래 그림과 같은 모래지반에서 깊이 4m 지점에서의 전단강도는? (단, 모래의 내부마찰각 $\phi=30°$이며, 점착력 $C=0$, $\gamma_w=9.81$kN/m³)

① 45.0kN/m^2
② 28.04kN/m^2
③ 23.2kN/m^2
④ 18.6kN/m^2

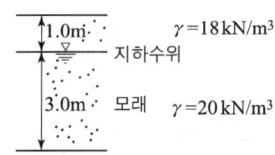

- 유효응력 $\sigma = 18 \times 1 + (20-9.81) \times 3 = 48.57 \text{kN/m}^2$
- $\tau = \sigma \tan\phi = 48.57 \times \tan30° = 28.04 \text{kN/m}^2$

086 Meyerhof의 일반 지지력 공식에 포함되는 계수가 아닌 것은?
① 국부전단계수
② 근입깊이계수
③ 경사하중계수
④ 형상계수

- Meyerhof 극한 지지력 공식
$$q_d = 3NB\left(1+\frac{D_f}{B}\right)$$
- 경사계수, 심도계수, 형상계수 등을 구하여 지지력을 결정한다.

정답 081 ③ 082 ① 083 ④ 084 ② 085 ② 086 ①

087 유선망의 특징을 설명한 것으로 옳지 않은 것은?

① 각 유로의 침투량은 같다.
② 유선은 등수두선과 직교한다.
③ 유선망으로 이루어지는 사각형은 정사각형이다.
④ 침투속도 및 동수구배는 유선망의 폭에 비례한다.

해설 침투속도 및 동수구배는 유선망의 폭에 반비례한다.

088 연약점토지반에 성토제방을 시공하고자 한다. 성토로 인한 재하속도가 과잉간극수압이 소산되는 속도보다 빠를 경우, 지반의 강도정수를 구하는 가장 적합한 시험방법은?

① 압밀 배수시험
② 압밀 비배수시험
③ 비압밀 비배수시험
④ 직접전단시험

해설
- 비압밀 비배수시험
점토 지반상에 성토나 구조물 등과 같이 하중이 급격히 재하되는 때의 점토지반의 단기간 안정을 검토하는 경우 적합한 시험 방법이다.

089 기초가 갖추어야 할 조건으로 거리가 먼 것은?

① 동결, 세굴 등에 안전하도록 최소의 근입깊이를 가져야 한다.
② 기초의 시공이 가능하고 침하량이 허용치를 넘지 않아야 한다.
③ 상부로부터 오는 하중을 안전하게 지지하고 기초지반에 전달하여야 한다.
④ 미관상 아름답고 주변에서 쉽게 구득할 수 있는 재료로 설계되어야 한다.

해설 미관상 아름답게 할 필요는 없다.

090 유효응력에 관한 설명 중 옳지 않은 것은?

① 포화된 흙인 경우 전응력에서 공극수압을 뺀 값이다.
② 항상 전응력보다는 작은 값이다.
③ 점토지반의 압밀에 관계되는 응력이다.
④ 건조한 지반에서는 전응력과 같은 값으로 본다.

해설 모관영역에서는 유효응력이 전응력보다 크다.

091 말뚝에서 부마찰력에 관한 설명 중 옳지 않은 것은?
① 아래쪽으로 작용하는 마찰력이다.
② 부마찰력이 작용하면 말뚝의 지지력은 증가한다.
③ 압밀층을 관통하여 견고한 지반에 말뚝을 박으면 일어나기 쉽다.
④ 연약지반에 말뚝을 박은 후 그 위에 성토를 하면 일어나기 쉽다.

해설
- 부마찰력이 작용하면 말뚝의 지지력은 감소한다.
- 부마찰력은 말뚝 주변 침하량이 말뚝의 침하량보다 클 때 아래로 끌어 내리는 마찰력을 말한다.

092 세립토를 비중계법으로 입도분석을 할 때 반드시 분산제를 쓴다. 다음 설명 중 옳지 않은 것은?
① 입자의 면모화를 방지하기 위하여 사용한다.
② 분산제의 종류는 소성지수에 따라 달라진다.
③ 현탁액이 산성이면 알칼리성의 분산제를 쓴다.
④ 시험 도중 물의 변질을 방지하기 위하여 분산제를 사용한다.

해설
분산제는 시료의 면모화 방지를 위해 사용한다.

093 흙 댐에서 상류면 사면의 활동에 대한 안전율이 가장 저하되는 경우는?
① 만수된 물의 수위가 갑자기 저하할 때이다.
② 흙 댐에 물을 담는 도중이다.
③ 흙 댐이 만수 되었을 때이다.
④ 만수된 물이 천천히 빠져 나갈 때이다.

해설
흙 댐의 상류측이 가장 위험한 시기는 시공직후와 수위 급강하 때이다.

094 흙의 강도에 대한 설명으로 틀린 것은?
① 점성토에서는 내부마찰각이 작고 사질토에서는 점착력이 작다.
② 일축압축시험은 주로 점성토에 많이 사용한다.
③ 이론상 모래의 내부마찰각은 0이다.
④ 흙의 전단응력은 내부마찰각과 점착력의 두 성분으로 이루어진다.

해설
점토의 내부마찰각은 0이다.

정답 087 ④ 088 ③ 089 ④ 090 ② 091 ② 092 ④ 093 ① 094 ③

095 시료가 점토인지 아닌지 알아보고자 할 때 가장 거리가 먼 사항은?
① 소성지수
② 소성도표 A선
③ 포화도
④ 200번체 통과량

해설
포화도는 투수와 배수과 관련된 사항이다.

096 다음 중 Rankine 토압이론의 기본가정에 속하지 않는 것은?
① 흙은 비압축성이고 균질의 입자이다.
② 지표면은 무한히 넓게 존재한다.
③ 옹벽과 흙과의 마찰을 고려한다.
④ 토압은 지표면에 평행하게 작용한다.

해설
흙은 입자간의 마찰에 의하여 평형조건을 유지한다.

097 다음의 투수계수에 대한 설명 중 옳지 않은 것은?
① 투수계수는 간극비가 클수록 크다.
② 투수계수는 흙의 입자가 클수록 크다.
③ 투수계수는 물의 온도가 높을수록 크다.
④ 투수계수는 물의 단위중량에 반비례한다.

해설
• 투수계수는 물의 단위중량에 비례한다.
• $k = D^2 \dfrac{\gamma_w}{\mu} \dfrac{e^3}{1+e} C$
• 물의 온도가 높을수록 점성계수가 작아지므로 투수계수가 커진다.
• 흙의 투수계수는 유효입경의 제곱에 비례한다.
• 흙의 투수계수는 형상계수(C)에 따라 변화한다.

098 보링(boring)에 관한 설명으로 틀린 것은?
① 보링(boring)에는 회전식(rotary boring)과 충격식(percussion boring)이 있다.
② 충격식은 굴진속도가 빠르고 비용도 싸지만 분말상의 교란된 시료만 얻어진다.
③ 회전식은 시간과 공사비가 많이 들뿐만 아니라 확실한 코어(core)도 얻을 수 없다.
④ 보링은 지반의 상황을 판단하기 위해 실시한다.

해설
회전식은 시간과 공사비가 많이 드나 확실한 코어를 얻을 수 있다.

099 100% 포화된 흐트러지지 않은 시료의 부피가 20.5cm³이고 무게는 34.2g이었다. 이 시료를 오븐(Oven) 건조 시킨 후의 무게는 22.6g이었다. 간극비는? (단, γ_w =1g/cm³)

① 1.3
② 1.5
③ 2.1
④ 2.6

해설
- $W_w = W - W_s = 34.2 - 22.6 = 11.6\,g$
- $\gamma_w = \dfrac{W_w}{V_w}$ 에서 $V_w = \dfrac{W_w}{\gamma_w} = \dfrac{11.6}{1} = 11.6\,cm^3$
- 포화 되었으므로 $V_w = V_v$
  $V_s = V - V_w = 20.5 - 11.6 = 8.9\,cm^3$
  $\therefore e = \dfrac{V_v}{V_s} = \dfrac{11.6}{8.9} = 1.3$

100 어떤 사질 기초지반의 평판재하 시험결과 항복강도가 600kN/m², 극한강도가 1000kN/m²이었다. 그리고 그 기초는 지표에서 1.5m 깊이에 설치 될 것이고 그 기초 지반의 단위중량이 18kN/m³일 때 지지력 계수 N_q =5이었다. 이 기초의 장기 허용지지력은?

① 247 kN/m²
② 269 kN/m²
③ 300 kN/m²
④ 345 kN/m²

해설
- 장기 허용지지력

$q_a = q_t + \dfrac{1}{3} N_q\, \gamma\, D_f = 300 + \dfrac{1}{3} \times 5 \times 18 \times 1.5 = 345\,kN/m^2$

여기서, q_t는 재하시험에 의한 항복하중의 1/2 또한 극한강도의 1/3 중 작은 값을 택한다. 즉, $\dfrac{600}{2} = 300\,kN/m^2$, $\dfrac{1000}{3} = 333.3\,kN/m^2$ 중 작은 값 $300\,kN/m^2$을 적용한다.

6과목 상하수도 공학

101 양수량이 50m³/min이고 전양정이 8m일 때 펌프의 축동력은 얼마인가? (단, 펌프의 효율(η)=0.8)

① 65.2kW
② 73.6kW
③ 81.5kW
④ 92.4kW

해설

$P_s = \dfrac{9.8QH}{\eta} = \dfrac{9.8 \times \left(\dfrac{50}{60}\right) \times 8}{0.8} = 81.7\,kW$

보충 $P_s = \dfrac{13.33QH}{\eta}$ (HP)

정답 095 ③ 096 ③ 097 ④ 098 ③ 099 ① 100 ④ 101 ③

102 관로별 계획하수량 선정시 고려해야 할 사항으로 적합하지 않은 것은?

① 오수관거는 계획시간최대오수량을 기준으로 한다.
② 우수관거에서는 계획우수량을 기준으로 한다.
③ 합류식 관거는 계획시간최대오수량에 계획우수량을 합한 것을 기준으로 한다.
④ 차집관거는 계획시간최대오수량에 우천시 계획우수량을 합한 것을 기준으로 한다.

> 해설
> 합류식에서의 차집관거는 우천시 계획오수량(계획시간 최대 오수량의 3배)을 기준으로 계획한다.

103 펌프의 비속도(N_s)에 대한 설명으로 옳은 것은?

① N_s가 작게 되면 사류형으로 되고 계속 작아지면 축류형으로 된다.
② N_s가 커지면 임펠러 외경에 대한 임펠러의 폭이 작아진다.
③ N_s가 작으면 일반적으로 토출량이 적은 고양정의 펌프를 의미한다.
④ 토출량과 전양정이 동일하면 회전속도가 클수록 N_s가 작아진다.

> 해설
> • N_s가 크면 유량이 많은 저양정의 펌프가 되며 축류 펌프가 있다.
> • $N_s = N \dfrac{Q^{\frac{1}{2}}}{H^{\frac{3}{4}}}$
> • N_s가 동일하면 펌프의 크기에 관계없이 같은 형식의 펌프로 한다.
> • 토출량 및 전양정이 같다면 회전수가 많을수록 N_s가 크게 된다.
> • N_s가 적을수록 효율곡선은 완만하게 되고 유량변화에 대해 효율변화의 비율이 적다.

104 도·송수 관로내 최소 유속을 정하는 주요 이유는?

① 관로 내면의 마모를 방지하기 위하여
② 관로내 침전물의 퇴적을 방지하기 위하여
③ 양정에 소모되는 전력비를 절감하기 위하여
④ 수격작용이 발생할 가능성을 낮추기 위하여

> 해설
> • 평균 유속의 최소 한도 : 0.3m/sec
> • 평균 유속의 최대 한도 : 3.0m/sec

105 취수보의 취수구에서의 표준 유입속도는?

① 0.3~0.6 m/sec
② 0.4~0.8 m/sec
③ 0.5~1.0 m/sec
④ 0.6~1.2 m/sec

- 취수구의 바닥높이는 배토문 바닥 높이보다 0.5~1.0m 이상 높게 하여야 한다.
- 취수구 유입속도는 0.4~0.8m/s를 표준으로 한다.
- 취수구의 폭은 바닥 높이에서 유입속도 범위가 유지되도록 해야 한다.

106 정수장으로 유입되는 원수의 수역이 부영양화되어 녹색을 띄고 있다. 정수방법에서 고려할 수 있는 최우선적인 방법에 해당하는 것은?

① 침전지의 깊이를 깊게 한다.
② 여과사의 입경을 작게 한다.
③ 침전지의 표면적을 크게 한다.
④ 마이크로 스트레이너로 전처리한다.

마이크로 스트레이너(Micro strainer)는 수중의 동·식물성 플랑크톤이나 부유물질을 기계적으로 연속하여 제거하는 장치이다.

107 계획오수량을 생활오수량, 공장폐수량 및 지하수량으로 구분할 때, 이것에 대한 설명으로 옳지 않은 것은?

① 지하수량은 1인1일 최대오수량의 10~20%로 한다.
② 계획1일 최대오수량은 1인1일 최대오수량에 계획인구를 곱한 후, 여기에 공장폐수량, 지하수량 및 기타 배수량을 더한 것으로 한다.
③ 계획1일 평균오수량은 계획1일 최대오수량의 70~80%를 표준으로 한다.
④ 합류식에서 우천시 계획오수량은 원칙적으로 계획시간 최대오수량의 2배 이상으로 한다.

- 합류식에서 우천시 계획오수량은 원칙적으로 계획시간 최대오수량의 3배 이상으로 한다.
- 계획시간 최대오수량은 계획 1일 최대오수량의 1시간당 수량의 1.3~1.8배를 표준으로 한다.
- 하수처리장의 설계기준이 되는 기본적 하수량은 계획 1일 최대오수량을 기준한다.

108 수격작용을 방지하기 위한 방법으로 옳지 않은 것은?

① 펌프에 플라이 휠(fly-wheel)을 붙여 펌프의 관성을 증가시킨다.
② 토출측 관로에 조압수조(surge tank)를 설치한다.
③ 압력수조(air-chamber)를 설치한다.
④ 펌프 흡입측에 완폐형 역지밸브를 단다.

- 펌프의 토출구에 완만히 닫을 수 있는 역지밸브를 설치하여 압력상승을 적게 한다.
- 펌프의 토출측 관로에 안전밸브 또는 공기밸브를 설치한다.
- 펌프의 급정지를 피한다. 즉, 펌프의 속도가 급격히 변화하는 것을 방지한다.
- 밸브를 펌프 송출구 가까이 설치한다.

정답 102 ④ 103 ③ 104 ② 105 ② 106 ④ 107 ④ 108 ④

109 어느 지역의 간선하수거 길이가 600m, 하수거 입구까지 빗물이 유하하는 데 3분이 소요되었다. 간선하수거내 유속은 2m/sec라면 유달시간은?

① 2분 ② 3분
③ 5분 ④ 8분

해설
- 유입시간(t_1) : 3분
- 유하시간(t_2) : $\dfrac{L}{V} = \dfrac{600}{2} = 300$초 = 5분
- ∴ 유달시간(t) = $t_1 + t_2 = 3 + 5 = 8$분

110 정수장에서 전염소처리법(prechlorination)의 목적으로 가장 거리가 먼 것은?

① 맛과 냄새의 제거
② 암모니아성 질소와 유기물 등의 처리
③ 철과 망간의 제거
④ 적정한 잔류염소량 유지

해설
- 전 염소 처리는 염소를 침전지 이전에 주입하는 것으로 소독작용이 아닌 산화분해작용이 주목적이다.
- 전 염소 처리로 조류 및 세균번식 방지를 할 수 있다.

111 다음 중 수원의 구비요건이 아닌 것은?

① 수량이 풍부하여야 한다.
② 수질이 좋아야 한다.
③ 가능한 한 낮은 곳에 위치하여야 한다.
④ 소비자로부터 가까운 곳에 위치하여야 한다.

해설
- 수리학적으로 가능한 한 자연유하식을 이용할 수 있는 곳이어야 하므로 가능한 한 높은 곳에 위치하여야 한다.
- 하천 표류수를 수원으로 할 경우에는 하천 유량 상황이 좋지 않은 갈수량을 기준으로 결정한다.

112 침전지의 유효수심이 4m, 침전시간 8시간, 1일 최대사용수량이 500m³일 때 침전지의 소요 표면적은?

① 32.3m² ② 41.7m²
③ 50.8m² ④ 61.2m²

해설

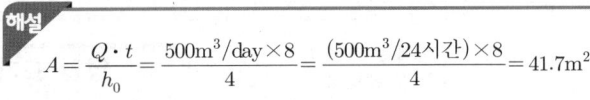

보충
- 응집침전으로 용해성 물질을 제거할 수 없다.
- 침사지의 용량은 계획 취수량의 10~20분간 저류 시킬 수 있어야 한다.

113 합류식과 분류식에 대한 설명으로 옳지 않은 것은?
① 합류식의 경우 관경이 커지기 때문에 2계통인 분류식보다 건설비용이 많이 든다.
② 분류식의 경우 오수와 우수를 별개의 관로로 배제하기 때문에 오수의 배제계획이 합리적이 된다.
③ 분류식의 경우 관거내 퇴적은 적으나 수세효과는 기대할 수 없다.
④ 합류식의 경우 일정량 이상이 되면 우천시 오수가 월류한다.

해설
- 합류식의 경우 분류식보다 건설비용이 적게 든다.
- 분류식은 우천시 월류의 우려가 없다.

114 하수도 계획의 목표연도는 원칙적으로 몇 년 정도인가?
① 10년 ② 20년
③ 30년 ④ 40년

해설
상수도 시설의 신설이나 확장의 경우에는 5~15년간을 고려하여 계획한다.

115 Ripple법에 의하여 저수지 용량을 결정하려고 한다. 그림에서 필요저수용량을 표시한 구간은? (단, 직선 $\overline{AB}$, $\overline{CD}$는 $\overline{OX}$에 평행하고 누가수량차 E가 F보다 크다.)
① ㉠
② ㉡
③ ㉢
④ ㉣

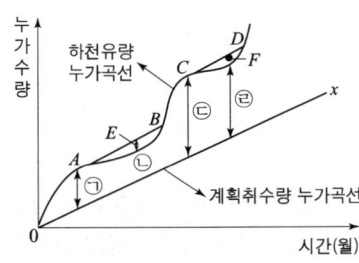

해설
E에 해당하는 세로 길이가 필요 저수용량(부족수량)이 된다.

정답 109 ④ 110 ④ 111 ③ 112 ② 113 ① 114 ② 115 ②

01회 CBT 모의고사

116 도수 및 송수관로 계획에 대한 설명으로 옳지 않은 것은?
① 비정상적 수압을 받지 않도록 한다.
② 수평 및 수직의 급격한 굴곡을 많이 이용하여 자연 유하식이 되도록 한다.
③ 가능한 한 단거리가 되도록 한다.
④ 가능한 한 적은 공사비가 소요되는 곳을 택한다.

> **해설** 도수 및 송수관로 결정시 급격한 굴곡은 가능한 피한다.

117 반송 찌꺼기(슬러지)의 SS농도가 6000mg/L이다. MLSS농도를 2500mg/L로 유지하기 위한 찌꺼기(슬러지) 반송비는?
① 25% ② 55.%
③ 71% ④ 100%

> **해설** 반송비 = $\dfrac{MLSS \text{ 농도}}{\text{반송 슬러지 농도} - MLSS \text{ 농도}} = \dfrac{2500}{6000 - 2500} = 0.71 = 71\%$

118 호기성 처리방법과 비교하여 혐기성 처리방법의 특징에 대한 설명으로 틀린 것은?
① 유용한 자원인 메탄 생성된다.
② 동력비 및 유지관리비가 적게 든다.
③ 하수 찌꺼기(슬러지) 발생량이 적다.
④ 운전조건의 변화에 적응하는 시간이 짧다.

> **해설** 운전조건의 변화에 적응하기 힘들어 시간이 길다.

119 1개의 반응조에 반응조와 이차침전지의 기능을 갖게 하여 활성슬러지에 의한 반응과 혼합액의 침전, 상징수의 배수, 침전찌꺼기(슬러지)의 배출 공정 등을 반복해 처리하는 하수처리공법은?
① 수정식 폭기조법 ② 장시간폭기법
③ 접촉안정법 ④ 연속회분식 활성슬러지법

> **해설** 연속회분식 활성슬러지법은 단일조(회분반응조)내에서 유입, 혐기교반, 호기교반, 침전, 상징수 배출의 전공정이 이루어지므로 시설 부지면적이 절감되며 전공정이 자동화로 인건비가 절약. 기존 생물학적 처리방식에서 문제가 되는 bulking 현상이 없다.

120 계획수량에 대한 설명으로 옳지 않은 것은?
① 송수시설의 계획송수량은 원칙적으로 계획1일 최대급수량을 기준으로 한다.
② 계획취수량은 계획1일 최대급수량을 기준으로 하며, 기타 필요한 작업용수를 포함한 손실수량 등을 고려한다.
③ 계획배수량은 원칙적으로 해당 배수구역의 계획1일 최대급수량으로 한다.
④ 계획정수량은 계획1일 최대급수량을 기준으로 하고, 여기에 정수장 내 사용되는 작업용수와 기타 용수를 합산 고려하여 결정한다.

해설
- 계획배수량은 원칙적으로 해당 배수구역의 계획시간 최대급수량으로 한다.
- 계획시간 최대 배수량은 배수구역내의 계획급수인구가 그 시간대에 최대량의 물을 사용한다고 가정하여 결정한다.

정답 116 ② 117 ③ 118 ④ 119 ④ 120 ③

CBT 모의고사

- 수험번호:
- 수험자명:
- 제한 시간:
- 남은 시간:

글자 크기 100% 150% 200% 화면 배치

- 전체 문제 수:
- 안 푼 문제 수:

답안 표기란

001 ① ② ③ ④
002 ① ② ③ ④

1과목 응용역학

001 어떤 보 단면의 전단응력도를 그렸더니 그림과 같았다. 이 단면에 가해진 전단력의 크기는?

① 0.96kN
② 0.72kN
③ 0.48kN
④ 0.64kN

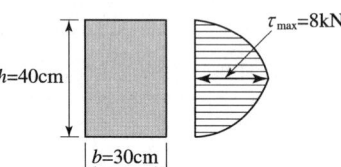

해설

$$\tau_{max} = \frac{3}{2}\frac{S}{A}$$

$$\therefore S = \frac{\tau_{max} \times A}{1.5} = \frac{8 \times 0.3 \times 0.4}{1.5} = 0.64\,kN$$

📝 **보충** 원형단면의 최대전단응력

$$\tau_{max} = \frac{4}{3}\frac{S}{A}$$

002 다음 그림과 같은 단순보의 중앙점 C에 집중하중 P가 작용하여 중앙점의 처짐 δ가 발생했다. δ가 0이 되도록 양쪽지점에 모멘트 M을 작용시키려고 할 때 이 모멘트의 크기 M을 하중 P와 지간 l로 나타내면 얼마인가? (단, EI는 일정하다.)

① $M = \dfrac{Pl}{2}$
② $M = \dfrac{Pl}{4}$
③ $M = \dfrac{Pl}{6}$
④ $M = \dfrac{Pl}{8}$

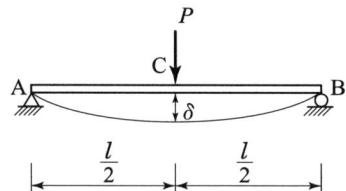

해설

- 단순보 중앙에 집중하중 작용시 처짐

$$y_1 = \frac{Pl^3}{48EI}$$

- 단순보 양단지점에 모멘트 작용시 처짐

$$y_2 = \frac{Ml^2}{8EI} \qquad \therefore\ y_1 - y_2 = 0$$

$$\frac{Pl^3}{48EI} = \frac{Ml^2}{8EI} \qquad \therefore\ M = \frac{Pl}{6}$$

003 아래 그림과 같은 불규칙한 단면의 $A-A$축에 대한 단면 2차 모멘트는 $35 \times 10^6 \text{mm}^4$이다. 만약 단면의 총 면적이 $1.2 \times 10^4 \text{mm}^2$이라면, B–B축에 대한 단면2차모멘트는 얼마인가? (단, $D-D$축은 단면의 도심을 통과한다.)

① $15.8 \times 10^6 \text{mm}^4$
② $17 \times 10^6 \text{mm}^4$
③ $17 \times 10^5 \text{mm}^4$
④ $15.8 \times 10^5 \text{mm}^4$

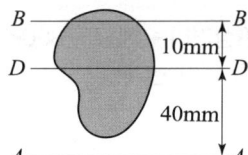

해설

$I_x = I_X + A \cdot y_o^2$ 공식에서 $I_A = I_D + A \cdot y_o^2$
$35 \times 10^6 = I_D + 1.2 \times 10^4 \times 40^2$
∴ $I_D = 15.8 \times 10^6 \text{mm}^4$
$I_B = I_D + A \cdot y_o^2 = 15.8 \times 10^6 + 1.2 \times 10^4 \times 10^2 = 17 \times 10^6 \text{mm}^4$

004 탄성계수 E, 전단탄성계수 G, 포와송수 m 사이의 관계가 옳은 것은?

① $G = \dfrac{m}{2(m+1)}$
② $G = \dfrac{E}{2(m-1)}$
③ $G = \dfrac{mE}{2(m+1)}$
④ $G = \dfrac{E}{2(m+1)}$

해설

$G = \dfrac{E}{2(1+v)} = \dfrac{E}{2\left(1+\dfrac{1}{m}\right)} = \dfrac{mE}{2(m+1)}$

보충

• $v = \dfrac{\beta}{\varepsilon} = \dfrac{\dfrac{\Delta d}{d}}{\dfrac{\Delta l}{l}}$
• $G = \dfrac{\tau}{r} = \dfrac{S/A}{\lambda/l} = \dfrac{Sl}{A\lambda}$
• $E = \dfrac{\sigma}{\varepsilon}$

005 다음의 부정정 구조물을 모멘트 분배법으로 해석하고자 한다. C점이 롤러지점임을 고려한 수정강도계수에 의하여 B점에서 C점으로 분배되는 분배율 f_{BC}를 구하면?

① 1/2
② 3/5
③ 4/7
④ 5/7

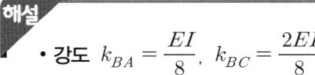

해설

• 강도 $k_{BA} = \dfrac{EI}{8}$, $k_{BC} = \dfrac{2EI}{8}$
• 강비 $k_{BA} = 1$, $k_{BC} = 2$
• 분배율 $f_{BC} = \dfrac{2 \times \dfrac{3}{4}}{1 + 2 \times \dfrac{3}{4}} = \dfrac{3}{5}$

정답 001 ④ 002 ③ 003 ② 004 ③ 005 ②

006 그림과 같은 단주에서 편심거리 e에 $P=800$kN이 작용할 때 단면에 인장력이 생기지 않기 위한 e의 한계는?

① 10cm
② 8cm
③ 9cm
④ 5cm

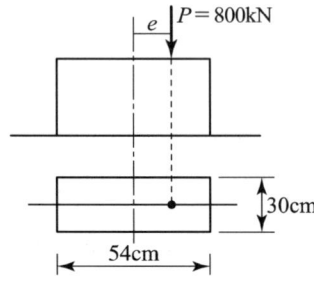

해설

- $I = \dfrac{b^3 h}{12} = \dfrac{54^3 \times 30}{12} = 393,660 \text{cm}^4$

- $\sigma_c = -\dfrac{P}{A} + \dfrac{M}{I} \cdot y$

  $0 = -\dfrac{800}{30 \times 54} + \dfrac{800 \times e}{393,660} \times \dfrac{54}{2}$

  $\therefore e = 9\text{cm}$

007 그림과 같은 캔틸레보에서 A점의 처짐은? (단, AC 구간의 단면이차모멘트는 I이고 CB 구간은 $2I$이며, 탄성계수는 E로서 전 구간이 동일하다.)

① $\dfrac{2Pl^3}{15EI}$
② $\dfrac{3Pl^3}{16EI}$
③ $\dfrac{5Pl^3}{18EI}$
④ $\dfrac{7Pl^3}{24EI}$

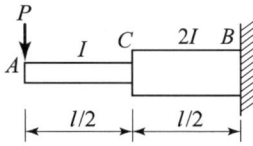

해설

공액보상 휨모멘트도를 하중으로 작용시

$M_A' = \dfrac{1}{2} \times \dfrac{Pa}{2} \times a \times \dfrac{2a}{3} + \dfrac{1}{2} \times \dfrac{Pl}{2} \times l \times \dfrac{2l}{3}$

$= \dfrac{Pa^3}{6} + \dfrac{Pl}{2} \times l \times \dfrac{2l}{3}$

$= \dfrac{Pa^3}{6} + \dfrac{Pl^3}{6} = \dfrac{P}{6}(a^3 + l^3)$

$\therefore y_A = \dfrac{M_A'}{EI} = \dfrac{P}{6EI}(a^3 + l^3)$

$= \dfrac{P}{6EI}\left[\left(\dfrac{l}{2}\right)^3 + l^3\right] = \dfrac{9Pl^3}{48EI} = \dfrac{3Pl^3}{16EI}$

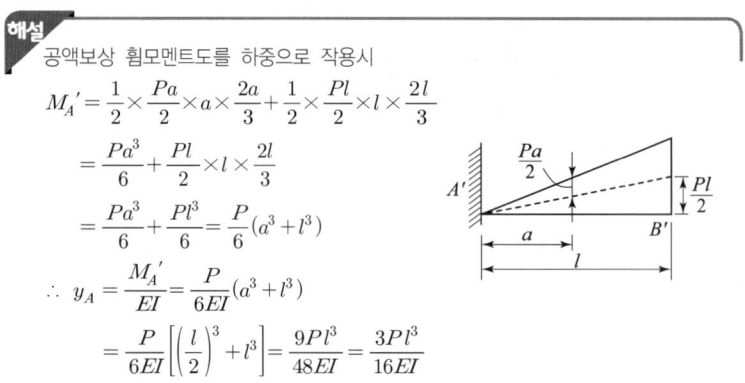

008 내민보에 그림과 같이 지점 A에 모멘트가 작용하고 집중하중이 보의 끝에 작용한다. 이 보에 발생하는 최대 휨모멘트의 절대값은?

① 6 kN·m
② 8 kN·m
③ 10 kN·m
④ 12 kN·m

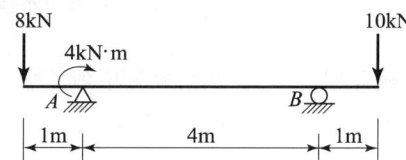

해설
$M_B = 10 \times 1 = 10 \text{kN} \cdot \text{m}$

009 연속보를 삼연모멘트 방정식을 이용하여 B점의 모멘트 $M_B = -92.8$ kN·m을 구하였다. B점의 수직반력을 구하면?

① 28.4kN
② 36.3kN
③ 51.7kN
④ 59.5kN

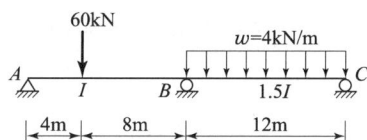

해설
- A–B보
  $\sum M_A = 0$
  $-R_{B1} \times 12 + 60 \times 4 + 92.8 = 0$　　∴ $R_{B_1} = 27.73 \text{kN}$
- B–C보
  $R_{B2} \times 12 - 4 \times 12 \times 6 - 92.8 = 0$　　∴ $R_{B2} = 31.73 \text{kN}$
- $R_B = R_{B1} + R_{B2} \fallingdotseq 59.5 \text{kN}$

010 평면응력상태 하에서의 모아(Mohr)의 응력원에 대한 설명 중 옳지 않은 것은?

① 최대 전단응력의 크기는 두 주응력의 차이와 같다.
② 모아 원의 중심의 x 좌표값은 직교하는 두 축의 수직응력의 평균값과 같고 y 좌표값은 0이다.
③ 모아 원이 그려지는 두 축 중 연직(y)축은 전단응력의 크기를 나타낸다.
④ 모아 원으로부터 주응력의 크기와 방향을 구할 수 있다.

해설
최대 전단응력($\theta = 45°$일 때 최대)
$\tau_{\max} = \dfrac{\sigma_1 - \sigma_3}{2} \sin 2\theta$
$= \dfrac{\sigma_1 - \sigma_3}{2} \sin 2 \times 45°$
$= \dfrac{\sigma_1 - \sigma_3}{2}$

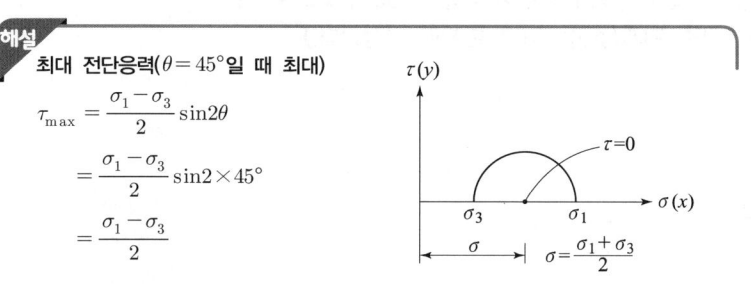

정답　006 ③　007 ②　008 ③　009 ④　010 ①

011 그림과 같이 이축응력(二軸應力)을 받고 있는 요소의 체적 변형률은?
(단, 탄성계수 $E=2.0\times 10^5$ MPa, 프와송비 $\nu=0.3$)

① 3.6×10^{-4}
② 4.0×10^{-4}
③ 4.4×10^{-4}
④ 4.8×10^{-4}

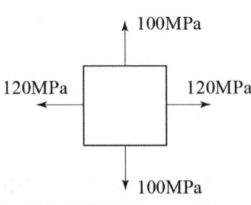

해설 2축 응력의 체적 변형률

$$\varepsilon_v = \frac{\Delta V}{V} = \frac{1-2\nu}{E}(\sigma_x + \sigma_y) = \frac{1-2\times 0.3}{2.0\times 10^5}(120+100) = 4.4\times 10^{-4}$$

보충
• 2축 응력시 x방향의 변형률
$$\varepsilon_x = \frac{1}{E}(\sigma_x - \nu\sigma_y) = \frac{1}{2.0\times 10^5}(120 - 0.3\times 100) = 4.5\times 10^{-4}$$

• 3축 응력의 체적 변형률
$$\varepsilon_v = \frac{\Delta V}{V} = \frac{1-2\nu}{E}(\sigma_x + \sigma_y + \sigma_z)$$

012 다음 그림과 같은 보에서 A점의 반력이 B점의 반력의 2배가 되도록 하는 거리 x는 얼마인가?

① 1.67m
② 2.67m
③ 3.67m
④ 4.67m

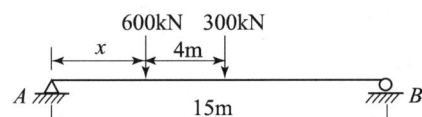

해설
$\Sigma M_B = 0$
$600\times 15 - 600(15-x) - 300(15-4-x) = 0$
$600\times 15 - 9000 + 600x - 4500 + 1200 + 300x = 0$
$900x = 3300$
$\therefore x = \frac{3300}{900} = 3.67$m

013 직경 d인 원형단면 기둥의 길이가 4m이다. 세장비가 100이 되도록 하자면 이 기둥의 직경은? (단, 지지상태는 양단 힌지로 가정한다.)

① 12cm
② 16cm
③ 18cm
④ 20cm

해설
• 세장비 $\lambda = \frac{l}{r} = \frac{l}{\sqrt{I/A}} = \frac{l}{\sqrt{\frac{\pi D^4/64}{\pi D^2/4}}} = \frac{4l}{D}$

• $\lambda = \frac{4l}{d}$, $100 = \frac{4\times 400}{d}$ $\therefore d = 16$cm

014 그림과 같은 정정 트러스에 있어서 a 부재에 일어나는 부재내력은?

① 6kN (압축)
② 5kN (인장)
③ 4kN (압축)
④ 3kN (인장)

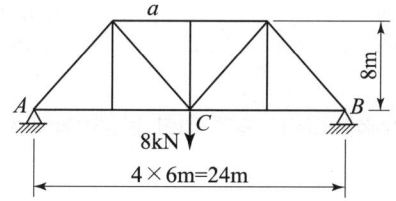

해설

- 대칭이므로 $R_A = 4\text{kN}$
- $M_C = 0$
  $4 \times 12 - a \times 8 = 0$
  $\therefore a = 6\text{kN}(압축)$

015 그림과 같은 구조물에서 부재 AB가 6kN의 힘을 받을 때 하중 P의 값은?

① 5.24kN
② 5.94kN
③ 6.27kN
④ 6.93kN

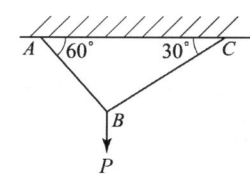

해설

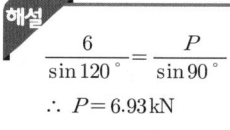 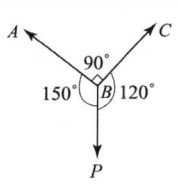

$\dfrac{6}{\sin 120°} = \dfrac{P}{\sin 90°}$

$\therefore P = 6.93\text{kN}$

016 그림과 같은 단순보에 이동하중이 작용할 때 절대 최대휨모멘트는?

① 387.2kN·m
② 423.2kN·m
③ 478.4kN·m
④ 531.7kN·m

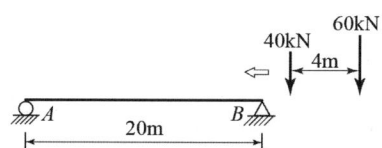

해설
- $-100 \times a = -40 \times 4$
  $\therefore a = 1.6\text{m}$
- B점에서의 거리
  $\dfrac{l}{2} - \dfrac{a}{2} = \dfrac{20}{2} - \dfrac{1.6}{2} = 9.2\text{m}$
- $\Sigma M_A = 0$
  $-R_B \times 20 + 60 \times 10.8 + 40 \times 6.8 = 0$
  $\therefore R_B = 46\text{kN}$
- $M_{\max} = R_B \times 9.2 = 46 \times 9.2 = 423.2\text{kN·m}$

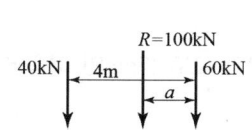
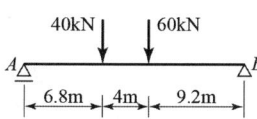

정답 011 ③ 012 ③ 013 ② 014 ① 015 ④ 016 ②

017 아래 그림과 같은 캔틸레버 보에서 휨에 의한 탄성변형에너지는? (단, EI는 일정하다.)

① $\dfrac{P^2L^3}{3EI}$ ② $\dfrac{P^2L^3}{2EI}$

③ $\dfrac{2P^2L^3}{3EI}$ ④ $\dfrac{3P^2L^3}{2EI}$

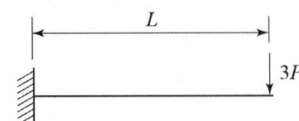

해설

$$U = \int \dfrac{M^2}{2EI}dx = \dfrac{1}{2EI}\int_0^L (3Px)^2 dx = \dfrac{9P^2}{2EI}\int_0^L (x^2)dx = \dfrac{9P^2}{2EI}\left[\dfrac{x^3}{3}\right]_0^L$$
$$= \dfrac{9P^2L^3}{6EI} = \dfrac{3P^2L^3}{2EI}$$

018 그림과 같은 비대칭 3힌지 아치에서 힌지 C에 연직하중(P) 15kN이 작용한다. A지점의 수평반력 H_A는?

① 12.43kN
② 15.79kN
③ 18.42kN
④ 21.05kN

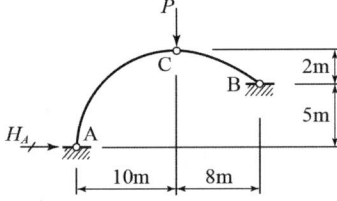

해설

- $\Sigma M_B = 0$
  $R_A \times 18 - H_A \times 5 - 15 \times 8 = 0$
  $R_A \times 18 - H_A \times 5 = 120$ ············ ①
- $\Sigma M_C = 0$
  $R_A \times 10 - H_A \times 7 = 0$
  $\therefore R_A = 0.7 H_A$ ···················· ②
- ①식에 ②식을 대입하면
  $0.7 H_A \times 18 - H_A \times 5 = 120$
  $\therefore H_A = 15.79 \text{kN}$

019 그림과 같이 폭(b)와 높이(h)가 모두 12cm인 이등변 삼각형의 x, y축에 대한 단면상승모멘트 I_{xy}는?

① 576cm^4
② 642cm^4
③ 768cm^4
④ 864cm^4

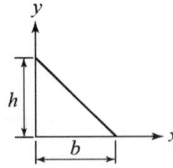

해설

$$I_{xy} = \dfrac{b^2 h^2}{24} = \dfrac{12^2 \times 12^2}{24} = 864 \text{cm}^4$$

020 L이 10m인 그림과 같은 내민보의 자유단에 $P=2\text{kN}$의 연직하중이 작용할 때 지점 B와 중앙부 C점에 발생되는 모멘트는?

① $M_B=-8\text{kN}\cdot\text{m}, \ M_C=-5\text{kN}\cdot\text{m}$
② $M_B=-10\text{kN}\cdot\text{m}, \ M_C=-4\text{kN}\cdot\text{m}$
③ $M_B=-10\text{kN}\cdot\text{m}, \ M_C=-5\text{kN}\cdot\text{m}$
④ $M_B=-8\text{kN}\cdot\text{m}, \ M_C=-4\text{kN}\cdot\text{m}$

해설
- $\Sigma M_D=0$
  $R_B \times 10 - 2 \times 15 = 0$
  $\therefore R_B = \dfrac{1}{10}(2\times 15) = 3\text{kN}$
- $M_C = -2\times 10 + 3\times 5 = -5\text{kN}\cdot\text{m}$
- $M_B = -2\times 5 = -10\text{kN}\cdot\text{m}$

측량학

021 하나의 삼각형 각점에서 같은 정밀도로 측량하여 생긴 폐합오차는 어떻게 처리하는가?
① 각의 크기에 관계없이 등배분한다.
② 대변의 크기에 비례하여 배분한다.
③ 각의 크기에 반비례하여 배분한다.
④ 각의 크기에 비례하여 배분한다.

해설
폐합오차는 각의 크기에 관계없이 등배분한다.

022 노선에 있어서 곡선의 반지름만이 2배로 증가하면 캔트(cant)의 크기는?
① $\dfrac{1}{\sqrt{2}}$로 줄어든다.　② $\dfrac{1}{2}$로 줄어든다.
③ $\dfrac{1}{4}$로 줄어든다.　④ 2배로 증가한다.

해설
$C=\dfrac{SV^2}{gR}$ 식에서 R을 2배로 증가하면 캔트는 $\dfrac{1}{2}$로 줄어든다.

정답 017 ④ 018 ② 019 ④ 020 ③ 021 ① 022 ②

023 축척 1/500 지형도를 기초로 하여 축척 1/3000 지형도를 제작하고자 한다. 1/3000 도면 한 장에는 1/500 도면이 얼마나 포함되는가?

① 16매 ② 25매
③ 36매 ④ 49매

해설

$$\left(\frac{3000}{500}\right)^2 = 36매$$

보충 축척과 면적 관계
$$m_1^2 : A_1 = m_2^2 : A_2$$
$$\therefore A_2 = \left(\frac{m_2}{m_1}\right)^2 A_1$$

024 지오이드(Geoid)에 관한 설명으로 틀린 것은?

① 하나의 물리적 가상면이다.
② 지오이드면과 기준 타원체면과는 일치한다.
③ 지오이드 상의 어느 점에서나 중력 방향에 연직이다.
④ 평균 해수면과 일치하는 등포텐셜면이다.

해설
- 평균해수면을 육지까지 연장한 가상적인 곡면을 지오이드라 하며 이것은 지구 타원체와 정확히 일치하지 않는다.
- 지오이드는 중력장의 등포텐셜면으로 볼 수 있다.
- 실제로 지오이드면은 굴곡이 심하므로 측지측량의 기준으로 채택하기 어렵다.
- 지구타원체의 법선과 지오이드의 법선 간의 차이를 연직선 편차라 한다.
- 지오이드는 수학적으로 정의된 타원체보다 북극에서 약 13.5m 위에 남극에서 약 24.1m 아래에 있다.
- 지오이드는 대륙에서 타원체 위에 존재하고 해양에서는 타원체 아래에 존재한다.

025 수준점 A, B, C에서 수준측량을 하여 P점의 표고를 얻었다. P점 표고의 최확값은?

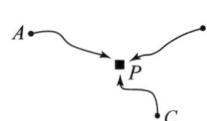

노선	P점 표고값	노선거리
A → P	57.583m	2 km
B → P	57.700m	3 km
C → P	57.680m	4 km

① 57.641m ② 57.649m
③ 57.654m ④ 57.706m

해설
- 경중률은 노선의 길이에 반비례한다.
$$P_1 : P_2 : P_3 = \frac{1}{2} : \frac{1}{3} : \frac{1}{4} = 6 : 4 : 3$$

- 최확값 $H_P = \dfrac{\sum PH}{\sum P} = \dfrac{P_1H_1 + P_2H_2 + P_3H_3}{P_1 + P_2 + P_3}$

  $= 57 + \dfrac{0.583 \times 6 + 0.7 \times 4 + 0.68 \times 3}{6 + 4 + 3} = 57.641\text{m}$

026 사진측량에 대한 설명으로 옳지 않은 것은?

① 과고감은 사진축척과 지도축척의 불일치로 인해 나타난다.
② 입체시된 영상의 과고감은 기선고도비가 클수록 커진다.
③ 항공사진의 축척은 카메라 초점거리에 비례, 비행고도에 반비례한다.
④ 촬영고도가 동일한 경우 촬영기선길이가 증가하면 중복도는 낮다.

해설
- 과고감은 입체 시 영상이 과장되어 보이는 정도이다.
- 과고감은 판독에 사용한 렌즈의 초점거리, 중복도 등에 의해 변하는 것이다.
- 사진측량의 과고감은 입체상의 높이가 실제보다 산지는 돌출하여 높고, 경사면은 실제의 경사보다 급하게 보인다.

027 노선의 곡률반경이 100m, 곡선길이가 20m일 경우 클로소이드(clothoid)의 매개변수(A)는 약 얼마인가?

① 22m ② 40m
③ 45m ④ 60m

해설
- $A^2 = RL$ ∴ $A = \sqrt{RL} = \sqrt{100 \times 20} = 44.721\text{m}$
- 단위 클로소이드란 매개변수 A가 1인 클로소이드이다.
- 모든 클로소이드는 닮은 꼴이다.
- 클로소이드에서 매개변수 A가 정해지면 클로소이드의 크기가 정해진다.

028 토공량을 계산하기 위해 대상구역을 삼각형으로 분할하여 각 교점의 절토고를 측량한 결과 그림과 같이 얻어졌다. 토공량은? (단, 단위 m)

① 85m³
② 90m³
③ 95m³
④ 100m³

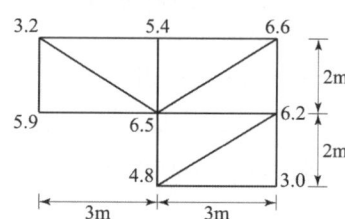

해설
- $A = \dfrac{1}{2} \times 3 \times 2 = 3\text{m}^2$
- $\sum h_1 = 5.9 + 3.0 = 8.9\text{m}$ · $\sum h_2 = 3.2 + 5.4 + 6.6 + 4.8 = 20$
- $\sum h_3 = 6.2\text{m}$ · $\sum h_5 = 6.5\text{m}$
- $V = \dfrac{A}{3}(\sum h_1 + 2\sum h_2 + 3\sum h_3 + \cdots)$

  $= \dfrac{3}{3}(8.9 + 2 \times 20 + 3 \times 6.2 + 5 \times 6.5) = 100\text{m}^3$

정답 023 ③ 024 ② 025 ① 026 ① 027 ③ 028 ④

029 완화곡선에 대한 설명으로 틀린 것은?
① 완화곡선의 접선은 시점에서 원호에, 종점에서 직선에 접한다.
② 곡선 반지름은 완화곡선의 시점에서 무한대, 종점에서 원곡선의 반지름이 된다.
③ 완화 곡선에 연한 곡선 반지름의 감소율은 칸트의 증가율과 같다.
④ 종점에 있는 칸트는 원곡선의 칸트와 같게 된다.

> **해설** 완화곡선의 접선은 시점에서 직선에, 종점에서 원호에 접한다.

030 수심이 h인 하천에서 수면으로부터 0.2h, 0.6h, 0.8h인 지점의 유속을 측정하여 각각 0.523m/sec, 0.456m/sec, 0.317m/sec를 얻었다. 이때 3점법으로 구한 평균유속은?
① 0.420m/sec
② 0.432m/sec
③ 0.438m/sec
④ 0.456m/sec

> **해설**
> $$V_m = \frac{1}{4}(V_{0.2} + 2V_{0.6} + V_{0.8}) = \frac{1}{4}(0.523 + 2 \times 0.456 + 0.317)$$
> $$= 0.438 \text{m/sec}$$

031 트래버스 측량에서 발생된 폐합오차를 조정하는 방법 중의 하나인 콤파스 법칙(Compass Rule)의 오차 배분 방법에 대한 설명으로 옳은 것은?
① 트래버스 내각의 크기에 비례하여 배분한다.
② 트래버스 외각의 크기에 비례하여 배분한다.
③ 각 변의 위·경거에 비례하여 배분한다.
④ 각 변의 측선 길이에 비례하여 배분한다.

> **해설**
> • **컴퍼스 법칙**: 각관측과 거리관측의 정밀도가 같을 때 각 측선의 길이에 비례하여 폐합오차를 배분한다.
> • **트랜싯 법칙**: 각관측의 정밀도가 거리관측의 정밀도보다 높을 때 위거, 경거의 크기에 비례하여 폐합오차를 배분한다.

032 지형의 표시법 중 임의 점의 표고를 숫자로 도상에 나타내는 방법으로 주로 해도, 하천, 호수, 항만의 수심을 나타내는 경우에 사용되는 방법은?
① 등고선법
② 음영법
③ 점고법
④ 영선법

> **해설** 하천이나 항만 등에서 심천측량을 하여 도상에 지형을 표시하는 방법으로 점고법이 사용된다.

033 그림과 같이 4점을 측정하였다. 면적은 얼마인가?

① 87m²
② 100m²
③ 174m²
④ 192m²

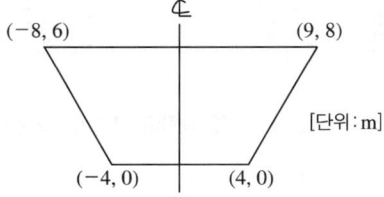

[단위 : m]

- 좌표법에 의한 면적
$$\frac{1}{2}\sum\{\text{그 측점 } y \text{ 좌표} \times (\text{앞 측선 } x \text{ 좌표} - \text{다음 측선 } x \text{ 좌표})\}$$
$$\therefore \frac{1}{2}\{6(-4-9)+8(-8-4)\}=87\text{m}^2$$

034 각의 정밀도가 ±20″인 각측량기로 각을 관측할 경우, 각오차와 거리오차가 균형을 이루기 위한 줄자의 정밀도는?

① 약 $\frac{1}{10000}$
② 약 $\frac{1}{50000}$
③ 약 $\frac{1}{100000}$
④ 약 $\frac{1}{500000}$

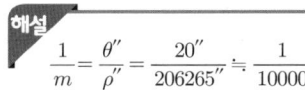

$$\frac{1}{m}=\frac{\theta''}{\rho''}=\frac{20''}{206265''}≒\frac{1}{10000}$$

035 120m의 측선을 30m 줄자로 관측하였다. 1회 관측에 따른 우연오차가 ±3mm이었다면, 전체 거리에 대한 오차는?

① ±3mm
② ±6mm
③ ±9mm
④ ±12mm

우연오차 $= a\sqrt{n}=\pm 3\sqrt{\frac{120}{30}}=\pm 6\text{mm}$

036 종단수준측량에서는 중간점을 많이 사용하는 이유로 옳은 것은?

① 중심말뚝의 간격이 20m 내외로 좁기 때문에 중심말뚝을 모두 전환점으로 사용할 경우 오차가 더욱 커질 수 있기 때문이다.
② 중간점을 많이 사용하고 기고식 야장을 작성할 경우 완전한 검산이 가능하여 종단수준측량의 정확도를 높일 수 있기 때문이다.
③ B.M점 좌우의 많은 점을 동시에 측량하여 세밀한 종단면도를 작성하기 위해서 이다.
④ 핸드 레벨을 이용한 작업에 적합한 측량 방법이기 때문이다.

중간점은 그 점에 표고만 구하기 위하여 전시만 취한 점에서 오차가 발생할 경우 그 점의 표고만 틀릴 뿐 다른 지역에는 영향이 없다.

정답 029 ① 030 ③ 031 ④ 032 ③ 033 ① 034 ① 035 ② 036 ①

037 GNSS가 다중주파수(multi-frequency)를 채택하고 있는 가장 큰 이유는?
① 데이터 취득 속도의 향상을 위해
② 대류권 지연 효과를 제거하기 위해
③ 다중경로오차를 제거하기 위해
④ 전리층 지연 효과의 제거를 위해

해설
다중주파수를 이용하여 전리층 지연 값을 계산하여 주요 오차원인을 제거한다.

038 트래버스 측량(다각측량)의 종류와 그 특징으로 옳지 않은 것은?
① 결합 트래버스는 삼각점과 삼각점을 연결시킨 것으로 조정계산 정확도가 가장 높다.
② 폐합 트래버스는 한 측점에서 시작하여 다시 그 측점에 돌아오는 관측 형태이다.
③ 폐합 트래버스는 오차의 계산 및 조정이 가능 하나, 정확도는 개방 트래버스보다 낮다.
④ 개방 트래버스는 임의의 한 측점에서 시작하여 다른 임의의 한 점에서 끝나는 관측 형태이다.

해설
폐합 트래버스의 정확도는 개방 트래버스보다 높다.

039 그림과 같은 유심 삼각망에서 점조건 조정식에 해당하는 것은?
① (①+②+⑨)=180°
② (①+②)=(⑤+⑥)
③ (⑨+⑩+⑪+⑫)=360°
④ (①+②+③+④+⑤+⑥+⑦+⑧)=360°

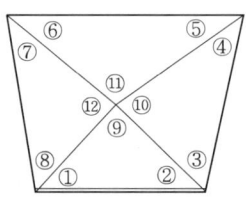

해설
점조건식은 한 점 주위의 둘러싸인 모든 각의 합은 360°이다.

040 그림과 같이 교호수준측량을 실시한 결과, a_1=3.835m, b_1=4.264m, a_2=2.375m, b_2=2.812m이었다. 이때 양안의 두 점 A와 B의 높이 차는? (단, 양안에서 시준점과 표척까지의 거리 CA=DB)
① 0.429m
② 0.433m
③ 0.437m
④ 0.441m

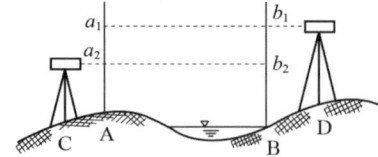

$$h = \frac{1}{2}\{(a_1-b_1)+(a_2-b_2)\}$$
$$= \frac{1}{2}\{(3.835-4.264)+(2.375-2.812)\} = 0.433\,\text{m}$$

3과목 수리·수문학

041 미계측 유역에 대한 단위유량도의 합성방법이 아닌 것은?
① Clark 방법
② Horton 방법
③ Snyder 방법
④ SCS 방법

해설
Horton 방법은 침투능 산정공식에 의한 방법이다.
- **Snyder방법** : 단위도의 기저시간, 첨두유량, 지체시간 등에 의해 정의한다.
- **SCS방법** : 유출량 자료가 없는 경우 적용한다.

042 비압축성유체의 연속방정식을 표현한 것으로 가장 올바른 것은?
① $Q = \rho A V$
② $\rho_1 A_1 = \rho_2 A_2$
③ $Q_1 A_1 V_1 = Q_2 A_2 V_2$
④ $A_1 V_1 = A_2 V_2$

$Q = A_1 V_1 = A_2 V_2$

연속 방정식은 질량 보존법칙과 관계가 있고 베르누이 방정식은 에너지 방정식과 관계가 있다.

043 표고 20m인 저수지에서 물을 표고 50m인 지점까지 1.0m³/sec의 물을 양수하는데 소요되는 펌프동력은? (단, 모든 손실수두의 합은 3.0m이며, 모든 관은 동일한 직경과 수리학적 특성을 지니고 펌프의 효율은 80%이다.)
① 248kW
② 330kW
③ 405kW
④ 650kW

$$P = \frac{9.8 Q(H+\Sigma h_L)}{\eta} = \frac{9.8 \times 1 \times (30+3)}{0.8} \fallingdotseq 405\,\text{kW}$$

정답 037 ④ 038 ③ 039 ③ 040 ② 041 ② 042 ④ 043 ③

044. 도수 전후의 수심이 각각 2m, 4m이다. 도수로 인한 에너지 손실(수두)은 얼마인가?

① 0.1m
② 0.2m
③ 0.25m
④ 0.5m

해설
- $\Delta H_e = \dfrac{(h_2-h_1)^3}{4h_1h_2} = \dfrac{(4-2)^3}{4\times2\times4} = 0.25\text{m}$
- $F_r = \dfrac{V_1}{\sqrt{gh_1}}$
- $h_2 = \dfrac{h_1}{2}(-1+\sqrt{1+8F_r^2})$

045. 다음 표와 같이 40분간 집중호우가 계속되었다면 지속기간 20분인 최대강우 강도는?

시간(분)	우량(mm)
0~5	1
5~10	4
10~15	2
15~20	5
20~25	8
25~30	7
30~35	3
35~40	2

① $I = 49\text{mm/hr}$
② $I = 59\text{mm/hr}$
③ $I = 69\text{mm/hr}$
④ $I = 72\text{mm/hr}$

해설
- 표에서 20분간 연속 최대강우량 $5+8+7+3 = 23\text{mm}$
- 강우강도(mm/hr)

  $I = \dfrac{23}{20} \times 60 = 69\text{mm/hr}$
- 강우강도는 단위시간에 내린 강우량으로 일반적으로 강우강도가 크면 클수록 강우가 계속되는 기간은 짧다.

046. 개수로 내의 흐름에 대한 설명으로 옳은 것은?

① 동수경사선은 에너지선과 언제나 평행하다.
② 에너지선은 자유표면과 일치한다.
③ 에너지선과 동수경사선은 일치한다.
④ 동수경사선은 자유표면과 일치한다.

해설
- 개수로 흐름은 동수경사선(위치수두+압력수두)과 자유수면은 항상 일치한다.
- 관수로 흐름은 압력과 점성의 흐름에 영향을 받으며 자유수면을 갖지 않는다.

047 오리피스(orifice)에서의 유량 Q를 계산할 때 수두 H의 측정에 1%의 오차가 있으면 유량계산의 결과에는 얼마의 오차가 생기는가?

① 0.1% ② 0.5%
③ 1%   ④ 2%

해설

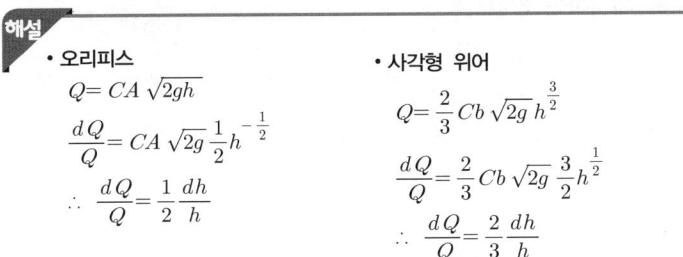

- 오리피스
$Q = CA\sqrt{2gh}$
$\dfrac{dQ}{Q} = CA\sqrt{2g}\,\dfrac{1}{2}h^{-\frac{1}{2}}$
∴ $\dfrac{dQ}{Q} = \dfrac{1}{2}\dfrac{dh}{h}$

- 사각형 위어
$Q = \dfrac{2}{3}Cb\sqrt{2g}\,h^{\frac{3}{2}}$
$\dfrac{dQ}{Q} = \dfrac{2}{3}Cb\sqrt{2g}\,\dfrac{3}{2}h^{\frac{1}{2}}$
∴ $\dfrac{dQ}{Q} = \dfrac{2}{3}\dfrac{dh}{h}$

048 부피 5m³인 해수의 무게(W)와 밀도(ρ)를 구한 값으로 옳은 것은? (단, 해수의 단위중량은 1.025t/m³)

① 5ton, $\rho = 0.1046\,\text{kg}\cdot\text{sec}^2/\text{m}^4$
② 5ton, $\rho = 104.6\,\text{kg}\cdot\text{sec}^2/\text{m}^4$
③ 5.125ton, $\rho = 104.6\,\text{kg}\cdot\text{sec}^2/\text{m}^4$
④ 5.125ton, $\rho = 0.1046\,\text{kg}\cdot\text{sec}^2/\text{m}^4$

해설

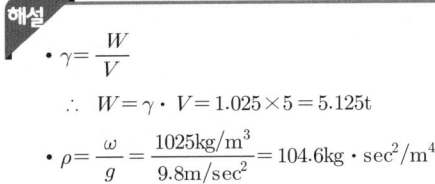

- $\gamma = \dfrac{W}{V}$
∴ $W = \gamma \cdot V = 1.025 \times 5 = 5.125\text{t}$

- $\rho = \dfrac{\omega}{g} = \dfrac{1025\text{kg/m}^3}{9.8\text{m/sec}^2} = 104.6\text{kg}\cdot\text{sec}^2/\text{m}^4$

049 단위중량 ω 또는 밀도 ρ인 유체가 유속 V로서 수평방향으로 흐르고 있다. 직경 d, 길이 l인 원주가 유체의 흐름방향에 직각으로 중심축을 가지고 놓였을 때 원주에 작용하는 항력(D)은? (단, C : 항력계수, g : 중력가속도)

① $D = C \cdot \dfrac{\pi d^2}{4} \cdot \dfrac{\omega V^2}{2}$
② $D = C \cdot d \cdot l \cdot \dfrac{\omega V^2}{2}$
③ $D = C \cdot \dfrac{\pi d^2}{4} \cdot \dfrac{\rho V^2}{2}$
④ $D = C \cdot d \cdot l \cdot \dfrac{\rho V^2}{2}$

해설

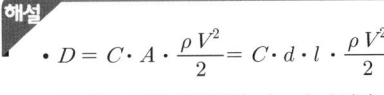

- $D = C \cdot A \cdot \dfrac{\rho V^2}{2} = C \cdot d \cdot l \cdot \dfrac{\rho V^2}{2}$
여기서, 수평 투영면적 $A = d \cdot l$ 이다.

- $C = \dfrac{24}{R_e}$ 등으로 모두 R_e수와 관계가 있다.

050 다음 중 부정류 흐름의 지하수를 해석하는 방법은?

① Theis 방법
② Dupuit 방법
③ Thiem 방법
④ Laplace 방법

해설
부정류 해석 방법에는 Theis 방법, Jacob 방법, Chow 방법이 있다.

051 그림과 같이 물속에 수직으로 설치된 2m×3m 넓이의 수문을 올리는데 필요한 힘은? (단, 수문의 물속 무게는 1,960N이고, 수문과 벽면 사이의 마찰계수는 0.25이다.)

① 5.45 kN
② 53.4 kN
③ 126.7 kN
④ 271.2 kN

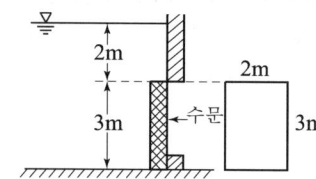

해설
- $P = \omega h_G A = 9,800 \times 3.5 \times (2 \times 3) = 205,800 \text{N}$
  여기서, $\omega_0 = 1\text{t/m}^3 = 1,000\text{kg/m}^3 = 9,800\text{N/m}^3 = 9.8\text{kN/m}^3$
- 수문을 올리는 힘
  $T = \mu \cdot P + W = 0.25 \times 205,800 + 1,960 = 53,410\text{N} = 53.4\text{kN}$

052 폭 35cm인 직사각형 위어의 유량을 측정한 결과 0.03m³/s였다. 월류수심의 측정에 1mm의 오차가 생겼다면 유량에 몇 %의 오차가 발생하는가? (단, 유량계산은 Francis 공식을 사용하되, 월류시 단면수축은 없는 것으로 한다.)

① 1.84%
② 1.67%
③ 1.50%
④ 1.15%

해설
- $Q = 1.84 B H^{3/2}$

  $H = \left(\dfrac{Q}{1.84 B}\right)^{2/3} = \left(\dfrac{0.03}{1.84 \times 0.35}\right)^{2/3} = 0.13\text{m}$

  사각형 위어에서 수심 측정오차가 1mm이므로 $\partial H = 0.001\text{m}$

- $\dfrac{\partial Q}{Q} = \dfrac{3}{2} \times \dfrac{\partial H}{H} = \dfrac{3}{2} \times \dfrac{0.001}{0.13} = 1.15 \times 10^{-2} = 1.15\%$

053 유역면적이 15km²이고 1시간에 내린 강우량이 150mm일 때 하천의 유출량이 350m³/s이면 유출율은?

① 0.56
② 0.65
③ 0.72
④ 0.78

해설

$$Q = \frac{1}{3.6} CIA$$

$$350 = \frac{1}{3.6} \times C \times 150 \times 15$$

$$\therefore C = 0.56$$

054 폭 8m의 구형단면 수로에 40m³/s의 물을 수심 5m로 흐르게 할 때 비에너지는? (단, 에너지 보정계수 α=1.11로 가정한다.)

① 5.06m
② 5.87m
③ 6.19m
④ 6.73m

해설

$$H_e = h + \alpha \frac{V^2}{2g} = h + \alpha \frac{1}{2g}\left(\frac{Q}{A}\right)^2$$

$$= 5 + 1.11 \times \frac{1}{2 \times 9.8}\left(\frac{40}{8 \times 5}\right)^2 = 5.06\,\text{m}$$

055 여과량이 2m³/s, 동수경사가 0.2, 투수계수가 1cm/s일 때 필요한 여과지 면적은?

① 1000m²
② 1500m²
③ 2000m²
④ 2500m²

해설

$$Q = AV = Aki$$

$$2 = A \times 0.01 \times 0.2$$

$$\therefore A = 1000\,\text{m}^2$$

056 상대조도에 관한 사항 중 옳은 것은?

① Chezy의 유속계수와 같다.
② Manning의 조도계수를 나타낸다.
③ 절대조도를 관지름으로 곱한 것이다.
④ 절대조도를 관지름으로 나눈 것이다.

해설
- 절대조도와 관지름과 비로 무차원이다.
- 상대조도는 관벽의 조도(관벽의 거칠기)이다.
- 거친 원관내의 난류인 흐름에서 속도분포에 영향을 준다.

정답 050 ① 051 ② 052 ④ 053 ① 054 ① 055 ① 056 ④

057 다음 물의 흐름에 대한 설명 중 옳은 것은?
① 모든 단면에 있어 유적과 유속이 시간에 따라 변하는 것을 정류라 한다.
② 물의 분자가 흩어지지 않고 질서 정연히 흐르는 흐름을 난류라 한다.
③ 수심은 깊으나 유속이 느린 흐름을 사류라 한다.
④ 에너지선과 동수 경사선의 높이의 차는 일반적으로 $\dfrac{V^2}{2g}$ 이다.

해설
- 에너지선 : $\dfrac{V_1^2}{2g} + \dfrac{P_1}{w} + Z_1$
- 동수경사선 : $\dfrac{P_1}{w} + Z_1$
  (에너지선에서 속도수두만큼 아래에 위치하고 있다.)

보충 $\dfrac{V_1^2}{2g} + \dfrac{P_1}{w} + Z_1 = \dfrac{V_2^2}{2g} + \dfrac{P_2}{w} + Z_2 = \text{const}$

058 길이 13m, 높이 2m, 폭 3m, 무게 20ton인 바지선의 흘수는?
① 0.51m ② 0.56m
③ 0.58m ④ 0.46m

해설
$W = w \cdot V$
$20 = 1.0 \times 13 \times 3 \times h$
∴ $h = 0.51\text{m}$

059 수리학상 유리한 단면에 관한 설명 중 옳지 않은 것은?
① 주어진 단면에서 윤변이 최소가 되는 단면이다.
② 직사각형 단면일 경우 수심이 폭의 1/2인 단면이다.
③ 최대유량의 소통을 가능하게 하는 가장 경제적인 단면이다.
④ 수심을 반지름으로 하는 반원을 외접원으로 하는 제형단면이다.

해설
- 최적 수리 단면에서는 직사각형 단면이나 제형단면 모두 동수반경이 수심의 절반이 된다.
- 수리학상 유리한 단면은 수로의 경사, 조도계수, 단면이 일정할 때 최대유량을 통수시키게 하는 가장 경제적인 단면이다.
- 기하학적으로 반원 단면이 최적 수리 단면이나 시공상의 이유로 직사각형 단면 또는 제형(사다리꼴) 단면이 사용된다.

060 다음 중 증발에 영향을 미치는 인자가 아닌 것은?
① 온도 ② 대기압
③ 통수능 ④ 상대습도

 증발에 영향을 주는 인자는 온도, 바람, 상대습도, 대기압, 수질, 증발면의 성질과 형상이다.

4과목 철근콘크리트 및 강구조

061 프리스트레스의 도입 후에 일어나는 손실의 원인이 아닌 것은?
① 콘크리트의 크리프
② PS 강재와 쉬스 사이의 마찰
③ 콘크리트의 건조수축
④ PS강재의 릴렉세이션(relaxation)

 프리스트레스를 도입할 때 일어나는 손실의 원인
① 콘크리트의 탄성변형 ② 강재와 쉬스의 마찰 ③ 정착단의 활동

📝 보충 • 프리텐션공법 : $f_{ci}' \geq 30\text{MPa}$
• 포스트텐션공법 : $f_{ci}' \geq 25\text{MPa}$

062 계수 하중에 의한 단면의 계수 모멘트가 $M_u = 350\text{kN} \cdot \text{m}$인 단철근 직사각형 보의 유효깊이는? (단, $\rho = 0.0135$, $b = 300\text{mm}$, $f_{ck} = 24\text{MPa}$, $f_y = 300\text{MPa}$)

① 285mm ② 382mm
③ 586mm ④ 611mm

• $M_d = \phi M_n \geq M_u$
• $M_n = C \cdot Z = T \cdot Z = A_s f_y \left(d - \dfrac{a}{2}\right)$

여기서, $a = \dfrac{A_s f_y}{0.85 f_{ck} b}$ 에 $\rho = \dfrac{A_s}{bd}$ 을 대입하면 $a = \dfrac{\rho d f_y}{0.85 f_{ck}}$

• $M_n = A_s f_y d\left(1 - 0.59\rho\dfrac{f_y}{f_{ck}}\right)$ 관계식에서 구한다.

• $\phi M_n = \phi A_s f_y d\left(1 - 0.59\rho\dfrac{f_y}{f_{ck}}\right)$

$d = \sqrt{\dfrac{\phi M_n}{\phi \rho f_y b\left(1 - 0.59\rho\dfrac{f_y}{f_{ck}}\right)}}$

$= \sqrt{\dfrac{350,000,000}{0.85 \times 0.0135 \times 300 \times 300\left(1 - 0.59 \times 0.0135 \times \dfrac{300}{24}\right)}} \fallingdotseq 611\text{mm}$

정답 057 ④ 058 ① 059 ④ 060 ③ 061 ② 062 ④

063 철근콘크리트 보에 스터럽을 배근하는 가장 중요한 이유로 옳은 것은?

① 주철근 상호간의 위치를 바르게 하기 위하여
② 보에 작용하는 사인장 응력에 의한 균열을 제어하기 위하여
③ 콘크리트와 철근과의 부착강도를 높이기 위하여
④ 압축측 콘크리트의 좌굴을 방지하기 위하여

해설
전단응력에 의한 균열(사인장 균열)을 막기 위해 전단보강철근(스터럽) 또는 사인장 철근의 전단철근을 배치한다.

064 경간 l =10m인 T형보에서 양쪽 슬래브의 중심간격 2100mm, 슬래브의 두께 t =100mm, 복부의 폭 b_w =400mm일 때 플랜지의 유효폭은 얼마인가?

① 2000mm
② 2100mm
③ 2300mm
④ 2500mm

해설
- $16t + b_w = 16 \times 100 + 400 = 2000$mm
- 양쪽 슬래브의 중심간 거리=2100mm
- 보 경간의 $\dfrac{1}{4} = 10000 \times \dfrac{1}{4} = 2500$mm

가장 작은 값 2000mm이다.

065 그림과 같은 단면의 중간 높이에 초기 프리스트레스 900kN을 작용시켰다. 20%의 손실을 가정하여 하단 또는 상단의 응력이 영(零)이 되도록 이 단면에 가할 수 있는 모멘트의 크기는?

① 90 kN·m
② 84 kN·m
③ 72 kN·m
④ 65 kN·m

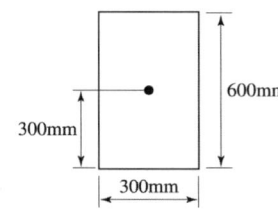

해설

$$\text{손실률} = \frac{P_i - P_e}{P_i} \times 100$$

$$20 = \frac{900 - P_e}{900} \times 100$$

$$\therefore P_e = 720 \text{kN}$$

- $f = \dfrac{P_e}{A} - \dfrac{M}{I}y$ (하단응력이 0인 경우)

$$0 = \frac{720}{0.3 \times 0.6} - \frac{M}{\frac{0.3 \times 0.6^3}{12}} \times 0.3$$

$$\therefore M = 72 \text{kN} \cdot \text{m}$$

보충 • 강재가 직선으로 도심에 배치된 경우

$$f = \frac{P}{A} \pm \frac{M}{I}y$$

위 식에서 ① 상연 응력의 경우 $f = \frac{P}{A} + \frac{M}{I}y$

② 하연 응력의 경우 $f = \frac{P}{A} - \frac{M}{I}y$

• 강재가 직선으로 편심 배치된 경우

$$f = \frac{P}{A} \mp \frac{P \cdot e}{I}y \pm \frac{M}{I}y$$

위 식에서 ① 상연 응력의 경우 $f = \frac{P}{A} - \frac{P \cdot e}{I}y + \frac{M}{I}y$

② 하연 응력의 경우 $f = \frac{P}{A} + \frac{P \cdot e}{I}y - \frac{M}{I}y$

066 보통중량 콘크리트의 설계기준강도(f_{ck})가 35MPa이며 철근의 설계항복강도가 400MPa이면 직경이 25mm인 압축이형철근의 기본정착길이(l_{db})는 얼마인가? (단, λ =1.0)

① 227mm
② 358mm
③ 423mm
④ 430mm

 해설

• $l_{db} = \frac{0.25 d_b f_y}{\lambda \sqrt{f_{ck}}}$ 또는 $0.043 d_b f_y$ 중 큰 값이 430mm이다.

• $l_{db} = \frac{0.25 d_b f_y}{1.0 \sqrt{f_{ck}}} = \frac{0.25 \times 25 \times 400}{1.0 \times \sqrt{35}} = 423$mm

• $l_{db} = 0.043 d_b f_y = 0.043 \times 25 \times 400 = 430$mm

067 옹벽의 토압 및 설계일반에 대한 설명 중 옳지 않은 것은?

① 활동에 대한 저항력은 옹벽에 작용하는 수평력의 1.5배 이상이어야 한다.
② 뒷부벽식 옹벽의 저판은 정밀한 해석이 사용되지 않는 한, 3변 지지된 2방향 슬래브로 설계하여야 한다.
③ 뒷부벽은 T형보로 설계하여야 하며, 앞부벽은 직사각형보로 설계하여야 한다.
④ 지반에 유발되는 최대 지반반력이 지반의 허용지지력을 초과하지 않아야 한다.

 해설

• 부벽식 옹벽의 저판은 정밀한 해석이 사용되지 않는 한 부벽간의 거리를 경간으로 가정한 고정보 또는 연속보로 설계할 수 있다.
• 부벽식 옹벽의 전면벽은 3변 지지된 2방향 슬래브로 설계할 수 있다.

정답 063 ② 064 ① 065 ③ 066 ④ 067 ②

02회 CBT 모의고사

068 폭이 400mm, 유효깊이가 500mm인 단철근 직사각형보 단면에서 $f_{ck}=$ 35MPa, $f_y=$400MPa일 때, 강도설계법으로 구한 균형철근량은 약 얼마인가?

① 10,600mm²
② 7,590mm²
③ 7,400mm²
④ 5,120mm²

해설
- $\beta_1 = 0.8$
- $\rho_b = 0.85\beta_1 \dfrac{f_{ck}}{f_y} \dfrac{660}{660+f_y} = 0.85 \times 0.8 \times \dfrac{35}{400} \times \dfrac{660}{660+400} = 0.037$
- $\rho_b = \dfrac{A_s}{bd}$
  $\therefore A_s = \rho_b bd = 0.037 \times 400 \times 500 = 7400\text{mm}^2$

069 1방향 철근콘크리트 슬래브에서 배치되는 이형철근의 수축 온도철근비는? (단, f_y=500MPa이다.)

① 0.0014
② 0.0016
③ 0.0020
④ 0.0024

해설
$0.002 \times \dfrac{400}{f_y} = 0.002 \times \dfrac{400}{500} = 0.0016$

070 다음 그림의 고장력 볼트 마찰이음에서 필요한 볼트 수는 최소 몇 개인가? (단, 볼트는 M22(=ϕ22mm), F10T를 사용하며, 마찰이음의 허용력은 48kN이다.)

① 3개
② 5개
③ 6개
④ 8개

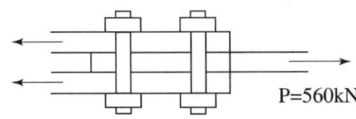

해설
마찰면이 둘이므로 $n = \dfrac{P}{\rho} = \dfrac{560}{48 \times 2} \fallingdotseq 6$개

071 철근 콘크리트 부재의 처짐을 방지하기 위해 구조상 두께를 크게 한다. 두께의 크기가 큰 순서로 표현된 것은?

① 양단연속 > 일단연속 > 캔틸레버 > 단순지지
② 일단연속 > 양단연속 > 단순지지 > 캔틸레버
③ 캔틸레버 > 단순지지 > 일단연속 > 양단연속
④ 단순지지 > 캔틸레버 > 양단연속 > 일단연속

해설

부재	최소 두께 또는 높이			
	단순지지	일단연속	양단연속	캔틸레버
1방향 슬래브	$\dfrac{l}{20}$	$\dfrac{l}{24}$	$\dfrac{l}{28}$	$\dfrac{l}{10}$
보	$\dfrac{l}{16}$	$\dfrac{l}{18.5}$	$\dfrac{l}{21}$	$\dfrac{l}{8}$

072 복철근 콘크리트 단면에 인장철근비는 0.02, 압축철근비는 0.01이 배근된 경우 순간처짐이 20mm일 때 6개월이 지난 후 총 처짐량은? (단, 작용하는 하중은 지속하중이며 지속하중의 6개월 재하기간에 따르는 계수 ξ는 1.2이다.)

① 26mm ② 36mm
③ 48mm ④ 68mm

해설

- 장기처짐 = 순간처짐 × $\dfrac{\xi}{1+50\rho'}$ = $20 \times \dfrac{1.2}{1+50 \times 0.01}$ = 16mm
- 총 처짐 = 순간처짐 + 장기처짐 = 20 + 16 = 36mm

073 그림과 같은 나선철근 기둥에서 나선철근의 간격(pitch)으로 적당한 것은? (단, 소요 나선철근비 ρ_s = 0.018, 나선철근의 지름은 12mm이다.)

① 61mm
② 85mm
③ 93mm
④ 105mm

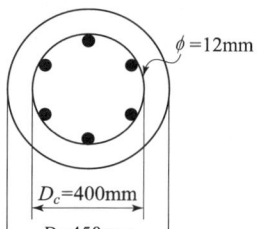

D_c=400mm
D=450mm
ϕ=12mm

해설

- $\rho_s = \dfrac{\text{나선철근의 전 체적}}{\text{심부 체적}} = \dfrac{A_b \pi (d_c - d_b)}{\dfrac{\pi d_c^2}{4} p}$

∴ $p = \dfrac{113.2 \times \pi \times (400-12)}{0.018 \times \dfrac{\pi \times 400^2}{4}} = 61$mm

여기서, 나선철근 단면적 $A_b = \dfrac{\pi d_b^2}{4} = \dfrac{\pi \times 12^2}{4} = 113.1$mm²

d_b : 나선철근의 직경
d_c : 나선철근의 바깥선으로 측정한 지름

- $\rho_s = \dfrac{\text{나선철근의 전 체적}}{\text{심부 체적}} \geq 0.45 \left(\dfrac{A_g}{A_{ch}} - 1\right) \dfrac{f_{ck}}{f_{yt}}$

정답 068 ③ 069 ② 070 ③ 071 ③ 072 ② 073 ①

074 그림과 같은 필릿용접의 유효 목두께로 옳게 표시된 것은? (단, KDS 14 30 25 강구조 연결 설계기준(허용응력설계법)에 따른다.)

① S
② 0.9S
③ 0.7S
④ 0.5*l*

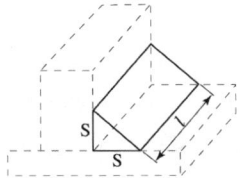

해설
목두께 $a = \dfrac{1}{\sqrt{2}}S = 0.707S$

075 아래 그림과 같은 두께 12mm 평판의 순단면적을 구하면? (단, 구멍의 직경은 23mm이다.)

① 2,310 mm²
② 2,340 mm²
③ 2,772 mm²
④ 2,928 mm²

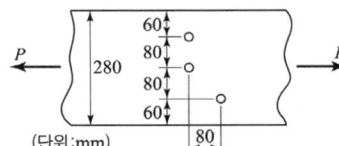

해설
- $d = 23\text{mm}$
- $\omega = d - \dfrac{p^2}{4g} = 23 - \dfrac{80^2}{4 \times 80} = 3$
- 순폭(b_n)
  $a - a' : b_n = b_g - 2d = 280 - 2 \times 23$
  $= 234\text{mm}$
  $a - b : b_n = b_g - 2d - \omega = 280 - 2 \times 23 - 3$
  $= 231\text{mm}$
  ∴ 순폭은 작은 값인 231mm이다.
- 순단면적
  $A_n = b_n \cdot t = 231 \times 12 = 2772\text{mm}^2$

076 그림과 같은 철근콘크리트보 단면이 파괴시 인장철근의 변형률은? (단, $f_{ck} = 28\text{MPa}$, $f_y = 350\text{MPa}$, $A_s = 1520\text{mm}^2$)

① 0.004
② 0.008
③ 0.011
④ 0.015

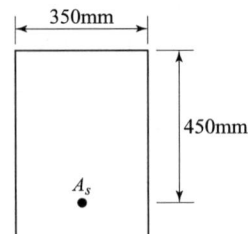

$$a = \frac{A_s f_y}{0.85 f_{ck} b} = \frac{1520 \times 350}{0.85 \times 28 \times 350} = 63.87\text{mm}$$

$a = \beta_1 c$ 에서 $c = \dfrac{a}{\beta_1} = \dfrac{63.87}{0.8} = 79.84\text{mm}$

$0.0033 : 79.84 = \varepsilon_s : (450 - 79.84)$

$\therefore \varepsilon_s = \dfrac{0.0033 \times (450 - 79.84)}{79.84} = 0.015$

077 다음은 프리스트레스트 콘크리트에 관한 설명이다. 옳지 않은 것은?
① 프리캐스트를 사용할 경우 거푸집 및 동바리공이 불필요하다.
② 콘크리트 전 단면을 유효하게 이용하여 RC 부재보다 경간을 길게 할 수 있다.
③ RC에 비해 단면이 작아서 변형이 크고 진동하기 쉽다.
④ RC보다 내화성에 있어서 유리하다.

해설
- RC보다 내화성에 있어서 불리하다.
- 탄력성과 복원성이 우수하다.
- 내구성이 크다.

078 철근 콘크리트 부재의 피복두께에 관한 설명으로 틀린 것은?
① 최소 피복두께를 제한하는 이유는 철근의 부식방지, 부착력의 증대, 내화성을 갖도록 하기 위해서이다.
② 프리스트레스 하지 않은 부재의 현장치기 콘크리트로서, 흙에 접하거나 옥외의 공기에 직접 노출되는 콘크리트의 최소 피복두께는 D19 이상의 철근의 경우 40mm이다.
③ 프리스트레스 하지 않은 부재의 현장치기 콘크리트로서, 흙에 접하여 콘크리트를 친 후 영구히 흙에 묻혀있는 콘크리트의 최소 피복두께는 75mm이다.
④ 콘크리트 표면과 그와 가장 가까이 배치된 철근 표면 사이의 콘크리트 두께를 피복두께라 한다.

- 프리스트레스 하지 않은 부재의 현장치기 콘크리트로서, 흙에 접하거나 옥외의 공기에 직접 노출되는 콘크리트의 최소 피복두께는 D19 이상의 철근의 경우 50mm이다.
- 프리스트레스 하지 않은 부재의 현장치기 콘크리트로서, 옥외의 공기나 흙에 직접 접하지 않는 슬래브에 D35 이하의 철근을 사용하는 경우 최소 피복두께는 20mm이다.
- 흙에 접하거나 옥외의 공기에 직접 노출되는 프리스트레스트 콘크리트로 벽체, 슬래브, 장선 구조인 경우 최소 피복두께는 30mm이다.
- 흙에 접하거나 옥외의 공기에 직접 노출되는 프리캐스트 콘크리트로 벽체에 D35를 초과하는 철근을 사용하는 경우 최소 피복두께는 40mm이다.

정답 074 ③ 075 ③ 076 ④ 077 ④ 078 ②

079 폭 350mm, 유효깊이 500mm인 보에 설계기준 항복강도가 400MPa인 D13 철근을 인장 주철근에 대한 경사각(α)이 60°인 U형 경사 스터럽으로 설치했을 때 전단보강철근의 공칭강도(V_s)는? (단, 스터럽 간격 $s = $ 250mm, D13 철근 1본의 단면적은 127mm²이다.)

① 201.4kN
② 212.7kN
③ 243.2kN
④ 277.6kN

해설

$$V_s = \frac{A_v f_{yt}(\sin\alpha + \cos\alpha)d}{s}$$

$$= \frac{2 \times 127 \times 400 \times (\sin 60° + \cos 60°) \times 500}{250}$$

$$= 277576\text{N} = 277.6\text{kN}$$

080 b=300mm, d=600mm, $A_s = 3-D35 = $2870mm²인 직사각형 단면보의 파괴 양상은? (단, 강도설계법에 의한 f_y=300MPa, f_{ck}=21MPa이다.)

① 취성파괴
② 연성파괴
③ 균형파괴
④ 파괴되지 않는다.

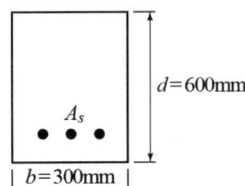

해설

• $\rho_b = 0.85\,\beta_1\dfrac{f_{ck}}{f_y}\dfrac{660}{660+f_y}$

$= 0.85 \times 0.8 \times \dfrac{21}{300} \times \dfrac{660}{660+300} = 0.03273$

• $\rho_s = \dfrac{A_s}{b\,d} = \dfrac{2870}{300 \times 600} = 0.01594$

• $\rho_{\max} = 0.658\rho_b = 0.658 \times 0.03273 = 0.02154$

• $\rho_{\min} = \dfrac{1.4}{f_y} = \dfrac{1.4}{300} = 0.0047$

$\rho_{\min} < \rho_s < \rho_{\max}$ 이므로 과소철근보로 연성파괴가 발생한다.

5과목 토질 및 기초

081 연약 점토지반의 개량공법으로서 다음 중 적절하지 않은 것은?
① 샌드 드레인공법
② 페이퍼 드레인공법
③ 프리로딩(Preloading)공법
④ 바이브로 플로테이션(Vibro floatation)공법

해설
Vibroflotation 공법은 사질토 지반의 개량에 이용된다.

📝 **보충** 점성토 지반의 개량공법으로 치환공법, 전기침투공법, 전기화학적 고결공법, 침투압 공법, 생석회 말뚝등이 아울러 해당된다.

082 다음과 같이 널말뚝을 박은 지반의 유선망을 작도하는 데 있어서 경계조건에 대한 설명으로 틀린 것은?
① $\overline{AB}$ 는 등수두선이다.
② $\overline{CD}$ 는 등수두선이다.
③ $\overline{FG}$ 는 유선이다.
④ $\overline{BEC}$ 는 등수두선이다.

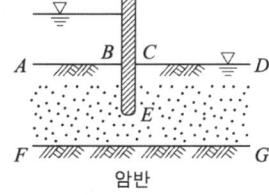

해설
$\overline{BEC}$ 는 유선이다.

083 예민비가 큰 점토란 어느 것인가?
① 입자의 모양이 날카로운 점토
② 입자가 가늘고 긴 형태의 점토
③ 흙을 다시 이겼을 때 강도가 감소하는 점토
④ 흙을 다시 이겼을 때 강도가 증가하는 점토

해설
• 예민비 $S_t = \dfrac{q_u}{q_{ur}}$ 로 흙을 다시 이겼을 때 강도가 감소하는 점토를 말한다.
• 예민비가 크면 불안한 흙으로 안전율을 크게 고려해야 한다.

084 Rod에 붙인 어떤 저항체를 지중에 넣어 관입, 인발 및 회전에 의해 흙의 전단강도를 측정하는 원위치 시험은?
① 보링(boring)
② 사운딩(sounding)
③ 시료채취(sampling)
④ 비파괴 시험(NDT)

해설
• 동적인 사운딩은 사질토 지반에 사용하며 표준관입시험이 해당된다.
• 정적인 사운딩은 점성토 지반에 사용한다.

정답 079 ④ 080 ② 081 ④ 082 ④ 083 ③ 084 ②

085. 모래의 밀도에 따라 일어나는 전단특성에 대한 다음 설명 중 옳지 않은 것은?

① 다시 성형한 시료의 강도는 작아지지만 조밀한 모래에서는 시간이 경과됨에 따라 강도가 회복된다.
② 전단저항각[내부마찰각(ϕ)]은 조밀한 모래일수록 크다.
③ 직접전단시험에 있어서 전단응력과 수평변위곡선은 조밀한 모래에서는 peak가 생긴다.
④ 조밀한 모래에서는 전단변형이 계속 진행되면 부피가 팽창한다.

해설
- 점토는 되이김하면 그 전단강도가 현저히 감소하는데 시간이 경과함에 따라 그 강도를 일부 회복된다. 이런 현상을 틱소트로피라 한다.
- 교란으로 손실된 전단강도는 오랜 시간이 되어도 본래의 전단강도가 회복되지 않는다.
- 전단응력에 의하여 토질의 체적이 증가 또는 감소하는 현상을 다이러턴시라 한다.

086. 토립자가 둥글고 입도분포가 나쁜 모래 지반에서 표준관입시험을 한 결과 N치는 10이었다. 이 모래의 내부마찰각을 Dunham의 공식으로 구하면?

① 21° ② 26°
③ 31° ④ 36°

해설
- $\phi = \sqrt{12N} + 15 = \sqrt{12 \times 10} + 15 \fallingdotseq 26°$
- 토립자가 모나고 입도가 불량하거나 토립자가 둥글고 입도가 양호한 경우
  $\phi = \sqrt{12N} + 20$

087. 모래지반에 30cm×30cm의 재하판으로 재하실험을 한 결과 10kN/m²의 극한 지지력을 얻었다. 4m×4m의 기초를 설치할 때 기대되는 극한지지력은?

① 10 kN/m² ② 100 kN/m²
③ 133 kN/m² ④ 154 kN/m²

해설
- $B : b = q_d : q$
- $400 : 30 = q_d : 10$
- $\therefore q_d = \dfrac{400 \times 10}{30} = 133 \text{kN/m}^2$

보충
- 지지력은 모래지반의 경우 재하판 폭에 비례하여 증가하며 점토지반의 경우 재하판 폭에 무관하다.
- 침하량은 점토지반의 경우 재하판 폭에 비례하여 증가한다.

088 토압에 대한 다음 설명 중 옳은 것은?
① 일반적으로 정지토압계수는 주동토압계수보다 작다.
② Rankine 이론에 의한 주동토압의 크기는 Coulomb 이론에 의한 값보다 작다.
③ 옹벽, 흙막이벽체, 널말뚝 중 토압분포가 삼각형 분포에 가장 가까운 것은 옹벽이다.
④ 극한 주동상태는 수동상태보다 훨씬 더 큰 변위에서 발생한다.

해설
- $K_a < K_o < K_p$
- 연직 옹벽에서 지표면의 경사각과 옹벽 배면과 흙과의 마찰각이 같은 경우는 Coulomb의 토압과 Rankine의 토압은 같다.
- 토압에 의한 파괴에 있어서 변위량은 수동토압 상태가 주동토압 상태에 비하여 크다.

089 말뚝의 부마찰력에 대한 설명 중 틀린 것은?
① 부마찰력이 작용하면 지지력이 감소한다.
② 연약지반에 말뚝을 박은 후 그 위에 성토를 한 경우 일어나기 쉽다.
③ 부마찰력은 말뚝 주변침하량이 말뚝의 침하량보다 클 때 아래로 끌어내리는 마찰력을 말한다.
④ 연약한 점토에 있어서는 상대변위의 속도가 느릴수록 부마찰력은 크다.

해설
연약한 점토에 있어서는 상대변위의 속도가 빠를수록 부마찰력이 크다.

090 흙입자의 비중은 2.56, 함수비는 35%, 습윤단위 중량은 17.5kN/m³일 때 간극률은? (단, $\gamma_w = 9.81$kN/m³)
① 32.63% ② 37.36%
③ 43.56% ④ 48.18%

해설
- $\gamma_d = \dfrac{\gamma_t}{1+\dfrac{\omega}{100}} = \dfrac{17.5}{1+\dfrac{35}{100}} = 13\text{kN/m}^3$
- $e = \dfrac{\gamma_w}{\gamma_d} G_s - 1 = \dfrac{9.81}{13} \times 2.56 - 1 = 0.93$
- $n = \dfrac{e}{1+e} \times 100 = \dfrac{0.93}{1+0.93} \times 100 ≒ 48.18\%$

정답 085 ① 086 ② 087 ③ 088 ③ 089 ④ 090 ④

091 아래 그림과 같이 지표면에 집중하중이 작용할 때 A점에서 발생하는 연직응력의 증가량은?

① 20.6 kN/m^2
② 24.4 kN/m^2
③ 27.2 kN/m^2
④ 30.3 kN/m^2

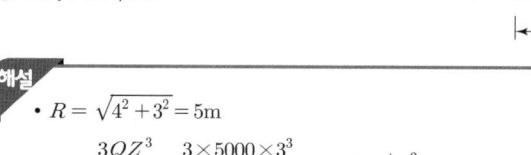

해설
- $R = \sqrt{4^2 + 3^2} = 5\text{m}$
- $\sigma_z = \dfrac{3QZ^3}{2\pi R^5} = \dfrac{3 \times 5000 \times 3^3}{2 \times 3.14 \times 5^5} = 20.6 \text{kN/m}^2$

092 유선망의 특징을 설명한 것으로 옳지 않은 것은?

① 각 유로의 침투량은 같다.
② 유선은 등수두선과 직교한다.
③ 유선망으로 이루어지는 사각형은 정사각형이다.
④ 침투속도 및 동수구배는 유선망의 폭에 비례한다.

해설 침투속도 및 동수구배는 유선망의 폭에 반비례한다.

093 단동식 증기 해머로 말뚝을 박았다. 해머의 무게 2.5kN, 낙하고 3m, 타격당 말뚝의 평균 관입량 1cm, 안전율 6일 때 Engineering-News 공식으로 허용지지력을 구하면?

① 250kN   ② 200kN
③ 100kN   ④ 50kN

해설
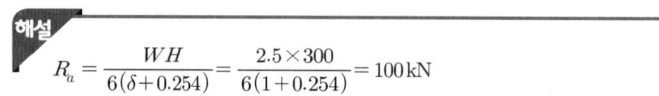

094 그림과 같은 모래층에 널말뚝을 설치하여 물막이공 내의 물을 배수하였을 때, 분사현상이 일어나지 않게 하려면 얼마의 압력을 가하여야 하는가? (단, γ_w=9.81kN/m³, 모래의 밀도는 2.65, 간극비는 0.65, 안전율은 3으로 한다.)

① 65 kN/m^2
② 130 kN/m^2
③ 330 kN/m^2
④ 162 kN/m^2

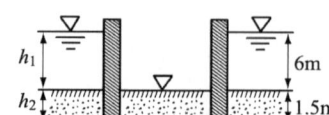

해설

$$F = \frac{\gamma_{sub} \times 1.5 + W}{\gamma_w \times 6}$$

$$\gamma_{sub} = \frac{G_s - 1}{1 + e}\gamma_w = \frac{2.65 - 1}{1 + 0.65} \times 9.81 = 9.81 \text{kN/m}^3$$

$$3 = \frac{9.81 \times 1.5 + W}{9.81 \times 6}, \quad 9.81 \times 1.5 + W = 3 \times 9.81 \times 6$$

$$\therefore W = 176.58 - 9.81 \times 1.5 = 162 \text{kN/m}^2$$

095 다음은 전단시험을 한 응력경로이다. 어느 경우인가?

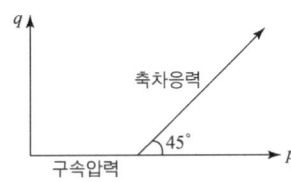

① 초기단계의 최대 주응력과 최소 주응력이 같은 상태에서 시행한 삼축압축시험의 전응력 경로이다.
② 초기단계의 최대 주응력과 최소 주응력이 같은 상태에서 시행한 일축압축시험의 전응력 경로이다.
③ 초기단계의 최대 주응력과 최소 주응력이 같은 상태에서 $k_o = 0.5$ 인 조건에서 시행한 삼축압축시험의 전응력 경로이다.
④ 초기단계의 최대 주응력과 최소 주응력이 같은 상태에서 $k_o = 0.7$ 인 조건에서 시행한 일축압축시험의 전응력 경로이다.

해설
최소 주응력(σ_3)이 일정한 상태에서 최대 주응력(σ_1)이 점차적으로 증가하여 파괴되는 경우의 표준 삼축압축시험의 응력경로이다.

096 표준압밀실험을 하였더니 하중 강도가 2.4kN/m²에서 3.6kN/m²로 증가할 때 간극비는 1.8에서 1.2로 감소하였다. 이 흙의 최종 침하량은 약 얼마인가? (단, 압밀층의 두께는 2m이다.)

① 428.64cm
② 214.29cm
③ 642.86cm
④ 285.71cm

해설

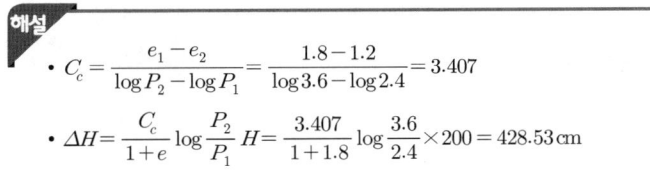

정답 091 ① 092 ④ 093 ③ 094 ④ 095 ① 096 ①

097 어떤 종류의 흙에 대해 직접전단(일면전단)시험을 한 결과 아래 표와 같은 결과를 얻었다. 이 값으로부터 점착력(C)을 구하면? (단, 시료의 단면적은 10cm²이다.)

수직하중(kg)	10.0	20.0	30.0
전단력(kg)	24.785	25.570	26.355

① 3.0kg/cm² ② 2.7kg/cm²
③ 2.4kg/cm² ④ 1.9kg/cm²

해설

수직응력(kg/cm²)(σ)	1	2	3
전단응력(kg/cm²)(S)	2.4785	2.5570	2.6355

- $[\sigma] = 1+2+3 = 6\,\text{kg/cm}^2$
- $[\sigma]^2 = [6]^2 = 36\,\text{kg/cm}^2$
- $[S] = 2.4785 + 2.5570 + 2.6355 = 7.671\,\text{kg/cm}^2$
- $[\sigma^2] = 1^2 + 2^2 + 3^2 = 14\,\text{kg/cm}^2$
- $[\sigma \cdot S] = 1 \times 2.4785 + 2 \times 2.5570 + 3 \times 2.6355 = 15.499\,\text{kg/cm}^2$

$$\therefore C = \frac{[\sigma^2][S] - [\sigma][\sigma \cdot S]}{n[\sigma^2] - [\sigma]^2} = \frac{14 \times 7.671 - 6 \times 15.499}{3 \times 14 - 36} = 2.4\,\text{kg/cm}^2$$

098 사면의 안정에 관한 다음 설명 중 옳지 않은 것은?
① 임계 활동면이란 안전율이 가장 크게 나타나는 활동면을 말한다.
② 안전율이 최소로 되는 활동면을 이루는 원을 임계원이라 한다.
③ 활동면에 발생하는 전단응력이 흙의 전단강도를 초과할 경우 활동이 일어난다.
④ 활동면은 일반적으로 원형활동면으로 가정한다.

해설
활동을 일으키기 가장 위험한 활동면 즉, 안전율이 최소인 활동면을 임계활동면이라 한다.

099 흙의 다짐 효과에 대한 설명 중 틀린 것은?
① 흙의 단위중량 증가
② 투수계수 증가
③ 전단강도 저하
④ 지반의 지지력 증가

해설
흙을 다지면 전단강도 증가, 밀도 증가, 압축성 감소, 흡수성 감소 등의 효과가 있다.

100 아래 그림과 같은 3m×3m 크기의 정사각형 기초의 극한지지력을 Terzaghi 공식으로 구하면? (단, 내부마찰각(ϕ)은 20°, 점착력(C)은 5kN/m², 지지력 계수 N_c=18, N_r=5, N_q=7.5, γ_w=9.81kN/m³이다.)

① 435.7kN/m²
② 441.5kN/m²
③ 457.2kN/m²
④ 474.4kN/m²

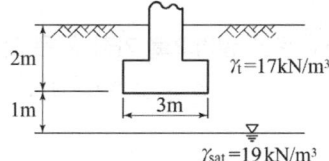

해설
- 기초 밑면의 단위중량($d \leq B$ 즉, 1m ≤ 3m)
$$\gamma_1 = \gamma_{sub} + \frac{d}{B}(\gamma_t - \gamma_{sub}) = (19-9.81) + \frac{1}{3}(17-9.81) = 11.59 \text{kN/m}^3$$
- 극한 지지력
$$q_d = \alpha\, CN_c + \beta\, \gamma_1 BN_r + \gamma_2 D_f N_q$$
$$= 1.3 \times 5 \times 18 + 0.4 \times 11.59 \times 3 \times 5 + 17 \times 2 \times 7.5 = 441.5 \text{kN/m}^2$$

6과목 상하수도 공학

101 혐기성 상태에서 탈질산화(denitrification) 과정을 맞게 설명한 것은?

① 암모니아성질소 – 질산성질소 – 아질산성질소
② 아질산성질소 – 질산성질소 – 질소가스(N₂)
③ 질산성질소 – 아질산성질소 – 질소가스(N₂)
④ 암모니아성질소 – 아질산성질소 – 질산성질소

해설
탈질산화 과정
NO_3-N(질산성질소) → NO_2-N(아질산성질소) → N_2(질소가스)

보충 질산화 과정
$NH_3 \rightarrow NO_2 \rightarrow NO_3$

102 수원지에서부터 각 가정까지의 상수계통도를 나타낸 것으로 옳은 것은?

① 수원 – 취수 – 도수 – 배수 – 정수 – 송수 – 급수
② 수원 – 취수 – 배수 – 정수 – 도수 – 송수 – 급수
③ 수원 – 취수 – 도수 – 송수 – 정수 – 배수 – 급수
④ 수원 – 취수 – 도수 – 정수 – 송수 – 배수 – 급수

해설
상수계통도
수원 → 취수 → 도수 → 정수 → 송수 → 배수 → 급수

보충
- 우리나라의 상수도 시설을 설계, 계획시 통상 5~15년을 기준한다.
- 상수도 계획에서 계획 급수 인구를 추정할 때는 과거 20년간의 인구 증감을 고려한다.

정답 097 ③ 098 ① 099 ③ 100 ② 101 ③ 102 ④

103 상수도 시설 중 접합정에 관한 설명으로 가장 옳은 것은?
① 복류수를 취수하기 위해 매설한 유공관거 시설
② 상부를 개방하지 않은 수로시설
③ 배수지 등의 유입수의 수위조절과 양수를 위한 시설
④ 관로의 도중에 설치하여 주로 관로의 수압을 조절할 목적으로 설치하는 시설

- 접합정은 물의 흐름을 원활히 하기 위하여 수로의 분기, 합류 및 관수로로 변하는 곳에 설치한다.
- 안전밸브는 관로 내에 이상수압이 발생시 관의 파열을 막게 하며 수격작용이 일어나기 쉬운 곳에 설치한다.

104 합류식에서 하수 차집관거의 계획하수량 기준으로 옳은 것은?
① 계획시간 최대오수량 이상
② 계획시간 최대오수량의 3배 이상
③ 계획시간 최대오수량과 계획시간 최대우수량의 합 이상
④ 계획우수량과 계획시간 최대오수량의 합의 2배 이상

- **합류식 차집관거**: 우천시 계획오수량(계획시간 최대오수량의 3배 이상)
- **분류식 오수관거**: 계획시간 최대오수량 이상

105 BOD 200mg/L, 유량 600m³/day인 어느 식료품 공장폐수가 BOD 10mg/L, 유량 2m³/sec인 하천에 유입한다. 폐수가 유입되는 지점으로부터 하류 5km 지점의 BOD(mg/L)는? [단, 다른 유입원은 없고, 하천의 유속 0.05m/sec, 20℃ 탈산소계수(K_1)=0.1/day이고, 상용대수, 20℃ 기준이며 기타 조건은 고려하지 않음.]
① 6.26 mg/L ② 7.21 mg/L
③ 8.16 mg/L ④ 4.39 mg/L

- 5km 지점까지 도달시간
$$t = \frac{L}{V} = \frac{5000}{0.05} = 100,000 \text{sec} = 1.16 \text{day}$$
- 혼합농도
$$C_m = \frac{Q_1 C_1 + Q_2 C_2}{Q_1 + Q_2} = \frac{600 \times 200 + (2 \times 60 \times 60 \times 24) \times 10}{600 + (2 \times 60 \times 60 \times 24)} = 10.657 \text{mg}/l$$
- 5km 지점의 BOD
$$10.657 \times 10^{(-0.1 \times 1.16)} = 8.16 \text{mg}/l$$

106 완속여과지에 관한 설명으로 옳지 않은 것은?
① 넓은 부지면적을 필요로 한다.
② 응집제를 필수적으로 투입해야 한다.
③ 비교적 양호한 원수에 알맞은 방법이다.
④ 여과속도는 4~5m/d를 표준으로 한다.

해설
- 완속여과지에는 응집제를 사용하지 않는다.
- 완속여과지의 모래층의 두께는 70~90cm로 한다.
- 완속여과지의 형상은 직사각형을 표준으로 한다.

107 다음 설명 중 옳지 않은 것은?
① BOD가 과도하게 높으면 DO는 감소하며 악취가 발생된다.
② BOD, COD는 오염의 지표로서 하수 중의 용존산소량을 나타낸다.
③ BOD는 유기물이 호기성 상태에서 분해·안정화되는 데 요구되는 산소량이다.
④ BOD는 보통 20℃에서 5일간 시료를 배양했을 때 소비된 용존산소량으로 표시된다.

해설
- 하수는 화학적 산소요구량(COD)으로 측정하는 경우가 많다.
- 오염이 되면 BOD 및 COD의 증가, 부유물의 증가, DO의 감소 현상이 나타난다.

108 하수처리장에서 480,000L/day의 하수량을 처리한다. 펌프장의 습정(wet well)을 하수로 채우기 위하여 40분이 소요된다면 습정의 부피는 몇 m³인가?
① 12.3m³
② 13.3m³
③ 14.3m³
④ 15.3m³

해설
- $Q = 480,000 l/day = 480 m^3/day = 480 m^3/24 \times 60분 = 0.333 m^3/분$
- 폭기시간 = $\dfrac{폭기조\ 부피}{유입수량} = \dfrac{V}{Q}$

∴ V = 폭기시간 × 유입수량 = $40 \times 0.333 = 13.3 m^3$

109 슬러지 용적지수(SVI)에 관한 설명 중 옳지 않은 것은?
① 폭기조 내 혼합물을 30분간 정치한 후 침강한 1g의 슬러지가 차지하는 부피(ml)로 나타낸다.
② 정상적으로 운전되는 폭기조의 SVI는 50~150 범위이다.
③ SVI는 슬러지 밀도지수(SDI)에 100을 곱한 값을 의미한다.
④ SVI는 폭기시간, BOD농도, 수온 등에 영향을 받는다.

해설
- $SDI = \dfrac{100}{SVI}$
- SVI가 적을수록 슬러지가 농축되기 쉽다.
- SVI는 활성슬러지의 침강성을 나타내는 지표이다.
- SVI가 높아지면 MLSS는 감소한다.

정답 103 ④ 104 ② 105 ③ 106 ② 107 ② 108 ② 109 ③

110 수원(水源)에 관한 설명 중 틀린 것은?

① 용천수는 지하수가 자연적으로 지표로 솟아나온 것으로 그 성질은 대개 지표수와 비슷하다.
② 심층수는 대지의 정화작용으로 인해 무균 또는 거의 이에 가까운 것이 보통이다.
③ 복류수는 어느 정도 여과된 것이므로 지표수에 비해 수질이 양호하며, 대개의 경우 침전지를 생략할 수 있다.
④ 천층수는 지표면에서 깊지 않은 곳에 위치함으로서 공기의 투과가 양호하므로 산화작용이 활발하게 진행된다.

해설
용천수는 지하수가 자연적으로 지표로 솟아 나온 것으로 그 성질은 피압면 지하수와 비슷하다.

보충
- 복류수는 수량이 풍부하면서 수질도 양호하고 철분, 망간 등의 광물질 함량이 적어 수원으로 적합하다.
- 저수지수는 부영양화 현상에 의한 조류의 발생이 하천수보다 많다.

111 수격현상(Water Hammer)의 방지책으로 잘못된 것은?

① 펌프의 급정지를 피한다.
② 가능한 한 관내유속을 크게 한다.
③ 토출관쪽에 압력조정용수조(surge tank)를 설치한다.
④ 토출측 관로에 에어챔버(air chamber)를 설치한다.

해설
가능한 한 관내 유속을 작게 한다.

보충 수격작용은 펌프의 관수로에서 정전에 의하여 펌프가 급정지하는 경우 관로 유속의 급격한 변화에 따라 관내 압력의 급상승 또는 급강하하는 현상이다.

112 도수 및 송수관거 설계시에 평균유속의 최대한도는?

① 0.3m/sec
② 3.0m/sec
③ 13.0m/sec
④ 30.0m/sec

해설
- 도수 및 송수관거의 평균유속의 최대한도는 3.0m/sec이다.
- 모르터 또는 콘크리트 관의 경우 3.0m/sec
- 강철, 주철, 경질 염화비닐의 경우 6.0m/sec

보충 도수관의 평균 유속의 최소한도는 모래 입자 등의 침전을 방지하기 위해 0.3m/sec 이상으로 한다.

113 호수나 저수지에 대한 설명으로 틀린 것은?

① 여름에는 성층을 이룬다.
② 가을에는 순환(turn over)을 한다.
③ 성층은 연직방향의 밀도차에 의해 구분된다.
④ 성층 현상이 지속되면 하층부의 용존산소량이 증가한다.

해설
- 성층 현상이 지속되면 하층부의 용존산소량이 감소한다.
- 하천수에 비해 부영양화 현상이 나타나기 쉽다.
- 봄철과 가을철에 연직방향의 순환이 일어난다.
- 상층과 하층의 수온 차이는 겨울철이 여름철보다 작다.

114 전양정 4m, 회전속도 100rpm, 펌프의 비교회전도가 920일 때 양수량은?

① $677 \text{m}^3/\text{min}$
② $834 \text{m}^3/\text{min}$
③ $975 \text{m}^3/\text{min}$
④ $1134 \text{m}^3/\text{min}$

해설

$$N_s = N \frac{Q^{1/2}}{H^{3/4}}$$

$$920 = 100 \times \frac{Q^{1/2}}{4^{3/4}}$$

$$\therefore Q = 677 \, \text{m}^3/\text{min}$$

115 어느 도시의 급수 인구 자료가 표와 같을 때 등비증가법에 의한 2020년도의 예상 급수인구는?

① 약 12000명
② 약 15000명
③ 약 18000명
④ 약 21000명

연도	인구(명)
2005	7200
2010	8800
2015	10200

해설
- 연평균 인구 증가율

$$r = \left(\frac{P_o}{P_t}\right)^{\frac{1}{t}} - 1 = \left(\frac{10,200}{7,200}\right)^{\frac{1}{10}} - 1 = 0.035$$

- 급수인구

$$P_n = P_o(1+r)^n = 10,200(1+0.035)^5 ≒ 12,000명$$

보충 등차 급수법

$$P_n = P_o + na = P_o + n \times \frac{P_o - P_t}{t}$$

정답 110 ① 111 ② 112 ② 113 ④ 114 ① 115 ①

116 양수량 15.5m³/min, 양정 24m, 펌프효율 80%, 여유율(α) 15%일 때 펌프의 전동기 출력은?

① 57.8kW   ② 75.8kW
③ 78.2kW   ④ 87.2kW

해설
- $P_s = \dfrac{9.8\,QH}{\eta} = \dfrac{9.8 \times (15.5 \div 60) \times 24}{0.8} = 75.9\,kW$
- 축동력이 15% 소요동력 $P_s = 75.9 \times 1.15 = 87.2\,kW$

117 정수처리의 단위 조작으로 사용되는 오존처리에 관한 설명으로 틀린 것은?

① 유기물질의 생분해성을 증가시킨다.
② 염소주입에 앞서 오존을 주입하면 염소의 소비량을 감소시킨다.
③ 오존은 자체의 높은 산화력으로 염소에 비하여 높은 살균력을 가지고 있다.
④ 인의 제거 능력이 뛰어나고 수온이 높아져도 오존 소비량은 일정하게 유지된다.

해설
철, 망간의 제거 능력이 크며 수온이 높아지면 오존 소비량이 많아진다.

118 하수관로 매설시 관로의 최소 흙 두께는 원칙적으로 얼마로 하여야 하는가?

① 0.5m   ② 1.0m
③ 1.5m   ④ 2.0m

해설
관거의 매설심도는 노면의 차량하중, 동결심도 등을 고려하여 최소 1.0m 이상을 원칙으로 한다.

119 하수 슬러지 처리 과정과 목적이 옳지 않은 것은?

① 소각 – 고형물의 감소, 슬러지 용적의 감소
② 소화 – 유기물과 분해하여 고형물 감소, 질적 안정화
③ 탈수 – 수분 제거를 통해 함수율 85% 이하로 양의 감소
④ 농축 – 중간 슬러지 처리 공정으로 고형물 농도의 감소

- **하수 슬러지의 처리 계통**
  생슬러지 → 농축 → 소화 → 개량 → 탈수 및 건조 → 소각(연소) → 최종처분
- 슬러지 부피를 감소시켜 후속 공정의 규모를 줄이고 처리효율을 향상시키는데 농축의 목적이 있다.

120 활성탄 처리를 적용하여 제거하기 위한 주요 항목으로 거리가 먼 것은?
① 질산성 질소
② 냄새 유발물질
③ THM 전구물질
④ 음이온 계면활성제

- **활성탄 처리법**
  통상의 정수처리로 제거되지 않는 맛, 냄새, 색도, THM, 페놀, 유기물, 합성세제 등을 흡착반응을 통해 제거하는 것
- **고도정수처리 방법**으로는 활성탄 처리, 오존처리, 생물학적 전처리 등이 있다.

정답 116 ④ 117 ④ 118 ② 119 ④ 120 ①

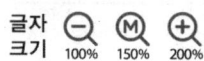

1과목   응용역학

001 어떤 금속의 탄성계수 $E=21\times10^4$MPa이고, 전단 탄성계수 $G=8\times10^4$MPa 일때 이 금속의 포아송비는?

① 0.3075
② 0.3125
③ 0.3275
④ 0.3325

해설

$$G=\frac{E}{2(1+v)}$$

$$\therefore v=\frac{E}{2G}-1=\frac{21\times10^4}{2\times8\times10^4}-1=0.3125$$

보충 체적 탄성계수

$$K=\frac{E}{3(1-2v)}$$

002 그림과 같이 두 개의 활차를 사용하여 물체를 매달 때 3개의 물체가 평형을 이루기 위한 θ값은? (단, 로프와 활차의 마찰은 무시한다.)

① 30°
② 45°
③ 60°
④ 120°

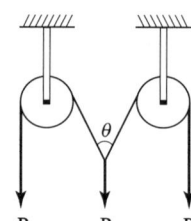

해설

$$\sum V=0$$

$$P\cos\frac{\theta}{2}\times2-P=0$$

$$\cos\frac{\theta}{2}=\frac{1}{2}=0.5$$

$$\therefore \theta=120°$$

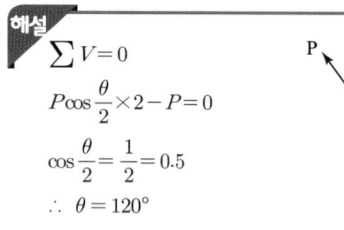

003 외반경 R_1, 내반경 R_2인 중공(中空) 원형단면의 핵은? (단, 핵의 반경을 e로 표시함.)

① $e=\dfrac{(R_1^2+R_2^2)}{4R_1^2}$
② $e=\dfrac{(R_1^2-R_2^2)}{4R_1^2}$
③ $e=\dfrac{(R_1^2+R_2^2)}{4R_1}$
④ $e=\dfrac{(R_1^2-R_2^2)}{4R_1}$

해설

- $I = \dfrac{\pi D^4}{64} - \dfrac{\pi d^4}{64} = \dfrac{\pi(2R_1)^4}{64} - \dfrac{\pi(2R_2)^4}{64} = \dfrac{\pi}{4}(R_1^4 - R_2^4)$
- $A = \dfrac{\pi D^2}{4} - \dfrac{\pi d^2}{4} = \dfrac{\pi(2R_1)^2}{4} - \dfrac{\pi(2R_2)^2}{4} = \pi(R_1^2 - R_2^2)$
- $Z = \dfrac{I}{y} = \dfrac{\pi}{4R_1}(R_1^4 - R_2^4)$

  $R_1^4 - R_2^4 = (R_1^2 + R_2^2)(R_1^2 - R_2^2)$

- $e = \dfrac{Z}{A} = \dfrac{\dfrac{\pi}{4R_1}(R_1^2 + R_2^2)(R_1^2 - R_2^2)}{\pi(R_1^2 - R_2^2)} = \dfrac{R_1^2 + R_2^2}{4R_1}$

004 다음 3힌지 아치에서 수평반력 H_B를 구하면?

① $\dfrac{1}{4wh}$

② $\dfrac{1}{2wh}$

③ $\dfrac{wh}{4}$

④ $2wh$

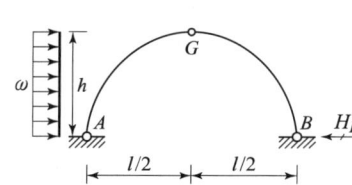

해설

- $\sum M_A = 0$

  $-R_B \times l + \omega h \times \dfrac{h}{2} = 0 \qquad \therefore R_B = \dfrac{\omega h^2}{2l}$

- $\sum M_{힌지} = 0$ (우측 부분)

  $R_B \times \dfrac{l}{2} - H_B \times h = 0 \qquad \therefore H_B = \dfrac{1}{h} \dfrac{\omega h^2}{2l} \times \dfrac{1}{2} = \dfrac{\omega h}{4}$

005 재질과 단면이 같은 다음 2개의 외팔보에서 자유단의 처짐을 같게 하는 P_1/P_2의 값은?

① 0.216
② 0.437
③ 0.325
④ 0.546

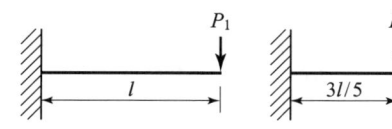

해설

- $y = \dfrac{Pl^3}{3EI}$

- $y_1 = \dfrac{P_1 l^3}{3EI}$, $y_2 = \dfrac{P\left(\dfrac{3}{5}l\right)^3}{3EI} = \dfrac{27 P_2 l^3}{375 EI}$

- $\dfrac{P_1 l^3}{3EI} = \dfrac{27 P_2 l^3}{375 EI}$

  $P_1 = \dfrac{27 P_2 l^3 / 375 EI}{l^3 / 3EI} = \dfrac{81 P_2 l\, EI}{375 l EI} = 0.216 P_2 \qquad \therefore 0.216 = \dfrac{P_1}{P_2}$

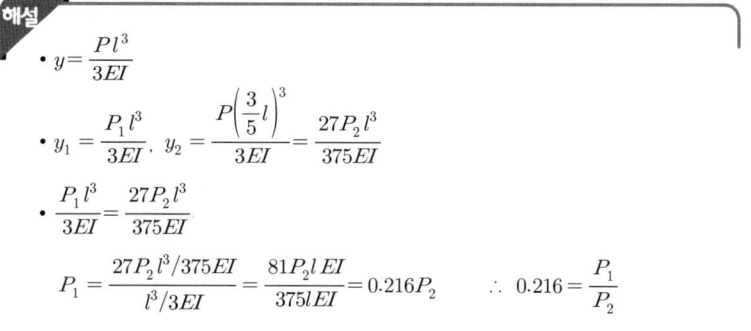

정답 001 ② 002 ④ 003 ③ 004 ③ 005 ①

006 그림과 같은 단면의 단면상승모멘트 I_{xy}는?

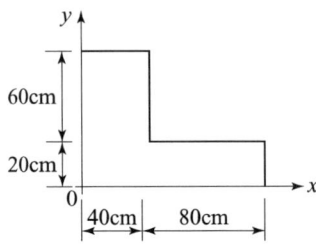

① $384,000 \text{cm}^4$
② $3,840,000 \text{cm}^4$
③ $3,360,000 \text{cm}^4$
④ $3,520,000 \text{cm}^4$

해설
$I_{xy} = (A_1 \cdot x_1 \cdot y_1) + (A_2 \cdot x_2 \cdot y_2)$
$= (40 \times 80 \times 20 \times 40) + (80 \times 20 \times 80 \times 10)$
$= 3,840,000 \text{cm}^4$

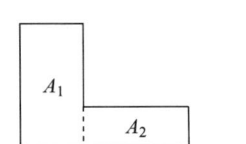

007 길이 5m, 단면적 10cm²의 강봉을 0.5mm 늘이는 데 필요한 인장력은? (단, $E = 2 \times 10^5$ MPa이다.)

① 20kN
② 30kN
③ 40kN
④ 50kN

해설
$E = \dfrac{\sigma}{\varepsilon} = \dfrac{\dfrac{P}{A}}{\dfrac{\Delta l}{l}} = \dfrac{P \cdot l}{A \cdot \Delta l}$

$\therefore P = \dfrac{E \cdot A \cdot \Delta l}{l} = \dfrac{2 \times 10^5 \times 1000 \times 0.5}{5000} = 20000 \text{N} = 20 \text{kN}$

008 그림과 같은 부정정보에서 지점 A의 휨모멘트값을 옳게 나타낸 것은?

① $\dfrac{\omega L^2}{8}$
② $-\dfrac{\omega L^2}{8}$
③ $\dfrac{3\omega L^2}{8}$
④ $-\dfrac{3\omega L^2}{8}$

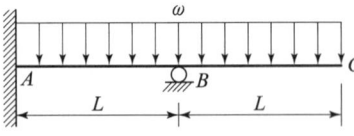

해설

- $M_B = \omega \times l \times \dfrac{l}{2} = \dfrac{\omega l^2}{2}$
- $M_A = M_B \times \dfrac{1}{2} - \dfrac{\omega l^2}{8} = \dfrac{\omega l^2}{4} - \dfrac{\omega l^2}{8} = \dfrac{\omega l^2}{8}$

009 그림과 같은 라멘에서 A점의 수직반력(R_A)은?

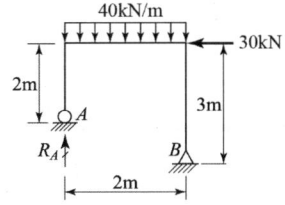

① 65kN ② 75kN
③ 85kN ④ 95kN

해설

$\Sigma M_B = 0$

$R_A \times 2 - (40 \times 2) \times 1 - 30 \times 3 = 0$

$\therefore R_A = 85\,\text{kN}(\uparrow)$

010 동일한 재료 및 단면을 사용한 다음 기둥 중 좌굴하중이 가장 큰 기둥은?
① 양단 고정의 길이가 2L인 기둥
② 양단 힌지의 길이가 L인 기둥
③ 일단 자유, 타단 고정의 길이가 0.5L인 기둥
④ 일단 힌지, 타단 고정의 길이가 1.2L인 기둥

해설
- 좌굴하중

$P_{cr} = \dfrac{n\pi^2 EI}{l^2}$ 관련식에서 $P_{cr} \propto \dfrac{n}{l^2}$ 이므로

① : $\dfrac{4}{(2l)^2} = \dfrac{1}{l^2}$

② : $\dfrac{1}{l^2}$

③ : $\dfrac{\frac{1}{4}}{\left(\frac{1}{2}l\right)^2} = \dfrac{1}{l^2}$

④ : $\dfrac{2}{(1.2l)^2} = \dfrac{1.4}{l^2}$

정답 006 ② 007 ① 008 ① 009 ③ 010 ④

011 그림과 같이 단순지지된 보에 등분포하중 q가 작용하고 있다. 지점 C의 부모멘트와 보의 중앙에 발생하는 정모멘트의 크기를 같게 하여 등분포하중 q의 크기를 제한하려고 한다. 지점 C와 D는 보의 대칭거동을 유지하기 위하여 각각 A와 B로부터 같은 거리에 배치하고자 한다. 이때 보의 A점으로부터 지점 C의 거리 x는?

① $x = 0.207L$
② $x = 0.250L$
③ $x = 0.333L$
④ $x = 0.444L$

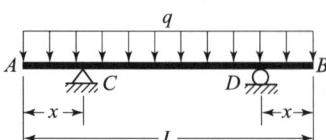

해설

$M_C = -\dfrac{wx^2}{2}$

$M_E = \dfrac{wl^2}{8} - \dfrac{wx^2}{2}$

$\dfrac{wx^2}{2} = \dfrac{wl^2}{8} - \dfrac{wx^2}{2}$

$wx^2 = \dfrac{wl^2}{8}$

$l = \sqrt{8}\,x \quad l = L - 2x$ 이므로

$\sqrt{8}\,x = L - 2x \quad \sqrt{8}\,x + 2x = L$

$x(\sqrt{8} + 2) = L$

$\therefore x = \dfrac{1}{\sqrt{8}+2}L = 0.207L$

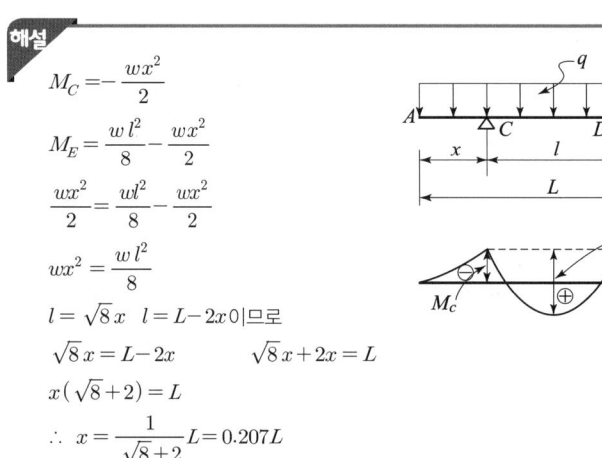

012 그림과 같은 단면에 15kN의 전단력이 작용할 때 최대 전단응력의 크기는?

① 3.52MPa
② 2.86MPa
③ 4.74MPa
④ 5.95MPa

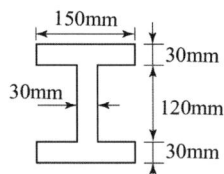

해설

- $I_X = \dfrac{BH^3}{12} - \dfrac{bh^3}{12} = \dfrac{150 \times 180^3}{12} - \dfrac{120 \times 120^3}{12} = 55620000\,\text{mm}^4$

- $G_X = A_1 y_1 + A_2 y_2$

  $= 150 \times 30 \times 75 + 30 \times 60 \times 30 = 391500\,\text{mm}^3$ (중립축 윗부분)

- $\tau = \dfrac{S\,G}{I\,b} = \dfrac{15000 \times 391500}{55620000 \times 30} = 3.52\,\text{MPa}$

013 단면의 성질에 대한 다음 설명 중 잘못된 것은?
① 단면2차 모멘트의 값은 항상 0보다 크다.
② 단면2차 극모멘트의 값은 항상 극을 원점으로 하는 두 직교좌표축에 대한 단면2차 모멘트의 합과 같다.
③ 도심축에 관한 단면1차 모멘트의 값은 항상 0이다.
④ 단면 상승 모멘트의 값은 항상 0보다 크거나 같다.

해설
- 단면 상승 모멘트의 값은 위치에 따라 0 또는 0보다 크거나 작을 수 있다.
- 임의 단면에 대한 단면2차 모멘트 값이 최소가 되는 축은 도심축이다.
- 단면의 도심축에 대한 단면1차 모멘트는 0이다.
- 단면 상승 모멘트는 정(+) 또는 부(−)의 값을 갖는다.

014 아래 그림과 같은 캔틸레버 보에서 B점의 연직변위(δ_B)는? (단, $M_0=0.4\text{kN}\cdot\text{m}$, $P=1.6\text{kN}$, $L=2.4\text{m}$, $EI=600\text{kN}\cdot\text{m}^2$이다.)

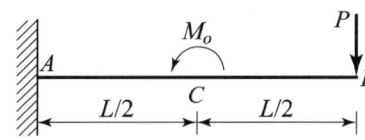

① 0.0108m(↓) ② 0.0108m(↑)
③ 0.0137m(↓) ④ 0.0137m(↑)

해설

1) 집중하중 작용(처짐이 하향 +)

- $M_B' = \dfrac{1}{2} \times 3.84 \times 2.4 \times \left(\dfrac{2}{3} \times 2.4\right)$
  $= 7.37\text{kN}\cdot\text{m}^3$

- $y_{B_1} = \dfrac{M_B'}{EI} = \dfrac{7.37}{600} = 0.01228\text{m}$

2) 모멘트 하중 작용(처짐이 상향 −)

- $M_B' = 0.4 \times 1.2 \times \left(\dfrac{1.2}{2} + 1.2\right)$
  $= 0.864\text{kN}\cdot\text{m}^3$

- $y_{B_2} = -\dfrac{M_B'}{EI} = -\dfrac{0.864}{600} = -0.00144\text{m}$

∴ $y_B = y_{B_1} + y_{B_2}$
   $= 0.01228 + (-0.00144)$
   $= 0.0108\text{m}(\downarrow)$

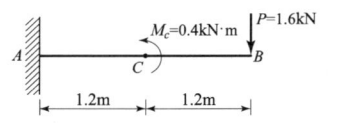
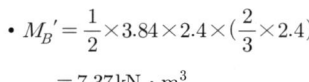
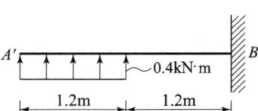
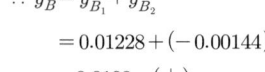

정답 011 ① 012 ① 013 ④ 014 ①

015 다음의 그림에 있는 연속보의 B점에서의 반력을 구하면?
($E = 2.1 \times 10^6 \text{kN/cm}^2$, $I = 1.6 \times 10^4 \text{cm}^4$)

① 63kN
② 75kN
③ 97kN
④ 101kN

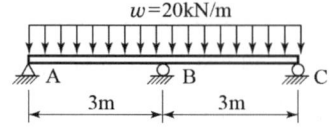

해설

- 등분포 하중에 의한 처짐
$$y_{B1} = \frac{5w(2l)^4}{384EI} = \frac{5wl^4}{24EI}$$

- 반력(R_B)에 의한 처짐
$$y_{B2} = \frac{R_B \cdot (2l)^3}{48EI} = \frac{4R_B l^3}{24EI}$$

- 부정정보의 반력계산
$y_{B1} - y_{B2} = 0$
$y_{B1} = y_{B2}$ 이므로
$$\therefore R_B = \frac{5}{4}wl = \frac{5}{4} \times 20 \times 3 = 75 \text{kN}$$

보충
$$M_B = -\frac{wl^2}{8} = -\frac{20 \times 3^2}{8} = -22.5 \text{kN} \cdot \text{m}$$

016 아래 표와 같은 설명에 해당하는 것은?

> 탄성체에 저장된 변형에너지(U)를 변위의 함수로 나타내는 경우 임의 변위($\triangle_i$)에 관한 변형에너지(U)의 1차 편도함수는 대응되는 하중(P_i)와 같다.
> 즉, $P_i = \frac{\partial U}{\partial \triangle_i}$ 이다.

① 공액보법
② 가상일의 원리
③ Castigliano의 제1정리
④ Castigliano의 제2정리

해설
Castigliano의 제2정리는 Castigliano의 제1정리의 반대로 처짐, 처짐각을 구할 때 이용한다.
즉, $\triangle_i = \frac{\partial U_i}{\partial P_i}$ 이다.

017 다음 그림과 같은 보에서 A점의 반력은?

① 15 kN
② 18 kN
③ 20 kN
④ 23 kN

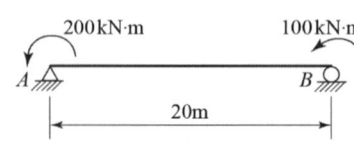

해설
- $\Sigma M_B = 0$
  $R_A \times 20 - 200 - 100 = 0$
  $\therefore R_A = \dfrac{1}{20}(200-100) = 15\,\text{kN}$

018 다음 그림에서 P_1과 R 사이의 각 θ를 나타낸 것은?

① $\theta = \tan^{-1}\left(\dfrac{P_2 \cos \alpha}{P_2 + P_1 \cos \alpha}\right)$

② $\theta = \tan^{-1}\left(\dfrac{P_2 \cos \alpha}{P_1 + P_2 \sin \alpha}\right)$

③ $\theta = \tan^{-1}\left(\dfrac{P_2 \sin \alpha}{P_1 + P_2 \cos \alpha}\right)$

④ $\theta = \tan^{-1}\left(\dfrac{P_2 \sin \alpha}{P_1 + P_2 \sin \alpha}\right)$

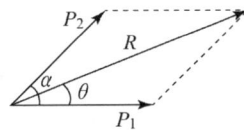

해설
$\tan \theta = \dfrac{P_2 \sin \alpha}{P_1 + P_2 \cos \alpha}$

$\therefore \theta = \tan^{-1}\left(\dfrac{P_2 \sin \alpha}{P_1 + P_2 \cos \alpha}\right)$

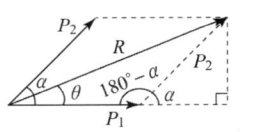

019 자중이 4kN/m인 그림(a)와 같은 단순보에 그림(b)와 같은 차륜하중이 통과할 때 이 보에 일어나는 최대 전단력의 절댓값은?

① 74 kN
② 80 kN
③ 94 kN
④ 104 kN

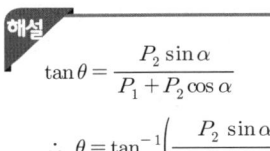

그림(a)   그림(b)

해설
- 최대 전단력은 2개의 집중하중에서 큰 하중이 지점에 오고 나머지 하중이 지간 내에 작용할 때 발생한다.
- 60kN 하중을 B점에 오도록 하여 반력 R_B를 구하면 최대 전단력이 된다.
- $\Sigma M_A = 0$
  $-R_B \times 12 + 60 \times 12 + 30 \times 8 + 4 \times 12 \times 6 = 0$
  $\therefore R_B = 104\,\text{kN}$

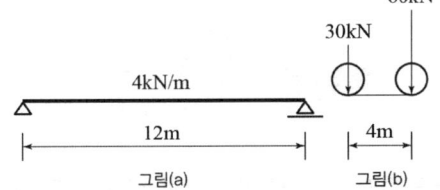

정답 015 ② 016 ③ 017 ① 018 ③ 019 ④

03회 CBT 모의고사

020 그림과 같은 양단 내민보에서 C점(중앙점)에서 휨모멘트가 0이 되기 위한 $\dfrac{a}{L}$는? (단, $P=wL$)

① $\dfrac{1}{2}$
② $\dfrac{1}{4}$
③ $\dfrac{1}{7}$
④ $\dfrac{1}{8}$

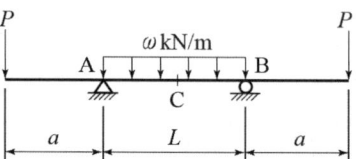

해설
- 대칭이므로
$$R_A = \dfrac{wL}{2}+P= \dfrac{P}{2}+P=1.5P$$
- $M_C = 0$
$$-P\left(a+\dfrac{L}{2}\right)+1.5P \cdot \dfrac{L}{2}-\dfrac{wL}{2} \cdot \dfrac{L}{4}=0$$
$$-Pa-\dfrac{PL}{2}+\dfrac{1.5PL}{2}-\dfrac{PL}{8}=0$$
$$-Pa+\dfrac{PL}{8}=0 \quad \therefore \dfrac{a}{L}=\dfrac{1}{8}$$

2과목 측량학

021 축척 1/3,000의 도면을 구적기로써 면적을 관측한 결과 2,450m²이었다. 그런데 도면의 가로와 세로가 각각 1%씩 줄어 있었다면 올바른 원면적은?

① 2,485m²
② 2,500m²
③ 2,558m²
④ 2,588m²

해설
$$(x-0.01x)(y-0.01y) = 2450$$
$$xy-0.01xy-0.01xy+0.01^2xy = 2450$$
$$0.9801xy = 2450$$
$$\therefore xy \fallingdotseq 2{,}500\text{m}^2$$

022 시가지에서 25변형 트래버스 측량을 실시하여 측각오차가 2'50" 발생하였다. 어떻게 처리해야 하는가? (단, 시가지의 측각 허용범위= $20''\sqrt{n} \sim 30''\sqrt{n}$ 이고 여기서 n은 트래버스의 측점 수)

① 각의 크기에 따라 배분한다.
② 오차가 허용오차 이상이므로 재측해야 한다.
③ 변의 길이에 비례하여 배분한다.
④ 변의 길이의 역수에 비례하여 배분한다.

해설
- $20''\sqrt{n} \sim 30''\sqrt{n} = 20''\sqrt{25} \sim 30''\sqrt{25} = 100'' \sim 150'' = 1'40'' \sim 2'30''$
- 오차가 허용범위를 넘었으므로 재측해야 한다.
- 평지의 경우 허용범위 $30''\sqrt{n} \sim 60''\sqrt{n}$

023 다음은 지성선에 관한 설명이다. 옳지 못한 것은?

① 지성선은 지표면이 다수의 평면으로 구성되었다고 할 때 평면간 접합부, 즉 접선을 말하며 지세선이라고도 한다.
② 철(凸)선을 능선 또는 분수선이라 한다.
③ 경사변환선이란 동일 방향의 경사면에서 경사의 크기가 다른 두 면의 접합선이다.
④ 요(凹)선은 지표의 경사가 최대로 되는 방향을 표시한 선으로 유하선이라고 한다.

해설
- 계곡선(凹선)은 지표면의 낮은 점들을 연결한 선으로 합수선이라고도 한다.
- 최대 경사선(유하선)은 지표 임의의 한 점에서 그 경사가 최대로 되는 방향을 표시한 선으로 등고선에 직각으로 교차하며 물이 흐르는 선이다.

024 삼각점 C에 기계를 세울 수 없어서 2.5m 편심하여 B에 기계를 설치하고 $T'=31°15'40''$를 얻었다. 이때 T는? (단, $\varphi=300°20'$, $S_1=2$km, $S_2=3$km)

① 31°14'49"
② 31°15'18"
③ 31°15'29"
④ 31°15'41"

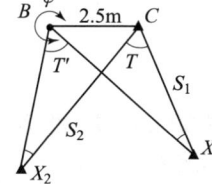

해설
- $\dfrac{e}{\sin X_1} = \dfrac{S_1}{\sin(360°-\varphi)}$

  $\therefore X_1 = \sin^{-1}\dfrac{2.5}{2000}\sin(360°-300°20') = 3'43''$

- $\dfrac{e}{\sin X_2} = \dfrac{S_2}{\sin(360°-\varphi+T')}$

  $\therefore X_2 = \sin^{-1}\dfrac{2.5}{3000}\sin(360°-300°20'+31°15'40'') = 2'52''$

- $T = T' + X_2 - X_1 = 30°15'40'' + 2'52'' - 3'43'' = 31°14'49''$

025 축척 1/50,000의 지형도에서 경사가 10%인 등경사선의 주곡선간 도상 거리는?

① 2mm
② 4mm
③ 6mm
④ 8mm

해설
- 1/50,000 지형도에서 주곡선 간격은 20m

$$\frac{10}{100} = \frac{20}{D} \quad \therefore D = \frac{100 \times 20}{10} = 200\text{m}$$

- 도상거리

$$l = D \times \frac{1}{m} = 200 \times \frac{1}{50,000} = 0.004\text{m} = 4\text{mm}$$

026 A, B, C 각 점에서 P점까지 수준측량을 한 결과가 표와 같다. 거리에 대한 경중률을 고려한 P점의 최확 표고는?

① 135.529m
② 135.551m
③ 135.563m
④ 135.570m

측량경로	거리	P점의 표고
A→P	1km	135.487m
B→P	2km	135.563m
C→P	3km	135.603m

해설
- 경중률은 노선의 길이에 반비례한다.

$$P_1 : P_2 : P_3 = \frac{1}{1} : \frac{1}{2} : \frac{1}{3} = 6 : 3 : 2$$

- 최확값 $H_P = \frac{\sum P \cdot H}{\sum P} = \frac{P_1 \cdot H_1 + P_2 \cdot H_2 + P_3 \cdot H_3}{P_1 + P_2 + P_3}$

$$= 135 + \frac{6 \times 0.487 + 3 \times 0.563 + 2 \times 0.603}{6+3+2} = 135.529\text{m}$$

027 어느 각을 10번 측정하여 52°12′0″를 2번, 52°13′0″를 4번, 52°14′0″를 4번 얻었다. 측정한 각의 표준편차는?

① ±51.3″
② ±47.3″
③ ±36.2″
④ ±21.2″

해설
- $P_1 : P_2 : P_3 = 2 : 4 : 4$ (횟수에 비례)

- 최확치 $52° + \frac{12′ \times 2 + 13′ \times 4 + 14′ \times 4}{2+4+4} = 52°13′12″$

- 잔차 $V_1 = 52°12′00″ - 52°13′12″ = -72″$
$V_2 = 52°13′00″ - 52°13′12″ = -12″$
$V_3 = 52°14′00″ - 52°13′12″ = 48″$

- 표준편차 $m_0 = \pm \sqrt{\dfrac{(PVV)}{n-1}}$

  $= \pm \sqrt{\dfrac{(2 \times 72 \times 72) + (4 \times 12 \times 12) + (4 \times 48 \times 48)}{(10-1)}} = \pm 47.32''$

해설

구분 항목	경중률(P)이 일정한 경우	경중률(P)이 다른 경우
최확값 (L_o)	$L_o = \dfrac{l_1 + l_2 + \cdots + l_n}{n} = \dfrac{[l]}{n}$	$L_o = \dfrac{P_1 l_1 + P_2 l_2 + \cdots + P_n l_n}{P_1 + P_2 + \cdots + P_n}$ $= \dfrac{[Pl]}{P}$
평균제곱근 오차, 중등오차 (m_o)	① 1회 관측(개개의 관측값)에 대한 $m_o = \pm \sqrt{\dfrac{[vv]}{n-1}}$ ② n개의 관측값(최확값)에 대한 $m_o = \pm \sqrt{\dfrac{[vv]}{n(n-1)}}$	① 1회 관측(개개의 관측값)에 대한 $m_o = \pm \sqrt{\dfrac{[Pvv]}{n-1}}$ ② n개의 관측값(최확값)에 대한 $m_o = \pm \sqrt{\dfrac{[Pvv]}{[P](n-1)}}$
확률오차 (r_o)	① 1회 관측(개개의 관측값)에 대한 $r_o = \pm 0.6745 \cdot m_o$ ② n개의 관측값(최확값)에 대한 $r_o = \pm 0.6745 \cdot m_o$	① 1회 관측(개개의 관측값)에 대한 $r_o = \pm 0.6745 \cdot m_o$ ② n개의 관측값(최확값)에 대한 $r_o = \pm 0.6745 \cdot m_o$

028 80m의 측선을 20m 줄자로 관측하였다. 만약 1회의 관측에 +4mm의 정오차와 ±3mm의 부정오차가 있었다면 이 측선의 거리는?

① 80.006±0.006m ② 80.006±0.016m
③ 80.016±0.006m ④ 80.016±0.016m

해설
- 부정오차 전파법칙
  정오차 $= a \cdot n$
  우연오차 $= a \cdot \sqrt{n}$
  여기서, a : 오차, n : 횟수
- $a \cdot n \pm a\sqrt{n}$
  $0.004 \times 4 \pm 0.003\sqrt{4} = 0.016 \pm 0.006$
  여기서, $n = \dfrac{80}{20} = 4$회
  ∴ 80.016 ± 0.006m

029 곡선반경이 400m인 원곡선상을 70km/hr로 주행하려고 할 때 cant는? (단, 궤간 $b = 1.065$m임.)

① 73mm ② 83mm
③ 93mm ④ 103mm

해설
$C = \dfrac{SV^2}{gR} = \dfrac{1.065 \times \left(\dfrac{70000}{3600}\right)^2}{9.8 \times 400} = 0.103\text{m} = 103\text{mm}$

정답 025 ② 026 ① 027 ② 028 ③ 029 ④

030 곡률이 급변하는 평면 곡선부에서의 탈선 및 심한 흔들림 등의 불안정한 주행을 막기 위해 고려하여야 하는 사항과 가장 거리가 먼 것은?

① 완화곡선 ② 편경사
③ 확폭   ④ 종단곡선

해설
- 종단곡선은 노선의 종단구배가 변하는 위치에 충격을 완화하고 시거 확보를 위해 설치한다.
- 종단곡선은 주로 2차 포물선에 의하여 설치한다.

031 완화곡선 중 클로소이드에 대한 설명으로 옳지 않은 것은? (단, R : 곡선 반지름, L : 곡선길이)

① 클로소이드는 곡률이 곡선길이에 비례하여 증가하는 곡선이다.
② 클로소이드는 나선의 일종이며 모든 클로소이드는 닮은꼴이다.
③ 클로소이드의 종점 좌표 x, y는 그 점의 접선각의 함수로 표시된다.
④ 클로소이드에서 접선각 τ을 라디안으로 표시하면 $\tau = \dfrac{R}{2L}$이 된다.

해설
- 클로소이드에서 접선각 τ을 라디안으로 표시하면 $\tau = \dfrac{L}{2R}$이 된다.
- 단위 클로소이드란 매개변수 A가 1인 클로소이드이다.
- 곡선길이가 일정할 때 곡률반경이 커지면 접선각은 작아진다.

032 삼각측량의 기준점 성과표에 기록되는 내용이 아닌 것은?

① 도엽명칭   ② 점번호
③ 평면직각좌표 및 표고 ④ 천문경위도

해설
지구상의 임의의 점에서의 천정의 위치를 천문 경위도로 나타낸 천문좌표는 천문측량에 해당된다.

033 하천의 연직선 내의 평균유속을 구할 때 3점법을 사용하는 경우, 평균유속(V_m)을 구하는 식은? (단, V_n : 수면으로부터 수심의 n에 해당되는 지점의 관측유속)

① $V_m = \dfrac{1}{2}(V_{0.2} + V_{0.8})$
② $V_m = \dfrac{1}{3}(V_{0.2} + V_{0.6} + V_{0.8})$
③ $V_m = \dfrac{1}{4}(V_{0.2} + V_{0.6} + 2V_{0.8})$
④ $V_m = \dfrac{1}{4}(V_{0.2} + 2V_{0.6} + V_{0.8})$

해설
- 1점법 $V_m = V_{0.6}$
- 2점법 $V_m = \dfrac{1}{2}(V_{0.2} + V_{0.8})$

034 방위각 153°20′25″에 대한 방위는?
① $E\,63°20′25″S$
② $E\,26°39′25″S$
③ $S\,26°39′35″E$
④ $S\,63°20′25″E$

Ⅱ상환이므로 방위 = 180° − 153°20′25″ = $S\,26°39′35″E$

035 고속도로 공사에서 각 측점의 단면적이 표와 같을 때, 측점 10에서 측점 12까지의 토량은? (단, 양단면 평균법에 의해 계산한다.)

측점	단면적(m²)	비고
No.10	318	측점 간의 거리 = 20m
No.11	512	
No.12	682	

① $15120\,m^3$
② $20160\,m^3$
③ $20240\,m^3$
④ $30240\,m^3$

• 측점 No.10에서 No.11까지의 토량
$$V_1 = \frac{318+512}{2} \times 20 = 8300\,m^3$$
• 측점 No.11에서 No.12까지의 토량
$$V_2 = \frac{512+682}{2} \times 20 = 11940\,m^3$$
• 측점 No.10에서 No.12까지의 토량
$$V = V_1 + V_2 = 8300 + 11940 = 20240\,m^3$$

036 기준면으로부터 어느 측점까지의 연직거리를 의미하는 용어는?
① 수준선(level line)
② 표고(elevation)
③ 연직선(plumb line)
④ 수평면(horizontal plane)

• 표고는 지표상의 임의점에서 지구 중력방향으로 수준면에 이르는 연직거리이다.
• 수평면은 각 점들의 중력방향에 직각을 이루는 평면이다.

037 수애선의 기준이 되는 수위는?
① 평수위
② 평균수위
③ 최고수위
④ 최저수위

하천 수애선 : 평균 평수위

정답 030 ④ 031 ④ 032 ④ 033 ④ 034 ③ 035 ③ 036 ② 037 ①

038 다각측량에서 어떤 폐합다각망을 측량하여 위거 및 경거의 오차를 구하였다. 거리와 각을 유사한 정밀도로 관측하였다면 위거 및 경거의 폐합오차를 배분하는 방법으로 가장 적합한 것은?

① 측선의 길이에 비례하여 분배한다.
② 각각의 위거 및 경거에 등분배한다.
③ 위거 및 경거의 크기에 비례하여 배분한다.
④ 위거 및 경거 절대값의 총합에 대한 위거 및 경거 크기에 비례하여 배분한다.

해설
- 각과 거리 측정의 정도가 비슷한 경우에는 측선의 길이에 비례하여 분배한다.
- 각 측정의 정도가 거리 측량의 정도보다 크면 위거 및 경거의 크기에 비례하여 배분한다.

039 승강식 야장이 표와 같이 작성되었다고 가정할 때, 성과를 검산하는 방법으로 옳은 것은? (여기서, ⓐ-ⓑ는 두 값의 차를 의미한다.)

측점	후시	전시		승(+)	강(−)	지반고
		T·P	I·P			
BM	0.175					ⓗ
No.1			0.154	—		
No.2	1.098	1.237			—	
No.3			0.948	—		
No.4		1.175			—	ⓢ
합계	㉠	㉡	㉢	㉣	㉤	

① ⓢ−ⓗ = ㉠−㉡ = ㉣−㉤
② ⓢ−ⓗ = ㉠−㉢ = ㉣−㉤
③ ⓢ−ⓗ = ㉠−㉣ = ㉡−㉤
④ ⓢ−ⓗ = ㉡−㉣ = ㉢−㉤

해설
후시와 전시(이기점)합의 차, 승(+) 강(−)합의 차, 지반고의 차가 동일한지 여부를 검산한다.

040 삼각수준측량에 의해 높이를 측정할 때 기지점과 미지점의 쌍방에서 연직각을 측정하여 평균하는 이유는?

① 연직축오차를 최소화하기 위하여
② 수평분도원의 편심오차를 제거하기 위하여
③ 연직분도원의 눈금오차를 제거하기 위하여
④ 공기의 밀도변화에 의한 굴절 오차의 영향을 소거하기 위하여

해설
삼각수준측량에 의해 높이를 측정할 때 기지점과 미지점의 쌍방에서 연직각을 측정하여 평균하는 이유는 공기의 밀도변화에 의한 굴절 오차의 영향을 소거하기 위함이다.

3과목 수리·수문학

041 수로폭이 3m인 직사각형 개수로에서 비에너지가 1.5m일 경우의 최대유량(Q_{max})은? (단, 에너지 보정계수는 1.0이다.)

① 9.39m³/sec ② 3.28m³/sec
③ 29.40m³/sec ④ 31.70m³/sec

해설

$$h_c = \left(\frac{\alpha Q^2}{gb^2}\right)^{\frac{1}{3}} \qquad h_e = \frac{3}{2}h_c \qquad h_c = \frac{2}{3}\times 1.5 = 1\text{m}$$

$$1 = \left(\frac{1\times Q^2}{9.8\times 3^2}\right)^{\frac{1}{3}} \qquad \therefore\ Q = 9.39\text{m}^3/\text{sec}$$

042 강우강도를 I, 침투능을 f, 총 침투량을 F, 토양수분 미흡량을 D라 할 때, 지표유출은 발생하나 지하수위는 상승하지 않는 경우에 대한 조건식은?

① $I < f,\ F < D$ ② $I < f,\ F > D$
③ $I > f,\ F < D$ ④ $I > f,\ F > D$

해설

- 중간 유출과 지하수 유출 시작 될 경우
  $I < f,\ F > D$
- 지표면 유출이 발생하는 경우(호우로 인한 지하수위의 상승은 없다.)
  $I > f,\ F < D$

보충
- 대규모 호우기간에 경우
  $I > f,\ F > D$
- 지표면 유출이 발생하지 않고 토양으로 침투하는 경우
  $I < f,\ F < D$

043 오리피스의 수축계수와 그 크기로 옳은 것은? (단, a_o는 수축단면적, a는 오리피스 단면적, V_o는 수축 단면의 유속, V는 이론유속이다.)

① $Ca = \dfrac{a_o}{a}$, 1.0~1.1 ② $Ca = \dfrac{V_o}{V}$, 1.0~1.1
③ $Ca = \dfrac{a_o}{a}$, 0.6~0.7 ④ $Ca = \dfrac{V_o}{V}$, 0.6~0.7

해설
- 수축계수 $C_a = \dfrac{a_o}{a}$, 0.64 정도
- 유속계수 $C_v = 0.96 \sim 0.99$
- 유량계수 $C = 0.6$

044. 지하수의 흐름에 대한 Darcy의 법칙은? (단, V=유속, Δh=길이, Δl에 대한 손실수두, k=투수계수이다.)

① $V = k\left(\dfrac{\Delta h}{\Delta l}\right)^2$
② $V = k\left(\dfrac{\Delta h}{\Delta l}\right)$
③ $V = k\left(\dfrac{\Delta h}{\Delta l}\right)^{-1}$
④ $V = k\left(\dfrac{\Delta h}{\Delta l}\right)^{-2}$

해설
- $v = ki = k\left(\dfrac{\Delta h}{\Delta l}\right)$
- $R_e < 4$의 층류에 적용
- 지하수의 흐름은 정상류이다.
- 투수계수 k는 속도차원이다.
- 대수층 내의 모관수대는 존재하지 않는다.
- 유속 V는 입자 사이를 흐르는 이론 유속이다.

045. 관수로에 물이 흐를 때 어떠한 조건하에서도 층류가 되는 경우는? [단, R_e는 레이놀즈수(Reynolds Number)]

① $R_e > 4000$
② $4000 > R_e > 3000$
③ $3000 > R_e > 2000$
④ $R_e < 2000$

해설
- $R_e < 2000$: 층류
- $R_e > 4000$: 난류
- $R_e = \dfrac{VD}{v}$, $f = \dfrac{64}{R_e}$

046. 그림에서 손실수두가 $\dfrac{3V^2}{2g}$일 때 지름 0.1m의 관을 통과하는 유량은? (단, 수면은 일정하게 유지된다.)

① $0.085\text{m}^3/\text{sec}$
② $0.0426\text{m}^3/\text{sec}$
③ $0.0399\text{m}^3/\text{sec}$
④ $0.0798\text{m}^3/\text{sec}$

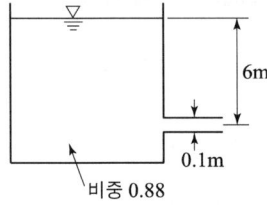

해설
- 점 ①, ② 위치에서 에너지 방정식
$$\dfrac{p_1}{\omega} + \dfrac{V_1^2}{2g} + z_1 = \dfrac{p_2}{\omega} + \dfrac{V_2^2}{2g} + z_2 + h_L$$
$$6 = \dfrac{V_2^2}{2g} + \dfrac{3V_2^2}{2g} = \dfrac{4V_2^2}{2 \times 9.8}$$
$$\therefore V_2 = 5.422\text{m/sec}$$

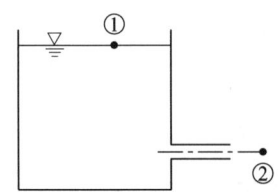

여기서, $p_1 = p_2 = 0$, $V_1 < V_2$이므로
$V_1 = 0$, $z_1 = 6m$, $z_2 = 0$이다.

- $Q = AV = \dfrac{\pi \times 0.1^2}{4} \times 5.422 = 0.0426 m^3/sec$

047 물 속에 세운 모세관의 내경을 d, 그때의 물의 표면장력을 σ, 물과 관 사이의 접촉각을 θ 라고 할 때 모세관고 h를 구하는 식은? (단, 물의 단위 중량은 ω이다.)

① $h = \dfrac{4d\cos\theta}{\omega}$ ② $h = \dfrac{4\sigma\cos\theta}{\omega d}$

③ $h = \dfrac{4d\cos\theta}{\omega\sigma}$ ④ $h = \dfrac{4d\sin\theta}{\omega\sigma}$

상승유체 압력 = 관내 수면 작용 힘

$T\cos\theta \cdot \pi d = \dfrac{\pi d^2}{4} \cdot h \cdot \omega$

- $h = \dfrac{4T\cos\theta}{\omega d}$
- 간격 d인 나란한 연직 평판을 세웠을 때 상승고

$h = \dfrac{2T\cos\theta}{\omega d}$

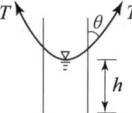

[유리관 모관고]

048 유선(流線) 위 한 점의 x, y, z 축상의 좌표를 (x, y, z), 속도의 x, y, z 축방향의 성분을 각각 u, v, w라 할 때 서로의 관계가 $\dfrac{dx}{u} = \dfrac{dy}{v} = \dfrac{dz}{w}$, $u = -ky$, $v = kx$, $w = 0$인 흐름에서 유선의 형태는? (단, k는 상수)

① 쌍곡선   ② 원
③ 타원   ④ 직선

- $\dfrac{dx}{u} = \dfrac{dy}{v}$, $-\dfrac{dx}{ky} = \dfrac{dy}{kx}$

$-\dfrac{dx}{y} = \dfrac{dy}{x}$, $-x\,dx = y\,dy$

$-\dfrac{1}{2}x^2 = \dfrac{1}{2}y^2 + c$

∴ $x^2 + y^2 = c$이므로 원 형태이다.

- $u = kx$, $v = -ky$의 경우

$\dfrac{dx}{u} = \dfrac{dy}{v}$, $\dfrac{dx}{kx} = \dfrac{dy}{ky}$ $\dfrac{dx}{x} = -\dfrac{dy}{y}$

$\dfrac{1}{K} \cdot \log x = -\dfrac{1}{K}\log y + c$

$\log x + \log y = c$

∴ $xy = c$이므로 쌍곡선 형태이다.

정답 044 ② 045 ④ 046 ② 047 ② 048 ②

049. 동수반경(R)이 10m이고 동수경사(I)가 1/200인 관로의 마찰손실계수 $f = 0.04$일 때 유속은?

① 8.9m/sec ② 9.9m/sec
③ 11.3m/sec ④ 12.3m/sec

해설
- $C = \sqrt{\dfrac{8g}{f}} = \sqrt{\dfrac{8 \times 9.8}{0.04}} ≒ 44.3$
- $V = C\sqrt{RI} = 44.3\sqrt{10 \times \dfrac{1}{200}} = 9.9\text{m/sec}$

050. DAD 해석에 관계되는 요소로 짝지어진 것은?

① 수심, 하천 단면적, 홍수기간
② 강우깊이, 면적, 지속기간
③ 적설량, 분포면적, 적설일수
④ 강우량, 유수단면적, 최대수심

해설
- 최대우량깊이(Depth), 유역면적(Area), 지속시간(Duration)
- DAD 곡선은 반대수지로 표시한다.
- DAD의 값은 유역에 따라 다르다.
- DAD 곡선은 종축을 유역면적, 횡축을 우량깊이로 하여 지속 시간별로 곡선을 그린다.

051. 지하수의 투수계수에 영향을 주는 인자로 거리가 먼 것은?

① 토양의 평균입경 ② 지하수의 단위중량
③ 지하수의 점성계수 ④ 토양의 단위중량

해설
흙입자의 모양 및 크기, 공극비, 포화도, 흙입자의 구조 및 구성, 지하수의 점성, 지하수의 단위중량

052. 단위 유량도(Unit hydrograph)를 작성함에 있어서 기본 가정에 해당되지 않는 것은?

① 비례 가정 ② 중첩 가정
③ 직접 유출의 가정 ④ 일정 기저시간의 가정

해설
- 단위 유량도 작성 시에는 직접 유출량, 유효우량의 지속시간, 유역면적 등이 필요하다.
- 단위 유량도의 기본 가정은 일정 기저시간 가정, 비례 가정, 중첩 가정이다.

053 직사각형의 위어로 유량을 측정할 경우 수두 H를 측정할 때 1%의 측정 오차가 있었다면 유량 Q에서 예상되는 오차는?

① 0.5% ② 1.0%
③ 1.5% ④ 2.5%

해설

$$\frac{dQ}{Q} = \frac{3}{2}\frac{dh}{h} = \frac{3}{2} \times 1 = 1.5\%$$

054 도수가 15m 폭의 수문 하류 측에서 발생 되었다. 도수가 일어나기 전의 깊이가 1.5m이고 그때의 유속은 18m/s였다. 도수로 인한 에너지 손실수두는? (단, 에너지 보정계수 $\alpha = 1$이다.)

① 3.24m ② 5.40m
③ 7.62m ④ 8.34m

해설

- $F_r = \dfrac{V_1}{\sqrt{g\,h_1}} = \dfrac{18}{\sqrt{9.8 \times 1.5}} = 4.69$
- $h_2 = \dfrac{h_1}{2}\left(-1 + \sqrt{1+8F_r^2}\right) = \dfrac{1.5}{2}\left(-1 + \sqrt{1+8 \times 4.69^2}\right) = 9.22\,\text{m}$
- $\Delta H_e = \dfrac{(h_2 - h_1)^3}{4\,h_1\,h_2} = \dfrac{(9.22-1.5)^3}{4 \times 1.5 \times 9.22} = 8.3\,\text{m}$

055 0.3m³/s의 물을 실양정 45m의 높이로 양수하는데 필요한 펌프의 동력은? (단, 마찰손실수두는 18.6m이다.)

① 186.98kW ② 196.98kW
③ 214.4kW ④ 224.4kW

해설

$$P = 9.8Q(H + \Sigma h_L) = 9.8 \times 0.3 \times (45 + 18.6) = 186.98\,\text{kW}$$

056 수로의 경사 및 단면의 형상이 주어질 때 최대 유량이 흐르는 조건은?

① 수심이 최소이거나 경심이 최대일 때
② 윤변이 최대이거나 경심이 최소일 때
③ 윤변이 최소이거나 경심이 최대일 때
④ 수로 폭이 최소이거나 수심이 최대일 때

해설

$Q = AV = AC\sqrt{RI} = AC\sqrt{\dfrac{A}{P}I}$ 관련식에서

최대 유량이 될려면 경심 R이 최대이거나 윤변 P가 최소일 때이다.

정답 049 ② 050 ② 051 ④ 052 ③ 053 ③ 054 ④ 055 ① 056 ③

057 단순 수문곡선의 분리방법이 아닌 것은?
① N-day법
② S-curve법
③ 수평직선 분리법
④ 지하수 감수곡선법

해설
S-curve법 단위도(단위 유량도)의 지속시간을 변경시킬 때 사용되는 방법이다.

058 폭이 넓은 개수로($R ≒ h_c$)에서 Chezy의 평균유속계수 $C=29$, 수로경사 $I=\dfrac{1}{80}$인 하천의 흐름 상태는? (단, $\alpha=1.11$)

① $I_c=\dfrac{1}{105}$로 사류
② $I_c=\dfrac{1}{95}$로 사류
③ $I_c=\dfrac{1}{70}$로 상류
④ $I_c=\dfrac{1}{50}$로 상류

해설
• 한계경사
$$I_c=\dfrac{g}{\alpha C^2}=\dfrac{9.8}{1.1\times 29^2}=\dfrac{1}{95}$$
• 흐름 판별
$I<I_c$: 상류, $I>I_c$: 사류

059 정수 중의 평면에 작용하는 압력프리즘에 관한 성질 중 틀린 것은?
① 전수압의 크기는 압력프리즘의 면적과 같다.
② 전수압의 작용선은 압력프리즘의 도심을 통과한다.
③ 수면에 수평한 평면의 경우 압력프리즘은 직사각형이다.
④ 한 쪽 끝이 수면에 닿는 평면의 경우에는 삼각형이다.

해설
• 수평한 평면에 작용하는 전수압은 평면을 밑면으로 하는 연직 물기둥의 무게와 같다.
• 평면이 물속에 수평으로 놓여 있으면 단위 면적당 압력은 wh이며 평면의 면적을 A라 하면 전수압 $P=whA$이다.

060 그림과 같이 뚜껑이 없는 원통 속에 물을 가득 넣고 중심축 주위로 회전시켰을 때 흘러넘친 양이 전체의 20%였다. 이때, 원통 바닥면이 받는 전수압(全水壓)은?

① 정지상태와 비교할 수 없다.
② 정지상태에 비해 변함이 없다.
③ 정지상태에 비해 20%만큼 증가한다.
④ 정지상태에 비해 20%만큼 감소한다.

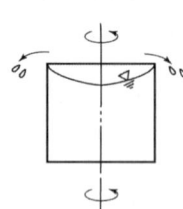

해설
• 전수압 $P=wh_G A$
• 전수압은 물체에 작용하는 압력 전체의 합이다.

4과목 철근콘크리트 및 강구조

061 PS강재응력 f_{PS}=1200MPa, PS강재 도심위치에서의 콘크리트의 압축응력 f_c=7MPa일 때 크리프에 의한 PS강재의 인장응력 손실률은? (단, 크리프계수는 2이고 탄성계수비는 6이다.)

① 7% ② 8%
③ 9% ④ 10%

해설

$$\Delta f_{pc} = \phi n f_{ci} = 2 \times 6 \times 7 = 84\text{MPa}$$

$$\therefore \text{손실률} = \frac{\Delta f_{pc}}{f_{ps}} = \frac{84}{1200} \times 100 = 7\%$$

보충 콘크리트의 건조수축에 의한 손실
$$\Delta f_{ps} = E_p \cdot \varepsilon_{cs}$$

062 그림과 같이 긴장재를 포물선으로 배치하고, P=2500kN으로 긴장했을 때 발생하는 등분포 상향력을 등가하중의 개념으로 구한 값은?

① 10kN/m
② 15kN/m
③ 20kN/m
④ 25kN/m

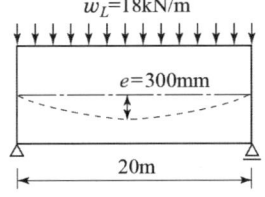

해설

$$\frac{ul^2}{8} = Ps \qquad \therefore u = \frac{8Ps}{l^2} = \frac{8 \times 2500 \times 0.3}{20^2} = 15\text{kN/m}$$

063 2방향 슬래브 설계시 직접설계법을 적용할 수 있는 제한사항에 대한 설명 중 틀린 것은?

① 각 방향으로 3경간 이상이 연속되어야 한다.
② 각 방향으로 연속한 받침부 중심간 경간 길이의 차이는 긴 경간의 1/3 이하이어야 한다.
③ 연속한 기둥 중심선으로부터 기둥의 이탈은 이탈방향 경간의 10%까지 허용된다.
④ 모든 하중은 슬래브판 전체에 연직으로 작용하며, 고정하중의 크기는 활하중의 3배 이하이어야 한다.

해설
- 활하중은 고정하중의 2배 이하이어야 한다.
- 2방향 슬래브의 위험 단면에서의 철근의 간격은 슬래브 두께의 2배 이하, 30cm 이하이어야 한다.
- 4변이 지지된 2방향 슬래브는 전단보강이 거의 필요없다.
- 단경간과 장경간의 비가 $1 \leq \frac{L}{S} < 1$ 또는 $0.5 < \frac{S}{L} \leq 1$일 경우 2방향 슬래브이다.

정답 057 ② 058 ② 059 ① 060 ④ 061 ① 062 ② 063 ④

064 철근콘크리트 보에 스터럽을 배근하는 가장 중요한 이유로 옳은 것은?
① 주철근 상호간의 위치를 바르게 하기 위하여
② 보에 작용하는 사인장 응력에 의한 균열을 제어하기 위하여
③ 콘크리트와 철근과의 부착강도를 높이기 위하여
④ 압축측 콘크리트의 좌굴을 방지하기 위하여

해설
전단응력에 의한 균열(사인장 균열)을 막기 위해 전단보강철근(스터럽) 또는 사인장 철근의 전단철근을 배치한다.

065 그림과 같은 T형 단면을 강도설계법으로 해석할 경우, 내민 플랜지 단면적을 압축 철근 단면적(A_{sf})으로 환산하면 얼마인가? (여기서, f_{ck} = 21MPa, f_y =400MPa이다.)

① A_{sf} =1375.8mm²
② A_{sf} =1275.0mm²
③ A_{sf} =1175.2mm²
④ A_{sf} =2677.5mm²

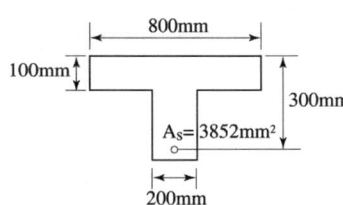

해설
$$A_{sf} = \frac{0.85 f_{ck}(b-b_w)t}{f_y} = \frac{0.85 \times 21 \times (800-200) \times 100}{400} = 2677.5 \text{mm}^2$$

066 강도 설계법에 의할 때 단철근 직사각형보가 균형단면이 되기 위한 중립축의 위치 c는? (단, f_{ck} =24MPa, f_y =300MPa, d =600mm)

① c =412.5mm
② c =293.5mm
③ c =494mm
④ c =390mm

해설
$$c = \frac{660}{660+f_y} \cdot d = \frac{660}{660+300} \times 600 = 412.5 \text{mm}$$

067 휨을 받는 인장철근으로 4-D25 철근이 배치되어 있을 경우 그림과 같은 직사각형단면 보의 기본 정착길이 l_{db}는 얼마인가? (단, 철근의 직경 d_b =25.4mm, f_{ck} =24MPa, f_y =400MPa, D25철근 1개의 단면적=507mm², λ =1.0)

① 905mm
② 1150mm
③ 1245mm
④ 1400mm

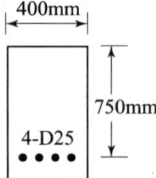

해설

$$l_{db} = \frac{0.6d_b f_y}{\lambda \sqrt{f_{ck}}} = \frac{0.6 \times 25.4 \times 400}{1.0 \times \sqrt{24}} ≒ 1245\text{mm}$$

068 단철근 직사각형보에서 f_{ck} =32MPa이라면 압축응력의 등가 높이 $a = \beta_1 \cdot c$에서 계수 β_1은 얼마인가? (단, c는 압축연단에서 중립축까지의 거리이다.)

① 0.850
② 0.836
③ 0.8
④ 0.7

해설

$f_{ck} \leq 40\text{MPa}$인 경우 $\beta_1 = 0.8$

069 순단면이 볼트의 구멍 하나를 제외한 단면(즉, A-B-C 단면)과 같도록 피치(s)의 값을 결정하면? (단, 볼트의 직경은 19mm이다.)

① $s = 114.9$mm
② $s = 90.6$mm
③ $s = 66.3$mm
④ $s = 50$mm

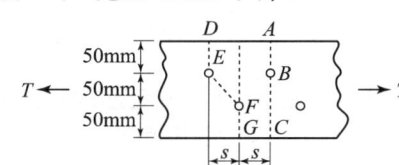

해설

순폭 $b_n = b_g - d - \left(d - \frac{s^2}{4g}\right)$에서 $b_n = b_g - d$ 이어야 하므로 $d - \frac{s^2}{4g} = 0$

∴ $s = \sqrt{4gd} = \sqrt{4 \times 5 \times (1.9 + 0.3)} = 6.63$cm $= 66.3$mm

070 옹벽의 구조해석에 대한 설명으로 틀린 것은?

① 저판의 뒷굽판은 정확한 방법이 사용되지 않는 한 뒷굽판 상부에 재하되는 모든 하중을 지지하도록 설계하여야 한다.
② 부벽식 옹벽의 추가철근은 2변 지지된 1방향 슬래브로 설계하여야 한다.
③ 캔틸레버식 옹벽의 저판은 추가철근과의 접합부를 고정단으로 간주한 캔틸레버로 가정하여 단면을 설계할 수 있다.
④ 뒷부벽은 T형보로 설계하여야 하며, 앞부벽은 직사각형 보로 설계하여야 한다.

해설

• 부벽식 옹벽의 저판은 부벽 간의 거리를 경간으로 가정하여 고정보 또는 연속보로 설계하여야 한다.
• 부벽식 옹벽의 전면벽은 3변 지지된 2방향 슬래브로 설계한다.
• 캔틸레버 옹벽의 전면벽은 저판에 지지된 캔틸레버로 설계한다.

정답 064 ② 065 ④ 066 ① 067 ③ 068 ③ 069 ③ 070 ②

071 부분 프리스트레싱(partial prestressing)에 대한 설명으로 옳은 것은?
① 구조물에 부분적으로 PSC 부재를 사용하는 방법
② 부재단면의 일부에만 프리스트레스를 도입하는 방법
③ 사용하중 작용시 PSC 부재 단면의 일부에 인장응력이 생기는 것을 허용하는 방법
④ PSC 부재 설계시 부재 하단에만 프리스트레스를 주고 부재 상단에는 프리스트레스하지 않는 방법

해설
- **부분 프리스트레싱**: 설계 하중이 작용시 PSC 부재 단면의 일부에 인장응력이 생기는 것
- **완전 프리스트레싱**: 부재의 어느 부분에도 인장응력이 생기지 않도록 하는 것

072 단면이 300mm×300mm인 철근 콘크리트 보의 인장부에 균열이 발생할 때의 모멘트(M_{cr})가 13.9kN·m이다. 이 콘크리트의 설계기준 압축강도 f_{ck}는 약 얼마인가?

① 18 MPa
② 21 MPa
③ 24 MPa
④ 27 MPa

해설
- $I = \dfrac{bh^3}{12} = \dfrac{300 \times 300^3}{12} = 674{,}999{,}991\,\text{mm}^4$
- $f_r = \dfrac{M_{cr}}{I} y = \dfrac{13{,}900{,}000}{674{,}999{,}991} \times 150 = 3.08\,\text{N/mm}^2(\text{MPa})$
- $f_r = 0.63\lambda\sqrt{f_{ck}}$
  $3.08 = 0.63 \times 1.0 \times \sqrt{f_{ck}}$ ∴ $f_{ck} = 24\,\text{MPa}$

073 그림과 같은 임의 단면에서 등가 직사각형 응력분포가 빗금친 부분으로 나타났다면 철근량 A_s는 얼마인가?
(단, f_{ck}=21MPa, f_y=400MPa)

① 874mm²
② 1161mm²
③ 1543mm²
④ 2109mm²

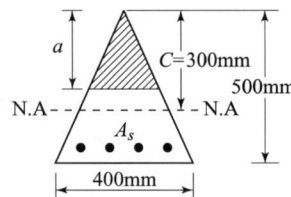

해설
- $a = \beta_1 c = 0.85 \times 300 = 255\,\text{mm}$
  $a : b = 500 : 400$
  $255 : b = 500 : 400$
  ∴ $b = \dfrac{255 \times 400}{500} = 204\,\text{mm}$

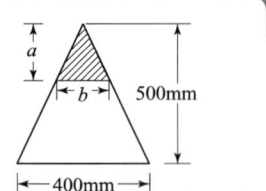

- $C = T$

  $0.85 f_{ck} A_c = A_s f_y$

  $0.85 \times 21 \times \dfrac{1}{2} \times 204 \times 255 = A_s \times 400$

  $\therefore A_s = \dfrac{0.85 \times 21 \times \dfrac{1}{2} \times 204 \times 255}{400} = 1161 \text{mm}^2$

074 철골 압축재의 좌굴 안정성에 대한 설명 중 틀린 것은?

① 좌굴길이가 길수록 유리하다.
② 힌지지지보다 고정지지가 유리하다.
③ 단면 2차 모멘트 값이 클수록 유리하다.
④ 단면 2차 반지름이 클수록 유리하다.

해설
좌굴길이가 길수록 불리하다.

075 설계기준 압축강도(f_{ck})가 24MPa이고 쪼갬인장강도(f_{sp})가 2.4MPa인 경량골재 콘크리트에 적용하는 경량골재 콘크리트 계수(λ)는?

① 0.75
② 0.85
③ 0.87
④ 0.92

해설
$\lambda = \dfrac{f_{sp}}{0.56 \sqrt{f_{ck}}} \leq 1.0 = \dfrac{2.4}{0.56 \sqrt{24}} = 0.87$

076 다음 설명 중 옳지 않은 것은?

① 과소철근 단면에서는 파괴 시 중립축은 위로 조금 올라간다.
② 과다철근 단면인 경우 강도설계에서 철근의 응력은 철근의 변형률에 비례한다.
③ 과소철근 단면인 보는 철근량이 적어 변형이 갑자기 증가하면서 취성파괴를 일으킨다.
④ 과소철근 단면에서는 계수하중에 의해 철근의 인장응력이 먼저 항복강도에 도달된 후 파괴된다.

해설
- **과소철근보** : 균형철근비보다 철근을 적게 넣어 인장측 철근에 먼저 항복하는 연성파괴로 파괴가 단계적으로 서서히 일어나게 한다.
- **과다철근보** : 균형철근비보다 많은 철근을 넣으면 압축측 콘크리트가 철근이 항복하기 전에 갑자기 파괴되는 취성파괴가 일어난다.

정답 071 ③ 072 ③ 073 ② 074 ① 075 ③ 076 ③

077 다음 중 최소 전단철근을 배치하지 않아도 되는 경우가 아닌 것은? (단, $\frac{1}{2}\phi V_c < V_u$인 경우이며, 콘크리트 구조 전단 및 비틀림 설계기준에 따른다.)
① 슬래브와 기초판
② 전체 깊이가 450mm 이하인 보
③ 교대 벽체 및 날개벽, 옹벽의 벽체, 암거 등과 같이 휨이 주거동인 판부재
④ 전단철근이 없어도 계수휨모멘트와 계수전단력에 저항할 수 있다는 것을 실험에 의해 확인 할 수 있는 경우

해설
- 전체 깊이가 250mm 이하이거나 I형보, T형보에서 그 깊이가 플랜지 두께의 2.5배 또는 복부폭의 1/2 중 큰 값 이하인 보
- 보의 깊이가 600mm를 초과하지 않고 설계기준 압축강도가 40MPa을 초과하지 않는 강섬유 콘크리트 보에 작용하는 계수전단력이 $\phi\left(\sqrt{f_{ck}/6}\right)b_w d$를 초과하지 않는 경우

078 T형 보에서 주철근이 보의 방향과 같은 방향일 때 하중이 직접적으로 플랜지에 작용하게 되면 플랜지가 아래로 휘면서 파괴될 수 있다. 이 휨 파괴를 방지하기 위해서 배치하는 철근은?
① 연결철근
② 표피철근
③ 종방향 철근
④ 횡방향 철근

해설
- 횡방향 철근은 변형력을 분산시키기 위하여 주철근이나 부철근에 수직에 가깝게 세워 놓은 보조용 철근으로 휨부재의 횡철근으로는 띠철근, 스터럽, 나선철근 등이 있다.
- 종방향 철근은 부재에 길이 방향으로 배치한 철근이다.
- 표피철근은 전체 깊이가 900mm를 초과하는 휨부재 복부의 양 측면에 부재 축방향으로 배치하는 철근이다.

079 다음 중 공칭축강도에서 최외단 인장철근의 순인장변형률 ε_t를 계산하는 경우에 제외되는 것은? (단, 콘크리트 구조 해석과 설계 원칙에 따른다.)
① 활하중에 의한 변형률
② 고정하중에 의한 변형률
③ 지붕활하중에 의한 변형률
④ 유효 프리스트레스 힘에 의한 변형률

해설
프리스트레스 힘이나 크리프, 건조수축 및 온도변화에 의한 변형률은 포함시키지 않고 있다.

080 그림과 같이 $P=300kN$의 인장응력이 작용하는 판 두께 10mm인 철판에 $\phi 19mm$인 리벳을 사용하여 접합할 때 소요 리벳 수는? (단, 허용 전단응력=110MPa, 허용 지압응력=220MPa이다.)

① 8개
② 10개
③ 12개
④ 14개

해설
- 전단강도
  $$\rho_s = v_a \times \frac{\pi d^2}{4} = 110 \times \frac{\pi \times 19^2}{4} = 31188N$$
- 지압강도
  $$\rho_s = f_{ba}\, dt = 220 \times 19 \times 10 = 41800N$$
- 리벳수
  $$n = \frac{P}{\rho_s} = \frac{300000}{31188} \fallingdotseq 10개$$
  여기서, 작은 값의 $\rho_s = 31188N$을 적용한다.

5과목 토질 및 기초

081 흙의 다짐에 관한 설명 중 옳지 않은 것은?
① 다짐에너지가 커지면 $r_{d\max}$는 커지고, W_{opt}는 작아진다.
② 양입도 일수록 $r_{d\max}$는 커지고, 빈입도 일수록 $r_{d\max}$는 작아진다.
③ 조립토 일수록 $r_{d\max}$가 크며 W_{opt}도 크다.
④ 점성토는 다짐곡선이 완만하고 조립토는 급경사를 이룬다.

- 조립토일수록 $r_{d\max}$가 크며 W_{opt}는 작다.
- $E_c = \dfrac{W_R \cdot H \cdot N_B \cdot N_L}{V}$
- 세립토일수록 최대 건조밀도는 낮고 최적 함수비는 크며 다짐곡선은 완만하다.

082 연약지반 처리공법 중 sand drain 공법에서 연직과 방사선 방향을 고려한 평균 압밀도 U는? (단, $U_v=0.20$, $U_h=0.71$이다.)

① 0.573
② 0.697
③ 0.712
④ 0.768

$U = 1 - \{(1-U_v)(1-U_h)\} = 1 - \{(1-0.2)(1-0.71)\} = 0.768$

정답 077 ② 078 ④ 079 ④ 080 ② 081 ③ 082 ④

083 Mohr 응력원에 대한 설명 중 옳지 않은 것은?
① 임의 평면의 응력상태를 나타내는 데 매우 편리하다.
② 평면기점(origin of plane, Op)은 최소주응력을 나타내는 원호상에서 최소주응력면과 평행선이 만나는 점을 말한다.
③ σ_1과 σ_3의 차의 벡터를 반지름으로 해서 그린 원이다.
④ 한 면에 응력이 작용하는 경우 전단력이 0이면, 그 면직응력을 주응력으로 가정한다.

해설
- 주응력차 $\sigma_1 - \sigma_3$의 벡터를 직경으로 해서 그린 원이다.
- σ_2를 무시한 2차원 해석이다.
- 주응력은 항상 주응력면에 수직으로 작용한다.
- 최대 주응력면과 최소 주응력면은 항상 직교한다.

084 접지압(또는 지반반력)이 그림과 같이 되는 경우는?
① 후팅 : 강성, 기초지반 : 점토
② 후팅 : 강성, 기초지반 : 모래
③ 후팅 : 연성, 기초지반 : 점토
④ 후팅 : 연성, 기초지반 : 모래

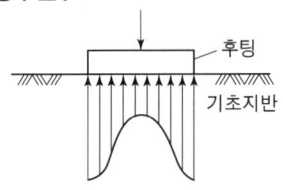

해설 강성 기초이면서 모래지반의 경우
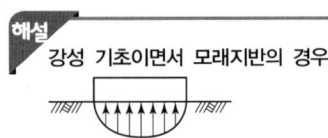

085 연약점토지반에 말뚝을 시공하는 경우, 말뚝을 타입한 후 어느 정도 기간이 경과한 후에 재하시험을 하게 된다. 그 이유로 가장 적합한 것은?
① 말뚝 타입시 말뚝 자체가 받는 충격에 의해 두부의 손상이 발생할 수 있어 안정화에 시간이 걸리기 때문이다.
② 말뚝에 주면마찰력이 발생하기 때문이다.
③ 말뚝에 부마찰력이 발생하기 때문이다.
④ 말뚝 타입시 교란된 점토의 강도가 원래대로 회복하는 데 시간이 걸리기 때문이다.

해설 연약점토지반에 말뚝재하시험을 하는 경우 말뚝을 타입한 후 20여일이 지난 다음 재하시험을 하는데 그 이유는 타입시 말뚝 주변의 시료가 교란되었기 때문이다.

086 흙의 투수계수 k에 관한 설명으로 옳은 것은?
① k는 간극비에 반비례한다.
② k는 형상계수에 반비례한다.

③ k는 점성계수에 반비례한다.
④ k는 입경의 제곱에 반비례한다.

해설
$$k = D_s^2 \cdot \frac{\gamma_w}{\mu} \cdot \frac{e^3}{1+e} \cdot C$$

087 함수비 18%의 흙 500kg을 함수비 24%로 만들려고 한다. 추가해야 하는 물의 양은?
① 80.41 kg
② 54.52 kg
③ 38.92 kg
④ 25.43 kg

해설
- 18%인 흙의 물 무게
$$W_w = \frac{w \cdot W}{100 + w} = \frac{18 \times 500}{100 + 18} = 76.27 \text{kg}$$
- 추가시킬 물의 무게
$$18 : 76.27 = (24 - 18) : x$$
$$\therefore x = \frac{76.27(24 - 18)}{18} = 25.43 \text{kg}$$

088 Terzaghi는 포화점토에 대한 1차 압밀이론에서 수학적 해를 구하기 위하여 다음과 같은 가정을 하였다. 이 중 옳지 않은 것은?
① 흙은 균질하다.
② 흙입자와 물의 압축성은 무시한다.
③ 흙 속에서의 물의 이동은 Darcy 법칙을 따른다.
④ 투수계수는 압력의 크기에 비례한다.

해설
- 흙의 성질은 압력 크기에 관계없이 일정하다.
- 압밀의 진행은 압밀계수에 비례한다.

089 어떤 흙에 대해서 직접 전단시험을 한 결과 수직응력이 1.0MPa일 때 전단저항이 0.5MPa이었고, 또 수직응력이 2.0MPa일 때에는 전단저항이 0.8MPa이었다. 이 흙의 점착력은?
① 0.2MPa
② 0.3MPa
③ 0.8MPa
④ 1.0MPa

해설
$0.5 = C + 1.0 \tan\phi$ ……… ①
$0.8 = C + 2.0 \tan\phi$ ……… ②
①식×2 하면
$\quad 1.0 = 2C + 2.0 \tan\phi$
$-\ 0.8 = C + 2.0 \tan\phi$
$\quad 0.2 = C$
$\therefore C = 0.2 \text{MPa}$

정답 083 ③ 084 ① 085 ④ 086 ③ 087 ④ 088 ④ 089 ①

090 현장다짐을 실시한 후 들밀도시험을 수행하였다. 파낸 흙의 체적과 무게가 각각 365.0cm³, 745g이었으며, 함수비는 12.5%였다. 흙의 비중이 2.65이며, 실내표준다짐시 최대 건조단위 중량이 $\gamma_{d\max}$ =1.90t/m³일 때 상대다짐도는?

① 88.7% ② 93.1%
③ 95.3% ④ 97.8%

해설
- $\gamma_t = \dfrac{W}{V} = \dfrac{745}{365} = 2.04 \text{g/cm}^3$
- $\gamma_d = \dfrac{\gamma_t}{1+\dfrac{\omega}{100}} = \dfrac{2.04}{1+\dfrac{12.5}{100}} = 1.81 \text{g/cm}^3$
- 다짐도 $= \dfrac{\gamma_d}{\gamma_{d\max}} \times 100 = \dfrac{1.81}{1.9} \times 100 = 95.3\%$

091 널말뚝을 모래지반에 5m 깊이로 박았을 때 상류와 하류의 수두차가 4m이었다. 이때 모래지반의 포화단위중량이 19.62kN/m³이다. 현재 이 지반의 분사현상에 대한 안전율은? (단, 물의 단위중량은 9.81kN/m³이다.)

① 0.85 ② 1.25
③ 2.0   ④ 2.5

해설
- $i = \dfrac{h}{L} = \dfrac{4}{5} = 0.8$
- $i_c = \dfrac{\gamma_{sub}}{\gamma_\omega} = \dfrac{(19.62-9.81)}{9.81} = 1$
- $F = \dfrac{i_c}{i} = \dfrac{1}{0.8} = 1.25$

092 직경 30cm 콘크리트 말뚝을 단동식 증기해머로 타입하였을 때 엔지니어링 뉴스 공식을 적용한 말뚝의 허용지지력은? (단, 타격에너지=36kN·m, 해머효율=0.8, 손실상수=0.25cm, 마지막 25mm 관입에 필요한 타격횟수=5)

① 640kN   ② 1280kN
③ 1920kN ④ 3840kN

해설
$R_a = \dfrac{WH}{6(\delta+0.25)} \times$ 효율 $= \dfrac{3600}{6(0.5+0.25)} \times 0.8 = 640 \text{kN}$

여기서, δ : 1회 타격시 5mm(0.5cm) 관입

093 $\triangle h_1 = 5\text{m}$이고 $k_2 = 5k_1$일 때 k_3는?

① $1.0 k_1$
② $2.0 k_1$
③ $3.0 k_1$
④ $5.0 k_1$

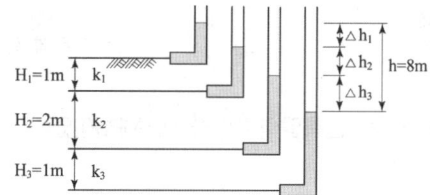

해설
- 각 층의 손실수두

$$\triangle h_1 = \frac{H_1}{k_1} \quad 5 = \frac{1}{k_1} \quad \therefore k_1 = \frac{1}{5}$$

$$\triangle h_2 = \frac{H_2}{k_2} = \frac{2}{k_2} = \frac{1}{5k_1} = \frac{1}{5 \times \frac{1}{5}} = 2\text{m}$$

$$\triangle h_3 = \frac{H_3}{k_3} \quad 1 = \frac{1}{k_3}$$

$$\therefore k_3 = \frac{1}{1} = 1$$

094 예민비가 매우 큰 연약 점토지반에 대해서 현장의 비배수 전단강도를 측정하기 위한 시험방법으로 가장 적합한 것은?

① 압밀비배수시험　　② 표준관입시험
③ 직접전단시험　　　④ 현장베인시험

해설
베인 전단시험은 연약한 점토지반의 현장에서 직접 점착력을 구하는 시험이다.

095 점성토 지반굴착 시 발생할 수 있는 Heaving 방지대책으로 틀린 것은?

① 지반개량을 한다.
② 지하수위를 저하시킨다.
③ 널말뚝의 근입 깊이를 줄인다.
④ 표토를 제거하여 하중을 작게 한다.

해설
널말뚝의 근입 깊이를 깊게 한다.

096 토질조사에 대한 설명 중 옳지 않은 것은?

① 표준관입시험은 정적인 사운딩이다.
② 보링의 깊이는 설계의 형태 및 크기에 따라 변한다.
③ 보링의 위치와 수는 지형조건 및 설계 형태에 따라 변한다.
④ 보링 구멍은 사용 후에 흙이나 시멘트 그라우트로 메워야 한다.

해설
표준관입시험은 주로 사질토 지반에 사용하며 동적인 사운딩이다.

정답　090 ③　091 ②　092 ①　093 ④　094 ④　095 ③　096 ①

097 흙 시료의 일축압축시험 결과 일축압축강도가 0.3MPa이었다. 이 흙의 점착력은? (단, $\phi=0$인 점토)

① 0.1MPa
② 0.15MPa
③ 0.3MPa
④ 0.6MPa

해설

$$C = \frac{q_u}{2} = \frac{0.3}{2} = 0.15 \text{MPa}$$

098 지표면에 집중하중이 작용할 때, 지중연직 응력 증가량($\Delta\sigma_z$)에 관한 설명 중 옳은 것은? (단, Boussinesq 이론을 사용)

① 탄성계수 E에 무관하다.
② 탄성계수 E에 정비례한다.
③ 탄성계수 E의 제곱에 정비례한다.
④ 탄성계수 E의 제곱에 반비례한다.

해설
지표면의 집중하중에 의한 지반 내 수직응력 증가량 및 수평응력 증가량은 탄성계수 E와 무관하다.

099 통일분류법에 의해 흙이 MH로 분류되었다면, 이 흙의 공학적 성질로 가장 옳은 것은?

① 액성한계가 50% 이하인 점토이다.
② 액성한계가 50% 이상인 실트이다.
③ 소성한계가 50% 이하인 실트이다.
④ 소성한계가 50% 이상인 점토이다.

해설
제2문자가 H이므로 액성한계가 50% 이상. 제1문자가 M이므로 실트이다.

100 그림과 같은 사면에서 활동에 대한 안전율은?

① 1.30
② 1.50
③ 1.70
④ 1.90

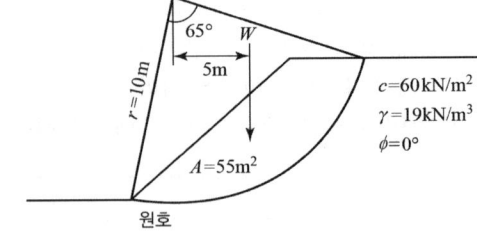

해설

$$F = \frac{RCL}{Wx} = \frac{RCL}{A\gamma x} = \frac{10 \times 60 \times 11.34}{55 \times 19 \times 5} = 1.30$$

여기서, $360° : \pi D = 65° : L$

$$\therefore L = \frac{\pi \times 2 \times 10 \times 65°}{360°} = 11.34\,\text{m}$$

6과목 상하수도 공학

101 상수도의 계통을 올바르게 나타낸 것은?
① 취수 – 송수 – 도수 – 정수 – 급수 – 배수
② 취수 – 정수 – 도수 – 급수 – 배수 – 송수
③ 도수 – 취수 – 정수 – 송수 – 배수 – 급수
④ 취수 – 도수 – 정수 – 송수 – 배수 – 급수

해설
- **상수도 계통** : 수원 → 취수 → 도수 → 정수 → 송수 → 배수 → 급수
- **정수 처리 과정** : 침사 처리 → 침전 처리 → 응집 처리 → 여과 처리 → 소독 처리
- **정수 시설** : 침사지 → 침전지 → 혼화지 → 여과지 → 소독지

102 활성슬러지법에서 MLSS란 무엇을 뜻하는가?
① 방류수 중의 부유물질
② 반송슬러지의 부유물질
③ 폐수 중의 부유물질
④ 폭기조 내의 부유물질

해설
- 폭기조 내의 미생물(활성 슬러지) 농도를 나타내는 지표이다.
- MLSS : 혼합액 부유 고형물
- MLVSS : 혼합액 휘발성 부유 고형물
- MLSS의 농도 저하 때문에 슬러지의 팽화 원인이 된다.

103 관거별 계획하수량 선정시 고려해야 할 사항으로 적합하지 않은 것은?
① 오수관거는 계획시간최대오수량을 기준으로 한다.
② 우수관거에서는 계획우수량을 기준으로 한다.
③ 합류식 관거는 계획시간최대오수량에 계획우수량을 합한 것을 기준으로 한다.
④ 차집관거는 계획시간최대오수량에 우천시 계획우수량을 합한 것을 기준으로 한다.

해설
합류식에서의 차집관거는 우천시 계획오수량(계획시간 최대 오수량의 3배)을 기준으로 계획한다.

정답 097 ② 098 ① 099 ② 100 ① 101 ④ 102 ④ 103 ④

104 지표수를 수원으로 하는 경우의 상수시설 배치 순서로 가장 적합한 것은?

① 취수탑 – 침사지 – 응집침전지 – 정수지 – 배수지
② 집수매거 – 응집침전지 – 침사지 – 정수지 – 배수지
③ 취수문 – 여과지 – 보통침전지 – 배수탑 – 배수관망
④ 취수구 – 약품침전지 – 혼화지 – 정수지 – 배수지

> **해설** **상수도 계통**
> 취수탑(취수) → 도수관로(도수) → 여과지(정수) → 정수지(정수) → 배수지(배수)

105 일반적인 정수과정으로서 옳은 것은?

① 스크린 – 응집침전 – 여과 – 살균
② 여과 – 응집침전 – 스크린 – 살균
③ 응집침전 – 여과 – 살균 – 스크린
④ 스크린 – 살균 – 여과 – 응집침전

> **해설** **상수의 정수과정** : 스크린 → 침전 → 여과 → 소독(살균)

106 하수관망 설계 기준에 대한 설명으로 옳지 않은 것은?

① 관경은 하류로 갈수록 크게 한다.
② 오수관거의 유속은 0.6~3m/sec가 적당하다.
③ 유속은 하류로 갈수록 작게 한다.
④ 경사는 하류로 갈수록 완만하게 한다.

> **해설**
> • 관거의 유속은 하류로 갈수록 크게 한다.
> • 하수관거의 매설깊이는 최소 1.0m 이상으로 한다.

107 계획오수량을 생활오수량, 공장폐수량 및 지하수량으로 구분할 때, 이것에 대한 설명으로 옳지 않은 것은?

① 지하수량은 1인1일 최대오수량의 10~20%로 한다.
② 계획1일 최대오수량은 1인1일 최대오수량에 계획인구를 곱한 후, 여기에 공장폐수량, 지하수량 및 기타 배수량을 더한 것으로 한다.
③ 계획1일 평균오수량은 계획1일 최대오수량의 70~80%를 표준으로 한다.
④ 합류식에서 우천시 계획오수량은 원칙적으로 계획시간 최대오수량의 2배 이상으로 한다.

해설
- 합류식에서 우천시 계획오수량은 원칙적으로 계획시간 최대오수량의 3배 이상으로 한다.
- 계획시간 최대오수량은 계획 1일 최대오수량의 1시간당 수량의 1.3~1.8배를 표준으로 한다.
- 하수처리장의 설계기준이 되는 기본적 하수량은 계획 1일 최대오수량을 기준한다.

108 원수의 탁도 550ppm, 알칼리도 54ppm일 때 황산알루미늄의 소비량은 65ppm이다. 이런 원수가 45,000 m³/day로 흐를 때 5% 용액의 황산알루미늄의 1일 소요되는 양은? (단, 액체 비중은 1이다.)

① 41.5 m³/day　　② 48.5 m³/day
③ 51.5 m³/day　　④ 58.5 m³/day

해설
- $1ppm = \dfrac{1}{10^6}$, $65ppm = \dfrac{65}{10^6}$

  $\dfrac{x}{45,000} = \dfrac{65}{10^6}$　∴ $x = 2.925 m^3/day$

- 5% 용액으로 환산하면 $2.925 \div 0.05 = 58.5 m^3/day$

109 하수도 시설기준에 의한 우수관거 및 합류관거의 표준 최소 관경은?

① 200mm　　② 250mm
③ 300mm　　④ 350mm

해설
- 오수관거 : 200mm
- 우수 및 합류관거 : 250mm
- 관거의 최소 매설깊이 : 1m

110 다음 그래프는 어떤 하천의 자정작용을 나타낸 용존산소 부족곡선이다. 다음 중 어떤 물질이 하천으로 유입되었다고 보는 것이 가장 타당한 것인가?

① 농도가 매우 낮은 폐알칼리
② 농도가 매우 낮은 폐산(廢酸)
③ 생활하수
④ 광산폐수(鑛山廢水)

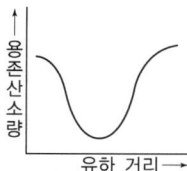

해설
하천에서 용존산소를 소비하는 생활하수의 흐름의 변화를 나타내는 곡선으로 유기성 공장폐수 등이 해당된다.

정답 104 ①　105 ①　106 ③　107 ④　108 ④　109 ②　110 ③

111. 막여과시설의 약품세척에서 무기물질 제거에 사용되는 약품이 아닌 것은?

① 구연산   ② 염산
③ 차아염소산나트륨   ④ 황산

해설 차아염소산나트륨는 불쾌한 냄새와 맛이 나며 무기물질 제거에 어려움이 있다.

112. 상수도 관로 시설에 대한 설명 중 옳지 않은 것은?

① 배수관 내의 최소 동수압은 150kPa이다.
② 상수도의 송수방식에는 자연 유하식과 펌프 가압식이 있다.
③ 도수거가 하천이나 깊은 계곡을 횡단할 때는 수로교를 가설한다.
④ 급수관을 공공도로에 부설할 경우 다른 매설물과의 간격을 15cm 이상 확보한다.

해설 급수관을 공공도로에 부설할 경우 다른 매설물과의 간격을 30cm 이상 확보한다.

113. 관로를 개수로와 관수로로 구분하는 기준은?

① 자유수면 유무   ② 지하매설 유무
③ 하수관과 상수관   ④ 콘크리트관과 주철관

해설
- **관수로** : 유수가 단면 내를 완전히 충만하면서 유동하는 자유수면을 갖지 않는 흐름으로 압력에 의해 흐름 방향이 결정되며 관로 단면의 형상과는 관계가 없다.
- **개수로** : 유수의 표면이 대기와 접하면서 흐르는 수로, 즉 자유수면을 갖고 흐르는 수로이다.

114. 일반적으로 적용하는 펌프의 특성곡선에 포함되지 않는 것은?

① 토출량 – 양정 곡선   ② 토출량 – 효율 곡선
③ 토출량 – 축동력 곡선   ④ 토출량 – 회전도 곡선

해설 펌프의 특성곡선은 펌프의 양수량(토출량)과 총양정, 효율, 축동력 관계를 나타낸다.

115. 지름 300mm의 주철관을 설치할 때, 40kgf/cm²의 수압을 받는 부분에서는 주철관의 두께는 최소한 얼마로 하여야 하는가? (단, 허용 인장응력 σ_{ta} =1400kgf/cm²이다.)

① 3.1mm   ② 3.6mm
③ 4.3mm   ④ 4.8mm

해설
$$t = \frac{PD}{2\sigma_{ta}} = \frac{40 \times 30}{2 \times 1400} = 0.43\,\text{cm} = 4.3\,\text{mm}$$

116 먹는 물의 수질기준 항목인 화학물질과 분류 항목의 조합이 옳지 않은 것은?
① 황산이온 – 심미적
② 염소이온 – 심미적
③ 질산성질소 – 심미적
④ 트리클로로에틸렌 – 건강

해설
질산성질소 – 건강

117 호수의 부영양화에 대한 설명으로 옳지 않은 것은?
① 부영양화의 주된 원인물질은 질소와 인이다.
② 조류의 이상증식으로 인하여 물의 투명도가 저하된다.
③ 조류의 발생이 과다하면 정수공정에서 여과지를 폐색시킨다.
④ 조류제거 약품으로는 일반적으로 황산알루미늄을 사용한다.

해설
조류제거 약품으로는 일반적으로 황산동($CuSO_4$)을 사용한다.

118 정수장 배출수 처리의 일반적인 순서로 옳은 것은?
① 농축 → 조정 → 탈수 → 처분
② 농축 → 탈수 → 조정 → 처분
③ 조정 → 농축 → 탈수 → 처분
④ 조정 → 탈수 → 농축 → 처분

해설
조정 → 농축 → 탈수 → 건조 → 처분(반출)

119 활성슬러지법의 여러 가지 변법 중에서 잉여슬러지량을 현저하게 감소시키고 슬러지 처리를 용이하게 하기 위해 개발된 방법으로서 포기시간이 16~24시간, F/M비가 0.03~0.05kgBOD/kgSS·day 정도의 낮은 BOD-SS부하로 운전하는 방식은?
① 장기포기법
② 순산소포기법
③ 계단식 포기법
④ 표준활성슬러지법

해설
장기포기법은 폭기조내에서 하수를 장시간 체류시켜서 활성슬러지가 자기세포질을 대폭적으로 산화, 분해시키는 내생호흡단계에서 유기물질이 제거되도록 설계하여 잉여슬러지 배출량을 최대한 줄이려는 방식이다.

정답 111 ③ 112 ④ 113 ① 114 ④ 115 ③ 116 ③ 117 ④ 118 ③ 119 ①

120 다음과 같은 조건으로 입자가 복합되어 있는 플록의 침강속도를 Stokes의 법칙으로 구하면 전체가 흙 입자로 된 플록의 침강속도에 비해 침강속도는 몇 % 정도인가? (단, 비중이 2.5인 흙 입자의 전체부피 중 차지하는 부피는 50%이고, 플록의 나머지 50% 부분의 비중은 0.9이며, 입자의 지름은 10mm이다.)

① 38%
② 48%
③ 58%
④ 68%

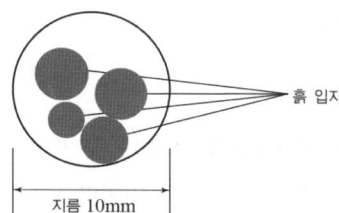

해설
입자의 침강속도는 기타 조건이 같을 때 밀도(비중)만 비교 할 경우

$$\therefore \frac{v_A}{v_B} = \frac{\frac{(2.5+0.9)}{2}}{2.5} = \frac{1.7}{2.5} \times 100 = 68\%$$

정답 120 ④

CBT 모의고사

토목기사

week 4

- I 응용역학
- II 측량학
- III 수리·수문학
- IV 철근콘크리트 및 강구조
- V 토질 및 기초
- VI 상하수도공학

알려드립니다

한국산업인력공단의 저작권법 저촉에 대한 언급(2013년 2회 시험)이 있어 과거에 출제된 동일한 문제나 그 유형의 문제로 재구성하였습니다.

01회 CBT 모의고사

1과목 응용역학

001 단순보에서 그림과 같이 하중 P가 작용할때 보의 중앙점의 단면 하단에 생기는 수직응력의 값으로 옳은 것은? (단, 보의 단면에서 높이는 h이고 폭은 b이다.)

① $\dfrac{P}{bh^2}\left(1+\dfrac{6a}{h}\right)$

② $\dfrac{P}{bh}\left(1-\dfrac{6a}{h}\right)$

③ $\dfrac{P}{b^2h^2}\left(1-\dfrac{6a}{h}\right)$

④ $\dfrac{P}{b^2h}\left(1-\dfrac{a}{h}\right)$

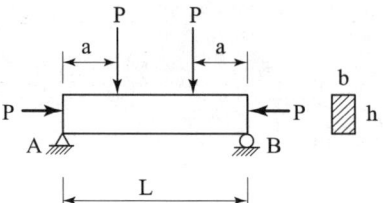

해설

- $\sum M_B = 0$

$R_A \times L - P(L-a) - P \cdot a = 0$

$\therefore R_A = \dfrac{1}{L}(PL - Pa + Pa) = P$

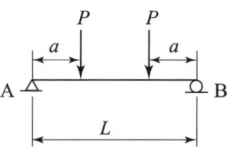

- 보의 중앙점 휨모멘트

$M = R_A \times \dfrac{L}{2} - P\left(\dfrac{L}{2} - a\right) = P \cdot \dfrac{L}{2} - P\dfrac{L}{2} + Pa = Pa$

- 휨응력

$f_t = \dfrac{M}{Z} = \dfrac{Pa}{\dfrac{bh^2}{6}} = \dfrac{6Pa}{bh^2}$

- 압축응력

$f_c = -\dfrac{P}{A} = -\dfrac{P}{bh}$

$\therefore f = f_t + f_c = \dfrac{M}{Z} - \dfrac{P}{A} = \dfrac{6Pa}{bh^2} - \dfrac{P}{bh} = \dfrac{P}{bh}\left(\dfrac{6a}{h} - 1\right) = \dfrac{P}{bh}\left(1 - \dfrac{6a}{h}\right)$

002 그림과 같은 삼각형 물체에 x방향으로 $P_x = 600\sqrt{3}\,\text{kN}$, y방향으로 $P_y = 600\,\text{kN}$으로 잡아 당길 때 평형을 이루기 위한 BC 면의 저항력 P의 값은? (단, 물체는 단위 길이에 대하여 고려한다.)

① 1000 kN
② 1200 kN
③ 1400 kN
④ 1600 kN

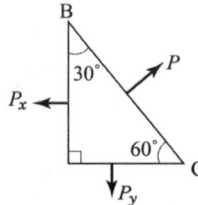

해설

$$P = P_x \cos 30° + P_y \cos 60°$$
$$= 600\sqrt{3} \cos 30° + 600 \cos 60°$$
$$= 1200 \text{kN}$$

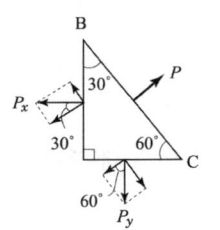

003 길이가 L인 양단 고정보 AB의 왼쪽 지점이 그림과 같이 적은 각 θ 만큼 회전할 때 생기는 반력을 구한 값은?

① $R_a = \dfrac{6EI}{L^2}\theta$, $M_a = \dfrac{4EI}{L}\theta$

② $R_a = \dfrac{12EI}{L^3}\theta$, $M_a = \dfrac{6EI}{L^2}\theta$

③ $R_a = \dfrac{4EI}{L^2}\theta$, $M_a = \dfrac{6EI}{L}\theta$

④ $R_a = \dfrac{2EI}{L}\theta$, $M_a = \dfrac{4EI}{L^2}\theta$

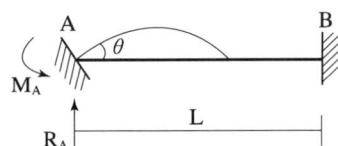

해설

- 고정단 A점이 회전하여 힌지로 가정한다.
- 모멘트 분배법에 의해 $M_B = \dfrac{M_A}{2}$
- AB 구간을 단순보를 보고 θ_A 값을 구한다.

$$\theta_A = \dfrac{L}{6EI}\left(-2M_A + \dfrac{M_A}{2}\right) = -\dfrac{M_A L}{4EI}$$

$$\therefore M_A = \dfrac{4EI}{L}\theta_A$$

- $\sum M_B = 0$

$$R_A \times L - \dfrac{4EI}{L}\theta_A - \dfrac{2EI}{L}\theta_A = 0$$

$$\therefore R_A = \dfrac{6EI}{L^2}\theta_A$$

004 휨모멘트를 받는 보의 탄성 에너지(strain energy)를 나타내는 식으로 옳은 것은?

① $U = \int_O^L \dfrac{M^2}{2EI}dx$

② $U = \int_O^L \dfrac{2EI}{M^2}dx$

③ $U = \int_O^L \dfrac{EI}{2M^2}dx$

④ $U = \int_O^L \dfrac{M^2}{EI}dx$

해설

$$U = \int_O^L \dfrac{M^2}{2EI}dx = \dfrac{M^2 l}{2EI}$$

정답 001 ② 002 ② 003 ① 004 ①

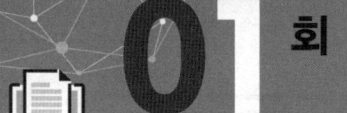 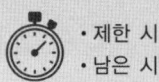 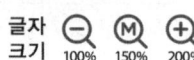

005 그림의 트러스에서 연직 부재 V의 부재력은?

① 100 kN(인장)
② 100 kN(압축)
③ 50 kN(인장)
④ 50 kN(압축)

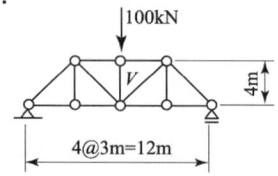

해설

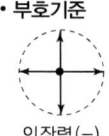 $V=100$kN(압축)

- 부호기준

인장력(−)   압축력(+)

006 양단고정의 장주에 중심축 하중이 작용할 때 이 기둥의 좌굴응력은? (단, $E = 2.1 \times 10^5$ MPa이고, 기둥은 지름이 4cm인 원형 기둥이다.)

① 3.35 MPa
② 6.72 MPa
③ 12.95 MPa
④ 25.91 MPa

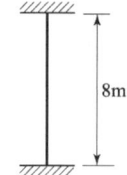

해설

- 좌굴하중 $P_b = \dfrac{\pi^2 EI}{l_k^2} = \dfrac{n\pi^2 EI}{l^2}$

- 좌굴응력 $\sigma_b = \dfrac{P_b}{A} = \dfrac{\pi^2 EI}{l_k^2 A} = \dfrac{\pi^2 E r^2}{l_k^2} = \dfrac{\pi^2 E}{\lambda^2}$

- $\lambda = \dfrac{l}{r} = \dfrac{l}{\sqrt{\dfrac{I}{A}}} = \dfrac{l}{\sqrt{\dfrac{\pi D^4/64}{\pi D^2/4}}} = \dfrac{l}{D/4} = \dfrac{4l}{D} = \dfrac{4(0.5l)}{D}$

  $= \dfrac{4 \times 0.5 \times 800}{4} = 400$

- $\sigma_b = \dfrac{\pi^2 E}{\lambda^2} = \dfrac{3.14^2 \times 2.1 \times 10^5}{400^2} = 12.95$MPa

007 그림과 같은 3힌지 아치에서 A 지점의 반력은?

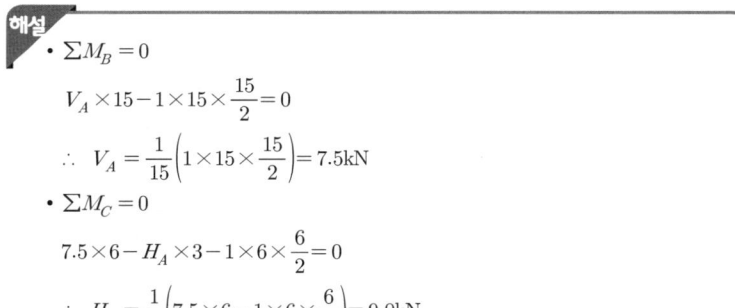

① $V_A = 7.5\text{kN}(\uparrow)$, $H_A = 9.0\text{kN}(\rightarrow)$
② $V_A = 6.0\text{kN}(\uparrow)$, $H_A = 6.0\text{kN}(\rightarrow)$
③ $V_A = 9.0\text{kN}(\uparrow)$, $H_A = 12.0\text{kN}(\rightarrow)$
④ $V_A = 6.0\text{kN}(\uparrow)$, $H_A = 12.0\text{kN}(\rightarrow)$

해설
- $\sum M_B = 0$

  $V_A \times 15 - 1 \times 15 \times \dfrac{15}{2} = 0$

  $\therefore V_A = \dfrac{1}{15}\left(1 \times 15 \times \dfrac{15}{2}\right) = 7.5\text{kN}$

- $\sum M_C = 0$

  $7.5 \times 6 - H_A \times 3 - 1 \times 6 \times \dfrac{6}{2} = 0$

  $\therefore H_A = \dfrac{1}{3}\left(7.5 \times 6 - 1 \times 6 \times \dfrac{6}{2}\right) = 9.0\text{kN}$

008 다음 게르버 보에서 E점의 휨 모멘트 값은?

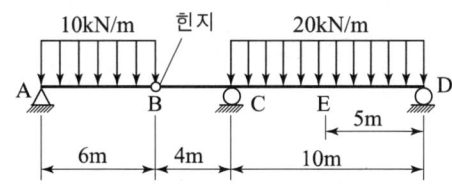

① $M = 190\text{kN} \cdot \text{m}$
② $M = 240\text{kN} \cdot \text{m}$
③ $M = 310\text{kN} \cdot \text{m}$
④ $M = 710\text{kN} \cdot \text{m}$

해설

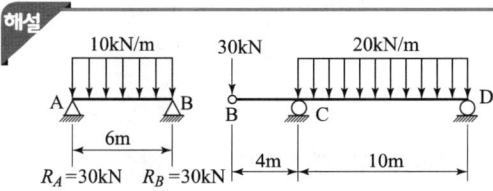

- $\sum M_c = 0$

  $-30 \times 4 + 20 \times 10 \times 5 - R_D \times 10 = 0$

  $\therefore R_D = 88\text{kN}$

- $M_E = 88 \times 4 - 20 \times 5 \times 2.5 = 190\text{kN} \cdot \text{m}$

정답 005 ② 006 ③ 007 ① 008 ①

009 다음 그림과 같은 보에서 B지점의 반력이 $2P$가 되기 위해서 $\dfrac{b}{a}$는 얼마나 되어야 하는가?

① 0.75
② 1.00
③ 1.25
④ 1.50

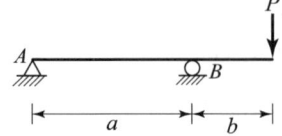

해설
$\sum M_A = 0$
$-R_B \times a + P(a+b) = 0$
$-2P \times a + P(a+b) = 0$
$-2Pa + Pa + Pb = 0$
$-Pa + Pb = 0$
$Pb = Pa$
$\therefore b = a$

010 그림과 같은 구조물에 하중 W가 작용할 때 P의 크기는? (단, $0° < \alpha < 180°$이다.)

① $P = \dfrac{W}{2\cos\dfrac{\alpha}{2}}$
② $P = \dfrac{W}{2\cos\alpha}$
③ $P = \dfrac{W}{\cos\dfrac{\alpha}{2}}$
④ $P = \dfrac{2W}{\cos\dfrac{\alpha}{2}}$

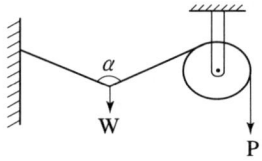

해설
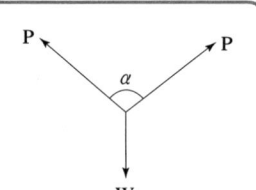
$P\cos\dfrac{\alpha}{2} = \dfrac{W}{2}$
$\therefore P = \dfrac{W}{2} \times \dfrac{1}{\cos\dfrac{\alpha}{2}} = \dfrac{W}{2\cos\dfrac{\alpha}{2}}$

011 그림과 같은 단순보에서 B단에 모멘트 하중 M이 작용할 때 경간 AB 중에서 수직 처짐이 최대가 되는 곳의 거리 x는? (단, EI는 일정하다.)

① $x = 0.500l$
② $x = 0.577l$
③ $x = 0.667l$
④ $x = 0.750l$

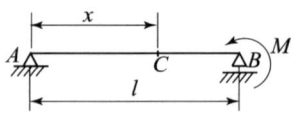

해설
공액보상에 BMD를 하중으로 작용하여 해석

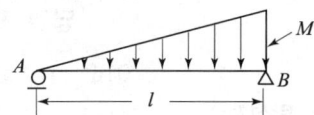

B점에 모멘트 하중에 의한 휨모멘트도는 등변분포이므로 최대 처짐이 생기는 곳은 전단력이 0이 되는 위치 즉 $x = \dfrac{l}{\sqrt{3}} = 0.577l$ 이다.

012 지간 10m인 단순보 위를 1개의 집중하중 $P=200$kN이 통과할 때 이 보에 생기는 최대 전단력 S와 최대 휨모멘트 M이 옳게 된 것은?

① $S=100$kN, $M=500$kN·m
② $S=100$kN, $M=1000$kN·m
③ $S=200$kN, $M=500$kN·m
④ $S=200$kN, $M=1000$kN·m

해설
- 최대전단력은 최대 지점반력이 될 때이므로 하중이 지점 위에 놓일 때 즉 $S=200$kN
- 최대 휨모멘트는 보의 중앙에 집중하중이 작용할 때이므로
$M_{max} = \dfrac{Pl}{4} = \dfrac{200 \times 10}{4} = 500$kN·m

013 다음 중 정(+)의 값뿐만 아니라 부(-)의 값도 갖는 것은?

① 단면계수
② 단면 2차 모멘트
③ 단면 2차 반경
④ 단면 상승 모멘트

해설
단면 상승 모멘트는 x, y 값에 따라 양수(+), 0, 음수(−) 값이 모두 나올 수 있다.

014 그림과 같은 부정정 보에 집중 하중이 작용할 때 A점의 휨모멘트 M_A를 구한 값은?

① -57 kN·m
② -36 kN·m
③ -42 kN·m
④ -26 kN·m

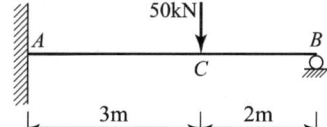

해설
- $M_A = \dfrac{Pab}{2l^2}(l+b) = \dfrac{50 \times 3 \times 2}{2 \times 5^2}(5+2)$
$= 42$kN·m(↶)
- 반력
$R_B = \dfrac{Pa^2}{2l^3}(3l-a)$

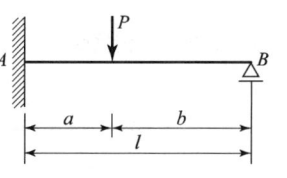

정답 009 ② 010 ① 011 ② 012 ③ 013 ④ 014 ③

015 세로 탄성계수 $E=2.1\times10^5$ MPa, 푸아송비 $\nu=0.3$일 때 전단 탄성계수 G를 구한 값은? (단, 등방이고 균질인 탄성체임.)

① 7.2×10^4 MPa
② 3.2×10^5 MPa
③ 1.5×10^5 MPa
④ 8.1×10^4 MPa

해설
$$G=\frac{E}{2(1+v)}=\frac{2.1\times10^5}{2(1+0.3)}=8.1\times10^4\,\text{MPa}$$

016 반지름이 30cm인 원형 단면을 가지는 단주에서 핵의 면적은 약 얼마인가?

① $177\,\text{cm}^2$
② $228\,\text{cm}^2$
③ $283\,\text{cm}^2$
④ $353\,\text{cm}^2$

해설
- 핵 지름
$$\frac{d}{8}+\frac{d}{8}=\frac{d}{4}$$
- 핵 단면적
$$A=\frac{\pi d^2}{4}=\frac{\pi\left(\dfrac{d}{4}\right)^2}{4}=\frac{\pi\left(\dfrac{60}{4}\right)^2}{4}=177\,\text{cm}^2$$

017 길이 5m의 철근을 200MPa의 인장응력으로 인장하였더니 그 길이가 5mm만큼 늘어났다고 한다. 이 철근의 탄성계수는? (단, 철근의 지름은 20mm이다.)

① 2×10^4 MPa
② 2×10^5 MPa
③ 6.37×10^4 MPa
④ 6.37×10^5 MPa

해설
$$E=\frac{\sigma}{\varepsilon}=\frac{\sigma}{\dfrac{\Delta l}{l}}=\frac{200}{\dfrac{5}{5000}}=200000\,\text{MPa}$$

018 그림과 같은 단순보의 단면에서 최대전단응력은?

① 2.47MPa
② 2.96MPa
③ 3.64MPa
④ 4.95MPa

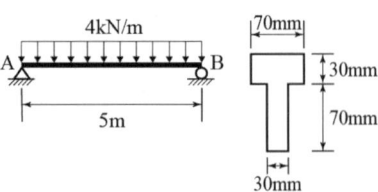

해설

- $\sum M_B = 0$

  $R_A \times 5 - 4 \times 5 \times \dfrac{5}{2} = 0$

  $\therefore R_A = 10\text{kN} = 10000\text{N}$

- $R_A + R_B = 4 \times 5 = 20\text{kN}$

  $\therefore R_B = 10\text{kN} = 10000\text{N}$

- $S_{\max} = 10\text{kN} = 10000\text{N}$

  $G_x = A_1 \cdot y_1 + A_2 \cdot y_2 = 7 \times 3 \times 8.5 + 3 \times 7 \times 3.5 = 252\text{cm}^3$

  $A = A_1 + A_2 = 7 \times 3 + 3 \times 7 = 42\text{cm}^2$

  $\therefore y_o = \dfrac{G_x}{A} = \dfrac{252}{42} = 6\text{cm}$

- $G_x = 3 \times 6 \times 3 = 54\text{cm}^3 = 54000\text{mm}^3$

- $I_x = \dfrac{7 \times 3^3}{12} + 7 \times 3 \times 2.5^2 + \dfrac{3 \times 7^3}{12} + 3 \times 7 \times 2.5^2 = 364\text{cm}^4$

  또는, $I_x = \left\{ \dfrac{7 \times 10^3}{12} + (7 \times 10 \times 1^2) \right\} - \left\{ \dfrac{4 \times 7^3}{12} + (4 \times 7 \times 2.5^2) \right\} = 364\text{cm}^4$

  $= 3640000\text{mm}^4$

- $\tau_{\max} = \dfrac{GS}{Ib} = \dfrac{54000 \times 10000}{3640000 \times 30} = 4.95\text{N/mm}^2 = 4.95\text{MPa}$

019 아래 그림의 캔틸레버 보에서 C점, B점의 처짐비($\delta_C : \delta_B$)는? (단, EI는 일정하다.)

① 3 : 8
② 3 : 7
③ 2 : 5
④ 1 : 2

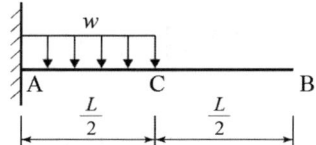

해설

- $M_{C'} = \left(\dfrac{wl^2}{8} \times \dfrac{l}{2} \times \dfrac{1}{3} \right) \times \left(\dfrac{3}{8} l \right)$

- $M_{B'} = \left(\dfrac{wl^2}{8} \times \dfrac{l}{2} \times \dfrac{1}{3} \right) \times \left(\dfrac{7}{8} l \right)$

- $\delta = \dfrac{M'}{EI}$ 이므로

  $\delta_C : \delta_B = 3 : 7$이다.

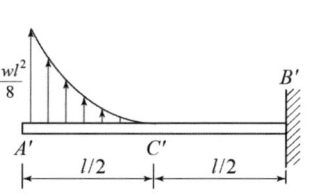

정답 015 ④ 016 ① 017 ② 018 ④ 019 ②

020 그림과 같은 단면을 갖는 부재(A)와 부재(B)가 있다. 동일 조건의 보에 사용하고 재료의 강도도 같다면, 휨에 대한 강성을 비교한 설명으로 옳은 것은?

① 보(A)는 보(B) 보다 휨에 대한 강성이 2.0배 크다.
② 보(B)는 보(A) 보다 휨에 대한 강성이 2.0배 크다.
③ 보(A)는 보(B) 보다 휨에 대한 강성이 1.5배 크다.
④ 보(B)는 보(A) 보다 휨에 대한 강성이 1.5배 크다.

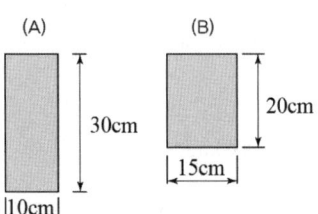

해설
- 단면계수는 휨에 대한 저항능력을 나타내는 값이다.
- $Z_A = \dfrac{bh^2}{6} = \dfrac{10 \times 30^2}{6} = 1500\text{cm}^3$
- $Z_B = \dfrac{bh^2}{6} = \dfrac{15 \times 20^2}{6} = 1000\text{cm}^3$

2과목 측량학

021 한 측선의 자오선(종축)과 이루는 각이 60° 00'이고 계산된 측선의 위거가 −60m이고 경거가 −103.92m일 때 이 측선의 방위와 길이를 구한 값은?

　　방위　　　길이　　　　　　방위　　　길이
① S 60° 00' E, 130m　② N 60° 00' E, 130m
③ N 60° 00' W, 120m　④ S 60° 00' W, 120m

해설
- 위거(−), 경거(−)이므로 방위는 S 60° W이다.
- 측선의 길이 = $\sqrt{(-60)^2 + (-103.92)^2} = 120\text{m}$

022 종단점법에 의한 등고선 관측방법은 어느 경우에 사용하는 것이 가장 적당한가?

① 정확한 토량을 산출할 때
② 지형이 복잡할 때
③ 비교적 소축척으로 산지 등의 지형측량을 행할 때
④ 정밀한 등고선을 구하려 할 때

> **해설**
> • 종단점법은 정밀을 요하지 않는 소축척의 산지 등의 등고선 측정에 이용된다.
> • 좌표 점고법은 택지, 건물부지 등 평지의 정밀한 등고선 측정에 이용된다.

023 트래버스 측량에서 200m에 대한 거리관측의 오차가 ±2mm이었을 때 이와 같은 정밀도의 각관측 오차는?

① ±2″　　　　　　　② ±4″
③ ±6″　　　　　　　④ ±8″

> **해설**
> $$\frac{\Delta l}{l} = \frac{\theta''}{\rho''}$$
> $$\frac{0.002}{200} = \frac{\theta''}{206265''}$$
> $$\therefore \theta'' = \frac{0.002 \times 206265''}{200} = 2.06''$$

024 종중복도 60%, 횡중복도 20%일 때 촬영 종기선 길이와 촬영 횡기선 길이의 비는?

① 1 : 2　　　　　　② 3 : 1
③ 1 : 4　　　　　　④ 7 : 3

> **해설**
> $$ma\left(1-\frac{p}{100}\right) : ma\left(1-\frac{q}{100}\right)$$
> $$ma\left(1-\frac{60}{100}\right) : ma\left(1-\frac{20}{100}\right)$$
> $0.4ma : 0.8ma$
> $\therefore 1 : 2$

025 중력이상에 대한 설명으로 옳지 않은 것은?

① 중력이상에 의해 지표면 밑의 상태를 추정할 수 있다.
② 중력이상에 대한 취급은 물리학적 측지학에 속한다.
③ 중력이상이 양(+)이면 그 지점 부근에 무거운 물질이 있는 것으로 추정할 수 있다.
④ 중력식에 의한 계산값에서 실측값을 뺀 것이 중력이상이다.

> **해설**
> 중력이상 = 중력 실측값 − 이론 실측값
> (중력이상 = 실제 관측 중력값 − 표준 중력식에 의한 값)

정답 020 ③　021 ④　022 ③　023 ①　024 ①　025 ④

01회 CBT 모의고사

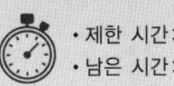

026 그림과 같은 토지의 1변 BC에 평행하게 $m : n = 1 : 2$의 비율로 면적을 분할하고자 한다. $\overline{AB} = 30m$일 때 $\overline{AX}$는?

① 8.660m
② 17.321m
③ 25.981m
④ 34.641m

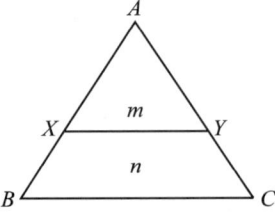

해설

$$\frac{\triangle AXY}{\triangle ABC} = \frac{m}{m+n} = \left(\frac{XY}{BC}\right)^2 = \left(\frac{AX}{AB}\right)^2 = \left(\frac{AY}{AC}\right)^2$$

$(AX)^2 : (AB)^2 = m : (m+n)$

$\therefore AX = \sqrt{\frac{m}{m+n} \times (AB)^2} = \sqrt{\frac{1}{3} \times 30^2} = 17.321m$

027 삼변측량에서 △ABC에서 세 변의 길이가 $a = 1,200.00m$, $b = 1,600.00m$, $c = 1,442.22m$라면 변 c의 대각인 $\angle C$는?

① 45°
② 60°
③ 75°
④ 90°

해설

- $\angle C = \cos^{-1} \frac{a^2 + b^2 - c^2}{2ab} = \cos^{-1} \frac{1200^2 + 1600^2 - 1442.22^2}{2 \times 1200 \times 1600} = 60°$
- $\angle B = \cos^{-1} \frac{c^2 + a^2 - b^2}{2ca}$
- $\angle A = \cos^{-1} \frac{b^2 + c^2 - a^2}{2bc}$

028 다음 중 노선측량에서 단곡선의 설치방법에 대한 설명 중 옳지 않은 것은?

① 중앙종거를 이용한 설치방법은 터널 속이나 산림지대에서 벌목량이 많을 때 사용하면 편리하다.
② 편각설치법은 가장 정확도가 좋고 정밀한 결과를 얻을 수가 있기 때문에 철도나 기타 중요한 곳에 많이 사용된다.
③ 접선편거와 현편거에 의하여 설치하는 방법은 테이프만을 사용하여 원곡선을 설치할 수 있다.
④ 장현에 대한 종거와 횡거에 의하는 방법은 곡률반경이 짧은 곡선일 때 편리하다.

해설
중앙종거를 이용한 설치방법은 곡선의 변경 또는 곡선의 길이가 작은 시가지의 곡선 설치와 철도, 도로 등의 가설 곡선의 검사 또는 개정 시 사용하면 편리하다.

029 토량 계산식 중 양단면의 면적차가 클 경우 산출된 토량의 대소 관계가 옳은 것은? (단, 각주공식법 : A, 중앙단면법 : B, 양단면평균법 : C)

① A＜B＜C
② B＜A＜C
③ C＜A＜B
④ A=B＜C

해설
- 양단면평균법 $V = \dfrac{(A_1 + A_2)}{2} \times h$
- 각주공식법 $V = \dfrac{(A_1 + 4A_m + A_2)}{6} \times h$
- 중앙단면법 $V = A_m \times h$

030 지표상 P점에서 5km 떨어진 Q점을 관측할 때 Q점에 세워야 할 측표의 최소 높이는 약 얼마인가? (단, 지구 반지름 R=6,370km이고, P, Q점은 수평선상에 존재한다.)

① 4m
② 2m
③ 1m
④ 0.5m

해설
구차 = $\dfrac{D^2}{2R} = \dfrac{5000^2}{2 \times 6370 \times 1000} = 2\mathrm{m}$

031 그림과 같이 수준측량을 실시하였다. A점의 표고는 300m이고, B와 C구간은 교호수준측량을 실시하였다면, D점의 표고는? (단, A→B = −0.567m, B→C = −0.886m, C→B = +0.866m, C→D = +0.357m)

① 298.903m
② 298.914m
③ 298.921m
④ 298.928m

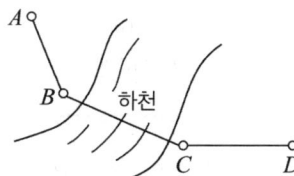

해설
- B점의 표고(H_B) : $300 - 0.567 = 299.433\mathrm{m}$
- B점과 C점의 높이 차 : $h = \dfrac{(-0.886) - (0.866)}{2} = -0.876\mathrm{m}$
- C점의 표고(H_C) : $H_B + h = 299.433 + (-0.876) = 298.557\mathrm{m}$
- D점의 표고(H_D) : $H_C + h = 298.557 + 0.357 = 298.914\mathrm{m}$

정답 026 ② 027 ② 028 ① 029 ② 030 ② 031 ②

01회 CBT 모의고사

032 삼각측량을 위한 삼각망 중에서 유심다각망에 대한 설명으로 틀린 것은?
① 삼각망 중에서 정확도가 가장 높다.
② 동일 측점 수에 비하여 포함면적이 가장 넓다.
③ 농지 측량에 많이 사용된다.
④ 방대한 지역의 측량에 적합하다.

해설 사변형 삼각망이 정확도가 가장 높다.

033 지형도의 이용법에 해당되지 않는 것은?
① 저수량 및 토공량 산정
② 유역면적의 도상 측정
③ 간접적인 지적도 작성
④ 등경사선 관측

해설 지형 측량은 지구 표면상에 나타나 있는 자연적 및 인공적인 상태를 정확히 측정하여 지도를 작성하기 위한 측량이므로 간접적인 지적도 작성은 해당되지 않는다.

034 캔트(cant)의 계산에서 속도 및 반지름을 2배로 하면 캔트는 몇 배가 되는가?
① 2배   ② 4배
③ 8배   ④ 16배

해설
- 캔트 $C = \dfrac{SV^2}{gR}$ 관계식에서 속도 V와 반지름 R을 1배로 하면
 $C = \dfrac{S(2V)^2}{g(2R)} = \dfrac{S4V^2}{g2R} = \dfrac{2SV^2}{gR}$ ∴ 2배
- 캔트가 커지면 곡률 반경은 감소한다.
- 종점에 있는 캔트는 원곡선의 캔트와 같다.
- 캔트란 곡선부의 바깥쪽을 높이는 것을 뜻하며, 철도에서는 캔트라 하고 도로에서는 편물매라 뜻한다.

035 초점거리 210mm의 카메라로 지면의 비고가 15m인 구릉지에서 촬영한 연직사진의 축척이 1:5000이었다. 이 사진에서 비고에 의한 최대변위량은? (단, 사진의 크기는 24cm×24cm이다.)
① ±1.2mm   ② ±2.4mm
③ ±3.8mm   ④ ±4.6mm

해설
- $\dfrac{1}{m} = \dfrac{f}{H}$ $\dfrac{1}{5000} = \dfrac{0.21}{H}$ $\therefore H = 5000 \times 0.21 = 1050\text{m}$
- $r_{max} = \dfrac{\sqrt{2}}{2} a = \dfrac{\sqrt{2}}{2} \times 0.24 = 0.169\text{m}$
- $\Delta r_{max} = \dfrac{h}{H} r_{max} = \dfrac{15}{1050} \times 0.169 = 0.0024\text{m} = 2.4\text{mm}$

036 트래버스 측량에서 선점시 주의하여야 할 사항이 아닌 것은?
① 트래버스의 노선은 가능한 폐합 또는 결합이 되게 한다.
② 결합 트래버스의 출발점과 결합점간의 거리는 가능한 단거리로 한다.
③ 거리측량과 각측량의 정확도가 균형을 이루게 한다.
④ 측점간 거리는 다양하게 선점하여 부정오차를 소거한다.

해설
측점간 거리는 가능한 한 등거리로 하고 현저히 짧은 노선은 피한다.

037 아래 종단 수준측량의 야장에서 ㉠, ㉡, ㉢에 들어갈 값으로 옳은 것은?

(단위: m)

측점	후시	기계고	전시 전환점	전시 이기점	지반고
BM	0.175	㉠			37.133
No. 1				0.154	
No. 2				1.569	
No. 3				1.143	
No. 4	1.098	㉡	1.237		㉢
No. 5				0.948	
No. 6				1.175	

① ㉠ : 37.308 ㉡ : 37.169 ㉢ : 36.071
② ㉠ : 37.308 ㉡ : 36.071 ㉢ : 37.169
③ ㉠ : 36.958 ㉡ : 35.860 ㉢ : 37.097
④ ㉠ : 36.958 ㉡ : 37.097 ㉢ : 35.860

해설
- ㉠ : 기계고 = 지반고 + 후시 = 37.133 + 0.175 = 37.308
- ㉡ : 기계고 = 지반고 + 후시 = 36.071 + 1.098 = 37.169
- ㉢ : 지반고 = 기계고 − 전시 = 37.308 − 1.237 = 36.071

038 종단측량과 횡단측량에 관한 설명으로 틀린 것은?
① 종단도를 보면 노선의 형태를 알 수 있으나 횡단도를 보면 알 수 없다.
② 종단측량은 횡단측량보다 높은 정확도가 요구된다.
③ 종단도의 횡축척과 종축척은 서로 다르게 잡는 것이 일반적이다.
④ 횡단측량은 노선의 종단측량에 앞서 실시한다.

해설
종단측량은 노선의 횡단측량에 앞서 실시한다.

039 위성측량의 DOP(Dilution of Precision)에 관한 설명으로 옳지 않은 것은?
① DOP는 위성의 기하학적 분포에 따른 오차이다.
② 일반적으로 위성들 간의 공간이 더 크면 위치 정밀도가 낮아진다.
③ DOP를 이용하여 실제 측량 전에 위성측량의 정확도를 예측할 수 있다.
④ DOP 값이 클수록 정확도가 좋지 않은 상태이다.

해설 일반적으로 위성들 간의 공간이 더 크면 위치 정밀도가 높아진다.

040 종단곡선에 대한 설명으로 옳지 않은 것은?
① 철도에서는 원곡선을 도로에서는 2차 포물선을 주고 사용한다.
② 종단경사는 환경적, 경제적 측면에서 허용할 수 있는 범위 내에서 최대한 완만하게 한다.
③ 설계속도와 지형 조건에 따라 종단경사의 기준값이 제시되어 있다.
④ 지형의 상황, 주변 지장물 등의 한계가 있는 경우 10% 정도 증감이 가능하다.

해설 종단곡선은 노선의 종단구배가 변하는 위치에 충격을 완화하고 시거 확보를 위해 설치한다.

3과목 수리 · 수문학

041 일반적인 수로단면에서 단계계수 Z와 수심 h의 상관식은 $Z^2 = Ch^M$으로 표시할 수 있는데 이 식에서 M은?
① 단면지수
② 윤변지수
③ 흐름지수
④ 수리지수

해설
$Z = C\sqrt{D} = CD^{1/2}$
여기서, D = 수리수심 $\left(\dfrac{A}{B}\right)$, C = 형상계수

보충
• 경심 $R = \dfrac{A}{P} = \dfrac{단면적}{윤변}$
• 폭이 넓은 개수로에서의 경심은 수심과 같다.

042 다음 중 밀도를 나타내는 차원은?
① $[FL^{-4}T^2]$
② $[FL^4T^{-2}]$
③ $[FL^{-2}T^4]$
④ $[FL^{-2}T^{-4}]$

해설
$\rho = g/cm^3 = ML^{-3} = FL^{-1}T^2 \cdot L^{-3} = FL^{-4}T^2$ 여기서, $M = FL^{-1}T^2$

보충 힘의 기본 단위로 N사용
• $1kgf = 1kg \times 9.8m/sec^2 = 9.8kg \cdot m/sec^2$
• $F = m \cdot a = [\dot{M}][LT^{-2}] = MLT^{-2}$

043 시간을 t, 유속을 v, 두 단면간의 거리를 l이라 할 때 다음 조건 중 부등류인 경우는?
① $\dfrac{\partial v}{\partial t} \neq 0$
② $\dfrac{\partial v}{\partial t} = 0$
③ $\dfrac{\partial v}{\partial t} = 0, \dfrac{\partial v}{\partial l} \neq 0$
④ $\dfrac{\partial v}{\partial t} = 0, \dfrac{\partial v}{\partial l} = 0$

해설
부등류(정상류)은 정류중에서 거리에 따라 유속과 유적이 변화하는 흐름으로
$\dfrac{\partial V}{\partial t} = 0, \dfrac{\partial V}{\partial l} \neq 0$이다.

보충 등류는 정류중에서 거리에 따라 유속과 유적이 일정한 흐름으로
$\dfrac{\partial V}{\partial v} = 0, \dfrac{\partial V}{\partial l} = 0$이다.

044 유역의 가장 먼 곳에 내린 빗물이 유역의 유출구 또는 문제의 지점에 도달하는데 소요되는 시간을 무엇이라고 하는가?
① 도달시간
② 유하시간
③ 유입시간
④ 지체시간

해설
도달시간 = 유입시간(t_1) + 유하시간(t_2) = $t_1 + \dfrac{L}{V}$

보충 우수 유출량의 유달시간
① 유수면적이 클수록 길다. ② 형상계수가 클수록 길다.
③ 경사가 완만할수록 길다. ④ 투수성의 지표일수록 길다.

045 토리첼리(Torricelli)정리는 다음 어느 것을 이용하여 유도할 수 있는가?
① 파스칼 원리
② 알키메데스 원리
③ 레이놀즈 원리
④ 베르누이 정리

해설
• 토리첼리 정리 $V = \sqrt{2gh}$
• 베르누이 정리(에너지 방정식)
$E = \dfrac{V^2}{2g} + \dfrac{P}{\omega} + Z$에서 압력수는 $\dfrac{P}{\omega}$가 0이면 토리첼리 정리가 성립한다.

정답 039 ② 040 ④ 041 ④ 042 ① 043 ③ 044 ① 045 ④

046. 광정 위어(weir)의 유량공식 $Q=1.704CbH^{\frac{3}{2}}$ 에 사용되는 수두(H)는?

① h_1
② h_2
③ h_3
④ h_4

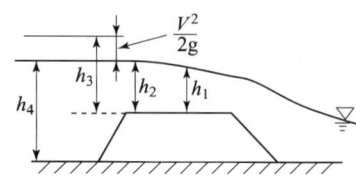

해설
- $H = h_2 + \dfrac{V^2}{2g}$ 여기서, h_2 = 월류수심
- 완전 월류상태에 있는 광정 위어 $H = \dfrac{2}{3}\left(h_2 + \dfrac{V^2}{2g}\right)$
- 위어의 마루부가 넓은 위어를 광정위어라 하며 정부에서의 흐름이 일반수로의 흐름과 같게 되는 수로이다.
- 광정위어의 면수축은 위어가 바로 시작되는 점 즉, 물이 위어 마루부 가까이 접근함에 따라 유속이 가속되어 발생하는 수축현상이다.

047. 관망계산에 대한 설명 중 틀린 것은?

① 관망은 Hardy-Cross 방법으로 근사계산할 수 있다.
② 관망계산에서 시계방향과 반시계방향으로 흐를 때의 마찰 손실수두의 합은 0이라고 가정한다.
③ 관망계산시 각 관에서의 유량을 임의로 가정해도 결과는 같아진다.
④ 관망계산시는 극히 작은 손실의 무시로도 결과에 큰 차를 가져올 수 있으므로 무시하여서는 안 된다.

해설
- 마찰 이외의 손실은 무시한다.
- 분기점에서 유입하는 유량은 그 점에 정지하지 않고 전부 유출한다.
- 관망을 형성하고 있는 각 교차점의 유입 유량의 합은 유출 유량의 합과 동일하다.

048. 지하의 사질 여과층에서 수두 차가 0.4m이고 투과거리가 3.0m일 때에 이곳을 통과하는 지하수의 유속은? (단, 투수계수는 0.2cm/sec이다.)

① 0.0135cm/sec
② 0.0267cm/sec
③ 0.0324cm/sec
④ 0.0417cm/sec

해설
- $V = k \cdot i = k \cdot \dfrac{h}{L} = 0.2 \times \dfrac{40}{300} = 0.0267 \text{cm/sec}$
- Darcy 법칙에서 투수계수는 유속(속도)의 차원이다.
- Darcy 법칙은 지하수 흐름에 잘 일치되며 적용범위가 $1 < R_e < 10$인 층류영역에 잘 맞는다.

049 그림과 같이 지름 3m, 길이 8m인 수로의 드럼게이트에 작용하는 전수압이 수문 $\overparen{ABC}$에 작용하는 지점의 수심은?

① 2.68m
② 2.43m
③ 2.25m
④ 2.00m

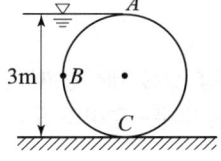

해설
- $P_H = \omega h_G A = 1 \times \dfrac{3}{2} \times (3 \times 8) = 36t$
- $P_V = \omega V = 1 \times \left(\dfrac{\pi \times 3^2}{4} \times \dfrac{8}{2} \right) = 28.3t$
- 원의 중심 O점에 대한 모멘트

$P_H \cdot y = P_V \cdot x$

$36 \times \dfrac{3}{2} \sin\theta = 28.3 \times \dfrac{3}{2} \cos\theta$

$\sin\theta = \dfrac{28.3}{36} \cos\theta$

$\dfrac{\sin\theta}{\cos\theta} = 0.786$

$\tan\theta = 0.786$

$\therefore \theta = \tan^{-1} 0.786 = 38.2°$

- $h_c = h_G + y = \dfrac{3}{2} + \dfrac{3}{2} \sin 38.2° = 2.43m$

050 그림과 같이 A에서 분기했다가 B에서 다시 합류하는 관수로에 물이 흐를 때 관Ⅰ과 Ⅱ의 손실수두에 대한 설명으로 옳은 것은? (단, 관의 성질은 같고, 관Ⅰ의 직경 < 관Ⅱ의 직경이다.)

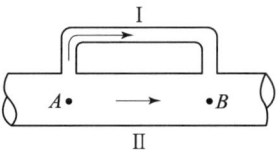

① 관Ⅰ의 손실수두가 크다.
② 관Ⅱ의 손실수두가 크다.
③ 관Ⅰ과 관Ⅱ의 손실수두는 같다.
④ 관Ⅰ과 관Ⅱ의 손실수두 합은 0이다.

해설
- 병렬로 연결된 관들의 손실수두는 같다.(일정하다.)
- $Q_A = Q_Ⅰ + Q_Ⅱ = Q_B$

정답 046 ③ 047 ④ 048 ② 049 ② 050 ③

051 오리피스(orifice)에서의 유량 Q를 계산할 때 수두 H의 측정에 1%의 오차가 있으면 유량계산의 결과에는 얼마의 오차가 생기는가?

① 0.1%   ② 0.5%
③ 1%   ④ 2%

해설
- 오리피스
$$Q = CA\sqrt{2gh}$$
$$\frac{dQ}{Q} = CA\sqrt{2g}\,\frac{1}{2}h^{-\frac{1}{2}} \qquad \therefore \frac{dQ}{Q} = \frac{1}{2}\frac{dh}{h}$$
- 사각형 위어
$$Q = \frac{2}{3}Cb\sqrt{2g}\,h^{\frac{3}{2}}$$
$$\frac{dQ}{Q} = \frac{2}{3}Cb\sqrt{2g}\,\frac{3}{2}h^{\frac{1}{2}} \qquad \therefore \frac{dQ}{Q} = \frac{2}{3}\frac{dh}{h}$$

052 강우강도 $I = \dfrac{5,000}{t+40}$ [mm/hr]고 표시되는 어느 도시에 있어서 20분간의 강우량 R_{20}은? (단, t의 단위는 분이다.)

① 17.8mm   ② 27.8mm
③ 37.8mm   ④ 47.8mm

해설
- $I = \dfrac{5,000}{t+40} = \dfrac{5,000}{20+40} = 83.3\,\text{mm/hr} = 1.388\,\text{mm/min}$
- 20분간의 강우량 R_{20} : $1.388 \times 20 = 27.8\,\text{mm}$

053 지하수 흐름에서 Darcy 법칙에 관한 설명으로 옳은 것은?
① 정상 상태이면 난류영역에서도 적용된다.
② 투수계수(수리전도계수)는 지하수의 특성과 관계가 있다.
③ 대수층의 모세관 작용은 이 공식에 간접적으로 반영되었다.
④ Darcy 공식에 의한 유속은 공극 내 실제유속의 평균치를 나타낸다.

해설
- Darcy 법칙은 물의 흐름이 층류일 경우에만 적용 가능하고, 흐름 방향과는 무관하다.
- 대수층의 입자가 균일하고 등방향성이면 유속은 동수경사에 비례한다.
- 유속은 입자 사이를 흐르는 평균이론 유속이며 흐름은 정상류이다.

054 유체의 흐름에 대한 설명으로 옳지 않은 것은?
① 이상유체에서 점성은 무시된다.
② 유관(stream tube)은 유선으로 구성된 가상적인 관이다.
③ 점성이 있는 유체가 계속해서 흐르기 위해서는 가속도가 필요하다.
④ 정상류의 흐름 상태는 위치 변화에 따라 변하지 않는 흐름을 의미한다.

해설
정상류의 흐름 상태는 시간 변화에 따라 변하지 않는 흐름을 의미한다.

055 주어진 유량에 대한 비에너지(specific energy)가 3m일 때, 한계수심은?
① 1m
② 1.5m
③ 2m
④ 2.5m

해설
$h_c = \frac{2}{3}H_e = \frac{2}{3} \times 3 = 2\text{m}$

056 강우강도 공식에 관한 설명으로 틀린 것은?
① 자기우량계의 우량자료로부터 결정되며, 지역에 무관하게 적용 가능하다.
② 도시지역의 우수관로, 고속도로 암거 등의 설계 시 기본자료로서 널리 이용된다.
③ 강우강도가 커질수록 강우가 계속되는 시간은 일반적으로 작아지는 반비례 관계이다.
④ 강우강도(I)와 강우지속시간(D)과의 관계로서 Talbot, Sherman, Japanese형의 경험공식에 의해 표현될 수 있다.

해설
자기우량계의 우량자료로부터 결정되며, 그 지역의 특성 상수를 적용한다.

057 평면상 x, y방향의 속도성분이 각각 $u = ky$, $v = kx$인 유선의 형태는?
① 원
② 타원
③ 쌍곡선
④ 포물선

해설
속도성분 u, v가 $u = ay$, $v = bx$ 식으로 표시될 때 유선의 방정식은
$\frac{dx}{dy} = \frac{ay}{bx}$, $bxdx = aydy = 0$
이것을 적분하면 $bx^2 - ay^2 = c$가 된다.
따라서 a와 b가 같은 부호일 때는 쌍곡선, a와 b가 다른 부호일 때는 타원이 된다.

정답 051 ② 052 ② 053 ② 054 ④ 055 ③ 056 ① 057 ③

058 유역면적 20km² 지역에서 수공구조물의 축조를 위해 다음 아래의 수문 곡선을 얻었을 때 총유출량은?

① 108m^3
② $108 \times 10^4 \text{m}^3$
③ 300m^3
④ $300 \times 10^4 \text{m}^3$

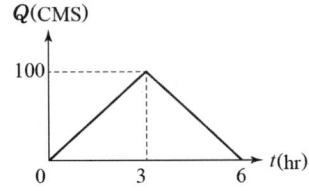

해설
$Q = 100\text{m}^3/\text{sec}$ 이므로
총유출량 $= 100 \times 3600 \times 3 = 108 \times 10^4 \text{m}^3$

059 다음 그림과 같은 사다리꼴 수로에서 수리상 유리한 단면으로 설계된 경우의 조건은?

① $OB = OD = OF$
② $OA = OD = OG$
③ $OC = OG + OA = OE$
④ $OA = OC = OE = OG$

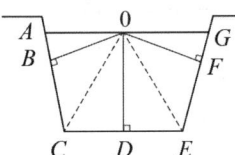

해설
수리상 유리한 단면은 반원에 외접하는 단면이므로 $OB = OD = OF$이다.

060 밑변 2m, 높이 3m인 삼각형 형상의 판이 밑변을 수면과 맞대고 연직으로 수중에 있다. 이 삼각형 판의 작용점 위치는? (단, 수면을 기준으로 한다.)

① 1m
② 1.33m
③ 1.5m
④ 2m

해설
$$h_c = h_G + \frac{I_G}{h_G A} = \frac{3}{3} + \frac{\frac{2 \times 3^3}{36}}{\frac{3}{3} \times \frac{2 \times 3}{2}} = 1.5\text{m}$$

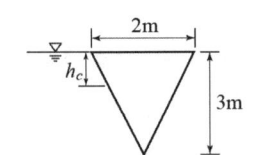

4과목 철근콘크리트 및 강구조

061 그림과 같은 단철근 직4각형 보를 강도설계법으로 해석할 때 콘크리트의 등가 직4각형의 깊이 a는? (여기서, $f_{ck}=21\text{MPa}$, $f_y=300\text{MPa}$)

① $a=104\text{mm}$
② $a=94\text{mm}$
③ $a=84\text{mm}$
④ $a=74\text{mm}$

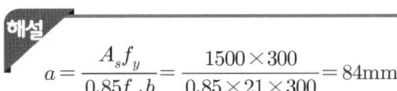

해설
$$a=\frac{A_s f_y}{0.85 f_{ck} b}=\frac{1500\times 300}{0.85\times 21\times 300}=84\text{mm}$$

062 복전단 고장력 볼트(bolt)의 마찰이음에서 강판에 $P=350\text{kN}$이 작용할 때 볼트의 수는 최소 몇 개가 필요한가? (단, 볼트의 지름 $d=20\text{mm}$이고, 허용전단응력 $\tau_a=120\text{MPa}$)

① 3개 ② 5개
③ 8개 ④ 10개

해설
- $\rho_s = \tau_a \times \dfrac{\pi d^2}{4}\times 2 = 120\times\dfrac{3.14\times 20^2}{4}\times 2 = 75360\,\text{N}$
- $n = \dfrac{P}{\rho_s} = \dfrac{350000}{75360} \fallingdotseq 5$개

063 그림과 같은 2경간 연속보의 양단에서 PS강재를 긴장할 때 단(端) A에서 중간 B까지의 마찰에 의한 프리스트레스의 (근사적인) 감소율은? (단, 곡률마찰계수 $\mu_p=0.4$, 파상마찰계수 $K=0.0027$)

① 12.6%
② 18.2%
③ 10.4%
④ 15.8%

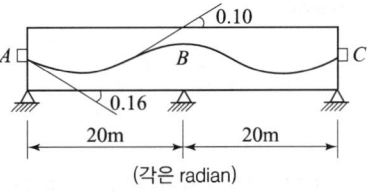
(각은 radian)

해설
- 근사식
$$P_{px}=\frac{P_{pj}}{(1+Kl_{px}+\mu_p\alpha_{px})}$$
- 손실률(감소율)
$$\frac{P_o-P_x}{P_o}=Kl_{px}+\mu_p\alpha_{px}=0.0027\times 20+0.4\times(0.16+0.10)=0.158=15.8\%$$

064. 그림과 같은 띠철근 기둥에서 띠철근의 최대 간격으로 적당한 것은? (단, D10의 공칭직경은 9.5mm, D32의 공칭직경은 31.8mm)

① 400mm
② 450mm
③ 500mm
④ 550mm

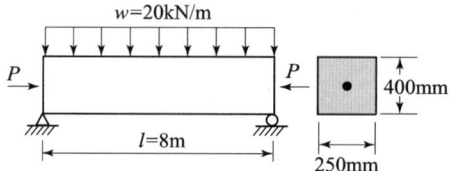

해설
- 종방향 철근 지름의 16배 이하 : $31.8 \times 16 = 508.8$mm
- 띠철근 지름의 48배 이하 : $9.5 \times 48 = 456$mm
- 기둥 단면의 최소 치수 이하 : 400mm
- ∴ 띠철근의 간격은 최소값인 400mm 이하로 하여야 한다.

보충 띠철근 압력부재 단면의 치수는 200mm이고 단면적은 60,000mm² 이상이어야 한다.

065. 경간이 8m인 PSC보에 등분포하중 $w = 20$kN/m가 작용할 때 중앙 단면 콘크리트 하연에서의 응력이 0이 되려면 강재에 줄 프리스트레스힘 P는 얼마인가? (단, PS강재는 콘크리트 도심에 배치되어 있음.)

① $P = 2000$ kN
② $P = 2200$ kN
③ $P = 2400$ kN
④ $P = 2600$ kN

해설
$$M = \frac{wl^2}{8} = \frac{20 \times 8^2}{8} = 160\text{kN}$$
$$Z = \frac{bh^2}{6} = \frac{0.25 \times 0.4^2}{6} = 0.00667\text{m}^3$$
$$\frac{P}{A} - \frac{M}{Z} = 0 \qquad \frac{P}{0.25 \times 0.4} - \frac{160}{0.00667} = 0$$
∴ $P = 2400$kN

066. 콘크리트의 설계기준 압축강도가 45MPa인 경우에 콘크리트 평균 압축강도 f_{cm}는? (단, 콘크리트 탄성계수 및 크리프 계산에 적용됨.)

① 49MPa
② 49.5MPa
③ 51MPa
④ 51.5MPa

해설
$f_{cm} = f_{ck} + \Delta f = 45 + 4.5 = 49.5$MPa
여기서, Δf는 f_{ck}가 40MPa 이하이면 4MPa, f_{ck}가 60MPa 이하이면 6MPa이고 그 사이는 직선보간한다.

067 콘크리트 구조물에서 비틀림에 대한 설계를 하려고 할 때, 계수비틀림모멘트(T_u)를 계산하는 방법에 대한 다음 설명 중 틀린 것은?

① 균열에 의하여 내력의 재분배가 발생하여 비틀림모멘트가 감소할 수 있는 부정정 구조물의 경우, 최대 계수비틀림모멘트를 감소시킬 수 있다.
② 철근콘크리트 부재에서, 받침부로부터 d 이내에 위치한 단면은 d에서 계산된 T_u보다 작지 않은 비틀림모멘트에 대하여 설계하여야 한다.
③ 프리스트레스트 부재에서 받침부로부터 d 이내에 위치한 단면을 설계할 때 d에서 계산된 T_u보다 작지 않은 비틀림모멘트에 대하여 설계하여야 한다.
④ 정밀한 해석을 수행하지 않은 경우, 슬래브로부터 전달되는 비틀림하중은 전체 부재에 걸쳐 균등하게 분포하는 것으로 가정할 수 있다.

해설
- 철근 콘크리트 부재에서 받침부로부터 d 이내에 위치한 단면은 d에서 계산된 T_u보다 작지 않은 비틀림모멘트에 대하여 설계하여야 한다. 만약 d 이내에서 집중된 비틀림모멘트가 작용하면 받침부의 내부 면으로 하여야 한다.
- 프리스트레스트 부재에서 받침부로부터 h/2 이내에 위치한 단면은 h/2에서 계산된 T_u보다 작지 않은 비틀림모멘트에 대하여 설계하여야 한다. 만약 h/2 이내에서 집중된 비틀림모멘트가 작용하면 위험단면은 받침부의 내부 면으로 하여야 한다.

068 프리스트레스트 콘크리트의 경우 흙에 접하여 콘크리트를 친 후 영구히 흙에 묻혀 있는 콘크리트의 최소 피복 두께는?

① 100mm ② 75mm
③ 60mm   ④ 40mm

해설
- 옥외의 공기나 흙에 직접 접하지 않는 프리스트레스트 콘크리트의 경우 보, 기둥에서는 주철근의 최소 피복 두께는 40mm이다.

069 =350mm, d=600mm인 단철근 직사각형보에서 콘크리트가 부담할 수 있는 공칭 전단강도를 정밀식으로 구하면 약 얼마인가? (단, V_u=100kN, M_u=300kN·m, ρ_w=0.016, f_{ck}=24MPa, λ=1.0)

① 164.2 kN ② 171.2 kN
③ 176.4 kN ④ 182.7 kN

해설
- 전단력과 휨모멘트만을 받는 부재의 경우

$$V_c = \left(0.16\lambda\sqrt{f_{ck}} + 17.6\rho_w\frac{V_u d}{M_u}\right)b_w d \leq 0.29\lambda\sqrt{f_{ck}}\,b_w d$$

$$= \left(0.16 \times 1.0 \times \sqrt{24} + 17.6 \times 0.016 \times \frac{100000 \times 600}{300000000}\right) \times 350 \times 600$$

$$= 176433\text{N} = 176.4\text{kN}$$

정답 064 ① 065 ③ 066 ② 067 ③ 068 ② 069 ③

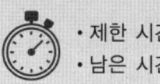

070 2방향 슬래브의 직접설계법을 적용하기 위한 제한사항으로 틀린 것은?

① 각 방향으로 3경간 이상이 연속되어야 한다.
② 슬래브판들은 단변 경간에 대한 장변 경간의 비가 2 이하인 직사각형이어야 한다.
③ 모든 하중은 연직하중으로서 슬래브판 전체에 등분포되어야 한다.
④ 연속한 기둥 중심선으로부터 기둥의 이탈은 이탈방향 경간의 최대 20%까지 허용할 수 있다.

- 연속한 기둥 중심선으로부터 기둥의 이탈은 이탈방향 경간의 10%까지 허용된다.
- 활하중은 고정하중의 2배 이하이어야 한다.
- 단경간과 장경간의 비가 $0.5 < \dfrac{S}{L} \leq 1$일 때 2방향 슬래브로 설계한다.

071 아래 그림과 같은 보의 단면에서 표피철근의 간격 s는 약 얼마인가? (단, 습윤환경에 노출되는 경우로서, 표피철근의 표면에서 부재 측면까지 최단거리(c_c)는 50mm, $f_{ck}=28\text{MPa}$, $f_y=400\text{MPa}$이다.)

① 170mm
② 190mm
③ 220mm
④ 240mm

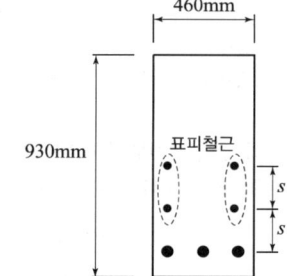

- $s = 375\left(\dfrac{k_{cr}}{f_s}\right) - 2.5c_c = 375\left(\dfrac{210}{267}\right) - 2.5 \times 50 = 170\,\text{mm}$
- $s = 300\left(\dfrac{k_{cr}}{f_s}\right) = 300\left(\dfrac{210}{267}\right) = 236\,\text{mm}$

여기서, $f_s = \dfrac{2}{3}f_y = \dfrac{2}{3} \times 400 = 267\,\text{MPa}$

k_{cr}은 건조환경에 노출되는 경우에는 280이고 그 외의 환경에 노출되는 경우에는 210이다.

∴ 두 식에 의해 계산된 값 중에서 작은 값인 170mm 이하이다.

072 $A_s=3{,}600\text{mm}^2$, $A_s'=1{,}200\text{mm}^2$로 배근된 그림과 같은 복철근 보의 탄성처짐이 12mm라 할 때 5년 후 지속하중에 의해 유발되는 장기처짐은 얼마인가?

① 36mm
② 18mm
③ 12mm
④ 6mm

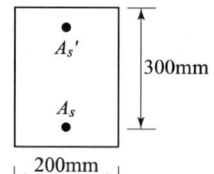

해설

- 압축철근비 $\rho' = \dfrac{A_s'}{bd} = \dfrac{1200}{200 \times 300} = 0.02$
- 장기추가처짐계수 $\lambda_\Delta = \dfrac{\xi}{1+50\rho'} = \dfrac{2}{1+50 \times 0.02} = 1$
- 장기처짐 = 탄성처짐 × λ_Δ = 12 × 1 = 12mm

073 그림과 같은 맞대기 용접의 용접부에 발생하는 인장응력은?

① 100 MPa
② 150 MPa
③ 200 MPa
④ 220 MPa

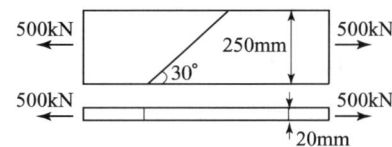

해설

$f = \dfrac{P}{A} = \dfrac{500000}{20 \times 250} = 100 \text{N/mm}^2 = 100 \text{MPa}$

074 유효깊이(d)가 910mm인 아래 그림과 같은 단철근 T형보의 설계휨강도 (ϕM_n)를 구하면? (단, 인장철근량(A_s)은 7652mm², f_{ck} = 21MPa, f_y = 350MPa, 인장지배단면으로 ϕ=0.85, 경간은 3040mm이다.)

① 1803 kN·m
② 1845 kN·m
③ 1883 kN·m
④ 1981 kN·m

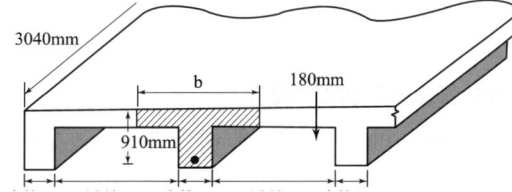

해설

- 유효 폭
  - $16t + b_w = 16 \times 180 + 360 = 3240$ mm
  - 양쪽 슬래브의 중심간 거리 = $360 + \dfrac{1540}{2} + \dfrac{1540}{2} = 1900$ mm
  - 보의 경간의 $\dfrac{1}{4} = \dfrac{3040}{4} = 760$ mm
  - ∴ 가장 작은 값인 760mm이다.
- T형보의 판정 $a = \dfrac{A_s f_y}{0.85 f_{ck} b} = \dfrac{7652 \times 350}{0.85 \times 21 \times 760} = 197.42$ mm
  $a > t$이므로 T형보이다.
- 플랜지 부분의 철근량
  $A_{sf} = \dfrac{0.85 f_{ck}(b - b_w)t}{f_y} = \dfrac{0.85 \times 21(760 - 360) \times 180}{350} = 3672 \text{mm}^2$
- 복부 부분에 작용하는 등가응력 사각형의 깊이
  $a = \dfrac{(A_s - A_{sf})f_y}{0.85 f_{ck} b_w} = \dfrac{(7652 - 3672) \times 350}{0.85 \times 21 \times 360} = 216.78$ mm
- 설계 휨강도
  $\phi M_n = \phi \left\{ (A_s - A_{sf})f_y \left(d - \dfrac{a}{2}\right) + A_{sf} f_y \left(d - \dfrac{t}{2}\right) \right\}$
  $= 0.85 \left\{ (7652 - 3672) \times 350 \left(910 - \dfrac{216.78}{2}\right) + 3672 \times 350 \left(910 - \dfrac{180}{2}\right) \right\}$
  $= 1,844,930,720 \text{N·mm} = 1845 \text{kN·m}$

정답 070 ④ 071 ① 072 ③ 073 ① 074 ②

075 철근 콘크리트 구조물에서 연속 휨부재의 모멘트 재분배를 하는 방법에 대한 설명으로 틀린 것은?

① 근사해법에 의하여 휨모멘트를 계산한 경우에는 연속 휨부재의 모멘트 재분배를 할 수 없다.
② 어떠한 가정의 하중을 적용하여 탄성이론에 의하여 산정한 연속 휨부재 받침부의 부모멘트는 10% 이내에서 $800\varepsilon_t\%$ 만큼 증가 또는 감소 시킬 수 있다.
③ 경간 내의 단면에 대한 휨모멘트의 계산은 수정된 부모멘트를 사용하여야 한다.
④ 휨모멘트를 감소 시킬 단면에서 최외단 인장철근의 순인장변형률 ε_t가 0.0075 이상인 경우에만 가능하다.

> **해설**
> 어떠한 가정의 하중을 적용하여 탄성이론에 의하여 산정한 연속 휨부재 받침부의 부모멘트는 20% 이내에서 $1000\varepsilon_t\%$ 만큼 증가 또는 감소시킬 수 있다.

076 인장철근의 겹침이음에 대한 설명으로 틀린 것은?

① 다발철근의 겹침이음은 다발 내의 개개 철근에 대한 겹침이음길이를 기본으로 결정되어야 한다.
② 어떤 경우이든 300mm 이상 겹침이음한다.
③ 겹침이음에는 A급, B급 이음이 있다.
④ 겹침이음된 철근량이 전체 철근량의 1/2 이하인 경우는 B급이음이다.

> **해설**
> **A급 이음**
> 배치된 철근량이 이음부 전체 구간에서 해석 결과 요구되는 소요철근량의 2배 이상이고 소요 겹침이음길이 내 겹침이음된 철근량이 전체 철근량의 1/2 이하인 경우

077 옹벽의 안정조건 중 전도에 대한 저항휨모멘트는 횡토압에 의한 전도모멘트의 최소 몇 배 이상이어야 하는가?

① 1.5배 ② 2배
③ 2.5배 ④ 3배

> **해설**
> **옹벽 설계**
> • 활동에 대한 저항력은 옹벽에 작용하는 수평력이 1.5배 이상이어야 한다.
> • 지반에 유발되는 최대 지반반력이 지반의 허용지력을 초과하지 않아야 한다.

078 단철근 직사각형 보에서 설계기준 압축강도 f_{ck}=60MPa일 때 계수 β_1은? (단, 등가 직사각형 응력블록의 깊이 $a=\beta_1 c$이다.)

① 0.78
② 0.72
③ 0.76
④ 0.64

해설
- $f_{ck} \le 40\text{MPa}$인 경우 $\beta_1 = 0.80$
- $f_{ck} = 50\text{MPa}$인 경우 $\beta_1 = 0.80$
- $f_{ck} = 60\text{MPa}$인 경우 $\beta_1 = 0.76$

079 아래에서 설명하는 부재 형태의 최대 허용처짐은? (단, l은 부재 길이이다.)

> 과도한 처짐에 의해 손상되기 쉬운 비구조 요소를 지지 또는 부착한 지붕 또는 바닥구조

① $\dfrac{l}{180}$
② $\dfrac{l}{240}$
③ $\dfrac{l}{360}$
④ $\dfrac{l}{480}$

해설
최대 허용처짐

부재의 형태	고려하여야 할 처짐	처짐 한계
과도한 처짐에 의해 손상되기 쉬운 비구조 요소를 지지 또는 부착하지 않은 평지붕구조	활하중 L에 의한 순간처짐	$\dfrac{l}{180}$
과도한 처짐에 의해 손상되기 쉬운 비구조 요소를 지지 또는 부착하지 않은 바닥구조	활하중 L에 의한 순간처짐	$\dfrac{l}{360}$
과도한 처짐에 의해 손상되기 쉬운 비구조 요소를 지지 또는 부착한 지붕 또는 바닥구조	전체 처짐 중에서 비구조 요소가 부착된 후에 발생하는 처짐부분(모든 지속하중에 의한 장기처짐과 추가적인 활하중에 의한 순간처짐의 합)	$\dfrac{l}{480}$
과도한 처짐에 의해 손상될 염려가 없는 비구조 요소를 지지 또는 부착한 지붕 또는 바닥구조		$\dfrac{l}{240}$

080 부재의 순단면적을 계산할 경우 지름 22mm의 리벳을 사용하였을 때 리벳 구멍의 지름은 얼마인가? (단, 강구조 연결설계기준(허용응력설계법)을 적용한다.)

① 21.5mm
② 22.5mm
③ 23.5mm
④ 24.5mm

해설
리벳 구멍의 지름
- 20mm 미만의 경우 : 리벳 지름+1.0mm
- 20mm 이상의 경우 : 리벳 지름+1.5mm

정답 075 ② 076 ④ 077 ② 078 ③ 079 ④ 080 ③

5과목 토질 및 기초

081 흙의 투수성에 관한 Darcy의 법칙 $Q = K \cdot \dfrac{\Delta h}{l} \cdot A$ 을 설명하는 말 중 옳지 않은 것은?

① 투수계수 K의 차원은 속도의 차원(cm/sec)과 같다.
② A는 실제로 물이 통하는 공극부분의 단면적이다.
③ Δh는 수두차(水頭差)이다.
④ 물의 흐름이 난류(亂流)인 경우에는 Darcy의 법칙이 성립하지 않는다.

해설
A는 시료의 전단면이다.

보충 정수위 투수시험시 투수계수
$$Q_t = A \cdot V \cdot t = A \cdot k \cdot i \cdot t = A \cdot k \cdot \dfrac{h}{L} \cdot t$$
$$\therefore k = \dfrac{Q_t \cdot L}{A \cdot h \cdot t}$$

082 어떤 흙의 입경가적곡선에서 $D_{10} = 0.05\text{mm}$, $D_{30} = 0.09\text{mm}$, $D_{60} = 0.15\text{mm}$이었다. 균등계수 C_u와 곡률계수 C_g의 값은?

① $C_u = 3.0$, $C_g = 1.08$
② $C_u = 3.5$, $C_g = 2.08$
③ $C_u = 1.7$, $C_g = 2.45$
④ $C_u = 2.4$, $C_g = 1.82$

해설
- $C_u = \dfrac{D_{60}}{D_{10}} = \dfrac{0.15}{0.05} = 3$
- $C_g = \dfrac{(D_{30})^2}{D_{10} \times D_{60}} = \dfrac{(0.09)^2}{0.05 \times 0.15} = 1.08$

보충 입도가 양호한 조건
- $10 < C_u$
- $1 < C_g < 3$

083 지표에서 2m×2m 되는 기초에 100kN/m²의 하중이 작용한다. 깊이 5m 되는 곳에서 이 하중에 의해 일어나는 연직응력을 2:1분포법으로 계산한 값은?

① 28.57kN/m^2
② 8.16kN/m^2
③ 0.83kN/m^2
④ 19.75kN/m^2

해설

$$q \cdot (B \times B) = \sigma_z \cdot (B+Z)(B+Z)$$
$$\therefore \sigma_Z = \frac{q \cdot (B \times B)}{(B+Z)(B+Z)} = \frac{100 \times (2 \times 2)}{(2+5)(2+5)} = 8.16 \text{kN/m}^2$$

📝 보충 직사각형 기초의 경우
$$q \cdot (B \times L) = \sigma_Z(B+Z)(L+Z)$$
$$\therefore \sigma_Z = \frac{q \cdot (B \times L)}{(B+Z)(L+Z)}$$

084 다음 중 일시적인 지반 개량 공법에 속하는 것은?
① 동결공법
② 약액주입 공법
③ 프리로딩 공법
④ 다짐 모래말뚝 공법

해설
웰포인트, Deep Wall 공법, 동결공법, 대기압공법 등은 일시적인 개량공법이다.

085 간극률 $n=40\%$, 비중 $G_s=2.65$인 어느 사질토층의 한계동수경사 i_c은 얼마인가?
① 0.99
② 1.06
③ 1.34
④ 1.62

해설
$$i_c = \frac{G_s - 1}{1+e} = \frac{2.65-1}{1+0.667} = 0.99$$
여기서, $e = \frac{n}{100-n} = \frac{40}{100-40} = 0.667$

086 다짐에 대한 설명으로 옳지 않은 것은?
① 점토분이 많은 흙은 일반적으로 최적함수비가 낮다.
② 사질토는 일반적으로 건조밀도가 높다.
③ 입도배합이 양호한 흙은 일반적으로 최적함수비가 낮다.
④ 점토분이 많은 흙은 일반적으로 다짐곡선의 기울기가 완만하다.

해설
• 점토분이 많은 흙은 최적함수비가 높다.
• 사질토는 다짐곡선의 기울기가 급하다.

087 외경(D_o) 50.8mm, 내경(D_i) 34.9mm인 스플리트 스푼 샘플러의 면적비로 옳은 것은?
① 46%
② 53%
③ 106%
④ 112%

해설
• $A_r = \frac{D_w^2 - D_e^2}{D_e^2} \times 100 = \frac{50.8^2 - 34.9^2}{34.9^2} \times 100 = 112\%$
• 면적비가 10% 이하이면 잉여토의 혼입이 불가능한 것으로 보고 불교란 시료로 간주한다.

정답 081 ② 082 ① 083 ② 084 ① 085 ① 086 ① 087 ④

088. Terzaghi는 포화점토에 대한 1차 압밀이론에서 수학적 해를 구하기 위하여 다음과 같은 가정을 하였다. 이 중 옳지 않은 것은?

① 흙은 균질하다.
② 흙입자와 물의 압축성은 무시한다.
③ 흙 속에서의 물의 이동은 Darcy 법칙을 따른다.
④ 투수계수는 압력의 크기에 비례한다.

해설
• 흙의 성질은 압력 크기에 관계없이 일정하다.
• 압밀의 진행은 압밀계수에 비례한다.

089. 압밀시험결과 시간-침하량 곡선에서 구할 수 없는 것은?

① 1차 압밀비(γ_p)
② 초기 압축비
③ 선행압밀 압력(P_c)
④ 압밀계수(C_v)

해설
선행압밀 압력은 하중-공극비 곡선에서 구할 수 있다.

090. 말뚝 지지력에 관한 여러가지 공식 중 정역학적 지지력 공식이 아닌 것은?

① Dorr의 공식
② Terzaghi의 공식
③ Meyerhof의 공식
④ Engineering-News 공식

해설
Engineering News 공식과 Sander 공식은 동역학적 지지력 공식에 해당된다.

보충 Sander 공식의 허용지지력
$$R_a = \frac{WH}{8\delta}$$

091. 평판재하시험에서 재하판의 크기에 의한 영향(scale effect)에 관한 설명으로 틀린 것은?

① 사질토 지반의 지지력은 재하판의 폭에 비례한다.
② 점토 지반의 지지력은 재하판의 폭에 무관하다.
③ 사질토 지반의 침하량은 재하판의 폭이 커지면 약간 커지기는 하지만 비례하는 정도는 아니다.
④ 점토 지반의 침하량은 재하판의 폭에 무관하다.

해설
점토 지반의 침하량은 재하판의 폭에 비례한다.

092 Paper Drain 설계시 Drain Paper의 폭이 10cm, 두께가 0.3cm일 때 드레인 페이퍼의 등치환산원의 직경이 얼마이면 Sand Drain과 동등한 값으로 볼 수 있는가? (단, 형상계수 : 0.75)

① 5cm
② 7.5cm
③ 10cm
④ 15cm

- $D = \alpha \dfrac{2(A+B)}{\pi} = 0.75 \dfrac{2(10+0.3)}{3.14} = 5\text{cm}$
- Paper drain 공법은 자연함수비가 액성한계 이상인 초연약한 점성토지반의 압밀을 촉진시킨다.

093 얕은 기초에 대한 Terzaghi의 수정지지력 공식은 아래의 표와 같다. 4m×5m의 직사각형 기초를 사용할 경우 형상계수 α와 β의 값으로 옳은 것은?

$$q_u = \alpha\, c\, N_c + \beta\, \gamma_1\, B\, N_r + \gamma_2\, D_f\, N_q$$

① $\alpha = 1.2,\ \beta = 0.4$
② $\alpha = 1.28,\ \beta = 0.42$
③ $\alpha = 1.24,\ \beta = 0.42$
④ $\alpha = 1.32,\ \beta = 0.38$

- $\alpha = 1 + 0.3 \dfrac{B}{L} = 1 + 0.3 \times \dfrac{4}{5} = 1.24$
- $\beta = 0.5 - 0.1 \dfrac{B}{L} = 0.5 - 0.1 \times \dfrac{4}{5} = 0.42$

094 성토나 기초지반에 있어 특히 점성토의 압밀 완료 후 추가 성토 시 단기 안정문제를 검토하고자 하는 경우 적용되는 시험법은?

① 비압밀 비배수시험
② 압밀 비배수시험
③ 압밀 배수시험
④ 일축압축시험

압밀 비배수시험(CU시험)
성토 하중으로 어느 정도 압밀된 후 단기 안정문제를 검토 할 경우 적용한다.

095 100% 포화된 흐트러지지 않은 시료의 부피가 20cm³이고 질량이 36g이었다. 이 시료를 건조로에서 건조시킨 후의 질량이 24g일 때 간극비는 얼마인가?

① 1.36
② 1.50
③ 1.62
④ 1.70

- $S = 100\%$이므로 $V_v = V_w = W_w$
- $W = W_w + W_s$ $\quad 36 = W_w + 24 \quad \therefore W_w = 36 - 24 = 12\text{g}$
- $V_s = V - V_v = 20 - 12 = 8\text{g}$
- $\therefore e = \dfrac{V_v}{V_s} = \dfrac{12}{8} = 1.5$

정답 088 ④ 089 ③ 090 ④ 091 ④ 092 ① 093 ③ 094 ② 095 ②

096 사운딩(Sounding)의 종류에서 사질토에 가장 적합하고 점성토에서도 쓰이는 시험법은?
① 표준관입시험
② 베인 전단시험
③ 더치 콘 관입시험
④ 이스키미터(Iskymeter)

해설
표준관입시험으로 현장 지반의 강도를 추정하며 흐트러진 시료를 채취할 수 있다.

097 점착력이 8kN/m², 내부 마찰각이 30°, 단위중량 16kN/m³인 흙이 있다. 이 흙에 인장균열은 약 몇 m 깊이까지 발생할 것인가?
① 6.92m
② 3.73m
③ 1.73m
④ 1.00m

해설
$$Z_c = \frac{2C}{\gamma}\tan\left(45° + \frac{\phi}{2}\right) = \frac{2 \times 8}{16}\tan\left(45 + \frac{30°}{2}\right) = 1.73\text{m}$$

098 그림과 같은 점토지반에서 안정수(m)가 0.1인 경우 높이 5m의 사면에 있어서 안전율은?
① 1.0
② 1.25
③ 1.50
④ 2.0

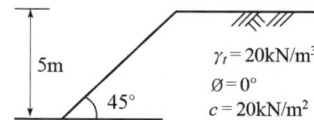

해설
- $H_c = \dfrac{N_s C}{\gamma} = \dfrac{\frac{1}{0.1} \times 20}{20} = 10\text{m}$
- $F = \dfrac{H_c}{H} = \dfrac{10}{5} = 2$

099 아래 그림과 같은 지반의 A점에서 전응력(σ), 간극수압(u), 유효응력(σ')을 구하면? (단, 물의 단위중량은 9.81kN/m³이다.)

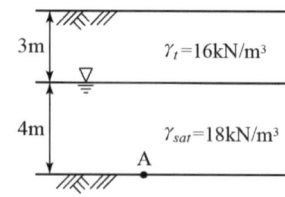

① $\sigma = 100\text{kN/m}^2$, $u = 9.8\text{kN/m}^2$, $\sigma' = 90.2\text{kN/m}^2$
② $\sigma = 100\text{kN/m}^2$, $u = 29.4\text{kN/m}^2$, $\sigma' = 70.6\text{kN/m}^2$
③ $\sigma = 120\text{kN/m}^2$, $u = 19.6\text{kN/m}^2$, $\sigma' = 100.4\text{kN/m}^2$
④ $\sigma = 120\text{kN/m}^2$, $u = 39.2\text{kN/m}^2$, $\sigma' = 80.8\text{kN/m}^2$

- $\sigma = 16 \times 3 + 18 \times 4 = 120 \text{kN/m}^2$
- $u = 9.81 \times 4 = 39.2 \text{kN/m}^2$
- $\sigma' = 16 \times 3 + (18 - 9.81) \times 4 = 80.8 \text{kN/m}^2$
 (또는 $\sigma' = \sigma - u = 120 - 39.2 = 80.8 \text{kN/m}^2$)

100 그림에서 A점 흙의 강도정수가 $C=30\text{kN/m}^2$, $\phi=30°$일 때, A점에서의 전단강도는? (단, 물의 단위중량은 9.81kN/m^3이다.)

① 69.31kN/m^2
② 74.32kN/m^2
③ 96.97kN/m^2
④ 103.92kN/m^2

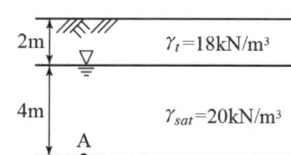

- 유효응력 $\sigma' = 18 \times 2 + (20 - 9.81) \times 4 = 76.76 \text{kN/m}^2$
- 전단강도 $\tau = C + \sigma' \tan\phi = 30 + 76.76 \tan 30° = 74.32 \text{kN/m}^2$

6과목 상하수도 공학

101 계획오수량에 대한 설명 중 틀린 것은?
① 계획시간최대오수량은 계획1일최대오수량의 1시간당 수량의 1.3~1.8배를 표준으로 한다.
② 계획 오수량은 생활오수량, 공장폐수량 및 지하수량으로 구분할 수 있다.
③ 지하수량은 1인1일평균오수량의 5~10%로 한다.
④ 계획1일평균오수량은 계획1일최대오수량의 70~80%를 표준으로 한다.

지하수량은 1인1일 최대오수량의 10~20%로 한다.

102 함수율 95%인 슬러지를 농축시켰더니 최초 부피의 1/3이 되었다. 농축된 슬러지의 함수율(%)은? (단, 농축 전후의 슬러지 비중은 1로 가정한다.)
① 65 ② 70
③ 85 ④ 90

$V_1 : V_2 = 100 - \omega_1 : 100 - \omega_2$ $\therefore \dfrac{V_1}{V_2} = \dfrac{100 - \omega_1}{100 - \omega_2}$

$V_2 = \dfrac{1}{3} V_1$ 이므로 $\dfrac{1}{\frac{1}{3}} = \dfrac{100 - \omega_2}{100 - 95}$

$3 = \dfrac{100 - \omega_2}{5}$ $\therefore \omega_2 = 85\%$

정답 096 ① 097 ③ 098 ④ 099 ④ 100 ② 101 ③ 102 ③

01회 CBT 모의고사

103 정수 처리에서 염소소독을 실시할 경우 물이 산성일수록 살균력이 커지는 이유는?

① 수중의 OCl 증가
② 수중의 OCl 감소
③ 수중의 HOCl 증가
④ 수중의 HOCl 감소

해설
- 물이 산성일수록 수중의 HOCl(차아염소산)이 증가하여 살균력이 커진다.
- 알칼리성일 때는 수중의 OCl(차아염소산 이온)이 증가한다.

104 하수도 계획의 기본적 사항에 관한 설명으로 옳지 않은 것은?

① 하수도 계획의 목표연도는 시설의 내용년수, 건설기간 등을 고려하여 50년을 원칙으로 한다.
② 계획구역은 계획목표연도에 시가화 예상구역까지 포함하여 광역적으로 정하는 것이 좋다.
③ 신시가지 하수도 계획의 수립시에는 기존시가지 및 신시가지를 합하여 종합적으로 고려해야 한다.
④ 공공수역의 수질보전 및 자연환경보전을 위하여 하수도 정비를 필요로 하는 지역을 계획구역으로 한다.

해설
하수도 계획의 목표연도는 시설의 내용년수, 건설기간 등을 고려하여 20년 후를 원칙으로 한다.

105 급수량을 산정하는 식이 잘못 정의된 것은?

① 계획1인1일 평균급수량 = 계획1인1일 평균사용수량 / 계획부하율
② 계획1인1일 최대급수량 = 계획1인1일 평균급수량 / 계획부하율
③ 계획1일 평균급수량 = 계획1인1일 평균급수량 × 계획급수인구
④ 계획1일 최대급수량 = 계획1인1일 최대급수량 × 계획급수인구

해설
- 계획1인1일 평균급수량
$$\frac{1년간\ 총급수량}{급수인구 \times 365일}$$
- 계획1인 1시간 평균급수량
$$\frac{1일\ 평균급수량}{24시간}$$
- 송수시설 계획송수량 및 취수시설 계획취수량 계획 1일 최대급수량 기준

106 우수가 하수관거로 유입하는 시간이 4분, 하수관거에서의 유하시간이 10분, 이 유역의 유역면적이 4km², 유출계수는 0.6, 강우강도식 $I=\dfrac{6,500}{t+40}$ mm/hr일 때 첨두유량은? (단, t 의 단위 : [분])

① 8.02m³/sec
② 80.2m³/sec
③ 10.4m³/sec
④ 104m³/sec

해설
- 유달시간 = 유입시간 + 유하시간 = 4+10 = 14분
- $I = \dfrac{6,500}{t+40} = \dfrac{6,500}{14+40} = 120.37$ mm/hr
- $Q = \dfrac{1}{3.6}CIA = \dfrac{1}{3.6} \times 0.6 \times 120.37 \times 4 = 80.2$ m³/sec

107 다음 생물학적 하수처리 방법 중 생물막 공법에 해당되는 것은?

① 계단식 폭기법
② 접촉안정법
③ 살수여상법
④ 산화구법

해설
살수여상법
하수·배수를 잡석, 모래 기타 다공질 여재를 쌓은 여상 위에 간헐적으로 혹은 연속적으로 살포 또는 주입하고 미생물막과 접촉시켜 호기적으로 처리하는 방법을 미생물적 여과법이라고 한다.

108 저수시설의 유효저수량 결정방법이 아닌 것은?

① 합리식
② 유량누가곡선 도표에 의한 방법
③ 물수지계산
④ 유량도표에 의한 방법

해설
- 합리식 $\left(Q = \dfrac{1}{360}CIA\right)$ 은 우수 유출량 산정식이다.
- 연평균 강우량으로부터 계획 1일 급수량의 배수로 표현하는 저수용량(유효 저수량)을 결정하는 가정법이 있다.

109 하수도시설에 관한 설명으로 틀린 것은?

① 하수도시설은 관거시설, 펌프장시설 및 처리장시설로 크게 구별된다.
② 하수배제는 자연유하를 원칙으로 하고 있으며 펌프시설도 사용할 수 있다.
③ 하수처리장시설은 물리적, 생물학적 처리시설을 말하고 화학적 처리시설은 제외한다.
④ 하수 배제방식은 합류식과 분류식으로 대별할 수 있다.

해설
하수처리 방법에는 물리적, 화학적, 생물학적 방법이 있는데 이들을 적당히 조합시켜 처리가 행해진다. 하수성분의 주체는 유기물이므로 유기물 제거에 가장 경제적이고 확실한 생물학적 처리를 주로 이용하고 있다.

정답 103 ③ 104 ① 105 ① 106 ② 107 ③ 108 ① 109 ③

110 금속이온 및 염소이온(염화나트륨 제거율 93% 이상)을 제거할 수 있는 막여과공법은?

① 한외여과법 ② 나노여과법
③ 정밀여과법 ④ 역삼투법

해설

수도용 막의 종류 및 특징

사용막	여과법	분리경	제거가능 물질
정밀여과막 (MF)	정밀여과법	공칭공경 $0.01\mu m$ 이상	부유물질, 콜로이드, 세균, 조류, 바이러스, 크립토스포리디움 포낭(包囊), 지아디아 포낭 등
한외여과막 (UF)	한외여과법	분획 분자량 100,000Dalton 이하	부유물질, 콜로이드, 세균, 조류, 바이러스, 크립토스포리디움 포낭, 지아디아 포낭, 부식산, 등
나노여과막 (NF)	나노여과법	염화나트륨 제거율 5~93% 미만	유기물, 농약, 맛·냄새물질, 합성세제, 칼슘이온, 마그네슘이온, 황산이온, 질산성질소 등
역삼투막 (RO)	역삼투법	염화나트륨 제거율 93% 이상	금속이온, 염소이온 등
해수담수화 역삼투막 (해수담수화RO)	역삼투법	염화나트륨 제거율 99% 이상	해수중의 염분

111 취수장의 침사지의 설계에 관한 설명 중 틀린 것은?

① 침사지의 형상은 장방형으로 하고 길이가 폭의 3~8배를 표준으로 한다.
② 침사지 내에서의 평균유속은 2~7cm/min를 표준으로 한다.
③ 침사지의 유효수심은 3~4m를 표준으로 하고, 퇴사심도는 0.5~1m로 한다.
④ 침사지의 체류시간은 계획취수량의 10~20분을 표준으로 한다.

해설
- 침사지 내에서의 평균유속은 2~7cm/sec를 표준으로 한다.
- 침사지, 저부경사는 보통 1/100~2/100로 한다.
- 침사지의 수는 2개 이상으로 하되, 1개인 경우에는 격벽을 설치해서 두 부분으로 나누거나 측관을 설치한다.
- 침사지는 장방형으로 하며 유입부는 점차적으로 확대되고 유출부는 차차 축소되는 모양으로 만든다.
- 체류시간은 30~60초를 표준한다.

112 배수 및 급수시설에 대한 설명으로 옳지 않은 것은?
① 급수관 분기지점에서 배수관 내의 최대 정수압은 1000 kPa 이상으로 한다.
② 관로공사를 완료한 후 수압시험을 실시한다.
③ 배수 본관은 시설의 신뢰성을 위해 2개열 이상으로 한다.
④ 배수지의 건설시 토압, 벽체 균열, 지하수의 부상, 환기 등을 고려해야 한다.

급수관 분기지점에서 배수관 내의 최소 동수압은 150 kPa 이상, 최대 정수압은 700 kPa 이상으로 한다.

113 정수장의 약품침전을 위한 응집제로서 사용되지 않는 것은?
① PACl
② 황산철
③ 활성탄
④ 황산알루미늄

활성탄은 흡착능력을 이용하여 물의 불쾌한 냄새와 맛을 제거하는데 이용된다.

114 먹는 물에 대장균이 검출될 경우 오염수로 판정되는 이유로 옳은 것은?
① 대장균은 병원균이기 때문이다.
② 대장균은 반드시 병원균과 공존하기 때문이다.
③ 대장균은 번식 시 독소를 분비하여 인체에 해를 끼치기 때문이다.
④ 사람이나 동물의 체내에 서식하므로 병원성 세균의 존재 추정이 가능하기 때문이다.

대장균군이 수질 지표로 이용되는 이유는 병원균보다 검출이 용이하고 검출속도가 빠르기 때문이다.

115 송수에 필요한 유량 $Q=0.7\text{m}^3/\text{s}$, 길이 $l=100\text{m}$, 지름 $d=40\text{cm}$, 마찰손실계수 $f=0.03$인 관을 통하여 높이 30m에 양수할 경우 필요한 동력(HP)은? (단, 펌프의 합성효율은 80%이며, 마찰 이외의 손실은 무시한다.)
① 122HP
② 244HP
③ 489HP
④ 978HP

- $V = \dfrac{Q}{A} = \dfrac{0.7}{\dfrac{3.14 \times 0.4^2}{4}} = 5.57\text{m/s}$
- $h_L = f\dfrac{l}{D}\dfrac{V^2}{2g} = 0.03 \times \dfrac{100}{0.4} \times \dfrac{5.57^2}{2 \times 9.8} = 11.87\text{m}$
- $P_s = \dfrac{1000\,Q(H+h_L)}{75\,\eta} = \dfrac{1000 \times 0.7 \times (30+11.87)}{75 \times 0.8} = 489\,\text{HP}$

정답 110 ④ 111 ② 112 ① 113 ③ 114 ④ 115 ③

01회 CBT 모의고사

116 1/1000의 경사로 묻힌 지름 2400mm의 콘크리트 관내에 20℃의 물이 만관상태로 흐를 때의 유량은? (단, Manning 공식을 적용하며, 조도계수 $n = 0.015$)

① $6.78\text{m}^3/\text{s}$
② $8.53\text{m}^3/\text{s}$
③ $12.71\text{m}^3/\text{s}$
④ $20.57\text{m}^3/\text{s}$

해설

$$Q = AV = A\frac{1}{n}R^{2/3}I^{1/2} = \frac{\pi \times 2.4^2}{4} \times \frac{1}{0.015} \times \left(\frac{2.4}{4}\right)^{2/3} \times \left(\frac{1}{1000}\right)^{1/2}$$
$$= 6.78\,\text{m}^3/\text{s}$$

여기서, $R = \dfrac{D}{4}$ 이다.

117 정수장 침전지의 침전효율에 영향을 주는 인자에 대한 설명으로 옳지 않은 것은?

① 수온이 낮을수록 좋다.
② 체류시간이 길수록 좋다.
③ 입자의 직경이 클수록 좋다.
④ 침전지의 수표면적이 클수록 좋다.

해설 수온이 상승하면 점성계수가 작아지므로 침전속도가 빨라져 침전효율이 좋다.

118 하수관로의 매설방법에 대한 설명으로 틀린 것은?

① 실드공법은 연약한 지반에 터널을 시공할 목적으로 개발되었다.
② 추진공법은 실드공법에 비해 공사기간이 짧고 공사비용도 저렴하다.
③ 하수도 공사에 이용되는 터널공법에는 개착공법, 추진공법, 실드공법 등이 있다.
④ 추진공법은 중요한 지하매설물의 횡단공사 등으로 개착공법으로 시공하기 곤란할 때 가끔 채용된다.

해설 하수도 공사에 이용되는 터널공법에는 TBM공법, NATM공법, ASSM공법 등이 있다.

119 원형 침전지의 처리유량이 10200m³/day, 위어의 월류부하가 169.2m³/m-day라면 원형 침전지의 지름은?

① 18.2m ② 18.5m
③ 19.2m ④ 20.5m

해설
월류 위어의 부하율
$$169.2 = \frac{10200}{\pi \times D}$$
$$\therefore D = 19.2\text{m}$$

120 대기압이 10.33m, 포화수증기압이 0.238m, 흡입관내의 전 손실수두가 1.2m, 토출관의 전 손실수두가 5.6m, 펌프의 공동현상계수(σ)가 0.8이라 할 때, 공동현상을 방지하기 위하여 펌프가 흡입수면으로부터 얼마의 높이까지 위치할 수 있겠는가?

① 약 0.8m까지 ② 약 2.4m까지
③ 약 3.4m까지 ④ 약 4.5m까지

해설
• 유효흡인수두(H_{np})
대기압 수두 − 흡입 수두 − 포화증기압 수두 − 흡입관의 총손실수두
$= 10.33 - 1.2 - 0.238 - 5.6 = 3.29\text{m}$

• 공동형상계수를 고려할 경우
$h_{np} = 0.8 \times 3.29 ≒ 2.4\text{m}$

정답 116 ① 117 ① 118 ③ 119 ③ 120 ②

1과목 응용역학

001 직경 50mm, 길이 2m의 봉이 힘을 받아 길이가 2mm 늘어났다면, 이 때 이 봉의 직경은 얼마나 줄어드는가? [단, 이 봉의 포아송(Poisson's)비는 0.3이다.]

① 0.015mm
② 0.030mm
③ 0.045mm
④ 0.060mm

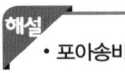
- 포아송비
$$v = \frac{\beta}{\varepsilon} = \frac{\frac{\Delta d}{d}}{\frac{\Delta l}{l}} = \frac{\Delta d \cdot l}{d \cdot \Delta l} \qquad 0.3 = \frac{\Delta d \times 2000}{50 \times 2} \qquad \therefore \ \Delta d = 0.015\text{mm}$$

보충 포아송수 $m = \dfrac{1}{v} = \dfrac{\varepsilon}{\beta}$

002 그림과 같은 도형에서 빗금친 부분에 대한 x, y축의 단면 상승모멘트(I_{xy})는?

① 2cm^4
② 4cm^4
③ 8cm^4
④ 16cm^4

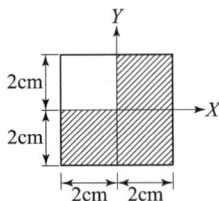

왼쪽 빗금부분 A_1, 오른쪽 빗금부분 A_2라 하면
$$I_{xy} = (A_1 \cdot x_1 \cdot y_1) + (A_2 \cdot x_2 \cdot y_2)$$
$$= [2 \times 2 \times (-1) \times (-1)] + [2 \times 4 \times (1) \times (0)]$$
$$= 4\text{cm}^4$$

003 아래 그림과 같은 보에서 A점의 수직반력은?

① $\dfrac{M}{l}(\uparrow)$
② $\dfrac{3M}{2l}(\downarrow)$
③ $\dfrac{3M}{2l}(\uparrow)$
④ $\dfrac{M}{l}(\downarrow)$

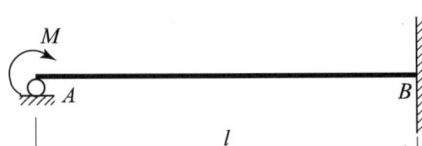

- M 작용 시 A점의 처짐 $y_{A1} = \dfrac{Ml^2}{2EI}$
- R_A에 의한 A점의 처짐 $y_{A2} = \dfrac{R_A l^3}{3EI}$
- $y_{A1} = y_{A2}$이므로 $\dfrac{Ml^2}{2EI} = \dfrac{R_A l^3}{3EI}$ $\qquad \therefore R_A = \dfrac{3M}{2l}(\downarrow)$

004 내민 보의 굽힘으로 인하여 저장된 변형 에너지는? (단, EI는 일정하다.)

① $\dfrac{P^2L^3}{6EI}$ ② $\dfrac{P^2L^3}{48EI}$

③ $\dfrac{P^2L^3}{12EI}$ ④ $\dfrac{P^2L^3}{38EI}$

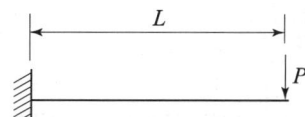

해설

$$U = \int \dfrac{M^2}{2EI}dx = \dfrac{1}{2EI}\int_0^l (Px)^2 dx = \dfrac{P^2}{2EI}\int_0^l (x^2)dx$$
$$= \dfrac{P^2}{2EI}\left[\dfrac{x^3}{3}\right]_0^l = \dfrac{P^2 l^3}{6EI}$$

005 전단중심(shear center)에 대한 설명으로 틀린 것은?
① 단면이 받아내는 전단력의 합력점 위치를 전단중심이라 한다.
② 하중이 전단중심점을 통과하지 않으면 보는 비틀림이 발생한다.
③ 단면에 대칭축이 존재할 경우 전단중심은 그 대칭축 선상에 존재한다.
④ 1축이 대칭인 단면의 전단중심은 도심과 일치한다.

해설
- 평면 내에 하중을 받는 부재에서 단면이 비틀림을 받지 않고 휨모멘트와 전단력만 작용하려면 전단력은 전단중심점을 지나야 한다.
- L형강 같이 2개의 판이 연결되어 있을 경우 연결점이 전단중심이다.

006 그림과 같은 캔틸레버보에서 최대 처짐각(θ_B)은? (단, EI는 일정하다.)

① $\dfrac{3wl^3}{48EI}$ ② $\dfrac{7wl^3}{48EI}$

③ $\dfrac{9wl^3}{48EI}$ ④ $\dfrac{5wl^3}{48EI}$

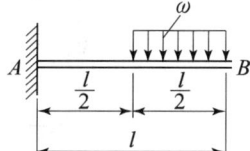

해설
- 공액보법에 의해 최대 처짐각
$$\theta_B = \dfrac{\omega l^2}{8EI}\times\dfrac{l}{2} + \dfrac{2\omega l^2}{8EI}\times\dfrac{l}{2}\times\dfrac{1}{2} + \dfrac{\omega l^2}{8EI}\times\dfrac{l}{2}\times\dfrac{1}{3}$$
$$= \dfrac{\omega l^3}{16EI} + \dfrac{\omega l^3}{16EI} + \dfrac{\omega l^3}{48EI} = \dfrac{7\omega l^3}{48EI}$$

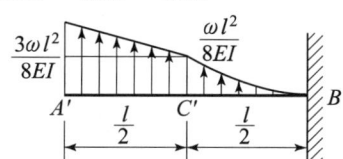

- 공액보법에 의해 최대 처짐
$$y_B = \dfrac{\omega l^3}{16EI}\times\dfrac{3l}{4} + \dfrac{\omega l^3}{16EI}\times\dfrac{5l}{6} + \dfrac{\omega l^3}{48EI}\times\dfrac{3l}{8}$$
$$= \dfrac{3\omega l^3}{64EI} + \dfrac{5\omega l^4}{96EI} + \dfrac{3\omega l^4}{384EI} = \dfrac{41\omega l^4}{384EI}$$

정답 001 ① 002 ② 003 ② 004 ① 005 ④ 006 ②

007 길이가 3m이고 가로 20cm, 세로 30cm인 직사각형 단면의 기둥이 있다. 좌굴응력을 구하기 위한 이 기둥의 세장비는?

① 34.6
② 43.3
③ 52.0
④ 60.7

해설

$$I_{min} = \frac{20^3 \times 30}{12} = 20,000 \text{cm}^4$$

$$r_{min} = \sqrt{\frac{I_{min}}{A}} = \sqrt{\frac{20,000}{20 \times 30}} = 5.77$$

$$\therefore \lambda = \frac{l}{r_{min}} = \frac{300}{5.77} = 52$$

008 그림과 같은 3힌지 라멘의 휨모멘트선도(BMD)는?

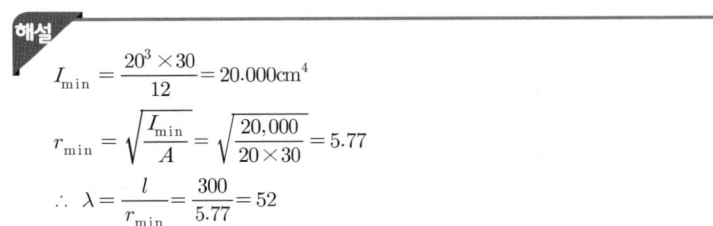

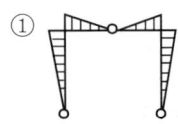
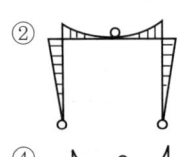
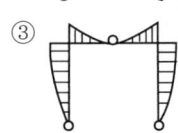
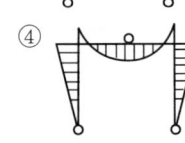

해설
- 힌지의 휨모멘트는 0이다.
- 휨모멘트도

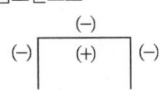

- 등분포하중이 작용하므로 곡선형태를 나타낸다.

009 다음 그림에서 두 힘($P_1 = 5$kN, $P_2 = 4$kN)에 대한 합력(R)의 크기와 합력의 방향(θ)값은?

① $R = 7.81$kN, $\theta = 26.3°$
② $R = 7.94$kN, $\theta = 26.3°$
③ $R = 7.81$kN, $\theta = 28.5°$
④ $R = 7.94$kN, $\theta = 28.5°$

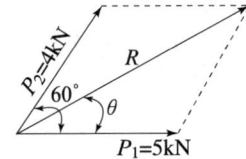

해설

- $R = \sqrt{P_1^2 + P_2^2 + 2P_1P_2\cos\alpha}$
  $= \sqrt{5^2 + 4^2 + 2\times 5 \times 4 \times \cos 60°}$
  $= 7.81\text{kN}$

- $\tan\theta = \dfrac{P_2\sin\alpha}{P_1 + P_2\cos\alpha}$
  $= \dfrac{4\sin 60°}{5 + 4\cos 60°} = 0.495$
  $\therefore \theta = \tan^{-1} 0.495 = 26.3°$

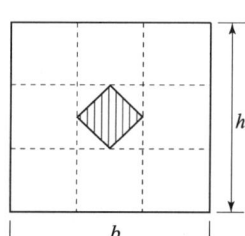

010 그림과 같은 사각형 단면을 가지는 기둥의 핵 면적은?

① $\dfrac{bh}{9}$

② $\dfrac{bh}{18}$

③ $\dfrac{bh}{16}$

④ $\dfrac{bh}{36}$

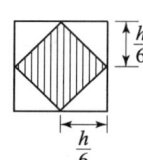

해설

- 핵 면적은 직각삼각형의 4개 면적에 해당하므로

  1개 면적 $a = \dfrac{1}{2} \cdot e_x \cdot e_y = \dfrac{1}{2} \times \dfrac{b}{6} \times \dfrac{h}{6} = \dfrac{bh}{72}$

  $\therefore A = 4a = 4 \times \dfrac{bh}{72} = \dfrac{bh}{18}$

  또는 $\left(\dfrac{b}{6} + \dfrac{b}{6}\right) \times \left(\dfrac{h}{6} + \dfrac{h}{6}\right) \times \dfrac{1}{2} = \dfrac{b}{3} \times \dfrac{h}{3} \times \dfrac{1}{2} = \dfrac{bh}{18}$

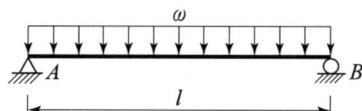

011 단순보에 등분포 하중이 그림과 같이 작용할 때 최대 처짐량은 얼마인가? (단, EI는 일정)

① $\dfrac{\omega L^4}{9EI}$

② $\dfrac{\omega L^4}{48EI}$

③ $\dfrac{\omega L^4}{24EI}$

④ $\dfrac{5\omega L^4}{384EI}$

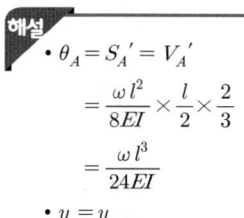

해설

- $\theta_A = S_A' = V_A'$
  $= \dfrac{\omega l^2}{8EI} \times \dfrac{l}{2} \times \dfrac{2}{3}$
  $= \dfrac{\omega l^3}{24EI}$

- $y_c = y_{\max}$
  $= V_A' \times \dfrac{l}{2} - \dfrac{\omega l^2}{8EI} \times \dfrac{l}{2} \times \dfrac{2}{3} \times \dfrac{l}{2} \times \dfrac{3}{8}$
  $= \dfrac{5\omega l^4}{384EI}$

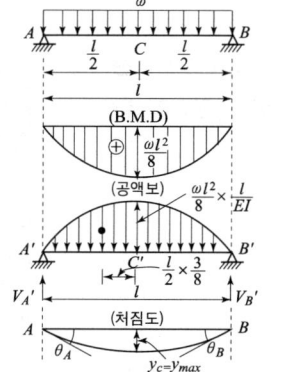

012 다음 보에서 허용 휨응력이 80MPa일 때 보에 작용할 수 있는 등분포하중 w는? (단, 보의 단면은 6×10cm)

① 50 kN/m
② 40 kN/m
③ 5 kN/m
④ 4 kN/m

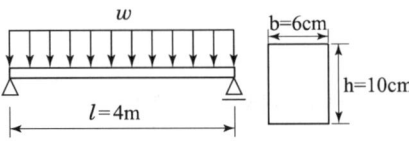

해설

- $M = \dfrac{wl^2}{8}$
- $\sigma = \dfrac{M}{Z}$ $M = \sigma \cdot Z$

$\dfrac{wl^2}{8} = \sigma \cdot \dfrac{bh^2}{6}$

$w = \dfrac{8\sigma bh^2}{6l^2} = \dfrac{8 \times 80 \times 60 \times 100^2}{6 \times 4000^2} = 4\text{N/mm} = 4000\text{N/m} = 4\text{kN/m}$

013 그림과 같은 1/4원 중에서 빗금부분의 도심 y_o는?

① 5.84cm
② 7.81cm
③ 4.94cm
④ 5.00cm

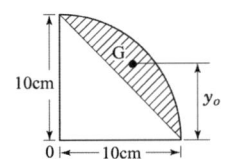

해설

- $G_x = \left(\pi r^2 \times \dfrac{1}{4} \times \dfrac{4r}{3\pi}\right) - \left(\dfrac{1}{2} \times 10 \times 10 \times \dfrac{10}{3}\right) = 166.7\text{cm}^3$
- $A = \left(\pi r^2 \times \dfrac{1}{4}\right) - \left(\dfrac{1}{2} \times 10 \times 10\right) = \left(3.14 \times 10^2 \times \dfrac{1}{4}\right) - \left(\dfrac{1}{2} \times 10 \times 10\right)$
  $= 28.53\text{cm}^2$
- $y_o = \dfrac{G_x}{A} = \dfrac{166.7}{28.53} = 5.84\text{cm}$

014 다음 그림과 같이 속이 빈 단면에 전단력 $V=150\text{kN}$이 작용하고 있다. 단면에 발생하는 최대전단응력은?

① 9.9 MPa
② 19.8 MPa
③ 99 MPa
④ 198 MPa

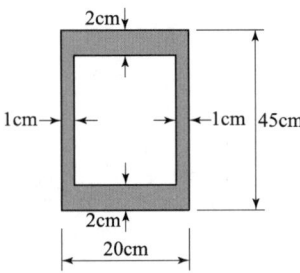

해설
- $G_X = 20 \times 22.5 \times 11.25 - 18 \times 20.5 \times 10.25 = 1280.25 \text{cm}^3 = 1,280,250 \text{mm}^3$
- $I_X = \dfrac{1}{12}(20 \times 45^3 - 18 \times 41^3) = 48493.5 \text{cm}^4 = 484,935,000 \text{mm}^4$
- $\tau = \dfrac{GS}{Ib} = \dfrac{1,280,250 \times 150,000}{484,935,000 \times 20} = 19.8 \text{N/mm}^2 = 19.8 \text{MPa}$

015 벽 두께(t) 1.0cm, 지름(d) 100cm인 긴 강관이 $q = 3$ MPa의 내압을 받고 있다. 이 관벽 속에 발생하는 원환응력(σ)의 크기는?

① 150 MPa
② 200 MPa
③ 250 MPa
④ 300 MPa

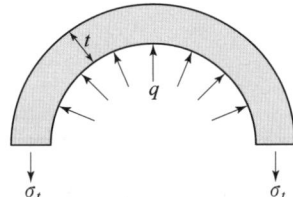

해설
$\sigma = \dfrac{P}{A} = \dfrac{q \cdot r}{t} = \dfrac{3 \times 50}{1.0} = 150 \text{MPa}$

016 다음 그림의 3힌지 아치에서 B점의 수평반력 H_B는?

① 15 kN
② 20 kN
③ 25 kN
④ 30 kN

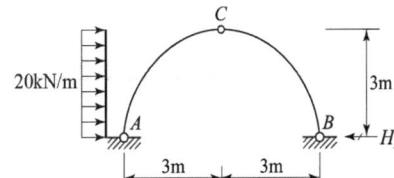

해설
- $\sum M_A = 0$

  $-R_B + 20 \times 2 \times 3 \times \dfrac{3}{2} = 0 \qquad \therefore R_B = 15 \text{kN}$

- $\sum M_C = 0$ (우측 부분)

  $15 \times 3 - H_B \times 3 = 0 \qquad \therefore H_B = 15 \text{kN}$

017 그림과 같은 단순보의 C점에 휨모멘트가 작용하고 있을 경우 C점에서의 전단력의 절대값은?

① 50 kN
② 70 kN
③ 120 kN
④ 130 kN

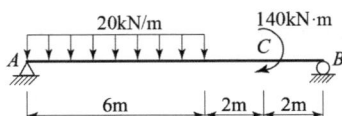

해설
- $\sum M_B = 0$

  $R_A \times 10 - 20 \times 6 \times 7 + 140 = 0 \qquad \therefore R_A = 70 \text{kN}$

- $S_C = R_A - 20 \times 6 = 70 - 20 \times 6 = -50 \text{kN}$

정답 012 ④ 013 ① 014 ② 015 ① 016 ① 017 ①

018 그림과 같은 직사각형 단면의 보가 최대 휨모멘트 $M_{max} = 20$kN·m를 받을 때 a – a 단면의 휨응력은?

① 2.25 MPa
② 3.75 MPa
③ 4.25 MPa
④ 4.65 MPa

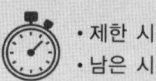

해설
- $I = \dfrac{bh^3}{12} = \dfrac{15 \times 40^3}{12} = 80000 \text{cm}^4 = 800,000,000 \text{mm}^4$
- $\sigma = \dfrac{M}{I}y = \dfrac{20,000,000}{800,000,000} \times (200-50) = 3.75 \text{N/mm}^2 = 3.75 \text{MPa}$

019 다음 연속보에서 B점의 지점 반력을 구한 값은?

① 240kN
② 280kN
③ 300kN
④ 320kN

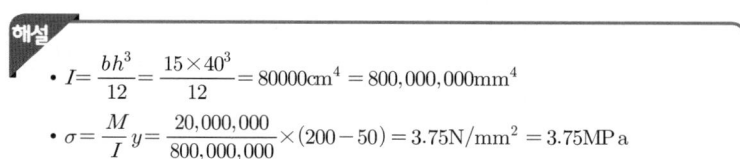

해설
- $A \sim C$ 구간을 단순보로 가정하면
  ① w에 대한 B점의 처짐
  $$y_{B1} = \dfrac{5wl^4}{384EI} = \dfrac{5 \times 40 \times 12^4}{384EI} = \dfrac{10,800}{EI}$$
  ② V_B(적중하중)에 대한 B점의 처짐
  $$y_{B2} = \dfrac{Pl^3}{48EI} = \dfrac{V_B \times 12^3}{48EI} = \dfrac{36V_B}{EI}$$
- 부정정보의 반력 계산
  $y_{B1} - y_{B2} = 0$
  $\dfrac{10,800}{EI} - \dfrac{36V_B}{EI} = 0$
  $\therefore V_B = \dfrac{10,800EI}{36EI} = 300$kN 또는 $R_B = \dfrac{5}{4}\omega l = \dfrac{5}{4} \times 40 \times 6 = 300$kN

020 그림과 같은 구조물에서 부재 AC가 받는 힘의 크기는?

① 60kN
② 50kN
③ 40kN
④ 30kN

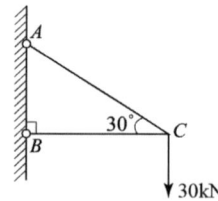

해설

$\dfrac{30}{\sin 30°} = \dfrac{AC}{\sin 90°}$

∴ $AC = 60\text{kN}$

2과목 측량학

021 노선설치에서 단곡선을 설치할 때 곡선의 중앙종거(M)를 구하는 식은?

① $M = R \times \left(1 - \cos\dfrac{I}{2}\right)$

② $M = R\tan\dfrac{I}{2}$

③ $M = 2R\sin\dfrac{I}{2}$

④ $M = R \times \left(\sec\dfrac{I}{2} - 1\right)$

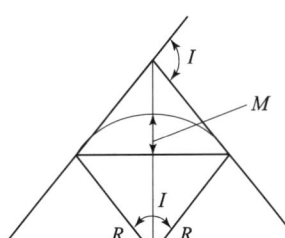

해설

- $M = R\left(1 - \cos\dfrac{I}{2}\right)$
- $E = R\left(\sec\dfrac{I}{2} - 1\right)$

022 AC와 BD선 사이에 곡선을 설치할 때 교점에 장애물이 있어 교각을 측정하지 못하기 때문에 ∠ACD, ∠CDB 및 CD의 거리를 측정하여 다음과 같은 결과를 얻었다. 이때 C점으로부터 곡선의 시점까지의 거리는? (단, ∠ACD=150°, ∠CDB=90°, CD=100m, 곡선반경 $R=500$m)

① 530.27m
② 657.04m
③ 750.56m
④ 796.09m

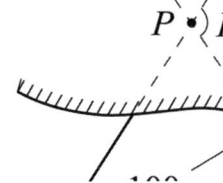

해설

CP거리

$\dfrac{100}{\sin 60°} = \dfrac{CP}{\sin 90°}$ ∴ $CP = \dfrac{100 \times \sin 90°}{\sin 60°} = 115.47\text{m}$

- ∠$C = 180° - 150° = 30°$
- ∠$D = 180° - 90° = 90°$
- ∠$P = 180° - (90° + 30°) = 60°$
- 교각 $I = 180° - 60° = 120°$
- $TL = R\tan\dfrac{I}{2} = 500\tan\dfrac{120°}{2} = 866.03\text{m}$

∴ CA거리 = $TL - \overline{CP} = 866.03 - 115.47 = 750.56\text{m}$

정답 018 ② 019 ③ 020 ① 021 ① 022 ③

023. 다음의 다각망에서 C점의 좌표는 얼마인가?
(단, $\overline{AB} = \overline{BC} = 100m$)

① $X_c = -5.31m$, $Y_c = 160.45m$
② $X_c = -1.62m$, $Y_c = 171.17m$
③ $X_c = -10.27m$, $Y_c = 89.25m$
④ $X_c = -50.90m$, $Y_c = 86.07m$

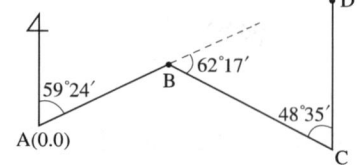

해설
- $X_C = 100 \times \cos 59° \ 24' + 100 \times \cos 121° \ 41' = -1.62m$
- $Y_C = 100 \times \sin 59° \ 24' + 100 \times \sin 121° \ 41' = 171.17m$
  여기서, $121° \ 41' = 59° \ 24' + 62° \ 17'$

024. 그림과 같이 $\overline{A_O B_O}$의 노선을 $e = 10m$만큼 이동하여 내측으로 노선을 설치하고자 한다. 새로운 반경 R_N은? (단, $R_O = 200m$, $I = 60°$)

① 217.64m
② 238.26m
③ 250.50m
④ 264.64m

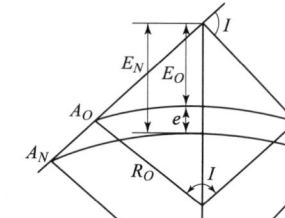

해설
- $E = R\left(\sec\dfrac{I}{2} - 1\right) = R\left(\dfrac{1}{\cos\dfrac{I}{2}} - 1\right) = 200\left(\dfrac{1}{\cos\dfrac{60}{2}} - 1\right) = 30.94m$
- $E_N = 30.94 + 10 = 40.94m$
- $E_N = R\left(\sec\dfrac{I}{2} - 1\right) = R\left(\dfrac{1}{\cos\dfrac{I}{2}} - 1\right)$

  $40.94 = R\left(\dfrac{1}{\cos\dfrac{60}{2}} - 1\right)$ ∴ $R = 264.64m$

025. 직사각형의 두 변의 길이를 $\dfrac{1}{1000}$ 정밀도로 관측하여 면적을 산출할 경우 산출된 면적의 정밀도는?

① $\dfrac{1}{500}$
② $\dfrac{1}{1000}$
③ $\dfrac{1}{2000}$
④ $\dfrac{1}{3000}$

해설
$\dfrac{\partial A}{A} = 2\dfrac{\Delta l}{l} = 2 \times \dfrac{1}{1000} = \dfrac{1}{500}$

026 삼각측량을 위한 삼각점의 위치 선정에 있어서 피해야 할 장소와 가장 거리가 먼 것은?

① 나무의 벌목면적이 큰 곳
② 습지 또는 하상인 곳
③ 측표를 높게 설치해야 되는 곳
④ 편심관측을 해야 되는 곳

- 삼각점은 정삼각형에 가까울수록 좋다.
- 삼각점의 위치는 다른 삼각점과 시준이 잘 되어야 한다.
- 가능한 측점의 수는 적고 삼각점간의 거리는 비교적 길게 취하는 것이 좋다.
- 기선은 부근의 삼각점과 연결이 편리한 곳이어야 한다.

027 지형의 표시방법 중 하천, 항만, 해안측량 등에서 심천측량을 할 때 측점에 숫자로 기입하여 고저를 표시하는 방법은?

① 점고법
② 음영법
③ 영선법
④ 등고선법

- 점고법은 비행장이나 운동장과 같이 넓은 지형의 정지 공사시에 토량을 계산하고자 할 때에도 적당한 방법이다.
- 음영법은 지형의 표시법 중 입체감이 가장 좋은 방법이다.
- 영선법은 경사가 급하면 굵고 짧은 선으로, 경사가 완만하면 가늘고 긴 선으로 지형을 나타낸다.
- 등고선법은 지표면의 기복을 나타내는 방법으로 높이를 숫자로 알 수 있고 임의방향의 경사도를 쉽게 산출할 수 있다.

028 그림과 같은 편심측량에서 ∠ABC는? (단, $\overline{AB}$ =2.0km, $\overline{BC}$ =1.5km, e =0.5m, t =54°30′, ρ =300°30′)

① 54°28′45″
② 54°30′19″
③ 54°31′58″
④ 54°33′14″

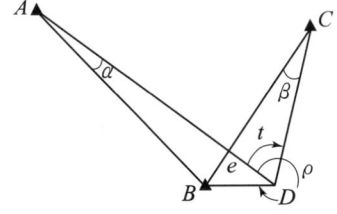

∠ABC= T, T+α=t+β, T=t+β−α
- sin 법칙을 적용하면 $\dfrac{e}{\sin\alpha}=\dfrac{\overline{AB}}{\sin(360°-\rho)}$

∴ $\alpha = \sin^{-1}\left(\dfrac{0.5 \times \sin(360°-300°30′)}{2,000}\right) = 44.43″$

$\dfrac{e}{\sin\beta}=\dfrac{\overline{BC}}{\sin(360°-\rho+t)}$

∴ $\beta = \sin^{-1}\left(\dfrac{0.5 \times \sin(360°-300°30′+54°30′)}{1,500}\right) = 62.81″$

- ∠ABC= T
 T=54°30′+62.81″−44.43″=54°30′19″

정답 023 ② 024 ④ 025 ① 026 ④ 027 ① 028 ②

029 다음의 각관측 방법 중 배각법에 대한 설명 중 틀린 것은? (단, α : 시준오차, β : 읽기오차, n : 반복횟수)

① 1각에 생기는 오차는 $\pm \sqrt{\frac{2}{n}\left(\alpha^2 + \frac{\beta^2}{n}\right)}$ 이다.
② 방향각법에 비하여 읽기오차의 영향을 적게 받는다.
③ 수평각 관측법 중 가장 정확한 방법으로 1등 삼각측량에 주로 이용된다.
④ 1개의 각을 2회 이상 반복 관측한 각도를 모두 더하여 평균을 구하는 방법이다.

해설
- 각관측법이 수평각 관측방법 중 가장 정확한 방법으로 1등 삼각측량에 이용된다.
- 배각법은 시준오차가 많이 발생하여 방향수가 많은 삼각측량과 같은 경우에는 적합하지 않다.

030 축척 1 : 50000 지형도 상의 인접한 두 주곡선 간의 도상 수평거리가 1cm이었다. 두 지점간의 경사는 얼마인가?

① 4% ② 5%
③ 6% ④ 10%

해설
- 경사(%) $= \frac{H}{D} \times 100 = \frac{20}{50,000 \times 0.01} \times 100 = 4\%$

여기서, 축척 $\frac{1}{50,000}$ 의 주곡선 간격은 20m이다.

031 전자파 거리측량기로 거리를 관측할 때 발생되는 관측오차에 대한 설명으로 옳은 것은?

① 모든 관측오차는 관측거리에 비례한다.
② 관측거리에 비례하는 오차와 비례하지 않는 오차가 있다.
③ 모든 관측오차는 관측거리에 무관하다.
④ 관측거리가 어떤 길이 이상으로 되면 관측오차가 상쇄되어 길이에 영향이 없어진다.

해설
- **거리에 비례하는 오차**
  광속도의 오차, 광변조 주파수의 오차, 굴절률의 오차
- **거리에 비례하지 않는 오차**
  위상차 관측오차, 기계정수 및 반사경 정수의 오차

032 트래버스 측량에서 거리관측의 허용오차를 1/10,000으로 할 때, 이와 같은 정확도로 각 관측에 허용되는 오차는?
① 5″
② 10″
③ 20″
④ 30″

해설

$$\frac{1}{10,000} = \frac{\theta''}{\rho''} = \frac{\theta''}{206,265''}$$

$$\therefore \theta'' = \frac{206,265''}{10,000} = 20''$$

033 직접고저측량을 실시한 결과가 그림과 같을 때, A점의 표고가 10m라면 C점의 표고는? (단, 그림은 개략도로 실제 치수와 다를 수 있음.)
① 9.57m
② 9.66m
③ 10.57m
④ 10.66m

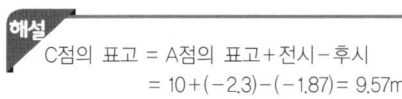

해설
C점의 표고 = A점의 표고 + 전시 - 후시
= 10 + (-2.3) - (-1.87) = 9.57m

034 토적곡선(Mass Curve)을 작성하는 목적 중 그 중요도가 가장 작은 것은?
① 토량의 운반거리 산출
② 토공기계의 선정
③ 교통량 산정
④ 토량의 배분

해설
토적곡선은 토공량을 산정하는데 이용된다.

035 수준측량에서 시준거리를 같게 함으로써 소거할 수 있는 오차에 대한 설명으로 틀린 것은?
① 기포관축과 시준선이 평행하지 않을 때 생기는 시준선 오차를 소거할 수 있다.
② 시준거리를 같게 함으로써 지구곡률오차를 소거할 수 있다.
③ 표척 시준시 초점나사를 조정할 필요가 없으므로 이로 인한 오차인 시준오차를 줄일 수 있다.
④ 표척의 눈금 부정확으로 인한 오차를 소거할 수 있다.

해설
• 표척의 눈금 부정확으로 인한 오차를 소거할 수 없다.
• 수준측량에서 전시와 후시의 시준거리가 같지 않을 때 발생되는 오차에 가장 큰 영향을 주는 경우는 기포관축이 시준축이 평행하지 않을 때 생기는 오차이다.

정답 029 ③ 030 ① 031 ② 032 ③ 033 ① 034 ③ 035 ④

036 하천 측량에 대한 설명 중 옳지 않은 것은?
① 하천 측량시 처음에 할 일은 도상조사로서 유로상황, 지역 면적, 지형지물, 토지이용 상황 등을 조사하여야 한다.
② 심천측량은 하천의 수심 및 유수부분의 하저사항을 조사하고 횡단면도를 제작하는 측량을 말한다.
③ 하천 측량에서 수준측량을 할 때의 거리표는 하천의 중심에 직각방향으로 설치한다.
④ 수위관측소의 위치는 지천의 합류점 및 분류점으로서 수위의 변화가 일어나기 쉬운 곳에 적당하다.

해설
- 지천의 합류점 및 분류점으로서 수위의 변화가 생기지 않는 곳이 적당하다.
- 잔류, 역류 및 저수위가 없는 곳

037 트래버스 측량의 결과 위거오차 +0.25m, 경거오차 −0.36m일 때 폐합비는? (단, 측선의 연장은 3,000m이다.)

① $\dfrac{1}{3,000}$
② $\dfrac{1}{3,845}$
③ $\dfrac{1}{6,000}$
④ $\dfrac{1}{6,845}$

해설
- 폐합오차(E)
$$E = \sqrt{(E_L)^2 + (E_D)^2} = \sqrt{(0.25)^2 + (-0.36)^2} = 0.438\text{m}$$
- 폐합비(R)
$$R = \frac{E}{\sum l} = \frac{0.438}{3,000} = \frac{1}{6,845}$$

038 하천측량에서 유속관측에 대한 설명으로 옳지 않은 것은?
① 유속계에 의한 평균유속 계산식은 1점법, 2점법, 3점법 등이 있다.
② 하천 기울기(I)를 이용하여 유속을 구하는 식에는 Chezy식과 Manning식 등이 있다.
③ 유속관측을 위해 이용되는 부자는 표면부자, 2중부자, 봉부자 등이 있다.
④ 위어(weir)는 유량관측을 위해 직접적으로 유속을 관측하는 장비이다.

해설
위어는 유량측정, 취수를 위한 수위증가, 분수 등에 보편적으로 사용한다.

039 지반의 높이를 비교할 때 사용하는 기준면은?
① 표고(elevation)　　② 수준면(level surface)
③ 수평면(horizontal plane)　　④ 평균해수면(mean sea level)

해설
기준면은 높이의 기준이 되는 수평면으로 일반적으로 평균해수면을 말하며 ±0으로 정한다.

040 다음 우리나라에서 사용되고 있는 좌표계에 대한 설명 중 옳지 않은 것은?

우리나라의 평면직각좌표는 ㉠ 4개의 평면직각좌표계(서부, 중부, 동부, 동해)를 사용하고 있다. 각 좌표계의 ㉡ 원점은 위도 38°선과 경도 125°, 127°, 131°선의 교점에 위치하며, ㉢ 투영법은 TM(Transverse Mercator)을 사용한다. 좌표의 음수 표기를 방지하기 위해 ㉣ 횡좌표에 200,000m, 종좌표에 500,000m를 가산한 가좌표를 사용한다.

① ㉠　　② ㉡
③ ㉢　　④ ㉣

해설
횡좌표에 500,000m, 종좌표에 10,000,000m를 가산한 가좌표를 사용한다.

3과목　수리·수문학

041 그림과 같이 원형관을 통하여 정상 상태로 흐를 때 관의 축소부로 인한 수두손실은? (단, $V_1=0.5$m/s, $D_1=0.2$m, $D_2=0.1$m, $f=0.36$)

① 0.46cm
② 0.92cm
③ 3.65cm
④ 7.30cm

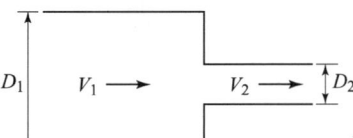

해설
$A_1 V_1 = A_2 V_2$

$\dfrac{3.14 \times 0.2^2}{4} \times 0.5 = \dfrac{3.14 \times 0.1^2}{4} \times V_2$

∴ $V_2 = 2$m/sec

• $h_L = f\dfrac{V^2}{2g} = 0.36 \times \dfrac{2^2}{2 \times 9.8} = 0.0735\text{m} = 7.35\text{cm}$

보충
• $h_L = f\dfrac{l}{D}\dfrac{V^2}{2g}$　　• $f = \dfrac{124.5n^2}{D^{1/3}}$

• $f = \dfrac{64}{R_e}$　　• $R_e = \dfrac{VD}{\nu}$

정답　036 ④　037 ④　038 ④　039 ④　040 ④　041 ④

042 폭이 50m인 직사각형 수로의 도수 전 수위(h_1)는 3m, 유량(Q)은 2,000m³/sec일 때 대응수심은?

① 1.6m
② 6.1m
③ 9.0m
④ 도수가 발생하지 않는다.

해설

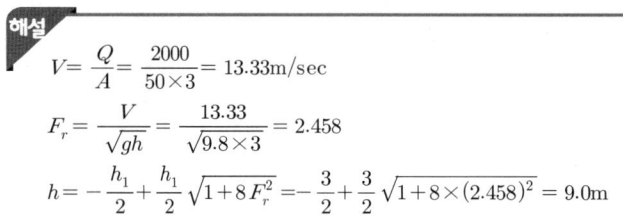

$$V = \frac{Q}{A} = \frac{2000}{50 \times 3} = 13.33 \text{m/sec}$$

$$F_r = \frac{V}{\sqrt{gh}} = \frac{13.33}{\sqrt{9.8 \times 3}} = 2.458$$

$$h = -\frac{h_1}{2} + \frac{h_1}{2}\sqrt{1+8F_r^2} = -\frac{3}{2} + \frac{3}{2}\sqrt{1+8\times(2.458)^2} = 9.0\text{m}$$

043 수온 15℃에서 직경 0.5mm의 물방울이 있다. 물방울 내부의 압력이 대기압보다 6g/cm²만큼 크다면 이 경우의 표면 장력의 크기는 얼마인가?

① 0.015g/cm
② 0.075g/cm
③ 0.15g/cm
④ 0.75g/cm

해설

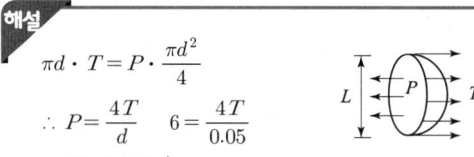

$$\pi d \cdot T = P \cdot \frac{\pi d^2}{4}$$

$$\therefore P = \frac{4T}{d} \quad 6 = \frac{4T}{0.05}$$

$$\therefore T = 0.075\text{g/cm}$$

044 Hardy-Cross의 관망계산시 가정조건에 대한 설명으로 옳은 것은?

① 합류점에 유입하는 유량은 그 점에서 1/2만 유출된다.
② Hardy-Cross 방법은 관경에 관계없이 관수로의 분할 개수에 의해 유량 분배를 하면 된다.
③ 각 분기점에 유입하는 유량은 그 점에서 정지하지 않고 전부 유출한다.
④ 폐합관에서 시계방향 또는 반시계 방향으로 흐르는 관로의 손실수두의 합은 0이 될 수 없다.

해설
- 각 폐합관에서 발생하는 손실수두의 합은 0이다.
- 관망을 형성하고 있는 각 교차점의 유입유량의 합은 유출유량의 합과 동일하다.
- $\Sigma h_L \neq 0$ 경우에는 각 관로의 가정유량을 계속 보정하고 방향이 같으면 더하고 다르면 뺀다.

045 왜곡모형에서 Froude 상사법칙을 이용하여 물리량을 표시한 것으로 틀린 것은? (단, X_r은 수평축척비, Y_r은 연직축척비이다.)

① 유속비 : $V_r = \sqrt{Y_r}$
② 시간비 : $T_r = \dfrac{X_r}{Y_r^{1/2}}$
③ 경사비 : $S_r = \dfrac{Y_r}{X_r}$
④ 유량비 : $Q_r = X_r Y_r^{5/2}$

해설
- 유량비 : $Q_r = X_r Y_r^{\frac{3}{2}}$
- 조도계수의 비 : $n_r = \dfrac{Y_r^{\frac{2}{3}}}{X_r^{\frac{1}{2}}}$

046 강수량 자료를 해석하기 위한 DAD 해석 시 필요한 자료는?

① 강우량, 단면적, 최대수심
② 적설량, 분포면적, 적설일수
③ 강우량, 집수면적, 강우기간
④ 수심, 유속단면적, 홍수기간

해설
- DAD 해석 시 유역면적을 알기 위해 구적기가 필요하며 최대 강우량 기록과 자기우량 기록지를 통해 우량깊이 및 강우 지속기간을 알 수 있다.
- D(Depth : 최대우량 깊이)
- A(Area : 유역면적)
- D(Duration : 지속기간)

047 그림과 같은 유역(12km×8km)의 평균강우량을 Thiessen 방법으로 구한 값은? (단, 1, 2, 3, 4번 관측점의 강우량은 각각 140, 130, 110, 100mm이며, 작은 사각형은 2km×2km의 정4각형으로서 모두 크기가 동일하다.)

① 120mm
② 123mm
③ 125mm
④ 130mm

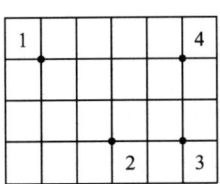

해설

$A_1 = 40\text{km}^2$, $A_2 = 16\text{km}^2$, $A_3 = 16\text{km}^2$, $A_4 = 24\text{km}^2$

$Q = \dfrac{140 \times 40 + 130 \times 16 + 110 \times 16 + 100 \times 24}{40 + 16 + 16 + 24} = 123\text{mm}$

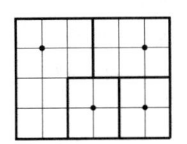

정답 042 ③ 043 ② 044 ③ 045 ④ 046 ③ 047 ②

048 지름 25cm, 길이 1m의 원주가 연직으로 물에 떠 있을 때, 물 속에 가라앉은 부분의 길이가 70cm라면 원주의 무게는? (단, 무게 1kg=10N)

① 252.5N (25.25kg) ② 343.6N (34.36kg)
③ 423.5N (42.35kg) ④ 503.0N (50.30kg)

해설
$$W = B = \omega \cdot \Delta V = 1 \times \left(\frac{3.14 \times 0.25^2}{4} \times 0.7\right) = 0.0343t = 34.343\text{kg} = 343.4\text{N}$$

049 지름이 2m이고 영향권의 반지름이 1,000m이며, 원지하수의 수위 $H=7$m, 집수정의 수위 $h_0=5$m인 심정호의 양수량은? (단, $k=0.0038$m/sec)

① 0.0415m³/sec ② 0.0461m³/sec
③ 0.0831m³/sec ④ 1.8232m³/sec

해설
$$Q = \frac{\pi k(H^2 - h_0^2)}{\ln\left(\frac{R}{r}\right)} = \frac{3.14 \times 0.0038 \times (7^2 - 5^2)}{\ln\left(\frac{1,000}{1}\right)} = 0.0415\text{m}^3/\text{sec}$$

050 수심이 10cm, 수로 폭은 20cm인 직사각형의 실험 개수로에서 유량이 80cm³/sec로 흐를 때 이 흐름의 종류는? [단, 물의 동점성계수(v)=1.15×10⁻²cm²/sec이다.]

① 층류, 상류 ② 층류, 사류
③ 난류, 상류 ④ 난류, 사류

해설
- $V = \dfrac{Q}{A} = \dfrac{80}{10 \times 20} = 0.4$cm/sec
- $R_e = \dfrac{VR}{v} = \dfrac{0.4 \times 5}{1.15 \times 10^{-2}} = 174$

  여기서, $R = \dfrac{h}{2} = \dfrac{10}{2} = 5$cm

  $R = \dfrac{A}{P} = \dfrac{B \cdot h}{B + 2h} = \dfrac{2h \cdot h}{2h + 2h} = \dfrac{h}{2}$, $h = \dfrac{B}{2}$ ∴ $B = 2h$

  ∴ $R_e < 500$ 이므로 층류

- $F_r = \dfrac{V}{\sqrt{gh}} = \dfrac{0.4}{\sqrt{9.8 \times 0.1}} = 0.4$

  ∴ $F_r < 1$ 이므로 상류

051 정상적인 흐름에서 1개 유선 상의 유체입자에 대하여 그 속도수두를 $\frac{V^2}{2g}$, 위치수두를 Z, 압력수두를 $\frac{P}{\omega_o}$라 할 때 동수경사는?

① $\frac{V^2}{2g}+Z$를 연결한 값이다. ② $\frac{V^2}{2g}+\frac{P}{\omega_o}+Z$를 연결한 값이다.

③ $\frac{P}{\omega_o}+Z$를 연결한 값이다. ④ $\frac{V^2}{2g}+\frac{P}{\omega_o}$를 연결한 값이다.

해설
- 에너지선 : $H=\frac{V^2}{2g}+\frac{P}{\omega}+Z$
- 동수 경사선 : $\frac{P}{\omega}+Z$

052 누가우량곡선(Rainfall mass curve)의 특성으로 옳은 것은?
① 누가우량곡선의 경사가 클수록 강우강도가 크다.
② 누가우량곡선의 경사는 지역에 관계없이 일정하다.
③ 누가우량곡선은 자기우량 기록에 의하여 작성하는 것보다 보통우량계의 기록에 의하여 작성하는 것이 더 정확하다.
④ 누가우량곡선으로 일정기간내의 강우량을 산출 할 수는 없다.

해설
자기우량계에 의하여 기록되는 누가 우량의 시간적 변화상태를 기록한 연속시간 분포로 강우가 클수록 곡선의 경사가 크다.

보충
- 단위 유량도 : 특정 단위 시간동안 균일한 강도로 유역 전반에 걸쳐 균등하게 내린 단위 유효 우량으로 인하여 발생되는 직접유출의 수문곡선
- 유량빈도 곡선 : 급경사일 때는 홍수가 빈번하고 지하수의 하천방출이 작으며 완경사일 때는 홍수가 드물고 지하수의 하천방출이 크다.

053 그림과 같이 단면 ①에서 단면적 $A_1=10\,\text{cm}^2$, 유속 $V_1=2\,\text{m/s}$이고, 단면 ②에서 단면적 $A_2=20\,\text{cm}^2$일 때 단면 ②의 유속(V_2)과 유량(Q)은?

① $V_2=200\,\text{cm/s}, \quad Q=2000\,\text{cm}^3/\text{s}$
② $V_2=100\,\text{cm/s}, \quad Q=1500\,\text{cm}^3/\text{s}$
③ $V_2=100\,\text{cm/s}, \quad Q=2000\,\text{cm}^3/\text{s}$
④ $V_2=200\,\text{cm/s}, \quad Q=1000\,\text{cm}^3/\text{s}$

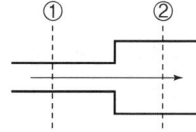

해설
$Q=A_1\,V_1=A_2\,V_2$이므로
- $Q=A_1\,V_1=10\times 200=2000\,\text{cm}^3/\text{s}$
- $A_1\,V_1=A_2\,V_2$
  $10\times 200=20\times V_2$
  ∴ $V_2=100\,\text{cm/s}$

정답 048 ② 049 ① 050 ① 051 ③ 052 ① 053 ③

054 수조에서 수면으로부터 2m의 깊이에 있는 오리피스의 이론 유속은?

① 5.26m/s   ② 6.26m/s
③ 7.26m/s   ④ 8.26m/s

해설
$V = \sqrt{2gh} = \sqrt{2 \times 9.8 \times 2} = 6.26 \text{m/s}$

055 배수면적이 500ha, 유출계수가 0.70인 어느 유역에 연평균강우량이 1300mm 내렸다. 이때 유역 내에서 발생한 최대유출량은?

① 0.1443m³/s   ② 12.64m³/s
③ 14.43m³/s   ④ 1264m³/s

해설
- $I = \dfrac{1300}{365 \times 24} = 0.148 \text{mm/hr}$
- $A = 500\text{ha} = 500 \times 10{,}000 = 5{,}000{,}000\text{m}^2 = 5\text{km}^2$
- $\therefore Q = 0.2778\, CIA = 0.2778 \times 0.7 \times 0.148 \times 5 = 0.1443\text{m}^3/\text{s}$

056 방파제 건설을 위한 해안지역의 수심이 5.0m, 입사파랑의 주기가 14.5초인 장파(long wave)의 파장(wave length)은? (단, 중력가속도 $g = 9.8\text{m/s}^2$)

① 49.5m   ② 70.5m
③ 101.5m   ④ 190.5m

해설
- 파속 $C = \sqrt{gh} = \sqrt{9.8 \times 5} = 7\text{m/sec}$
- 주기 $T = 14.5\text{sec}$
- 파속 $C = \dfrac{L}{T}$
- $\therefore$ 파장 $L = C \cdot T = 7 \times 14.5 = 101.5\text{ m}$

057 수중 오리피스(orifice)의 유속에 관한 설명으로 옳은 것은?

① H_1이 클수록 유속이 빠르다.
② H_2가 클수록 유속이 빠르다.
③ H_3이 클수록 유속이 빠르다.
④ H_4가 클수록 유속이 빠르다.

해설
$V = \sqrt{2g(H-h)}$

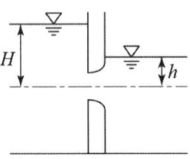

058 관의 마찰 및 기타 손실수두를 양정고의 10%로 가정할 경우 펌프의 동력을 마력으로 구하면? (단, 유량은 $Q=0.07\text{m}^3/\text{s}$ 이며, 효율은 100%로 가정한다.)

① 57.2HP
② 48.0HP
③ 51.3HP
④ 56.5HP

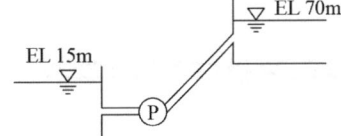

해설
- 양정고 $H = 70 - 15 = 55\text{m}$
- 손실수두 $h_f = 55 \times 0.1 = 5.5\text{m}$
- 효율 100% = 1.0

$$\therefore E = \frac{13.33\,Q(H+h_f)}{\eta} = \frac{13.33 \times 0.07 \times (55+5.5)}{1.0} = 56.5\,\text{HP}$$

059 그림과 같이 1m×1m×1m인 정육면체의 나무가 물에 떠 있을 때 부체(浮體)로서 상태로 옳은 것은? (단, 나무의 비중은 0.80이다.)

① 안정하다.
② 불안정하다.
③ 중립상태다.
④ 판단할 수 없다.

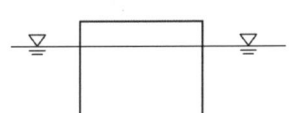

해설
- M 경심이 무게 중심 G보다 위에 있으면 안정하다.
- $\overline{MG} = \dfrac{I_x}{V} - \overline{GC} = \dfrac{\frac{1 \times 1^3}{12}}{1 \times 1 \times 0.8} - \dfrac{1}{2}(1-0.8) = 0.00417$

$\therefore \overline{MG} > 0$ 안정하다.

060 그림과 같은 개수로에서 수로경사 $S_0 = 0.001$, Manning의 조도계수 $n = 0.002$일 때 유량은?

① 약 150m³/s
② 약 320m³/s
③ 약 480m³/s
④ 약 540m³/s

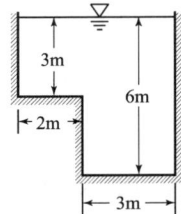

해설
- $R = \dfrac{A}{P} = \dfrac{(6\times3)+(3\times2)}{6+3+3+2+3} = 1.41$
- $V = \dfrac{1}{n}R^{2/3}I^{1/2} = \dfrac{1}{0.002} \times 1.41^{2/3} \times 0.001^{1/2} = 19.88\text{m/sec}$

$\therefore Q = A \cdot V = \{(6\times3)+(3\times2)\} \times 19.88 ≒ 480\text{m}^3/\text{sec}$

정답 054 ② 055 ① 056 ③ 057 ④ 058 ④ 059 ① 060 ③

4과목 철근콘크리트 및 강구조

061 콘크리트 속에 묻혀 있는 철근이 콘크리트와 일체가 되어 외력에 저항할 수 있는 이유로 적합하지 않은 것은?

① 철근과 콘크리트 사이의 부착강도가 크다.
② 철근과 콘크리트의 열팽창계수가 거의 같다.
③ 콘크리트 속에 묻힌 철근은 부식하지 않는다.
④ 철근과 콘크리트의 탄성계수가 거의 같다.

- 콘크리트는 철근에 비해 탄성계수가 상당히 작다.
- 철근과 콘크리트의 열팽창계수는 거의 같다.

062 균형철근량보다 작은 인장철근을 가진 과소철근보가 휨에 의해 파괴될 때의 설명 중 옳은 것은?

① 중립축이 인장측으로 내려오면서 철근이 먼저 파괴된다.
② 압축측 콘크리트와 인장측 철근이 동시에 항복한다.
③ 인장측 철근이 먼저 항복한다.
④ 압축측 콘크리트가 먼저 파괴된다.

- 과소철근보
  균형철근비보다 철근을 적게 넣어 인장측 철근에 먼저 항복하는 연성파괴로 파괴가 단계적으로 서서히 일어나게 한다.
- 과다철근보
  균형철근비보다 많은 철근을 넣으면 압축측 콘크리트가 철근이 항복하기 전에 갑자기 파괴되는 취성파괴가 일어난다.

063 다음 중 용접부의 결함이 아닌 것은?

① 오버랩(overlap)   ② 언더컷(undercut)
③ 스터드(stud)   ④ 균열(crack)

- 스터드는 용접의 종류에 해당한다.
- 스터드 용접은 철강 재료 외에 동, 황동, 알루미늄, 스테인리스 강에도 적용되며 조선, 교량, 건축, 보일러 관 등에 널리 응용되고 있다.

064 철근의 겹침이음 등급에서 A급 이음의 조건은 다음 중 어느 것인가?

① 배근된 철근량이 이음부 전체 구간에서 해석결과 요구되는 소요 철근량의 2배 이상이고 소요 겹침이음길이내 겹침이음된 철근량이 전체 철근량의 1/3 이상인 경우
② 배근된 철근량이 이음부 전체 구간에서 해석결과 요구되는 소요 철근량의 2배 이상이고 소요 겹침이음길이내 겹침이음된 철근량이 전체 철근량의 1/2 이하인 경우
③ 배근된 철근량이 이음부 전체 구간에서 해석결과 요구되는 소요 철근량의 3배 이상이고 소요 겹침이음길이내 겹침이음된 철근량이 전체 철근량의 1/3 이상인 경우
④ 배근된 철근량이 이음부 전체 구간에서 해석결과 요구되는 소요 철근량의 3배 이상이고 소요 겹침이음길이내 겹침이음된 철근량이 전체 철근량의 1/2 이하인 경우

해설
인장력을 받는 이형철근 및 이형철선의 겹침이음길이는 A급과 B급으로 분류하여 A급 이음은 $1.0 l_d$ 이상, B급 이음은 $1.3 l_d$ 이상으로 하여야 한다. 그러나 300mm 이상이어야 한다.(여기서, l_d : 인장 이형철근의 정착길이)

065 경간 10m인 대칭 T형보를 설계할 때 플랜지의 유효 폭은? (단, 양쪽 슬래브 중심간격 2.5m, 슬래브 두께 80mm, 복부의 폭 250mm)

① 1,530mm ② 2,000mm
③ 2,500mm ④ 3,333mm

해설
- $16t + b_w = 16 \times 80 + 250 = 1,530$mm
- 보 경간의 $\dfrac{1}{4} = 10,000 \times \dfrac{1}{4} = 2,500$mm
- 슬래브 중심간 거리 = 2,500mm

∴ 이 중 최소값 1,530mm이다.

066 다음 그림의 맞대기 용접부에 발생하는 인장응력은?

① 50 MPa
② 66.7 MPa
③ 100 MPa
④ 166.7 MPa

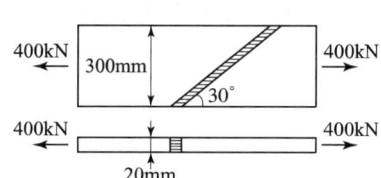

해설
$f = \dfrac{P}{A} = \dfrac{400,000}{20 \times 300} = 66.7$MPa

067 옹벽의 구조해석에 대한 설명으로 틀린 것은?
① 뒷부벽은 직사각형보로 설계하여야 하며, 앞부벽은 T형보로 설계하여야 한다.
② 저판의 뒷굽판은 정확한 방법이 사용되지 않는 한, 뒷굽판 상부에 재하되는 모든 하중을 지지하도록 설계하여야 한다.
③ 캔틸레버식 옹벽의 저판은 추가철근과의 접합부를 고정단으로 간주한 캔틸레버로 가정하여 단면을 설계할 수 있다.
④ 부벽식 옹벽의 저판은 정밀한 해석이 사용되지 않는 한 부벽간의 거리를 경간으로 가정한 고정보 또는 연속보로 설계할 수 있다.

해설
뒷부벽은 T형보로 설계하여야 하며, 앞부벽은 직사각형보로 설계하여야 한다.

068 다음 단면의 균열 모멘트 M_{cr}의 값은?
(단, $f_{ck}=25\text{MPa}$, $f_y=400\text{MPa}$, $\lambda=1.0$)
① $16.8\ \text{kN}\cdot\text{m}$
② $41.58\ \text{kN}\cdot\text{m}$
③ $63.88\ \text{kN}\cdot\text{m}$
④ $85.05\ \text{kN}\cdot\text{m}$

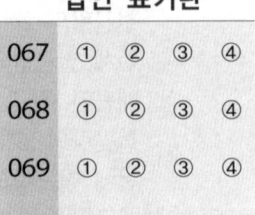

해설
- $f_r = 0.63\lambda\sqrt{f_{ck}} = 0.63 \times 1.0\sqrt{25} = 3.15\text{MPa}$
- $M_{cr} = \dfrac{f_r}{y_t} \cdot I_g = \dfrac{3.15}{\frac{600}{2}} \times \dfrac{450 \times 600^3}{12} = 85,050,000\text{N}\cdot\text{mm} = 85.05\text{kN}\cdot\text{m}$

069 그림과 같은 확대 기초에서 하중계수가 고려된 계수하중 $P_u=2000\text{kN}$가 작용할 때 1방향 전단에 대한 위험단면의 계수전단력(V_u)은 얼마인가?
① $V_u=250\ \text{kN}$
② $V_u=300\ \text{kN}$
③ $V_u=340\ \text{kN}$
④ $V_u=400\ \text{kN}$

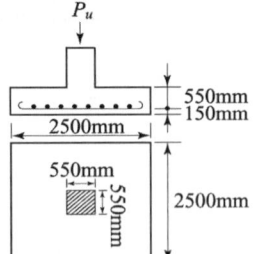

- 위험 단면은 기둥 전면으로부터 d만큼 떨어진 곳의 한 변의 길이를 고려한 확대기초 밑면적
  $A = (975-550) \times 2500 = 1,062,500 \mathrm{mm}^2$
- 확대기초 밑면에 작용하는 응력
  $q_u = \dfrac{2000000}{2500 \times 2500} = 0.32 \mathrm{N/mm}^2$
- 위험 단면에 작용하는 전단력
  $V_u = q_u \cdot A = 0.32 \times 1,062,500$
  $= 340,000 \mathrm{N} = 340 \mathrm{kN}$

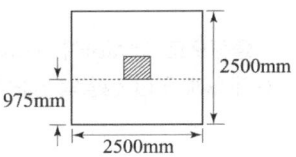

070 프리스트레스 콘크리트의 원리를 설명하는 개념 중 아래의 표에서 설명하는 개념은?

> PSC보를 RC보처럼 생각하여, 콘크리트는 압축력을 받고 긴장재는 인장력을 받게 하여 두 힘의 우력 모멘트로 외력에 의한 휨모멘트에 저항시킨다는 개념

① 균등질 보의 개념 ② 하중평형의 개념
③ 내력 모멘트의 개념 ④ 허용응력의 개념

- **내력 모멘트의 개념(강도 개념)**
  RC와 같이 압축력은 콘크리트가 받고 인장력은 PS 강재가 받는 것으로 하여 두 힘에 의한 내력 모멘트가 외력 모멘트에 저항한다는 원리이다.
- **PSC의 기본 개념**
  응력 개념(균등질 보의 개념), 강도 개념(내력 모멘트 개념), 하중 평형 개념(등가 하중 개념)

071 부분적 프리스트레싱(Partial Prestressing)에 대한 설명으로 옳은 것은?
① 구조물에 부분적으로 PSC부재를 사용하는 것
② 부재단면의 일부에만 프리스트레스를 도입하는 것
③ 설계하중의 일부만 프리스트레스에 부담시키고 나머지는 긴장재에 부담시키는 것
④ 설계하중이 작용할 때 PSC부재단면의 일부에 인장응력이 생기는 것

- **부분 프리스트레싱**
  설계하중이 작용할 때 부재 단면의 일부에 인장응력이 생기는 경우이다.
- **완전 프리스트레싱**
  부재에 설계하중이 작용할 때 부재의 어느 부분에서도 인장응력이 생기지 않도록 프리스트레스를 가하는 것이다.

072 아래 PC보에서 PS강재를 포물선으로 배치하여 프리스트레스 힘 $P=$ 2000kN이 주어질 때 프리스트레스에 의한 상향력 u는? (단, $b=400$mm, $h=600$mm, $s=200$mm)

① 63kN/m
② 52kN/m
③ 43kN/m
④ 32kN/m

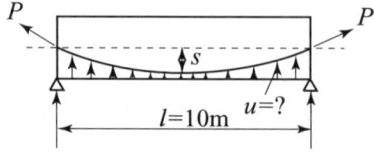

해설
$$P \cdot s = \frac{u \cdot l^2}{8}$$
$$\therefore u = \frac{8Ps}{l^2} = \frac{8 \times 2000 \times 0.2}{10^2} = 32\text{kN/m}$$

073 2방향 슬래브의 직접설계법을 적용하기 위한 제한사항으로 틀린 것은?
① 각 방향으로 3경간 이상이 연속되어야 한다.
② 슬래브판들은 단변 경간에 대한 장변 경간의 비가 2 이하인 직사각형이어야 한다.
③ 모든 하중은 연직하중으로서 슬래브판 전체에 등분포되어야 한다.
④ 연속한 기둥 중심선으로부터 기둥의 이탈은 이탈방향 경간의 최대 20%까지 허용할 수 있다.

해설
• 연속한 기둥 중심선으로부터 기둥의 이탈은 이탈방향 경간의 10%까지 허용된다.
• 활하중은 고정하중의 2배 이하이어야 한다.
• 단경간과 장경간의 비가 $0.5 < \frac{S}{L} \leq 1$일 때 2방향 슬래브로 설계한다.

074 그림에 나타난 직사각형 단철근 보의 설계휨강도를 구하기 위한 강도감소계수(ϕ)는 약 얼마인가? (단, 나선철근으로 보강되지 않은 경우이며, $A_s = 2,024\text{mm}^2$, $f_{ck}=21$MPa, $f_y = 400$MPa이고, 계산에서 발생하는 소수점 이하 자리는 6째 자리에서 반올림하여 5째 자리까지 구하시오.)

① 0.837
② 0.809
③ 0.785
④ 0.726

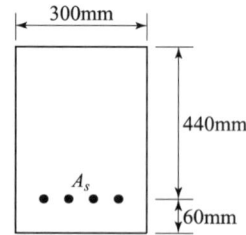

해설
- $a = \dfrac{A_s f_y}{0.85 f_{ck} b} = \dfrac{2024 \times 400}{0.85 \times 21 \times 300} = 151.2 \text{mm}$
- $c = \dfrac{a}{\beta_1} = \dfrac{151.2}{0.8} = 189 \text{mm}$
- $\varepsilon_t = 0.0033 \left(\dfrac{d_t - c}{c} \right) = 0.0033 \left(\dfrac{440 - 189}{189} \right) = 0.00438$
- $\phi = 0.65 + (\varepsilon_t - 0.002) \times \dfrac{200}{3}$
  $= 0.65 + (0.00438 - 0.002) \times \dfrac{200}{3} = 0.809$

075 강도설계법에서 f_{ck}=30MPa, f_y=350MPa일 때 단철근 직사각형보의 균형 철근비는?

① 0.0351
② 0.0369
③ 0.0381
④ 0.0391

해설
$\rho_b = 0.85 \beta_1 \dfrac{f_{ck}}{f_y} \dfrac{660}{660 + f_y} = 0.85 \times 0.8 \times \dfrac{30}{350} \times \dfrac{660}{660 + 350} = 0.0381$
여기서, $\beta_1 = 0.8$

076 아래 그림과 같은 보에서 계수단면적 $V_u = 225$kN에 대한 가장 적당한 스터럽 간격은? (단, 사용된 스터럽은 철근 D13이다. 철근 D13의 단면적은 127mm², f_{ck} = 24MPa, f_y=350MPa, λ=1.0)

① 110mm
② 150mm
③ 210mm
④ 225mm

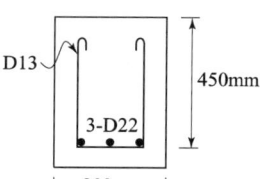

해설
$V_c = \dfrac{1}{6} \lambda \sqrt{f_{ck}} b_w d = \dfrac{1}{6} \times 1.0 \times \sqrt{24} \times 300 \times 450 = 110,227 \text{N}$
- $V_u = \phi(V_c + V_s)$
  $225000 = 0.75(110227 + V_s)$
  $\therefore V_s = \dfrac{225000 - (0.75 \times 110227)}{0.75} = 189773 \text{N}$
- $V_s < \dfrac{1}{3} \lambda \sqrt{f_{ck}} b_w d = \dfrac{1}{3} \times 1.0 \times \sqrt{24} \times 300 \times 450 = 220454 \text{N}$ 이므로
  수직 스터럽의 간격 $\dfrac{A_v f_{yt} d}{V_s} = \dfrac{(2 \times 127) \times 350 \times 450}{189773} = 210.8 \text{mm}$
  $\dfrac{d}{2} = \dfrac{450}{2} = 225 \text{mm}$ 이하, 600mm 이하이다.
  $\therefore$ 210.8mm 이하

정답 072 ④ 073 ④ 074 ② 075 ③ 076 ③

077 $A_s' = 1,500mm^2$, $A_s = 1,800mm^2$이고 배근된 그림과 같은 복철근보의 탄성처짐이 10mm라 할 때, 5년 후 지속하중에 의해 유발되는 장기 처짐은?

① 14.1mm
② 13.3mm
③ 12.7mm
④ 11.5mm

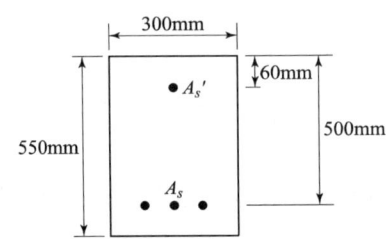

해설

- 압축 철근비 : $\rho' = \dfrac{A_s'}{bd} = \dfrac{1,500}{300 \times 500} = 0.01$
- 장기 처짐 : 단기 처짐(탄성 처짐)$\times \lambda_\Delta = 10 \times \dfrac{\xi}{1+50\rho'}$
  $= 10 \times \dfrac{2.0}{1+50 \times 0.01} = 13.3mm$
- 총 처짐 : 탄성 처짐 + 장기 처짐

078 순단면이 볼트의 구멍 하나를 제외한 단면(즉, A-B-C 단면)과 같도록 피치(s)의 값을 결정하면? (단, 볼트의 직경은 19mm이다.)

① $s = 114.9mm$
② $s = 90.6mm$
③ $s = 66.3mm$
④ $s = 50mm$

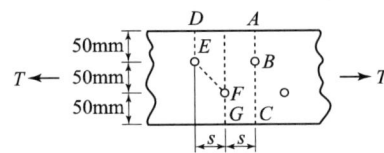

해설

순폭 $b_n = b_g - d - \left(d - \dfrac{s^2}{4g}\right)$에서 $b_n = b_g - d$이어야 하므로 $d - \dfrac{s^2}{4g} = 0$

∴ $s = \sqrt{4gd} = \sqrt{4 \times 5 \times (1.9+0.3)} = 6.63cm = 66.3mm$

079 깊은 보의 전단 설계에 대한 구조세목의 설명으로 틀린 것은?

① 휨인장철근과 직각인 수직전단철근의 단면적 A_v를 $0.0025b_w s$ 이상으로 하여야 한다.
② 휨인장철근과 직각인 수직전단철근의 간격 s를 $d/5$ 이하, 또한 300mm 이하로 하여야 한다.
③ 휨인장철근과 평행한 수평전단철근의 단면적 A_{vh}를 $0.0015b_w s_h$ 이상으로 하여야 한다.
④ 휨인장철근과 평행한 수평전단철근의 간격 s_h를 $d/4$ 이하, 또한 350mm 이하로 하여야 한다.

해설
휨인장철근과 평행한 수평전단철근의 간격 s_h를 d/5 이하, 또한 300mm 이하로 하여야 한다.

080 강도설계법의 설계 가정으로 틀린 것은?
① 콘크리트의 인장강도는 철근 콘크리트 부재 단면의 휨강도 계산에서 무시할 수 있다.
② 콘크리트의 변형률은 중립축부터 거리에 비례한다.
③ 콘크리트의 압축응력의 크기는 $\eta(0.80f_{ck})$로 균등하고, 이 응력은 최대 압축변형률이 발생하는 단면에서 $a=\beta_1 c$까지의 부분에 등분포 한다.
④ 사용 철근의 응력이 설계기준 항복강도 f_y 이하일 때 철근의 응력은 그 변형률에 E_s를 곱한 값으로 취한다.

해설
- 콘크리트의 압축응력의 크기는 $\eta(0.85f_{ck})$로 균등하고, 이 응력은 최대 압축변형률이 발생하는 단면에서 $a=\beta_1 c$까지의 부분에 등분포 한다.
- 철근의 변형률이 f_y에 대응하는 변형률보다 큰 경우 철근의 응력은 변형률에 관계없이 f_y로 한다.
- 압축측 연단에서 콘크리트의 극한 변형률은 0.0033으로 가정한다.($f_{ck} \leq 40\,\mathrm{MPa}$)

5과목 토질 및 기초

081 그림에서 흙의 단면적이 40cm²이고 투수계수가 0.1cm/sec일 때 흙속을 통과하는 유량은?
① 1cm³/sec
② 1m³/hr
③ 100cm³/sec
④ 100m³/hr

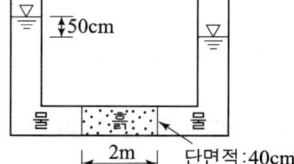

해설
$Q = A \cdot V = A \cdot k \cdot i = 40 \times 0.1 \times \dfrac{50}{200} = 1\,\mathrm{cm^3/sec}$

보충 정수위 투수계수(10^{-3}cm/sec $< k$)
$k = \dfrac{Q \cdot L}{A \cdot h \cdot t}$

정답 077 ② 078 ③ 079 ④ 080 ③ 081 ①

082 점토층의 두께 5m, 간극비 1.4, 액성한계 50%이고 점토층 위의 유효상재 압력이 10kN/m² 에서 14kN/m² 으로 증가할때의 침하량은? (단, 압축지수는 흐트러지지 않은 시료에 대한 Terzaghi & Peck의 경험식을 사용하여 구한다.)

① 8cm
② 11cm
③ 24cm
④ 36cm

해설
- $C_c = 0.009(w_L - 10) = 0.009(50 - 10) = 0.36$
- $\Delta H = \dfrac{C_c}{1+e} \log \dfrac{P_2}{P_1} H = \dfrac{0.36}{1+1.4} \log \dfrac{14}{10} \times 5 = 0.11\text{m} = 11\text{cm}$

보충 압밀침하량을 구하기 위해 압축지수(C_c)를 구한다.

083 지름 d=20cm인 나무말뚝을 25본 박아서 기초 상판을 지지하고 있다. 말뚝의 배치를 5열로 하고 각열은 등간격으로 5본씩 박혀 있다. 말뚝의 중심간격 S=1m이고 1본의 말뚝이 단독으로 100kN의 지지력을 가졌다고 하면 이 무리 말뚝은 전체로 얼마의 하중을 견딜 수 있는가? (단, Converse-Labbarretlr을 사용한다.)

① 1000kN
② 2000kN
③ 3000kN
④ 4000kN

해설
- $\phi = \tan^{-1} \dfrac{D}{S} = \tan^{-1} \dfrac{0.2}{1} = 11.3°$
- $E = 1 - \dfrac{\phi}{90}\left[\dfrac{(m-1)n+(n-1)m}{mn}\right] = 1 - \dfrac{11.3}{90}\left[\dfrac{(5-1)\times 5+(5-1)\times 5}{5\times 5}\right]$
  $= 0.8$
- $R_{ag} = E \cdot N \cdot R_a = 0.8 \times 25 \times 100 = 2000\text{kN}$

084 흙의 활성도(活性度)에 대한 설명으로 틀린 것은?

① 활성도는 (액성지수/점토함유율)로 정의된다.
② 활성도는 점토광물의 종류에 따라 다르므로 활성도로부터 점토를 구성하는 점토광물을 추정할 수 있다.
③ 점토의 활성도가 클수록 물을 많이 흡수하여 팽창이 많이 일어난다.
④ 흙입자의 크기가 작을수록 비표면적이 커져 물을 많이 흡수하므로, 흙의 활성은 점토에서 뚜렷이 나타난다.

해설
- 활성도 $A = \dfrac{\text{소성지수}}{\text{점토 함유율}}$
- 활성도가 가장 큰 점토광물은 몬모릴로나이트이다.
- 카올리나이트의 활성도는 0.75 이하이다.

085 모래지층 사이에 두께 6m의 점토층이 있다. 이 점토의 토질 실험결과가 아래 표와 같을 때, 이 점토층의 90% 압밀을 요하는 시간은 약 얼마인가? (단, 1년은 365일로 계산)

- 간극비 : 1.5
- 압축계수(a_v) : 4×10^{-4} (cm²/g)
- 투수계수 $k = 3 \times 10^{-7}$ (cm/sec)

① 12.9년 ② 5.22년
③ 1.29년 ④ 52.2년

해설

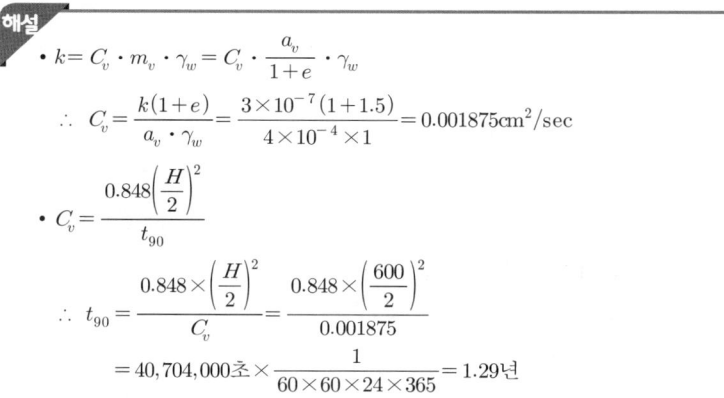

086 표준관입시험(SPT)을 할 때 처음 15cm 관입에 요하는 N값은 제외하고, 그 후 30cm 관입에 요하는 타격수로 N값을 구한다. 그 이유로 가장 타당한 것은?

① 정확히 30cm를 관입시키기가 어려워서 15cm 관입에 요하는 N값을 제외한다.
② 보링 구멍 밑면 흙이 보링에 의하여 흐트러져 15cm 관입 후부터 N값을 측정한다.
③ 관입봉의 길이가 정확히 45cm이므로 이에 맞도록 관입시키기 위함이다.
④ 흙은 보통 15cm 밑부터 그 흙의 성질을 가장 잘 나타낸다.

해설 표준관입시험 : 중공(中空)의 샘플러를 보링한 구멍에 63.5kg의 해머를 75cm 높이에서 자유낙하시켜 샘플러가 30cm 관입시키는데 타격횟수를 N치로 한다.

087 흙의 동상에 영향을 미치는 요소가 아닌 것은?
① 모관 상승고   ② 흙의 투수계수
③ 흙의 전단강도 ④ 동결온도의 계속시간

해설 동상은 영하의 온도, 지속시간, 물, 실트질의 흙과 관련된다.

정답 082 ② 083 ② 084 ① 085 ③ 086 ② 087 ③

088 흙의 다짐에 관한 설명 중 옳지 않은 것은?
① 일반적으로 흙의 건조밀도는 가하는 다짐 Energy가 클수록 크다.
② 모래질 흙은 진동 또는 진동을 동반하는 다짐 방법이 유효하다.
③ 건조밀도-함수비 곡선에서 최적함수비와 최대건조밀도를 구할 수 있다.
④ 모래질을 많이 포함한 흙의 건조밀도-함수비 곡선의 경사는 완만하다.

해설
- 사질토의 경우 다짐곡선이 급하고 최적함수비는 적고 최대건조밀도가 높다.
- 점성토의 경우 다짐곡선이 완만하고 최적함수비는 많고 최대건조밀도가 낮다.

089 5m×10m의 장방형 기초 위에 $q=60\,\text{kN/m}^2$의 등분포하중이 작용할 때, 지표면 아래 10m에서의 수직응력을 2:1법으로 구한 값은?
① $10\,\text{kN/m}^2$
② $20\,\text{kN/m}^2$
③ $30\,\text{kN/m}^2$
④ $40\,\text{kN/m}^2$

해설
$$q \cdot (B)(L) = \sigma_z \cdot (B+Z)(L+Z)$$
$$\sigma_z = \frac{q \cdot (B)(L)}{(B+Z)(L+Z)} = \frac{60 \times (5)(10)}{(5+10)(10+10)} = 10\,\text{kN/m}^2$$

090 다음 그림의 옹벽에 작용하는 주동토압(P_a)과 작용위치(y)는?

      P_a y
① 45 kN/m   1.3m
② 45 kN/m   1.48m
③ 72 kN/m   1.3m
④ 72 kN/m   1.58m

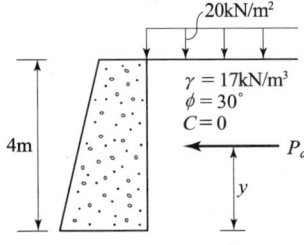

해설
- $K_a = \tan^2\left(45° - \dfrac{\phi}{2}\right) = \tan^2\left(45° - \dfrac{30°}{2}\right) = 0.333$
- $P_a = qHK_a + \dfrac{1}{2}\gamma H^2 K_a = 20 \times 4 \times 0.333 + \dfrac{1}{2} \times 17 \times 4^2 \times 0.333 = 72\,\text{kN/m}$
- $\Delta H = \dfrac{q}{\gamma} = \dfrac{20}{17} = 1.176$
- $y = \dfrac{H}{3}\dfrac{3\Delta H + H}{2\Delta H + H} = \dfrac{4}{3}\dfrac{3 \times 1.176 + 4}{2 \times 1.176 + 4} = 1.58\,\text{m}$

091 점토지반이나 사질토지반에 전단할 경우 Dilatancy 현상이 발생하며 공극수압과 밀접한 관계가 있다. 이에 대한 설명 중 틀린 것은?
① 느슨한 사질토지반에서는 (+) Dilatancy가 발생한다.
② 밀도가 큰 사질토지반에서는 (+) Dilatancy가 발생한다.
③ 정규압밀 점토지반에서는 (−) Dilatancy에 정(+)의 공극수압이 발생한다.
④ 과압밀 점토지반에서는 (+) Dilatancy에 부(−)의 공극수압이 발생한다.

해설
느슨한 사질토지반에는 (−) Dilatancy가 발생한다.

092 포화된 점토에 대하여 비압밀비배수(UU) 시험을 하였을 때의 결과에 대한 설명 중 옳은 것은? (단, ϕ : 내부마찰각, c : 점착력)
① ϕ와 c가 나타나지 않는다.
② ϕ는 "0"이 아니지만 c는 "0"이다.
③ ϕ와 c가 모두 "0"이 아니다.
④ ϕ는 "0"이고 c는 "0"이 아니다.

해설
내부마찰각 ϕ는 흙의 종류에 관계없이 항상 0이다. 즉 파괴포락선은 수평으로 나타나며 전단강도 $\tau = 0$이다. 이때 전단강도는 Mohr원의 반경과 같다.

093 아래 그림의 각 층 손실수두 Δh_1, Δh_2, Δh_3를 구한 값은?

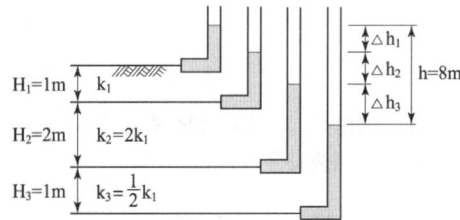

① $\Delta h_1 = 3\text{m}$, $\Delta h_2 = 4\text{m}$, $\Delta h_3 = 1\text{m}$
② $\Delta h_1 = 4\text{m}$, $\Delta h_2 = 2\text{m}$, $\Delta h_3 = 2\text{m}$
③ $\Delta h_1 = 2\text{m}$, $\Delta h_2 = 3\text{m}$, $\Delta h_3 = 3\text{m}$
④ $\Delta h_1 = 2\text{m}$, $\Delta h_2 = 2\text{m}$, $\Delta h_3 = 4\text{m}$

해설
• 각 층의 손실수두
$$\Delta h_1 = \frac{H_1}{K_1} = \frac{1}{K_1}$$
$$\Delta h_2 = \frac{H_2}{K_2} = \frac{2}{2K_1} = \frac{1}{K_1}$$
$$\Delta h_3 = \frac{H_3}{K_3} = \frac{1}{\frac{1}{2}K_1} = \frac{2}{K_1}$$
• 총 손실수두가 8m이므로 1 : 1 : 2 비율로 2m, 2m, 4m이다.

정답 088 ④ 089 ① 090 ④ 091 ① 092 ④ 093 ④

094 도로의 평판재하 시험이 끝나는 조건에 대한 설명으로 옳지 않은 것은?
① 완전히 침하가 멈출 때
② 침하량이 15mm에 달할 때
③ 하중강도가 그 지반의 항복점을 넘을 때
④ 하중강도가 현장에서 예상되는 최대 접지압력을 초과할 때

해설
하중을 35kN/m²씩 증가하여 1분 동안에 침하량이 그 단계 하중의 총 침하량 1% 이하가 될 때까지 기다려 하중과 침하량을 읽는다.

보충 평판재하시험 결과를 이용할 때는 토질 종단, 지하수 위치와 변동, 재하판의 크기 등을 고려한다.

095 기초의 필요조건에 대한 설명으로 옳지 않은 것은?
① 지지력에 대하여 안전하여야 한다.
② 침하는 허용하여서는 안 된다.
③ 경제성 및 사용성이 좋아야 한다.
④ 최소한의 근입깊이를 가져 동해의 영향을 받지 않아야 한다.

해설
침하는 허용치 이내가 되어야 한다.

096 그림과 같은 점성토 지반의 토질 실험 결과 내부마찰각 $\phi=30°$, 점착력 $c=15$kN/m²일 때 A점의 전단강도는? (단, 물의 단위중량은 9.81kN/m³이다.)
① 53.43 kN/m²
② 59.53 kN/m²
③ 63.83 kN/m²
④ 70.43 kN/m²

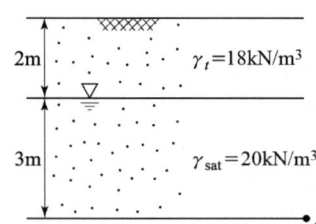

해설
• 유효응력($\bar{p}=\sigma$) : $18 \times 2 + (20-9.81) \times 3 = 66.57$kN/m²
• 전단강도 : $\tau = c + \sigma \tan\phi = 15 + 66.57\tan30° = 53.43$kN/m²

097 다짐되지 않은 두께 2m, 상대밀도 45%의 느슨한 사질토 지반이 있다. 실내시험 결과 최대 및 최소 간극비가 0.85, 0.40으로 각각 산출되었다. 이 사질토를 상대밀도 70%까지 다짐할 때 두께의 감소는 약 얼마나 되겠는가?

① 13.3cm
② 17.2cm
③ 21.0cm
④ 25.5cm

해설

- $D_r = \dfrac{e_{max} - e}{e_{max} - e_{min}} \times 100$

- 상대밀도 45%일 때 공극비(e)

$0.45 = \dfrac{0.85 - e}{0.85 - 0.4} = \dfrac{0.85 - e}{0.45}$

$0.85 - e = 0.45 \times 0.45$ ∴ $e = 0.65$

- 상대밀도 70%일 때 공극비(e)

$0.7 = \dfrac{0.85 - e}{0.85 - 0.4} = \dfrac{0.85 - e}{0.45}$

$0.85 - e = 0.45 \times 0.7$ ∴ $e = 0.54$

- $\Delta H = \dfrac{e_1 - e_2}{1 + e_1} H = \dfrac{0.65 - 0.54}{1 + 0.65} \times 200 = 13.3\text{cm}$

098 다음 중 흙댐(Dam)의 사면안정 검토 시 가장 위험한 상태는?

① 상류사면의 경우 시공 중과 만수위일 때
② 상류사면의 경우 시공 직후와 수위 급강하일 때
③ 하류사면의 경우 시공 직후와 수위 급강하일 때
④ 하류사면의 경우 시공 중과 만수위일 때

해설
- 상류측이 가장 위험한 경우는 시공직후, 수위가 급강하일 때
- 하류측이 가장 위험한 경우는 만수위, 정상침투일 때

099 Terzaghi의 얕은 기초에 대한 수정지지력 공식에서 형상계수에 대한 설명 중 틀린 것은? (단, B는 단변의 길이, L은 장변의 길이이다.)

① 연속기초에서 $\alpha = 1.0$, $\beta = 0.5$이다.
② 원형기초에서 $\alpha = 1.0$, $\beta = 0.6$이다.
③ 정사각형 기초에서 $\alpha = 1.0$, $\beta = 0.4$이다.
④ 직사각형 기초에서 $\alpha = 1 + 0.3\dfrac{B}{L}$, $\beta = 0.5 - 0.1\dfrac{B}{L}$이다.

해설
원형기초에서 $\alpha = 1.0$, $\beta = 0.3$이다.

정답 094 ① 095 ② 096 ① 097 ① 098 ② 099 ②

100 연약지반 개량공법에 대한 설명 중 틀린 것은?

① 샌드 드레인 공법은 2차 압밀비가 높은 점토 및 이탄 같은 유기질 흙에 큰 효과가 있다.
② 화학적 변화에 의한 흙의 강화공법으로는 소결공법, 전기화학적 공법 등이 있다.
③ 동압밀공법 적용 시 과잉간극 수압의 소산에 의한 강도증가가 발생한다.
④ 장기간에 걸친 배수공법은 샌드 드레인이 페이퍼 드레인보다 유리하다.

 샌드 드레인 공법은 2차 압밀비가 높은 점토 및 이탄 같은 유기질 흙에 큰 효과가 없다.

6과목 상하수도 공학

101 다음 펌프 중 가장 큰 비교회전도(N_s)를 나타내는 것은?

① 터어빈 펌프   ② 사류펌프
③ 축류펌프   ④ 원심펌프

 축류펌프, 사류펌프, 원심펌프, 터빈펌프 순으로 비교 회전도가 크다.

📝 보충 원심력 펌프는 상·하수도의 양수용에 가장 많이 이용한다.

102 수원지에서 조류(algae)의 발생을 방지하기 위해 주로 쓰이는 약품 중 가장 많이 쓰이는 약품은?

① 황산동   ② 액체염소
③ 황산반토   ④ 유기응집제

 황산동($CuCO_4$)과 염산동($CuCl_2$) 등이 있다.

📝 보충
- 조류 합성에 의한 유기물의 증가로 COD가 증가한다.
- 일부 표층부에서는 조류의 광합성 작용으로 인해 용존 산소가 다른 부분에 비해 높다.

103 주거지역(면적 4ha, 유출계수 0.6), 상업지역(면적 2ha, 유출계수 0.8), 녹지(면적 1ha, 유출계수 0.2)로 구성된 지역의 전체 유출계수는?

① 0.42   ② 0.53
③ 0.60   ④ 0.70

해설
- 평균 유출 계수
$$C = \frac{\sum C_i \cdot A_i}{\sum A_i} = \frac{(4 \times 0.6) + (2 \times 0.8) + (1 \times 0.2)}{(4+2+1)} = 0.6$$

 최대 계획 우수 유출량의 산정은 합리식 $Q = \frac{1}{360}CIA$에 의한다.

104 수심이 2m인 경우에 수리학적으로 가장 유리한 구형 단면이라고 하면 이때의 동수반경은?

① 1m
② 1.2m
③ 1.5m
④ 2m

해설
- 수리학적으로 유리한 단면 $B = 2h$
- $A = 2 \times (2 \times 2) = 8\text{m}^2$
- $D = 2 + (2 \times 2) + 2 = 8\text{m}$
∴ $R = \frac{A}{P} = \frac{8}{8} = 1\text{m}$

105 합류식과 분류식에 대한 설명으로 옳지 않은 것은?

① 합류식의 경우 관경이 커지기 때문에 2계통인 분류식보다 건설비용이 많이 든다.
② 분류식의 경우 오수와 우수를 별개의 관로로 배제하기 때문에 오수의 배제계획이 합리적이 된다.
③ 분류식의 경우 관거내 퇴적은 적으나 수세효과는 기대할 수 없다.
④ 합류식의 경우 일정량 이상이 되면 우천시 오수가 월류한다.

해설
- 합류식의 경우 분류식보다 건설비용이 적게 든다.
- 분류식은 우천시 월류의 우려가 없다.

106 알칼리도가 30mg/L의 물에 황산알루미늄을 첨가했더니 25mg/L의 알칼리도가 소비되었다. 여기에 Ca(OH)₂를 주입하여 알칼리도를 15mg/L로 유지하기 위해 필요한 Ca(OH)₂는? [단, Ca(OH)₂ 분자량 74, CaCO₃ 분자량 100이다.]

① 7.4 mg/L
② 8.2 mg/L
③ 10.5 mg/L
④ 11.2 mg/L

해설
- 알칼리도의 물질수지에서 보충하여야 할 알칼리도
  25mg/L − 15mg/L = 10mg/L
- 알칼리도 10mg/L를 Ca(OH)₂ 상당량으로 환산
  $Ca(OH)_2 = 10 \times \frac{74/2}{100/2} = 7.4\text{mg/L}$

정답 100 ① 101 ③ 102 ① 103 ③ 104 ① 105 ① 106 ①

107. 다음 중 상수도 수원의 요구조건이 아닌 것은?

① 수질이 좋아야 한다.
② 소비자에 가까운 곳에 위치해야 한다.
③ 수량이 풍부하고 가능한 한 자연유하식을 이용할 수 있어야 한다.
④ 가능한 한 낮은 곳에 위치해야 한다.

> **해설**
> • 수원은 가능한 높은 곳에 위치해야 한다.
> • 수원은 도시에 가깝고 수리학적으로 자연유하식의 취수 가능한 지점이 좋다.

108. 오존을 사용하여 살균처리를 할 경우의 장점에 대한 설명 중 틀린 것은?

① 살균효과가 염소보다 뛰어나다.
② 오존이 수중 유기물과 작용하여 다른 물질로 잔류하게 되므로 잔류효과가 크다.
③ 맛, 냄새물질과 색도제거의 효과가 우수하다.
④ 유기물질의 생분해성을 증가시킨다.

> **해설**
> • 오존살균은 염소살균에 비해 잔류성이 약하다.
> • 오존살균은 지속성이 없다.
> • 오존살균은 염소 살균에 비해 비경제적이다.
> • 오존살균은 병원균에 대한 살균효과가 크다.

109. 계획오수량에 대한 설명 중 틀린 것은?

① 계획시간최대오수량은 계획1일최대오수량의 1시간당 수량의 1.3~1.8배를 표준으로 한다.
② 계획 오수량은 생활오수량, 공장폐수량 및 지하수량으로 구분할 수 있다.
③ 지하수량은 1인1일평균오수량의 5~10%로 한다.
④ 계획1일평균오수량은 계획1일최대오수량의 70~80%를 표준으로 한다.

> **해설**
> 지하수량은 1인1일 최대오수량의 10~20%로 한다.

110. 다음 중 계획 1일 최대급수량을 기준으로 삼지 않는 시설은?

① 취수시설　　② 송수시설
③ 정수시설　　④ 배수시설

- 취수, 도수, 송수, 정수시설의 용량 산정을 위한 계획 1일 최대급수량을 설계수량으로 한다.
- 계획 1일 최대급수량 : 계획 1인 1일 최대급수량×계획급수인구×급수 보급률
- 상수도 시설 규모는 계획 1일 최대급수량을 기준으로 결정한다.

111 하수관로 내의 유속에 대하여 바르게 설명한 것은?

① 유속은 하류로 갈수록 점차 작아지도록 설계한다.
② 관거의 경사는 하류로 갈수록 점차 커지도록 설계한다.
③ 오수관거는 계획1일 최대오수량에 대하여 유속을 최소 1.2m/sec로 한다.
④ 우수관거 및 합류관거는 계획우수량에 대하여 유속을 최대 3m/sec 로 한다.

- 유속은 하류로 갈수록 크게 설계한다.
- 관거의 경사는 하류로 갈수록 완만 또는 감소하게 설계한다.
- 오수관거는 계획시간 최대오수량을 기준으로 설계하며 유속은 0.6~3.0m/sec로 한다.

112 다음 중 도수(conveyance of water)시설에 대한 설명으로 알맞은 것은?

① 상수원으로부터 원수를 취수하는 시설이다.
② 원수를 음용가능하게 처리하는 시설이다.
③ 배수지로부터 급수관까지 수송하는 시설이다.
④ 취수원으로부터 정수시설까지 보내는 시설이다.

- 상수도의 계통 : 취수 → 도수 → 정수 → 송수 → 배수 → 급수
- 도수시설은 수원지에서 원수를 정수시설까지 보내는 시설이다. 복류수는 지표수에 비해 수질이 양호하다.

113 급수량에 대한 설명으로 옳은 것은?

① 시간 최대급수량은 1일 최대급수량보다 작게 나타난다.
② 계획 1일 평균급수량은 시간 최대급수량에 부하율을 곱하여 산정한다.
③ 계획1일 최대급수량은 계획1일 평균급수량에 계획첨두율을 곱하여 산정한다.
④ 소화용수는 일 최대급수량에 포함되므로 별도로 산정하지 않는다.

- 시간 최대급수량은 1일 최대급수량보다 크게 나타난다.

  시간 최대급수량 = $\dfrac{\text{계획 1일 최대급수량}}{24} \times \begin{cases} 1.3(\text{대도시, 공업도시}) \\ 1.5(\text{중소도시}) \\ 2.0(\text{농촌, 주택지, 소도시}) \end{cases}$

- 계획 1일 평균급수량 = 계획 1일 최대급수량×[0.7(중소도시), 0.85(대도시)]
- 소화용수량 = 계획 1일 최대급수량의 1시간당 수량 + 소화용수량

정답 107 ④ 108 ② 109 ③ 110 ④ 111 ④ 112 ④ 113 ③

02회 CBT 모의고사

114 하수처리 재이용 기본계획에 관한 설명으로 옳지 않은 것은?
① 하수처리 재이용수의 용도는 생활용수, 공업용수, 농업용수, 유지용수를 기본으로 계획한다.
② 하수처리 재이용량은 해당지역 하수도정비 기본계획의 물순환 이용계획에서 제시된 재이용량 이상으로 계획한다.
③ 하수처리수 재이용 지역은 가급적 해당지역내의 소규모 지역 범위로 한정하여 계획한다.
④ 하수처리 재이용수는 용도별 요구되는 수질기준을 만족해야 한다.

> **해설** 하수처리수 재이용 지역은 가급적 해당지역내의 소규모 지역 범위로 한정시켜 계획해서는 안 된다.

115 활성탄흡착 공정에 대한 설명으로 옳지 않은 것은?
① 활성탄은 비표면적이 높은 다공성의 탄소질 입자로 형상에 따라 입상활성탄과 분말활성탄으로 구분된다.
② 분말활성탄의 흡착능력이 떨어지면 재생공정을 통해 재활용한다.
③ 활성탄 흡착을 통해 소수성의 유기물질을 제거할 수 있다.
④ 모래여과 공정 전단에 활성탄 흡착 공정을 두게 되면 탁도 부하가 높아져서 활성탄 흡착효율이 떨어지거나 역세척을 자주 해야 할 필요가 있다.

> **해설** 입상활성탄은 열적, 화학적 방법 등을 이용하여 재생이 가능하지만 분말활성탄은 재생이 불가능하다.

116 배수지의 적정 배치와 용량에 대한 설명으로 옳지 않은 것은?
① 배수 상 유리한 높은 장소를 선정하여 배치한다.
② 용량은 계획1일 최대급수량의 18시간분 이상을 표준으로 한다.
③ 시설물의 배치에는 가능한 한 안정되고 견고한 지반의 장소를 선정한다.
④ 가능한 한 비상시에도 단수없이 급수할 수 있도록 배수지 용량을 설정한다.

> **해설**
> • 배수지의 유효용량은 계획1일 최대급수량의 8~12시간분을 표준으로 한다.
> • 배수지의 유효수심은 3~6m 정도를 표준으로 한다.
> • 배수지는 가능한 한 급수지역의 중앙 가까이 설치한다.
> • 배수지의 높이는 자연유하식일 경우 최소 동수압을 확보할 수 있는 높이가 좋다.
> • 2개 이상의 배수계통으로 된 경우에 각 배수지 계통마다 유효용량을 결정한다.

117 다음 상수도관의 관종 중 내식성이 크고 중량이 가벼우며 손실수두가 적으나 저온에서 강도가 낮고 열이나 유기용제에 약한 것은?

① 흄관
② 강관
③ PVC관
④ 석면 시멘트관

PVC관은 가벼워 시공 취급이 용이하고 내약품성이 우수하며 부식이 없다.

118 장기 폭기법에 관한 설명으로 옳은 것은?

① F/M비가 크다.
② 슬러지 발생량이 적다.
③ 부지가 적게 소요된다.
④ 대규모 하수처리장에 많이 이용된다.

장기 포기법은 잉여슬러지량을 크게 감소시키기 위한 방법으로 BOD-SS 부하를 아주 작게, 폭기 시간을 길게하여 내생호흡상으로 유지되도록 하는 활성슬러지 변법으로 소규모 하수장에 적합하다.

119 하수처리에 관한 설명으로 틀린 것은?

① 하수처리 방법은 크게 물리적, 화학적, 생물학적 처리공정으로 분류된다.
② 화학적 처리공정은 소독, 중화, 산화 및 환원, 이온교환 등이 있다.
③ 물리적 처리공정은 여과, 침사, 활성탄 흡착, 응집침전 등이 있다.
④ 생물학적 처리공정은 호기성 분해와 혐기성 분해로 크게 분류된다.

물리적 처리공정은 침전, 여과, 흡착 등이 있다.

120 하수 고도처리 중 하나인 생물학적 질소 제거 방법에서 질소의 제거 직전 최종 형태(질소제거의 최종산물)는?

① 질소가스(N_2)
② 질산염(NO_3^-)
③ 아질산염(NO_2^-)
④ 암모니아성 질소(NH_4^+)

질산화 과정의 최종산물인 질산염(NO_3^-)을 환원박테리아에 의해 질소가스(N_2)로 방출, 제거한다. 즉, $NO_3^- \rightarrow NO_2^- \rightarrow N_2$이다.

정답 114 ③ 115 ② 116 ② 117 ③ 118 ② 119 ③ 120 ①

1과목 응용역학

001 다음과 같이 A점과 B점에 모멘트하중(M_o)이 작용할 때 생기는 전단력도의 모양은 어떤 형태인가?

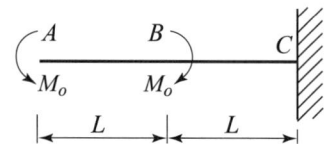

① A ⬚B⬚— C   ② A —B⬚⬚ C
③ A ⬚B⬚⬚ C   ④ A ——— C

> **해설**
> 전단력은 부재를 수직으로 자르려는 힘이므로 모멘트 하중만 작용할 경우(수직하중이 없으므로) 전단력은 없다.

002 다음 그림과 같이 단순보 위에 삼각형 분포하중이 작용하고 있다. 이 단순보에 작용하는 최대 휨모멘트는?

① $0.03214\,wl^2$
② $0.04816\,wl^2$
③ $0.05217\,wl^2$
④ $0.06415\,wl^2$

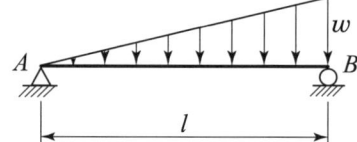

> **해설**
> 등변분포 하중이 작용할 경우에 전단력이 0인 위치는 A점으로부터 $\dfrac{l}{\sqrt{3}}$ 만큼 떨어진 곳에서 최대 휨모멘트 $\dfrac{wl^2}{9\sqrt{3}} = 0.06415\,wl^2$가 발생한다.

003 그림과 같은 구조물에서 단부 A, B는 고정, C지점은 힌지일 때 OA, OB, OC 부재의 분배율로 옳은 것은?

① $DF_{OA} = 3/10$, $DF_{OB} = 4/10$, $DF_{OC} = 4/10$
② $DF_{OA} = 4/10$, $DF_{OB} = 3/10$, $DF_{OC} = 3/10$
③ $DF_{OA} = 4/10$, $DF_{OB} = 3/10$, $DF_{OC} = 4/10$
④ $DF_{OA} = 3/10$, $DF_{OB} = 4/10$, $DF_{OC} = 3/10$

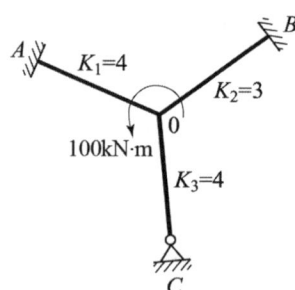

해설

- $DF_{OA} = \dfrac{4}{4+3+4 \times \dfrac{3}{4}} = 4/10$

- $DF_{OB} = \dfrac{3}{4+3+4 \times \dfrac{3}{4}} = 3/10$

- $DF_{OC} = \dfrac{4 \times \dfrac{3}{4}}{4+3+4 \times \dfrac{3}{4}} = 3/10$

004 다음 그림과 같은 단면의 A-A 축에 대한 단면 2차 모멘트는?

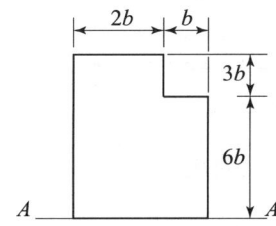

① $558 b^4$
② $623 b^4$
③ $685 b^4$
④ $729 b^4$

해설

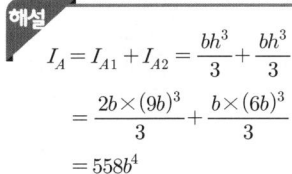
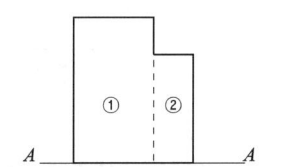

$I_A = I_{A1} + I_{A2} = \dfrac{bh^3}{3} + \dfrac{bh^3}{3}$

$= \dfrac{2b \times (9b)^3}{3} + \dfrac{b \times (6b)^3}{3}$

$= 558b^4$

005 동일 평면상의 한 점에 여러 개의 힘이 작용하고 있을 때, 여러 개의 힘의 어떤 점에 대한 모멘트의 합은 그 합력의 동일점에 대한 모멘트와 같다는 것은 다음 중 어떤 정리인가?

① Mohr의 정리
② Lami의 정리
③ Castigliane의 정리
④ Varignon의 정리

해설

- **바리뇽(Varignon)의 정리**
  여러 힘의 임의의 한 점에 대한 모멘트의 합은 합력의 그 점에 대한 모멘트와 같다.

- **라미(Lami)의 정리**
  세 힘이 서로 평형(비김)이 되고 있을 때 이들 세 개의 힘은 동일 평면상에 있고 한 점에서 만난다.

정답 001 ④ 002 ④ 003 ② 004 ① 005 ④

006 단순보에 등분포 하중이 그림과 같이 작용할 때 최대 처짐량은 얼마인가? (단, EI는 일정)

① $\dfrac{\omega L^4}{9EI}$ ② $\dfrac{\omega L^4}{48EI}$

③ $\dfrac{\omega L^4}{24EI}$ ④ $\dfrac{5\omega L^4}{384EI}$

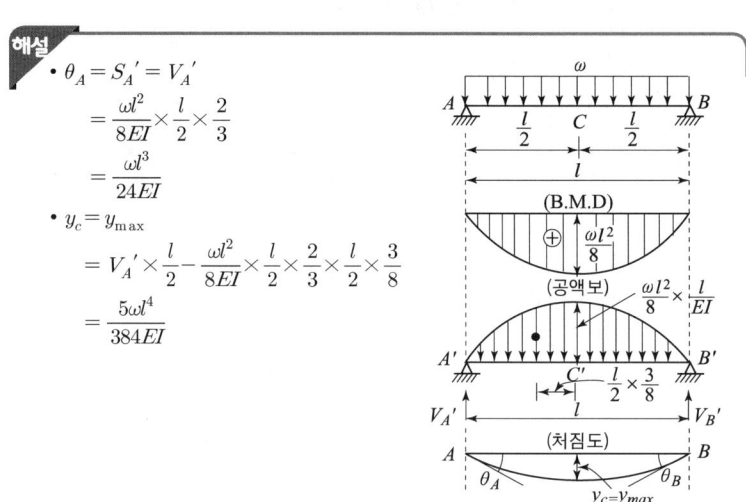

해설
- $\theta_A = S_A' = V_A'$
  $= \dfrac{\omega l^2}{8EI} \times \dfrac{l}{2} \times \dfrac{2}{3}$
  $= \dfrac{\omega l^3}{24EI}$
- $y_c = y_{\max}$
  $= V_A' \times \dfrac{l}{2} - \dfrac{\omega l^2}{8EI} \times \dfrac{l}{2} \times \dfrac{2}{3} \times \dfrac{l}{2} \times \dfrac{3}{8}$
  $= \dfrac{5\omega l^4}{384EI}$

007 탄성변형에너지는 외력을 받는 구조물에서 변형에 의해 구조물에 축적되는 에너지를 말한다. 탄성체이며 선형거동을 하는 길이가 L인 캔틸레버보에 집중하중 P가 작용할 때 굽힘모멘트에 의한 탄성변형에너지는? (단, EI는 일정)

① $\dfrac{P^2 L^2}{6EI}$ ② $\dfrac{P^2 L^2}{2EI}$

③ $\dfrac{P^2 L^3}{6EI}$ ④ $\dfrac{P^2 L^3}{2EI}$

해설
$U = \int \dfrac{M^2}{2EI} dx = \dfrac{1}{2EI} \int_0^l (P \cdot x)^2 dx = \dfrac{P^2}{2EI} \int_0^l (x)^2 dx$
$= \dfrac{P^2}{2EI} \left[\dfrac{x^3}{3}\right]_0^l = \dfrac{P^2 L^3}{6EI}$

008 반지름이 30cm인 원형 단면을 가지는 단주에서 핵의 면적은 약 얼마인가?

① 177cm² ② 228cm²
③ 283cm² ④ 353cm²

해설
- 핵 지름 $\dfrac{d}{8}+\dfrac{d}{8}=\dfrac{d}{4}$
- 핵 단면적 $A=\dfrac{\pi d^2}{4}=\dfrac{\pi\left(\dfrac{d}{4}\right)^2}{4}=\dfrac{\pi\left(\dfrac{60}{4}\right)^2}{4}=177\text{cm}^2$

009 다음 그림과 같이 표시된 힘에서 x방향의 합력은 대략 값은?

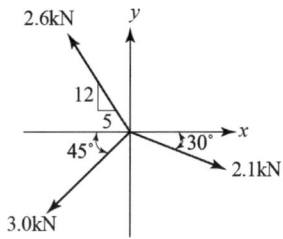

① 0.4kN(←) ② 0.7kN(→)
③ 1.0kN(→) ④ 1.3kN(←)

해설
$2.1\cos 30°-3.0\cos 45°-2.6\times\dfrac{5}{13}=1.3\text{kN}(\leftarrow)$

010 다음 그림과 같은 단순보에 이동하중이 작용하는 경우 절대 최대 휨모멘트는 얼마인가?

① 176.4 kN·m
② 167.2 kN·m
③ 162.0 kN·m
④ 125.1 kN·m

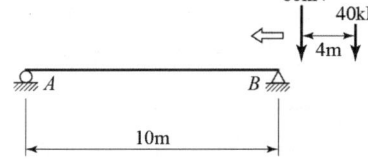

해설
- 합력 크기 $=60+40=100\text{kN}$
- 합력이 작용하는 위치
  $100\times x+40\times 4=0$
  $\therefore x=\dfrac{160}{100}=1.6\text{m}$
  $\Sigma M_B=0$
  $R_A\times 10-60\times 5.8-40\times 1.8=0$
  $\therefore R_A=42\text{kN}$
- 절대 최대 휨모멘트
  $M_{\max}=R_A\times 4.2=42\times 4.2=176.4\text{kN}\cdot\text{m}$

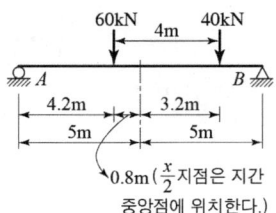

0.8m ($\dfrac{x}{2}$지점은 지간 중앙점에 위치한다.)

정답 006 ④ 007 ③ 008 ① 009 ④ 010 ①

011
15cm×25cm의 직사각형 단면을 가진 길이 4.5m인 양단힌지 기둥이 있다. 세장비 λ는?

① 62.4
② 124.7
③ 100.1
④ 103.9

해설
- $A = 15 \times 25 = 375 \text{cm}^2$
- $I_{min} = \dfrac{hb^3}{12} = \dfrac{25 \times 15^3}{12} = 7031.25 \text{cm}^4$
- $r_{min} = \sqrt{\dfrac{I_{min}}{A}} = \sqrt{\dfrac{7031.25}{375}} = 4.33 \text{cm}$
- $\lambda = \dfrac{l}{r_{min}} = \dfrac{450}{4.33} = 103.9$

보충
세장비 $\lambda = \dfrac{l}{r}$에서 r은 최소 회전반경으로 $r_{min} = \sqrt{\dfrac{I_{min}}{A}}$을 적용한다.

여기서, $I = \dfrac{bh^3}{12}$, $I = \dfrac{hb^3}{12}$은 단면이 약한 쪽이 좌굴되므로 단면 중 작은 값에 3승을 적용한다.

012
다음 중 정(+)의 값뿐만 아니라 부(-)의 값도 갖는 것은?

① 단면계수
② 단면 2차 모멘트
③ 단면 2차 반경
④ 단면 상승 모멘트

해설
단면 상승 모멘트는 x, y 값에 따라 양수(+), 0, 음수(-) 값이 모두 나올 수 있다.

013
그림과 같은 3힌지 아치에서 C점의 휨모멘트는?

① 32.5 kN·m
② 35.0 kN·m
③ 37.5 kN·m
④ 40.0 kN·m

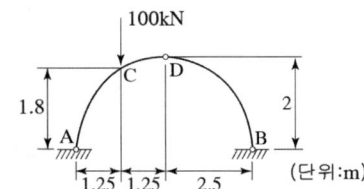

해설
- $\sum M_B = 0$
  $R_A \times 5 - 100 \times 3.75 = 0$
  $\therefore R_A = 75 \text{kN}$
- $M_D = 0$
  $75 \times 2.5 - 100 \times 1.25 - H_A \times 2 = 0$
  $\therefore H_A = 31.25 \text{kN}$
- $M_C = 75 \times 1.25 - 31.25 \times 1.8 = 37.5 \text{kN·m}$

014 그림과 같은 트러스의 사재 D의 부재력은?
① 50kN(인장)
② 50kN(압축)
③ 37.5kN(인장)
④ 37.5kN(압축)

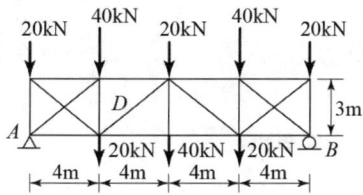
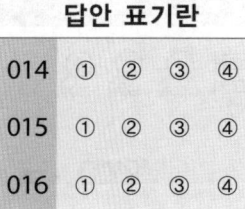

해설
- 대칭이므로 $R_A = 110\text{kN}$
- $\Sigma V = 0$
$$110 - 20 - 40 - 20 - D \times \frac{3}{5} = 0$$
$$\therefore D = 50\text{kN}(압축)$$

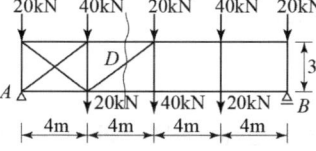

015 탄성계수 E, 전단탄성계수 G, 포와송수 m 사이의 관계가 옳은 것은?

① $G = \dfrac{m}{2(m+1)}$ ② $G = \dfrac{E}{2(m-1)}$

③ $G = \dfrac{mE}{2(m+1)}$ ④ $G = \dfrac{E}{2(m+1)}$

해설
$$G = \frac{E}{2(1+v)} = \frac{E}{2\left(1+\dfrac{1}{m}\right)} = \frac{mE}{2(m+1)}$$

보충
- $v = \dfrac{\beta}{\varepsilon} = \dfrac{\dfrac{\Delta d}{d}}{\dfrac{\Delta l}{l}}$
- $G = \dfrac{\tau}{r} = \dfrac{S/A}{\lambda/l} = \dfrac{Sl}{A\lambda}$
- $E = \dfrac{\sigma}{\varepsilon}$

016 그림과 같이 이축응력(二軸應力)을 받고 있는 요소의 체적 변형률은?
(단, 탄성계수 $E = 2.0 \times 10^5$MPa, 프와송비 $\nu = 0.3$)

① 3.6×10^{-4}
② 4.0×10^{-4}
③ 4.4×10^{-4}
④ 4.8×10^{-4}

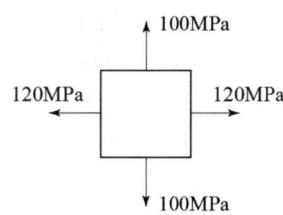

해설
2축 응력의 체적 변형률
$$\varepsilon_v = \frac{\Delta V}{V} = \frac{1-2\nu}{E}(\sigma_x + \sigma_y) = \frac{1-2 \times 0.3}{2.0 \times 10^5}(120+100) = 4.4 \times 10^{-4}$$

정답 011 ④ 012 ④ 013 ③ 014 ② 015 ③ 016 ③

> **보충**
> • 2축 응력시 x방향의 변형률
> $$\varepsilon_x = \frac{1}{E}(\sigma_x - \nu\sigma_y) = \frac{1}{2.0\times 10^5}(120 - 0.3\times 100) = 4.5\times 10^{-4}$$
> • 3축 응력의 체적 변형률
> $$\varepsilon_v = \frac{\Delta V}{V} = \frac{1-2\nu}{E}(\sigma_x + \sigma_y + \sigma_z)$$

017 그림과 같은 연속보에서 B점의 반력(R_B)은? (단, EI는 일정하다.)

① $\dfrac{3}{10}wl$

② $\dfrac{3}{8}wl$

③ $\dfrac{5}{8}wl$

④ $\dfrac{5}{4}wl$

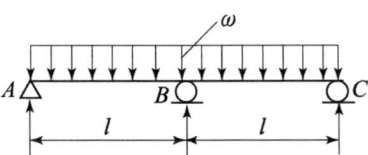

> **해설**
> • 등분포 하중에 의한 처짐
> $$y_{B1} = \frac{5w(2l)^4}{384EI} = \frac{5wl^4}{24EI}$$
> • 반력(R_B)에 의한 처짐
> $$y_{B2} = \frac{R_B \cdot (2l)^3}{48EI} = \frac{4R_B l^3}{24EI}$$
> • 부정정보의 반력계산
> $y_{B1} - y_{B2} = 0$, $y_{B1} = y_{B2}$ 이므로
> $$\therefore R_B = \frac{5}{4}wl$$

018 지름 D인 원형 단면 보에 휨모멘트 M이 작용할 때 최대 휨응력은?

① $\dfrac{64M}{\pi D^3}$

② $\dfrac{32M}{\pi D^3}$

③ $\dfrac{16M}{\pi D^3}$

④ $\dfrac{8M}{\pi D^3}$

> **해설**
> • $Z = \dfrac{I_X}{y} = \dfrac{\dfrac{\pi D^4}{64}}{\dfrac{D}{2}} = \dfrac{\pi D^3}{32}$
> • $\sigma = \dfrac{M}{Z} = \dfrac{32M}{\pi D^3}$

019 그림과 같은 단순보에 일어나는 최대 전단력은?

① 27kN
② 45kN
③ 54kN
④ 63kN

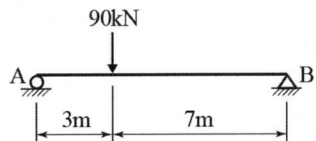

해설
- $\Sigma M_B = 0$
  $R_A \times 10 - 90 \times 7 = 0$
  $\therefore R_A = \dfrac{1}{10}(90 \times 7) = 63\,\text{kN}$
- $S_{\max} = S_A = 63\,\text{kN}$

020 그림과 같은 캔틸레버 보에서 집중하중(P)이 작용할 경우 최대 처짐($\delta_{\max}$)은? (단, EI는 일정하다.)

① $\delta_{\max} = \dfrac{Pa^2}{3EI}(3L+a)$
② $\delta_{\max} = \dfrac{P^2 a}{3EI}(3L-a)$
③ $\delta_{\max} = \dfrac{P^2 a}{6EI}(3L+a)$
④ $\delta_{\max} = \dfrac{Pa^2}{6EI}(3L-a)$

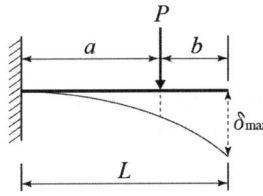

해설
- $A = \dfrac{1}{2} \times P\,a \times a = \dfrac{Pa^2}{2}$
- $M_{B'} = A \times \left(\dfrac{2}{3}a + b\right) = \dfrac{Pa^2}{2}\left(\dfrac{2}{3}a + b\right)$
  $= \dfrac{2Pa^3}{6} + \dfrac{Pa^2 b}{2}$
- $y_B = \dfrac{M_{B'}}{EI} = \dfrac{2Pa^3}{6EI} + \dfrac{Pa^2 b}{2EI}$
  $= \dfrac{2Pa^3}{6EI} + \dfrac{3Pa^2 b}{6EI}$
  $= \dfrac{2Pa^3}{6EI} + \dfrac{3Pa^2(L-a)}{6EI}$
  $= \dfrac{Pa^2}{6EI}[2a + 3(L-a)]$
  $= \dfrac{Pa^2}{6EI}(3L-a)$

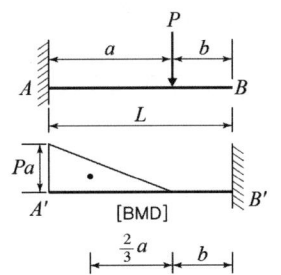

정답 017 ④ 018 ② 019 ④ 020 ④

2과목 측량학

021 축척 1/1,500 지도상의 면적을 잘못하여 축척 1/1,000로 측정하였더니 10,000m²가 나왔다. 실제면적은?

① 17,600m² ② 18,700m²
③ 22,500m² ④ 24,300m²

해설
면적비 = 축척비²
$$\therefore A = \left(\frac{1,500}{1,000}\right)^2 \times 10,000 = 22,500 \text{m}^2$$

022 삼변측량을 실시하여 길이가 각각 $a=1200$m, $b=1300$m, $c=1500$m로 측정되었을 때에 c변에 대한 협각 ∠C는?

① 73° 31' 02"
② 73° 33' 02"
③ 73° 35' 02"
④ 73° 37' 02"

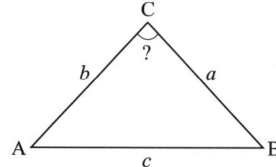

해설
- $\cos C = \dfrac{a^2+b^2-c^2}{2ab} = \dfrac{1200^2+1300^2-1500^2}{2\times 1200\times 1300} = 0.282$
  $\therefore C = \cos^{-1}0.282 = 73°37'02''$
- $\cos A = \dfrac{b^2+c^2-a^2}{2bc}$
- $\cos B = \dfrac{a^2+c^2-b^2}{2ac}$

023 그림과 같이 교호수준측량을 하였다. B점의 높이는? (단, A점의 표고 $H_A = 25.442$m이다.)

① 24.165m
② 24.764m
③ 25.255m
④ 25.855m

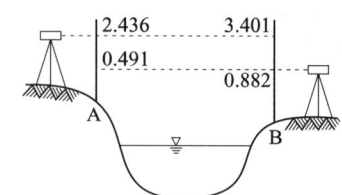

해설
$$h = \frac{1}{2}\{(a_1-b_1)+(a_2-b_2)\}$$
$$= \frac{1}{2}\{(2.436-3.401)+(0.491-0.882)\} = -0.678$$
$$\therefore H_B = H_A + h = 25.442 + (-0.678) = 24.764\text{m}$$

024 다음 완화곡선에 대한 설명 중 옳지 않은 것은?
① 모든 클로소이드(clothoid)는 닮음 꼴이며 클로소이드 요소는 길이의 단위를 가진 것과 단위가 없는 것이 있다.
② 완화곡선의 접선은 시점에서 원호에, 종점에서 직선에 접한다.
③ 완화곡선의 반경은 그 시점에서 무한대, 종점에서는 원곡선의 반경과 같다.
④ 완화곡선에 연한 곡선반경의 감소율은 캔트(cant)의 증가율과 같다.

- 완화곡선의 접선은 시점에서 직선에 종점에서 원호에 접한다.
- 완화곡선 길이 $l = \dfrac{CN}{1000}$
- 캔트 $C = \dfrac{SV^2}{gR}$

025 원곡선에서 반지름 $R=200$m, 시점으로부터 교점(I.P)까지의 추가거리 423.26m, 교각 $I=42°20'$일 때 시단현의 편각은 얼마인가? (단, 중심말뚝간격은 20m임)
① 0°50'00"
② 2°01'52"
③ 2°03'11"
④ 2°51'47"

- $TL = R\tan\dfrac{I}{2} = 200\tan\dfrac{42°20'}{2} = 77.44$m
- $BC = IP - TL = 423.26 - 77.44 = 345.82$m
- BC의 위치 : $345.82 \div 20 = No.17 + 5.82$m
- 시단현의 길이 : $20 - 5.82 = 14.18$m
- 시단현의 편각 : $\delta = 1718.87' \times \dfrac{l}{R} = 1718.87' \times \dfrac{14.18}{200} = 2°1'52''$

026 수준측량에서 전·후시 거리를 같게 함으로써 제거되는 오차가 아닌 것은?
① 빛의 굴절오차
② 지구의 곡률오차
③ 시준선이 기포관축과 평행하지 않아 생기는 오차
④ 표척눈금의 부정확에서 오는 오차

- 전시와 후시의 거리를 같게 취함으로써 제거되는 오차
  시준축 오차(기계오차), 기차(광선의 굴절오차), 구차(지구의 곡률오차)
- 수준측량에서 전시와 후시의 거리를 같게 취하는 가장 중요한 이유는 시준선과 기포관축이 나란하지 않아 생기는 오차를 제거하기 위함이다.

정답 021 ③ 022 ④ 023 ② 024 ② 025 ② 026 ④

027 구면 삼각형의 성질에 대한 설명으로 맞지 않는 것은?

① 구면 삼각형의 내각의 합은 180°보다 크다.
② 어떤 측선의 방위각과 역방위각의 차이는 180°이다.
③ 2점간 거리가 구면상에서는 대원의 호길이가 된다.
④ 구과량은 구반경의 제곱에 비례하고 구면삼각형의 면적에 반비례한다.

해설
구과량 $e'' = \dfrac{E \cdot \rho''}{r^2}$

028 폐합 트래버스 측량결과 각 측선의 경거, 위거가 표와 같을 경우 $\overline{AD}$측선의 방위각은?

측선	위거		경거	
	N	S	E	W
AB	60		40	
BC		40	60	
CD		70		50
DA				

① 45° ② 135°
③ 225° ④ 315°

해설
- $\overline{DA}$ 위거 : $(40+70)-60 = 50$
- $\overline{DA}$ 경거 : $50-(40+60) = -50$
- $\tan\theta = \dfrac{경거}{위거} = \dfrac{-50}{50} = -1$
  $\theta = \tan^{-1}(-1) = 45°$ (4상한)
  ∴ $\overline{DA}$ 방위각 $= 360° - 45° = 315°$
- $\overline{AD}$ 방위각
  $\overline{DA}$ 방위각 $+ 180° = 315° + 180° = 495°$
  ∴ $495° - 360° = 135°$

029 3000m의 거리를 50m씩 끊어서 60회를 측정하였다. 측정결과 오차가 ±0.012m이었고 60회 측정의 정밀도가 동일하다면 50m 거리 측정의 오차는 얼마인가?

① ±0.015m ② ±0.018m
③ ±0.025m ④ ±0.045m

해설
- 우연오차 : $\delta\sqrt{n}$ 여기서, δ : 오차, n : 측정 횟수
- $\pm 0.12 : \sqrt{60} = x : \sqrt{1}$
  ∴ $x = \pm 0.015\text{m}$

030 다음 중 트래버스 측량에 관한 일반적인 사항에 대한 설명으로 옳지 않은 것은?
① 폐합 트래버스에서 편각의 총합은 반드시 360°가 되어야 한다.
② 폐합오차 조정방법 중 컴퍼스법칙은 각관측의 정밀도가 거리관측의 정밀도보다 높을 때 실시한다.
③ 결합트래버스는 가장 높은 정확도를 얻을 수 있다.
④ 각관측 방법 중 방위각법은 한번 오차가 발생하면 그 영향은 끝까지 미친다.

해설
- 폐합오차 조정방법 중 트랜싯법칙은 각관측의 정밀도가 거리관측의 정밀도보다 높을 때 실시한다.
- 컴퍼스 법칙은 각관측 정밀도와 거리관측 정밀도가 동일할 경우에 사용한다.

031 30m에 대하여 3mm 늘어나 있는 줄자로써 정사각형의 지역을 측정한 결과 62,500m²이었다면 실제의 면적은?
① 62,512.5 m²
② 62,524.3 m²
③ 62,535.5 m²
④ 62,550.3 m²

해설
$$A = A_0 \left(1 \pm \frac{\Delta l}{l}\right)^2 = 62,500 \times \left(1 \pm \frac{0.003}{30}\right)^2 = 62,512.5 \text{m}^2$$

032 다음 중 지형측량 순서로 맞는 것은?
① 측량계획작성 — 골조측량 — 측량원도작성 — 세부측량
② 측량계획작성 — 세부측량 — 측량원도작성 — 골조측량
③ 측량계획작성 — 측량원도작성 — 골조측량 — 세부측량
④ 측량계획작성 — 골조측량 — 세부측량 — 측량원도작성

해설
삼각측량, 삼변측량, 트래버스측량 등을 하여 골조측량을 하고 평판측량으로 세부측량을 하고 측량원도를 작성한다.

033 다음 중 항공사진의 특수 3점이 아닌 것은?
① 주점
② 보조점
③ 연직점
④ 등각점

해설
- **주점** : 파인더에 지표를 이용하여 구한다.
- **연직점** : 렌즈 중심으로부터 지표면에 내린 수선의 발
- **등각점** : 주점과 연직점이 이루는 각을 2등분한선

034 노선 측량의 일반적 작업 순서로서 옳은 것은? (단, A : 종·횡단측량, B : 중심선 측량, C : 공사측량, D : 답사)

① A → B → D → C
② D → B → A → C
③ D → C → A → B
④ A → C → D → B

> **해설**
> • 노선 측량의 일반적 작업 순서 : 답사 → 중심측량 → 종·횡단측량 → 공사측량
> • 노선 측량의 순서 : 노선선정 → 지형측량 → 중심선측량 → 종단측량 → 횡단측량 → 용지측량 → 공사측량

035 GPS 위성측량에 대한 설명으로 옳은 것은?

① GPS를 이용하여 취득한 높이는 지반고이다.
② GPS에서 사용하고 있는 기준타원체는 GRS80 타원체이다.
③ 대기 내 수증기는 GPS 위성 신호를 지연시킨다.
④ GPS 측량은 별도의 후처리 없이 관측값을 직접 사용할 수 있다.

> **해설**
> • GPS 측량에서의 높이는 타원체면상에서 측점까지의 높이이다.
> • GPS에서 사용하고 있는 기준타원체는 WGS 84 타원체이다.
> • GPS 측량은 자료를 보정하여 정밀한 위치정보를 측정한다.

036 초점거리가 210mm인 사진기로 촬영한 항공사진의 기선 고도비는? (단, 사진크기는 23cm×23cm, 축척은 1:10,000, 종중복도는 60%이다.)

① 0.32
② 0.44
③ 0.52
④ 0.61

> **해설**
> • $B = ma\left(1 - \dfrac{P}{100}\right) = 10,000 \times 0.23 \left(1 - \dfrac{60}{100}\right) = 920\,\text{m}$
> • 축척 $\dfrac{1}{m} = \dfrac{f}{H}$ 에서
> $H = mf = 10,000 \times 0.21 = 2,100\,\text{m}$
> • 기선 고도비
> $B/H = \dfrac{920}{2,100} = 0.44$

037 수평각 관측을 할 때 망원경의 정위, 반위로 관측하여 평균하여도 소거되지 않는 오차는?

① 수평축 오차
② 시준축 오차
③ 연직축 오차
④ 편심 오차

> **해설**
> 수평축 오차, 시준축 오차, 편심 오차(외심 오차)는 각 관측에서 망원경의 정위, 반위로 관측, 평균하여 소거할 수 있지만 연직축 오차는 소거할 수 없다.

038 GNSS 데이터의 교환 등에 필요한 공통적인 형식으로 원시데이터에서 측량에 필요한 데이터를 추출하여 보기 쉽게 표현한 것은?

① Gernese
② RINEX
③ Ambiguity
④ Binary

해설
라이넥스(RINEX) : GNSS 관측 데이터의 저장과 교환에 사용되는 세계 표준의 GNSS 데이터 자료 형식이다.

039 수준망의 관측 결과가 표와 같을 때, 관측의 정확도가 가장 높은 것은?

① Ⅰ
② Ⅱ
③ Ⅲ
④ Ⅳ

구분	총거리(km)	폐합오차(mm)
Ⅰ	25	±20
Ⅱ	16	±18
Ⅲ	12	±15
Ⅳ	8	±13

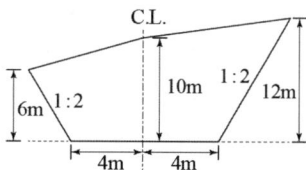

해설
정밀도
• 오차는 노선거리의 제곱근에 비례한다.
$$E = C\sqrt{L}$$
$$\therefore C = \frac{E}{\sqrt{L}}$$
여기서, E : 수준측량 오차의 합
C : 1km에 대한 오차
L : 노선거리(km)

• 노선거리별 폐합오차 관계
$$\frac{20}{\sqrt{24}} : \frac{18}{\sqrt{16}} : \frac{15}{\sqrt{12}} : \frac{13}{\sqrt{8}}$$
$$4 \ : \ 4.5 \ : \ 4.33 : 4.59$$
∴ Ⅰ구간의 정확도가 가장 높다.

040 그림과 같은 횡단면의 면적은?

① 196m^2
② 204m^2
③ 216m^2
④ 256m^2

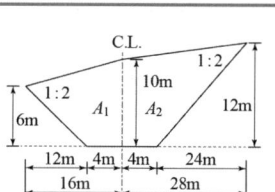

해설
• 중심선(C · L) 좌측 면적
$$A_1 = \frac{6+10}{2} \times 16 - \frac{6 \times (16-4)}{2} = 92\text{m}^2$$
• 중심선(C · L) 우측 면적
$$A_2 = \frac{10+12}{2} \times 28 - \frac{12 \times (28-4)}{2} = 164\text{m}^2$$
• 전체 면적
$$A = A_1 + A_2 = 92 + 164 = 256\text{m}^2$$

3과목 수리·수문학

041 직사각형의 단면(폭 4m×수심 2m)에서 Manning공식의 조도계수 $n=0.017$이고 유량 $Q=15\text{m}^3/\text{sec}$일 때 수로의 경사는?

① $1.016×10^{-3}$ ② $31.875×10^{-3}$
③ $15.365×10^{-3}$ ④ $4.548×10^{-3}$

해설
- $Q = A \cdot V$
  $\therefore V = \dfrac{Q}{A} = \dfrac{15}{4 \times 2} = 1.875\text{m/sec}$
- $R = \dfrac{A}{P} = \dfrac{8}{8} = 1\text{m}$
- $V = \dfrac{1}{n} R^{\frac{2}{3}} I^{\frac{1}{2}}$
  $\therefore I^{\frac{1}{2}} = \dfrac{1.875 \times 0.017}{1} = 0.031875$
  $I = (0.031875)^2 = 1.016 \times 10^{-3}$

042 마찰손실계수(f)와 Reynolds 수(R_e) 및 상대조도(ε/d)의 관계를 나타낸 Moody 도표에 대한 설명으로 옳지 않은 것은?

① 층류가 난류의 물리적 상이점은 $f - R_e$ 관계가 한계 Reynolds 수 부근에서 갑자기 변한다.
② 층류영역에서는 단일 직선이 관의 조도에 관계없이 적용된다.
③ 난류영역에서는 $f - R_e$ 곡선은 상대조도(ε/d)에 따라 변하며 Reynolds 수보다는 관의 조도가 더 중요한 변수가 된다.
④ 완전 난류의 완전히 거치른 영역에서 f는 R_e^n과 반비례하는 관계를 보인다.

해설
- 완전 난류영역(거친관)에서 관의 상대조도(ε/d)에 의해 결정된다.
- 마찰손실계수는 R_e수와 상대조도가 밀접한 관계가 있다.
- 관수로에서 흐름이 층류인 경우 마찰계수는 R_e 수에만 영향을 받는다.

043 다음 중 베르누이(Bernoulli)의 정리를 응용한 것이 아닌 것은?

① 토리첼리(Torricelli)의 정리
② 피토관(Pitot tube)
③ 벤츄리미터(Venturimeter)
④ 파스칼(Pascal)의 원리

해설
- 파스칼의 원리는 정수 중의 한 점에 압력을 가하면 그 압력은 물 속의 모든 곳에 동일하게 전달되는 것으로 파스칼의 원리를 응용하여 작은 힘으로 큰 힘을 얻을 수 있는 장치를 수압기라고 한다.
- 정상류, 비압축성 유체, 비회전류는 베르누이 방정식의 가정조건에 적용된다.
- 베르누이 정리는 Euler의 운동방정식으로부터 적분하여 유도할 수 있다.
- 베르누이 정리는 이상유체 유동에 대하여 기계적 일-에너지 방정식과 같은 것이다.
- 베르누이 정리는 에너지 불변의 법칙이며 위치, 압력, 운동에너지로부터 연속 방정식을 이용하여 유도한다.
- 회전류의 경우에는 동일한 유선상에서만 베르누이의 정리가 적용되고 비회전류인 경우에는 흐름의 전영역에 적용한다.
- $\dfrac{V^2}{2g} + \dfrac{P}{\omega} + Z = H(일정)$

044 합성단위 유량도(synthetic unit hydrograph) 작성법이 아닌 것은?
① Snyder 방법
② SCS의 무차원 단위유량도 이용법
③ Nakayasu 방법
④ 순간 단위유량도법

해설
단위유량도의 합성방법에는 Snyder 방법, SCS 방법, 시간-면적법, Clark 방법 등이 있다.

045 관수로의 마찰손실수두에 대한 설명 중 옳은 것은?
① 관의 조도계수에 반비례한다.
② 관내 유속의 1/3제곱에 비례한다.
③ 관수로 길이에 비례한다.
④ 후르드 수에 반비례한다.

해설
관내의 마찰손실수두는 손실계수, 관의 길이에 비례하고 관의 직경과 중력가속도에 반비례한다.

046 위어 정상을 기준하여 상류측 전수두를 H, 하류 수위를 h라 할 경우 수중위어로 볼 수 있는 조건은?
① $h < \dfrac{1}{2}H$
② $h < \dfrac{2}{3}H$
③ $h > \dfrac{1}{3}H$
④ $h > \dfrac{2}{3}H$

해설
일반적으로 위어의 하류수면이 위어의 정부보다 높은 위어를 수중위어라 한다.

정답 041 ① 042 ④ 043 ④ 044 ④ 045 ③ 046 ④

047 유출에 대한 설명 중 틀린 것은?
① 직접유출은 강수 후 비교적 단시간 내에 하천으로 흘러 들어가는 부분을 말한다.
② 지표 유하수(overland flow)가 하천에 도달한 후 다른 성분의 유출수와 합친 유수를 총 유출수라 한다.
③ 총 유출은 통상 직접유출과 기저유출로 분류된다.
④ 지하유출은 토양을 침투한 물이 지하수를 형성하는 것으로 총 유출량에는 고려되지 않는다.

해설
- 지표 유출(surface runoff)은 짧은 시간 내에 하천으로 유출되는 지표류 및 하천 또는 호수면에 직접 떨어진 수로상 강수 등으로 구성된다.
- 기저유출(base flow)은 비가 오기 전의 건천후 때의 유출이다.
- 하천에 도달하기 전에 지표면 위로 흐르는 유출을 지표류(overland flow)라 한다.
- 지하유출은 토양을 침투한 물이 지하수를 형성하는 것으로 총 유출량에는 고려된다.
- 유출에 영향을 미치는 인자에는 유역의 특성, 유로(流路)의 특성, 유역의 기후 등이 있다.

048 도수(hydraulic jump) 전후의 수심 h_1, h_2의 관계를 도수전의 후루드수 F_{r1}의 함수로 표시한 것으로 옳은 것은?

① $\dfrac{h_2}{h_1} = \dfrac{1}{2}\left(\sqrt{8F_{r1}^2+1}+1\right)$
② $\dfrac{h_2}{h_1} = \dfrac{1}{2}\left(\sqrt{8F_{r1}^2+1}-1\right)$
③ $\dfrac{h_1}{h_2} = \dfrac{1}{2}\left(\sqrt{8F_{r1}^2+1}+1\right)$
④ $\dfrac{h_1}{h_2} = \dfrac{1}{2}\left(\sqrt{8F_{r1}^2+1}-1\right)$

해설
- 도수후 수심 : $h_2 = \dfrac{h_1}{2}\left(\sqrt{8F_{r1}^2+1}-1\right)$
- 도수현상은 사류에서 상류로 변할 때 수면이 불연속으로 튀는 현상이다.

049 흐르는 유체 속에 물체가 있을 때 물체가 유체로부터 받는 힘은?
① 장력(張力)
② 충력(衝力)
③ 항력(抗力)
④ 소류력(掃流力)

해설
- C_D(항력계수)는 R_e 수의 함수이다. 즉, $C_D = \dfrac{24}{R_e}$ 이다.
- 항력은 유수 중에 있는 물체가 유체로부터 받는 힘을 말하며 $D = C_D A \dfrac{\rho V^2}{2}$ 로 표시한다.

050 두 개의 수평한 판이 5mm 간격으로 놓여 있고 점성계수 $0.01\text{N} \cdot \text{s/cm}^2$인 유체로 채워져 있다. 하나의 판을 고정시키고 다른 하나의 판을 2m/s로 움직일 때 유체 내에서 발생되는 전단응력은?

① 1N/cm^2
② 2N/cm^2
③ 3N/cm^2
④ 4N/cm^2

> **해설**
> 점성계수와 속도경사의 함수관계이므로
> $\tau = \mu \dfrac{dv}{dy} = 0.01 \times \dfrac{200}{0.5} = 4\text{N/cm}^2$

051 다음의 부체에 관한 설명 중 옳지 않은 것은?
① 부심(B)과 부체의 중심(G)이 동일 연직선 상에 올 때 안정을 유지한다.
② 중심(G)이 부심(B)보다 아래 쪽에 있으면 안정하다.
③ 경심(M)이 중심(G)보다 낮을 경우 안정하다.
④ 경심(M)이 중심(G)보다 높을 경우 복원 모멘트가 발생된다.

> **해설**
> 경심(M)이 가장 위에 있어야 안정하다.
>
> • 경심(M)이 중심(G)보다 아래에 있을 때 불안정하다.
> • $\overline{MG} = \dfrac{I_y}{V} - \overline{CG} > 0$: 안정하다.

052 DAD 해석에 관한 내용으로 옳지 않은 것은?
① DAD의 값은 유역에 따라 다르다.
② DAD 해석에서 누가우량곡선이 필요하다.
③ DAD 곡선은 대부분 반대수지로 표시된다.
④ DAD 관계에서 최대평균우량은 지속시간 및 유역면적에 비례하여 증가한다.

> **해설**
> • 최대평균우량은 유역면적이 커지면 감소하고 지속시간이 길면 증가한다.
> • 유역면적을 대수축에 최대평균강우량을 산술축에 표시한다.
> • 누가우량곡선의 경사가 클수록 강우강도가 크다.
> • DAD 곡선은 강우깊이(Rainfall Depth), 유역면적(Area), 강우 지속시간(Duration)의 상관곡선으로 관측점별, 지소기간별, 최대 강우량, 지배면적, 지형도 등의 자료가 필요하다.
> • DAD 해석 시 직접적으로 자기우량 기록지, 유역면적, 최대 강우량 기록 등이 필요하다.

정답 047 ④ 048 ② 049 ③ 050 ④ 051 ③ 052 ④

053
양정이 5m일 때 4.9kW의 펌프로 0.03m³/s를 양수했다면 이 펌프의 효율은?

① 약 0.3 ② 약 0.4
③ 약 0.5 ④ 약 0.6

해설 펌프 동력

$$P = \frac{9.8\,QH}{\eta}\,[\text{kW}]$$

$$\therefore \eta = \frac{9.8\,QH}{P} = \frac{9.8 \times 0.03 \times 5}{4.9} = 0.3$$

054
오리피스(Orifice)의 압력수두가 2m이고 단면적이 4cm², 접근유속은 1m/s일 때 유출량은? (단, 유량계수 $C = 0.63$이다.)

① 1558 cm³/s ② 1578 cm³/s
③ 1598 cm³/s ④ 1618 cm³/s

해설
$$Q = CA\sqrt{2g(h+h_a)} = 0.63 \times 4\sqrt{2 \times 980 \times (200+5.1)} = 1598\,\text{cm}^3/\text{s}$$

여기서, 접근유속수두 $h_a = \dfrac{v_a^2}{2g} = \dfrac{1^2}{2 \times 9.8} = 0.051\text{m} = 5.1\text{cm}$

055
수심이 50m로 일정하고 무한히 넓은 해역에서 주태양반일주조(S_2)의 파장은? (단, 주태양반일주조의 주기는 12시간, 중력가속도 $g = 9.81$m/s²이다.)

① 9.56km ② 95.6km
③ 956 km ④ 9560 km

해설
- 파속 $C = \sqrt{gh} = \sqrt{9.8 \times 50} = 22.135$m/sec
- 주기 $T = 12$시간 $= 12 \times 60 \times 60 = 43,200$sec
- 파속 $C = \dfrac{L}{T}$

$\therefore$ 파장 $L = C \cdot T = 22.135 \times 43,200 = 956,232$m $= 956$km

056
수리학적으로 유리한 단면에 관한 내용으로 옳지 않은 것은?

① 동수반경을 최대로 하는 단면이다.
② 구형에서는 수심이 폭의 반과 같다.
③ 사다리꼴에서는 동수반경이 수심의 반과 같다.
④ 수리학적으로 가장 유리한 단면의 형태는 이등변 직각삼각형이다.

- 가장 유리한 단면은 윤변이 최고이고, 경심이 최대가 되는 단면이다.
- 수리학적으로 유리한 단면은 동일단면에 최대 유량이 흐를 수 있는 단면으로 수심을 반지름으로 하는 내접원 단면이다.

057 수면 아래 30m 지점의 수압을 kN/m² 으로 표시하면? (단, 물의 단위중량은 9.81kN/m³ 이다.)

① $2.94 \, \text{kN/m}^2$
② $29.43 \, \text{kN/m}^2$
③ $294.3 \, \text{kN/m}^2$
④ $2943 \, \text{kN/m}^2$

$P = wH = 9.81 \times 30 = 294.3 \text{kN/m}^2$

058 개수로 내의 흐름에서 비에너지(specific energy, H_e)가 일정할 때, 최대 유량이 생기는 수심 h로 옳은 것은? (단, 개수로의 단면은 직사각형이고 $\alpha = 1$ 이다.)

① $h = H_e$
② $h = \frac{1}{2} H_e$
③ $h = \frac{2}{3} H_e$
④ $h = \frac{3}{4} H_e$

- 한계수심은 비에너지의 2/3이다.
- 한계수심으로 흐를 때 유량이 최대가 된다.

059 지름 0.3m, 수심 6m인 굴착정이 있다. 피압대수층의 두께가 3.0m라 할 때 5L/s의 물을 양수하면 우물의 수위는? (단, 영향원의 반지름은 500m, 투수계수는 4m/h이다.)

① 3.848m
② 4.063m
③ 5.920m
④ 5.999m

굴착정의 양수량
$Q = \dfrac{2\pi c k (H-h)}{2.3 \log(R/r)}$
$H - h = \dfrac{Q \, 2.3 \log(R/r)}{2\pi c k}$
$\therefore h = H - \dfrac{Q \, 2.3 \log(R/r)}{2\pi c k} = 6 - \dfrac{(5 \times 10^{-3}) \times 2.3 \log(500/0.15)}{2\pi \times 3 \times (4/60 \times 60)} = 4.063\text{m}$

답안 표기란				
057	①	②	③	④
058	①	②	③	④
059	①	②	③	④

정답 053 ① 054 ③ 055 ③ 056 ④ 057 ③ 058 ③ 059 ②

060 유역면적이 2km²인 어느 유역에 다음과 같은 강우가 있었다. 직접유출용적이 140,000m³일 때, 이 유역에서의 $\phi-\text{index}$는?

시간(30min)	1	2	3	4
강우강도(mm/h)	102	51	152	127

① 36.5mm/h ② 51.0mm/h
③ 73.0mm/h ④ 80.3mm/h

해설

- 30min에 대한 강우강도

시간	1	2	3	4
강우강도	51	25.5	76	63.5

- 총 강우량 = 51 + 25.5 + 76 + 63.5 = 216mm
- 지표 유출량 = $\dfrac{\text{직접유출용적}}{\text{유역면적}} = \dfrac{140,000}{2 \times 10^6} = 0.07\text{m} = 70\text{mm}$
- 침투량 = 총 강우량 − 지표 유출량 = 216 − 70 = 146mm
- (mm/30min)에 대한 $\phi-\text{index}$
  = $\dfrac{\text{침투량}}{\text{시간}} = \dfrac{146-25.5}{3} = 40.167(\text{mm}/30\text{min})$
- (mm/hr)에 대한 $\phi-\text{index} = 40.167(\text{mm}/30\text{min}) \times 2 = 80.33\text{mm/hr}$

4과목 철근콘크리트 및 강구조

061 다음 띠철근 기둥이 최소 편심하에서 받을 수 있는 설계 축하중강도 ($\phi P_{n(\max)}$)는 얼마인가? (단, 축방향 철근의 단면적 A_{st} = 18.65cm², f_{ck} = 28MPa, f_y = 300MPa이고 기둥은 단주이다.)

① 2490 kN
② 2774 kN
③ 3075 kN
④ 1998 kN

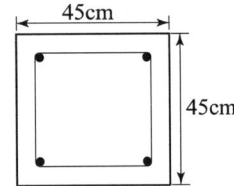

해설

$P_u = \phi P_n = \phi \left[0.85 f_{ck} A_c + A_{st} f_y \right]$
$= 0.65 \times 0.8 [0.85 \times 28 \times (0.45^2 - 18.65 \times 10^{-4}) + 18.65 \times 10^{-4} \times 300]$
$= 2.774\text{MN} = 2774\text{kN}$

보충 나선철근 기둥일 경우 $\phi = 0.7$이다.

062 압축이형철근의 정착에 대한 다음 설명 중 잘못된 것은?
① 정착길이는 기본정착길이에 적용 가능한 모든 보정계수를 곱하여 구한다.
② 정착길이는 항상 200mm 이상이어야 한다.
③ 해석결과 요구되는 철근량을 초과하여 배치한 경우의 보정계수는 (소요 A_s/배근 A_s)이다.
④ 표준 갈고리를 갖는 압축이형철근의 보정계수는 0.75이다.

해설
- 압축구역에서는 갈고리가 정착에 유효하지 않아 만들 필요가 없다.
- 압축 이형철근의 정착시 지름이 6mm 이상이고 나선 간격이 100mm 이하인 나선철근의 보정 계수는 0.75이다.
- 압축이형 철근의 기본정착길이 $l_{db} = \dfrac{0.25 d_b f_y}{\sqrt{f_{ck}}}$ 단, $0.043 d_b f_y$ 이상

063 다음 중 전단철근으로 사용할 수 없는 것은?
① 부재축에 직각으로 배치한 용접철망
② 주인장 철근에 30°의 각도로 설치되는 스터럽
③ 나선철근, 원형 띠철근, 또는 후프철근
④ 스터럽과 굽힘철근의 조합

해설
- 주철근을 30° 또는 그 이상의 경사로 구부린 굽힘철근
- 주철근에 45° 또는 그 이상의 경사로 설치되는 스터럽

064 아래 단철근 T형 보에서 다음 주어진 조건에 대하여 공칭모멘트강도(M_n)는? (조건 b=1,000mm, t=80mm, d=600mm, A_s=5,000mm², b_w=400mm, f_{ck}=21MPa, f_y=300MPa)

① 711.3 kN·m
② 836.8 kN·m
③ 947.5 kN·m
④ 1084.6 kN·m

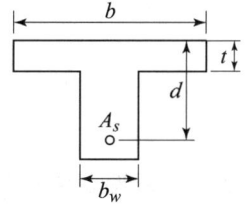

해설
- T형 보의 판별
  $a = \dfrac{A_s f_y}{0.85 f_{ck} b} = \dfrac{5000 \times 300}{0.85 \times 21 \times 1000} = 84\text{mm}$
  ∴ $a > t$ 이므로 T형 보
- $A_{sf} = \dfrac{0.85 f_{ck}(b - b_w) t_f}{f_y} = \dfrac{0.85 \times 21(1000 - 400) \times 80}{300} = 2856\text{mm}^2$
- $a = \dfrac{(A_s - A_{sf}) f_y}{0.85 f_{ck} b_w} = \dfrac{(5000 - 2856) \times 300}{0.85 \times 21 \times 400} = 90\text{mm}$

$M_n = A_{sf} f_y \left(d - \dfrac{t_f}{2}\right) + (A_s - A_{sf}) f_y \left(d - \dfrac{a}{2}\right)$
$= 2856 \times 300\left(600 - \dfrac{80}{2}\right) + (5000 - 2856) \times 300\left(600 - \dfrac{90}{2}\right)$
$= 836,784,000\text{N·mm} = 836.8\text{kN·m}$

정답 060 ④ 061 ② 062 ④ 063 ② 064 ②

065 다음 중 표피철근(skin reinforcement)에 대한 설명 중 맞는 것은?

① 전체 깊이가 900mm를 초과하는 휨부재 복부의 양 측면에 부재 축방향으로 배치하는 철근
② 기둥연결부에서 단면치수가 변하는 경우에 배치되는 구부린 주 철근
③ 건조수축 또는 온도변화에 의하여 콘크리트에 발생되는 균열을 방지하기 위한 목적으로 배치되는 철근
④ 비틀림 응력이 크게 일어나는 부재에서 이에 저항하도록 배치되는 철근

해설
보나 장선의 깊이 h 가 900mm를 초과하면, 종방향 표피철근을 인장연단으로부터 $h/2$ 지점까지 부재 양쪽 측면을 따라 균일하게 배치하여야 한다.

066 그림과 같이 단순 지지된 2방향 슬래브에 등분포 하중 w가 작용할 때, ab방향에 분배되는 하중은 얼마인가?

① $0.941w$
② $0.059w$
③ $0.889w$
④ $0.111w$

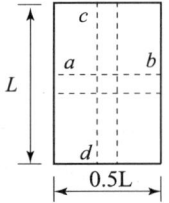

해설
$$w_{ab} = \frac{L^4}{L^4 + S^4}w = \frac{L^4}{L^4 + (0.5L)^4}w = 0.941w$$

067 그림과 같은 직사각형 단면의 프리텐션 부재의 편심 배치한 직선 PS 강재를 820kN으로 긴장했을 때 탄성변형으로 인한 프리스트레스의 감소량은? (단, 탄성계수비 $n=6$이고, 자중에 의한 영향을 무시한다.)

① 44.5 MPa
② 46.5 MPa
③ 48.5 MPa
④ 50.5 MPa

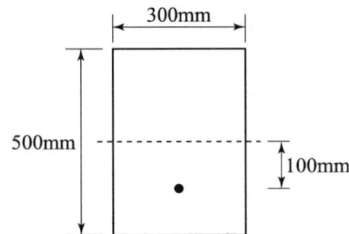

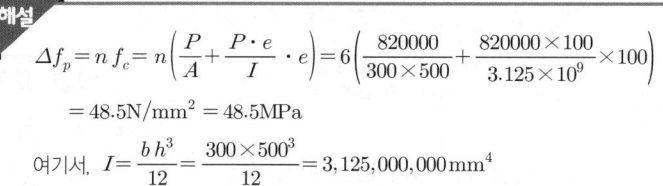

$$\Delta f_p = n f_c = n\left(\frac{P}{A} + \frac{P \cdot e}{I} \cdot e\right) = 6\left(\frac{820000}{300 \times 500} + \frac{820000 \times 100}{3.125 \times 10^9} \times 100\right)$$
$$= 48.5 \text{N/mm}^2 = 48.5 \text{MPa}$$
여기서, $I = \frac{bh^3}{12} = \frac{300 \times 500^3}{12} = 3,125,000,000 \text{mm}^4$

068 그림과 같은 두께 13mm의 플레이트에 4개의 볼트 구멍이 배치되어 있을 때 부재의 순단면적을 구하면? (단, 볼트 구멍의 직경은 24mm이다.)

① 4,056mm²
② 3,916mm²
③ 3,775mm²
④ 3,524mm²

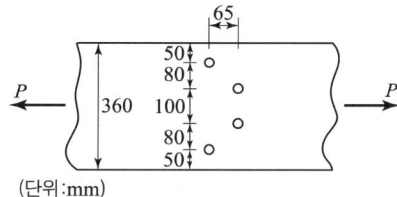

- $d = 24$mm
- $\omega = d - \frac{p^2}{4g} = 24 - \frac{65^2}{4 \times 80} = 10.79$mm
- $b_n = b_g - 2d = 360 - 2 \times 24 = 312$mm
- $b_n = b_g - d - 2\omega - d = 360 - 24 - 2 \times 10.79 - 24 = 290.42$mm
- $A_n = b_n \cdot t = 290.42 \times 13 = 3,775$mm²

069 처짐을 계산하지 않는 경우 단순지지된 보의 최소두께(h)로 옳은 것은? (단, 보통 콘크리트(m_c = 2,300kg/m³) 및 f_y = 300MPa인 철근을 사용한 부재의 길이가 10m인 보)

① 429mm
② 500mm
③ 537mm
④ 625mm

f_y가 400MPa 이외인 경우는 계산된 h 값에 $\left(0.43 + \frac{f_y}{700}\right)$를 곱하므로

$\frac{l}{16}\left(0.43 + \frac{f_y}{700}\right) = \frac{10}{16}\left(0.43 + \frac{300}{700}\right) = 0.537\text{m} = 537\text{mm}$

070 b_w = 250mm, d = 500mm, f_{ck} = 21MPa, λ = 1.0, f_y = 400MPa인 직사각형 보에서 콘크리트가 부담하는 설계전단강도(ϕV_c)는?

① 71.6kN
② 76.4kN
③ 82.2kN
④ 91.5kN

- $V_u \leq \frac{1}{2}\phi V_c$일 경우 전단보강이 필요 없다.
- $\phi V_c = \phi \frac{1}{6} \lambda \sqrt{f_{ck}} \, b_w d = 0.75 \times \frac{1}{6} \times 1.0 \sqrt{21} \times 250 \times 500$
  $= 71602\text{N} = 71.6\text{kN}$

정답 065 ① 066 ① 067 ③ 068 ③ 069 ③ 070 ①

071 $b=300\text{mm}$, $d=500\text{mm}$, $A_s = 3-D25 = 1520\text{mm}^2$가 1열로 배치된 단철근 직사각형 보의 설계 휨강도 ϕM_n은 얼마인가? (단, 인장지배단면으로 $f_{ck}=28\text{MPa}$, $f_y=400\text{MPa}$이고, 과소철근보이다.)

① 132.5 kN·m ② 183.3 kN·m
③ 236.4 kN·m ④ 307.7 kN·m

해설
- $a = \dfrac{A_s f_y}{0.85 f_{ck} b} = \dfrac{1520 \times 400}{0.85 \times 28 \times 300} = 85.15\text{mm}$
- $\phi M_n = 0.85 A_s f_y \left(d - \dfrac{a}{2}\right) = 0.85 \times 1520 \times 400 \left(500 - \dfrac{85.15}{2}\right)$
  $= 236397240\text{N·mm} = 236.4\text{kN·m}$

072 그림과 같은 용접부에 작용하는 응력은?

① 112.7 MPa
② 118.0 MPa
③ 120.3 MPa
④ 125.0 MPa

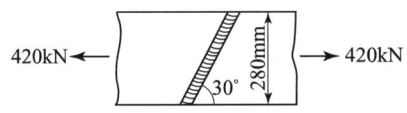

철판두께12mm

해설
$\dfrac{P}{\sum al} = \dfrac{420000}{12 \times 280} = 125\text{MPa}$

073 반 T형 보의 유효폭(b)을 정할 때 사용되는 식으로 거리가 먼 것은? (단, b_w : 플랜지가 있는 부재의 복부 폭)

① (한쪽으로 내민 플랜지 두께의 6배)+b_w
② (보의 경간의 1/12)+b_w
③ (인접 보와의 내측거리의 1/2)+b_w
④ 보의 경간의 1/4

해설
T형 보의 유효 폭 결정
- (양쪽으로 각각 내민 플랜지 두께의 8배)+b_w
- 양쪽 슬래브의 중심간 거리
- 보의 경간의 $\dfrac{1}{4}$

중에서 가장 작은 값

074 복철근 콘크리트 단면에 인장철근비는 0.02, 압축철근비는 0.01이 배근된 경우 순간처짐이 20mm일 때 6개월이 지난 후 총 처짐량은? (단, 작용하는 하중은 지속하중이며 지속하중의 6개월 재하기간에 따르는 계수 ξ는 1.2이다.)

① 26mm
② 36mm
③ 48mm
④ 68mm

- 장기처짐 = 순간처짐 $\times \dfrac{\xi}{1+50\rho'} = 20 \times \dfrac{1.2}{1+50 \times 0.01} = 16\text{mm}$
- 총 처짐 = 순간처짐+장기처짐 = 20+16 = 36mm

075 프리스트레스의 손실 원인은 그 시기에 따라 즉시 손실과 도입 후에 시간적인 경과 후에 일어나는 손실로 나눌 수 있다. 다음 중 손실 원인의 시기가 나머지와 다른 하나는?

① 콘크리트의 크리프
② 콘크리트의 건조수축
③ 긴장재 응력의 릴랙세이션
④ 포스트텐션 긴장재와 덕트 사이의 마찰

프리스트레스트 도입 후 시간의 경과에 따라 생기는 손실
- 콘크리트의 크리프
- 콘크리의 건조수축
- 긴장재 응력의 릴랙세이션

076 강도설계법에서 보의 휨 파괴에 대한 설명으로 틀린 것은?

① 보는 취성파괴 보다는 연성파괴가 일어나도록 설계되어야 한다.
② 과소철근 보는 인장철근이 항복하기 전에 압축연단 콘크리트의 변형률이 극한 변형률에 먼저 도달하는 보이다.
③ 균형철근 보는 인장철근이 설계기준 항복강도에 도달함과 동시에 압축연단 콘크리트의 변형률이 극한 변형률에 도달하는 보이다.
④ 과다 철근 보는 인장철근량이 많아서 갑작스런 압축파괴가 발생하는 보이다.

- 과소철근 보는 균형철근비보다 철근을 적게 넣어 인장측 철근에 먼저 항복하는 연성파괴로 파괴가 단계적으로 서서히 일어나게 한다.
- 과다철근 보는 균형철근비보다 많은 철근을 넣으면 압축측 콘크리트가 철근이 항복하기 전에 갑자기 파괴되는 취성파괴가 일어난다.

정답 071 ③ 072 ④ 073 ④ 074 ② 075 ④ 076 ②

077 PSC보를 RC보처럼 생각하여, 콘크리트는 압축력을 받고 긴장재는 인장력을 받게 하여 두 힘의 우력 모멘트로 외력에 의한 휨모멘트에 저항시킨다는 개념은?

① 응력 개념
② 강도 개념
③ 하중 평형 개념
④ 균등질 보의 개념

해설
- 강도 개념(내력 모멘트의 개념)
  RC와 같이 압축력은 콘크리트가 받고 인장력은 PS 강재가 받는 것으로 하여 두 힘에 의한 내력 모멘트가 외력 모멘트에 저항한다는 원리이다.
- PSC의 기본 개념
  응력 개념(균등질 보의 개념), 강도 개념(내력 모멘트 개념), 하중 평형 개념(등가하중 개념)

078 옹벽설계에서 안정조건에 대한 설명으로 틀린 것은?

① 전도에 대한 저항휨모멘트는 횡토압에 의한 전도모멘트의 1.5배 이상이어야 한다.
② 옹벽의 활동에 대한 저항력은 옹벽에 작용하는 수평력의 1.5배 이상이어야 한다.
③ 지반에 유발되는 최대 지반반력은 지반의 허용지지력을 초과하지 않아야 한다.
④ 전도 및 지반지지력에 대한 안정조건은 만족하지만, 활동에 대한 안정조건만을 만족하지 못할 경우 활동방지벽 혹은 횡방향 앵커 등을 설치하여 활동저항력을 증대시킬 수 있다.

해설
- 전도에 대한 저항휨모멘트는 횡토압에 의한 전도모멘트의 2배 이상이어야 한다.
- 뒷부벽은 T형보로, 앞부벽은 직사각형보로 설계한다.
- 부벽식 옹벽의 저판은 부벽간의 거리를 경간으로 가정하여 고정보 또는 연속보로 설계하여야 한다.
- 부벽식 옹벽의 전면벽은 3변 지지된 2방향 슬래브로 설계한다.
- 캔틸레버 옹벽의 전면벽은 저판에 지지된 캔틸레버로 설계한다.

079 슬래브의 구조 상세에 대한 설명으로 틀린 것은?

① 1방향 슬래브의 두께는 최소 100mm 이상으로 하여야 한다.
② 1방향 슬래브의 정모멘트 철근 및 부모멘트 철근의 중심 간격은 위험단면에서는 슬래브 두께의 2배 이하이어야 하고, 또한 300mm 이하로 하여야 한다.
③ 1방향 슬래브의 수축·온도철근의 간격은 슬래브 두께의 3배 이하,

또한 400mm 이하로 하여야 한다.
④ 2방향 슬래브의 위험단면에서 철근 간격은 슬래브 두께의 2배 이하, 또한 300mm 이하로 하여야 한다.

해설
- 1방향 슬래브의 수축·온도철근의 간격은 슬래브 두께의 5배 이하, 또한 450mm 이하로 하여야 한다.
- 4변에 의해 지지되는 2방향 슬래브 중에서 단변에 대한 장변의 비가 2배를 넘으면 1방향 슬래브로서 해석한다.
- 부재의 높이가 일정한 경우 휨에 의한 보 또는 1방향 슬래브에서 최대 전단응력이 일어나는 곳은 받침부에서의 유효깊이 d만큼 떨어진 단변이다.

080 그림과 같은 강재의 이음에서 $P=600\text{kN}$이 작용할 때 필요한 리벳의 수는? (단, 리벳의 지름은 19mm, 허용전단응력은 110MPa, 허용지압응력은 240MPa이다.)

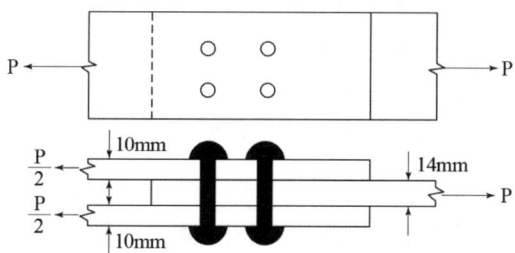

① 6개 ② 8개
③ 10개 ④ 12개

해설
- **전단강도(ρ_s)**
  복단면의 경우이므로
  $$\rho_s = v_a \times \frac{\pi d^2}{4} \times 2 = 110 \times \frac{3.14 \times 19^2}{4} \times 2 = 62345\text{N} = 62.345\text{kN}$$

- **지압강도(ρ_b)**
  $$\rho_b = f_{ba}\, d\, t = 240 \times 19 \times 14 = 63840\text{N} = 63.84\text{kN}$$
  여기서, 판의 두께 t는 14mm와 상·하 (10+10)mm 중에서 작은 값을 사용한다.

- **리벳의 강도(ρ)**
  ρ_s와 ρ_b중 작은 값인 62.345 kN이다.

- **리벳의 수**
  $$n = \frac{P}{\rho} = \frac{600}{62.345} ≒ 10개$$

정답 077 ② 078 ① 079 ③ 080 ③

5과목 토질 및 기초

081 동상 방지대책에 대한 설명 중 옳지 않은 것은?

① 배수구 등을 설치해서 지하수위를 저하시킨다.
② 모관수의 상승을 차단하기 위해 조립의 차단층을 지하수위보다 높은 위치에 설치한다.
③ 동결 깊이보다 낮게 있는 흙을 동결하지 않는 흙으로 치환한다.
④ 지표의 흙을 화학약품으로 처리하여 동결온도를 내린다.

해설
동결 깊이 위에 있는 흙을 동결하지 않는 조립토로 치환하여 동상을 방지한다.
보충
• 실트질의 흙은 모관 상승고가 높고 투수성이 커서 동상에 가장 잘 걸린다.
• 동결 깊이 $Z = C\sqrt{F}$

082 모래 치환법에 의한 현장 흙의 밀도 시험에서 모래는 무엇을 구하기 위하여 쓰이는가?

① 시험구멍에서 파낸 흙의 중량
② 시험구멍의 체적
③ 시험구멍에서 파낸 흙의 함수상태
④ 시험구멍의 밑면부의 지지력

해설
$\gamma_t = \dfrac{W}{V}$ 공식에서 구멍속 부피(V)는 모래(표준사)를 이용하여 구한다.

083 어떤 시료를 입도 분석 한 결과, 0.075mm(No 200)체 통과량이 65%이었고, 애터버그한계 시험 결과 액성한계가 40%이었으며, 소성 도표(plasticity chart)에서 A선위의 구역에 위치한다면 이 시료는 통일분류법(USCS)상 기호로서 옳은 것은?

① CL ② SC
③ MH ④ SM

해설
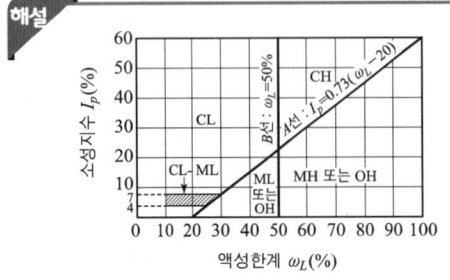

084 유선망의 특징을 설명한 것으로 옳지 않은 것은?
① 각 유로의 침투량은 같다.
② 유선은 등수두선과 직교한다.
③ 유선망으로 이루어지는 사각형은 정사각형이다.
④ 침투속도 및 동수구배는 유선망의 폭에 비례한다.

해설
침투속도 및 동수구배는 유선망의 폭에 반비례한다.

085 그림과 같이 $c=0$인 모래로 이루어진 무한사면이 안정을 유지(안전율≥1)하기 위한 경사각 β의 크기로 옳은 것은? (단, 물의 단위중량은 $9.81 kN/m^3$이다.)
① $\beta \leq 7.94°$
② $\beta \leq 15.5°$
③ $\beta \leq 31.3°$
④ $\beta \leq 35.6°$

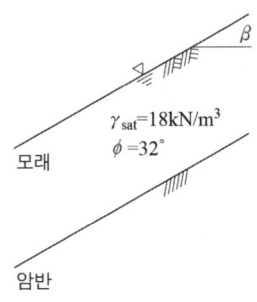

해설
$$F_s = \frac{\gamma_{sub}}{\gamma_{sat}} \cdot \frac{\tan\phi}{\tan i}$$
$$1 = \frac{(18-9.81)}{18} \times \frac{\tan 32°}{\tan i}$$
$$\therefore \tan i = \frac{(18-9.81) \times 1 \times \tan 32°}{18} = 0.2843$$
$$i = \tan^{-1} 0.2843 = 15.87°$$

086 사질토에 대한 직접전단시험을 실시하여 다음과 같은 결과를 얻었다. 내부마찰각은 약 얼마인가?

수직응력(kN/m²)	30	60	90
최대전단응력(kN/m²)	17.3	34.6	51.9

① 25°
② 30°
③ 35°
④ 40°

해설
$\tau = \sigma \tan\phi$ 관련 식에서 $34.6 = 60 \tan\phi$
$\therefore \phi = \tan^{-1} \frac{34.6}{60} = 30°$

087 그림에서 안전율 3을 고려하는 경우, 수두차 h를 최소 얼마로 높일 때 모래시료에 분사현상이 발생하겠는가?

① 12.75cm
② 9.75cm
③ 4.25cm
④ 3.25cm

해설

$$F = \frac{i_c}{i} = \frac{\frac{G_s-1}{1+e}}{\frac{h}{L}} = \frac{\frac{2.7-1}{1+1}}{\frac{h}{15}} = \frac{0.85 \times 15}{h}$$

$$\therefore h = \frac{0.85 \times 15}{3} = 4.25\text{cm}$$

여기서, $e = \frac{n}{100-n} = \frac{50}{100-50} = 1$

088 말뚝기초의 지반거동에 관한 설명으로 틀린 것은?

① 기성말뚝을 타입하면 전단파괴를 일으키며 말뚝 주위의 지반은 교란된다.
② 말뚝에 작용한 하중은 말뚝 주변의 마찰력과 말뚝 선단의 지지력에 의하여 주변 지반에 전달된다.
③ 연약지반상에 타입되어 지반이 먼저 변형하고 그 결과 말뚝이 저항하는 말뚝을 주동말뚝이라 한다.
④ 말뚝 타입 후 지지력의 증가 또는 감소 현상을 시간효과(time effect)라 한다.

해설
- 연약지반상에 타입되어 지반이 먼저 변형하고 그 결과 말뚝이 저항하는 말뚝을 수동말뚝이라 한다.
- 말뚝이 지표면에서 수평력을 받는 경우 말뚝이 변형함에 따라 지반이 저항하는 말뚝, 즉 말뚝이 움직이는 주체가 되는 말뚝을 주동말뚝이라 한다.

089 두 개의 규소판 사이에 한 개의 알루미늄판이 결합된 3층 구조가 무수히 많이 연결되어 형성된 점토광물로서 각 3층 구조 사이에는 칼륨이온(K^+)으로 결합되어 있는 것은?

① 몬모릴로나이트(montmorillonite)
② 할로이사이트(halloysite)
③ 고령토(kaolinite)
④ 일라이트(illite)

해설
- 일라이트(illite)은 교환 불가능한 이온(불치환성 이온)을 가졌으며 안정성이 중간 정도이다.
- 몬모릴로나이트(montmorillonite)는 활성도가 가장 커 안정성이 제일 약하다.

090 사질토 지반에 축조되는 강성기초의 접지압 분포에 대한 설명 중 맞는 것은?

① 기초 모서리 부분에서 최대 응력이 발생한다.
② 기초에 작용하는 접지압 분포는 토질에 관계없이 일정하다.
③ 기초의 중앙 부분에서 최대 응력이 발생한다.
④ 기초 밑면의 응력은 어느 부분이나 동일하다.

해설
- 휨성기초의 경우 기초에 작용하는 접지압 분포는 토질에 관계없이 일정하다.
- 점성토 지반에 축조되는 강성기초의 접지압 분포는 기초 모서리 부분에서 최대 응력이 발생한다.

091 $\gamma_t = 19\,\text{kN/m}^3$, $\phi = 30°$인 뒤채움 모래를 이용하여 8m 높이의 보강토 옹벽을 설치하고자 한다. 폭 75mm, 두께 3.69mm의 보강띠를 연직방향 설치간격 $S_v = 0.5\text{m}$, 수평방향 설치간격 $S_h = 1.0\text{m}$로 시공하고자 할 때, 보강띠에 착용하는 최대힘 $T_{\max}$의 크기를 계산하면?

① 15.33kN ② 25.33kN
③ 35.33kN ④ 45.33kN

해설
- 주동 토압계수
$$K_a = \tan^2(45° - \frac{\phi}{2}) = \tan^2(45° - \frac{30°}{2}) = \frac{1}{3}$$
- 옹벽 밑면에 작용하는 수평응력(주동토압강도)
$$\sigma_h = K_a \cdot \sigma_v = K_a \cdot \gamma \cdot z = \frac{1}{3} \times 19 \times 8 = 50.66\,\text{kN/m}^2$$
- 최대힘
$$T_{\max} = \sigma_h \cdot S_v \cdot S_h = 50.66 \times 0.5 \times 1.0 = 25.33\,\text{kN}$$

092 다음 중 연약점토지반 개량공법이 아닌 것은?

① Preloading 공법
② Sand drain 공법
③ Paper drain 공법
④ Vibro floatation 공법

해설
Vibro floatation 공법은 사질토 개량공법이다.

정답 087 ③ 088 ③ 089 ④ 090 ③ 091 ② 092 ④

093 어떤 점토의 압밀계수는 $1.92 \times 10^{-7} \text{m}^2/\text{s}$, 압축계수는 $2.86 \times 10^{-1} \text{m}^2/\text{kN}$ 이었다. 이 점토의 투수계수는? (단, 이 점토의 초기간극비는 0.80이고 물의 단위중량은 9.81kN/m^3이다.)

① $0.99 \times 10^{-5} \text{m/s}$
② $1.99 \times 10^{-5} \text{m/s}$
③ $2.99 \times 10^{-5} \text{m/s}$
④ $3.99 \times 10^{-5} \text{m/s}$

해설
- $m_v = \dfrac{a_v}{1+e} = \dfrac{2.86 \times 10^{-1}}{1+0.8} = 0.01588 \text{m}^2/\text{kN}$
- $k = C_v \cdot m_v \cdot \gamma_w = 1.92 \times 10^{-7} \times 0.1588 \times 9.81 = 0.0000299 \text{m/s}$

094 Terzaghi의 지지력 공식에 대한 사항 중 옳지 않은 것은?

① 지지력 계수(N_c, N_r, N_q)는 내부 마찰각(ϕ)에 따라 결정되는 값이다.
② 기초 형상에 따라 다른 형상계수를 고려해야 한다.
③ 극한 지지력은 기초 폭에 관계없이 흙의 상태를 나타내는 고유의 성질이다.
④ 점성토에서 극한 지지력은 기초의 근입깊이가 커짐에 따라 커진다.

해설
사질토 지반에서는 기초 폭의 크기에 비례하여 극한지지력이 크게 된다.

095 전체 시추 코어 길이가 150cm이고 이중 회수된 코어 길이의 합이 80cm이었으며, 10cm 이상인 코어 길이의 합이 70cm이었을 때 코어의 회수율(TCR)은?

① 56.67%
② 53.33%
③ 46.67%
④ 43.33%

해설
- 회수율(TCR) = $\dfrac{\text{회수된 코어 길이의 합}}{\text{전체 시추 길이}} \times 100 = \dfrac{80}{150} \times 100 = 53.33\%$
- 암질지수(RQD) = $\dfrac{\text{10cm 이상 회수된 코어 길이의 합}}{\text{전체 시추 길이}} \times 100$
  $= \dfrac{70}{150} \times 100 = 46.67\%$

096 두께 H인 점토층에 압밀하중을 가하여 요구되는 압밀도에 달할때까지 소요되는 기간이 단면배수일 경우 400일이었다면 양면배수일 때는 며칠이 걸리겠는가?

① 800일
② 400일
③ 200일
④ 100일

해설
- $C_v = \dfrac{T_v H^2}{t}$ 에서 $t = \dfrac{T_v H^2}{C_v}$ 이다.
- $t_1 : H_1^2 = t_2 : H_2^2$ 이므로 400일 $: H^2 = t_2 : \left(\dfrac{H}{2}\right)^2$

$\therefore t_2 = \dfrac{400 \times \dfrac{H^2}{4}}{H^2} = 100$일

097 사운딩에 대한 설명으로 틀린 것은?
① 로드 선단에 지중 저항체를 설치하고 지반내 관입, 압입, 또는 회전하거나 인발하여 그 저항치로부터 지반의 특성을 파악하는 지반조사방법이다.
② 정적 사운딩과 동적 사운딩이 있다.
③ 압입식 사운딩의 대표적인 방법은 Standard Penetration Test (SPT)이다.
④ 특수 사운딩 중 측압 사운딩의 공내횡방향 재하시험은 보링공을 기계적으로 수평으로 확장시키면서 측압과 수평변위를 측정한다.

해설
- 표준관입시험(SPT)은 동적 사운딩이다.
- 표준관입시험은 사질토에 적합하고 점성토에서도 가능하다.

098 습윤단위중량이 19kN/m³, 함수비 25%, 비중이 2.7인 경우 건조단위중량과 포화도는? (단, 물의 단위중량은 9.81kN/m³이다.)

① 17.3kN/m³, 97.8%
② 17.3kN/m³, 90.9%
③ 15.2kN/m³, 97.8%
④ 15.2kN/m³, 90.9%

해설
- $\gamma_d = \dfrac{\gamma_t}{1+\dfrac{w}{100}} = \dfrac{19}{1+\dfrac{25}{100}} = 15.2\,\text{kN/m}^3$
- $e = \dfrac{\gamma_w}{\gamma_d} G_s - 1 = \dfrac{9.81}{15.2} \times 2.7 - 1 = 0.742$
- $S \cdot e = G_s \cdot w$

$\therefore S = \dfrac{G_s \cdot w}{e} = \dfrac{2.7 \times 25}{0.742} = 90.9\%$

정답 093 ③ 094 ③ 095 ② 096 ④ 097 ③ 098 ④

099. 아래의 공식은 흙 시료에 삼축압력이 작용할 때 흙 시료 내부에 발생하는 간극수압을 구하는 공식이다. 이 식에 대한 설명으로 틀린 것은?

$$\Delta u = B[\Delta\sigma_3 + A(\Delta\sigma_1 - \Delta\sigma_3)]$$

① 포화된 흙의 경우 $B=1$이다.
② 간극수압계수 A값은 언제나 (+)의 값을 갖는다.
③ 간극수압계수 A값은 삼축압축시험에서 구할 수 있다.
④ 포화된 점토에서 구속응력을 일정하게 두고 간극수압을 측정했다면, 축차응력과 간극수압으로부터 A값을 계산할 수 있다.

해설
- 간극수압계수 A값은 응력이력이나 체적변화에 따라 (−)의 값으로부터 1 이상의 값까지 넓게 변화한다.
- 정규압밀 점토에서는 A값이 파괴시에는 1내외의 값을 나타낸다.
- 삼축압축시험에 있어서 간극수압을 측정하여 간극수압계수 A를 계산하는 식이다.

100. 단위중량(γ_t)=19kN/m³, 내부마찰각(ϕ)=30°, 정지토압계수(K_o)=0.5인 균질한 사질토 지반이 있다. 이 지반의 지표면 아래 2m 지점에 지하수위면이 있고 지하수위면 아래의 포화단위중량(γ_{sat})=20kN/m³이다. 이때 지표면 아래 4m 지점에서 지반 내 응력에 대한 설명으로 틀린 것은? (단, 물의 단위중량은 9.81kN/m³이다.)

① 연직응력(σ_v)은 80kN/m²이다.
② 간극수압(u)은 19.62kN/m²이다.
③ 유효연직응력(σ_v')은 58.38kN/m²이다.
④ 유효수평응력(σ_h')은 29.19kN/m²이다.

해설
- 연직응력(σ_v)
  $\sigma_v = 19 \times 2 + 20 \times 2 = 78 \text{kN/m}^2$
- 간극수압(u)
  $u = 9.81 \times 2 = 19.62 \text{kN/m}^2$
- 유효연직응력(σ_v')
  $\sigma_v' = \sigma_v - u = 78 - 19.62 = 58.38 \text{kN/m}^2$
- 유효수평응력(σ_h')
  $K_o = \dfrac{\sigma_h'}{\sigma_v'}$
  $\therefore \sigma_h' = K_o \cdot \sigma_v' = 0.5 \times 58.38 = 29.19 \text{kN/m}^2$

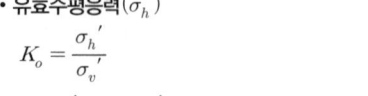

6과목 상하수도 공학

101 경도가 높은 물을 보일러 용수로 사용 할 때 발생되는 문제점은?
① Slime과 Scale 생성   ② Priming 생성
③ Foaming 생성   ④ Cavitation

해설 침전물이 발생하여 Slmie과 Scale 생성한다.

보충
- 경도는 물의 거센 정도를 나타내는 것
- 오염된 물은 용존산소량(DO)이 낮다.
- BOD(생물학적 산소요구량)가 큰 물은 용존산소량이 낮다.

102 양수량 500m³/h, 전양정 10m, 회전수 1100rpm일 때 비교 회전도(N_s)는 얼마인가?
① 362   ② 565
③ 614   ④ 809

해설
- $N_s = N \dfrac{Q^{\frac{1}{2}}}{H^{\frac{3}{4}}} = 1100 \times \dfrac{\left(\dfrac{500}{60}\right)^{\frac{1}{2}}}{10^{\frac{3}{4}}} = 565$
- N_s 값이 클수록 토출량이 많은 저양정 펌프가 되고 N_s가 작으면 유량이 적은 고양정 펌프가 된다.

103 고속응집침전지를 선택할 때 고려하여야 할 사항으로 옳지 않은 것은?
① 원수 탁도는 10 NTU 이상이어야 한다.
② 최고 탁도는 10000 NTU 이하인 것이 바람직하다.
③ 탁도와 수온의 변동이 적어야 한다.
④ 처리수량의 변동이 적어야 한다.

해설 최고 탁도는 100NTU 이하인 것이 바람직하다.

104 하수관로의 배제방식에 대한 설명으로 옳지 않은 것은?
① 합류식은 청천시 관내 오물이 침전하기 쉽다.
② 분류식은 합류식에 비해 부설비용이 많이 든다.
③ 분류식은 일정량 이상이 되면 우천시 오수가 월류한다.
④ 합류식 관로는 단면이 커서 환기가 잘되고 검사에 편리하다.

해설
- 합류식은 일정량 이상이 되면 우천시 오수가 월류한다.
- 분류식은 관로내 오물의 퇴적이 적다.

정답 099 ② 100 ① 101 ① 102 ② 103 ② 104 ③

105. 오수 및 우수관거의 설계에 대한 설명으로 옳지 않은 것은?

① 오수관거의 최소관경은 200mm를 표준으로 한다.
② 우수관거의 결정을 위해서는 합리식을 적용한다.
③ 우수관거 내의 유속은 가능한 한 사류(射流) 상태가 되도록 한다.
④ 오수관거의 계획하수량은 계획시간 최대오수량으로 한다.

해설
- 우수관거 내의 유속 : 0.8~3.0m/sec
- 유속이 빠르면 관거의 마모와 손상을 주게 된다.

106. 침전지의 침전효율을 증가시키기 위한 설명으로 옳지 않은 것은?

① 표면부하율을 작게 하여야 한다.
② 침전지 표면적을 크게 하여야 한다.
③ 유량을 작게 하여야 한다.
④ 지내 수평속도를 크게 하여야 한다.

해설
- 지내 수평속도를 작게 하여야 한다.
- 침전효율은 침전지의 깊이, 유속, 면적과 관련이 있다.

107. 원형 하수관에서 유량이 최대가 되는 때는?

① 가득 차서 흐를 때
② 수심이 92~94% 차서 흐를 때
③ 수심이 80~85% 차서 흐를 때
④ 수심이 72~78% 차서 흐를 때

해설
- 원형관의 최대유량은 수심의 약 93%, 최대유속은 수심의 81%일 때 발생한다.
- 원형관은 수리학적으로 유리하다.

108. 지표수를 수원으로 하는 경우의 상수시설 배치 순서로 가장 적합한 것은?

① 취수탑 – 침사지 – 응집침전지 – 정수지 – 배수지
② 집수매거 – 응집침전지 – 침사지 – 정수지 – 배수지
③ 취수문 – 여과지 – 보통침전지 – 배수탑 – 배수관망
④ 취수구 – 약품침전지 – 혼화지 – 정수지 – 배수지

해설
상수도 계통
취수탑(취수) → 도수관로(도수) → 여과지(정수) → 정수지(정수) → 배수지(배수)

109 하수 중의 질소와 인을 동시 제거하기 위해 이용될 수 있는 고도처리시스템은?

① 혐기 호기조합법
② 3단 활성슬러지법
③ Phostrip법
④ 혐기 무산소 호기조합법

해설
고도처리 공정으로 생물학적 질소·인 동시 제거법의 혐기 무산소 호기조합법에 의해 처리된다.

110 하천 및 저수지의 수질 해석을 위한 수학적 모형을 구성하고자 할 때 가장 기본이 되는 수학적 방정식은?

① 에너지 보존의 식
② 질량 보존의 식
③ 운동량 보존의 식
④ 난류의 운동방정식

해설
질량 보존의 법칙
• 질량은 에너지와 같이 생성되거나 소멸되지 않는다.
• 변화량 = 유입량 − 유출량
• 유체가 들어오고 나갈 때 경계 이동에 의한 일이 늘 존재한다.
• $Q = A \cdot V$가 유체의 질량 보존의 법칙이며 연속방정식과 관계가 깊다.

111 어떤 지역의 강우지속시간(t)과 강우강도 역수($1/I$)와의 관계를 구해보니 그림과 같이 기울기가 1/3000, 절편이 1/150이 되었다. 이 지역의 강우강도를 Talbot형 $\left(I = \dfrac{a}{t+b}\right)$으로 표시한 것으로 옳은 것은?

① $\dfrac{3000}{t+20}$

② $\dfrac{20}{t+3000}$

③ $\dfrac{10}{t+1500}$

④ $\dfrac{1500}{t+10}$

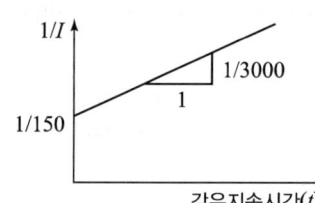

해설
$$\dfrac{1}{I} = \dfrac{t+b}{a}$$
$$\dfrac{1}{I} = \dfrac{1}{a}t + \dfrac{b}{a} = \dfrac{1}{3000}t + \dfrac{1}{150}$$
$a = 3000,\ b = 20$
$$\therefore I = \dfrac{3000}{t+20}$$

정답 105 ③ 106 ④ 107 ② 108 ① 109 ④ 110 ② 111 ①

112 펌프 대수를 결정할 때 일반적인 고려사항에 대한 설명으로 옳지 않은 것은?

① 건설비를 절약하기 위해 예비는 가능한 대수를 적게 하고 소용량으로 한다.
② 펌프의 설치대수는 유지관리상 가능한 적게 하고 동일 용량의 것으로 한다.
③ 펌프는 가능한 최고 효율점 부근에서 운전하도록 대수 및 용량을 정한다.
④ 펌프는 용량이 작을수록 효율이 높으므로 가능한 소용량의 것으로 한다.

> **해설**
> • 펌프는 용량이 클수록 효율이 높으므로 가능한 대용량의 것으로 한다.
> • 펌프 선정시 펌프의 특성, 펌프의 효율, 펌프의 동력을 고려한다.

113 취수보의 취수구에서의 표준 유입속도는?

① 0.3~0.6 m/sec ② 0.4~0.8 m/sec
③ 0.5~1.0 m/sec ④ 0.6~1.2 m/sec

> **해설**
> • 취수구의 바닥높이는 배토문 바닥 높이보다 0.5~1.0m 이상 높게 하여야 한다.
> • 취수구 유입속도는 0.4~0.8m/s를 표준으로 한다.
> • 취수구의 폭은 바닥 높이에서 유입속도 범위가 유지되도록 해야 한다.

114 혐기성 소화공정을 적절하게 운전 및 관리하기 위하여 확인해야 할 사항으로 옳지 않은 것은?

① COD 농도 측정 ② 가스 발생량 측정
③ 상징수의 pH 측정 ④ 소화 슬러지의 성상 파악

> **해설**
> • 혐기성 소화는 용존 산소가 없는 환경에서 유기물이 혐기성 세균의 활동에 의해 무기물로 분해되어 안정화되는 방식이다.
> • 혐기성 소화는 1단계인 유기산 생성단계와 2단계인 메탄 생성단계로 구분된다.

115 잉여 슬러지 양을 크게 감소시키기 위한 방법으로 BOD-SS 부하를 아주 작게, 포기시간을 길게 하여 내생호흡상으로 유지되도록 하는 활성슬러지 변법은?

① 계단식 포기법 ② 점감식 포기법
③ 장시간 포기법 ④ 완전혼합 포기법

해설
- 장시간 포기법은 포기조 내에서 하수를 장시간 체류시켜 배출되는 잉여슬러지량을 최대한 줄이고자 하는 방법이다.
- 장시간 포기법은 표준 활성슬러지법과 하수처리 흐름도가 유사하다.

116 여과면적이 1지당 120m²인 정수장에서 역세척과 표면세척을 6분/회씩 수행할 경우 1지당 배출되는 세척수량은? (단, 역세척 속도는 5m/분, 표면세척 속도는 4m/분이다.)

① $1080 \, m^3/회$
② $2640 \, m^3/회$
③ $4920 \, m^3/회$
④ $6480 \, m^3/회$

해설
- 역세척과 표면세척 거리
  $L = V \cdot T = 5 \times 6 + 4 \times 6 = 54 \, m$
- 세척수량
  $120 \times 54 = 6480 \, m^3/회$

117 도수관에서 유량을 Hazen-Williams 공식으로 다음과 같이 나타내었을 때 a, b의 값은? (단, C : 유속계수, D : 관의 지름, I : 동수경사)

$$Q = 0.84935 \, C D^a I^b$$

① $a=0.63$, $b=0.54$
② $a=0.63$, $b=2.54$
③ $a=0.63$, $b=2.54$
④ $a=2.63$, $b=0.54$

해설
Hazen-Williams의 유량
$Q = 0.84935 \, C D^{2.63} I^{0.54}$

118 도수관로에 관한 설명으로 틀린 것은?

① 도수거 동수경사의 통상적인 범위는 1/1000 ~ 1/3000이다.
② 도수관의 평균유속은 자연유하식인 경우에 허용 최소한도를 0.3m/s로 한다.
③ 도수관의 평균유속은 자연유하식인 경우에 최대한도를 3.0m/s로 한다.
④ 관경의 산정에 있어서 시점의 고수위, 종점의 저수위를 기준으로 동수경사를 구한다.

해설
- 관경의 산정에 있어서 시점의 저수위, 종점의 고수위를 기준으로 동수경사를 구한다.
- 도수관의 노선은 관로가 항상 최소 동수경사선 이하가 되도록 한다.

정답 112 ④ 113 ② 114 ① 115 ③ 116 ④ 117 ④ 118 ④

119 수질오염 지표항목 중 COD에 대한 설명으로 옳지 않은 것은?

① $NaNO_2$, SO_2는 COD값에 영향을 미친다.
② 생물분해 가능한 유기물도 COD로 측정할 수 있다.
③ COD는 해양오염이나 공장폐수의 오염지표로 사용된다.
④ 유기물 농도값은 일반적으로 COD > TOD > TOC > BOD이다.

해설
- 유기물 농도값은 일반적으로 TOD > COD > BOD > TOC이다.
- COD 값이 높을수록 유기물질에 의한 오염이 큰 것을 뜻하며 화학적 산소요구량을 의미한다.
- COD는 BOD에 비해 짧은 시간에 측정이 가능하다.

120 유출계수 0.6, 강우강도 2mm/min, 유역면적 2km²인 지역의 우수량을 합리식으로 구하면?

① $0.007 m^3/s$
② $0.4 m^3/s$
③ $0.667 m^3/s$
④ $40 m^3/s$

해설
- $I = 2mm/min = 120mm/hr$
- $Q = \dfrac{1}{3.6} CIA = \dfrac{1}{3.6} \times 0.6 \times 120 \times 2 = 40 m^3/s$

정답 119 ④ 120 ④

CBT 모의고사

week 5

토목기사

- I 응용역학
- II 측량학
- III 수리·수문학
- IV 철근콘크리트 및 강구조
- V 토질 및 기초
- VI 상하수도공학

알려드립니다

한국산업인력공단의 저작권법 저축에 대한 언급(2013년 2회 시험)이 있어 과거에 출제된 동일한 문제나 그 유형의 문제로 재구성하였습니다.

1과목　응용역학

001 다음 그림에서 보는 바와 같이 균일 단면봉이 축인장력을 받는다. 이때 단면 p-q에 생기는 전단응력 τ는? (단, 여기서 m-n은 수직단면이고, p-q는 수직단면과 $\phi=45°$의 각을 이루고, A는 봉의 단면적이다.)

① $\tau = 0.5\dfrac{P}{A}$

② $\tau = 0.75\dfrac{P}{A}$

③ $\tau = 1.0\dfrac{P}{A}$

④ $\tau = 1.5\dfrac{P}{A}$

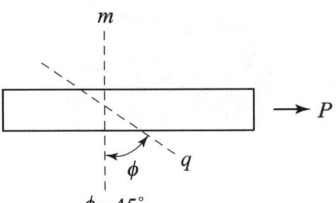

해설

$\tau_\theta = \dfrac{\sigma}{2}\sin 2\theta = \dfrac{\frac{P}{A}}{2}\sin 2\times 45° = 0.5\dfrac{P}{A}$

$\sigma_\theta = \dfrac{\sigma}{2} + \dfrac{\sigma}{2}\cos 2\theta$

002 다음 라멘의 부정정 차수는?

① 3차
② 5차
③ 6차
④ 7차

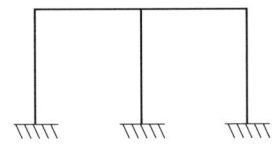

해설

$r + m + s - 2k = 9 + 5 + 4 - 2\times 6 = 6$차 부정정
반력수 : 9　부재수 : 5　강절수 : 4　절점수 : 6

003 그림과 같이 밀도가 균일하고 무게가 W인 구(球)가 마찰이 없는 두 벽면 사이에 놓여 있을 때 반력 R_A의 크기는?

① 0.500W
② 0.577W
③ 0.707W
④ 0.866W

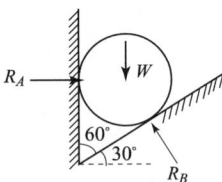

해설

- $\Sigma V = 0$

　$R_B \cdot \cos 30° - W = 0$

　$\therefore R_B = \dfrac{W}{\cos 30°}$

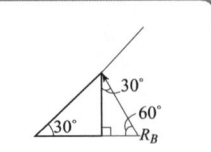

- $\sum H = 0$

  $R_A - R_B \sin 30° = 0$

  $\therefore R_A = R_B \sin 30° = \dfrac{W}{\cos 30°} \times \sin 30° = 0.577W$

004 재질과 단면이 같은 다음 2개의 외팔보에서 자유단의 처짐을 같게 하는 P_1/P_2의 값은?

① 0.216
② 0.437
③ 0.325
④ 0.546

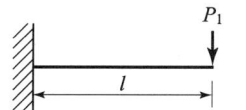

해설

- $y = \dfrac{Pl^3}{3EI}$

- $y_1 = \dfrac{P_1 l^3}{3EI}$, $y_2 = \dfrac{P\left(\dfrac{3}{5}l\right)^3}{3EI} = \dfrac{27 P_2 l^3}{375 EI}$

- $\dfrac{P_1 l^3}{3EI} = \dfrac{27 P_2 l^3}{375 EI}$

  $P_1 = \dfrac{27 P_2 l^3 / 375 EI}{l^3 / 3EI} = \dfrac{81 P_2 l\, EI}{375 l\, EI} = 0.216 P_2$

  $\therefore 0.216 = \dfrac{P_1}{P_2}$

005 그림과 같은 단순보에서 휨모멘트에 의한 탄성변형에너지는? (단, EI는 일정하다.)

① $\dfrac{\omega^2 L^5}{40EI}$
② $\dfrac{\omega^2 L^5}{96EI}$
③ $\dfrac{\omega^2 L^5}{240EI}$
④ $\dfrac{\omega^2 L^5}{384EI}$

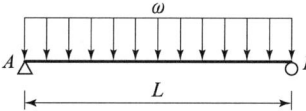

해설

- $M = \dfrac{\omega l}{2} x - \dfrac{\omega}{2} x^2$

- $\displaystyle\int_0^l \dfrac{M^2}{2EI} dx = \dfrac{1}{2EI} \int_0^l M^2 dx = \dfrac{1}{2EI} \int_0^l \left(\dfrac{\omega l}{2} x - \dfrac{\omega}{2} x^2\right)^2 dx$

  $= \dfrac{1}{2EI} \int_0^l \left(\dfrac{\omega l}{2} x \times \dfrac{\omega}{2} x^2\right)^2 - 2\left(\dfrac{\omega l}{2} x \times \dfrac{\omega}{2} x^2\right) + \left(\dfrac{\omega}{2} x^2\right)^2 dx$

  $= \dfrac{1}{2EI} \int_0^l \left(\dfrac{\omega^2 l^2 x^2}{4} - \dfrac{\omega^2 l x^3}{2} + \dfrac{\omega^2 x^4}{4}\right) dx$

  $= \dfrac{1}{2EI} \times \left(\int_0^l \dfrac{\omega^2 l^2 x^2}{4} - \int_0^l \dfrac{\omega^2 l x^3}{2} + \int_0^l \dfrac{\omega^2 x^4}{4}\right) dx$

  $= \dfrac{1}{2EI} \times \left[\dfrac{\omega^2 l^2}{4} \times \dfrac{1}{3} x^3 - \dfrac{\omega^2 l}{2} \times \dfrac{1}{4} x^4 + \dfrac{\omega^2}{4} \times \dfrac{1}{5} x^5\right]_0^l$

  $= \dfrac{1}{2EI} \times \left(\dfrac{\omega^2 l^5}{12} - \dfrac{\omega^2 l^5}{8} + \dfrac{\omega^2 l^5}{20}\right)$

  $= \dfrac{1}{2EI} \times \dfrac{10\omega^2 l^5 - 15\omega^2 l^5 + 6\omega^2 l^5}{120}$

  $= \dfrac{1}{2EI} \times \dfrac{\omega^2 l^5}{120} = \dfrac{\omega^2 l^5}{240 EI}$

정답 001 ① 002 ③ 003 ② 004 ① 005 ③

006 그림에서 직사각형의 도심축에 대한 단면상승 모멘트 I_{xy}의 크기는?

① $576\ cm^4$
② $256\ cm^4$
③ $142\ cm^4$
④ $0\ cm^4$

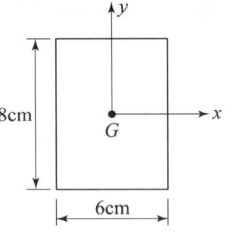

해설
단면이 대칭이고 x 또는 y가 대칭축을 지날 때는 $I_{xy}=0$이 된다.

007 다음 그림에서 보이는 바와 같은 3활절(三滑節) 아치의 C점에 연직하중 $P=400kN$이 작용한다면 A점에 작용하는 수평반력 H_A는?

① $H_A=100kN$
② $H_A=150kN$
③ $H_A=200kN$
④ $H_A=300kN$

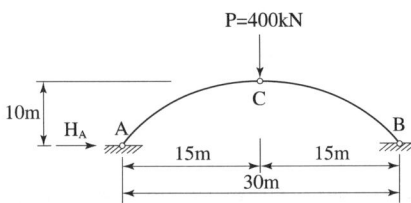

해설
- $R_A = 200kN$
- $\sum M_C = 0$
  $200 \times 15 - H_A \times 10 = 0$
  $\therefore H_A = 300kN$

008 다음 그림에서 두 힘 P_1, P_2의 합력 R을 구하면?

① 70kN
② 80kN
③ 90kN
④ 100kN

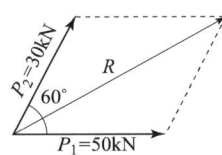

해설
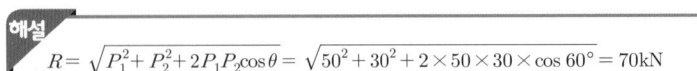

009 폭 100mm, 높이 200mm인 직사각형 단면의 단순보에서 전단력 $S=4kN$이 작용할 때 최대 전단응력은?

① 0.1MPa
② 0.2MPa
③ 0.3MPa
④ 0.4MPa

해설

- $\tau_{max} = \dfrac{3}{2} \cdot \dfrac{4000}{100 \times 200} = 0.3 \text{N/mm}^2 = 0.3 \text{MPa}$
- 원형 단면의 최대 전단응력

  $\tau_{max} = \dfrac{4}{3} \cdot \dfrac{S}{A}$

- $\tau = \dfrac{S \cdot G}{I \cdot b}$

010 단면과 길이가 같으나 지지조건이 다른 그림과 같은 2개의 장주가 있다. 장주 (a)가 30kN의 하중을 받을 수 있다면, 장주 (b)가 받을 수 있는 하중은?

① 120 kN
② 240 kN
③ 360 kN
④ 480 kN

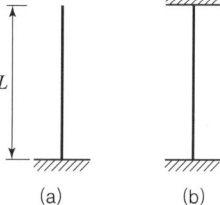

해설

$P_{(a)} : P_{(b)} = \dfrac{1}{4} : 4$

$30 : x = \dfrac{1}{4} : 4$

$\therefore x = 30 \times 4 \times 4 = 480 \text{kN}$

보충 $P_B = \dfrac{n\pi^2 EI}{l^2}$

011 그림의 보에서 지점 B의 휨모멘트는? (단, EI는 일정하다.)

① $-67.5 \text{ kN} \cdot \text{m}$
② $-97.5 \text{ kN} \cdot \text{m}$
③ $-120 \text{ kN} \cdot \text{m}$
④ $-165 \text{ kN} \cdot \text{m}$

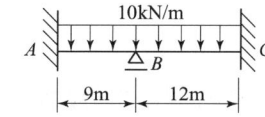

해설

- 처짐각법 재단모멘트 적용시

$C_{BA} = -\dfrac{wl_1^2}{12} = -\dfrac{10 \times 9^2}{12} = -67.5 \text{kN} \cdot \text{m}$

$C_{BC} = -\dfrac{wl_2^2}{12} = -\dfrac{10 \times 12^2}{12} = -120 \text{kN} \cdot \text{m}$

$f_{BA} = \dfrac{4}{7}, \ f_{BC} = \dfrac{3}{7}$

$\therefore M_B = -67.5 \times \dfrac{3}{7} - 120 \times \dfrac{4}{7} = -97.5 \text{kN} \cdot \text{m}$

정답 006 ④ 007 ④ 008 ① 009 ③ 010 ④ 011 ②

012 그림과 같은 라멘에서 A점의 수직반력(R_A)은?

① 65kN
② 75kN
③ 85kN
④ 95kN

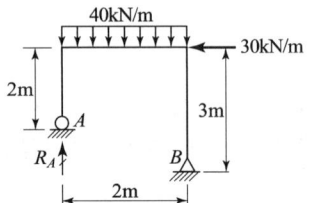

해설
$\Sigma M_B = 0$
$R_A \times 2 - (40 \times 2) \times 1 - 30 \times 3 = 0$
∴ $R_A = 85 \text{kN}(\uparrow)$

013 다음 그림과 같은 구조물에서 지점 A에서의 수직반력의 크기는?

① 0kN
② 10kN
③ 20kN
④ 30kN

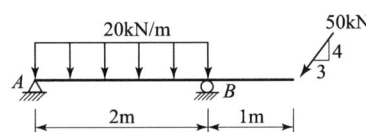

해설
$\Sigma M_B = 0$
$R_A \times 2 - 20 \times 2 \times 1 + 50 \times \dfrac{4}{5} \times 1 = 0$
∴ $R_A = 0$

014 그림과 같이 X, Y축에 대칭인 빗금친 단면에 비틀림우력 50kN·m가 작용할 때 최대 전단응력은?

① 35.61 MPa
② 43.55 MPa
③ 52.43 MPa
④ 60.27 MPa

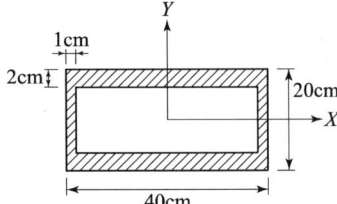

해설
$\tau = \dfrac{T}{2A_m t} = \dfrac{50 \times 10^6}{2 \times (390 \times 180) \times 10} = 35.61 \text{N/mm}^2 = 35.61 \text{MPa}$

015 아래 그림과 같은 하중을 받는 단순보에 발생하는 최대 전단응력은?

① 4.48MPa
② 3.48MPa
③ 2.48MPa
④ 1.48MPa

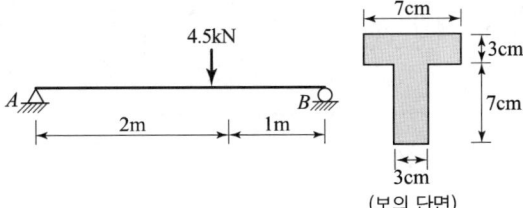

해설

- $\sum M_B = 0$
  $R_A \times 3 - 4.5 \times 1 = 0$
  $\therefore R_A = \dfrac{4.5}{3} = 1.5\text{kN}$
- $R_A + R_B = 4.5\text{kN}$
  $\therefore R_B = 4.5 - 1.5 = 3\text{kN}$
- $S_{\max} = 3\text{kN}$
  $G_x = A_1 \cdot y_1 + A_2 \cdot y_2$
  $\quad = 7 \times 3 \times 8.5 + 3 \times 7 \times 3.5$
  $\quad = 252\text{cm}^3$
  $A = A_1 + A_2 = 7 \times 3 + 3 \times 7 = 42\text{cm}^2$
  $\therefore y_o = \dfrac{G_x}{A} = \dfrac{252}{42} = 6\text{cm}$
- $G_x = 3 \times 6 \times 3 = 54\text{cm}^3$
- $I_x = \dfrac{7 \times 3^3}{12} + 7 \times 3 \times 2.5^2 + \dfrac{3 \times 7^3}{12} + 3 \times 7 \times 2.5^2 = 364\text{cm}^4$

  또는, $I_x = \left\{\dfrac{7 \times 10^3}{12} + (7 \times 10 \times 1^2)\right\} - \left\{\dfrac{4 \times 7^3}{12} + (4 \times 7 \times 2.5^2)\right\} = 364\text{cm}^4$

- $\tau_{\max} = \dfrac{GS}{Ib} = \dfrac{54 \times 3}{364 \times 3} = 0.148\text{kN/cm}^2 = 148\text{N/cm}^2$
  $\quad\quad = 1.48\text{N/mm}^2 = 1.48\text{MPa}$

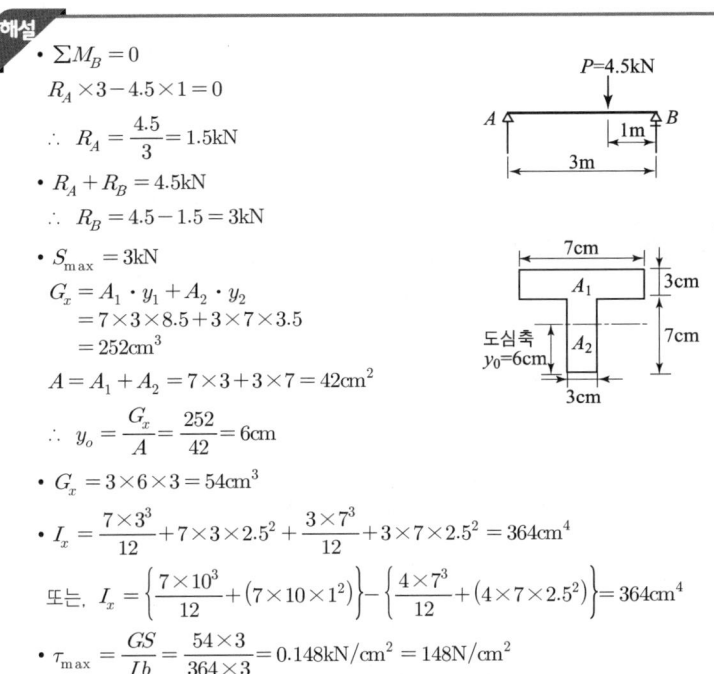

016 그림과 같은 단순보에서 최대 휨모멘트가 발생하는 위치 x(A점으로부터의 거리)와 최대 휨모멘트 M_x는?

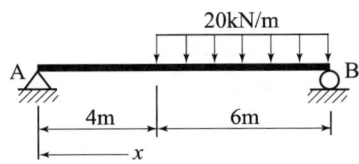

① $x = 4.0\text{m}$, $M_x = 180.2\text{kN} \cdot \text{m}$
② $x = 4.8\text{m}$, $M_x = 96\text{kN} \cdot \text{m}$
③ $x = 5.2\text{m}$, $M_x = 230.4\text{kN} \cdot \text{m}$
④ $x = 5.8\text{m}$, $M_x = 176.4\text{kN} \cdot \text{m}$

해설

- 전단력이 0인 곳에서 최대 휨모멘트가 생긴다.
- $\Sigma M_B = 0$
  $R_A \times 10 - 20 \times 6 \times \frac{6}{2} = 0$ ∴ $R_A = 36\,\text{kN}$
- $\Sigma V = 0$
  $36 - 20(x-4) = 0$ ∴ $x = 5.8\,\text{m}$
- M_x
  $36 \times 5.8 - 20 \times (5.8-4) \times \frac{(5.8-4)}{2} = 176.4\,\text{kN} \cdot \text{m}$

017 그림과 같이 단순보에 이동하중이 작용할 때 절대최대휨모멘트가 생기는 위치는?

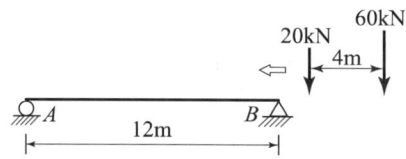

① A점으로부터 6m인 점에 20kN의 하중이 실릴 때 60kN의 하중이 실리는 점
② A점으로부터 7.5m인 점에 60kN의 하중이 실릴 때 20kN의 하중이 실리는 점
③ B점으로부터 5.5m인 점에 20kN의 하중이 실릴 때 60kN의 하중이 실리는 점
④ B점으로부터 9.5m인 점에 20kN의 하중이 실릴 때 60kN의 하중이 실리는 점

해설

- $-80 \times a = -20 \times 4$
  ∴ $a = 1\,\text{m}$
- B점에서의 거리
  $\frac{l}{2} - \frac{a}{2} = \frac{12}{2} - \frac{1}{2} = 5.5\,\text{m}$
- $\Sigma M_A = 0$
  $-R_B \times 12 + 60 \times 6.5 + 20 \times 2.5 = 0$
  ∴ $R_B = 36.7\,\text{kN}$
- $M_{\max} = R_B \times 5.5 = 36.7 \times 5.5 = 201.7\,\text{kN} \cdot \text{m}$

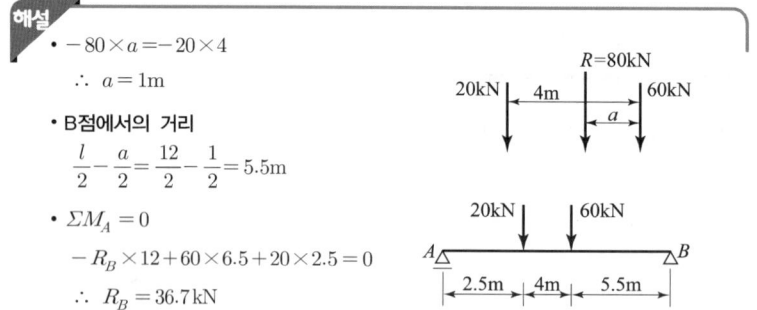

018 그림과 같은 직사각형 단면의 단주에서 편심하중이 작용할 경우 발생하는 최대 압축응력은? (단, 편심거리(e)는 100mm이다.)

① 30MPa
② 35MPa
③ 40MPa
④ 60MPa

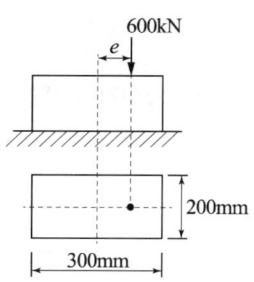

해설

- $I = \dfrac{b^3 h}{12} = \dfrac{300^3 \times 200}{12} = 450,000,000 \, \text{mm}^4$
- $\sigma_c = \dfrac{P}{A} + \dfrac{M}{I}y = \dfrac{600,000}{200 \times 300} + \dfrac{600,000 \times 100}{450,000,000} \times \dfrac{300}{2}$
  $= 30 \, \text{N/mm}^2 = 30 \, \text{MPa}$

019 그림과 같은 평면도형의 x–x′축에 대한 단면 2차 반경(r_x)과 단면 2차 모멘트(I_x)는?

① $r_x = \dfrac{\sqrt{35}}{6}a, \ I_x = \dfrac{35}{32}a^4$

② $r_x = \dfrac{\sqrt{139}}{12}a, \ I_x = \dfrac{139}{128}a^4$

③ $r_x = \dfrac{\sqrt{129}}{12}a, \ I_x = \dfrac{129}{128}a^4$

④ $r_x = \dfrac{\sqrt{11}}{12}a, \ I_x = \dfrac{11}{128}a^4$

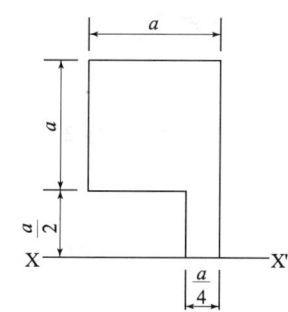

해설

- $I_x = \dfrac{BH^3}{3} - \dfrac{bh^3}{3} = \dfrac{a \times \left(a + \dfrac{a}{2}\right)^3}{3} - \dfrac{\left(a - \dfrac{a}{4}\right)\left(\dfrac{a}{2}\right)^3}{3}$
  $= \dfrac{a \times \left(\dfrac{2a}{a} + \dfrac{a}{2}\right)^3}{3} - \dfrac{\left(\dfrac{4a}{4} - \dfrac{a}{4}\right)\left(\dfrac{a}{2}\right)^3}{3} = \dfrac{35 a^4}{32}$
- $A = A_1 + A_2 = (a \times a) + \left(\dfrac{a}{4} \times \dfrac{a}{2}\right) = \dfrac{9a^2}{8}$
- $r_x = \sqrt{\dfrac{I_x}{A}} = \dfrac{\sqrt{35}}{6}a$

정답 017 ④ 018 ① 019 ①

020 그림과 같은 단순보에서 A점의 처짐각(θ_A)은? (단, EI는 일정하다.)

① $\dfrac{ML}{2EI}$
② $\dfrac{5ML}{6EI}$
③ $\dfrac{5ML}{12EI}$
④ $\dfrac{5ML}{24EI}$

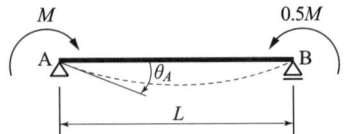

해설
$\theta_A = \dfrac{L}{6EI}(2M_A + M_B) = \dfrac{L}{6EI}(2M + 0.5M) = \dfrac{2.5ML}{6EI} = \dfrac{5ML}{12EI}$

2과목 측량학

021 하천이나 항만 등의 심천측량을 한 결과를 표시하는 방법으로 가장 적당한 것은?
① 등고선법
② 지모법
③ 점고법
④ 음영법

해설
점고법은 하천, 항만, 해양 등 심천측량의 지형 표시 방법으로 적당하다.

022 등고선에 관한 다음 설명 중 옳지 않은 것은?
① 높이가 다른 등고선은 절대 교차하지 않는다.
② 등고선간의 최단거리 방향은 최급경사 방향을 나타낸다.
③ 지도의 도면내에서 폐합되는 경우 등고선의 내부에는 산꼭대기 또는 분지가 있다.
④ 동일한 경사의 지표에서 등고선 간의 수평거리는 같다.

해설
• 높이가 다른 등고선은 동굴이나 절벽을 제외하고는 교차하지 않는다.
• 등고선은 도면 내·외에서 반드시 폐합하는 폐곡선이다.
• 등고선은 분수선과 직각으로 만난다.
• 최대 경사의 방향은 등고선과 직각으로 교차한다.
• 같은 경사의 평면일 때는 평행한 직선이 된다.

023 초점거리 153mm, 사진크기 23cm×23cm인 카메라를 사용하여 동서 14km, 남북 7km, 평균표고 250m로 거의 평탄한 사각형 지역을 축척 1/15000로 촬영하고자 한다. 필요한 모델 수는? (단, 종·횡 중복도는 각각 60%, 30%임.)

① 21매
② 33매
③ 49매
④ 65매

- $B_0 = ma\left(1 - \dfrac{P}{100}\right) = 15000 \times 0.23\left(1 - \dfrac{60}{100}\right) = 1380\text{m}$
- $C_0 = ma\left(1 - \dfrac{q}{100}\right) = 15000 \times 0.23\left(1 - \dfrac{30}{100}\right) = 2415\text{m}$
- 종 모델수 $= \dfrac{S_1}{B_0} = \dfrac{14000}{1380} = 10.1 ≒ 11$매
- 횡 모델수 $= \dfrac{S_2}{C_0} = \dfrac{7000}{2415} = 2.89 ≒ 3$매
- 총 모델수 $= 11 \times 3 = 33$매

024 조정계산이 완료된 조정각 및 기선으로부터 처음 신설하는 삼각점의 위치를 구하는 계산 순서로 가장 적합한 것은?

① 편심조정계산 → 삼각형계산(변, 방향각) → 경위도계산 → 좌표조정계산 → 표고계산
② 편심조정계산 → 삼각형계산(변, 방향각) → 좌표조정계산 → 표고계산 → 경위도계산
③ 삼각형계산(변, 방향각) → 편심조정계산 → 표고계산 → 경위도계산 → 좌표조정계산
④ 삼각형계산(변, 방향각) → 편심조정계산 → 표고계산 → 좌표조정계산 → 경위도계산

각 조정 → 변 조정 → 좌표 조정 → 표고 계산 → 경위도 계산

025 노선의 곡률반경이 100m, 곡선길이가 20m일 경우 클로소이드(clothoid)의 매개변수(A)는 약 얼마인가?

① 22m
② 40m
③ 45m
④ 60m

- $A^2 = RL$
  ∴ $A = \sqrt{RL} = \sqrt{100 \times 20} = 44.721\text{m}$
- 단위 클로소이드란 매개변수 A가 1인 클로소이드이다.
- 모든 클로소이드는 닮은 꼴이다.
- 클로소이드에서 매개변수 A가 정해지면 클로소이드의 크기가 정해진다.

정답 020 ③ 021 ③ 022 ① 023 ② 024 ② 025 ③

026 다음은 교호수준측량의 결과이다. A점의 표고가 10m일 때 B점의 표고는?

> 레벨 P에서 $A \to B$ 관측 표고차 $\Delta h = -1.256m$
> 레벨 Q에서 $B \to A$ 관측 표고차 $\Delta h = +1.238m$

① 11.247m
② 11.238m
③ 9.753m
④ 8.753m

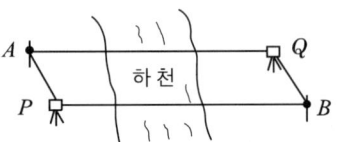

해설
- A점과 B점의 높이 차
  $h = \dfrac{(-1.256)-(1.238)}{2} = -1.247$
- $H_B = H_A + h = 10 + (-1.247) = 8.753m$

027 삼각측량과 삼변측량에 대한 설명으로 틀린 것은?
① 삼변측량은 변 길이를 관측하여 삼각점의 위치를 구하는 측량이다.
② 삼각측량의 삼각망 중 가장 정확도가 높은 망은 사변형 삼각망이다.
③ 삼각점의 선점시 기계나 측표가 동요할 수 있는 습지나 하상은 피한다.
④ 삼각점의 등급을 정하는 주된 목적은 표석설치를 편리하게 하기 위함이다.

해설
- 삼각점은 각관측 정밀도에 의해 1등, 2등, 3등, 4등 삼각점으로 정한다.
- 삼변측량은 삼각점의 위치를 정할 때 변장 측정법을 이용하여 대삼각망의 기선장을 직접 측정하기 때문에 기선 삼각망을 확대할 필요가 없다.

028 원격탐사(remote sensing)를 정의한 것으로 옳은 것은?
① 지상에서 대상 물체에 전파를 발생시켜 그 반사파를 이용하여 측정하는 방법
② 센서를 이용하여 지표의 대상물에서 반사 또는 방사된 전자 스펙트럼을 측정하고 이들의 자료를 이용하여 대상물이나 현상에 관한 정보를 얻는 기법
③ 우주에 산재해 있는 물체의 고유스펙트럼을 이용하여 각각의 구성성분을 지상의 레이더망으로 수집하여 처리하는 방법
④ 우주선에서 찍은 중복된 사진을 이용하여 지상에서 항공사진의 처리와 같은 방법으로 판독하는 작업

> **해설**
> 원격탐사란 지상이나 항공기 및 인공위성 등의 탐측기(sensor)를 이용하여 지표, 지상, 지하, 대기권 및 우주공간의 대상들에게 반사 혹은 방사되는 전자기파를 탐지하고 토지, 환경 및 자원에 대한 정보를 해석하는 방법이다.

029 어느 두 지점 사이의 거리를 A, B, C, D 네 사람이 각각 10회 측정한 결과가 다음과 같다. 가장 신뢰성이 높은 측정자는 누구인가? (단, 단위는 [m])

> A : 165.864±0.002   B : 165.867±0.006
> C : 165.862±0.007   D : 165.864±0.004

① A ② B
③ C ④ D

> **해설**
> $A = \pm 0.002 = \pm \delta_A \sqrt{10}$ $\delta_A = 0.0000004$
> $B = \pm 0.006 = \pm \delta_B \sqrt{10}$ $\delta_B = 0.0000036$
> $C = \pm 0.007 = \pm \delta_C \sqrt{10}$ $\delta_C = 0.0000049$
> $D = \pm 0.004 = \pm \delta_D \sqrt{10}$ $\delta_D = 0.0000016$

030 노선측량에서 단곡선 설치시 필요한 교각 $I = 95°30'$, 곡선 반지름 $R = 300$m일 때 장현(long chord : L)은?

① 222.065m ② 298.619m
③ 444.131m ④ 597.238m

> **해설**
> • 장현(현의 길이)
> $L = 2R \sin \dfrac{I}{2} = 2 \times 300 \sin \left(\dfrac{95°30'}{2} \right) \fallingdotseq 444.131$m
> • 편각
> $\delta = 1718.87 \dfrac{l}{R} (분)$
> • 중앙종거
> $M = R \left(1 - \cos \dfrac{I}{2} \right)$
> • 외할
> $E = R \left(\sec \dfrac{I}{2} - 1 \right)$

031 기지점의 지반고가 100m, 기지점에 대한 후시는 2.75m, 미지점에 대한 전시가 1.40m일 때 미지점의 지반고는?

① 98.65m ② 101.35m
③ 102.75m ④ 104.15m

> **해설**
> $100 + (2.75 - 1.4) = 101.35$m

정답 026 ④ 027 ④ 028 ② 029 ① 030 ③ 031 ②

032 수준측량에서 레벨의 조정이 불완전하여 시준선이 기포관축과 평행하지 않을 때 생기는 오차의 소거방법으로 옳은 것은?
① 정위, 반위로 측정하여 평균한다.
② 시작점과 종점에서의 표척을 같은 것을 사용한다.
③ 전시와 후시의 시준거리를 같게 한다.
④ 지반이 견고한 곳에 표척을 세운다.

해설
• 시준선과 기포관축이 평행하지 않기 때문에 생기는 오차를 제거하기 위해 전시와 후시의 거리를 동일하게 한다.
• 수준측량에서 전시와 후시의 거리를 같게 하여도 시차에 의한 오차는 제거되지 않는다.

033 원곡선에 대한 설명으로 틀린 것은?
① 원곡선을 설치하기 위한 기본 요소는 반지름(R)과 교각(I)이다.
② 접선길이는 곡선반지름에 비례한다.
③ 완화곡선은 원곡선의 분류에 포함되지 않는다.
④ 고속도로와 같이 고속의 원활한 주행을 위해서는 복심곡선 또는 반향곡선을 주로 사용한다.

해설
클로소이드 곡선은 완화곡선으로 곡률이 곡선의 길이에 비례하며 고속도로에서 주로 사용한다.

034 그림과 같은 유토곡선(mass curve)에서 하향구간이 의미하는 것은?
① 성토구간
② 절토구간
③ 운반토량
④ 운반거리

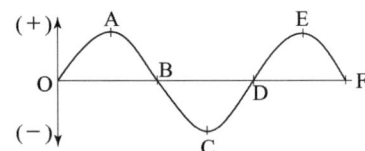

해설
• 상향구간 O-A, C-E 구간은 절토구간이다.
• 하향구간 A-C, E-F 구간은 성토구간이다.

035 측지학에 관한 설명 중 옳지 않은 것은?
① 측지학이란 지구 내부의 특성, 지구의 형상, 지구 표면의 상호위치 관계를 정하는 학문이다.
② 기하학적 측지학에는 천문측량, 위성측지, 높이결정 등이 있다.
③ 물리학적 측지학에는 지구의 형상 해석, 중력측정, 지자기측정

등을 포함한다.
④ 측지측량(대지측량)이란 지구의 곡률을 고려하지 않은 측량으로서 20km 이내를 평면으로 취급한다.

해설
- 측지측량(대지측량)이란 지구의 곡률을 고려하여 지표면을 곡면으로 보고 행하는 정밀측량으로 허용 정밀도가 1/1,000,000일 경우 반경 11km, 면적 400km² 이상인 넓은 지역의 측량이다.
- 지구 표면상의 상호 위치 관계를 규명하는 것을 기하학적 측지학이라 한다.
- 천문측량은 경위도 원점, 도서지역의 위치, 연직선 편차 결정, 측지측량망의 방위각 조정 등을 목적으로 한다.

036 삼각망 조정에 관한 설명 중 잘못된 것은?
① 1점 주위에 있는 각의 합은 360°이다.
② 삼각형의 내각의 합은 180°이다.
③ 임의 한 변의 길이는 계산경로가 달라지면 일치하지 않는다.
④ 검기선은 측정한 길이와 계산된 길이가 동일하다.

해설
- 임의의 한 변의 길이는 계산해 가는 순서와는 관계없이 같은 값이라야 한다.(변 방정식)
- 각다각형(삼각형 포함)의 내각의 합은 $(n-2)180°$ 이다.

037 각관측 장비의 수평축이 연직축과 직교하지 않기 때문에 발생하는 측각오차를 최소화하는 방법으로 옳은 것은?
① 직교에 대한 편차를 구하여 더한다.
② 배각법을 사용한다.
③ 방향각법을 사용한다.
④ 망원경의 정·반위로 측정하여 평균한다.

해설
망원경의 정·반위로 소거가능 오차
- 시준축 오차 : 시준축과 수평축이 직교하지 않기 때문에 생기는 오차
- 수평축 오차 : 수평축이 연직축과 직교하지 않기 때문에 생기는 오차
- 시준선 편심오차 : 시준선이 기계의 중심을 통하지 않기 때문에 생기는 오차

038 트래버스 측량에서 1회 각 관측의 오차가 ±10″라면 30개의 측점에서 1회씩 각 관측 하였을 때의 총 각 관측 오차는?
① ±15″
② ±17″
③ ±55″
④ ±70″

해설
$E = \pm \delta \sqrt{n} = \pm 10'' \sqrt{30} = \pm 55''$

답안 표기란				
036	①	②	③	④
037	①	②	③	④
038	①	②	③	④

정답 032 ③ 033 ④ 034 ① 035 ④ 036 ③ 037 ④ 038 ③

039

직사각형 토지의 면적을 산출하기 위해 두변 a, b의 거리를 관측한 결과 $a = 48.25 \pm 0.04\,\text{m}$, $b = 23.42 \pm 0.02\,\text{m}$ 이었다면 면적의 정밀도($\triangle A/A$)는?

① $\dfrac{1}{420}$ ② $\dfrac{1}{630}$

③ $\dfrac{1}{840}$ ④ $\dfrac{1}{1080}$

해설
- $A = 48.25 \times 23.42 = 1130\,\text{m}^2$
- $\triangle A = \sqrt{(48.25 \times 0.02)^2 + (23.42 \times 0.04)^2} = 1.345\,\text{m}^2$
- $\therefore \dfrac{\triangle A}{A} = \dfrac{1.345}{1130} = \dfrac{1}{840}$

040

그림과 같이 한 점 O에서 A, B, C방향의 각관측을 실시한 결과가 다음과 같을 때 ∠BOC의 최확값은?

∠AOB	2회 관측 결과	40°30′25″
	3회 관측 결과	40°30′20″
∠AOC	6회 관측 결과	85°30′20″
	4회 관측 결과	85°30′25″

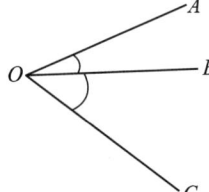

① 45°00′05″   ② 45°00′02″
③ 45°00′03″   ④ 45°00′00″

해설
- ∠AOB 최확값(α)
  $P_1 : P_2 = 2 : 3$
  $\alpha = \dfrac{P_1 \cdot \alpha_1 + P_2 \cdot \alpha_2}{P_1 + P_2} = (40°30′) + \dfrac{(2 \times 25″) + (3 \times 20″)}{2+3} = 40°30′22″$
- ∠AOC 최확값(γ)
  $P_1 : P_2 = 6 : 4$
  $\gamma = \dfrac{P_1 \cdot \gamma_1 + P_2 \cdot \gamma_2}{P_1 + P_2} = (85°30′) + \dfrac{(6 \times 20″) + (4 \times 25″)}{6+4} = 85°30′22″$
- $\therefore \angle\text{BOC} = \angle\text{AOC} - \angle\text{AOB} = 85°30′22″ - 40°30′22″ = 45°00′00″$

3과목 수리·수문학

041 폭이 50m인 구형수로의 도수전 수위 $h_1 = 3$m, 유량 $Q = 2000$m³/sec 일 때 대응수심은?

① 1.6m ② 6.0m
③ 9.0m ④ 도수가 발생하지 않는다.

해설
- $F_r = \dfrac{V_1}{\sqrt{gh}} = \dfrac{13.33}{\sqrt{9.8 \times 3}} = 2.46$
- $V_1 = \dfrac{Q}{A} = \dfrac{2000}{50 \times 3} = 13.33$m/sec

$\therefore h_2 = \dfrac{h_1}{2}(-1 + \sqrt{1 + 8Fr^2}) = \dfrac{3}{2}(-1 + \sqrt{1 + 8 \times 2.46^2}) = 9$m

보충 • 도수로 인한 에너지 손실
$$\Delta He = \dfrac{(h_2 - h_1)^3}{4h_1 h_2}$$
• 도수 : 흐름이 사류에서 상류로 변할 때 수면이 불연속적으로 뛰는 현상

042 단위유량도(Unit hydrograph)를 작성함에 있어서 3가지 기본가정이 필요한데 이에 해당되지 않는 것은?

① 직접유출의 가정 ② 일정기저시간의 가정
③ 비례 가정 ④ 중첩 가정

해설
단위 유량도 가정
- 일정기저시간 가정(유역특성의 시간적 불변성)
- 중첩가정
- 비례가정(유역의 선형성)

보충 단위 유량도의 기본가정은 강우의 시간적 공간적 균일성, 강우와 유역 특성의 시간적 불변성 등이 있다.

043 유속 3m/s로 매초 100l 의 물이 흐르게 하는데 필요한 관의 내경으로 알 맞은 것은?

① 206mm ② 312mm
③ 153mm ④ 265mm

해설
$Q = A \cdot V = \dfrac{3.14 \times d^2}{4} \times V$

$\therefore d = \sqrt{\dfrac{4 \times 100,000}{3.14 \times 300}} = 20.6$cm $= 206$mm

정답 039 ③ 040 ④ 041 ③ 042 ① 043 ①

> 보충
> - $Q = A \cdot V = A \cdot \dfrac{1}{n} R^{\frac{2}{3}} I^{\frac{1}{2}}$
> - $Q = A \cdot V = A \cdot C\sqrt{RI}$
> - $C = \dfrac{1}{n} R^{\frac{1}{6}}$

044 개수로내의 흐름에서 평균유속을 구하는 방법 중 2점법(2点法)은 수면하 어느 위치에서의 유속 측정값을 평균한 것인가?

① 수면과 전수심의 50% 위치
② 수면으로부터 수심의 10%와 90% 위치
③ 수면으로부터 수심의 20%와 80% 위치
④ 수면으로부터 수심의 40%와 60% 위치

> 해설
> - 2점법 $V = \dfrac{1}{2}(V_{0.2} + V_{0.8})$
>
> 보충
> - 표면 유속법 $V = 0.85 V_{surf}$
> - 1점법 $V = V_{0.6}$
> - 3점법 $V = \dfrac{1}{4}(V_{0.2} + 2V_{0.6} + V_{0.8})$

045 어떤 유역에 다음 표와 같이 30분간 집중호우가 계속되었을 때 지속기간 15분의 최대강우강도는?

시간(분)	우량(mm)
0 ~ 5	2
5 ~ 10	4
10 ~ 15	6
15 ~ 20	4
20 ~ 25	8
25 ~ 30	6

① 64mm/hr
② 48mm/hr
③ 72mm/hr
④ 80mm/hr

> 해설
> - 15분간 최대강우량 = 6 + 4 + 8 = 18
> - 15분간 최대강우강도 $I = 18 \times \dfrac{60}{15} = 72 \text{mm/hr}$

046 수두차가 10m인 두 저수지를 직경 30cm, 길이 300m, 조도계수 0.013인 주철관으로 연결하여 송수할 때, 관을 흐르는 유량(Q)은 얼마인가? (단, 관의 유입 및 유출, 마찰손실만 존재한다.)

① $Q = 0.19 \text{m}^3/\text{sec}$
② $Q = 0.17 \text{m}^3/\text{sec}$
③ $Q = 0.08 \text{m}^3/\text{sec}$
④ $Q = 0.02 \text{m}^3/\text{sec}$

해설
- $f = \dfrac{124.6n^2}{D^{\frac{1}{3}}} = \dfrac{124.6 \times 0.013^2}{0.3^{\frac{1}{3}}} = 0.0315$
- $V = \sqrt{\dfrac{2gH}{f_i + f_o + f\dfrac{l}{D}}} = \sqrt{\dfrac{2 \times 9.8 \times 10}{0.5 + 1.0 + 0.0315 \times \dfrac{300}{0.3}}} = 2.437 \text{m/sec}$
- $Q = A \cdot V = \dfrac{\pi \times 0.3^2}{4} \times 2.437 = 0.17 \text{m}^3/\text{sec}$

047 축척이 1/50인 하천 수리모형에서 원형 유량 10000m³/sec에 대한 모형 유량은?

① 0.566m³/sec ② 4.000m³/sec
③ 14.142m³/sec ④ 28.284m³/sec

해설

$Q_r = \dfrac{Q_m}{Q_p} = L_r^{5/2}$

여기서, Q_m : 모형유량, Q_p : 원형유량, L_r : 길이비율(축척)

$\dfrac{Q_m}{10000} = \left(\dfrac{1}{50}\right)^{\frac{5}{2}}$

∴ $Q_m = 0.56 \text{m}^3/\text{sec}$

048 피압 지하수를 설명한 것으로 옳은 것은?
① 지하수와 공기가 접해 있는 지하수면을 가지는 지하수
② 두 개의 불투수층 사이에 끼어 있어 대기압보다 큰 압력을 받고 있는 대수층의 지하수
③ 하상 밑의 지하수
④ 한 수원이나 조직에서 다른 지역으로 보내는 지하수

해설
불투수층 사이에 낀 투수층 내의 압력을 받고 있는 피압 지하수를 양수하는 경우는 굴착정 공식을 이용한다. 즉, $Q = \dfrac{2\pi bk(h_o - h_w)}{2.3 \log(R/r_o)}$

049 Darcy의 법칙에 대한 설명으로 옳지 않은 것은?
① Darcy의 법칙은 지하수의 층류흐름에 대한 마찰저항공식이다.
② 투수계수는 물의 점성계수에 따라서도 변화한다.
③ Reynolds수가 클수록 안심하고 적용할 수 있다.
④ 평균유속이 동수경사와 비례관계를 가지고 있는 흐름에 적용될 수 있다.

해설
Darcy 법칙은 흐름이 정상류, 층류, $R_e < 4$의 적용범위로 한다.

정답 044 ③ 045 ③ 046 ② 047 ① 048 ② 049 ③

01회 CBT 모의고사

050 다음 중 물의 순환에 대한 설명으로 옳지 않은 것은?
① 지표에 강하한 우수는 지표면에 도달하기 전에 그 일부는 식물의 나무나 가지에 의해 차단이 된다.
② 지하수의 일부는 지표면으로 용출해 다시 지표수가 되어 하천으로 유입이 된다.
③ 지표면에 도달한 우수는 토양 중에 수분을 공급하고 나머지는 아래로 침투하여 지하수가 된다.
④ 땅속에 보류된 물과 지표하수는 토양면에서 증발하고 일부는 식물에 흡수하여 증산된다.

> **해설**
> • 증발은 수표면에서 물이 액체 상태에서 기체 상태로 변하는 현상이다.
> • 증산은 식물의 잎 등에 있는 기공을 통해 식물 내부의 물이 기체 상태로 공기 중으로 배출되는 현상이다.

051 중량이 600N, 비중이 3.0인 물체를 물(담수) 속에 넣었을 때 물 속에서의 중량은?
① 100 N
② 200 N
③ 300 N
④ 400 N

> **해설**
> • $\rho = \dfrac{W}{V}$
> ∴ $V = \dfrac{W}{\rho} = \dfrac{600}{3} = 200\text{cm}^3$
> • 물체가 물 속에 들어가면 물체의 부피×물의 단위중량만큼 물체가 가벼워진다.
> 즉, $W - V \cdot \rho_w = 600 - 200 \times 1 = 400\text{N}$

052 그림과 같은 노즐에서 유량을 구하기 위한 식으로 옳은 것은? (단, C는 유속계수이다.)

① $C \cdot \dfrac{\pi d^2}{4} \sqrt{\dfrac{2gh}{1-C^2(d/D)^2}}$
② $C \cdot \dfrac{\pi d^2}{4} \sqrt{\dfrac{2gh}{1-C^2(d/D)^4}}$
③ $\dfrac{\pi d^2}{4} \sqrt{\dfrac{2gh}{1-C^2(d/D)^2}}$
④ $C \cdot \dfrac{\pi d^2}{4} \sqrt{2gh}$

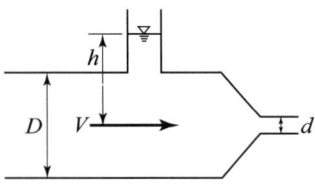

해설
- 베르누이 에너지 방정식을 적용하면
$$\frac{V_1^2}{2g} + H = \frac{V_2^2}{2g}$$
$$V_2 = \sqrt{\frac{2gH}{1-C_v^2\left(\frac{a}{A}\right)^2}} = \sqrt{\frac{2gH}{1-C_v^2\left(\frac{D_2}{D_1}\right)^4}}$$

- 사출수에서는 단면이 거의 수축하지 않기 때문에 실제 유량
$$Q = C \cdot a \sqrt{\frac{2gH}{1-C^2\left(\frac{a}{A}\right)^2}} = C \cdot \frac{\pi d^2}{4} \sqrt{\frac{2gH}{1-C^2\left(\frac{d}{D}\right)^4}}$$

053 유역면적이 4km²이고 유출계수가 0.8인 산지하천에서 강우강도가 80mm/hr이다. 합리식을 사용한 유역출구에서의 첨두홍수량은?

① 35.5m³/s ② 71.1m³/s
③ 128m³/s ④ 256m³/s

해설
$$Q = \frac{1}{3.6} CIA = \frac{1}{3.6} \times 0.8 \times 80 \times 4 = 71.1 \text{m}^3/\text{s}$$

054 수로 바닥에서의 마찰력 τ_0, 물의 밀도 ρ, 중력 가속도 g, 수리평균수심 R, 수면경사 I, 에너지선의 경사 I_e라고 할 때 등류(㉠)와 부등류(㉡)의 경우에 대한 마찰속도(u_*)는?

① ㉠ : ρRI_e ㉡ : ρRI
② ㉠ : $\dfrac{\rho RI}{\tau_0}$ ㉡ : $\dfrac{\rho RI_e}{\tau_0}$
③ ㉠ : $\sqrt{gRI}$ ㉡ : $\sqrt{gRI_e}$
④ ㉠ : $\sqrt{\dfrac{gRI_e}{\tau_0}}$ ㉡ : $\sqrt{\dfrac{gRI}{\tau_0}}$

해설
마찰속도 $u_* = \sqrt{\dfrac{wRI}{\rho}} = \sqrt{gRI}$

055 10m³/s의 유량이 흐르는 수로에 폭 10m의 단수축이 없는 위어를 설계할 때, 위어의 높이를 1m로 할 경우 예상되는 월류수심은? (단, Francis 공식을 사용하며, 접근유속은 무시한다.)

① 0.67m ② 0.71m
③ 0.75m ④ 0.79m

정답 050 ④ 051 ④ 052 ② 053 ② 054 ③ 055 ①

해설
- $Q = 1.84 b_0 \, h^{3/2}$ 관련식에서
  $b_0 = b - \dfrac{n\,h}{10}$, $n = 0$이므로 $b_0 = b$이다.
- $Q = 1.84 b_0 \, h^{3/2}$
  $h^{3/2} = \dfrac{Q}{1.84\,b}$, $h^{3/2} = \dfrac{10}{1.84 \times 10}$ ∴ $h = 0.67\,\text{m}$

056 액체 속에 잠겨 있는 경사평면에 작용하는 힘에 대한 설명으로 옳은 것은?
① 경사각과 상관없다.
② 경사각에 직접 비례한다.
③ 경사각의 제곱에 비례한다.
④ 무게중심에서의 압력과 면적의 곱과 같다.

해설
$P = w\,h_G\,A$

057 유속을 V, 물의 단위중량을 γ_w, 물의 밀도를 ρ, 중력가속도를 g라 할 때 동수압(動水壓)을 바르게 표시한 것은?
① $\dfrac{V^2}{2g}$
② $\dfrac{\gamma_w V^2}{2g}$
③ $\dfrac{\gamma_w V}{2g}$
④ $\dfrac{\rho V^2}{2g}$

해설
동수압(동압력)은 물의 단위중량 × 속도수두이다.

058 관수로의 흐름에서 마찰손실계수를 f, 동수반경을 R, 동수경사를 I, Chezy 계수를 C라 할 때 평균 유속 V는?
① $V = \sqrt{\dfrac{8g}{f}}\,\sqrt{RI}$
② $V = f\,C\sqrt{RI}$
③ $V = \dfrac{\pi d^2}{4}\,f\sqrt{RI}$
④ $V = f\,\dfrac{l}{4R}\,\dfrac{V^2}{2g}$

해설
$V = C\sqrt{RI}$

059 수로경사 1/10000인 직사각형 단면 수로에 유량 30m³/s를 흐르게 할 때 수리학적으로 유리한 단면은? (단, h: 수심, B: 폭이며, Manning 공식을 쓰고, $n = 0.025\,\mathrm{m}^{-1/3} \cdot \mathrm{s}$)

① $h = 1.95\,\mathrm{m}$ $B = 3.9\,\mathrm{m}$
② $h = 2.0\,\mathrm{m}$ $B = 4.0\,\mathrm{m}$
③ $h = 3.0\,\mathrm{m}$ $B = 6.0\,\mathrm{m}$
④ $h = 4.63\,\mathrm{m}$ $B = 9.26\,\mathrm{m}$

- $R = \dfrac{A}{P}$ 여기서, 수리학적으로 유리한 단면 $B = 2h$이므로
  $R = \dfrac{A}{P} = \dfrac{B \cdot h}{B + 2h} = \dfrac{2h \cdot h}{2h + 2h} = \dfrac{h}{2}$
- $V = \dfrac{Q}{A} = \dfrac{30}{B \cdot h} = \dfrac{30}{2h \cdot h} = \dfrac{15}{h^2}$
- $V = \dfrac{1}{n} R^{2/3} I^{1/2}$
  $\dfrac{15}{h^2} = \dfrac{1}{0.025} \left(\dfrac{h}{2}\right)^{2/3} \left(\dfrac{1}{10000}\right)^{1/2}$
  $\therefore h = 4.63\,\mathrm{m},\ B = 9.26\,\mathrm{m}$

060 부력의 원리를 이용하여 그림과 같이 바닷물 위에 떠있는 빙산의 전체적을 구한 값은?

① $550\,\mathrm{m}^3$
② $890\,\mathrm{m}^3$
③ $1000\,\mathrm{m}^3$
④ $1100\,\mathrm{m}^3$

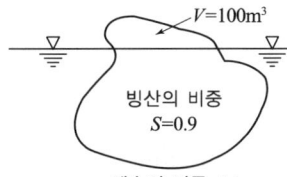

해설
$W = B$
$\gamma \cdot V = W(V - 100)$
$0.9V = 1.1(V - 100)$
$\therefore V = 550\,\mathrm{m}^3$

4과목 철근콘크리트 및 강구조

061 단면이 300×400mm이고 150mm²의 PS강선 4개를 단면도 심축에 배치한 프리텐션 PS 콘크리트 부재가 있다. 초기 프리스트레스 1000MPa일 때 콘크리트의 탄성수축에 의한 프리스트레스의 손실량은? (단, $n = 6.0$)

① 25MPa
② 30MPa
③ 34MPa
④ 42MPa

- $f_{ci} = \dfrac{P}{A_c} = \dfrac{4 \times 150 \times 1000}{300 \times 400} = 5\,\mathrm{MPa}$
  $\therefore \Delta f_{pe} = n f_{ci} = 6 \times 5 = 30\,\mathrm{MPa}$

정답 056 ④ 057 ② 058 ① 059 ④ 060 ① 061 ②

062
복철근 콘크리트 단면에 압축철근비 $\rho' = 0.01$이 배근된 경우 순간처짐이 20mm일 때 1년이 지난 후 처짐량은? (단, 작용하는 모든 하중은 지속하중으로 보며 지속하중의 1년 재하기간에 따르는 계수 ξ는 1.4이다.)

① 42.2mm ② 40.0mm
③ 38.7mm ④ 39.9mm

해설
- $\lambda_\Delta = \dfrac{\xi}{1+50\rho'} = \dfrac{1.4}{1+50\times 0.01} = 0.93$
- 장기처짐 = 탄성(순간)처짐 × λ_Δ = 20 × 0.93 = 18.6mm
- 총 처짐 = 탄성(순간)처짐 + 장기 처짐 = 20 + 18.6 = 38.6mm

063
단철근 직사각형보의 폭이 300mm, 유효깊이가 500mm, 높이가 600mm일 때, 외력에 의해 단면에서 휨균열을 일으키는 휨모멘트(M_{cr})을 구하면? (단, f_{ck} = 24MPa, λ = 1.0)

① 45.2 kN·m   ② 48.9 kN·m
③ 52.1 kN·m   ④ 55.6 kN·m

해설
- $f_r = 0.63\lambda\sqrt{f_{ck}} = 0.63 \times 1.0\sqrt{24} = 3.086\,\text{N/mm}^2\,(\text{MPa})$
- $I = \dfrac{bh^3}{12} = \dfrac{300\times 600^3}{12} = 5,400,000,000\,\text{mm}^4$
- $f_r = \dfrac{M_{cr}}{I}y$

$\therefore M_{cr} = \dfrac{f_r \cdot I}{y} = \dfrac{3.086\times 5,400,000,000}{300} = 55,548,000\,\text{N·mm}$
$= 55,548\,\text{kN·mm} ≒ 55.6\,\text{kN·m}$

064
그림과 같은 맞대기 용접의 용접부에 생기는 인장응력은 얼마인가?

① 50MPa
② 70.7MPa
③ 100MPa
④ 141.4MPa

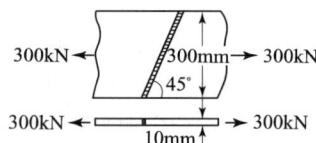

해설
$f = \dfrac{P}{A} = \dfrac{P}{\sum a\cdot l} = \dfrac{300000}{10\times 300} = 100\,\text{MPa}$

065 나선철근 압축부재 단면의 심부 지름이 400mm, 기둥단면 지름이 500mm인 나선철근 기둥의 나선철근비는 최소 얼마 이상이어야 하는가? (단, 나선철근의 설계기준항복강도(f_{yt})=400MPa, f_{ck}=21MPa)

① 0.0133
② 0.0201
③ 0.0248
④ 0.0304

해설

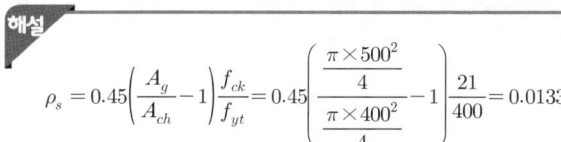

$$\rho_s = 0.45\left(\frac{A_g}{A_{ch}}-1\right)\frac{f_{ck}}{f_{yt}} = 0.45\left(\frac{\frac{\pi \times 500^2}{4}}{\frac{\pi \times 400^2}{4}}-1\right)\frac{21}{400} = 0.0133$$

066 계수하중에 의한 전단력 V_u=75kN을 받을 수 있는 직사각형 단면을 설계하려고 한다. 규정에 의한 최소 전단철근을 사용할 경우 필요한 콘크리트의 최소단면적 $b_w d$는 얼마인가? (단, f_{ck}=28MPa, f_y=300MPa, λ=1.0)

① 101090mm²
② 103073mm²
③ 106303mm²
④ 113390mm²

해설

- $\frac{1}{2}\phi V_c < V_u \leq \phi V_c$인 경우 최소 전단철근을 배치한다.
- 콘크리트 최소 단면적 $b_w \cdot d$

$$V_u = \phi V_c = \phi \frac{1}{6}\lambda\sqrt{f_{ck}}\,b_w \cdot d$$

$$\therefore b_w d = \frac{V_u}{\phi \frac{1}{6}\lambda\sqrt{f_{ck}}} = \frac{75000}{0.75 \times \frac{1}{6} \times 1.0 \times \sqrt{28}} = 113390\text{mm}^2$$

067 2방향 슬래브의 직접설계법을 적용하기 위한 제한사항으로 틀린 것은?

① 각 방향으로 3경간 이상이 연속되어야 한다.
② 슬래브판들은 단변 경간에 대한 장변 경간의 비가 2 이하인 직사각형이어야 한다.
③ 모든 하중은 연직하중으로서 슬래브판 전체에 등분포되어야 한다.
④ 연속한 기둥 중심선으로부터 기둥의 이탈은 이탈방향 경간의 최대 20%까지 허용할 수 있다.

해설

- 연속한 기둥 중심선으로부터 기둥의 이탈은 이탈방향 경간의 10%까지 허용된다.
- 활하중은 고정하중의 2배 이하라야 한다.
- 단경간과 장경간의 비가 $0.5 < \frac{S}{L} \leq 1$일 때 2방향 슬래브로 설계한다.

정답 062 ③ 063 ④ 064 ③ 065 ① 066 ④ 067 ④

068 그림과 같은 단면의 도심에 PS 강재가 배치되어 있다. 초기 프리스트레스 힘을 1800kN 작용시켰다. 30%의 손실을 가정하여 콘크리트의 하연응력이 0이 되도록 하려면 이때의 휨모멘트 값은 얼마인가? (단, 자중은 무시)

① 120 kN · m
② 126 kN · m
③ 130 kN · m
④ 150 kN · m

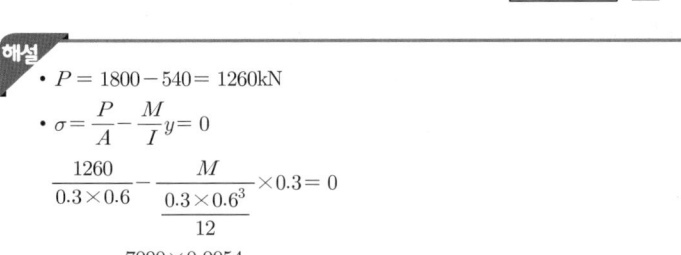

해설

- $P = 1800 - 540 = 1260$kN
- $\sigma = \dfrac{P}{A} - \dfrac{M}{I}y = 0$

  $\dfrac{1260}{0.3 \times 0.6} - \dfrac{M}{\dfrac{0.3 \times 0.6^3}{12}} \times 0.3 = 0$

  $\therefore M = \dfrac{7000 \times 0.0054}{0.3} = 126$kN · m

069 아래 그림과 같은 두께 12mm 평판의 순단면적을 구하면? (단, 구멍의 직경은 23mm이다.)

① 2,310mm²
② 2,340mm²
③ 2,772mm²
④ 2,928mm²

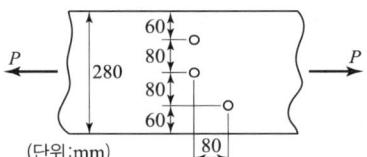

해설

- $d = 23$mm
- $\omega = d - \dfrac{p^2}{4g} = 23 - \dfrac{80^2}{4 \times 80} = 3$
- 순폭(b_n)

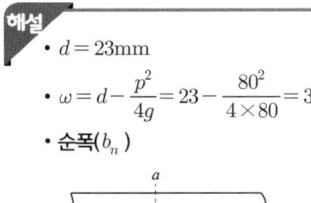

$a - a' : b_n = b_g - 2d = 280 - 2 \times 23 = 234$mm
$a - b : b_n = b_g - 2d - \omega = 280 - 2 \times 23 - 3 = 231$mm
∴ 순폭은 작은 값인 231mm이다.

- 순단면적

  $A_n = b_n \cdot t = 231 \times 12 = 2772$mm²

070 강도설계법에서 강도감소계수를 사용하는 이유에 대한 설명으로 틀린 것은?
① 재료의 공칭강도와 실제 강도와의 차이를 고려하기 위해
② 부재를 제작 또는 시공할 때 설계도와의 차이를 고려하기 위해
③ 하중의 공칭값과 실제 하중 사이의 불가피한 차이를 고려하기 위해
④ 부재 강도의 추정과 해석에 관련된 불확실성을 고려하기 위해

해설
강도감소계수는 재료의 공칭강도와 실제 강도 사이의 차이나 시공의 불확실성을 고려한 안전계수이다.

071 다음 중 '표피철근'의 정의로서 옳은 것은?
① 유효깊이가 900mm를 초과하는 휨부재 복부의 양 측면에 부재 축방향으로 배치하는 철근
② 유효깊이가 1,200mm를 초과하는 휨부재 복부의 양 측면에 부재 축방향으로 배치하는 철근
③ 전체 깊이가 900mm를 초과하는 휨부재 복부의 양 측면에 부재 축방향으로 배치하는 철근
④ 전체 깊이가 1,200mm를 초과하는 휨부재 복부의 양 측면에 부재 축방향으로 배치하는 철근

해설
• 보나 장선의 깊이 h가 900mm를 초과하면, 종방향 표피철근을 인장연단으로부터 $h/2$ 지점까지 부재 양쪽 측면을 따라 균일하게 배치하여야 한다.
• 표피철근의 간격
$s = 375\left(\dfrac{210}{f_s}\right) - 2.5c_c$ 와 $s = 300\left(\dfrac{210}{f_s}\right)$ 식에 의해 계산된 값 중에서 작은 값 이하로 한다.(여기서, c_c : 표피철근의 표면에서 부재 측면까지 최단 거리, f_s : 사용하중 상태에서 인장연단에서 가장 가까이에 위치한 철근의 응력)

072 옹벽의 설계에 대한 설명 중 옳지 않은 것은?
① 지반에 유발되는 최대 지반반력이 지반의 허용지지력을 초과하지 않아야 한다.
② 활동에 대한 저항력은 옹벽에 작용하는 수평력이 1.5배 이상이어야 한다.
③ 뒷부벽은 직사각형보로 설계한다.
④ 전도에 대한 저항모멘트는 횡토압에 의한 전도모멘트의 2배 이상이어야 한다.

해설
• 뒷부벽은 T형보로, 앞부벽은 직사각형보로 설계한다.
• 부벽식 옹벽의 저판은 부벽간의 거리를 경간으로 가정하여 고정보 또는 연속보로 설계하여야 한다.
• 부벽식 옹벽의 전면벽은 3변 지지된 2방향 슬래브로 설계한다.
• 캔틸레버 옹벽의 전면벽은 저판에 지지된 캔틸레버로 설계한다.

정답 068 ② 069 ③ 070 ③ 071 ③ 072 ③

073 철근의 정착길이에 대한 설명으로 틀린 것은? (단, d_b : 철근의 공칭지름)

① 인장 이형철근의 정착길이는 300mm 이상이어야 한다.
② 압축 이형철근의 정착길이는 200mm 이상이어야 한다.
③ 표준 갈고리를 갖는 인장 이형철근의 정착길이는 $6d_b$ 이상, 또한 200mm 이상이어야 한다.
④ 확대머리 인장 이형철근의 정착길이는 $8d_b$ 이상, 또한 150mm 이상이어야 한다.

해설
표준 갈고리를 갖는 인장 이형철근의 정착길이는 $8d_b$ 이상, 또한 150mm 이상이어야 한다.

074 포스트텐션 긴장재의 마찰손실 계산 근사식 $P_{px} = \dfrac{P_{pj}}{(1+kl_{px}+\mu_p\alpha_{px})}$ 에 사용 조건으로 옳은 것은?

① $(kl_{px}+\mu_p\alpha_{px})$값이 0.3을 초과할 경우
② $(kl_{px}+\mu_p\alpha_{px})$값이 0.3 이하인 경우
③ P_{pj}의 값이 5000kN을 초과할 경우
④ P_{pj}의 값이 5000kN 이하인 경우

해설
포스트텐션 긴장재의 마찰손실 계산 근사식은 $(kl_{px}+\mu_p\alpha_{px})$값이 0.3 이하인 경우에 적용한다.

075 용접이음에 관한 설명으로 틀린 것은?

① 리벳이음에 비해 약하므로 응력 집중 현상이 일어나지 않는다.
② 리벳구멍으로 인한 단면 감소가 없어서 강도 저하가 없다.
③ 내부 검사(X선 검사)가 간단하지 않다.
④ 작업의 소음이 적고 경비와 시간이 절약된다.

해설
용접이음은 리벳이음에 비해 강하므로 응력 집중 현상이 일어나지 않는다.

076 아래 그림의 빗금친 부분과 같은 단철근 T형보의 등가응력의 깊이 a는 얼마인가? (단, A_s = 6,354mm², f_{ck} = 24MPa, f_y = 400MPa)

① 96.7mm
② 111.5mm
③ 121.3mm
④ 128.6mm

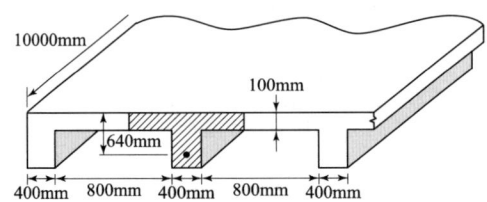

해설

- 유효 폭
  - $16t + b_w = 16 \times 100 + 400 = 2,000$mm
  - 양쪽 슬래브의 중심간 거리 $= 400 + 400 + 400 = 1,200$mm
  - 보의 경간의 $\dfrac{1}{4} = \dfrac{10,000}{4} = 2,500$mm
  - ∴ 가장 작은 값인 1,200mm이다.

- T형보의 판정
$$a = \dfrac{A_s f_y}{0.85 f_{ck} b} = \dfrac{6,354 \times 400}{0.85 \times 24 \times 1,200} = 103.8\text{mm}$$
$a > t$ 이므로 T형보이다.

- $A_{sf} = \dfrac{0.85 f_{ck}(b - b_w)t}{f_y} = \dfrac{0.85 \times 24(1,200 - 400) \times 100}{400} = 4,080\text{mm}^2$

- $a = \dfrac{(A_s - A_{sf})f_y}{0.85 f_{ck} b_w} = \dfrac{(6,354 - 4,080) \times 400}{0.85 \times 24 \times 400} = 111.5\text{mm}$

077 깊은 보는 한쪽 면이 하중을 받고 반대쪽 면이 지지되어 하중과 받침부 사이에 압축대가 형성되는 구조요소로서 아래의 (가) 또는 (나)에 해당하는 부재이다. 아래의 ( ) 안에 들어갈 ㉠, ㉡으로 옳은 것은?

> (가) 순경간 l_n이 부재 깊이의 (㉠)배 이하인 부재
> (나) 받침부 내면에서 부재 깊이의 (㉡)배 이하인 위치에 집중하중이 작용하는 경우는 집중하중과 받침부 사이의 구간

① ㉠ : 4 ㉡ : 2
② ㉠ : 3 ㉡ : 2
③ ㉠ : 2 ㉡ : 4
④ ㉠ : 2 ㉡ : 3

해설
깊은 보는 비선형 변형률 분포를 고려하여 설계하거나 횡좌굴을 고려하여야 한다.

078 길이가 4m인 캔틸레버보에서 처짐을 계산하지 않는 경우 보의 최소 두께로 옳은 것은? (단, $f_{ck} = 28$MPa, $f_y = 350$MPa)

① 465mm
② 484mm
③ 500mm
④ 516mm

해설

- f_y가 400MPa인 최소 두께(h)
$$\dfrac{l}{8} = \dfrac{4000}{8} = 500\text{mm}$$

- f_y가 400MPa 이외인 경우 최소 두께(h)
$$\dfrac{l}{8} \times \left(0.43 + \dfrac{f_y}{700}\right) = \dfrac{4000}{8} \times \left(0.43 + \dfrac{350}{700}\right) = 465\text{mm}$$

정답 073 ③ 074 ② 075 ① 076 ② 077 ① 078 ①

01회 CBT 모의고사

079 $b=400mm$, $d=600mm$, $f_{ck}=24MPa$인 철근 콘크리트 부재에 수직 스터럽을 배치하고자 한다. 스터럽이 받을 수 있는 전단강도 $V_s=400kN$일 때 전단철근의 간격은 몇 mm 이하로 하여야 하는가? (단, 경량콘크리트 계수 $\lambda=1.0$이다.)

① 100mm　② 150mm
③ 200mm　④ 300mm

해설
- $\dfrac{1}{3}\lambda\sqrt{f_{ck}}\,b_w\,d = \dfrac{1}{3}\times 1.0\times \sqrt{24}\times 400\times 600 = 392kN$
- $V_s > \dfrac{1}{3}\lambda\sqrt{f_{ck}}\,b_w\,d$ 이므로 $\dfrac{d}{4}$ 이하, 300mm 이하이다.
- ∴ 전단철근의 간격 $= \dfrac{d}{4} = \dfrac{600}{4} = 150mm$

080 2방향 슬래브를 직접설계법으로 설계할 때, 단변방향으로 정역학적 총모멘트가 200kN·m일 때, 내부 패널의 양단에서 지지해야 할 휨모멘트(㉠)와 내부 패널의 중앙에서 지지해야 할 휨모멘트(㉡)로 옳은 것은?

① ㉠: $-65kN\cdot m$,　㉡: $35kN\cdot m$
② ㉠: $130kN\cdot m$,　㉡: $70kN\cdot m$
③ ㉠: $-130kN\cdot m$,　㉡: $70kN\cdot m$
④ ㉠: $130kN\cdot m$,　㉡: $-70kN\cdot m$

해설
내부 경간에서는 전체 정적 계수휨모멘트(M_0)를 부계수휨모멘트 : 0.65, 정계수휨모멘트 : 0.35 비율로 배분한다.
∴ ㉠ $0.65\times 200 = -130kN\cdot m$
　㉡ $0.35\times 200 = 70kN\cdot m$

5과목　토질 및 기초

081 압밀시험에서 얻은 $e-\log P$ 곡선으로 구할 수 있는 것이 아닌 것은?
① 선행압밀하중　② 팽창지수
③ 압축지수　　　④ 압밀계수

해설
$e-P$ 곡선에서 압축계수를 구할 수 있다.

082 연약 점토지반 개량공법으로서 다음 중 옳지 않은 것은?
① 샌드드레인 공법
② 프리로딩 공법
③ 바이브로 플로테이션 공법
④ 생석회 말뚝 공법

해설
- 바이브로 플로테이션 공법은 사질토 지반 개량공법이다.
- 바이브로 플로테이션 공법은 느슨한 모래지반에 봉의 선단에 설치된 노즐로부터 물분사와 수평방향의 진동 작용을 동시에 주면서 모래를 채워 지반을 조밀하게 개량한다.

083 점토지반에 제방을 쌓을 경우 초기안정 해석을 위한 흙의 전단강도를 측정하는 시험방법으로 가장 적합한 것은?
① UU-test
② CU-test
③ CU-test
④ CD-test

해설
성토 직후 갑자기 파괴되는 경우, 단기간 안정 검토 할 경우에는 비압밀비배수 (UU)시험으로 전단 강도를 측정한다.

084 흙의 분류법인 AASHTO 분류법과 통일분류법을 비교·분석한 내용으로 틀린 것은?
① AASHTO 분류법은 입도분포, 군지수 등을 주요 분류인자로 한 분류법이다.
② 통일분류법은 입도분포, 액성한계, 소성지수 등을 주요 분류인자로 한 분류법이다.
③ 통일분류법은 0.075mm체 통과율을 35%를 기준으로 조립토와 세립토로 분류하는데 이것은 AASHTO 분류법보다 적절하다.
④ 통일분류법은 유기질토 분류방법이 있으나 AASHTO 분류법은 없다.

해설
통일분류법은 0.075mm체 통과율을 50%를 기준으로 조립토와 세립토로 분류하는데 이것은 AASHTO 분류법보다 부적절하다.

085 외경(D_o) 50.8mm, 내경(D_i) 34.9mm인 스플리트 스푼 샘플러의 면적비로 옳은 것은?
① 46%
② 53%
③ 106%
④ 112%

해설
- $A_r = \dfrac{D_w^2 - D_e^2}{D_e^2} \times 100 = \dfrac{50.8^2 - 34.9^2}{34.9^2} \times 100 = 112\%$
- 면적비가 10% 이하이면 잉여토의 혼입이 불가능한 것으로 보고 불교란 시료로 간주한다.

정답 079 ② 080 ③ 081 ④ 082 ③ 083 ① 084 ③ 085 ④

086 어느 모래층의 간극률이 35%, 비중이 2.66이다. 이 모래의 quick sand에 대한 한계 동수구배는 얼마인가?

① 1.14
② 1.08
③ 1.0
④ 0.99

해설
- $e = \dfrac{n}{100-n} = \dfrac{35}{100-35} = 0.54$
- $i_c = \dfrac{G_s - 1}{1+e} = \dfrac{2.66-1}{1+0.54} = 1.08$

087 다짐에 대한 설명으로 옳지 않은 것은?

① 점토분이 많은 흙은 일반적으로 최적함수비가 낮다.
② 사질토는 일반적으로 건조밀도가 높다.
③ 입도 배합이 양호한 흙은 일반적으로 최적함수비가 낮다.
④ 점토분이 많은 흙은 일반적으로 다짐곡선의 기울기가 완만하다.

해설
- 점토분이 많은 흙은 일반적으로 최적함수비가 높다.
- 점토를 최적함수비보다 작은 건조측 다짐을 하면 흙구조가 면모구조로, 습윤측 다짐을 하면 이산구조가 된다.
- 조립토는 세립토보다 최대건조단위중량이 커진다.

088 베인 시험(Vane test)에 관하여 잘못 설명된 것은?

① 연약 점토의 강도 측정에 이용된다.
② 비배수 조건하의 사면 안정해석에 이용된다.
③ 내부 마찰각을 정확히 측정할 수 있다.
④ 회전 모멘트에 의하여 강도를 구할 수 있다.

해설
- 베인 전단시험은 연약한 점토지반의 점착력 C값을 측정한다.
- $C = \dfrac{M_{\max}}{\pi D^2 \left(\dfrac{H}{2} + \dfrac{D}{6}\right)}$

089 연약지반 위에 성토를 실시한 다음, 말뚝을 시공하였다. 시공 후 발생될 수 있는 현상에 대한 설명으로 옳은 것은?

① 성토를 실시하였으므로 말뚝의 지지력은 점차 증가한다.
② 말뚝을 암반층 상단에 위치하도록 시공하였다면 말뚝의 지지력에는 변함이 없다.
③ 압밀이 진행됨에 따라 지반의 전단강도가 증가되므로 말뚝의 지지력은 점차 증가된다.

④ 압밀로 인해 부의 주면마찰력이 발생되므로 말뚝의 지지력은 감소된다.

해설
- 성토를 실시하였으므로 말뚝의 지지력은 점차 감소한다.
- 말뚝을 암반층 상단에 위치하도록 시공하였더라도 연약지반이 위에 있고 성토하였으므로 말뚝의 지지력에 변함이 발생한다.
- 압밀이 진행됨에 따라 지반의 전단강도가 감소되므로 말뚝의 지지력은 점차 감소된다.
- 부마찰력은 말뚝 주변의 지반이 압밀이 발생할 때 생기며 연약지반에 말뚝을 박은 후 그 위에 성토를 할 경우 일어나기 쉽고 연약지반을 관통하여 견고한 지반까지 말뚝을 박은 경우 일어나기 쉽다.

090 점토지반이나 사질토지반에 전단할 경우 Dilatancy 현상이 발생하며 공극수압과 밀접한 관계가 있다. 이에 대한 설명 중 틀린 것은?
① 느슨한 사질토지반에서는 (+) Dilatancy가 발생한다.
② 밀도가 큰 사질토지반에서는 (+) Dilatancy가 발생한다.
③ 정규압밀 점토지반에서는 (−) Dilatancy에 정(+)의 공극수압이 발생한다.
④ 과압밀 점토지반에서는 (+) Dilatancy에 부(−)의 공극수압이 발생한다.

해설
느슨한 사질토지반에는 (−) Dilatancy가 발생한다.

091 도로의 평판재하 시험이 끝나는 조건에 대한 설명으로 옳지 않은 것은?
① 완전히 침하가 멈출 때
② 침하량이 15mm에 달할 때
③ 하중강도가 그 지반의 항복점을 넘을 때
④ 하중강도가 현장에서 예상되는 최대 접지압력을 초과할 때

해설
하중을 35kN/m² 씩 증가하여 1분 동안에 침하량이 그 단계 하중의 총 침하량 1% 이하가 될 때까지 기다려 하중과 침하량을 읽는다.
보충 평판재하시험 결과를 이용할 때는 토질 종단, 지하수 위치와 변동, 재하판의 크기 등을 고려한다.

092 어떤 지반에 대한 흙의 입도분석 결과 곡률계수(C_g)는 1.5, 균등계수(C_u)는 15이고 입자는 모난 형상이었다. 이때 Dunham의 공식에 의한 흙의 내부마찰각(ϕ)의 추정치는? (단, 표준관입시험 결과 N치는 10이었다.)
① 25°
② 30°
③ 36°
④ 40°

해설
- 곡률계수(C_g)가 1~3 범위에 있어 입도가 양호하다.
- 균등계수(C_u)가 10 이상으로 입도가 양호하다.
- 입자가 모나고 입도가 양호한 경우의 내부마찰각
$\phi = \sqrt{12N+25} = \sqrt{12\times10+25} = 36°$

093 상·하층이 모래로 되어 있는 두께 2m의 점토층이 어떤 하중을 받고 있다. 이 점토층의 투수계수(k)가 5.0cm²/kN일 때 체적변화계수 (m_v)가 0.05cm²/kg일 때 90% 압밀에 요구되는 시간은? (단, 물의 단위중량은 9.81kN/m³이다.)

① 5.6일　　② 9.8일
③ 15.2일　　④ 47.2일

해설
- $k = C_v \cdot m_v \cdot r_w$
$\therefore C_v = \dfrac{k}{m_v \cdot r_w} = \dfrac{5\times10^{-7}}{5\times9.81\times10^{-6}} = 0.01\text{cm}^2/\text{sec}$
- $C_v = \dfrac{0.848\left(\dfrac{H}{2}\right)^2}{t_{90}}$

$\therefore t_{90} = \dfrac{0.848\left(\dfrac{H}{2}\right)^2}{C_v} = \dfrac{0.848\left(\dfrac{200}{2}\right)^2}{0.01} = 848,000\text{초} \fallingdotseq 9.8\text{일}$

094 아래 그림에서 지표면에서 깊이 6m에서의 연직응력(σ_v)과 수평응력 (σ_h)의 크기를 구하면? (단, 토압계수는 0.6이다.)

① $\sigma_v = 87.3\text{kN/m}^2$, $\sigma_h = 52.4\text{kN/m}^2$
② $\sigma_v = 95.2\text{kN/m}^2$, $\sigma_h = 57.1\text{kN/m}^2$
③ $\sigma_v = 112.2\text{kN/m}^2$, $\sigma_h = 67.3\text{kN/m}^2$
④ $\sigma_v = 123.4\text{kN/m}^2$, $\sigma_h = 74.0\text{kN/m}^2$

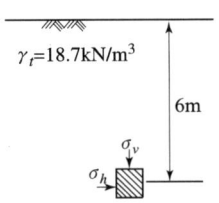

해설
- $\sigma_v = \gamma \cdot Z = 18.7\times6 = 112.2\text{kN/m}^2$
- $K = \dfrac{\sigma_h}{\sigma_v}$
$\therefore \sigma_h = \sigma_v \times K = 112.2\times0.6 = 67.3\text{kN/m}^2$

095 포화단위중량(γ_{sat})이 19.62kN/m³인 사질토가 20°로 경사진 무한사면이 있다. 지하수위가 지표면과 일치하는 경우 이 사면의 안전율이 1 이상이 되기 위해서는 흙의 내부마찰각이 최소 몇 도 이상이어야 하는가? (단, 물의 단위중량은 9.81kN/m³이다.)

① 18.21°   ② 20.52°
③ 36.06°   ④ 45.47°

$$F = \frac{\frac{\gamma_{sub}}{\gamma_{sat}}\tan\phi}{\tan i} \quad 1 = \frac{\frac{(19.62-9.81)}{19.62}\tan\phi}{\tan 20°} \quad \therefore \phi = 36°06'$$

096 말뚝이 20개인 군항기초에 있어서 효율이 0.75이고, 단항으로 계산된 말뚝 한 개의 허용 지지력이 150kN일 때 군항의 허용 지지력은 얼마인가?

① 1125kN   ② 2250kN
③ 3000kN   ④ 4000kN

$$R_{ag} = ENR_a = 0.75 \times 20 \times 150 = 2250\text{kN}$$

보충 • 말뚝 간격이 $1.5\sqrt{r \cdot l}$ 이하의 경우 군항이라 한다.

097 3m×3m 크기의 정사각형 기초의 극한 지지력을 Terzaghi 공식으로 구하면? (단, 지하수위는 기초바닥 깊이와 같다. 흙의 마찰각 20°, 점착력 50kN/m², 습윤단위중량 17kN/m³이고, 지하수위 아래 흙의 포화단위 중량은 19kN/m³이다. 지지력계수 N_c=18, N_r=5, N_q=7.5이며, 물의 단위중량은 9.81kN/m³이다.)

① 1480.14kN/m²
② 1231.24kN/m²
③ 1540.42kN/m²
④ 1337.31kN/m²

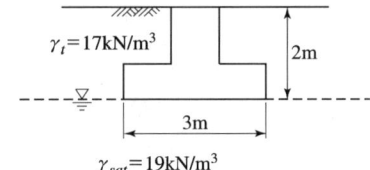

$$q_d = \alpha C N_c + \beta \gamma_1 B N_r + \gamma_2 D_f N_q$$
$$= 1.3 \times 50 \times 18 + 0.4 \times (19-9.81) \times 3 \times 5 + 17 \times 2 \times 7.5$$
$$= 1480.14\text{kN/m}^2$$

정답 093 ② 094 ③ 095 ③ 096 ② 097 ①

098 그림과 같은 지반내의 유선망이 주어졌을 때 폭 10m에 대한 침투 유량은? (단, 투수계수 $k = 2.2 \times 10^{-2}$ cm/s 이다.)

① $3.96 \text{cm}^3/\text{s}$
② $39.6 \text{cm}^3/\text{s}$
③ $396 \text{cm}^3/\text{s}$
④ $3960 \text{cm}^3/\text{s}$

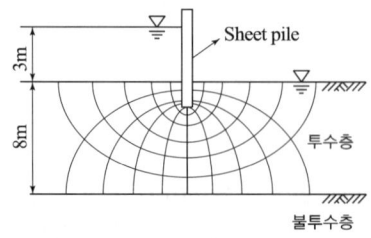

해설
$$Q = k \cdot H \frac{N_f}{N_d} \cdot B = (2.2 \times 10^{-2}) \times 300 \times \frac{6}{10} \times 1000 = 3960 \text{ cm}^3/\text{sec}$$

099 그림에서 $a-a'$면 바로 아래의 유효응력은? (단, 흙의 간극비(e)는 0.4, 비중(G_s)은 2.65, 물의 단위중량은 9.81kN/m³이다.)

① 68.2kN/m^2
② 82.1kN/m^2
③ 97.4kN/m^2
④ 102.1kN/m^2

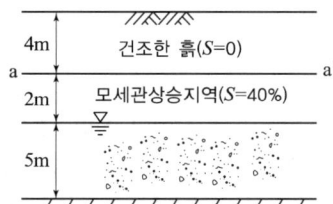

해설
- 건조밀도 $\gamma_d = \frac{G_s}{1+e}\gamma_w = \frac{2.65}{1+0.4} \times 9.81 = 18.57 \text{ kN/m}^3$
- 전응력 $\sigma = \gamma_d \cdot H = 18.57 \times 4 = 74.28 \text{ kN/m}^3$
- 간극수압 $u = \gamma_w \cdot h = -9.81 \times 2 \times 0.4 = -7.85 \text{ kN/m}^3$
- 유효응력 $\overline{\sigma} = \sigma - u = 74.28 - (-7.85) = 82.1 \text{ kN/m}^3$

100 주동토압을 P_A, 수동토압을 P_P, 정지토압을 P_O라 할 때 토압의 크기 순서는?

① $P_A > P_P > P_O$
② $P_P > P_O > P_A$
③ $P_P > P_A > P_O$
④ $P_O > P_A > P_P$

해설
- $P_a < P_o < P_p$
- $K_a < K_o < K_p$

6과목 상하수도 공학

101 활성 슬러지의 SVI가 현저하게 증가되어 응집성이 나빠져 최종 침전지에서 처리수의 분리가 곤란하게 되었다. 이것은 활성슬러지의 어떤 이상 현상에 해당되는가?

① 활성슬러지의 팽화 ② 활성슬러지의 해체
③ 활성슬러지의 부패 ④ 활성슬러지의 상승

해설
- 슬러지가 잘 침전되지 않거나 침전된 슬러지가 수면으로 떠 오르는 현상을 슬러지 팽화현상이라 한다.
- 침강 농축성을 나타내는 지표인 SVI가 적을수록 슬러지가 농축되기 쉽다.
- SVI가 높아지면 폭기조 중의 부유물질인 MLSS 농도는 낮아진다.
- $SVI = \dfrac{SV(\%) \times 10^4}{MLSS \, 농도(mg/l)}$

102 유역면적이 5ha이고 유입시간이 8분, 유출계수가 0.75일 때 하수관거의 유량은 얼마인가? (단, 하수관거 길이는 1km, 하수관내 유속은 40m/min이며, 강우강도 $I = 3,970/(t+31)$mm/hr, t의 단위는 [분])

① $0.43 \text{m}^3/\text{sec}$
② $0.65 \text{m}^3/\text{sec}$
③ $0.87 \text{m}^3/\text{sec}$
④ $1.06 \text{m}^3/\text{sec}$

해설
- 유달시간 = 유입시간 + 유하시간
  $t = t_1 + \dfrac{L}{V} = 8 + \dfrac{1000}{40} = 33분$
- $I = \dfrac{3970}{t+31} = \dfrac{3970}{33+31} = 62.03 \text{mm/hr}$
- $Q = \dfrac{1}{360} CIA = \dfrac{1}{360} \times 0.75 \times 62.03 \times 5 = 0.65 \text{m}^3/\text{sec}$

103 양수량이 $8\text{m}^3/\text{min}$, 전양정이 4m, 회전수 1160rpm인 펌프의 비회전도는?

① 316 ② 985
③ 1160 ④ 1436

해설
$N_s = N \cdot \dfrac{Q^{\frac{1}{2}}}{H^{\frac{3}{4}}} = 1160 \times \dfrac{8^{\frac{1}{2}}}{4^{\frac{3}{4}}} = 1160$

정답 098 ④ 099 ② 100 ② 101 ① 102 ② 103 ③

01회 CBT 모의고사

104 상수도는 생활기반시설로서 영속성과 중요성을 가지고 있으므로 안정적이고 효율적으로 운영되어야 하며, 가능한 한 장기간으로 설정하는 것이 기본이다. 보통 상수도의 기본계획시 계획(목표)년도는 얼마를 표준으로 하는가?

① 3~5년 ② 5~10년
③ 15~20년 ④ 25~30년

해설
- 상수도 시설의 신설 및 확장은 5~15년을 고려한다.
- 상수도 시설의 계획 급수인구의 계획년한은 보통 15~20년을 표준한다.
- 큰 댐, 대규모 도수·송수시설의 계획년한은 25~50년을 고려한다.

105 상수도 송수시설의 용량산정을 위한 계획송수량의 원칙적 기준이 되는 수량은?

① 계획 1일 최대 급수량 ② 계획 1일 평균 급수량
③ 계획 1인 1일 최대 급수량 ④ 계획 1인 1일 평균 급수량

해설
- 취수, 도수, 송수, 정수시설의 용량 산정을 위한 계획 1일 최대 급수량을 설계수량으로 한다.
- 계획 1일 최대 급수량은 일 변화에 따른 최대 사용수량이다.

106 상수의 공급과정을 올바르게 나타낸 것은?

① 취수→송수→도수→정수→배수→급수
② 취수→송수→정수→도수→배수→급수
③ 취수→도수→송수→정수→배수→급수
④ 취수→도수→정수→송수→배수→급수

해설
- **상수도 계통** : 수원 → 취수 → 도수 → 정수 → 송수 → 배수 → 급수
- **정수처리 과정** : 침사처리 → 침전처리 → 응집처리 → 여과처리 → 소독처리
- **정수시설** : 침사지 → 침전지 → 혼화지 → 여과지 → 소독지

107 자연유하식의 도수관내 평균유속의 최대한도와 최소한도로 옳게 짝지어진 것은?

① 3.0m/s ~ 0.3m/s ② 3.0m/s ~ 0.5m/s
③ 5.0m/s ~ 0.3m/s ④ 5.0m/s ~ 0.5m/s

해설
- **최대한도** : 3m/sec
- **최소한도** : 0.3m/sec

108 펌프의 공동현상(cavitation)에 대한 설명으로 틀린 것은?
① 공동현상이 발생하면 소음이 발생한다.
② 공동현상을 방지하려면 펌프의 회전수를 높게 해야 한다.
③ 펌프의 흡입양정이 너무 적고 임펠러 회전속도가 빠를 때 공동현상이 발생한다.
④ 공동현상은 펌프의 성능 저하의 원인이 될 수 있다.

- 펌프의 회전수를 높게 하면 오히려 펌프의 공동현상이 발생한다.
- 공동현상은 펌프의 임펠러 부근에 발생하므로 방지하기 위해 임펠러를 수중에 잠기도록 한다.

109 혐기성 소화에 주로 영향을 미치는 요소가 아닌 것은?
① 메탄함량
② 소화온도
③ 체류시간
④ 알카리도

pH, 온도, 독성물질인 암모니아, 황화물, 휘발산, 항생물질 등이 영향을 미친다.

110 유량이 100000m³/d이고 BOD가 2mg/L인 하천으로 유량 1000m³/d, BOD 100mg/L인 하수가 유입된다. 하수가 유입된 후 혼합된 BOD의 농도는?
① 1.97mg/L
② 2.97mg/L
③ 3.97mg/L
④ 4.97mg/L

혼합된 BOD의 농도
$$C_m = \frac{Q_1 \cdot C_1 + Q_2 \cdot C_2}{Q_1 + Q_2} = \frac{100000 \times 2 + 1000 \times 100}{100000 + 1000} = 2.97 \text{ mg/L}$$

111 완속여과지와 비교할 때 급속여과지에 대한 설명으로 옳지 않은 것은?
① 유입수가 고탁도인 경우에 적합하다.
② 세균처리에 있어 확실성이 적다.
③ 유지관리비가 적게 들고 특별한 관리기술이 필요치 않다.
④ 대규모처리에 적합하다.

완속여과지는 유지관리비가 적게 들고 특별한 관리기술이 필요치 않다.

112 하수도용 펌프 흡입구의 유속에 대한 설명으로 옳은 것은?
① 0.3~0.5m/s를 표준으로 한다.
② 1.0~1.5m/s를 표준으로 한다.
③ 1.5~3.0m/s를 표준으로 한다.
④ 5.0~10.0m/s를 표준으로 한다.

정답 104 ③ 105 ① 106 ④ 107 ① 108 ② 109 ① 110 ② 111 ③ 112 ③

해설 펌프 흡입구의 유속 펌프 흡입구의 유속은 1.5~3m/s를 표준으로 하나, 원동기의 회전수·흡입양정 등을 고려하여 결정한다.

113 지하의 사질 여과층에서 수두 차가 0.4m이고 투과거리가 3.0m일 때에 이곳을 통과하는 지하수의 유속은? (단, 투수계수는 0.2cm/sec이다.)

① 0.0135cm/sec ② 0.0267cm/sec
③ 0.0324cm/sec ④ 0.0417cm/sec

해설
- $V = k \cdot i = k \cdot \dfrac{h}{L} = 0.2 \times \dfrac{40}{300} = 0.0267 \text{cm/sec}$
- Darcy 법칙에서 투수계수는 유속(속도)의 차원이다.
- Darcy 법칙은 지하수 흐름에 잘 일치되며 적용범위가 $1 < R_e < 10$인 층류영역에 잘 맞는다.

114 하수도 시설에 손상을 주지 않기 위하여 설치되는 전처리(primary treatment)공정을 필요로 하지 않는 폐수는?

① 산성 또는 알칼리성이 강한 폐수
② 대형 부유물질만을 함유하는 폐수
③ 침전성 물질을 다량으로 함유하는 폐수
④ 아주 미세한 부유물질만을 함유하는 폐수

해설 전처리 공정은 후속 처리시설과 처리공정에 악영향을 줄 수 있는 성분 등의 물질을 사전에 처리하는 공정으로 아주 미세한 부유물질만을 함유하는 폐수는 전처리 공정이 필요하지 않다.

115 정수장에서 응집제로 사용하고 있는 폴리염화알루미늄(PACl)의 특성에 관한 설명으로 틀린 것은?

① 탁도 제거에 우수하며 특히 홍수 시 효과가 탁월하다.
② 최적 주입율의 폭이 크며, 과잉으로 주입하여도 효과가 떨어지지 않는다.
③ 물에 용해되면 가수분해가 촉진되므로 원액을 그대로 사용하는 것이 바람직하다.
④ 낮은 수온에 대해서도 응집효과가 좋지만 황산알루미늄과 혼합하여 사용해야 한다.

해설 수온이 낮아도 응집효율이 좋으며 블록 형성이 황산알루미늄보다 현저히 빨라 응집효과도 뛰어나다.

116 분류식 하수도의 장점이 아닌 것은?
① 오수관내 유량이 일정하다.
② 방류장소 선정이 자유롭다.
③ 사설 하수관에 연결하기가 쉽다.
④ 모든 발생오수를 하수처리장으로 보낼 수 있다.

해설
합류식 하수도의 경우 사설 하수관에 연결하기가 쉽다.

117 정수시설에 관한 사항으로 틀린 것은?
① 착수정의 용량은 체류시간을 5분 이상으로 한다.
② 고속응집침전지의 용량은 계획정수량의 1.5~2.0시간분으로 한다.
③ 정수지의 용량은 첨두수요대처용량과 소독접촉시간용량을 고려하여 최소 2시간분 이상을 표준으로 한다.
④ 플록 형성지에서 플록 형성시간은 계획정수량에 대하여 20~40분간을 표준으로 한다.

해설
착수정의 용량은 체류시간을 1.5분 이상으로 한다.

118 자연수 중 지하수의 경도(硬度)가 높은 이유는 어떤 물질이 지하수에 많이 함유되어 있기 때문인가?
① O^2
② CO_2
③ NH_3
④ Colloid

해설
지하수의 특성
• 수온의 계절적 변화가 적다.
• 탁도는 낮지만 경도나 무기염류의 농도가 높다.
• 지표수에 비해 CO_2 함량이 높아 약산성을 띤다.

119 일반 활성슬러지 공정에서 다음 조건과 같은 반응조의 수리학적 체류시간(HRT) 및 미생물 체류시간(SRT)을 모두 올바르게 배열한 것은? (단, 처리수 SS를 고려한다.)

[조건]
• 반응조 용량(V) : 10000m³
• 반응조 유입수량(Q) : 40000m³/d
• 반응조로부터의 잉여슬러지량(Q_w) : 400m³/d
• 반응조 내 SS 농도(X) : 4000mg/L
• 처리수의 SS 농도(X_e) : 20mg/L
• 잉여슬러지 농도(X_w) : 10000mg/L

① HRT: 0.25일   SRT: 8.35일
② HRT: 0.25일   SRT: 9.53일
③ HRT: 0.5일   SRT: 10.35일
④ HRT: 0.5일   SRT: 11.53일

정답 113 ② 114 ④ 115 ④ 116 ③ 117 ① 118 ② 119 ①

해설

- $HRT = \dfrac{V}{Q} = \dfrac{10000}{40000} = 0.25$일
- $SRT = \dfrac{V \cdot X}{X_w \cdot Q_w + (Q - Q_w) \cdot X_e}$
  $= \dfrac{10000 \times 4000}{10000 \times 400 + (40000 - 400) \times 20} = 8.35$일

120 펌프의 흡입구 유속이 2.1m/sec, 펌프의 토출량이 15.5m³/min일 때 펌프의 흡입구경 약 얼마인가?

① 200mm ② 300mm
③ 400mm ④ 500mm

해설

$D = 146\sqrt{\dfrac{Q}{V}} = 146\sqrt{\dfrac{15.5}{2.1}} ≒ 400\,\text{mm}$

정답 120 ③

1과목 응용역학

001 다음의 보에서 B점의 처짐각은? (단, EI는 일정하다.)

① $\dfrac{wL^3}{8EI}$ ② $\dfrac{wL^3}{4EI}$
③ $\dfrac{wL^3}{3EI}$ ④ $\dfrac{wL^3}{6EI}$

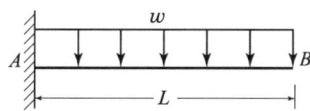

해설
- $\theta_{max} = \dfrac{wl^3}{6EI}$
- $\theta_A = \dfrac{Pl^2}{2EI} + \dfrac{wl^3}{6EI}$, $y_A = \dfrac{Pl^3}{3EI} + \dfrac{wl^4}{8EI}$
- $y_{max} = \dfrac{wl^4}{8EI}$

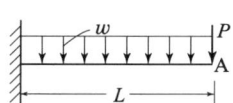

002 폭 20mm, 높이 50mm인 어느 균일단면의 단순보에 최대전단력이 10kN 작용한다면 최대전단응력은?

① 6.7MPa   ② 10MPa
③ 13.3MPa   ④ 15MPa

해설
- 직사각형 단면의 최대전단응력
$\tau_{max} = \dfrac{3}{2} \cdot \dfrac{S}{A} = \dfrac{3}{2} \times \dfrac{10000}{20 \times 50} = 15\,\text{MPa}$
- 원형단면의 최대전단응력
$\tau_{max} = \dfrac{4}{3} \cdot \dfrac{S}{A}$

003 다음 연속보에서 B점의 지점 반력을 구한 값은?

① 240MPa
② 280MPa
③ 300MPa
④ 320MPa

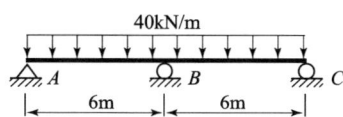

해설
- $A \sim C$ 구간을 단순보로 가정하면
  ① w에 대한 B점의 처짐
  $y_{B1} = \dfrac{5wl^4}{384EI} = \dfrac{5 \times 40 \times 12^4}{384EI} = \dfrac{10800}{EI}$

② V_B(집중하중)에 대한 B점의 처짐
$$y_{B2} = \frac{Pl^3}{48EI} = \frac{V_B \times 12^3}{48EI} = \frac{36 V_B}{EI}$$

• 부정정보의 반력 계산
$y_{B1} - y_{B2} = 0$
$\frac{10800}{EI} - \frac{36 V_B}{EI} = 0$
$\therefore V_B = \frac{10800EI}{36EI} = 300\text{kN}$ 또는 $R_B = \frac{5}{4}\omega l = \frac{5}{4} \times 40 \times 6 = 300\text{kN}$

004 그림과 같이 밀도가 균일하고 무게가 W인 구(球)가 마찰이 없는 두 벽면 사이에 놓여 있을 때 반력 R_A의 크기는?

① 0.500W
② 0.577W
③ 0.707W
④ 0.866W

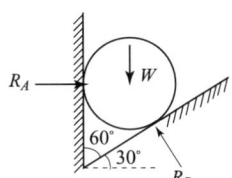

해설
• $\sum V = 0$
 $R_B \cdot \cos 30° - W = 0$
 $\therefore R_B = \frac{W}{\cos 30°}$
• $\sum H = 0$
 $R_A - R_B \sin 30° = 0$
 $\therefore R_A = R_B \sin 30° = \frac{W}{\cos 30°} \times \sin 30° = 0.577W$

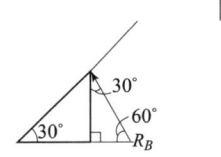

005 다음 그림에서 A-A 축과 B-B 축에 대한 빗금부분의 단면 2차 모멘트가 각각 $8 \times 10^8 \text{mm}^4$, $16 \times 10^8 \text{mm}^4$일 때 빗금부분의 면적은?

① $8 \times 10^4 \text{mm}^2$
② $7.52 \times 10^4 \text{mm}^2$
③ $6.06 \times 10^4 \text{mm}^2$
④ $5.73 \times 10^4 \text{mm}^2$

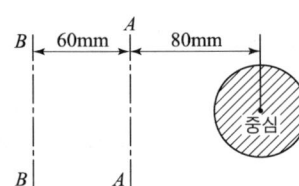

해설
• $I_{xA} = I_X + A \cdot e^2$
 $I_X = I_{xA} - A \cdot e^2$
• $I_{xB} = I_X + A \cdot e^2 = (I_{xA} - A \cdot e^2) + A \cdot e^2$
 $16 \times 10^8 = (8 \times 10^8 - A \cdot 80^2) + A \cdot 140^2$
 $8 \times 10^8 = 13200A$
 $\therefore A = \frac{8 \times 10^8}{13200} = 6.06 \times 10^4 \text{mm}^2$

006 다음 중 재료의 역학적 성질 중 탄성계수를 E, 전단탄성계수를 G, 푸아송수를 m이라 할 때 각 성질의 상호관계식으로 옳은 것은?

① $G = \dfrac{m}{2(m+1)}$ ② $G = \dfrac{E}{2(m+1)}$

③ $G = \dfrac{m}{2(m-1)}$ ④ $G = \dfrac{mE}{2(m+1)}$

해설
- $G = \dfrac{E}{2(1+v)}$
- 푸아송비 $v = \dfrac{\beta}{\varepsilon} = \dfrac{\Delta d/d}{\Delta l/l}$
- $E = \dfrac{\sigma}{\varepsilon}$
- 푸아송수 $m = \dfrac{1}{v}$

007 그림과 같이 2개의 집중하중이 단순보 위를 통과할 때 절대최대 휨모멘트의 크기와 발생위치 x는?

① $M_{\max} = 362 \text{ kN} \cdot \text{m}, \ x = 8\text{m}$
② $M_{\max} = 382 \text{ kN} \cdot \text{m}, \ x = 8\text{m}$
③ $M_{\max} = 486 \text{ kN} \cdot \text{m}, \ x = 9\text{m}$
④ $M_{\max} = 506 \text{ kN} \cdot \text{m}, \ x = 9\text{m}$

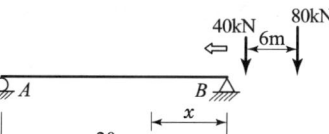

해설
$-120 \cdot a = -40 \times 6$
$\therefore a = 2\text{m}, \ x = \dfrac{20}{2} - \dfrac{a}{2} = 9\text{m}$

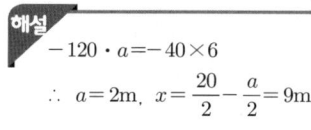
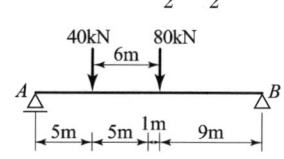

- $\Sigma M_A = 0 \quad -R_B \times 20 + 80 \times 11 + 40 \times 5 = 0 \quad \therefore R_B = 54\text{kN}$
- $M_{\max} = R_B \times 9 = 54 \times 9 = 486\text{kN} \cdot \text{m}$

008 다음의 그림과 같은 부정정 구조물에서 A지점의 처짐각은?

① $\dfrac{l^3}{1.2EI}$
② $\dfrac{l^3}{2.4EI}$
③ $\dfrac{l^3}{1.6EI}$
④ $\dfrac{l^3}{4.8EI}$

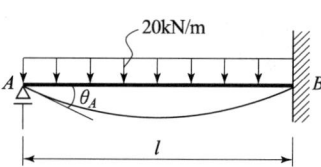

정답 004 ② 005 ③ 006 ④ 007 ③ 008 ②

해설

$$\theta_{A1} = \frac{\omega l^3}{24EI} = \frac{20 l^3}{24EI} = \frac{l^3}{1.2EI}$$

$$\theta_{A2} = -\frac{Pl}{6EI} = -\frac{\left(\frac{\omega l^2}{8}\right)l}{6EI}$$

$$= -\frac{\omega l^3}{48EI} = -\frac{l^3}{2.4EI}$$

$$\theta_A = \theta_{A1} + \theta_{A2}$$

$$= \frac{l^3}{1.2EI} - \frac{l^3}{2.4EI} = \frac{l^3}{2.4EI}$$

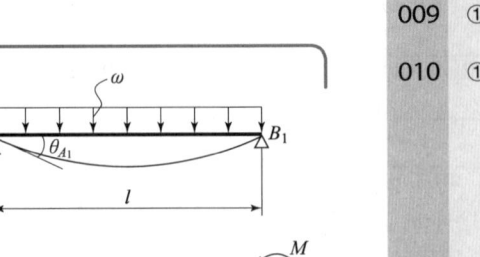

009 단면과 길이가 같으나 지지조건이 다른 그림과 같은 2개의 장주가 있다. 장주 (a)가 30kN의 하중을 받을 수 있다면, 장주 (b)가 받을 수 있는 하중은?

① 120 kN
② 240 kN
③ 360 kN
④ 480 kN

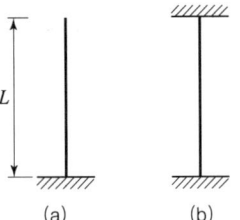

해설

$$P_{(a)} : P_{(b)} = \frac{1}{4} : 4$$

$$30 : x = \frac{1}{4} : 4 \quad \therefore x = 30 \times 4 \times 4 = 480 \text{ kN}$$

보충

$$P_B = \frac{n\pi^2 EI}{l^2}$$

010 그림과 같은 집중하중이 작용하는 캔틸레버보(cantilever beam)의 A점의 처짐은? (단, EI는 일정하다.)

① $\dfrac{14PL^3}{3EI}$
② $\dfrac{2PL^3}{EI}$
③ $\dfrac{8PL^3}{3EI}$
④ $\dfrac{10PL^3}{3EI}$

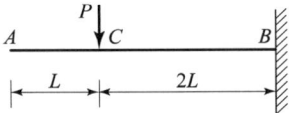

해설

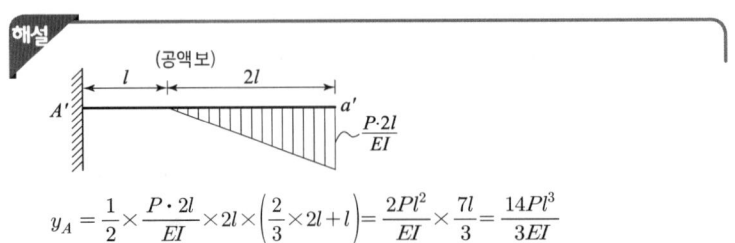

$$y_A = \frac{1}{2} \times \frac{P \cdot 2l}{EI} \times 2l \times \left(\frac{2}{3} \times 2l + l\right) = \frac{2Pl^2}{EI} \times \frac{7l}{3} = \frac{14Pl^3}{3EI}$$

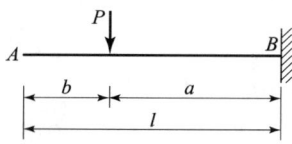

$y_A = \dfrac{Pa^2}{6EI}(3l-a)$ 식을 이용하면

$y_A = \dfrac{P(2L)^2}{6EI}(3 \times 3L - 2L) = \dfrac{4PL^2}{6EI}(7L) = \dfrac{14PL^3}{3EI}$

011 그림에 표시한 것과 같은 단면의 변화가 있는 AB 부재의 강도 (stiffness factor)는?

① $\dfrac{PL_1}{A_1E_1} + \dfrac{PL_2}{A_2E_2}$

② $\dfrac{A_1E_1}{PL_1} + \dfrac{A_2E_2}{PL_2}$

③ $\dfrac{A_1E_1}{L_1} + \dfrac{A_2E_2}{L_2}$

④ $\dfrac{A_1A_2E_1E_2}{L_1(A_2E_2) + L_2(A_1E_1)}$

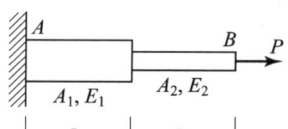

해설

$\Delta l = 1$일 때 힘 P(강성도)

$\Delta l = \dfrac{PL_1}{E_1A_1} + \dfrac{PL_2}{E_2A_2}$

$1 = P\left(\dfrac{L_1}{E_1A_1} + \dfrac{L_2}{E_2A_2}\right)$

$1 = P\left(\dfrac{L_1E_2A_2 + L_2E_1A_1}{E_1A_1E_2A_2}\right)$

$\therefore P = \dfrac{E_1A_1E_2A_2}{L_1E_2A_2 + L_2E_1A_1}$

012 직경 d인 원형단면의 단면 2차 극모멘트 I_P의 값은?

① $\dfrac{\pi d^4}{12}$ ② $\dfrac{\pi d^4}{24}$

③ $\dfrac{\pi d^4}{32}$ ④ $\dfrac{\pi d^4}{64}$

해설

$I_P = I_X + I_Y = \dfrac{\pi d^4}{64} + \dfrac{\pi d^4}{64} = \dfrac{\pi d^4}{32}$

정답 009 ④ 010 ① 011 ④ 012 ③

013 그림과 같은 단순보의 최대전단응력 τ_{max}를 구하면? (단, 보의 단면은 지름이 D인 원이다.)

① $\dfrac{wL}{2\pi D^2}$ ② $\dfrac{9wL}{4\pi D^2}$

③ $\dfrac{3wL}{2\pi D^2}$ ④ $\dfrac{2wL}{\pi D^2}$

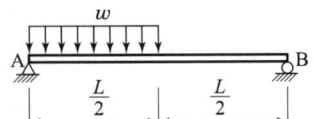

해설
- $\sum M_B = 0$
  $R_A \times L - w \times \dfrac{L}{2} \times \left(\dfrac{L}{2} + \dfrac{L}{4}\right) = 0$
  $\therefore R_A = \dfrac{3wL}{8}$
- 원형 단면의 최대 전단응력
  $\tau_{max} = \dfrac{4}{3} \times \dfrac{S_{max}}{A} = \dfrac{4}{3} \times \dfrac{\dfrac{3wL}{8}}{\dfrac{\pi D^2}{4}} = \dfrac{2wL}{\pi D^2}$

014 다음 그림과 같은 3힌지 아치의 포물선 아치의 수평반력(H_A)은?

① 0
② $\dfrac{\omega l^2}{8h}$
③ $\dfrac{3\omega l^2}{8h}$
④ $\dfrac{5\omega l^2}{8h}$

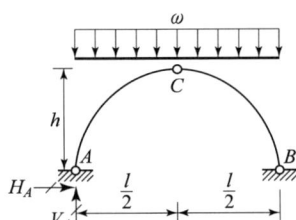

해설
- 대칭으로 $R_A = R_B = \dfrac{\omega l}{2}$
- $\sum M_c = 0$
  $\dfrac{\omega l}{2} \times \dfrac{l}{2} - H_A \times h - \omega \times \dfrac{l}{2} \times \dfrac{l}{4} = 0$ $\therefore H_A = \dfrac{\omega l^2}{8h}$

015 아래 표와 같은 설명에 해당하는 것은?

> 탄성체에 저장된 변형에너지(U)를 변위의 함수로 나타내는 경우 임의 변위 (Δ_i)에 관한 변형에너지(U)의 1차 편도함수는 대응되는 하중(P_i)과 같다. 즉, $P_i = \dfrac{\partial U}{\partial \Delta_i}$이다.

① 공액보법
② 가상일의 원리
③ Castigliano의 제1정리
④ Castigliano의 제2정리

> **해설**
> Castigliano의 제2정리는 Castigliano의 제1정리의 반대로 처짐, 처짐각을 구할 때 이용한다.
> 즉, $\Delta_i = \dfrac{\partial U_i}{\partial P_i}$ 이다.

016 그림과 같이 케이블(cable)에 500kN의 추가 매달려 있다. 이 추의 중심을 수평으로 3m 이동 시키기 위해 케이블 길이 5m 지점인 A점에 수평력 P를 가하고자 한다. 이때 힘 P의 크기는?

① 375 kN
② 400 kN
③ 425 kN
④ 450 kN

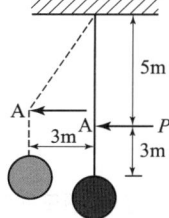

> **해설**
> P하중이 작용하면 이동하여 빗변이 5m가 되고 수직거리는 4m가 된다. 하중과 거리를 비례식으로 구한다.
> $4m : 500 kN = 3m : P$
> $\therefore P = \dfrac{500 \times 3}{4} = 375 \, kN$

017 양단이 고정된 기둥에 축방향력에 의한 좌굴하중 P_{cr}을 구하면? (E: 탄성계수, I: 단면2차 모멘트, L: 기둥의 길이)

① $P_{cr} = \dfrac{\pi^2 EI}{L^2}$ ② $P_{cr} = \dfrac{\pi^2 EI}{2L^2}$
③ $P_{cr} = \dfrac{\pi^2 EI}{4L^2}$ ④ $P_{cr} = \dfrac{4\pi^2 EI}{L^2}$

> **해설**
> • 좌굴하중 $P_{cr} = \dfrac{n\pi^2 EI}{l^2}$
> • 좌굴강도(n)
>
> | 지지상태 | 1단 고정 1단 자유 | 양단 힌지 | 1단 고정 1단 힌지 | 양단 고정 |
> |---|---|---|---|---|
> | n | $\dfrac{1}{4}$ | 1 | 2 | 4 |

018 다음 그림과 같은 보에서 두 지점의 반력이 같게 되는 하중의 위치 (x)를 구하면?

① 0.33 m
② 1.33 m
③ 2.33 m
④ 3.33 m

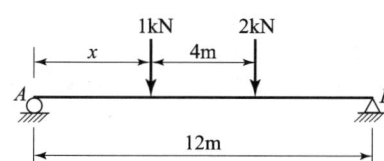

정답 013 ④ 014 ② 015 ③ 016 ① 017 ④ 018 ④

해설

- $\Sigma V = 0$
  $-1 - 2 + R_A + R_B = 0$
  여기서, $R_A = R_B$이므로 ∴ $R_A = 1.5\text{kN}, R_B = 1.5\text{kN}$

- $\Sigma M_A = 0$
  $-R_B \times 12 + 2 \times (x+4) + 1 \times x = 0$
  $-1.5 \times 12 + 2x + 8 + 1x = 0$ ∴ $x = 3.3\text{m}$

019 그림과 같은 단순보에서 C점의 휨모멘트는?

① 320 kN·m
② 420 kN·m
③ 480 kN·m
④ 540 kN·m

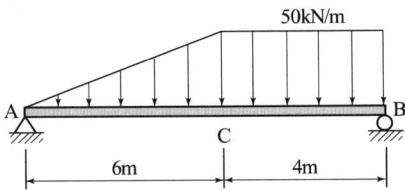

해설

- $\Sigma M_A = 0$
  $-R_B \times 10 + 50 \times 4 \times (2+6) + \dfrac{1}{2} \times 50 \times 6 \times \left(\dfrac{2}{3} \times 6\right) = 0$
  ∴ $R_B = 220\text{kN}$

  $\Sigma V = R_A + R_B$
  ∴ $R_A = \Sigma V - R_B = \left(\dfrac{1}{2} \times 50 \times 6 + 50 \times 4\right) - 220 = 130\text{kN}$

- $M_C = 130 \times 6 - \dfrac{1}{2} \times 50 \times 6 \times \dfrac{6}{3} = 480\text{kN} \cdot \text{m}$

020 그림과 같은 트러스의 사재 D의 부재력은?

① 50kN(인장)
② 50kN(압축)
③ 37.5kN(인장)
④ 37.5kN(압축)

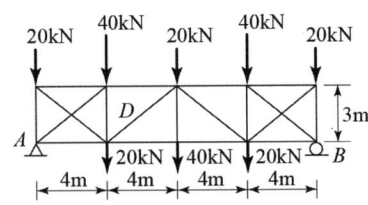

해설

- 대칭이므로 $R_A = 110\text{kN}$
- $\Sigma V = 0$
  $110 - 20 - 40 - 20 - D \times \dfrac{3}{5} = 0$
  ∴ $D = 50\text{kN}$(압축)

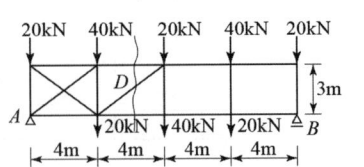

2과목 측량학

021 평균표고 730m인 지형에서 $\overline{AB}$ 측선의 수평거리를 측정한 결과 5000m였다. 평균해수위면으로의 거리로 환산하면? (단, 지구의 반경은 6370km임)

① 5000.57m ② 5000.66m
③ 4999.34m ④ 4999.43m

해설
- $C_h = -\dfrac{Lh}{R} = -\dfrac{5 \times 730}{6370} = -0.57\text{m}$
- $L = 5000 - 0.57 = 4999.43\text{m}$

022 평탄한 지역에서 9개 측선으로 구성된 다각측량을 하여 2'의 측각오차가 발생되었다. 이 오차의 처리는 어떻게 하는 것이 좋은가?

① 오차가 크므로 재측한다. ② 각 측선에 비례배분한다.
③ 각 측선에 역비례배분한다. ④ 각 각에 등분배한다.

해설
평지 측각 허용 오차 $0.5\sqrt{n} \sim 1.0\sqrt{n}$분
∴ $10\sqrt{9} = 3$분으로 측각 오차가 허용 범위 내에 있으므로 각 각에 등분배한다.

023 항공사진 측량에서 사진상에 나타난 두 점 A, B의 거리를 측정하였더니 208mm이었으며, 지상좌표는 아래와 같았다. 이때 사진축척(S)은 얼마인가? (단, X_B=205346.39m, Y_A=10793.16m, X_A=205100.11m, Y_B=11587.87m)

① $S=1/3000$ ② $S=1/4000$
③ $S=1/5000$ ④ $S=1/6000$

해설
- AB 두 점간의 실거리 $= \sqrt{(X_B-X_A)^2 + (Y_B-Y_A)^2}$
  $= \sqrt{(205346.39-205100.11)^2 + (11587.87-10793.16)^2}$
  $= 831.996\text{m}$
- $\dfrac{1}{m} = \dfrac{\text{사진거리}}{\text{실거리}} = \dfrac{208\text{mm}}{831.996\text{m}} ≒ \dfrac{1}{4000}$

024 두 지점의 거리측량 결과가 다음과 같을 때 최확값은?

① 145.136m
② 145.248m
③ 145.174m
④ 145.204m

측정값(m)	횟수
145.136	2
145.248	1
145.174	3

정답 019 ③ 020 ② 021 ④ 022 ④ 023 ② 024 ③

해설

$$145 + \frac{0.136 \times 2 + 0.248 \times 1 + 0.174 \times 3}{2+1+3} = 145.174\text{m}$$

025 그림과 같이 각 격자의 크기가 10m×10m로 동일한 지역의 전체 토량은?

① 877.5m³
② 893.6m³
③ 913.7m³
④ 926.1m³

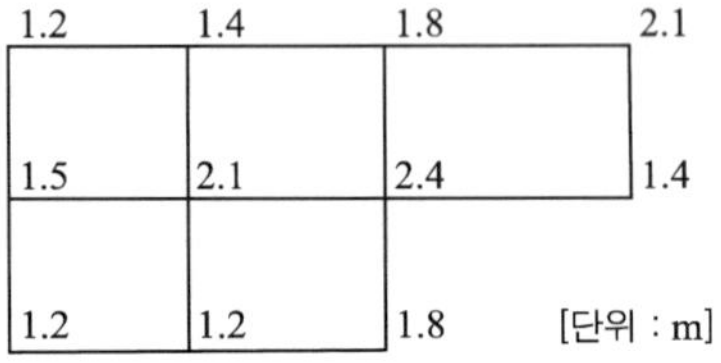

1.2	1.4	1.8	2.1
1.5	2.1	2.4	1.4
1.2	1.2	1.8	

[단위 : m]

해설

$$V = \frac{a}{4}\{\Sigma h_1 + 2\Sigma h_2 + 3\Sigma h_3 + 4\Sigma h_4\}$$

$$= \frac{10 \times 10}{4}\{(1.2+2.1+1.4+1.8+1.2) + 2(1.4+1.8+1.2+1.5) + 3(2.4) + 4(2.1)\} = 877.5\text{m}^3$$

026 도로의 곡선부에서 확폭량(slack)을 구하는 식으로 맞는 것은? (단, R: 차선 중심선의 반지름, L: 차량 앞면에서 차량의 뒤축까지의 거리)

① $\dfrac{L}{2R^2}$
② $\dfrac{L^2}{2R^2}$
③ $\dfrac{L^2}{2R}$
④ $\dfrac{L}{2R}$

해설

- 확폭량 $\varepsilon = \dfrac{L^2}{2R}$
- 곡선부의 안쪽 부분을 넓게 하여 차량의 뒷바퀴가 노면 밖으로 탈선되지 않게 하는 것

027 도로의 단곡선 설치에서 교각 $I=60°$, 곡선반지름 $R=150$m이며, 곡선시점 BC는 N0.8+17m(20m×8+17m)일 때 종단현에 대한 편각은?

① 0° 02′45″
② 2° 41′21″
③ 2° 57′54″
④ 3° 15′23″

해설

- $CL = 0.01745RI° = 0.01745 \times 150 \times 60° = 157.08$m
- $EC = BC + CL = (20 \times 8 + 17) + 157.08 = 334.08$m = N0.16+14.08m
- ∴ 종단현의 길이 $l = 14.08$m
- 종단현에 대한 편각

$$\delta = 1718.87\frac{l}{R}(분) = 1718.87 \times \frac{14.08}{150} = 161.34′ = 2°41′21″$$

028 장애물로 인하여 접근하기 어려운 두 점 P, Q를 간접거리 측량한 결과 그림과 같다. $\overline{AB}$의 거리가 216.90m일 때 $\overline{PQ}$의 거리는?

① 120.96m
② 142.29m
③ 173.39m
④ 194.22m

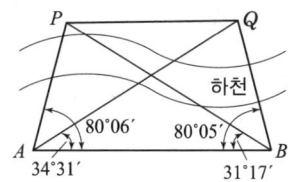

- $\dfrac{AP}{\sin 31°17'} = \dfrac{216.90}{\sin 68°37'}$ ∴ $AP = 120.96\,\mathrm{m}$
- $\dfrac{AQ}{\sin 80°05'} = \dfrac{216.90}{\sin 65°24'}$ ∴ $AQ = 234.99\,\mathrm{m}$
- $PQ = \sqrt{(AP)^2 + (AQ)^2 - 2AP \times AQ \cos \angle PAQ}$
  $= \sqrt{120.96^2 + 234.99^2 - 2 \times 120.96 \times 234.99 \cos 45°35'} = 173.39\,\mathrm{m}$

029 30m에 대하여 3mm 늘어나 있는 줄자로써 정사각형의 지역을 측정한 결과 62,500m²이었다면 실제의 면적은?

① 62,512.5 m²
② 62,524.3 m²
③ 62,535.5 m²
④ 62,550.3 m²

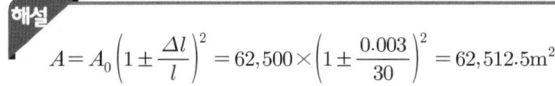

030 등고선의 성질에 대한 설명으로 옳지 않은 것은?
① 볼록한 등경사면의 등고선 간격은 산정으로 갈수록 좁아진다.
② 등고선은 도면 내·외에서 폐합하는 폐곡선이다.
③ 지도의 도면 내에서 폐합하는 경우 등고선의 내부에는 산꼭대기 또는 분지가 있다.
④ 절벽은 등고선이 서로 만나는 곳에 존재한다.

- 볼록한 등경사면의 등고선 간격은 산정으로 갈수록 넓어진다.
- 동일 등고선상의 모든 점은 기준면으로부터 같은 높이에 있다.
- 지표면의 경사가 같을 때는 등고선의 간격은 같고 평행하다.
- 등고선은 분수선에도 직교하고 계곡선에도 직교한다.

031 트래버스 측량의 작업순서로 옳은 것은?
① 계획 — 답사 — 선점 — 조표 — 관측
② 답사 — 계획 — 선점 — 조표 — 관측
③ 선점 — 답사 — 계획 — 조표 — 관측
④ 계획 — 조표 — 답사 — 선점 — 관측

정답 025 ① 026 ③ 027 ② 028 ③ 029 ① 030 ① 031 ①

해설
- 선점은 측량의 목적, 요구 정확도, 작업조건에 따라 계획을 한다.
- 조표는 측점표지를 설치하는 것이다.

032 클로소이드 곡선(clothoid curve)에 대한 설명으로 옳지 않은 것은?
① 고속도로에 널리 이용된다.
② 곡률이 곡선의 길이에 비례한다.
③ 완화곡선(緩和曲線)의 일종이다.
④ 클로소이드 요소는 모두 단위를 갖지 않는다.

해설
- 모든 클로소이드는 닮은 꼴이며 클로소이드 요소는 길이의 단위를 가진 것과 단위가 없는 것이 있다.
- 클로소이드의 형식에는 S형, 복합형, 기본형 등이 있다.

033 수치지형도(Digital Map)에 대한 설명으로 틀린 것은?
① 우리나라는 축척 1 : 5000 수치지형도를 국토기본도로 한다.
② 주로 필지정보와 표고자료, 수계정보 등을 얻을 수 있다.
③ 일반적으로 항공사진측량에 의해 구축된다.
④ 축척별 포함 사항이 다르다.

해설
- "수치지형도"란 측량 결과에 따라 지표면 상의 위치와 지형 및 지명 등 여러 공간정보를 일정한 축척에 따라 기호나 문자, 속성 등으로 표시하여 정보시스템에서 분석, 편집 및 입력·출력할 수 있도록 제작된 것(정사영상지도는 제외한다)을 말한다
- 수치지형도의 모든 지형·지물 및 내용물은 각각 별도의 독립적인 의미를 가진다.

034 지오이드(Geoid)에 대한 설명 중 옳지 않은 것은?
① 평균해수면을 육지까지 연장한 가상적인 곡면을 지오이드라 하며 이것은 지구타원체와 일치한다.
② 지오이드는 중력장의 등포텐셜면으로 볼 수 있다.
③ 실제로 지오이드면은 굴곡이 심하므로 측지 측량의 기준으로 채택하기 어렵다.
④ 지구타원체의 법선과 지오이드의 법선 간의 차이를 연직선 편차라 한다.

해설
- 평균해수면을 육지까지 연장한 가상적인 곡면을 지오이드라 하며 이것은 지구타원체와 정확히 일치하지 않는다.
- 지오이드면은 지구표면을 수면에 의하여 둘러 쌓였다는 가상 곡면이다.

035 표척이 앞으로 3° 기울어져 있는 표척의 읽음값이 3.645m이었다면 높이의 보정량은?
① 5mm ② -5mm
③ 10mm ④ -10mm

해설
- $\dfrac{\Delta l}{l} = \dfrac{\theta''}{\rho''}$ $\dfrac{\Delta l}{3.645} = \dfrac{3 \times 60 \times 60}{206265}$ $\therefore \Delta l = 0.19\,\text{m}$
- $C_h = -\dfrac{h^2}{2L} = -\dfrac{0.19^2}{2 \times 3.645} = -0.005\,\text{m} = -5\,\text{mm}$

036 다각측량의 특징에 대한 설명으로 옳지 않은 것은?
① 삼각점으로부터 좁은 지역의 세부측량 기준점을 측설하는 경우에 편리하다.
② 삼각측량에 비해 복잡한 시가지나 지형의 기복이 심한 지역에는 알맞지 않다.
③ 하천이나 도로 또는 수로 등의 좁고 긴 지역의 측량에 편리하다.
④ 다각측량의 종류에는 개방, 폐합, 결합형 등이 있다.

해설
- 삼각측량에 비해 복잡한 시가지나 지형의 기복이 심한 지역에 적합하다.
- 다각측량은 주로 각과 거리를 측정하여 점의 위치를 정한다.
- 다각측량으로 구한 위치는 근거리이므로 삼각측량에서 구한 위치보다 정밀도가 낮다.

037 수로조사에서 간출지의 높이와 수심의 기준이 되는 것은?
① 약최고고저면 ② 평균중등수위면
③ 수애면 ④ 약최저저조면

해설
조석의 기준면은 해도의 수심의 기준면과 동일하며 조석이 그 이하로 거의 내려가지 않으면 약최저저조면(가장 낮아진 해수면 높이, 기본수준면)으로 정한다.

038 최근 GNSS 측량의 의사거리 결정에 영향을 주는 오차와 거리가 먼 것은?
① 위성의 궤도 오차
② 위성의 시계 오차
③ 위성의 기하학적 위치에 따른 오차
④ SA(selective availability) 오차

해설
SA(selective availability) 오차는 의도적으로 오차를 발생시키는 방법으로 중요도를 고려하여 가장 합리적인 의사결정과는 거리가 멀다.

정답 032 ④ 033 ② 034 ① 035 ② 036 ② 037 ④ 038 ④

039 수준측량 야장에서 측점 3의 지반고는?

[단위 : m]

측점	후시	전시 T·P	전시 I·P	지반고
1	0.95			10.00
2			1.03	
3	0.90	0.36		
4			0.96	
5		1.05		

① 10.59m ② 10.46m
③ 9.92m   ④ 9.56m

해설
- 기계고=지반고 + 후시
- 지반고=기계고 − 전시
- 측점 1 기계고=10+0.95=10.95m
- 측점 3 지반고=10.95−0.36=10.59m

040 그림과 같은 수준망에서 높이차의 정확도가 가장 낮은 것으로 추정되는 노선은? (단, 수준환의 거리 Ⅰ=4km, Ⅱ=3km, Ⅲ=2.4km, Ⅳ(㉯㉻㉺)=6km)

① ㉮
② ㉯
③ ㉰
④ ㉱

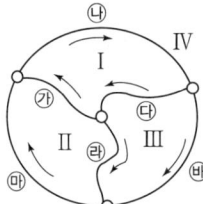

노선	높이차(m)
㉮	+3.600
㉯	+1.385
㉰	−5.023
㉱	+1.105
㉲	+2.523
㉻	−3.912

해설
- 각 환의 폐합 높이차
  Ⅰ구간=㉮+㉯+㉰=3.6+1.385−5.023=−0.038m
  Ⅱ구간=−㉮+㉱+㉲=−3.6+1.105+2.523=0.028m
  Ⅲ구간=㉰+㉱−㉻=−5.023+1.105+3.912=0.006m
  Ⅳ구간=㉯+㉻+㉲=1.385−3.912+2.523=−0.004m
  여기서, 측량 진행 방향이 다른 부분에 −적용한다.

- 1km당 폐합오차
  Ⅰ구간=$\dfrac{-0.038}{\sqrt{4}}=-0.019m$
  Ⅱ구간=$\dfrac{0.028}{\sqrt{3}}=0.016m$
  Ⅲ구간=$\dfrac{0.006}{\sqrt{2.4}}=0.004m$
  Ⅳ구간=$\dfrac{-0.004}{\sqrt{6}}=-0.002m$

- Ⅰ, Ⅱ구간이 폐합오차가 크므로 공통으로 존재하는 ㉮노선이 정도가 가장 낮다고 볼수 있다.

3과목 수리 · 수문학

041 다음의 항력(Drag force)에 관한 설명 중 틀린 것은?

① 마찰응력은 유체가 물체표면을 흐를 때 점성과 난류에 의해 물체표면에 발생하는 마찰저항이다.
② 형상항력은 물체의 형상에 의한 후류(wake)로 인해 압력이 저하하여 발생하는 압력저항이다.
③ 조파항력은 물체가 수면에 떠 있거나 물체의 일부분이 수면위에 있을 때에 발생하는 유체저항이다.
④ 항력 $D = C_D A \dfrac{V^2}{2g}$ 으로 표현되며, 항력계수 C_D는 Reynolds의 함수이다.

해설

$$D = C_D A \dfrac{\rho V^2}{2}$$

보충
- 원주의 투영면적 A = 직경 × 길이
- 구의 투영면적 $A = \dfrac{\pi d^2}{4}$
- C_D(항력계수)는 Reynolds의 함수 $\left(C_D = \dfrac{24}{R_e}\right)$ 이다.
- 항력은 유수중에 있는 물체가 유체로부터 받는 힘이다.

042 월류수심 40cm인 전폭 위어의 유량을 Francis 공식에 의해 구하였더니 0.40m³/sec였다. 이 때 위어 폭의 측정에 2cm의 오차가 발생했다면 유량의 오차는 몇 %인가?

① 1.16%   ② 1.50%
③ 2.00%   ④ 2.33%

해설

$Q = 1.84 b_o h^{\frac{3}{2}}$ $b_o = b - 0.1nh$ 전폭위어 $n = 0$

$\therefore Q = 1.84 b h^{\frac{3}{2}}$

$0.4 = 1.84 \times b \times 0.4^{\frac{3}{2}}$

$b = \dfrac{0.4}{1.84 \times 0.4^{\frac{3}{2}}} = 0.86\text{m}$

$\dfrac{dQ}{Q} = \dfrac{db}{b} = \dfrac{0.02}{0.86} \times 100 = 2.33\%$

정답 039 ① 040 ① 041 ④ 042 ④

043 수로경사 $I=\dfrac{1}{2,500}$, 조도계수 $n=0.013$의 수로에 아래 그림과 같이 물이 흐르고 있다. 평균유속은 얼마인가? (단, Manning의 공식을 사용한다.)

① 3.16m/s
② 2.65m/s
③ 2.16m/s
④ 1.65m/s

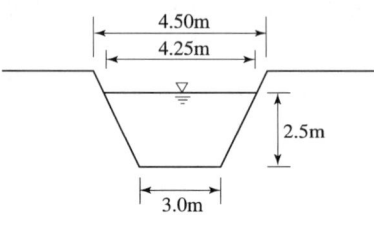

해설

- $R=\dfrac{A}{P}=\dfrac{9.0625}{8.15}≒1.1\text{m}$

  여기서, $A=\dfrac{4.25+3}{2}\times 2.5=9.0625\text{m}^2$

  $P=3+2\sqrt{2.5^2+0.625^2}=8.15\text{m}$

- $V=\dfrac{1}{n}R^{\frac{2}{3}}I^{\frac{1}{2}}=\dfrac{1}{0.013}\times 1.1^{\frac{2}{3}}\times\left(\dfrac{1}{2500}\right)^{\frac{1}{2}}≒1.65\text{m/s}$

044 폭이 넓은 직사각형 수로에서 폭 1m당 0.5m³/sec의 유량이 80cm의 수심으로 흐르는 경우 이 흐름은? (단, 동점성 계수는 0.012cm²/sec, 한계수심은 29.54cm이다.)

① 층류이며 상류
② 층류이며 사류
③ 난류이며 상류
④ 난류이며 사류

해설

- 개수로의 경우

  $R_e=\dfrac{Vh}{v}=\dfrac{\dfrac{0.5}{1\times 0.8}\times 0.8}{0.000012}=416666$

  $R_e<500$: 층류, $R_e>500$: 난류, $h_c<h$: 상류, $29.54<80$

  ∴ 상류 $h_c>h$: 사류

- 관수로의 경우

  $R_e=\dfrac{VD}{v}$

  $R_e<2000$: 층류, $R_e>2000$: 난류

045 단위도에 대한 설명으로 옳지 않은 것은?

① 단위도의 3가정은 일정기저시간, 비례가정, 중첩가정이다.
② 단위유량도 작성시 직접유출량, 유효우량의 지속시간, 유역면적 등이 필요하다.
③ 단위도는 유출수문곡선으로부터 기저유출과 직접유출을 분리한다.
④ 강우의 지속기간이 비교적 긴 호우사상을 택한다.

해설
가급적 단순 호우사상을 선택하며 강우의 지속기간이 비교적 짧은 호우사상을 택한다.

046 Manning의 평균유속 공식에서 Chezy의 평균유속 공식의 C에 해당하는 값은?

① $\frac{1}{n}R^{1/6}$ ② $\frac{1}{n}R$
③ $\sqrt{\frac{8g}{f}}$ ④ $\frac{1}{n}R^{1/2}$

해설
- Chezy $V = C\sqrt{RI}$
- Manning $V = \frac{1}{n}R^{\frac{2}{3}}I^{\frac{1}{2}}$

$C\sqrt{RI} = \frac{1}{n}R^{\frac{2}{3}}I^{\frac{1}{2}}$ ∴ $C = \frac{\frac{1}{n}R^{\frac{2}{3}}I^{\frac{1}{2}}}{\sqrt{RI}} = \frac{1}{n}R^{\frac{1}{6}}$

047 유역의 평균 강우량 산정 방법이 아닌 것은?
① 산술평균법 ② 등우선법
③ Thiessen의 가중법 ④ 기하평균법

해설
- **산술평균법** : 비교적 평야지역에서 우량계가 등분포되어 있는 경우에 사용한다.
- **티센법** : 유역면적이 500~5,000km²인 곳에 사용하면 가장 효과적인 방법이다.
- **등우선법** : 비교적 산악의 영향을 고려한다.

048 지름 1m의 원통 수조에서 지름 2cm의 관으로 물이 유출되고 있다. 관내의 유속이 2.0m/s일 때, 수조의 수면이 저하되는 속도는?
① 0.4cm/s ② 0.3cm/s
③ 0.08cm/s ④ 0.06cm/s

해설
$Q = A_1 \cdot V_1 = A_2 \cdot V_2$

$\frac{\pi \times 100^2}{4} \cdot V_1 = \frac{\pi \times 2^2}{4} \cdot 200$ ∴ $V_1 = 0.08\text{cm/sec}$

049 강우강도(I), 지속시간(D), 생기빈도(F) 관계를 표현하는 $I-D-F$ 관계식 $I = \frac{kT^x}{t^n}$ 에 대한 설명으로 틀린 것은?

① t : 강우의 지속시간(min)으로서, 강우가 계속 지속될수록 강우강도(I)는 커진다.
② I : 단위시간에 내리는 강우량(mm/hr)인 강우강도이며 각종 수문학적 해석 및 설계에 필요하다.
③ T : 강우의 생기빈도를 나타내는 연수(年數)로서 재현기간(년)을 말한다.
④ k, x, n : 지역에 따라 다른 값을 가지는 상수이다.

정답 043 ④ 044 ③ 045 ④ 046 ① 047 ④ 048 ③ 049 ①

> **해설** 일반적으로 강우강도가 크면 클수록 강우가 계속되는 기간은 짧다. 즉, 강우지속시간이 길면 강우강도는 감소한다.

050 폭 9m의 직사각형 수로에 16.2m³/sec의 유량이 92cm의 수심으로 흐르고 있다. 장파의 전파속도 C와 비에너지 E는?

① $C=2.0\mathrm{m/sec}$, $E=1.015\mathrm{m}$
② $C=2.0\mathrm{m/sec}$, $E=1.115\mathrm{m}$
③ $C=3.0\mathrm{m/sec}$, $E=1.015\mathrm{m}$
④ $C=3.0\mathrm{m/sec}$, $E=1.115\mathrm{m}$

> **해설**
> - $C=\sqrt{gh}=\sqrt{9.8\times0.92}=3.0\mathrm{m/sec}$
> - 비에너지 $H_e=h+\alpha\dfrac{V^2}{2g}=h+\alpha\dfrac{1}{2g}\left(\dfrac{Q}{A}\right)^2$ 여기서, $\alpha=1$
> $=0.92+\dfrac{1}{2\times9.8}\left(\dfrac{16.2}{9\times0.92}\right)^2=1.115\mathrm{m}$

051 레이놀즈(Reynolds) 수에 대한 설명으로 옳은 것은?
① 중력에 대한 점성력의 상대적인 크기
② 관성력에 대한 점성력의 상대적인 크기
③ 관성력에 대한 중력의 상대적인 크기
④ 압력에 대한 탄성력의 상대적인 크기

> **해설**
> - 레이놀즈 수는 관성력과 점성력의 비이다.
> - 레이놀즈 수는 원관 이외에도 개수로 또는 지하수의 흐름에서도 그대로 적용된다.
> - 층류와 난류를 구별하는 척도이다.
> - R_e가 작다는 것은 점성이 크게 영향을 끼친다는 뜻이다.

052 수온에 따른 지하수의 유속에 대한 설명으로 옳은 것은?
① 4℃에서 가장 크다.
② 수온이 높으면 크다.
③ 수온이 낮으면 크다.
④ 수온에는 관계없이 일정하다.

> **해설** 수온이 상승하면 점성계수가 작아지므로 투수계수가 커진다.

053 유체 속에 잠긴 곡면에 작용하는 수평분력은?
① 곡면에 의해 배제된 액체의 무게와 같다.
② 곡면의 중심에서의 압력과 면적의 곱과 같다.
③ 곡면의 연직상방에 실려 있는 액체의 무게와 같다.
④ 곡면을 연직면성에 투영하였을 때 생기는 투영면적에 작용하는 힘과 같다.

- 유체 속에 잠긴 곡면에 작용하는 수평방향의 전수압은 곡면을 연직면성에 투영하였을 때 생기는 투영면적에 작용하는 힘과 같다.
- 유체 속에 잠긴 곡면에 작용하는 연직방향의 전수압은 곡면을 밑면으로 하는 물기둥의 무게와 같다.

054 지하수(地下水)에 대한 설명으로 옳지 않은 것은?
① 자유 지하수를 양수(揚水)하는 우물을 굴착정(Artesian well)이라 부른다.
② 불투수층(不透水層) 상부에 있는 지하수를 자유 지하수(自由地下水)라 한다.
③ 불투수층과 불투수층 사이에 있는 지하수를 피압지하수(被壓地下水)라 한다.
④ 흙입자 사이에 충만되어 있으며 중력의 작용으로 운동하는 물을 지하수라 부른다.

- 굴착정 : 불투수성 사이에 낀 투수층 내에 압력을 받고 있는 피압지하수를 양수하는 우물

055 유역면적이 4km²이고 유출계수가 0.8인 산지하천에서 강우강도가 80mm/h이다. 합리식을 사용한 유역출구에서의 첨두홍수량은?
① 35.5m³/s   ② 71.1m³/s
③ 128m³/s   ④ 256m³/s

- $Q = \dfrac{1}{3.6} CIA = \dfrac{1}{3.6} \times 0.8 \times 80 \times 4 = 71.1 \text{m}^3/\text{s}$
- $Q = \dfrac{1}{360} CIA$ 식은 유역면적 A가 ha인 경우 적용한다.

056 유체의 흐름에 관한 설명으로 옳지 않은 것은?
① 유체의 입자가 흐르는 경로를 유적선이라 한다.
② 부정류(不定流)에서는 유선이 시간에 따라 변화한다.
③ 정상류(定常流)에서는 하나의 유선이 다른 유선과 교차하게 된다.
④ 점성이나 압축성을 완전히 무시하고 밀도가 일정한 이상적인 유체를 완전유체라 한다.

- 정상류(定常流)는 모든 점에서의 흐름과 특성이 시간에 따라 변하지 않는 흐름이다.
- 유선이란 각 점에서 속도 벡터가 접선이 되는 곡선이다.
- 유체 속에 있는 폐곡선을 통과한 유선은 하나의 관이 된다. 이를 유관이라 한다.

정답 050 ④ 051 ② 052 ② 053 ④ 054 ① 055 ② 056 ③

057 오리피스의 지름이 2cm, 수축단면(Vena Contracta)의 지름이 1.6cm라면, 유속계수가 0.9일 때 유량계수는?

① 0.49 ② 0.58
③ 0.62 ④ 0.72

해설
- 수축계수 $C_a = \dfrac{a}{A} = \dfrac{3.14 \times 1.6^2/4}{3.14 \times 2^2/4} = 0.64$
- 유량계수 $C = C_a \cdot C_v = 0.64 \times 0.9 = 0.58$

058 지름 $D=4$cm, 조도계수 $n=0.01\text{m}^{-1/3} \cdot \text{s}$인 원형관의 Chezy의 유속계수 C는?

① 10 ② 50
③ 100 ④ 150

해설
- $R = \dfrac{D}{4}$
- $C = \dfrac{1}{n} R^{1/6} = \dfrac{1}{0.01} \times \left(\dfrac{4}{4}\right)^{1/6} = 100$

여기서, 조도계수 n은 관벽의 거친 정도를 나타내는 계수로 m·sec 단위를 나타낸 것이다.

059 빙산의 비중이 0.92이고 바닷물의 비중은 1.025일 때 빙산이 바닷물 속에 잠겨있는 부분의 부피는 수면 위에 나와 있는 부분의 약 몇 배인가?

① 0.8배 ② 4.8배
③ 8.8배 ④ 10.8배

해설
- $W = B$
  $w_s V = w \overline{V}$
  $0.92 V = 1.025 \overline{V}$
  ∴ 잠긴 부피 $\overline{V} = \dfrac{0.92}{1.025} V = 0.897 V$
- 수면 위 부피
  $1 - 0.897 V = 0.103 V$
- 잠긴 부피는 수면 위 부피의 몇 배
  $\dfrac{0.897 V}{0.103 V} ≒ 8.8$배

060 비압축성 이상유체에 대한 아래 내용 중 ( ) 안에 들어갈 알맞은 말은?

> 비압축성 이상유체는 압력 및 온도에 따른 ( )의 변화가 미소하여 이를 무시할 수 있다.

① 밀도
② 비중
③ 속도
④ 점성

 해설
- 이상유체는 비점성, 비압축성인 유체이다.
- 밀도의 변화를 무시한 경우에만 압축성을 무시할 수 있다.

4과목 철근콘크리트 및 강구조

061 프리스트레스 감소 원인 중 프리스트레스 도입후 시간의 경과에 따라 생기는 것이 아닌 것은?

① PS강재의 릴렉세이션
② 콘크리트의 건조 수축
③ 정착 장치의 활동
④ 콘크리트의 크리프

해설
정착 장치의 활동은 도입시 일어나는 즉시 손실이다.

보충 프리스트레스 도입시 일어나는 손실(즉시 손실)
① 콘크리트의 탄성변형(탄성수축)에 의한 손실
② 강재와 쉬스의 마찰에 의한 손실
③ 정착단의 활동에 의한 손실

062 다음 중 철근콘크리트가 성립되는 조건으로 옳지 않은 것은?

① 철근과 콘크리트와의 부착력이 크다.
② 철근과 콘크리트의 열팽창계수가 거의 같다.
③ 철근과 콘크리트의 탄성계수가 거의 같다.
④ 철근은 콘크리트 속에서 녹이 슬지 않는다.

 해설
콘크리트는 철근에 비해 탄성계수가 상당히 작다

보충 콘크리트의 단위질량 $m_c = 1450 \sim 2500 \text{kg/m}^3$의 경우
$E_c = 0.077 m_c^{1.5} \sqrt[3]{f_{cu}} \text{ MPa}$
여기서, $f_{cu} = f_{ck} + 8$

정답 057 ② 058 ③ 059 ③ 060 ① 061 ③ 062 ③

063 2방향 슬래브의 직접 설계법을 적용하기 위한 제한 조건으로 틀린 것은?
① 각 방향으로 3개 이상의 연속 경간을 가져야 한다.
② 슬래브판들은 단변 경간에 대한 장변 경간의 비가 2이하인 직사각형이어야 한다.
③ 모든 하중은 연직 하중으로 등분포되는 것으로 간주한다.
④ 활하중은 고정 하중의 4배 이하라야 한다.

해설
활하중은 고정 하중의 2배 이하라야 한다.

보충
- 각 방향으로 연속한 받침부 중심간 경간 길이의 차이는 긴 경간의 1/3 이하이어야 한다.
- 연속한 기둥 중심선으로부터 기둥의 이탈은 이탈방향 경간의 10% 이하이어야 한다.

064 옹벽의 활동에 대한 저항력은 옹벽에 작용하는 수평력의 몇 배 이상이어야 하는가?
① 1.5배
② 2배
③ 2.5배
④ 3배

해설 활동에 대한 안정
$$F = \frac{수평\ 저항력}{수평력} = \frac{f(\sum V)}{\sum H} \geq 1.5$$
여기서, f = 콘크리트 저판과 지반과의 마찰계수

보충 전도에 대한 안정
$$F = \frac{저항\ 모멘트}{전도\ 모멘트} = \frac{M_r}{M_o} \geq 2.0$$

065 그림의 단순지지 보에서 긴장재는 C점에 150mm의 편차에 직선으로 배치되고, 1000kN으로 긴장되었다. 보의 고정하중은 무시할 때 C점에서의 휨 모멘트는 약 얼마인가? (단, 긴장재의 경사가 수평압축력에 미치는 영향 및 자중은 무시한다.)
① $M_c = 90$ kN·m
② $M_c = -150$ kN·m
③ $M_c = 240$ kN·m
④ $M_c = 390$ kN·m

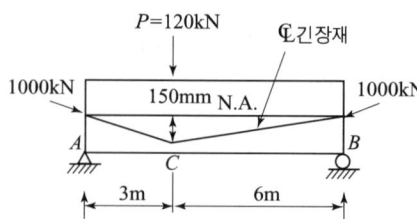

해설

- $\sum M_B = 0$
  $R_A \times 9 - 120 \times 6 = 0$
  $\therefore R_A = 80\text{kN}$
- 긴장재가 수평으로 작용하는 힘
  $1000 \times \dfrac{0.15}{3.004} = 50\text{kN}$
- C점에서의 휨모멘트
  $M_c = 80 \times 3 - 50 \times 3 ≒ 90\text{kN} \cdot \text{m}$

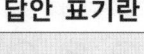

066 b_w =250mm이고, h =500mm인 직사각형 철근콘크리트 보의 단면에 균열을 일으키는 비틀림모멘트 T_{cr}은 약 얼마인가? (단, 보통중량콘크리트이며, f_{ck} =28MPa, λ =1.0)

① $9.8\,\text{kN} \cdot \text{m}$
② $11.3\,\text{kN} \cdot \text{m}$
③ $12.5\,\text{kN} \cdot \text{m}$
④ $13.6\,\text{kN} \cdot \text{m}$

해설

$T_{cr} = \phi\,(\lambda\sqrt{f_{ck}}/3)\dfrac{A_{cp}^{\,2}}{P_{cp}} = 0.75(1.0 \times \sqrt{28}/3) \times \dfrac{(250 \times 500)^2}{2 \times 250 + 2 \times 500}$
$= 13{,}642{,}155\,\text{N} \cdot \text{mm} = 13.6\,\text{kN} \cdot \text{m}$

067 옹벽의 구조해석에 대한 설명으로 틀린 것은?
① 저판의 뒷굽판은 정확한 방법이 사용되지 않는 한 뒷굽판 상부에 재하되는 모든 하중을 지지하도록 설계하여야 한다.
② 부벽식 옹벽의 추가철근은 2변 지지된 1방향 슬래브로 설계하여야 한다.
③ 캔틸레버식 옹벽의 저판은 추가철근과의 접합부를 고정단으로 간주한 캔틸레버로 가정하여 단면을 설계할 수 있다.
④ 뒷부벽은 T형보로 설계하여야 하며, 앞부벽은 직사각형 보로 설계하여야 한다.

해설
- 부벽식 옹벽의 저판은 부벽 간의 거리를 경간으로 가정하여 고정보 또는 연속보로 설계하여야 한다.
- 부벽식 옹벽의 전면벽은 3변 지지된 2방향 슬래브로 설계한다.
- 캔틸레버 옹벽의 전면벽은 저판에 지지된 캔틸레버로 설계한다.

068 경간 10m인 대칭 T형보를 설계할 때 플랜지의 유효 폭은? (단, 양쪽 슬래브 중심간격 2.5m, 슬래브 두께 80mm, 복부의 폭 250mm)

① 1,530mm
② 2,000mm
③ 2,500mm
④ 3,333mm

정답 063 ④ 064 ① 065 ① 066 ④ 067 ② 068 ①

해설
- $16t + b_w = 16 \times 80 + 250 = 1,530\text{mm}$
- 보 경간의 $\dfrac{1}{4} = 10,000 \times \dfrac{1}{4} = 2,500\text{mm}$
- 슬래브 중심간 거리 = 2,500mm
- ∴ 이 중 최소값 1,530mm이다.

069 강합성 교량에서 콘크리트 슬래브와 강(鋼)주형 상부 플랜지를 구조적으로 일체가 되도록 결합시키는 요소는?
① 볼트 ② 전단연결재
③ 합성철근 ④ 접착제

해설
합성보 교량에서 슬래브와 강보 상부 플랜지를 떨어지지 않게 전단 연결재(Shear Connector)로 결합시켜 강거더와 상판 콘크리트를 일체화시킨다.

070 지름 450mm인 원형 단면을 갖는 중심축하중을 받는 나선철근 기둥에 있어서 강도 설계법에 의한 축방향 설계강도(ϕP_n)는 얼마인가? (단, 이 기둥은 단주이고, f_{ck} = 27MPa, f_y = 350MPa, A_{st} = 8–D22 = 3096mm², ϕ = 0.7이다.)
① 1166 kN ② 1299 kN
③ 2425 kN ④ 2774 kN

해설
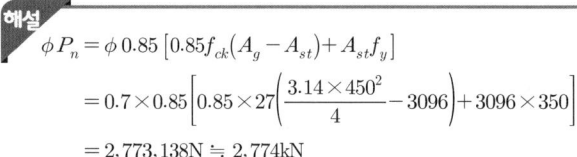
$\phi P_n = \phi\, 0.85\left[0.85 f_{ck}(A_g - A_{st}) + A_{st} f_y\right]$
$= 0.7 \times 0.85 \left[0.85 \times 27 \left(\dfrac{3.14 \times 450^2}{4} - 3096\right) + 3096 \times 350\right]$
$= 2,773,138\text{N} \fallingdotseq 2,774\text{kN}$

보충 띠철근 기둥일 경우
$\phi P_n = 0.65 \times 0.8\left[0.85 f_{ck}(A_g - A_{st}) + A_{st} f_y\right]$

071 전단철근이 부담하는 전단력 V_s =150kN일 때, 수직스터럽으로 전단보강을 하는 경우 최대 배치간격은 얼마 이하인가? (단, f_{ck} = 28MPa, 전단철근 1개 단면적=125mm², 횡방향 철근의 설계기준항복강도(f_{yt}) = 400MPa, b_w = 300mm, d =500mm, λ =1.0, 보통중량콘크리트이다.)
① 600mm ② 333mm
③ 250mm ④ 167mm

해설
- $\dfrac{1}{3}\lambda\sqrt{f_{ck}}\,b_w d = \dfrac{1}{3}\times 1.0\sqrt{28}\times 300 \times 500 = 264,575\text{N} = 264\text{kN}$
- $V_s = \dfrac{A_v f_{yt} d}{s}$

$$\therefore s = \frac{A_v f_{yt} d}{V_s} = \frac{(2 \times 125) \times 400 \times 500}{150000} = 333\text{mm}$$

- $V_s < \frac{1}{3} \lambda \sqrt{f_{ck}} b_w d$ 이므로 $s \leq \frac{d}{2} = \frac{500}{2} = 250\text{mm}$
- $s < 600\text{mm}$

∴ 철근간격 s는 최소값인 250mm 이하여야 한다.

072 압축 이형철근의 겹침이음길이에 대한 설명으로 옳은 것은? (단, d_b는 철근의 공칭직경)

① 압축이형 철근의 기본정착길이(l_{db}) 이상, 또한 200mm 이상으로 하여야 한다.
② f_y가 500MPa 이하인 경우는 $0.72 f_y d_b$ 이상, f_y가 500MPa을 초과할 경우는 $(1.3 f_y - 24) d_b$ 이상이어야 한다.
③ f_y가 28MPa 미만인 경우는 규정된 겹침이음길이를 1/5 증가시켜야 한다.
④ 서로 다른 크기의 철근을 압축부에서 겹침이음하는 경우, 이음길이는 크기가 큰 철근의 정착길이와 크기가 작은 철근의 겹침이음길이 중 큰 값 이상이어야 한다.

- 압축 이형철근의 기본정착길이(l_{db})에 보정계수를 곱한 정착길이(l_d)는 200mm 이상이어야 한다.
- 압축철근의 겹침이음길이는 f_y가 400MPa 이하인 경우에는 $0.072 f_y d_b$보다 길 필요가 없고 f_y가 400MPa를 초과할 경우에는 $(0.13 f_y - 24) d_b$보다 길 필요가 없다. 어느 경우에나 300mm 이상이어야 한다.
- 콘크리트의 설계기준압축강도가 21MPa 미만인 경우에는 겹침이음길이를 $\frac{1}{3}$ 증가시켜야 한다.

073 철근 콘크리트 휨부재에서 최대철근비와 최소철근비를 규정한 이유로 가장 적당한 것은?

① 부재의 경제적인 단면 설계를 위해서
② 부재의 사용성을 증진시키기 위해서
③ 부재의 파괴에 대한 안전을 확보하기 위해서
④ 부재의 급작스런 파괴를 방지하기 위해서

- **최대 철근비**: 인장측 철근이 먼저 항복하는 연성 파괴를 유도한다.
- **최소 철근비**: 보에 인장 철근량이 너무 적어도 취성 파괴가 일어나므로
  $\rho_{\min} = \frac{0.25 \sqrt{f_{ck}}}{f_y}$, $\rho_{\min} = \frac{1.4}{f_y}$ 값 중 큰 값 이상으로 한다.
- **균형 철근비**($f_{ck} \leq 40\text{MPa}$일 경우)
  $$\rho_b = 0.85 \beta_1 \frac{f_{ck}}{f_y} \frac{660}{660 + f_y}$$
  철근량이 과다할 경우 압축측 콘크리트가 철근이 항복하기 전에 콘크리트의 극한 변형률 0.0033에 도달하여 갑자기 파괴를 일으키는 취성파괴가 발생한다.

정답 069 ② 070 ④ 071 ③ 072 ④ 073 ④

074 아래 그림과 같은 보의 단면에서 표피철근의 간격 s는 약 얼마인가? (단, 습윤환경에 노출되는 경우로서, 표피철근의 표면에서 부재 측면까지 최단거리(c_c)는 50mm, $f_{ck}=28$MPa, $f_y=400$MPa이다.)

① 170mm
② 190mm
③ 220mm
④ 240mm

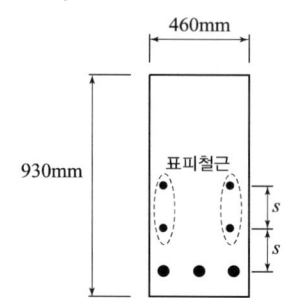

해설

- $s = 375\left(\dfrac{k_{cr}}{f_s}\right) - 2.5\,c_c = 375\left(\dfrac{210}{267}\right) - 2.5 \times 50 = 170\,\text{mm}$
- $s = 300\left(\dfrac{k_{cr}}{f_s}\right) = 300\left(\dfrac{210}{267}\right) = 236\,\text{mm}$

여기서, $f_s = \dfrac{2}{3}f_y = \dfrac{2}{3} \times 400 = 267\,\text{MPa}$

k_{cr}은 건조환경에 노출되는 경우에는 280이고 그 외의 환경에 노출되는 경우에는 210이다.

∴ 두 식에 의해 계산된 값 중에서 작은 값인 170mm 이하이다.

075 리벳으로 연결된 부재에서 리벳이 상·하 두 부분으로 절단되었다면 그 원인은?

① 연결부의 인장파괴
② 리벳의 압축파괴
③ 연결부의 지압파괴
④ 리벳의 전단파괴

해설

- 전단파괴는 부재가 절단되어 파괴되는 현상으로 재료 내부에 발생하는 전단응력이 재료의 전단 강도에 도달하여 과도한 전단 변형을 일으키며 파괴된다.
- 지압파괴는 강재에 의해 눌려서 찌그러지는 파괴를 말한다.

076 철근 콘크리트 보에 배치되는 철근의 순간격에 대한 설명으로 틀린 것은?

① 동일 평면에서 평행한 철근 사이의 수평 순간격은 25mm 이상이어야 한다.
② 상단과 하단에 2단 이상으로 배치된 경우 상하 철근의 순간격은 25mm 이상으로 하여야 한다.
③ 철근의 순간격에 대한 규정은 서로 접촉된 겹침이음 철근과 인접된 이음철근 또는 연속철근 사이의 순간격에도 적용하여야 한다.
④ 벽체 또는 슬래브에서 휨 주철근의 간격은 벽체나 슬래브 두께의 2배 이하로 하여야 한다.

해설
- 나선철근 또는 띠철근이 배근된 압축부재에서 축방향철근의 순간격은 40mm 이상, 또한 철근 공칭지름의 1.5배 이상으로 하여야 한다.
- 벽체 또는 슬래브에서 휨 주철근의 간격은 벽체나 슬래브 두께의 3배 이하로 하여야 하고, 또한 450mm 이하로 하여야 한다.

077 강판형(plate girder) 복부(web) 두께의 제한이 규정되어 있는 가장 큰 이유는?
① 시공상의 난이
② 공비의 절약
③ 자중의 경감
④ 좌굴의 방지

해설
휨모멘트를 고려하여 강판형의 경제적인 높이를 구하며 복부의 두께는 좌굴의 방지를 고려하여 결정한다.

078 프리스트레스트 콘크리트(PSC)의 균등질 보의 개념(homogeneous beam concept)을 설명한 것으로 옳은 것은?
① PSC는 결국 부재에 작용하는 하중의 일부 또는 전부를 미리 가해진 프리스트레스와 평행이 되도록 하는 개념
② PSC 보를 RC 보처럼 생각하여, 콘크리트는 압축력을 받고 긴장재는 인장력을 받게 하여 두 힘의 우력 모멘트로 외력에 의한 휨모멘트에 저항시킨다는 개념
③ 콘크리트에 프리스트레스가 가해지면 PSC 부재는 탄성재료로 전환되고 이의 해석은 탄성이론으로 가능하다는 개념
④ PSC는 강도가 크기 때문에 보의 단면을 강재의 단면으로 가정하여 압축 및 인장을 단면전체가 부담할 수 있다는 개념

해설
- ① : 하중평형개념(등가 하중개념)
- ② : 강도개념(내력 모멘트의 개념)

079 강도 설계에 있어서 강도감소계수(ϕ)의 값으로 틀린 것은?
① 전단력 : 0.75
② 비틀림모멘트 : 0.75
③ 인장지배단면 : 0.85
④ 포스트텐션 정착구역 : 0.75

해설
- 포스트텐션 정착구역 : 0.85
- 띠철근 : 0.65
- 나선철근 : 0.7

정답 074 ① 075 ④ 076 ④ 077 ④ 078 ③ 079 ④

080 콘크리트의 크리프에 대한 설명으로 틀린 것은?

① 고강도 콘크리트는 저강도 콘크리트 보다 크리프가 크게 일어난다.
② 콘크리트가 놓이는 주위의 온도가 높을수록 크리프 변형은 크게 일어난다.
③ 물-시멘트비가 큰 콘크리트는 물-시멘트비가 작은 콘크리트 보다 크리프가 크게 일어난다.
④ 일정한 응력이 장시간 계속하여 작용하고 있을 때 변형이 계속 진행되는 현상을 말한다.

해설
- 고강도 콘크리트는 저강도 콘크리트 보다 크리프가 작게 일어난다.
- 콘크리트가 놓이는 주위의 온도가 높을수록 크리프 변형은 크게 일어난다.

5과목 토질 및 기초

081 점토층 지반 위에 성토를 급속히 하려한다. 성토 직후에 있어서 이 점토의 안정성을 검토하는데 필요한 강도정수를 구하는 합리적인 시험은?

① 비압밀 비배수 시험(UU-test)
② 압밀 비배수 시험(CU-test)
③ 압밀 배수 시험(CD-test)
④ 투수 시험

해설
포화점토가 성토 직후에 갑자기 파괴되는 경우를 생각할 때, 단기간 안정검토할 경우 UU시험을 한다.

보충 CD시험은 압밀이 진행되어 더욱 파괴가 천천히 일어나는 경우, 사질지반의 안정 문제가 점토지반에서는 재하후의 장기간에 안정을 검토하는 경우 실시한다.

082 토질시험결과 No.200체 통과율이 50%, 액성한계가 45%, 소성한계가 25%일 때 군지수는?

① 3
② 5
③ 7
④ 9

해설
$GI = 0.2a + 0.005ac + 0.01bd$
$a = 50 - 35 = 15$ $b = 50 - 15 = 35$
$c = 45 - 40 = 5$ $d = 20 - 10 = 10$
$I_p = 45 - 25 = 20$
∴ $GI = 0.2 \times 15 + 0.005 \times 15 \times 5 + 0.01 \times 35 \times 10 ≒ 7$

보충
- 군지수는 0~20 범위이다.
- 군지수가 작을수록 조립토에 해당되어 양호하다.

083 토립자가 둥글고 입도분포가 양호한 모래지반에서 N치를 측정한 결과 $N=19$가 되었을 경우, Dunham의 공식에 의한 이 모래의 내부 마찰각 ϕ는?

① 20° ② 25°
③ 30° ④ 35°

해설
- $\phi = \sqrt{12N} + 20 = \sqrt{12 \times 19} + 20 = 35°$
- 토립자가 둥글고 균일한 입경
  $\phi = \sqrt{12N} + 15$
- 토립자가 모나고 양호한 입도
  $\phi = \sqrt{12N} + 25$

084 그림과 같은 지반에서 재하순간 수주(水柱)가 지표면(지하수위)으로부터 5m이었다. 40% 압밀이 일어난 후 A점에서의 전체 간극수압은 얼마인가? (단, 물의 단위중량은 9.81kN/m³이다.)

① 68.48 kN/m²
② 72.25 kN/m²
③ 78.48 kN/m²
④ 92.25 kN/m²

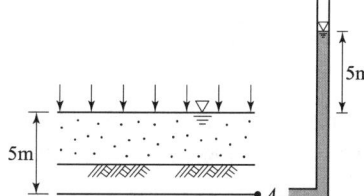

해설
- 재하순간 간극수압
  $\gamma_\omega \cdot h = 9.81 \times 5 = 49.05 \text{kN/m}^2$
- 압밀도
  $U = 1 - \dfrac{u}{P}$ $0.4 = 1 - \dfrac{u}{49.05}$ $\therefore u = 29.43 \text{kN/m}^2$
- 전체 간극수압
  $49.05 + 29.43 = 78.48 \text{kN/m}^2$

085 점토 지반의 강성 기초의 접지압 분포에 대한 설명으로 옳은 것은?
① 기초 모서리 부분에서 최대응력이 발생한다.
② 기초 중앙부분에서 최대응력이 발생한다.
③ 기초 밑면의 응력은 어느 부분이나 동일하다.
④ 기초 밑면에서의 응력은 토질에 관계없이 일정하다.

해설
사질 지반의 강성 기초 접지압 분포는 기초 중앙 부분에서 최대 응력이 발생한다.

086
현장에서 채취한 흙 시료에 대해 압밀시험을 실시하였다. 압밀링에 담겨진 시료의 단면적은 30cm², 시료의 초기높이는 2.6cm, 시료의 비중은 2.5이며 시료의 건조중량은 1.2N이었다. 이 시료에 320kPa의 압밀압력을 가했을 때, 0.2cm의 최종 압밀침하가 발생되었다면 압밀이 완료된 후 시료의 간극비는? (단, 물의 단위중량은 9.81kN/m³이다.)

① 0.125
② 0.385
③ 0.500
④ 0.625

해설
- $H_0 = \dfrac{W_s}{G_s \, A \gamma_w} = \dfrac{1.2}{2.5 \times 30 \times 9.81 \times 10^{-3}} = 1.6\text{cm}$

  여기서, 물의 단위중량 9.81kN/m³=9.81×10⁻³N/cm³이다.

- $e = \dfrac{H_1 - H_0}{H_0} - \dfrac{R}{H_0} = \dfrac{2.6 - 1.6}{1.6} - \dfrac{0.2}{1.6} = 0.5$

087
흙의 포화단위중량이 20kN/m³인 포화점토층을 45° 경사로 8m를 굴착하였다. 흙의 강도 계수 C_u =65kN/m², ϕ_u =0°이다. 그림과 같은 파괴면에 대하여 사면의 안전율은? (단, ABCD의 면적은 70m²이고 O점에서 ABCD의 무게중심까지의 수직거리는 4.5m이다.)

① 4.72
② 2.67
③ 4.21
④ 2.36

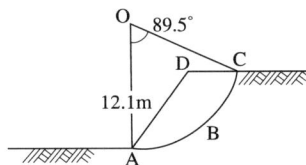

해설
- $F = \dfrac{C \cdot L \cdot R}{W \cdot x} = \dfrac{C \cdot L \cdot R}{A \cdot \gamma \cdot x} = \dfrac{65 \times 18.9 \times 12.1}{70 \times 20 \times 4.5} = 2.36$

  여기서, • 360° : πD = 89.5° : L

  $\therefore L = \dfrac{3.14 \times (2 \times 12.1) \times 89.5°}{360°} = 18.9\text{m}$

- $W = A \cdot \gamma$

088
그림과 같은 지반에 대해 수직방향 등가투수계수를 구하면?

① 3.89×10^{-4}cm/sec
② 7.78×10^{-4}cm/sec
③ 1.57×10^{-3}cm/sec
④ 3.14×10^{-3}cm/sec

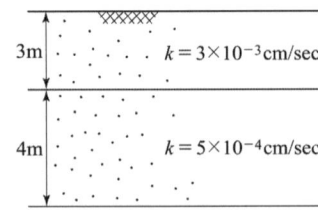

해설

$$k_v = \frac{H}{\frac{H_1}{K_1}+\frac{H_2}{K_2}} = \frac{700}{\frac{300}{3\times 10^{-3}}+\frac{400}{5\times 10^{-4}}} = 7.78\times 10^{-4}\,\text{cm/sec}$$

089 기초의 필요조건에 대한 설명으로 옳지 않은 것은?
① 지지력에 대하여 안전하여야 한다.
② 침하는 허용하여서는 안 된다.
③ 경제성 및 사용성이 좋아야 한다.
④ 최소한의 근입깊이를 가져 동해의 영향을 받지 않아야 한다.

해설
침하는 허용치 이내가 되어야 한다.

090 내부마찰각이 30°, 단위중량이 18kN/m³인 흙의 인장균열깊이가 3m일 때 점착력은?
① 15.6 kN/m²
② 16.7 kN/m²
③ 17.5 kN/m²
④ 18.1 kN/m²

해설

$$Z_c = \frac{2C}{\gamma}\tan\left(45°+\frac{\phi}{2}\right) \qquad 3 = \frac{2\times C}{18}\tan\left(45°+\frac{30°}{2}\right)$$

$\therefore C = 15.6\,\text{kN/m}^2$

091 다음 현장시험 중 Sounding의 종류가 아닌 것은?
① 평판재하 시험
② Vane 시험
③ 표준관입 시험
④ 동적 원추관입 시험

해설
• 사운딩은 Rod 선단에 설치한 저항체를 땅 속에 삽입하여 관입, 회전, 인발 등의 저항으로 토층의 성질을 조사하는 것이다.
• 평판재하시험은 지지력 시험이다.

보충 • 표준관입시험은 동적 사운딩으로 사질토에 적합하고 점성토에도 가능하다.
• Vane 시험은 시험기의 회전에 의해 지반의 강도를 측정한다.

092 연속기초에 대한 Terzaghi의 극한지지력 공식은 $q_u = c\cdot N_c + 0.5\cdot \gamma_1\cdot B\cdot N_r + \gamma_2\cdot D_f\cdot N_q$로 나타낼 수 있다. 아래 그림과 같은 경우 극한지지력 공식의 두 번째 항의 단위중량 γ_1의 값은? (단, 물의 단위중량은 9.81kN/m³이다.)
① 14.48 kN/m³
② 16.00 kN/m³
③ 17.45 kN/m³
④ 18.20 kN/m³

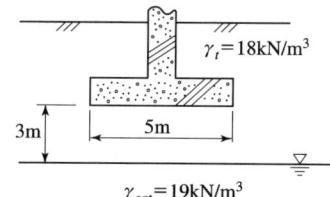

정답 086 ③ 087 ④ 088 ② 089 ② 090 ① 091 ① 092 ①

해설

- $D \leq B$의 경우

$$\gamma_1 = \frac{1}{B}[\gamma_t D + \gamma_{sub}(B-D)]$$
$$= \frac{1}{5}[18 \times 3 + (19-9.81) \times (5-3)]$$
$$= 14.48 \text{kN/m}^3$$

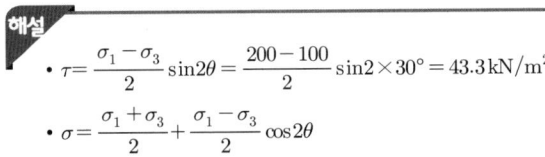

- $D > B$의 경우
$\gamma_1 = \gamma_t$

093 흙 속에 있는 한 점의 최대 및 최소 주응력이 각각 200kN/m² 및 100kN/m²일 때 최대 주응력면과 30°를 이루는 평면상의 전단응력을 구한 값은?

① 10.5 kN/m^2
② 21.5 kN/m^2
③ 32.3 kN/m^2
④ 43.3 kN/m^2

해설

- $\tau = \dfrac{\sigma_1 - \sigma_3}{2}\sin 2\theta = \dfrac{200-100}{2}\sin 2 \times 30° = 43.3 \text{kN/m}^2$
- $\sigma = \dfrac{\sigma_1 + \sigma_3}{2} + \dfrac{\sigma_1 - \sigma_3}{2}\cos 2\theta$

094 다음 중 연약점토지반 개량공법이 아닌 것은?

① Preloading 공법
② Sand drain 공법
③ Paper drain 공법
④ Vibro floatation 공법

해설

Vibro floatation 공법은 사질토 개량공법이다.

095 흙의 다짐곡선은 흙의 종류나 입도 및 다짐에너지 등의 영향으로 변하다. 흙의 다짐 특성에 대한 설명으로 틀린 것은?

① 세립토가 많을수록 최적함수비는 증가한다.
② 점토질 흙은 최대건조단위중량이 작고 사질토는 크다.
③ 일반적으로 최대건조단위중량이 큰 흙일수록 최적함수비도 커진다.
④ 점성토는 건조측에서 물을 많이 흡수하므로 팽창이 크고 습윤측에서는 팽창이 작다.

해설

- 일반적으로 최대건조단위중량이 큰 흙일수록 최적함수비도 작아진다.
- 다짐에너지가 증가할수록 최대건조중량은 증가하고 최적함수비는 감소한다.
- 흙의 투수성 감소를 위해서는 최적함수비의 습윤측에서 다짐을 한다.

096 노상토 지지력비(CBR)시험에서 피스톤 2.5mm 관입될 때와 5.0mm 관입될 때를 비교한 결과, 관입량 5.0mm에서 CBR이 더 큰 경우 CBR 값을 결정하는 방법으로 옳은 것은?
① 그대로 관입량 5.0mm일 때의 CBR 값으로 한다.
② 2.5mm 값과 5.0mm 값의 평균을 CBR 값으로 한다.
③ 5.0mm 값을 무시하고 2.5mm 값을 표준으로 하여 CBR 값으로 한다.
④ 새로운 공시체로 재시험을 하여, 재시험 결과도 5.0mm 값이 크게 나오면 관입량 5.0mm일 때의 CBR 값으로 한다.

해설
- 2.5mm 값이 5.0mm 값보다 커야 하는데 5.0mm 값이 클 때는 재시험을 하고 재시험 결과 5.0mm 값이 또 크면 그대로 5.0mm 값을 CBR 값으로 한다.
- $CBR = \dfrac{\text{시험하중}}{\text{표준하중}} \times 100 = \dfrac{\text{시험단위하중}}{\text{표준단위하중}} \times 100$

097 다음 중 동상에 대한 대책으로 틀린 것은?
① 모관수의 상승을 차단한다.
② 지표부근에 단열재료를 매립한다.
③ 배수구를 설치하여 지하수위를 낮춘다.
④ 동결심도 상부의 흙을 실트질 흙으로 치환한다.

해설
- 동결심도 상부의 흙을 비동결성 흙(자갈, 쇄석)으로 치환한다.
- 동상은 일반적으로 실트, 점토, 모래, 자갈 순으로 일어나기 쉽다.
- 실트질이 존재하고, 물의 공급이 충분하며 영하의 온도가 오래 지속되면 지반이 동결된다.

098 토질시험 결과 내부마찰각이 30°, 점착력이 50kN/m², 간극수압이 800kN/m², 파괴면에 작용하는 수직응력이 3000kN/m²일 때 이 흙의 전단응력은?
① 1270 kN/m²
② 1320 kN/m²
③ 1580 kN/m²
④ 1950 kN/m²

해설
$\tau = c + (\sigma - u)\tan\phi = 50 + (3000 - 800)\tan 30° = 1320\,\text{kN/m}^2$

099 단면적이 100cm², 길이가 30cm인 모래 시료에 대하여 정수위 투수시험을 실시하였다. 이때 수두차가 50cm, 5분 동안 집수된 물이 350cm³이었다면 이 시료의 투수계수는?
① 0.001cm/s
② 0.007cm/s
③ 0.01cm/s
④ 0.07cm/s

해설
$k = \dfrac{Q\,L}{A\,h\,t} = \dfrac{350 \times 30}{100 \times 50 \times (5 \times 60)} = 0.007\,\text{cm/s}$

정답 093 ④ 094 ④ 095 ③ 096 ④ 097 ④ 098 ② 099 ②

100 통일분류법에 의한 분류기호와 흙의 성질을 표현한 것으로 틀린 것은?

① SM : 실트 섞인 모래
② GC : 점토 섞인 자갈
③ CL : 소성이 큰 무기질 점토
④ GP : 입도분포가 불량한 자갈

해설
- CH : 소성이 큰 무기질 점토
- CL : 소성이 작은 무기질 점토
- GW : 입도분포가 양호한 자갈

6과목 상하수도 공학

101 정수처리시 염소 소독공정에서 생성될 수 있는 유해물질은 무엇인가?

① 암모니아
② 유기물
③ 환원성 금속이온
④ THM(트리할로메탄)

해설
THM(트리할로 메탄)은 발암성 물질로 인체에 유해하다.

보충 염소소독은 물의 hP가 낮을수록(산성일수록) 살균효과가 크다.

102 폭기조 MLSS를 1L 실린더에 담고 30분간 정치시켜 침전된 슬러지의 부피를 측정한 결과 600mL이었다. MLSS 농도가 3000mg/L이었다면 이 슬러지의 용적지수(SVI)는?

① 100
② 150
③ 200
④ 250

해설
- $SVI = \dfrac{30분간\ 침전된\ 슬러지\ 부피}{MLSS농도} = \dfrac{600 \times 1000}{3000} = 200$
- 폭기조의 정상운전(침전성 양호)은 $SVI = 50 \sim 150$범위
- $SVI = \dfrac{100}{SDI}$

103 간단한 배수관망 계산시 등치관법을 사용하는데 직경이 30cm, 길이가 300m인 관을 직경 20cm인 등치관으로 바꾸는 경우 길이는 약 몇 m인가?

① 42m
② 132m
③ 1,420m
④ 2,162m

해설

- $L_2 = L_1 \left(\dfrac{D_2}{D_1}\right)^{4.87} = 300 \left(\dfrac{20}{30}\right)^{4.87} ≒ 42\text{m}$
- $Q_2 = Q_1 \left(\dfrac{L_1}{L_2}\right)^{0.54}$

104 정수시설 내에서 조류를 제거하는 방법으로 약품으로 조류를 산화시켜 침전처리 등으로 제거하는 방법에 사용되는 것은?

① 과망간산칼륨
② 차아염소산나트륨
③ 황산구리
④ Zeolite

해설

황산구리는 용수 공급지에서 조류의 증식을 방지하기 위하여 흔히 사용되고 있는 물질이다.

105 유출계수가 0.6이고, 유역면적 2km²에 강우강도 200mm/hr의 강우가 있었다면 유출량은? (단, 합리식을 사용)

① 24.0m³/sec
② 66.67m³/sec
③ 240m³/sec
④ 666.67m³/sec

해설

$Q = \dfrac{1}{3.6} CIA = \dfrac{1}{3.6} \times 0.6 \times 200 \times 2 = 66.67\text{m}^3/\text{sec}$

106 수원으로부터 취수된 상수가 소비자까지 전달되는 일반적 상수도의 구성 순서로 옳은 것은?

① 도수 – 정수장 – 송수 – 배수지 – 급수 – 배수
② 송수 – 정수장 – 도수 – 배수지 – 급수 – 배수
③ 도수 – 정수장 – 송수 – 배수지 – 배수 – 급수
④ 송수 – 정수장 – 도수 – 배수지 – 배수 – 급수

해설

취수 및 집수시설 → 도수시설 → 정수시설 → 송수시설 → 배수시설 → 급수시설

107 계획오수량을 정하는 방법에 대한 설명으로 옳지 않은 것은?

① 생활오수량의 1일1인 최대오수량은 1일1인 최대급수량을 감안하여 결정한다.
② 지하수량은 1일1인 최대오수량의 10~20%로 한다.
③ 계획1일 평균오수량은 계획1일 최소오수량의 1.3~1.8배를 사용한다.
④ 합류식에서 우천시 계획오수량은 원칙적으로 계획시간 최대오수량의 3배 이상으로 한다.

정답 100 ③ 101 ④ 102 ③ 103 ① 104 ③ 105 ② 106 ③ 107 ③

해설

계획1일 평균오수량

계획1일 최대오수량×0.7(중소도시) 또는 0.8(대도시, 공업도시)

108 하수관의 접합방법에 관한 설명 중 틀린 것은?
① 관정접합은 토공량을 줄이기 위하여 평탄한 지형에 많이 이용되는 방법이다.
② 관저접합은 관의 내면하부를 일치시키는 방법이다.
③ 단차접합은 아주 심한 급경사지에 이용되는 방법이다.
④ 관중심접합은 관의 중심을 일치시키는 방법이다.

해설

관정접합은 토공비가 많이 들고 수위차가 크고 지세가 급한 장소에 적합하다.

 • 하수관거내 유속은 하류로 갈수록 빠르게 하는 것이 좋다.
• 하수관거 내의 이상적인 유속은 1.0~1.8m/sec이다.

109 하수처리장 유입수의 SS농도는 200mg/L이다. 1차 침전지에서 30% 정도가 제거되고 2차 침전지에서 85%의 제거 효율을 갖고 있다. 하루 처리용량이 3000m³/day일 때 방류되는 총 SS량은?
① 6300 kg/day
② 6300 mg/day
③ 63kg/day
④ 2800g/day

해설

• 1차 제거율 = 30%(0.3)
• 2차 제거율 = 1차 미제거율×2차 제거율 = 0.7×0.85 = 0.595
  ∴ 전체 제거율 = 0.3 + 0.595 = 0.895 = 89.5%
  ∴ 방류율 = 1 − 0.895 = 0.105 = 10.5%
• 유입되는 총 SS량 = 3000m³/day×0.2kg/m³ = 600kg/day
  여기서, 200mg/L = 0.2kg/m³
• 방류되는 총 SS량 = 600×0.105 = 63kg/day

110 정수지에 대한 설명으로 틀린 것은?
① 정수지란 정수를 저류하는 탱크로 정수시설로는 최종단계의 시설이다.
② 정수지 상부는 반드시 복개해야 한다.
③ 정수지의 유효수심은 3~6m를 표준으로 한다.
④ 정수지의 바닥은 저수위보다 1m 이상 낮게 해야 한다.

해설

정수지 설계시 고려사항

• 구조적으로나 위생적으로 안전하고 내구성 및 수밀성을 가져야 한다.

- 지내의 수온이 외부로부터 영향을 받을 것을 방지하기 위하여 30~60cm 정도의 복토를 둔다.
- 원칙적으로 2지 이상으로 하고, 1지의 경우는 격벽으로서 2등분하여야 한다.
- 정수지의 유효수심은 3~6m 정도를 표준으로 한다.
- 고수위로부터 정수지 상부 슬래브까지는 30cm 이상의 여유고를 둔다.
- 정수지의 바닥은 저수위보다 15cm 이상 낮게 한다.
- 지점에서 저수위 이하의 물을 제거하기 위하여 배출관을 설치하여, 배출구를 향하여 1/100~1/500 정도의 경사를 둔다.
- 정수지의 유효용양은 계획정수량의 1시간분 이상으로 한다.

111 호수의 부영양화에 대한 설명 중 틀린 것은?

① 부영양화는 정체성 수역의 상층에서 발생하기 쉽다.
② 부영양화된 수원의 상수는 냄새로 인하여 음료수로 부적당하다.
③ 부영양화로 식물성 플랑크톤의 번식이 증가되어 투명도가 저하된다.
④ 부영양화로 생물활동이 활발하여 깊은 곳의 용존산소가 풍부하다.

해설
- 부영양화가 발생하면 탁도 증가, 색도 증가로 수질이 악화되므로 용존산소(DO)량이 낮고 COD는 증가한다.
- 영양 염류인 인(P), 질소(N) 등의 유입을 방지하면 부영양화 현상을 최소화할 수 있다.

112 하수 배제방식의 특징에 관한 설명으로 틀린 것은?

① 분류식은 합류식에 비해 우천시 월류의 위험이 크다.
② 합류식은 분류식(2계통 건설)에 비해 건설비가 저렴하고 시공이 용이하다.
③ 합류식은 단면적이 크기 때문에 검사, 수리 등에 유리하다.
④ 분류식은 강우 초기에 노면의 오염물질이 포함된 세정수가 직접 하천 등으로 유입된다.

해설
- 분류식은 합류식에 비해 우천시 월류의 위험이 적다.
- 합류식은 하수관거에서는 우천시 일정유량 이상이 되면 하수가 직접수역으로 방류된다.
- 합류식은 침수피해 다발지역에 유리한 방식이다.

113 혐기성 소화법과 비교할 때, 호기성 소화법의 특징으로 옳은 것은?

① 최초 시공비 과다
② 유기물 감소율 우수
③ 저온시의 효율 향상
④ 소화 슬러지의 탈수 불량

해설
호기성 소화법 특징
- 최초 시공비는 적다.
- 운전이 용이하다.
- 저온시 효율이 저하된다.
- 상징수의 수질 양호하다.
- 유기물 감소율이 저조하다.

정답 108 ① 109 ③ 110 ④ 111 ④ 112 ① 113 ④

114. 배수관의 갱생공법으로 기존 관내의 세척(cleaning)을 수행하는 일반적인 공법으로 옳지 않은 것은?

① 제트(jet) 공법
② 실드(shield) 공법
③ 로터리(rotary) 공법
④ 스크레이퍼(scraper) 공법

해설 실드(shield) 공법는 지면 아래를 뚫어가는 공법이다.

115. 하수도 계획에서 계획우수량 산정과 관계가 없는 것은?

① 배수면적
② 설계강우
③ 유출계수
④ 집수관로

해설 합리식 $Q = \dfrac{1}{360} CIA$ 관련

여기서, C : 유출계수, I : 강우(mm/hr), A : 배수면적(ha)

116. 합류식 관로의 단면을 결정하는데 중요한 요소로 옳은 것은?

① 계획우수량
② 계획1일 평균오수량
③ 계획시간 최대오수량
④ 계획시간 평균오수량

해설 하수도 계획에서 계획우수량을 고려하여 관로의 단면을 결정한다.

117. 병원성 미생물에 의하여 오염되거나 오염될 우려가 있는 경우, 수도꼭지에서의 유리잔류염소는 몇 mg/L 이상 되도록 하여야 하는가?

① 0.1mg/L
② 0.4mg/L
③ 0.6mg/L
④ 1.8mg/L

해설 수돗물의 염소처리에서 잔류염소 농도는 0.4mg/L 이상 유지하여야 한다.

118. 먹는 물의 수질기준 항목에서 다음 특성을 갖고 있는 수질기준 항목은?

- 수질기준은 10mg/L를 넘지 아니할 것
- 하수, 공장폐수, 분뇨 등과 같은 오염물의 유입에 의한 것으로 물의 오염을 추정하는 지표항목
- 유아에게 청색증 유발

① 불소
② 대장균군
③ 질산성질소
④ 과망간산칼륨 소비량

해설
수질기준
- 불소 : 1.5mg/L 이하
- 대장균군 : 불검출/100ml
- 과망간산칼륨 소비량 : 10mg/L 이하

119 하수관로시설의 유량을 산출할 때 사용하는 공식으로 옳지 않은 것은?
① Kutter 공식
② Janssen 공식
③ Manning 공식
④ Hazen-Williams 공식

해설
Janssen 공식은 강우강도를 산출할 때 사용하는 공식이다.

120 상수도관의 관종 선정 시 기본으로 하여야 하는 사항으로 틀린 것은?
① 매설조건에 적합해야 한다.
② 매설환경에 적합한 시공성을 지녀야 한다.
③ 내압보다는 외압에 대하여 안전해야 한다.
④ 관 재질에 의하여 물의 오염될 우려가 없어야 한다.

해설
내압과 외압에 대하여 안전해야 한다.

정답 114 ② 115 ④ 116 ① 117 ② 118 ③ 119 ② 120 ③

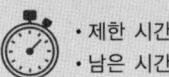

03회 CBT 모의고사

1과목 응용역학

001 그림과 같은 단순보에서 C~D구간의 전단력 Q의 값은?

① $+P$
② $-P$
③ $+\dfrac{P}{2}$
④ 0

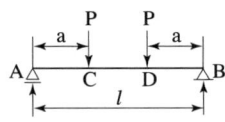

해설
- 좌우대칭이므로 $R_A = R_B = P$
- 중앙점에 대한 전단력 $S = R_A - P = P - P = 0$

002 그림과 같은 30° 경사진 언덕에서 40kN의 물체를 밀어 올리는 데 얼마 이상의 힘이 필요한가? (단, 마찰계수는 0.25이다.)

① 25.7kN
② 28.7kN
③ 30.2kN
④ 40kN

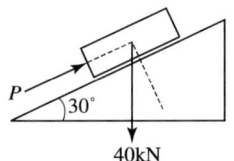

해설
- 40kN의 작용시 분력
  $P_H = 40\sin 30° = 20\text{kN}$
  $P_V = 40\cos 30° = 34.6\text{kN}$
- $P_H + P_V \times$ 마찰계수 $< P$
  $20 + 34.6 \times 0.25 = 28.7\text{kN}$
- 밀어 올리는 힘
  $P \geq H + F = W\sin\theta + \mu W\cos\theta$
- 정지시키는 힘
  $P = H - F = W\sin\theta + \mu W\cos\theta$

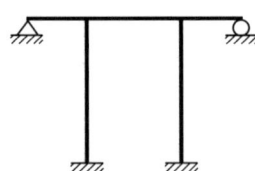

003 다음 그림과 같은 구조물의 부정정 차수를 구하면?

① 3차 부정정
② 4차 부정정
③ 5차 부정정
④ 6차 부정정

해설

$N = r+m+s-2k = 9+5+4-2\times6 = 6$차 부정정

여기서, r : 반력의 수 (고정 : 3개, 힌지 : 2개, 롤러 : 1개)
m : 부재수(점과 점 사이 부재)
s : 강절점수(기준 부재에 붙어 있는 부재수)
k : 지점 및 자유단을 포함하는 절점수

보충
- 트러스는 강절점수 s가 없다.
- 강절점수(s)

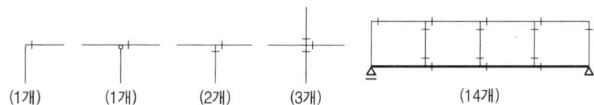

(1개)　(1개)　(2개)　(3개)　　(14개)

---

004 다음과 같은 부정정 구조물에서 B지점의 반력의 크기는? (단, 보의 휨강도 EI는 일정하다.)

① $\dfrac{7}{3}P$ ② $\dfrac{7}{4}P$

③ $\dfrac{7}{5}P$ ④ $\dfrac{7}{6}P$

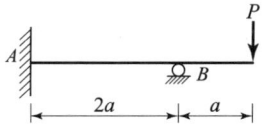

해설

- $M_{AB} = -Pa$
- $M_{BA} = -\dfrac{Pa}{2}$ (∵ 전달모멘트 적용)
- $R_B = P - \dfrac{(M_{AB}+M_{BA})}{2a} = \dfrac{7}{4}P$

보충
- B점에 하중 P, $M=Pa$가 작용

$R_B = P + \dfrac{3M}{2l}$ (∵ 변위일치법 적용)

$= P + \dfrac{3(Pa)}{2(2a)} = \dfrac{7}{4}P$

별해

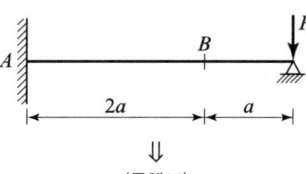

⇩
(공액보)

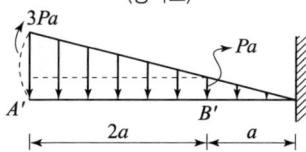

$M_B'(원) = Pa \times 2a \times \dfrac{1}{2} \times 2a + \dfrac{1}{2} \times 2Pa \times 2a \times \dfrac{2}{3} \times 2a$

$= 2Pa^3 + \dfrac{8Pa^3}{3} = \dfrac{14Pa^3}{3}$

정답 001 ④ 002 ② 003 ④ 004 ②

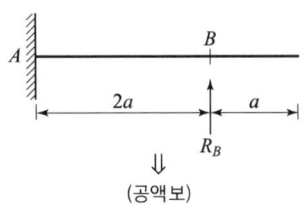

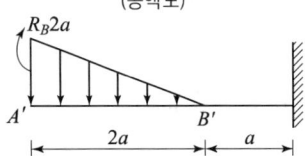

$$M_B{}'(원) = \frac{1}{2} \times R_B \, 2a \times 2a \times \frac{2}{3} \times 2a = \frac{8R_B a^3}{3}$$

- B점 처짐이 0이므로(지점의 처짐은 0이다.)

$$y_{B1} - y_{B2} = 0$$

$$\frac{14Pa^3}{3} - \frac{8R_B a^3}{3} = 0$$

$$\therefore R_B = \frac{14}{8}P = \frac{7}{4}P$$

005 그림과 같은 캔틸레버보에서 중앙점 C점의 처짐은? (단, EI는 일정하다.)

① $\dfrac{Pl^3}{24EI}$ ② $\dfrac{5Pl^3}{24EI}$

③ $\dfrac{Pl^3}{48EI}$ ④ $\dfrac{5Pl^3}{48EI}$

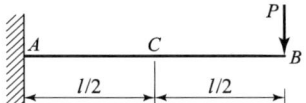

해설

- $\theta_B = \dfrac{Pl^2}{2EI}$
- $y_B = \dfrac{Pl^3}{3EI}$
- $y_C = \dfrac{5Pl^3}{48EI}$

006 그림과 같이 이축응력(二軸應力)을 받고 있는 요소의 체적 변형률은? (단, 탄성계수 $E = 2.0 \times 10^5$MPa, 프와송비 $\nu = 0.3$)

① 3.6×10^{-4}
② 4.0×10^{-4}
③ 4.4×10^{-4}
④ 4.8×10^{-4}

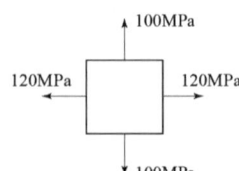

해설 2축 응력의 체적 변형률

$$\varepsilon_v = \frac{\Delta V}{V} = \frac{1-2\nu}{E}(\sigma_x + \sigma_y) = \frac{1-2\times 0.3}{2\times 10^5}(100+100) = 4.0\times 10^{-4}$$

보충
- 2축 응력시 x방향의 변형률

$$\varepsilon_x = \frac{1}{E}(\sigma_x - \nu\sigma_y) = \frac{1}{2\times 10^5}(100 - 0.3\times 100) = 3.5\times 10^{-4}$$

- 3축 응력의 체적 변형률

$$\varepsilon_v = \frac{\Delta V}{V} = \frac{1-2\nu}{E}(\sigma_x + \sigma_y + \sigma_z)$$

007 다음 그림과 같은 보에서 A점의 반력이 B점의 반력의 2배가 되도록 하는 거리 x는 얼마인가?

① 1.67m
② 2.67m
③ 3.67m
④ 4.67m

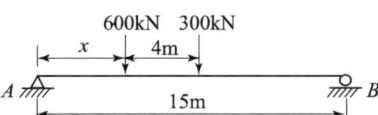

해설
$\Sigma M_B = 0$
$6\times 15 - 6(15-x) - 3(15-4-x) = 0$
$6\times 15 - 90 + 6x - 45 + 12 + 3x = 0$
$9x = 33$
$\therefore x = \frac{33}{9} = 3.67\,\mathrm{m}$

008 다음 그림과 같은 하중을 받는 보의 최대 전단응력은 얼마인가?

① $\dfrac{wl}{bh}$

② $\dfrac{wl}{2bh}$

③ $\dfrac{2wl}{3bh}$

④ $\dfrac{3wl}{bh}$

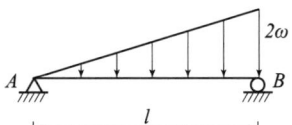 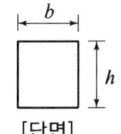

[단면]

해설
- $\Sigma M_B = 0$
  $R_A \times l - \frac{1}{2}\times 2w\times l\times \frac{l}{3} = 0 \quad \therefore R_A = \frac{wl}{3}$
- $\Sigma V = 0$
  $R_A + R_B = \frac{1}{2}\times 2w\times l = wl \quad \therefore R_B = wl - R_A = wl - \frac{wl}{3} = \frac{2wl}{3}$
- $S_{\max} = S_B = R_B$
- $\tau_{\max} = \frac{3}{2}\frac{S_{\max}}{A} = \frac{3}{2}\frac{\frac{2wl}{3}}{bh} = \frac{wl}{bh}$

009 단면이 100mm×200mm인 장주가 있다. 그 길이가 3m일 때 이 기둥의 좌굴하중은 약 얼마인가? (단, 기둥의 $E=2.0\times10^4\text{MPa}$, 지지 상태는 일단 고정, 타단 자유이다.)

① 45.8kN   ② 91.4kN
③ 182.8kN ④ 365.6kN

해설

- $I = \dfrac{b^3 h}{12} = \dfrac{100^3 \times 200}{12} = 16,666,667\,\text{mm}^4$

- $P_{cr} = \dfrac{n\pi^2 EI}{l^2} = \dfrac{\frac{1}{4} \times 3.14^2 \times 2\times 10^4 \times 16,666,667}{3000^2} = 91293\text{N} = 91.3\text{kN}$

010 다음 그림과 같은 $r=4$m인 3힌지 원호 아치에서 지점 A에서 1m 떨어진 E점의 휨모멘트는 약 얼마인가? (단, EI는 일정하다.)

① $-8.23\,\text{kN}\cdot\text{m}$
② $-13.22\,\text{kN}\cdot\text{m}$
③ $-16.61\,\text{kN}\cdot\text{m}$
④ $-20.0\,\text{kN}\cdot\text{m}$

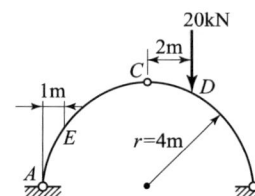

해설

- $\sum M_B = 0$
 $R_A \times 8 - 20 \times 2 = 0$
 $\therefore R_A = \dfrac{1}{8}(20\times 2) = 5\text{kN}$

- $\sum M_C = 0$
 $R_A \times 4 - H_A \times 4 = 0$
 $\therefore H_A = \dfrac{1}{4}(5\times 4) = 5\text{kN}$

- $M_E = R_A \cdot x - H_A \cdot y = 5\times 1 - 5\times 2.645 = -8.23\,\text{kN}\cdot\text{m}$

여기서,

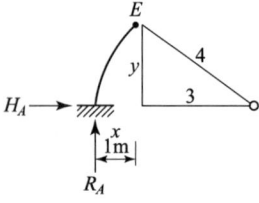

$y = \sqrt{4^2 - 3^2} = 2.645\text{m}$

011 다음 그림과 같은 단순보에서 지점 B에 모멘트 하중이 작용할 때 A의 처짐각은 얼마인가?

① $\dfrac{Ml}{6EI}$ ② $\dfrac{Ml}{5EI}$

③ $\dfrac{Ml}{4EI}$ ④ $\dfrac{Ml}{3EI}$

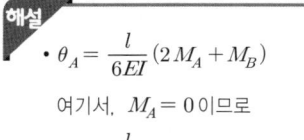

해설

- $\theta_A = \dfrac{l}{6EI}(2M_A + M_B)$

  여기서, $M_A = 0$ 이므로   ∴ $\theta_A = \dfrac{M \cdot l}{6EI}$

- $\theta_B = \dfrac{l}{6EI}(M_A + 2M_B)$

  여기서, $M_A = 0$ 이므로   ∴ $\theta_B = \dfrac{2Ml}{6EI}$

012 그림과 같은 트러스에서 AC 부재의 부재력은?

① 인장 40 kN
② 압축 40 kN
③ 인장 80 kN
④ 압축 80 kN

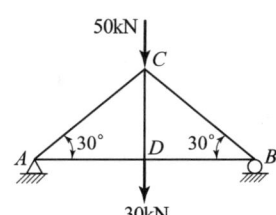

해설

$R_A = R_B = 40\text{kN}$

$\Sigma V = 0$

$R_A + AC\sin\theta = 0$

∴ $AC = -\dfrac{40}{\sin 30°} = -80\text{kN}$ (압축)

013 그림과 같은 단면에 전단력 $V = 750\text{kN}$이 작용할 때 최대 전단응력은?

① 8.3MPa
② 15MPa
③ 20MPa
④ 25MPa

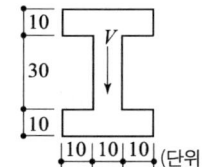

해설

- $G_X = A_1 \cdot y_1 + A_2 \cdot y_2$
  $= (30 \times 10) \times 20 + (10 \times 15) \times 7.5$
  $= 7125\text{cm}^3$

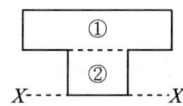

- $I_X = \dfrac{BH^3}{12} - \dfrac{bh^3}{12} = \dfrac{30 \times 50^3}{12} - \dfrac{20 \times 30^3}{12}$
  $= 267500\text{cm}^4$

- $\tau_{max} = \dfrac{GS}{Ib} = \dfrac{7125 \times 750}{267500 \times 10} = 2\text{kN/cm}^2 = 2000\text{N}/100\text{mm}^2 = 20\text{N/mm}^2$
  $= 20\text{MPa}$

  여기서, 중립축에서의 $b = 10\text{cm}$ 이다.

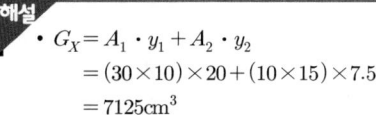

014 사다리꼴 단면에서 x축에 대한 단면 2차 모멘트값은?

① $\dfrac{h^3}{12}(3b+a)$ ② $\dfrac{h^3}{12}(b+2a)$

③ $\dfrac{h^3}{12}(b+3a)$ ④ $\dfrac{h^3}{12}(2b+a)$

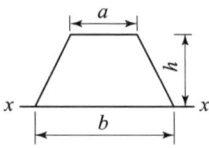

해설

$$I_x = (\text{사각형}I_x) + (\text{삼각형}I_x) = \frac{ah^3}{3} + \frac{(b-a)h^3}{12}$$

$$= \frac{1}{12}(4ah^3 + bh^3 - ah^3) = \frac{h^3}{12}(b+3a)$$

015 그림과 같은 2개의 캔틸레버보에 저장되는 변형에너지를 각각 $U_{(1)}$, $U_{(2)}$라고 할 때 $U_{(1)} : U_{(2)}$의 비는?

① 2 : 1
② 4 : 1
③ 8 : 1
④ 16 : 1

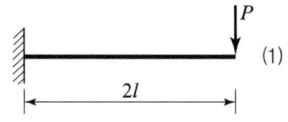

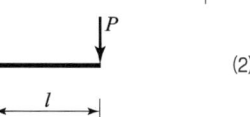

해설

• 그림 (1)

$$U = \int \frac{M^2}{2EI}dx = \frac{1}{2EI}\int_0^{2l}(Px)^2 dx = \frac{P^2}{2EI}\int_0^{2l}(x^2)dx$$

$$= \frac{P^2}{2EI}\left[\frac{x^3}{3}\right]_0^{2l} = \frac{8P^2l^3}{6EI}$$

• 그림 (2)

$$U = \int \frac{M^2}{2EI}dx = \frac{1}{2EI}\int_0^{l}(Px)^2 dx = \frac{P^2}{2EI}\int_0^{l}(x^2)dx$$

$$= \frac{P^2}{2EI}\left[\frac{x^3}{3}\right]_0^{l} = \frac{P^2l^3}{6EI}$$

∴ $U_{(1)} : U_{(2)} = 8 : 1$

016 다음 중 정(+)의 값뿐만 아니라 부(-)의 값도 갖는 것은?

① 단면계수
② 단면 2차 모멘트
③ 단면 2차 반경
④ 단면 상승 모멘트

해설
단면 상승 모멘트는 x, y 값에 따라 양수(+), 0, 음수(-) 값이 모두 나올 수 있다.

017 다음 인장부재의 수직변위를 구하는 식으로 옳은 것은? (단, 탄성계수는 E)

① $\dfrac{PL}{EA}$

② $\dfrac{3PL}{2EA}$

③ $\dfrac{2PL}{EA}$

④ $\dfrac{5PL}{2EA}$

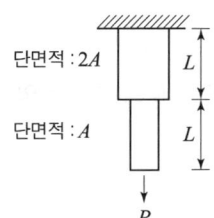

해설
2A 구간과 A 구간의 변위를 고려하면 $\dfrac{PL}{2EA} + \dfrac{PL}{EA} = \dfrac{3PL}{2EA}$

018 그림과 같은 기둥에서 좌굴하중의 비 (a) : (b) : (c) : (d)는? (단, EI와 기둥의 길이 ℓ은 모두 같다.)

① 1 : 2 : 3 : 4
② 1 : 4 : 8 : 12
③ 1 : 4 : 8 : 16
④ 1 : 8 : 16 : 32

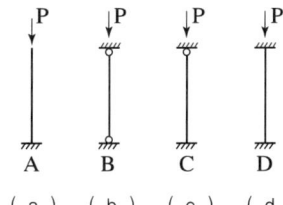

해설
좌굴하중 $P_b = \dfrac{n\pi^2 EI}{l^2}$에서 단면, 길이, 하중이 같으므로 $P_b \propto n$이다.

- (a) : 일단고정, 타단자유 $n = \dfrac{1}{4}$
- (b) : 양단힌지 $n = 1$
- (c) : 일단힌지, 타단고정 $n = 2$
- (d) : 양단고정 $n = 4$

019 그림과 같은 구조물의 C점에 연직하중이 작용할 때 AC부재가 받는 힘은?

① 2.5 kN
② 5.0 kN
③ 8.7 kN
④ 10.0 kN

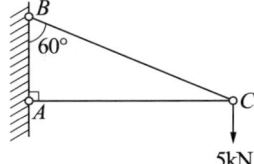

해설
$\dfrac{5}{\sin 30°} = \dfrac{AC}{\sin 240°}$

∴ $AC = 8.7\text{kN}$

020 그림과 같은 단순보에서 C점에 30kN·m의 모멘트가 작용할 때 A점의 반력은?

① $\dfrac{10}{3}$ kN($\downarrow$)

② $\dfrac{10}{3}$ kN($\uparrow$)

③ $\dfrac{20}{3}$ kN($\downarrow$)

④ $\dfrac{20}{3}$ kN($\uparrow$)

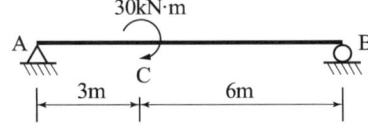

해설
$\Sigma M_B = 0$
$R_A \times 9 + 30 = 0$
$\therefore R_A = -\dfrac{30}{9} = -\dfrac{10}{3}$ kN

2과목 측량학

021 지형의 표시법에서 자연적 도법에 해당하는 것은?
① 점고법
② 등고선법
③ 영선법
④ 단채법

해설
자연적도법은 음영법, 우모(영선)법이 해당된다.

022 축척 1/500 도상에서 3변의 길이가 각각 20.5cm, 32.4cm, 28.5cm일 때 실제면적은?
① 288.53m²
② 7213.26m²
③ 40.70m²
④ 6924.15m²

해설
- $S = \dfrac{1}{2}(a+b+c) = \dfrac{1}{2}(20.5+32.4+28.5) = 40.7$ cm
- $A = \sqrt{S(S-a)(S-b)(S-c)}$
  $= \sqrt{40.7(40.7-20.5)(40.7-32.4)(40.7-28.5)} = 288.53$ cm²
- 실제면적 = 도상면적 $\times M^2 = 288.53 \times 500^2 = 72,132,500$ cm² $= 7,213.25$ m²

023 트래버스 측량의 각측량의 각관측 방법 중 방위각법에 대한 설명이 아닌 것은?
① 각 측선이 일정한 기준선과 이루는 각을 우회로 관측하는 방법이다.
② 험준하고 복잡한 지역에서는 적합하지 않다.
③ 각각이 독립적으로 관측되므로 오차 발생시 오차의 영향이 독립적이므로 이후의 측량에 영향이 없다.
④ 각관측값의 계산과 제도가 편리하고 신속히 관측할 수 있다.

> **해설**
> 다각측량과 트래버스측량을 함께 하므로 오차 발생시 영향이 미친다.

024 완화곡선에 대한 설명 중 옳지 않은 것은?
① 완화곡선의 곡선 반지름은 시점에서 무한대, 종점에서 원곡선의 반지름 R로 된다.
② 클로소이드의 형식에는 S형, 복합형, 기본형 등이 있다.
③ 완화곡선의 접선은 시점에서 원호에, 종점에서 직선에 접한다.
④ 모든 클로소이드는 닮은꼴이며 클로소이드 요소에는 길이의 단위를 가진 것과 단위가 없는 것이 있다.

> **해설**
> • 완화곡선의 접선은 시점에서 직선에, 종점에서 원호에 접한다.
> • 클로소이드 곡선은 주로 고속도로의 곡선 설계에 적합하며 수평곡선 중 완화곡선이다.
> • 클로소이드 곡선은 곡률이 곡선의 길이에 비례하는 곡선이다.
> • 클로소이드에서 매개변수 A가 정해지면 클로소이드의 크기가 정해진다.
> ($A = \sqrt{R \cdot L}$, $R = \dfrac{A^2}{L}$)

025 상차라고도 하며 그 크기와 방향(부호)이 불규칙적으로 발생하고 확률론에 의해 추정할 수 있는 오차는?
① 착오
② 정오차
③ 우연오차
④ 개인오차

> **해설**
> **우연오차(부정오차, 상차)** : 오차의 원인이 불분명하며 아무리 주의해도 없앨 수 없는 오차

026 하천의 심천측량에 관한 설명으로 틀린 것은?
① 심천측량은 하천의 수면으로부터 하저까지의 깊이를 구하는 측량으로 횡단측량과 같이 행한다.
② 로드(rod)에 의한 심천측량은 보통 수심 5~6m 정도의 얕은 곳에 사용한다.
③ 레드(lead)로 관측이 불가능한 깊은 곳은 음향측심기를 사용한다.
④ 심천측량은 수위가 높은 장마철에 하는 것이 효과적이다.

정답 020 ① 021 ③ 022 ② 023 ③ 024 ③ 025 ③ 026 ④

> **해설**
> 심천측량은 배를 이용하여 위치 및 수심을 측정하는데 수위가 높은 장마철에는 배의 위치를 일정하게 방향을 유지하기 힘들어 효과적이지 않다.

027 일반적으로 단열 삼각망으로 구성하기에 가장 적합한 것은?

① 시가지와 같이 정밀을 요하는 골조측량
② 복잡한 지형의 골조측량
③ 광대한 지역의 지형측량
④ 하천조사를 위한 골조측량

> **해설**
> • 단열 삼각망은 하천, 도로, 터널 측량 등 좁고 긴 지역에 적합하며 경제적이지만 정도는 낮다.
> • 사변형 삼각망은 가장 정도가 높으며 기선 삼각망에 이용된다.
> • 유심 삼각망은 넓은 지역에 적합하고 농지 측량 및 평탄한 지역에 사용된다.

028 평면측량에서 거리의 허용 오차를 1/1000000까지 허용한다면 지구를 평면으로 볼 수 있는 한계는 몇 km인가?(단, 지구의 곡률반경은 6370km이다.)

① 약 $380km^2$ 이내
② 약 $700km^2$ 이내
③ 약 $1000km^2$ 이내
④ 약 $1500km^2$ 이내

> **해설**
> $$\frac{d-D}{D} = \frac{1}{12}\left(\frac{D}{R}\right)^2$$
> $$\frac{1}{12}\left(\frac{D}{6370}\right)^2 = \frac{1}{1,000,000}$$
> $$\therefore D = 6370 \times \sqrt{12 \times \frac{1}{1,000,000}} = 22.07km \quad \text{여기서, 반경}(r) ≒ 11km$$
> $$A = \pi r^2 = \pi \times 11^2 = 380km^2$$

029 곡선반지름 R, 교각 I일 때 다음 공식 중 틀린 것은? (단, 접선길이= $T.L$, 외할= E, 중앙종거= M, 곡선길이= $C.L$)

① $T.L = R\tan\frac{I}{2}$
② $C.L = 0.0174533RI$
③ $E = R\left(\sec\frac{I}{2} - 1\right)$
④ $M = R\left(1 - \sin\frac{I}{2}\right)$

> **해설**
> • 중앙종거$(M) = R\left(1 - \cos\frac{I}{2}\right)$ • 현의 길이$(C) = 2R\sin\frac{I}{2}$
> • 곡선의 시점$(BC) = IP - TL$ • 곡선의 종점$(EC) = BC + CL$

030 대단위 신도시를 건설하기 위한 넓은 지형의 정지공사에서 토량을 계산하고자 할 때 가장 적당한 방법은?
① 점고법
② 양단면 평균법
③ 비례 중앙법
④ 각주공식에 의한 방법

해설
점고법은 건물 부지의 정지, 택지조성공사와 같이 넓은 면적의 토공량을 산정하는 데 적합하다.

031 토털스테이션으로 각을 측정할 때 기계의 중심과 측점이 일치하지 않아 0.5mm의 오차가 발생 하였다면 각 관측 오차를 2″ 이하로 하기 위한 변의 최소 길이는?
① 82.501 m
② 51.566 m
③ 8.250 m
④ 5.157 m

해설
$$\frac{\theta''}{\rho''} = \frac{\Delta l}{l}$$
$$\frac{2''}{206265''} = \frac{0.5}{l}$$
∴ $l = 51566 \text{ mm} = 51.566 \text{ m}$

032 트래버스 측량의 결과 위거오차 +0.25m, 경거오차 −0.36m일 때 폐합비는? (단, 측선의 연장은 3,000m이다.)
① $\frac{1}{3,000}$
② $\frac{1}{3,845}$
③ $\frac{1}{6,000}$
④ $\frac{1}{6,845}$

해설
- 폐합오차 $E = \sqrt{(E_L)^2 + (E_D)^2} = \sqrt{(0.25)^2 + (-0.36)^2} = 0.438\text{m}$
- 폐합비 $R = \frac{E}{\Sigma l} = \frac{0.438}{3,000} = \frac{1}{6,845}$

033 교호수준측량을 한 결과 다음과 같을 때 B점의 표고는? (단, A점의 지반고는 100m이다.)
① 100.535m
② 100.625m
③ 100.685m
④ 101.065m

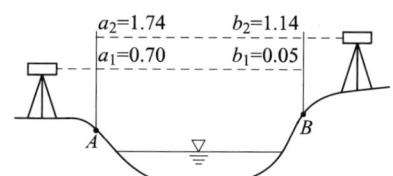

해설
$h = \frac{1}{2}\{(a_1 - b_1) + (a_2 - b_2)\} = \frac{1}{2}\{(0.7 - 0.05) + (1.74 - 1.14)\} = 0.625\text{m}$
∴ $H_B = H_A + h = 100 + 0.625 = 100.625\text{m}$

정답 027 ④ 028 ① 029 ④ 030 ① 031 ② 032 ④ 033 ②

034 측척 1:5000인 지형도에서 AB 사이의 수평거리가 2cm이면 AB의 경사는?

① 10%
② 15%
③ 20%
④ 25%

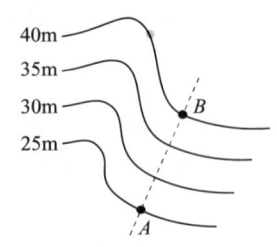

해설
경사(%) = $\dfrac{H}{D} \times 100 = \dfrac{15}{5000 \times 0.02} \times 100 = 15\%$
여기서, $H = 40 - 25 = 15\,\text{m}$

035 측점 A에 토털스테이션을 정치하고 B점에 설치한 프리즘을 관측하였다. 이때 기계고 1.7m, 고저각 +15°, 시준고 3.5m, 경사거리가 2,000m이었다면, 두 측점의 고저차는?

① 512.438m
② 515.838m
③ 522.838m
④ 534.098m

해설
- 수평거리
  $L = S\cos\alpha = 2{,}000\cos 15° = 1932.85\,\text{m}$
- 두 측점 고저차
  $1931.85\cos 15° + 1.7 - 3.5 = 515.838\,\text{m}$

036 수준측량과 관련된 용어에 대한 설명으로 틀린 것은?

① 수준면(level surface)은 각 점들이 중력방향에 직각으로 이루어진 곡면이다.
② 어느 지점의 표고(elevation)라 함은 그 지역 기준타원체로부터의 수직거리를 말한다.
③ 지구곡률을 고려하지 않는 범위에서는 수준면(level surface)을 평면으로 간주한다.
④ 지구의 중심을 포함한 평면과 수준면이 교차하는 선이 수준선(level line)이다.

해설
어느 지점의 표고(elevation)라 함은 국가 수준기준점으로부터의 그 점까지의 수직거리를 말한다.

037 종단 및 횡단 수준측량에서 중간점이 많은 경우에 가장 편리한 야장기입법은?
① 고차식
② 승강식
③ 기고식
④ 간접식

해설
- **고차식**: 전시와 후시만 있는 경우에 사용하는 야장기입법으로 2점의 높이를 구하는 것이 목적이고 도중에 있는 측점의 지반고는 구할 필요가 없다.
- **승강식**: 완전한 검산을 할 수 있어 정밀한 측량에 적합하나 중간점이 많을 때에는 불편한 단점이 있다.

038 축척 1:20000인 항공사진에서 굴뚝의 변위가 2.0mm이고, 연직점에서 10cm 떨어져 나타났다면 굴뚝의 높이는? (단, 촬영 카메라의 초점거리=15cm)
① 15m
② 30m
③ 60m
④ 80m

해설
- $\dfrac{1}{m} = \dfrac{f}{H}$ $\dfrac{1}{20000} = \dfrac{0.15}{H}$

  ∴ $H = 0.15 \times 20000 = 3000 \text{ m}$
- 굴뚝의 높이 $h = \dfrac{\Delta r}{r} H = \dfrac{2}{100} \times 3000 = 60 \text{ m}$

039 곡선 반지름이 500m인 단곡선의 종단현이 15.343m이라면 종단현에 대한 편각은?
① 0°31′37″
② 0°43′19″
③ 0°52′45″
④ 1°04′26″

해설
$\rho = 1718.87 \dfrac{l}{R}(분) = 1718.87 \dfrac{15.343}{500} = 52.75' = 0°52'45''$

040 GNSS 측량에 대한 설명으로 옳지 않은 것은?
① 상대측위기법을 이용하면 절대측위보다 높은 측위정확도의 확보가 가능하다.
② GNSS 측량을 위해서는 최소 4개의 가시위성(visible satellite)이 필요하다.
③ GNSS 측량을 통해 수신기의 좌표뿐만 아니라 시계오차도 계산할 수 있다.
④ 위성의 고도각(elevation angle)이 낮은 경우 상대적으로 높은 측위정확도의 확보가 가능하다.

해설
위성의 고도각(elevation angle)이 낮은 경우에는 상대적으로 높은 측위정확도의 확보가 불가능하다.

정답 034 ② 035 ② 036 ② 037 ③ 038 ③ 039 ③ 040 ④

3과목 수리·수문학

041 개수로 흐름에 관한 다음 설명 중 틀린 것은?
① 사류에서 상류로 변하는 곳에 도수현상이 생긴다.
② 상류에서 사류로 변하는 단면을 지배단면이라 한다.
③ 비에너지는 수로 바닥을 기준으로 한 에너지이다.
④ 배수곡선은 수로가 단락(段落)이 되는 곳에 생기는 수면곡선이다.

해설 저하곡선은 수로가 단락(폭포)이 되는 곳에 생기는 수면곡선이다.

보충 한계수심 : 한계유속으로 흐를 때의 수심이다. 즉, 유량 Q가 일정할 때 비에너지가 최소로 되는 수심

042 지름 4cm, 길이 30cm인 시험원통에 대수층의 표본을 채웠다. 시험원통의 출구에서 압력수두를 15cm로 일정하게 유지할 때 2분 동안 12cm³의 유출량이 발생하였다면 이 대수층 표본의 투수계수는?
① 0.008cm/s
② 0.016cm/s
③ 0.032cm/s
④ 0.048cm/s

해설
$$Q_t = A \cdot V = A \cdot k \cdot i \cdot t = A \cdot k \cdot \frac{h}{L} \cdot t$$
$$\therefore k = \frac{QL}{A \cdot h \cdot t} = \frac{12 \times 30}{\frac{3.14 \times 4^2}{4} \times 15 \times 2 \times 60} = 0.016 \text{cm/sec}$$

043 가능 최대 강수량(Probable Maximum Precipitation)을 설명한 것 중 옳지 않은 것은?
① 수공구조물의 설계홍수량을 결정하는 기준으로 사용될 수 있다.
② 물리적으로 발생할 수 있는 강수량의 최대 한계치를 말한다.
③ 예전에 일어났던 호우정보들부터 통계적 방법을 통하여 결정할 수 있다.
④ 재현기간 200년을 넘는 확률 강우량만이 이에 해당한다.

해설 어떤 유역에 태풍이나 호우 등 최악의 기상조건과 수분조건이 동시에 발생한 경우 유역에 내릴 수 있는 가상의 최대 강우량을 가능 최대 강우량이라 한다.

보충 가능 최대 강우량은 대규모 수공구조물 또는 매우 중요한 수공 구조물을 설계 시 기준으로 삼는 우량이다.

044 자연하천의 특성을 표현할 때 이용되는 하상계수를 바르게 설명한 것은?
① 홍수 전과 홍수 후의 하상 변화량의 비를 말한다.
② 최심하상고와 평형하상고의 비이다.
③ 개수 전과 개수 후의 수심 변화량의 비를 말한다.
④ 최대유량과 최소유량의 비를 나타낸다.

해설
어떤 하천의 갈수기의 최소유량과 홍수기의 최대유량의 비를 하상계수라 한다.

045 다음 중 토양의 침투능(Infiltration Capacity) 결정방법에 해당되지 않는 것은?
① 침투계에 의한 실측법
② 경험공식에 의한 계산법
③ 침투지수에 의한 방법
④ 물수지 원리에 의한 산정법

해설
- 물수지 원리에 의한 산정법은 저수지 증발량 산정 방법이다.
- 침투능 추정방법의 지수법은 ø-index법, W-index법이 있다.
- **침루** : 물이 토양면을 통해 스며든 후 중력의 영향으로 계속 지하로 이동하여 지하수면까지 도달하는 현상
- **침투** : 물이 토양면을 통해서 토양 속으로 스며드는 현상

046 다음 중 부정류 흐름의 지하수를 해석하는 방법은?
① Theis 방법
② Dupuit 방법
③ Thiem 방법
④ Laplace 방법

해설
부정류 해석 방법에는 Theis 방법, Jacob 방법, Chow 방법이 있다.

047 폭 35cm인 직사각형 위어의 유량을 측정한 결과 0.03m³/s였다. 월류수심의 측정에 1mm의 오차가 생겼다면 유량에 몇 %의 오차가 발생하는가? (단, 유량계산은 Francis 공식을 사용하되, 월류시 단면수축은 없는 것으로 한다.)
① 1.84%
② 1.67%
③ 1.50%
④ 1.15%

해설
- $Q = 1.84 BH^{3/2}$

$$H = \left(\frac{Q}{1.84B}\right)^{2/3} = \left(\frac{0.03}{1.84 \times 0.35}\right)^{2/3} = 0.13\mathrm{m}$$

사각형 위어에서 수심 측정오차가 1mm이므로 $\partial H = 0.001\mathrm{m}$

- $\dfrac{\partial Q}{Q} = \dfrac{3}{2} \times \dfrac{\partial H}{H} = \dfrac{3}{2} \times \dfrac{0.001}{0.13} = 1.15 \times 10^{-2} = 1.15\%$

정답 041 ④ 042 ② 043 ④ 044 ④ 045 ④ 046 ① 047 ④

048. 층류 영역에서 사용 가능한 마찰 손실계수의 산정식은? (단, R_e = Reynolds수)

① $\dfrac{1}{R_e}$ ② $\dfrac{4}{R_e}$

③ $\dfrac{24}{R_e}$ ④ $\dfrac{64}{R_e}$

해설
- 층류인 경우($R_e < 2000$)
$$f = \dfrac{64}{R_e}$$
- $R_e = \dfrac{VD}{\nu}$

049. 관수로에서 관의 마찰손실계수가 0.02, 관의 직경이 40cm일 때 관 내의 수류가 100m를 흐르는 동안 2m의 손실수두가 있었다면 관내의 유속은?

① 0.28m/sec   ② 1.28m/sec
③ 2.8m/sec   ④ 3.8m/sec

해설
$$h_L = f \dfrac{l}{D} \dfrac{V^2}{2g}$$
$$\therefore V = \sqrt{\dfrac{2gh_L}{f\dfrac{l}{D}}} = \sqrt{\dfrac{2 \times 9.8 \times 2}{0.02 \dfrac{100}{0.4}}} = 2.8\text{m/sec}$$

보충
- $V = C\sqrt{RI}$
- $V = \dfrac{1}{n} R^{2/3} I^{1/2}$

050. 동점성 계수와 비중이 각각 0.0025m²/sec와 1.5인 액체의 점성계수는?

① 0.383 kg·m²/sec   ② 0.383 kg·sec/m²
③ 0.283 kg·m²/sec   ④ 0.283 kg·sec/m²

해설
$$\nu = \dfrac{\mu}{\rho}$$
$$\therefore \mu = \nu \cdot \rho = 0.0025 \times \dfrac{1.5}{9.8} = 0.000383 \text{t·sec/m}^2 = 0.383 \text{kg·sec/m}^2$$

051 1차원 정류흐름에서 단위시간에 대한 운동량 방정식은? (단, F: 힘, m: 질량, V_1: 초속도, V_2: 종속도, $\triangle t$: 시간의 변화량, S: 변위, W: 물체의 중량)

① $F = W \cdot S$
② $F = m \cdot \triangle t$
③ $F = m \dfrac{V_2 - V_1}{S}$
④ $F = m(V_2 - V_1)$

해설
- $F = m \cdot a = m \cdot \dfrac{V_2 - V_1}{\triangle t}$
  $F \cdot \triangle t = m \cdot (V_2 - V_1)$
- 극히 짧은 시간 사이에 유체가 어떤 면에 충돌하여 발생되는 작용, 반작용의 힘을 구하는 경우에 운동량 방정식을 적용한다.

052 안지름 20cm인 관로에서 관의 마찰에 의한 손실수두가 속도수두와 같게 되었다면, 이때 관로의 길이는? (단, 마찰저항 계수 $f = 0.04$이다.)

① 3m ② 4m
③ 5m ④ 6m

해설
$h_L = f \dfrac{l}{D}$
$\therefore l = \dfrac{D}{f} = \dfrac{0.2}{0.04} = 5\text{m}$

053 폭이 무한히 넓은 개수로의 동수반경(Hydraulic radius, 경심)은?
① 계산할 수 없다.
② 개수로의 폭과 같다.
③ 개수로의 면적과 같다.
④ 개수로의 수심과 같다.

해설
폭이 무한히 넓은 개수로의 동수반경(R)은 개수로의 수심과 같다.

054 압력 150kN/m²을 수은기둥으로 계산한 높이는? (단, 수은의 비중은 13.57, 물의 단위중량은 9.81kN/m³이다.)
① 0.905m ② 1.13m
③ 15m ④ 203.5m

해설
$P = w_m \cdot h$
$\therefore h = \dfrac{P}{w_m} = \dfrac{150}{13.57 \times 9.81} = 1.13\text{m}$

정답 048 ④ 049 ③ 050 ② 051 ④ 052 ③ 053 ④ 054 ②

055. 수로 폭이 3m인 직사각형 수로에 수심이 50cm로 흐를 때 흐름이 상류(subcritical flow)가 되는 유량은?

① $2.5\text{m}^3/\text{sec}$
② $4.5\text{m}^3/\text{sec}$
③ $6.5\text{m}^3/\text{sec}$
④ $8.5\text{m}^3/\text{sec}$

해설
- $F_r < 1$의 경우가 상류이므로
$$F_r = \frac{V}{\sqrt{gh}}$$
$$1 = \frac{V}{\sqrt{9.8 \times 0.5}}$$
∴ $V = 2.21\,\text{m/sec}$ 미만이다.
- $Q = AV = (3 \times 0.5) \times 2.21 = 3.3\text{m}^3/\text{sec}$ 미만이어야 한다.

056. 저수지에 설치된 나팔형 위어의 유량 Q와 월류수심 h와의 관계에서 완전 월류상태는 $Q \propto h^{3/2}$이다. 불완전월류(수중위어) 상태에서의 관계는?

① $Q \propto h^{-1}$
② $Q \propto h^{1/2}$
③ $Q \propto h^{3/2}$
④ $Q \propto h^{-1/2}$

해설
$Q = C\,a\,h^{1/2}$이므로 Q는 $h^{1/2}$에 비례한다.

057. 개수로의 흐름에 대한 설명으로 옳지 않은 것은?

① 사류(supercritical flow)에서는 수면변동이 일어날 때 상류(上流)로 전파될 수 있다.
② 상류(subcritical flow)일 때는 Froude 수가 1보다 크다.
③ 수로경사가 한계경사보다 클 때 사류(supercritical flow)가 된다.
④ Reynolds 수가 500보다 커지면 난류(turbulent flow)가 된다.

해설
상류일 때는 $F_r < 1$, $I < I_c$이다.

058. 1cm 단위도의 종거가 1, 5, 3, 1이다. 유효강우량이 10mm, 20mm 내렸을 때 직접 유출수문 곡선의 종거는? (단, 모든 시간 간격은 1시간이다.)

① 1, 5, 3, 1, 1
② 1, 5, 10, 9, 2
③ 1, 7, 13, 7, 2
④ 1, 7, 13, 9, 2

해설

1cm(10mm) 단위도의 종거가 1, 5, 3, 1(m³/sec)이다. 1시간 지난 후의 20mm일 때 단위도 종거는 비례가정으로 인해 10mm 단위도 종거의 2배가 되므로 2, 10, 6, 2(m³/sec)가 된다.

즉, 10mm 1 5   3 1
    20mm   2 10 6 2
          ─────────────────
          1 7 13 7 2

059 탱크 속에 깊이 2m의 물과 그 위에 비중 0.85의 기름이 4m 들어있다. 탱크 바닥에서 받는 압력을 구한 값은? (단, 물의 단위중량은 9.81kN/m³이다.)

① 52.974kN/m²
② 53.974kN/m²
③ 54.974kN/m²
④ 55.974kN/m²

해설

$P = w_1 h_1 + w_2 h_2 = 9.81 \times 0.85 \times 4 + 9.81 \times 2 = 52.974 \text{kN/m}^2$

060 물의 유량 $Q=0.06\text{m}^3/\text{s}$로 60°의 경사평면에 충돌할 때 충돌 후의 유량 Q_1, Q_2는? (단, 에너지 손실과 평면의 마찰은 없다고 가정하고 기타 조건은 일정하다.)

① $Q_1 : 0.03\text{m}^3/\text{s},\ Q_2 : 0.03\text{m}^3/\text{s}$
② $Q_1 : 0.035\text{m}^3/\text{s},\ Q_2 : 0.025\text{m}^3/\text{s}$
③ $Q_1 : 0.040\text{m}^3/\text{s},\ Q_2 : 0.020\text{m}^3/\text{s}$
④ $Q_1 : 0.045\text{m}^3/\text{s},\ Q_2 : 0.015\text{m}^3/\text{s}$

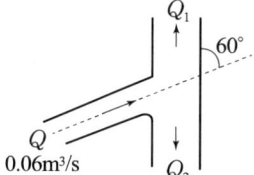

해설

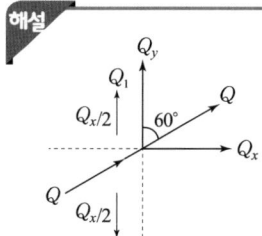

- 상향 $Q_y = Q \cos \theta = 0.06 \cos 60° = 0.03 \text{m}^3/\text{s}$
- 하향 $Q_x = Q - Q_y = 0.06 - 0.03 = 0.03 \text{m}^3/\text{s}$

∴ $Q_1 = Q_y + \dfrac{Q_x}{2} = 0.03 + \dfrac{0.03}{2} = 0.045 \text{m}^3/\text{s}$

$Q_2 = \dfrac{Q_x}{2} = \dfrac{0.03}{2} = 0.015 \text{m}^3/\text{s}$

정답 055 ① 056 ② 057 ② 058 ③ 059 ① 060 ④

03회 CBT 모의고사

4과목 철근콘크리트 및 강구조

061 경간 8m인 단순 PC 보에 등분포하중(고정하중과 활하중의 합) $w = 30\text{kN/m}$가 작용하며 PS강재는 단면 중심에 배치되어 있다. 인장측 하연의 콘크리트 응력이 0이 되려면 PS 강재에 작용되어야 할 인장력 P는?

① 2400kN
② 3500kN
③ 4000kN
④ 4920kN

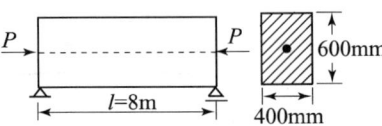

해설

- $M = \dfrac{wl^2}{8} = \dfrac{30 \times 8^2}{8} = 240\text{kN} \cdot \text{m}$
- $I = \dfrac{bh^3}{12} = \dfrac{0.4 \times 0.6^3}{12} = 0.0072\text{m}^4$
- $A = bh = 0.4 \times 0.6 = 0.24\text{m}^2$
- $f = \dfrac{P}{A} \pm \dfrac{M}{I}y \mp \dfrac{Pe}{I}y$ 식에서 편심이 없고 하연응력의 경우를 적용하면

$f_{하연} = \dfrac{P}{A} - \dfrac{M}{I}y$

$0 = \dfrac{P}{A} - \dfrac{M}{I}y$

$\dfrac{P}{A} = \dfrac{M}{I}y$

$\dfrac{P}{0.24} = \dfrac{240}{0.0072} \times \dfrac{0.6}{2} = 10000$

∴ $P = 0.24 \times 10000 = 2400\text{kN}$

062 나선철근 기둥의 설계에 있어서 나선철근비를 구하는 식으로 옳은 것은? (A_g : 기둥의 총 단면적, A_{ch} : 나선철근 기둥의 심부 단면적, f_{yt} : 나선철근의 설계기준항복강도, f_{ck} : 콘크리트의 설계기준 강도)

① $0.45\left(\dfrac{A_g}{A_{ch}} - 1\right)\dfrac{f_{yt}}{f_{ck}}$
② $0.45\left(\dfrac{A_g}{A_{ch}} - 1\right)\dfrac{f_{ck}}{f_{yt}}$
③ $0.45\left(1 - \dfrac{A_g}{A_{ch}}\right)\dfrac{f_{ck}}{f_{yt}}$
④ $0.85\left(\dfrac{A_c}{A_g} - 1\right)\dfrac{f_{ck}}{f_{yt}}$

해설

나선 철근비

$\rho_s = 0.45\left(\dfrac{A_g}{A_{ch}} - 1\right)\dfrac{f_{ck}}{f_{yt}}$

여기서, 나선철근의 설계기준 항복강도 $f_{yt} = 700\text{MPa}$ 이하로 한다.

063 균형철근량보다 작은 인장철근을 가진 과소철근보가 휨에 의해 파괴될 때의 설명 중 옳은 것은?
① 중립축이 인장측으로 내려오면서 철근이 먼저 파괴된다.
② 압축측 콘크리트와 인장측 철근이 동시에 항복한다.
③ 인장측 철근이 먼저 항복한다.
④ 압축측 콘크리트가 먼저 파괴된다.

해설
- **과소철근보**
  균형철근비보다 철근을 적게 넣어 인장측 철근에 먼저 항복하는 연성파괴로 파괴가 단계적으로 서서히 일어나게 한다.
- **과다철근보**
  균형철근비보다 많은 철근을 넣으면 압축측 콘크리트가 철근이 항복하기 전에 갑자기 파괴되는 취성파괴가 일어난다.

064 그림과 같은 단순 PSC 보에서 등분포하중(자중 포함) ω=30kN/m가 작용하고 있다. 프리스트레스에 의한 상향력과 이 등분포하중이 비기기 위해서는 프리스트레스 힘 P를 얼마로 도입해야 하는가?
① 900 kN
② 1200 kN
③ 1500 kN
④ 1800 kN

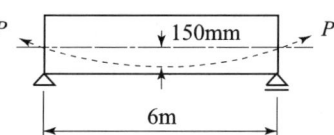

해설
$$\frac{ul^2}{8} = Ps$$
$$\frac{30 \times 6^2}{8} = P \times 0.15$$
∴ $P = 900$kN

065 옹벽의 구조해석에 대한 설명으로 틀린 것은?
① 뒷부벽은 직사각형보로 설계하여야 하며, 앞부벽은 T형보로 설계하여야 한다.
② 저판의 뒷굽판은 정확한 방법이 사용되지 않는 한, 뒷굽판 상부에 재하되는 모든 하중을 지지하도록 설계하여야 한다.
③ 캔틸레버식 옹벽의 저판은 추가철근과의 접합부를 고정단으로 간주한 캔틸레버로 가정하여 단면을 설계할 수 있다.
④ 부벽식 옹벽의 저판은 정밀한 해석이 사용되지 않는 한 부벽간의 거리를 경간으로 가정한 고정보 또는 연속보로 설계할 수 있다.

해설
뒷부벽은 T형보로 설계하여야 하며, 앞부벽은 직사각형보로 설계하여야 한다.

정답 061 ① 062 ② 063 ③ 064 ① 065 ①

066 옹벽에서 T형 보로 설계하여야 하는 부분은?
① 앞부벽식 옹벽의 앞부벽
② 뒷부벽식 옹벽의 전면벽
③ 앞부벽식 옹벽의 저판
④ 뒷부벽식 옹벽의 뒷부벽

해설
앞부벽식 옹벽의 앞부벽은 직사각형 보로 설계한다.

067 콘크리트 구조물의 강도설계법에서 사용되는 강도감소계수에 대한 다음 설명 중 잘못된 것은?
① 포스트텐션 정착구역 : 0.80
② 압축지배단면에서 나선철근으로 보강된 철근 콘크리트 부재 : 0.70
③ 인장지배단면 : 0.85
④ 공칭강도에서 최외단 인장철근의 순인장 변형률(ε_t)이 압축지배와 인장지배단면 사이일 경우에는 ε_t가 압축지배 변형률 한계에서 인장지배 변형률 한계로 증가함에 따라 ϕ값을 압축지배단면에 대한 값에서 0.85까지 증가시킨다.

해설
포스트텐션 정착구역 : 0.85

068 압축철근비가 0.01이고, 인장철근비가 0.003인 철근콘크리트보에서 장기 추가처짐에 대한 계수(λ_Δ)의 값은? (단, 하중재하기간은 5년 6개월이다.)
① 0.80
② 0.933
③ 2.80
④ 1.333

해설
$$\lambda_\Delta = \frac{\xi}{1+50\rho'} = \frac{2}{1+(50\times0.01)} = 1.333$$

069 직접설계법에 의한 슬래브 설계에서 전체 정적 계수 휨모멘트 $M_o =$ 320kN·m로 계산되었을 때, 내부 경간의 부계수 휨모멘트는 얼마인가?
① 208 kN·m
② 195 kN·m
③ 182 kN·m
④ 169 kN·m

해설
- (−) $0.65M_o = 0.65 \times 320 = 208$ kN·m
- 정계수 휨모멘트 $= 0.35M_o$

070 철근콘크리트 구조물의 전단철근에 대한 설명으로 틀린 것은?
① 이형철근을 전단철근으로 사용하는 경우 설계기준 항복강도 f_y는 550MPa을 초과하여 취할 수 없다.
② 전단철근으로서 스터럽과 굽힘철근을 조합하여 사용할 수 있다.
③ 주철근에 45° 이상의 각도로 설치되는 스터럽은 전단철근으로 사용할 수 있다.
④ 경사스터럽과 굽힘철근은 부재 중간높이인 $0.5d$에서 반력점 방향으로 주인장철근까지 연장된 45°선과 한 번 이상 교차되도록 배치하여야 한다.

해설
전단철근의 설계기준항복강도 f_y는 500MPa를 초과할 수 없다.
단, 용접철망은 600MPa를 초과할 수 없다.

071 그림과 같은 용접부에 작용하는 응력은?
① 112.7 MPa
② 118.0 MPa
③ 120.3 MPa
④ 125.0 MPa

해설
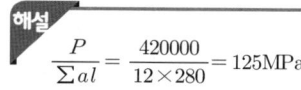
$\dfrac{P}{\Sigma al} = \dfrac{420000}{12 \times 280} = 125\text{MPa}$

072 그림과 같은 나선철근 단주의 설계 축강도 ϕP_n을 구하면? (단, D32 1개의 단면적=794mm², f_{ck}=24MPa, f_y=420MPa)
① 2658 kN
② 2748 kN
③ 2848 kN
④ 2948 kN

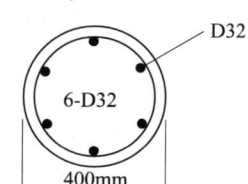

해설
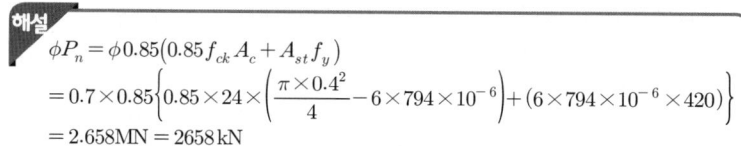
$\phi P_n = \phi 0.85 (0.85 f_{ck} A_c + A_{st} f_y)$
$= 0.7 \times 0.85 \left\{ 0.85 \times 24 \times \left(\dfrac{\pi \times 0.4^2}{4} - 6 \times 794 \times 10^{-6} \right) + (6 \times 794 \times 10^{-6} \times 420) \right\}$
$= 2.658\text{MN} = 2658\text{kN}$

073 그림과 같은 필릿용접의 유효 목두께로 옳게 표시된 것은? (단, KDS 14 30 25 강구조 연결 설계기준(허용응력설계법)에 따른다.)
① S
② $0.9S$
③ $0.7S$
④ $0.5l$

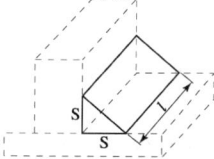

해설
목두께 $a = \dfrac{1}{\sqrt{2}}S = 0.7S$

074 폭 350mm, 유효깊이 500mm인 보에 설계기준 항복강도가 400MPa인 D13 철근을 인장 주철근에 대한 경사각(α)이 60°인 U형 경사 스터럽으로 설치했을 때 전단보강철근의 공칭강도(V_s)는? (단, 스터럽 간격 s=250mm, D13 철근 1본의 단면적은 127mm²이다.)

① 201.4kN ② 212.7kN
③ 243.2kN ④ 277.6kN

해설
$$V_s = \dfrac{A_v f_{yt}(\sin\alpha + \cos\alpha)d}{s}$$
$$= \dfrac{2 \times 127 \times 400 \times (\sin60° + \cos60°) \times 500}{250}$$
$$= 277576N = 277.6kN$$

075 강도설계법에 대한 기본 가정으로 틀린 것은?
① 철근과 콘크리트의 변형률은 중립축부터 거리에 비례한다.
② 콘크리트의 인장강도는 철근콘크리트 부재단면의 축강도와 휨강도 계산에서 무시한다.
③ 철근의 응력이 설계기준항복강도 f_y 이하일 때 철근의 응력은 그 변형률에 관계없이 f_y와 같다고 가정한다.
④ 휨모멘트 또는 휨모멘트와 축력을 동시에 받는 부재의 콘크리트 압축연단의 극한변형률은 콘크리트의 설계기준압축강도가 40MPa 이하인 경우에는 0.0033으로 가정한다.

해설
철근의 응력이 설계기준항복강도 f_y 이상일 때 철근의 응력은 그 변형률에 관계없이 f_y와 같다고 가정한다.

076 프리스트레스트 콘크리트(PSC)에 대한 설명으로 틀린 것은?
① 프리캐스트를 사용할 경우 거푸집 및 동바리공이 불필요하다.
② 콘크리트 전 단면을 유효하게 이용하여 철근콘크리트(RC) 부재보다 경간을 길게 할 수 있다.
③ 철근콘크리트(RC)에 비해 단면이 작아서 변형이 크고 진동하기 쉽다.
④ 철근콘크리트(RC)보다 내화성이 있어서 유리하다.

해설
- 철근콘크리트(RC)에 비해 내화성이 불리하다.
- 강재의 부식 위험이 적고 내구성이 좋다.
- 탄력성과 복원성이 우수하다.
- PSC 구조물은 안전성이 높다.

077 표피철근(skin reinforcement)에 대한 설명으로 옳은 것은?
① 상하 기둥 연결부에서 단면치수가 변하는 경우에 구부린 주철근이다.
② 비틀림모멘트가 크게 일어나는 부재에서 이에 저항하도록 배치되는 철근이다.
③ 건조수축 또는 온도변화에 의하여 콘크리트에 발생하는 균열을 방지하기 위한 목적으로 배치되는 철근이다.
④ 주철근이 단면의 일부에 집중 배치된 경우일 때 부재의 측면에 발생 가능한 균열을 제어하기 위한 목적으로 주철근 위치에서부터 중립축까지의 표면 근처에 배치하는 철근이다.

해설
표피철근은 전체 깊이가 900mm를 초과하는 깊은 휨부재 복부의 양측면에 부재 축방향으로 배치하는 철근으로 인장연단으로부터 h/2 받침부까지 균등하게 배치해야 한다.

078 철근의 이음 방법에 대한 설명으로 틀린 것은? (단, l_d는 정착길이)
① 인장을 받는 이형철근의 겹침이음길이는 A급 이음과 B급 이음으로 분류하며, A급 이음은 $1.0l_d$ 이상, B급 이음은 $1.3l_d$ 이상이며, 두 가지 경우 모두 300mm 이상이여야 한다.
② 인장 이형철근의 겹침이음에서 A급 이음은 배치된 철근량이 이음부 전체 구간에서 해석결과 요구되는 소요 철근량의 2배 이상이고, 소요 겹침이음길이 내 겹침이음된 철근량이 전체 철근량의 1/2 이하인 경우이다.
③ 서로 다른 크기의 철근을 압축부에서 겹침이음하는 경우, D41과 D51 철근은 D35 이하 철근과의 겹침이음은 허용할 수 있다.
④ 휨부재에서 서로 직접 접촉되지 않게 겹침이음된 철근은 횡방향으로 소요 겹침이음길이의 1/3 또는 200mm 중 작은 값 이상 떨어지지 않아야 한다.

해설
휨부재에서 서로 직접 접촉되지 않게 겹침이음된 철근은 횡방향으로 소요 겹침이음길이의 1/5 또는 150mm 중 작은 값 이상 떨어지지 않아야 한다.

정답 074 ④ 075 ③ 076 ④ 077 ④ 078 ④

03회 CBT 모의고사

079 강도설계법에 의한 콘크리트 구조 설계에서 변형률 및 지배단면에 대한 설명으로 틀린 것은?

① 인장철근이 설계기준항복강도 f_y에 대응하는 변형률에 도달하고 동시에 압축 콘크리트가 가정된 극한변형률에 도달할 때, 그 단면이 균형변형률 상태에 있다고 본다.
② 압축연단 콘크리트가 가정된 극한변형률에 도달할 때 최외단 인장철근의 순인장변형률 ε_t가 0.0025의 인장지배변형률 한계 이상인 단면을 인장지배단면이라고 한다.
③ 압축연단 콘크리트가 가정된 극한변형률에 도달할 때 최외단 인장철근의 순인장변형률 ε_t가 압축지배변형률 한계 이하인 단변을 압축지배단면이라고 한다.
④ 순인장변형률 ε_t가 압축지배변형률 한계와 인장지배단면변형률 한계 사이인 단면은 변화구간 단면이라고 한다.

해설
압축연단 콘크리트가 가정된 극한변형률에 도달할 때 최외단 인장철근의 순인장변형률 ε_t가 0.005의 인장지배변형률 한계 이상인 단면을 인장지배단면이라고 한다.

080 그림과 같은 필릿용접에서 일어나는 응력으로 옳은 것은? (단, KDS 14 30 25 강구조 연결 설계기준(허용응력설계법)에 따른다.)

① 82.3MPa
② 95.05MPa
③ 109.02MPa
④ 130.25MPa

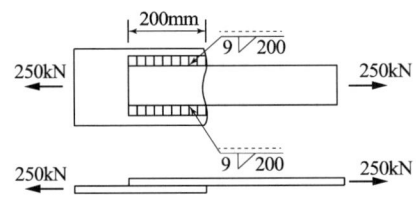

해설
• 유효 목두께
 $a = 0.7 \times 9 = 6.3 \,\text{mm}$
• 유효 길이
 $l = [200 - (2 \times 9)] + [200 - (2 \times 9)] = 364 \,\text{mm}$
• 응력
 $v = \dfrac{P}{\Sigma a \cdot l} = \dfrac{250,000}{6.3 \times 364} = 109.02 \,\text{MPa}$

5과목 토질 및 기초

081 포화상태에 있는 흙의 함수비가 40%이고, 비중이 2.60이다. 이 흙의 공극비는 얼마인가?

① 0.85 ② 0.065
③ 1.04 ④ 1.40

 해설

포화상태에 있으므로 $S=100\%$
$S \cdot e = G_s \cdot w$
$\therefore e = \dfrac{G_s \cdot w}{S} = \dfrac{2.6 \times 40}{100} = 1.04$

보충 공극비 $e = \dfrac{r_w}{r_d} G_s - 1 = \dfrac{n}{100-n}$

082 그림과 같은 지반에서 X-X 단면에 작용하는 유효압력을 구하면 얼마인가? (단, 물의 단위중량은 9.81 kN/m³이다.)

① 46.6kN/m²
② 68.8kN/m²
③ 90.5kN/m²
④ 108kN/m²

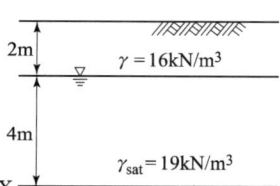

 해설

- $\bar{p}(\bar{\sigma}) = 16 \times 2 + (19 - 9.81) \times 4 = 68.8 \text{ kN/m}^2$

 보충
- $p(\sigma) = 16 \times 2 + 19 \times 4 = 108 \text{ kN/m}^2$
- $u = 9.81 \times 4 = 39.24 \text{ kN/m}^2$
- $p = \bar{p} + u$
$\therefore \bar{p} = p - u = 108 - 39.24 = 68.8 \text{ kN/m}^2$

083 두께 2cm의 점토시료에 대한 압밀시험에서 전압밀에 소요되는 시간이 2시간이었다. 같은 시료조건에서 5m 두께의 지층이 전압밀에 소요되는 기간은 약 몇 년인가? (단, 기간은 소수 2자리에서 반올림함.)

① 9.3년   ② 14.3년
③ 12.3년 ④ 16.3년

 해설

$C_v = \dfrac{T_v H^2}{t}$ 에서 $t_1 : H_1^2 = t_2 : H_2^2$

2시간 : $(1\text{cm})^2 = t_2 : (250\text{cm})^2$

$\therefore t_2 = \dfrac{2 \times 250^2}{1^2} = 125{,}000$시간 $= 14.3$년

정답 079 ② 080 ③ 081 ③ 082 ② 083 ②

보충 압밀시험의 경우 양면 배수를 적용한다.

- 양면 배수의 경우 $C_v = \dfrac{T_v \left(\dfrac{H}{2}\right)^2}{t}$

084 지표면이 수평이고 옹벽의 뒷면과 흙과의 마찰각이 0°인 연직옹벽에서 Coulomb 토압과 Rankine 토압은 어떤 관계가 있는가? (단, 점착력은 무시한다.)

① Coulomb 토압은 항상 Rankine 토압보다 크다.
② Coulomb 토압과 Rankine 토압은 같다.
③ Coulomb 토압이 Rankine 토압보다 작다.
④ 옹벽의 형상과 흙의 상태에 따라 클때도 있고 작을때도 있다.

해설
$\theta = 90°$, $i = 0°$, $\delta = 0°$인 경우
Coulomb의 토압을 Rankine의 토압과 같다.

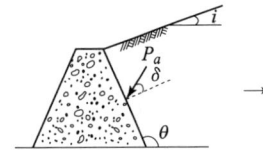 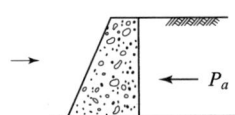

보충 $i = \phi$이면 $K_a = K_p = \cos i$

$P_a = \dfrac{1}{2} r H^2 K_a$

085 아래 그림에서 투수계수 $K = 4.8 \times 10^{-3}$ cm/sec일 때 Darcy 유출속도 v와 실제 물의 속도(침투속도) v_s는?

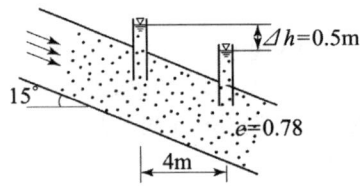

① $v = 3.4 \times 10^{-4}$ cm/sec, $v_s = 5.6 \times 10^{-4}$ cm/sec
② $v = 3.4 \times 10^{-4}$ cm/sec, $v_s = 9.4 \times 10^{-4}$ cm/sec
③ $v = 5.8 \times 10^{-4}$ cm/sec, $v_s = 10.8 \times 10^{-4}$ cm/sec
④ $v = 5.8 \times 10^{-4}$ cm/sec, $v_s = 13.2 \times 10^{-4}$ cm/sec

- $L = \dfrac{4}{\cos 15°} = 4.14\text{m}$
- $V = k \cdot i = k \cdot \dfrac{h}{L} = 4.8 \times 10^{-3} \times \dfrac{0.5}{4.14} = 0.00058\text{cm/sec}$
- $V_s = \dfrac{V}{n} = \dfrac{0.00058}{0.438} = 0.00132\text{cm/sec}$

  여기서, $n = \dfrac{e}{1+e} \times 100 = \dfrac{0.78}{1+0.78} \times 100 = 43.8\%$
- $V < V_s$

086 그림과 같은 지반에서 재하순간 수주(水柱)가 지표면(지하수위)으로부터 5m이었다. 40% 압밀이 일어난 후 A점에서의 전체 간극수압은 얼마인가? (단, 물의 단위중량은 9.81kN/m³이다.)

① 68.48 kN/m²
② 72.25 kN/m²
③ 78.48 kN/m²
④ 92.25 kN/m²

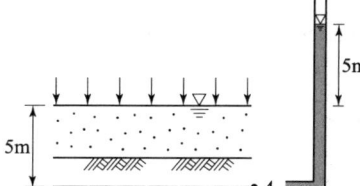

- 재하순간 간극수압
  $\gamma_w \cdot h = 9.81 \times 5 = 49.05\text{kN/m}^2$
- 압밀도
  $U = 1 - \dfrac{u}{P}, \quad 0.4 = 1 - \dfrac{u}{49.05} \quad \therefore u = 29.43\text{kN/m}^2$
- 전체 간극수압
  $49.05 + 29.43 = 78.48\text{kN/m}^2$

087 현장 도로 토공에서 들밀도 시험을 실시한 결과 파낸 구멍의 체적이 1,980cm³이었고, 이 구멍에서 파낸 흙 무게가 3,420g이었다. 이 흙의 토질실험 결과 함수비가 10%, 비중이 2.7, 최대건조단위무게가 1.65g/cm³이었을 때 현장의 다짐도는?

① 80%　　② 85%
③ 91%　　④ 95%

- $\gamma_t = \dfrac{W}{V} = \dfrac{3,420}{1,980} = 1.73\text{g/cm}^3$
- $\gamma_d = \dfrac{\gamma_t}{1 + \dfrac{\omega}{100}} = \dfrac{1.73}{1 + \dfrac{10}{100}} = 1.57\text{g/cm}^3$
- 다짐도 $= \dfrac{\gamma_d}{\gamma_{d\max}} \times 100 = \dfrac{1.57}{1.65} \times 100 = 95\%$

정답 084 ② 085 ④ 086 ③ 087 ④

088. 4m×4m 크기인 정사각형 기초를 내부마찰각 $\phi=20°$, 점착력 $c=30$ kN/m²인 지반에 설치하였다. 흙의 단위중량(γ)=19 kN/m³이고 안전율을 3으로 할 때 기초의 허용하중을 Terzaghi 지지력 공식으로 구하면? (단, 기초의 깊이는 1m이고, 전반전단파괴가 발생한다고 가정하며, $N_c=17.69$, $N_q=7.44$, $N_r=4.97$이다.)

① 3780 kN
② 5240 kN
③ 6750 kN
④ 8140 kN

해설
- $q_d = \alpha\,CN_c + \beta\gamma_1 BN_r + \gamma_2 D_f N_q$
  $= 1.3 \times 30 \times 17.69 + 0.4 \times 19 \times 4 \times 4.97 + 19 \times 1 \times 7.44 = 982.4\,\text{kN/m}^2$
- 허용 지지력
  $q_a = \dfrac{q_u}{F} = \dfrac{982.4}{3} = 327.5\,\text{kN/m}^2$
- 허용하중
  $q_a = \dfrac{P}{A}$ $\therefore P = q_a A = 327.5 \times (4 \times 4) = 5240\,\text{kN}$

089. 다음 중 사면의 안정해석방법이 아닌 것은?
① 마찰원법
② 비숍(Bishop)의 방법
③ 펠레니우스(Fellenius) 방법
④ 카사그란데(Casagrande)의 방법

해설
통일분류법은 Casagrande가 고안하였다.

090. 표준관입시험에 관한 설명 중 옳지 않은 것은?
① 표준관입시험의 N값으로 모래지반의 상대밀도를 추정할 수 있다.
② N값으로 점토지반의 연경도에 관한 추정이 가능하다.
③ 지층의 변화를 판단할 수 있는 시료를 얻을 수 있다.
④ 모래지반에 대해서도 흐트러지지 않은 시료를 얻을 수 있다.

해설
불교란 시료를 채취하기는 곤란하다.

091. 자연상태의 모래지반을 다져 $e_{\min}$에 이르도록 했다면 이 지반의 상대밀도는?
① 0%
② 50%
③ 75%
④ 100%

해설
$D_r = \dfrac{e_{\max} - e}{e_{\max} - e_{\min}} \times 100$ 식에서 $e = e_{\min}$이면 $D_r = 100\%$이다.

092 수조에 상방향의 침투에 의한 수두를 측정한 결과, 그림과 같이 나타났다. 이때, 수조 속에 있는 흙에 발생하는 침투력을 나타낸 식은? (단, 시료의 단면적은 A, 시료의 길이는 L, 시료의 포화단위중량은 γ_{sat}, 물의 단위중량은 γ_w이다.)

① $\triangle h \cdot \gamma_w \cdot \dfrac{A}{L}$
② $\triangle h \cdot \gamma_w \cdot A$
③ $\triangle h \cdot \gamma_{sat} \cdot A$
④ $\dfrac{\gamma_{sat}}{\gamma_w} \cdot A$

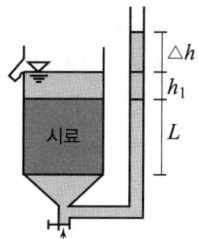

상방향 침투에 의한 수두($\triangle h$)을 고려한 힘 $P = \triangle h \cdot \gamma_w \cdot A$가 된다.

093 유효응력에 관한 설명 중 옳지 않은 것은?
① 포화된 흙인 경우 전응력에서 공극수압을 뺀 값이다.
② 항상 전응력보다는 작은 값이다.
③ 점토지반의 압밀에 관계되는 응력이다.
④ 건조한 지반에서는 전응력과 같은 값으로 본다.

모관영역에서는 유효응력이 전응력보다 크다.

094 말뚝에서 부마찰력에 관한 설명 중 옳지 않은 것은?
① 아래쪽으로 작용하는 마찰력이다.
② 부마찰력이 작용하면 말뚝의 지지력은 증가한다.
③ 압밀층을 관통하여 견고한 지반에 말뚝을 박으면 일어나기 쉽다.
④ 연약지반에 말뚝을 박은 후 그 위에 성토를 하면 일어나기 쉽다.

• 부마찰력이 작용하면 말뚝의 지지력은 감소한다.
• 부마찰력은 말뚝 주변 침하량이 말뚝의 침하량보다 클 때 아래로 끌어 내리는 마찰력을 말한다.

095 보링(boring)에 관한 설명으로 틀린 것은?
① 보링(boring)에는 회전식(rotary boring)과 충격식(percussion boring)이 있다.
② 충격식은 굴진속도가 빠르고 비용도 싸지만 분말상의 교란된 시료만 얻어진다.
③ 회전식은 시간과 공사비가 많이 들뿐만 아니라 확실한 코어(core)도 얻을 수 없다.
④ 보링은 지반의 상황을 판단하기 위해 실시한다.

정답 088 ② 089 ④ 090 ④ 091 ④ 092 ② 093 ② 094 ② 095 ③

해설
회전식은 시간과 공사비가 많이 드나 확실한 코어를 얻을 수 있다.

096 흙 시료의 일축압축시험 결과 일축압축강도가 0.3MPa이었다. 이 흙의 점착력은? (단, $\phi=0$인 점토)
① 0.1MPa
② 0.15MPa
③ 0.3MPa
④ 0.6MPa

해설
$$C = \frac{q_u}{2} = \frac{0.3}{2} = 0.15\text{MPa}$$

097 지반개량공법 중 연약한 점성토 지반에 적당하지 않은 것은?
① 치환 공법
② 침투압 공법
③ 폭파다짐 공법
④ 샌드 드레인 공법

해설
사질토 지반의 개량공법에는 다짐말뚝 공법, 바이브로플로테이션 공법, 폭파다짐 공법 등이 있다.

098 다짐곡선에 대한 설명으로 틀린 것은?
① 다짐에너지를 증가시키면 다짐곡선은 왼쪽 위로 이동하게 된다.
② 사질성분이 많은 시료일수록 다짐곡선은 오른쪽 위에 위치하게 된다.
③ 점성분이 많은 흙일수록 다짐곡선은 넓게 퍼지는 형태를 가지게 된다.
④ 점성분이 많은 흙일수록 오른쪽 아래에 위치하게 된다.

해설
• 사질성분이 많은 시료일수록 다짐곡선은 왼쪽 위에 위치하게 된다.
• 다짐에너지가 커질수록 최적함수비는 작다.
• 입도분포가 양호한 흙에서는 건조밀도가 높다.

099 포화된 점토지반에 성토하중으로 어느 정도 압밀된 후 급속한 파괴가 예상될 때, 이용해야 할 강도정수를 구하는 시험은?
① CU-test
② UU-test
③ UC-test
④ CD-test

해설
• 포화점토가 성토직후에 갑자기 파괴 예상되거나 점토의 단기간 안정 검토시 비압밀 비배수(UU)시험을 한다.
• 성토 하중 때문에 어느 정도 압밀된 후 갑자기 파괴가 예상될 때는 압밀 비배수(CU)시험을 한다.

100. 하중이 완전히 강성(剛性)인 푸팅(Footing) 기초판을 통하여 지반에 전달되는 경우의 접지압(또는 지반반력) 분포로 옳은 것은?

- 강성기초이면서 점토지반의 경우에는 ④의 분포를 나타낸다.
- 소성기초의 경우에는 점토지반인 경우나 사질토 지반의 경우에는 ③의 분포를 나타낸다.

6과목 상하수도 공학

101. 하수도의 효과에 대한 설명으로 적합하지 않은 것은?
    ① 공중위생상의 효과
    ② 도시환경의 개선
    ③ 하천의 수질보전
    ④ 토지이용의 감소

- 토지이용 증대 및 도시 미관의 개선
- 우수에 의한 시가지 침수 및 하천 범람의 방지

102. 호소의 부영양화에 관한 설명으로 옳지 않은 것은?
    ① 부영양화의 원인물질은 질소와 인 성분이다.
    ② 부영양화된 호소에서는 조류의 성장이 왕성하여 수심이 깊은 곳까지 용존산소 농도가 높다.
    ③ 조류의 영향으로 물에 맛과 냄새가 발생되어 정수에 어려움을 유발시킨다.
    ④ 부영양화는 수심이 낮은 호소에서도 잘 발생된다.

- 수심이 깊은 곳은 조류의 사체 등에 의한 침전물로 용존산소 농도가 낮다.
- 부영양화란 하수 및 폐수 등이 호소에 유입되어 질소, 인 등의 각종 물질이 증가되어 물 속에 수중 생물체인 플랑크톤, 녹조류 등의 조류가 과도하게 번식하므로 수질이 악화되는 현상이다.

103. 우수 조정지의 구조 형식으로 거리가 먼 것은?
    ① 댐식(제방높이 15m 미만)
    ② 월류식
    ③ 지하식
    ④ 굴착식

정답 096 ② 097 ③ 098 ② 099 ① 100 ② 101 ④ 102 ② 103 ②

해설
- 댐식, 굴착식, 지하식, 현지 저류식의 구조 형식이 있다.
- 우수 조정지는 우수시의 우수를 저장함으로써 침수를 방지하기 위한 시설이다.

104 공동현상(cavitation)의 방지책에 대한 설명으로 옳지 않은 것은?

① 마찰손실을 작게 한다.
② 펌프의 흡입관경을 작게 한다.
③ 임펠러(impeller) 속도를 작게 한다.
④ 흡입수두를 작게 한다.

해설
- 펌프의 흡입관경을 크게 한다.
- 펌프 설치높이를 낮게 하고 흡입양정과 유속을 작게 한다.
- 임펠러를 수중에 잠기도록 한다.

105 정수시설 중 배출수 및 슬러지 처리시설의 설명이다. ㉠, ㉡에 알맞은 것은?

> 농축조의 용량은 계획슬러지량의 (㉠)시간분, 고형물부하는 (㉡) kg/m²·day을 표준으로 하되, 원수의 종류에 따라 슬러지의 농축특성에 큰 차이가 발생할 수 있으므로 처리대상 슬러지의 농축 특성을 조사하여 결정한다.

① ㉠ 12~24, ㉡ 5~10
② ㉠ 12~24, ㉡ 10~20
③ ㉠ 24~48, ㉡ 5~10
④ ㉠ 24~48, ㉡ 10~20

해설 하수 슬러지의 농축조
- 중력식 농축조의 용량은 계획슬러지량의 18시간분 이하로 한다.
- 고형물 부하는 25~75kg/m²을 기준으로 하나 슬러지의 특성에 따라 변경될 수 있다.

106 지름 20cm, 길이 100m인 주철관으로 유량 0.05m³/s의 물을 60m 양수하려고 한다. 양수 시 발생하는 총 손실수두가 3m이었다면 이 펌프의 소요 축동력은? (단, 여유율은 0이며 펌프의 효율은 80%이다.)

① 34.9kW
② 36.8kW
③ 38.6kW
④ 47.4kW

해설

$$P_S = \frac{9.8 QH_P}{\eta} = \frac{9.8 \times 0.05 \times (60+3)}{0.8} = 38.6 \text{kW}$$

107 수중의 질소화합물의 질산화 진행과정으로 옳은 것은?

① $NH_3-N \rightarrow NO_2-N \rightarrow NO_3-N$
② $NH_3-N \rightarrow NO_3-N \rightarrow NO_2-N$
③ $NO_2-N \rightarrow NO_3-N \rightarrow NH_3-N$
④ $NO_3-N \rightarrow NO_2-N \rightarrow NH_3-N$

단백질 → Amino acid → 암모니아성 질소(NH_3-N) → 아질산성 질소(NO_2-N) → 질산성(NO_3-N)

108 맨홀에 인버트(invert)를 설치하지 않았을 때의 문제점이 아닌 것은?

① 퇴적물이 부패되어 악취가 발생한다.
② 맨홀 내의 퇴적물이 쌓이게 된다.
③ 맨홀 내에 물기가 있어 작업이 불편하다.
④ 환기가 되지 않아 냄새가 발생한다.

맨홀에 인버트(invert)를 설치하면 하수 흐름이 원활하고 작업이나 유지관리가 편리하다.

109 급수보급률 90%, 계획 1인 1일 최대급수량 440L/인, 인구 10만의 도시에 급수계획을 하고자 한다. 계획 1일 평균급수량은? (단, 계획유효율은 0.85로 가정한다.)

① $37,400 m^3/day$
② $33,660 m^3/day$
③ $39,600 m^3/day$
④ $44,000 m^3/day$

계획 1일 평균급수량
$100,000 \times 440 \times 0.85 \times 0.9 = 33,660,000 l = 33,660 m^3/day$

110 상수도 시설 중 접합정에 관한 설명으로 옳지 않은 것은?

① 철근콘크리트조의 수밀구조로 한다.
② 내경은 점검이나 모래반출을 위해 1m 이상으로 한다.
③ 접합정의 바닥을 얕은 우물 구조로 하여 집수하는 예도 있다.
④ 지표수나 오수가 침입하지 않도록 맨홀을 설치하지 않는 것이 일반적이다.

• 지표수나 오수가 침입하지 않도록 맨홀을 설치하는 것이 일반적이다.
• 접합정은 물의 흐름을 원활함과 손실수두의 감소를 위해 수로의 분기, 합류 및 관수로로 변하는 곳에 설치한다.

정답 104 ② 105 ④ 106 ③ 107 ① 108 ④ 109 ② 110 ④

111. 우리나라 먹는 물 수질기준에 대한 내용으로 틀린 것은?

① 색도는 2도를 넘지 아니할 것
② 페놀은 0.005mg/L를 넘지 아니할 것
③ 암모니아성 질소는 0.5mg/L 넘지 아니할 것
④ 일반세균은 1mL 중 100CFU을 넘지 아니할 것

해설
- 색도는 5도를 넘지 아니할 것
- 납, 비소는 0.05mg/L를 넘지 아니할 것

112. 비교회전도(N_s)의 변화에 따라 나타나는 펌프의 특성곡선의 형태가 아닌 것은?

① 양정곡선　② 유속곡선
③ 효율곡선　④ 축동력곡선

해설
- 펌프의 특성곡선은 펌프의 양수량(토출량)과 총양정, 효율, 축동력과 관계를 나타낸다.
- 비교회전도가 클수록 유량이 많고 양정이 작은 펌프를 의미한다.
- 유량과 양정이 동일하다면 회전수가 클수록 비교회전도가 커진다.

113. 혐기성 소화 공정의 영향인자가 아닌 것은?

① 독성물질　② 메탄함량
③ 알칼리도　④ 체류시간

해설
소화온도, pH, 독성물질(암모니아, 황화물, 휘발산, 항생물질 등), 알칼리도, 체류시간 등이 영향을 미친다.

114. 상수도에서 많이 사용되고 있는 응집제인 황산알루미늄에 대한 설명으로 옳지 않은 것은?

① 가격이 저렴하다.
② 독성이 없으므로 대량으로 주입할 수 있다.
③ 결정은 부식성이 없어 취급이 용이하다.
④ 철염에 비하여 플록의 비중이 무겁고 적정 pH의 폭이 넓다.

해설
- 철염에 비하여 플록의 비중이 가볍고 적정 pH의 폭이 좁은 것이 단점이다.
- 탁도, 색도, 세균, 조류 등 대부분의 현탁물 또는 부유물에 대해 제거효과가 있다.

115 계획우수량 산정에 필요한 용어에 대한 설명으로 옳지 않은 것은?

① 강우강도는 단위시간 내에 내린 비의 양을 깊이로 나타낸 것이다.
② 유하시간은 하수관로로 유입한 우수가 하수관 길이 L을 흘러가는 데 필요한 시간이다.
③ 유출계수는 배수구역 내로 내린 강우량에 대하여 증발과 지하로 침투하는 양의 비율이다.
④ 유입시간은 우수가 배수구역의 가장 원거리 지점으로부터 하수관로로 유입하기까지의 시간이다.

- 유출계수는 배수구역 내로 내린 강우량과 하수관거에 유입된 우수유출량의 비율이다.
- 유달시간 = 유입시간 + 유하시간

116 상수슬러지의 함수량이 99%에서 98%로 되면 슬러지의 체적은 어떻게 변하는가?

① 1/2로 증대
② 1/2로 감소
③ 2배로 증대
④ 2배로 감소

$$\frac{V_1}{V_2} = \frac{100-w_2}{100-w_1} = \frac{100-98}{100-99} = \frac{2}{1} \quad \therefore V_2 = \frac{1}{2}V_1$$

117 하수의 배제방식에 대한 설명으로 옳지 않은 것은?

① 분류식은 관로오접의 철저한 감시가 필요하다.
② 합류식은 분류식보다 유량 및 유속의 변화 폭이 크다.
③ 합류식은 2계통의 분류식에 비해 일반적으로 건설비가 많이 소요된다.
④ 분류식은 관로내의 퇴적이 적고 수세효과를 기대할 수 없다.

- 합류식은 2계통의 분류식에 비해 시공이 용이하고 건설비가 적게 소요된다.
- 합류식은 관 직경이 커 관의 폐쇄의 우려가 없고 검사 및 수리가 비교적 용이하다.

118 간이공공하수처리시설에 대한 설명으로 틀린 것은?

① 계획구획이 작으므로 유입하수의 수량 및 수질의 변동을 고려하지 않는다.
② 용량은 우천 시 계획오수량과 공공하수처리시설의 강우 시 처리가능량을 고려한다.
③ 강우 시 우수처리에 대한 문제가 발생할 수 있으므로 강우 시 $3Q$ 처리가 가능하도록 계획한다.
④ 간이공공하수처리시설은 합류식 지역 내 $500\,\mathrm{m^3/일}$ 이상 공공하수처리장에 설치하는 것을 원칙으로 한다.

정답 111 ① 112 ② 113 ② 114 ④ 115 ③ 116 ② 117 ③ 118 ④

> **해설**
> • 유입되는 하수의 수량 및 수질의 변동을 고려한다.
> • 간이공공하수처리시설은 강우 시 기존 공공하수처리시설의 처리 능력을 초과하여 유입된 하수 중의 오염물질을 침전 또는 여과(유기물 제거) 및 소독(대장균군 제거)하여 공공수역에 배출하기 위한 하수 처리시설이다.

119 하수관로의 개·보수 계획 시 불명수량 산정방법 중 일평균하수량, 상수사용량, 지하수사용량, 오수전환율 등을 주요 인자로 이용하여 산정하는 방법은?

① 물사용량 평가법
② 일최대유량 평가법
③ 야간생활하수 평가법
④ 일최대−최소유량 평가법

> **해설**
> 물사용량 평가법은 일평균하수량, 상수사용량, 지하수사용량, 오수전환율 등을 주요 인자로 이용하여 산정하는 방법이다.

120 다음 그림은 포기조에서 부유물질의 물질수지를 나타낸 것이다. 포기조 내 MLSS를 3000mg/L로 유지하기 위한 슬러지 반송률은?

① 39%
② 49%
③ 59%
④ 69%

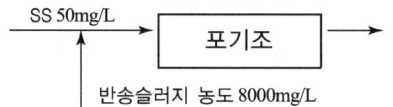

> **해설**
> 슬러지 반송률
> $$r = \frac{X - SS}{X_r - X} \times 100 = \frac{3000 - 50}{8000 - 3000} \times 100 = 59\%$$

| 토목기사 필기 핵심 모의고사 1800제 | 정가 28,000원 |

- 저　자　고　행　만
- 발 행 인　차　승　녀

- 2006년　1월　20일　제1판 제1인쇄 발행
- 2015년　1월　 5일　제10판 제1인쇄 발행
- 2016년　1월　15일　제11판 제1인쇄 발행
- 2016년 12월　20일　제12판 제1인쇄 발행
- 2017년 11월　24일　제13판 제1인쇄 발행
- 2018년 11월　15일　제14판 제1인쇄 발행
- 2019년　1월　15일　제14판 제2인쇄 발행
- 2019년 10월　15일　제15판 제1인쇄 발행
- 2020년 11월　10일　제16판 제1인쇄 발행
- 2022년　1월　10일　제17판 제1인쇄 발행

도서출판 건기원

(등록 : 제11-162호, 1998. 11. 24)

경기도 파주시 연다산길 244(연다산동 186-16)
TEL : (02)2662-1874∼5　　FAX : (02)2665-8281

★ 건기원은 여러분을 책의 주인공으로 만들어 드리며, 출판 윤리 강령을 준수합니다.
★ 본 수험서를 복제·변형하여 판매·배포·전송하는 일체의 행위를 금하며, 이를 위반할 경우 저작
　 권법 등에 따라 처벌받을 수 있습니다.

ISBN　979-11-5767-624-8　　13530